Nr. 42
S. 14901–15268

1961
18. Oktober

Chemisches Zentralblatt

Vollständiges Repertorium für alle Zweige der reinen und angewandten Chemie

1830 gegründet. 1897—1945 von der Deutschen-Chemischen Gesellschaft fortgeführt. Im Auftrage der Deutschen Akademie der Wissenschaften zu Berlin, der Chemischen Gesellschaft in der DDR, der Akademie der Wissenschaften zu Göttingen und der Gesellschaft Deutscher Chemiker (in der BRD)

herausgegeben von Prof. Dr. Heinrich Bertsch und Prof. Dr. Dr. h. c. Wilhelm Klemm

132. Jahrgang

1961

Chefredakteure: Dr. Willi Barz (komm.) und Dr. Eugen Klever

Akademie-Verlag GmbH., Berlin – Verlag Chemie, GmbH., Weinheim/Bergstr.

Inhalt

Geschichte, Unterricht .... —
A. Allgemeine, physikalische und anorganische Chemie 14901
- A_1 Kernphysik und Kernchemie 14901
- A_2 Optisches Verhalten der Materie 14913
- A_3 Elektrizität. Magnetism. Elektrochem. 14917
- A_4 Thermodynamik. Thermochemie 14925
- A_5 Kolloidchemie. Grenzschichtforschung 14928
- A_6 Strukturforschung 14932
- A_7 Gleichgewichte. Kinetik 14942
- A_8 Präparative anorganische Chemie 14949
  - Komplexverbindungen 14949
  - Metallorganische Verbindungen 14949
- A_9 Mineralogische u. geologische Chemie 14962

B. Allgemeine und theoretische organische Chemie 14963
C. Präparative organische Chemie. Naturstoffe 14983
- Mono- und Oligosaccharide. Glykoside 15020
- Alkaloide 15025
- Natürliche Farbstoffe 15027
- Terpene. Sapogenine 15029
- Sterine. Gallensäuren 15029
- Hormone. Vitamine. Enzyme 15030
- Antibiotica .... —
- Andere Naturstoffe 15033

D. Makromolekulare Chemie 15034
E. Biologische Chemie. Physiologie. Medizin 15044
- E_1 Allgemeine Biologie und Biochemie ... 15044
- E_2 Enzymologie. Gärung 15052
- E_3 Mikrobiolog. Bakteriolog. Immunolog. 15061
- E_4 Pflanzenchemie. Pflanzenphysiologie. Pflanzenpathologie 15068
- E_5 Tierchemie. Tierphysiologie. Tierpathologie 15072
- E_6 Pharmakologie. Therapie. Toxikologie. Hygiene 15106

F. Pharmazeutische Chemie/ Desinfektion 15116
G. Analyse. Laboratorium 15129
H. Angewandte Chemie 15147
- I. Allgemeine chemische Technologie. 15147
- II. Betriebsschutz. Feuerschutz 15152
- III. Elektrotechnik 15153
- IV. Wasser. Abwasser 15157
- V. Anorganische Industrie 15160
- VI. Silicatchemie. Baustoffe 15163
- VII. Agrikulturchemie. Schädlingsbekämpfung 15167
- VIII. Metallurgie. Korrosion 15176
- IX. Organische Industrie 15195
- X. Färberei. Organische Farbstoffe ... 15206
- XI. a) Farben. Anstriche. Lacke. Naturharze 15210
  - b) Plaste (Kunstharze. Plastische Massen) 15214
- XII. Kautschuk 15222
- XIII. Ätherische Öle. Parfümerie. Kosmetik 15225
- XIV. Zucker. Kohlenhydrate. Stärke.... 15227
- XV. Gärungsindustrie 15229
- XVI. Nahrungs-, Genuß- u. Futtermittel 15231
- XVII. Fette. Seifen. Wasch- u. Reinigungsmittel. Wachse. Bohnermassen usw. 15241
- XVIII. a) Holz. Cellulose. Zellstoff. Papier. Papierdruck. Celluloid. Linoleum 15244
  - b) Textilfasern 15247
- XIX. Brennstoffe. Erdöl. Mineralöle 15252
- XX. Schieß- u. Sprengstoffe. Zündmittel 15260
- XXI. Leder. Gerbstoffe .... —
- XXII. Leim. Klebstoffe usw. 15261
- XXIII. Tinte. Hektographenmassen u. a. Spezialpräparate .... —
- XXIV. Photographie 15264

Bibliographien: 14901. 14913. 14916. 14925. 14928. 14932. 14942. 14949. 14962. 14963. 15052. 15061. 15068. 15072. 15106. 15116. 15129. 15147. 15151. 15152. 15157. 15160. 15176. 15241.

Buchbesprechung: 15252.

Chemisches Zentralblatt

1961 **Bibliographien** **Nr. 42**

Neue Fachzeitschriften

Rheumatic Review. Vol. 1, no. 1. Herausgeg. von Charles De Coti-Marsh. London: Hursdrex. 1960. Erscheint vierteljährlich. 1 s.

Radiochemistry. Vol. 1, no. 1. Herausgeg. von A. G. Maddock. Oxford London: Pergamon Press. 1961. Two issues per annum. 8£.

Neue Bücher

A. Allgemeine, physikalische und anorganische Chemie

Siegfried Flügge, Lehrbuch der theoretischen Physik. In 5 Bdn. Bd. 1: Einführung. Elementare Mechanik und Kontinuumsphysik. Berlin, Göttingen, Heidelberg: Springer. 1961. (XI + 256 S. m. 47 Abb.) 8°. DM 25,80.

F. Hund, Theorie des Aufbaues der Materie. Stuttgart: B. G. Teubner. 1961. (VIII + 314 S. m. 161 Abb.) DM 37,60.

William Francis Sheehan, Physical chemistry. Boston: Allyn and Bacon. 1961. (618 S. m. Abb.) $ 9.95.

A_1. Kernphysik und Kernchemie

A. Abragam, The principles of nuclear magnetism. New York: Oxford Univ. Press. 1961. (599 S.) $ 13.44.

R. A. Allen, D. B. Smith and J. E. Hiscott, Radioisotope data. 2nd edit. London: H. M. S. O. 1961. (200 S. m. Tab. u. Diagr.) = A. E. R. E.-R 2938 8 s.

Albert Narath, Über die Herstellung von Kernspurenemulsionen. Als Ms. gedr. Köln, Opladen: Westdeutscher Verl. 1961. (36 S. m. Abb.) 4° = Forschungsberichte des Landes Nordrhein-Westfalen. Nr. 975. DM 11,50.

—, International Atomic Energy Agency. Codes for reactor computations. London: H. M. S. O. 1961. 48 s.

A_2. Optisches Verhalten der Materie

—, International Union of Pure and Applied Chemistry. Tables of wavenumbers for the calibration of infra-red spectrometers. London: Butterworths. 1961. (172 S.) 40 s.

A_3. Elektrizität. Magnetismus. Elektrochemie

J. L. Delcroix, Introduction to the theory of ionized gases. Eng. edit. London: Interscience Publrs. 1961. (162 S. m. Abb. u. Tab.) = Tracts on physics and astronomy, no. 8. 34 s.

Cecil Bertie Monk, Electrolytic dissociation. London: Academic P. 1961. (XII + 320 S. m. Tab. u. Diagr.) 60 s.

Klaus J. Vetter, Elektrochemische Kinetik. Berlin, Göttingen, Heidelberg: Springer. 1961. (XVI + 698 S. m. 342 Abb.) 8°. DM 156,—.

A_4. Thermodynamik. Thermochemie

F. Din, ed., Thermodynamic functions of gases. Vol. 3. London: Butterworths. 1961. (224 S. m. Abb.) 63 s.

A_5. Kolloidchemie. Grenzschichtforschung

G. H. Osborn, Synthetic ion-exchangers. Rev. edit. London: Chapman & Hall. 1961. (346 S. m. Diagr.) 50 s.

H. R. Shepherd, ed., Aerosols: Science and technology. London: Interscience Publrs. 1961. (562 S. m. Abb. u. Tab.) 169 s.

A_6. Strukturforschung

A. E. van Arkel, Moleculen en kristallen van ionenverbindingen. 5e herz. druk. 's-Gravenhage: W. P. van Stockum & Zoon. 1961. (XII + 652 S. m. Abb.) hfl. 42.50.

Charles William Bunn, Chemical crystallography: an introduction to optical and x-ray methods. 2nd edit. Oxford: Clarendon P. 1961. (XIV + 509 S. m. 16 Taf., Tab. u. Diagr.) 60 s.

J. W. Mullin, Crystallization. London: Butterworths. 1961. (278 S. m. Abb.) 60 s.

A_7. Gleichgewichte. Kinetik

Lija Jakovlevna Margolis, Markierte Atome in der Katalyse. Leipzig: Deutscher Verl. für Grundstoffindustrie. 1961. (78 S. m. 18 Abb.) 8° = Kleine Bibliothek der Kerntechnik. DM 5,—.

—, Cinetica chimica. II Corso estivo di chimica. Varenna, 7—22 agosto 1957. Roma: Accademia nazionale dei Lincei. 1959. (357 S.) L. 3500.—.

A_8. Präparative anorganische Chemie. Komplexverbindungen Metallorganische Verbindungen

D. P. Graddon, An introduction to Co-ordination Chemistry. Oxford, London, New York, Paris: Pergamon Press. 1961. (VII + 111 S. m. Abb. u. Tab.) 25 s.

A_9. Mineralogische und geologische Chemie

V. R. G. Ashcroft-Hawley and **D. Mitchell,** Devon ball clays and China clays. Newton Abbot (Devon): Watts, Blake, Bearne. 1960. (116 S. m. Abb., Tab. u. Diagr.)

H. E. Landsberg and **J. Van Mieghem,** eds., Advances in geophysics. Vol. 7. New York, London: Academic P. 1961. (X + 333 S. m. Abb., Tab. u. Diagr.) 88 s.

A. Maucher und **Rehwald,** Hrsg., Bildkartei der Erzmikroskopie. Frankfurt/Main: Umschau Verl. 1961. (104 Bildkarten und 24 Textkarten) 1 Bildblatt DM 0,75, 1 Textblatt DM 0,45.

Tat'yana Alekseevna Sofiano, Russian-English geological dictionary. Moscow: Foreign-Language Scientific & Technical Dictionaries, Fizmatgiz; London: Collet's. 1960. (559 S.) 30 s.

—, Beobachtungen auf den deutschen Feuerschiffen der Nord- und Ostsee im Jahre 1959 sowie Monatsmittelwerte von Temperatur und Salzgehalt des Jahres 1959. Hamburg: Deutsches Hydrographisches Institut. 1960. (82 Bl. m. 2 Abb.) = Meereskundliche Beobachtungen und Ergebnisse. Nr. 14. DM 12,50.

—, Statistical summary of the mineral industry: world production, exports and imports 1954—1959. London: H. M. S. O. 1961. (IV + 393 S. m. Tab.) 27 s. 6 d.

E_1. Allgemeine Biologie und Biochemie

K. G. Ober, H. M. Rauen, J. Schoenmackers und **J. Zander,** Symposion über Krebsprobleme. Arbeitstagung des Beratungsausschusses für Krebsforschung beim Kultusministerium des Landes Nordrhein-Westfalen am 27. und 28. Juni 1960 in Düsseldorf. Berlin, Göttingen, Heidelberg: Springer-Verl. 1961. (IV + 176 S. m. 91 Abb.) 8°. DM 42,—.

E_2. Enzymologie. Gärung

Franz Bergel, Chemistry of enzymes in cancer. Springfield (Illinois): Thomas; Oxford: Blackwell Scientific. 1961. (XIII + 122 S. m. Tab. u. Diagr.) 44 s.

E_3. Mikrobiologie. Bakteriologie. Immunologie

Philip Lewis Carpenter, Microbiology. Philadelphia, London: Saunders. 1961. (XVI + 432 S. m. Abb.) 47 s.

—, Continuous culture of micro-organisms; comprising papers (with discussions) read at a symposium organised by the Microbiology Group held at University College, London, March-1 April 1960. London: Society of Chemical Industry. 1961. (IV + 272 S. m. Abb.) = Monographs no. 12. 40 s.

E_4. Pflanzenchemie. Pflanzenphysiologie. Pflanzenpathologie

N. Davidov, Botanical dictionary. Text in Russian, English, German-French and Latin. London: Collet's Holdings. 1961. (335 S.) 20 s.

David D. Davies, Intermediary metabolism in plants. Cambridge: Cambridge U. P. 1961. (XII + 108 S. m. Tab. u. Diagr.) 20 s.

Rudolf Schenck, Das Licht im Grundsystem des Kohlenhydratstoffwechsels. Ein Beitrag zur Chemie des angeregten Wasserstoffs. Darmstadt: D. Steinkopff. 1960. (XII + 136 S. m. 19 Abb. u. 16 Tab.) 8° = Wissenschaftliche Forschungsberichte. Naturwissenschaftliche Reihe. Bd. 67. DM 38,—.

E_5. Tierchemie. Tierphysiologie. Tierpathologie

W. Auerswald, Hrsg., Aktuelle Probleme des Mineralstoffwechsels. Vorträge und Diskussionen der Internationalen Expertentagung in Wien vom 27.—28. Mai 1960. Darmstadt: Dietrich Steinkopff. 1961. (XIV + 156 S. m. 23 Abb. u. 3 Tab.) = Supplementum 1 zur Zeitschrift für Ernährungswissenschaft. DM 36,—.

Robert S. Harris and Dwight J. Ingle, eds., Vitamins and hormones: advances in research and applications. Vol. 18. New York, London: Academic P. 1960. (XIV + 615 S. m. Tab. u. Diagr.) 5£ 7 s. 6 d.

H. Gardiner-Hill, ed., Modern trends in endocrinology. 2nd series. London: Butterworths. 1961. (X + 349 S. m. Abb., Tab. u. Diagr.) 75 s.

Juda Hirsch Quastel, The chemistry of brain metabolism in health and disease. Springfield (Illinois): Charles C. Thomas. 1961. (170 S. m. Abb.) = American lecture series, publication no. 406. $ 6,50.

Joseph Mendel Yoffey, Quantitative cellular haematology. Springfield (Illinois): Thomas; Oxford: Blackwell Scientific. 1960. (XV + 122 S. m. Abb., Tab. u. Diagr.) = American lectures no. 412. 24 s.

E_6. Pharmakologie. Therapie. Toxikologie. Hygiene

William Harold Fishman, Chemistry of drug metabolism. Springfield (Illinois): Thomas: Oxford: Blackwell Scientific. 1961. (XVII + 235 S. m. Abb., Tab. u. Diagr.) = American lecture series no. 433. 84 s.

Harold Elford Johns, The physics of radiology. 2nd edit. Springfield (Illinois): Thomas; Oxford: Blackwell Scientific. 1961. (XVI + 767 S. m. Abb., Tab. u. Diagr.) = American lectures no. 419. 9£ 4 s.

William Edward Schall, X-rays: their origin, dosage, and practical application. 8th edit. Bristol: Wright. 1961. (XI + 348 S. m. Abb., 83 Taf., Tab. u. Diagr.) 50 s.

—, Aminophylline. Eerste therapie-bespreking georganiseed door de Nederlandse vereniging voor allergie en de Stichting experimenteel onderzoek allergologie gehouden te Renkum op 20 februari 1960. Leiden: H. E. Stenfert Kroese. 1961. (94 S. m. Abb.) hfl. 5.—.

F. Pharmazeutische Chemie. Desinfektion

Friedrich Etmer und **Jürgen Bolck,** Arzneimittelgesetz. Gesetz über den Verkehr mit Arzneimitteln. Kommentar mit sämtlichen amtlichen Unterlagen. München: Verl. R.S. Schulz. 1961. (XXIX + 166 S. + VII) DM 22,70.

Alfred Mosig, Kurze Systematik der Arzneipflanzen mit Angaben ihrer Drogen und Inhaltsstoffe. 5. erw. Aufl. Dresden, Leipzig: Theodor Steinkopff. 1961. (172 S.) 8°. DM 19,90.

Hans Rothgang, Rothgangs Spezialitäten-Praktikum. München: Lehrmann. 1961. (XXIV + 1216 S.) 8°. DM 24,—.

Charles O. Wilson & Tony Everett Jones, American drug index. 1961. Philadelphia: Lippincott; London: Pitman Medical. 1961. (VII + 781 S. m. Tab.) 55 s.

—, Apotheker-Jahrbuch. 1961. Zugleich Jahrgang 46 des Handbuchs des Deutschen Apotheker-Vereins. Stuttgart: Wissenschaftliche Verl.-Ges. 1961. (XXIV + 620 S.) 8°. DM 32,80.

—, New and nonofficial drugs: an annual compilation of available information on drugs, including their therapeutic, prophylatic and diagnostic status, as evaluated by the Council on Drugs of the American Medical Association. Philadelphia: Lippincott; London: Pitman Medical. 1961. (XXIX + 849 S. m. Tab. u. Diagr.) 30 s.

—, Pharmacopoea Nordica, Kommentarer till vol. 4. København: Apotekarsocietetens Förlag. 1961. (48 S.) dkr 6,—.

—, XVIIIe Congrès International des Sciences Pharmaceutiques Bruxelles 1958. Conférences et Communications. Recueil des travaux publiés dans le journal de pharmacie de Belgique. Bruxelles: La Nationale Pharmaceutique. 1960. (478 S. m. Abb. u. Tab.) bfr 250,—.

—, Fédération internationale pharmaceutique, section scientifique. 19e Congrès des sciences pharmaceutiques, Zurich 1959. Conférences et communications. Zürich: Schweizer. Apotheker-Verein. 1960. (XII + 667 S. m. Abb.) sfr 45.—.

—, Convegno internazionale sulle legislazioni farmaceutiche d'Europa. Roma, 1959. Legislazioni farmaceutiche d'Europa. Documentazione a cura della Società italiana di scienze farmaceutiche. Convegno internazionale del 4—5—6 maggio 1959. Roma: Istituto superiore di sanità. Milano: Scuole arti grafiche Artigianelli. 1959. (266 S. m. Abb.) L. 2000.—.

G. Analyse. Laboratorium

Frank Brescia, Laboratory studies in general chemistry. New York: Academic Press. 1961. (210 S. m. Abb.) $ 3.25.

Philip J. Dickerman, ed., Symposium on optical spectrometric measurements of high temperatures, University of Chicago, 1960. Optical spectrometric measurements of high temperatures. Chicago: Univ. of Chicago Press. 1961. (268 S. m. Abb.) $ 12.50.

Robert Blanchard Fischer, A basic course in the theory and practice of quantitative chemical analysis 2nd edit. Philadelphia, London: Saunders. 1961. (XI + 501 S. m. Abb. u. Tab.) 47 s.

Clarence Erwin McClung, Handbook of microscopical technique for workers in animal and plant tissues. 3rd edit. revised and enlarged. New York, London: Hafner. 1961. (XIX + 790 S. m. Abb., Tab. u. Diagr.) 6£ 6 s.

George Alfred Morrison, Systematic qualitative analysis: an introduction. London: Butterworths. 1961. (IX + 198 S. m. Tab.) 25 s.

C. J. van Nieuwenburg en J. W. L. van Ligten, Kwantitatieve chemische microanalyse. Hilversum: D. B. Centen. 1961. (144 S. m. Abb.) hfl. 11.50.

Nikolai Sergeevich Poluektov, Techniques in flame photometric analysis. New York: Consultants Bureau. 1961. (XVI + 219 S. m. Abb.) $ 9.50.

Charles Norwood Reilley and Donald Turner Sawyer, Experiments for instrumental methods. New York, London: McGraw-Hill. 1961. (XI + 412 S. m. Tab. und Diagr.) 46 s.

Hunter Rouse, Laboratory instruction in the mechanics of fluids. Iowa City: State Univ. of Iowa. 1961. (60 S. m. Abb.) $ 1.—.

H. I. Allgemeine chemische Technologie

James S. Campbell, Principles of manufacturing materials and processes. New York: McGraw-Hill. 1961. (674 S. m. Abb.) $ 9.75.

Robert F. Chapman, Separation processes in practice. London: Chapman & Hall. 1961. (209 S. m. Abb.) 40 s.

Wallace Russell Harper, Basic principles of fission reactors. New York, London: Interscience. 1961. (VIII + 314 S. m. Abb., Tab. u. Diagr.) 57 s.

Howard P. Kallen, ed., Handbook of instrumentation and controls; a practical design and applications manual for the mechanical services covering steam plants, power plants, heating systems, airconditioning systems, ventilation systems, diesel plants, refrigeration and water treatment. New York: McGraw-Hill. 1961. $ 15.—.

A. Meyer und **S. Orlando,** Technisches Wörterbuch. Bd. I: Italienisch-Deutsch. Bd. II: Deutsch-Italienisch. Wiesbaden: Brandstetter Verl. 1961. I. (840 S.) DM 26,—. II. (1102 S.) DM 28,—.

H. Mießner und U. Grigull, Hrsg., Fortschritte der Verfahrenstechnik. Bd. 4: 1958/59. Weinheim/Bergstr.: Verl. Chemie. 1961. (XIX + 982 S. m. 109 Abb. u. 76 Tab.) DM 99,—.

Eli Mishkin, ed., Adaptive control systems. New York: McGraw-Hill. 1961. (533 S. m. Abb.) $ 16.50.

Glenn Murphy, Elements of nuclear engineering. New York: Wiley. 1961. (213 S. m. Abb.) $ 7.50.

Mortimer Arvyrm Schultz, Control of nuclear reactors and power plants. 2nd edit. New York, London: McGraw-Hill. 1961. (IX + 462 S.) 97 s.

Karl Winnacker und **Leopold Küchler,** Hrsg., Chemische Technologie. Sammelwerk in fünf Bänden. Zweite neubearb. Aufl. Bd. 1: Anorganische Technologie I. (790 S. m. 321 Abb. u. 105 Tab.) DM 78,—. Bd. 2: Anorganische Technologie II. (727 S. m. 273 Abb. u. 172 Tab.) DM 72,—. Bd. 3: Organische Technologie I. (932 S. m. 347 Abb. u. 226 Tab.) DM 98,—. Bd. 4: Organische Technologie II. (1177 S. m. 249 Abb. u. 248 Tab.) DM 124,—. München: Carl Hanser Verl. 1958—60.

—, Codes for reactor computations. Proceedings of the Seminar on Codes for Reactor Computations sponsored by the Internat. Atomic Energy Agency and held at Vienna, 25—29 april 1960. Vienna: International Atomic Energy Agency. 1961. (538 S. m. Abb.) 8°. DM 27,20.

—, Industrial and engineering chemistry. Modern chemical processes. Vol. 6. London: Chapman & Hall. 1961. (126 S. m. Abb.) 48 s.

III. Elektrotechnik

Abram Federovich Ioffe, Semi-conductors and their use. 2nd edit. Moscow: Foreign Languages Publishing House; London: Central Books. 1960. (79 S. m. Abb.) 1 s.

IV. Wasser. Abwasser

Hans Hartmann, Untersuchungen über die biologische Reinigung von Abwasser mit Hilfe von Tauchtropfkörpern. München: Oldenbourg. 1960. (227 S. m. Abb.) 8° = Stuttgarter Berichte zur Siedlungswasserwirschaft. 9. DM 17,50.

D. Wilkinson and **N. Squire,** eds., Water engineer's handbook 1961. London: Colliery Guardian. 1961. (439 S. m. Tab.) 20 s.

VII. Agrikulturchemie. Schädlingsbekämpfung

C. B. Richey, ed., Agricultural engineers' handbook. New York, London: McGraw-Hill. 1961. (XII + 880 S. m. Tab. u. Diagr.) 7£ 11 s.

R. K. S. Wood, ed., Biological problems arising from the control of pests and diseases. London: Institute of Biology. 1960. (VIII + 180 S. m. Taf. u. Tab.) 25 s.

Edwin Kenneth Woodford, ed., Herbicides and the soil. Springfield (Illinois): Charles C. Thomas. 1961. (88 S. m. Abb.) $ 3.50.

—, Insect pathology and biological control, transactions of the first International conference. London: Collet's Holdings. 1961. (654 S. m. Abb., Tab. u. Diagr.) 50 s.

XVI. Nahrungs-, Genuß- und Futtermittel

Anna Viti Arduini, Bromatologia e biochimica degli alimenti. 3a. ediz. I. Bromatologia. Pisa: Galileo. 1960. (318 S. m. Abb.) L. 1900.

L. Beliczay, Industrielle Verarbeitung des Honigs. Budapest: Techn. Verl. 1960. (302 S.) Ft. 20.—.

C. O. Chichester, E. M. Mrak and **G. F. Stewart,** eds., Advances in food research. New York, London: Academic P. 1960. (XIII + 488 S. m. Abb., Tab. u. Diagr.) 93 s.

—, Manuale Lactis. Folge II. Handbuch der milchwirtschaftlichen Weltliteratur. Klasse 8: Molkerei-Hilfsstoffe. Nürnberg: Verl. Hans Carl. 1961. (596 S.) DM 62,—.

XVIII. b) Textilfasern

Siegfried Stockburger. Chemiefaserkunde — Ein Handbuch von Glanzstoff. Düsseldorf: Econ-Verlag. 1961. (264 S. m. zahlr. farbigen Abb. u. Zeichnungen.) Leinen DM 18,—.

Das Buch behandelt in anschaulicher, allg. verständlicher u. trotzdem wissenschaftlicher Weise die Entw. u. Herst.-Bedingungen der Fasern auf Cellulose- u. Synthesebasis. Ein zahlreiches Bildmaterial unterstützt das Gesagte aufs beste. P. Eckert

Ausgewertete Bibliographie-Fachzeitschriften

Belgien	Bibliographie de Belgique — Belgische Bibliographie
ČSSR	Bulletin — Die Neuesten Forschungsergebnisse der Tschechoslowakischen Wissenschaft
	Nové Knihy (Neue Bücher)
	Novinky (Neuheiten)
Dänemark	Danske Bogmarked
Deutschland	Börsenblatt für den Deutschen Buchhandel — Frankfurter Ausgabe
	Börsenblatt für den Deutschen Buchhandel — Leipziger Ausgabe
	Deutsche Bibliographie. Wöchentliches Verzeichnis. Ausgabe II. [Frankfurt/Main]
	Deutsche Nationalbibliographie. Reihe A: Neuerscheinungen des Buchhandels [Leipzig]
England	British Books (Incorporating the Publishers Circular & Booksellers Record)
	British National Bibliography
Frankreich	Bibliographie de la France
Holland	Nieuwsblad voor de Boekhandel
Italien	Bibliografia Nazionale Italiana
Japan	Nōhon Shūhō (Current Publications)
Österreich	Österreichische Bibliographie
Schweiz	Schweizer Buch. Serie A und Serie B
UdSSR	Bücherverzeichnis des Jahres (Книжная летопись)
USA	Publishers' Weekly

Namenregister

Abbott Laboratories 15120.
Abe 15041.
Abragam [14913].
Abrams, A. 15056.
Abrams, R. 15095.
Abramson 15083.
Achenbach 15066.
Achter 15184.
Acland 15090.
Adam 15086.
Adams jun., G. D. 15156.
Adams, J. 15015.
Adams, M. A. 14941.
Adamson 15231.
Adelfang 14966.
Adler 15241.
Aelony 15262.
Afanassjew 15053.
Afonso 14989.
Agarwal 14920.
Agarwala 14946.
Agejewa 14942.
Agfa Akt.-Ges. 15263.
Agol 15045.
Agricola Reg. Trust 15220.
Aguinaco 15029.
Aikawa 15107.
Aitken 15187.
Ajemian 14997.
A/B Chematur 15204.
A/B Kabic 15128.
Aktieselskabet Grindstedvaerket 15121.
Aksnes 14977.
Akutin 15038.
Albert 15251.
Albitzkaja 14965.
Albrecht 14963.
Albright 15091.
Alden 15166.
Aldous 15008.
Aldridge 15212.
Alexander, P. 15039.
Alexander, P. P. 15194.
Alexander, W. D. 15090.
Alginate Industries Ltd. 15240.
Alhuwalia 14984.
Alijew 15184.
Alimarin 15130.
Allais 15203.
Allan 15001. 15007.
Allegheny Ludlum Steel Corp. 15192.
Allen, E. M. 15214.
Allen, R. A. [14913].
Allibone 15190.
Allis-Chalmers Mfg. Co. 15190.
Almeida, de 15044.
Almqvist 14904.
Alston 14911.
Altman 15172.
Aluminum Co. of America 15193. 15194.
Amagi 15213.
Amberger 14957.
Amchem Products, Inc. 15194.
Amelinckx 14934.
American Cyanamid Co. 15123. 15126. 15129. 15154. 15190. 15202. 15209. 15213. 15218. 15221.
American Home Products Corp. 15241.
American Smelting & Refining Co. 15192.
Amerine 15229.
Amiard 15205.
Amick 15213.
Amsel 14912.
Amselm 15221.
Analist 15156.
Anazawa 15007.
Anbar 15091.
Anderegg 14959.
Anders 15254.
Andersen 15075.
Anderson, A. R. 14947.
Anderson, A. W. 15225.
Anderson, D. M. W. 14969.
Anderson, D. R. 15259.
Anderson, G. W. 15238.
Anderson, M. E. 14972. 14973.
Anderson, M. L. 15231.
André 15229.
Andrejewa 14982.
Andres 15219.
Andrews 15178.
Aneja 15013.
Anet 15021.
Anigstein, D. M. 15085.
Anigstein, L. 15085.
Anslinger 14949.
Anthony 15102.
Antipowa 15133.
Antognini 15174.
Antoniades 15083.
Antweiler 15109.
Arakawa 15036.
A.R.B.E.D. Aciéries Réunies de Burbach-Eich-Dudelange Soc. An. 15190. 15191.
Arcus 14982.
Arduini [15241].
Argus Chemical Corp. 15204.
Argyle 14936.
Aries 15259.
Arigoni 14990. 15061.
Arkel, van [14962].
Armco International Corp. 15193.
Armco Steel Corp. 15191.
Armstrong, R. K. 15020.
Armstrong, R. W. 14938.
Arndt, C. 14986.
Arndt, R. 14922.
Arnold 14983. 14984. 14993.
Arribas Jimeno 15139.
Artamonow 15182.
Artandi 15156.
Arthur jun. 15038.
Arutjunjan 14903.
Asai 15043.
Aschimow 15242.
Asen 14994.
Ashby 15099.
Ashcroft-Hawley [14963].
Ashland Oil & Refining Co. 15199.
Ashworth, M. R. F. 15145.
Ashworth, U. S. 15236. 15237.
Aslan 15105.
Asmus 15136.
Ašperger 14946.
Aspinall 15057.
Asprey 14958.
Asselbergs 15232.
Associated Electrical Industries Ltd. 15190.
Associated Fumigators Ltd. 15175.
Aten 14975.
Atlantic Refining Co. 15195.
Atteridg 15161.
Atticks 15221.
Attwood 15150.
Auer 15208.
Auerswald [15106].
Augustin, J. U. 15189.
Augustin, M. 15014.
Aula Chemicals, Inc. 15208.
Auler 15159.
Averill 15130.
Avesta Jernverks Aktiebolag 15192.
Aynard 14914.
Babuna 15112.
Backer 15102.
Badische Anilin- & Soda-Fabrik Akt.-Ges. 15175. 15190. 15193. 15200. 15201. 15202. 15203. 15209. 15210. 15219. 15222. 15264.
Baehler 15008.
Bailey 15192.
Baines, C. B. 15120.
Baines, R. C. 15171.
Bair 15096.
Baker 15110.
Bakish 15186.
Bakos 15195.
Balassa 15208.
Baldwin, F. P. 15224. 15225.
Baldwin, R. W. 15051.
Bálint 15244.
Balks 15146.
Balkwell jun. 15156.
Ball, A. M. 15261.
Ball, C. O. 15232.
Balla 15170.
Ballard, L. A. T. 15070.
Ballard, W. P. 15256.
Ballarini, A., & Co. 15251.
Ballieux 15050.
Balogh 15114.
Balsay 15179.
Band 14920.
Banerjee 15102.
Banks 15222.
Barakat 14925.
Barclay 15257.
Bardecki 15158.
Bardone-Gaudemar 14998.
Barfield 15082.
Barium Steel Corp. 15192. 15194.
Barker, G. R. 15056.
Barker, H. A. 15055.
Barker, J. 14909.
Barlow 15106.
Barnet 15096.
Barnett 15046.
Baron 15046.
Barr 15257.
Barret 14956.
Barron 15098.
Barry, J. F. 15156.
Barry, R. J. C. 15072.
Bartholomew 14909.
Bartkowicz 15246.
Bartlett 15096.
Bartocha 14956.
Bartulovich 15248.
Baruch 14912.
Baschang 15022.
Basham 15189.
Bassett 15099.
Batey 14981.
Batha 15149.
Batjer 15171.
Battersby 15027.
Bauer 15210.
Baukema 15214.
Baum 15229.
Baxendale 15039.
Baxter 15225.
Bay 15172.
Bayer 15119.
Bayley, C. H. 15244.
Bayley, R. T. 14916.
B. B. Chemical Co. 15261. 15263.
Beament 15074.
Becherescu 14942.
Becke 15115.
Bedrosian 15232.
Beher 15102.
Běhounek 14910.
Behrenz 15175.
Beliczay, L. [15241].
Beljakowa 15063.
Bell 15056.
Bellanato 14966.
Belloiu 15086.
Belly 15176.
Beloserski 15048.
Beltz 15163.
Bemberg, I. P., Akt.-Ges. 15263.
Benešová 15148.
Benjamini 15075.
Benk 15234.
Bennett 15231.
Bennigsen, v. 15148.
Benoit 15034.
Benson 15171.
Benthin 15243.
Bentley 15085.
Beranek 15162.
Berčik 15132.
Bereš 15034. 15253.
Berg 14949.
Berge 15116.
Bergel [15061].
Bergen jun. 15101.
Bergmann 14970.
Berka 15134.
Berliner 14979.
Berlman 14910.
Bermejo Martínez 15142.
Bernard, J. 14925.
Bernard, M. A. 14954.
Bernáth 15006.
Berndt 14951.
Bernstein, A. geb. Chatellier 15192.
Bernstein, J. 14901.
Berther 15205.
Berthod 15150.
Betke 15095.
Betteridge 15181.
Bettini 15109.
Bever, H. 15183.
Bever, M. B. 14941.
Beyer 15200.
Bezman 14953.
Bhat 15066.
Bhatia, B. S. 15231.
Bhatia, D. D. 15231.
Bick 15026.
Bidlo 15225.
Bieber 15257.
Bigley 15109.
Bilbo 14956.
Bill 15220.
Binder 15143.
Biner 15093.
Bing 15103.
Biochemie G.m.b.H. 15129.
Birbiglia 15226.
Birinzewa 14931.
Birkbeck 15054.
Birnkraut 14944.
Birthler 15254.
Bishop 15131.
Bisset 15090.
Bitensky 15051.
Black, A. L. 15076.
Black, K. 14908.
Blackburn 15017.
Blair 15097.
Blake 15119.
Blanchard 14911.
Blankenship 14912.
Blasberg, F., G.m.b.H. 15193.
Blecher 15088.
Blevin 14917.
Blin 15163.
Bljachman 14965.
Bloch, G. A. 15223.
Bloch, H. S. 15162.
Bloch, K. 14966.
Block 15240.
Blombäck 15044.
Bloodgood 15158.
Blue 15222.
Blume 14916.
Bobák 15131.
Bobrijewitsch 14962.
Boccacci 15109.
Bock 15263.
Bodansky 15054.
Böcker 15175.
Böhm 15114.
Boehringer, C. F., & Soehne G.m.b.H. 15129.
Boehringer, C. H., Sohn 15199.
Bogattschuk 15063.
Boggs 15232.
Bogomolew 14964.
Bohlmann 14985. 14986.
Bolck [15129].
Boldebuck 15222.
Bollard 15098.
Bollman 15101.
Bonavita 15099.
Bond jun. 15151.
Bonde 15158.
Bondley 15166.
Boni 15141. 15142.
Booman 14914. 15137.
Booß 15189.
Booth 15063.
Borchers 15179.
Borden Co. 15240.
Bordi 14922.
Bormann 15077.
Bornowski 14985. 14986.
Borsini 15225.
Boschann 15082.
Bosiljevac jun. 15192.
Bossard 15167.
Both 15152.
Bouchez 14904.
Bouden 15002.
Bouissières 14958.
Bouquet 15244.
Bourgeois 15205.
Bowman, I. B. R. 15067.
Bowman, R. E. 15128.
Boyd 15035.
Boyland 15052.
Boyle 14997.
Bozoki 15196.
Brabenec 15025.
Brabson 15172.
Brachet 15045.
Bradfield 15146.
Bradshaw, S. E. 15166.
Bradshaw, W. H. 15055.
Braginski 15171.
Braillon 14971.
Brandt 15034.
Braniski 15164.
Brasher 15188.
Brauer, P. 14916.
Braun 15210.
Brawinski 14941.
Breen 15205.
Breer 15222.
Breger 14908.
Breido 15035.
Breitling 14933.
Bremner 15073.
Brennan, H. E. 15190.
Brennan, J. B. 15190.
Brescia [15147].
Bresee, D. P. 15161.
Bresee, J. C. 14908.
Bressani 15232.
Briançon 14955.
Brichard 15165.
Bríďa 15131.

Bridge 15136.
Brignall 15116.
Brindley 14956.
Bristol Laboratories, Inc. 15126.
British Aluminium Co. Ltd. 15192. 15194.
British Oxygen Co. Ltd. 15167. 15192.
British Petroleum Co. Ltd. 15258.
British Titan Products Co. Ltd. 15214.
Britton 15198.
Brockmann 15240.
Broda 15133.
Brody 15232.
Broich 15216.
Bromley 14904.
Broniewski 15153.
Bronowitzkaja 15056.
Broockmann 15120.
Brooks 15095.
Brower 15205.
Brown, A. W. N. 15200.
Brown, C. B. 15052.
Brown, D. M. 14987.
Brown, P. E. 14913.
Bruce jun. 15225.
Bruchmann 15058.
Brühl 15185.
Bruin 15222.
Brun 15227.
Brunner 15237.
Bruton 15225.
Bruzzone 15225.
Buck 15201.
Buck-Hansen 15205.
Büch 15113.
Bühler 14915.
Bürklin 15219.
Bues 14915.
Bütikofer 15095.
Büttner 15205.
Buffet 15116.
Buhl 15134.
Bukeavich 15082.
Bullock 15239.
Bum [14962].
Bungardt 15179.
Bunin 14940.
Burana 14954.
Burchfield 15063.
Burger 15065.
Burgos 15085.
Burnet 15161.
Burnett, J. 15097.
Burnett jun., J. P. 15075.
Burnham 15061.
Burns jun., J. C. 15156.
Burns, J. J. 15101.
Burkat 15132.
Burke jun. 15221.
Burton, A. C. 1511.
Burton, H. 151774.
Burton, W. R. 15222.
Bussler 15070.
Butler 15050.
Butschek 15231.
Buxton 15105.
Buzas 15205.
Bykowa 15145.
Bysow 14980.
Cabot, G. L., Inc. 15225.
Čadek 14940.
Cadiot 14984.
Cafcas 15260.
Cahn 15199.
Cahoon 15155.
Caillère 14959.
Cairncross 15057.
Calbert 15237.
Calcutt 15052.
Caldwell jun. 15078.
California Research Corp. 15244.
15258.
California Spray-Chemical Corp. 15176.
Calkins 14907.
Callahan 15258.
Callery Chemical Co. 15205.
Campbell, J. S. [15152].
Campbell, P. G. 14989.
Canadian Industries Ltd. 15196.
Carpenter, A. T. 15263.
Carpenter, P. L. [15068].
Carpenter, R. A. 15205.
Carpentier 15193.
Carrington 15116.
Carter 15120.
Case 15221.
Castle 15008.
Castro 15183.
Casty 15207.
Cavalla 15128.
Cavitator Nederland N. V. 15243.
Čech 14936.
Čefelin 15040.
Centre National de la Recherche Scientifique 15156. 15190.
Červinka 14977.
Chaklader 15164.
Chandra 15060.
Chapman, D. J. 15129.
Chapman, R. F. [15152].
Charlet 15212.
Charon 15177.
Charton 15186.
Chase, A. B. 14933.
Chase, G. D. 15226.
Chasmar 14918.
Chasowa 14924.
Chatschkurusowa 15106.
Chatt 14960.
Chatterjee 15027.
Chaudhri 14914.
Chaudhuri 15092.
Chayen 15051.
Cheiker 14933.
Chemische Bodenhandlungsmittel 15175.
Chemische Fabrik Grünau Akt.-Ges. 15207.
Chemische Fabrik Promonta G.m.b.H. 15124.
Chemische Werke Hüls Akt.-Ges. 15202. 15216.
Chemlíř 15040.
Cherbuliez 15008.
Chernack 15198.
Chernick 14952.
Chi 15162.
Chichester, C. O. [15241].
Chih 15251.
Childs jun. 14966.
Chimiotechnic (Union Chimique du Nord & du Rhône) 15244.
Chloride Electrical Storage Co. Ltd. 15157.
Chmelir 15171.
Chodkiewicz 14984.
Cholnoky 15027.
Chorlin 14992. 14999.
Chornock 15240.
Chowdhury 15253.
Chranowa 15099.
Christl 15216.
Christomanos 15073.
Christopher 14943.
Chun 15003.
Churcher 15192.
Ciba Akt.-Ges. 15120. 15129. 15207. 15209.
Ciba Ltd. 15128. 15163. 15214. 15222.
Ciba Soc. An. 15120. 15122. 15222.
Cilag Ltd. 15128.
Cines 15222.
Ciocirdia 15093.
Citterio 15104.
City of Bradford 15214.
Clark, H. A. 15222.
Clark, J. C. 14920.
Clark, S. L. 15082.
Clark-Lewis 15028.
Clausen 15098.
Clezy 15026.
Clifton 15051.
Cline 15252.
Close 15062.
Coates, E. 15266.
Coates, G. E. 14966.
Coates, J. 15052.
Cocco 15188.
Coffinberry 15150.
Cohen, L. A. 14994.
Cohen, M. R. 15081.
Cohen, P. H. 15112.
Cohnen 15263.
Colbertaldo, di 15176.
Cole, E. J. 15245.
Cole, W. F. 15164.
Coleman 15115.
Colgate-Palmolive Co. 15243.
Colli 14904.
Colligan 14935.
Collins 15099.
Collongues 14955.
Columbia-Southern Chemical Corp. 15193. 15214.
Commercial Solvents Corp. 15161. 15240.
Commonwealth of Australia 15212.
Commonwealth Engineering Co. of Ohio 15211.
Comp. Française des Matières Colorantes 15203.
Comp. Française de Raffinage 15196.
Comp. Française Thomson-Houston 15222.
Comp. des Meules Norton 15194.
Connor 15241.
Conrad 15071.
Conroy 14969.
Consortium für Elektrochemische Industrie G.m.b.H. 15221.
Constant 15185.
Continental Oil Co. 15194. 15200.
Conversi 14901.
Cooper 15116.
Coriell 15050.
Cormier 15110.
Cornatzer 15108.
Cornelius 15151.
Corner 15068.
Corning Glass Works 15167.
Corte 15154.
Cotterill 15200.
Council of Scientific & Industrial Research 15165. 15197.
Coursen 15066.
Craig 15182.
Cramer 14984.
Crammer 15092.
Crawford, E. J. 15051.
Crawford, J. W. C. 15217.
Crawley, C. L. 15256.
Crawley, E. J. 15165.
Cremlyn 14988.
Crocker 15262.
Crombie 15014.
Cromwell 14966.
Crooks 15090.
Crowden, H. B. 15265.
Crowden, J. B. 14901.
Crowell 14930.
Csonka 15212.
Cullis 14974.
Culpan 15098.
Cundiff 15144.
Cundy 14911.
Curnow 15192.
Curran, H. R. 15235.
Curran, W. V. 15015.
Cutler 15079.
Cvetanović 14981.
Cwiełodub 15207.
Cypryk 15249.
Czaja 15107.
Czerski 14945.
Dainton 15034. 15038.
Dalesch-Paetsch 15223.
Dalk 15227.
Dalzell 14907.
Damburg 14903.
Damschroder 15265.
Daniel 15046.
Danilin 15106.
Dann 14992.
Danno 15041.
Darche 15260.
Darling 15260.
Das Gupta 15253.
Dattagupta 15034.
Davidov [15072].
Davies, D. D. [15072].
Davies, J. T. 14974.
Davies, M. 14973.
Davis, B. B. 15103.
Davis, H. 15258.
Davis, M. E. 15080.
Davoll 15128.
Dawidek 15100.
Dawidow 15048.
Dawidowa 15048.
Dawson, T. P. 15198.
Dawson, W. O. 15220.
De 15141.
Dean 15200.
Debreczeni, Béla 15170.
Debreczeni, Béláné 15170.
Deetjen 15103.
Defrain 14937.
Dehne 15014.
DEHYDAG Deutsche Hydrierwerke G.m.b.H. 15194.
Deicha 14962.
Delarue, G. 14942. 14950.
Delarue, H. 15203.
Delattr 14908.
Delavignette 14934.
Delcroix [14925].
Delfs 15175.
Delimarski 14924.
Deliry 14940.
Demain 15232.
Demint 15038.
Deml 14953.
Denissow 14949.
Deniston 15211.
Depommier 14904.
Dépôts L.I.L.S. à r. l. 15244.
Derrien 14999.
Desjardins 14912.
Desmarez 15108.
Deutsche Elektronik G.m.b.H. 15157.
Deutsche Gold- und Silber-Scheideanstalt vormals Roessler 15124. 15128.
Deutsche Katadyn G.m.b.H. 15193.
Dexter Chemical Corp. 15250.
Diamond Alkali Co. 15156.
Diaper 15038.
Dichtl 15175.
Dickerman [15147].
Diczfalusy 15085.
Dieleman 14975.
Diethorn 14907.
Dietrich 15232.
Dietz 15154.
Dikanowa 15102.
Dimick 15080.
Dimitrijević 15015.
Din [14928].
Dingethal 15247.
Dingle 15046.
Dischler 15111.
Distillers Co. Ltd. 15205.
Ditto, Inc. 15267.
Dixon 14921.
Djerassi 15078.
Dobromilskaja 14980.
Dodonow 15160.
Doesburg 15232.
Dogadkin 15223.
Dohi 15103.
Doležal 15134.
Doležilová 15066.
Dolgopolski 14980.
Dollear 15241.
Doman 15069.
Domanowski 15177.
Dominion Tar & Chemical Co. Ltd. 15195.
Donnell 15092.
Donner 15000.
Dorr-Oliver, Inc. 15160. 15193.
Doss 15251.
Doudoroff 15062.
Douglas 15155.
Dow Chemical Co. 15198. 15205. 15216. 15222.
Dow Corning Corp. 15156. 15220. 15222. 15224.
Dowd 15194.
Doxey 15052.
Doyle 15168.
Drábek 15159.
Drăgan 15179. 15180.
Drehman 15258.
Drewes 14972.
Drews 15229.
Dreyer 15149.
Driessche, van den 15110.
Drill 15078.
Druey 15025.
Dubach 15104.
Dubinskaja 14902.
Dubow 14995.
Dubowaja 15167.
Dubuit 15261.
Duch 15251.
Dudkin 14989.
Dufour 15205.
Dugandžić 15029.
Duliński 15153.
Duncan 14969.
Dunn 15049.
Dunning jun. 15118.
Dunstone 15235.
Du Pont de Nemour, E. I., & Co. 15149. 15157. 15174. 15176. 15196. 15198. 15216. 15219. 15221. 15222. 15225. 15246. 15250. 15252. 15263. 15264.
Durham 15055.
Dušek 14903.
Dye 15263.
Dyke, van 15086.
Eastman Kodak Co. 15265. 15267.
Eaves 15195.
Ebel 15209.
Eberhardt 15037.
Eberhart 15209.
Eberle 14990.
Eckardt 15255.
Edeleanu G.m.b.H. 15258.
Edelman 15087.
Edelstein 15250.
Eder 15177.
Edlin 15090.
Edwards 15187.
Efross 14987.
Egerton 14969.
Egidi 14901.
Ehlers 15130.
Ehring 15214.
Eichler 15116.
Eichner 15083.
Eiduss 15242.
Einhorn 15220.
Eiter 15032.
Ejima 15136.
Elastomer Chemical Corp. 15217.
Elias 15130.
El Khishin 14904.
Ellefsen 15248.

Ellendorf, J., & Co., Chemisch-Pharmazeutisches Laboratorium 15244.
Ellis jun. 15153.
El Nadi 14904.
El-Shamy 14924.
Elsken 15249.
Emanuel 14949.
Emara 14933.
Emery 15131.
Emiliani 15229.
Emiroğlu 15094.
Engebretson 15231.
Engel 15193.
Engelhard Industries, Inc. 15163.
English jun. 14979.
Enk 15205.
Enns 15073.
Epelboin 14937.
Epstein, I. A. 14941.
Epstein, J. A. 15079.
Ercoli, A. 15128.
Ercoli, E. 15221.
Ernst 14922.
Erpf 14992.
Ervin jun. 15194.
Esso Research and Engineering Co. 15197. 15199. 15212. 15218. 15224. 15225. 15227. 15257. 15259.
Ethicon, Inc. 15156. 15212.
Etian 15236.
Etmer [15129].
Ettre 15130.
Evans, G. H. 15143.
Evans, W. H. 14911.
Eve 15147.
Evelyn 15068.
E. V. G. Entwicklungs- und Verwertungs-Gesellschaft m.b.H. 15151.
Exner 15167.
Fabian 14976.
Fábry 15173.
Fagerlind 14998.
Fanta 15003.
Farbenfabriken Bayer Akt.-Ges. 15123. 15150. 15175. 15176. 15193. 15194. 15204. 15214. 15219. 15222. 15223. 15244.
Farber 15052.
Farbwerke Hoechst Akt.-Ges., vormals Meister Lucius & Brüning 15123. 15151. 15175. 15199. 15205. 15209. 15221. 15222. 15223.
Farrington 15020.
Fauske 15196.
Faust 15149.
Favilli 15107.
Feddersen 15185.
Fedortschenko 15182.
Fehér 15134.
Fehrmann 14944.
Feichtinger 15206.
Feighner 15200.
Feingold 15075.
Feisal 15231.
Felder 15015.
Feldman 15053.
Feldmann 15119.
Fenech 14923.
Ferguson 15232.
Ferrero 14906.
Ferro 15187.
Feughelman 15247.
Few 15045.
Field 14920.
Fields 15240.
Fink 15112.
Finney 15186.
Finnie 15189.
Fioschin 14924.
Fa. OREC 15227.
Fischer, A. 14973.
Fischer, G. E. 14904.
Fischer, H. 15024.
Fischer, R. B. [15147].
Fischer, V. K. 14904.
Fischer, W. A. 15166.
Fisham [15116].
Fitchett 15163.
Fiume 15107.
Flanzy 15229.
Fleck 15256.
Fleischer 15075.
Flemming 15261.
Fletcher 15254.
Flippen 14921.
Floyd 15262.
Flügge [14901].
Fogle 15149.
Fonken 15031.
Ford 15224.
Forgacs 14928.
Forrest 15087.
Forss 15235.
Forsythe 15143.
Foster 14908.
Foundry Services International Ltd. 15193.
Fox 15039.
Frame jun. 15143.
Francesco Vismara S.p.A. 15128.
Francis 15221.
Frank, G. 15219.
Frank, K. T. 15091.
Franke 15216.
Frankiewicz 15153.
Frantz 15089.
Franz 15258.
Fredericq 15066.
Freinkel 15091.
Freislederer 15089.
Freudenberg, C., K. G. auf Akt. 15222.
Freymann, M. 14975.
Freymann, R. 14975.
Fried 15077.
Friedberg 14921.
Friedkin 15051.
Fritz 15157.
Fritzsche 15176.
Fröhlich 14902.
Frohwein 15021.
Frumina 15139.
Frutiger 15261.
Fubini 14901.
Fuchs 15140.
Fujimoto 14971.
Fuller 15155.
Fullmer 15101.
Fulmer Research Institute Ltd. 15194.
Fulton 15175.
Funk, H. 14951.
Funk, O. 15166.
Furth 15051.
Furukawa, K. 14958.
Furukawa, M. 15201.
Gaccia 15081.
Gagliardi 15204.
Gaislová 14953.
Galasso 14935.
Galender 15226.
Galletto 15179.
Galperin 14920.
Galy 15193.
Gańczarczyk 15158.
Gansen-Semal, van 15072.
Gantz 15254.
Garcia-Arocha 15094. 15095.
Gardiner-Hill [15106].
Garelli 14901.
Garner 14944.
Gaschkeit 15115.
Gassner 15079.
Gastaud 15072.
Gatineau 14959.
Gattiker 15195.
Gattringer 15180.
Gautier 15119.
Gavilán Rodríguez 15254.
Gay 14948.
Gaylord 14991.
Gazo 15239.
Gazopoulos 15030.
Gebhart 15256.
Geeren 15209.
Geigy, J. R., Akt.-Ges. 15123. 15125. 15127. 15128. 15175. 15202.
Geigy, J. R., Soc. An. 15205. 15244.
Geist 14921.
Geld 14940.
Gell-Mann 14901.
General Aniline & Film Corp. 15205. 15263. 15267.
General Electric Co. 15156. 15166. 15167. 15222.
General Electric Co. Ltd. 15156.
General Mills, Inc. 15251. 15262.
General Motors Corp. 15194.
Geness 15092.
Gentili 15068.
George 14925.
Gerber 15162.
Gerschenowitsch 15056.
Gerzriken 14937. 14942.
Gesellschaft für Teerverwertung m.b.H. 15204.
Gesnel 15174.
Gest 15054.
Geyer 15139.
Gheorghiescu 15101.
Ghosal 15027.
Ghosh 15102.
Giannelli 14912.
Gibbs, I. 15225.
Gibbs, O. J. 15256.
Gibson 15043.
Giesen 15205.
Gilardoni 15184.
Gilby 15045.
Gillespie, L. 15083.
Gillespie, M. 15073.
Gillett 15076.
Gilmore 15258.
Gilvarg 15058.
Ginsberg 15181.
Ginsburg, A. 14922.
Ginsburg, W. A. 14995.
Giovannozzi-Sermanni 15233. 15234.
Girault 15203.
Gittus 15178.
Gladrow 15259.
Glaser 15205.
Glass 15100.
Glasson 15165.
Glaxo Laboratories Ltd. 15128. 15167.
Glbert 15082.
Glemser 15010. 15012.
Glidden Co. 15214.
Gloesener 15118.
Glogoczowski 14962.
Go 15043.
Goble 14919.
Godin 15014.
Godsmark 15052.
Gönczy 15212.
Görisch 15069.
Götz 15198.
Gözsy 15097.
Gofman 15147.
Gold 15081.
Goldberg 14975.
Goldemberg 14906.
Goldin 15051.
Goldring, D. 15055.
Goldring, S. 15105.
Golubenkowa 15038.
Golubewa 15228.
Goldzieher 15082.
González 15056.
Goodyear Tire & Rubber Co. 15216. 15222. 15225.
Gopalakrishnan 15170.
Gorbatschewa, S. I. 15070.
Gorbatschewa, W. O. 15040.
Gori 15114.
Gorskaja 15108.
Gorter, C. J. 14972.
Gorter, P. De 15227.
Gotô 15039.
Gouzou 15179.
Gowenlock 14955.
Grace, W. R., & Co. 15151.
Graddon [14962].
Graham, D. J. 15232.
Graham, G. W. 15196.
Graig 15050.
Graliński 15249.
Grandjean 14923.
Grand'ry 15176.
Granitsas 15097.
Grant, D. M. 14972.
Grant, G. A. 15115.
Grant, P. T. 15067.
Grau 15234.
Graves 15112.
Green 14947.
Greenberg, I. N. 14919.
Greenberg, R. A. 15239.
Greenblatt 15082.
Greening 15052.
Gregersen 15234.
Gregorowicz 15134.
Gresham, E. 15075.
Gresham, W. F. 15225.
Greuel 15067.
Grevers 15232.
Gries 15059.
Griffing 15252.
Grigull [15152].
Grimm 15167.
Grinew 15003.
Grinman 14924.
Grisebach 15066.
Groat, de 15185.
Groenewegen 15069.
Gross 15194.
Grubner 15148.
Grumbrecht 15152.
Grusell 15157.
Grusin 14939.
Gualandi 14954.
Guchman 15214.
Gündel 15194.
Gueussier 15183.
Gulf Oil Corp. 15256. 15258.
Gulf Research & Development Co. 15175.
Guljajew 14939.
Gundry 14930.
Gunji 14958.
Gupta 14906.
Gurevich 15064.
Gurewitsch 14924.
Gurwitsch 15186.
Guthrie 15199.
Gutkowski 15150.
Gutowsky 14972.
Gutmann 14912.
Guttmann 15091.
Guzzette 15221.
Gwiazdowski 14950.
Gwiner 15253.
Haag 14903.
Haan, De 14935.
Haas, H. 15194.
Haas, N. de 14926.
Habann 15154.
Hacklander 15220.
Haddy 15073.
Hadley 14911.
Haefner 15166.
Häkkinen 15107.
Haensel 15162.
Hahn, F. L. 15132.
Hahn, J. 14913.
Haissinsky 14958.
Halbert 14912.
Hall 15153.
Halmos 15006.
Haloid Co. 15268.
Haloid Xerox, Inc. 15266.
Haly 15247.
Hamaguchi 14957.
Hamlyn 15168.
Hamm 15234.
Hammond, D. L. 15162.
Hammond, P. R. 14987.
Han 15020.
Handra 15168.
Handy 15196.
Hanna 15168.
Hanson, G. E. 15222.
Hanson, L. A. 15075.
Hara 15217.
Harborne 15068.
Harberts 15146.
Harbottle 14948.
Hardin 15075.
Hardy 15100.
Harper [15152].
Harris, A. B. 14926.
Harris, B. 15214.
Harris, J. B. 15087.
Harris, M. R. 14955.
Harris, R. S. [15106].
Harrison, D. E. 15153.
Harrison, W. A. 14920.
Hart 14947.
Hartfield 15157.
Hartlapp 15163.
Hartle 15175.
Hartmann, H. 14978.
Hartmann, Hans [15160].
Hartney 15075.
Hartwig 15210.
Hartzband 15257.
Harvey 15081.
Hazard jun. 15258.
Hasegawa 14918.
Hashim 15101.
Hashizume 15200.
Hasikuni 14965.
Hassett 14929.
Hasspacher 15121.
Haszeldine 15204. 15224. 15260.
Hatton 14901.
Haucke 15227.
Haurowitz 15075.
Hauser 15185.
Hausser 14973.
Havemann 15264.
Havens jun. 14912. 14913.
Hawkes 15176.
Hawley, H. B. 15231.
Hawley, R. 14917.
Hawley, R. S. 15224.
Hayakawa 15043.
Hayama 15094.
Haydon 14917.
Hayes 14948.
Haynes 15033.
Heal 14953.
Hecht 14908.
Hedley, T., & Co. Ltd. 15244.
Hehnen 14921.
Heikkilä 15091.
Heikkinen 15176.
Heinemann 15239.
Heinonen 15173.
Heintze 15231.
Heinz 15193.
Heller, A. 15152.
Heller, C. G. 15081.
Helmel 15185.
Hemmeler 15141. 15142.
Henderson 15033.
Hendra 14915.
Henglein 15040.
Hénin 14959.
Henkel & Cie. G.m.b.H. 15200. 15205. 15222. 15241. 15243.
Hennart 15195.
Henning 15214.
Henrici-Olivé 15038.
Henry 14914.
Henze 14951. 15139.
Hepp 15258.
Herbst 14985.
Hercules Powder Co. 15205. 15206.
Heritsch 14975.
Hernandez 15158.
Herreid 15237.
Herres 15192.
Herrmann 15257.
Herskovits 15044.

Hess 14966.
Hester 14904.
Heuer 15167.
Heumann 15046.
Heying 15149.
Heymes 15205.
Heyns 15233.
Hilber 15164.
Hilgeman 15171.
Hines 15143.
Hinlicky 15259.
Hirschberger 15193.
Hirth 14938.
Hiscott [14913].
Hoffman 15101.
Hoffmann, A. K. 15221.
Hoffmann-La Roche, F., & Cie. Soc. An. 15128. 15226.
Hoffmann-La Roche, F., & Co. Akt.-Ges. 15127. 15128. 15227.
Hofheinz 15066.
Hofmann 15255.
Hogan 15221.
Hnojewyj 15043.
Hoar 15186.
Hoare 14981.
Hobson 15149.
Hodge 15130.
Hodgkinson 15082.
Hoefke 15059.
Höfling 15257.
Höganäs-Billesholms A/B 15165.
Hoeger 15175.
Höller 14975.
Hofer 15222.
Hogg, J. A. 15031.
Hogg, W. 14981.
Hohmann 15152.
Hoijtink 14975.
Holban 15086.
Holbrook 15220.
Holcomb 15259.
Holland, H. C. 15112.
Holland, R. F. 15239.
Holloway 15166.
Holzapfel 14916.
Hopkins 15119.
Hoppe 15225.
Hopsu 15091.
Hardaway III 15097.
Horák 15025.
Horita 15213.
Horizons Titanium Corp. 15156.
Horn, Van 15171.
Horowitz, J. 15075.
Horowitz, R. M. 15068.
Houdry Process Corp. 15151.
Houghton 15050.
Hovey 15127.
Howard, F. T. 14909.
Howard, G. A. 14976.
Howard, T. J. 14982.
Howell 15051.
Hřebačka 15254.
Huber, G. 15025.
Huber, H. 15234.
Huber, H.-J. 14916.
Hübner 15069.
Hünig 15202.
Hughes, E. C. 15260.
Hughes, W. 15214.
Huhn 15035.
Hulme 14934.
Humiec 14953.
Hummel 14936.
Humphreys 15051.
Hund [14901].
Hung, Van 15060.
Hunt, B. B. 14995.
Hunt, J. B. 14946.
Hunter 14936.
Hurlbert 14935.
Hutchins 14906.
Hvidberg 15108.
Hyde 15219.
Hygrade Food Products Corp. 15240.
Hysing 15157.
Ibl 14923.
Ibragimowa 15005.
Ifrim 15101.
Igna 15082.
Igonni 15253.
Ikeda 15094.
Immel 15193.
Imoto 15037.
Imperial Chemical Industries Ltd. 15127. 15151. 15163. 15194. 15200. 15205. 15217. 15219. 15220. 15221. 15222. 15244.
Infilco, Inc. 15159.
Ingersoll 15083.
Ingle [15106].
Ingram 14971.
Insalco 15266.
International Telephone & Telegraph Corp. 15154.
Inventa Akt.-Ges. für Forschung und Patentverwertung 15201. 15205. 15222.
Ioffe [15157].
Iorga 15141.
Iori 14904.
Iriarte 15085.
Irreverre 14994.
Irzykiewicz 15055.
Ischtschenko 14928.
Ischtschuk 15242.
Iserson 15204.
Ishida 15036.
Itallie, Van 15101.
Itō 15037.
Itterbeek, Van 14929.
Ittrich 15076.
Ivin 15038.
Iwasaki 15213.
Iweronowa 14940.
Jackson, J. M. 15236.
Jackson, John M. 15193.
Jacobs 14919.
Jacobsohn 15090.
Jänes 15107.
Jagendorf 15056.
Jailer 15089.
Jakowlewa, J. A. 15133.
Jakowlewa, T. W. 14965.
Jakubowitsch 14995.
James 15003.
Janiček 15233.
Janssen 14968.
Janzsó 14994.
Jaracz 15254.
Jaray 15186.
Jarowenko 15170.
Jarý 14968.
Jastram 14906.
Jatzenko 14940.
Jaume 15149.
Jaynes 15103.
Jazwinski 15192. 15194.
Jeltsch 15201.
Jenckel 15035.
Jenks 15198.
Jensen 15193.
Jesserer 15101.
Jochims 15023.
Jørgensen, B. B. 15041.
Jørgensen, O. B. 15041.
Johannsen 15190.
Johns, C. K. 15238.
Johns, H. E. [15116].
Johnson, A. W. 15017.
Johnson, C. A. 15117.
Johnson, C. E. 14903.
Johnson, D. A. 15126.
Johnson, E. C. 15261.
Johnson, E. G. 15157.
Johnson, F. B. 15056.
Johnson, G. E. 15111.
Johnson, G. W. 14907.
Johnson, K. R. 15079.
Johnson, R. A. 15009.
Johnson, R. E. 15155.
Johnson, S. 15090.
Jókay 15195.
Jonas 15150.
Jones, E. 14917.
Jones, E. L. 15100.
Jones, R. S. 15102.
Jones, T. E. [15129].
Josephson 15236.
Judassina 15003.
Judin 15014.
Julian 15118.
Julsingha, van 15205.
Jung 15076.
Jungk 15082.
Jung-König 15181.
Jurgeleit 15252.
Jurjew 15004. 15005.
Jurkiewicz 15254.
Jurko 14987.
Just 15150.
Justoni 15128.
Jutras jun. 15204.
Juvin 15093.
Kabakow 15098.
Kabanow 14931.
Kachru 14997.
Kaczér 14920.
Kaess 15175.
Kagan 14938.
Kahn 15056.
Kaiser 15268.
Kakabadse 15138.
Kalant 15107.
Kalaschnikow 14927.
Kaliampetsos 15093.
Kalinkin 15014.
Kalle Akt.-Ges. 15268.
Kallen [15152].
Kallischnigg 15124.
Kallmann 14971.
Kallrath 15198.
Kamel 14937.
Kaneda 14979.
Kanitz 15247.
Kansaweli 15242.
Kanto Denka Kogyo Kabushiki Kaisha 15201.
Kapko 15153.
Kaplan 15099.
Kapur 15231.
Karimdshanow 15068.
Károlyi 15254.
Karponossowa 15254.
Karr jun. 15252.
Karstensen 14934.
Kartman 15075.
Kaschirskaja 15215.
Kaspar 15126.
Kassandrowa 14940.
Kaszyński 15148.
Katalymow 15170.
Kátó 15097.
Katschinskaja 14974.
Katz 15089.
Kauder 14945.
Kaulla, v. 15107.
Kawasaki 15247.
Kawashima 14957.
Kearney 15112.
Kedem 14928.
Kefford 15071.
Keh 14940.
Keiderling 15091.
Keil 15255.
Keilich 14998.
Keizer, de 15216.
Keller, J. 15207.
Keller, L. 15106.
Kelley, F. C. 15156.
Kelley, R. T. 15218.
Kellner 15138.
Kellogg, M. W., Co. 15160. 15161.
Kelly 14938.
Kemp 14934.
Kempf 15228. 15229.
Kempton 15236.
Kennedy 15073.
Kenner 14988.
Kermack 15067.
Kern 15223.
Kessler 15077.
Kettle 14959.
Khan 14914.
Khastgir 15034.
Khokhar 14974.
Kiebler jun. 15214.
Kiepert 15216.
Kilbey 15045.
Kilby 15206.
Kimberlin jun. 15259.
Kimmig 15084.
Kimpe, De 14956.
Kindler 15058.
King 14943.
Kirby 15049.
Kirchhof 15202.
Kirejewa 15160.
Kirshenbaum 15259.
Kirstahler 15194.
Kisselew 14944.
Kitajew 15229.
Kitt 14913.
Kitzer 15221.
Kivalo 15086.
Klaffke, Dr., & Co. 15166.
Klavis 15115.
Kleihauer 15095.
Kleimenowa 14982.
Kleinpaul 14978.
Klewke 15168.
Kline 15120.
Klockgether 15263.
Klopfer 15221.
Kluge 15205.
Klyne 15061.
Knacke 14934.
Knapsack-Griesheim Akt.-Ges. 15163. 15198. 15205.
Knotz 15022.
Knowles 14909.
Kny 14994.
Koch, H. 15002.
Koch, L. 14912.
Koch, O. G. 15140.
Kočí 14913.
Kock 14902.
Kodak-Pathé 15265.
Kodicek 15069.
Koechlin 14975.
Köhling 15215.
Köhsling 15153. 15160.
Koerner 15131.
Koftun 15242.
Kohn 15161.
Koike 15041.
Koizumi 15036.
Kok 15048.
Kolářík 15133.
Kolboe 15248.
Kolew 15171.
Kolthoff 14930.
Kominami 15037.
Komowski 14932.
Konecny 14935.
Koninklijke Industrieele Mij. voorheen Noury & van der Lande, N. V. 15251.
Konrad 15230.
Konstantinow 14944.
Konstantinowa 15106.
Koppers Co., Inc. 15201.
Koppers, H., G.m.b.H. 15151.
Korcyl 15183.
Korenkowa 15039.
Korkisch 15138.
Korotina 15096.
Korotkow 14982.
Koslov 14908.
Koslow 14924.
Koslowski, L. 15115.
Koslowski, M. T. 14923.
Kosmin 15240.
Kosst 15014.
Kosstjuk 14962.
Kosyrina 15106.
Kotelnikowa 15108.
Kotschetkow 14992. 14999.
Kottler 15199.
Kovács 14994. 15006.
Kowarskaja 15038.
Kowner 14963
Koziorowski 15158.
Kramer, K. 15103.
Kramer, P. E. 15110.
Kraus, A. 15244.
Kraus, H. 15244.
Krawzow 14949.
Krebs 15223.
Kreschkow 15145.
Kressnin 14902.
Krieger, C., & Co. Nachf. 15120.
Kroc 15090.
Kroh 14947.
Kroll 15171.
Kronacher 15175.
Kroneis 15180.
Kroone 15164.
Kruse, H. 15157.
Kruse, W. 14946.
Krzikalla 15193.
Kselik 15243.
Kubátová 15233.
Kubiak 15249.
Kucharski 15158.
Kuchela 14910.
Küchler [15152].
Kühn, E. 15219.
Kühn, W. 15149.
Kuhla 15227.
Kuhn, R. 15022. 15023. 15024.
Kuhn, W. 14926.
Kula 15254.
Kulijew 15236.
Kulonen 15107.
Kunert 15258.
Kunst 15263.
Kunzmann 15226.
Kupchan 14989.
Kupin 14965.
Kupperman 15079.
Kura 15181.
Kurata 15161.
Kureha Kasei Kabushiki Kaisha 15213. 15216.
Kuroda 15036.
Kurotschkin 14962.
Kusmowitsch 14924.
Kusnetzowa 14963.
Kusumoto 15041.
Kuszka 15254.
Kutscherjawy 14975.
Kuykendall 15171.
Kwascha 14962.
Kydrew 15171.
Kymin Osakeyhtiö-Kymmene Aktiebolag 15162.
Labofina Soc. An. 15150.
Laboratoires Dausse 15128.
Laboratoires Français de Chimiothérapie 15203.
Lachman 15116.
Łada 15159.
Läser 15193.
Laffitte 14964.
Lafon 15147.
Lagoni 15076.
Lagowski 14949.
Lahiri 15253.
Lahociński 15254.
Laidlaw 15081.
Lakefield Research of Canada Ltd. 15194.
Lal 15231.
Lamb 14904.
Lamplová 15109.
Lamprecht 15114.
Landau 15080.
Landgraf 15177.
Landsberg [14963].
Lane 15151.
Lang 15181.
Lange 14944.
Langhäuser 14918.
Lanz 15042.
Lapière 15118.

Lapin 14929.
Lapitzki 14907.
Laqua 15250.
La Que 15188.
Larson 15091.
Lasb 15087.
Lasch 15097.
Laskowski jun. 15044.
Laszlo 15098.
Lathem 15103.
Laubengayer 14953.
Laurence 15050.
Lavanant 14956.
Lawson 14927.
Leach, K. 15055.
Leach, S. J. 15249.
Le Bars 15110.
Lebedewa 15104.
Lechat 15006.
Lection 15167.
Lee, A. K. 15085.
Lee, D. H. 15100.
Lee, G. E. 15121. 15122.
Leek Chemicals Ltd. 15174.
Leers 15255.
Lee-Whiting 14909.
Lefever 14933.
Lefèvre 15173.
Léger 15165.
Leggatt 15234.
Legoux 14958.
Lehmann, C. R. 15184.
Lehmann, J. 14916.
Lehnert 15251.
Leibowitz 15021.
Leijnse 15093.
Lejus 14955.
Lella, Di 14901.
Leltschuk 15215.
Lemli 15119.
Lemm 14913.
Lemmer 15061.
Lenk 15057.
Leonard, C. D. 15171.
Leonard, E. V. 15047.
Lepoutre 14922.
Lergier 15042.
Lescroel 15154.
Lester 15163.
Lethin jun. 15098.
Lévai 15195.
Levi 15194.
Levowitz 15237.
Lewin, S. 15145.
Lewin, W. L. 15253.
Lewinter 15256.
Lewis, B. 15248.
Lewis, D. E. 15154.
Lewis, H. E. 15186.
Lewis, J. R. 15219.
Lewitus 15091.
Li 15215.
Liang 15195.
Liao 15260.
Libbey-Owens-Ford Glass Co. 15167.
Libinson 15106.
Ligeti 15117.
Ligten, van [15147].
Liljeholmens Stearinfabriks A/B 15244.
Lilly, E., & Co. 15129.
Limpach 15140.
Lin 14921.
Linden, H.-W. 15206.
Linden, R., Van Der 14977.
Linder, J. S. 15198.
Linder, W. 15151.
Lindgren 15131.
Lindner 15059.
Lindquist 15174.
Linke 15257.
Linschitz 15156.
Lipina 15145.
Lipinski 15166.
Lipp 15070.
Lischanski 14982.
Littell 15184.
Little jun., E. L. 15174.
Little, P. E. 15115.
Livingston 14909.
Livingstone 14966.
Lloyd 15161.
Lock 15211.
Lockington 15186.
Lösche 15040.
Lofhjelm 15167.
Lokan 14905.
Long, J. V. 15187.
Long, M. E. 15080.
Long, S. 15116.
Longenecker 15169.
Loosemore 14909.
Lopatina 14992. 14999.
Lorenz 15166.
Lorquet 14963.
Losa Martín 15139.
Losonczy 15196.
Losse 15095.
Lotti 15085. 15088.
Louis 15219.
Love 15259.
Low 14931.
Lower 15226.
Loy 15120.
Lubin 15161.
Lüllmann 15059.
Ludewig 15069.
Lugibihl 15080.
Luick 15075. 15076.
Lukačovič 15131.
Lukeš 14968.
Lukowenko 15215.
Lummus Co. 15175.
Lumsden 15194.
Lundin 15249.
Lutz 15112.
Lux 14949.
Luzzati 15049.
Lyerly 15169.
Lynch 15186.
Lyons 15052.
Lyssenkowa 15214.
McAllister 15050.
McArthur 15083.
McCall 15241.
McCarthy 14903.
McClung [15147].
McComb 15146.
McCormick 15126.
McCullough 15157.
McDowell 15240.
McEwen 14908.
McGee 14907.
McGill 15101.
McGinty 15078.
McIlwain 15098.
McIntosh jun. 15031.
McKay 15097.
McKeever 15203.
McKemie 15218.
Mackenzie, J. D. 14933.
Mackenzie, N. M. 15209.
Mackeurtan 15246.
McKinnon 14981.
Macků 14911.
Maclaren 15249.
McLaughlin 14929.
MacLean 15168.
McMillion 15118.
MacMullen 15198.
McNair 15103.
McNamara 15056.
McPherson 15225.
MacQueen 15232.
Maddock [14913].
Mader 15267.
Madjerek 15084.
Maeck 15137.
Maffei 15015.
Magee, P. N. 15052.
Magee, R. J. 15143.
Mageramow 15184.
Maggio 14979.
Magner 15157.
Main 15085.
Maiorowa 15067.
Maitrot 14911.
Majima 14909.
Majumdar, A. K. 15243.
Majumdar, S. K. 15141.
Makarow 14995.
Maki 15162.
Malchow 15166.
Malenke 15230.
Malézieux 15117.
Malinowski 14987. 15003.
Malizia 15110.
Malpass 14973.
Malsch 15237.
Malvano 14906.
Malyschenko 15184.
Malzew 14938.
Mamro 15179.
Mangold 15158.
Mankher 15185.
Mann 14973.
Maradudin 14921.
Marbert Pharm. und kosm. Spezial-Präparate Roeber & Sendler 15227.
Marcazzan 14904.
Marcenaro 15085. 15088.
Marcley 14909.
Mardanow 15195.
Margolis [14949].
Margrave 15130.
Marincek 15140.
Markman 15241.
Marks 15098.
Markunas 15144.
Markus 15218.
Marti 15095.
Martin jun., D. S. 14948.
Martin, G. R. 15101.
Martin, H. 14929.
Martin, J. P. 15171.
Martin, J. T. 15174.
Martin, M. 14975.
Martin, N. H. 15050.
Martinière, de la 14953.
Martinsson 14939.
Marsden 14901.
Marsh 15137.
Marshall 15084.
Mascitelli-Coriandoli 15104.
Mason 14911.
Masslow 15053.
Masson, A. 15176.
Masson, M. C. 15094.
Matthall Co., Aktiebolaget 15261.
Matelli 15137.
Mativa 15118.
Matsuzawa 15200.
Matthaeus 15223.
Matthies 15096.
Maturová 15025. 15117.
Matuschka 15185.
Maucher [14963].
Mavel 14976.
Max-Planck-Institut für Eisenforschung 15166.
May 15150.
May & Baker Ltd. 15121. 15122. 15124. 15128.
Mayer, J. 15060.
Mayer, M. E. 14902.
Mazáček 14932.
Maze 14901.
Mazzei 14954.
Meakins 14969. 14970.
Mecke 15230.
Meckenstock 15141. 15264.
Medawar 15074.
Mednikow 15168.
Medwedew 15048.
Medwedewa 15256.
Meggs 15153.
Mehnert 15093.
Mehrotra 14957.
Mehta 15135.
Meier 15033.
Meijering 14926.
Mellett 15113.
Melnikow 15132.
Melnikowa 15253.
Mendelsohn 15126.
Ménégoz 15193.
Mengel 15204.
Menzies 15173.
Mercer 15187. 15188.
Merck & Co., Inc. 15125. 15128. 15129. 15241.
Merckling 15225.
Merke 15249.
Merkel 15201.
Merker 15162.
Merlin, D. 15237.
Merlin, E. 15195.
Merzari 14904.
Meschtscherjakow 14974.
Mesenzowa 15004.
Metal Hydrider, Inc. 15194.
Metallgesellschaft Akt.-Ges. 15162. 15163. 15193. 15224.
Metallhütte Mark Akt.-Ges. 15193.
Metallurgical Development Co. 15194.
Metallurgical Processes Ltd. 15194.
Metcalfe, J. 15098.
Metcalfe, K. A. 15212.
Metyš 15113.
Metyšová 15113.
Metzger, F. R. 14905.
Metzger, H. 15201.
Metzger, H. 15201.
Metzger, M. C. 15185.
Meyer, A. [15152].
Meyer, August 15101.
Meyer, H. 14926.
Meyer, R. 15161.
Meyer, S. 15140.
Michaeli 14928.
Michaelis 15105.
Michailow 15040.
Michel 14954.
Midland Silicones Ltd. 15220.
Mieghem, Van [14963].
Mießner [15152].
Miki 15222.
Milcu 15093.
Milhaud 15100.
Miller 14971.
Milliken jun. 15151.
Mills, G. A. 15151.
Mills, J. A. 15069.
Milman 15048.
Milovanova 15064.
Minister of Aviation 15261.
Ministry of Supply 15261.
Minnesota Mining & Mfg. Co. 15167. 15264.
Miramontes 15029.
Miroff 15108.
Mirsajewa 15168.
Mishkin [15152].
Misra 15051.
Mitchell, D. [14963].
Mitchell, R. F. 14948.
Mitsubishi Kasei Kogyo Kabushiki Kaisha 15200. 15213.
Mizushima 14930.
Mladenović 15029.
Mlavsky 15156.
Mlodecka 15159.
Mo 15048.
Modrejanu 15141.
Möller, K. D. 14963.
Möller, K. E. 15002.
Moews jun. 14953.
Móger 14931.
Mohr, E. 15060.
Mohr, R. 15199.
Mohr, W. P. 15232.
Moje 15171.
Molina 14951.
Moll 15130.
Molnar, J. I. 15073.
Molnár, L. G. 15138.
Moltschadski 15223.
Molyneux 15063.
Momose 15004.
Mond, Du 14901.
Mond Nickel Co. Ltd. 15194.
Monien 15134.
Monk [14925].
Monnand 14906.
Monnier 14923.
Monsanto Chemical Co. 15167. 15240. 15243. 15246.
Monse 14945.
Montahue 15053.
Montecatini Soc. Gen. per l'Industria Mineraria e Chimica 15149. 15163. 15176. 15205. 15206. 15221. 15222. 15225.
Moore 15231.
Morette 15117.
Morgan, J. F. 15056.
Morgan, K. J. 14967.
Morize 15194.
Morizur 14958.
Morris, C. J. 14994.
Morris, F. N. 15174.
Morris, R. 15074.
Morris, T. C. 15261.
Morrison [14147].
Morshedian 15189.
Mortimer 15028.
Morton, H. J. 15056.
Morton, R. A. 15104.
Morton, R. K. 15053.
Moscati 14906.
Moschtschinskaja 15002.
Moser 15135.
Mosig [15129].
Moskalev 14909.
Moss 14913.
Mothes 15071.
Motloch 15178.
Moussa 14906.
Mower 15174.
Moxted 15256.
Mrak [15241].
Mrowec 14945.
Mühlhausen 15222.
Müller, A. 15229.
Müller, A. 15229.
Müller, E. 15097.
Müller, Erich 15121.
Müller, J. 15162.
Müller, H. 15000.
Müller, R. 14948.
Müller, R. H. 14923.
Müller, T. 15150.
Muir 15070.
Mukerjee 15013.
Muller 15217.
Mullin [14962].
Mundag 15195.
Munday 15072.
Munkner 15098.
Munsick 15086.
Murata 15247.
Mureşanu 15168.
Murphy [15152].
Murthy 15132.
Murti 15013.
Musilek 15065.
Mutaguchi 15177.
Myers 15059.
Myslicki 15159.
N. V. de Bataafsche Petroleum Mij. 15176. 15216. 15217. 15222. 15257.
N. V. Centrale Suikermij 15205.
N. V. Philips' Gloeilampenfabrieken 15128. 15155. 15156.
Nabijew 15167.
Nádasy 14995.
Nading 15111.
Nadziakiewicz 15253.
Näätänen 15089.
Nagao 15251.
Nagy, E. 15027.
Nagy, F. 14931.
Nakajima 15039.
Nakamura, H. 15178.

Nakamura, M. 15004.
Nakano 15213.
Nakayama 15222.
Nalbandov 15080.
Nambe 15216.
Nandi 15065.
Napier, D., & Son Ltd. 15151.
Napier, S. E. 15261.
Narasimhan 14972.
Narath [14913].
Narrod 15099.
Natalizi 15109.
National Aluminate Corp. 15259.
National Cash Register Co. 15264.
National Distillers & Chemical Corp. 15161. 15193.
National Distillers Products Corp. 15205.
National Lead Co. 15162.
National Research Council 15163.
National Research Development Corp. 15224.
National Smelting Co. Ltd. 15194.
Natta 15225.
Naugle 15199.
Naumann 15117.
Nebe 15236.
Nefflen 15167.
Negishi 15037.
Neher, H. T. 15197.
Neher, R. 15084.
Nehring 15100. 15149.
Neihof 14929.
Neilands 15061.
Neish 15051.
Nekrassow 15177.
Nelson, A. J. 15232.
Nelson, J. W. 15111.
Nelson, W. O. 15081.
Němec 14968.
Nemes 15196.
Nessmejanowa 14962.
Nessterow 15254.
Netherwood 15262.
Neumann, A. 15197.
Neumann, J. 15160.
Neunhoeffer 15265.
Neveu 14999.
Newberg 15224.
Newman 15213.
Newport 14911.
Nichols, A. V. 15131.
Nichols, J. 15212.
Nicholson 15240.
Nickless 14945.
Niebuhr 15140.
Niehaus 15050.
Niemeyer 15056.
Nieper 15227.
Nieuwenburg, Van [15147].
Niklewski 15227.
Ninomiya 15105.
Nishida 15188.
Nisselbaum 15054.
Noack 15150.
Noddack-Tacke 15044.
Noel 15035.
Noguchi 15043.
Noland 15009.
Nomine 15203.
Noorlander 15234.
Norsk Hydro-Elektrisk Kvaelstofaktieselskab 15193.
Norsk Spraengstofindustri A/S 15204.
Northcote 15059.
Notley 15070.
Notte 15177.
Novitskaya 15064.
Nowacki 15158.
Nowakowski 15034. 15253.
Nowikow 14942.
Nurmi 14908.
Nussbaum 15125.
Nutting 15232.
Nyitrai 14931.
Ober [15052].
Oberkobusch 15204.
O'Brien 15109.
Oediger 15032.
Ördögh 15135.
Örnhjelm 15162.
Oeteren-Panhäuser, Van 15211.
Offe 15204.
Ogawa 14957.
Ogorodnikow 15182.
Ogston 15067.
Ohloff 15029.
Ohls 15136.
Ojima 14960.
Okada 15037.
Oknow 14937. 14939.
Okoniewski 15206.
Okuetal 15248.
Okura 15140. 15141.
Oldfield 15136.
O'Leary 15105.
Olenitschewa 15059.
Olin Mathieson Chemical Corp. 15127. 15198. 15216.
Olivé 15038.
Oliveto 15125.
Ollmann 15264.
Olson, H. J. 15082.
Olson, jun. J. C. 15235.
Olszak 15179.
Omae 15094.
Oncley 15083.
O'Neill 15182.
Oosterhof 15222.
Oparin 15055.
Opolski 15048.
Oppel 15103.
Oprée 15193.
Ordnung 15098.
Organon Laboratories Ltd. 15129.
Orgel 14959.
Orhanovič 14946.
Orlando [15152].
Osborg 15161.
Osborn [14932.]
Oshima 15041.
Osredkar 14908.
Ossetrowa 14924.
Ough 15229.
Ousterhout 15102.
Overbeck 15073.
Overbeek 15084.
Owens II 15136.
Ozalid Co. Ltd. 15268.
Pabis-Machej 15148.
Pacey 15129.
Padbury 15218.
Page 15094.
Pake 14972.
Paleg 15070.
Pálfi 15170.
Pallaud 14958.
Palleroni 15062.
Paolis, De 15227.
Papst 15224.
Parhon 15105.
Parigot 15110.
Parke, Davis & Co. 15128.
Parker 15075. 15076.
Parmatic Engineering Ltd. 15150.
Pascual Vila 14975.
Passavant 15159.
Passavant-Werke 15159.
Pasuchin 14936.
Pasveer 15159.
Pászthory 15195.
Pathak 14997.
Patterson jun., A. 14922.
Patterson, D. D. 15035.
Patton 15236.
Paulsen 15199.
Pavlas 15228.
Pavlovič 14946.
Paz Castro 15142.
Pearson 15169.
Pechiney Comp. de Produits Chimiques et Électrométallurgiques 15193.
Peck jun. 15054.
Peirson 14910.
Pekáry 15170.
Pelenitsina 15064.
Pelletier 15027.
Penasse 15203.
Pennell 15083.
Penneman 14958.
Penning 15219.
Pensack 15240.
Perdraut 15244.
Pereira Luz 15084.
Peric-Golia 15102.
Perona 14925.
Perschke 15133.
Pershin 15064.
Perzel 15228.
Perzow 15014.
Peshori 14910.
Pest Control Ltd. 15175.
Petermann 15049.
Peters, K. 14932.
Peters, L. E. 15078.
Peterson, D. T. 14935.
Peterson, P. E. 14978.
Peterson, W. F. 15082.
Petrescu 15168.
Petri, N. 15010. 15012.
Petri, R. 15215.
Petrikova 15130.
Petrosini 15169.
Petrow 14965.
Petrucz 15114.
Pettigrew 15107.
Petty 15182.
Pfanstiel 15251.
Pfizer, C., & Co., Inc. 15125. 15128. 15129. 15198. 15240.
Phaff 15232.
Philips Electrical Industries Ltd. 15157.
Phillips 14989. 15175.
Phillips Petroleum Co. 15161. 15196. 15198. 15221. 15222. 15258.
Pieper 15205.
Pierrot 15154.
Pierson 15254.
Pietra 15015.
Pietro 15054.
Pietsch 15264.
Pik 15214.
Pikelner 15254.
Pilleri 15226.
Pillon 15161.
Pincus, A. G. 15167.
Pincus, G. 15081.
Pintsch Bamag Akt.-Ges. 15156.
Pirkess 15160.
Pirofsky 15074.
Pischinger 15158.
Pitcairn 15098.
Pitrè 15015.
Pitt 15104.
Pitzer 15196.
Pjatnitzkaja 15058.
Plapp jun. 15109.
Plas, Van der 15216.
Platzer 14953.
Plein 15118.
Plekss 15110.
Plemich 15260.
Plieninger 14998.
Ploeg, Van der 15256.
Plotnikow 14982.
Plumat 15165.
Pobořil 15180.
Podrzucki 15178.
Podstata 15001. 15007.
Pöhler 15200.
Pohl 15205.
Pohlmann 15193.
Pokorný 15233.
Pokrowski 15039.
Pol, Van der 15119.
Polikarpow, J. A. 14939.
Pollard 14945.
Polowoi 14949.
Poluektov [15147].
Pomar 15229.
Pomey 14940.
Pommer 15032.
Pope 14971.
Popow 14926.
Popowa, J. A. 15070.
Popowa, N. N. 15184.
Porter 14953.
Posternak 15057.
Potop 15093.
Potter 14927.
Pound 14938.
Pover 15092.
Powell 14915.
Power-Gas Corp. Ltd. 15266.
Powers 14979.
Powning 15055.
Prabhakar 15132.
Pradhan 15066.
Preobrashenski 15132.
Pretzer 15150.
Preuss 15210. 15211.
Price 15218.
Primas 14922.
Pritchard, H. 15236.
Pritchard, H. N. 15110.
Pritschard 14928.
Procházka 15065.
Proctor, K. A. 15120.
Proctor, M. H. 15047.
Prouty 15238.
Prütz 14994.
Pujols 14964.
Purkayastha 15065.
Pursey 14903.
Pusch 15179.
Pusitzki 15242.
Putzeys 15073.
Quaedvlieg 15223.
Quartley 15070.
Quassiati 14901.
Quastel [15106].
Queck 15208.
Quint 15209.
abiant 15119.
Rabinovitch 15103.
Rabinovitch 15103.
Rabinowitsch 15242.
Rabinowitz 15008.
Rabyins 14920.
Rabot 14956.
Raderecht 15096.
Ragimow 15242.
Rafijew 15242.
Raichle 15214.
Rainwater 14912.
Raitschenko 15182.
Raitschenko 15182.
Ramaswamy 14906.
Ramenskaja 15048.
Ramsa 14919.
Ramsay 15052.
Ranalli 15222.
Randall 14970.
Randazzo 15192.
Rao, B. N. S. 14910.
Rao, B. R. 14974.
Rao, K. S. 14974.
Rao, U. V. 15139.
Rapoport 15096.
Ráskai 14995.
Rasuwajew 14957.
Rathfelder 14994.
Ratsep 15243.
Rauen [15052].
Rault 15154.
Rauscher 14948.
Recant 15104.
Redfan 15151.
Redleaf 15087.
Reekers 15146.
Regalbuto 15148.
Reháček 15066
Rehbein 15255.
Rehwald [14963].
Reifenstein jun. 15079. 15083.
Reilley [15147].
Rein 15137.
Reinhard 15110.
Reinmuth 14930.
Reith 15255.
Remington 15252.
Renault 15119.
Rendig 15146.
Rennels 15085,
Renner 15069.
Renson 15176.
Resch 15181.
Reschke 15176.
Resnik 15223.
Reusse 14913.
Review [15106].
Revoir 15264.
Rey 15255.
Reyerson 15043.
Rey Mendoza 15142.
Reymrsholms Gmala Industri Aktiebolag 15163.
Řezáč 15137.
Rhoton 15105.
Rhys 15181.
Riabukhin 14908.
Richardson, E. E. 15259.
Richardson, H. M. 15163.
Richardson, J. A. 15090.
Richardson, P. N. 15215.
Richey [15176].
Richmond 15174.
Richter 14933.
Rick 15059.
Rickett 15003.
Ridge 15105.
Riebsomer 15008.
Rieche 15200.
Ried 15000.
Riedel 15158.
Rienäcker 15029.
Riener 15221. 15227.
Riet, Van't 14930.
Rigby-Jones 15052.
Riggs 15095.
Riker Laboratories, Inc. 15126.
Ring 14954.
Rinn 15108.
Rinne 15086.
Ritschel 15117.
Ritter 14954.
Roberts, A. C. 14941.
Roberts, A. L. 15163. 15164.
Roberts, J. T. 14903.
Robinson, H. B. 15235.
Robinson, I. M. 15225.
Robison 15224.
Robson, A. 15248.
Robson, H. H. 15046.
Robu 15148.
Rock 15081.
Rodis 15163.
Rodriguez-Erdmann 15097.
Roedel 15216.
Roesner 15247.
Rößler, B. 15237.
Roessler, E. B. 15229.
Rogers, D. A. 15156.
Rogers, M. T. 14972.
Roggen, Van 14972.
Rohm & Haas Co. 15127. 15197. 15203. 15205. 15221. 15222. 15227.
Roick 15046.
Roizin 15111.
Rokos 15065.
Roland 15081.
Romanet 14971.
Romanow, W. P. 15177.
Romanow, W. W. 14925.
Romero 15029.
Romney 15098.
Rosanow 15099.
Rosanzewa 14940.

Roschtschina 14928.
Rose, A. 15247.
Rose, G. R. E. 15244.
Rosen 14912.
Rosenbaum 14938.
Rosenberg 14941.
Rosenthal, F. 15246.
Rosenthal, S. R. 15075.
Rosiński 15254.
Ross 15189.
Rossotti 14969.
Rostripenko 15228.
Rotenstein 15179. 15180.
Roth 14918.
Rothgang [15129].
Rothlin 15103.
Rothrock 15196.
Rotowska 15171.
Rottenbacher 15249.
Rouse [15147].
Roussopoulos 15044.
Roux 15068.
Rowan jun. 14931.
Royer, G. L. 15213.
Royer, R. P. 15268.
Rózsavölgyi 15168.
Rozzi 15056.
Rubber, A., Co. Ltd. 15149.
Rubbia 14901.
Rubtsov 15064.
Rütgerswerke Akt.-Ges. 15166. 15202.
Rüetschi 15156.
Ruhnke 14986.
Ruhrchemie Akt.-Ges. 15197. 15206. 15216.
Ruhrgas Akt.-Ges. 15193.
Rupp 15240.
Rushing 15233.
Ruysschaert 14968.
Růžičková 15137.
Ruziczka 15144.
Ryan 15118.
Rylett 15051.
Sabolotzki 15048.
Sacharkin 15012.
Sacharowa 14987.
Sachs 15050.
Sachse 15264.
Sadhu 15092.
Sadler 14968.
Sagal jun. 15266.
Săhleanu 15086.
Sahli 15119.
Saitzwa 15005.
Sak 14982.
Sakornbut 15246.
Sakurai 15251.
Salmon-Legagneur 14999.
Samachson 15098.
Samuel 15186.
San Clemente 15236.
Sander 15212.
Sandoz Akt.-Ges. 15204. 15222.
Sandoz Soc. An. 15128.
Sandvikens Jernverks A/B 15194.
Saner 15246.
Šantavý 15025. 15117.
Santholzer 14913.
Sanyal 15253.
Sari 15187.
Sarinski 15214.
Sato 15217.
Sauer, J. C. 15176.
Sauer, K. H. 15134.
Saunders, B. C. 14995.
Saunders, F. J. 15078.
Saunders, J. P. 15172.
Sawaritzki 14962.
Sawdey 15266.
Sawyer, D. T. [15147].
Sawyer, W. H. 15086.
Saxe 15255.
Saxena 14971.
Sbarski 15048.
Sbrolli 15249.
Schaaffs 14918.
Schaafsma 15243.
Schachsadowa 15253.
Schadlich 15267.
Schäfer, G. 15093.
Schäfer, Gustav 15209.
Schaefer, H. F. 15155.
Schaeffer 15205.
Schall, E. D. 15172.
Schall jun., P. 14907.
Schall, W. E. [15116].
Schatenstein 15133.
Schäwlowski 15063.
Scheffler 15199.
Schemet 15145.
Schen 15048.
Schenck, H. 15177.
Schenck, M. 15126.
Schenck, R. [15072].
Schenk 15200.
Scherer 15205.
Scherico Ltd. 15125.
Schering Akt.-Ges. 15126.
Scheuten 15193.
Schiaffino 15120.
Schichlisade 15214.
Schickh, v. 15201.
Schier 15025.
Schindler 15230.
Schischokin 14942.
Schischowa 15035.
Schlegel 15067.
Schlegelmilch 15000.
Schleicher 15181.
Schlesinger 15268.
Schloerb 15072.
Schlösser 15227.
Schmid, E. 15098.
Schmid, E. D. 14966.
Schmid, J. 15117.
Schmidt, R. 15219.
Schmidt, W. R. 15149.
Schmidt-Kastner 15123.
Schmiedel 15266.
Schmitz 15200.
Schnabel 15040.
Schnapperelle 15213.
Schneyer, C. A. 15076.
Schneyer, L. H. 15076.
Schniepp 15236.
Schöberl 15248.
Schöllkopf 14976.
Schölzel 15096.
Schön 15098.
Schoenmackers [15052].
Scholander 15073.
Schorygina 14996.
Schou 15108.
Schpak 14943.
Schramm, C. H. 14989.
Schramm, G. 15060.
Schraufstätter 15123.
Schreiber 15189.
Schreiner 15160.
Schreyer 15225.
Schroeder, H. A. 15216.
Schröder, W. 14998.
Schröter 15117.
Schtifman 15215.
Schtscherbakow 14927.
Schtscherban 15106.
Schubarth 15046.
Schügerl 15195.
Schütte 15057.
Schuikin 14982.
Schuldiner 14929.
Schuler 15088.
Schulmina 15053.
Schulte, D. W., Fabrikation feuerfester Sondermassen 15166.
Schulte, K. E. 15116.
Schultz [15152].
Schultze 15235.
Schulz, F. 15256.
Schulz, G. V. 15038.
Schulz, J. G. D. 15195.
Schulze 15228.
Schusterova 15228.
Schwäger 14905.
Schwal 15118.
Schwalenberg 15250.
Schwartz 15223.
Schwarz, G. 15237.
Schwarz, H. 15226.
Schwarzkopf 15227.
Schweigart 15062.
Schweisheimer 15225.
Schweizer 15201.
Schwerdtfeger 15189.
Scott, G. T. 15111.
Scott jun., J. W. 15258.
Screen Products, Inc. 15150.
Scrimshaw 15232.
Scrollini 15114.
Scudi 15110.
Seals 15237.
Seaman 15045.
Seavell 15037.
Seed 15221.
Seel 14944.
Seeley 15156.
Sekiguchi 15037.
Selenin 14995.
Sellers 15111.
Sellet 15220.
Semel 15171.
Semmel jun. 15187.
Senewald 15198.
Sen Gupta, J. G. 15143.
Sengupta, P. 15034.
Senn 15233.
Sennewald 15205.
Senninger 15219.
Seshadri 15013.
Sessions jun. 15167.
Ševčík 15065.
Sexton, A. R. 15198.
Sexton, L. J. 15083.
Shafizadeh 15020.
Shah 15080.
Shahinian 15184.
Shakir 15137.
Shapiro 15050.
Share 15045.
Sharman 15231.
Sharowski 14943.
Sharp 15158.
Shaw, B. L. 14960.
Shaw, J. M. 15249.
Sheard 15038.
Shearin 15168.
Sheehan, J. C. 15126.
Sheehan, W. F. [14901].
Sheigurs 14922.
Shell Development Co. 15258.
„Shell" Research Ltd. 15195.
Shepherd, H. R. [14932].
Shepherd, M. 15098.
Sherritt Gordon Mines Ltd. 15194.
Shimanouchi 15035.
Shimomura 15200.
Shinagawa Kako Kabushiki Kaisha 15217.
Shipotofsky 15135.
Shiraisi 15037.
Shiras 15258.
Shirley 14903.
Shive 15047.
Shmidl 15199.
Short 15198.
Shukla 15135.
Shuldener 15157.
Shull 15125.
Sibatani 15049.
Sicedison S. p. A. 15205.
Siddalingaiah 15014.
Siegel 15050.
Siegenthaler 15114.
Siemag, Feinmechanische Werke G.m.b.H. 15266.
Siemens & Halske Akt.-Ges. 15155. 15213. 15219.
Siemens-Planiawerke Akt.-Ges. 15193.
Siemens-Schuckertwerke Akt.-Ges. 15219.
Siggel 15205.
Sigoloff 15155.
Silva 14906.
Silverman 15071.
Simionescu 15093.
Simmons 15181.
Simons, J. H. 15189.
Simons, J. N. 15071.
Simpson, M. V. 15049.
Simpson, P. 14995.
Sinanoǧlu 14913. 14914.
Sinclair Mfg. Co. 15162.
Sing 14955.
Singh 14964.
Šingliar 15131.
Sinha, B. K. 15253.
Sinha, N. C. 15253.
Sinn 15223.
Sinowjew 14975.
Sisler 15066.
Sissakjan 15045.
Sistiaga 15183.
Sisto 15192. 15194.
Sisto 15192. 15194.
Skalak 15192.
Skeel 14906.
Skeggs 15100.
Skinner 15047.
Skoblin 15169.
Skramlik, v. 15233.
Skrebzow 14944.
Skulatschew 15053.
Skundina 15214.
Skuratow 14974.
Slater 15054.
Slávik 15245.
Sleator jun. 15055.
Slichter 15176.
Sljussar 14937.
Slonimski 15038.
Small 15218.
Small & Parkes Ltd. 15151.
Smallman 14941.
Smidt 15221.
Smigielski 15254.
Smith, B. D. 15185.
Smith, C. 15181.
Smith, C. N. 15172.
Smith, D. B. [14913].
Smith, E. H. 15109.
Smith, J. D. 15049.
Smith, J. R. 14911.
Smith, P. A. 15236.
Smithberg 15079.
Smitt-Amundsen 15246.
Smulkowski 14912.
Smyth 14970. 14971.
Smythe 15217.
Šnobl 15143.
Snowden 15188.
Soc. An. Force et Nature 15174.
Soc. An. des Manufactures des Glaces et Produits Chimiques de Saint-Gobain, Chauny & Cirey 15163.
Soc. d'Électro-Chimie, d'Électrométallurgie et des Aciéries Électriques d'Ugine 15194. 15205.
Soc. d'Études, de Recherches et d'Applications Industrielles et Agricoles AGRINDUS 15174.
Soc. des Produits Chimiques de Bezons 15205.
Soc. Grenobloise d'Études et d'Applications Hydrauliques Sogreah 15150.
Soc. de Recherches Biologiques 15201.
Soc. des Usines Chimiques Rhône-Poulenc 15128. 15129. 15161. 15176.
Sofiano [14963].
Sokol 15162.
Solo 15027.
Somerville 15112.
Sona, A. M. 14904.
Sona, P. G. 14904.
Sone 14960.
Soo 15148.
Soru 15113.
Sousa, De 15134.
Southam 15080. 15081.
Southorn 15223.
S.p.A.F.I.P.S. Fabbrica Italiana Prodotti Sintetizzati 15154.
Specht 15197.
Spence 15052.
Spencer 15098.
Speranskaja 14923.
Spinar 15130.
Spindel 14945.
Spinks 14947.
Spîrchez 15101.
Špitálnik 15148.
Sprague Electric Co. 15262.
Springer 15239.
Sprowl 15187.
Spurrier 15075
Spurrier 15075.
Squibb 15232.
Squire [15160].
Šrámek 15207.
Srinivasan 15062
Ssaakjan 14902.
Ssadowaja 15005.
Ssadykow 15068.
Ssaikow 15132.
Ssawenkow 15184.
Sserebrenikowa 15103.
Sserebrowskaja 15055.
Ssergejewa 14996.
Ssewerin 15102.
Ssidorenko 14940.
Ssjawzillo 15214.
Ssjui 15058.
Ssobolew 14962.
Ssolomatina 15108.
Ssoloschenko 15160.
Ssorokin 14962.
Ssorokina 15012.
Ssultanow 15195.
Ssusdalzewa 15133.
Ssytsch 15010.
Stahler 15115.
Stamatoff 15225.
Stamicarbon N. V. 15205.
Stanchi 14912.
Stanciu 15101.
Standard Oil Co. 15205. 15217. 15258. 15259. 15260.
Standard Oil Development Co. 15259.
Standard Telephones & Cables Ltd. 15153.
Standring 15222.
Staněk 14936.
Stang 15189.
Stanley 15162.
Stark 15235.

Starkweather jun. 15035.
Stary, M. 15148.
Stary, Z. 15075.
Stasilli 15090.
Stauch 15205.
Stauffer Chemical Co. 15174.
Steele 15232.
Stefano, Di 14927.
Stefanovits 15168.
Steigert 14904.
Stein 15243.
Steinberg 15232.
Steinhauser 15264.
Steinman 15065.
Steinsholt 15237.
Stephens 15167.
Stephenson, N. R. 15087.
Stephenson, R. 14908.
Sterling 15157.
Sterniński 15158.
Stevens 14976.
Stevenson 15052.
Stewart, A. G. 15054.
Stewart, G. F. [15241].
Stewart, I. 15171.
Stewart, R. 14977.
Stiles 15161.
Stine 15260.
Stinson 15104. 15114.
Stock 15131.
Stockburger [15252].
Stoesser, v. 15242.
Stoichiţă 15101.
Stokes 14906.
Stollerman 15074.
Stonehill 15156.
Storrs 15063.
Stoves 15248.
Stowasser jun. 15190.
Strache 15216.
Straffon 15109.
Strain 15143.
Strankmüller 15158.
Strasheim 15147.
Stratton 14918.
Straumanis 15136.
Strauss, E. W. 15099.
Strauss, W. 15194.
Strecker 15258.
Strelow 15135.
Streng 15154.
Strickland 15151.
Strie 15205.
Strohmeier 14918. 14948.
Strom, D. A. 15242.
Strom, L. D. 15242.
Stroup 15194.
Strycker, de 15183.
Studer 15042.
Stührk 15229.
Stuhlfauth 15093.
Stumpf 15202.
Sturgeon 15057.
Suda 15206.
Sudlow 15155.
Sud-Metaux 15194.
Sudo 15213.
Süddeutsche Kalkstickstoff-Werke Akt.-Ges. 15175.
Süs 15268.
Sugano, H. 15072.
Sugano, S. 14915.
Sugino 15553.
Suh 14903.
Sukegawa 15213.
Sullivan 15231.
Sumrell 14989.
Sundaram 14915.
Sundararajan 15139.
Sundaresan 15013.
Sundnes 15073.
Sun Oil Co. 15199.
Sussman 15157.
Suter 15200.
Sutton 14970.
Suzuki 14909.
Svenska Flygmotor Aktiebolaget 15193.
Swaelen 15073.
Swan 15249.
Swartwout 15098.
Swartz 15116.
Swift 15233.
Swift & Co. 15239.
Swinyard 15112.
Sykes 15112.
Sylvania Electric Products, Inc. 15155.
Synowiec 15148.
Szabolcs 15027.
Szántó 15212.
Szczurek 15034.
Székely 15174.
Szekeres 15138.
Szerec 15212.
Szerves Vegyipari és Müanyagipari Kutató Intézet 15196.
Szopa 15178.
Taccani 15184.
Tadić 15015.
Tadokoro 15036.
Taft 15015.
Takada 15036.
Takagi 15200.
Takahashi 14911.
Takase 15178.
Takayanagi 15036.
Takeda Pharmaceutical Industries Ltd. 15128.
Takei 15106.
Takeuchi 14958.
Tamm 15061.
Tammelin 14998.
Tamsma 15235.
Tamura 15168.
Tan 14909.
Tanabe 15251.
Tanaka 14902.
Tandon 14957.
Tanenbaum, A. 15268.
Tanenbaum, M. 14927.
Tanner, D. 15252.
Tanner, H. [Helsinki] 15176.
Tanner, H. [Wädenswil] 15230.
Taplin 15155.
Tasassuk 15234.
Tasetdinow 14926.
Tasumi 15035.
Taube 14946.
Tauc 14918.
Tawney 15218.
Taylor, G. W. C. 15261.
Taylor, T. E. 14945.
Telcs 14931.
Telefunken G.m.b.H. 15157.
Telkkä 15091.
Templeton 14903.
Terentjew 15003.
Tessari 15092.
Tétényi 15117.
Teves, A., Maschinen- und Armaturenfabrik K. G. 15151.
Texaco Development Corp. 15257.
Texaco, Inc. 15256.
Texas Gulf Sulpur Co. 15163.
Thayer 15175.
Theobald Industries 15244.
Theodoropoulos 15030.
Theokritoff 15162.
Théry 14955.
Theurer 15223.
Thiehl 15261.
Thiele 14975.
Thijsen 15146.
Thirring 14901.
Thomae, Dr. K., G.m.b.H. 15121. 15227.
Thomaes 14929.
Thomas, D. A. 14980.
Thomas, J. H. 14980.
Thomas, J. K. 15039.
Thomas, R. M. 15225.
Thomas, R. O. 15157.
Thomas, W. M. 15221.
Thompson, E. V. P. 15092.
Thompson, J. F. 14994.
Thompson, M. M. 15060.
Thompson, P. A. 15071.
Thürkauf 14926.
Thuránszky 15236.
Thurzó 15195.
Tiemeyer 14909.
Tikkanen 15193.
Tiler 15248.
Tilgner 15234.
Tilles 15174.
Timasheff 15049.
Timofejewa 14982.
Tinker 15266.
Titan Co. A/S 15205.
Titchener 14941.
Titow 14924.
Tjapkin 14909.
Tlustá 14940.
Tobian 15087.
Tobias 14923.
Tobisawa 14921.
Todd, A. 14988.
Todd, W. B. 14905.
Togojewa 14974.
Tokunaga 15178.
Tokura 15007.
Toller 14901.
Toman jun. 14920.
Tombácz 14964.
Tomimatsu 15248.
Tompkins 14930.
Tóth 14930. 14994.
Tousset 14907.
Towner 14936.
Train 15116.
Treaftis 14938.
Trebaul 15110.
Treherne 15101.
Tremolada 15187.
Trenwith 14981.
Troelstra 15155.
Trotman-Dickenson 14981.
Trout 15237.
Trümpler 15156.
Truett 15225.
Truniger 15114.
Truscheit 15032.
Trussell 15175.
Tschekin 15177.
Tschernenko 15002.
Tschernuschewitsch 14962.
Tschshou 14938.
Tschukssanowa 14996.
Tschurbanow 15170.
Tu 15096.
Tuckett 15110.
Tuckey 15238.
Tultschinski 14987.
Tumulkan 14903.
Turnbull, D. 14938.
Turnbull, J. H. 15074.
Turner, A. H. 14981.
Turner, C. E. 15183.
Turner, E. R. 15070.
Turner, J. E. 15075.
Turowska 15252.
Tuttle jun. 14972. 14973.
Tye 15111.
Tyler 15082.
Tyrer, D. 15240.
Tyrer, D. D. 15240.
Tyror 14908.
UCLAF 15128. 15221. 15205.
Udar 15060.
Ueda, Yo 15004.
Ueda, Yoshisada 15178.
Ueltz 15194.
Ulfelder 15083.
Ulmaniss 14902.
Ulmann 15228.
Ulsenheimer 15189.
Umanski 14938.
Umarow 15241.
Umland 15141.
Union Carbide Corp. 15155. 15157. 15166. 15167. 15205. 15214.
Union Chimique Belge Soc. An. 15159.
Union Oil Co. of California 15256.
Union Rheinische Braunkohlen Kraftstoff Akt.-Ges. 15205.
Union des Verreries Mécaniques Belges Soc. An. 15165.
United Aircraft Corp. 15221.
United States of America, Secretary of Army 15156. 15162. 15198. 15261.
United States of America, Secretary of Commerce 15167.
United States of America, Secretary of War 15251.
United States Atomic Energy Commission 15150. 15155. 15156. 15163.
United States Borax & Chemical Corp. 15244.
United States Rubber Co. 15218. 15220. 15225.
Universal Oil Products Co. 15162.
Unterstenhöfer 15175.
Upham 15131.
Upjohn Co. 15128.
Upor-Juvancz 15135.
Urban 15261.
Urone 15158.
Urs 15214.
Urysson 15048.
Uryu 15041.
Usines de Melle 15205.
Usines de Melle Soc. An. 15196.
Uvarov 15110.
Vainer 15113.
Vajda 14917.
Valladas-Dubois 14960.
Vanderbilt, R. T. Co., Inc. 15225.
Van der Woude & Fabisch N. V. 15243.
Vaněk 15066.
Vanha-Perttula 15089.
Vannel 14922.
Varale, Hélène 15208.
Varale, Henri 15208.
Vaschetti 15181.
Vasconcelos, de 15243.
Vaughan, J. 14973.
Vaughan, W. E. 14970.
Vaughan-Potter 15074.
VEB Farbenfabrik Wolfen 15250.
VEB Filmfabrik Agfa Wolfen 15251.
VEB Leuna-Werke „Walter Ulbricht" 15257.
Večeřa 15143.
Velardo 15079.
Veldhuis 15233.
Velluz 15205.
Venkataramani 15013.
Venkateswarlu 14915.
Venturello 15187.
Verbeke 14981.
Verberg 15241.
Vereinigte Aluminium-Werke Akt.-Ges. 15194.
Vereinigte Baustoffwerke Bodenwerder G.m.b.H. 15166.
Vereinigte Glanzstoff-Fabriken Akt.-Ges. 15205. 15252.
Verma 14964.
Vernengo 15026.
Versie 15118.
Verstelle 14972.
Vetejška 14932.
Vetter [14925].
Vichkanova 15064.
Vick 15067.
Vickers 15117.
Vies, van der 15084.
Vigone 14901.
Vijaylakshmi 15062.
Vîlceanu 15168.
Villette 15150.
Vincent, D. 15118.
Vincent, M.-C. 15118.
Vincent, M. F. 15217.
Vincentini 15137.
Vincze 14994.
Virkola 15245.
Visgomma, S.p.A. 15225.
Visser, J. de 15084.
Visser, M. P. 14935.
Vitagliano 15241.
Vitovec 15183.
Voege 15055.
Völpel 15177.
Vogler 15042.
Vogt 15205.
Voigt, K.-D. 15061.
Voigt, S. 15213.
Vonášek 15225.
Vorobiev 14909.
Vorwerk & Sohn 15263.
Võsamäe 15109.
Votava 15109. 15113.
Vrâbiescu 15105.
Vratny 15133.
Vries, de 15230.
Vurih 15196.
Waaler 15095.
Wacek 15246.
Wacker-Chemie G.m.b.H. 15205. 15221.
Wada 15041.
Wadsworth 14947.
Waegell 15057.
Wagner, B. M. 15050.
Wagner, J. G. 15116.
Wagner, R. J. 14912.
Waid 15106.
Wainer 15156. 15162.
Wainio 15053.
Waintraub 15147.
Wakamatsu 15136.
Waklinowa 15069.
Walach 15199.
Waldmann 15243.
Waldschmidt-Leitz 15106.
Walen jun. 15160.
Walger 15236.
Walitzi 14975.
Walker, G. T. 15226.
Walker, R. E. 14926.
Walley 14917.
Walser 14922.
Walsh 14981.
Walter, H. 15197.
Walter, W. 15233.
Walters 15052.
Warburton 15020.
Ward, A. L. 14917.
Ward, R. J. 15231.
Ward, W. H. 15248.
Ward, W. J. 15262.
Warfolomejewa 15254.
Washbourn 15124.
Wasskowski 15004.
Watanabe, A. 15036.
Watanabe, H. 15213.
Waters 14911.

Watson 15259.
Waxweiler 15191.
Webb, E. C. 15059.
Webb, J. M. 15120.
Webb, M. 15046.
Weber, G. 15060.
Weber, H. 15216.
Wechsler 15111.
Weeden 15217.
Weeks 15243.
Wegler 15219.
Wehmeyer 15095.
Weidenheimer 15126.
Weil 15163. 15194.
Weill 15034.
Weimann 14984.
Weinbrenner 15222.
Weinstein 15232.
Weinstock 14952.
Weiss, A. 14954.
Weiss, L. R. 15111.
Weiss, M. 15166.
Welles 15250.
Weltner 15253.
Wenderlich 15182.
Wenzel, M. 15057.
Wenzel, W. 15177.
Werber 14945.
Werling 15213.
Werner 15122.
Wessels 15095.
Westenberg 14926.
Western Electric Co., Inc. 15156.
Westinghouse Electric Corp. 15154. 15156. 15157.
Westlake 14935.
Wettstein 15084.
Wetzels 15113.
Weyenberg 15156.
White, A. 15088.
White, D. E. 15157.
White, P. 15083.
White, W. H. 15152.
Whitehouse 15087.
White Laboratories, Inc. 15218.
Whitelaw 15080.
Whitfield 15200.
Whiting 15014.
Whitney 15149.
Wichorewa 14942.
Wichterle 15040.
Wiechert 15126.
Wied 15080.
Wiederhold 14908.
Wiegand 15193.
Wieringen, van 14922.
Wiggill 14974.
Wight 15256.
Wilhelm 15219.
Wilkie 15057.
Wilkinson [15160].
Wille 15204.
Willemart 14984.
Willert 15255.
Willets 15157.
Williams, B. E. 15240.
Williams, P. R. 14911.
Willis 15224.
Wilson, C. L. 15143.
Wilson, C. O. [15129].
Wilson, D. J. 14975.
Wilson, G. L. 15070.
Wilson, H. F. 15205.
Wilson, H. J. 15138.
Wilson, P. A. G. 15099.
Wilson, P. W. 15069.
Wilson, T. H. 15099.
Winegard 15182.
Winchester 14907.
Winder 15239.
Windisch 15046.
Wings, H. W., Lackfabrik 15211.
Winkel 15155.
Winkenbach 14907.
Winkler 15221.
Winnacker [15152].
Wintenberger 14940.
Winternitz 15087.
Winyall 15151.
Wirth 15123.
Wischnjakow 14909.
Withmore 15267.
Witkop 14994.
Witter 15238.
Wittler 15110.
Wittmann 15190.
Wjasankin 14957.
Wodolasskaja 15228.
Wolbach 15095.
Wolf, H. 15190.
Wolf, J., & Co. 15220.
Wolf, S. 15131.
Wolff, G. A. 14920.
Wolff, P. A. 14914.
Wolfrom 15020.
Wolkóber 15214.
Wolkow 14933.
Wood, J. F. 15220.
Wood, J. G. 15182.
Wood, R. K. S. [15176].
Woodford [15176].
Woods, E. F. 15090.
Woods, L. A. 15113.
Wool 15086. 15092.
Wormwell 15187.
Worotnikowa 14992. 14999.
Wosskressenskaja 14932.
Wragg 15121. 15122. 15124.
Wright 15212.
Wünsche 15100.
Wulf 15263.
Wynn 15237.
Wyschinski 14957.
Wyssotzki 14902.
Xuclá Bas 15245.
Yaguchi 15234.
Yamaguchi, S. 15141.
Yamaguchi, T. 15175.
Yamamoto, S. 14979.
Yamamoto, S. S. 14904.
Yamana 15049.
Yamashina 15044.
Yanbuktin 15064.
Yang 15232.
Yarrow & Co. Ltd. 15149.
Ybema 15093.
Yeowell 15027.
Yoe 15136.
Yoffey [15106].
Yoshida 15200.
Yost jun. 15046.
Young, D. W. 15224.
Young, H. L. 15087.
Young, R. W. 15123.
Youngs 15224.
Yuhara 14909.
Zach 15097.
Zaeytydt 15179.
Zaki, M. R. 15137.
Zaki, O. A. 15115.
Zaletka 14907.
Zall 15150.
Zalokar 15047.
Zander [15052].
Zandstra 14973.
Zarrow 15078.
Zawadzki 14901.
Zelenková 14910.
Žemlička 14984. 14993.
Zezulová 15180.
Ziegler 15221. 15222.
Zieliński 15148.
Ziener 15219.
Zier 15214.
Zillmer 15152.
Zimmerman 15075.
Zimmermann, K. 15097.
Zimmermann, R. 15150.
Zirlin 15035.
Zyrin 15249.
Zymburskaja 14918.
Zsin 15105.
Zumstein 15222.
Zwanenberg's Fabrieken N. V. 15241.
Zweig 15240.
Zwelichowski 15132.

Patentregister

Deutsche Patente [München] (D.B.P.)

Nr.	Seite
D.B.P. 972339	15162
D.B.P. 972411	15151
D.B.P. 973744	15151
D.B.P. 974379	15190
D.B.P. 974381*	15214
D.B.P. 974648	15166

Auslegeschriften der Patentanmeldungen des Deutschen Patentamtes München (D.A.S.)

Nr.	Seite
D.A.S. 1026023	15261
D.A.S. 1040780	15220
D.A.S. 1042801	15259
D.A.S. 1049189*	15156
D.A.S. 1057576	15150
D.A.S. 1058026	15151
D.A.S. 1060567*	15167
D.A.S. 1067817	15204
D.A.S. 1069582	15151
D.A.S. 1071080	15125
D.A.S. 1072240	15202
D.A.S. 1077210	15197
D.A.S. 1077642	15151
D.A.S. 1078570	15201
D.A.S. 1080995	15197
D.A.S. 1081007	15200
D.A.S. 1083231	15159
D.A.S. 1083650	15268
D.A.S. 1083824	15124
D.A.S. 1085087*	15167
D.A.S. 1086124	15268
D.A.S. 1086376	15258
D.A.S. 1089077*	15157
D.A.S. 1089391	15200
D.A.S. 1090659	15201
D.A.S. 1090788	15150
D.A.S. 1091161*	15156
D.A.S. 1091396	15193
D.A.S. 1091750	15219
D.A.S. 1092078*	15157
D.A.S. 1092926*	15205
D.A.S. 1093443	15156
D.A.S. 1093739	15160
D.A.S. 1094390	15258
D.A.S. 1094727*	15205
D.A.S. 1094828*	15157
D.A.S. 1095115	15267
D.A.S. 1095335	15155
D.A.S. 1095430	15212
D.A.S. 1095976*	15244
D.A.S. 1096295	15159
D.A.S. 1096353	15126
D.A.S. 1096438*	15157
D.A.S. 1096525	15264
D.A.S. 1096917	15202
D.A.S. 1097274	15247
D.A.S. 1097405	15149
D.A.S. 1097421*	15163
D.A.S. 1097427	15200
D.A.S. 1097433	15198
D.A.S. 1097440	15126
D.A.S. 1098200	15220
D.A.S. 1098506	15196
D.A.S. 1098652	15209
D.A.S. 1098655	15263
D.A.S. 1098656	15263
D.A.S. 1099111	15263
D.A.S. 1099128	15227
D.A.S. 1099164	15219
D.A.S. 1099675	15262
D.A.S. 1099738	15216
D.A.S. 1100209	15210
D.A.S. 1100288	15218
D.A.S. 1100535	15166
D.A.S. 1100599	15150
D.A.S. 1100654	15213
D.A.S. 1100966	15207
D.A.S. 1101416	15126
D.A.S. 1102032	15166
D.A.S. 1102123	15199
D.A.S. 1102134	15201
D.A.S. 1102320	15210
D.A.S. 1102322	15262
D.A.S. 1102383	15211
D.A.S. 1102520	15193
D.A.S. 1102628	15167
D.A.S. 1102713	15227
D.A.S. 1102739	15243
D.A.S. 1102941	15219
D.A.S. 1103016	15219
D.A.S. 1103221	15166
D.A.S. 1103222	15154
D.A.S. 1103568	15224
D.A.S. 1103573	15224
D.A.S. 1103905	15198
D.A.S. 1104105	15150
D.A.S. 1104879	15154
D.A.S. 1104936	15198
D.A.S. 1104948	15121
D.A.S. 1104970	15201
D.A.S. 1105163	15154
D.A.S. 1106456	15120
D.A.S. 1106927	15127
D.A.S. 1108202	15175

Deutsche Patente (D.P.[DDR])

Nr.	Seite
D.P.[DDR] 14049	15155
D.P.[DDR] 18047	15200
D.P.[DDR] 18828	15154
D.P.[DDR] 19227	15247
D.P.[DDR] 19858*	15222
D.P.[DDR] 20099	15208
D.P.[DDR] 20326	15266
D.P.[DDR] 20511	15262
D.P.[DDR] 20794	15250

Amerikanische Patente (A.P.)

Nr.	Seite
A.P. 2734244	15192
A.P. 2751378	15126
A.P. 2754199*	15194
A.P. 2764480*	15194
A.P. 2783991*	15194
A.P. 2785973*	15194
A.P. 2790774	15260
A.P. 2793107	15192
A.P. 2794732*	15194
A.P. 2798067	15266
A.P. 2806786*	15156
A.P. 2812321	15209
A.P. 2816060	15120
A.P. 2819229	15258
A.P. 2820711	15214
A.P. 2820728*	15156
A.P. 2833801	15221
A.P. 2834706	15175
A.P. 2835581	15266
A.P. 2837441	15268
A.P. 2837546	15212
A.P. 2842223	15150
A.P. 2848625	15155
A.P. 2852552	15174
A.P. 2858447	15155
A.P. 2859205*	15167
A.P. 2863561	15150
A.P. 2865781	15162
A.P. 2881058	15162
A.P. 2882229	15260
A.P. 2883058	15150
A.P. 2883287	15240
A.P. 2883339	15260
A.P. 2884999	15161
A.P. 2886504	15150
A.P. 2890935	15161
A.P. 2890937	15161
A.P. 2890946	15259
A.P. 2891011	15267
A.P. 2891035	15218
A.P. 2894886*	15156
A.P. 2895173	15221
A.P. 2895985*	15205
A.P. 2897183	15216
A.P. 2898291	15259
A.P. 2898377	15196
A.P. 2901326	15161
A.P. 2902335	15251
A.P. 2903339	15161
A.P. 2903358	15240
A.P. 2903386	15192
A.P. 2907073	15261
A.P. 2907682*	15264
A.P. 2912301	15161
A.P. 2912321	15190
A.P. 2912337	15240
A.P. 2912340*	15167
A.P. 2913325	15174
A.P. 2913326	15175
A.P. 2913328	15175
A.P. 2913340	15240
A.P. 2913417	15243
A.P. 2914072	15240
A.P. 2914477	15260
A.P. 2917369	15161
A.P. 2919209*	15167
A.P. 2920032	15256
A.P. 2921015	15258
A.P. 2921037	15220
A.P. 2924570	15257
A.P. 2925336	15190
A.P. 2925338	15267
A.P. 2926096	15246
A.P. 2926105*	15264
A.P. 2926131	15258
A.P. 2927034	15251
A.P. 2927037	15251
A.P. 2928861	15199
A.P. 2929772	15259
A.P. 2929843	15198
A.P. 2930673	15162
A.P. 2930714	15262
A.P. 2930749	15258
A.P. 2930807*	15221
A.P. 2931719*	15193
A.P. 2931788	15221
A.P. 2931823	15201
A.P. 2931829	15200
A.P. 2931831	15259
A.P. 2932566*	15194
A.P. 2932611	15258
A.P. 2933464*	15225
A.P. 2933487*	15205
A.P. 2934497	15257
A.P. 2935467	15257
A.P. 2935478*	15156
A.P. 2935501	15216
A.P. 2935530*	15205
A.P. 2936216	15162
A.P. 2936372	15156
A.P. 2937094	15240
A.P. 2937279	15156
A.P. 2937934	15167
A.P. 2938060*	15205
A.P. 2939959	15156
A.P. 2940824*	15175
A.P. 2940925	15256
A.P. 2942986	15240
A.P. 2943118	15199
A.P. 2944027	15162
A.P. 2944036	15262
A.P. 2944090	15199
A.P. 2944899	15265
A.P. 2945079	15155
A.P. 2945901	15199
A.P. 2947766*	15221
A.P. 2949490*	15205
A.P. 2951031	15257
A.P. 2951850	15175
A.P. 2951871	15216
A.P. 2951886	15199
A.P. 2955057	15204

Australische Patente (Aust.P.)

Nr.	Seite
Aust.P. 161189*	15163
Aust.P. 161191*	15163
Aust.P. 161551	15257
Aust.P. 161959*	15175
Aust.P. 209400*	15151
Aust.P. 215043	15217
Aust.P. 218452*	15205
Aust.P. 218772*	15193
Aust.P. 218779*	15193
Aust.P. 219508	15149
Aust.P. 219571	15155
Aust.P. 220793	15167
Aust.P. 221527	15212
Aust.P. 221537	15167

Belgische Patente (Belg.P.)

Nr.	Seite
Belg.P. 517293*	15194
Belg.P. 533301*	15221
Belg.P. 541222	15260
Belg.P. 543003*	15128
Belg.P. 543929	15151
Belg.P. 553949*	15222
Belg.P. 554475*	15221
Belg.P. 554943*	15128
Belg.P. 555031*	15205
Belg.P. 555319	15127
Belg.P. 555321	15127
Belg.P. 555531	15252
Belg.P. 556920*	15128
Belg.P. 556977*	15221
Belg.P. 558922	15190
Belg.P. 559288	15218
Belg.P. 559894	15246
Belg.P. 560440*	15204
Belg.P. 561056	15174
Belg.P. 561613	15209
Belg.P. 561966	15263
Belg.P. 562538	15200
Belg.P. 562727*	15221
Belg.P. 562991*	15163
Belg.P. 563013	15127
Belg.P. 563014	15127
Belg.P. 563015	15127
Belg.P. 563016	15127
Belg.P. 564813*	15128
Belg.P. 565320*	15194
Belg.P. 565449*	15193
Belg.P. 565698*	15193
Belg.P. 565722*	15194
Belg.P. 565823*	15128

	Nr.	Seite
Belg.P.	565953*	15193
Belg.P.	565994*	15194
Belg.P.	566626*	15194
Belg.P.	567172	15191
Belg.P.	567268	15191
Belg.P.	567269	15191
Belg.P.	567330*	15244
Belg.P.	567467	15121
Belg.P.	567733*	15222
Belg.P.	567755*	15244
Belg.P.	567783*	15205
Belg.P.	568135	15252
Belg.P.	568267	15191

Dänische Patente (Dän.P.)

	Nr.	Seite
Dän.P.	81079*	15157
Dän.P.	83642*	15151
Dän.P.	84083*	15167
Dän.P.	84103*	15205
Dän.P.	84104*	15129
Dän.P.	84107*	15128
Dän.P.	84145*	15205
Dän.P.	84146*	15128

Englische Patente (E.P.)

	Nr.	Seite
E.P.	736197	15220
E.P.	741324*	15157
E.P.	766601	15196
E.P.	790568	15260
E.P.	791657*	15214
E.P.	792806	15259
E.P.	795629	15151
E.P.	796842	15224
E.P.	800754	15221
E.P.	801300*	15225
E.P.	801395*	15167
E.P.	802170	15268
E.P.	803197	15156
E.P.	803887*	15156
E.P.	805519*	15225
E.P.	806411	15256
E.P.	807078	15261
E.P.	809697	15220
E.P.	811498*	15176
E.P.	813732	15155
E.P.	814404*	15157
E.P.	816571*	15151
E.P.	818374	15244
E.P.	820271	15195
E.P.	820340*	15244
E.P.	820727	15217
E.P.	821436*	15128
E.P.	824216	15192
E.P.	824229	15260
E.P.	824323*	15157
E.P.	825429	15200
E.P.	826416*	15221
E.P.	826455	15250
E.P.	826908	15217
E.P.	828012	15250
E.P.	828239*	15194
E.P.	829007*	15157
E.P.	829260	15125
E.P.	829679	15125
E.P.	829709*	15167
E.P.	830088*	15222
E.P.	831256	15125
E.P.	831305	15190
E.P.	831430	15150
E.P.	832083*	15222
E.P.	832204	15216
E.P.	832959	15150
E.P.	833288	15192
E.P.	833718*	15194
E.P.	834211*	15163
E.P.	834576*	15175
E.P.	835414*	15193
E.P.	835548*	15222
E.P.	835574	15219
E.P.	835579*	15214
E.P.	835749*	15227
E.P.	835981	15190
E.P.	835984*	15241
E.P.	836410	15261
E.P.	836591	15167
E.P.	836954	15220
E.P.	836999*	15221
E.P.	837700	15166
E.P.	837719	15263
E.P.	838368	15217
E.P.	838989	15203
E.P.	839495	15127
E.P.	839848*	15162
E.P.	839849	15175
E.P.	840211*	15175
E.P.	840381*	15163
E.P.	840912*	15175
E.P.	841009	15126
E.P.	841318	15220
E.P.	841529*	15194
E.P.	841735	15174
E.P.	841863	15220
E.P.	842306*	15176
E.P.	842946*	15194
E.P.	843377*	15264
E.P.	843426	15193
E.P.	843795	15224
E.P.	843990	15150
E.P.	844680*	15264
E.P.	844722*	15194
E.P.	844775	15266
E.P.	845024	15240
E.P.	845471*	15205
E.P.	846025*	15193
E.P.	846078*	15194
E.P.	846468*	15193
E.P.	846869*	15204
E.P.	848660	15219
E.P.	849101	15261
E.P.	849948*	15241
E.P.	850215	15262
E.P.	850216	15262
E.P.	851290	15154
E.P.	851440	15219
E.P.	851964	15216
E.P.	853369	15202
E.P.	857198	15203
E.P.	858356	15150

Französische Patente (F.P.)

	Nr.	Seite
F.P.	72946*	15194
F.P.	1113875	15213
F.P.	1113964	15259
F.P.	1117666	15214
F.P.	1118473	15259
F.P.	1126316	15243
F.P.	1129311	15261
F.P.	1130060	15259
F.P.	1134045	15244
F.P.	1135980	15260
F.P.	1137747*	15194
F.P.	1137864*	15222
F.P.	1142475	15244
F.P.	1143820	15244
F.P.	1144061*	15194
F.P.	1145194	15257
F.P.	1145779	15244
F.P.	1148068	15192
F.P.	1148716	15196
F.P.	1149190	15257
F.P.	1149468	15192
F.P.	1151489	15209
F.P.	1151522	15217
F.P.	1151999	15218
F.P.	1153744	15213
F.P.	1154329	15224
F.P.	1154332	15221
F.P.	1154336	15252
F.P.	1154453*	15221
F.P.	1154488*	15225
F.P.	1154784	15208
F.P.	1157927	15220
F.P.	1158770*	15225
F.P.	1159800	15224
F.P.	1165130	15224
F.P.	1166522	15224
F.P.	1169204	15252
F.P.	1170124	15124
F.P.	1170733	15123
F.P.	1173074*	15222
F.P.	1173502*	15222
F.P.	1175197*	15222
F.P.	1177742	15247
F.P.	1178060	15203
F.P.	1178746*	15222
F.P.	1179843	15174
F.P.	1179926*	15204
F.P.	1180609*	15205
F.P.	1180637*	15205
F.P.	1181214	15203
F.P.	1183337	15195
F.P.	1183577*	15222
F.P.	1183647	15265
F.P.	1183946	15196
F.P.	1184005*	15205
F.P.	1184093*	15227
F.P.	1184130	15198
F.P.	1184490*	15205
F.P.	1184706	15204
F.P.	1184811	15203
F.P.	1186202*	15222
F.P.	1186533*	15167
F.P.	1186553	15227
F.P.	1186796*	15205
F.P.	1186899	15175
F.P.	1187507	15203
F.P.	1187611	15124
F.P.	1187655	15125
F.P.	1187718	15122
F.P.	1187719	15122
F.P.	1188142	15161
F.P.	1188408	15123
F.P.	1188427	15126
F.P.	1188815*	15206
F.P.	1191339	15246
F.P.	1193021	15258
F.P.	1193880	15196
F.P.	1195628	15121
F.P.	1196029	15200
F.P.	1196870	15209
F.P.	1197613*	15225
F.P.	1198123	15201
F.P.	1199603	15203
F.P.	1205325	15120
F.P.	1212431	15192
F.P.	1213888	15192
F.P.	1216278	15150
F.P.	1217297	15211
F.P.	1218953	15192
F.P.	1222350	15191
F.P.	1222379	15191
F.P.	1222976	15191
F.P.	1228012*	15193
F.P.	1228627	15193
F.P.	1232713	15210

Holländische Patente (Holl.P.)

	Nr.	Seite
Holl.P.	92794	15127
Holl.P.	93948*	15156
Holl.P.	94560*	15167
Holl.P.	94941	15159
Holl.P.	94954*	15227
Holl.P.	95099*	15205
Holl.P.	95122*	15205
Holl.P.	95140*	15204
Holl.P.	95154*	15222
Holl.P.	95164*	15205
Holl.P.	95208*	15222
Holl.P.	95287	15165
Holl.P.	95383*	15206
Holl.P.	95410	15251
Holl.P.	95417*	15241
Holl.P.	95499*	15163
Holl.P.	95589	15216
Holl.P.	95639*	15163
Holl.P.	95652*	15176
Holl.P.	95664*	15176
Holl.P.	95681*	15163
Holl.P.	95965*	15276
Holl.P.	95971	15216
Holl.P.	96539	15259

Indische Patente (Ind.P.)

	Nr.	Seite
Ind.P.	49025*	15163
Ind.P.	49071	15261
Ind.P.	49106*	15175
Ind.P.	49197*	15163
Ind.P.	49225*	15241
Ind.P.	49534*	15129
Ind.P.	49537*	15128
Ind.P.	49540*	15128
Ind.P.	49610*	15244
Ind.P.	49633*	15128
Ind.P.	49689*	15128
Ind.P.	49697*	15129
Ind.P.	49698*	15128
Ind.P.	49719*	15128
Ind.P.	49730*	15128
Ind.P.	49734*	15128
Ind.P.	49744*	15128
Ind.P.	49777*	15128
Ind.P.	49782*	15128
Ind.P.	49795*	15128
Ind.P.	49797*	15128
Ind.P.	49837	15166
Ind.P.	53626*	15151
Ind.P.	54591*	15151
Ind.P.	54896*	15129
Ind.P.	55426*	15160
Ind.P.	55738	15198
Ind.P.	56060*	15222
Ind.P.	56199*	15205
Ind.P.	56233*	15128
Ind.P.	56336*	15129
Ind.P.	56363*	15128
Ind.P.	56367*	15129
Ind.P.	56368*	15128
Ind.P.	56409*	15129
Ind.P.	56462*	15128
Ind.P.	56494*	15128
Ind.P.	56595	15196
Ind.P.	56868*	15175
Ind.P.	56938*	15129
Ind.P.	56986*	15194
Ind.P.	56990*	15128
Ind.P.	57056	15243
Ind.P.	57517*	15128
Ind.P.	57531*	15128
Ind.P.	57594*	15175
Ind.P.	57651*	15194
Ind.P.	57764*	15194
Ind.P.	58098*	15176
Ind.P.	58137*	15194
Ind.P.	58313*	15225
Ind.P.	58341*	15157
Ind.P.	58946*	15194
Ind.P.	58953*	15193
Ind.P.	60220	15217

Italienische Patente (It.P.)

	Nr.	Seite
It.P.	59927	15197
It.P.	509048*	15167
It.P.	509445*	15205

	Nr.	Seite
It.P.	510523	15225
It.P.	510524	15225
It.P.	510558	15251
It.P.	510760*	15205
It.P.	510882*	15163
It.P.	510937*	15205
It.P.	511907*	15225
It.P.	512307*	15206
It.P.	512329*	15225
It.P.	512407	15149
It.P.	512608*	15244
It.P.	512764*	15163
It.P.	512875*	15205
It.P.	512918*	15244
It.P.	513006*	15193
It.P.	513277	15227
It.P.	513415	15197
It.P.	513418*	15194
It.P.	513498	15195
It.P.	513508	15202

Japanische Auslegeschriften (Jap.A.S.)

	Nr.	Seite
Jap.A.S.	1198/1959*	15222
Jap.A.S.	1288/1959*	15222
Jap.A.S.	2142/1959*	15222
Jap.A.S.	2143/1959*	15221
Jap.A.S.	2144/1959*	15222
Jap.A.S.	2195/1959*	15221
Jap.A.S.	2197/1959*	15214
Jap.A.S.	2243/1959*	15225
Jap.A.S.	2245/1959*	15221
Jap.A.S.	2247/1959*	15221
Jap.A.S.	2345/1959*	15222
Jap.A.S.	2486/1959*	15222
Jap.A.S.	2492/1959*	15222
Jap.A.S.	5444/1959	15217
Jap.A.S.	5669/1959	15201
Jap.A.S.	5687/1959	15217
Jap.A.S.	5688/1959	15213
Jap.A.S.	5888/1959	15154
Jap.A.S.	5995/1959	15213
Jap.A.S.	6132/1959	15213
Jap.A.S.	8298/1959	15162

Norwegische Patente (Norw.P.)

	Nr.	Seite
Norw.P.	90117*	15214
Norw.P.	90139*	15128
Norw.P.	90141*	15205
Norw.P.	90186*	15128

Österreichische Patente (Oe.P.)

	Nr.	Seite
Oe.P.	188408	15155
Oe.P.	197775*	15222
Oe.P.	198396	15209
Oe.P.	198758	15124
Oe.P.	199604	15208
Oe.P.	204539*	15205
Oe.P.	204555	15204
Oe.P.	205502	15123
Oe.P.	205674	15128
Oe.P.	205962	15121
Oe.P.	205974	15123
Oe.P.	206899	15125
Oe.P.	208223	15266
Oe.P.	208604*	15193
Oe.P.	209666*	15194
Oe.P.	210623*	15222

Schwedische Patente (Schwed.P.)

	Nr.	Seite
Schwed.P.	152553*	15129
Schwed.P.	154854	15165
Schwed.P.	155033	15227
Schwed.P.	155545*	15264
Schwed.P.	156007*	15244
Schwed.P.	156008*	15244
Schwed.P.	156105*	15222
Schwed.P.	156455	15213

Schweizer Patente (Schwz.P.)

	Nr.	Seite
Schwz.P.	331922	15166
Schwz.P.	332800*	15214
Schwz.P.	336390	15204
Schwz.P.	338541	15260
Schwz.P.	344992	15156
Schwz.P.	345744*	15156
Schwz.P.	345963	15243
Schwz.P.	346970	15252
Schwz.P.	347357*	15193
Schwz.P.	348153*	15205
Schwz.P.	348155*	15205
Schwz.P.	348304*	15194
Schwz.P.	348553*	15221
Schwz.P.	348694*	15162
Schwz.P.	349076*	15222
Schwz.P.	349260*	15205
Schwz.P.	349373*	15227

Sowjetische Patente (UdSSR.P.)

	Nr.	Seite
UdSSR.P.	110983	15223
UdSSR.P.	116689	15197

Ungarische Patente (Ung.P.)

	Nr.	Seite
Ung.P.	143313	15251
Ung.P.	143314	15251
Ung.P.	143315	15251
Ung.P.	148369	15212
Ung.P.	148927	15196

Chemisches Zentralblatt

1961 Nr. 42 18. Oktober

A. Allgemeine, physikalische und anorganische Chemie

Stand der Kenntnis der Fundamentalkonstanten der Physik und Chemie im Januar 1959. J. V. M. Du Mond. (Успехи Физических Наук [Fortschr. physik. Wiss.] **73.** 333—66. Febr. 1961. — C. **1961.** 14526.) (Russ.) E. KLEVER. 10□

Siegfried Flügge, Lehrbuch der theoretischen Physik. In 5 Bdn. Bd. 1: Einführung. Elementare Mechanik und Kontinuumsphysik. Berlin, Göttingen, Heidelberg: Springer. 1961. (XI + 256 S. m. 47 Abb.) 8°. DM 25,80.

F. Hund, Theorie des Aufbaues der Materie. Stuttgart: B. G. Teubner. 1961. (VIII + 314 S. m. 161 Abb.) DM 37,60.

William Francis Sheehan, Physical chemistry. Boston: Allyn and Bacon. 1961. (618 S. m. Abb.) $ 9.95.

A_1. Kernphysik und Kernchemie

Über einen Versuch des Nachweises primärer kosmischer Photonen sehr hoher Energie. R. Maze und A. Zawadzki. (Nuovo Cimento [10] **17.** 625—33. 1/9. 1960. Paris, Ecole Normale Superieure, Cosm. Ray Labor.; Lodz, Pol. Acad. of Sci., Nucl. Res. Inst., Cosm. Ray Labor.) (Engl.)

In Beziehung zum prim. Protonenfluß sehr hoher Energie (10^{15}—10^{16} eV) wird der mögliche Photonenfluß gleicher Energie, der durch p-p-Stöße von Protonen mit der verstreuten Materie im Weltall erzeugt wird, unter Berücksichtigung der multiplen Erzeugung von π^0-Mesonen u. ihres Zerfalls untersucht. Im Hinblick auf den Unterschied zwischen der Anzahl von Elektronen, die auf Meeresniveau durch proton. bzw. photon. ausgedehnte Luftschauer erzeugt werden, wird gezeigt, daß es möglich ist, diese beiden Typen zu trennen. HERBERT WEBER. 85□

Zunahme der Intensität der Höhenstrahlung am 4. Mai 1960. P. L. Marsden, J. B. Crowden und C. J. Hatton. (Nuovo Cimento [10] **17.** 977—79. 16/9. 1960. Leeds, Univ., Phys. Labor.) (Engl.)

Am 4/5. 1960 wurde in Leeds u. auch in Deep River mit einem Neutronenmonitor ein Anstieg der Höhenstrahlung zwischen 10^{30} u. 10^{35} Uhr um ca. 8% über normal registriert. M. WIEDEMANN. 85□

Über den Kerneinfang von Myonen mit Elektronenemission. M. Conversi, L. Di Lella, A. Egidi, C. Rubbia und M. Toller. (Physic. Rev. [2] **122.** 687—95. 15/4. 1961. Roma, Univ., Ist. di Fis.; I.N.F.N., Sez. di Roma.) (Engl.)

In den 2 durchgeführten Experimenten wurden negative Myonen in *Cu* abgebremst, wo kohärenter Einfang vorherrscht, so daß die „Einfangelektronen" mit einer scharfen Spitze um 100 MeV emittiert werden müßten. Für das Verzweigungsverhältnis des gesuchten Prozesses relativ zum normalen Myoneneinfang ergaben sich obere Grenzen von $5 \cdot 10^{-5}$ bzw. $5 \cdot 10^{-6}$ für das 1. bzw. 2. Experiment. HERBERT WEBER. 90□

Über die Zerfallsgeschwindigkeit des geladenen Pions. J. Bernstein, S. Fubini, M. Gell-Mann und W. Thirring. (Nuovo Cimento [10] **17.** 757—66. 1/9. 1960. Orsay, Fac. des Sci.; Padova, Univ., Ist. di Fis.; Geneva, CERN; Paris, Coll. de France et Ecole Normale Sup.; Vienna, Univ., Inst. for Theoret. Phys.) (Engl.)

Vff. zeigen, daß die GOLDBERGER-TREIMAN-Relation zwischen der Pionzerfallsamplitude u. der Axialvektorkopplungs-Konst. beim β-Zerfall plausibel ist, wenn die Divergenz des Axialvektorstromes ein stark nichtsingulärer Operator ist. HERBERT WEBER. 90□

Wechselwirkungen von 1,15-GeV/c-K^--Mesonen in Emulsionen. 1. Mitt. C. M. Garelli, B. Quassiati und M. Vigone. (Nuovo Cimento [10] **17.** 786—801. 1/9. 1960. Torino, Univ., Ist. di Fis., Ist. Naz. di Fis. Nucl.) (Engl.)

Bericht über Ergebnisse einer Analyse von 1675 Wechselwrkg. energiereicher K^--Mesonen mit Emulsionskernen. Die wichtigsten Ergebnisse betreffen die Emission von geladenen Hyperonen, deren Energie- u. Winkelverteilung sowie das Emissionsverhältnis Σ^-/Σ^+. Die Wahrscheinlichkeit der unelast. K^--Reemission wird abgeschätzt. HERBERT WEBER. 90□

Magnetische Momente der Λ- und Σ-Hyperonen. Katsumi Tanaka. (Physic. Rev. [2] **122.** 705—11. 15/4. 1961. Argonne, Ill., Argonne Nat. Labor.) (Engl.)

Als eine Folge der Symmetrien der starken Wechselwrkg. wird eine Beziehung zwischen den magnet. Momenten von Σ^+, Σ^0, Σ^- u. Λ erhalten.

Herbert Weber. 90 □

Raum-Zeit-Betrachtungen, Isobarenspin und das Massenverhältnis von Bosonen. H. Fröhlich. (Proc. Roy. Soc. [London], Ser. A **257.** 147—64. 6/9. 1960. Liverpool, Univ., Dep. of Theoret. Phys.) (Engl.)

Vf. zeigt, daß die gewöhnliche Behandlung der Raum-Zeit-Betrachtungen unphysikal. ist. Eine neue Behandlung in Termen kontinuierlicher Transformationen unter Einschluß eines neuen Winkelraumes (Isoraum genannt) wird wiedergegeben. Dieser Raum erlaubt eine Definition der dynam. Variablen, die in Termen von Isobarenspin, elektr. Ladung u. Masse interpretiert werden können. Eine Anwendung auf Bosonen führt zu einem Massenverhältnis u. zu Isobarenspinzuordnungen, die in vollkommener Übereinstimmung mit empir. Werten sind. Herbert Weber. 90 □

Bemerkungen über Compoundmodelle, erhaltene Ströme und schwache Wechselwirkungen. M. E. Mayer. (Nuovo Cimento [10] **17.** 802—03. 1/9. 1960. Bucharest, Parhon Univ., Phys.-Math. Fac.) (Engl.)

Im Zusammenhang mit den entwickelten Compoundmodellen für Elementarteilchen u. der Interpretation schwacher Wechselwrkg. mittels eines schweren Vektormesons, das an die erhaltenen V- u. A-Ströme der Fermionen gekoppelt ist, werden einige Folgerungen aus den von Gamba, Marshak u. Okubo (Proc. nat. Acad. Sci. USA **45.** [1959.] 881) angenommenen neuen Symmetrieprinzipien diskutiert. Bei einem der behandelten möglichen Modelle werden ν, e^-, μ^- u. ein Bosonenfeld B^+ als fundamental angenommen, wobei folgendes Schema der Elementarteilchen erhalten wird: $p = (\nu B^+)$, $n = (e^- B^+)$, $\Lambda = (\mu^- B^+)$, $\pi^+ = (\nu B^+ B^- e^+)$ usw. Herbert Weber. 90 □

Die Mössbauer-Strahlung. (γ-Strahlen niedriger Energie ergeben die bisher am genauesten definierte elektromagnetische Frequenz.) Winston E. Kock. (Science [Washington] **131.** 1588—90. 27/5. 1960. Detroit, Mich., Bendix Aviat. Corp., Res. Labor. Div.) (Engl.)

Überblick über Entdeckung (vgl. Mössbauer, C. **1959.** 15895), experimentelle Verff. u. Anwendungen des Mössbauer-Effektes. Die diesen Effekt betreffenden γ-Strahlen haben eine Frequenz, die um mehrere Größenordnungen stabiler ist als die der besten bisher verfügbaren „Atomuhren". — 10 Literaturstellen. Herbert Weber. 90

Durchgang von γ-Strahlen durch einen Kollimator. N. Dubinskaja und U. Ulmaniss. (Известия Академии Наук Латвийской ССР [Nachr. Akad. Wiss. LettSSR] **1960.** Nr. 4. 99—104. Inst. für Phys. der Akad. der Wiss. der LettSSR.) (Russ.; Auszug: Lett.)

Der Durchgang von γ-Strahlen durch einen Pb-Kollimator mit zylindr. Kanal wird unter Vernachlässigung der Streuung berechnet, u. zwar werden sowohl die Dimensionen des Kanals als auch der Randeffekt berücksichtigt. Messungen wurden mit einer ^{137}Cs-Quelle in einer Metallampulle von 10 × 10 mm mit einem Scintillationszähler mit NaJ(Tl)-Kristall für ∅ von 10 u. 4 mm ausgeführt. Es wurde nicht die abs. Strahlenausbeute, sondern die Winkelverteilung bestimmt. M. Wiedemann. 90 □

Zur Theorie der Bremsstrahlung von Elektronen durch Protonen. G. L. Wyssotzki und A. A. Kressnin. (Український Фізичний Журнал [Ukrain. physik. J.] **4.** 164—66. März/April 1959. Physik.-techn. Inst. der Akad. der Wiss. der UkrainSSR.) (Ukrain.; Auszug: Dt.)

Bei den abgeleiteten Gleichungen für den differentiellen Querschnitt der Bremsstrahlung von Elektronen an Protonen wird das anomale magnet. Moment des Protons durch einen Korrekturfaktor (6,8% statt 5,5%) berücksichtigt. Eine phänomenolog. Berechnung des Formfaktors des Protons wird gegeben. R. K. Müller. 90 □

Induzierte Bremsstrahlung und Quantenabsorption. G. Ss. Ssaakjan. (Известия Академии Наук Армянской ССР, Серия Физико-Математических Наук [Nachr. Akad. Wiss. ArmenSSR, Ser. physik.-math. Wiss.] **12.** Nr. 5. 99—104. 1959. Physik. Inst. der Akad. der Wiss. der ArmenSSR.) (Russ.; Auszug: Armen.)

Bei Einw. eines äußeren Strahlungsfeldes tritt neben der eigentlichen Bremsstrahlung eine induzierte Bremsstrahlung sowie eine Quantenabsorption auf. Als Folge des induzierten Einfanges ist die Energie des Endzustandes eines im Coulomb-Feld des Kerns abgelenkten Elektrons größer als die des Anfangszustandes. Vf. leitet Formeln zur Berechnung der Wahrscheinlichkeit der induzierten Absorption u. Ausstrahlung ab, wobei er annimmt, daß das äußere Feld nicht polarisiert ist. Die Formel für die Wahrscheinlichkeit eines Überganges beim Einfangprozeß eines Quants durch das Elektron wird aufgestellt. Die Wahrscheinlichkeit der induzierten Absorption ist immer größer als die Wahrscheinlichkeit einer induzierten Emission eines Quants. G. Ewald. 90□

Bremsstrahlung von Strontiumemail. A. Tumulkan und N. Damburg. (Известия Академии Наук Латвийской ССР [Nachr. Akad. Wiss. LettSSR] **1960.** Nr. 8. 59—62.) (Russ.)

Die Bremsstrahlung von Strontiumemail, einer glasartigen Masse der Dichte 2,5 g/cm³, die 100 c ^{90}Sr–^{90}Y enthielt u. einen ∅ von 9 mm (Dicke 2,5 mm) aufwies, wurde bestimmt. Der Einfl. von Al-, Sn- u. Pb-Folien wurde untersucht.
M. Wiedemann. 90□

Kernphysikalische Betrachtungen bei der Auslegung von Hochtemperaturreaktoren. J. T. Roberts. (Chem. Engng. Progr., Symposium Ser. **55.** Nr. 22. 99—104. 1959. Oak Ridge, Tenn., Oak Ridge Nat. Labor.) (Engl.)

Vf. weist auf den Unterschied zwischen den Absorptionsquerschnitten für therm. Neutronen für den Temp.-Bereich zwischen 1100 u. 2000° hin. Die krit. Masse für derartige Reaktoren wird größer, ferner komplizieren sich die Kontrollprobleme.
G. Kurdal. 90□

Ein Kriterium für die Bestimmung von Reaktorbereichen mit positivem Voidkoeffizienten. H. Dušek. (Nukleonik **2.** 38—39. Jan. 1960. Erlangen, Siemens-Schuckertwerke Akt.-Ges., Abt. Reaktor-Entw.) (Dt.)

Das Vorzeichen des in einem krit. Syst. mit einem entstehenden Hohlraum verbundenen Void-Koeff. der Reaktivität ist abhängig von der Lage des Hohlraumes im Reaktor. Vf. stellt die für Bereiche mit positivem u. mit negativem Void-Koeff. notwendigen u. hinreichenden Bedingungen in allg. Form dar. Die allg. Ergebnisse werden auf den Fall zylindr. Reaktoren angewendet. W. Menz. 90□

Elastische Streuung von Protonen an Kernen. F. R. Arutjunjan. (Известия Академии Наук Армянской ССР, Серия Физико-Математических Наук [Nachr. Akad. Wiss. ArmenSSR, Ser. physik.-math. Wiss.] **12.** Nr. 5. 77—89. 1959. Physik. Inst. der Akad. der Wiss. der ArmenSSR.) (Russ.; Auszug: Armen.) — Vgl. C. **1959.** 7016.

Der Einfl. der endlichen Abmessungen der Kerne bei der Coulomb-Streuung u. der Beugungsstreuung wurden berücksichtigt. Der charakterist. Winkel für die mehrfache Coulomb-Streuung beträgt für Cu- u. Pb-Plättchen ca. 5°. Der Einfl. der endlichen Abmessungen der Kerne u. die Beugungsstreuung kompensieren einander, deshalb folgt das Experiment der theoret. Kurve für einen punktförmigen Kern. Bei einem Winkel $\varphi > 5{,}4^0$ sind alle Streuungen reine Streuungen am Kern. Der Streuquerschnitt für große Winkel $\varphi > 5{,}4^0$ wurde zu $\sigma_{\varphi=5,4} = (0{,}032 \pm 0{,}011)\ \sigma_{\text{geometr.}}$ bestimmt. Er stimmt mit dem theoret. Wert $0{,}0340\ \sigma_{\text{geometr.}}$ überein. G. Ewald. 90□

Einfache realistische Behandlung der Kernprozesse direkter Wechselwirkungen. Ian E. McCarthy und Derek L. Pursey. (Physic. Rev. [2] **122.** 578—90. 15/4. 1961. Los Angeles, Calif., Univ. of California, Dep. of Phys.) (Engl.)

Zur qual. Voraussage des Einfl. der Verzerrung der Wellenfunktionen der gestreuten Teilchen auf die differentiellen Querschnitte der direkten Wechselwrkg. werden physikal. Argumente benutzt. Diese qual. Voraussagen werden durch Berechnungen unter Benutzung eines einfachen, aber realist. Modells für die Wellenfunktionsverzerrung bei (α,α')-Streuung bestätigt. Das benutzte Modell beruht auf einer Unters. der Eigg. der Wellenfunktionen des opt. Modells. Herbert Weber. 90□

Impulsraumdarstellung und Photozertrümmerung des Deuterons. Kiu S. Suh. (Amer. J. Physics **28.** 327—32. April 1960. Ithaca, N.Y., Cornell Univ., Labor. of Nucl. Stud.) (Engl.)

Die Impulsraum-Darst. wird diskutiert u. auf die Photozertrümmerung des Deuterons angewandt. Der Querschnitt dieser Photozertrümmerung wird unter Verw. der Hulthén-Wellenfunktion abgeleitet. Die theoret. Ergebnisse werden mit den experimentellen Daten verglichen, der Parameter der Hulthén-Wellenfunktion wird bestimmt.
Gerhard Schmidt. 90□

Kernmoment von ^{137m}Ce durch Kernausrichtung. J. N. Haag, C. E. Johnson, D. A. Shirley und D. H. Templeton. (Physic. Rev. [2] **121.** 591—94. 15/1. 1961. Berkeley, Calif., Univ. of California, Lawrence Radiat. Labor. and Dep. of Chem.) (Engl.)

^{137m}Ce wird durch eine (p, 3n)-Rk. von 21-MeV-Protonen an natürlichem *La* (99,911% ^{139}La) im 86-in.-Cyclotron hergestellt. Die Kerne von ^{137}Ce u. ^{137m}Ce werden bei niedrigen Temp. in einem Einkristall von Nd-Äthylsulfat-9-Wasser durch die magnet. Hyperfeinstrukturkopplung mit den Elektronen der Ce^{3+}-Ionen ausgerichtet. Die Anisotropie des 255-keV-γ-Strahles von ^{137m}Ce wird gegen 1/T aufgetragen. Das magnet. Moment von ^{137m}Ce berechnet sich zu $|\mu_N| = 0{,}96 \pm 0{,}09$ Kernmagnetonen, der Spin von ^{137m}Ce wird zu 11/2 festgesetzt. Gerhard Schmidt. 95□

Bahnelektroneneinfang durch den Kern. R. Bouchez und P. Depommier. (Rep. Progr. Physics **23.** 395—452. 1960. Grenoble, France, Univ. of Grenoble, Nucl. Phys. Labor.) (Engl.)

Vff. erörtern die allg. Eigg. des Bahnelektroneneinfangs, die dabei herrschenden energet. Verhältnisse, die den Einfang begleitende Strahlung (Röntgenstrahlen, Auger-Elektronen) sowie die experimentellen Unterss. dieser Effekte. Unter Berücksichtigung neuer Ergebnisse über die β-Wechselwrkg. werden Formeln für die Übergangswahrscheinlichkeiten u. die verbotenen Übergänge beliebiger Ordnung mit Hilfe der Meth. der sphär. Tensoren u. unter Verw. der Zweikomponenten-Neutrinotheorie mit (V, A)-Wechselwrkg. abgeleitet. Aus diesen Formeln werden L/K- u. K/β^+-Verhältnisse berechnet u. mit dem Experiment verglichen. D. Jörchel. 103□

Durch ^{3}He induzierte Reaktionen. D. A. Bromley und E. Almqvist. (Rep. Progr. Physics **23.** 544—629. 1960. Chalk River, Ontario, Atom. Energy of Canada Ltd.) (Engl.)

Diskussion der Rk.-Mechanismen der verschiedenen Kern-Rkk. durch ^{3}He, der Kernspektroskopie u. der in der Literatur bis Juni 1959 veröffentlichten Ergebnisse über ^{3}He-Rkk. sowie Vorschläge für weitere Experimente. D. Jörchel. 103□

Die Abstreifreaktion von ^{3}He- und α-Teilchen. M. El Nadi und M. El Khishin. (Proc. physic. Soc. **73.** 705—12. 1/5. 1959. Cairo, Univ., Fac. of Sci.) (Engl.)

Neuere experimentelle Daten über die differentiellen (^{3}He, p)-Querschnitte (z. B. von ^{12}C), die Vorwärts- u. Rückwärtsspitzen zeigen, werden als Folge von ^{3}He-Stripping bzw. Stripping schwerer Teilchen interpretiert. Zwischen den abgeleiteten theoret. Formeln u. den experimentellen Daten wird ziemliche Übereinstimmung erhalten. Einige (d, α)-Rkk., speziell ^{13}C(d, α)^{11}B, werden auf ähnliche Weise interpretiert.

Herbert Weber. 103□

Untersuchung von (d, α)-Reaktionen an einigen leichten Kernen. G. E. Fischer und V. K. Fischer. (Physic. Rev. [2] **121.** 1863. 15/3. 1961.) (Engl.)

Korrekturen an den C. **1960.** 1056 wiedergegebenen Querschnittswerten.

Gerhard Schmidt. 103□

Strahlungseinfang von Protonen in ^{13}C. Rose E. Hester und W. A. S. Lamb. (Physic. Rev. [2] **121.** 584—86. 15/1. 1961. Livermore, Calif., Univ. of California, Lawrence Radiat. Labor.) (Engl.)

Die natürliche Häufigkeit (1,1%) von ^{13}C im Graphit liefert das Target für die Rk. ^{13}C(p, γ)^{14}N. Das Bündel aus der Ionenquelle läuft durch einen analysierenden Magneten, einen Kollimator (1 in. Ø) u. trifft auf das Graphittarget, das sich in einer Entfernung von 1½ in. von einem 4×4 in.-NaJ(Tl)-Kristall befindet. Die Photonenwirksamkeit des Zählers wird durch Aufnahme einer integralen Eichkurve für die Rk. ^{13}C(p, γ)^{14}N erhalten. Für Protonen zwischen 100 u. 140 keV wird eine Anregungskurve für die Rk. ^{13}C(p, γ)^{14}N aufgenommen. Der Wrkg.-Querschnitt erstreckt sich von $(7,7 \pm 1,8) \cdot 10^{-34}$ cm² bei 100 keV bis zu $(9,8 \pm 1,2) \cdot 10^{-33}$ cm² bei 140 keV.

Gerhard Schmidt. 103□

Winkelverteilungen der aus den ^{24}Mg(n, p)- und ^{32}S(n, p)-Reaktionen bei 14 MeV emittierten Protonen. L. Colli, I. Iori, G. Marcazzan, F. Merzari, A. M. Sona und P. G. Sona. (Nuovo Cimento [10] **17.** 634—43. 1/9. 1960. Milano, Labor. CISE; Milano, Univ., Ist. di Fis.) (Engl.)

Die Winkelverteilungen der Protonen aus den Rkk. ^{24}Mg(n, p)^{24}Na u. ^{32}S(n, p)^{32}P mit 14-MeV-Neutronen der d + t-Rk. wurden für definierte Gruppen von Protonen gemessen, die einer eine Grobstruktur hervorrufenden Niveaugruppe entsprechen. Die experimentellen Ergebnisse erlauben folgende Schlußfolgerungen: 1. Der Rk.-Mechanismus für Protonen in den Grobstrukturen ist ein direkter Oberflächeneffekt. 2. Es ist möglich, die l-Werte der Bahnen zu bestimmen, aus denen das Proton austritt bzw. in die das Neutron eingefangen wird. In beiden Fällen kann ein Teil des Spektrums einem statist. Verdampfungsprozeß zugeschrieben werden. Herbert Weber. 103□

Vergleich der Reaktionen ^{36}Ar(d, p)^{37}Ar und ^{36}Ar(d, n)^{37}K. S. S. Yamamoto und F. E. Steigert. (Physic. Rev. [2] **121.** 600—05. 15/1. 1961. New Haven, Conn., Yale Univ.) (Engl.)

Für die Verss. wird eine Ar-Probe verwendet, die isotop. zu 96% in ^{36}Ar u. zu 4% in ^{40}Ar angereichert ist. Der in der Probe in kleinen Mengen enthaltene N dient als Eichsubstanz. Die massenspektrograph. Analyse zeigt keine weiteren Verunreinigungen. Das Targetgas wird in einen Zylinder von 1 in. Ø gebracht, der durch eine Ni-Folie von 2,23 mg/cm² verschlossen ist. Der Druck im Zylinder beträgt 10 cm Hg. Zum Beschuß des Targets wird ein magnet. analysiertes Bündel von 4,05-MeV-Deuteronen aus dem Cyclotron benutzt. Die Rk.-Protonen werden in 50 μ dicken Ilford C 2-Emulsionen nachgewiesen. Es werden die Spiegel-Rkk. $^{36}Ar(d, p)^{37}Ar$ u. $^{36}Ar(d, n)^{37}K$ bei einer Beschußenergie von 3,85 MeV untersucht. Bei der ersten Rk. werden Q-Werte von 6,55; 5,16; 4,92; 3,98 u. 3,00 MeV beobachtet. Die Strippingverteilungen können durch l_n-Werte von 2, 0, 2, 2 bzw. 2 beschrieben werden. Bei der zweiten Rk. werden Q-Werte von −0,32 u. −1,78 MeV erhalten. Der erste folgt einer $l_p = 2$-Winkelverteilung, der letzte könnte durch eine Summe von $l_p = 0$- u. $l_p = 2$-Verteilungen unter Annahme eines nichtaufgelösten Dubletts beschrieben werden. Gerhard Schmidt. 103☐

Einfang-γ-Bestimmung von ^{52}V-Niveaus. J. E. Schwäger. (Physic. Rev. [2] **121.** 562—68. 15/1. 1961. Livermore, Calif., Univ. of California, Lawrence Radiat. Labor.) (Engl.)

Mit einem Scintillationsspektrometer für schnelle Koinzidenzen beobachtet Vf. die Einfang-γ-Strahlungen für die Rk. $^{51}V(n, \gamma)^{52}V^*$ durch therm. Neutronen. Die hinzukommende Neutronenbindungsenergie in ^{52}V ergibt sich zu 7,30 ± 0,05 MeV, u. ein Zerfallsschema wird aufgestellt, das ein vorläufig vorgeschlagenes Niveauschema für die Rk. $^{51}V(d, p)^{52}V^*$ bestätigt. Mehrere crossover-Übergänge niedriger Energie werden beobachtet, u. zwar zwei von dem 0,78-MeV-Niveau zum Grundzustand u. 0,13-MeV-Niveau (letzterer ist der intensivere), jedoch nicht zum 0,42-MeV-Niveau, u. einer vom 0,83-MeV-Niveau lediglich zum Grundzustand. Das 0,42-MeV-Niveau ruft sowohl crossover- als auch stopover-Übergänge zum Grundzustand u. 0,13-MeV-Niveau hervor, wobei der erstere der stärkere ist. Es besteht Grund zu der Annahme, daß die tiefliegenden $^{52}V^*$-Zustände allein aus Anregungen der $(lf_{7/2})^3$-Protonenkonfiguration hervorgehen. Gerhard Schmidt. 103☐

Einfang-γ-Bestimmung von ^{51}V-Niveaus. J. E. Schwäger. (Physic. Rev. [2] **121.** 569—80. 15/1. 1961.) (Engl.) — Vgl. vorst. Referat.

Mit der gleichen Meßanordnung wie l. c. bestimmt Vf. die hinzukommende Neutronenbindungsenergie in ^{51}V zu 11,1 ± 0,1 MeV. Kaskadenstrahlungen für $^{51}V^*$ werden beobachtet u. ein Zerfallsschema wird aufgestellt, das ein vorläufig vorgeschlagenes (p, p′)-Niveauschema bestätigt. Spinzuordnungen für die meisten der mitgeteilten $^{51}V(p, p')$-Niveaus unterhalb 4,0 MeV werden vorgeschlagen u. die Niveaufolge für die Niveaus der $(lf_{7/2})^3$-Protonenkonfiguration wird festgesetzt zu Spin $7/2^-$ (Grundzustand), $5/2^-$, $3/2^-$, $11/2^-$, $9/2^-$ u. $15/2^-$ mit Anregungsenergien von 0,32; 0,93; 1,61; 1,81 bzw. 2,70 MeV. Von den verschiedenen möglichen Kernkräfteannahmen liefern die kurzreichweitige Kräfteapproximation (Wechselwrkg. vom δ-Typ) u. schwache Oberflächenkopplungseffekte für $^{51}V^*$-Konfigurationszustände die beste Übereinstimmung zwischen Theorie u. Experiment. Eine vorläufige Berechnung unter Verw. experimentell gemessener Aufspaltungen der j^2-Konfiguration ergibt Übereinstimmung mit dem Experiment. Es wird der Nachw. erbracht für $(lf_{7/2}{}^2)_0\ 2\,p_{3/2}$- u. $(lf_{7/2}{}^2)_0\ lf_{5/2}$-Proton-Einzelteilchenniveaus bei 2,41 bzw. 2,55 MeV als auch für zusätzliche Zustände mit niedrigem Spin zwischen 2,70 u. 3,38 MeV, die evtl. gerade Zustände aus der Anregung eines Protons aus niedriger Schale darstellen, um eine $(lf_{7/2}{}^4)_0$-Konfiguration plus einer Protonenlücke in der unbesetzten Schale zu ergeben. Gerhard Schmidt. 103☐

Photoprotonen hoher Energie aus Silber. K. H. Lokan. (Proc. physic. Soc. **73.** 697—704. 1/5. 1959. Canberra, Australian Nat. Univ., Res. School of Phys. Sci.) (Engl.)

Die Energieverteilungen u. abs. Ausbeuten von Photoprotonen mit Energien über 10 MeV aus Ag wurden für maximale Bremsstrahlungsenergien von 16—32 MeV gemessen. Der abgeleitete Querschnitt für diese Komponente, die durch direkte Wechselwrkg. interpretiert werden kann, läuft bei ca. 22 MeV durch ein Maximum. Der integrierte Querschnitt ergibt sich zu (36 ± 9) MeV·mbarn. Dieses Ergebnis ist in Einklang mit der Vorstellung, daß der Hauptteil der Emission aus einem 2p–2d-Übergang bei 22 MeV resultiert. Herbert Weber. 103☐

Innere Konversion von Gammastrahlen-Übergängen in ^{75}As. F. R. Metzger und W. B. Todd. (Nuclear Physics [Amsterdam] **10.** 220—25. März 1959. Swarthmore, Pa., Franklin Inst., Bartol Res. Foundat.) (Engl.)

Die Koeff. der inneren K-Konversion der 136-, 265-, 280-, 305- u. 402-keV-Übergänge in ^{75}As wurden mit einem Linsenspektrometer u. Scintillationszählern gemessen. Der E1-Charakter der 136- u. 402-keV-Übergänge wurde bestätigt; die E3-Zuordnung zum 305-keV-γ-Strahl wurde festgelegt. Für die (E 2 + M 1)-Übergänge von 265 u. 280 keV wurden an Hand aller verfügbaren Informationen Mischungsparameter von $\delta_{265} = -0{,}06 \pm 0{,}04$ u. $\delta_{280} = -0{,}42 \pm 0{,}05$ erhalten. Spin- u. Paritätszuordnungen wurden untersucht. Herbert Weber. 103☐

Lebensdauer des angeregten 161-keV-Zustandes in ^{117}Sn. F. R. Metzger. (J. Franklin Inst. **270.** 138—42. Aug. 1960.) (Engl.)

10 mg SnO_2, zu 92,6% in ^{116}Sn angereichert, wurden mit Neutronen bestrahlt. Nach der therm. Resonanz–Fluorescenz-Meth. wurde die mittlere Lebensdauer des 161-keV-Übergangs vom Typ Ml zu 5,7 (+3,3, −1,6)·10^{-10} s bestimmt. Dabei wurde der totale Konversions-Koeff. zu $\beta_T = 0,15$ angesetzt. M. Wiedemann. 103

Richtungs- und Polarisationskorrelationsuntersuchungen beim Zerfall des 5-Stunden-^{118}Sb. M. K. Ramaswamy, W. L. Skeel, D. L. Hutchins und P. S. Jastram. (Physic. Rev. [2] **121.** 553—57. 15/1. 1961. Columbia, Ohio, Ohio State Univ., Phys. Dep.) (Engl.)

^{118}Sb (5 Std.) wird durch Beschuß von reinem natürlichem In-Metall (99,99% Reinheit) mit 24-MeV-α-Teilchen über 2—2½ Std. beschossen. Diese Rk. erzeugt auch das 2½-Std.-^{117}Sb, das hauptsächlich durch Elektroneneinfang zum 0,160-MeV-Niveau in ^{117}*Sn* u. einen einzelnen γ-Stahl dieser Energie zerfällt. Für die Winkelkorrelations-Unterss. besteht die Meßanordnung aus 4 Zählern mit 1 in. x 2 in. NaJ-Kristallen, von denen drei in Winkelpositionen von 90, 135 u. 180° zum festen Zähler gebracht werden. Die Energieauflösung der Zähler liegt zwischen 8—11%. Richtungs- u. Polarisationskorrelationsmessungen werden an den γ-Strahlen durchgeführt, die den Zerfall des 5-Std.-^{118}Sb begleiten. Diese Messungen führen zu den folgenden Spin- u. Paritätszuordnungen für angeregte Niveaus in ^{118}Sn: 1,22 MeV (2^+); 2,25 MeV (4^+) u. 2,51 MeV (5^-). Die Suche nach Positronen liefert eine obere Grenze für die Positronenemission bei 0,2% der 1,22-MeV-Zerfälle, was eine untere Grenze von 2500 Std. für die partielle Halbwertszeit der Positronenemission zu einem der angeregten Niveaus in ^{118}Sn ergibt. Vff. diskutierten das Niveauschema nach den verschiedenen Kernmodellen.

Gerhard Schmidt. 103□

Die Niveaus in ^{121}Sb, untersucht beim Zerfall von ^{121m}Te und ^{121}Te. R. K. Gupta. (Nuovo Cimento [10] **17.** 665—70. 1/9. 1960. Amsterdam, Inst. voor Kernphys. Onderzoek.) (Engl.)

Die Niveaus in ^{121}Sb wurden beim Zerfall von ^{121m}Te u. ^{121}Te mittels Einkristall-NaJ(Tl)-Spektrometern u. Koinzidenz-Scintillationsspektrometern untersucht. Aus den Koinzidenzen zwischen den intensitätsschwachen 1130- u. 70-keV-γ-Strahlen u. zwischen den 506- u. 70-keV-γ-Strahlen wurde auf angeregte Niveaus bei 70, 575 u. 1200 keV in ^{121}Sb geschlossen. Das neue Niveau bei 70 keV stimmt mit der Systematik von 7/2$^+$-Niveaus in diesem Bereich überein. Herbert Weber. 103□

Photonucleare Reaktionen in ^{141}Pr. F. Ferrero, R. Malvano, E. Silva, J. Goldemberg und E. Moscati. (Nuclear Physics [Amsterdam] **10.** 423—28. April 1959. Torino, Univ., Ist. di Fis., Ist. Naz. di Fis. Nucl.; Sao Paulo, Univ.) (Engl.)

Die (γ, n)- u. (γ, 2 n)-Rkk. in ^{141}Pr wurden nach der Meth. der Restaktivität bis zu 30 MeV untersucht. Ein Vgl. mit der statist. Theorie der Kern-Rkk. zeigt z. T. Widersprüche bei hohen Energien. Der erhaltene totale Photoabsorptionsquerschnitt ist größer als der theoretische. Der Querschnitt für (γ, n) zeigt ein Maximum von 500—600 mbarn bei ca. 15 MeV, der für (γ, 2n) ein Maximum von ca. 90 mbarn bei ca. 21 MeV.

Herbert Weber. 103□

γ-Übergänge niedriger Energie in ^{153}Eu. A. Moussa und E. Monnand. (J. Physique Radium **21.** 463—64. Mai 1960. Lyon, Inst. de Phys. Nucl.) (Franz.)

Die inneren Konversionslinien des Zerfalls ^{153}Sm → ^{153}Eu werden mit einem doppelfokussierenden Magnetspektrometer untersucht. Der 19-keV-γ-Übergang zwischen den Niveaus bei 103 u. 84 keV wird durch die L-Konversionslinien nachgewiesen u. als E 2 klassifiziert. N. Guthke. 103□

Die (d, p)-Reaktion an schweren Elementen bei niedrigen Deuteronenenergien. Richard H. Stokes. (Physic. Rev. [2] **121.** 613—18. 15/1. 1961. Los Alamos, N. Mex., Univ. of California, Los Alamos Sci. Labor.) (Engl.)

Deuteronenbündel von 7,35; 8,30; 9,05 u. 11,9 MeV werden im Cyclotron veränderlicher Energie erzeugt. Ein Bündel von 5/32 in. Höhe u. 1/16 in. Breite läuft durch ein Target im Mittelpunkt einer Rk.-Kammer. Die durch Aufdampfung hergestellten trägerlosen *Pb*- u. *Bi*-Targets haben eine Dicke von einigen mg/cm². Das ^{206}Pb-Target wird aus radiogenem Pb hergestellt u. enthält 88% ^{206}Pb. Bei der (d, t)-Messung an ^{235}U besteht das Target aus ≈ 1 mg/cm² Oxyd, das auf eine 200 μg/cm² dicke Au-Folie aufgedampft worden ist. Zwei Zähler (Ionenkammer u. NaJ-Scintillator) idenzifizieren u. messen die Energie der geladenen Rk.-Produkte. Zur Erzeugung von (d, p)-Rkk. in ^{206}Pb- u. ^{209}Bi-Targets werden Deuteronen von 9,1; 8,3 u. 7,4 MeV benutzt. Der differentielle Querschnitt für Protonen wird für verschiedene Q-Werte gemessen, von denen jeder einem Endzustand bekannter Zuordnung entspricht. Mit einer Ausnahme zeigen sämtliche beobachteten Winkelverteilungen breite Peaks mit Maxima nahe 180°. Die theoret. Annahmen für niedrige Deuteronenenergien sagen eine Gaussche Verteilung mit einem Peak in Rückwärtsrichtung voraus. Für die Rk. mit dem höchsten Q-Wert (≈ 4,5 MeV) wird ein Peak nahe 120° beobachtet. Dieser mehr in Vorwärtsrichtung liegende Peak wird sowohl aus einem red. COULOMB-Effekt als auch aus dem Einfl. des Kernpotentials auf das Proton erwartet. Wenn das COULOMB-Feld vorherrschend ist, ist nur eine geringe beobachtete Korrelation zwischen der gemessenen Winkelverteilung u. dem Drehimpuls des eingefangenen Neutrons vorhanden. In einigen Fällen werden die Triton-Winkelverteilungen aus (d, t)-Rkk. gemessen, sie zeigen ebenfalls Peaks bei großen Streuwinkeln. GERHARD SCHMIDT. 103□

Die L-Fluoreszenzausbeuten von Tl und Bi aus dem Th(B-C-C'')-Zerfall. H. Winkenbach. (Z. Physik **152.** 387–96. 26/9. 1958. Göttingen, Univ., II. Phys. Inst.) (Dt.)

Die L-Röntgenspektren, die beim Th(B–C–C'')-Zerfall auftreten, wurden mit einem Proportionalzähler aufgenommen. Aus den ermittelten Intensitäten der gesamten L-Strahlung von ThB- u. ThC-Präpp. u. der bekannten Ionisierung der L-Schale für die Elemente Tl u. Bi wurde für diese Elemente die für den vorliegenden Fall gültige Mittlere L-Fluorescenzausbeute bestimmt. Es ergibt sich für Bi der Wert $f_L = 0{,}40 \pm 0{,}02$ u. für Tl der Wert $f_L = 0{,}32 \pm 0{,}02$. Für die partielle Fluorescenzausbeute der L_{III}-Schale von Tl wurde $f_{LIII} = 0{,}33 \pm 0{,}02$ bestimmt. HERBERT WEBER. 103□

Die Strahlung von Mesothorium 1 (^{228}Ra). J. Tousset. (J. Physique Radium **21.** 461–62. Mai 1960. Lyon, Inst. de Phys. Nucl.) (Franz.)

Vf. beschreibt eine Technik zur Herst. dünner MsTh 1- u. MsTh 2-Quellen. Ein Vgl. der Elektronenspektren dieser Quellen, die mit einem doppelfokussierenden Magnetspektrometer erhalten wurden, zeigt für MsTh 1 eine starke Gruppe von Konversionslinien bei 5,5; 6,3 u. 10,1 keV. Diese Linien werden einem 10,4 keV-Übergang zugeschrieben, der in 25% der Zerfälle auftritt. H. GUTHKE. 103□

Vorkommen von Transuranelementen in der Natur. R. Zaletka und A. W. Lapitzki. (Успехи Химии [Fortschr. Chem.] **29.** 1487–97. Dez. 1960. Moskau, Lomonossow-Univ., Chem. Fak., Lehrstuhl für Radiochem.) (Russ.)

Zusammenfassende Übersicht über das Vork. von *Pu* u. *Np* in der Natur, über die Neutronenquellen in der Natur u. über die Möglichkeit des Vork. von *Am*-, *Cm*- u. *Cf*-Isotopen in der Erdrinde u. in den Sternen. — 52 Literaturangaben.
E. KLEVER. 103□

Die Herstellung eines Zinn-125-Tracers mit hoher spezifischer Aktivität. John W. Winchester. (Analytica chim. Acta [Amsterdam] **24.** 388. April 1961. Cambridge, Mass., MIT, Dep. of Geol. and Geophys.) (Engl.)

^{125}Sn kann in guter Ausbeute u. Reinheit als ein Spalt-Prod. von Th oder U durch Bestrahlung in einem Cyclotron u. anschließende Abtrennung durch Dest. nach FARNSWORTH u. PEKOLA (vgl. C. **1955.** 2736) gewonnen werden. Die Halbwertszeit des vom Vf. dargestellten Prod. betrug 9,9 Tage infolge einer Verunreinigung des ^{125}Sn (9,4 Tage) mit ^{123}Sn (130 Tage). Weiterhin stellte Vf. fest, daß Se durch die Best. nicht abgetrennt wird u. bei der Best. von Sn nach FARNSWORTH u. PEKOLA (vgl. l. c.) im Gegensatz zu Ge, Tl, Te, Au u. Rh stört. J. KRAETSCH. 104□

Friedliche Kernexplosionen: Gegenwärtiger Stand und Aussichten. Gerald W. Johnson. (Nucleonics **18.** Nr. 7. 49–53. Juli 1960. Livermore, Calif., Univ. of California, Lawrence Radiat. Labor.) (Engl.)

Bericht über Planung neuer Kernexplosionen unter der Erde für industrielle u. wissenschaftliche Zwecke. GERHARD SCHMIDT. 110□

Kernreaktorsystem mit indirektem Zyklus zur Erzeugung von Wärme für chemische Verfahren. R. Carson Dalzell und James P. McGee. (Chem. Engng. Progr., Symposium Ser. **55.** Nr. 22. 111–18. 1959. AEC, Div. of Reactor Developm. and Bureau of Mines, Div. of Solid Fuels Technol.) (Engl.)

Vff. schlagen vor, für die Verkokung von Kohle die hohen Temp. eines Kernreaktors zu benutzen. Dazu wird das Problem der Ausnutzung des Wärmecyclus eines Kernreaktors untersucht. Gewählt wurde ein Reaktor mit indirektem Temp.-Cyclus mit He als Kühlmittel. G. KURDAL. 110□

Die direkte Verwendung der Spaltenergie für strahleninduzierte Verfahren. Ward S. Diethorn, Paul Schall jun. und G. D. Calkins. (Chem. Engng. Progr., Symposium Ser. **55.** Nr. 22. 119–25. 1959. Columbus, Ohio, Batelle Mem. Inst.) (Engl.)

Vff. diskutieren die Frage, ob die bei der Spaltung auftrende Rückstoßenergie, die im Reaktor in Wärme umgewandelt wird, für chem. Verf. nutzbringender verwertet werden kann. Bedingung für die Ausnutzung wären 1. sehr kleine Brennelemente u. 2. die Zirkulation der chem. Prodd. im Core. Es wird eine einfache Beziehung angegeben, mittels der die Ausbeute für jede strahleninduzierte Rk. berechnet werden kann.
G. KURDAL. 110□

Kreisläufe eines Kernreaktors als Strahlungsquelle insbesondere für die Strahlungschemie. 2. Mitt. I u. S. Riabukhin und A. Kh. Breger. (Int. J. appl. Radiat. Isotopes **8.** 72–81. Juli 1960.) (Engl.) – C. **1961.** 2509; 1. vgl. C. **1960.** 3444 u. C. **1961.** 3221. E. Klever. 110□

Zwei Kernreaktoren als physikalische Instrumente. P. Delattre. (Nuclear Instruments Methods [Amsterdam] **6.** 83–93. Dez. 1959. Saclay, C.E.N., Serv. de Grandes Piles.) (Franz.)

Beschreibung der beiden französ. Forschungsreaktoren EL 2 u. EL 3 als Neutronenquellen für die Grundlagenforschung u. technolog. Untersuchungen. Gerhard Schmidt. 110□

Der Inside-Out-Reaktor. Milan Osredkar und Richard Stephenson. (Chem. Engng. Progr., Symposium Ser. **55.** Nr. 22. 17–18. 1959. New York, N.Y., New York Univ.) (Engl.)

Vff. beschreiben einen Reaktor kleiner Leistung (größenordnungsmäßig entsprechend dem MTR) für Vers.-Zwecke an Hochschulinstituten. Im Gegensatz zu den bekannten Reaktortypen befindet sich der Moderator im Zentrum des Core. Um den Moderator herum ist der Brennstoff angeordnet. Als Brennstoff kommt reines ^{235}U in Frage, das in einem äußersten Bereich angeordnet ist. Nach innen zu wird eine Mischung ^{235}U–H_2O angeordnet, dann folgt eine Schicht leichten W., dann Schweren W. u. im Zentrum eine Mischung aus leichtem u. Schweren Wasser. Der Reaktor kann mit Hilfe der Diffusionstheorie leicht berechnet werden. G. Kurdal. 110□

Die Kontrolle von Instabilitäten in Graphit-Leistungsreaktoren. J. G. Tyror. (Nuclear Power **4.** Nr. 38. 94–97. 124. Juni 1959. Harwell, A.E.R.E., Reactor Div.) (Engl.)

Instabilitäten in Graphitreaktoren werden sowohl in azimutaler als auch in radialer Richtung des Core verursacht. Für azimutal auftretende Störungen werden Kontrollen im Core benötigt u. zwar in den Teilen des Core, wo der Neutronenfluß zu- bzw. abnimmt. Für radiale Störungen werden innerhalb bzw. außerhalb des Radius der Störzone Kontrollen angewendet. G. Kurdal. 110□

Modellversuch zur Xenonvergiftung in Kernreaktoren. K. Hecht. (Nukleonik **2.** 37–38. Jan. 1960.) (Dt.)

Die Zunahme des Nuclids ^{135}Xe nach Abschalten des Reaktors wird durch eine Modellanordnung, bestehend aus einer Glasflasche mit Ausflußhahn sowie 2 darunter angeordneten Ausflußrohren, deren unteres am Boden ein Capillarfilter u. einen seitlichen Ausflußhahn besitzt, gezeigt. Die Darst. geschieht durch Messung der Wasserhöhen von aus der Glasflasche ausfließendem dest. W. in beiden Ausflußrohren. W. Menz. 110□

Die in-Pile-Untersuchung von organischen Stoffen als Kernreaktorkühlmittel. Malcolm McEwen und Edward W. Wiederhold. (Chem. Engng. Progr., Symposium Ser. **55.** Nr. 22. 9–15. 1959. Dayton, Ohio, Monsanto Chem. Comp.) (Engl.)

Vff. bestimmten in einem Loop am Brookhaven-Reaktor die spezif. radiolyt. Zerfallsrate, die Gaserzeugungsrate, die induzierte Radioaktivität u. den Einfl. der Zers.-Prodd. auf die Betriebscharakteristik des Kühl- u. Moderator-Syst. sowie auf die mechan. Eigg. verschiedener Materialien folgender organ. Kühl- u. Moderiermittel: 1. die tert. eutekt. Mischung von Biphenyl, o-Terphenyl u. m-Terphenyl, 2. HB-40, eine partiell hydrierte Mischung von Terphenylisomeren u. 3. Monoisopropylbiphenyl. G. Kurdal. 110□

Die Auslegung einer Rückgewinnungsanlage für Uran mit Hilfe flüssiger Ionenaustauscher (Lösungsextraktion). Kathleen Black und Joseph Koslov. (Chem. Engng. Progr., Symposium Ser. **55.** Nr. 22. 105–10. 1959. New York, N.Y., Vitro Engng. Comp.) (Engl.)

Vff. beschreiben das von der Vitro Uranium Comp. entwickelte Aufbereitungs-Verf. für U aus einer schwefelsauren Lösung. Mittel des Verf. werden pro Tag 660 t Erz aufbereitet. Die Hauptschritte des Verf., z. B. Extraktion, Säurerückgewinnung, Ausfällung u. Lsgm.-Zubereitung, werden neben einigen experimentellen Daten angegeben. G. Kurdal. 110□

Die kontinuierliche Auflösung von Uran–Aluminium-Brennstoffen in einer Auflösungskolonne vom Tropfentyp. J. C. Bresee, D. L. Foster und E. O. Nurmi. (Chem. Engng. Progr., Symposium Ser. **55.** Nr. 22. 25–32. 1959. Oak Ridge, Tenn., Oak Ridge Nat. Labor.) (Engl.)

Vff. untersuchten die Leistungsfähigkeit einer kontinuierlich arbeitenden Auflösungskolonne für angereicherten Reaktorbrennstoff u. bestimmten die Kapazität der Anordnung bei einer bestimmten Konz. von Produkten. Es werden Ergebnisse für angereicherte U–Al-Legg. angegeben. G. Kurdal. 110□

Ein Vergleich von in Argon- und Helium-Atmosphäre geschweißten Abschirmungen. J. Barker. (Nuclear Power **4.** Nr. 38. 119—20. Juni 1959. M. & C. Nucl. Inc.) (Engl.)

Zircaloy-2-Bleche der Größe 16×5×0,5 in. wurden in He-Atmosphäre (0,5 in. Druck) bzw. Ar-Atmosphäre (0,5 in. Druck) mit Strömen von 100, 200, 300, 400 u. 500 A bei einer Spannung von 15 bzw. 12 V geschweißt. Bei gleicher Tiefe u. Breite der Schweißnaht sind in Ar-Atmosphäre höhere Bogenströme erforderlich als in He-Atmosphäre. Die Schliffe der Schweißnähte zeigen bei He-Atmosphäre ein zusammenhängenderes Gefüge. G. Kurdal. 110□

Stabilisierungssystem für einen 700-kV-Kaskaden-Generator. J. C. Tiemeyer. (Nuclear Instruments Methods [Amsterdam] **8.** 117—20. 1960. Eindhoven, N.V. Philips Gloeilampenfabr., Sci. Engng. Div.) (Engl.)

Die Stabilisierung der Ausgangsspannung eines 700-kV-Kaskadengenerators zur Erzeugung schneller Teilchen wurde gleichzeitig mit zwei schalttechn. Maßnahmen durchgeführt, die die schnellen u. die langsamen Spannungsschwankungen getrennt eliminieren. Die an einem Hochohmwiderstand abgegriffenen Spannungschwankungen werden dazu über einen Gleichspannungsverstärker an 2 geeigneten Stellen auf die Speiseschaltung des Generators rückgekoppelt. Die erzielte Stabilisierung der Endspannung liegt bei 0,03%. W. Reusse. 112□

Das relativistische isochrone Cyclotron von Oak Ridge. 1. Mitt. Entwicklung des isochronen Cyclotrons. R. S. Livingston und F. T. Howard. (Nuclear Instruments Methods [Amsterdam] **6.** 1—25. Dez. 1959. Oak Ridge, Tenn., Oak Ridge Nat. Labor.) (Engl.)

Vff. beschreiben ein Cyclotron variabler Energie mit ungewöhnlicher Vielseitigkeit. Bei diesem Cyclotron liefert ein räumlich variierendes Magnetfeld fokussierte u. isochrone Bahnen. Das azimutal variierende Feld besitzt Dreifachsymmetrie u. liefert eine geschätzte maximale Energie von 75 MeV für Protonen u. 100 MeV für N^{4+}. Die Flexibilität in Energie u. Wahl der zu beschleunigenden Teilchen wird mit einem Resonanz-Syst., das zwischen 22,5 u. 7,5 MHz abgestimmt werden kann, sowie mit 21 Reihen von Magnetspulen erreicht. Gerhard Schmidt. 112□

Untersuchung und Entwicklung von cyclischen Elektronenbeschleunigern im Polytechnischen Institut von Tomsk. A. A. Vorobiev und V. A. Moskalev. (J. nuclear Energy, Part C **1.** 89—95. März 1960.) (Engl.) — Vgl. C. **1959.** 4361. E. Klever. 112□

Vielseitiges Massenspektrometer. Robert G. Marcley. (Amer. J. Physics **28.** 418—24. Mai 1960. New York, N.Y., Amer. Inst. of Phys.) (Engl.)

Vf. beschreibt ein Massenspektrometer, speziell zur Verw. in einem Anfängerlaboratorium. Eine Beschreibung zur Selbstanfertigung wird gegeben. Bei Verw. der Isotope ^{41}K u. ^{39}K wurde mit dem App. ein Auflösungsvermögen von 75 erhalten. C. Gottfried. 112

Strahlungsdetektoren. 4. Mitt. Einige Anwendungen. W. R. Loosemore. (Nuclear Power **4.** Nr. 38. 112—16. Juni 1959. Harwell, A.E.R.E.) (Engl.) — 3. vgl. C. **1961.** 7108.

Übersicht. G. Kurdal. 112□

Präzisionsmessung bei der Gammastrahlspektroskopie. G. A. Bartholomew, J. W. Knowles und G. E. Lee-Whiting. (Rep. Progr. Physics **23.** 453—543. 1960. Chalk River, Ontario, Canada, Atom. Energy of Canada Ltd.) (Engl.)

Übersicht über die für Präzisionsmessungen (d. h. Energieauflösung über 1% u. Energiegenauigkeit besser als 0,2%) geeigneten γ-Spektrometer, unterteilt nach der jeweils verwendeten γ-Wechselwrkg.: Kohärente Streuung (Kristallbeugung), photoelektr. Effekt, Compton-Effekt sowie Paarerzeugung. Die Hauptvertreter jedes Typs u. ihre Eigg. werden im einzelnen diskutiert; einige Verbesserungen werden vorgeschlagen. D. Jörchel. 112□

Halogen-Niedervoltzähler (Mechanismus der Entladung). W. W. Wischnjakow, Ssjao-Wei Tan und A. A. Tjapkin. (Успехи Физических Наук [Fortschr. physik. Wiss.] **72.** 133—52. Sept. 1960.) (Russ.)

Zusammenfassende krit. Übersicht über den Mechanismus der mit Halogenen gelöschten Niedervoltzähler. Es zeigt sich, daß eine ganze Reihe von spezif. Eigg. der Zähler durch die Besonderheiten der zeitlichen Entw. der Entladung, die durch Ionisation auf Kosten der Stöße zweiter Art bedingt sind, erklärt werden können. — 23 Literaturdaten. E. Klever. 112□

Über die Charakteristik von Krypton-Zählern. Tatsusaburo Suzuki, Jiro Yuhara und Tecchu Majima. (J. physic. Soc. Japan **15.** 1702. Sept. 1960. Res. and Developm. Inst.; Tokyo, Defence Agency and Japan Radio Comp.) (Engl.)

Vff. untersuchen die Brauchbarkeit von Zählern, die mit Kr (99,9% Reinheit)/Äthylen-Gemischen gefüllt sind. Die Partialdrucke von Kr u. Äthylen wurden von 150—500 mm Hg bzw. 2,5—52 mm Hg variiert. Die Güte der Plateaukurven hängt hauptsächlich vom Partialdruck des Äthylens ab. Unterhalb 8,5 mm Hg Äthylenpartialdruck erfolgt teilweise bis Dauerentladung. Die besten Plateaus liegen vor, wenn der Äthylenpartialdruck zwischen 17,5 u. 35 mm Hg gehalten wird. Verss. mit Mischungen von Kr u. Methan, wobei der Partialdruck des Methans von 10—50 mm Hg variiert wurde, führten nicht zu günstigen Ergebnissen. Außerdem haben Kr/Methan-Zähler im Gegensatz zu den Kr/Äthylen-Zählern schlechte selbstlöschende Eigenschaften. Vff. erklären diesen Befund damit, daß das Ionisationspotential von Kr höher als das des Äthylens u. niedriger als das des Methans ist, so daß die Sekundäremissionen im Kr/Äthylen-Zähler im Gegensatz zum Kr/Methan-Zähler gelöscht werden können.
H. SCHROEDER. 112□

Anwendung von bidirektionalen Dekatronröhren für die Messung niedriger β-Aktivitäten durch Auslöschtechnik. K. S. Kuchela und L. H. Peshori. (Nuclear Instruments Methods [Amsterdam] **7.** 179—83. Mai 1960. Trombay, India, Atomic Energy Establishment.) (Engl.)

Die beschriebene Anordnung mit Endfensterzählern red. den Background auf weniger als 2 Ausschläge pro Min. u. gestattet die Messung von β-Aktivitäten der Größenordnung von $25 \cdot 10^{-12}$ c mit einer statist. Genauigkeit von 95%. Der erste Detektor zählt die β- u. γ-Aktivität u. der zweite nur die γ-Aktivität. Die Meth. wurde erfolgreich für die Unters. der Aktivität von biolog. Proben aus dem Meere angewendet.
H. HAUSWALD. 112□

Wirkung der Fensterabsorption und Quellenunterlage auf β-Spektren. B. N. Subba Rao. (Proc. Indian Acad. Sci., Sect. A **51.** 28—33. Jan. 1960. Bombay, Tata Inst. of Fundament Res.) (Engl.)

Vf. schätzt die Verzerrungseffekte der Fensterabsorption u. Rückstreuung aus Quellenunterlagen an β-Spektren ab, die im Zwischenbild-β-Spektrometer beobachtet worden sind. Die Existenz einer durch Streuer hervorgerufenen Dicke wird nachgewiesen u. erklärt. Die erforderlichen Korrekturfaktoren werden auf das β-Spektrum von ^{147}Pm angewandt, um ihre Gültigkeit zu schätzen. GERHARD SCHMIDT. 112□

Die Radioaktivitätsbestimmung der flüssigen β-Abfälle. František Běhounek und Vlasta Zelenková. (Jaderná Energie **6.** 299—302. 1960. Praha, Fak. techn. a jader. fys. ČVÚT; Dosimetr. odd. Ústavu jader. výzk. Českoslov. akad. věd.) (Tschech.)

Durch Einführung einer Doppelfiltrationsmessung (Filter 0,1 mm Cu u. 0,1 mm Al) konnte die übliche Verdampfungs-Meth. der β-Aktivitäts-Best. von Abwässern mit GEIGER-MÜLLER-Endfensterzählern verbessert u. die Empfindlichkeit erhöht werden. Zur Best. (in einer Duralschale von 25 mm innerem ∅, Wandstärke von 1 mm u. 3 mm Höhe) genügen 50 ml W., wobei der Geh. von ^{90}Sr + ^{90}Y mit der größten Radiotoxizität mit einer besseren Genauigkeit als 40% des Sollwertes bestimmt werden kann. Die Meth. entspricht den staatlichen Normen. J. TŮMOVÁ. 112□

Interpretation der γ-Scintillationsspektren von Spaltproduktgemischen. D. H. Peirson. (Brit. J. appl. Physics **11.** 346—53. Aug. 1960. Harwell, AERE.) (Engl.)

Es werden quant. Betrachtungen zur Auswertung von γ-Scintillationsspektren gebracht. Für den NaJ-Kristall der Normgröße 1 in. u. 1,5 in. ∅ werden tabellar. Werte für den Wrkg.-Grad der Scintillationen bei den verschiedenen γ-Linien der Spaltprodd., die bei der ^{235}U-Spaltung entstehen, mitgeteilt. In Verbindung mit aus der Literatur entnommenen rechner. Beziehungen werden theoret. Spektren berechnet. Auch die zeitlichen Änderungen der Spektren bis zu 28 Tagen nach beendetem Spaltprozeß werden berechnet u. tabelliert. Der Einfl. der Spektrometerauflösung wird erörtert. In die Betrachtungen werden die Zerfalls-Prodd. ^{135m}Cs, ^{97m}Nb, ^{97}Nb, ^{133}J, ^{143}Ce, ^{149}Pm, ^{99}Mo, ^{99m}Tc, ^{132}Te, ^{132}J, ^{133}Xe, ^{131}J, ^{147}Nd, ^{140}Ba, ^{140}La, ^{141}Ce, ^{103}Ru, ^{95}Zr, ^{95}Nb, ^{144}Ce, ^{106}Rh, ^{137m}Ba, ^{239}Np u. ^{237}U einbezogen. W. REUSSE. 112□

Luminescenz in einer Scintillationslösung, die durch α- und β-Teilchen angeregt wurde, und verwandte Untersuchungen über Löschung. Isadore B. Berlman. (J. chem. Physics **34.** 598—603. Febr. 1961. Argonne, Ill., Argonne Nat. Labor., Radiolog. Phys. Div.) (Engl.)

Vf. untersuchte die relative Intensität der Lichtimpulse, die durch α- u. β-Teilchen in einer scintillierenden Lsg. von 2.5-Diphenyloxalat in Xylol erzeugt wurden, als Funktion der Konz. des Gelösten. Das beobachtete α/β-Verhältnis ist wesentlich kleiner als das in organ.-plast. Scintillatoren gefundene. Aus den Ergebnissen wurden die dynam. Auslöschparameter bestimmt. Ferner wurden weitere, unabhängige Messungen der mittleren Fluorescenzlebensdauer, der UV-Anregung u. der Impulshöhen durchgeführt, um den Mechanismus der Auslöschung durch O_2 in scintillierenden Lsgg. zu untersuchen. Die beste Deutung des O_2-Effekts ist mit der Ggw. einer dynam. Auslöschung der angeregten Moll. des Lsgm. u. des Gelösten verträglich; wenn eine stat. Auslöschung des Lsgm. vorhanden ist, beträgt sie höchstens ca. 5%. D. Jörchel. 112□

Verwendung von Submikron-Siliciumdioxyd zur Vermeidung von Zählverlusten durch Wandadsorption bei der Flüssigkeits-Scintillations-Zählung. F. A. Blanchard und I. T. Takahashi. (Analytic. Chem. **33.** 975—76. Juni 1961. Midland, Mich., Dow Chem. Co., Radiochem. Labor.) (Engl.)

Durch Adsorption von radioakt. Material an den Zählrohrwänden können bei der Flüssig-Scintillations-Messung sehr verd. Lsgg. erhebliche Fehler auftreten. Eine Möglichkeit, die 4π-Geometrie aufrechtzuerhalten, besteht in der Lenkung der Adsorption. Dazu muß in der Lsg. ein möglichst durchsichtiges Material suspendiert werden, dessen Teilchen klein im Vgl. zur Reichweite der β-Teilchen sind u. dessen akt. Oberfläche viel größer ist als die Wandfläche des Zählrohrs, so daß die Adsorption zunächst an diesem Material erfolgt. Vff. verwendeten SiO_2 von 0,015—0,020 μ Teilchengröße u. 175—200 m^2/g Oberfläche. Die Scintillations-Lsg. bestand aus 30 Teilen abs. A. u. 70 Teilen Toluol mit 4% PPO (2.5-Diphenyloxazol) u. 0,01% POPOP [1.4-Bis-2-(5-phenyloxazolyl)-benzol]. Sie wurde mit u. ohne SiO_2-Zusatz (ca. 3 Gewichts-%/ml) verwendet. Die wss. Lsg. von Na_2SO_3 (mit ^{35}S markiert) u. die von Polyacrylamid bzw. Poly-N-vinyl-5-methyl-2-oxazolidinon (beide mit ^{14}C markiert) in Konzz. von 1, 10 u. 100 ppm werden ohne SiO_2-Zusatz so stark von den Zählrohrwänden adsorbiert, daß nach 1 Woche die 2π-Geometrie erreicht wird. Mit SiO_2-Zusatz ergeben sich höhere Anfangszählraten, die außerdem über 1 Woche konst. bleiben. Bei den markierten Monomeren der beiden organ. Verbb. tritt keine Adsorption auf, d. h. der SiO_2-Zusatz bleibt hier ohne Einfl. auf die Zählrate. W. Hein. 112□

Schaltschemata für automatische Radioaktivitätsmessungen. Jiří Macků. (Jaderná Energie **6.** 303—11. 1960. Hradec Králové, Katedra fys. lékař. fak. Karlovy univ.) (Tschech.)

Übersicht der einzelnen Typen mit Anführung der theoret. Grundlagen, der Schaltschemata u. tabellar. Zusammenstellung üblicher App. verschiedener Hersteller u. Anführung der Charakteristika. — 16 Literaturhinweise. J. Tůmová. 112□

Ein „Zeitdehner" für genaue Neutronen-Flugzeitmessung. J. R. Waters. (Nuclear Instruments Methods [Amsterdam] **7.** 174—77. Mai 1960. Harwell, Berks., AERE.) (Engl.)

Die beschriebene elektron. App. für Flugzeitmessungen arbeitet vollständig digital u. ist dadurch von sich aus frei von sonst gewöhnlich störenden Nullpunktsschwankungen. Ein 1 : 100-Untersetzer mit einer Zählgeschw. von 4 MHz mißt die Zahl der „Uhr"-Impulse von $^1/_4$ μs, die der Ankunft des Neutrons vorausgehen. Die verwendeten Transistorschaltungen werden angegeben. H. Hauswald. 112□

Einige Bemerkungen über Differentialsysteme schneller Koinzidenzen. M. Maitrot. (J. Physique Radium **20.** 717—18. Juli 1959. Lyon, Fac. des Sci., Inst. de Phys. Nucl.) (Franz.)

Vf. diskutiert die von Bay (vgl. C. **1958.** 1200) u. von Graham u. Petch (vgl. Canad. J. Physics **30.** [1952.] 35) beschriebenen Differentialsysteme. C. Gottfried. 112

Eine Blasenkammer mit flüssigem Wasserstoff von 10 inch Durchmesser. Margaret H. Alston, D. C. Cundy, W. H. Evans, R. W. Newport und P. R. Williams. (Philos. Mag. [8] **5.** 146—53. Febr. 1960. Liverpool, Univ., Nucl. Phys. Res. Labor.) (Engl.)

Beschreibung einer Blasenkammer von 10 in. Ø u. 4 in. Tiefe, ihres Magneten u. der zugehörigen Kontrollschaltungen für die Verw. am 383-MeV-Synchrocyclotron. Die dynam. Wärmeaufnahme wird durch Metallbälge, die für eine Expansion in fl. Phase sorgen, möglichst niedrig gehalten. Die Kammer wurde im π-Bündel mit einer Repetitionszeit von 4 Sek. in einem Magnetfeld von 8000 Oe betrieben. H. Hauswald. 112□

Systematische Bahnverzerrung in einer Blasenkammer mit flüssigem Wasserstoff von 10 inch Durchmesser. D. C. Cundy, W. H. Evans, D. W. Hadley, P. Mason, R. W. Newport, J. R. Smith und P. R. Williams. (Philos. Mag. [8] **5.** 154—60. Febr. 1960.) (Engl.) — Vgl. vorst. Referat.

Vff. untersuchten an einer Blasenkammer (l. c.) die Abhängigkeit der systemat. Bahnverzerrung vom Ort der Bahn, dem Eintrittszeitpunkt des Bündels u. der Verzögerung des Lichtblitzes. Sofern die photograph. Aufnahme vor der Rekompression stattfindet, sind die Verzerrungen klein im Vgl. zur Krümmung durch Vielfachstreuung

u. mit Ausnahme sehr kleiner Randgebiete oben u. unten in der Kammer kaum von Null verschieden. H. HAUSWALD. 112□

Die Impulshöhenverteilung von Čerenkov-Zählern. Richard J. Wagner. (Rev. sci. Instruments 31. 271—78. März 1960. Los Angeles, Calif., Space Technol. Labor., Appl. Phys. Dep.) (Engl.)

Da in vielen Detektoren die Größe des Impulses dem Weg proportional ist, den das Teilchen im akt. Vol. zurücklegt, wird für den Fall, daß dieses akt. Vol. die Form eines Zylinders hat, die Verteilung der Weglängen eines isotropen Teilchenstroms errechnet. Für Zylinder verschiedener Höhen–Durchmesser-Verhältnisse werden die Verteilungsfunktion u. die mittlere Weglänge angegeben. Neben einfachen Zylindern werden auch solche mit ideal reflektierender Oberfläche betrachtet, bei denen sämtliche entstehenden Lichtblitze auf die Photokathode gelangen. Die Berechnungen werden auf einige Spezialfälle ausgedehnt. H. HART. 112□

Die Rolle der Halbleiter in der Kernphysik und -elektronik. P. Gutmann und L. Koch. (Ind. atom. 2. Nr. 5—6. 101—08. 1958. Saclay, C.E.N., Dép. d'électron.) (Franz.)

Allg. Übersicht über die Eigg. der Halbleiter sowie ihre Anwendungen in der Kernphysik (Ausnutzung der Wechselwrkg. zwischen Halbleiter u. Kernstrahlung einerseits sowie Magnetfeld andrerseits) u. in der Kernelektronik (Transistoren u. Dioden). D. JÖRCHEL. 112□

Nichtlineare Rechenoperationen an Impulsen mit Hilfe von pn-Verbindungen. G. Giannelli und L. Stanchi. (Nuclear Instruments Methods [Amsterdam] 8. 79—91. 1960. Ispra, Centro Studi Nucl.) (Engl.)

Es wird das bei kernphysikal. Unterss. gelegentlich zu lösende Problem behandelt, das Prod. zweier gleichzeitig von zwei Detektoren gelieferter Impulse zu bilden. Vff. gehen von der Formel $\ln AB = \ln A + \ln B$ als Grundlage aus, sie zeigen, daß die Strom–Spannungs-Charakteristik eines in Emitter–Basis-Schaltung betriebenen Ge-Transistors über mehrere Dekaden logarithm. verläuft u. behandeln die schaltungsmäßige Lösung des Multiplikationsproblems unter sinngemäßer Auswertung dieser Kennlinien. W. REUSSE. 112□

Detektor für schwere Teilchen in Form eines Silicium-pn-Kontaktes. G. Amsel, P. Baruch und O. Smulkowski. (Nuclear Instruments Methods [Amsterdam] 8. 92—105. 1960. Paris, École Norm. Supér., Labor. de Phys. Nucl.) (Franz.)

Das Verh. einer Si-pn-Grenzzone bei Eintritt stark ionisierender Teilchen in eine solche wird erläutert, bes. die Möglichkeit, Impulse bestimmten Energieinhalts durch Wahl der Betriebsspannung auszublenden. Auf diese Weise ist eine gewisse Diskriminierung der Teilchen möglich, sofern diese als gemischtes Bündel einfallen. W. REUSSE. 112□

Ansprechen von Oberflächengrenzschicht-Halbleiterdetektoren auf Stickstoffionen und α-Teilchen. M. L. Halbert und J. L. Blankenship. (Nuclear Instruments Methods [Amsterdam] 8. 106—16. 1960. Oak Ridge, Tenn., Oak Ridge Nat. Labor.) (Engl.)

Oberflächengrenzschicht-Detektoren als Nachw.-Mittel für schwere Teilchen geringer Reichweite werden von Vff. aus Si mit einer aufgedampften halbdurchsichtigen Au-Schicht hergestellt. Es konnte gezeigt werden, daß α-Teilchen in einem solchen Detektor 100%ig nachgewiesen werden, wobei der Energieverbrauch pro Elektron–Loch-Paar $3{,}50 \pm 0{,}05$ eV ist. Mittels der an den Detektor angelegten Spannung ist eine Impulshöhenanalyse möglich, da die Impulshöhe proportional mit der Teilchenenergie wächst (Verss. mit α- u. ^{14}N-Teilchen). Gegen γ-Strahlen u. Neutronen besteht prakt. Unempfindlichkeit. W. REUSSE. 112□

Eichung von Neutronenquellen. Anonym. (Nuclear Power 4. Nr. 38. 121. Juni 1959.) (Engl.)

Die bisher benutzten Ra–Be-(α, n)-Quellen liefern wegen des Zerfalls von Ra auf die Dauer keinen konst. Neutronenfluß. Am günstigsten für Standardquellen sind Pu–Be-(α, n)-Quellen. NATIONAL BUREAU OF STANDARDS hat zwei abs. Eichverff. entwickelt: 1. durch Messung der Dichte der therm. Neutronen in einem Wassertank, in dem die Quelle eingebettet ist, u. 2. durch Aktivierung von in einem Wasserbad gelöstem $MnSO_4$. G. KURDAL. 112□

Nevis-Synchrocyclotron-Geschwindigkeitsspektrometer für langsame Neutronen. Nevis Rainwater, W. W. Havens jun., J. S. Desjardins und J. L. Rosen. (Rev. sci. Instruments 31. 481—89. Mai 1960. New York, N.Y., Columbia Univ., Dep. of Phys.) (Engl.)

Beschreibung einer Vorr. zur Geschw.-Auswahl von Neutronen mit hoher Intensität u. Auflösung, welche das NEVIS-Synchrocyclotron als pulsierende Neutronenquelle verwendet. Die Detektorzählungen werden in einem 2000-Kanal-Analysator gesammelt, der eine Kanalbreite von 0,1 μs besitzt. Die Datenverarbeitung mit Lochkarten wird diskutiert. Die Resonanzspektren von PbJ_2 wurden bei einer Fluglänge von 35 m untersucht. Eine geplante Fluglänge von 200 m soll eine Auflösung von <1 ns/m für Neutronenenergien >1000 eV liefern. H. Hauswald. 112□

Ein 2000-Kanal-Analysator für die Neutronenspektroskopie. J. Hahn und W. W. Havens jun. (Rev. sci. Instruments 31. 490—500. Mai 1960. New York, N.Y., Columbia Univ.) (Engl.)

Der beschriebene Flugzeitanalysator wird an gepulsten Beschleunigern, die bei ca. 60 Hz arbeiten, verwendet. Es werden Kanalbreiten von 0,1 μs u. eine Totzeit von 0,8 μs erhalten. Ein näher beschriebenes elektrostat. Gedächtnis, das nach dem Prinzip einer Bildröhre arbeitet, zeichnet die Daten mit möglichst kleiner Totzeit auf. Es wird von einer langsameren Magnettrommel mit größerer Speicherkapazität abgefragt, welche die Daten zwischen den Neutronenstrahlimpulsen speichert. H. Hauswald. 112□

Ein Gerät zur Bestimmung der Erdbodenfestigkeit für den Einsatz im Kabelbau. G. Lemm und W. Reusse. (Kerntechnik 2. 132—34. April 1960. Darmstadt, Fernmeldetechn. Zentralamt.) (Dt.)

Beschreibung einer Meßanlage zur Bodendichtemessung nach dem Prinzip der γ-Absorption. In der Spitze der stabförmigen Sonde, die senkrecht in den Boden eingeführt wird, befindet sich das 10-mc-^{137}Cs-Präp.; als Detektoren dienen zwei parallel geschaltete, waagerecht an der Bodenoberfläche angeordnete Zählrohre im mittleren Abstand zum Präp. von 52 cm. Der Meßfehler liegt unter $\pm 1,5\%$. Die für die Meßwertkorrektur benötigte Bodenfeuchtigkeit muß gesondert bestimmt werden. H. Hart. 112□

Akustisches Personendosimeter für γ-, Röntgen- und Neutronen-Strahlung. Jiří Kočí. (Jaderná Energie 6. 312. 1960. Praha, Dosimetr. odd. Ústavu jader. výzkumu Českoslov. akad. věd.) (Tschech.)

Es wurde ein akust. Dosimeter entwickelt (Schaltschema): Gesamt-Vol. 120 × 70 × 40 mm, Gewicht 200 g, Dosisempfindlichkeit 25 mr, Ionisierungskammer 115 cm³, Stromquelle 6-V-Batterie. Das Signal wird mittels eines Summers gegeben. J. Tůmová. 112□

Der Umgang mit β-γ-aktiven Lösungen hoher Aktivität. J. H. Moss, G. P. Kitt und P. E. Brown. (Nuclear Power 4. Nr. 38. 120—21. Juni 1959. Harwell, A.E.R.E.) (Engl.)

Vff. beschreiben eine heiße Box für Arbeiten mit hochakt. β- u. γ-Lösungen. G. Kurdal. 112□

Anstieg der Radioaktivität des Fallout infolge Kerntests in der Sahara. Vilem Santholzer. (Jaderná Energie 6. 294—98. 1960. Hradec Králové, Katedra fys. lékař. fak. Karl. univ.) (Tschech.)

Graph. Darst. der Radioaktivität des Fall-out u. des Regens in den letzten Jahren unter bes. Hinsicht auf den Anstieg der Aktivität nach den französ. Kernwaffentests in der Sahara am 13/2. u. 1/4. 1960. Der erste Test hatte einen Anstieg von 0,03 mc/km²·d (stratosphär. Fall-out) auf 17,65 mc/km²·d am 1/3. 1960 u. ein langsames Abklingen in den nächsten 3 Wochen zur Folge. Der zweite Test hatte einen Anstieg auf nur 0,70 mc/km²·d zur Folge. Der aktivste je gemessene Regen von 25,9 mc/Liter fiel am 1/3. 1960. J. Tůmová. 112□

A. Abragam, The principles of nuclear magnetism. New York: Oxford Univ. Press. 1961. (599 S.) $ 13.44.

R. A. Allen, D. B. Smith and J. E. Hiscott, Radioisotope data. 2nd edit. London: H. M. S. O. 1961. (200 S. m. Tab. u. Diagr.) = AERE.-R 2938. 8 s.

Albert Narath, Über die Herstellung von Kernspurenemulsionen. Als Ms. gedr. Köln, Opladen: Westdeutscher Verl. 1961. (36 S. m. Abb.) 4° = Forschungsberichte des Landes Nordrhein-Westfalen. Nr. 975. DM 11,50.

—, International Atomic Energy Agency. Codes for reactor computations. London: H. M. S. O. 1961. 48 s.

Radiochemistry. Vol. 1, no. 1. Herausgeg. von A. G. Maddock. Oxford, London: Pergamon Press. 1961. Two issues per annum. 8 £.

A_2. Optisches Verhalten der Materie

Variations-Störungsmethode für angeregte Zustände. Oktay Sinanoğlu. (Physic. Rev. [2] 122. 491—92. 15/4. 1961. Berkeley, Calif., Univ. of California, Dep. of Chem. and Lawrence Radiat. Labor.) (Engl.)

Die Wellenfunktion erster Ordnung (X_1) in der Störungs-Meth. kann (anstatt durch Summierung der üblichen unendlichen Reihen mit einem großen Kontinuumsbeitrag) durch ein Variationsprinzip erhalten werden. Die Meth. kann auf solche angeregte Zustände wie $(1s\,2s)\,{}^1S$ von He-ähnlichen Ionen u. auf ähnliche Elektronenpaare angewendet werden, die in der Theorie des Vf. (vgl. nachst. Ref.) für ein Vielelektronenatom oder -Mol. auftreten. HERBERT WEBER. 114☐

Störungstheorie von Vielelektronen-Atomen und -Molekülen. Oktay Sinanoğlu. (Physic. Rev. [2] **122.** 493—99. 15/4. 1961.) (Engl.) — Vgl. vorst. Referat.

Die Störungstheorie mit Operator-Verf. wird auf ein nichtentartetes Vielektronen-Syst. angewendet, wobei die Elektron-Elektron-Abstoßungen als Störungen behandelt werden. Die Wellenfunktion erster Ordnung (X_1) wird in Termen der Wellenfunktion erster Ordnung von unabhängigen Zweielektronen-Syst. erhalten. Die Wellenfunktionen dieser Elektronenpaare enthalten Kernparameter u. können durch Variations-Meth. oder andere Meth. erhalten werden. Zum Beispiel wird das *Li*-Atom vollständig aus den $(1\,s)^2\,{}^1S$-, $(1\,s\,2\,s)\,{}^1S$- u. ${}^3S$-Zuständen von Li^+ aufgebaut. HERBERT WEBER. 114☐

Deutung der Orientierung der von einem Übergangskomplex im Dispersionskräftefeld ausgesandten Spektralbanden. Rose Aynard. (C. R. hebd. Séances Acad. Sci. **247.** 281—83. 21/7. 1958.) (Franz.)

Eine Diskussion des C. **1958.** 13416 referierten Effekts zeigt, daß die LONDONschen Dispersionskräfte tatsächlich die Ursache für die nach Rot verschobene Emissionsbande von Übergangskomplexen vom Typ $(Na^3S, Ar^1S)/(Na^3P, Ar^1S)$ sind. Bis zu einem gewissen Grenzwert des mittleren Abstandes der beiden Zustände entspricht der Effekt der theoret. Erwartung. Die zusätzliche Energie der nach Violett verschobenen Emission stammt aus einem Dreierstoß des Komplexes mit einem benachbarten Störatom (Übergang $Na^3P_{1/2} \rightarrow Na^3P_{3/2}$), ausgehend vom Mindestabstand. A. BLASCHETTE. 118☐

Spektrophotometrische Messungen der Zusammensetzung von Aluminiumnitrat–Salpetersäure-Mischungen. Robert W. Henry und Glenn L. Booman. (Analytic. Chem. **32.** 832—34. Juni 1960. Idaho Falls, Idaho, Phillips Petrol. Co., Atomic Energy Div.) (Engl.)

Bei der spektrophotometr. Unters. des tern. Syst. $Al(NO_3)_3$–HNO_3–W. werden Maxima beobachtet bei 295 mμ, 1,45, 1,925, 2,55 u. 2,667 μ. Das Maximum bei 295 mμ ist der gesamten NO_3^--Konz. proportional. Die Maxima bei 1,45 u. 1,925 μ sind gegenüber Konz.-Änderungen in der Lsg. unempfindlich. Die Absorptionen bei 2,55 u. 2,667 μ ändern sich mit der Konz., sind aber keine einfachen Funktionen der genannten Variablen. Aus einem Diagramm, in dem die Extinktionen bei 2,667 μ ($E_{2,667}$) gegen $E_{295\,m\mu}$ aufgetragen sind, sind die $Al(NO_3)_3$- u. HNO_3-Konzz. von 1,5 m Lsgg. auf 0,02—0,03 m Genauigkeit zu entnehmen. Da die 295-mμ-Absorption der Gesamt-NO_3^--Konz. entspricht, kann sie durch sehr exakte Dichte-Best. (besser als 0,002 Einheiten) ersetzt werden. Die Absorption bei 2,667 μ hängt offenbar von den verschiedenen H-Bindungen in H_2O, H_3O^+, HNO_3-Arten sowie hydratisierten u. hydrolysierten Al-Nitrat-Arten ab. Eine volle Klärung der Zusammenhänge setzt die Unters. einfacherer Syst. voraus. W. KUPFER. 118☐

Emission weicher elektromagnetischer Strahlung von Metallen durch Aufprall von Protonen und positiven Ionen hoher Energie. Rafi Mohammed Chaudhri und Mustaf Yar Khan. (Nature [London] **189.** 996—97. 25/3. 1961. Lahore, West Pakistan, High Tension and Nucl. Res. Labor.) (Engl.)

Vff. untersuchen die Strahlungsemission im UV u. im sichtbaren Bereich von entgasten u. nicht entgasten Ni-Oberflächen beim Aufprall von Protonen u. positiven Ionen mit einer Energie von 400—700 keV. Die Protonenströme werden zwischen $1{,}0 \cdot 10^{-7}$ bis $4{,}0 \cdot 10^{-6}$ A variiert. Die Strahlungsintensität im UV über 3300 Å ist in jedem Fall größer als im sichtbaren Gebiet. Die Gesamtintensität der Strahlung mit Wellenlängen über 3300 Å steigt schneller an als der Protonenstrom, sie ist bei verunreinigten Oberflächen stets größer als bei reinen. Erhöht man bei konst. Protonenstrom die Energie von 400 auf 700 keV, so sinkt jedoch die Intensität um ca. 20%. Das Spektrum im Sichtbaren ist kontinuierlich mit einem ausgeprägten flachen Maximum zwischen 4600 u. 4900 Å. Ein mit bloßem Auge feststellbarer Fleck erscheint bereits bei einem Strom von $1{,}0 \cdot 10^{-7}$ A auf der bestrahlten Oberfläche. Eine Reihe von Verss. wurde mit Proben durchgeführt, die einige Std. im Hochvakuum durch Elektronenbombardement bei heller Rotglut entgast wurden. Die entgaste Probe hält man über Nacht im Vakuum u. untersucht sie nach erneuter Entgasung. Bei Verw. nichtgetrennter Wasserstoffionen (Ionenstrom $4 \cdot 10^{-6}$ bis $15{,}0 \cdot 10^{-6}$ A, Energie der Ionen ca. 400 keV) erhält man im Sichtbaren ebenfalls ein kontinuierliches Spektrum. Die Intensitätsverteilungskurve verläuft flach im Bereich von 4000—4700 Å, darüber fällt sie schnell ab. Die beobachtete Strahlung ist nicht auf Sekundärelektronen von den Kanten der Kammeröffnung oder auf eine durch die Erwärmung der Ni-Probe bewirkte Emission zurückzuführen. P. FRENZEL. 118☐

Einflüsse der Elektronenwechselwirkung auf die optischen Eigenschaften von Metallen. P. A. Wolff. (Physic. Rev. [2] **116.** 544—54. 1/11. 1959. Murray Hill, N.J., Bell Telephone Labor.) (Engl.)

Der Einfl. der Elektron–Elektron-Wechselwrkg. (COULOMB-Wechselwrkg.) auf die opt. Eigg. von Metallen wird mit einer Vielkörperstörungstheorie (BRUECKNER) nach einem von HUBBARD (Proc. Roy. Soc. [London], Ser. A **240.** [1957.] 539) übernommenen Formalismus behandelt. Mit Hilfe von Diagrammen wird der durch ein elektromagnet. Vektorpotential induzierte Strom ausgewertet. Eine Formel wird zur Behandlung der opt. Eigg. eines Elektron–Loch-Plasmas abgeleitet (solche „Doppelplasmen" treten in Metallen mit sich überlappenden Bändern auf). Die für obige Störungstheorie zu fordernde Voraussetzung, daß die COULOMB-Wechselwrkg. der Elektronen klein gegenüber der kinet. Energie der Elektronen sei, ist bei idealen Metallen nicht erfüllt. Trotzdem hofft Vf., daß eine größenordnungsmäßige Abschätzung der Effekte bei realen Metallen möglich ist. E. WAGENFELD-HOHLWEG. 119□

Optische Rotationsdispersion von Übergangsmetallkomplexen. Satoru Sugano. (J. chem. Physics **33.** 1883—84. Dez. 1960. Murray Hill, N.J., Bell Telephone Labor.) (Engl.)

Vf. zeigt, daß der von MOFFIT (C. **1957.** 10115) gezogene Schluß, die opt. Rotationsdispersion der Übergangsmetallkomplexe $[MY_3]^{3+}$ (M = Cr, Co; Y = Äthylendiamin, $C_2O_4^{2-}$) komme durch eine asymm. Störung 1. Ordnung der oktaedr. d-Zustände zustande, nicht korrekt ist. K. FRENKLER. 119□

Die Infrarotspektren und Strukturen von Metallkomplexen des 1.4-Dioxans, 1.4-Dithians, 1.4-Thioxans, Piperazins und 1.4-Dimethylpiperazins. P. J. Hendra und D. B. Powell. (J. chem. Soc. [London] **1960.** 5105—12. Dez. Jewry St., Sir John Cass Coll.) (Engl.)

Vff. stellen eine Reihe von Metallkomplexen mit Liganden (L) des allg. Typs $C_4H_8X_2$ (X = O, S, NH, NCH_3), nämlich mit *1.4-Dioxan, 1.4-Dithian, 1.4-Thioxan* (I), *Piperazin* (II) u. *1.4-Dimethylpiperazin* (III) her u. nehmen die IR-Spektren auf. Aus deren Vgl. mit denen der freien Verbb. ziehen sie Schlüsse auf die Konformation der L u. den Aufbau der Komplexe. $M(C_4H_8O_2)$ mit M = $HgCl_2$, $CdCl_2$, $CuCl_2$, $NiCl_2$ u. $M(C_4H_8 \cdot S_2)$ mit M = $AuCl_3$, $CuCl_2$, $HgCl_2$, $CdCl_2$ u. $PtCl_2$ bestehen vermutlich aus Ketten der Metallatome, an die die L in der Sesselform gebunden sind. Etwas abweichende Spektren zeigen die Verbb. $M(C_4H_8O_2)$ mit M = Al_2Br_6, $AlCl_3$ u. $TiBr_4$, die auf die Bindung nur eines Ring-O mit dem M deuten. Diesen monomeren Aufbau besitzen auch die Verbb. $M(C_4H_8OS)_2$ mit M = $HgCl_2$, $CuCl_2$ u. $PtCl_2$. Die Sechsringe der $M(C_4H_{10}N_2)$ mit M = $(PtCl_2, C_2H_4)_2$, $CdCl_2$ u. $HgCl_2$ weisen auch Sesselform auf mit der Möglichkeit der Bldg. von Isomeren mit axialer u. äquatorialer Konformation; $Pd(C_4H_{10}N_2)_2Cl_2$ hat ein abweichendes Spektrum. Die Spektren von $M(C_6H_{14}N_2)$ mit M = $(HgCl_2)_2$ u. $(PtCl_2, C_2H_4)_2$ unterscheiden sich wesentlich von dem mit M = $PdCl_2$.

Versuche: *$(C_4H_8OS)_2HgCl_2$*, durch Vereinigen der alkohol. Lsgg. von $HgCl_2$ u. I. *$(C_4H_8OS)_2CuCl_2$*, analog vorst. Verbindung. — *$(C_4H_8OS)_2PtCl_2$*, aus den wss. Lsgg. von I u. K_2PtCl_4. — *$C_6H_{14}N_2 \cdot (HgCl_2)_2$*, aus den alkohol. Lsgg. von $HgCl_2$ u. III. — *$(C_4H_{10}N_2)_2PdCl_2$*, durch Zufügen von wasserfreiem II zu Bis-[benzonitril]-palladium(II)-dichlorid in Aceton. HEINZ NESTLER. 120□

Berechnung der Kraftkonstanten: Moleküle des Typs XY_6. K. Venkateswarlu und S. Sundaram. (Z. physik. Chem., Frankf. Ausg. [N. F.] **9.** 174—79. Nov. 1956. Annamalainagar, S. India, Annamalai Univ., Phys. Dep.) (Engl.) — Vgl. C. **1957.** 12081; **1958.** 10267 u. **1959.** 7022.

Vff. konstruierten für Moll. vom Typ XY_6, die der Symmetrie O_h angehören, ein orthonormalisiertes Syst. von Symmetriekoordinaten, die die Transformations-Eigg. erfüllen. Unter Verw. dieser Koordinaten werden die Matrixelemente der potentiellen u. der kinet. Energie u. — aus den beobachteten RAMAN- u. IR-Frequenzen — die Kraft-Konst. folgender Moll. berechnet: *SF_6*, *SeF_6* *MoF_6*, *TeF_6*, *WF_6*, *ReF_6*, *IrF_6*, *UF_6*, *NpF_6* u. *PuF_6*. D. JÖRCHEL. 120□

Schwingungsspektren von Fluorophosphatschmelzen und -kristallen. K. Bühler und W. Bues. (Z. anorg. allg. Chem. **308.** 62—71. März 1961. Stuttgart, TH, Labor. für anorg. Chem.) (Dt.)

Vff. bestimmten die RAMAN-Spektren der Schmelzen von *$NaPO_3$* (600°), *KPF_6* (700°), *$NaPO_3$ + KF* (700°) u. *2 KPO_3 + KPF_6* (300°) sowie die IR-Spektren im NaCl- u. CsBr-Bereich von KBr-Preßlingen von *K_2PO_3F*, *KPO_2F_2* u. *KPF_6*, um hieraus Aussagen über die Struktur der Fluorophosphate machen zu können u. Vgl. mit Polyphosphatstrukturen anzustellen. In Analogie zu den Unterss. in Polyphosphatschmelzen (vgl. C. **1958.** 2924) wird festgestellt, daß beim Schmelzen äquimol. Mengen von MeF u. $MePO_3$ die PO_3-Radikale unter Bldg. von *Monofluorophosphat* (I) abgefangen werden: $(PO_3^-)_n + nF^- \rightarrow n\,PO_3F^{2-}$. Die Metaphosphatkette wird zu Einzelionen abgebaut. Eine 2. Art von Rkk. findet in Salzschmelzen von $MePF_6$ u. $MePO_3$ statt: $2(PO_3^-)_n$ +

n $PF_6^- \rightarrow$ 3n $PO_2F_2^-$. Beim entstehenden Difluorophosphat hat sich der Bindungsgrad (1,50) der PO-Bindung nicht geändert; es sind isolierte, mittelständige PO_2^--Gruppen entstanden. Diese Rk. ist aus dem Bestreben des P-Atoms im PF_6^- zu verstehen, in die bevorzugte sp^3-Bastardisierung mit einer PO-Doppelbindung überzugehen. Die Schwingungsspektren des PO_3F^{2-} u. $PO_2F_2^-$ sind Zwischenglieder eines spektralen Übergangs von PO_4^{3-} zum POF_3, der von Vff. diskutiert wird. Statt der für $NaPO_3$ charakterist. Linie bei 1150 cm^{-1} ($\nu_s PO_2$) findet man im Gemisch $NaPO_3$ + KF eine starke Linie bei 1000 cm^{-1}, die als $\nu_s PO_3$ in allen Phosphaten für die endständige PO_3-Gruppe, also auch füs $PO_2F_2^-$ auftritt. PO_3F^{2-} hat die Symmetrie C_{3v}, in der die Schwingungsklassen A_1, A_2 u. E auftreten. Im Schmelzgemisch 2KPO_3 + KPF_6 tritt die für die Metaphosphatkette charakterist. Schwingung 1150 cm^{-1} auch im Gemisch auf, es fehlt jedoch die Kettenpulsation der KPO_3-Schmelze 663 cm^{-1} sowie die totalsymm. Frequenz 735 cm^{-1} des PF_6^-. $PO_2F_2^-$ hat die Symmetrie C_{2v} mit den Klassen A_1, A_2, B_1 u. B_2. Für die verschiedenen PF- u. PO-Bindungen ergeben sich folgende Kraft-Konst. (in mdyn/Å): OPF_3 f_{PF} 6,2, f_{PO} 12,4; PF_5 f_{PF} 6,2; $[PO_2F_2]^-$ f_{PF} 4,9, f_{PO} 9,4; $[PF_6]^-$ f_{PF} 4,3; $[PO_3F]^{2-}$ f_{PF} 3,8, f_{PO} 7,3; $[PO_4]^{3-}$ f_{PO} 6,5. 2 Größen bestimmen die Höhe der Kraft-Konst.: 1. die Bindungsordnung, 2. die Summe der Elektronenaffinitäten der Liganden; bei gegebener Bindungsordnung ist sie um so größer, je größer die Zahl der Liganden u. je größer ihre Elektronenaffinität ist. — Im Schmelzdiagramm KPO_3–KF treten 2 Maxima auf: Das erste bei der Zus. $KPO_3 \cdot KF$ ist I, das zweite bei $KPO_3 \cdot 2KF$ ist eine Gitter-Verb. von $K_2PO_3F \cdot KF$, da sowohl im Kristall wie in der Schmelze sich nur die Schwingungen von I nachweisen lassen. Ein Schmelzgemisch von KPO_3 u. KCl zeigt das unveränderte Spektrum der KPO_3-Schmelze; Cl-Ionen sind nicht in der Lage, PO_3-Radikale in der Schmelze abzufangen. P. Scharner. 120□

Untersuchungen der durch Röntgenstrahlen aktivierten Quarzluminescenz. R. T. Bayley, L. Holzapfel und J. Lehmann. (Naturwissenschaften **47.** 464—65. 2. Okt. -H. 1960. Berlin-Dahlem, MPI für Silikatforsch., Zweigstelle.) (Dt.)

Vff. untersuchen an Quarzstaub gleicher Teilchengröße (Ø unter 0,06 mm) die nach Röntgenbestrahlung auftretende Luminescenz. Die Quarzstaubproben werden in der Reihe der Vorbehandlung (mahlen, erhitzen, bestrahlen) in ihrer Abhängigkeit von der Erhitzungsdauer u. Höhe der Erhitzungs-Temp. u. von der Bestrahlungsdauer betrachtet. Für eine Bestrahlungsdauer von ca. 10 Min. u. Vorerhitzen auf 900° (2 Std.) werden optimale Bedingungen gefunden. Einmal aktivierte Staubproben zeigen sich noch nach Monaten luminescenzfähig. D. Hahn. 125□

Über das Abklingen der Luminescenz von mit Tl aktiviertem NaJ und CsJ bei Anregung mit ultraviolettem Licht. Peter Brauer, Hartwig Blume und Hans-Jörg Huber. (Z. Naturforsch. **16a.** 213—14. Febr. 1961. Freiburg/Br., Univ., Phys. Inst.) (Dt.)

Vff. ermittelten mit einem Phasenmeß-Verf. die Abklingdauer der Luminescenz, die NaJ u. CsJ als Folge der Aktivierung mit Tl zeigen, bei opt. Anregung, d. h. bei Anregung über die Eigenabsorption der Zentren. Im Gegensatz zu den Erwartungen ergaben sich bei UV-Erregung bei CsJ·Tl u. NaJ·Tl mit $0{,}50 \cdot 10^{-6}$s(318 mμ) bzw. $0{,}13 \cdot 10^{-6}$s(310 mμ) kürzere Abklingzeiten als bei γ-Erregung; bei CsJ·Tl ist nur eine der bisher bei α-Erregung gemessenen Zeiten noch kürzer, wobei es offen ist, ob es sich um eine Emission des Tl-Zentrums handelt. Bei NaJ·Tl ist die Abklingzeit bei UV-Erregung die kürzeste überhaupt. Auch eine Abhängigkeit von der Erregungsdichte wurde nicht gefunden: Bei Variation der Erregungsdichte durch Änderung der Erregungsintensität zwischen 1 u. 1000 W.E. blieb die Abklingdauer T bis auf 2% konst., was auf exponentielles Abklingen deutet; das Phasenmeß-Verf. ist demnach berechtigt. Vff. deuten die Ergebnisse wie folgt: Bei UV-Anregung wird das Tl-Zentrum direkt angeregt; das gemessene T ist die wahre Abklingzeit der Luminescenz. Bei Anregung mit energiereicher Strahlung werden im Wirtskristall freie Elektronen erzeugt, die selbst oder über Folge-Prodd. nach einem Rk.-Gesetz verschwinden, das von höherer als erster Ordnung sein muß. Diese freien Elektronen regen, ggf. über Zwischenprozesse, erst die Leuchtzentren an. In der Zeitabhängigkeit der Lichtemission sind sowohl das exponentielle Abklingen der Zentren als auch das Abklingen der Konz. der Elektronen u. Excitonen u. möglicherweise noch die zeitliche Trägheit des Übertragungsmechanismus enthalten; zeitbestimmend ist der momentan langsamste Prozeß. Offenbar ist dies nicht, oder wenigstens nicht während des ganzen Verlaufs, das Abklingen der Leuchtzentren. Gerhard Schulze. 125□

—, International Union of Pure and Applied Chemistry. Tables of wavenumbers for the calibration of infra-red spectrometers. London: Butterworths. 1961. (172 S.) 40 s.

A_3. Elektrizität. Magnetismus. Elektrochemie

Elektrischer Durchschlag in Wasserstoff bei niedrigen Drücken. A. L. Ward und Eifionydd Jones. (Physic. Rev. [2] **122.** 376—80. 15/4. 1961. Washington, D. C., Diamond Ordnance Labor., Dep. of Phys.; Swansea, Univ. of Wales, Univ. Coll. of Swansea, Dep. of Phys.) (Engl.)

Experimentelle u. theoret. Best. der stat. Spannung–Strom-Charakteristik im Bereich der Townsend-Entladung bis zur normalen Glimmentladung wurden für H_2 bei Drücken von 7—25 mmHg durchgeführt. Die mit einer elektron. Rechenmaschine vorgenommenen Berechnungen beruhten auf der Verzerrung des elektr. Feldes durch Raumladung u. der Verw. der experimentell bestimmten Änderung der prim. u. sek. Townsend-Ionisations-Koeff. mit dem Verhältnis von Feld zu Druck. Gute Übereinstimmung wurde zwischen den gemessenen u. berechneten Durchschlag- u. Glimmspannungen erhalten. Herbert Weber. 131□

Die theoretische Ermittlung des Townsend-Koeffizienten α/p für Wasserstoff. H. A. Blevin und S. C. Haydon. (Austral. J. Physics **10.** 590—94. Dez. 1957. Armindale, N.S.W., Univ. of New England, Dep. of Phys.) (Engl.) — Vgl. C. **1957.** 9278.

Vff. berechnen auf theoret. Wege die 1. Townsend-Ionisations-Koff. α/p [in Ionisationen·cm^{-1} (mmHg^{-1})] in H_2 u. vergleichen die Werte mit experimentell ermittelten u. theoret. berechneten Daten anderer Autoren. Folgende Schlußfolgerungen werden gezogen: Nimmt man eine Maxwellsche Geschw.-Verteilung für die Elektronen, Townsend-Werte mittlerer Energie u. für diese Verteilung korr. Drift-Geschw. an, so sind die berechneten Werte für α/p um 10—20% höher als nach neueren experimentellen Best. für den Bereich der E/p-Werte von 50—130 V·cm^{-1} (mmHg^{-1}). Bei niedrigen E/p-Werten liegen unter gleichen Voraussetzungen u. Korrekturen die berechneten Werte beträchtlich über den gemessenen [z. B. bei E/p = 21 V·cm^{-1} (mm Hg^{-1}) um ca. 85%]. Von den möglichen Fehlerquellen stellen die angenommenen Werte für die mittlere Energie wahrscheinlich die wichtigste dar. Es ist daher notwendig, zu versuchen, die tatsächliche Geschw.-Verteilung der Elektronen in Gasen durch Vgl. von berechneten u. experimentellen Werten für α/p festzulegen u. die Werte der mittleren Energie u. von $\alpha_{exp.}$/p mit größerer Genauigkeit zu bestimmen. Das gilt bes. für Bedingungen, die niedrigen E/p-Werten entsprechen. Gerhard Schulze. 131□

Der Einfluß der Materialeigenschaften der Elektroden auf das Durchbruchpotential. Gy. Vajda. (Acta techn. Acad. Sci. hung. **21.** 141—71. 1958. Budapest, Inst. for Electr. Power Res.) (Engl.)

Vf. untersuchte theoret. u. experimentell die Abhängigkeit der elektr. Durchbruchspannung vom Material der Elektroden. Die Labilität der in Isolierstoffen stattfindenden elementaren Prozesse wird durch eine Gleichung beschrieben, aus der die Bedingungen für den Durchschlag in Isoliermaterialien verschiedener Aggregatzusände folgen. Ferner werden die an den Elektroden vor sich gehenden Prozesse untersucht, die den Durchbruch beeinflussen. Es zeigt sich, daß die elektrostat. Emission am wirksamsten ist; in Gasen können außerdem die lichtelektr. Emission sowie — unter der Wrkg. positiver Ionen — die Sekundäremission eine Rolle spielen. In Übereinstimmung mit der Theorie wurde bei festen Isolierstoffen kein Einfl. des Elektrodenwerkstoffs beobachtet, ebenso wenig in Gasen unter atmosphär. Bedingungen. Im letzten Falle zeigt sich ein gewisser Einfl. der Oberflächenrauhigkeit; am zweckmäßigsten ist die Verw. von Flächen mit einer Oberflächenglätte $h_q = 1{,}6—0{,}6\ \mu$. In Fll. wird der Einfl. des Werkstoffs von anderen Einfl. überdeckt. Von Bedeutung ist die Rolle des Elektrodenwerkstoffs in Gasen bei kleinen u. großen Drucken; in diesen Fällen wächst die Durchschlagspannung in der Reihenfolge Al — Cu — rostfreier Stahl. D. Jörchel. 131□

An elektrisch beanspruchten Metalloberflächen im Vakuum auftretende Erscheinungen. R. Hawley und C. A. Walley. (Nature [London] **190.** 252—53. 15/4. 1961.) (Engl.)

Vff. untersuchen den Mechanismus des elektr. Durchschlags im Hochvakuum ($5 \cdot 10^{-5}$ bis $9 \cdot 10^{-5}$ Torr) u. beschreiben eine Vers.-App. zur direkten mkr. Beobachtung der Elektrodenoberfläche. Die Elektroden sind in einer kontinuierlichen ausgepumpten Vakuumkammer angeordnet. Die Kathode besteht aus einer Cu-Scheibe mit einem Loch (Ø 0,34 in.) mit abgeschrägten Seiten in der Mitte, durch das die Oberfläche der Anode (Cu-Kegel, 45°) mkr. betrachtet wird. Es werden Wachstumsstellen beobachtet, die beweisen, daß vielatomige „clumps" von der Oberfläche entfernt u. über die Lücke zwischen den Elektroden transportiert werden. Bei einem Abstand von 0,03 in. verschwindet z. B. eine große Einschlußstelle (Ø $2 \cdot 10^{-3}$ cm) bei 10 kV bzw. $1{,}3 \cdot 10^5$ V/cm, ohne daß Durchschlag erfolgt. Bei Erhöhung der Spannung wird die Bldg. von Flecken

(Ø ca. 1,5·10^{-4} cm) beobachtet (Anode elektropoliert, Abstand 0,015 in., 24 kV bzw. 6,3·10^5 V/cm). Bei mechan. polierten Oberflächen entstehen die Flecken bei 4·10^5 V/cm. Die Anzahl der Flecken liegt in der Größenordnung von 10^6/cm^2. Die Beobachtungen stimmen mit früheren Literaturangaben überein. P. FRENZEL. 131 □

Dipolmomente und Struktur von photochemisch dargestellten Derivaten der Metallhexacarbonyle. Walter Strohmeier und Wolfgang Langhäuser. (Z. physik. Chem. [Frankfurt/M.] [N.F.] **28.** 268—71. Mai 1961. Würzburg, Univ., Inst. für Phys. Chem.) (Dt.) — Vgl. C. **1961.** 7875.

Vff. bestimmten Dipolmomente folgender photochem. dargestellter Verbb. vom Typ $M(CO)_5D$ u. $M(CO)_4D_2$, wobei M = Cr, Mo u. W. u. D ein N-haltiger Elektronendonator ist: *W(CO)$_5$-Piperidin* (gemessenes Gesamtmoment 6,6 D; Partialmoment der Bindung Metall–Donator 4,9), *Mo(CO)$_5$-Piperidin* (5,9; 4,2), *Cr(CO)$_5$-Piperidin* (5,8; 4,1); *W(CO)$_5$-Pyridin* (7,0; 4,3), *Mo(CO)$_5$-Pyridin* (6,4; 3,7), *Cr(CO)$_5$-Pyridin* (6,3; 3,6), *Cr(CO)$_5$-α-Picolin* (6,3; 4,1), *Cr(CO)$_5$-γ-Chlorpyridin* (5,3; 3,9), *Cr(CO)$_5$-Isochinolin* (6,9; 3,9), *Cr(CO)$_5$-Acetonitril* (6,9; 3,0), *Cr(CO)$_5$-Benzonitril* (6,9; 2,5), *Cr(CO)$_5$-Anilin* (4,7; 2,7) u. *W(CO)$_5$-Anilin* (5,3; 3,3). Für *Cr(CO)$_5$D* u. *Mo(CO)$_5$D* liegen die Partialmomente zwischen 3,6 u. 4,2; bei *W(CO)$_5$D* sind sie um 0,7 D größer, da hier der größere Abstand zwischen Zentralatom u. Ligand ins Gewicht fällt. Das Partialmoment ist somit ziemlich unabhängig von der Natur des jeweiligen Elektronendonators. Nur für die Nitril- u. Anilin-Pentacarbonyl-Verbb. wurde das Partialmoment wesentlich kleiner gefunden, was Vff. auf einen geringeren Anteil der polaren Struktur an den Gesamtstrukturen der Metall–Liganden-Bindung zurückführen. Dafür spricht die im Vgl. zu $Cr(CO)_5$-Pyridin geringere Beständigkeit dieser Verbindungen. Wegen der Unlöslichkeit der Di-Verbb. in Bzl. konnten nur die Momente von *Mo(CO)$_4$(Pyridin)$_2$* u. *W(CO)$_4$(Pyridin)$_2$* zu $\mu_{ges.}$ = 9,3 bzw. 10,8 D bestimmt werden. Aus den Unterss. folgt, daß die photochem. gebildeten Dipyridintetracarbonylmetall-Verbb. cis-Konfiguration besitzen.

GERHARD SCHULZE. 132 □

Die thermoelektrische Güteziffer und ihre Beziehung zu thermoelektrischen Generatoren. R. P. Chasmar und R. Stratton. (J. Electronics and Control [1] **7.** 52—72. Juli 1959. Manchester, Metropolitan-Vickers Electr. Co. Ltd., Res. Dep.) (Engl.)

Vff. berechnen den Ausdruck für die Güteziffer z (definiert durch $z = \Theta^2\sigma/k$, Θ = thermoelektr. Spannung pro Grad, σ bzw. k = elektr. bzw. Wärmeleitfähigkeit) eines Halbleiters gegebener Trägerbeweglichkeit u. therm. Gitterleitfähigkeit als Funktion von verallgemeinerten FERMI-DIRAC-Funktionen numer. für verschiedene Streumechanismen (charakterisiert durch den Streuindex ν) u. geben die Resultate graph. an, so daß leicht die maximale Güteziffer bestimmbar ist. Ferner werden die Hoch-Temp.-Beschränkungen infolge der Minoritätsträgererzeugung im Zusammenhang mit dem verbotenen Bande des Halbleiters erörtert. Die Ergebnisse werden für den Fall von Wismuttellurid sowie anderen Sulfiden, Seleniden u. Telluriden der Schwermetalle diskutiert. D. JÖRCHEL. 133 □

Die Voltaspannung an Metalloberflächen bei Oxydation und bei Adsorption. Werner Schaaffs. (Z. angew. Physik **10.** 503—11. Nov. 1958. Berlin-Siemensstadt.) (Dt.)

Mit einer früher beschriebenen Meßanordnung (Z. angew. Physik **10.** [1958.] 424) wird nachgewiesen, daß die Voltaspannung an Metalloberflächen bei Fremdschichtbedeckung keine monotone Funktion der Schichtdicke ist, sondern ausgeprägte Maxima u. Minima durchläuft. Die Unterss. sind an Drähten aus *Fe* u. *Cu*, die durch Stromfluß u. dabei auftretender Erwärmung oxydiert wurden, vorgenommen worden; weiterhin an kleinen Flächen von Cu, Fe, *Ni*, *Al* u. *Ag* bei therm. Aufdampfung von Oxyd mittels Funken-Bldg. beim Öffnen eines Kontaktes. Außerdem sind Voltaspannungsmessungen an Eloxalschichten sowie bei Adsorption u. Desorption von Stearinsäure an *W* durchgeführt worden, desgleichen Unterss. der Reiboxydation an Cu u. Ag. Vf. deutet die Maxima u. Minima mittels wellenmechan. Annahmen. H. SCHIRRWITZ. 134 □

Über die Entstehung von elektromotorischen Kräften in Halbleitern. Jan Tauc. (Halbleiter u. Phosphore, Kolloquium **1956.** 486—90. 1958. Prag, Tschechoslovak. Akad. der Wiss., Inst. für techn. Phys.) (Dt.)

An Hand eines einfachen Halbleitermodells untersucht Vf. die Bedingungen, unter denen eine überschüssige (vom therm. Gleichgewicht abweichende) Ladungsträger-Konz. in Halbleitern im stationären Fall die Entstehung einer EMK verursacht u. findet drei Anteile zur EMK: Die durch die Differenz der chem. Potentiale der Elektronen u. Löcher bedingte „chem." EMK, die „Diffusions"-EMK u. die durch einen Temp.-Gradienten entstehende EMK als Folge der Überführung der Entropie der Ladungsträger. Die Analogie zwischen einer photoelektr. u. einer galvan. Zelle, vom Standpunkt der

Thermodynamik aus, wird diskutiert. Einige Anwendungen der Betrachtungsweise werden behandelt. D. Jörchel. 135

Änderung des Widerstandes von Halbleitern in einem schwachen Magnetfeld. A. T. Zymburskaja. (Український Фізичний Журнал [Ukrain. physik. J.] **4.** 177—82. März/April 1959. Lwow, Univ.) (Ukrain.; Auszug: Engl.)

Auf Grund eines polaren Kristallmodells wird die Widerstandsänderung von Atomhalbleitern ohne Beimengungen in einem schwachen Magnetfeld theoret. behandelt. Das Energiespektrum des angeregten Syst. wird berechnet. Die Stromdichte in Feldrichtung wird nach der Meth. der stationären Zustände erhalten. Für die Widerstandsänderung in einem schwachen Magnetfeld ergibt sich eine quadrat. Beziehung. R. K. Müller. 135☐

Spin-Gitter-Relaxation flacher Donatorzustände in Ge und Si durch einen direkten Phononenprozeß. Hiroshi Hasegawa. (Physic. Rev. [2] **118.** 1523—34. 15/6. 1960. Pittsburgh, Pa., Carnegie Inst. of Technol.) (Engl.)

Für die Spin-Gitter-Relaxation von Donatorspins in Ge u. Si wird ein Mechanismus abgeleitet, der sich auf eine direkte Phononen-Wechselwrkg., d. h. die Absorption u. Emission eines einzigen Phonons bezieht. Es wird angenommen, daß die Aufspaltung zwischen den Energietälern für eine Wechselwrkg. mit Gitterschwingungen groß genug ist, um sie als kleine Störung in der Störungsrechnung ansehen zu können. Die Wechselwrkg. zwischen den Spins u. den Gitterschwingungen wird dann als Modulation der g-Verschiebung durch die Gitterschwingungen erhalten. Die Anwendung des Mechanismus auf andere halbleitende Verbb. setzt voraus, daß die Elektronenzustände keine Bahnentartung aufweisen. Bei der Berechnung der Spin-Gitter-Relaxationszeit T_s der Donatoren in Si wird der zweite Term in der Gleichung von Herring u. Vogt (C. **1958.** 7665) berücksichtigt u. als Wert für ΔE in der Gleichung für die Amplitude der angeregten Zustände mit entgegengesetztem Spin die Energie der Intervallaufspaltung (10^{-3} bis 10^{-2} eV) eingesetzt. $1/T_s$ ist dann der Temp. u. H^4 (H = stat. magnet. Feld) proportional. Bei Verw. der Deformationspotential-Konst. der g-Verschiebung, der Energie der Intervallaufspaltung u. der elast. Konst. wird T_s für P-Donatoren in Ge zu $2 \cdot 10^{-3}$ (sec) u. in Si zu 10^4 bestimmt. Voraussetzung ist, daß $T = 1{,}25^0$K u. H = 3 kGauss entlang der [111]-Achse ist. Wird das Feld parallel zur [100]-Achse angelegt, so kann T_s für Donatoren in Si mit dem Mechanismus nicht erhalten werden. Herbert Müller. 135☐

g-Faktor und Donator-Spin-Gitter-Relaxation für Elektronen in Germanium und Silicium. Laura M. Roth. (Physic. Rev. [2] **118.** 1534—40. 15/6. 1960. Lexington, Mass., MIT, Lincoln Labor.) (Engl.)

Vf. berechnet die g-Faktoren der Leitungselektronen in Ge u. Si. Die Rechnung zeigt, daß der Effekt anisotrop ist. Die Abweichung von $g_{||}$, parallel zur Achse des Elektronenellipsoids, von 2 ist beträchtlich größer als die von $g_{\perp}$. Die Anisotropie ist für eine starke Wechselwrkg. der Elektronenspins der Donatoren mit Scherwellen des Gitters für den Singulettgrundzustand des Donators verantwortlich. Wird die Berechnung unter Verw. der Approximation der effektiven Massen für entartete Energiebänder mit Spin-Bahn-Wechselwrkg. ausgeführt, so wird mit den Meßwerten der Elektronenspinresonanz eine gute Übereinstimmung erzielt. Die Wechselwrkg. führt offenbar zu den beobachteten kleinen Spin-Gitter-Relaxationszeiten τ_s der Donatorelektronen in Si bei tiefen Temperaturen. Bei Einführung einer direkten Phononen-Elektronen-Wechselwrkg. u. eines Zwei-Phonen-Prozesses vom Raman-Typ wird die Temp.-Abhängigkeit u. die Abhängigkeit von der Magnetfeldstärke H zu $1/\tau_s = f(T \cdot H^4)$ bzw. $1/\tau_s = f(T^7 H^2)$ erhalten. Während für die Temp.-Abhängigkeit Übereinstimmung mit den Meßwerten erzielt wird, bestehen für die Abhängigkeit von H Abweichungen.

Herbert Müller. 135☐

Resonanzpotentiale in dünnen Kaliumchlorid-Filmen. Harold Jacobs, Irving N. Greenberg, Lister Goble und Alexander Ramsa. (Halbleiter u. Phosphore, Kolloquium **1956.** 413—25. 1958. Washington, D. C., D. C. Signal Corps Dep. of the Army.) (Engl.)

Vff. beschossen KCl-Filme mit langsamen Elektronen u. untersuchten die Elektronenabsorption u. -rückstreuung als Funktion der Beschußenergie. Absorption trat bei ca. 4,5 u. 7,2 eV auf, eine Sekundäremissionsschwelle wurde bei 9,2 eV beobachtet. Die 4,5 eV-Absorption wird als Folge der Zersetzungsenergie des KCl (dessen Bildungsenergie ca. 4,5 eV beträgt) gedeutet. Die 7,2 eV-Absorption entspricht näherungsweise dem Excitonenenergieniveau in KCl-Kristallen, das nach Photonenabsorptionsmessungen 7,6 eV beträgt. Das 9,2-eV-Maximum dürfte mit der opt. Absorption bei 9,5 eV zusammenhängen u. als Energie für die Elektronenübergänge vom gefüllten zum Leitungsband deutbar sein. Aus diesen Daten folgt als Energie für das Einbringen eines Elektrons in den KCl-Film ca. 0,3 eV. Zusätzlich wurden Diskontinuitäten im Verlauf des Stromes als

Funktion der Beschußenergie bei ca. 1,4, 2,9, 4,5, 6,0, 7,2, 8,0, 9,0, 10,5 u. 11,5 eV beobachtet, die noch nicht vollständig gedeutet werden konnten. D. JÖRCHEL. 135□

Beziehung zwischen Härte, Energielücke und Schmelzpunkt in Diamanttyp- und verwandten Strukturen. G. A. Wolff, L. Toman jun., N. J. Field und J. C. Clark. (Halbleiter u. Phosphore, Kolloquium **1956.** 463–69. 1958. Fort Monmouth, N.J., Signal Corps Engng. Labor.) (Engl.)

Die Werte der KNOOPschen Mikrohärte für Elemente der Gruppe IV B, für SiC, für III–V-Verbb. u. einige II–VI-Verbb. folgen der GOLDSCHMIDTschen Beziehung $H = \text{const.} \cdot r^{-m}$, wo H die KNOOPsche Zahl, r den zwischenatomaren Abstand u. m eine Konst. bedeuten. Für die Elemente u. für SiC ist m ungefähr 5 u. für die III–V-Verbb. ungefähr 9. Ähnliche Beziehungen gelten, wie die Unterss. zeigten, für die Breite des verbotenen opt. Bandes u. den F. dieser Materialien. Die Ergebnisse werden als Funktion der Gitterenergie u. des Charakters der chem. Bindung erörtert. D. JÖRCHEL. 135□

Neue Betrachtung der Theorie der Elektron–Phonon-Resonanz. 1. Mitt. William Band. (Amer. J. Physics **27.** 397–403. Sept. 1959. Pullman, Wash., State Coll. of Washington, Dep. of Phys.) (Engl.)

Um die physikal. Bedeutung der Elektron–Phonon-Resonanz klarzumachen, entwickelt Vf. die Quantenmechanik eines Elektrons in einem linearen Gitter, das longitudinale Schwingungen ausführen kann. D. JÖRCHEL. 136□

Fermi-Oberflächen in Aluminium. Walter A. Harrison. (Physic. Rev. [2] **116.** 555–61. 1/11. 1959. Schenectady, N.Y. Gen. Electric Res. Labor.) (Engl.) – Vgl. C. **1961.** 4603.

Die Bänderstruktur von Al wird nach einer Meth. neu untersucht, wie sie schon HEINE (Proc. Roy. Soc. [London], Ser. A **240.** [1957.] 340) veröffentlichte. Die Meßergebnisse über den DE HAAS-VAN ALPHEN-Effekt, die von GUNNERSEN (Philos. Trans. Roy. Soc. [London], Ser. A **249.** [1957.] 299) erhalten wurden, werden sorgfältig ausgewertet. Das Modell des Vf. besteht aus einer vollständig aufgefüllten ersten BRILLOUINschen Zone. Die zweite Zone besteht aus einer einfach geschlossenen Oberfläche, die eine Anzahl von Löchern umschließt (etwa ein Loch pro Atom). Die dritte Zone ist eine vielfach verbundene Oberfläche. Diese gibt Anlaß zu den DE HAAS-VAN ALPHEN-Schwingungen. E. WAGENFELD-HOHLWEG. 136□

Zwischenatomare Abstände der Ferromagnetika. F. M. Galperin. (Журнал Экспериментальной и Теоретической Физики [J. exp. theoret. Physik] **34.** 1000–03. April 1958.) (Russ.)

Es wird die Analogie zwischen der Abhängigkeit der magnet. Momente der Atome von ferromagnet. Metallen u. Legg. von der Elektronen-Konz. (s- u. d-Elektronen) u. der Abhängigkeit einer eindimensionalen Größe $r_1 - R$ (r_1 ist bei reinen Metallen der Abstand der nächsten Nachbarn der ersten Koordinationssphäre u. die Metall-Konst. R ist die Summe der Radien der s- u. d-Schale) untersucht. Die Elemente mit der Ordnungszahl Z 21–29 können danach in zwei Gruppen eingeteilt werden: bei der ersten ist $r_1 - R < 0$ (Co, Fe u. a.), bei der zweiten $r_1 - R > 0$ (Ni u. a.), wobei $r_1 - R$ linear von der Elektronen-Konz. abhängt. – Ähnliche Abhängigkeiten können für Legg. gefunden werden, welche sich wie reine Metalle verhalten (Ni-Fe; Co-Cu, Fe-Co; Fe-Cr; Ni-Cu; FeAl, CoAl; CuZn u. a.) J. TŮMOVÁ. 137□

Die Wechselwirkungsenergie paralleler Bloch-Wände. Jan Kaczér. (Czechoslov. J. Physics **8.** 278–84. 1958. Prague, Czechosl. Acad. Sci., Inst. of Phys.) (Engl.)

Vf. berechnet exakt die Wechselwirkungsenergie von parallelen 180°-BLOCH-Wänden eines unbegrenzten einaxialen Ferromagneten als Funktion ihres gegenseitigen Abstands u. des äußeren Feldes. Die allg. Beziehung, die für eine period. Bereichsstruktur gültig ist, wird auf den Fall zweier BLOCH-Wände spezialisiert. Die Energiedichte der BLOCH-Wände erweist sich im Unterschied zur Annahme in bekannten Theorien der Koerzitivkraft als variabel. D. JÖRCHEL. 137□

Eine strenge Lösung der Wirbelstromverluste in rechteckigen Stäben auf der Grundlage eines Domänenwand-Modells mit einer einzelnen ebenen Wand. Paul D. Agarwal und L. Rabins. (J. appl. Physics, Suppl. zu **31.** Nr. 5. 246 S–248 S. Mai 1960. Amherst, Mass., Univ., Dep. of Electr. Engng.; Pittsfield, Mass., Gen. Electr. Comp., Power Transformer Dep.) (Engl.) – Vgl. C. **1961.** 10450.

Auf der Grundlage des Modells von WILLIAMS, SHOCKLEY u. KITTEL einer einzelnen ebenen BLOCH-Wand, die bei der Magnetisierung verschoben wird, werden die MAXWELLschen Gleichungen für den Fall rechteckiger Stäbe für jede Stellung der Wand exakt gelöst. Die Flußfunktionen in den beiden Elementarbereichen werden ferner mit

elektron. Maschinen berechnet. Außerdem wird damit auch der Energieverlust bei der Ummagnetisierung ermittelt u. gezeigt, daß er mit zunehmenden Stababmessungen senkrecht zur Wand wächst. Mit geringen Abwandlungen werden die Ergebnisse auch auf dünne Lamellierungen übertragen, die einen ähnlichen Elementarbereichaufbau wie das angenommene Modell, allerdings mit mehreren parallelen BLOCH-Wänden, besitzen.
H. FAHLENBRACH. 137□

Einfluß von Verunreinigungen auf die spontane Magnetisierung von kubischen ferromagnetischen Kristallen bei tiefen Temperaturen. A. A. Maradudin und P. A. Dixon. (J. appl. Physics, Suppl. zu **31.** Nr. 5. 329 S—331 S. Mai 1960. College Park, Md., Univ. of Maryland.) (Engl.)

Im Rahmen der Spinwellentheorie wird gezeigt, daß das $T^{3/2}$-Gesetz auch für verunreinigte Ferromagnetika gilt u. daß der Proportionalitätsfaktor von der Konz. der Zusätze abhängt. G. KIRSCHSTEIN. 137□

Magnetisches Verhalten eines Haematiteinkristalls im Umwandlungsbereich. S. T. Lin. (J. appl. Physics, Suppl. zu **31.** Nr. 5. 273 S—274 S. Mai 1960. Cambridge, Mass., Massachusetts Inst. of Technol.) (Engl.) — Vgl. C. **1960.** 13274.

Die Resonanz von natürlichem Fe_2O_3 (Elba) wurde zwischen 77 u. 488 °K gemessen. Aus den bei verschiedenen Orientierungen des Feldes bzgl. der Kristallachsen erhaltenen Ergebnissen wird geschlossen, daß die Richtung der remanenten Magnetisierung sich zwischen 220 u. 360 °K allmählich von [1 1 1] in die (1 1 1)-Ebene dreht.
G. KIRSCHSTEIN. 137□

Die magnetische Susceptibilität von eisen-dotiertem Germanium. D. Geist und J. Hehnen. (Halbleiter u. Phosphore, Kolloquium **1956.** 491—94. 1958. Köln, Univ., Physikal. Inst.) (Dt.)

Vff. bestimmten an unterschiedlich Fe-haltigen einkristallinen Präp. u. an einem polykrist. Präp. die magnet. Susceptibilität (nach der FARADAYschen Meth.), den spezif. elektr. Widerstand u. die HALL-Konst. bei Temp. zwischen —180 u. 20°. Alle Raum-Temp.-Susceptibilitäten sind bis 4000 G u. z. T. bis 15000 G feldunabhängig. Die beobachteten unterschiedlichen Susceptibilitätsänderungen werden z. T. dem Bahndiamagnetismus der freien Träger, z. T. der Wrkg. von ausgeschiedenem ferromagnet. Fe zugeschrieben, das in Form kleiner Teilchen im Ge-Einkristall enthalten sein muß; aus diesen Effekten lassen sich Entmagnetisierung u. der Entmischungs-Koeff. ableiten, für den ein Wert von mindestens $6 \cdot 10^{-5}$ gefunden wird. Das polykrist. Präp. zeigte paramagnet. Verhalten. Der Widerstand der Fe-haltigen Proben steigt stark mit fallender Temp. an. Die Annahme, daß der Widerstandsverlauf durch Fe-bedingte Störstellen hoher Aktivierungsenergie verursacht sein muß, wird allerdings durch den Verlauf des HALL-Koeff. nicht bestätigt. D. JÖRCHEL. 137□

Magnetische Susceptibilität von $NiCl_2 \cdot 6H_2O$- und $CoCl_2 \cdot 6H_2O$-Einkristallen bei tiefen Temperaturen. R. B. Flippen und S. A. Friedberg. (J. appl. Physics, Suppl. zu **31.** Nr. 5. 338 S—339 S. Mai 1960. Pittsburgh, Pa., Carnegie Inst. Technol.) (Engl.)

Zwischen 4,0 u. 1,3° K wurde die Susceptibilität in Richtung der b- u. der c-Achse sowie in der zu b u. c senkrechten Richtung (a′) gemessen. In $CoCl_2 \cdot 6\,H_2O$ sind die Spins unterhalb Θ_N parallel zur c-Achse ausgerichtet, in $NiCl_2 \cdot 6\,H_2O$ im ganzen untersuchten Bereich ($\Theta_N > 4$ °K) parallel zur a′-Richtung. Die Susceptibilität von $NiCl_2 \cdot 6\,H_2O$-Pulver ist in diesem Bereich prakt. konst., weil mit fallender Temp. $\varkappa_a$ ab- u. $\varkappa_b$ u. $\varkappa_c$ zunehmen. G. KIRSCHSTEIN. 137□

Magnetochemische Untersuchung über die thermische Zersetzung von Silberoxyd. Shōtaro Tobisawa. (Bull. chem. Soc. Japan **32.** 1173—80. Nov. 1959. Yokosuka, Defense Acad., Dep. of Chem.) (Engl.)

Vf. untersucht mit einer verbesserten App. von HIRONE u. Mitarbeitern (Sci. Rep. Res. Inst. Tôhoku Univ., Ser. A **6.** [1954.] 67.) die therm. Zers. von Ag_2O. Die App. konnte sowohl als magnet. Waage als auch als Thermowaage benutzt werden. Bei der Benutzung als Thermowaage wurde bei konst. vermindertem Druck gearbeitet, im Falle der Magnetwaage wurde aus dem Druckanstieg durch O_2 die Zers. beobachtet. Es wurden vier Ag_2O-Proben untersucht; 2mal chem. reines Ag_2O verschiedener Firmen u. 2mal diese Substanzen bei 250° u. 10^{-5} mmHg ausgeheizt. Die Zers.-Temp. für die chem. reinen Substanzen betrug 372°, für die ausgeheizten Proben 354°. Aus magnet. Messungen ergab sich, daß Ag_2CO_3 im Falle der chem. reinen Substanzen die Zers.-Temp. in Richtung höherer Temp. verschob. Die magnet. Susceptibilitäten für durch die Zers. von Ag_2O erhaltenes Ag u. für Ag_2O sind $-0{,}21 \cdot 10^{-6}$ u. $-0{,}48 \cdot 10^{-6}$ Einheiten pro g bei Raum-Temperatur. Ag ist normalerweise diamagnet. im Bereich von Raum-Temp. bis 1100°. — Aus der Darst. der Zers. nach der Gleichung von GARNER wurde eine Aktivierungsenergie von 29,4 kcal erhalten. Es zeigte sich jedoch, daß in der Darst. mehrere Zerfallsabschnitte zu unterscheiden sind, so daß die Gleichung für den Zerfall $dx/dt = a_i \cdot t^{b_i}$ lauten muß.

Hierbei bezeichnet i den jeweiligen Zerfallsabschnitt; a u. b sind temp.-abhängige Konstanten. D. HOENE. 137□

Paramagnetische Resonanz in mit N, P, B oder Al dotierten SiC-Einkristallen. J. S. van Wieringen. (Halbleiter u. Phosphore, Kolloquium **1956.** 367—70. 1958. Eindhoven, N.V. Philips Gloeilampenfabrieken, Philips Res. Labor.) (Engl.)

Die an n- u. p-leitenden SiC-Kristallen durchgeführten Verss. zeigten in beiden Fällen die Ggw. einer paramagnet. Resonanz bei Temp. des fl. Stickstoffs. Der Effekt wird den Elektronen bzw. Löchern zugeschrieben. Das Elektronenzentrum liegt in der Nähe eines oder mehrerer N-Kerne u. ist isotrop; das Löcherzentrum zeigt ein anisotropes Verhalten. D. JÖRCHEL. 137□

Die Konstruktion von Kernresonanz-Spektrographen hoher Auflösung. 2. Mitt. H. Primas, R. Arndt und R. Ernst. (Z. Instrumentenkunde **68.** 21—29. Febr. 1960. Zürich, ETH, Labor. für phys. Chem.) (Dt.) — 1. vgl. C. **1961.** 1465.

Es wird jetzt die Konstruktion des Hochfrequenzteils, der aus Hochfrequenzsender, Magnetfeld, Meßkopf u. der Signalverstärkung u. der Registrierung besteht, erläutert. H. FAHLENBRACH. 137□

Kern-Magnetometer. A. Ginsburg und B. Sheigurs. (Известия Академии Наук Латвийской ССР [Nachr. Akad. Wiss. Lett SSR] **1960.** Nr. 5. 71—76.) (Russ.; Auszug: Lett.)

Das Kernmagnetometer beruht auf der kernmagnet. Resonanz, wobei zwischen dem Magnetfeld H_0 in Oe u. der Frequenz f der Radiowellen in MHz die Beziehung $H_0 = 234{,}864 f$ gilt. Die Magnetfelder können auf 0,01% genau erfaßt werden. Als Substanz diente 1%ig. $FeCl_3$-Lösung. Die Proben lagen bei 0,1—0,05 cm³. Die niedrigste meßbare magnet. Feldstärke betrug 40 Oe. M. WIEDEMANN. 137□

Struktur der Natrium-Ammoniak-Lösungen bei mittleren Konzentrationen (Übergangsbereich). Gérard Lepoutre und Andrew Patterson jun. (Bull. Soc. chim. France **1961.** 989—91. Mai. Lille, École de Chim. HEI, Fac. libre des Sci.; New Haven, Conn., Yale Univ., Sterling Chem. Labor.) (Franz.)

Vff. diskutieren die Abhängigkeit nachst. Eigg. von Na-Lsgg. in NH_3 von der mol. Konz. c (Mol Na/Liter NH_3 bei $-33{,}4^0$): Äquivalentleitfähigkeit Λ, Temp.-Koeff. der Leitfähigkeit $d\ln\varkappa/dT$, thermoelektr. Kraft $d\varphi/dT$, KNIGHT-Verschiebung der kernmagnet. Na-Resonanzlinie, Konz.-Koeff. der Leitfähigkeit $d\ln\varkappa/dc$, mol. Dampfdruckerniedrigung — $dp_1/d\varkappa_2$ u. mol. Exzessvol. ΔV. In verd. Lssg. liegen Elektronen, Ionen, Atome u. Moll. von Na im Gleichgewicht miteinander vor ($Na_2 \rightleftharpoons 2$ Na; Na $\rightleftharpoons Na^+ + e$); die Elektronen bewegen sich infolge Tunnelefekts durch die Lösung. Im Bereich $0{,}04 < c < 0{,}8$ tritt eine komplexe „Umkehrung“ der Gleichgewichte auf, die zu Ionen, gepaarten Elektronen u. gutleitenden angeregten Elektronen führt (Halbleitung). Bei $0{,}8 < c < 1{,}7$ werden ein fl. Metallgitter u. eine neue Solvatationshülle, bei $1{,}7 < c < 7{,}7$ eine vollständige Solvatisierung des Lsgm. u. die Bldg. eines „kompressiblen“ fl. Metalls diskutiert. A. BLASCHETTE. 138□

Über die Oberflächenleitfähigkeit von Elektrolytlösungen. Einfluß der Grenzfläche Festkörper-Lösung. S. Bordi und F. Vannel. (Atti Soc. Toscana Sci. natur., Ser. A **65.** 128—34. 1959.) (Ital.) — Vgl. auch C. **1959.** 11476 u. **1960.** 6413.

Vff. bestimmten die Oberflächenleitfähigkeit in dem Syst. CdJ_2–KJ–H_2O, u. zwar in einer Glas- u. einer Glimmerzelle. Außerdem wurden die Oberflächenspannung u. das Oberflächenpotential ermittelt. Trägt man die Oberflächenleitfähigkeiten gegen die Zus. der Lsg. graph. auf, dann ist eine Analogie zwischen den in Glas bzw. Glimmer erhaltenen Meßwerten ersichtlich. Ein Minimum der in Glimmerzellen bzw. ein Maximum der in Glaszellen bestimmten Werte entspricht einem molaren Verhältnis 1 CdJ_2 : 1 bzw. 2 KJ. Die Kurve der in der Glimmerzelle erhaltenen Werte der Oberflächenleitfähigkeit ist den entsprechenden Kurven der Oberflächenspannung u. des Oberflächenpotentials sehr ähnlich. Das verschiedene Verh. der Oberflächenleitfähigkeit, das man bei Messungen in der Glaszelle beobachtet, wird Änderungen der Ladung der Zellwände u. der Beweglichkeit der adsorbierten Ionen zugeschrieben. C. GOTTFRIED. 138□

Ionenassoziation. 5. Mitt. **Dissoziationskonstanten von Citratkomplexen mit Natrium-, Kalium-, Calcium- und Magnesiumionen.** Mackenzie Walser. (J. physic. Chem. **65.** 159—61. Jan. 1961. Baltimore, Md., Johns Hopkins Univ., School of Med., Dep. of Pharmacol. and Exp. Therapeutics.) (Engl.) — 3. vgl. J. clin. Invest. **38.** [1959.] 1404.

Titration mit $(CH_3)_4NCl$, NaCl u. KCl bei $\mu = 0{,}16$ M zeigt eine Assoziation von $Citrat^{3-}$-Ionen mit Na^+- u. K^+-Ionen. Die Dissoziations-Konst. betragen $K_{NaCitrat^{2-}} = 0{,}2$ M u. $K_{KCitrat^{2-}} = 0{,}37$ M. Die Dissoziations-Konst. der Komplexe Ca-$Citrat^-$ u.

Mg-Citrat⁻ wurden spektrophotometr. in Ggw. u. Abwesenheit von Na-Ionen bestimmt. Die erhaltenen Werte sind: $K_{CaCitrat^-}$ = 0,0007 M u. $K_{MgCitrat^-}$ = 0,00028 M bei μ = 0,16 M u. 25°. HEINRICH HERMANN. 139□

Untersuchungen über die natürliche Konvektion an vertikalen Elektroden. N. Ibl und R. H. Müller. (J. electrochem. Soc. **105.** 346—53. Juni 1958. Diskussion: **106.** 536—38. Juni 1959. Zürich, Swiss Federal Inst. of Technol.) (Engl.)

Der hydrodynamische Fluß in der Nähe von vertikalen Elektroden in Elektrolyten mit natürlicher Konvektion wird opt. untersucht. Unter verschiedenen experimentellen Bedingungen wird die Geschw.-Verteilung gemessen. Die Fließ-Geschw. werden für den Fall einer konst. Stromdichte längs der Elektrode mit Hilfe der v. KÁRMÁN-POHLHAUSEN-Integral-Meth. errechnet. Diese Werte sind höher als die im Vers. gefundenen. Für die theoretische Ableitung müssen deshalb verschiedene Voraussetzungen eingeführt werden, die die Geschw.-Funktionen u. die Konz.-Durchschnitte berücksichtigen. Diese Einfl. auf die berechneten Werte der maximalen Fließ-Geschw. werden diskutiert. J. FISCHER. 141□

Massenübergang an horizontalen Elektroden durch freie Konvektion. E. J. Fenech und C. W. Tobias. (Electrochim. Acta [London] **2.** 311—25. Mai 1960. Berkeley, Calif., Univ. of California, Lawrence Radiation Labor. and Dep. of Chem. Engng.) (Engl.)

In ungerührten Bädern werden die Grenzströme für den Fall von horizontalen, nach oben gewandten Kathoden gemessen. Die Vers.-Bedingungen werden innerhalb folgender Grenzen verändert: $CuSO_4$ 0,01—0,7 m (in 1,5 m H_2SO_4); Kathodendimensionen: 0,1—30·10 cm; freie Höhe über der Elektrode: 1—16 cm; Grenzstrom: 0,68 bis 129 mA/cm². Für Elektrodenbreiten größer als 20 mm können die Ergebnisse durch die verallgemeinerte Beziehung $Nu' = 0{,}19\ (ScGr)^{1/3}$ dargestellt werden. Darin bedeutet Nu' die NUSSELTsche Zahl für den Stofftransport, Sc die SCHMIDTsche u. Gr die GRASHOFsche Zahl. Der untersuchte Bereich umfaßt das Gebiet $10^8 < ScGr < 1{,}4 \cdot 10^{12}$. Die Ergebnisse zeigen, daß die Grenzschicht turbulent ist, wie dies auch beim Wärmetransport bei entsprechenden Bedingungen der Fall ist. H. SCHIBILLA. 141□

Reduktion von Selen durch Cadmiumamalgam. Je. F. Speranskaja und M. T. Koslowski. (Известия Высших Учебных Заведений, Химия и Химическая Технология [Hochschulnachr., Chem. und chem. Technol.] **2.** 3—9. 1959. Kasachstan, Kirow-Univ., Lehrstuhl für analyt. Chem.) (Russ.)

Der Red.-Prozeß von Se(IV) wurde durch Messung des Cd-Amalgampotentials bis zum Potentialsprung zur Größe des Hg-Potentials nach völliger Ausscheidung des Cd gegen eine gesätt. Kalomelelektrode verfolgt. Der Cd-Geh. der Lsg. wurde polarograph., der Se-Geh. volumetr. nach Überführung des Se in Na_2SeO_3 (Kochen mit Sulfit) bestimmt. In sauren Medien (HCl, H_2SO_4 HNO_3, Säurekonz. 0,001—1 m) ist das End-Prod. der Red. elementares Se; die abgeschiedene Menge ist etwa äquivalent der in Lsg. gegangenen Cd-Menge. Durch Einw. des Se auf Hg bildet sich dann erst HgSe. In ammoniakal. Lsgg. reagiert Se nicht weiter. Auf diesem Wege können Cu, Pb u. Tl quant. von Se abgetrennt werden. S. ECKERT. 141□

Untersuchungen über die Gewinnung, die Trennung und die Reinigung von Niob und Tantal, besonders auf elektrolytischem Wege. 2. Mitt. Untersuchung einer Methode zur Bestimmung der effektiven Elektrolysespannungen und der praktischen Zersetzungsspannungen; Anwendung dieser Methode auf kryolithische Oxydlösungen. R. Monnier und P. Grandjean. (Helv. chim. Acta **43.** 2163—72. 1/12. 1960. Genève, Univ., Labor. de Chim. et d'Electrochim. Techn.) (Franz.) — 1. vgl. C. **1961.** 6257.

Es wird eine Meth. zur Messung effektiver Elektrolysespannungen ($E_{eff} = e_a + \eta_a + e_c + \eta_c$) u. prakt. Zers.-Spannungen ($E_d = e_a + e_c$) als Funktionen der Stromstärke beschrieben, die auf einer abrupten Unterbrechung des Stromkreises u. anschließender Messung der Klemmenspannung mit Hilfe eines Kathodenstrahloscillographen beruht (e_a bzw. e_c = anod. bzw. kathod. Elektrodenpotential; η_a bzw. η_c = anod. bzw. kathod. Überspannung). Die Meth. wurde mit Erfolg auf Lsgg. von Al_2O_3, Ta_2O_5, Nb_2O_5 u. V_2O_5 in geschmolzenem Kryolith (1040°) angewandt. Durch graph. Extrapolation der Stromdichte–Spannungs-Kurven werden die Zers.-Spannungen erhalten. In jedem Fall wird bei genügend hohem Stromfluß an der Kathode das Metall abgeschieden, wahrscheinlich gemäß $Me_2O_5 \rightleftharpoons 2\,Me^{5+} + 5\,O^{2-}$, $Me^{5+} + 5\,e \rightarrow Me$. Die Abscheidungsspannungen sind zu niedrig, um die Rkk. $Al^{3+} + 3\,e \rightarrow Al$, $10\,Al + 3\,Me_2O_5 \rightarrow 5\,Al_2O_3 + 6\,Me$ wahrscheinlich zu machen. Nachst. E_d-Werte (in V) wurden gemessen: Al_2O_3 1,45; Ta_2O_5 0,91; Nb_2O_5 0,64; V_2O_5 0,60. Die thermodynam. berechneten Werte betragen (in Klammern unter Berücksichtigung der sek. Rkk. an der Graphitanode): 2,2 (1,1); 1,55 (0,45); 1,40 (0,30); 1,25 (0,15). A. BLASCHETTE. 141□

Elektrolytische Gewinnung von metallischem Chrom aus Chromsulfatlösungen. I. Je. Gurewitsch. (Журнал Прикладной Химии [J. angew. Chem.] **33.** 652—57. März 1960.) (Russ.)

Bei der Unters. des elektrolyt. Prozesses zur Gewinnung metall. Cr aus Chromalaun-Lsgg. wurde ermittelt, daß bei Ablauf der Elektrolyse bei einer Stromdichte von 13 bis 15 A/dm², 46—47°, einem pH-Wert von 2,2—2,4 u. einer räumlichen Stromdichte von 5—7 A/Liter Katholyt in einer Diaphragmazelle mit getrenntem Anolyten u. Katholyten metall. Cr als dichter Nd. von 2—4 mm Dicke bei 42—45% Stromausbeute erhalten werden kann. Es wurde die Abhängigkeit der Stromausbeute von der Änderung der Stromdichte, der Cr^{2+}-Konz. im Katholyten, des pH-Wertes u. der Elektrolysedauer ermittelt. A. KUNZE. 141 □

Über den Mechanismus der elektrolytischen Abscheidung von Kupfer aus wässerigen Lösungen komplexer Kupfersalze mit Äthylendiamin. N. W. Ossetrowa und P. Ss. Titow. (Известия Высших Учебных Заведений, Цветная Металлургия [Hochschulnachr., Nichteisenmetallurgie] **3.** Nr. 1. 154—62. 1960. Krasnojarsk, Inst. für Nichteisenmetalle, Lehrstuhl für Elektrochem. u. Korrosion.) (Russ.)

Es wurde der Einfl. des Anions auf die Kathodenpolarisation bei der Ausfällung von Cu aus den Lsgg. der Salze $[CuEn_2]X_n$ festgestellt. Die Polarisation ist bei Ggw. von Cl^- klein im Gegensatz zu SO_4^{2-} u. BF_4^-. Die Wrkg. der Anionen auf die Polarisation beruht auf der Förderung oder Hemmung der Bldg. einer adsorbierenden Schicht aus Äthylendiamin-Moll. an der Kathode. Die aktivierende Rolle des Cl^--Ions bei der Ausfällung von Cu u. dessen passivierende Wrkg. bei der Abscheidung auf Eisen erklärt sich durch den verschiedenen Charakter seiner Adsorption. H. TREUMANN. 141 □

Untersuchung des Anodenprozesses bei der Elektrolyse von Schwefelsäure-Essigsäure-Gemischen. 1. Mitt. **Untersuchung der Abhängigkeit der Kinetik des Anodenprozesses von der Zusammensetzung der Schwefelsäure-Essigsäure-Gemische.** M. Ja. Fioschin und O. A. Chasowa. (Известия Высших Учебных Заведений, Химия и Химическая Технология [Hochschulnachr., Chem. chem. Technol.] **3.** 443—46. 1960. Moskau, Chem.-technol. Mendelejew-Inst., Lehrstuhl für Technol. elektrochem. Verff.) (Russ.)

Vff. untersuchen durch Aufnahme von Polarisationskurven (graph. Darst.), ob der anod. Prozeß bei der Gleichstromelektrolyse wasserfreier Gemische von Schwefel- u. Essigsäure durch Solvate beeinflußt wird. Die Messungen umfassen den Bereich von 20 bis 100 Mol-% H_2SO_4. Es wurde gefunden, daß die TAFEL-Gleichung in diesem Syst. bei Stromdichten von $2{,}22 \cdot 10^{-5}$ bis $2{,}22 \cdot 10^{-3}$ A/cm² in einem weiten Konz.-Bereich befolgt wird. Bei der Zus. $CH_3COOH \cdot H_2SO_4$ ändert der Faktor b der TAFEL-Gleichung sprunghaft seinen Wert. Ein ähnliches Verh. konnte bei der Zus. $2\,CH_3COOH \cdot H_2SO_4$ nicht festgestellt werden. Es wird vermutet, daß diese Verb. therm. zerfällt, da der Temp.-Koeff. der elektr. Leitfähigkeit bei dieser Zus. ein scharfes Maximum aufweist. E. WINKLER. 142 □

Über die Unterscheidung des Faradayschen vom kapazitiven Strom in der differentialen Polarographie. I. G. Grinman und G. Ss. Koslow. (Журнал Физической Химии [J. physik. Chem.] **34.** 661—64. März 1960. Alma-Ata.) (Russ.)

Zur Erhöhung der Genauigkeit bei der Polarographie mit sinusförmigem Wechselstrom ist es notwendig, den FARADAYschen Strom (FS) unabhängig vom kapazitiven Strom (KS) zu messen. Zur Unterdrückung von KS schlagen Vff. eine Zweifrequenzen-Meth. (ZM) u. eine Phasen-Meth. (PM) vor. Der Vgl. von ZM u. PM mit der „square wave"-Meth. (RM) (GRINMAN, Dissert. Alma-Ata 1950) an Hand berechneter Kurven für den kapazitiven Reststrom in Abhängigkeit vom OHMschen Widerstand (R) der Zelle zeigt, daß in allen Fällen, bes. bei $R > 2\,k\Omega$ RM gute Ergebnisse liefert; der elektron. Aufwand bei RM ist am größten. PM liefert im prakt. wichtigen R-Bereich (20—30 Ω) gute Resultate. J. LANGER. 142 □

Polarographische Untersuchung von in geschmolzenem NaCl–KCl-Gemisch gelösten Schwermetallchloriden. Ju. K. Delimarski und W. W. Kusmowitsch. (Доповіді Академії Наук Української РСР [Ber. Akad. Wiss. UkrainSSR] **1959.** Nr. 1. 55—59. Akad. der Wiss. der UkrainSSR, Inst. für allg. u. anorgan. Chem.) (Ukrain.; Auszug: Engl.)

Polarogramme wurden für die Chloride CuCl, $CuCl_2$, AgCl, $ZnCl_2$, $CdCl_2$, TlCl, $PbCl_2$, $CoCl_2$ u. $NiCl_2$ aufgenommen, die in der Schmelze NaCl + KCl gelöst waren, wobei die Elektrolyse zwischen Pt-Elektroden im Porzellantiegel bei 710° (660—860°) erfolgte. Der Diffusionsstrom war dem Molanteil des gelösten Chlorids proportional, wobei die Wellen die Gleichung von HEYROVSKY-ILKOVIČ befriedigend befolgten, jedoch nicht der Gleichung von KOLTHOFF-LINGANE entsprachen (die Abhängigkeit des Halbwellenpotentials vom log des Molanteils bildete keine Gerade). Die Halbwellenpotentiale bleiben nahezu konstant. Die vorlogarithm. Koeff. der Gleichung von Heyrovsky-Ilcović entsprechen nicht immer den Valenzen der einfachen Ionen der betreffenden Salze. Aus der Temp.-Abhängigkeit der Diffusionsströme konnte man die Aktivierungsenergien berechnen; so wurde (nach Berenblit 1937 berechnet) diese Energie für das Schmelzgemisch NaCl + KCl gleich 10,24 kcal/Mol ermittelt (für den obigen Temp.-Bereich 660—860°). Im Temp.-Bereich 680—820° ergaben sich dabei folgende Werte für die Aktivierungsenergie (in kcal/Mol): CuCl 6,33, $CdCl_2$ 5,90, $PbCl_2$ 4,45, $CoCl_2$ 4,45, $NiCl_2$ 3,00. Es ergab sich dabei, daß der Anstieg der Diffusionsströme mit der Temp. nicht allein durch die Senkung der Viscosität bedingt ist. A. v. Wilpert. 142□

Polarographische Untersuchungen von Molybdänylchloridlösungen. H. K. El-Shamy und M. F. Barakat. (Egypt. J. Chem. 2. 101—10. 1959. Alexandria, Univ., Fac. of Sci., Chem. Dep.) (Engl.)

Es wurde die Red. von *MoO_2Cl_2* (I) an der Hg-Tropfelektrode in HCl, H_2SO_4, H_3PO_4, Oxalsäure, Weinsäure u. Citronensäure bei Ggw. von KCl u. in Abhängigkeit vom pH-Wert untersucht. Die Abhängigkeit des polarograph. Verh. von I wurde unter Verw. von Acetat- u. Phosphat-Citrat-Mischungen festgestellt. In allen Säuren zeigte sich Proportionalität zwischen Konz. u. Diffusionsstrom. Die Menge u. Lage der Stufen variierte in Abhängigkeit von der Zus. des Trägerelektrolyten. Oft war eine getrennte Red. zur 5wertigen u. 3wertigen Stufe zu beobachten. H. Pluskal. 142□

Einfluß der Spannungen auf die charakteristische Form der Polarisationskurven bei der Korrosionsrißbildung von Metallen. W. W. Romanow. (Журнал Прикладной Химии [J. angew. Chem.] 33. 1849—53. Aug. 1960.) (Russ.)

Mechan. Spannungen wirken hauptsächlich auf die Form der Polarisationskurven bei der Korrosionsriß-Bldg. von Duraluminium D-16 in der Lsg. von 53 g/Liter NaCl + 3,5 g/Liter H_2O_2. Bei Zunahme der Spannung von 33 auf 37 kg/mm^2 nehmen am Kathodenast der 3. u. 2. Teil zu, während der 1. sich verringert. Der 3. Abschnitt entspricht der Schutzstromdichte, bei welcher in der dreifachen Zeit im Vgl. zur Zeit der beginnenden Riß-Bldg. ohne Polarisation keine Korrosion eintritt. Am Anodenast wird bei 33 u. 35 kg/mm^2 u. den Anfangsstromdichten 0,05 mA/cm^2 ein Teil gebildet, der die Abbremsung der Riß-Bldg. charakterisiert. Eine darauffolgende Erhöhung der Stromdichte vergrößert die Geschw. der Riß-Bldg. um so mehr, je niedriger die Spannung ist. Bei 37 kg/mm^2 zeigt die Anodenpolarisation keine Bremsung der Riß-Bldg.; der Anodenast der Polarisationskurve hat das charakterist. Aussehen; jedoch ist die relative Beschleunigung der Riß-Bldg. beträchtlich geringer als bei 33 u. 35 kg/mm^2. A. Kunze. 143□

J. L. Delcroix, Introduction to the theory of ionized gases. Engl. edit. London: Interscience Publrs. 1961. (162 S. m. Abb. u. Tab.) = Tracts on physics and astronomy, no. 8. 34 s.

Cecil Bertie Monk, Electrolytic dissociation. London: Academic P. 1961. (XII + 320 S. m. Tab. u. Diagr.) 60 s.

Klaus J. Vetter, Elektrochemische Kinetik. Berlin, Göttingen, Heidelberg: Springer 1961. (XVI + 698 S. m. 342 Abb.) 8°. DM 156,—.

A$_4$. Thermodynamik. Thermochemie

Brownsche Bewegung eines gequantelten Oszillators. Cl. George. (Physica [Utrecht] 26. 453—77. Juli 1960. Bruxelles, Univ. Libre, Fac. des Sci.) (Franz.)

Die von Prigogine u. Mitarbeitern (vgl. z. B. C. **1958.** 14237) entwickelte statist. Theorie irreversibler Prozesse wird angewandt auf die Unters. der Brownschen Bewegung eines linearen harmon. gequantelten Oscillators, der schwach mit einem Thermostaten gekoppelt ist. Es wird gezeigt, daß der Entw.-Prozeß vom Markoff-Typ ist u. daß im Grenzfall langer Zeiten die erwartete Gleichgewichtsverteilung erreicht wird. Vff. untersuchen das Verh. der Wigner-Funktion u. schlagen eine Meth. zur Berechnung der Mittelwerte aller Potenzen der Geschw. u. Verschiebung in Termen der entsprechenden klass. Mittelwerte vor. J.-M. Spaeth. 146□

Diffusion durch „Mitreißen". Anwendung auf die Trennung der Bestandteile einer gasförmigen Mischung. Jean Bernard. (J. Chim. physique Physico-Chim. biol. 55. 844—59. Okt. 1958. Paris, Fac. des Sci., Labor. de Chim. minér.) (Franz.)

Nach einer Übersicht über die Auftrenn-Verff. für Gasmischungen befaßt sich Vf. mit der Trennung durch „Mitreißen" (balayage). Diese beruht auf der Diffusion durch Poren mit einem Durchmesser, der wesentlich größer als die freie Weglänge der Moll. ist. Das Prinzip dieses Verf. wird erläutert u. verschiedene Ausführungsformen werden ausführlich besprochen. — 14 Literaturhinweise. Gerhard Günther. 149□

Experimentelle Untersuchung der Ausbeuteänderungen in Abhängigkeit vom Druck bei der Isotopentrennung durch die Gasdiffusionsmethode. G. Perona. (Energia Nucleare 5. 327—31. Mai 1958. CISE, Milano.) (Engl.)

Die Wirksamkeit der für Zwecke der Isotopentrennung ausgenutzten Diffusion wird durch eine Gegendiffusion in den Poren der Trennsäule herabgesetzt. Für die Abhängigkeit beider Effekte von den Druckverhältnissen existieren theoret. Überlegungen (DE BETHUME), die durch die vorliegenden Experimente bestätigt werden. Da der Trennfaktor für UF_6 bei Verw. einer einzelnen Säule für die Messung zu klein wird, bei mehreren hintereinandergeschalteten Säulen aber die Druckverhältnisse zu unübersichtlich sind, wird mit verschiedenen Modellgasen gearbeitet u. auf UF_6 extrapoliert. Aus den Ergebnissen ist zu entnehmen, welcher Druck für eine bestimmte Trennanlage optimale Ausbeuten verspricht. H. HART. 149□

Messungen der Vielkomponenten-Diffusionskoeffizienten im System CO_2–He–N_2 mit Hilfe der Punktquellen-Technik. R. E. Walker, N. de Haas und A. A. Westenberg. (J. chem. Physics **32.** 1314—16. Mai 1960. Silver Spring, Md., Johns Hopkins Univ., Appl. Phys. Labor.) (Engl.)

Vff. bestimmen bei Zimmer-Temp. u. Normaldruck den Diffusions-Koeff. für Spuren CO_2 in einer Mischung aus He u. N_2 mit wechselnder Zus. mit Hilfe der „Punktquellen"-Technik von WALKER u. WESTENBERG (vgl. C. **1959.** 6039). Aus den Resultaten ergibt sich eine Bestätigung der von FAIRBANKS u. WILKE entwickelten Gleichung für die Diffusion von Spuren eines Gases in Mehrkomponentensystemen. Außerdem werden einige Resultate bzgl. der Trennung des Gemisches in der Diffusionszone angegeben. J. KRAETSCH. 149□

Dampfdruck von T_2O. M. M. Popow und F. I. Tasetdinow. (Атомная Энергия [Atomenergie] **8.** 420—24. Mai 1960.) (Russ.)

Mit einer im einzelnen beschriebenen Methodik wurden die Dampfdrucke von hochprozentigem Schwerem W. mit 83,4 u. 98,1 Mol-% T_2O im Temp.-Gebiet von 12—95° bestimmt. Der Dampfdruck läßt sich durch die Formel $\lg P = 8{,}0933 - 1721{,}2/(t + 229)$ für das 83,4%ig. T_2O u. $\lg P = 7{,}9957 - 1654{,}9/(t + 222)$ für 100%ig. T_2O darstellen. Weiter wurde der Kp. von HTO bzw. T_2O zu 100,8 bzw. 101,6° bestimmt; die Verdampfungswärme bei diesen Temp. beträgt 9,9 bzw. 10,1 kcal/Mol, die Standardentropien 19,3 u. 19,0 Entropieeinheiten. E. KLEVER. 150□

Die Bedeutung des Rücklaufverhältnisses bei der Destillation. M. Thürkauf und W. Kuhn. (Chimia [Zürich] **14.** 212—17. 15/6. 1960. Basel, Univ., Physikal.-chem. Anstalt.) (Dt.)

Die Arbeitsweise u. die wichtigsten Betriebsgrößen von Dest.-Säulen werden zusammenfassend behandelt. Der Einzeltrenneffekt u. seine Vervielfachung in der Dest.-Säule werden dargestellt. Die effektive Trennstufenzahl, die ein Maß für die Güte der Säule ist, u. die Betriebs- oder Austauschstufenzahl als Maß für den Stoffaustausch werden behandelt. Die Gleichung für das Mindestrücklaufverhältnis wird aus einer Stoffbilanzbetrachtung hergeleitet. Der quant. Zusammenhang zwischen der für eine gewünschte Anreicherung erforderlichen effektiven Trennstufenzahl, der Austauschstufenzahl u. dem Rücklaufverhältnis wird behandelt. R. KRÄMER. 150□

Spezifische Wärme einiger Eisen-Granate der Seltenen Erden und von Yttrium-Eisen-Granat bei tiefen Temperaturen. Horst Meyer und A. B. Harris. (J. appl. Physics, Suppl. zu **31.** Nr. 5. 49 S—50 S. Mai 1960. Cambridge, Mass., Harvard Univ., Gordon McKay Labor.) (Engl.)

Untersucht wurden Granate der Zus. $5\,Fe_2O_3 \cdot 3\,M_2O_3$ mit M = Gd, Er, Ho, Yb oder Y im Bereich von 1,4—20° K. Die Temp.-Abhängigkeit der spezif. Wärme C ist graph. dargestellt. Für $5\,Fe_2O_3 \cdot 3\,Y_2O_3$ gilt unterhalb 4° K die Formel $C = 2{,}15 \cdot 10^{-3} \cdot T^{3/2} + 0{,}36 \cdot 10^{-3} T^3$ (in J/mol·grad). Bei den anderen Mischoxyden ist C wesentlich größer. Zur Deutung erweist sich die WEISSsche Molekularfeldtheorie als ausreichend. G. KIRSCHSTEIN. 151□

Nullpunktsentropie von Eis und verwandte Kombinationsprobleme. J. L. Meijering. (Philips Res. Rep. **12.** 333—50. Aug. 1957. Eindhoven.) (Engl.)

Vf. erörtert die verschiedenen, in der Literatur angegebenen Meth. zur Best. der Nullpunktsentropie von Eis sowie anderen Stoffen u. zeigt, daß die theoret. Nullpunktsentropie von ungeordnetem Eis ca. 5%, die für das entsprechende quadrat. Gitter ca. 6% größer als der PAULINGsche Wert R ln (3/2) ist. Hier handelt es sich um einen Persistenzeffekt, der in $Ag_2H_3JO_6$ zu ungleichen a-priori-Wahrscheinlichkeiten der Dipolrichtungen führen muß. Die für das graphitartige Honigwabengitter abgeleitete Entropie ist 20% größer als die von LIPSCOMB (C. **1955.** 10208) gefundene; dieser Unterschied hängt mit einem Randeffekt zusammen. Es wird ferner gezeigt, daß der von CHANG [1939] angegebene Ausdruck für die Entropie von 2atomigen Moll. in einem Gitter unmittelbar nach der PAULINGschen Meth. abgeleitet werden kann. D. JÖRCHEL. 155□

Zur Thermodynamik dünner Flüssigkeitsschichten. L. M. Schtscherbakow. (Коллоидный Журнал [Kolloid-J.] **22**. 111—16. Jan./Febr. 1960. Tula, Mechan. Inst.) (Russ.; Auszug: Engl.)

Bei Unters. der Gleichgewichte dünner Fl.-Schichten ist außer der gewöhnlichen capillaren Wrkg. auch eine solche 2. Art zu berücksichtigen, die durch Änderung der Oberflächenspannung bei Änderung der geometr. Parameter der Oberfläche entsteht. Durch thermodynam. Überlegungen weist Vf. nach, daß die Verdampfungs-Temp. von Fll. in dünner Schicht niedriger liegt als bei normalen Flüssigkeiten. Die Temp.-Erniedrigung wird durch die Formel $\Delta T/T = -v'/\lambda''(2\,\sigma/h + 2\,\partial\sigma/\partial h)$ ausgedrückt, wo v' = Vol. der Fl., λ'' = Verdampfungswärme, σ = spezif. überschüssige Oberflächenenergie, h = Dicke der Schicht (10^{-5} bis 10^{-7} cm) ist. Die Verdampfungswärme erniedrigt sich ebenfalls mit Verkleinerung der Pt-Schichtdicke. J. v. SCHROEDER. 155□

Thermodynamische Funktionen einiger Phosphorverbindungen. Robert L. Potter und Vincent N. DiStefano. (J. physic. Chem. **65**. 849—55. Mai 1961. Stamford, Conn., American Cyanamid Co.) (Engl.)

Es werden die für alle 100° im Temp.-Bereich von 273,15—5000° K von Vff. aus spektroskop. Daten berechneten Werte der thermodynam. Funktionen S^0, C_p^0 u. $-(F^0-H_0^0/T)$ sowie die Bldg.-Wärmen bei 0 u. 298,15° K der Elemente bzw. Verbb. P, P_2, PN, PO, PC, PF_3, PH_3 u. P_4 im ideal gasförmigen Zustand bei 1 at Druck angegeben. Die Bldg.-Wärmen bei 298,15° K ergeben sich zu (Reihenfolge der Verbb. wie oben) 75,580 (cal/Mol); 34,250; 21,790; —5,780; 107,940; —221,950; 2,210 u. 14,040.

J. KRAETSCH. 156□

Berechnung der Lösungswärme von Kupfer in Germanium aus Diffusionsmessungen. M. Tanenbaum. (J. chem. Physics **32**. 1126—27. April 1960. Murray Hill, N.J., Bell Telephone Labor., Incorp.) (Engl.)

Vf. stellt fest, daß das Syst. Cu–Ge ein ungewöhnliches Beispiel dafür liefert, daß die Wärme einer Gleichgewichts-Rk., der Auflösung von Cu in Ge, aus der Aktivierungsenergie von zwei kinet. Vorgängen berechnet werden kann, nämlich aus dem effektiven Diffusions-Koeff. von Cu in Ge u. dem Selbstdiffusions-Koeff. von Ge. Diese Verhältnisse ergeben sich, weil der effektive Diffusions-Koeff. von Cu eine empfindliche Funktion der Gleichgewichts-Konz. von Cu im Ge-Kristall ist. Die Übereinstimmung zwischen den gemessenen Aktivierungswärmen der Diffusions-Koeff. u. der unabhängig gemessenen Lsg.-Wärme des Cu ist ein weiterer Beweis für den Dissoziationsmechanismus von FRANK u. TURNBULL für die Diffusion von Cu in Ge. GERHARD SCHULZE 156□

Über die Hochtemperatur-Wärmeleitfähigkeit von Isolatoren. A. W. Lawson. (Physics Chem. Solids **3**. 155—56. 1957. Chicago, Ill., Univ. of Chicago, Inst. for the Study of Metals.) (Engl.)

Vf. weist darauf hin, daß die Gleichung $l = A_0/\alpha\cdot\gamma\cdot T$ (mit l = mittlere freie Weglänge der Phononen, A_0 = Gitter-Konst., α = therm. Ausdehnungs-Koeff., γ = GRÜNEISEN-Konst. u. T = abs. Temp.), die zur Berechnung der Wärmeleitfähigkeit K eines Nichtleiters nach $K = 1/3\, c_v\cdot l\cdot v_s$ (mit c_v = spezif. Wärme pro Vol.-Einheit u. v_s = geeignet gemittelte Schall-Geschw.) dient, durch die Arbeit von AKHIESER (J. Physics [Moskau] **1**. [1939.] 277) für $T > \Theta_D$ (Θ_D = DEBYE-Temp.) bestätigt wird. Weiterhin betont Vf., daß sich beide genannte Gleichungen zu $K = A_0/3\,\gamma^2 T \chi_T{}^{3/2} \varrho^{1/2}$ (mit $\gamma = \alpha/c_v\chi_T$, χ_T = isotherme Kompressibilität u. ϱ = Dichte) vereinigen lassen. Diese Form der Gleichung ist zur Best. der Druckabhängigkeit der Wärmeleitfähigkeit $(\partial K/\partial P)_T$ von Nichtleitern besser geeignet. BRIDGMAN (1931) fand eine 36%ig. Zunahme des K-Wertes für NaCl unter einem Druck von 10^4 bar bei 30° u. bei 75°; verwendet man die Kompressibilitätswerte von BRIDGMAN für NaCl, so berechnet sich nach der letztgenannten Gleichung eine Änderung von 34%. Im Hinblick auf die getroffenen groben Vereinfachungen betrachtet Vf. diese Übereinstimmung als etwas zufällig.

GERHARD SCHULZE. 158□

Temperaturschwankungen in der Atmosphäre von Wasserstoff und Helium als Folge des Austretens von flüchtigen Substanzen aus dem Material der Apparatur beim Erhitzen. Ja. A. Kalaschnikow. (Журнал Физической Химии [J. physik. Chem.] **33**. 2110—12. Sept. 1959. Moskau, Lomonossow-Univ., Akad. der Wiss. der UdSSR, Inst. für Physik hoher Drucke.) (Russ.; Auszug: Engl.)

Wenn das Heizelement bei Verss. in die Anlage selbst gestellt wird, erfolgt ein Ausscheiden geringer Mengen verschiedener Dämpfe (W., Gase) aus den elektr. u. den Wärmeisolierungen. Wenn in einem H_2- oder He-Medium gearbeitet wird, dessen Wärmeleitfähigkeit wesentlich höher ist als diejenige aller anderer Gasbestandteile, so können diese Dämpfe die Wärmeleitfähigkeit des Mediums in der Nähe des Ofens für eine kurze Zeit verringern. Dieses zeigt sich sofort in hohen kurzfristigen Temp.-Maxima in der Anlage. H. TREUMANN. 158□

Untersuchung der Ultraschallgeschwindigkeit und der Kompressibilität einiger nichtwässeriger Lösungen von Elektrolyten. G. P. Roschtschina und E. D. Ischtschenko. (Український Фізичний Журнал [Ukrain. physik. J.] **4.** 268—72. März/April 1959. Kiew, Univ.) (Ukrain.; Auszug: Engl.)

Bei Lsgg. von KJ in Glykol (I) u. Glycerin (II) nimmt mit steigender KJ-Konz. die Ultraschall-Geschw. ab, während sie bei alkohol. KJ-Lsgg. prakt. unverändert bleibt. Die adiabat. Kompressibilität nimmt bei allen KJ-Lsgg. mit steigender KJ-Konz. etwas ab, was auf die Zunahme des spezif. Gew. zurückgeführt wird. Die Unters. der mol. Lichtstreuung zeigt, daß bei den Lsgg. von KJ in I u. II starke Konz.-Schwankungen auftreten, die bei steigender Temp. abnehmen. Bei Zusatz von KJ nimmt die Anisotropie der Lichtstreuung in diesen Lsgg. zu, was mit der Orientierungsnahordnung u. der Änderung der Anisotropie der Moll. des Lsgm. in Zusammenhang gebracht wird. Die alkohol. KJ-Lsgg. zeigen solche Schwankungen der Konz. nicht. Die Ursachen der negativen Viscosität in diesen Lsgg. werden erörtert. R. K. MÜLLER. 159□

Stoßwellen. H. O. Pritchard. (Quart. Rev. (chem. Soc., London) **14.** 46—61. 1960. Manchester, Univ., Chem. Dep.) (Engl.)

Übersicht über Instrumente zur Erzeugung u. Messung von Stoßwellen (StW), über Vibrations- u. Rotationsrelaxation in StW, über opt. Emissions- u. Absorptionsspektren von Präpp., die dem Einfl. von StW unterliegen u. über chem. Rkk. in Stoßwellen. — 51 Literaturangaben (bis 1959). P. GOLINSKE. 159□

F. Din, ed., Thermodynamic functions of gases. Vol. 3. London: Butterworths. 1961. (224 S. m. Abb.) 63 s.

A₅. Kolloidchemie. Grenzschichtforschung

Beschreibung des Transportes von Lösungsmittel und Ionen durch Membranen in Form von Differential-Koeffizienten. 1. Mitt. Phänomenologische Kennzeichnung des Transportes. I. Michaeli und O. Kedem. (Trans. Faraday Soc. **57.** 1185—90. Juli 1961. Rehovoth, Israel, Weizmann Inst. of Sci., Polymer Dep.) (Engl.)

Für ein Syst., das aus einer zwei Lsgg. desselben Salzes trennenden Membran u. zwei in die Lsgg. eintauchenden ident. Elektroden besteht, wird der Transport des W. u. der Ionen durch die Membran mit Hilfe von Differentialgleichungen beschrieben. Vff. definieren sechs den Prozeß kennzeichnende Differential-Koeff. u. setzen diese unter Benutzung der ONSAGERschen reziproken Beziehungen in ihrer differentiellen Form mit anderen meßbaren Koeff. in Beziehung. Die Salz- u. Vol.-Bewegung sowie die elektr. Stromstärke werden dann als Funktionen dreier unabhängiger Variablen (Transportgrößen oder Triebkräften) beschrieben. Für jede Bewegung werden experimentell leicht kontrollierbare Variable ausgewählt. Die Transportgleichungen werden in Form der erhaltenen Koeff. angegeben. W. HEIN. 168□

Abweichungen vom Gleichgewichtszustand beim Ionentransport durch permselektive Membranen. Chaim Forgacs. (Nature [London] **190.** 339. 22/4. 1961. Beersheba, Israel, Negev Inst. for Arid Zone Res., Electrodialysis Res. Labor.) (Engl.)

Vf. untersucht die Frage, inwieweit ein konst. Gleichstrom den Gleichgewichtszustand des Ionentransportes durch permselektive Membranen beeinflußt. Dazu tauchten zwei Silberelektroden in zwei 0,01n $AgNO_3$-Lsgg., die durch eine homogene Kationenaustauschermembran getrennt waren. Der Gleichstrom wurde einem Spannungskonstanthalter mit einer Schwankung von weniger als 0,2% entnommen. In Reihe mit der Zelle war ein 44 kΩ-Widerstand geschaltet. Die Potentialdifferenz im Syst. wurde mit gesätt. Kalomelelektroden über 0,01n KCl/0,01n KNO_3-Brücken u. einem kalibrierten Oscilloskop mit Verstärker bestimmt. Die Messungen der Gleichstromstärke bei verschiedenen Stromdichten erfolgten mit einem Avometer. Der Durchgang des Gleichstromes rief eine unharmon. Schwingung der Potentialdifferenz zwischen den beiden Membranseiten um einen konst. Mittelwert hervor. Das von der Stromdichte abhängige Schwingungsmaximum stieg bei 30 mA/cm² auf 500 mV, ohne Membran lag es bei 20 mV. Verss. mit Akkumulatoren als Stromquelle sowie Vers. mit Anionaustauschermembranen in 0,01n KCl-Lsgg. ergaben ähnliche Resultate. Zur Ausschaltung aller, außer der durch den Gleichstrom u. die Diffusion hervorgerufenen Effekte wurden sodann an Stelle der Lsgg. Agar-Agar-Gele gleicher Ionen-Konzz. verwendet, wobei die Schwingung schon bei 15 mA/cm² Werte von 8000 mV erreichte. Da also im allg. die-

Gleichgewichtszustandsbedingungen nicht erfüllt zu werden brauchen, hält Vf. die erneute Überprüfung der Theorien solcher Transporterscheinungen für notwendig.
W. HEIN. 168□

Stofftrennung durch Ionenwanderung und Elektrophorese. H. Martin. (Chimia [Schweiz] **14.** 202—12. 15/6. 1960. Kiel, Univ., Inst. für Physikal. Chem.) (Dt.)

Die verschiedenen Meth., um Stoffgemische durch Wanderung geladener Teilchen im elektr. Feld zu trennen, wie Ionophorese, Elektrophorese u. Gegenstromionenwanderung, werden zusammenfassend dargestellt. Dabei wird bes. auf die gemeinsamen theoret. Grundlagen eingegangen. Außerdem wird die Gegenstromionenwanderung an Hand von Verss. zur Anreicherung von Isotopen u. Seltenen Erden eingehender behandelt. R. KRÄMER. 168□

Einfache, nicht gasende Elektroden zur Verwendung in der Elektrophorese. Rex Neihof und Sigmund Schuldiner. (Nature [London] **185.** 526—27. 20/2. 1960. Washington, D.C., US Naval Res. Labor.) (Engl.)

Vff. beschreiben die Anwendung einer geeigneten Elektrodenanordnung bei der Elektrophorese, durch die bei brauchbaren Stromdichten eine Gas-Entw. (bes. H_2) vermieden wird. Da Pd in der Lage ist, beträchtliche Mengen H_2 zu lösen, kann bei Verw. von Pd als Kathode der aufgenommene H_2 an der Innenseite der Elektrode in Ggw. von O_2 als H_2O abgefangen werden. Bei Verw. als Anode muß der Elektrode H_2 zugeführt werden, um ein Abfangen der anod. Prodd. zu gewährleisten. Der Elektrolyseraum befindet sich auf der Außenseite der Elektrode, u. eine Gas-Entw. wird durch Diffusion des Gases durch das Pd vermieden. HERBERT MÜLLER. 168□

Transporteigenschaften von Flüssigkeiten in Abhängigkeit von ihrer Struktur. E. McLaughlin. (Quart. Rev. (chem. Soc., London) **14.** 236—56. 1960. London, Imp. Coll., Chem. Engng. Dep.) (Engl.)

Übersicht über Transport-Koeff., statist. Theorien der Transportphänomene, Beziehungen zwischen den Transport-Koeff., ihre Druck- u. Temp.-Abhängigkeit, die Prinzipien der korrespondierenden Zustände, die Transport-Eigg. von isotropen Substanzen u. Gemischen sowie einige neue experimentelle Verfahren. — 40 Literaturangaben (bis 1960). P. GOLINSKE. 171□

Anwendung des Prinzips der korrespondierenden Zustände auf die Viscosität und die Diffusion reiner Flüssigkeiten und Mischungen. G. Thomaes und J. Van Itterbeek. (Molecular Physics **2.** 372—78. Okt. 1959. Brussels, Univ., Fac. of Sci.) (Engl.)

Auf der Grundlage der PRIGOGINEschen Theorie der Lsgg. versuchten Vff., ein Theorem der übereinstimmenden Zustände für die Viscosität u. die Diffusion reiner Fll. u. Mischungen abzuleiten. Die Übereinstimmung zwischen Theorie u. den nur in geringer Zahl vorhandenen experimentellen Daten ist befriedigend. WOLFGANG WAGNER. 172□

Reibung und Wärmeaustausch in einer komprimierten turbulenten Grenzschicht bei Vorhandensein von chemischen, durch Einführung von Fremdstoffen bedingten Reaktionen. Ju. W. Lapin. (Журнал Технической Физики [J. techn. Physik] **30.** 1227—37. Okt. 1960. Leningrad, Polytechn. Kalinin-Inst.) (Russ.)

Vf. untersucht die Reibung u. den Wärmeaustausch in einer komprimierbaren, turbulent bewegten Grenzschicht über einer Platte bei Vorhandensein einer durch Einführung eines Fremdstoffes bedingten chem. Reaktion. Der Stoff wird durch eine poröse Wand eingeführt. Es wird angenommen, daß die chem. Rk.-Geschw. bei ausreichend hoher Temp. unendlich größer als die Diffusions-Geschw. ist. Es werden Berechnungen für folgende Abhängigkeiten u. Eigg. angeführt: 1. Fundamentalgleichung mit Randbedingungen. 2. Abhängigkeit der Konz. von der Geschw. in der Grenzschicht. 3. Abhängigkeit der Temp. von der Geschw. in der Grenzschicht. 4. Zustandsgleichung für die Gasmischung u. Dichteverteilung. 5. Impulsgleichung. 6. Viscosität der Gasmischung. 7. Wärmeübergang. G. EWALD. 173□

Fließdiagramme in Teilchenschüttungen. N. J. Hassett. (Nature [London] **189.** 997—98. 25/3. 1961. Loughborough, Coll. of Technol., Dep. of Chem. Engng.) (Engl.)

Vf. untersucht durch photograph. Aufnahmen im durchfallenden Licht Fließfiguren von fluidisierten Teilchenschüttungen aus Glaskugeln (100 μ) bei Aktivierung durch W. ohne Verw. von Farbstoffen. Lokale Ausdehnung oder erhöhte Bldg. von Leerräumen bewirkt Erhöhung der Durchlässigkeit. Bei geringeren Strömungs-Geschw. u. Annäherung an den stationären Zustand wird eine geringe Krümmung der Strömungsfäden beobachtet. Bei Betrachtung mit bloßem Auge stellt man gewöhnlich pilzförmige Diskontinuitäten geringer Dichte in den Strömungsfäden fest. Bei Aufwirbelung durch Luft kann die Zirkulation von rot gefärbten Al_2O_3-Teilchen (300 mesh), in denen Luftblasen durch „striction"-Effekte festgehalten werden, in einer Schüttung aus ungefärbten Al_2O_3-Teilchen (100 mesh) beobachtet werden. Wirbelt man Schüttungen kleiner Teilchen mittlerer Dichte mit W. auf, so wird bei der Fluidisierung ein ähnlich erscheinendes Stadium der Blasen-Bldg. festgestellt. Bei Verw. von Al_2O_3 u. Glaskugeln der Teilchengröße von 60—200 μ treten in engen Kanälen Strömungen pilzförmiger Pseudoblasen auf. Bei Glaskugeln mit einem Durchmesser über 1 mm werden horizontale Streifungen mit Schichten geringer Dichte beobachtet, die sich kontinuierlich nach oben fortsetzen u. am oberen Ende der Schüttung verschwinden. Diese fallen gewöhnlich zusammen u. bilden sich erneut, was zur Erscheinung der pilzförmigen Blasen führt. Vff. bezeichnen diese u. andere Diskontinuitäten mit dem Ausdruck „parvoid". Mit 2 mm großen Glaskugeln werden 1—5 cm breite pilzförmige „parvoids" beobachtet, die mit einer Geschw. von einigen 5 cm/s bei Wasser-Geschw. von einigen 2 cm/s steigen. P. FRENZEL. 173☐

Untersuchungen über Bildung und Alterung von Niederschlägen. 47. Mitt. **Maximale Teilchengröße von unter verschiedenen Bedingungen gebildetem Bleisulfat.** B. van't Riet und I. M. Kolthoff. (J. physic. Chem. **64.** 1045—47. Aug. 1960. Minneapolis, Minn., Univ., School of Chem.) (Engl.) — 46. vgl. C. **1960.** 2776.

Für aus nachst. Lsgg. gefälltes $PbSO_4$ wurden die krit. Übersättigungen für maximale Teilchenlänge bestimmt: wss. Lsgg. mit Pb u. SO_4 in nicht-äquimol. Mengen (Pb/SO_4 zwischen 46 u. 0,2), Lsgg. in W.-A.-Gemischen u. wss. Lsgg. bei verschiedenen Temperaturen. Das Aktivitäts-Prod. der Pb- u. SO_4-Ionen bei der krit. Übersättigung scheint konst. zu sein u. ist mehr als 200mal größer als das Aktivitäts-Prod. einer gesätt. Lsg. im gleichen Lsgm. u. bei derselben Temperatur. W. NIEMITZ. 175☐

Diffusion zu einer Fläche mit Langmuirscher Adsorption. W. H. Reinmuth. (J. physic. Chem. **65.** 473—76. März 1961. New York, N.Y., Columbia Univ., Dep. of Chem.) (Engl.)

Vf. behandelt die halbunendliche lineare Diffusion zu einer stationären Grenzfläche mit LANGMUIRscher Adsorption. Es wird eine Gleichung für die Bedeckung abgeleitet. Die exakte Theorie wird mit Näherungs-Verff. verglichen. Für dasselbe Problem mit einer sich ausdehnenden Fläche wird eine formale Lösung angegeben.

H. LIEPACK. 176☐

Gasadsorption (Dampfsorption) auf inhomogen aktiven Oberflächen. 1. Mitt. József Tóth. (Magyar Kémiai Folyóirat [Ung. Z. Chem.] **66.** 213—17. Juni 1960. Nagykanizsa, Kőolajbányászati Tudományos Labor.) (Ung.)

Mathemat. Beschreibung der Auswrkg. der Inhomogenität der Oberfläche auf die Adsorptionsisothermen u. Ableitung einer neuen Isothermengleichung zur Beschreibung der über ihrer krit. Temp. befindlichen Gase im Bereich niedriger u. höherer Gleichgewichtsdrücke. Die Gleichung ermöglicht die Berechnung des Grenzwertes der Adsorption. G. HALMI. 176☐

Chemisorption von Gasen auf Metallen. P. M. Gundry und F. C. Tompkins. (Quart. Rev. (chem. Soc., London) **14.** 257—91. 1960. London, Imp. Coll. of Sci. and Technol.) (Engl.)

Übersicht über die Natur der Chemisorptionsbindung, über die Dipolmomente dieser Bindung, Änderungen der Chemisorptionswärme in Abhängigkeit vom Bedeckungsgrad der Oberfläche, IR-Spektren von chemisorbierten Moll., bes. H_2, Oberflächenkinetik, isotrope Adsorbate, Feldemissionsmikroskopie u. Oberflächendiffusion sowie Störung der Chemisorption. — 125 Literaturangaben (bis 1960). P. GOLINSKE. 176☐

Chemisorption von CO an Ni unter Verwendung eines radioaktiven Tracers. A. D. Crowell. (J. chem. Physics **32.** 1576—77. Mai 1960. Burlington, Vt., Univ. of Vermont, Dep. of Phys.) (Engl.)

Vf. beschreibt eine Meth. zur quant. Unters. der Adsorption markierter Verbb. an kleinen Metalloberflächen. In einer evakuierbaren Adsorptionskammer wird eine Metallprobe (Oberfläche ca. 1 cm^2) nach Entgasung im Vakuum in der Kammer mit einem mit ^{14}C markierten Gas behandelt u. dann mit Hilfe einer magnet. Vorr. vor ein Glimmerfenster (4 mg/cm^2) gebracht. Mit einem handelsüblichen Zähler kann dann die durch das Fenster tretende β-Strahlung gemessen werden. Vf. untersucht mit dieser Meth. die Adsorption von CO an Ni u. erhält früheren Unterss. entsprechende Ergebnisse, u. a. eine Aktivierungsenergie von ca. 25 kcal/Mol für die Adsorption des CO.

J. KRAETSCH. 176☐

Elektronische Wechselwirkung zwischen Wasserstoff und aufgedampften Nickelfilmen. Yoshihiko Mizushima. (J. physic. Soc. Japan **15.** 1614—31. Sept. 1960. Tokyo, Musashino-shi, Nippon Telegraph and Telephone Publ. Corp., Electr. Commun. Labor.) (Dt.)

Vf. untersucht zwischen 77 u. 373° K die Adsorption von Wasserstoff an Ni-Schichten (Schichtdicke ca. 100 Å), die unter Ultrahochvakuumbedingungen (10^{-10} bis 10^{-11} Torr) bei 90° K u. nachfolgender Temperung (1 h bei Temp. zwischen 90 u. 473° K) durch Aufdampfen hergestellt wurden. Es wird die Änderung des elektr. Widerstandes in Abhängigkeit von der Adsorption gemessen. Außerdem wird der Einfl. der Filmdicke, der Meß- u. Temperungs-Temp. geprüft. Die Adsorption bei tiefen Temp. ist im wesentlichen eine Oberflächenerscheinung; Wasserstoff wird sowohl atomar als auch mol. adsorbiert. Bei Zimmer-Temp. erfolgt nur eine Adsorption atomaren Wasserstoffs. Der erste Schritt ist eine rasche irreversible Adsorption, dem eine langsame reversible Adsorption folgt. Es wird festgestellt, daß der elektr. Widerstand bei der Adsorption sowohl bei 90 wie auch bei 273° K rasch ein Maximum erreicht. Die Widerstandsänderung ist proportional der adsorbierten Menge. Die gefundenen komplexen Vorgänge bei der Adsorption u. die Kinetik werden durch die Möglichkeit zweier Bindungstypen bei atomarer Adsorption erklärt. Die Widerstandsänderung bei der Wasserstoffadsorption wird durch eine Störung des Leitungszustandes im Metall verursacht, d. h. durch eine Änderung des wirksamen Querschnittes oder der Streuung der Elektronen. Die Polarisation des adsorbierten Wasserstoffs ist verhältnismäßig gering. H. SCHROEDER. 176□

Die Geschwindigkeit der Chemisorption von Wasserstoff an mit Wasserstoff bedeckten Rutheniumoberflächen. Manfred J. D. Low. (J. physic. Chem. **65.** 887—88. Mai 1961. Beacon, N.Y., Texaco Res. Center.) (Engl.)

Vf. untersuchte bei 257° die Geschw. der Chemisorption von H_2 an Ru-Oberflächen, die bereits vorher jeweils verschiedene, aber bekannte Mengen H_2 (q_p ml) adsorbiert hatten. Aus der Tatsache, daß der Gesamtbetrag des adsorbierten H_2 zu jeder Zeit t bei allen Verss. gleich q_p + nachträglich adsorbiertes H_2 war, folgert Vf., daß zu jeder Zeit t nicht nur für alle Verss. die momentanen Adsorptions-Geschw. gleich waren, sondern daß auch die Oberflächen einen nahezu gleichen Bedeckungszustand aufwiesen. Vf. diskutiert kurz mögliche Adsorptionsmechanismen u. nimmt an, daß der Mechanismus der Chemisorption eine Änderung des Charakters der Oberfläche während u. infolge der Chemisorption verlangt. J. KRAETSCH. 176□

Adsorptionsgeschwindigkeit des in Wasser gelösten Wasserstoffes auf platinierter Platinelektrode. Iván Telcs, Ferenc Nagy und István Nyitrai. (Magyar Kémiai Folyóirat [Ung. Z. Chem.] **66.** 187—90. Mai 1960. Budapest, M. Tud. Akad. Közp. Kém. Kutató Intézet.) (Ung.)

Bei Unters. des Adsorptionsmechanismus des in W. gelösten H_2 auf platinierter Pt-Elektrode wurde festgestellt, daß die Adsorptions-Geschw. von der Diffusions-Geschw. durch die an der Oberfläche der Elektrode haftenden Fl.-Schicht bestimmt wird. Die Geschw.-Konst. der Adsorption steigt im Anfang stark u. nähert sich asymptot. einem Grenzwert bei höheren Umdrehungszahlen des Rührers. Die Aktivierungsenergie der Adsorptions-Geschw.-Konst. beträgt 2,0 kcal/Mol. G. HALMI. 176□

Kinetische Untersuchung von Reaktionen in flüssiger Phase mit einer Gaskomponente. 2. Mitt. **Mechanismus und Kinetik der Wasserstoffsorption in der wässerigen Suspension des Palladiumkatalysators.** Ferenc Nagy, Dezsö Móger und Iván Telcs. (Magyar Kémiai Folyóirat [Ung. Z. Chem.] **66.** 191—97. Mai 1960.) (Ung.) — 1. vgl. C. **1959.** 16247; vgl. auch vorst. Referat.

Vff. untersuchten die Adsorption von H_2 auf einem Pd-Katalysator in wss. Suspension u. stellten fest, daß die Adsorptions-Geschw. durch Diffusionsvorgang bestimmt wird u. die Geschw. der Gasaufnahme im Falle turbulenter Rührung von der Adsorptions- u. Absorptions-Geschw. in der Grenzfläche bestimmt wird, wenn der Katalysator eine spezif. Oberfläche von der Größenordnung von 10^3—10^4 cm^2/g besitzt. An Hand der Vers.-Ergebnisse wurde die Kinetik u. der Rk.-Mechanismus der 3phasigen katalyt. Hydrierung interpretiert. G. HALMI. 176□

Untersuchung der Adsorption von Anionen an Platin mit der Wechselstrommethode. T. P. Birinzewa und B. N. Kabanow. (Журнал Физической Химии [J. physik. Chem.] **33.** 844—51. April 1959. Moskau, Inst. für phys. Chem. der Akad. der Wiss. der UdSSR.) (Russ.; Auszug: Engl.)

Mit der Meth. zur Messung von Wechselstromwiderständen wird der Einfl. von SO_4^{2-}, Cl^-, Br^- u. J^--Ionen in sauerer Lsg. auf die Geschw. der Ionisation des adsorbierten Wasserstoffes u. auf die Kapazität der Doppelschicht untersucht. Die Messungen wurden an einer Pt-Elektrode mit Frequenzen von 500 Hz bis 50 kHz durchgeführt. Durch diese Verss. konnte ein bestimmter Zusammenhang zwischen adsorbierten Anionen u. der Oberfläche des Pt erklärt werden. W.-D. HEUSZNER. 176□

Vorausberechnung der Retentionstemperaturen bei der programmierten Temperatur-Gaschromatographie. Eine beschreibende Gleichung und Berechnungsmethode. Robert Rowan jun. (Analytic. Chem. **33.** 510—15. April 1961. Linden, N.Y., Esso Res. and Engng. Co.) (Engl.)

Ausgehend von einer Beziehung, die sich aus den Verteilungs-Koeff. ergibt, wird eine Gleichung entwickelt, mit deren Hilfe die Retentions-Temp. errechnet werden kann. In dieser Gleichung stehen alle Vers.-Variablen in einfacher Beziehung zueinander, bis auf einen Faktor, der sich aus Exponentialfunktionen u. Exponentialintegralen zusammensetzt. Eine einzige, universell verwendbare Zahlentabelle dieses Faktors ermöglicht jedoch ohne Schwierigkeiten die prakt. Anwendung der Methode. Es werden Anweisungen zur Konstruktion solcher Zahlentafeln gegeben. In einem handelsüblichen Gaschromatographen wird die Meth. mit He als Trägergas an C_5- bis C_{12}-n-Paraffinen experimentell überprüft. Eingehend diskutiert werden Nützlichkeit u. Gültigkeit der erhaltenen Gleichung, notwendige Druck- u. Temp.-Korrekturen, Anwendbarkeit auf verschiedene Durchfluß-Geschw., die Neigungsänderung des geradlinigen Kurventeiles u. die Änderung einer notwendigen Konst. mit der Kohlenstoffkettenlänge.

W. Hein. 177□

Trennung des Berylliums von Aluminium durch Ionenaustausch. K. Vetejška und J. Mazáček. (Collect. czechoslov. chem. Commun. **25.** 2245—47. Aug. 1960. Prag, Inst. für Erzforsch.) (Dt.)

Es wurden die Möglichkeiten der Ausnutzung einiger Ionenaustauscher inländ. Herkunft zur Raffinierung der rohen Be-Verbb., bes. zur Abtrennung von Fe u. Al, untersucht. Unbefriedigend waren die Verss. am stark bas. Anionenaustauscher OAL u. mittelstark bas. MFD, u. zwar aus salzsauren als auch aus schwefelsauren Lösungen. Die Sorption einzelner Elemente aus schwefel- u. salzsauren Lsgg. (0,1—8 n) am stark sauren Kationenaustauscher FN wurde bei einer Durchfluß-Geschw. von 0,5 ml/min verfolgt. Für schwefelsaure Lsgg. ergaben die Elutionskurven eine wesentliche Differenz zwischen den Werten von E_ω für Be u. E_α für Al, so daß eine Trennung des Be von Al im Konz.-Bereich von 0,5—0,7 n möglich ist. Das Auswaschen des Al erfolgt mit 2n HCl bzw. H_2SO_4. Bei dem Verhältnis Be:Al wie 1:8 bis 4:1 waren die Fehler höchstens 3,1%. Wegen der großen Streuung der Ergebnisse kann jedoch das Verf. für analyt. Zwecke nicht ausgenutzt werden. Der größte Vorteil des Verf. ist, daß Be von dem Austauscher nicht festgehalten wird u. als Hauptkomponente die Säule durchläuft.

J. Vaněček/Prag. 177

Über den Nachweis und die Ausbreitung unwägbarer Aerosolteilchen. Kurt Peters. (Mikrochim. Acta [Wien] **1961.** 550—54. Wien, TH, Inst. für Verfahrenstechnik u. Technol. der Brennstoffe.) (Dt.)

Beim Umschütten von körnigem oder pulverigem Na-Thiosulfat oder Na-Acetat entstehen unsichtbare u. unwägbare Aerosole dieser Salze, deren Einzelteilchen ca. 10^{-15} bis 10^{-18} g wiegen u. leicht dadurch nachgewiesen werden können, daß sie in übersätt. Lsgg. dieser Salze, die in einiger Entfernung von der Erzeugungsstelle der Aerosole aufgestellt sind, als Kristallkeime wirken u. die Kristallisation auslösen. Beim Thiosulfat führt die spontane Keim-Bldg. bei den übersättigten Lsgg. in der Regel nicht zur Kristallisation des Salzes mit 5 H_2O sondern zu der von $Na_2S_2O_3 \cdot 2\,H_2O$. Der Nachw. der Aerosolteilchen ist abs. spezifisch. Die Aerosolteilchen bewegen sich in derAtmosphäre mit gut meßbarer Geschw.; bei der Ausbreitung in einem langgestreckten Raum von ca. 10—20 m^2 Querschnitt sind die Teilchen in 5—10 m Entfernung schon nach wenigen Min., in ca. 30 m Entfernung erst nach 20—30 Min. einwandfrei nachweisbar. Die Zahl der beim Umschütten in den Raum gelangenden Aerosolteilchen läßt sich statist. ermitteln, ihre Größe aus dem beim Umschütten auftretenden Gewichtsverlust erschließen. Beim vorsichtigen Umschütten von einigen 100 g Kristallen geht maximal 1 mg Substanz als Aerosol verloren, daraus entsteht mindestens 1 Milliarde Aerosolteilchen. Weitere Schlüsse auf die Teilchengröße konnten aus der Sedimentations-Geschw. in möglichst „konvektionslosen Räumen" gezogen werden. Außerdem ergab sich, daß nur hochübersättigte Lsgg. zur Kristallisation geeignet sind. Aus der Thomsonschen Beziehung über den Dampfdruck kleiner Tröpfchen bzw. den erhöhten Lsg.-Druck sehr kleiner Teilchen ließ sich die Teilchengröße ebenfalls abschätzen, aus dem Übersättigungsgrad der nicht zur Kristallisation gebrachten Lsgg. konnte Vf. auf die untere Grenze der Größe der wirksamen Keime schließen. Die vorliegende Mikro-Rk. übertrifft an Empfindlichkeit alle bisher bekannten Rkk. um einige Zehnerpotenzen.

Gerhard Schulze. 180□

G. H. Osborn, Synthetic ion-exchangers. Rev. edit. London: Chapman & Hall. 1961. (346 S. m. Diagr.) 50 s.
H. R. Shepherd, ed., Aerosols: Science and technology. London: Interscience Publrs. 1961. (562 S. m. Abb. u. Tab.) 169 s.

A₆. Strukturforschung

Anwendung des URSs-50 I zur Kontrolle der Orientierung von Germaniumeinkristallen. G. F. Komowski und L. A. Wosskressenskaja. (Заводская Лаборатория [Betriebs-Lab.] **26.** 362—63. 1960. Wiss. Forsch.- u. Projektierungs-Inst. der Ind. der Seltenen Metalle.) (Russ.)

Unter monochromat. Licht wird das plangeschliffene Präp. vor einem feststehenden Zählrohr um seine senkrechte Achse in einem Glanzwinkelbereich von 0° bis 2 ϑ gedreht, wobei nur die Reflexe der zur Drehfläche senkrechten kristallograph. Flächen erhalten werden. Durch Drehung des Präp. um seine waagerechte Achse u. darauffolgende Drehung um die senkrechte, können so die Flächen nacheinander in reflektierende Stellung gebracht werden. H. JÄGER. 181□

Zusatzgerät zum Diffraktometer URSs-50 I zur Phasenanalyse. O. Ss. Wolkow und D. M. Cheiker. (Заводская Лаборатория [Betriebs-Lab.] **26.** 363—64. 1960. Wiss. Forsch.-Inst. für Asbest, Glimmer u. Asbestzement u. Projektierung der Glimmerind.) (Russ.)

Das Gerät erlaubt die Einstellung der Fläche des Präp. zur Goniometerachse auf ±0,01 mm. Geeignet für qual. u. quant. Phasenanalyse u. Präzisions-Best. von Gitterkonstanten. H. JÄGER. 181□

Neues Verfahren zur Auswertung der Intensitätskurven einatomiger Metallschmelzen. H. Richter und G. Breitling. (Naturwissenschaften **48.** 44. 2. Jan.-H. 1961. Stuttgart, TH, Röntgeninst.; Tübingen, Univ., Med. Strahleninst.) (Dt.)

Unter der Annahme einer aufgelockerten dichtesten Kugelpackung mit vorherrschendem kürzestem Atomabstand r_1 bei einatomigen Metallschmelzen wird (C. **1958.** 5584) eine Gleichung für den Verlauf der Intensitätskurve angegeben. Auf Grund dieser neuen Möglichkeit, bevorzugte Atomabstände in einatomigen Metallschmelzen unmittelbar aus der Intensitätskurve zu erhalten, werden die r_1-Kurven der geschmolzenen Metalle *Bi, Hg, Sn* u. *Au* wiedergegeben. G. BAUER. 181□

Struktur der glasbildenden Halogenide. 1. Mitt. Flüssiges Berylliumfluorid. J. D. Mackenzie. (J. chem. Physics **32.** 1150—52. April 1960. Schenectady, N.Y., Gen. Electric Res. Labor.) (Engl.)

Vf. untersuchte die Viscosität u. die elektr. Leitfähigkeit von fl. BeF_2 (F. ca. 540°, mindestens 99%ig. Reinheit) im Temp.-Bereich zwischen 700 u. 950°. Die Probe wurde in einem Tiegel aus Pt mit 20% Rh über Nacht einem trockenen N_2-Strom (2 ppm H_2O) ausgesetzt, der App. dann auf ca. 10 mm Hg evakuiert u. die Temp. langsam auf 200° erhöht, um vorhandenes W. zu entfernen. Bei weiterer Temp.-Steigerung wird bei 700° trockenes N_2 eingelassen; vor der Messung hält man die Schmelze 1 Std. lang auf 900°. Die Unterss. wurden sowohl bei ansteigender als auch bei absinkender Temp. vorgenommen. Die Leitfähigkeits- u. Viscositätsdaten werden für den genannten Temp.-Bereich im Abstand von 50° tabellar. mitgeteilt. Die auf Grund der empir. Gleichung $\eta > A_\eta \exp (E_\eta/RT)$ zu erwartende lineare Beziehung zwischen dem Logarithmus der Viscosität η u. 1/T ist nicht erfüllt; die Aktivierungsenergie E_η nimmt von 70 kcal/Mol bei 700° auf 38 kcal/Mol bei 920° ab. Die Beziehung zwischen dem Logarithmus der spezif. Leitfähigkeit u. 1/T ist ebenfalls nichtlinear; die Aktivierungsenergie E_k ist bei 700° 70 u. bei 900° 40 kcal/Mol. Im Bereich von 2000—10000 Hz ist die Leitfähigkeit von der Frequenz unabhängig. Bei Annahme einer Oberflächenspannung von 200 dyn/cm für fl. BeF_2 wurde die korr. Dichte bei 800° zu 1,947 ± 0,010 g/cm³ bestimmt. Die hohen Werte für den spezif. Widerstand u. die Viscosität u. die Größe der entsprechenden Aktivierungsenergien zeigen, daß die klass. statist. Netzstruktur für Gläser für fl. BeF_2 zutreffend ist. Fl. BeF_2 ist wie fl. GeO_2 u. SiO_2 sogar bei erhöhten Temp. stark assoziiert. Bei einer Temp. von 200° über dem F. ist die Aktivierungsenergie für das viscose Fließen größer als die Verdampfungswärme. Die Leichtigkeit der Glas-Bldg. wird der Netzstruktur der Fl. zugeschrieben. GERHARD SCHULZE. 186□

Spiralbildung an natürlichem kristallinen Schwefel. Sayeda H. Emara. (Nature [London] **190.** 254—55. 15/4. 1961. Washington, D.C., Nat. Bur. of Stand.) (Engl.)

Vf. berichtet über mkr. Beobachtungen von Wachstumsspiralen an natürlichen S-Kristallen, die von Schraubenversetzungen in den (0 0 1)-Flächen ausgehen. Die Stufenhöhe wird interferometr. bestimmt, die Werte liegen im Bereich von 5000—100 Å, was auf die unterschiedliche Stärke der Versetzungen hinweist. Die meisten der untersuchten Flächen zeigen nur eine Spirale, die die ganze Fläche einnimmt, was das Vorliegen von perfekten S-Kristallen zu beweisen scheint. Neben den einfachen Spiralen werden kompliziertere Wachstumsmuster beobachtet, wenn zwei oder mehr Versetzungen auf einer Kristallfläche enden. Die beobachtete Versetzungsdichte ist für verschiedene Proben unterschiedlich, sie reicht von einigen wenigen Versetzungen bis zu einem Höchstwert von angenähert 10^4 Versetzungen/cm². Im gleichen Kristall verlaufen im allg. die Spiralen in gleicher Richtung. P. FRENZEL. 190□

Wachstumsspiralen auf synthetischen Magnetoplumbit-Kristallen. R. A. Lefever und A. B. Chase. (Nature [London] **190.** 255—56. 15/4. 1961. Malibu, Calif., Hughes Res. Labors.) (Engl.)

Bei Unterss. des Kristallwachstums aus Schmelzen von Bleioxyd (I) u. des Syst. Bleioxyd–Bleifluorid (II) beobachten Vff. Wachstumsspiralen auf den (0 0 0 1)-Flächen von tafelförmigen Magnetoplumbitkristallen, $PbFe_{12}O_{19}$ (III). Bei Kristallen aus II-Schmelzen sind die Spiralen polygonal, relativ weit geöffnet u. zeigen konkave Wachstumsfronten sowie umgekehrte Krümmungen in der Nähe der äußeren Kristallkanten. Die interferometr. bestimmten Stufenhöhen scheinen kleinere Vielfache der Dimension der Elementarzelle in der c-Richtung zu sein. Die Spiralen auf den Kristallen aus I-Schmelzen sind verschiedenartig polygonal, enger gewunden u. weisen größere Stufenhöhen auf. Die auf den Flächen einer aus der II-Schmelze erhaltenen Kristalls festzustellenden punktförmigen Teilchen sind Flußmittelrückstände, die ohne weitere Veränderung der Kristalloberfläche mit Hilfe von verd. HNO_3 entfernt werden können. Die Stufenhöhe am Ursprung der Spirale beträgt 48 Å. Die Dimensionen der Elementarzelle sind a = 5,91, c = 23,1 Å. Durch Übersättigung ändert sich die Form der Spirale. Für einen Kristall aus der I-Schmelze wird eine maximale Stufenhöhe von 163 Å erhalten. Bei stärkerer Vergrößerung ist in verschiedenen Bereichen eine Aufspaltung der Stufen festzustellen. Die dichtere Anordnung der Stufen gegenüber den aus II-Schmelzen erhaltenen Kristallen ist wahrscheinlich auf die größere Übersättigung während des Wachstums zurückzuführen, in Übereinstimmung mit der Tatsache, daß III die Hauptphase in der I-Schmelze darstellt. P. FRENZEL. 190□

Versetzungsnetze in Wismut- und Antimontellurid. J. Delavignette und S. Amelinckx. (Philos. Mag. [8] **5.** 729—44. 10 Seiten Abb. Juli 1960. Mol-Donk, Belgique, Centre d'Etude de l'Energie Nucl.) (Engl.)

Elektronenmkr. Unterss. von dünnen Folien aus Bi- oder Sb-Tellurid, hergestellt durch wiederholtes Aufspalten, zeigen das Auftreten ausgeprägter Versetzungsmuster. Da die c-Fläche gleichzeitig Gleit- u. Spaltfläche ist, liegen die Versetzungsanordnungen bevorzugt in der Beobachtungsfläche, woraus sich für die Unterss. erhebliche Vorteile ergeben. Reihen von konzentr. Versetzungslinien konnten opt. beobachtet werden, ihr Ursprung liegt aber an unsichtbaren Stellen außerhalb des Kristalls. In der c-Fläche wurden oft sehr ausgedehnte Netze festgestellt. Die Vervielfältigung der Versetzungen u. die resultierende Bldg. des Netzwerks sowie die Ausscheidung von Versetzungen konnte fortschreitend verfolgt werden. F. VIER. 190□

Der Diffusionskoeffizient von Zink in Indiumantimonid. K. F. Hulme und Janet E. Kemp. (Physics Chem. Solids **10.** 335—37. Aug. 1959. Great Malvern, Worcs., Roy. Radar Establishm.) (Engl.)

Der Diffusions-Koeff. wurde mittels der p-n-Übergangs-Meth. zu $D = 1{,}6 \cdot 10^6 \exp[(-53000 \pm 6000)/RT]$ cm²/s bestimmt. Die Aktivierungsenergie der Zinkdiffusion beträgt 53 ± 6 kcal/Mol oder $2{,}3 \pm 0{,}3$ eV. CLAUS FISCHER. 190□

Bevorzugte Diffusion von Sb längs der Kleinwinkelgrenzen in Ge und die Abhängigkeit dieses Effekts von der Richtung der Versetzungslinien in der Grenze. F. Karstensen. (J. Electronics and Control [1] **3.** 305—07. Sept. 1957. Hamburg, Allg. Deutsche Philips Industrie G.m.b.H., Zentrallabor., Labor. Hamburg.) (Engl.) — Vgl. C. **1960.** 13615.

Vf. stellte Ge-Bikristalle aus 2 Ge-Keimen her, die längs der gemeinsamen [1 0 0]-Achse gezogen wurden u. deren [0 1 0]-Richtungen einen Winkel von 10° bildeten, so daß die die Grenze bildenden Versetzungslinien parallel zu [1 0 0] lagen. Durch Dotierung mit In u. Sb wurde ein p-n-Übergang erzeugt. Während einer Wärmebehandlung des Kristalls (120 Std. bei 850°) wurde eine Wanderung von Sb in den p-Bereich beobachtet (Bewegung des Übergangs), wobei jedoch eine bevorzugte Diffusion von Sb längs einer Korngrenze stattfand, die Versetzungslinien parallel zur Diffusionsrichtung enthielt. Bei einem anderen Ge-Bikristall, dessen beide Keime längs des gemeinsamen [0 1 0]-Achse gezogen wurden u. zwischen den [1 0 0]-Richtungen einen Winkel von 10° hatten, so daß die Versetzungslinien senkrecht zur Diffusionsrichtung lagen, fand keine bevorzugte Diffusion statt. Eine erste Abschätzung zeigte, daß $a\overline{D}/D = 0{,}01$ cm ist, wobei D = Diffusions-Konst., $\overline{D}$ = Diffusions-Konst. in der Korngrenze u. 2a = Breite der Grenze in cm. D. JÖRCHEL. 190□

Zur Reduktion der Eisenoxyde, besonders des Wüstits. Ottmar Knacke. (Arch. Eisenhüttenwes. **30.** 581—84. Okt. 1959. Berlin, TH, Inst. für Metallhüttenkunde.) (Dt.)

Die Red. von Hämatit u. Magnetit durch H_2 verläuft stufenweise. Die Elementarprozesse sind Festkörperdiffusion in Magnetit u. Wüstit, Heterogen-Rk. $FeO + H_2 \rightarrow Fe + H_2O$ sowie Porendiffusion. Zur Heterogen-Rk. werden Meßergebnisse mitgeteilt;

es ist die Diffusions- oder Red.-Geschw. i = 131 exp(−15200/RT)·n_{H_2} [Mol O_2/cm²·s]. Die Verknüpfung von Rk. u. Porendiffusion wird erörtert. H. HOCHSTEIN. 190□

Diffusion von Wasserstoff in Thorium. D. T. Peterson und D. G. Westlake. (J. physic. Chem. **64.** 649—51. Mai 1960. Ames, Iowa, Iowa State Univ., Inst. for Atom. Res. and Dep. of Chem.) (Engl.)

Vff. untersuchten die Diffusion von Wasserstoff in Thorium zwischen 300 u. 900°. In diesem Temp.-Bereich galt $D = 2{,}92 \cdot 10^{-3} \exp(-9750/RT)$. Oberhalb 600° nahm D mit der Konz. zu, änderte sich jedoch wenig mit der Reinheit, Korngröße oder Kaltbearbeitung. H. LIEPACK. 190□

Diffusion von Wasserstoff durch Palladium. R. C. Hurlbert und J. O. Konecny. (J. chem. Physics **34.** 655—58. Febr. 1961. Emeryville, Calif., Shell Developm. Comp.) (Engl.)

Vff. bestimmten zwischen 225 u. 500° die Geschw. F (cm^3 STP/cm^2 min) für die Diffusion von Wasserstoff durch Pd-Membranen von 11,4—154 μ Dicke. Der Wasserstoff diffundierte bei konst. Druck P (1—7 at) oberhalb der Membran durch diese in ein evakuiertes Gefäß. Die Diffusions-Geschw. F ins Vakuum wurde aus dem Druck unterhalb der Membran in Abhängigkeit von der Zeit ermittelt. Für F in Abhängigkeit von P (at) besteht mit Ausnahme dünner Membranen die Beziehung $\log F = 3{,}70 + 0{,}68 \log P - 623/T - \log L$, L Membrandicke in μ. H. LIEPACK. 190□

Strukturen von Schwefel-Selen-Gemischen. Y. M. De Haan und M. P. Visser. (Physica [Utrecht] **26.** 127—32. Febr. 1960. Delft, TH, Labor. voor techn. Fys.) (Engl.) — Vgl. C. **1959.** 12143.

Die Strukturen auf verschiedenem Wege hergestellter krist. S–Se-Gemische wurden röntgenograph. untersucht. Beim Eindampfen von S–Se-Lsgg. in CS_2 werden Gemische nachst. krist. Komponenten mit Achtringstruktur erhalten: α-S-Typ, rhomb., Se.-Geh. <10 (Atom)-%, Bipyramiden, manchmal Nadeln; γ-S-Typ, monoklin, Se-Geh. <20%, nadelförmig; α-Se-Typ, monoklin, S-Geh. <20%, Pulverdiagramm etwas von dem des reinen Se abweichend; β-Se-Typ, monoklin, S-Geh. unbekannt, pseudohexagonale, in einer Richtung gedehnte Kristalle. Die Art des Gemisches ist von der Herst. der Lsgg. (aus reinen Komponenten oder Mischkristallen), vom Mischungsverhältnis u. von der Verdampfungs-Geschw. des Lsgm. abhängig. Die Kristalle vom γ-S-Typ sind beständiger als die entsprechenden reinen S-Kristalle. Beim Abkühlen von Mischschmelzen werden krist. Prodd. nur bei Se-Geh. <30% erhalten, die Darst. krist. Prodd. mit höherem Se-Geh. ist durch 10std. Erhitzen auf Temp. wenig unterhalb des F. des entsprechenden krist. Zustands möglich. Bei 10% Se ist das krist. Material isomorph mit α- u. γ-S sowie zu einem geringen Teil mit ω-S; letztere Komponente wird nach Waschen mit CS_2 deutlicher erkennbar. Bei 25—33% Se wird vorwiegend die γ-Struktur gebildet, sie wandelt sich bei schnellem Waschen zum größten Teil in den α-Se-Typ um. Im Pulverdiagramm eines Präp. mit 50% Se tritt eine neue, in CS_2 fast unlösl., bei Zimmer-Temp. recht beständige Modifikation (C) auf. Bei 67—80% Se ähnelt das DEBYE-Diagramm dem des hexagonalen Se; daneben scheint eine weitere neue Modifikation (D) aufzutreten. Beim Ziehen von plast. Fasern aus amorphen Präpp. erfolgt Kristallisation nur bei Se-Geh. <10%. Die ockergelben Fasern sind weniger widerstandsfähig als die entsprechenden S-Fasern. Bei der Extraktion mit CS_2 zeigen sie erhebliche Schrumpfung. Die Beugungsaufnahmen vor bzw. nach der Extraktion sind vom φ-S- bzw. ψ-S-Typ. Eine äquatoriale Reflexion bei 2,34 Å zeigt, daß es sich um eine dichte zweidimensionale Packung langer Spiralen handelt. Bei 50% Se wurde Kristallisation weder durch Waschen noch durch Strecken hervorgerufen. Es werden nur diffuse Maxima bei 3,5 u. 1,8 Å erhalten. Die Fasern sind dunkelrot mit glasartiger Oberfläche u. gehen bei mehrtägigem Erhitzen auf 50° in schokoladebraune, matte Fasern vom γ-S-Typ über; diese wandeln sich bei der CS_2-Extraktion unter Verlust der Orientierung in den α-Se-Typ um. Mehrstd. Erhitzen der letzten oder vorletzten Modifikation auf 104° bewirkt Übergang in die Modifikation C. A. BLASCHETTE. 195□

Struktur des aus der Dampfphase abgeschiedenen Kohlenstoffs. George Colligan und Francis Galasso. (Nature [London] **190.** 621—22. 13/5. 1961. East Hartford, Conn., United Aircraft Corp. Res. Labor.) (Engl.)

Vff. bestimmen röntgenograph. die Struktur von aus der Dampfphase abgeschiedenem pyrolyt. Graphit (I) bei hohen Temp. u. einem Druck von 50 mm Hg. I zeigt Stapelung, indem die atomaren Basisflächen wie im natürlichen Graphit parallel liegen, während die atomaren Schichten unregelmäßig zueinander orientiert sind. Diese Anordnung beseitigt die period. Wiederholung der Atomlagen in der Richtung der c-Achse u. bewirkt stark unterschiedliche elektr. u. therm. Leitfähigkeit in der Richtung senkrecht bzw. parallel zur Substratoberfläche. Die Ergebnisse der Röntgenstrukturanalyse von I, handelsüblichem Graphit u. handelsüblichem I sind dargestellt. Bei einer Abscheidungs-Temp. von 1700° u. einem Druck von 50 mm Hg wurden keine (h k l)-Reflexionen festgestellt, bei 1900° scheint atomare Ausrichtung in der Richtung der c-Achse vorzuliegen, während bei Temp. über 2200 u. 2300° die strukturelle Ordnung abnimmt. Vff. nehmen an, daß hohe Temp. nicht allein der kontrollierende Faktor zur Erzielung einer geordneten dreidimensionalen Struktur des I sind. Änderung des Druckes, der Geschw. des Gasstromes u. der Art der Erhitzung der Trägerphase haben ebenfalls einen merklichen Einfluß. P. Frenzel. 195□

Dilatometrische und röntgenographische Angaben über Bleiverbindungen. 1. Mitt. J. F. Argyle und F. A. Hummel. (J. Amer. ceram. Soc. **43.** 452—57. 1/9. 1960. University Park, Pa., Pennsylvania State Univ., Coll. of Mineral Ind.) (Engl.)

Die Ergebnisse der therm. Ausdehnungs-Verss. an *Bleisilicaten, Bleiphosphaten, Bleiborosilicaten* u. *Bleisilicophosphaten* zeigen, daß von Raum-Temp. bis 700° Ausdehnungen zwischen 0,6—1,4% auftreten. Die Existenz mehrerer Pb-Verbb. wurde bewiesen u. Röntgen-Unters.-Verff. zu ihrer Identifizierung ausgearbeitet. F. Reinhart. 195□

Mikrolith des lithiumenthaltenden Pegmatits von Nová Ves in der Nähe von Český Krumlov, Süd-Böhmen. František Čech und Josef Staněk. (Časopis Mineralog. Geol. **5.** 235—40. 1960. Praha, Karlovy univ., Mineralog. ústav; Brno, Univ., Mineralog. ústav.) (Tschech.; Auszug: Engl.)

In Ergänzung der früheren Kurznachricht (vgl. C. **1961.** 14585) werden die Ergebnisse der qual. Spektralanalyse u. mkr. Beobachtungen mitgeteilt u. die röntgenograph. bestimmten Netzebenenabstände des Mikroliths tabellar. aufgeführt. Die Gitter-Konst. a_0 beträgt 10,430 Å u. stimmt mit dem von Arnott (Amer. Mineralogist **35.** [1950.] 386) angeführten Wert (10,424 Å) für Mikrolith aus Amelia Court House, Va., gut überein. J. Tůmová. 195□

Bestimmung der Stärke dünner poröser Oxydfilme auf Aluminium. M. S. Hunter und P. F. Towner. (J. electrochem. Soc. **108.** 139—44. Febr. 1961. New Kensington, Pa., Aluminium Co. of America, Alcoa Res. Labor.) (Engl.)

Vff. beschreiben eine Meth. zur Best. der Schichtdicke dünner poröser Filme auf Al mit Hilfe der charakterist. Interferenzfarben dünner transparenter Filme definierter Schichtstärke im streifenden Licht. Ist die zu messende Deckschicht dünner als 500 Å, so wird sie teilweise in einer sd. Lsg., die 20 g/Liter CrO_3 u. 35 ml/Liter 85% ig. H_3PO_4 enthält, abgezogen. Danach wird anod. oxydiert (3% ig. Weinsäure-Lsg., 64 V, 12 Min., pH 5,5), wobei sich im Bereich der abgezogenen Schicht in Abhängigkeit von der angewendeten Spannung eine neue Oxydschicht (Sperrschicht) bildet. Im Bereich des ursprünglichen Films wird hierbei der Sperrschichtanteil des Films entsprechend verstärkt. Die Differenz zwischen den Gesamtschichtdicken in den beiden Bereichen entspricht der Schichtdicke des porösen Anteils der ursprünglichen Schicht. Bei dickeren Schichten, die selbst Interferenzfarben zeigen, zieht man in einem Bereich, der dann zusammen mit einem zweiten Bereich anod. oxydiert wird, ab. Aus den Interferenzfarben der beiden Bereiche ergibt sich die Stärke der porösen Schicht, aus denen des Bereiches mit der ursprünglichen, nicht anod. oxydierten Schicht erhält man die Gesamtschichtdicke. Am besten geht man von den rotvioletten Interferenzfarben aus. Als Standard dienen Proben, die Schichtdickenunterschiede von 7 Å, entsprechend 0,5 V bei der anod. Oxydation, aufweisen. Bei Wellenlängenmessungen der Interferenzfarben muß deren Ordnung bestimmt werden (Gelb 1. Ordnung entspricht ca. 500 Å, Gelb 2. Ordnung ca. 1300 Å), wozu man mit streifend einfallendem polarisiertem Licht arbeitet. Am günstigsten verwendet man von einer weißen Fläche reflektiertes Tageslicht oder weißes Licht. Vff. erörtern den Einfl. des Brechungsindex u. der Struktur des Oxydfilms, bes. der Porosität, u. geben Anwendungsbeispiele für die Unters. des Filmwachstums u. der Ausbildung der Sperrschicht (Film-Bldg. auf hochreinem Al in sd. H_2O u. in konz. HNO_3 bei verschiedener Oberflächenbearbeitung sowie im NH_4-Tartratelektrolyten). Vff. nehmen an, daß die beschriebene Meth. auch zur Unters. ähnlicher Filme auf anderen Grundmetallen geeignet ist. P. Frenzel. 196□

Über die technische Klassifizierung von Metallen. W. A. Pasuchin. (Известия Высших Учебных Заведений, Цветная Металлургия [Hochschulnachr., Nichteisenmetallurgie] **3.** Nr. 1. 57—63. 1960.) (Russ.)

Gewohnheit u. industrielle Verw. haben die Ausgliederung des Eisens u. seiner Legg. in eine besondere Gruppe der „Fe-Metalle“ bestimmt. Diese beiden Merkmale will Vf. auch auf die übrigen Metalle anwenden u. gruppiert sie in: schwere Nichteisenmetalle, Leichtmetalle, Edelmetalle u. Metalle der Seltenen Erden. Er fügt dann noch Halbleiter, disperse Metalle u. radioakt. Metalle als besondere Gruppen hinzu u. weist nach, daß seine Klassifizierung der Eingruppierung der Metalle nach dem Perioden-Syst. von Mendelejew sehr nahe kommt. H. Treumann. 197□

Über thermische Leerstellen in Metallen und Legierungen (Übersicht). Ss. D. Gerzriken und B. F. Sljussar. (Український Фізичний Журнал [Ukrain. physik. J.] **4.** 137—50. März/April 1959. Kiew, Schewtschenko-Univ.) (Ukrain.; Auszug: Russ.)

Auf Grund von Unterss. an reinen Metallen (Au, Ag, Cu, Al, Zn, Cd, Pb, Sn) u. an bin. Ag- u. Zn-Legg. mit $\leqq 1$ Atom-% des zulegierten Metalls (Widerstand u. relative Länge in Abhängigkeit von der Temp.) wird für die Aktivierungsenergien der Bldg. therm. Leerstellen (E_v), der Selbstdiffusion (E_{sd}) u. der Sublimation (E_S) in allen Fällen $E_v/E_{sd} \sim 0{,}3-0{,}4$, bei reinen Metallen $E_v/E_S \sim 0{,}2$ gefunden. Bei den Legg. zeigt sich, daß die geringen Mengen zulegierter Komponente die Konz. der Leerstellen stark erhöhen. — 33 Literaturhinweise. R. K. MÜLLER. 197□

Neues über einen Zusammenhang der Kornbildung in Metallen mit Spannungen und der Natur der Korngrenzen. Ss. M. Oknow. (Известия Высших Учебных Заведений, Черная Металлургия [Hochschulnachr., Eisenmetallurgie] **1960.** Nr. 1. 136—41. Leningrad, Polytechn. Inst.) (Russ.)

Das Kornwachsen ist eine Folge u. ein Anzeichen der Abnahme der Kräfte der räumlichen Ausdehnung der Leerstellenanzahl; eine Abnahme der Kornabmessungen ist die Folge einer Vergrößerung dieser Kräfte u. der Leerstellenzahl. So ist z. B. bei der mechan. Warmverarbeitung Grund für die Vergrößerung der räumlichen Ausdehnung u. der Kornzertrümmerung die starke u. ungleichmäßige Abkühlung des Stahlknüppels. Bei der Unters. zweiphasiger nichtrostender Stähle mit 0,1% C u. 18% Cr wird festgestellt, daß der Austenit bei Zerfall des δ-Ferrits nur im Innern der δ-Ferritkörner ausgeschieden wird. Dies steht in Übereinstimmung damit, daß α-Ferrit beim Austenitzerfall wenigstens teilweise an den Korngrenzen ausgeschieden wird. Die $\gamma \rightarrow \alpha$-Umwandlung ist mit einem Freiwerden eines Teiles der Atome verbunden; daher ist es natürlich, daß dieses dort beginnt, wo Leerstellen vorhanden sind, d. h. an den Korngrenzen. Im Falle der $\delta \rightarrow \gamma$-Umwandlung fehlt ein solcher Ausscheidungsgrund an den Korngrenzen. Es wird auf den gegenseitigen Zusammenhang der Zwischenphasen- u. Innerphasenkorngrenzen hingewiesen. Das Hauptanzeichen für die eine oder anderen ist die Ggw. der Leerstellen, die aber die Tendenz haben, bevorzugt an den Zwischenphasengrenzen zu sintern. Bei einer starken Verringerung oder vollständigen Beseitigung dieser Grenzen tritt unvermeidlich eine Neuverteilung der Leerstellen auf, die unter Bldg. von Innerphasengrenzen (Zertrümmerung der Grundmasse) erscheint.
H. HOCHSTEIN. 197□

Über einige thermodynamische Eigenschaften einer bei Atmosphärendruck nicht stabilen Phase des Galliums. A. Defrain und I. Epelboin. (J. Physique Radium **21.** 76—77. Jan. 1960. Paris, Fac. des Sci., Labor. de Phys.) (Franz.)

Vff. beziehen sich auf das Druck–Temp.-Diagramm des Ga von BRIDGMAN (Physic. Rev. [2] **48.** [1935.] 893), aus dem die Existenz eines metastabilen Gleichgewichts zwischen der bei Drucken > 12050 kg/cm² stabilen festen Phase II u. dem fl. Zustand ersichtlich ist. Eine lineare Extrapolation der Gleichgewichtskurve GaII–Fl. auf Atmosphärendruck führt zu einer Gleichgewichts-Temp. von $-15{,}8^0$. Für den Fall, daß die Probe Verunreinigungen in der Größenordnung von 0,1% enthält, vermögen diese Verunreinigungen eine instabile feste Phase einige Zeit zu stabilisieren. Die Gleichgewichts-Temp. beträgt dann $-16{,}3 \pm 0{,}2^0$. Die instabile Phase konnte bei dieser Temp. auch röntgenograph. nachgewiesen werden. Das Verhältnis der elektr. Leitfähigkeiten der Fl. u. des festen Metalls beträgt 1/2,6. Daraus geht hervor, daß die instabile Phase eine kompaktere Struktur haben muß als die stabile Phase. Calorimetr. wurde die latente Schmelzwärme der instabilen Phase zu $9{,}09 \pm 0{,}03$ cal/g gemessen. Dilatometr. wurde nachgewiesen, daß die Umwandlung der instabilen in die stabile feste Phase von einer starken Dilatation begleitet ist. Bei -22^0 sind die Dichten der stabilen, der instabilen festen Phase u. der Fl.: 5,92; 6,23 u. 6,135 g/cm³. C. GOTTFRIED. 197

Nachweis von Leerstellenabnahme in abgeschrecktem Gold durch Messungen der inneren Reibung. R. Kamel. (Acta metallurg. [New York] **7.** 680—81. Okt. 1959. Cairo, Univ., Fac. of Sci., Phys. Dep.) (Engl.)

Streifen von reinem Au wurden auf Temp. von 400—800° erhitzt, schnell in kaltem W. abgeschreckt; unmittelbar nach dem Abschrecken wurde die Änderung der inneren Reibung als Funktion der Zeit gemessen. Bei den Proben, die von Temp. $> 700^0$ abgeschreckt worden waren, wurde anfänglich eine sehr scharfe Abnahme der inneren Reibung beobachtet. Die Austreibung der Leerstellen bei Proben, die von Temp. $< 700^0$ abgeschreckt worden waren, folgt einem exponentiellen Gesetz. Bei den von Temp. $> 700^0$ abgeschreckten Proben zeigten die Kurven 2 verschiedene Stufen, was auf 2 verschiedene Arten der Leerstellenaustreibung hinweist. Dieser beobachtete Unterschied in dem Verh. des Austreibungsprozesses wird der Tatsache zugeschrieben, daß am Ende der 1. Stufe der Kristall mit Packungsfehlern angereichert wird, die möglicherweise mit den noch verbleibenden Leerstellen in Wechselwrkg. treten u. damit die Ausbreit-Geschw. vermindern. C. Gottfried. 197

Kinetik der Entmischung bei einigen Aluminium-Legierungen. D. Turnbull, H. S. Rosenbaum und H. N. Treaftis. (Acta metallurg. [New York] **8.** 277—95. Mai 1960. Schenectady, N.Y., Gen. Electric Res. Labor. Schenectady.) (Engl.)

Die Kinetik der Entmischung des Zusatzes bei den Al-reichen Legg. Al(Cu) (**I**), Al(Ag) (**II**) u. Al(Zn) (**III**) wurde durch kontinuierliche Widerstandsmessungen verfolgt. Nach schnellem Abschrecken von der Homogenisierungs-Temp. tritt anfangs bei jeder dieser Legg. eine schnelle Entmischung bei Temp. von 200—300° K auf; für **I** u. **II** beträgt die Aktivierungsenergie 0,5—0,6 eV, für **III** 0,4 eV. Für **I** u. **II** ist der isotherme Ablauf der Rk. unabhängig von der Konz. des Zusatzes. Die Wachstums-Geschw. der großen Agglomerate auf Kosten kleiner, der allg. Ablauf der Rk. sowie der Einfl. der vorhergehenden Wärmebehandlung werden von Vff. durch die Hypothese der eingefrorenen Leerstellen erklärt; bei sehr hohen Leerstellen-Konzz. muß merkliche Bldg. von Versetzungsschleifen angenommen werden. Die bei **I** nach anfangs schneller Zusammenlagerung zusätzlich auftretende langsame Rk. wird zu deuten versucht.

G. Talsky. 197□

Die Temperaturabhängigkeit der Fließspannung einer alterungsgehärteten Legierung. A. Kelly. (Acta metallurg. [New York] **7.** 811—12. Dez. 1959. Cambridge, Univ., Dep. of Metallurg.) (Engl.)

Vf. prüft Unterss. von Kelly u. Chiou (vgl. C. **1960.** 1090) an Einkristallen einer *Al–Cu*-Leg. mit 4,23 Gewichts-% Cu, die Guinier-Preston-Zonen erster Art enthielten u. bei denen eine starke Zunahme der Fließspannung bei Temp. $<160°$ K festgestellt worden war. Es ergibt sich, daß diese Zunahme der Fließspannung bei tiefen Temp. auf Nahordnungswechselwrkg. zwischen den Zonen u. Versetzungen zurückzuführen ist.

C. Gottfried. 197

Untersuchung des Zustandsdiagramms des ternären Systems Cu–Be–Mn. M. W. Malzew und Schi-Tschan Tschshou. (Известия Высших Учебных Заведений, Цветная Металлургия [Hochschulnachr., Nichteisenmetallurgie] **3.** Nr. 1. 138—44. 1960. Krasnojarsk, Inst. für Nichteisenmetalle, Lehrstuhl für Metallkunde.) (Russ.)

Nach metallograph., differentialtherm. u. Röntgen-Verff. wurden Legg. des Syst. Cu–Be–Mn mit bis zu 12% Mn u. bis zu 5% Be untersucht. Auf Grund der Ergebnisse wurden isotherm. Schnitte des Zustandsdiagramms für Temp. von 800, 700, 600, 500 u. 350° u. eine Reihe polythermer Schnitte des Syst. (0,6; 0,9; 1,2; 3 u. 5% Be) gezeichnet. Im Syst. wurden drei nonvariante Umwandlungen festgestellt: Eine eutekt. $L \rightleftarrows \alpha + MnBe_2$ (für den quasibin. Schnitt $Cu–MnBe_2$; L = Schmelze, α = feste Lsg.) bei 782°; eine peritekt. $\alpha + L \rightleftarrows \beta + MnBe_2$ (β = 1. feste Lsg. der Zus. CuBe) bei 768°; eine peritektoide $\beta + MnBe_2 \rightleftarrows \alpha + \gamma$ (γ = 2. feste Lsg. der Zus. CuBe) bei 620° u. eine monovariante Umwandlung $\beta \rightarrow \alpha + \gamma$. Auf Grund dieser Zustandsdiagramme u. der Unters. des Gefüges u. der physikal.-mechan. Eigg. der tern. Legg. Cu–Be–Mn konnten folgende neue hochfeste u. wärmefeste Be–Mn-Legg. gewonnen werden: 1,2—1,3(%) Be, 3,7—5,5 Mn, Rest Cu; 0,9—1 Be, 7—8 Mn, Rest Cu; 0,6—0,7 Be, 12—13 Mn, Rest Cu.

H. Treumann. 197□

Eine Diskussion von „Selbstdiffusion und Interdiffusion in Gold–Nickel-Legierungen“: Eine Beziehung zur Theorie der absoluten Geschwindigkeit. R. W. Armstrong, J. P. Hirth und G. M. Pound. (Acta metallurg. [New York] **8.** 55—56. Jan. 1960. Pittsburgh, Pa., Carnegie Inst. of Technol., Metals Res. Labor.) (Engl.)

Unter Bezugnahme auf die von Reynolds u. Mitarbeitern (vgl. C. **1957.** 13584) gebrachten Diffusionsdaten in dem Syst. Ni–Au u. die von Seigle u. Mitarbeitern (vgl. C. **1955.** 9262) mitgeteilten Aktivitäts-Koeff. zeigen Vff., daß die Theorie der Geschw. eine vernünftige Erklärung der Diffusionsmessungen gibt. C. Gottfried. 197

Charakteristische Temperaturen der Legierung Ag–Au im Temperaturintervall von 279° bis 523° K. A. Ss. Kagan und Ja. Ss. Umanski. (Известия Высших Учебных Заведений, Черная Металлургия [Hochschulnachr., Eisenmetallurgie] **1960.** Nr. 1. 152—54. Moskau, Stahlinst.) (Russ.)

Wärmeschwingungen der Atome im Kristallgitter führen zu einer Schwächung der Intensität der Röntgenbeugungsmaxima. Auf Grund des Wertes dieser Schwächung kann die sog. charakterist. Temp. Θ, die ein Maß für die zwischenatomaren Bindungskräfte ist, berechnet werden. Für Ag werden die nach einem näher beschriebenen Verf. in den Temp.-Bereichen von 279—370 u. 279—423° K ermittelten Werte für Θ zu 206 u. 211° K bestimmt. Innerhalb der Meßfehlergrenzen können diese Werte als übereinstimmend angesehen werden; aus ihnen ergibt sich ein Mittelwert für Θ von 208,5° K. Für die Ag–Au-Lsg. werden in den Temp.-Grenzen von 279—370, 279—432, 279—473

u. 279—523° K Θ-Werte von 200, 197, 194 u. 200° K ermittelt, die einen Mittelwert von 197° K ergeben. Dieser Wert stimmt mit dem früher von R. W. James erhaltenen Wert gut überein, da hiernach die charakterist. Temp. für eine Ag–Au-Leg. mit mit 15 Atom-% Au gleich 198° K ist. Auf Grund der sich an NaCl, KCl u. Mn_2Sb durchgeführten Messungen der Θ-Werte ergebenden Abweichungen vom Debye-Weller-Gesetz wird angenommen, daß diese Gesetzmäßigkeit für um so höhere Θ-Temp. richtig ist, je größer das Atomgew. der Leg. ist, da die dynam. Versetzungen umgekehrt proportional der Quadratwurzel aus $m\Theta^2$ sind. H. Hochstein. 197□

Untersuchung der Temperaturabhängigkeit des Koeffizienten der Selbstdiffusion von Eisen in Stahl. P. L. Grusin, A. P. Guljajew, W. G. Martinsson und Ju. A. Polikarpow. (Известия Высших Учебных Заведений, Черная Металлургия [Hochschulnachr., Eisenmetallurgie] **1960.** Nr. 1. 167—70. Moskau, Maschinenbau-Inst. für Abendunterricht; Zentr. Forsch.-Inst. für Eisenhüttenwesen.) (Russ.)

Die Aktivierungsenergie der Selbstdiffusion von Fe wird zu 52 cal/g-Atom bestimmt, was den schon früher bestimmten Werten entspricht. Es wird nachgewiesen, daß für feinkörnigen Austenit, d. h. im Falle der Diffusion bei niedrigerer Temp., der Diffusions-Koeff. der Diffusion größer ist. Die große Selbstdiffusions-Geschw. des Fe bei geringer Korngröße hängt von zwei Ursachen ab: 1. Die Selbstdiffusion tritt bevorzugt an den Korngrenzen auf; daher bedingt ein kleines Korn eine Vergrößerung der Selbstdiffusions-Geschw.; 2. bei niedrigen Temp. verbleibt noch die Wrkg. der Phasenumwandlungen bei der Austenit-Bldg.; diese Wrkg. können auch eine Diffusionsbeschlennigung bewirken. Sie haben um so größere Werte, je niedriger die Temp. ist. Eine voraufgehende Erwärmung bis auf 1200° führt nicht nur zu einem Kornwachstum, sondern beseitigt auch offenbar die Auswirkungen der durch den Phasenübergang bedingten Strukturveränderungen. H. Hochstein. 197□

Strukturformen der Kristallisation und der Hochtemperaturumwandlungen von Stählen im Gebiet des Peritektikums. Ss. M. Oknow. (Известия Высших Учебных Заведений, Черная Металлургия [Hochschulnachr., Eisenmetallurgie] **1960.** Nr. 1. 155—58. Leningrad, Polytechn. Inst.) (Russ.)

Die für die Primärkristallisation u. für die Hochtemp.-$\delta \rightarrow \gamma$-Umwandlung in C-haltigen u. niedriglegierten Stählen im Gebiet des Peritektikums eigentümlichen konkreten Strukturformen werden untersucht. Dies hängt damit zusammen, daß man bei normalen Mikrounterss. einen Stahl beobachten kann, in dem die Spuren der Primärstruktur in bedeutendem Maße durch die nachfolgenden $\delta \rightarrow \gamma$- u. $\gamma \rightarrow \alpha$-Umwandlung, aber auch durch den Prozeß der Sekundärkorn-Bldg. des Austenits verwischt sind. Gezeigt wird die Struktur eines zweiphasigen Stahls mit einem Überwiegen des δ-Ferrits. Die Form der Primärkörner des δ-Ferrits weist auf das Auftreten von zwei Perioden bei ihrer Bldg. hin. Die erste Periode tritt beim Fehlen einer wesentlichen Veränderung der Fl.-Zus. rund um die wachsenden Kristalle auf. Die zweite, kleine Periode, die dem Beginn der Austenitausscheidung voraufgeht, tritt unter den Bedingungen einer starken Veränderung der Fl.-Zus. auf u. besitzt einen dendrit. Kristallisationscharakter. Die Zähne an den Kornrändern des δ-Ferrits sind Keime für die Dendriten, deren Entw. stehenbleibt, nachdem sie durch die Austenitkristallisation abgelöst worden ist. Die Form der Austenitausscheidungen entspricht der Form derjenigen Volumina, die nach der Beendigung der Kristallisation der δ-Ferritdendriten übriggeblieben sind. Die Vorstellungen über das Wachsen der Dendriten u. der Kristallisation der Legg. mit einem Peritektikum werden im einzelnen dargelegt. Hierbei wird u. a. betont, daß Austenit, das Prod. der $\delta \rightarrow \gamma$-Umwandlung, stets nur im Innern der δ-Ferritkörner ausgeschieden wird, im Gegensatz zu denen des α-Ferrits, der entweder nur an den Austenitkorngrenzen oder an den Grenzen sowie im Innern der Körner ausgeschieden wird. Die Mikrostruktur eines nichtrostenden Stahls mit 0,1% C, 18% Cr u. 2% Ni besitzt eine starke Entw. der peritekt. Umwandlung. Sie unterscheidet sich von der des vorerwähnten zweiphasigen Stahls mit 0,1% C, 18% Cr in mengenmäßiger Beziehung. So liegt hierbei eine wesentlich größere Entw. der δ-Ferritdendriten u. eine wesentlich größere Menge der sek. Austenitausscheidungen vor. In einem anderen, nichtrostenden Stahl mit 0,07% C, 18% Cr, 4% Ni, 4% Mn u. 0,15% N wird ein noch größerer Grad der δ-Ferritdendriten-Entw. (fast über den gesamten Probenquerschnitt) beobachtet. Auch wird eine Probe eines Stahls der gleichen Zus. behandelt, deren Feinbau nur δ-Ferrit in Form von Dendriten aufweist. In einigen Fällen werden die δ-Ferritdendriten vollständig in Austenit bei der Abkühlung umgewandelt u. nach ihnen verbleiben nur verwaschene Spuren, die als dendrit. Ungleichmäßigkeiten auftreten. Der Grad der Entw. der δ-Ferritdendriten hängt somit nicht nur von der Zus. des Stahls, sondern auch mit der Abkühlungs-Geschw. zusammen. H. Hochstein. 197□

Versetzungsnetzwerke in niedriglegiertem Stahl. A. S. Keh. (J. appl. Physics **31.** 1501—02. Aug. 1960. Monroeville, Pa., U. S. Steel Corp. Res. Center, Edgar C. Bain Labor. for Fundamental Res.) (Engl.)

Es wird eine Stahl-Leg. mit 1% Cr, 1% Mn, 0,4% C untersucht. Die Proben werden nach der therm. Behandlung mit dem Elektronenmikroskop betrachtet. Innerhalb der Ferritkörner werden quadrat. u. hexagonale Versetzungsnetzwerke festgestellt. Die hexagonalen Versetzungsnetzwerke werden häufig zwischen Carbidkörnern u. in ihrer Umgebung beobachtet. Beide Versetzungsarten sind im kub.-raumzentrierten Material stabil. Die Versetzungen sind entweder bei der Umbildung zu Martensit oder, wahrscheinlicher, während der ersten Temperstufe entstanden. H. SCHIBILLA. 197□

Bainitumwandlung von Kohlenstoff–Silicium-Stahl. Jean Deliry, Michel Wintenberger und Jacques Pomey. (C. R. hebd. Séances Acad. Sci. **252.** 2713—15. 3/5. 1961.) (Franz.)

An Stählen mit 2 (%) Si u. 0,72, 1,00 bzw. 1,27 C werden zwischen 250 u. 400° dilatometr. Messungen ausgeführt. Die isotherme Bainitumwandlung der *Ferrit*-Kristalle beginnt am Kontakt mit *Austenit*-Kristallen, die mit C angereichert sind. In dem C-übersättigten Ferrit setzt spontan die Abscheidung des ε-Carbids ein. Die anfängliche Übersättigung der α-Phase an C steigt mit fallender Temp., wie aus der Menge des im Bainit enthaltenen ε-Carbids folgt. Oberhalb 375° ist diese Entscheidung nicht mehr möglich, da sich das ε-Carbid zersetzt. Am M_s-Punkt erreicht die Übersättigung einen Wert, der dem Gesamt-C-Geh. entspricht. HERBERT MÜLLER. 197□

Die bainitische Reaktion. 1. Mitt. **Die Eigenschaften der bainitischen Reaktion.** Josef Čadek und Dagmar Tlustá. (Hutnické Listy **13.** 123—33. Febr. 1958. Praha, Výzkumný ústav hutnictví železa.) (Tschech.)

Erörterung der Kinetik der bainit. Rk. im Vgl. mit der ferrit. u. perlit. Rk. einerseits u. der martensit. Rk. andererseits. Für die Klärung der Kinetik der bainit. Rk. hat die Stabilisierung große Bedeutung, ebenso wie die die bainit. Rk. begleitenden Konz.-Änderungen im Austenit. Die Vers.-Ergebnisse über diese Änderungen werden zusammengefaßt. W. WESLY. 197□

Über die Struktur des Hochtemperatur-Leboits. F. A. Ssidorenko und P. W. Geld. (Известия Высших Учебных Заведений, Черная Металлургия [Hochschulnachr., Eisenmetallurgie] **1960.** Nr. 1. 171—74. Uraler Polytechn. Inst.) (Russ.)

Die Struktur des Hochtemp.-Leboit der Zus. $FeSi_2$ (50—53% Si) wurde röntgenograph. untersucht. Als Ergebnis der Unters. ergibt ein Vgl. der errechneten u. der gemessenen Intensitäten, daß der Wert des Strukturparameters z = 0,25 die Struktur des Hochtemp.-Leboit schlechter beschreibt als der Wert z = 0,28. Beim Wert z = 0,25 muß die Intensität der Reflexionen (1 0 3) u. bes. (1 2 3) größer sein als diejenige der Reflexionen (0 0 3), (2 0 1), (0 0 4), (1 1 3) u. (2 0 3). Die Reflexionen (1 0 3) u. (1 2 3) zeigen sich bei der Ionisationsregistrier-Meth. nicht. H. HOCHSTEIN. 197□

Über die Mosaikstruktur des Ferrits in Magnesiumgußeisen. K. P. Bunin und O. I. Jatzenko. (Доповіді Академії Наук Української РСР [Ber. Akad. Wiss. UkrainSSR] **1960.** 451—55. Inst. für Eisenmetallurgie der Akad. der Wiss. der UkrainSSR.) (Ukrain.; Auszug: Engl.)

Proben von Mg-haltigem Gußeisen mit 3,0—3,2 (%) C, 1,6—1,9 Si, 0,5—0,6 Mn, bis zu 0,01 P, 0,014 S u. 0,05 Mg wurden auf 700—750° erhitzt u. anschließend alkal. gehärtet. Ein Teil der Proben wurde bei 300—650° 5 Min. bis 100 Std. angelassen. Es zeigte sich, daß die Mosaikstruktur des Ferrits (I) von der Art des Glühens abhängig ist. Bei geringer Glühgeschw. sind die Grenzzonen breiter als bei großer Geschwindigkeit. Beim Erhitzen auf 800° mit einer Geschw. von 10°/min haben die I-Teilchen eine Größe von $1—10 \cdot 10^{-4}$ cm; bei einer Geschw. von 1°/min beträgt sie $5—20 \cdot 10^{-4}$ cm. Sowohl an den Korngrenzen als auch an den Teilchengrenzen entstehen Austenitkristalle. Bei den I-Körnern mit großen Blöcken ist das Austenitwachstum häufig mit einer Verwischung der Mosaikgrenzen verbunden. Aus den Ergebnissen ist zu schließen, daß die I-Matrize des Mg-Gußeisens eine Substruktur aufweist, die von der therm. Behandlung abhängig ist. O. LEBTAG. 197□

Die charakteristische Temperatur von Eisen–Vanadin-Legierungen. W. I. Iweronowa, O. N. Kassandrowa und Je. G. Rosanzewa. (Известия Высших Учебных Заведений, Черная Металлургия [Hochschulnachr., Eisenmetallurgie] **1960.** Nr. 1. 133—35. Moskau, Univ.) (Russ.)

Gemessen werden die röntgenograph. charakterist. Temp. Θ für Fe–V-Legg. mit 6—28% V. Hierbei wird die charakterist. Temp. der Leg., die aus dem Verhältnis der Linienintensitäten der von einer Probe bei verschiedenen Temp. genommenen Röntgenogrammen bestimmt wird, als charakterist. Kraft der zwischenatomaren Wechselwrkg.

angesehen. Die Messungen ergaben, daß diese röntgenograph. charakterist. Temp. der Legg. wesentlich höher als die von reinem Fe ist. H. HOCHSTEIN. 197□

Bei Kaltverformung gespeicherte Energie und ihre Beziehung zur Entfestigung. A. L. Titchener und M. B. Bever. (Acta metallurg. [New York] **8.** 338—43. Mai 1960. Cambridge, Mass., Massachusetts Inst. of Technol.) (Engl.)

Drähte einer *Au–Ag*-Leg. mit 17,4% Ag wurden bei —195° bis zu einer wahren Dehnung von 0,62 zugverformt. Die gespeicherte Energie dieser Drähte wurde z. T. nach Auslagerung bei Raum-Temp. u. z. T. nach weiterer Verformung bei Raum-Temp. bis zu einer Gesamtdehnung von 0,85 u. 1,08 in einem Zinn-Lsg.-Calorimeter gemessen. Durch Auslagern bei Raum-Temp. wird die gespeicherte Energie von 90 auf 51 cal/g-Atom vermindert. Verformung bei Raum-Temp. senkt sie weiter auf 30 cal/g-Atom. Diese frei gewordene gespeicherte Energie steht in enger Beziehung zur Entfestigung, die durch Härtemessungen bestätigt wird. F. VIER. 200□

Fließen und Bruch von polykristallinem Niob. M. A. Adams, A. C. Roberts und R. E. Smallman. (Acta metallurg. New York] **8.** 328—37. Mai 1960. Yonkers, N.Y., Materials Res. Corp.; Harwell, AERE, Metallurg. Div.; Birmingham, Univ., Dep. of Phys. Metallurg.) (Engl.)

Zug-Verss. an durch Elektronenbombardement erschmolzenem Nb zeigen, daß ein Übergang von duktil nach spröde auftritt u. daß Zwillings-Bldg. vorkommt. Die Abhängigkeit der Fließgrenze G_y von der Korngröße 2d wurde verwandt, um den Einfl. der Temp. u. der Dehnungs-Geschw. auf die Parameter σ_i u. k_y in der Gleichung nach PETSCH (vgl. J. Iron Steel Inst. **173.** [1953.] 25) $\sigma_y = \sigma_i + k_y\, d^{-1/2}$ zu bestimmen. Die Ergebnisse zeigen, daß die Gesetzmäßigkeiten des Übergangs duktil–spröde mit COTTRELS Übergangsgleichung (vgl. Trans. Amer. Inst. Mining metallurg. Engr. **212.** [1958.] 192) übereinstimmen. Wegen seines kleineren k_y-Werts hat Nb eine geringere Neigung zur Sprödigkeit als aufgekohltes α-Fe. Auch die geringere Neigung zur Zwillings-Bldg. außer bei sehr tiefen Temp. u. hoher Dehnungs-Geschw. wird dem kleinen k_y-Wert zugeschrieben. Das mechan. Verh. von Nb wird mit dem anderer kub.-raumzentrierter Übergangsmetalle verglichen. F. VIER. 200□

Untersuchung der Korngrenzenverschiebung beim Kriechen. W. M. Rosenberg und I. A. Epstein. (Физика Металлов и Металловедение [Physik Metalle Metallkunde] **9.** 124—32. Jan. 1960. Inst. für Metallphys. des Zentr. Forschungsinst. für Eisenmetallurg.) (Russ.)

Vff. untersuchten die Korngrenzenverschiebung beim Kriechen von *Al*. Die Größe der Verschiebung der Korngrenzen ist unabhängig von deren Orientierung hinsichtlich der Dehnungsachse. Sie liefert keinen Beitrag zu der Gesamtverlängerung beim Kriechen, erhöht jedoch die Plastizität des Materials. G. RUDAKOFF. 200□

Duktiles Beryllium. Anonym. (Nature [London] **189.** 976. 25/3. 1961.) (Engl.)

Es wird über die Anwendung von duktilem Be berichtet. Im heißextrudierten Zustand hat es eine Zerreißfestigkeit von 30—45 tons/sq.in. u. eine Dehnung von 4—10% in der Längsrichtung. Die Sprödigkeit des Be kann durch Steuerung der Reinheit, Herabsetzung der Korngröße u. Steuerung der Kristallorientierung überwunden werden. Auf Grund seiner hexagonalen Struktur zeigt es Anisotropie der Festigkeit u. Duktilität. Bei gewöhnlichen Temp. tritt Gleitung an der Basisfläche u. an den Prismenflächen in der [1 1 2 0]-Richtung ein. Die krit. Spannung beträgt für erstere ca. $^1/_5$ der für die prismat. Gleitung benötigten Spannung. Die Gleitung der Basisfläche kann nur in geringem Umfange vor dem Bruch erfolgen, während stärkere Gleitung an der Prismenfläche eintritt, sofern die Gleitung an der Basisfläche durch die Kristallorientierung verzögert wird. Bei Temp.-Erhöhung sinkt die für das prismat. Gleiten benötigte Spannung, bei 500° ist sie für beide Formen gleich. Mechan. Bearbeitung, wie Walzen oder Extrudieren, ruft bei hexagonalen Metallen eine bevorzugte Kristallorientierung hervor, wodurch sich das Verh. von stark bearbeitetem Material dem eines Einkristalls annähern kann. So kann eine normal auf die Basisfläche einwirkende Zerreißkraft zu Sprödbruch führen, während sie bei Anwendung parallel zu dieser beachtliche Duktilität hervorruft. Das entwickelte Strangpreß-Verf. erzielt eine unregelmäßige Orientierung der Basisflächen über den ganzen Querschnitt an Stelle der normalerweise radialen Anordnung zur Rohrachse. Berst-Verss. bei 600° zeigen eine Ausdehnung von 10% beim Versagen gegenüber 2—4% bei radialer Textur. Es wird angenommen, daß das Verf. auch für andere Metalle mit hexagonaler Struktur, wie Mg, angewendet werden kann. P. FRENZEL. 200□

Über die mechanische Festigkeit keramischer Materialien. W. G. Brawinski. (Доклады Академии Наук СССР [Ber. Akad. Wiss. UdSSR] **131.** 82—84. 1/3. 1960.) (Russ.)

Keramikproben aus Al-Silicatmaterial (mit Glasgrundmasse unter Einbau einiger Kristallite) u. aus Al_2O_3-Material (mit einer Kristallstruktur, in der das Glas nur die Zwischenräume füllt) wurden Festigkeitsprüfungen unterworfen. Es stellte sich heraus, daß die Brüche von Mikrostrukturdefekten an der Oberfläche der Proben ausgehen, die vielleicht keilförmigen Querschnitt haben. Die Festigkeit erhöht sich bei Verringerung der Probengröße, am deutlichsten bei Keramik mit Kristallstruktur. Bei dieser ist auch die stat. Ermüdung geringer ausgeprägt, die sich in der Zerstörung des Materials bei zunehmend geringerer Belastung, je länger diese einwirkt, äußert. H. BRAUN. 200□

Bestimmung der Versetzungsdichte in deformierten Kristallen aus der Messung ihrer Mikrohärte. Ss. D. Gerzriken und N. N. Nowikow. (Український Фізичний Журнал [Ukrain. physik. J.] **4.** 247—53. März/April 1959. Kiew, Univ.) (Ukrain.; Auszug: Engl.)

Auf Grund einer Gleichung, die eine Beziehung zwischen der Versetzungsdichte N u. der BRINELL-Härte H_B wiedergibt, werden für verschiedene Verformungsgrade D (bei Zimmer-Temp.) die N-Werte bei *Ag, Al, Cu* u. *Ni* bei der Torsionsverformung auf Grund der Mikrohärte ermittelt u. mit den dilatometr. erhaltenen Werten verglichen. Die Abweichungen halten sich innerhalb der für die Best. von N zulässigen Grenzen. Auch aus Literaturwerten von H_B in Abhängigkeit von D bei der Kompressionsverformung werden für Al u. Cu brauchbare N-Werte errechnet. R. K. MÜLLER. 200□

Dauerhärte als Methode der physikalisch-chemischen Analyse. W. P. Schischokin, W. A. Agejewa und N. A. Wichorewa. (Журнал Физической Химии [J. physik. Chem.] **33.** 2222—29. Okt. 1959. Leningrad, Polytechn. Kalinin-Inst. u. Pädagog. Herzen-Inst.) (Russ.)

Unter gleichen Bedingungen für Temp. u. Verformungs-Geschw. zeigen die Isochronen der Härte den gleichen Verlauf wie die Isothermen der Härte. In Syst. des eutekt. Typs sind die Kurven Zus.–Geschw.-Kennwert der Härte konkav, für Mischkristalle dagegen konvex zur Konz.-Achse. Die Best. der Härte bei verschiedener Belastungsdauer (durch verschiedene Deformations-Geschw.) kann als Meth. zur physikal.-chem. Analyse dienen. Ihre Anwendung wird an den Syst. *Bi–Cd, Bi–Sb, Bi–Pb, Al–Zn, Cd–Hg* u. *Pb–Hg* erläutert. H. HOCHSTEIN. 200□

A. E. van Arkel, Moleculen en kristallen van ionenverbindingen. 5e herz. druk. 's-Gravenhage: W. P. van Stockum & Zoon. 1961. (XII + 652 S. m. Abb.) hfl. 42,50.
Charles William Bunn, Chemical crystallography: an introduction to optical and x-ray methods. 2nd edit. Oxford: Clarendon P. 1961. (XIV + 509 S. m. 16 Taf., Tab. u. Diagr.) 60 s.
J. W. Mullin, Crystallization. London: Butterworths. 1961. (278 S. m. Abb.) 60 s.

A₇. Gleichgewichte. Kinetik

Thermogravimetrische Untersuchung einiger Metallverbindungen der Pikrolonsäure. D. Becherescu. (Studii Cercetări [Timişoara], Ştiinţe chim. **6.** Nr. 1—2. 115—22. Jan./Juni 1959. Timişoara, Fac. de Chim. Ind.) (Rum.)

Die Zers. der Pikrolonate des Cu, Co, Zn u. Mn wird auf der Thermowaage untersucht. Für jede Verb. wird ein Schaubild angeführt. W. SCHMIDT/Timişoara. 221

Chemische Eigenschaften im geschmolzenen Eutektikum LiCl–KCl. 1. Mitt. **Metalloxyde.** Guy Delarue. (J. electroanalyt. Chem. [Amsterdam] **1.** 285—300. Mai 1960. Paris, École de Phys. et de Chim., Labor. de Chim. Anal.) (Franz.) — 2. vgl. C. **1961.** 14950.

Die Löslichkeit einer Reihe von Metalloxyden im geschmolzenen Eutektikum LiCl–KCl (ca. 500°) wurde qual. untersucht. Je nach Vorbehandlung der Oxyde werden unterschiedliche Werte erhalten; die größere Löslichkeit wird gefunden, wenn die Oxyde in der Schmelze selbst durch Rk. zwischen Metallchlorid u. KOH hergestellt werden: $2OH^- \rightarrow H_2O + O^{2-}$, $HO^- + Cl^- \rightarrow HCl + O^{2-}$, $Me^{2+} + O^{2-} \rightleftharpoons MeO$. Bei zu starkem Angriff des Glases durch O^{2-} wurde in Graphittiegeln gearbeitet. Gut lösl. sind *CaO, SrO, BaO, CdO, HgO,* Ag_2O, Sb_2O_3, Bi_2O_3, *MnO,* Cu_2O, Tl_2O, *PbO,* CrO_3, mittelgut lösl. *CoO* u. *ZnO*, wenig lösl. *MgO,* Al_2O_3, SiO_2, *NiO, SnO,* SnO_2, Sb_2O_5, Mn_2O_3, *FeO,* Fe_3O_4, Cr_2O_3, Ce_2O_3, *PdO, PtO*. Aus den Strom–Spannungs-Kurven an einer inerten Elektrode können Schlüsse bzgl. des Zustands gelöster Oxyde gezogen werden, je nachdem, ob die Rkk. $Me^{2+} + 2e \rightarrow Me$, $O^{2-} \rightarrow \frac{1}{2}O_2 + 2e$ oder $MeO + 2e \rightarrow Me + O^{2-}$, $MeO \rightarrow Me^{2+} + \frac{1}{2}O_2 + 2e$ ablaufen. $MgCl_2$ liefert farblose Lsgg., die auf Zusatz von KOH unlösl. MgO geben. $AlCl_3$ wird aus der Schmelze verflüchtigt, $Al_2(SO_4)_3$ in unlösl. Al_2O_3 u. flüchtiges SO_3 zersetzt. Na_2SiO_3 ist auch bei großem O^{2-}-Überschuß unlöslich. Geglühtes CaO zeigt geringe, in der Schmelze hergestelltes CaO gute Löslichkeit. An einer Pt-Elektrode erfolgt die Rk. $Ca^{2+} + 2e \rightarrow Ca$ (Halbwellenpotential bzgl. einer Pt/Pt^{2+}-Elektrode: $E_{1/2} = -2{,}25$ V) sowohl mit $CaCl_2$ als auch mit CaO; CaO ist somit weitgehend dissoziiert. Anod. Oxydation an einer Graphitelektrode erfolgt nach $C + 2O^{2-} \rightarrow$

CO_2 + 4e ($E_{1/2}$ ca. −0,2 V). Die gelbe $ZnCl_2$-Lsg. liefert mit KOH einen gelblichen, im Überschuß lösl. ZnO-Nd.; CdO ist im Gegensatz zu ZnO auch bei sehr großem O^{2-}-Überschuß noch löslich. HgO löst sich mit gelber Farbe, Hg_2Cl_2 disproportioniert in Hg u. Hg^{2+}. Die violetten $NiCl_2$-Lsgg. (unter N_2) geben mit KOH einen grauen, im Überschuß unlösl. Nd. von NiO. $CoCl_2$ bildet blaue Lsgg., aus denen schwarzes CoO ausfällt. Elektrochem. Red. erfolgt nach $Co^{2+} + 2e \rightarrow Co$ ($E_{1/2}$ −1 V), Oxydation nach $Cl^- \rightarrow \frac{1}{2}Cl_2 + e$, Co^{3+} ist nicht existent, Co_3O_4 dissoziiert in Co_2O_3, Co^{2+} u. O^{2-}. Eine farblose $SnCl_2$-Lsg. liefert mit KOH schwarzes SnO, das in Ggw. von O_2 in gelbes SnO_2 übergeht; an der Pt-Elektrode erfolgt Red. nach $Sn^{2+} + 2e \rightarrow Sn$ ($E_{1/2}$ −1,1 V), an der Graphitanode Oxydation nach $Sn^{2+} + 4Cl^- \rightarrow SnCl_4 + 2e$ ($E_{1/2}$ 0,0 V). $SnCl_4$ kann nach $Sn^{2+} + 4Cl^- + 2Cu^{2+} \rightarrow SnCl_4 + 2Cu^+$ hergestellt werden; es verflüchtigt sich rasch, gibt jedoch bei sofortigem Zusatz von KOH gelbes SnO_2. $SbCl_3$ ist sehr gut löslich. $SbCl_5$ (aus $SbCl_3$ u. Cu^{2+}) liefert bei schnellem Zusatz von KOH einen weißen Nd. von Sb_2O_5. Gelbe $BiCl_3$-Lsgg. sind nicht fällbar. Unter N_2 wird aus farblosen $MnCl_2$-Lsgg. kein Nd., unter Luftzutritt braunes Mn_2O_3 erhalten. Die violette $PdCl_2$-Lsg. gibt schwarzes PdO. Au^+, Fe^{3+} u. Cu^{2+} sind im untersuchten Syst. die stärksten Oxydationsmittel. Bei der Red. des Cu^{2+} zu Cu^+ bzw. Cu tritt Farbänderung von Rotbraun zu Gelb bzw. Farblos ein, so bei den Rkk. $Cu^{2+} + Cu \rightarrow 2Cu^+$, $3Cu^{2+} + 2Al + 6Cl^- \rightarrow 3Cu + 2AlCl_3$, $Cu^{2+} + J^- \rightarrow Cu^+ + \frac{1}{2}J_2$, $2Cu^{2+} + O^{2-} \rightarrow 2Cu^+ + \frac{1}{2}O_2$ (mit KOH, BaO, Ag_2O, HgO, Bi_2O_3); diese Redoxvorgänge können mit Hilfe der von LAITINEN u. Mitarbeitern (C. **1958.** 9133; C. **1959.** 16546) bestimmten Normalpotentiale vorausgesagt werden. Nach $MeO + 2Cu^{2+} \rightarrow 2Cu^+ + Me^{2+} + \frac{1}{2}O_2$ können Ndd. von MgO, ZnO, CoO u. NiO, nicht aber von Al_2O_3, SnO_2, Sb_2O_5, Mn_2O_3, FeO, Fe_3O_4, Cr_2O_3 u. Ce_2O_3 in Lsg. gebracht werden. Cu_2O-Lsgg. reagieren nicht mit KOH; CuO löst sich unter O_2-Entw. gemäß $2CuO \rightarrow 2Cu^{2+} + 2O^{2-} \rightarrow 2Cu^+ + \frac{1}{2}O_2 + O^{2-}$. Eine TlCl-Lsg. ist farblos u. reagiert nicht mit KOH, Tl_2O_3 liefert Tl^+, O^{2-} u. O_2. An der Graphitelektrode erfolgt die Rk. $Tl^+ \rightarrow Tl^{3+} + 2e$ ($E_{1/2}$ ca. +0,2 V). $FeCl_2$ gibt unter N_2 farblose Lsgg., aus denen durch KOH schwarzes, im Überschuß unlösl. FeO ausfällt. Die gelbbraune $FeCl_3$-Lsg. reagiert mit KOH nach $6Fe^{3+} + 9O^{2-} \rightarrow \frac{1}{2}O_2 + 2Fe_3O_4$ (schwarzer magnet. Nd.), Fe_2O_3 mit dem Lsgm. zu Fe_3O_4 u. O_2. $PbCl_2$ tritt mit KOH nicht in Rk.; mit $PbCl_2$ u. PbO werden ident. Red.-Kurven erhalten: $Pb^{2+} + 2e \rightarrow Pb$ ($E_{1/2}$ −1,1 V). PbO_2 u. Pb_3O_4 lösen sich im Eutektikum unter Bldg. von Pb^{2+} u. O_2. $CeCl_3$ (farblose Lsg.) liefert mit KOH weißes Ce_2O_3, CeO_2 ist unlösl., $Ce(SO_4)_2$ reagiert nach $Ce^{4+} + Cl^- \rightarrow Ce^{3+} + \frac{1}{2}Cl_2$. Die orangefarbene Lsg. von CrO_3 ist sehr beständig; da weder Zers. zu O_2 u. niederen Oxyden noch CrO_2Cl_2-Bldg. auftritt, wird geschlossen, daß es in Form stabiler, nicht dissoziierter Moll. vorliegt. Chromate u. Dichromate geben analoge Lsgg., entsprechend $K_2CrO_4 \rightarrow CrO_3 + O^{2-} + 2K^+$ bzw. $K_2Cr_2O_7 \rightarrow 2CrO_3 + O^{2-} + 2K^+$, in denen die Ggw. von O^{2-} mit Hilfe von Cu^{2+} nachgewiesen werden kann. Die CrO_3-Lsgg. wirken oxydierend; so geben sie mit $SnCl_2$ flüchtiges $SnCl_4$ u. einen grünlichen Cr_2O_3–SnO_2-Nd., mit Al-Pulver einen grünen Cr_2O_3–Al_2O_3-Nd., mit KJ violette J_2-Dämpfe u. einen grünen Cr_2O_3-Nd., mit Graphitpulver CO_2 u. Cr_2O_3. O^{2-} wird durch CrO_3 nicht oxydiert. $AuCl_3$ löst sich mit gelber Farbe unter Cl_2-Entw. u. Bldg. von Au^+; bei Zusatz von KOH entstehen O_2 u. koll. Au. Au^+ oxydiert $SnCl_2$ unter Bldg. von Au zu $SnCl_4$, J^- zu J_2. $PtCl_4$ liefert Cl_2 u. Pt^{2+}, das auf Zusatz von KOH als braunes PtO ausfällt. A. BLASCHETTE. 224□

Die Löslichkeit von N-Benzoylphenylhydroxylamin und seiner Zirkoniumverbindung in organischen Lösungsmitteln. F. G. Sharowski und E. A. Schpak. (Украинский Химический Журнал [Ukrain. chem. J.] **25.** 800—01. 1959. Kiew, Schewtschenko-Univ.) (Russ.)

Vff. bestimmen die Löslichkeit von N-Benzoylphenylhydroxylamin (I) in W.–A.-Lsgg. sowie die Löslichkeit dieses Reagenses u. seiner Zr-Verb. in Ae., Bzl., Toluol, Xylol, Dichloräthan, $CHCl_3$ u. CCl_4. Der aus einer wss. Lsg. ausgeschiedene Komplex hat die Zus. $Zr(C_{13}H_{10}NO_2)_4$ (II). Weiter wurde festgestellt, daß die Einstufung der erwähnten Lsgm. nach der Lösefähigkeit für I mit der analogen Reihenfolge für **II** zusammenfällt. E. STEINBERG. 224□

Die Auflösung von Nickel in sauren Eisen(III)- und Cer(IV)-Lösungen. Phoebus M. Christopher und Cecil V. King. (J. electrochem. Soc. **107.** 493—95. Juni 1960. New York, N.Y., New York Univ., Dep. of Chem.) (Engl.)

Vff. bestimmen die Lsg.-Geschw. von rotierenden Ni-Zylindern in Lsgg. von $FeCl_3$ in 1 m HCl u. von $Ce(SO_4)_2$ in 1 m H_2SO_4 bei 18—21°. Die Lsg.-Geschw. werden durch die Transportvorgänge bestimmt, jedoch wird die Oberfläche des Ni während der Rk. stark aufgerauht [in $FeCl_3$-Lsgg. stärker als in $Ce(SO_4)_2$-Lsgg.], so daß Geschw.-Konst. entsprechend einer Rk. 1. Ordnung nur erhalten werden können, wenn während der Verss. eine gleichmäßige Aufrauhung erhalten bleibt, was durch laufendes Polieren oder durch Ätzen der Oberfläche erreicht wird. Die Erscheinung des Aufrauhens deutet darauf hin, daß die kathod. Rk. im Gegensatz zu der anod. an jedem Punkt der Oberfläche gleichmäßig verläuft. Die Rauhigkeit bewirkt bei schnell laufenden Zylindern eine größere Lsg.-Geschw. als bei langsamer rotierenden. Die Werte der Geschw.-Konst. sind weiterhin abhängig von der Struktur des Metalls, d. h. von der Vorbehandlung (Glühen, mechan. Bearbeitung, Ätzung usw.). Vff. erhalten für die Geschw.-Konst. in der $FeCl_3$-Lsg. reproduzierbare Werte zwischen 1,0 u. 2,2 cm/min, die konzentrationsunabhängig sind. J. Kraetsch. 224□

Die Trennung von Radium und Barium beim Austausch zwischen Amalgam und Lösung. B. P. Konstantinow, B. P. Kisselew und G. P. Skrebzow. (Радиохимия [Radiochemie] **2.** 44—49. 1960.) (Russ.)

Der Austausch zwischen Ba-Amalgam u. Ra- u. Ba-haltiger Lsg. (Chloride oder Hydroxyde) wurde untersucht. Die Ba-Konz. im Amalgam lag zwischen 0,2 u. 0,4n, in der Lsg. bei 1—3n, die relative Ra-Konz. betrug 10^{-3} bis 10%. Ziemlich unabhängig von diesen Bedingungen ergab sich der Verteilungs-Koeff. für Ra u. Ba $\alpha = c_1/(1 - c_1)$: $c_2/(1 - c_2)$, wo c_1 u. $1 - c_1$ die relativen Atom-Konzz. von Ra u. Ba im Amalgam u. c_2 u. $1 - c_2$ die in der Lsg. sind, bei 18—22° zu 52 ± 5. Bei Erhöhung der Temp. auf 50° sank α auf 17 ± 3,5. Die Dichte des Austauschstromes wuchs linear mit der Rühr-Geschw. an. M. Wiedemann. 224□

Die Trennung von Radium und Barium bei der Elektrolyse an der Quecksilberkathode. B. P. Konstantinow, B. P. Kisselew und G. P. Skrebzow. (Радиохимия [Radiochemie] **2.** 50—56. 1960.) (Russ.) — Vgl. vorst. Referat.

Der Verteilungs-Koeff. $\alpha = (Ra_{Am})\cdot(Ba_{Lsg})/(Ra_{Lsg})\cdot(Ba_{Am})$ an der Hg-Kathode wurde in Abhängigkeit von der Stromdichte (bis 10^4 A/m²) u. der Konz. des Elektrolyten (1—3n) bestimmt. Die relative Ra-Konz. lag bei 10^{-7} bis 10^{-1} Gewichts-%. α fällt mit steigender Stromdichte stark ab (35—4) u. wird außerdem durch die Konz. bestimmt. Die Theorie vermag den Abfall mit der Stromdichte gut wiederzugeben.
M. Wiedemann. 224□

Die Kinetik der Hydrolyse des cis-Difluoro-bis-[äthylendiamin]-chrom(III)-Kations. Klaus R. A. Fehrmann und Clifford S. Garner. (J. Amer. chem. Soc. **83.** 1276—79. 20/3. 1961. Los Angeles, Calif., Univ. of California, Dep. of Chem.) (Engl.)

Vff. bestimmen die Geschw. der Hydrolyse von cis-$[Cr(en)_2F_2]^+$ (en = $NH_2CH_2\cdot CH_2NH_2$) im Bereich pH 1—8 u. erhalten bei 25° u. in 0,1 formaler (f) $HClO_4$ für die Hydrolyse des ersten F^- den Wert $k = 5{,}3\cdot 10^{-6}\ s^{-1}$, der wesentlich kleiner als die entsprechenden Werte $5\cdot 10^{-5}$ u. $33\cdot 10^{-5}$ für cis-$[Co(en)_2F_2]^+$ bzw. cis-$[Cr(en)_2Cl_2]^+$ (**I**) in 0,1 f HNO_3 ist. Die Hydrolyse wird wie bei trans-$[Co(en)_2F_2]^+$ u. im Gegensatz zu der Hydrolyse von **I** (trans- u. cis-Form) u. von $[Co(en)_2Cl_2]^+$ durch Säuren katalysiert u. verläuft wahrscheinlich entsprechend den Gleichungen cis-$[Cr(en)_2F_2]^+ + H^+ \rightleftharpoons$ cis-$[Cr(en)_2F_2H]^{2+}$ (schnell) u. cis-$[Cr(en)_2F_2H]^{2+} + H_2O \rightarrow$ cis-$[Cr(en)_2(H_2O)F]^{2+} + HF$ unter hauptsächlicher, wenn nicht alleiniger Bldg. der cis-Form. Für die Hydrolyse des zweiten F^- konnte k nicht bestimmt werden. Die extrem hohen Werte von k in einigen Puffer-Lsgg. führen Vff. z. T. auf den Ersatz der F^--Ionen durch Anionen des Puffers zurück. Die Arrheniussche Aktivierungsenergie beträgt 23 ± 1 kcal/Mol. Im späteren Verlauf der Hydrolyse werden die F^--Ionen durch andere Prozesse (wahrscheinlich Polymerisations-Rkk.) gebunden. Die Hydrolyse wird offenbar nicht durch sichtbares Licht beschleunigt. J. Kraetsch. 224□

Zur Frage der Isomerie des Distickstofftetroxydes: Kinetik der Umsetzung von Stickstoffdioxyd mit Stickstoffwasserstoffsäure in der Gasphase. Fritz Seel, Walter Birnkraut und Erhard Lange. (Chem. Ber. **94.** 1436—42. 1/6. 1961. Würzburg, Univ., Chem. Inst.; Stuttgart, TH, Labor. für Anorg. Chem.) (Dt.)

Die Kinetik der Rk. $2\,NO_2 + HN_3 \rightarrow N_2O + N_2 + HNO_3$ wurde in der Gasphase bei 20—50°, hohem HN_3- u. niedrigem NO_2-Druck (ca. 1 Torr) spektralphotometr. untersucht. Die Rk. verläuft in 2. Ordnung in bezug auf NO_2 u. 1. Ordnung in bezug auf HN_3: $-d[HN_3]/dt = k\cdot[NO_2]^2\cdot[HN_3]$. Die spezif. Geschw. k (in Liter$^2\cdot$Mol$^{-2}\cdot$min^{-1}) berechnet sich bei 20—50° nach $\log k = -1{,}18 + 2212/T$. Bei Erhöhung der Temp. wird die Umsetzung langsamer, entsprechend einer negativen „Aktivierungsenergie" von −10,1 kcal/Mol. Der negative Temp.-Koeff. deutet auf ein vorgelagertes exothermes Gleichgewicht. Für die Umsetzung von „Normal-N_2O_4" mit HN_3 lassen sich mit Hilfe der Dissoziations-Konst. des N_2O_4 die Aktivierungsenergie zu 3,2 kcal/Mol u. der Arrhenius-Faktor zu $2{,}0\cdot 10^6$ berechnen. Die Stöchiometrie der Rk. u. der anomale A-Faktor weisen jedoch darauf hin, daß NO_2 mit HN_3 nicht über das im NO_2/N_2O_4-Gleichgewicht vorhandene symm. O_2NNO_2, sondern über die isomere Mol.-Form $ONONO_2$ (Nitrosylnitrat) reagiert. Die Freie Enthalpie der Umwandlung von O_2NNO_2 in $ONONO_2$ wird zu ΔF_0 =

2,6 + (0,034 ± 0,002) T abgeschätzt, d. h. dieses Gleichgewicht ist wahrscheinlich in erster Linie durch das Entropieglied bestimmt. A. BLASCHETTE. 225□

Die Anreicherung von Stickstoff-15 durch chemischen Austausch von NO mit flüssigem N_2O_3. E. U. Monse, W. Spindel, Lois Nash Kauder und T. I. Taylor. (J. chem. Physics **32.** 1557–66. Mai 1960. New York, N.Y., Columbia Univ., Chem. Dep.) (Engl.)

Vff. untersuchten die Eigg. des aus 2 Phasen bestehenden Austausch-Syst. $^{14}N_2O_3$ (fl.) + ^{15}NO (g) ⇌ $^{14}N^{15}NO_3$ (fl.) + ^{14}NO (g) (g = gasförmig), um festzustellen, inwieweit dieses Syst. zur Anreicherung von ^{15}N geeignet ist. Der effektive Trennfaktor α einer Stufe wurde sowohl über das Gleichgewicht Fl.–Gas als auch aus der Trenn-Wrkg. der gesamten Säule als Funktion der Geschw. des Prod.-Abzuges bestimmt. α variiert von 1,035 ± 0,005 bei -14^0 bis 1,016 ± 0,004 bei $+14^0$. Es war jedoch nicht möglich, die einzelnen Anteile der Oxyde (N_2O_3, N_2O_4, NO_2 u. NO im Gas u. N_2O_3, N_2O_4 u. NO in der Fl.) für α zu bestimmen. Die Trennleistung (TL) bei vollem Rückfluß in einer Säule mit 40 Glockenböden entsprach einem maximalen Wrkg.-Grad der Böden von ca. 60% bei -2^0 bei einer Strömungs-Geschw. zwischen den Böden von ca. 50 (mMol N/min · cm^2), während bei einer 95 cm langen Säule, gefüllt mit Füllkörpern aus rostfreiem Stahldraht, eine TL erreicht wurde, die einer Stufenhöhe von 1,1 bzw. 1,2 cm bei einer Strömungs-Geschw. von 23 bzw. 31 entspricht. Im 1. Falle stellte sich das Gleichgewicht in 8–12, im 2. Falle in 100–150 Std. ein. Ein Vgl. dieses Syst. mit dem Austausch-Syst. HNO_3–NO zeigt, daß (obgleich α im N_2O_3-Syst. sehr viel kleiner ist) infolge der höheren Austausch-Geschw., wie sie sich in der niedrigeren Stufenhöhe ausdrückt, für gleiche TL prakt. gleiche Säulen-Voll. erforderlich sind. Mit dem untersuchten Syst. ist es möglich, mit 2 gepackten Säulen von je 250 cm Länge bei einer Strömungs-Geschw. von 20–30, 99% ig. ^{15}N herzustellen. J. KRAETSCH. 225□

Quantitative anorganische Chromatographie. 6. Mitt. Anwendung auf kinetische Untersuchungen: Die Oxydation von Hydrazin durch Fe^{3+} in sauren wässerigen Lösungen. F. H. Pollard und G. Nickless. (J. Chromatogr. [Amsterdam] **4.** 196–205. Sept. 1960. Bristol, Univ., Dep. of Phys. and Inorg. Chem.) (Engl.) — 5. vgl. C. **1961.** 7331.

Es wird die Oxydation von Hydrazin durch Fe^{3+} in Ggw. von Fe^{2+} bzw. Cu^{2+} untersucht. Die im Laufe der Rk. gebildeten Fe^{2+}- bzw. noch vorhandenen Fe^{3+}-Ionen werden dabei chromatograph. nach der l. c. beschriebenen Meth. getrennt u. spektrophotometr. als *Tris-o-phenanthrolin*-Komplex bei 510 mμ (Fe^{2+}) bzw. als *Ferron*-Komplex bei 620 mμ (Fe^{3+}) bestimmt. Die Hydrazin-Konz. wird photometr. als *p-Dimethylaminobenzaldehyd*-Komplex bei 455 mμ vermessen. NH_3 wird nach Zerstörung des Hydrazins aus der stark alkal. Lsg. abdest. u. mit n/100 HCl gegen Methylrot/Methylenblau titriert. Die Ergebnisse bestätigen den von HIGGINSON u. WRIGHT (C. **1956.** 1525) vorgeschlagenen Mechanismus. Steigende Konzz. von Fe^{2+} vergrößern die Abweichungen von der Bimolekularität der Rk., steigende Mengen von Cu^{2+} verringern diese Abweichungen. Bei einem Verhältnis von $Fe^{2+} : Fe^{3+} > 3$ kommt die Rk. zum Stillstand.
M. FINKE. 225□

Kinetik und Mechanismus der Sulfidierung von Kupferlegierungen. Lucjan Czerski, Stanisław Mrowec und Teodor Werber. (Arch. Hutnictwa **4.** 245–64. 1959. Kraków, Akad. Górn.-Hutn., Kat. Chem. górn.) (Pol.) — Vgl. C. **1959.** 8304.

Die Sulfidierung von Cu–Zn [1–80 (Atom-%) Zn] u. Cu–Al (2–30 Al) in fl. S wurde kinet. untersucht. Die Rk.-Geschw. gehorcht in allen Fällen dem parabol. Zeitgesetz. Die Temp.-Abhängigkeit der Sulfidierungs-Rk. entspricht im Bereich 325–444⁰ der ARRHENIUS-Gleichung. Der Verlauf der Aktivierungsenergie hat bei Cu–Al bei 325⁰, bei Cu–Zn bei 375⁰ einen Sprung. In Abhängigkeit von der Zus. der Leg. existieren im Verlauf der Rk.-Geschw. bei beiden Leg.-Typen keine Unterschiede. Wie bei Oxydationen, bei denen eine Zunderschicht entsteht, gilt die Beziehung $k = A \cdot e^{-BN}$ (k = parabol. Geschw.-Konst., N = Molenbruch des Leg.-Zusatzes, A, B = Konst.). Bei den untersuchten Legg. werden 3 Konz.-Bereiche unterschieden, in denen log k eine lineare Funktion von N mit jeweils verschiedener Steigung der Geraden darstellt. Im 1. Bereich [bis 23 (Atom-%) Al bzw. bis 14 Zn] bilden sich bei der Sulfidierung, wie röntgenograph. u. mkr. nachgewiesen wird, zweiteilige Zunderschichten. Die äußere ist homogen u. besteht immer aus Cu_2S, die innere ist ein Gemisch von Cu_2S, Al_2S_3 u. Al bzw. ZnS. Im 2. Bereich fällt die Rk.-Geschw. stark ab, um im 3. Bereich (>30 Al bzw. >32 Zn) prakt. konst. zu bleiben. Die im 3. Bereich sich einstellende Geschw. entspricht der Sulfidierungs-Geschw. von reinem Al bzw. Zn. Die Leg. überzieht sich hier mit einem dünnen (10^4 Å) Anflug von Al_2S_3 bzw. ZnS, der als Schutzschicht gegen den weiteren Angriff des S fungiert. F. URBAN. 225□

Tracer-Versuche an der Reaktion des UH_3 mit wässeriger Säure. Umesh Agarwala, J. B. Hunt und H. Taube. (J. chem. Physics **32**. 1567—68. Mai 1960. Chicago, Ill., Univ. of Chicago, George Herbert Jones Labor.) (Engl.)

Bei Zugabe einer ca. 16m Lsg. von DCl in D_2O zu UH_3 erfolgt zu Anfang eine heftige Rk. unter Bldg. von U^{3+} u. H_2, HD u. D_2 im Verhältnis 0,11 : 1 : 0,20 u. anschließend in wesentlich langsamerer Rk. die Bldg. von U^{4+} u. H_2, HD u. D_2 (0,26 : 1 : 0,44). Bei einer DCl-Konz. von ca. 11m verläuft dagegen die gesamte Rk. sehr langsam über mehrere Wochen unter Bldg. von U^{4+}, U_3O_4 sowie H_2, HD u. D_2 (nach 5 Tagen 9,6 : 1 : 9,0). Bei beiden Säure-Konzz. geht das H vollständig von den festen in die gasförmige Phase über; bei der niedrigen Säure-Konz. erfolgt nur eine sehr geringe Vermischung der Isotope. Vff. deuten diese Ergebnisse mit der Annahme, daß bei der geringeren Säure-Konz. ein Oxydfilm gebildet wird, der die direkte Einw. von D^+ auf UH_3 verhindert. Da O^{2-} als die diffundierende Teilchenart angesehen wird, betrachten Vff. die entgegengesetzten Vorgänge, daß D^+ in die gleiche oder Elektronen in die entgegengesetzte Richtung diffundieren. An der Grenzfläche Oxyd–D_2O verläuft die Rk. $2\,D^+ + 2\,e^- = D_2$ u. da auch U^{3+} in die Oxydphase diffundiert, erfolgt Bldg. von H_2. In stärker sauren Lsgg. dagegen ist zumindest zu Anfang die Oxydschicht nicht vorhanden u. daher eine direkte Einw. von D^+ möglich. Kein Hinweis ergibt sich aus den Unterss. auf die Existenz eines Films aus H-Atomen. J. Kraetsch. 225□

Austausch- und Isomerisierungsgeschwindigkeiten der Komplexionen aus der Reihe der Aquo-bis-[äthylendiamin]-kobalt(III)-Verbindungen. W. Kruse und H. Taube. (J. Amer. chem. Soc. **83**. 1280—84. 20/3. 1961. Chicago, Ill., Univ. of Chicago, George Herbert Jones Labor.) (Engl.)

Vff. untersuchen die Austausch-Geschw. (AG) von O zwischen H_2O u. den Ionen $[Co(en)_2(H_2O)_2]^{3+}$ (**I**), $[Co(en)_2(OH)(H_2O)]^{2+}$ (**II**) u. $[Co(en)_2(OH)_2]^+$ (**III**) (en $= NH_2CH_2CH_2 \cdot NH_2$) in ihrer trans- u. cis-Form u. vergleichen sie mit den Isomerisierungs-Geschw., soweit sie bekannt oder von Vff. selbst bestimmt wurden. Die AG sind in gewissen Grenzen für trans- u. cis-**I** von der Säure-Konz. u. für trans- u. cis-**III** in alkal. Lsg. von der OH^--Konz. unabhängig. In dem Bereich, in dem **II** vorherrscht, erreicht die AG ein Maximum. Während bei jedem Isomerisierungsvorgang von trans-**I** prakt. 1 Mol H_2O ausgetauscht wird, ist bei **III** der Austausch wesentlich kleiner. Diese Beobachtung u. die Tatsache, daß sich ΔH^* für den Isomerisierungsvorgang mit der Temp. ändert, deuten darauf hin, daß mehr als ein Rk.-Mechanismus bei der Isomerisierung von **III** vorhanden ist; evtl. ist eine Sprengung der Co(III)-OH- bzw. der Co(III)—NH_2-Bindungen anzunehmen. Die Resultate bzgl. **I** können nicht mit dem Auftreten einer einzigen intermediären Verb. (z. B. $[Co(en)_2(H_2O)]^{3+}$) mit einer bipyramidalen, trigonalen Struktur erklärt werden. Vff. diskutieren die Kinetik, das Austausch-Verh., die Isomerisierung u. andere verwandte Erscheinungen auf der Grundlage eines wahrscheinlichen, aber nicht bewiesenen Mechanismus unter der Annahme der Bldg. von zwei intermediären Verbindungen.

Versuche: *trans-*$[Co(en)_2(OH)(H_2O)](ClO_4)_2$, durch Lösen von 12,5 g trans-$[Co(en)_2 \cdot Cl_2]Cl$ in 10 ml W., Zusatz einer äquivalenten Menge $AgClO_4$, Abfiltrieren des AgCl, Zusatz von NaOH bis zum pH 3—4, Abfiltrieren u. Umkristallisation; 55% (Ausbeute). — *trans-*$[Co(en)_2(H_2O)_2](ClO_4)_3$, durch Auflösen vorst. Verb. in kaltem wss. $HClO_4$. — *trans-*$[Co(en)_2(H_2O)_2](ClO_4)_3 \cdot 3H_2O$, durch Zusatz von konz. $HClO_4$ zu einer kalten konz. Lsg. vorst. Verbindung. — *cis-*$[Co(en)_2(OH)(H_2O)](ClO_4)_2$, durch Zusatz von NaOH unter starker Kühlung zu einer isomerisierten Lsg. des trans-Diaquo-Salzes u. anschließende langsame Zugabe von $HClO_4$ bis zum pH 7. — *cis-*$[Co(en)_2(H_2O)_2](ClO_4)_3$, durch 1 std. Erhitzen der trans-Verb. auf 100°. J. Kraetsch. 225□

Der Substitutionsmechanismus von Chlor im cis- und trans-Chloro-nitro-bis-[äthylendiamin]-kobalt(III)-Ion durch Thiocyanat in Methanol. S. Ašperger, D. Pavlovič und M. Orhanovič. (J. chem. Soc. [London] **1961**. 2142—48. Mai. Zagreb, Inst. „Rudjer Bošković", Dep. of Phys. Chem.; Univ. of Zagreb, Fac. of Pharm., Dep. of Inorg. and Phys. Chem.) (Engl.)

Vff. stellen durch spektralphotometr. Unterss. fest, daß die Austausch-Geschw. des Cl^- im *cis-Chloronitro-bis-[äthylendiamin]-kobalt(III)* (**I**) durch SCN^- in CH_3OH unabhängig von der SCN^--Konz. ist, während sie für *trans-Chloronitro-bis-[äthylendiamin]-kobalt(III)* (**II**) nur eine geringe Abhängigkeit zeigt. Vff. bestimmen die Geschw.-Konst. für die Austausch-Rk. in CH_3OH für **I** u. **II** u. vergleichen diese mit denen von *trans-Dichloro-bis-[äthylendiamin]-kobalt(III)* (**III**) u. *cis-Dichloro-bis-[äthylendiamin]-kobalt(III)*. Der Austausch des Cl^- von **II** durch SCN^- in CH_3OH erfolgt 28 mal schneller als der des Cl^- von **III** (berechnet für ein Cl^-). Der beschleunigende Einfl. der Nitrogruppe wird durch eine S_N2-Rk. erklärt, bei der CH_3OH als nucleophiles Reagens teilnimmt u. folgende Gleichung den geschwindigkeitsbestimmenden Schritt darstellt: II + $CH_3OH \underset{K_{-1}}{\overset{K_1}{\rightleftharpoons}}$ trans-[Co(en)$_2$(NO_2)(CH_3OH)]$^{2+}$ (IV) + Cl^-. Das Gleichgewicht dieser Rk. liegt stark auf der linken Seite. In Anwesenheit von SCN^- folgen: **IV** + SCN^- $\xrightarrow{K_2}$ trans-[Co(en)$_2$(NO_2)(SCN)]$^+$ (V) + CH_3OH u. **II** + SCN^- $\xrightarrow{K_3}$ **V** + Cl^-. Die Bldg.-Konst. von **V** ist durch (K_1' + K_3[SCN^-])·(II) gegeben, wobei K_1' = $1{,}42 \cdot 10^{-4}\,s^{-1}$ u. $K_3 = 5{,}2 \cdot 10^{-4}\,s^{-1} \cdot Mol^{-1}$ ist. Die durch die Nitrogruppe bewirkte Polarisation erleichtert dem CH_3OH-Mol. als schwach nucleophiles Reagens die Substitution des Cl^-. Vff. nehmen an, daß das 4d-Orbital des Co intermediär an der Bindung des CH_3OH beteiligt wird. W. nimmt an der Rk. nicht teil, denn der H_2O-Geh. des verwendeten CH_3OH konnte von 0,05 auf 0,25 u. 0,5% erhöht werden, ohne daß sich die Austausch-Geschw. änderte. Die Temp.-Abhängigkeit der Austausch-Geschw. einer Lsg. von 0,001 n **I** u. 0,08 n SCN^- folgt für die beobachteten Temp. (20, 25, 30, 35) der Gleichung $k = 3{,}44 \cdot 10^{11} \cdot \exp.(-21300/RT)\,s^{-1}$. Das Absorptionsspektrum der Rk.-Prodd. hat gezeigt, daß im Gleichgewicht 80% cis-Thiocyanatonitro-bis-[äthylendiamin]-kobalt(III) u. 20% **V** vorhanden sind. Vff. nehmen an, daß die Substitution des Cl^- durch SCN^- immer zum cis-Prod. führt, das danach der Isomerisierung unterliegt. A. NEBELUNG. 225□

Anwendung der Blitzlichtphotolyse zur Anregung der Detonation in Gasmischungen. J. Wadsworth. (Nature [London] **190.** 623—24. 13/5.1961. Ottawa, Nat. Res. Council, Div. of Mechan. Engng., Gas Dynamics Labor.) (Engl.)

Vf. untersucht die Erzeugung von Detonationswellen in Gasmischungen aus einem KW-Stoff, O_2 u. NO_2. Durch gleichzeitige Aufzeichnung des Lichtes der Entladungsröhre u. der leuchtenden Detonationswelle erhält man ein Maß für die Zeitdauer der Blitzlichtentladung in bezug auf das Auftreten der Detonation. Die Zeit zwischen dem Auftreten des ersten Peaks des Blitzlichtes u. dem Auftreten der extrapolierten Detonationswelle wird willkürlich als Zündverzögerung angenommen. Erhöhung der NO_2-Konz. setzt die Verzögerung herab, während eine Erhöhung des Anfangsdruckes der Mischung nur geringen Einfl. hat. Weiterhin wurden Verss. unmittelbar im Raum mit Acetylen-O_2–NO_2-Mischungen, aber mit einer zeitlichen Verzögerung in Abhängigkeit von der Zus. des Gasgemisches u. seines Anfangsdruckes durchgeführt. P. FRENZEL. 226□

Wasserstoffausbeuten bei der Radiolyse wässeriger Wasserstoffperoxydlösungen. A. R. Anderson und Edwin J. Hart. (J. physic. Chem. **65.** 804—10. Mai 1961. Argonne, Ill., Argonne Nat. Labor.) (Engl.)

Vff. bestimmen die Menge des bei der Radiolyse wss. H_2O_2-Lsgg. (0—96 Vol.-% ig.) durch γ- u. Deuteronstrahlung gebildeten H_2 u. O_2. Die beobachtete Abnahme der H_2-Ausbeute mit steigender H_2O_2-Konz. steht in guter Übereinstimmung mit den Berechnungen von FLANDERS u. FRICKE (C. **1959.** 12137) auf der Grundlage des „Ein-Radikal-Modells" (Annahme, daß nur 1 Art von Radikalen mit den mittleren Diffusions- u. Reaktivitäts-Eigg. der H- u. OH-Radikale existiert), wobei die beste Übereinstimmung zwischen den experimentellen Werten u. der theoret. Kurve mit den Werten $3 \cdot 10^9$ (Liter/Mol·s) bei neutralen u. $6 \cdot 10^8$ bei sauren Lsgg. (0,8 n H_2SO_4 bei einer H_2O_2-Konz. < 0,5 m) für die Geschw.-Konst. der Rk. $H + H_2O_2 \rightarrow OH + H_2O$ (1) erreicht wurde. Dieser Unterschied der Konst. ist wahrscheinlich auf die Existenz von 2 verschiedenen reduzierenden Agenzien zurückzuführen, wobei Vff. vermuten, daß in neutralen Lsgg. Rk. 1 u. die Rk. $e^-_{aq} + H_2O_2 \rightarrow OH + OH^- + H_2O$ (e^-_{aq} = hypothet. hydratisiertes Elektron) parallel verlaufen, während in saurer Lsg. e^-_{aq} durch die Rk. $e^-_{aq} + H_3O^+ \rightarrow H_2O + H + H_2O$ verbraucht werden kann. Die gebildete Menge O_2 ist bis zu H_2O_2-Konzz. von ca. 3 m bei neutralen Lsgg. für beide Radiolysen, bei sauren Lsgg. nur für die γ-Radiolyse $(c_{H_2O_2})^{1/2}$ proportional; bei höheren Konzz. sinkt die Ausbeute. Die sauren Lsgg. weisen eine stärkere Stabilität gegen Bestrahlung (geringere O_2-Bldg.) als die neutralen Lsgg. auf. J. KRAETSCH. 226□

Paramagnetische Elektronenresonanzuntersuchungen über die Bildung freier Radikale in Wasserstoffperoxyd bei der Temperatur des flüssigen Stickstoffs. Jerzy Kroh, Basil C. Green und John W. T. Spinks. (J. Amer. chem. Soc. **83.** 2201—02. 5/5. 1961. Saskatoon, Canada, Univ. of Saskatchewan, Chem. Dep.) (Engl.)

Das bei der Temp. des fl. N_2 aufgenommene paramagnet. Elektronenresonanzspektrum von 6 m, T_2O-markiertem H_2O_2 (0,3 c/ml) ähnelt dem bekannten Spektrum von UV-bestrahltem H_2O_2 u. besteht im wesentlichen aus einer ziemlich breiten, unsauber in zwei Peaks (12 Gauß Abstand) aufgelösten Bande; es unterscheidet sich damit vom Spektrum der OH-Radikale, die durch die β-Strahlung von Tritium bei der Temp. des fl. N_2 in Eis gebildet werden. Die in H_2O_2 beobachteten Radikale (**I**) besitzen größere therm. Stabilität als die in Eis gebildeten OH-Radikale. Die Sättigungs-Konz. an **I** wurde bei $2{,}51 \cdot 10^{17}$ eV/ml·h bzw. $2{,}5 \cdot 10^{20}$ eV/ml zu ca. 10^{19} Spins/ml, an OH bei

$7{,}6 \cdot 10^{17}$ eV/ml·h zu 10^{18} Spins/ml ermittelt. Es wird angenommen, daß die als prim. Prod. der Photolyse von H_2O_2 auftretenden OH-Radikale nach $OH + H_2O_2 \rightarrow H_2O + HO_2$ (I) reagieren. Die UV-Photolyse sehr verd. H_2O_2-Lsgg. (ca. 10^{-3}m) führt bei längerer Bestrahlung zum Spektrum der OH-, bei kurzer Einw. zu dem der HO_2-Radikale (I). Diese Änderung des Spektrums beruht wahrscheinlich auf der Zers. des H_2O, die ein Überleben der prim. OH-Radikale ermöglicht. A. BLASCHETTE. 226□

Darstellung C-14-markierter Hexacarbonyle M(CO)₆ durch photochemisch induzierte Austauschreaktion. W. Strohmeier und R. Müller. (Z. physik. Chem. [Frankfurt/M.] [N. F.] **28.** 112—19. April 1961. Würzburg, Univ., Inst. für Phys. Chem.) (Dt.) — Vgl. C. **1961.** 1497.

Die Hexacarbonyle $Cr(CO)_6$, $Mo(CO)_6$ u. $W(CO)_6$, in Bzl. oder in Äthern gelöst, tauschen im Dunkeln mit gelöstem ^{14}CO auch nach Wochen keine Aktivität aus. Bestrahlt man jedoch die Bzl.- oder Tetrahydrofuran-Lsgg. der Hexacarbonyle, die mit einer ^{14}CO-Gasatmosphäre in Berührung stehen, mit UV-Licht, so tritt ein quant. Austausch der Aktivität ein, dessen Geschw. dem Quantenfluß u. der Bestrahlung proportional ist. Diese photochem. induzierte Austausch-Meth. kann zur Darst. von Hexacarbonylen hoher spezif. Aktivität verwendet werden, ohne daß man den komplizierten Weg der Total-Synth. gehen muß. Eine bei der Bestrahlung vorübergehend auftretende gelbe Farbe wird dem intermediär entstehenden $\{M(CO)_5\}$ (M = Cr, Mo, W) zugeschrieben, das sich nach nachst. Schema aus dem durch Licht angeregten Mol. $\{M(CO)_6\}^*$ durch CO-Abspaltung bildet: $M(CO)_6 + h\nu \rightarrow \{M(CO)_6\}^* \rightarrow \{M(CO)_5\} + (CO)_{solv.} \rightarrow M(CO)_6$. In einer Dunkel-Rk. reagiert $\{M(CO)_5\}$ dann wieder mit $(CO)_{solv.}$ zu $M(CO)_6$ zurück. Der beobachtete Austausch der inakt. CO-Gruppen der Hexacarbonyle mit akt., in Bzl. gelöstem $(^{14}CO)_{solv.}$ zeigt, daß $\{M(CO)_6\}^*$ tatsächlich nach dem angegebenen Schema dissoziieren muß. Unter den Vers.-Bedingungen ist im homogenen Licht der Strahlungsquelle die Quantenausbeute $\varphi = 0{,}12$ u. $0{,}23$ bei der Wellenlänge $\lambda = 3660$ Å. Die Quantenausbeute der photochem. Primär-Rk., der Dissoziation des angeregten $\{M(CO)_6\}^*$ in $\{M(CO)_5\}$ u. CO, jedoch ergab sich zu 1. Die Möglichkeit, daß $M(CO)_6$, in Bzl. gelöst, zu einem verschwindend kleinen Bruchteil nach $M(CO)_6 \rightleftharpoons \{M(CO)_5\} + (CO)_{solv.}$ zerfallen ist, kann ausgeschlossen werden. GERHARD SCHULZE. 226□

Die Szilard-Chalmers-Reaktion in Kaliumhexacyanocobaltat(III). Herbert Rauscher und Garman Harbottle. (J. inorg. Nuclear Chem. **4.** 155—70. 1957. Upton, Long Island, N.Y., Brookhaven Nat. Labor., Chem. Div.) (Engl.)

Bei der Auflösung von neutronenbestrahltem $K_3[Co(CN)_6]$ in W. entstehen Co^{2+} u. anion. Teilchen mit 6, 5 u. 4 CN^- pro Co-Atom. Vff. untersuchten die Verteilung des akt. Co in diesen Ionen als Funktion des pH-Wertes u. die therm. Ausheilung. Die erhaltenen Werte wurden im Hinblick auf Rückstoßfragmente in dem Kristall nach der Bestrahlung, die ebenfalls 6, 5 u. 4 CN^- pro Co enthalten, interpretiert. Vff. erklären die beobachtete Rück-Bldg. von $Co(CN)_6^{3-}$ während des therm. Ausheilens mit der Rekombination von CN^- mit Tetra- u. Pentacyanofragmenten. Auf die Verw. von $K_3[Co(CN)_6]$ zur Herst. von ^{60}Co mit hoher spezif. Aktivität wird hingewiesen. GERHARD SCHULZE. 226□

Szilard-Chalmers-Prozeß für Osmium aus Hexachloroosmat(IV)-Targets. Russell F. Mitchell und Don S. Martin jun. (J. inorg. Nuclear Chem. **2.** 286—89. Juli 1956. Ames, Iowa, Iowa State Coll., Inst. for Atomic Res. and Dep. of Chem.) (Engl.)

Vff. bestimmten die relative Ausbeute des photonuclearen Prozesses $^{192}Os(\gamma, n)\cdot{}^{191,\,191m}Os$. Um diesen Vorgang mit der photonuclearen Rk. eines andere Elementes in einer Target-Verb. definierter Zus. vergleichen zu können, wurde Ammoniumhexachloroosmat(IV) als Target gewählt, in dem die $^{191,\,191m}Os$-Ausbeute mit der $^{35}Cl(\gamma, n)^{34}Cl$-Aktivierung verglichen werden konnte. Ausbeuten mit Anreicherungsfaktoren > 10 wurden durch Abtrennung des OsO_4 durch Dest. mit HNO_3 nach der Bestrahlung erreicht. Es wurde gezeigt, daß die Trennung von der Kinetik der HNO_3-Oxydations-Rkk. abhängt. GERHARD SCHULZE. 226□

Katalytische Aktivität von gefärbten Alkalihalogeniden. Ian D. Gay und Kenneth E. Hayes. (Nature [London] **190.** 256—57. 15/4. 1961. Halifax, Nova Scotia, Dalhousie Univ., Dep. of Chem.) (Engl.)

Vff. untersuchen die katalyt. Wrkg. von Farbzentren enthaltenden Alkalihalogeniden (NaCl, KCl, KBr, KJ) auf die Oxydation von CO in einer stöchiometr. Mischung von CO u. O_2. Ca. 1 g des sorgfältig getrockneten u. gemahlenen Salzes (analysenrein; 150—300 mesh) wird auf dem Boden des Reaktors (mit Dampf beheizbarer Pyrexzylinder, ca. 45 ml, mit Thermoelement) ausgebreitet, 10 Min. lang auf 250° bei einem Druck unter 10^{-5} mm Hg erhitzt, dann evakuiert auf Raum-Temp. gebracht u. trockene Luft bis zu einem Druck von 0,1 mm Hg eingeleitet. Die Farbzentren erzeugt man durch einige Min. lange Einw. einer TESLA-Entladung. Dann wird erneut evakuiert ($< 10^{-5}$ mm Hg) u. das CO–O_2-Gemisch eingeleitet. Die Vers.-Temp. betragen 35—125°, wo schnelle

Ausbleichung der Farbzentren erfolgt, die Anfangsgasdrücke sind 10—250 mm Hg. Die Verss. werden im Dunkeln u. bei normaler Lichteinstrahlung durchgeführt. Es kann im Gegensatz zu Verss. mit Halbleitern (vgl. WINTER, C. **1957.** 9022) keine katalyt. Aktivität festgestellt werden, obwohl nach 3std. Vers.-Dauer eine 0,2%ig. Umsetzung eingetreten ist. Bei höheren Drücken beobachtet man unmittelbar nach dem Einleiten des Gasgemisches einen schnellen, schlecht reproduzierbaren Druckabfall (ca. 0,5% des Anfangsdruckes), der auf geringe CO-Adsorption durch das Alkalihalogenid zurückgeführt wird. Vgl.-Verss. mit NiO als Katalysator in der gleichen App. u. mit der gleichen Gasmischung ergeben mit den Ergebnissen der Halbleiter-Verss. (l. c.) vergleichbare Werte.

P. FRENZEL. 227□

Katalyse durch Salze von Metallen wechselnder Valenz bei Oxydationsreaktionen in flüssiger Phase. Je. T. Denissow und N. M. Emanuel. (Успехи Химии [Fortschr. Chem.] **29.** 1409—38. Dez. 1960. Inst. für Phys. Chem. der Akad. der Wiss. der UdSSR.) (Russ.)

Krit. zusammenfassende Übersicht mit folgenden Abschnitten: Initiierung der Ketten durch Katalysatoren, Abriß der Ketten an Katalysatoren wechselnder Valenz, physikal.-chem. Eigg. der Lsgg. von Salzkatalysatoren in KW-Stoffen u. regulierende Funktionen des Katalysators bei Oxydationsreaktionen. — 73 Literaturangaben.

E. KLEVER. 227□

Die polarographische Bestimmung der katalytischen Reduktion organischer Verbindungen mittels Palladiumsol–Wasserstoff. H. Berg. (Z. analyt. Chem. **173.** 95—98. 1960. Jena, Dtsch. Akad. der Wiss. zu Berlin, Inst. für Mikrobiol. u. exp. Therapie.) (Dt.)

Vf. prüft polarograph. bei der katalyt. Red. die Abhängigkeit der Rk.-Geschw.-Konst. k' von der Pd-Sol-Konz. mit *Phenosafranin* als Red.-Partner nach $RH_2 \rightleftharpoons R + 2e^- + 2H^+$, sowie mittels i–t-Kurven. Beide Meth. zeigen gute Übereinstimmung. Der Anwendungsbereich des Pd-Katalysators für pseudomonomol. Bedingungen ist erst bei $> 10^{-3}$m Konz. gewährleistet. Es lassen sich noch Redd. mit Halbwertszeiten < 1 Sek. erfassen. Eine Abschätzung von Substituenteneffekten kann für verschiedene Substanzgruppen herangezogen werden, wo die HAMMETT-Gleichung nicht mehr anwendbar ist. Die Ermittlung der katalyt. Hydrierungs-Geschw. wird in bezug auf Einfachheit u. Erfassung schneller Rkk. nur durch die polarograph. Meth. erreicht.

E. FAULHABER. 227□

Lija Jakovlevna Margolis, Markierte Atome in der Katalyse. Leipzig: Deutscher Verl. für Grundstoffindustrie. 1961. (78 S. m. 18 Abb.) 8° = Kleine Bibliothek der Kerntechnik. DM 5,—.

—, Cinetica chimica. II Corso estivo estivo di chimica. Varenna, 7—22 agosto 1957. Roma: Accademia nazionale dei Lincei. 1959. (357 S.) L. 3500,—.

A₈. Präparative anorganische Chemie. Komplexverbindungen. Metallorganische Verbindungen

Apparatur zur Darstellung von Salzen aus Metallen durch anodische Auflösung. W. I. Krawzow und Ju. N. Polowoi. (Журнал Прикладной Химии [J. angew. Chem.] **32.** 935—37. April 1959.) (Russ.)

Beschreibung eines einfachen App. zur Darst. reiner Metallsalze. Die Meth. eignet sich zur Darst. von Salzen edler sowie unedler Metalle, wobei noch ein erheblicher Reinigungseffekt auftreten kann. Bei Verw. von Metallen, aus denen sich Elektroden formen lassen, entfällt die Anwendung der teuren Pt-Elektroden. W. BÜTTNER. 228□

Perfluoralkylderivate von Metallen und Nichtmetallen. J. J. Lagowski. (Quart. Rev. [chem. Soc., London] **13.** 233—64. 1959. Cambridge, Univ., Chem. Labor.) (Engl.)

Übersicht über die effektive Elektronegativität der Perfluoralkylgruppen u. über die Darst. von Perfluoralkyl-Derivv. der I., II., III., IV., V. u. VI. Gruppe des Periodensystems. — 153 Literaturangaben (bis 1959). P. GOLINSKE. 228□

Über die blauen Lösungen des Schwefels. Hermann Lux und Hermann Anslinger. (Chem. Ber. **94.** 1161—72. 18/5. 1961. München, Univ., Inst. für Anorg. Chem.; TH, Anorg.-chem. Labor.) (Dt.)

Stabile intensiv blaue Lsgg. entstehen unter Ausschluß von Sauerstoff in nachst. Syst.: 1. In KSCN-Schmelzen bei 300—450° durch therm. Dissoziation nach $x\,KSCN \rightleftharpoons x\,KCN + S_x$. Der Farbträger S_x verschwindet beim Abkühlen der Schmelze vollständig. Bei der hohen Temp. verdampft stets ein Teil des S, so daß die Schmelze überschüssiges, durch $CuSO_4$-Benzidin-Reagens nachweisbares KCN enthält. Sie wird innerhalb weniger Sek. durch Zugabe einer geringen Menge KCN entfärbt, die einer Konz. von 3,3 γ S_x/g KSCN bei 450° entspricht. 2. Bei der Einw. von S-Dampf oder fl. S auf KSCN-Schmelzen bei Temp. oberhalb 270°. 3. Beim therm. Zerfall von K_2S_2, K_2S_3 u. K_2S_4 in KSCN-Schmelzen oberhalb ca. 250°. K_2S löst sich bei dieser Temp. mit gelblichroter Farbe infolge Rk. nach $K_2S + KSCN \rightarrow K_2S_2 + KCN$; das aus KSCN oder K_2S_2 gebildete S_x wird dabei durch KCN gebunden. Die Polysulfid-Lsgg. besitzen eine grüne Mischfarbe. 4. Bei Zugabe von wasserfreiem $Na_2S_2O_3$ zu KSCN-Schmelzen unter N_2 (> 300°) oder Luft (> 250°). 5. In verd. Lsgg. von K_2S_2, K_2S_3 oder K_2S_4 in Dimethylsulfoxyd (I) bei 20—100°, bes. nach Zusatz von Alkalihydroxyd. 6. In Lsgg. von S_7NH in I bei 20°. Die letztgenannten Lsgg. entfärben sich bei Zusatz von Säuren (Weinsäure, NH_4Cl) u. starken Oxydationsmitteln ($KBrO_3$), nicht aber von $NaNO_3$ oder NaF. Nachst. bas. Verbb. rufen zunächst Farbvertiefung, nach ca. 30 Min. jedoch Entfärbung hervor: $Na_2HPO_4 \cdot 2H_2O$, $NaNH_4HPO_4 \cdot 4H_2O$, $NaHCO_3$, $NaNO_2$, Na_2SO_3, KCN, $NaOCH_3$, KOH. — In allen Fällen tritt in sehr geringer Konz. ein weder N- noch O-haltiges Mol. oder Ion des S im Gleichgewicht auf (S_x), das durch ein steiles Extinktionsmaximum bei $16{,}5 \cdot 10^3$ cm^{-1} ($\varepsilon > 16000$) charakterisiert ist; eine zweite Substanz ähnlicher Art (S_z) mit einem Extinktionsmaximum bei $24 \cdot 10^3$ cm^{-1} wurde unterhalb 250° in stationärer Konz. als Zwischenprod. nachgewiesen. Bei den Lsgg. von Polysulfiden in I steigt die Menge von S_x mit dem Schwefelungsgrad des Polysulfids. Charakterist. ist weiter (bes. im Falle des K_2S_4) die Abnahme von S_x, vor allem aber die erhebliche Zunahme von S_z beim Abkühlen der Lösungen. In den meisten untersuchten Syst. steht S_x im stabilen Gleichgewicht mit gewöhnlichem S oder Polysulfidionen. Die Menge von S_x ist außerordentlich gering; ihr Anteil nimmt durchweg mit der Verdünnung u. der Temp. zu. Die Natur von S_x u. S_z ist noch nicht bekannt. — Die roten Lsgg. von KSeCN in KSCN-Schmelzen zeigen oberhalb 276° ein analoges Maximum bei $12{,}5 \cdot 10^3$ cm^{-1}. Da das S_x-Maximum in diesem Syst. auch bei 347° noch nicht auftritt, dürfte der Farbträger S-haltig sein (z. B. SeS). — Die Extinktionsmessungen wurden nach der Meth. der hängenden Schmelzen durchgeführt. A. BLASCHETTE. 253 □

Poröser granulierter Schwefel mit ausnehmend niedrigem Schüttgewicht. Lechosław Gwiazdowski. (Roczniki Chem. [Ann. Soc. chim. Polonorum] **31.** 705—06. 1957. Szczecin, Politechn., Zakł. Technol. chem. organ.) (Pol.)

Beim Eingießen von fl. *S* mit einer Temp. wenig über dem F. in kaltes W. werden S-Granalien mit 1—4 mm Größe erhalten. Die Granalien werden 6 Std. bei 70—80° getrocknet u. dann mit Bzl. extrahiert, wobei ein schwammiger Rückstand hinterbleibt, der aus S u. Bzl. 1 : 2 besteht u. den F. 107—111° u. ein Schüttgewicht von 40 g/Liter hat. Bei Anwendung von A.-Bzl. zum Extrahieren wird ebenfalls ein poröses S erhalten, doch verringert sich sein Vol. laufend. F. URBAN. 253 □

Chemische Eigenschaften im geschmolzenen Eutektikum LiCl-KCl. 2. Mitt. **Schwefel, Sulfide, Sulfite, Sulfate.** Guy Delarue. (Bull. Soc. chim. France **1960.** 906—10. Mai. Paris, École sup. de Phys. et de Chim., Labor. de Chim. anal.) (Franz.) — 1. vgl. C. **1961.** 14942; vgl. auch C. **1961.** 6051.

Das Verh. von S, Sulfiden, Sulfiten u. Sulfaten im geschmolzenen Eutektikum LiCl-KCl (ca. 500°) u. einige Redox-Rkk. dieser Verbb. wurden qual. untersucht. Sulfide vermögen gemäß MeS(Nd.) $\rightleftharpoons$ MeS(gelöst) $\rightleftharpoons Me^{2+} + S^{2-}$ in Lsg. zu gehen; Me^{2+} u. S^{2-} sind solvatisierte Ionen oder Komplexe vom Typ $Me^{2+} \cdot mCl^-$ bzw. $S^{2-} \cdot nK^+$ (oder $S^{2-} \cdot nLi^+$). Die Gleichgewichte werden durch Redox-Rkk. oder Komplex-Bldg. nach rechts, durch Zusatz von Me^{2+} oder S^{2-} nach links verschoben. Sulfide wurden bevorzugt in der Schmelze selbst durch Rk. des Metallchlorids mit $Na_2S \cdot 9H_2O$ dargestellt. Gut lösl. sind *Na_2S, Li_2S, K_2S, CaS, SrS, BaS, MgS, MnS, Tl_2S*; die übrigen Sulfide fallen bei ihrer Herst. in der Schmelze als unlösl. Ndd. (im allg. schwarz) aus: *ZnS* (weiß), *CdS* (orangefarben), *NiS, CoS, Ag_2S, SnS, Sb_2S_3, Bi_2S_3, PdS, PtS, Cu_2S, FeS*, *Ce_2S_3* (grau), *PbS*. Das elektrochem. Verh. von CaS wird an Hand einer Strom–Spannungs-Kurve untersucht: $Ca^{2+} + 2e \rightarrow Ca$ ($E_{1/2}$ −2,25 V), $S^{2-} \rightarrow S + 2e$ ($E_{1/2}$ −0,45 V). S^{2-} wird durch eine Reihe von Stoffen unter Blaufärbung der Lsg. zu S oxydiert, so durch Cu^{2+} (Bldg. von schwarzem Cu_2S), Fe^{3+} (schwarzes FeS), Au^+ (koll. Au), Hg^{2+} (Hg-Dämpfe), J_2 (J^-). Diese Redoxvorgänge lassen sich mit Hilfe der Spannungsreihe (Normalpotentiale bzgl. der Pt/Pt^{2+}-Elektrode) voraussagen. SnS_2 zerfällt in SnS u. S. Unlösl. Sulfide vermögen durch Oxydation des S^{2-} mittels Cu^{2+}, Fe^{3+} oder Hg^{2+} in Lsg. zu gehen, z. B. gemäß $Cu_2S + 2Cu^{2+} \rightarrow 4Cu^+ + S$, $CdS + Hg^{2+} \rightarrow Cd^{2+} + Hg + S$. Cu_2S u. FeS lösen sich auch infolge Komplex-Bldg., wenn die Schmelze KCN enthält. Die Oxydation eines Gemisches von O^{2-} u. S^{2-} führt je nach Mengenverhältnis der Rk.-Partner zu SO_2, Sulfit oder Sulfat, jedoch niemals zu S: $S^{2-} + 2O^{2-} + 6Cu^{2+} \rightarrow SO_2 + 6Cu^+$, $S^{2-} + 4O^{2-} + 8Cu^{2+} \rightarrow SO_4^{2-} + 8Cu^+$, $S^{2-} + 2CrO_3 \rightarrow SO_3^{2-} + Cr_2O_3$. Gelöstes S wird durch „unedle" Metalle unter Fällung des entsprechenden Sulfids red.: $S + Zn \rightarrow ZnS$, $S + 2Cu \rightarrow Cu_2S$. Mit $CuCl_2$, $FeCl_3$ u. AuCl erfolgt Oxydation zu S_2Cl_2: $2Cu^{2+} + 2S +$

$2 Cl^- \rightarrow S_2Cl_2 + 2 Cu^+$, $2 Au^+ + 2 S + 2 Cl^- \rightarrow S_2Cl_2 + 2 Au$ (koll.), mit Cu^{2+} in Ggw. von O^{2-} Oxydation zu SO_2 oder Sulfat, jedoch niemals zu Sulfit: $S + 2 O^{2-} + 4 Cu^{2+} \rightarrow SO_2 + 4 Cu^+$, $S + 4 O^{2-} + 6 Cu^{2+} \rightarrow SO_4^{2-} + 6 Cu^+$. Mit CrO_3 erfolgen die Rkk. $3 S + 4 CrO_3 \rightarrow 3 SO_2 + 2 Cr_2O_3$, $3 S + 3 O^{2-} + 4 CrO_3 \rightarrow 3 SO_3^{2-} + 2 Cr_2O_3$. Sulfite können in der Schmelze durch Zugabe von Na_2SO_3 zu den Lsgg. der entsprechenden Kationen hergestellt werden. Gut lösl. sind neben den *Alkalisulfiten* $CaSO_3$, $SrSO_3$, $BaSO_3$, $MgSO_3$, $MnSO_3$ u. Tl_2SO_3. Die übrigen Metallsulfite sind unlösl. u. disproportionieren sofort nach $4 SO_3^{2-} + Me^{2+} \rightarrow 3 SO_4^{2-} + MeS$ (unlösl.), so die Sulfite von Cd^{2+}, Zn^{2+}, Ni^{2+}, Co^{2+}, Sb^{3+}, Bi^{3+}, Sn^{2+}, Fe^{3+}, Cu^+, Ag^+, Pb^{2+}, Ce^{3+}. Oxydierende Kationen vermögen zudem das gebildete S^{2-} zu S zu oxydieren, z. B. $12 SO_3^{2-} + 2 Fe^{3+} \rightarrow 9 SO_4^{2-} + 2 FeS + S$, bzw. in Ggw. von Cl^-: $4 SO_3^{2-} + 3 Fe^{3+} + Cl^- \rightarrow 3 SO_4^{2-} + 3 Fe^{2+} + \frac{1}{2} S_2Cl_2$. Mit Kationen, deren Oxyde schwerlösl. sind, erfolgt Rk. nach $SO_3^{2-} + Me^{2+} \rightarrow MeO$ (unlösl.) $+ SO_2$, so mit Pt^{2+} u. Pd^{2+}, mit stark oxydierenden Kationen nach $SO_3^{2-} + 2 Au^+ \rightarrow SO_2 + \frac{1}{2} O_2 + 2 Au$ oder $SO_3^{2-} + 2 Cu^{2+} \rightarrow SO_2 + \frac{1}{2} O_2 + 2 Cu^+$; überschüssiges Sulfit disproportioniert in Ggw. von Cu^+ zu Cu_2S u. SO_4^{2-}. Mit Hg^{2+} erfolgt eine etwas unterschiedliche Rk.: $2 SO_3^{2-} + Hg^{2+} \rightarrow SO_2 + Hg + SO_4^{2-}$. Die Red. zu S^{2-} ist gemäß $SO_3^{2-} + 3 Zn \rightarrow ZnS + 2 ZnO + O^{2-}$ oder $SO_3^{2-} + 6 Cu \rightarrow Cu_2S + 3 O^{2-} + 4 Cu^+$, die Oxydation zu SO_4^{2-} gemäß $SO_3^{2-} + O^{2-} + 2 Cu^{2+} \rightarrow SO_4^{2-} + 2 Cu^+$ oder $3 SO_3^{2-} + 2 CrO_3 \rightarrow 3 SO_4^{2-} + Cr_2O_3$ möglich. Red. von SO_3^{2-} zu S wurde niemals beobachtet. *Sulfate* sind im allg. gut lösl., nur $Al_2(SO_4)_3$ u. $Ti(SO_4)_2$ zerfallen in SO_3 u. Al_2O_3 bzw. TiO_2. Es wurden keine chem. oder elektrochem. Rkk. der Sulfate nachgewiesen, d. h. das Syst. SO_3^{2-}/SO_4^{2-} ist nicht reversibel. $S_2O_3^{2-}$, $S_2O_4^{2-}$ u. $S_4O_6^{2-}$ zersetzen sich bei der hohen Temp. der Schmelze in unübersichtlicher Rk. zu S, S^{2-}, SO_3^{2-} u. SO_4^{2-}, $S_2O_7^{2-}$ zu SO_3 u. SO_4^{2-}, HSO_4^- reagiert mit Cl^- zu HCl u. SO_4^{2-}, $S_2O_8^{2-}$ mit Cl^- zu Cl_2 u. SO_4^{2-}. A. BLASCHETTE. 253□

Theoretisches Scheinpotential-$p_{O^{2-}}$-Diagramm der verschiedenen Teilchenarten des Schwefels im geschmolzenen Eutektikum LiCl–KCl. Roger Molina. (Bull. Soc. chim. France **1961**. 1001—05. Mai.) (Franz.) — Vgl. vorst. Referat.

Es wird über weitere experimentelle Befunde über das Verh. von S-Verbb. im geschmolzenen Eutektikum LiCl–KCl (480°) berichtet. Eine blaue S-Lsg. geht beim Durchleiten von trockenem Cl_2 in eine gelbe Suspension über. Da keine O^{2-}-Ionen vorhanden sind, wird die Rk. $2 S + Cl_2 \rightleftharpoons 2 S^+ + 2 Cl^-$ formuliert; S^+ bedeutet dabei die möglichen Komplexe $S^+ \cdot n Cl^-$ (SCl bzw. S_2Cl_2, SCl_2^-, SCl_3^{2-} usw.). Bei weiterem Durchleiten von Cl_2 bildet sich S_2Cl_2, beim Durchleiten eines Inertgases zerfällt das ausgetriebene S_2Cl_2 in S u. Cl_2. Die gelbe Suspension ist auch mit O_2 oder Na_2SO_4 erhältlich: $4 S + O_2 \rightleftharpoons 4 S^+ + 2 O^{2-}$, $5 S + SO_4^{2-} \rightleftharpoons 6 S^+ + 4 O^{2-}$; letzteres Gleichgewicht wird beim Durchleiten von HCl vollständig nach rechts verschoben ($O^{2-} + 2 HCl \rightarrow H_2O + 2 Cl^-$). Mit SO_3^{2-} erfolgt Rk. nach $S + SO_3^{2-} \rightarrow S_2O_3^{2-}$, mit O^{2-} (als BaO) nach $4 S + 3 O^{2-} \rightarrow 2 S^{2-} + S_2O_3^{2-}$ ($S_2O_3^{2-} + O^{2-} \rightleftharpoons 2 SO_2^{2-}$). S^+ disproportioniert bei Zugabe von O^{2-} in S u. SO_4^{2-}; dieses Gleichgewicht wird bei höherer Temp. nach rechts, bei Temp.-Erniedrigung nach links verschoben. Gelbe S(II)-Lsgg. werden durch Disproportionierung von S oder durch Auflösen von $Na_2S_2O_3$ erhalten. Beim Durchleiten von HCl erfolgt erst Entfärbung, sodann Blau- u. endlich Gelbfärbung der Schmelze: $3 S_2O_3^{2-} \rightleftharpoons 2 SO_4^{2-} + 4 S + O^{2-}$, $O^{2-} + 2 HCl \rightarrow H_2O + 2 Cl^-$, $5 S + SO_4^{2-} \rightleftharpoons 6 S^+ + 4 O^{2-}$. S^+ u. SO_3^{2-} reagieren nicht miteinander, $S_2O_4^{2-}$ u. O^{2-} liefern ein Rk.-Gemisch, das mit dem aus $S_2O_3^{2-}$ erhaltenen ident. ist; hieraus wird geschlossen, daß die Stufe S(III) im untersuchten Syst. nicht existenzfähig ist. S(IV) tritt je nach O^{2-}-Konz. als SO_3^{2-} oder SO_2 auf. Die farblosen SO_3^{2-}-Lsgg. werden mit Na_2SO_3 hergestellt. Red. von SO_3^{2-} mit Mg führt zu S, mit Zn infolge Disproportionierung des S zu ZnS. Die Rk. $3 SO_3^{2-} \rightleftharpoons 2 SO_4^{2-} + S + O^{2-}$ wird durch HCl nach rechts verschoben; da die Rk.-Geschw. gering ist, erfolgt bei raschem Durchleiten von HCl teilweise Zers. nach $SO_3^{2-} + 2 HCl \rightarrow SO_2 + H_2O + 2 Cl^-$, analog auch nach $SO_3^{2-} + PO_3^- \rightarrow SO_2 + PO_4^{3-}$ bzw. $SO_3^{2-} + Me^{2+} \rightarrow SO_2 + MeO$ (unlösl.). Einleiten von SO_2 führt zu den Rkk. $5 SO_2 + 2 O^{2-} \rightleftharpoons 2 S^+ + 3 SO_4^{2-}$, $2 S^+ + Cl^- \rightleftharpoons S_2Cl_2 \rightarrow 2 S + Cl_2$, in Ggw. von Sulfit zu $6 SO_3^{2-} + 3 SO_2 \rightarrow 6 SO_4^{2-} + 3 S$, $5 S + SO_4^{2-} \rightleftharpoons 6 S^+ + 4 O^{2-}$. Zusammenfassend treten im untersuchten Syst. nachst. Redoxpaare auf: S^{2-}/SO_2^{2-}, $S^{2-}/S_2O_3^{2-}$, S^{2-}/S, S/S^+, $S/S_2O_3^{2-}$, S/SO_4^{2-}, S^+/SO_2, S^+/SO_4^{2-}, SO_2^{2-}/SO_3^{2-}, $S_2O_3^{2-}/SO_3^{2-}$, $S_2O_3^{2-}/SO_4^{2-}$, SO_3^{2-}/SO_4^{2-}, SO_2/SO_4^{2-}, $SO_2/S_2O_7^{2-}$, SO_2/SO_3. Mit Hilfe der NERNSTschen Gleichung lassen sich die scheinbaren Potentiale nach $E_0'' = E_0' + 0{,}072\, p_{O^{2-}}$ berechnen (E_0' = scheinbares Normalpotential, $p_{O^{2-}} = -\log[O^{2-}]$). Die experimentell festgestellten Redox-Rkk. fügen sich gut in das rechner. ermittelte E_0''–$p_{O^{2-}}$-Diagramm.

A. BLASCHETTE. 253□

Über die Einwirkung von Chlorschwefel (Dischwefeldichlorid) auf Metalle und Metalloxyde. Herbert Funk, Karl-Heinz Berndt und Günter Henze. (Wiss.

Z. Martin-Luther-Univ. Halle-Wittenberg **6.** 815—22. 1956/1957. Inst. für Anorg. Chem.) (Dt.)

Das Verh. einer großen Anzahl von Metallen u. Metalloxyden gegenüber S_2Cl_2 wurde geprüft u. durch Analyse die Art der Rk.-Prodd. u. das Ausmaß der Umsetzung festgelegt. Das Verh. der Metalle wurde je nach ihrer Rk.-Fähigkeit bei Zimmer-Temp., beim Kp. von S_2Cl_2 (138,6°), im Einschlußrohr (ER) bei Temp. bis maximal 475° oder durch Überleiten von S_2Cl_2-Dampf bei normalem Druck über die bis 700° erhitzten Metalle untersucht. In allen Fällen wurde versucht, quant. Rk. zu erzielen. Die Metalle wurden als kompakte Stücke oder als Pulver einheitlicher Korngröße (Prüfsiebe nach DIN 1171, lichte Maschenweite 0,075 bzw. 0,2 mm) zur Rk. gebracht. Al reagiert nach wenigen Min. bei 20° heftig zu $AlCl_3 \cdot 3\,S_2Cl_2$, Hg bei 20° in 12 Std. bei dauerndem Rühren des Rk.-Gemisches oder bei 138,6° in 1½ Std. zu $HgCl_2$, Sb bei 20° in momentan einsetzender Rk. zu $SbCl_3$, Sn bei mäßigem Erwärmen unter Feuererscheinung zu $SnCl_4$, Cu bei 138,6° in 1 Std. zu $CuCl_2$ (neben Cu-Sulfiden), bei 450° im ER zu reinem $CuCl_2$, Tl bei 138,6° in 30 Min. zu $TlCl_3 \cdot 3\,TlCl$ (zitronengelbe Blättchen), Zr bei 138,6° in 30 Min. zu stark durch S verunreinigtem $ZrCl_4$, bei 350° im ER zu rein absublimierendem $ZrCl_4$, Bi bei 138,6° in 10 Std. zu reinem $BiCl_3$, Na erst bei 475° im ER zu *NaCl* (bei 20° in 10 Tagen keine Rk.), Be in 10 Std. bei 400° im ER zu $BeCl_2$, Mg in 8 Std. bei 450° im ER zu $MgCl_2$, Ca in 5 Std. bei 400° im ER zu $CaCl_2$, Zn in 18 Std. bei 475° im ER zu $ZnCl_2$ (93%) u. *ZnS* (7%), Cd in 7 Std. bei 400° zu $CdCl_2$ (94%) u. *CdS* (6%), In in 8 Std. bei 450° zu reinem $InCl_3$, Ag bei 20° überhaupt nicht, bei 350° in 8 Std. quant. zu *AgCl*, Pb in 8 Std. bei 400° zu $PbCl_2$ (65,5%) u. *PbS*, V in 8 Std. bei 400° zu dunkelviolettem VCl_3, Ta analog zu $TaCl_5$, Mo bei 450° in 15 Std. zu einem ockerfarbenen Prod. der Zus. $Mo_2S_4Cl_2O$ (nach Behandeln mit Königswasser zur Entfernung von metall. Mo), bei 475° in 10 Std. zu einem dunkelbraunen Sublimat der Zus. ca. MoS_2Cl_2, W bei 400° in 7 Std. zu großen Nadeln von $WOCl_4$ (durch S verunreinigt), bei Ausschluß von O_2 unter analogen Bedingungen zu WCl_6, Mn in 5 Std. bei 400° zu $MnCl_2$ (+ S), Fe bei 120° zu $FeCl_2$ neben untergeordneten Mengen $FeCl_3$ u. FeS, bei 400° in 7 Std. ebenfalls zu $FeCl_2$ (85,16%), $FeCl_3$ (2,98%) u. *FeS* (11,86%), Co bei 400° in 8 Std. zu reinem hellblauem $CoCl_2$, Ni analog zu $NiCl_2$ neben *NiS* (5,6—5,8%), Cr in 3 Std. bei 700° in einem mit S_2Cl_2 beladenen CO_2-Strom zu sehr reinem $CrCl_3$, Re in 6 Std. bei 600° mit S_2Cl_2-Dampf zu schwarzem ReS_2. Bei Korrosions-Verss. zeigten Eisenblechstreifen (2 × 10 cm) nachst. Gewichtsverluste: 0,58% nach 10 Tagen bei 20°, 1,28% nach 5 Std. in sd. S_2Cl_2, 20,95% nach 3 Std. in S_2Cl_2-Dampf von 500°. — Die Rkk. zwischen S_2Cl_2 u. getrockneten, pulverförmigen Metalloxyden führen unter den angegebenen Bedingungen zu nachst. Prodd.: Ag_2O reagiert bei 20° in stürm. Rk. unter Feuererscheinung, quant. jedoch nur in 12 Std. zu *AgCl*, gelbes u. rotes HgO analog zu $HgCl_2$, Tl_2O_3 bei 137° in 30 Min. zu gelbem, krist. $TlCl_3 \cdot 3\,TlCl$, As_2O_3 bei 137° in 2 Std. unter SO_2-Entw. zu $AsCl_3$, Sb_2O_3 analog zu reinem $SbCl_3$ ($Kp._{760}$ 223—225°), Bi_2O_3 analog zu $BiCl_3$, V_2O_5 bei 137° in 10 Std. zu feinkrist., dunkelviolett bis schwarz gefärbtem VCl_3, WO_3 analog zu $WOCl_4$ (nach Sublimation rote Nadeln), MnO_2 analog zu $MnCl_2$, Re_2O_7 in 8 Std. mit sd. S_2Cl_2 oder in 6 Std. bei 180° im ER zu ReS_2, Fe_2O_3 bei 137° in 10 Std. in unvollständiger Rk. zu $FeCl_2$, $FeCl_3$ u. FeS, in 8 Std. bei 350° zu reinem $FeCl_3$, BeO in 24 Std. bei 450° zu $BeCl_2$, MgO in 8 Std. bei 350° quant. zu $MgCl_2$, CaO analog zu $CaCl_2$ u. *CaS*, SrO u. BaO in 8 Std. bei 350° in unvollständiger Rk. zu $SrCl_2$ u. SrS bzw. $BaCl_2$ u. BaS, in 12 Std. bei 450° zu reinem $SrCl_2$ bzw. $BaCl_2$, Al_2O_3 in 8 Std. bei 350° zu $AlCl_3$, das mit S_2Cl_2 Additions-Verbb. bildet, SnO_2 bei 350° in 8 Std. zu $SnCl_4$, PbO_2 unter analogen Bedingungen zu $PbCl_2$, PbO analog zu $PbCl_2$ neben *PbS*, CuO analog zu $CuCl_2$, ZnO zu $ZnCl_2$ u. etwas *ZnS*, CdO zu $CdCl_2$ u. etwas *CdS*, TiO_2 zu verunreinigtem $TiCl_4$, ZrO_2 zu sehr reinem $ZrCl_4$, ThO_2 zu $ThCl_4$, CeO_2 bei 420° in 8 Std. zu $CeCl_3$, Cr_2O_3 u. CrO_3 in 12 Std. bei 450° zu $CrCl_3$, MoO_3 in 8 Std. bei 350° zu einem hellbraunen, amorphen Prod. der ungefähren Zus. $Mo_2S_4Cl_2O$, MnO in 8 Std. bei 350° zu $MnCl_2$, CoO zu $CoCl_2$, NiO zu braungelbem $NiCl_2$. Die Oxyde der Erdalkalimetalle reagieren bereits bei 20° stürm., wenn sie etwas Hydroxyd enthalten.

A. BLASCHETTE. 253 □

Die Darstellung eines flüchtigen Poloniumfluorids. Bernard Weinstock und Cedric L. Chernick. (J. Amer. chem. Soc. **82.** 4116—17. 5/8. 1960. Argonne, Ill., Argonne Nat. Labor.) (Engl.)

0,563 c (0,96 mg) ^{208}Po (Halbwertszeit 2,93 a) wurde an Pt niedergeschlagen, in einer speziellen Anordnung (Ni-Rohr) in einer F_2-Atmosphäre (330—350 Torr) angebracht u. die räumliche Verteilungsfunktion der Ausbeute an schnellen Neutronen aus der F(α, n)-Rk. ermittelt. Die Änderung dieser Verteilung nach 5std. Erhitzen des Rk.-Gefäßes auf 393° läßt erkennen, daß sich eine flüchtige Po-Verb. gebildet haben muß. Wird das Ende des Rohres über Nacht mit einem Trockeneisbad gekühlt, so verschiebt sich das Maximum der Verteilungskurve in einer Weise, die der Kondens. dieser Verb. entspricht. Sie wird dabei chem. oder radioakt. zersetzt. A. BLASCHETTE. 256□

Neue Untersuchungen in der Borchemie. H. G. Heal. (Roy. Inst. Chem., Lectures, Monogr. Rep. **1960.** Nr. 1. 1—39. Belfast, Queen's Univ., Chem. Dep.) (Engl.)

Übersicht über die Chemie der komplexen Halogenoborsäuren, der B-Subhalogenide, B-Hydride, Tetrahydroborate, Triarylboranionen u. ähnlicher Alkylboranionen u. der Boroniumsalze. — 258 Literaturhinweise (bis 1960). P. GOLINSKE. 258□

Die Kondensation von Borazin zu polycyclischen Bor-Stickstoff-Strukturen durch pyrolytische Dehydrierung. A. W. Laubengayer, P. C. Moews jun. und Richard F. Porter. (J. Amer. chem. Soc. **83.** 1337—42. 20/3. 1961. Ithaca, N.Y., Cornell Univ., Dep. of Chem.) (Engl.)

Dampfförmiges $B_3N_3H_6$ (**I**) zersetzt sich bei kurzzeitigem Erhitzen auf Temp. zwischen 340 u. 440° in H_2, eine gelbbraune nichtflüchtige Verb. der angenäherten Formel $BNH_{0,8}$ (**II**) u. Spuren anderer flüchtiger Verbindungen. Die Pyrolyse ist bzgl. **I** eine Rk. 1. Ordnung. Bei 475° verliert **II** wahrscheinlich unter Bldg. einer nichtflüchtigen Verb. der angenäherten Zus. $BNH_{0,3}$ weiteres H_2. Werden größere Mengen **I**-Dampf (ca. 3 g in 5 Tagen bei ca. 380°) in einer Heiß-kalt-App. mit anschließender Trennung durch Dest. u. Sublimation im Vakuum pyrolysiert, so entstehen u. a. H_2, die flüchtigen Verbb. $B_5N_5H_8$ (**III**; F. 27—30°), $B_6N_6H_{10}$ (**IV**; F. 59—60°) sowie *2.4-Diaminoborazin*, $B_3N_5H_8$, neben einem Gemisch nichtflüchtiger Produkte. **III** hat einen dem Naphthalin, **IV** einen dem Diphenyl analogen Aufbau, während die nichtflüchtigen Prodd. wahrscheinlich aus dem Anthracen, substituierten Diphenylen u. kondensierten tricycl. Moll. analogen Verbb. sowie hochkondensierten B—N-Strukturen mit einigen B—H- u. N—H-Bindungen bestehen. Vff. vermuten, daß bei der Pyrolyse neben der intermol. Dehydrierung wie beim Bzl. auch noch eine Ringspaltung von **I** auftritt. J. KRAETSCH. 258□

Einwirkung einer Lösung von Chromsäureanhydrid in Eisessig auf natürliche und künstliche Graphite: Bildung einer Einlagerungsverbindung und Oxydation. Platzer (unter Mitarbeit von Brigitte de la Martinière). (Bull. Soc. chim. France **1961.** 177—80. Jan. Paris, Labor. de Prof. Hackspill, Chim. Min. A.) (Franz.)

Natürlicher Graphit (Ceylon, Madagaskar) bildet beim Kochen mit einer Lsg. von CrO_3 in abs. CH_3COOH (10 g/100 ml) bereits in 5 Min. eine Einlagerungs-Verb. der Zus. $C_{13,6}CrO_3$, entsprechend 38% CrO_3. Längere Rk.-Zeiten, Unterschiede in der Korngröße (0,04—0,2 mm) u. in der Konz. der CrO_3-Lsg. (6—30 g/100 ml) sind ohne Einfl. auf die Zusammensetzung. Künstliche Graphite (Graphitierungsgrad 0,65—0,72) liefern Einlagerungs-Verbb. mit geringerem CrO_3-Geh.; neben der schnellen CrO_3-Einlagerung tritt langsame Oxydation des C auf, die wahrscheinlich nach einem analogen Mechanismus wie die Rk. von SIMON (C. R. hebd. Séances Acad. Sci. **177.** [1923.] 122) verläuft. Die Rk.-Bedingungen sind nicht ohne Einfl. auf die Menge des in künstliche Graphite eingelagerten CrO_3. Bei anderen Kohlenstoffen tritt Einlagerung nur auf, wenn sie teilweise graphitisiert u. feinteilig sind; nicht graphitisierbare Präpp. (z. B. Zuckerkohle) werden lediglich partiell oxydiert. Die aus künstlichen u. natürlichen Graphiten erhaltenen Prodd. geben ident. DEBYE-Diagramme. Die Identitätsperiode beträgt entweder 3 oder 6 C-Schichten. A. BLASCHETTE. 260□

Synthese von Phenylchlortriphosphornitril. F. S. Humiec und I. I. Bezman. (J. Amer. chem. Soc. **83.** 2210. 5/5. 1961. Pittsburgh, Pa., Mellon Inst.) (Engl.)

$[(C_6H_5)ClPN]_3$ wurde aus $C_6H_5PCl_4$ u. NH_4Cl dargestellt u. durch IR-Spektrum (starke Absorptionen bei 1180 u. 1210 cm^{-1}) u. Analyse identifiziert.

Versuche: $C_6H_5PCl_4$ (**I**), durch Chlorierung von $C_6H_5PCl_2$ in CCl_4 u. Umkristallisation aus CCl_4 unter trockenem N_2. — *Phenylchlortriphosphornitril*, F. 161—163°, durch Zutropfen einer Lsg. von 121 g **I** in 250 ml trockenem u. frisch dest. symm. Tetrachloräthan innerhalb 28 Std. zu einer Aufschlämmung von 197 g NH_4Cl in 50 ml trockenem Xylol, 24std. Kochen am Rückfluß, Filtrieren, Waschen des Rückstands mit abs. Bzl., Einengen der vereinigten Filtrate, Zufügen von PAe. u. Abfiltrieren des festen Prod.; Umkristallisieren aus Acetonitril liefert 8 g Roh-Prod., F. 135—150°, Eindampfen der konz. Lsg. u. fraktionierte Kristallisation weitere 12 g, F. 130—150°. Ein reines Präp. wird durch dreimalige fraktionierte Kristallisation aus Acetonitril erhalten.

A. BLASCHETTE. 264□

Herstellung von reinem Antimon. F. Deml und V. Gaislová. (Collect. czechoslov. chem. Commun. **25.** 2213—15. Aug. 1960. Prag, A. S. Popov-Forsch.-Inst. für Nachrichtentechnik.) (Dt.)

Mit der Meth. der fraktionierten Vakuum-Dest. u. Rektifikation in der Kolonne kann aus üblichem Hüttenantimon Sb in genügender Menge mittels eines Schnell-Verf. gewonnen werden, u. zwar in so hoher Reinheit, daß es sich auch zur Verw. in der Halbleitertechnik sowohl für die Herst. intermetall. Verbb. vom Typ $A^{III}B^{V}$ als auch zur Dotierung eignet. In der 2. Fraktion des Redestillats kann spektralanalyt. nur Pb, Cu u. Si nachgewiesen werden. Der Pb- u. Cu-Geh. beträgt größenordnungsmäßig 10^{-4}%. Die Dest.-App. u. die Arbeitsbedingungen werden mitgeteilt. V. RŮŽIČKA/Prag. 266

Trennung von Alkalimetallen mit Ionenaustauschharzen. 2. Mitt. Clemente Gualandi, Ileana Mazzei und Gaetano Burana. (Ann. Chimica **49.** 1941—80. Dez. 1959. Bologna, Univ., Ist. Chim. „G. Ciamician" e Piacenza, Univ. del Sacro Cuore, Fac. di Agraria, Ist. di Chim. gen. ed inorg.) (Ital.) — 1. vgl. C. **1960.** 16873.

Die Trennung von K^+, Rb^+ u. Cs^+ erfolgt an einer mit Amberlite IR-120-Austauscherharz beschickten Säule (ca. 30 ml Vol.) durch Elution mit einem Gemisch von 57,5 g Phenol, 22,5 ml CH_3OH u. 20 ml konz. HCl. Die Meth. ist für quant. präparative Trennungen bes. geeignet (Diagramme u. Tabellen). G. PLATZER. 272□

Einwirkung von Hitze auf Natrium- und Kaliumcarbaminate. Maurice A. Bernard (unter techn. Mitarbeit von Françoise Goulay). (Bull. Soc. chim. France **1961.** 998—1000. Mai. Paris, Fac. des Sci., Labor. de Chim. min. A.) (Franz.) — Vgl. C. **1961.** 5718.

NaOCO(NH₂) (I) u. *KOCO(NH₂)* (II) werden nach thermogravimetr. Unterss. bei langsamen Erhitzen (ca. 100° pro Std.) in einheitlicher u. quant Rk. in Carbonate umgewandelt: $2\,MeOCO(NH_2) \rightarrow Me_2CO_3 + {}^4/_3\,NH_3 + {}^1/_3\,N_2 + CO$. Die Rk. verläuft für **I** im Bereich 70—250°, für **II** bei 90—250°. Es treten keine für die Bldg. von Zwischenprodd. charakterist. Plateaus im Thermogramm auf. Das entwickelte Gas enthält kein N_2H_4. Bei schneller Temp.-Steigerung (150—500° pro Std.) tritt vollständige Rk. erst oberhalb 270° ein; die Thermogramme zeigen einen leichten Knickpunkt bei ca. 250°. Das feste Rk.-Prod. ist ein Gemisch von Carbonat u. Cyanat u. entsteht nach $2\,a\,\mathbf{I} \rightarrow a\,Na_2CO_3 + a\,(CO + {}^1/_3\,N_2 + {}^4/_3\,NH_3)$, oberhalb 270° nach $3b\,\mathbf{I} \rightarrow b\,Na_2CO_3 + b\,Na\cdot OCN + b\,(CO_2 + 2\,NH_3)$. Das den Carbaminaten von ihrer Herst. (l. c.) anhaftende Nitrat reagiert bei 500° nach $3\,NaNO_3 + 5\,NaOCN \rightarrow 4\,Na_2CO_3 + 4\,N_2 + CO_2$. A. BLASCHETTE. 275□

Darstellung und Reaktionen des Kaliumsilyls. M. A. Ring und D. M. Ritter. (J. Amer. chem. Soc. **83.** 802—05. 20/2. 1961. Seattle, Wash., Univ. of Washington, Dep. of Chem.) (Engl.) — Vgl. C. **1961.** 7510.

SiH_4 u. K oder Na–K-Leg. reagieren in 1.2-Dimethoxyäthan zu *KSiH₃* (I) neben H_2 u. KH. Das Pulverdiagramm ergibt kub. Kristalle mit $a_0 = 7{,}15 \pm 0{,}02$ Å. Für den Rk.-Verlauf nehmen Vff. einen sp^3d-Übergangszustand an. **I** kann auch durch Rk. von K mit Si_2H_6 oder durch KH mit Si_2H_6 erhalten werden; letztere Rk. liegt so weit auf der Seite der Rk.-Prodd. (**I** u. SiH_4), daß eine radioakt. Markierung notwendig war, um die Reversibilität der Rk. nachzuweisen. **I** reagiert quant. mit gasförmigem HCl zu SiH_4 u. KCl, mit CH_3Cl zu CH_3SiH_3 u. KCl u. zerfällt oberhalb von 240° unter H_2-Abspaltung. Auf Grund der Analyse der Hydrolyse-Prodd. wird ermittelt, daß je nach Trocknungsbedingungen $KSiH_3 \cdot {}^1/_2\,C_4H_{10}O_2$ oder $KSiH_3$ vorliegt. Die Umsetzungen von **I** mit SiH_3Br, $SiBr_4$ u. B_2H_6 verlaufen in weniger definierter Form. SiH_3^- reagiert mit BH_3 nicht wie zu erwarten im Verhältnis 1:1, sondern 1:1,16 zu einem instabilen Prod., das in BH_3^- u. SiH_4 disproportioniert. Für die Rk. $\mathbf{I} + D_3SiBr$, die nur 4% des erwarteten D_3Si–SiH_3 ergab, nehmen Vff. einen sp^3d-Übergangszustand unter H-Brücken-Bldg. an. A. NEBELUNG. 275□

Zur Chemie des Quecksilbers. 15. Mitt. **Über den Abbau der kettenförmigen Quecksilberamidosulfonat-Anionen zu N.N'-Dialkylderivaten des schmelzbaren Präzipitats.** Armin Weiss und Eugen Michel. (Z. Naturforsch. **15b.** 680. Okt. 1960. Darmstadt, TH, Eduard-Zintl-Inst. für anorg. u. physikal. Chem.) (Dt.) — 14. vgl. C. **1961.** 14557.

Während der Austausch der Me^+-Ionen in $Me^+\,(Hg\cdot NSO_3)^-$ (**I**) gegen Alkylammoniumionen aus Nitrat- bzw. Perchlorat-Lsgg. glatt erfolgt (vgl. l. c.), werden in den Chlorid-Lsgg. die $[-N(SO_3^-)-Hg-]_\infty$-Ketten gemäß $\mathbf{I} + 2\,RNH_3^+ + 2\,Cl^- \rightarrow (R-NH_2-Hg-NH_2-R)Cl_2$ (**II**) $+ Me^+ + H_2NSO_3^-$ zu *N.N'-Dialkyl-Derivv. des schmelzbaren Präzipitats* abgebaut. Mit Alkylen-(α.ω)-diammoniumchloriden bilden sich eindimensional unendliche Faden-Moll. $\{[-Hg-NH_2-(CH_2)_x-NH_2-]Cl_2\}_n$. Nach röntgenograph. Unterss. treten auch bei Diaminen mit x = 2 u. 3 keine cycl. Verbb. auf. Dies steht im Einklang mit einem Valenzwinkel von 180° am Hg. Die Verbb. vom Typ **II** schmelzen nicht ohne Zers.: $R = n\text{-}C_6H_{13}$, F. 165—172° (Zers.); $R = n\text{-}C_{10}H_{21}$, F. 160—164° (Zers.); $R = n\text{-}C_{12}H_{25}$, F. 151—154° (Zers.); $R = n\text{-}C_{14}H_{29}$, F. 148—152° (Zers.); $R = n\text{-}C_{16}H_{33}$, F. 140—143° (Zers.). Mit freien Aminen erfolgt im Laufe weniger Stunden ein quant. Aminaustausch nach $\mathbf{II} + 2\,R'NH_2 \rightleftharpoons (R'-NH_2-Hg-NH_2-R')Cl_2 + 2\,RNH_2$. Die Schwerlöslichkeit in organ. Lsgm. spricht jedoch dafür, daß es sich bei **II** um echte Ammonium-Verbb. u. nicht um Amine handelt. Die verschiedenen Verbb. II sind homöotyp. Zwei Gitterdimensionen sind von der Alkylkettenlänge unabhängig, die dritte wächst in den symm. Verbb. mit steigender Kettenlänge um ca. $1{,}9_4$ Å pro C-Atom einer Alkylkette, um ca. $1{,}1_5$ Å pro C-Atom einer Alkylenkette. Die gleichen Verbb. wurdurch Abbau der $(-Hg-O-)_n$-Ketten von HgO mit n-Alkylammoniumhalogeniden erhalten. A. BLASCHETTE. 290□

Die Stabilität des $\cdot CH_2HgCH_3$-Radikals. B. G. Gowenlock. (Z. Naturforsch. **15 b.** 137. Febr. 1960. Birmingham, Univ., Dep. of Chem.) (Engl.)

Pyrolyt. aus $Hg(CH_3)_2$ erzeugtes $\cdot CH_2HgCH_3$-Radikal dissoziert in CH_2 u. $\cdot HgCH_3$; die Dissoziationsenergie wird auf 29—50 kcal/Mol geschätzt. Mithin hat das $\cdot CH_2HgCH_3$-Radikal ähnliche Stabilität wie das $\cdot C_2H_5$-Radikal. Eine entsprechende Dissoziation des $\cdot C_2H_4HgC_2H_5$-Radikals erfordert weniger Energie, so daß man relativ stabile, Hg haltige Radikale nur bei der Methyl-Verb. erwarten darf. Ähnliche Verhältnisse sollten beim Cd u. Zn vorliegen. P. PAETZOLD. 290□

Die Oberflächeneigenschaften von gefälltem Aluminiumhydroxyd. 2. Mitt. **Alterung bei Zimmertemperatur.** M. R. Harris und K. S. W. Sing. (J. appl. Chem. **7.** 397—401. Juli 1957. Salford, Royal Techn. Coll.; Liverpool, Coll. of Technol.) (Engl.) — 1. vgl. C. **1956.** 11636.

$Al(OH)_3$-Ndd. wurden durch Mischen einer $AlCl_3$-Lsg. (10% Al_2O_3) mit 1 n NaOH bei konst. Temp. u. pH (4—5) hergestellt, mit W. u. A. gewaschen, bei Zimmer-Temp. getrocknet u. unter verschiedenen Bedingungen gelagert. Die durch N_2-Adsorption bei —196° aufgenommenen Adsorptionsisothermen waren für alle entgasten Präpp. vom reversiblen S-Typ. Die spezif. Oberfläche F wurde nach der üblichen BET-Meth. berechnet. Die Lagerung bewirkte bei allen Proben eine Änderung von F. Präpp. mit mehr als 100 Teilen W. pro 100 Teile Al_2O_3 zeigten während der ersten Tage eine Erhöhung von F, gefolgt von einer auffallend langsamen Erniedrigung. Bei stärker getrockneten Prodd. wurde lediglich eine Erniedrigung ohne anfängliche Erhöhung beobachtet. F strebt dabei einem Minimum von ca. 60 m^2/g zu. Lagerung im Vakuum war nahezu ohne Einfl., während das Einbringen von Wasserdampf schnelles Altern zur Folge hatte. Nach längerem Entgasen bei Zimmer-Temp. nahmen alle Proben die Zus. $Al_2O_3 \cdot 3\,H_2O$ an, doch konnte auf röntgenograph. Wege u. durch Elektronenbeugung keine definierte Hydratstruktur festgestellt werden. Die gewaschenen Ndd. waren nahezu frei von Na^+, enthielten aber große Mengen Cl^- (14—24%). Die Cl^--Ionen sind an der Oberfläche der frisch gefällten Teilchen adsorbiert, ihre Menge entspricht den nach BET ermittelten F-Werten. A. BLASCHETTE. 294□

Die Oberflächeneigenschaften von gefälltem Aluminiumhydroxyd. 3. Mitt. Aus Aluminiumisopropylat hergestellte Proben. M. R. Harris und K. S. W. Sing. (J. appl. Chem. **8.** 586—89. Sept. 1958.) (Engl.) — 2. vgl. vorst. Referat.

$Al(OH)_3$-Ndd. wurden durch homogene (in Isopropanol) oder heterogene Hydrolyse (in Bzl.-W.) von $(i\text{-}C_3H_7O)_3Al$ hergestellt, nach Alterung u. Entgasung bei Zimmer-Temp. ihre N_2-Adsorptionsisothermen bei —196° aufgenommen u. die F-Werte nach BET berechnet. Die Isothermen waren vom gleichen Typ wie die poröser Festkörper (Hystereseschleifen) u. ähnelten eher denen von „aktiviertem" $Al(OH)_3$ oder Silicagel als denen der aus $AlCl_3$-Lsgg. erhaltenen Niederschläge. Die F-Werte waren bes. hoch; so wurde an einem homogen hergestellten, frischen Präpp. F zu 1130 m^2/g ermittelt. Auch das Poren-Vol. war bei homogenen Präpp. auffallend groß (z. B. 1,72 ml/g nach 142tägiger Alterung; zugehöriger F-Wert: 360 m^2/g). F sank bei der Alterung niemals unter 300 m^2/g ab. Der Wasser-Geh. (1—3 H_2O/Al_2O_3) der entgasten Präpp. entsprach nicht dem eines definierten Hydrats. A. BLASCHETTE. 294□

Über die Struktur und die Eigenschaften der Alkalialuminate. Jeanine Théry, Anne-Marie Lejus, Daniel Briançon und Robert Collongues. (Bull. Soc. chim. France **1961.** 973—75. Mai. Vitry-sur-Seine, Labor. de Vitry du C.N.R.S.) (Franz.) — Vgl. C. **1960.** 15342.

$NaAlO_2$ wird bei 800° durch Rk. im festen Zustand aus Al-Acetat u. Na_2CO_3 in einer Pt-Schale hergestellt. Es bildet zwei polymorphe Modifikationen: *β-$NaAlO_2$* (Tieftemp.-Form), röntgenograph. analog dem β-$NaFeO_2$, rhomb. mit a = 5,376, b = 5,216, c = 7,075 Å, Raumgruppe C_{2v}^9 oder P n a 2_1, D. 2,693, Z = 4, V = 198,43 Å^3, Na^+ u. Al^{3+} in Tetraedern mit gemeinsamen Ecken; *γ-$NaAlO_2$* (Hochtemp.-Form), nach Abschrecken bei Zimmer-Temp. beständig, tetragonal mit a = b = 5,325, c = 7,058 Å (entsprechend einer Verzerrung der Elementarzelle der β-Form), V = 200,2 Å^3. Die Umwandlung $\beta \rightarrow \gamma$ erfolgt bei 470° u. ist mit einer Vol.-Dilatation von 0,7% verbunden. Der Vorgang $\gamma \rightarrow \beta$ zeigt Hysterese u. tritt bei der Abkühlung erst bei 320° auf. Mahlen von γ-$NaAlO_2$ bei Zimmer-Temp. bewirkt Bldg. der β-Form. β-$NaAlO_2$ bildet mit β-$NaFeO_2$ durch Rk.

im festen Zustand bei 1050° u. Tempern bei tieferer Temp. eine lückenlose Reihe fester Lsgg., deren Gitterparameter u. Zell-Voll. mit steigendem Ferrit-Geh. kontinuierlich zunehmen. Für eine feste Lsg. mit 50% $NaFeO_2$ beträgt der Umwandlungspunkt ($\beta \rightarrow \gamma$) 670°, für reines $NaFeO_2$ 1010°. Die Umwandlung β-$NaFeO_2$ → γ-$NaFeO_2$ erfolgt unter Vol.-Dilatation um 1,3%. Oberhalb des Umwandlungspunkts bilden γ-$NaAlO_2$ u. $NaFeO_2$ ebenfalls feste Lsgg., doch können diese bei einem $NaFeO_2$-Geh. > 25 Mol-% nicht durch Abschrecken stabilisiert werden. Aus den Gitterparametern dieser Lsgg. lassen sich die des γ-$NaFeO_2$ abschätzen: a = ca. 5,56, c = ca. 7,30 Å. *$LiAlO_2$* wird aus Al-Acetat u. Li_2CO_3 bei 800° erhalten. Seine Struktur ist analog der des γ-$NaAlO_2$ mit a = b = 5,181, c = 6,309 Å, V = 171,8 Å³, D. 2,56, Z = 4. A. BLASCHETTE. 294□

Untersuchung der Hydratationszustände des hexagonalen Calciumaluminats $4\,CaO \cdot Al_2O_3 \cdot 13\,H_2O$. Pierre Barret, François Lavanant und Raymond Rabot. (C. R. hebd. Séances Acad. Sci. **252.** 3057—59. 15/5. 1961. Dijon, Fac. des Sci., Labor. de Chim. M.P.C.; Bougival, Soc. des Ciments Lafarge, Centre de Rech. de la Jonchère.) (Franz.)

Die der Rk. *$4\,CaO \cdot Al_2O_3 \cdot 13\,H_2O$* (I) → *$4\,CaO \cdot Al_2O_3 \cdot 7\,H_2O$* (II) + 6 H_2O entsprechenden Dehydratisierungs- u. Hydratisierungsisothermen wurden aufgenommen u. diskutiert. Für maximale Dehydratisierung ergibt sich eine spezif. Oberfläche F von ca. 400 m²/g. Mit abs. CH_3OH können alle Wasser-Moll. ersetzt werden (F = 380 m²/g), während es unter den gleichen Bedingungen nicht möglich ist, statt W. Bzl. anzulagern (F = 20 m²/g). Die in klass. Weise durch N_2- oder Ar-Adsorption gemessene Oberfläche eines Präp. von **II** ergibt ebenfalls F-Werte von höchstens 20 m²/g. Die Form der mit W. u. CH_3OH erhaltenen Adsorptionsisothermen ähnelt den BET-Isothermen poröser Substanzen u. den Adsorptionsisothermen polarer Moll. an Stoffen mit Schichtstruktur (Montmorillonit). Wie bei diesen Stoffen fallen die Entwässerungs- nicht mit den Rehydratisierungskurven zusammen (Hysterese). Diese Effekte lassen sich eindeutig durch die von BUTTLER, GLASSER u. TAYLOR (C. **1960.** **4443**) vorgeschlagene Struktur von **I** erklären. Hiernach handelt es sich um eine Schichtstruktur aus oktaedr. Schichten, zwischen die sich die Wasser- u. CH_3OH-Moll. einschieben. A. BLASCHETTE. 294□

Versuche zur Synthese von Kaolinmineralien bei niedriger Temperatur. G. W. Brindley und C. De Kimpe. (Nature [London] **190.** 254. 15/4. 1961. University Park, Pa., Pennsylvania State Univ., Dep. of Ceram. Technol.; Heverle-Louvain, I.N.E.A.C., Inst. Agronom., Labor. des Colloides des Sols Tropicaux.) (Engl.)

Vff. setzen zur Herst. von Kaolinmineralien *Gibbsit* (I) mit SiO_2 entweder als Gel („Ludox") oder in Lsg. als Äthylsilicat bei 150° u. einem Wasserdampfdruck von ca. 5 atm sowie kräftiger Bewegung um. Steigt der End-pH-Wert über 1,9, so ist **I** die einzige kristalline Phase. Liegt der pH-Wert unter 1,5, so wird **I** durch ein Kaolinmineral ersetzt, das plattenähnliche u. auch stäbchenförmige Formen zeigt, die dem Halloysit ähnlich sind. Das reversible Schwellungs- u. Schrumpfungs-Verh. wird durch Elektronenbeugungsaufnahmen verfolgt. Bei Abwesenheit von SiO_2 wandelt sich **I** bei 150° in *Böhmit* (II) um, in Ggw. von SiO_2 wird die Bldg. von **II** vollständig unterdrückt. Wahrscheinlich fördert die Instabilität der **I**-Struktur seine Rk. mit SiO_2 zur Bldg. einer Al-Silicatschichtenstruktur. Die Röntgenbeugungsdiagramme sind dargestellt.
P. FRENZEL. 294□

Eine Perfluorvinylaluminiumverbindung. Bodo Bartocha und Andrew J. Bilbo. (J. Amer. chem. Soc. **83.** 2202—03. 5/5. 1961. Corona, Calif., U.S. Naval Ordn. Labor., Chem. Div.) (Engl.)

Tris-[perfluorvinyl]-aluminiumtrimethylamin (I), $(CF_2{=}CF)_3Al \cdot N(CH_3)_3$, wurde nach $3(CF_2{=}CF)_2Hg$ (**II**) + $2\,AlH_3 \cdot N(CH_3)_3$ (**III**) → 2**I** + 3H_2 + 3Hg dargestellt. Da der letzte Rk.-Schritt $2(CF_2{=}CF)_2AlH \cdot N(CH_3)_3$ (**IV**) + **II** → 2**I** + H_2 + Hg nur langsam verläuft, ist ein Überschuß an **II** erforderlich. Der Rk.-Ablauf kann an Hand des IR-Spektrums verfolgt werden. **IV** liefert eine scharfe AlH-Bande bei 5,35, eine —C=C-Bande bei 5,85 u. eine breite C—F-Bande bei 9,1 μ; die AlH-Bande fehlt im Spektrum von **I**. Mit heißem W. liefert **I** 80% der theoret. Menge Trifluoräthylen. Kryoskop. Molgew.-Best. in Cyclohexan ergeben Werte von ca. 995, entsprechend einer Assoziation zu trimeren Molekülen.

Versuche: *Tris-[perfluorvinyl]-aluminiumtrimethylamin* (I), $C_9H_9AlF_9N$, Kp. 42,5° (> 10^{-3} mm), durch langsames Zufügen einer Lsg. von 0,99 g **III** in Ae. unter Rühren zu einer Lsg. von 6,0 g **II** in Ae., 12std. Rühren bei Zimmer-Temp., Zugabe von 0,50 g **II**, Rühren über Nacht, Stehenlassen, Dekantieren, Abdampfen des Ae. u. Fraktionieren im Vakuum; farblose, luftempfindliche Fl., wird beim Stehen bei Zimmer-Temp. dunkel u. viscos. A. BLASCHETTE. 294□

Spektrophotometrische Untersuchung des Komplexes von Lanthan und Alizarinrot S. Toshi Kawashima, Haruno Ogawa und Hiroshi Hamaguchi. (Talanta [London] **8.** 552—56. Juli 1961. Tokai, Ibaraaki, Japan, Electric. Communicat. Labor., Radiat. Labor.; Koishikawa, Tokyo, Tokyo Kyoiku Univ., Dep. of Chem.) (Engl.)

Vff. untersuchen die Komplex-Bldg. zwischen La u. Alizarinrot S (I) mit Hilfe einer modifizierten Slope-Ratio-Meth., die auf der Best. der mol. Extinktion von I u. der des gefärbten Komplexes zusammen mit dem Neigungsverhältnis beruht. Die Komplex-Bldg. im acetatgepufferten Medium (pH 4,6) wird durch das Auftreten eines isosbest. Punktes bestätigt. Die Extinktion des I folgt dem BEERschen Gesetz, bei 520 mμ beträgt die mol. Extinktion des I 430, die des Komplexes 7900. Aus den Vers.-Ergebnissen geht hervor, daß die Zus. des Komplexes La : I = 1 : 2 ist.

GERHARD SCHULZE. 301 □

Thermischer Zerfall von Bleitetraäthyl und Hexaäthyldiplumban in der flüssigen Phase. G. A. Rasuwajew, N. Ss. Wjasankin und N. N. Wyschinski. (Журнал Общей Химии [J. allg. Chem.] **29 (91).** 3662—72. Nov. 1959. Gorki-Univ.) (Russ.)

Es wird die Kinetik der therm. Zers. von Bleitetraäthyl (I), Kp.$_{13}$ 82°; n_D^{20} 1,5214, u. seiner Lsg. in Isooctan zwischen 105 u. 170° untersucht. Die Zers. von I erfolgt durch sukzessive Abspaltung von *Äthylradikalen* unter intermediärer Bldg. der weniger alkylierten Verbb. *Hexaäthyldiplumban* (II) u. *Diäthylblei* (III). Die Kinetik der Zers. von II [$(C_2H_5)_6Pb_2$, dargestellt durch 20std. Behandeln einer Lsg. von 7 g Triäthylbleichlorid in 50 ml 2,5n Natronlauge mit 1,5 g Al-Pulver bei 15—18°; $D._4^{20}$ 1,9473; 98,4% (Ausbeute)] u. seiner Lsg. in n-Heptan wird im gleichen Temp.-Intervall untersucht. Neben der bekannten Disproportionierung von II zu I u. Pb ist auch die Zers. zu I, Pb u. *Äthylradikalen* charakteristisch. Die gasförmigen Prodd. werden untersucht u. einige Fakten angeführt, die die intermediäre Bldg. von III beweisen. — Die Vers.-Meth. wird beschrieben. Die Abhängigkeit des Zers.-Grads von Zeit u. Temp. wird graph. dargestellt. Die Ergebnisse werden ausführlich diskutiert.

HELMUT SCHÄFER. 328 □

Hydride des Wismuts. Eberhard Amberger. (Chem. Ber. **94.** 1447—52. 1/6. 1961. München, Univ., Inst. für anorgan. Chem.) (Dt.)

Durch Rk. der Wismutmethylhalogenide mit $LiAlH_4$ in geringem Überschuß bei —110° in einer vollständig kühlbaren Hochvakuum-App. lassen sich *Dimethylwismuthydrid* (I), *Methylwismutdihydrid* (II) u. *Wismuttrihydrid* (III; *Bismutan*) nach $BiX_n \cdot (CH_3)_{3-n} + n/4\,LiAlH_4 \rightarrow BiH_n(CH_3)_{3-n} + n/4\,AlX_3 + n/4\,LiX$ (n = 1, 2, 3; X = Cl, Br) darstellen. Als Lsgm. eignen sich 1.2-Dimethoxyäthan, Ae., am besten Dimethyläther; wegen der besseren Löslichkeit des LiBr sind Bi-Methylbromide vorzuziehen. I u. II sind bei —60° farblose, stabile Fll.; bei Zimmer-Temp. zerfallen sie in *Trimethylwismut* (IV), Bi u. H_2. Wird jedoch I längere Zeit auf —15°, oder II auf —45° erwärmt, so erfolgt Disproportionierung nach $BiH_n(CH_3)_{3-n} \rightarrow n/3\,BiH_3 + (3-n)/3\,Bi(CH_3)_3$. Diese Rkk. eignen sich zur Darst. größerer Mengen III; während nämlich die Hydrierung methylierter Halogenide mit ca. 35%ig. Ausbeute verläuft, erfolgt sie beim Trihalogenid nur mit weniger als 1% Ausbeute. Bei Zimmer-Temp. zerfällt III je nach Glasoberfläche mehr oder weniger rasch nach $2\,BiH_3 \rightarrow 2\,Bi + 3\,H_2$. Die Zers. wird durch schon vorhandenes Bi katalysiert. Die Konst. der Dampfdruckgleichungen log p [Torr] = —A/T + B bzw. bei IV log p = —A/T — B log T + C, ihre Gültigkeitsbereiche, die mol. Verdampfungsenthalpien Q_v (cal/Mol) u. der extrapolierte Kp. sind für I: A 1707,6, B 7,4193 (—67 bis —23°), Q_v 7810,3, Kp. 103,0°; für II: A 1560,9, B 7,3997 (—87 bis —15°), Q_v 7139,9, Kp. 72,0°; für III: A 1314,2, B 7,4146 (—116 bis —43°), Q_v 6011,3, Kp. 16,8°; für IV: A 2225,7, B 2,749, C 15,8011 (—58 bis +107°), Q_v 8376,8, Kp. 108,8°.

A. BLASCHETTE. 334 □

Untersuchungen an den Oxinatderivaten des Chroms. J. P. Tandon und R. C. Mehrotra. (J. prakt. Chem. [4] **12 (284).** 184—90. März 1961. Gorakhpur, India, Univ. of Gorakhpur, Chem. Labor.) (Engl.)

Oxin (I) bildet mit Cr(II)-Lsgg. auch im sauren (ca. 0,2n) Medium sofort einen gelborangefarbenen Nd. mit einem Mol-Verhältnis Cr : I = 1 : 2. Dieses *Bis-[oxinato]-chrom(II)* (II) unterscheidet sich vom *Tris-[oxinato]-chrom(III)* (III) dadurch, daß es sich schnell u. nicht erst wie das letzte beim Kochen der Reaktanten bei pH 4—8 quant. abscheiden läßt. Die Cr(II)-Ionen werden durch die Ggw. von I im sauren Medium nicht oxydiert; jedoch tritt während der Ausfällung oder beim Wiederauflösen von II in saurer Lsg. Oxydation ein u. die Verb. zeigt keine reduzierenden Eigg. mehr. II u. III besitzen, in Chlf. gelöst, bei 425 mμ ein Absorptionsmaximum.

Versuche: *Bis-[oxinato]-chrom(II)* (II), a) durch Zugabe von 80 ml einer Lsg. von I (aus 2 g I in 100 ml 2n Essigsäure u. Neutralisation mit NH_3) zu 100 ml einer mit 2 ml konz. HCl angesäuerten $CrSO_4$-Lsg. (aus einer 10—20%ig. schwefelsauren 0,5n Lsg.

von Cr-Alaun u. Red.) unter CO_2-Atmosphäre, Filtration, Waschen mit W. u. Trocknen bei 105—110°; b) durch Zugabe der Cr(II)-Lsg. zu einer gesätt. Na-Acetat-Lsg., Auflösung des Cr(II)-Acetats in HCl u. Fällung mit I wie unter a). — *Tris-[oxinato]-chrom(III)* (III), durch Zugabe von 17 ml der I-Lsg. zu 25 ml einer 0,2%ig. $CrCl_3$-Lsg. nach NH_3-Zusatz u. 1½ std. Kochen unter Rühren, Filtration, Waschen mit heißem W. u. Trocknen bei 110°; bräunliche Substanz. P. SCHARNER. 335 □

Bildung eines Actiniumamalgams und die Frage des zweiwertigen Actiniums. Georges Bouissières, Moïse Haissinsky und Y. Legoux. (Bull. Soc. chim. France **1961.** 1028—30. Mai. Paris, Labor. Curie; Orsay, Labor. de Phys. Nucl.) (Franz.)

Nach Vorverss. wird bei der Einw. von Li- oder Na-Amalgam auf schwach saure Ac-Acetat- oder -Citrat-Lsgg. ein Ac-Amalgam gebildet. Mit Hilfe von ^{228}Ac, ^{140}La, ^{147}Nd, ^{153}Sm/^{155}Sm, ^{153}Gd u. ^{166}Ho wurde seine Bldg. aus 0,027%ig. Li-Amalgam u. Citrat-Lsgg. näher untersucht u. mit dem entsprechenden Verh. anderer Lanthanide verglichen. Beim Schütteln der Amalgam- mit der wss. Phase wird Gleichgewicht im allg. in 30—45 Min. erreicht. Die Verteilung der Radionuclide wurde dabei durch Messung ihrer γ-Strahlung bestimmt. Die Ausbeute an Amalgam ist für alle untersuchten Elemente stark abhängig vom ursprünglichen pH-Wert der Lsg. u. seinen Veränderungen während der Reaktion. Für Ac beträgt die Ausbeute 95% bei pH 1,7—6,8, 35% bei pH 11. Die Bldg.-Tendenz der Lanthanidenamalgame wird durch die Existenz eines 2wertigen Zustands begünstigt. Die Amalgame von La, Nd, Gd u. Ho bilden sich mit maximaler Ausbeute bei pH 1—2, bei höherem pH wird die Ausbeute geringer u. sinkt oberhalb pH 8 auf Null. Bei Eu wird prakt. 100%ig. Ausbeute im gesamten Bereich von pH 1,7—13 erreicht, für Sm eine maximale Ausbeute bei pH ca. 3, die bei ca. 4,5 rasch absinkt. Das Verh. von Ac liegt damit zwischen dem von Eu u. Sm u. unterscheidet sich wesentlich von dem des La. Hieraus wird geschlossen, daß in stark red. Medium ein Ac(II)-Zustand auftreten kann, der dem Ra(II) chem. ähnlich ist. Die Bldg. des Ac-Amalgams erschließt Meth. zur Isolierung des Metalls u. zu seiner Trennung von La. A. BLASCHETTE. 338 □

Über die Einwirkung von Phenylmagnesiumbromid auf entwässertes Uranylnitrat in absolut ätherischer Lösung. Bildung von Diphenyl und Uranoxyd. Jean-Pierre Morizur und Robert Pallaud. (C. R. hebd. Séances Acad. Sci. **252.** 3074—75. 15/5. 1961. Paris, École Nat. Sup. de Chim.) (Franz.)

Wasserfreies $UO_2(NO_3)_2$ (I), dargestellt durch Entwässerung über P_4O_{10} bei 60° im Vakuum, reagiert mit C_6H_5MgBr (II) in abs. Ae. in schwach exothermer Rk.; nach Hydrolyse wurden bei der üblichen Aufarbeitung der organ. Phase *Bzl.* u. *Diphenyl* (25% Ausbeute), F. 69—71°, isoliert. In Abwesenheit von I liefert II unter den gleichen Bedingungen nur sehr wenig Diphenyl. Der bei der Hydrolyse anfallende voluminöse Nd. wurde mit Aceton gewaschen, bei 200° getrocknet u. als *$UO_3 \cdot H_2O$* (23—25% Ausbeute) identifiziert. Bei 800—850° zersetzt es sich in 2 Std. nach $3\,UO_3 \cdot H_2O \rightarrow U_3O_8 + \frac{1}{2}O_2 + 3H_2O$. Das U_3O_8 ist röntgenograph. ident. mit aus I dargestellten U_3O_8-Präparaten. A. BLASCHETTE. 339 □

Erste Beobachtung von vierwertigem Americium in wässeriger Lösung. L. B. Asprey und R. A. Penneman. (J. Amer. chem. Soc. **83.** 2200. 5/5. 1961. Los Alamos, N.Mex., Univ. of California, Los Alamos Sci. Labor.) (Engl.)

Frisch hergestelltes schwarzes $Am(OH)_4$ löst sich in 15m wss. NH_4F-Lsg. bis zur Erreichung einer Am-Konz., die einer 0,01m Lsg. entspricht. Das Absorptionsspektrum der rosafarbenen Lsg. ähnelt dem des festen AmF_4 u. kann nur dem Wertigkeitszustand Am(IV) zugeordnet werden. Das scharfe Absorptionsmaximum bei 4560 Å ($\varepsilon = 25$) eignet sich zur Identifizierung u. Best. von Am(IV). Beim Erhitzen der Lsg. auf 90° tritt weder Disproportionierung noch Red. des Am(IV) durch W. auf. Einw. von O_3 bei 20° liefert Am(VI), das durch Red. wieder in den lösl. Am(IV)-Komplex überführbar ist. Die Red. des Am(IV) zu Am(III) erfolgt durch J^- oder spontan durch die α-Strahlung des ^{241}Am. $Am(OH)_4$ löst sich analog in gesätt. Lsgg. von RbF u. KF. Aus den Lsgg. wurden krist. Alkali-Am(IV)-Fluoride erhalten. Th(IV) u. U(IV) sind ebenfalls in konz. KF-, RbF- u. NH_4F-Lsgg. löslich. A. BLASCHETTE. 344 □

Statistisch-thermodynamische Untersuchungen über die Oxydations- und Reduktionsgleichgewichte von Mn-Wüstit mit Gasphasen. Sakae Takeuchi, Kazuo Furukawa und Kôki Gunji. (Nippon Kinzoku Gakkai-Si [J. Japan Inst. Metals] **24.** 187—91. 1960.) (Jap.; Auszug: Engl.)

Aus der quant. Beziehung zwischen fester u. Gasphase im Syst. (Fe, Mn)O wird nachst. Konfiguration für Mn-Wüstit angenommen: O^{2-}- u. Metallionen sind im Gitter des NaCl-Typs angeordnet. In den negativen Ionengitterplätzen sind O^{2-} dichtest gepackt. In den positiven Gitterplätzen sind Mn^{2+}, Fe^{2+} u. Leerstellen willkürlich verteilt. Die Elektronendefekte sind von einigen Fe^{2+}-Ionen unter Bldg. von Fe^{3+}-Ionen

eingefangen, so daß die elektr. Gesamtladung des Kristalls neutralisiert ist. Die Gleichgewichtsbeziehung zwischen der Zus. des festen Körpers u. dem O-Druck der Gasphase wird berechnet. Das Ergebnis stimmt mit Vers.-Ergebnissen anderer Forscher überein.
W. Wesly. 354□

Herstellung von aluminiumhaltigem Haematit bei niedriger Temperatur. Simonne Caillère, Lucien Gatineau und Stéphane Hénin. (C. R. hebd. Séances Acad. Sci. **250.** 3677—79. 30/5. 1960.) (Franz.)

Aus $FeCl_3$–$Al(NO_3)_3$-Lsgg. mit NaOH in der Kälte gefällte Hydroxyd-Ndd. mit verschiedenem Al-Geh. wurden gewaschen u. nach 8—10tägiger Alterung unter W. von 80° bei 105° getrocknet. Die ursprünglich amorphen Prodd. werden bei der Alterung krist., sofern der Al-Geh. nicht zu hoch ist (0—11 Mol-%); röntgenograph. ist ihnen eine Haematitstruktur zuzuordnen. Es treten keine Interferenzen eines anderen Bestandteils auf. Während der Gitterparameter c (13,749 Å) von der Zus. unabhängig ist, nimmt a Werte zwischen 5,034 ± 0,001 für reinen Haematit u. 5,027 ± 0,001 Å für $(Fe_{2-x}Al_x)O_3$ (I) mit 11% Al an. Ein Vgl. mit den Parametern des Korunds zeigt, daß es sich bei den untersuchten Prodd. nicht um Mischoxyde (Haematit + Korund) handelt. Auch bei 2std. Erhitzen auf 1120° treten keine Korundinterferenzen auf, d. h. das in I enthaltene Al liegt nicht als amorphes Oxyd oder als Hydroxyd vor. Die Ggw. des Al ist physikal. nur auf dilatometr. Wege nachweisbar, die Kontraktions-Temp. steigt mit zunehmendem Al-Gehalt. Es wird angenommen, daß das Al in das Haematitgitter eingebaut ist. Die nur geringfügige Änderung der Gitterparameter wird einem kleinen Geh. an OH-Gruppen (thermogravimetr. durch Gewichtsverluste von 2—4% zwischen Null u. 1000° nachweisbar) oder der Starrheit des Sauerstoffgitters zugeschrieben. Die Ergebnisse zeigen, daß sich Al-haltige Haematitsedimente auch bei niedriger Temp. zu bilden vermögen.
A. Blaschette. 354□

Acrylnitrileisentetracarbonyl. S. F. A. Kettle und L. E. Orgel. (Chem. and Ind. **1960.** 49—50. 9/1. Cambridge, Univ., Chem. Labor.) (Engl.)

Acrylnitrileisentetracarbonyl (I), F. 47—48° (durch Vakuumsublimation bei 40° gelbe Kristalle), Zers. bei 60°, wurde dargestellt entweder durch Rückflußkochen von $Fe_2(CO)_9$ in großem Überschuß von Acrylnitril (II) unter N_2 oder durch Sonnenlicht-Einw. auf ein Gemisch aus $Fe(CO)_5$ u. überschüssigem II. An der Luft bei Raum-Temp. wird I langsam dunkelbraun; unterhalb 0° ist I offenbar beständig. Magnet. Kernresonanz- u. IR-Spektrum werden diskutiert. Eine eindeutige Struktur läßt sich nicht ableiten, jedoch enthält das IR-Spektrum keine C=C-Bande, was auf eine Bindung zwischen C=C u. Fe-Atom schließen läßt. — Als Haupt-Rk.-Prod. u. Sublimationsrückstand wurde eine dunkelbraune, glasige Masse erhalten, die in sd. Pyridin unter Zers. lösl. ist. Bei deren therm. Zers. an der Luft entstehen polymere Nitrile neben CO_2, CO, $CH_2=CH_2$, NH_3, $Fe(CO)_5$ u. metall. Fe.
K. Lienhard. 354□

Pyridinderivate als Komplexbildner. 2. Mitt. **Komplexbildung des dreiwertigen Eisen-Ions mit Pyridincarbonsäuren.** G. Anderegg. (Helv. chim. Acta **43.** 1530—45. 17/10. 1960. Zürich, ETH, Labor. für anorgan. Chem.) (Dt.) — 1. vgl. C. **1960.** 11927.

Vf. bestimmte die Stabilitäts-Konst. der Komplexe des Fe^{3+} mit den Anionen der *Picolin-* (HPic) u. *Dipicolinsäure* (H_2Dipic) mit Hilfe der pH- (C. **1960.** 11927) u. pM-Meth. (C. **1952.** 2306). Zur genauen Auswertung dieser Messungen wurde das Normalpotential Fe^{3+}/Fe^{2+} bei 20° u. $\mu = 0,1$ ($NaNO_3$) neu zu 740,1 mV in guter Übereinstimmung mit früheren Werten bestimmt. Fe^{3+} bildet mit H_2Dipic nur die mononuclearen Komplexe $Fe(Dipic)^+$ u. $Fe(Dipic)_2^-$, da wahrscheinlich schon 2 Moll. H_2Dipic genügen, um die 6 Koordinationsstellen des Fe^{3+} zu besetzen, während bei HPic noch 2 Stellen frei bleiben; diese werden durch OH^- unter Bldg. von μ-OH-Brücken zu einem zweiten Fe^{3+} besetzt. Bei pH < 2,5 entsteht mit HPic nur ein mononuclearer 1 : 2-Komplex $Fe(Pic)_2^+$, bei pH > 2,5 entsteht daneben ein dinuclearer nach dem Gleichgewicht: $2Fe(Pic)_2^+ + 2OH^- \rightleftharpoons Fe_2(Pic)_4(OH)_2$, falls die Fe^{3+}-Konz. > 10^{-4} ist. Auf Grund der Ähnlichkeit einer Absorptionsbande dieses Dimeren bei 342,5 mμ mit einer Bande des $Fe_2(OH)_2^{4+}$ bei 337 mμ wird angenommen, daß die gemessene Bande zu einer Doppel-μ-OH-Brücke zugeordnet werden muß, was zu folgender Struktur führt:

Daneben tritt noch ein 1 : 1-Komplex $Fe(Pic)^{2+}$ auf, der bei pH 2,6 in $[Fe(Pic)(OH)]^+$ u. bei pH 3,6 in $[Fe(Pic)(OH)_2]$ übergeht. Für die Komplexe wurden bei einer Ionenstärke 0,1 u. 20° folgende Stabilitäts-Konst. ermittelt: $[Fe(Pic)_2]^+$ 12,80; $[Fe(Pic)_2OH]$ 23,84; $[Fe_2(Pic)_4(OH)_2]$ 50,76; $[Fe(Dipic)]^+$ 10,91; $[Fe(Dipic)_2]^-$ 17,13.
P. Scharner. 354□

Untersuchung der Komplexe des Histidins mit zweiwertigem Kupfer. Suzanne Valladas-Dubois. (Bull. Soc. chim. France **1961**. 967–72. Mai. Paris, Sorbonne, Labor. du Prof. Souchay.) (Franz.)

Ausführliche Mitt. zu den C. **1960**. 10880 u. C. **1960**. 16377 referierten Arbeiten.

A. BLASCHETTE. 354□

Spektrophotometrische Untersuchungen der Kupferkomplexe N-alkylierter Äthanolamine. Heijirô Ojima und Kôzô Sone. (Z. anorg. allg. Chem. **309**. 110–20. 1961. Okazaki and Nagoya, Aichi Gakugei Univ., Chem. Labor.) (Engl.)

Vff. untersuchen die Absorptionsspektren wss. Lsgg. der Cu-Komplexe von *Äthanolamin* (**I**), *Isopropanolamin* (**II**) u. *N-Methyl-*, *N-Äthyl-*, *N.N-Dimethyl-* u. *N.N-Diäthyläthanolamin*. Bei Zusatz kleiner Mengen **I** zu einer Lsg. mit einer Cu^{2+}-Konz. von $5 \cdot 10^{-3}$ bis 10^{-2}m bildet sich aus 1 Mol Cu^{2+} u. 4 Mol **I** der Komplex $[Cu(\leftarrow NH_2CH_2CH_2OH)_4]^{2+}$ (**A**), der die für Cu-Komplexe einfacher prim. Amine charakterist. Absorptionsbande bei ca. 600 mμ zeigt. Mit steigender Konz. des Liganden oder bei Zusatz starker Basen entsteht aus 1 Mol Cu^{2+} u. jeweils 2 Mol **I** ein Komplex der Formel **B**, der bei 520 mμ absorbiert. Mit zunehmender Größe u. Zahl der N-Alkylgruppen nimmt die Stabilität von **A** u. **B** ab, wobei die Bldg. von **A** durch N-Alkylgruppen infolge ster. Hinderung wesentlich stärker als die Bldg. von **B** zurückgedrängt wird. Mit **II** ergeben sich die entsprechenden Komplexe wie mit **I**.

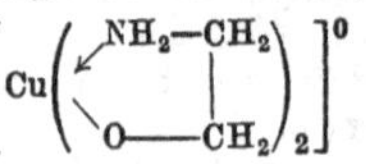

B

J. KRAETSCH. 358□

Alkyl- und Arylverbindungen von Übergangsmetallen. 2. Mitt. **Platin(II)-Derivate.** J. Chatt und B. L. Shaw. (J. chem. Soc. [London] **1959**. 4020–33. Dez. Frythe, Welwyn, Herts., Imp. Chem. Ind. Ltd., Akers Res. Labor.) (Engl.) — 1. vgl. C. **1959**. 11837.

Vff. beschreiben Darst., Eigg. u. Rkk. von Organoplatin-Verbb. des Typs $[L_2PtRX]$ u. $[L_2PtR_2]$, worin L ein tert. Phosphin oder Arsin, R ein aliphat., aromat., Äthin- oder substituierter Äthinrest u. X ein Halogenatom ist. Alle Verbb. sind beständig gegen den Einfl. von feuchter Luft u. von kalten verd. Säuren u. lösen sich in unterschiedlicher Menge in organ. Lsgm. (in Nitrobenzol als Nichtelektrolyte). Ihre Beständigkeit nimmt zu innerhalb der Reihenfolge $R = C \equiv CH <$ Alkyl $<$ Phenyl $\sim$ p-substituiertes Phenyl $< C{\equiv}C{-}C_6H_5 <$ o-substituiertes Phenyl. Die längerkettigen Alkylgruppen u. der Benzylrest bilden weniger beständige Pt-Verbindungen. Die Dialkyl-Derivv. L_2PtR_2 besitzen unabhängig von der Konfiguration des Ausgangsmaterials stets die cis-Konfiguration. Arylradikale liefern sowohl cis- als auch trans-Verbb., dagegen entstehen mit Acetyliden ausschließlich trans-Verbb. des Typs $[L_2Pt(C{\equiv}CR)_2]$. — Die Dipolmomente der Organoplatinkomplexe wurden bestimmt u. sind tabellar. mitgeteilt. Vff. diskutieren einige Anomalien bzgl. der π-Bindung zwischen dem Pt-Atom u. den Arylgruppen.

Versuche: *cis-Bis-[trimethylphosphin]-dimethylplatin(II)*, $C_8H_{24}P_2Pt$, F. 130–131°, durch Suspendieren von ca. 2 g cis-Bis-[trimethylphosphin]-dichloroplatin(II) in trocknem Bzl., Zugabe einer äther. Lsg. von Alkyl-Li (10%ig. Überschuß), nach 15 Min. weitere Zugabe von 10 ml Leichtbenzin (Kp. 60–80°) (**I**) u. von W., Isolierung des Prod. aus der organ. Phase u. Umkristallisation aus **I**; 62% (Ausbeute). — Analog vorst. Verb. wurden dargestellt: *cis-Bis-[trimethylphosphin]-diäthylplatin(II)*, $C_{10}H_{28}P_2Pt$, F. 89 bis 91° (CH_3OH), Platten; 73%. — *cis-Bis-[trimethylphosphin]-di-n-propylplatin(II)*, $C_{12}H_{32}P_2Pt$, F. 95–97° [Leichtbenzin (Kp. 40–60°) (**II**)], Prismen; 75%. — *cis-Bis-[trimethylphosphin]-di-n-butylplatin(II)*, $C_{14}H_{36}P_2Pt$, F. 37–39° [Leichtbenzin (Kp. 30 bis 40°) (**III**)], große Prismen; 40%. — *trans-Bis-[triäthylphosphin]-chloroäthylplatin(II)*, $C_{14}H_{35}ClP_2Pt$, F. 53–55°, durch Zugabe einer Lsg. von 1,5 g *trans-Bis-[triäthylphosphin]-dichloroplatin(II)* (**VI**), in 25 ml Bzl. zu Äthylmagnesiumchlorid (aus 0,48 g Mg, 15 ml Ae. u. 3,5 g Äthyljodid), 45 Min. langes Rühren bei 20°, Abkühlen auf —10°, Hydrolysieren mit verd. HCl, Abtrennen der organ. Phase, Chromatographieren des Rohprod. nach Verdampfen des Ae. u. Elution mit Ae., Umkristallisation aus wss. CH_3OH u. **III**; Prismen; 0,23 g. — *trans-Bis-[triäthylphosphin]-jodoäthylplatin(II)*, $C_{14}H_{35}JP_2Pt$, F. 75 bis 77° (CH_3OH), analog vorst. Verb.; Prismen; 0,65 g. — *trans-Bis-[triphenylphosphin]-jodoäthylplatin(II)*, $C_{38}H_{35}JP_2Pt$, F. 257–262° (Bzl.), durch Lösen von 0,70 g Tris-[triphenylphosphin]-platin in 10 ml Äthyljodid, Eindampfen u. Umkristallisation aus Bzl.; Nadeln; 0,31 g. — *trans-Bis-[triphenylphosphin]-thiocyanatoäthylplatin(II)*, $C_{39}H_{35}NP_2PtS$, F. 235–243°, durch Behandeln vorst. Verb. mit KSCN in Aceton; Prismen. — *cis-Bis-[triäthylphosphin]-dibenzylplatin(II)* (**IV**), $C_{26}H_{44}P_2Pt$, F. 103–104° (CH_3OH), a) durch Zugabe von 2,0 g *cis-Bis-[triäthylphosphin]-dichloroplatin(II)* (**V**) u. 10 ml Bzl. zu Benzylmagnesiumchlorid (aus 0,96 Mg, 20 ml Ae. u. 5,56 Benzylchlorid), 1std. Rühren, Hydrolysieren mit HCl u. Isolierung; Platten; 1,27 g; b) durch Behandeln von trans-Bis-[triäthylphosphin]-dichloroplatin(II) mit Benzylmagnesiumchlorid in

Bzl. bei 80°, daneben Dibenzyl. — *trans-Bis-[triäthylphosphin]-chlorobenzylplatin(II)*, $C_{19}H_{37}ClP_2Pt$, F. 81—83° (II), durch Zugabe einer Lsg. von 2,0 g **IV** in 20 ml Ae. zu einer äther. HCl-Lsg. (22,0 ml, 0,154n) u. Filtration des Nd.; 1,52 g eines Gemisches der cis- u. trans-Verb.; nach Chromatographieren an Al_2O_3 (100 g) u. Elution mit Bzl.; Prismen (reine trans-Verb.); 1,02 g. — *trans-Bis-[triäthylarsin]-chlorobenzylplatin(II)*, $C_{19}H_{37}As_2ClPt$, T. 72—73,5° (I), durch Zugabe von 1,0 g *cis-Bis-[triäthylarsin]-dichloroplatin(II)* (**IX**) u. 10 ml Bzl. zu Benzylmagnesiumchlorid (aus 0,24 g Mg, 20 ml Ae., 1,39 Benzylchlorid), 1std. Rühren bei 20°, Hydrolyse mit HCl, Chromatographieren an Al_2O_3, Eluieren mit **II** (ergab Dibenzyl) u. mit Ae., cremefarbene Platten; 0,38 g. — *trans-Bis-[triäthylphosphin]-dijodoplatin(II)*, $C_{12}H_{30}J_2P_2Pt$, a) F. 136—137° (A.), durch Zugabe von 0,20 g **IV** zu einer Lsg. von Mg-Jodid (aus 0,60 g J_2, 15 ml Ae. u. überschüssigem Mg); nach 1 Std. Hydrolyse mit Eis u. HCl; gelbe Nadeln; 0,18 g; b) F. 134 bis 136°, durch Erhitzen einer Mischung von 0,34 g Benzyljodid u. 0,55 g **IV** auf 100—120° (15 Min.), Abkühlen u. Extrahieren mit heißem CH_3OH, Verdampfen u. Dest. des Rückstands; gelbe Nadeln. — *cis-Bis-[triäthylphosphin]-diphenylplatin(II)* (**VII**), $C_{24}H_{40}P_2Pt$, F. 151—154° (**II**), durch Zugabe von **V** zu einer Lsg. von Phenylmagnesiumbromid (100%ig. Überschuß) in Ae./Bzl., 1½std. Rühren bei 20°, Abtrennen u. Einengen der organ. Phase u. Chromatographieren des Rückstands; Nadeln; 56%. — *cis-Bis-[triphenylphosphin]-diphenylplatin(II)*, $C_{48}H_{40}P_2Pt$, F. 144—160° (Bzl./I), analog vorst. Verb.; 61%. — *cis-Bis-[triäthylphosphin]-chlorophenylplatin(II)*, $C_{18}H_{35}ClP_2Pt$, F. 133 bis 136° (**I**), durch Zugabe einer äther. Lsg. von trocknem HCl (5 ml, 0,41n) zu 1,11 g **VII** in 15 ml Bzl., nach 15 Min. Einengen zur Trockne u. Umkristallisieren aus **I**; glänzende Nadeln; 0,76 g. — *Bis-[triäthylphosphin]-dichlordiphenylplatin(IV)*, $C_{24}H_{40}Cl_2P_2Pt$, F. 153—155° (**I**), a) aus 1,17 g **VII** in CCl_4 u. einer Lsg. von Cl_2 in CCl_4 (4 ml, 0,5m) u. Einengen nach 15 Min. bei 20°; Prismen; 0,87 g; b) analog aus **VIII**. — *Bis-[triäthylphosphin]-dijododiphenylplatin(IV)*, $C_{24}H_{40}J_2P_2Pt$, F. 149—152° [Leichtbenzin (80 bis 100°) (**XI**)], aus 0,264 g **VII** in 15 ml Bzl. u. einer Lsg. von 0,113 g J_2 in 10 ml Bzl.; gelbe Prismen; 0,29 g. — *trans-Bis-[triäthylphosphin]-diphenylplatin(II)* (**VIII**), F. 176 bis 180° (A.), durch Zugabe von 3,5 g **VI** zu Phenylmagnesiumbromid (aus 1,3 g Mg, 8,37 Brombenzol, 40 ml Ae.) u. 150 ml Bzl., 1std. Erhitzen am Rückfluß, Hydrolysieren mit verd. HCl u. Chromatographieren an Al_2O_3; Prismen; 2,30 g. — *trans-Bis-[triäthylphosphin]-chlorophenylplatin(II)*, $C_{18}H_{35}ClP_2Pt$, F. 105—107° (**I**), durch Einleiten von trocknem HCl in eine Lsg. von 0,50 g **VIII** in 10 ml Bzl. u. Einengen zur Trockne; Prismen; 0,38 g. — *trans-Bis-[triäthylarsin]-diphenylplatin(II)*, $C_{24}H_{40}As_2Pt$, F. 138 bis 141° (CH_3OH), durch Zugabe von 1,18 g **IX** zu einer Lsg. von Phenylmagnesiumbromid (0,015 Mol) in 20 ml Ae. u. 20 ml Bzl., 1¼std. Rühren bei 20°, Hydrolysieren mit Eis u. HCl, Chromatographieren an Al_2O_3 (150 g) u. Elution mit **II**; Nadeln; 0,24 g; daneben *cis-Bis-[triäthylarsin]-diphenylplatin(II)*, F. 110—111°, durch Elution mit **II**, das 2% Ae. enthielt; Prismen; 0,42 g; daneben *trans-Bis-[triäthylarsin]-bromophenylplatin(II)*, $C_{18}H_{35}As_2BrPt$, F. 91—94°, durch Elution mit Ae.; Prismen; 0,16 g. — *Bis-[tri-n-propylarsin]-diphenylplatin(II)*, $C_{30}H_{52}As_2Pt$, F. 130—133° (A.), aus 1,18 g trans-Bis-[tri-n-propylarsin]-dichloroplatin(II) u. Phenylmagnesiumbromid; Prismen; 0,76 g. — *cis-Bis-[triäthylphosphin]-di-o-tolylplatin(II)* (**X**), $C_{26}H_{44}P_2Pt$, F. 176—180° (**XI**), durch Zugabe einer Suspension von **V** in trocknem Bzl. zu einer äther. Lsg. von o-Tolyllithium bei 20°, nach 15 Min. Zufügen von Bzl. u. W., Isolieren des Prod. aus der organ. Phase u. Chromatographieren; 72%. — *cis-Bis-[triäthylphosphin]-di-p-tolylplatin(II)*, F. 149—153° (CH_3OH), analog vorst. Verb.; 47%. — *1.2-Bis-[diäthylphosphin]-äthandiphenylplatin(II)*, $C_{22}H_{34}P_2Pt$, F. 210—215° (A.), analog vorst. Verb.; Nadeln; 73%. — *cis-Bis-[triäthylphosphin]-chloro-o-tolylplatin(II)*, $C_{19}H_{37}ClP_2Pt$, F. 153—157° (Bzl./**XI**), 1std. Behandlung von **X** mit HCl (1,2 Mol) in Ae./Bzl.; Nadeln; 66%. — *cis-Bis-[triäthylphosphin]-chloro-p-tolylplatin(II)*, F. 130—138°; analog vorst. Verb.; 67%. — *cis-Bis-[triäthylphosphin]-bromomesitylplatin(II)*, $C_{21}H_{41}BrP_2Pt$, F. 182—185° (Bzl./I), durch Zugabe von 4,0 g **V** in 20 ml Bzl. zu Mesitylmagnesiumbromid (aus 0,77 g Mg, 6,38 g 2-Brommesitylen, 20 ml Bzl.), 1std. Rühren bei 20°, 15 Min. langes Erhitzen am Rückfluß u. Hydrolysieren mit verd. HCl; Nadeln; 3,7 g. — *trans-Bis-[triäthylphosphin]-bis-[p-chlorphenyl]-platin(II)*, $C_{24}H_{38}Cl_2P_2Pt$, F. 228—230° (Bzl.), aus **V** u. p-Chlorphenylmagnesiumbromid (4 Mol; 1 Std. bei 20°; 15 Min. bei 80°); Prismen; 46%. — *trans-Bis-[triäthylphosphin]-bis-[phenyläthinyl]-platin(II)*, $C_{28}H_{40}P_2Pt$, F. 186—187° (**XI**), durch Zugabe von 1,39 g Phenylacetylen u. 25 ml Bzl. zu Äthylmagnesiumbromid (aus 1,63 Äthylbromid, 0,33 g Mg u. 30 ml Ae.), 15 Min. langes Erhitzen am Rückfluß, Abkühlen auf 20° u. Zugabe von 2,00 g cis-Bis-[triäthylphosphin]-dibromoplatin(II), 17std. Stehen bei 20°, Hydrolysieren mit Eis u. HCl; Nadeln; 1,67 g. — *trans-Bis-[triäthylphosphin]-diäthinylplatin(II)*, $C_{16}H_{32}P_2Pt$, F. 62—63° (wss. CH_3OH), durch Zugabe von trocknem Acetylen zu einer Suspension von $NaNH_2$ (aus 0,46 Na u. 100 ml fl. NH_3), weitere Zugabe von 1,0 g **V**, nach 20 Min. langem Rühren Zufügen von 1,5 g NH_4Cl, Verdampfen des NH_3 u. Isolieren mit Ae.; Nadeln; 0,52 g. — Analog wurden hergestellt: *trans-Bis-[triäthylphosphin]-dipropinylplatin(II)*, $C_{18}H_{36}P_2Pt$, F. 93—95,5°; Prismen. — *trans-Bis-[triäthylphosphin]-bis-[phenyläthinyl]-platin(II)*, a) aus trans-Bis-[triäthylphosphin]-dijodoplatin(II); 88%; b) aus **V**; 79%. — *trans-Bis-[triäthylarsin]-bis-[phenyläthinyl]-platin(II)*, $C_{28}H_{40}As_2Pt$, F. 178—181° (**XI** u. A.), durch Zugabe von 1,0 g trans-Bis-[triäthylarsin]-dichloroplatin(II) in 25 ml Ae. zu einer Lsg. von Na-Phenylacetylid (aus 0,46 g Na, 50 ml NH_3 u. 2,04 g Phenylacetylen), 10 Min. langes Stehenlassen, Zugabe von 1,5 g NH_4Cl, Verdampfen des NH_3, Zugabe von W. u. Bzl.; aus dem benzollösl. Anteil durch wiederholte Umkristallisation aus **XI** u. A.; gelbe Nadeln. D. ERTEL. 368□

D. P. Graddon, An introduction to Co-ordination Chemistry. Oxford, London, New York, Paris: Pergamon Press. 1961. (VII + 111 S. m. Abb. u. Tab.) 25 s.

A₉. Mineralogische und geologische Chemie

Geochemische Beobachtungen in der Nachbarschaft der Salzlager von Barycz. 1. Mitt. **Halogengehalt.** J. J. Głogoczowski. (Bull. Acad. polon. Sci., Sér. Sci. chim., géol., géogr. **7.** 833—36. 1959. Cracow, Petroleum Inst., Dep. of Geochem.) (Engl.)

Nach einer kurzen Beschreibung des einige km westlich von Wieliczka gelegenen Salzlagers von Barycz geht Vf. auf Cl-Best. ein, welche an 4, dem Ostrand des Salzlagers entstammenden Bohrprofilen durchgeführt wurden. Die Schichten weisen über größere Mächtigkeiten hinweg einen erhöhten Cl-Geh. auf, woraus auf eine Erhöhung des Salz-Geh. des Meerwassers während einer länger dauernden Periode geschlossen wird. HEINZ HESS. 378□

Neue Diagramme zur Bestimmung der Zusammensetzung der Hochtemperatur-Plagioklase. A. N. Sawaritzki, W. Ss. Ssobolew, L. G. Kwascha, W. P. Kosstjuk und A. P. Bobrijewitsch. (Записки Всесоюзного Минералогического Общества [Schr. Allunions mineralog. Ges.] [2] **87.** 529—41. 3 Tafeln. 1958.) (Russ.)

Nach einer kurzen Übersicht über die histor. Entw. der Plagioklas-Best. bringen Vff. an Hand einer großen Anzahl von statist. Messungen neue Diagramme u. tabellar. Zusammenstellungen der opt. Orientierung, die die Best. der Zus. der Hochtemp.-Plagioklase ermöglichen. H. NOACK. 380

Untersuchung der Uran begleitenden Mineralien beim Prozeß der Säureextraktion von Erzen. G. M. Nessmejanowa und N. K. Tschernuschewitsch. (Атомная Энергия [Atomenergie] **9.** 137—38. Aug. 1960.) (Russ.)

Die Möglichkeit, verschiedene zusammen mit U vorkommende Metalle aus Erzen auszuwaschen, wurde geprüft. Dabei zeigte sich, daß Fe aus den Mineralien *Siderit*, *Limonit*, *Magnetit*, *Haematit* leicht in schwefelsaure Lsg. übergeht, aus Siderit, *Pyrit* u. Haematit auch leicht unter Zusatz von *Pyrolusit* als Oxydationsmittel u. aus Siderit u. Pyrit leicht in salpetersaure Lösung. Die Übergangs-Geschw. in Abhängigkeit von der Zeitdauer u. der Stärke der Säuren wurde untersucht. M. WIEDEMANN. 380□

Einfluß des Grades des kristallgenetischen Ungleichgewichtes auf die Struktur, die chemische Zusammensetzung und den Bau der Feldspäte. Georges Deicha. (C. R. somm. Séances Soc. géol. France **1960.** 157—58.) (Franz.)

Kurzer zusammenfassender Bericht an Hand der Literatur. C. GOTTFRIED. 385

Über die Ursache der Rotfärbung des Salzwassers einiger Salzseen. B. I. Kurotschkin. (Микробиология [Mikrobiologie] **29.** 422—27. Mai/Juni 1960. Astrachan, Med. Inst.) (Russ.; Auszug: Engl.)

Die Salzseen Tinaki, Elton, Baskuntschak Malinowoje, Petschatuoje u. Burlin färben sich infolge intensiver Vermehrung von *Serratia salinaria* rot (maximaler verträglicher Salz-Geh. 25%). K. SATTLER. 393□

Die Rolle der Chemosynthese bei der Produktion der organischen Substanz in Gewässern. 4. Mitt. **Ernährung der im Wasser lebenden Wirbellosen mit Methan und Wasserstoff oxydierenden autotrophen Bakterien.** Ju. I. Ssorokin. (Микробиология [Mikrobiologie] **28.** 916—20. Nov./Dez. 1959. „Borok"-Inst. für Biol. der Stauseen der Akad. der Wiss. der UdSSR.) (Russ.; Auszug: Engl.) — 3. vgl. C. **1959.** 6072.

In Verss. mit Fluß- u. Stauseewasser zeigte sich, daß die Plankton-Crustaceen (*Daphnia longispina*, *Diaphthomus gracilis*, *Bosmina*, *Ostrocodae*, *Chidoridae*) u. die Bentos-Formen (*Tendipes plumosus*, *Oligochaetae*) die organ. Substanz der durch Oxydation von CH_4 u. H_2 sich entwickelnden Mikroorganismen assimilieren. Bei den Daphnien werden in 3 Tagen 10—25%, in 8 Tagen mehr als 60% der organ. Substanz durch Aufnahme der autotrophen CH_4-oxydierenden Bakterien erneuert. O. LEBTAG. 393□

Vorkommen der sulfatreduzierenden Bakterien in den Erdöllagerstätten des Gebietes Kuibyschew in Beziehung zur Salzzusammensetzung der Schichtwässer. W. A. Kusnetzowa. (Микробиология [Mikrobiologie] **29.** 408–14. Mai/Juni 1960. Moskau, Inst. für Mikrobiol. der Akad. der Wiss. der UdSSR.) (Russ.; Auszug: Engl.)

Das Wachstum von sulfatreduzierenden Bakterien ist unter sehr extremen Bedingungen (pH 5,75–7,0; 55–65°; E_h +73 bis −205 mV) möglich. In einigen stark mineralisierten Wässern des Perms kommen H_2S-Geh. von 600–700 mg/Liter u. einige 10000 Bakterien/ml vor. In den Schichtwässern des Devons fehlen sie oder sind wenig aktiv. Die Hauptursache dafür ist der im Verhältnis zu den einwertigen Kationen zu hohe Geh. an 2wertigen Kationen bei einer hohen Gesamtmineralisation von 700 bis 840 mVal/100 g. Das mVal (Ca + Mg) zu (Na + K) bezeichnet Vf. als „Kationenkoeffizient". Bei einer Mineralisation von 260–840 mVal ist der krit. Wert des Koeff. 0,36–0,4. Ist die Mineralisation niedriger, so ist eine Entw. der Bakterien auch bei einem höheren Koeff. möglich. K. SATTLER. 393□

V. R. G. Ashcroft-Hawley and D. Mitchell, Devon ball clays and China clays. Newton Abbot (Devon): Watts, Blake, Bearne. 1960. (116 S. m. Abb., Tab. u. Diagr.)

H. E. Landsberg and J. Van Mieghem, eds., Advances in geophysics. Vol. 7. New York, London: Academic P. 1961. (X + 333 S. m. Abb., Tab. u. Diagr.) 88 s.

A. Maucher und Rehwald, Hrsg., Bildkartei der Erzmikroskopie. Frankfurt/Main: Umschau Verl. 1961. (104 Bildkarten und 24 Textkarten) 1 Bildblatt DM 0,75, 1 Textblatt DM 0,45.

Tat'yana Alekseevna Sofiano, Russian-English geological dictionary. Moscow: Foreign-Language Scientific and Technical Dictionaries, Fizmatgiz; London: Collet's. 1960. (559 S.) 30 s.

—, Beobachtungen auf den deutschen Feuerschiffen der Nord- und Ostsee im Jahre 1959 sowie Monatsmittelwerte von Temperatur und Salzgehalt des Jahres 1959. Hamburg: Deutsches Hydrographisches Institut. 1960. (82 Bl. m. 2 Abb.) = Meereskundliche Beobachtungen und Ergebnisse. Nr. 14. DM 12,50.

—, Statistical summary of the mineral industry: world production, exports and imports 1954—1959. London: H. M. S. O. 1961. (IV + 393 S. m. Tab.) 27 s. 6 d.

B. Allgemeine und theoretische organische Chemie

Berechnung der Energieniveaus des positiven Ions von Butadien. Jean-Claude Lorquet. (C. R. hebd. Séances Acad. Sci. **251.** 720–21. 1/8. 1960. Paris, Centre de Méc. ondulatoire appl.; Liège, Univ. de Liège, Inst. de Chim.) (Franz.)

Es werden die Elektronenniveaus des positiven Ions von *trans-1.3-Butadien* nach dem SCF-Verf. berechnet. H. G. HENKEL. B 10□

Torsionsschwingung der 2 CH_3-Gruppen des Acetons. Karl Dieter Möller. (C. R. hebd. Séances Acad. Sci. **251.** 686–88. 1/8. 1960. Paris, Sorbonne, Labor. de Recherches physiques.) (Franz.)

Es wird eine Beziehung zwischen der Potentialschwelle u. den Torsionsfrequenzen u. der reziproke Einfl. der Torsion der CH_3-Gruppen in *Aceton* (I) berechnet. Dieser Einfl. erscheint gering, da die Potentialschwelle nicht stark erhöht ist. Das zwischen 120 u. 80 cm^{-1} gemessene IR-Spektr. von I zeigt eine schwache Bande bei 95 cm^{-1}, deren Lage mit der Berechnung übereinstimmt. H. G. HENKEL. B 114□

Schwingungsberechnungen in Benzol. Andreas C. Albrecht. (J. chem. Physics **33.** 169–78. Juli 1960. Ithaca, N.Y., Cornell Univ., Dep. of Chemistry.) (Engl.) — Vgl. C. **1961.** 14223.

Eine gruppentheoret. Red. unter Einschluß von Normalkoordinatenparameter wird angewandt zur Ermittlung von Ausdrücken für die Oscillatorenstärken der verbotenen B_{2u}, B_{1u} u. E_{2g}-Übergänge in *Bzl.* in Termen der Minimalzahl von Elektronenintegralen. Die erhaltene Vereinfachung ermöglicht die Prüfung von Wellenfunktionen innerhalb des HERZBERG-TELLER-Syst. u. die empir. Ableitung der Theorie. Die mögliche Wrkg. von isotop. Substitution auf verbotene Intensitäten wird untersucht. Die gruppentheoret. Red. wird für $D_{2(1.4)}$-, $D_{3(1.3.5)}$-, $D_{4(2.3.5.6)}$- u. D_6-*Bzl.* u. ein hypothet. Mol. *p-Di-X-benzol* (mit X = 20 u. C—X = 1,40 Å) ausgeführt. B_{2u} u. B_{1u}-Übergänge sind sehr unempfindlich gegen Masseneffekte, unabhängig von der Natur der Wellenfunktionen. E_{2g}-Übergänge können eine ausgeprägte Empfindlichkeit in Abhängigkeit von Einzelheiten der Wellenfunktion zeigen. Die Oscillatorstärken für alle Verbb. für B_{2u}-, B_{1u}- u. zwei E_{2g}-Übergänge werden unter Verw. der konventionellen ASMO-Funktionen u. bekannten Integralen berechnet. Die Verteilung der Oscillatorstärken unter allen Normalschwingungen wird gegeben für Bzl., D_6-Bzl. u. p-Di-X-benzol. Bes. bei E_{2g}-Übergängen ist die Verteilung unter den Normalschwingungen beträchtlich empfindlicher Masseneffekten gegenüber als die Gesamtoscillatorstärke. Es wird ein allg. Ausdruck für die Temp.-Abhängigkeit der verbotenen Übergangswahrscheinlichkeiten gegeben.

J.-M. SPAETH. B 114□

Schwingungsspektren aromatischer Verbindungen. 6. Mitt. **Berechnung und Zuordnung der Schwingungsspektren von o-Xylol.** M. A. Kowner und A. M. Bogomolew. (Оптика и Спектроскопия [Optik u. Spektroskopie] **7.** 751—55. Dez. 1959.) (Russ.) — 5. vgl. C. **1960.** 14644.

Für die Schwingungsspektren von *o-Xylol* (**I**) werden nicht nur die 46 Grundschwingungen des **I**-Mol. den Symmetrieklassen, Frequenzen u. Valenzwinkeln zugeordnet, sondern auch die Ringschwingungen von **I** u. ihre Frequenzen mit den entsprechenden Größen beim Bzl. verglichen. Die Benzollinien treten in den RAMAN- u. IR-Spektren von **I** nur sehr schwach auf. Bei 12 Frequenzen wird völlige Übereinstimmung mit Literaturwerten festgestellt. Die Ergebnisse sind in einer Tabelle zusammengefaßt.

R. K. MÜLLER. B 114□

Änderung des Polarisationsgrades längs des Fluorescenzspektrums einiger Farbstoffe in fester Lösung; Konzentrationseffekt. Élisabeth Laffitte und Christian Pujols. (C. R. hebd. Séances Acad. Sci. **252.** 1008—10. 13/2. 1961. Bordeaux, Fac. des Sci., Labor. d'Optique mol.) (Franz.)

Es wurde der Polarisationsgrad der Fluorescenz an folgenden Verbb. gemessen: *Fluorescein, Rhodamin B, Acridinorange* u. *-gelb, Trypaflavin,* alle als feste Lsg. in Plexiglas. Der Polarisationsgrad p nimmt mit steigender Wellenlänge ab. Die Werte für die Fundamentalpolarisation p_0, alle ca. 0,5, werden als Bestätigung der Linear-Oscillator-Hypothese für diese Mol.-Gruppe angesehen. P nimmt ferner mit steigender Konz. ab. Dies kann zurückgeführt werden: 1. auf den Einfl. des Lsgm., 2. den Einfl. der Extinktion, 3. eine Änderung der anregenden Wellenlänge innerhalb derselben Absorptionsbande. Die Depolarisation steigt mit der Konz., wenn man zu größeren Wellenlängen kommt. Jede Theorie, die nur einen mittleren Polarisationsgrad für das gesamte Spektrum vorsieht, vernachlässigt demnach einen wichtigen Gesichtspunkt der Erscheinung.

H. G. HENKEL. B 118□

Über die pH-Abhängigkeit der Lichtabsorption von Chinoxalinen. E. Tombácz. (Acta Univ. Szegediensis, Acta physica chem. [N. S.] **3.** 56—63. 1957. Szeged, Univ., Inst. für allg. u. physikal. Chemie.) (Dt.)

Die UV-Absorptionsspektren wss. Lsgg. von *Chinoxalin* (**I**), *2-Hydroxychinoxalin* (**II**) u. *2.3-Dihydroxychinoxalin* (**III**) werden bei verschiedenen pH-Werten mitgeteilt. Aus der Änderung der Absorption mit dem pH ergeben sich als pK-Werte für **I**: 0,7; **II**: 8,9 u. 9,3 u. **III**: 10,5. Die diesen pK-Werten wahrscheinlich entsprechenden Gleichgewichte werden diskutiert. Das UV-Spektrum von **I** wird auch in Hexan, A. u. Methanol aufgenommen.

H. WAGNER. B 118□

Untersuchungen über die Abhängigkeit der optischen Aktivität von der chemischen Konstitution. 50. Mitt. **Campher-β-sulfonylderivate von Benzidin, Tolidin, Dianisidin, 4.4'-Diaminodiphenylmethan und 4.4'-Diaminodiphenylsulfon.** Bawa Kartar Singh und Shiva Mohan Verma. (J. sci. ind. Res. [New Delhi], Sect. B **17.** 179—83. Mai 1958. Banaras, Banaras Hindu Univ., Org. Chem. Res. Sect.) (Engl.) — 49. vgl. C. **1959.** 16266.

Vff. bestimmten die Rotationsdispersion der Kondens.-Prodd. von *d-* u. *dl-Campher-β-sulfonylchlorid* (**I**) mit *Benzidin, Tolidin, Dianisidin, 4.4'-Diaminodiphenylmethan* u. *4.4'-Diaminodiphenylsulfon* (**II**) bei 13 Wellenlängen in verschiedenen Lsgm. im sichtbaren Bereich. Die Dispersion ist „einfach", der Drehwert kann mit der eingliedrigen DRUDEschen Gleichung dargestellt werden. Einführung von CH_3- u. CH_3O- in o.o'-Stellung der Phenylkerne erniedrigt das Drehvermögen, Einschiebung der CH_2-Gruppe zwischen die Phenylkerne erhöht es. Die charakterist. Wellenlängen variieren von 3312—2302 Å. In Lsgm. hoher u. mittlerer DK wird die Rotationsdispersion von einer niedrigen Frequenz (Campher-CO-Bande), in solchen niedriger DK von einer hohen Frequenz, die der allg. Absorption des gesätt. Mol. entspricht, bestimmt. Die mol. Drehwerte der 4.4'-disubstituierten Diphenyl-Derivv. sind doppelt so hoch wie die der entsprechenden monosubstituierten Benzolderivate. Durch Schmelzdiagramme nach ROOZEBOOM konnte gezeigt werden, daß die racem. Formen von *N.N'-Bis-[campher-β-sulfonyl]-benzidin* u. *-dianisidin* echte dl-Verbb. sind, die von *-tolidin* u. *-4.4'-diaminodiphenylmethan* dagegen feste Lösungen. Die Kondens. von **I** mit **II** ergab nur das monosubstituierte Derivat. Werte für $[M]_{546}^{35}$ in Chlf.-Lsg. sind angegeben für *d-Campher-β-sulfonphenylamid* (267,09), *-[o-methylphenyl]-amid* (128,97), *-[o-methoxyphenyl]-amid* (109,50), *-[p-methylphenyl]-amid* (269,64) u. *N.N'-Bis-[d-campher-β-sulfonyl]-p-phenylendiamin* (530,60) u. die Verbb. im Versuchsteil.

Versuche (die Kondens. von I mit den Diaminen erfolgte in äquimol. Verhältnissen nach der C. **1959.** 13738 angewandten Meth.): *d-N.N'-Bis-[campher-β-sulfonyl]-benzidin*, F. 259°; $[M_{5461}^{35}]$ 538,56; *dl-Verb.*, F. 260°. — *-o-tolidin, d-Verb.*, F. 274°; $[M]_{5461}^{35}$ 396,80; *dl-Verb.*, F. 274°. — *-di-o-anisidin, d-Verb.*, F. 278°; $[M]_{5461}^{35}$ 221,76; *dl-Verb.*, F. 279°. — *-4.4'-diaminodiphenylmethan, d-Verb.*, F. 200,4°; $[M]_{5461}^{35}$ 594,70; *dl-Verb.*, F. 200,4°. — *d-N-Campher-β-sulfonyl-4.4'-diaminodiphenylsulfon*, F. 131—132°; *dl-Verb.*, F. 127,28° (amorphes Pulver). N. SEILER. B 119□

Untersuchungen auf dem Gebiet der konjugierten Systeme. 101. Mitt. **Oxydation von Vinylalkylacetylenen mit Benzoylhydroperoxyd.** 27. Mitt. **über Eninverbindungen.** W. M. Albitzkaja, Je. M. Bljachman, A. A. Petrow und T. W. Jakowlewa. (Журнал Общей Химии [J. allg. Chem.] **29** (**91**). 2278—81. Juli 1959. Leningrad, Technol. Lensowjet-Inst.) (Russ.) — 100. vgl. C. **1961.** 14616.

Bei der Oxydation von Vinyläthyl- (I) u. Vinyl-n-butylacetylen (II) mit Benzoylhydroperoxyd erhält man in 40—45%ig. Ausbeute *1.2-Epoxyhexin-(3)* (III) bzw. *1.2-Epoxyoctin-(3)*. Durch IR-Aufnahmen wurde gezeigt, daß bei I nur u. bei II überwiegend die C=C-Bindung angegriffen wird. So enthalten die Spektren beider Prodd. starke C≡C-Schwingungen bei 2250 cm^{-1}, während im C=C-Bereich zwischen 1600 bis 1680 cm^{-1} keine Linien auftreten. Der Hydroxygruppe entspricht die Linie bei 1250 cm^{-1}. Bei 3064 cm^{-1} zeigen beide Spektren eine Linie, die einer CH-Valenzschwingung an einer C=C-Bindung entspricht. Dies würde auf eine Oxydgruppe an einer H_2C=C-Bindung deuten. Eine Linie bei 1728 cm^{-1}, die im Spektrum von III fehlt, wenn man es über das Bromhydrin darstellt, wird einer nichtkonjugierten Carbonyl-Verb. zugeschrieben, die durch Isomerisierung der Oxyde entsteht. Das Oxydations-Prod. von II zeigt schwache Linien bei 1669 cm^{-1}, die einer konjugierten CO-Gruppe zugeschrieben werden, u. bei 982 u. 927 cm^{-1}, die man auf C—C-Schwingungen zurückführt.

Versuche: I u. II wurden in Chlf. bei 0—5° mit Benzoylhydroperoxyd oxydiert. I reagierte innerhalb 24 Std. zu 70%, in 120 Std. zu 98%, bei II war die Rk. bereits nach 48 Std. beendet. — *1.2-Epoxyhexin-(3)* (III), C_6H_8O, $Kp._{758}$ 140—141°; $D._4^{20}$ 0,9181; n_D^{20} 1,4520. — *1.2-Epoxyoctin-(3)*, $C_8H_{12}O$, $Kp._{20}$ 80—80,5°; $D._4^{20}$ 0,8960; n_D^{20} 1,4550. M. HÄNSSGEN. B 120□

Untersuchungen auf dem Gebiet der konjugierten Systeme. 102. Mitt. **Über die Richtung der Hydratisierung von Vinylalkylacetylenen.** 28. Mitt. **über Eninverbindungen.** B. Ss. Kupin und A. A. Petrow. (Журнал Общей Химии [J. allg. Chem.] **29** (**91**). 2281—84. Juli 1959.) (Russ.) — 101. bzw. 27. vgl. vorst. Referat.

Bei der Hydratisierung von Vinylmethyl- (I), Vinyläthyl- (II), Vinyl-n-propyl- (III) u. Vinyl-n-butylacetylen (IV) erhält man *Alkylpropenylketone* mit *Alkylallylketonen* als Nebenprodukt. Die IR-Spektren der erhaltenen Alkylpropenylketone zeigen eine intensive Bande bei 970 cm^{-1}, die der Gruppierung —CH=CH- entspricht. Bei der Hydrierung mit H_2/Pd, $CaCO_3$ erhält man aus vorst. Ketonen die entsprechenden *Alkylpropylketone*. — Als Mechanismus wird eine nucleophile 1.2-Addition an der Acetylenbindung zum Alkylallylketon u. dessen Umlagerung zum Alkylpropenylketon angenommen. Die Rk.-Geschw. sinkt mit zunehmender Größe des Alkylrestes.

Versuche: *Hydratisierung* von I: 17 g I werden 6 Std. lang mit einer Lsg. von 6 g HgO in 350 ml 11%ig. H_2SO_4 gerührt. Nach Wasserdampf-Dest. erhält man 7,8 g *Methylpropenylketon*, C_5H_8O, Kp. 120—122°; $D._4^{20}$ 0,8583; n_D^{20} 1,4360. *2.4-Dinitrophenylhydrazon*, F. 153°. — *Hydratisierung von* II: Aus 30 g II erhält man nach vorst. Meth. 8 g *Äthylpropenylketon*, $C_6H_{10}O$, Kp. 135—137°; $D._4^{20}$ 0,8492; n_D^{20} 1,4350. — *Hydratisierung von* III: Man erhitzt 32 g III mit 10 g HgO in 600 ml 15%ig. H_2SO_4 6 Std. lang auf 70—80° u. erhält 12 g *n-Propylpropenylketon*, $C_7H_{12}O$, Kp. 155—157°; $D._4^{20}$ 0,8527; n_D^{20} 1,4393. — *Hydratisierung von* IV: Man erhitzt 36 g IV mit 11 g HgO in 700 ml 15%ig. H_2SO_4 u. erhält 9 g *n-Butylpropenylketon*, $C_8H_{14}O$, Kp. 176—178°; $D._4^{20}$ 0,8515; n_D^{20} 1,4405. M. HÄNSSGEN. B 120□

Temperaturabhängigkeit von Infrarotabsorptionsbanden höherer n-Alkohole. Mitugi Hasikuni. (J. physic. Soc. Japan **15.** 941—42. Mai 1960. Hiroshima, Univ., Fac. of Sci., Dep. of Phys.) (Engl.)

Die Temp.-Abhängigkeit der IR-Absorption höherer n-Alkohole wurde im Gebiet von 700 cm^{-1}—1500 cm^{-1} untersucht. Bei Erhitzung ausgehend von Zimmertemp. wurden alle für den festen Zustand charakterist. Banden schwächer u. schwächer, um bei einer von Bande zu Bande verschiedenen Temp. zu verschwinden. Bei Abkühlung vom fl. Zustand erscheinen die Banden wieder bei einer um einige Grade niedrigeren Temp. als bei der sie vorher verschwanden. Die Absorptionskurven für $C_{18}H_{37}OH$, $C_{16}H_{33}OH$ u. $C_{14}H_{29}\cdot OH$ im fl. sowie im α- u. β-Zustand werden wiedergegeben. Diese Banden können bzgl.

ihrer Temp.-Abhängigkeit in zwei Gruppen eingeteilt werden, in die Gruppe zwischen 1250 u. 1350 cm^{-1} u. in die zwischen 1180 u. 1250 cm^{-1}. Das Dublett bei 720 cm^{-1} fängt bei der Übergangs-Temp. für die α–β-Modifikation an aufzuspalten.

H. LINDBERG. B 120□

Synthese und spektrale Eigenschaften der Dideuterobernsteinsäuren. C. R. Childs jun. und K. Bloch. (J. org. Chemistry **26.** 1630—33. Mai 1961. Cambridge, Mass., Harvard Univ., Dep. of Chem.) (Engl.)

Vff. synthetisierten *meso-* u. *dl-*$D_{2(2.3)}$- sowie $D_{2(2.2)}$-*Bernsteinsäure.* Die IR-Spektren (in KBr) dieser Verbb. unterscheiden sich voneinander u. von denjenigen von *Bernsteinsäure* (I; F. 192—193°, aus Acetonitril) u. D_4-*Bernsteinsäure.* Die ebenfalls voneinander unterscheidbaren IR- sowie die Kernresonanzspektren der Dimethylester der 4 ersten Säuren sind angegeben. — Kontroll-Vers.: Bei der alkal. Verseifung von I-Diäthylester in D_2O wird prakt. kein D in die Methylengruppe der I eingebaut.

Versuche: *dl-*$D_{2(2.3)}$-*Bernsteinsäure,* F. 194,0—194,5° (Acetonitril), aus Fumarsäure u. D_2/10%ig. Pd–Kohle in Essigester. — *meso-*$D_{2(2.3)}$-*Bernsteinsäure,* F. 195,5—196,0°, wie vorst. Verb. aus Maleinsäureanhydrid über Maleinsäure oder $D_{2(2.3)}$-Bernsteinsäureanhydrid. — *Äthantricarbonsäure-(1.1.2)-triäthylester,* $Kp._{1,2}$ 124—125°, aus Na-Malonester (mit NaH in Tetrahydrofuran) u. Bromessigester unter N_2 (0° bis Raumtemp.); 68,3% (Ausbeute). — $D_{2(2.2)}$-*Bernsteinsäure,* F. 189—190° (Acetonitril), durch Rk. vorst. Verb. mit NaH in Tetrahydrofuran (2std. Rühren unter N_2), Zugabe von D_2O, Verseifung durch 6std. Rühren, Zugabe von 20%ig. DCl bis pH 1, Lyophilisierung, Decarboxylierung bei 180° u. Reinigung über das Ba-Salz.

J. ROTHE. B 120□

Infrarot-Untersuchungen an Benzolderivaten über die Wechselwirkung zwischen Substituenten und Benzolring. 1. Mitt. Korrelation zwischen dem integralen Extinktionskoeffizienten der C–H-Valenzschwingungen monosubstituierter Benzolderivate und dem Induktivparameter σ_J der Hammettkonstanten. E. D. Schmid und J. Bellanato. (Z. Elektrochem., Ber. Bunsenges. physik. Chem. **65.** 362—67. Juni 1961. Freiburg i. Br., Univ., Inst. für physik. Chem.) (Dt.)

Vf. bestimmten die Intensitäten (integralen Extinktions-Koeff.) der C–H-Valenzschwingungen des Phenylringes aus den IR-Spektren (in CCl_4) folgender Verbb.: *Äthylbenzol, Toluol, 1-Chlor-3-phenylpropan, β-Phenyläthylalkohol, β-Phenyläthylchlorid, Benzylalkohol, Diphenyl, Anilin, Benzylchlorid, Phenol, Benzylcyanid, Benzalchlorid, Jodbenzol, Benzotrifluorid, Benzotrichlorid, Brombenzol, Chlorbenzol, Fluorbenzol, Benzonitril, Nitrobenzol.* Die Meßergebnisse werden hinsichtlich einer Korrelation mit der HAMMETT-Konst. σ_{para} u. dem Induktivparameter σ_J diskutiert. Zwischen der Intensität J u. σ_J gilt $\log J = -0,85\,\sigma_J - 0,26$.

J. ROTHE. B 120□

Sterischer Effekt in α-substituierten Methylarylketonen. Jules L. Adelfang, Patrick H. Hess und Norman H. Cromwell. (J. org. Chemistry **26.** 1402—04. Mai 1961. Lincoln, Nebr., Univ. of Nebraska, Avery Labor.) (Engl.)

Vff. untersuchten die IR-Spektren folgender Verbb. (in CCl_4; mit * gek. Verbb. auch in Chlf. u. Acetonitril): *Acetophenon, p-Phenylacetophenon**, *p-Phenylpropiophenon, p-Phenylbutyrophenon, p-Phenylisobutyrophenon, Cyclohexyl-p-biphenylylketon, p-Phenylisovalerophenon, α-Cyclohexyl-p-phenylacetophenon* [$C_{20}H_{22}O$, F. 101,5—102,5° (sublimiert), aus Diphenyl u. Cyclohexylacetylchlorid in CH_2Cl_2 in Ggw. von Al_2Cl_3, 80 Min. bei Raumtemp.; 28% (Ausbeute)], *Pivalophenon, Neopentylphenylketon**, *Neopentyl-p-biphenylylketon** [$C_{18}H_{20}O$, F. 88—89° (sublimiert), aus tert. Butylacetylchlorid u. Biphenyl wie oben; 29%], *α-Methoxy-p-phenylacetophenon**, *α-Morpholino-p-phenylacetophenon**, *α-Morpholino-p-phenylpropiophenon* [$C_{19}H_{21}NO_2$, F. 90—91,5° (Pentan-Ae.), aus α-Brom-p-phenylpropiophenon (I) u. Morpholin in Ae., ½ Std. Stehen; 49%], *α-Morpholino-p-phenylisobutyrophenon, p-Phenylphenacylbromid**, I, *α-Brom-p-phenylisobutyrophenon, 1-Bromcyclohexyl-p-biphenylylketon.* Die C=O-Valenzschwingungsfrequenzen sind angegeben; sie werden durch α-Alkylsubstitution nach kleineren Wellenzahlen verschoben. In den Neopentylarylketonen tritt eine C=O-Doppelbande auf. Die bei den polar substituierten Methylarylketonen gefundene Konformationsisomerie wird durch die Substitution von α-Methylgruppem gehindert. Die wahrscheinlich bevorzugten Konformationen einiger dieser Ketone werden vorgeschlagen nach Berücksichtigung ster. u. polarer Einflüsse. Polarere Lsgm. scheinen diejenigen Banden zu begünstigen, die der Konformation mit der weniger polarisierten CO-Gruppe entspricht.

J. ROTHE. B 120□

Aminodiarylborane und ihre Phosphor- und Arsen-Analoga. G. E. Coates und J. G. Livingstone. (J. chem. Soc. [London] **1961.** 1000—08. März. Durham, South Road, Coll., Chem. Dep.) (Engl.)

Nach verschiedenen Meth. wurden folgende Aminodiarylborane dargestellt u. ihre IR-Spektren, Assoziationsgrade in Bzl. u. Nitrobenzol u. Dipolmomente μ (in Debye) untersucht: *Aminodiphenyl-* (**I**; μ 0), [*Dimethylamino*]-*diphenyl-* (**II**; 1,6), [*Dimethylamino*]-*di-p-tolyl-* (1,1), [*Dimethylamino*]-*di-p-bromphenyl-*(*3,1*), [*Diphenylamino*]-*diphenyl-* (**III**; 1,0), [*Di-p-tolylamino*]-*diphenyl-* (0,8) u. [*Diphenylamino*]-*di-p-tolylboran* (1,6). Nur **I** ist dimer (kryoskop. in Bzl. u. Nitrobenzol), alle übrigen sind monomer. Die B–N-Bindung ist nur sehr schwach oder überhaupt nicht polar. Die Richtung der Dipolmomente kehrt sich beim Übergang von **II** (B negativ) zu **III** (N negativ) um. Die B–N-Frequenzen fallen, mit Ausnahme der von **I**, in das Gebiet zwischen 1330—1530 cm^{-1}. Das UV-Spektrum von **III** weist Absorptionsmaxima bei 282 u. 312 mμ auf. Die zum Vgl. hergestellten, gegen Hydrolyse u. Luft recht beständigen Phosphinodiarylborane besitzen größere μ-Werte (mit negativem P): *Diäthylphosphinodiphenyl-* (*1,1*), *Diäthylphosphinodi-p-bromphenyl-* (0,7), *Diphenylphosphinodiphenyl-* (extrem unlösl. in W. u. organ. Lsgm.), *Di-m-tolylphosphinodiphenyl-* (2,2), *Di-m-tolylphosphinodi-p-tolyl-* (2,9) u. *Di-m-tolylphosphinodi-p-bromphenylboran* (0,6). Alle genannten Phosphinoborane sind monomer; die B–P-Valenzfrequenzen (1400—1500 cm^{-1}) lassen auf einen höheren Doppelbindungscharakter schließen als bei den Aminoboranen. Die As–B-Bindungen entsprechender Arsinoborane sind weniger polar (As negativ); folgende μ-Werte wurden gemessen: *Diphenylarsinodiphenyl-* (1,3), *Diphenylarsinodi-p-tolyl-* (2,1) u. *Diphenylarsinodi-p-bromphenylboran* (ca. 0,4). Die Eigg. dieser Verbb. werden aus dem in der Reihe N- > P- > As-Verb. abnehmenden π-Donatorcharakter u. der vollständigen oder fast vollständigen koordinativen Absättigung des B-Atoms durch die π-Bindungen mit den Arylgruppen hergeleitet.

Versuche: *Aminodiphenylboran* (**I**), $C_{12}H_{12}BN$, F. 129—130° (Bzl.), durch Sättigen der äther. Lsg. von Chlordiphenylboran (**IV**; F. 21,5—22,0°, aus Diphenylborinsäure u. BCl_3) mit NH_3 bei Zimmertemp., Zusatz von Triäthylamin (**V**), 1std. Kochen, Filtrieren, Eindampfen; 43% (Ausbeute). — [*Dimethylamino*]-*diphenylboran* (**II**), $C_{14}H_{16}BN$, $Kp._{0,05}$ 102—104°, durch Zusatz von Phenyl-MgBr in Ae. zu Dichlordimethylaminoboran in Bzl., Eindampfen u. Extraktion mit Bzl.; 81%. — Analog: [*Dimethylamino*]-*di-p-tolylboran*, $C_{16}H_{20}BN$, $Kp._{0,04-0,05}$ 110—112°, mit p-Tolyl-MgBr; 76%. — *Di-p-bromphenyl-*[*dimethylamino*]-*boran*, $C_{14}H_{14}BBr_2N$, F. 39—40° (Bzl.-Hexan), mit p-Bromphenyl-MgBr; 44%. — [*Diphenylamino*]-*diphenylboran* (**III**), $C_{24}H_{20}BN$, F. 148—150° (Bzl.), a) aus Li-Diphenylamin u. **IV** in Ae. bei —60° (Meth. 1); 66%; b) aus Diphenylamin (**VI**), **V** u. **IV** in Ae. bei —60° (Meth. 1); 66%; b) aus **VI**, **V** u. **IV** durch 30 Min. langes Kochen in Bzl. u. Abfiltrieren des **V**-Hydrochlorids (F. 255—256°); (Meth. 2); 61%. 0,186 g geben beim Erwärmen mit wss. Aceton u. Äthanolamin → **VI** u. *2-Aminoäthyldiphenylborinat*, $C_{14}H_{16}BNO$. — Analog: [*Di-p-tolylamino*]-*diphenylboran*, $C_{26}H_{24}BN$, F. 130 bis 132° (Bzl.-Hexan), nach Meth. 1; 53%; nach Meth. 2; 57%. — [*Diphenylamino*]-*di-p-tolylboran*, $C_{26}H_{24}BN$, F. 72—73° (Bzl.-Hexan), nach Meth. 2; 67%. — *Diäthylphosphinodiphenylboran*, $C_{16}H_{20}BP$, F. 192° (Bzl.), durch Zufügen von **IV** zu Li-Diäthylphosphin (aus n-Butyl-Li u. Diäthylphosphin) in Bzl.-Tetrahydrofuran (THF); 84%. — *Di-p-bromphenyl-*[*diäthylphosphino*]-*boran*, $C_{16}H_{18}BBr_2P$, F. 202° (Bzl.-Hexan), analog vorst. Verb. aus Di-p-bromphenylchlorboran; 49%. *Methojodid*, $C_{17}H_{21}BBr_2JP$, F. 310 bis 312° (Zers.). — [*Diphenylphosphino*]-*diphenylboran*, $C_{24}H_{20}BP$, sublimiert bei 240° u. 10^{-3} mm Hg, a) durch Zufügen von **IV** zu Diphenylphosphin (**VII**) u. **V** in Bzl.; 61%; b) nach Meth. 1 aus **IV** u. dem Na-Derivv. von **VII** in 2.5-Dioxahexan; 51%. 0,1906 g geben beim Erwärmen mit wss.-alkohol. H_2O_2 → Phenol (isoliert als Tribrom-Deriv.; 0,348 g) u. *Diphenylphosphinsäure* (F. 195—196°). — *Chlor-*[*diphenylphosphino*]-*diphenylboran* (Addukt aus **VII** u. **IV**), $C_{24}H_{21}BClP$, F. 83—85°, aus den Komponenten in Bzl.; 75%. — *Triäthylammonium-*[*chlor-*(*diphenylphosphino*)-*diphenylboranat*], $C_{30}H_{36}BClNP$, F. 152—153°, durch Zusatz von **VII** zu **IV** u. **V** in Bzl.; 77%. — [*Di-m-tolylphosphino*]-*diphenylboran*, $C_{26}H_{24}BP$, F. 123—124°, durch Zufügen des Na-Deriv. von Di-m-tolylphosphin in THF zu **IV** in Ae. bei Zimmertemp., Einengen u. Extraktion mit Bzl.; 67%. — Analog: [*Di-m-tolylphosphino*]-*di-p-tolylboran*, $C_{28}H_{28}BP$, F. 257—258° (Bzl.-Hexan); 67%. — *Di-p-bromphenyldi-m-tolylphosphinoboran*, $C_{26}H_{22}BBr_2P$, F. 281° (Bzl.-Hexan); 66%. — [*Diphenylarsino*]-*diphenylboran*, $C_{24}H_{20}AsB$, F. 202—204° (Bzl.), a) aus dem Na-Deriv. von Diphenylarsin u. **IV** in THF bei —60°; 57%; b) nach der **V**-Meth.; 67%. Erwärmung mit wss.-alkohol. H_2O_2 → Phenol, Bor- u. Arsensäure. — Analog nach a): [*Diphenylarsino*]-*di-p-tolylboran*, $C_{26}H_{24}AsB$, F. 224—225° (Bzl.); 69%. — *Diphenylarsino*]-*di-p-bromphenylboran*, $C_{24}H_{18}AsBBr_2$, F. 244—245° (Bzl.-Hexan); 67%.

HEINZ NESTLER. B 120□

Infrarotspektren und Struktur von Arylazonaphtholen. K. J. Morgan. (J. chem. Soc. [London] **1961.** 2151—59. Mai. Edgbaston, Birmingham, Univ., Dep. of Chem.) (Engl.)

IR-Spektren zeigen das Vorliegen von Azo-Hydrazon-Tautomerie bei 1-Arylazonaphtholen-(2) (**A**) u. bei 4-Arylazonaphtholen-(1) (**B**) sowohl in festem Zustand (KBr oder Nujol) als auch in Lsg. (Cyclohexan, C_2Cl_4, CCl_4, CH_2Cl_2, $CHCl_3$, $CHBr_3$). Mit zunehmender Polarität des Lsgm. (in der vorst. angegebenen Reihenfolge) u. unter dem Einfl. elektronegativer Substituenten in der Arylgruppe verschiebt sich das Gleichgewicht in Richtung auf das Hydrazon. Bei den **B** besteht zwischen den Hammettschen σ-Konst. für m- u. p-Substituenten u. der C=O-Frequenz der Hydrazonform eine lineare Beziehung. Für die **A** besteht eine ähnliche Beziehung zwischen σ u. der Intensität der C=O-Frequenz. Die Intensitätsänderungen sind jedoch geringer als bei den **B**, u. aus dem Vgl. mit der ähnlichen Beziehung zwischen σ u. der Intensität bei *Benzanilid*, *-p-methoxy-*, *-p-methyl-*, *-p-chlor-* u. *-p-nitroanilid* geht hervor, daß diese Änderungen in der Intensität auf Konz.-Änderungen der Hydrazonform zurückzuführen ist, *4-Hydroxy-*, *4-Hydroxy-4'-methoxy-*, *4-Hydroxy-4'-nitroazobenzol* liegen nach dem IR-Spektrum nur in der Azoform vor. Folgende Verbb. wurden untersucht [in () F.]: 4-Arylazonaphthole-(1) 4-($RC_6H_4N = N$)—$C_{10}H_6OH$—(1):R = *H* (208°), *o-CH₃O* (177—178°), *m-CH₃O* (159°), *p-CH₃O* (173°), *o-CH₃* (162—163°), *m-CH₃* (200°), *p-CH₃* (211,5°) *o-Cl* (189,5—190,5°), *m-Cl* (227,5—228°; Zers.), *p-Cl* (229,5°; Zers.), *o-NO₂* (256—257°), *m-NO₂* (242—242,5°; Zers.), *p-NO₂* (281—282°; Zers.); 1-Arylazonaphthole-(2) 1-($RC_6H_4N = N$)—$C_{10}H_6OH$-(2): R = *H* (133—134°), *o-CH₃O* (187—188°), *m-CH₃O* (149°), *p-CH₃O* (142°), *o-CH₃* (132—133°), *m-CH₃* (141—142°), *p-CH₃* (133—134°), *o-Cl* (171—173°), *m-Cl* (164—165°), *p-Cl* (165—166°), *o-NO₂* (217—219°), *m-NO₂* (197—198°), *p-NO₂* (259—260°) u. *1-Methoxy-4-phenylazonaphthalin* (F. 80°, durch Methylierung des Naphthols) sowie *Naphthochinon-(1.4)-mono-methylphenylhydrazon* (F. 121—122°, aus dem Chinon u. Methylphenylhydrazin) als Vergleichssubstanzen. J. Rothe. B 120□

Die Infrarot-Spektren und die Struktur einiger Pyrazolone-(5). R. Janssen und H. Ruysschaert. (Bull. Soc. chim. belges **67.** 270—75. Mai/Juni 1958. Mortsel, Gevaert Photo-Producten N. V.) (Engl.)

Vff. untersuchen die IR-Spektren von *1-Phenyl-3-methylpyrazolon-(5)* im festen Zustand (KBr), in Chlf. u. in Acetonitril. Die Spektren werden im Zusammenhang mit Strukturhypothesen für die Br-Stellung in gewissen Br-substituierten Methylpyrazolonen diskutiert, die Hüttel u. Mitarbeiter (C. **1958.** 9768) auf Grund von IR-Bandenverschiebungen im Bereich 3,5 μ bzw. 6,2 μ aufgestellt haben. Vff. nehmen ein tautomeres Gleichgewicht für solche Pyrazolon-Derivv. an, die in 4-Stellung nur einen Substituenten tragen u. formulieren neue Strukturen für die von Hüttel angegebenen Brom-Derivv., u. zwar kommt dem 1-Brom-3.4-dimethyl- die Struktur eines *4-Brom-3.4-dimethylpyrazolons-(5)*, dem 1-Brom-4-methyl- die eines *4-Brom-4-methyl-* u. dem 1.4-Dibrom- die eines *4.4-Dibrom-3-methylpyrazolons-(5)* zu. H. Schöttler. B 120□

Spektroskopische Untersuchungen quaternärer Aldoxime und Ketoxime. P. W. Sadler. (J. chem. Soc. [London] **1961.** 2162—65. Mai. London, Middlesex Hospital, Med. School.) (Engl.)

Vf. untersuchte die IR-Spektren (in KBr) folgender Verbb.: *2.2'-Pyridil-α-dioxim*, *-β-dioxim*, *-β-monoxim* (**I**), *Benzil-α-dioxim*, *-β-dioxim*, *β-Dimethylaminopropionaldoximmethochlorid*, *2-[2'-Oxoäthyl]-pyridiniumoximchlorid*, *N.N-Dimethyl-p-2'-oxoäthylaniliniumoximchlorid*, *p-Dimethylaminobenzaldoxim* u. *-methochlorid*, *Pyridinaldehyd-(2)-oxim*, *-methojodid* (**II**) u. *-isopropylojodid*, *Pyridinaldehyd-(3)-oxim*, *Pyridinaldehyd-(4)-oxim*, *-butylojodid*, *-3'-brompropylobromid*, *-5'-brompentylobromid*, *N.N'-Trimethylen-bis-[4-hydroximinomethylpyridiniumbromid]* (**III**), *N.N'-Tetramethylen-bis-[4-hydroximinomethylpyridiniumbromid]* (**IV**), *4.4'-Dimethyl-2.2'-bipyridyl* u. *-bis-methojodid* sowie die UV-Spektren (in 0,1n NaOH) von **II, III, IV**, *Pyridinaldehyd-(2)-oximäthojodid*, *-propylojodid* u. *-butylojodid*, *Pyridinaldehyd-(4)-oximmethojodid*, *N.N'-Trimethylen-*, *N.N'-Tetramethylen-* u. *N.N'-Pentamethylen-[4-hydroximinomethylpyridinium]-pyridiniumdibromid*, *N.N'-Äthylen-* u. *N.N'-Pentamethylen-bis-[4-hydroximinomethylpyridiniumbromid]*. — Die β-Konfiguration von **I** ergibt sich aus dem IR-Spektrum; **I** bildet intramol. N—OH....O=C-Bindungen. Die versuchsweisen Zuordnungen der Strukturen der 2.2'-Pyridildioxime erfolgt auf Grund der N—O-Valenzfrequenzen. Die Intensität der C=N-Absorption in den heterocycl. Aldoximen ist sehr veränderlich; Quaternisierung erhöht diese Frequenz im allgemeinen. Die Änderungen der Frequenz u. Intensität dieser Absorption sind verwandt der aktivierenden Wrkg. der Pyridin-2- u. -4-aldoxim-Derivv. auf Di-O-äthylphosphorylacetylcholinesterase. J. Rothe. B 120□

Über die Konfiguration des aus Parasorbinsäure hergestellten 4.6-Didesoxyhexonsäurelactons. R. Lukeš, J. Jarý und J. Němec. (Chimia [Schweiz] **13.** 336. 15/10. 1959. Prag, Tschechoslowak. Akad. der Wiss., Labor. für heterocycl. Verbb.) (Dt.)

Für das bei der Hydroxylierung der Parasorbinsäure (I) mit wss. Lsg. von $NaClO_3$ u. OsO_4 in 65%ig. Ausbeute erhaltene opt. akt. α.β.δ-Trihydroxycapronsäurelacton wurde experimentell [Abbau → 3.5-Didesoxypentose → Äthylenmercaptal → meso-Pentandiol-(2.4)] festgestellt, daß es die Konfiguration eines *4.6-Didesoxy-L-gulohexonsäurelactons* hat. Die abs. Konfiguration von I wurde durch Ozonisierung geklärt, wobei neben Oxalsäure (+)-L-β-Hydroxybuttersäure entsteht. Rechtsdrehende I gehört daher zur L-Reihe. C. Gottfried. B 123

Pikrotoxin. 5. Mitt. **Konformationsanalyse und Strukturprobleme.** Harold Conroy. (J. Amer. chem. Soc. **79.** 5550—53. 20/10. 1957. Waltham, Mass., Brandeis Univ., Dep. of Chem.) (Engl.) — 3. vgl. C. **1959.** 143; 4. vgl. Chem. and Ind. **1957.** 704.

Im Anschluß an die Ergebnisse früherer experimenteller Arbeiten des Vf. (vgl. 1.—4. Mitt.) u. anderer Autoren (vgl. u. a. Johns u. Mitarbeiter, C. **1957.** 13679, Benstead u. Mitarbeiter, C. **1956.** 9464, Sutter u. Schlittler, C. **1951.** I. 3350) wird versucht, das Rk.-Vermögen der Verbb. aus der Pikrotoxininreihe mit den Prinzipien der Konformationsanalyse zu erklären. Für *Pikrotoxin* u. jedes seiner Umwandlungs-Prodd. *Brompikrotoxinin, Pikrotoxinsäure,* Schlittlers „*Verb. C*“, *Pikrotoxinindicarbonsäure* u. deren *Dimethylester*) werden auf Grund eingehender räumlicher Überlegungen Strukturbilder vorgeschlagen. E. Franck. B 123

cis-trans-Isomerie bei Thioindigofarbstoffen im festen Zustand. G. S. Egerton. (Nature [London] **183.** 389—90. 7/2. 1959. Manchester, Univ., Fac. of Technol., Dep. of Textile Chem.) (Engl.)

Vff. untersucht nach Aufbringen von Farbstoffilmen auf Quarzplatten absorptionsspektroskop. die cis-trans-Isomerie von Thioindigofarbstoffen. Es zeigt sich, daß bei allen Farbstoffen, bei denen sich durch Substituenten-Einfl. die elektrostat. Ladung der Sauerstoff- bzw. Schwefelatome nicht vermindert, die trans-Form stabil ist. Das ist z. B. bei *Thioindigo* u. *6.6'-Dichlorthioindigo* der Fall, während zwei zusätzliche Methylgruppen in 4.4'-Stellung die elektrostat. Ladung herabsetzen u. so zur Bldg. eines Gemisches aus cis- u. trans-Form Anlaß geben. Ähnliche Ergebnisse bringen Messungen auf Cellulosematerial. Untersucht wurden außer den genannten Verbb.: *4.4'-Dimethyl-6.6'-dichlor-*, *5.5'-Dichlor-7.7'-dimethyl-*, *4.4'-Dimethyl-5.6'.7-trichlor-*, *6.6'-Diäthoxythioindigo* u. *1'-Acenaphthen-2-thianaphthenindigo*. Die Spektren der ersten 4 Verbb. sind im Bereich 300 bis 650 mμ abgebildet. F. Mader. B 123□

Die Wasserstoffbindung von Imidazol in Kohlenstofftetrachloridlösung. D. M. W. Anderson, J. L. Duncan und F. J. C. Rossotti. (J. chem. Soc. [London] **1961.** 2165—71. Mai. Edinburgh, Univ., Dep. of Chem.) (Engl.) — Vgl. C. **1961.** 10494.

Eine Analyse der Konz.-Abhängigkeit des IR-Spektrums von *Imidazol* (F. 89,5°, aus CCl_4) in CCl_4 bei 18 ± 1° zeigt, daß die Grundschwingung der N—H-Valenzbande bei 3485 ± 10 cm^{-1} den freien Endgruppen linearer Oligomerer zukommt. Der Quotient Gesamt-Konz. an Imidazol/Konz. der Endgruppen(Zahlenmittel des Polymerisationsgrades) des Syst. steigt von 1 auf 2,6 im Konz.-Bereich $2 \cdot 10^{-4}$ bis $4 \cdot 10^{-3}$m, die Durchschnittszahl der monomeren Einheiten in jedem Oligomeren von 2 auf 5. Das Wasserstoffbindungsgleichgewicht kann quant. durch eine Dimerisierungs-Konst. $\beta_{20} = 234 \pm 15$ Liter·Mol^{-1} u. nachfolgende stufenweise Assoziations-Konst. K_q ($q \geqq 3$) = 760 ± 20 Liter·Mol^{-1} ausgedrückt werden. J. Rothe. B 123

Beziehungen von Parametern von Geschwindigkeitsprozessen für dielektrische Absorption in kristallinen langkettigen Verbindungen. R. J. Meakins. (Trans. Faraday Soc. **55.** 1694—1704. Okt. 1959. Sydney, C.S.I.R.O., Div. of Electrotechnol.) (Engl.)

Vff. messen von einer Reihe von krist. langkettigen Verbb. die dielektr. Verlustfaktoren bei Temp. zwischen 50—100° u. bestimmen, da in allen Fällen die Beziehungen zwischen log f_{max} u. 1/T linear waren, die Frequenzfaktoren A, die Energieschwellen ΔE, die Aktivierungsentropien ΔS u. die freien Aktivierungsenergien ΔF (20°) der. Mol.-Rotation. Es wurden folgende Werte erhalten: a) für Ester u. Äther in der β-Phase: *Äthylpalmitat* log A 14,8, ΔE 10 [kcal/Mol]; *Methylstearat* 15,6, 11; *Äthylstearat* (I) 16,6, 12,9; *n-Decyllaurat* 17,8, 14,9; *Methylbehenat* 19,1, 17; *Äthylbehenat* (II) 19,1, 17; *n-Dodecylmyristat* 19,4, 18; *n-Hexadecylpalmitat* 21,6, 22; *Methyl-n-eikosyl-* (IV) 16,9, 12,5; *Methyl-n-dokosyl-* 17,2, 13,7; *Di-n-hexadecyl-* (III) 20,5, 20; *Di-n-octadecyläther* 22,0, 23. b) für Ketone u. Äther in festen Lsgg. von langkettigen KW-Stoffen (5 Gewichts-% der polaren Verb., Kette um 1 Glied kürzer als das KW-Stoff-Lsgm.): *Di-n-octyl-* 15,7, 11,3; *-n-nonyl-* 15,8, 11,9; *-n-decyl-* 17,2, 14,7; *-n-undecyl-*, 17,8, 15,5; *-n-dodecyl-* 18,8, 17,7; *-n-tridecyl-* 19,0, 18,7; *-n-pentadecyl-* 19,9, 20,5, *-n-heptadecylketon* 19,3, 20,7; *Di-n-octyl-* 15,4, 10,1; *-n-dodecyl-* 18,2, 17,1; *-n-tetradecyläther* 18,2, 17,1; **III** 18,0, 17,8. Bei Auftragung von ΔE oder ΔF gegen die Zahl der Atome in der Mol.-Kette werden bei den Estern 2 Geraden mit verschiedenem Anstieg erhalten, u. zwar je eine für die Verbb. mit Ketten unter u. über 24 C-Atomen. Die Äther geben eine einzige gerade Linie. Die Beziehung zwischen log A u. ΔE wird für Äther u. Ester durch eine einzige Gerade wiedergegeben. Die festen Lsgg. entsprechen in ihrem Verh. im allg. den reinen Verbb., größere Abweichungen zeigen sich bei der ΔE: Kettenlängenauftragung bei den längerkettigen Verbindungen. Für Verbb., die in der α-Phase vorliegen, wurden die Parameter bestimmt bei: *n-Eikosylacetat* 29, 36; I 34, 43; III 35,4, 48; IV 15, 19 u. mit Literaturwerten verglichen für n-Hexadecyl-, n-Octadecyl- (27, 32), n-Dokosylacetat (27, 35), n-Butylstearat u. Methyl-n-octadecyläther (49, 63). Hier besteht keine offensichtliche Beziehung zwischen ΔE, log A oder ΔS u. der Kettenlänge, bei ΔF besteht sie nur bei Verbb. gleichen Typs; dagegen gibt es auch hier wieder ein einzige lineare Beziehung zwischen log A u. ΔE für alle untersuchten Verbindungen. W. Schramm. B 132□

Die Größe der dielektrischen Absorption in festen aliphatischen langkettigen Verbindungen. R. J. Meakins. (Trans. Faraday Soc. **55.** 1701—04. Okt. 1959.) (Engl.) — Vgl. vorst. Referat.

Vff. untersuchen bei 20° die Größe der dielektr. Absorption (DA) von 5%ig. festen Lsgg. (in KW-Stoffen) von folgenden Verbb.: *Di-n-decyl-*, *-n-tridecyl-* (I), *-n-pentadecyl-*, *-n-heptadecylketon*, *Di-n-dodecyl-* u. *-n-hexadecyläther*. In allen Fällen nimmt die DA mit abnehmender Temp. zu, die Ergebnisse weisen darauf hin, daß die Gleichgewichtsstellungen der Moll. im Kristallgitter annähernd gleiche Energien haben. Dies steht im Gegensatz zum Verh. reiner Verbb., die meist große Energiedifferenzen zeigen. Vff. schließen, daß diese Differenzen hauptsächlich auf Wechselwrkg. der Mol.-Enden in benachbarten Kristallagen zurückzuführen sind. Da die gemessenen Werte der DA prakt. gleich den nach der Onsager-Gleichung für Fll. berechneten sind, wird geschlossen, daß die Moll. 2 Gleichgewichtsstellungen von gleicher Energie aber entgegengesetzter Richtung haben. Für I als Lsg. in n-Octakosan wird die Frequenzabhängigkeit des dielektr. Verlustfaktors u. der relativen Durchlässigkeit bei —21, 0 u. 20° gezeigt (Abb.). W. Schramm. B 132□

Mikrowellenabsorption und Molekularstruktur in Flüssigkeiten. 34. Mitt. **Eine interferometrische Methode für die Messung der dielektrischen Konstanten und Verluste bei einer Wellenlänge von 4,3 mm.** W. E. Vaughan, K. Bergmann und C. P. Smyth. (J. physic. Chem. **65.** 94—97. Jan. 1961. Princeton, N.J., Univ., Frick Chem. Labor.) (Engl.) — 33. vgl. J. Amer. chem. Soc. **82.** [1960.] 4759; 31. vgl. C. **1961.** 13857.

Die Theorie einer verbesserten interferometr. Meth. zur Messung dielektr. Konst. u. Verluste von Fll. bei einer Wellenlänge von **4,3** mm wird erläutert u. ein zur Messung geeigneter App. beschrieben, der Messungen der dielektr. Konst. mit einem wahrscheinlichen Fehler von 1% ermöglicht, ausgenommen von Stoffen mit sehr geringen Verlusten, bei denen die Fehlergrenze ansteigt. Die Best. der dielektr. Verluste ist mit 2% Genauigkeit möglich, sowohl bei sehr hohen als auch bei sehr niedrigen Verlusten nimmt die Genauigkeit etwas ab. Als Beispiel werden Messungen an *Chlorbenzol* bei 31° durchgeführt. W. Niemitz. B 132□

Mikrowellenabsorption und Molekularstruktur in Flüssigkeiten. 35. Mitt. **Absorption durch reine polare Flüssigkeiten bei einer Wellenlänge von 4,3 mm.** Worth E. Vaughan und Charles P. Smyth. (J. physic. Chem. **65.** 98—101. Jan. 1961.) (Engl.) — 34. vgl. vorst. Referat.

Die dielektr. Konst. u. Verluste von *Chlorbenzol* (Kp. 132°), *Tribromfluormethan* (Kp. 106°), *Diphenyläther* (I; F. 28°), *Benzophenon* (II; F. 48,8°), *Anisol* (Kp. 154,1°), *o-* (F. 23°), *m-* u. *p-Dimethoxybenzol* (F. 56°) wurden bei einer Wellenlänge von 4,35 mm u. verschiedenen Temp. zwischen 20 u. 80° gemessen u. die Daten an Hand der vorhandenen Niederfrequenzdaten geprüft. Bei II wurde ein zweiter Dispersionsbereich gefunden, der auf einen ähnlichen innermol. Mechanismus zurückgeführt wird wie kürzlich bei I (vgl. Higasi u. Smyth, J. Amer. chem. Soc. **82.** [1960.] 4759) vorgeschlagen. Anzeichen für innermol. Rotation liegen auch bei den Moll. der vier aromat. Methoxy-Verbb. vor. W. Niemitz. B 132□

Die elektrischen Dipolmomente von 1.2;5.6-Dibenzocyclooctadien und o-Xylol. E. W. Randall und L. E. Sutton. (J. chem. Soc. [London] **1958.** 1266—69. März. Oxford, Univ., Phys. Chem. Labor.) (Engl.)

Zur Ermittlung der Konformation von *1.2;5.6-Dibenzocyclooctadien-(1.5)* (I; F. 108,5°) in Lsg. wird sein elektr. Dipolmoment in Bzl. bei 25° bestimmt, μ = 0,50 bis 0,60 D. Das Dipolmoment von *o-Xylol* wird mit μ = 0,54 D angegeben. Die Polarisationsmessungen zeigen, daß I in Lsg. zu 25—30% in der polaren cis-Konformation (C_{2v}-Symm.) auftritt. F. Mader. B 132□

Die dielektrische Relaxation einiger sphäroider Moleküle. Robert C. Miller und Charles P. Smyth. (Nat. Acad. Sci. — Nat. Res. Council, Publ. Nr. **396.** 48. März 1956. Princeton, N.J., Univ., Dep. of Chem.) (Engl.)

Bei der Unters. der Mikrowellenabsorption organ. Fll. im Zusammenhang mit der Molekularstruktur wurde der Einfl. der Dipolorientierung in nicht kugelförmigen Moll. auf die Relaxationszeit untersucht. Hierzu wurden die Viscositäten η [cP], krit. Wellenlängen λ_m [cm] u. Mol-Vol. V [cm³] bei 60° von *Trioxan* (**I**; η 0,94; λ_m 1,55; V 76,9), *Paraldehyd* (**II**; 0,60; 8,2; 139,7), *Pyridin* (**III**; 0,58; 0,91; 84,0) u. *Kollidin* (**IV**; 0,58; 4,40; 137,0) bestimmt, wobei **I** u. **III** einerseits, **II** u. **IV** andererseits in der Mol.-Form u. in der Mol.-Größe verwandt sind. Die unterschiedlichen Werte werden auf Unterschiede bei der dielektr. Ausrichtung in äußeren elektr. Feldern zurückgeführt, die bei **I** u. **II** bes. ausgeprägt sind, da diese in ihrer Form flachen Scheiben ähnlich sind, deren Orientierung im Feld erschwert ist. H. FAHLENBRACH. B 132□

Bahnleitung in organischen Kristallen. H. Kallmann und M. Pope. (Nature [London] **186.** 31—33. 2/4. 1960. New York, N.Y., New York Univ., Washington Square Coll. of Arts and Sci.) (Engl.)

Vff. stellen die Energiebilanz für die Dunkel- u. Photoleitfähigkeit von *Anthracen* (**I**)-Kristallen mit NaJ/J_2- u. NaJ-Elektrolytelektroden auf, die in J. chem. Physics **32.** [1960.] 300 untersucht u. für die der Mechanismus vorgeschlagen wurde, daß J_2 ein Elektron von I unter Bldg. von J^- u. Ausbildung eines positiven Loches in I entfernt. Die Energiebilanz stützt diese Vorstellung, wobei an der entgegengesetzt geladenen Elektrode der Prozeß in einer Entladung des positiven Loches in I unter Bldg. von J_2 besteht. Der Mechanismus gilt auch für bestrahlte Elektroden. Auch bei negativem Stromfluß (—i; bestrahlte Seite hat negatives Potential) führt die Unters. zu dem Schluß, daß —i hauptsächlich durch Wechselwrkg. von Fluorescenzlicht mit der Elektroden-I-Oberfläche herrührt, die nicht direkt bestrahlt wird. Diese Wechselwrkg. ruft dann positive Löcher hervor, die zur negativen Elektrode fließen. Ein echter —i kann jedoch nicht ausgeschlossen werden, es wird angenommen, daß er sehr gering ist.
H. GUTHKE. B 134□

Kernmagnetisches Resonanzspektrum von Butin-(1) mit hoher Auflösung. B. Braillon und R. Romanet. (Arch. des Sci. **12** (**164**). 234—37. 1/4. 1959. Caen, Univ., Fac. des Sci., Labor. de Chim. structurale.) (Franz.)

Vff. untersuchten das kernmagnet. Resonanzspektrum (30 MHz) von *Butin-(1)*. Das Mol. besitzt 3 Gruppen von äquivalenten Protonen: CH_3-Gruppe (A), CH_2-Gruppe (B) u. Acetylen-H (C). In dem Spektrum treten 2 Gruppen von Linien auf, die A bzw. B + C zuzuordnen sind. Eine indirekte Spin–Spin-Wechselwrkg. zwischen den Spins A u. den Spins B ist für die Triplettstruktur der Gruppe der A-Strahlen verantwortlich zu machen. Berechnet wurden die Frequenzen u. die Intensitäten der Linien des Spektrums des Moleküls. Aus diesen vorläufigen Berechnungen konnten folgende Schlußfolgerungen gezogen werden, wobei Vff. auf gleichlaufende Unterss. von MEYER u. Mitarbeitern (vgl. C. **1956.** 2978) an Phenylacetylen, 1-Äthinylcyclohexanol-(1), 3-Methylbutin-(1)-ol-(3) u. 3-Methylpentin-(1)-ol-(3) Bezug nehmen. Es ergibt sich, daß der Wert der relativen chem. Verschiebung (δ in ppm) des Acetylen-H im Verhältnis zu dem Benzol-H $\delta = 10^6 \cdot (H - H_0)/H_0$ ist, wobei H das magnet. Resonanzfeld des Acetylen-H u. H_0 das des Bzl. bedeuten. Hierbei wurde für Butin-(1) $\delta = 4{,}9$ ppm, für die anderen Verbb. im Mittel $\delta = 4{,}2$ ppm gefunden. Dieser Unterschied besagt, daß für das Acetylen-H mit einer isolierten Dreifachbindung die magnet. Abschirmung sehr viel intensiver ist als bisher angenommen worden war. C. GOTTFRIED. B 137

Bewegungseffekte bei der Spinresonanz freier Radikale. D. J. E. Ingram, M. Fujimoto und M. C. Saxena. (Arch. des Sci. **12** (**164**). 185—94. 1/4. 1959. Southampton, Univ.) (Engl.)

Vff. führen zuerst aus, daß man 2 Arten von Mol.-Bewegung unterscheiden kann, die Veränderungen in den Elektronenresonanzspektren hervorrufen. Bei der 1. Art handelt es sich um eine tatsächliche Bewegung der freien Radikal-Moll. durch das Medium als Ganzes, bei der 2. Art um eine Änderung der inneren Rotation. Im 1. Fall tritt das freie Radikal in Wechselwrkg. mit den anderen Moll., die es trifft, wenn es durch das Medium diffundiert; es werden neue Radikalarten mit ihrer eigenen charakterist. Hyperfeinstruktur gebildet. Im 2. Fall wird die Kopplung zwischen der Molekularbahn des ungepaarten Elektrons u. den verschiedenen Protonen des Radikals geändert, wodurch eine deutliche Änderung in der Hyperfeinstruktur erzeugt wird. Zum Nachw. der 1. Art wurde ein Gemisch von *Isopropanol* u. *H_2O_2* kontinuierlich bei 110° K mit Strahlung der Wellenlänge 3650 Å bestrahlt u. hierbei in Abständen von ca. 10 Min. die Spektren untersucht. Das anfängliche Resonanzsignal besteht aus einem unsymm. Singulett, das dem OH-Radikal zuzuschreiben ist. Dieses Singulett ändert sich laufend u. wächst bis schließlich die 7 Linien des Isopropanolradikals [$(CH_3)_2\dot{C}\cdot OH$; R] allein auftreten. Dieses Diagramm entsteht durch gleiche Wechselwrkg. des ungepaarten Elektrons mit den 6 Protonen der 2 CH_3-Gruppen von R. Die Kinetik läßt sich durch die folgenden Gleichungen wiedergeben: $H_2O_2 + h\nu \rightarrow 2\,\dot{O}H$ u. $(CH_3)_2CH\cdot OH + \dot{O}H \rightarrow R$. Der H_2O_2-Zerfall ($k_1 = 0{,}03\ min^{-1}$) bzw. die R-Bldg. ($k_2 = 0{,}04\ min^{-1}$) verläuft unter diesen Bedingungen nach einem Geschw.-Gesetz 1. Ordnung. Weiterhin wird die Änderung des Spektrums von R bei 2 verschiedenen Temp. beschrieben. Das bei 110° K erhaltene Spektrum besteht aus den oben erwähnten 7 Linien. Aufnahmen bei 77° K ergaben eine deutliche Änderung in der Hyperfeinstruktur, was auf eine deutliche Behinderung der Rotation der beiden CH_3-Gruppen bei dieser Temp. hindeutet.

C. GOTTFRIED. B 137

Kernmagnetische Abschirmung der Protonen in Amiden und die magnetische Anisotropie der C=O-Bindung. P. T. Narasimhan und Max T. Rogers. (J. physic. Chem. **63.** 1388—94. Sept. 1959. East Lansing, Mich., Michigan State Univ., Kedzie Chem. Labor.) (Engl.)

Es wird, in umgekehrter Form als bisher, aus den kernmagnet. Resonanzabschirmungs-Konst. die magnet. Anisotropie der Bindung berechnet, angewendet auf die CO-Bindung von *Formamid* u. *Dimethylformamid*. Ferner wurden berechnet die innere chem. Verschiebung zwischen den beiden Protonen von *Acetamid*, die in cis- u. trans-Stellung zur CO-Bindung stehen, sowie die Verschiebung zwischen den beiden N-Methylgruppen im *Dimethylacetamid*. Das Rechnungsprinzip wird eingehend erläutert. H. G. HENKEL. B 137□

Wirkung einer magnetischen Nichtäquivalenz auf die kernmagnetischen Resonanzspektren von A_2B_2-Gruppen. David M. Grant und H. S. Gutowsky. (J. chem. Physics **34.** 699—700. Febr. 1961. Salt Lake City, Utah, Univ. of Utah, Dep. of Chem.; Urbana, Ill., Univ. of Illinois, Noyes Chem. Labor.) (Engl.)

An Hand berechneter, hochaufgelöster kernmagnet. Resonanzspektren von A_2B_2-Gruppen zeigen Vff., daß die weitverbreitete Deutung dieser Spektren (z. B. von *β-Propiolacton, Äthylenmonothiocarbonat, trans-Dibromcyclopropan* u. *2.3-Dihydrofuran*) auf der Grundlage gleicher cis- u. trans-Spin-Spin-Kopplung zwischen den A- u. B-Kernen der Gruppen nicht eindeutig ist. Auch für $|J_{cis} - J_{trans}| \neq 0$ ergeben sich nahezu ident. Spektren. Der (experimentell jedoch kaum nachweisbare) Haupteffekt bei wachsendem $|J_{cis} - J_{trans}|$ ist die anfangs sehr langsam größer werdende Aufspaltung eines Linienpaares. D. JÖRCHEL. B 137□

Satellitenlinien in paramagnetischen Resonanzspektren. A. van Roggen. (J. chem. Physics **33.** 1589—90. Nov. 1960. Wilmington, Del., E. I. du Pont de Nemours & Co., Exp. Stat., Polychem. Dep.) (Engl.)

Das paramagnet. Resonanzspektrum von *p-Benzosemichinon* (**I**) zeigt bei hoher Auflösung u. Empfindlichkeit 5 Linien, deren jede von 2 zur Hauptlinie symm. angeordneten Satellitenlinien begleitet sind. Die Auflösung des Spektrums ist bei Raum-Temp. besser in verd. Lsg. von 2-Methoxyäthanol als in Äthanol. Der g-Faktor der Satellitenlinien ist unabhängig vom Ursprung der Proben u. in reinen Proben ident. mit dem des freien Radikals. Die Satellitenlinien werden als 10-Linienspektrum von **I** interpretiert, in dem ein C^{12} durch C^{13} ersetzt ist. Die 10 Linien ergeben sich aus einer Protonenquintettaufspaltung ($a_1 = 6{,}64$ MHz), ident. mit dem Hauptquintett, u. einer zusätzlichen Dublettaufspaltung ($a_2 = 1{,}54$ MHz) des C^{13}. Obgleich die Empfindlichkeit der Messungen groß genug war, um Linien mit $^1/_{10}$ der Intensität der beobachteten Satelliten zu erkennen, wurden keine weiteren Satellitenpaare beobachtet. Das experimentelle Amplitudenverhältnis beträgt 2,5%. Die Meßgenauigkeit ist jedoch nicht ausreichend für eine eindeutige Entscheidung, ob die beobachtete Aufspaltungs-Konst. der 1- u. 4- oder der 2-, 3-, 5- u. 6-Stellung zuzuordnen ist. Im Spektrum von *2.3.5.6-Tetramethyl-p-benzosemichinon* wurden 2 Satellitendubletts gefunden, wobei dem inneren eine Kopplungs-Konst. $a_2 = 1{,}90$ dem äußeren $a_1 = 3{,}81$ zukommt. H. G. HENKEL. B 137□

Die Spin-Spin-Relaxation von DPPH in paralellen Feldern. J. C. Verstelle, G. W. J. Drewes und C. J. Gorter. (Physica [Utrecht] **26.** 520—28. Juli 1960. Leiden, Kammerlingh Onnes Labor.) (Engl.)

Es wird eine Meth. beschrieben zur Messung beider Komponenten der komplexen Susceptibilität $\chi = \chi' - i\chi''$ mittels eines Doppel-T-Brückenkreises. Die Ergebnisse einiger Messungen in parallelen Feldern für eine *DPPH*-Probe werden angegeben. Die Relaxationszeit hängt ab vom äußeren stat. Feld. J.-M. SPAETH. B 137□

Protonenresonanz in Diphenylpikrylhydrazyl. M. E. Anderson, G. E. Pake und T. R. Tuttle jun. (J. chem. Physics **33.** 1581—83. Nov. 1960. Stanford, Calif., Stanford Univ., Dep. of Phys.; Dep. of Chem.) (Engl.)

Es wurden die Protonenresonanzspektren des *Diphenylpikrylhydrazyl* (I)-*Bzl.-1:1*-Komplexes (K) bei Temp. zwischen 1,4° u. 4,2 K aufgenommen. Sie zeigen deutlich mehrere Komponenten. Eine 1/T-Abhängigkeit dieser Verschiebungen wird festgestellt. Die breite Zentralkomponente ist, wie Umkristallisation aus D_6-Bzl. zeigt, auf die Protonen des Bzl. zurückzuführen. Deuteriumaustausch der Protonen der Pikrylgruppe von I bewirkt eine Intensitätsverminderung der Komponente im niedrigsten Feld. Um eine mögliche anisotrope Hyperfeinkopplung in der polykristallinen Probe auszuschalten, wurde ein K-Einkristall bei 4,2° K untersucht. Das Spektrum ist komplex u. zeigt 15 auflösbare peaks in verschiedenen Orientierungen. Aus den experimentellen Verschiebungen werden die Hyperfeinkopplungs-Konst. für K bei 22,8 MHz u. 4,2° K berechnet. H. G. HENKEL. B 137□

Protonenresonanzverschiebung im einfachnegativen Pyrenion bei 4,2° K. M. E. Anderson, P. J. Zandstra und T. R. Tuttle jun. (J. chem. Physics 33. 1591—92. Nov. 1960. Stanford, Calif., Stanford Univ., Dep. of Phys.; Dep. of Chem. and Chem. Engng.) (Engl.)

Die Protonenresonanzverschiebung von festem *K-Pyrenid* (I) wurde bei 4,2° K gemessen u. daraus eine positive (+1,24 G) u. 2 negative (—2,81; —4,98) Hyperfein-Kopplungs-Konst. gemessen. Die Abschätzung der Fläche unter der Absorptionskurve bestätigt eine Beziehung der errechneten, zu den von HOIJTINK u. Mitarbeitern (J. chem. Physics 34. [1961.] 507) aus der Analyse des ESR-Absorptionsspektrums von I in verd. Lsg. erhaltenen Werten. Der positive Wert wird den Protonen 2 u. 7, die negativen den übrigen zugeordnet. Die Genauigkeit der Werte beträgt 5%. Die Proportionalität von Verschiebung u. 1/T geht bis zu 1,9° K. Die Bedeutung der Werte ist jedoch durch verschiedene ungewisse Faktoren etwas zweifelhaft. Vff. schließen, daß die beste Analyse der isotropen Hyperfeinwechselbeziehung in I mit den verfügbaren Werten sich durch Kombination der eigenen mit den Unterss. von HOIJTINK u. Mitarbeitern ergibt. H. G. HENKEL. B 137□

Hyperfeinstruktur und Relaxation der Elektronenspinresonanz in Flüssigkeiten. Karl H. Hausser. (Arch. des Sci. 12 (164). 195—201. 1/4. 1959. Heidelberg, Max-Planck-Inst.) (Engl.) — Vgl. C. 1960. 425.

Weitgehend ident. mit der C. 1961. 3613 referierten Arbeit. Hinzuzufügen ist: Das Biradikal *Porphyrindin* gibt nach Unterss. von HUTCHINSON u. Mitarbeitern (vgl. C. 1953. 1307) in verd. Lsg. nur eine breite Absorptionslinie mit 2 Schultern. Eine gut aufgelöste Hyperfeinstruktur wurde dagegen bei —50° mit Dimethylsulfoxyd als Lsgm. erhalten. Als letztes Beispiel führt Vf. das Spektrum des Kations *Dibenzolchrom* in A. an. Während bei Zimmer-Temp. keine Hyperfeinstruktur beobachtet werden konnte, wurde fast vollständige Auflösung bei —80° erhalten. C. GOTTFRIED. B 137

Der Einfluß des Druckes auf die Hammettsche Reaktionskonstante: Die Dissoziation von Benzoesäuren und Phenylessigsäuren. A. Fischer, B. R. Mann und J. Vaughan. (J. chem. Soc. [London] 1961. 1093—97. März. Christchurch, New Zealand, Univ. of Canterbury.) (Engl.)

Aus Leitfähigkeitsmessungen wurden die thermodynam. pK-Werte einer Reihe substituierter *Benzoe-* u. *Phenylessigsäuren* im Bereich von 1—3000 bar bestimmt. Folgende Grenzwerte dafür u. $-\Delta V_1$-Werte ($cm^3 \cdot Mol^{-1}$) bei 1 bar wurden gefunden: *Benzoesäure*: pK 4,205 (1 bar), 3,726 (3000 bar); $-\Delta V_1$ 11,09; *m-Fluor-* 3,862; 3,412; 9,85; *p-Fluor-* 4,153; 3,687; 10,47; *m-Nitro-* 3,473; 3,070; 8,84; *p-Nitro-* 3,422; 3,022; 8,56; *m-Methoxy-* 4,086; 3,625; 10,030; *p-Methoxybenzoesäure* 4,511; 4,013; 11,32. *Phenylessigsäure* 4,311; 3,762; 12,73; *p-Methyl-* 4,361; 3,808; 12,61; *m-Nitro-* 3,953; 3,466; 11,09; *p-Nitro-* 3,924; 3,437; 10,92; *p-Chlor-* 4,177; 3,649; 12,16; *p-Methoxy-* 4,356; 3,811; 12,39; *m-Chlor-* 4,110; 3,585; 11,77; *m-Fluor-* 4,130; 3,603; 11,99; *p-Fluorphenylessigsäure* 4,218, 3,676; 12,44. Für den gesamten Druck (P)-Bereich werden nach JAFFÉ (Chem. Reviews 53. [1953.] 191) die Rk.-Konst. ϱ berechnet: ϱ fällt mit steigendem P. Diese P-Abhängigkeit folgt auch, wenn man für jede Serie die Substituenten-Konst. σ gegen ΔV aufträgt, aus dem Geradenanstieg, der ungleich 0 ist.

Versuche: *m-Fluorphenylessigsäure*, $C_8H_7FO_2$, F. 44,5—45,5° (Heptan), Kp.$_{0,5}$ 100 bis 120°, durch 2¼std. Kochen von 40,2 g des entsprechenden Nitrils mit verd. H_2SO_4 (Essiggsäure); 27 g. HEINZ NESTLER. B 139□

Sublimationswärmen geradkettiger Monocarbonsäuren. Mansel Davies und V. E. Malpass. (J. chem. Soc. [London] 1961. 1048—55. März. Aberystwyth, Univ. Coll. of Wales, Edward Davies Chem. Labor.) (Engl.)

Die Sublimationsdrucke der geradkettigen *Monocarbonsäuren* (M) mit gerader C-Zahl zwischen C_{10} u. C_{22} wurden nach der Effusions-Meth. von KNUDSEN bestimmt. Daraus wurden für den angegebenen Temp.-Bereich folgende Sublimationswärmen

ΔH (kcal·Mol^{-1}) u. -entropien ΔS (cal·Grad^{-1}·Mol^{-1}) berechnet: *n-Decan-* (16,80 bis 27,83°) ΔH 28,0 ± 0,4; ΔS 65,2 ± 1,5; *n-Dodecan-* (I, 22,70—41,44°) 33,5 ± 0,8; 77,9 ± 3,0; *n-Tetradecan-* (38,85—52,17°) 33,4 ± 0,9; 72,6 ± 3,5; *n-Hexadecan-* (46,64—60,14°) 36,9 ± 1,0; 79,3 ± 4,0; *n-Octadecan-* (57,89—67,19°) 39,8 ± 1,0; 83,7 ± 3,0; *n-Eikosan-* (II, 63,80—72,90°) 47,7 ± 1,8; 103,3 ± 4,5; *n-Dokosansäure* (71,60—78,56) 46,2 ± 1,9; 94,8 ± 5,0. Die gefundenen Werte, außer für I u. II, wiesen additive Inkremente u. sehr gute Übereinstimmung mit den nach ΔH = 14,2—1,50 (n — 1) [n = C-Atomzahl] berechneten auf. Die Abweichungen bei I u. II werden mit Polymorphieumwandlungen gedeutet, was bes. aus den systemat. IR-Unterss. (Abb., Tabelle) folgt. Näherungsformeln zur Berechnung der Lösungswärme der M in W. (55°) u. Eisessig werden angegeben.
HEINZ NESTLER. B 155□

Verbrennungswärmen von 1.1-Dimethyl-2-alkylcyclopropanen. O. N. Katschinskaja, Ss. Ch. Togojewa, A. P. Meschtscherjakow und Ss. M. Skuratow. (Доклады Академии Наук СССР [Ber. Akad. Wiss. UdSSR] **132.** 119—22. 1/5. 1960. Moskau, Lomonossow-Univ.) (Russ.)

Folgende *1.1-Dimethyl-2-alkylcyclopropane* (**A**) wurden synthetisiert u. ihre Verbrennungswärmen $-\Delta H_c^0$ für 25° u. 1 at bestimmt: *2-Äthyl-*, C_7H_{14}, Kp.$_{746}$ 78,75°; D.$^{20}_4$ 0,7105; n_D^{20} 1,3960; $-\Delta H_c^0$ 1115,0 ± 0,2 (kcal/Mol); *2-Propyl-*, C_8H_{16}, Kp. 105,5°; D.$_4^{20}$ 0,7297; n_D^{20} 1,4060; $-\Delta H_c^0$ 1271,2 ± 0,4; *2-n-Hexyl-*, $C_{11}H_{22}$, Kp.$_{736}$ 176,5°; D.$_4^{20}$ 0,7612; n_D^{20} 1,4240; $-\Delta H_c^0$ 1739,9 ± 0,4. Aus den erhaltenen Werten wurden berechnet: das Inkrement der Verbrennungswärme für den Rest $(CH_3)_2C_3H_3$—CH_2— 851,74 kcal/Mol; der Wert A_{22} für den Anteil einer mittelständigen CH_2-Gruppe des 2-Alkylrestes 156,23 kcal/Mol. Die Ringspannung des Dreiringes zeigt keinen Einfl. auf die Werte der Seitenkette (ab R = C_2H_5), so daß man die Verbrennungswärmen der **A** nach der Formel $-\Delta H_c^0$ = 1115,0 + (n — 7) 156,23 kcal/Mol berechnen kann. Für die Bldg.-Wärmen gilt analog $-\Delta H_f^0$ = 21,6 + (n — 7) 6,13 kcal/Mol. M. HÄNSSGEN. B 156□

Der inhibierende Einfluß von aliphatischen Aminen auf die explosive Oxydation von Acetaldehyd. C. F. Cullis und B. A. Khokhar. (Trans. Faraday Soc. **56.** 1235—44. Aug. 1960. London, Imp. Coll., Dep. of Chem.) (Engl.)

In Ggw. von Aminen, $C_2H_5NH_2$, $(C_2H_5)_2NH$, $(C_2H_5)_3N$ u. $(CH_3)_3N$ sowie *N.N-Diäthylhydroxylamin*, tritt bei der Explosion von CH_3CHO (I)-O_2-Gemischen eine Induktionsperiode auf, deren Länge der Inhibitorkonz. direkt proportional ist. Die Inhibitor-Wrkg. sinkt im allg. in der Reihe sek. > tert. > prim. Amine. Partielle Oxydations-Prodd. von tert. Aminen haben einen ausgeprägteren Inhibitoreffekt als die ursprünglichen tert. Amine; dies tritt bei prim. u. sek. Aminen nicht auf. Bin. Mischungen von bestimmten Aminen verursachen anomal lange Induktionsperioden. Eine eingehende Unters. des Oberflächen-Einfl. auf die nicht explosive Oxydation von I sowohl in Ggw. als auch in Abwesenheit von Aminen zeigt, daß der Inhibitoreffekt dieser Verbb. mit wachsendem Verhältnis Oberfläche/Vol. schwächer wird. Vff. folgern, daß die Inhibitor-Wrkg. der Amine auf ihr Vermögen zurückzuführen ist, Kettenstart-Rkk. zu verhindern, die an der Oberfläche stattfinden. CLAUS FISCHER. B 157□

Ultraschalluntersuchungen in Glycerin-Alkohol-Gemischen. K. Subba Rao und B. Ramachandra Rao. (Current Sci. **29.** 89—90. März 1960. Waltair, India, Andhra Univ., Ultrasonic Labor.) (Engl.)

Mit der Interferometer-Meth. werden bei 30° u. einer Genauigkeit von 0,1% die Ultraschall-Geschw. v in den Gemischen von *Glycerin* (I) mit *W.*, *Methanol* (II), *A.* u. *n-Butanol* (II) gemessen. Werden v, die adiabat. Kompressibilität β u. die mol. Ultraschall-Geschw. R gegen die mol. Konz. c von I aufgetragen, so hängt R linear, während v u. β nichtlinear von c abhängen. Die Meßergebnisse können so gedeutet werden, daß W. den größten Einfl. auf die I-Moll. hat u. hier der Abbau der Assoziate am stärksten ist. Von II zu III nimmt dieser Einfl. mehr u. mehr ab. H. JACOB. B 159□

Diffusion durch die Grenzfläche Öl-Wasser. J. T. Davies und J. B. Wiggill. (Proc. Roy. Soc. [London], Ser. A **255.** 277—91. 5/4. 1960. Cambridge, Univ., Dep. of Chem. Engng.) (Engl.)

Vff. untersuchten in einer Diffusionszelle (Abb.) die Diffusion von *Essigsäure* (I) aus W. in Bzl. (n_D^{25} 1,4578). Untersucht wurde hierbei auch der Einfl. eines Zusatzes von 0,00125- u. 0,00250m Na-Dodecylsulfat (II), 0,0025m II + 2,4% Laurylalkohol, Plasmaalbumin vom Rind sowie eines Zusatzes von 50—5000 ppm Sorbitantetrastearat zu Benzol. Ferner wurde die Diffusion von *Diäthylamin* (III; Kp. 56,6—58,8°; n_D^{25} 1,3824) aus Toluol (Kp. 109,8—110°; n_D^{25} 1,4938) u. auch aus PAe. (130—160°) in W. untersucht. Alle Verss. wurden bei 25° durchgeführt, u. zwar mit Hilfe der von WARD u. BROOKS (vgl. C. **1955.** 6944) beschriebenen Methode. Messungen der Diffusions-Koeff. von I in W. u. Bzl. bei 25° ergaben die Werte 1,090·10^{-5} [cm^2/s] bzw. 1,938·10^{-5}. Für die Diffusions-Koeff. von III in W. u. Toluol bei 25° wurden die Werte 1,006·10^{-5} [cm^2/s] bzw. 2,507·10^{-5} erhalten. Es wurde festgestellt, daß weder die reine Grenzfläche noch verschiedene Monoschichten dem Durchtritt von I oder III zwischen W. u. Ölen einen Widerstand entgegensetzen. Polymol. Filme, die sich bei der Lsg. von Sorbitantetrastearat in Bzl. bilden, behindern die Diffusion merklich. Bei allen Syst. wurde spontanes Emulgieren nahe der Grenzschicht beobachtet. C. GOTTFRIED. B 171

Einige physikalische Eigenschaften von Toluylen-2.4-diisocyanat. N. A. Goldberg, W. I. Kutscherjawy und G. N. Sinowjew. (Журнал Прикладной Химии [J. angew. Chem.] 32. 2816—18. Dez. 1959. Wiss. Forschungs- u. Projektionsinst. der Stickstoffind.) (Russ.)

Durch doppelte Vakuum-Dest. gereinigtes *Toluylen-2.4-diisocyanat* (Kp., 113°) mit einem Reinheitsgrad von 99,6 Gewichts-% zeigt in der Spektralanalyse keine Beimengungen, auch kein 2.6-Isomeres. Die Best. der Dichte ergibt $D._4^t = D._4^{25} [1 - 8{,}31 \cdot 10^{-5} (t - 25)]$; $D._4^{25}$ 1,2136. Die Viscosität im Bereich 25—90° ist gegeben durch $\eta = 0{,}0995 \exp(-3330/RT)$, der Dampfdruck durch $\log P = -(2342/T) + 7{,}4006$ (mm Hg), die Verdampfungsenergie durch $\lambda_{Verd.} - RT = 9700$ cal/Mol. Der Brechungsindex wird in Lsgg. von 5 verschiedenen Konzz. in Chlorbenzol bei 25° mit einer Genauigkeit von 1·10^{-4} Einheiten bestimmt; n_D^{25} steigt von 1,5385 bei 10,97 Gewichts-% auf 1,5658 bei 99,6%. R. K. MÜLLER. B 172□

Darstellung und Derivate der cis- und trans-2-Hydroxycyclopentan- und der cis- und trans-2-Hydroxycyclohexancarbonsäure. Vergleich der Viscositäten. José Pascual Vila. (Mem. Real Acad. Ci. Artes Barcelona 32. Nr. 8. 3—11. Dez. 1956.) (Span.)

Nach einer Zusammenstellung bisher bekannter Eigg. von *cis-* u. *trans-2-Hydroxycyclopentan-* (I) u. *-hexancarbonsäuren* (II, vgl. C. **1957.** 13331. 13332 u. früher) u. ihren Derivv. wird darauf hingewiesen, daß die cis-, im Gegensatz zu den trans-Säuren die Leitfähigkeit von H_3BO_3-Lsgg. erhöhen, u. zwar cis-I mehr als cis-II. Die trans-Säuren erniedrigen die Leitfähigkeit etwas. *trans*-II-*Methylester* besitzt, vermutlich infolge stärkerer Assoziierung, eine höhere Viscosität η als die cis-Form. Bei den I-Derivv. sind diese Unterschiede nicht so auffällig. Wird die für die Assoziierung verantwortliche 2-OH-Gruppe methyliert, so erhält man niedrigere η-Werte als bei den Hydroxy-Verbb. u. die Unterschiede zwischen cis- u. trans-Form verschwinden. — Ergebnisse: *cis*-I-*Methylester* $\eta = 9{,}4$ (cP bei 25°); *cis-2-Methoxycyclopentancarbonsäuremethylester* (*cis*-III) 2,30; *trans*-I-*Methylester* 8,3; *trans*-III 1,48; *cis*-II-*Methylester* 14,2; *cis-2-Methoxycyclohexancarbonsäuremethylester* (*cis*-IV) 3,18; *trans*-II-*Methylester* 31,2; *trans*-IV 3,21. — 15 Literaturangaben. M. REIHER. B 172□

Kristallform und Gitterkonstanten von 2.6-Bis-(2-hydroxy-3.5-dimethylbenzyl)-3.5-dimethylphenol, $C_{26}H_{30}O_3$. Haymo Heritsch, Helmut Höller und Eva-Maria Walitzi. (Tschermaks mineralog. petrogr. Mitt. 7. 204—09. Febr. 1960. Graz, Univ., Inst. für Mineralog. u. Petrograph.) (Dt.)

Vff. untersuchten goniometr. u. röntgenograph. die hochschm. Form von *2.6-Bis-[2-hydroxy-3.5-dimethylbenzyl]-3.5-dimethylphenol.* Die aus morpholog. Gründen gemachte Aufstellung ergab eine trikline Zelle mit den Abmessungen a = 19,69; b = 10,69; c = 12,21 Å; $\alpha = 88^0 06'$; $\beta = 122^0 08'$; $\gamma = 92^0 11'$. Raumgruppen sind $C_1^1 - P\bar{1}$ oder $C_i^1 - P\bar{1}$; mit D. 1,17 ist Z = 2. C. GOTTFRIED. B 195

Untersuchung intra- und intermolekularer Wechselwirkungen mit Hilfe kernmagnetischer Resonanz: Wasserstoffbindungen. — π-Effekt. R. Freymann, M. Freymann, M. Koechlin, M. Martin und G. Mavel. (Arch. des Sci. **12** (**164**). 207—14. 1/4. 1959. Paris, Sorbonne, Spectroscopie hertzienne.) (Franz.)

Zusammenfassender Überblick über Unterss., die von Vff. entweder allein oder mit Mitarbeitern durchgeführt u. an mehreren Stellen veröffentlicht worden sind. C. GOTTFRIED. B 223

Eine Erweiterung von Slaters Ausdruck für die Geschwindigkeit unimolekularer Reaktionen bei hohem Druck auf simultane Reaktionskoordinaten. Everett Thiele und David J. Wilson. (J. physic. Chem. **64.** 473—75. April 1960. Rochester, N.Y., Univ. of Rochester, Dep. of Chem.) (Engl.)

SLATERS klass. Ausdruck (Proc. Roy. Soc. [London], Ser. A **194.** [1948.] 112) für die Geschw. einer monomol. Rk. unter hohem Druck wird auf den Fall ausgedehnt, in dem die Rk. einsetzt, wenn zwei innere Koordinaten gleichzeitig größer sind als ein gegebenes Paar krit. Daten. Der präexponentielle Faktor ist gegeben durch einen Energie-Durchschnitt der zwei SLATER-Frequenzen für die individuellen Rk.-Koordinaten. Die Ergebnisse der Arbeit werden auf *Cyclobutan* angewendet. H. FRIES. B 225□

Elektronenübertragung auf aromatische Moleküle. A. C. Aten, J. Dieleman und G. J. Hoijtink. (Discuss. Faraday Soc. Nr. **29.** 182—87. 1960. Amsterdam, Free Univ., Chem. Labor.) (Engl.)

Vff. diskutieren den Mechanismus der Elektronenübertragung auf aromat. Moll. in Lsg. u. an Elektrodenoberflächen. Die Geschw. des Prozesses hängt davon ab, ob die aromat. negativen Ionen frei oder mit den positiven Ionen zu Ionenpaaren assoziiert sind. In diesem Falle ist die Elektronenübertragung mit dem „Transport" des positiven Ions gekoppelt, so daß der gesamte Vorgang als eine Atomübertragung betrachtet werden kann. Aus experimentellen Daten der Literatur wird abgeleitet, daß nach der Elektronenübertragung eine Umorganisation der Lsgm.-Moll. stattfindet. Aus den Messungen der Geschw. der Elektronenübertragung auf aromat. mononegative Ionen (vgl. ATEN, Thesis, Amsterdam 1959), deren k-Wert erheblich geringer als die der Übertragung des ersten Elektrons u. prakt. von der Konstit. der aromat. Verb. unabhängig ist, wird geschlossen, daß die Geschw.-Konst. der ersten Red.-Stufe von der gleichen Größenordnung für alle aromat. Verbb. ist. — 14 Literaturhinweise. B. GNAUCK. B 225□

Die thermische Isomerisation von Geraniumsäuremethylester und Dihydromyrcen. G. A. Howard und R. Stevens. (J. chem. Soc. [London] **1960**. 161—63. Jan. Nutfield, Surrey, Brewing Ind. Res. Found.) (Engl.)

Bei der Oxydation von handelsüblichem Citral (**IV**) mit Ag_2O wurde das erhaltene Säuregemisch mit CH_2N_2 verestert u. vor u. nach der gaschromatograph. Trennung IR-spektroskop. untersucht. Es stellte sich dabei heraus, daß durch das bei der Gaschromatographie notwendige kurze Erhitzen (2 Sek. auf 530°) aus dem erhaltenen Gemisch von *cis*- u. *trans-Geraniumsäuremethylester* (I) eine Isomerisation der endständigen $-CH{=}C(CH_3)_2$-Gruppe zur $-CH_2-C(CH_3){=}CH_2$-Gruppe verursacht wird. I erlitt dagegen keine Veränderung beim Erhitzen auf 250° oder durch 20minütiges Erwärmen auf 180° im geschlossenen Rohr. Bei *Methylcitronellat* (II) trat unter obigen Bedingungen keinerlei Isomerisierung auf. **IV** veränderte sich durch Erhitzen auf 230° nicht, jedoch war nach einer Temp.-Einw. von 530° eine erhebliche Verminderung der Intensität der IR-Carbonylbande zu verzeichnen. *Dihydromyrcen* (III), das durch Red. von techn. Myrcen mit Na u. A. u. gaschromatograph. Trennung von 4 weiteren gebildeten Verbb. erhalten wurde, erwies sich bei 230° als beständig, bei Steigerung der Temp. im Gaschromatographen auf 530° waren jedoch erhebliche Veränderungen im IR-Spektrum zu verzeichnen, aus denen auf eine analoge Verschiebung der C=C-Doppelbindung wie bei I geschlossen wird. Es zeigt sich also, daß die Isopropylidengruppe keineswegs hitzestabiler als die Isopropenylgruppe ist. Für I—III sind die IR-Hauptbanden vor u. nach der Hitze-Einw. tabellar. angegeben. — *Geraniumsäuremethylester* (I, Gemisch der cis- u. trans-Verb.), $Kp._{17}$ 122—125°, durch Oxydation von 20 g **IV** mit feuchtem Ag_2O (→ 19,5 g *Geraniumsäure*) u. Einw. von CH_2N_2 in Ae.; n_D^{20} 1,4696. — *Citronellsäuremethylester* (II), $Kp._{11}$ 116—128°, analog I aus Citronellal ($Kp._{27}$ 114—116°) u. Veresterung mit methanol. H_2SO_4; n_D^{20} 1,4360. B. GNAUCK. B 225□

Umlagerungen organischer Anionen. 1. Mitt. **Stereochemischer Ablauf der Umlagerung des metallierten Benzyl-sek.-butyläthers; ein Beitrag zum Problem der S_{Ni}-Substitution.** Ulrich Schöllkopf und Wolfgang Fabian. (Liebigs Ann. Chem. **642**. 1—21. 10/5. 1961. Heidelberg, Univ., Inst. für organ. Chem.) (Dt.)

Vff. untersuchen den Mechanismus der WITTIG-Umlagerung (vgl. INGOLD [1953]), bei der sich ein α-metallierter Äther über ein Ätheranion zum Alkoholat isomerisiert. So wird opt.-akt. Li-Benzyl-sek.-butyläther in nicht protonenakt. Lsgm. in das *Li-Salz des Phenyl-sek.-butylcarbinols* übergeführt; als Nebenprodd. treten Benzylalkohol (Phenylurethan, F. 77—78°), p-sek.-Butylbenzaldehyd (I, $Kp._{13}$ 117—123°; 2.4-Dinitrophenylhydrazon, F. 203—205°), vermutlich auch o-sek.-Butylbenzaldehyd sowie Benzaldehyd ($Kp._{13}$ 96—102°; 2.4-Dinitrophenylhydrazon, F. 234—236°) u. Phenyl-sek.-butylketon auf. Im Falle einer S_{Ni}-Rk. mit Ligandenaustausch von der gleichen Seite her sollte die Konfiguration am Asymmetriezentrum erhalten bleiben. Tatsächlich tritt aber zu 67,7—82,6% je nach Lsgm. u. Temp. Racemisierung bei der Isomerisierung ein, während die restliche Aktivität im Sinne einer Retention der Konfiguration erhalten bleibt. Dieser Befund wird gedeutet mit der Annahme eines Zweistufenmechanismus, der mit einer β-Eliminierung als geschwindigkeitsbestimmenden Schritt beginnt. Als Spaltprodd. treten ein sek. Butylanion u. Benzaldehyd, an den das Li-Kation komplex gebunden ist, auf. Beide Ionen bleiben in einem gemeinsamen Lsgm.-Käfig miteinander gepaart. Vor der Rekombination kann sich das eben gebaute sek. Butylanion in dem Käfig um 180° unter Inversion der Konfiguration drehen, wobei die Racemisierung vom Verhältnis der Inversions- zur Rekombinations-Geschw. abhängt. Die Retention nimmt in der Lsgm.-Reihe Tetrahydrofuran, Ae., Bzl. sowie mit fallender Temp. zu; das Kation (Li oder Na) übt keinen Einfl. aus. Für das Auftreten von I wird ein radikal. Mechanismus angenommen.

Versuche: *rac.-Benzyl-sek.-butyläther* (II), $C_{11}H_{16}O$, $Kp._{12}$ 88—91°, aus Benzylbromid, Na u. sek. Butanol, 1 Std. unter Rückfluß; $D._{20}^{20}$ 0,9284; n_D^{20} 1,4856; 80%

(Ausbeute). (+)-II, Kp.$_{13}$ 93—94°, aus (+)-sek.-Butanol, K u. Benzyljodid; n_D^{20} 1,4856; $[\alpha]_D^{25}$ +32,95° (in Substanz); 74%. — *rac.-Phenyl-sek.-butylcarbinol* (III), Kp.$_9$ 114 bis 116°, aus II u. Butyl-Li in Tetrahydrofuran–Ae. u. anschließende Hydrolyse; n_D^{20} 1,5119; 70—75%. *Diastereomere Hydrogenphthalate*, $C_{19}H_{20}O_4$, F. 78—79° u. F. 105—106°, aus III, K u. Phthalsäureanhydrid, Trennung der Diastereomeren durch fraktionierte Kristallisation. (+)-III, Kp.$_{12}$ 118—119°, aus (—)-IV u. $LiAlH_4$; $[\alpha]_D^{25}$ +2,12°. — *Phenyl-sek.-butylketon* (IV), Kp.$_{12}$ 109—110°, aus Methyläthylacetylchlorid u. Diphenylcadmium; n_D^{20} 1,5143; $D._{20}^{20}$ 0,9734; 70%. (—)-IV, Kp.$_{24}$ 125—127°, aus (—)-Methyläthylessigsäure u. Li in Methanol [→ Li-Salz], anschließend 3 Std. bei —15° in Tetrahydrofuran mit Phenyl-Li versetzen u. nach 6 Std. hydrolysieren; n_D^{20} 1,5156; $[\alpha]_D^{25}$ —40,6° (in Substanz). A. TREDE. B 225□

Die Reaktion zwischen Isopropoxymethylphosphorylfluorid und Wasserstoffperoxyd. Gunnar Aksnes. (Acta chem. scand. **14**. 2075—80. 1960. Kjeller pr Lilleström, Norway, Norw. Def. Res. Establ., Toxicolog. Group.) (Engl.)

Isopropoxymethylphosphorylfluorid (I) reagiert mit H_2O_2 unter intermediärer Bldg. von *Methylperoxyphosphonsäureisopropylester* (II) (Rk. **A**), der mit weiterem H_2O_2 unter O_2-Entw. *Methylphosphonsäureisopropylester* bildet (Rk. **B**). Die gebildete O_2-Menge bei konst. H_2O_2-Menge ist der **I**-Konz. proportional. Die O_2-Entw. bei konst. **I**-Konz. u. verschiedenen H_2O_2-Konzz. folgt einer Rk. 1. Ordnung. Vf. schließt aus den Ergebnissen, daß Rk. **B** der geschwindigkeitsbestimmende Vorgang ist u. daß Rk. **A** so rasch verläuft, daß Rk. **B** reaktionskinet. nicht ins Gewicht fällt. Vf. nimmt an, daß **II** in einer monomol. Rk. „akt." Sauerstoff abgibt, der rasch H_2O_2 oxydiert. Der Zusammenhang zwischen der Zers. von **II** u. dem pH der Lsg. (S-förmige Kurve) zeigt, daß die Zers. über das **II**-Anion verläuft u. daß der pK-Wert von **II** ca. 8 ist. G. KOWOLLIK. B 225□

Der Mechanismus der Permanganatoxydation fluorierter Alkohole in wässeriger Lösung. Ross Stewart und R. Van Der Linden. (Discuss. Faraday Soc. Nr. **29**. 211—18. 1960. Vancouver, Canada, Univ. of Brit. Columbia, Dep. of Chem.) (Engl.) — Vgl. C. **1958**. 10323.

Aryltrifluormethylcarbinole werden in 0,1n Alkali-Lsg. durch MnO_4^- zu den entsprechenden Ketonen oxydiert gemäß $ArCHOHCF_3 + 2MnO_4^- + 2OH^- \rightarrow ArCOCF_3 + 2MnO_4^{2-} + 2H_2O$. Vff. verfolgten wie l. c. die Kinetik dieser Rk. auf jodometr. Wege, wobei in Lsgg. mit einem pH über 11,7 das Verhältnis MnO_4^-/Alkohol 2 : 1, in den sauren Lsgg. 2 : 3 betrug. Folgende Aktivierungsparameter wurden in 0,1n NaOH zwischen ca. 286 u. 312° K ermittelt: *Phenyltrifluormethylcarbinol* (I) [$\Delta H^{\neq}$] 9,1 [kcal/Mol], [$\Delta S^{\neq}$] —24,3 [cal/Mol·Grad], D-I (*$C_6H_5CDOHCF_3$*) 11,3, —22,4, u. *m-Nitrophenyltrifluormethylcarbinol* (II) 9,6, —23,8. Für **II** wurde ein stark positiver Salzeffekt in 0,01n NaOH bei 25° beobachtet. Die Ergebnisse sind in Übereinstimmung mit dem Mechanismus: $ROH + OH^- \rightleftharpoons RO^- + H_2O$, $RO^- + MnO_4^- \rightarrow$ Produkte. Die Abhängigkeit der k-Werte von der Basizität (bis 0,2m OH^-) wurde bei **I**, D-**I**, **II**, *m-Brom-* (III) u. *p-Methylphenyltrifluormethylcarbinol* (IV) untersucht. Für **III** bzw. **IV** beträgt k_2 7,6 bzw. 8,4 [Liter/Mol·s] bei pH 13,3 u. 25°. Ferner wurden die Isotopeneffekte k_H/k_D bei D-**I**, D-**III** u. D-**IV** bei pH 13,3 u. 25° ermittelt, sie betrugen unter diesen Bedingungen ca. 16,1. Vff. schließen daher auf einen unter Hydridübertragung verlaufenden Mechanismus mit dem Übergangszustand $[ArC(\cdots O)(CF_3)\cdots H\cdots OMnO_3]^{2-}$. Bei pH 13 betrugen die k_H/k_D-Werte für D-**I** 13,2 (bei 38,0°) bzw. 18,4 (bei 12,65°); bei 25° bei pH 1,0 1,8 bzw. bei pH 7,0 16,0, obwohl unter diesen Bedingungen die Rkk. sehr langsam ablaufen (k_H 0,00394 bzw. 0,00096 bei pH 7,0 bzw. 1,0). Die D-Substitution hat dagegen auf den pK-Wert von **I** keinen Einfluß. Ferner ergibt sich, daß die Substituenten am Phenylring nur einen geringen kinet. Effekt ausüben, auch wird die HAMMETTsche Beziehung nicht erfüllt. Vff. nehmen daher an, daß obiger Mechanismus über termol. Rkk. abläuft, bei denen MnO_4^- u. ein Wasser-Mol. ein Elektron u. ein H^+-Ion vom Alkoholation abspalten. Untersucht wurde ferner die Kinetik der Oxydation von *2.2.3.3-Tetrafluorpropanol-(1)* (pK 12,1) in 0,18n NaOH: $\Delta H^{\neq}$ 10,2, $\Delta S^{\neq}$ —22. B. GNAUCK. B 225□

Über die asymmetrische Reduktion mittels optisch aktiver Alkoxylithiumaluminiumhydride. O. Červinka. (Chimia [Schweiz] **13**. 332. 15/10. 1959. Prag, TH für Chem., Inst. für organ. Chem.) (Dt.)

Vf. beschreibt eine asymm. Red. von Salzen der *1-Methyl-2-alkyl-Δ^2-pyrroline* [durch GRIGNARD-Rk. von Alkyl-Mg-halogeniden mit 1-Methylpyrrolidon-(2)] u. *1-Methyl-2-alkyl-Δ^2-piperidine* [analog mit 1-Methylpiperidon-(2)] durch verschiedene komplexe Hydride vom Typus $LiAlH_n(OR^+)_{4-n}$. Die opt. Ausbeute dieser Redd. war bei Verw. von (—)-Menthol als Hilfsalkohol 6—10% u. die erhaltenen Amine waren mit Ausnahme von 1-Methyl-2-phenylpiperidin alle rechtsdrehend. Zur Red. von *Methylalkylketonen*, *Methylarylketonen* u. *Diarylketonen* wurden als Hilfsalkohole Cinchonabasen verwendet. Im Falle der Methylarylcarbinole u. Diarylcarbinole betrug die opt. Ausbeute bis zu 50%. Es wurde gefunden, daß bei der Red. in Ggw. von Chinin, Cinchonidin u. Ephedrin die gewonnenen opt.-akt. Alkohole rechtsdrehend (R-Konfiguration) bei Verw. von Chinidin oder Cinchonin linksdrehend (S-Konfiguration) sind.

C. Gottfried. B 225

Lösungsmittel geringer Nucleophilität. 1. Mitt. Reaktionen von Hexyltosylaten und Hexenen in Trifluoressigsäure und anderen Säuren. Paul E. Peterson. (J. Amer. chem. Soc. **82.** 5834—37. 20/11. 1960. Lafayette, Ind., Purdue Univ., Dep. of Chem.; St. Louis, Mo., Saint Louis Univ., Dep. of Chem.) (Engl.) — Vgl. Cope u. Mitarbeiter, J. Amer. chem. Soc. **82.** [1960.] 4299.

Vf. untersuchte die Solvolyse-Rkk. von *Hexyl-(2)-* (**I**) u. *Hexyl-(3)-p-toluolsulfonat* (**II**) in Trifluoressigsäure (**IV**), Ameisensäure (**V**) bzw. Essigsäure (**VI**) u. ermittelte auf gaschromatograph. Wege die Zus. des Produkts. Ferner wurde analog die Additions-Rk. zwischen **IV** u. *Hexen-(1)* (**III**) geprüft. Folgende Ergebnisse wurden erzielt: aus **I** entstanden durch 24std. Einw. von **IV** in Ggw. von überschüssigem Na-Trifluoracetat (**VII**) bei 25° 51% Hexyl-(2)- (**VIII**) u. 49% Hexyl-(3)-trifluoracetat (**IX**); aus **I** u. **IV** + **VII** in Ggw. von Br_2, 2 Std. bei 25°, 78% **VIII** u. 22% **IX**; aus **I** u. 98%ig. **V** + Na-Formiat (**X**) 72 Std. bei 25°, 94% Hexyl-(2)- u. 6% (bzw. in Ggw. von Br_2 8,8%) Hexyl-(3)-formiat; aus **I** u. **VI** + Na-Acetat (**XI**), 14 Std. bei 80—90°, 98% Hexyl-(2)- u. 2% Hexyl-(3)-acetat; aus **II** u. **IV** + **VII**, 24 Std. bei 25°, 32% **VIII** u. 68% **IX**; aus **II** u. **IV** + **VII** in Ggw. von Br_2, 2 Std. bei 25°, 19% **VIII** u. 81% **IX**; aus **III** u. **IV** + **VII**, 2 Std. bei 25°, 81% **VIII** u. 19% **IX**; aus **III** u. **IV** + **VII** in Ggw. von Br_2 u. Na-p-Toluolsulfonat, 2 Std. bei 25°, 100% **IX**. **IX** erwies sich unter den Bedingungen des zuletzt aufgeführten Vers. als stabil. Außer **III** addiert auch ein Gemisch von cis- u. trans-Hexen-(2) **IV**. Durch Zugabe von Br_2 bei der Solvolyse von **I** u. **II** wird diese Addition von **IV** an die intermediär gebildeten Hexene vollständig unterbunden. Br_2 fängt die Hexene unter Bldg. von Dibromhexenen oder Bromhexyltrifluoracetaten ab. **V** lagert sich nicht erheblich an die Hexene unter den angewendeten Bedingungen an. Die Geschw. der Substitutions-Rkk. sowie das Ausmaß der Substitution bei 25° konnte angenähert auf gaschromatograph. Wege ermittelt werden: **I** in **IV** (+ **VII**) [10^4 k in s^{-1}] 2,2; [Ausmaß der Substitution in %] 13,5%; **I** in **VI** (+ **XI**) —; 86,5% (bei 80—90°); **I** in **V** (+ **X**) 0,55 (titrimetr. ermittelt); 80%; **II** in **IV** (+ **VII**) 7,5; 16%; **III** + **IV** (+ **VII**) 0,51; —. Der Umfang der Hydridverschiebung bei den Rkk. von **I** ist gemäß nachst. Folge vom Medium abhängig: **IV** > **V** > **VI**. Vf. diskutiert die möglichen Mechanismen der Rkk. u. nimmt an, daß im Lsgm. mit der geringsten Nucleophilität (**IV**) eine kation. Zwischenstufe zwar eine Substitution mit ungewöhnlich geringer Geschw. eingeht, daß jedoch die Geschw. der Hydridverschiebung weniger durch das Lsgm. beeinflußt wird. Die Addition von **IV** an Alkene wurde durch hohe Alken- oder **VII**-Konzz. stark verlangsamt. — Im Gegensatz zu den Beobachtungen von Bourne u. Mitarbeitern (C. **1951**. I. 2141) gelang es bei Rk.-Zeiten von wenigen Sek., Trifluoracetanhydrid (**XII**) in Pyridin mit Hexanolen in guter Ausbeute umzusetzen. — *Hexyltrifluoracetat*, $C_8H_{13}F_3O_2$, Kp.$_{15}$ 36°, durch Zugabe von **XII** zu Hexanol-(3) in kaltem Pyridin u. Gießen in Eiswasser–Ae.-Gemisch nach 15 Sek.; n_D^{20} 1,3570; 52% Ausbeute.

B. Gnauck. B 225□

Reaktionskinetische Untersuchungen an Triphenylaminderivaten. H. Hartmann und W. Kleinpaul. (Z. physik. Chem. [Frankfurt/M.] [N. F.] **25.** 415—26. Sept. 1960. Frankfurt/M., Inst. für physikal. Chem.) (Dt.)

Durch kinet. Unterss. der Spaltung von *N.N-Dimethyl-* (**I**), *N.N-Diphenyl-* (**II**) u. *N-p-Nitrophenyl-N-phenyl-p-aminobenzoesäuremethylester* (**III**) in W.–Dioxan-Gemischen als Lsgm. u. mit HCl als Katalysator wird die Vermutung bestätigt, daß die von der Theorie der π-Elektronen-Syst. aus verständliche Tendenz aromat. tert. Amine zur Ammoniumsalz-Bldg. einen merklichen Einfl. auf die Aktivierungsenergie der sauren Hydrolyse entsprechender Triphenylamincarbonsäureester ausübt. Die Messung der Geschw.-Konst. wird durch eine gleichzeitige Rk. des Dioxans u. deren Wechselwrkg. mit der Esterhydrolyse erschwert. Die Häufigkeitsfaktoren der Rkk. der Triphenylamin-Derivv. sind ungewöhnlich niedrig. Folgende Aktivierungsenergien E [kcal/Mol] u. Häufigkeitsfaktoren $H \cdot 10^{-3}$ [Liter/Mol·s] wurden bei der Estersolvolyse in Dioxan (7,65m)–W. (18,5m) in Ggw. von HCl (0,0838m) im Temp.-Bereich 30—50° gefunden: (**I** E = 16,9 ± 0,8, $H \cdot 10^{-3}$ = (1,04 ± 0,05)·10^4; **II** 11,6 ± 0,9, 1,00 ± 0,05; **III** 12,7 ± 1, 4,0 ± 0,1. Die Daten sind aus Geschw.-Konst. k_0 [d^{-1}] berechnet, die auf die Zeit 0 extrapoliert wurden, um die Störung durch Dioxan auszuschalten.

Versuche: p-Aminobenzoesäuremethylester: *N.N-Dimethyl-* (**I**), F. 102° (wss. Methanol), Darst. aus der Säure (F. 244°, wss. Methanol). — *N.N-Diphenyl-* (**II**), F. 88° (90%ig. Methanol), a) aus p-Jodbenzoesäuremethylester [**IV**; Darst. aus p-Aminobenzoesäure → p-Jodbenzoesäure (über die Diazonium-Verbb.) → Ester] u. Diphenylamin (V) nach Ullmann-Goldberg; b) durch 24std. Rk. von 25 g IV u. V bei 180°; 15 g (Ausbeute). *Freie Säure*, F. 204° (wss. Methanol). — *N-p-Nitrophenyl-N-phenyl-* (III), F. 106° (90%ig. Methanol), aus IV u. p-Nitrodiphenylamin (F. 132°) wie vorst. nach a) u. b) in Ggw. von K_2CO_3, Kupferbronze u. Xylol, 12 Std. Rk.-Zeit, Ausäthern; 10 g; aus dem Rückstand die *freie Säure*, F. 177° (80%ig. Methanol); 2 g. W. Niemitz. B 225□

Die Bromierung von Biphenyl und Benzol in 50%iger wässeriger Essigsäure. Ernst Berliner und John C. Powers. (J. Amer. chem. Soc. **83**. 905—09. 20/2. 1961. Bryn Macor, Pa., Bryn Macor Coll., Marion Edwards Park Labor.) (Engl.) — Vgl. C. **1958**. 2687.

Die Bromierung von *Biphenyl* (I) u. *Bzl.* in 50%ig. wss. Essigsäure in Ggw. von Br^- nimmt einen ähnlichen Verlauf wie die von Naphthalin (II, l. c.): nur freies Br_2 wirkt substituierend, u. die Rk.-Geschw. wächst prakt. linear mit steigender Salzkonzentration. Folgende Rk.-Geschw.-Konst. k (Liter·Mol^{-1}·s^{-1}) bei 25,0°, Aktivierungsenergien ΔE (kcal/Mol), log A- u. ΔS-Werte (cal/Grad·Mol) wurden gemessen: für I k 5,88·10^{-4}; ΔE 17,1; log A 9,52; $\Delta S^{\neq}$ —17,0; für Bzl. 4,20·10^{-7}; 18,1; 7,11; —28,0. Die relativen k-Werte betragen I : Bzl. : II = 1 : 1,40·10^3 : 1,19·10^5. Die Einfl. von Temp. (25—45°) u. Fremdsalzzusatz ($NaClO_4$) werden untersucht.

Heinz Nestler. B 225□

Reaktionen zwischen Hydroxylaminmonosulfonat und organischen Carbonylverbindungen. Shigeyoshi Yamamoto und Takaho Kaneda. (J. chem. Soc. Japan, ind. Chem. Sect. [Kōgyō Kagaku Zassi] **63**. 104—06. Jan. **1960**. Yamagutiken, Ube-Kôsan, Kabusiki-Kaisya.) (Jap.; Auszug: Engl. S. A 4.)

$HONHSO_3K$ reagiert mit organ. Carbonyl-Verbb. in Ggw. von Säure unter Bldg. von entsprechenden Oximen u. HSO_4^- in einer Stufe; die Geschw. v folgt der Beziehung v = $[H^+][HONHSO_3^-][R_2CO]$. Eine Zweistufen-Rk. nach $HONHSO_3^- + H_2O \rightarrow NH_2OH + HSO_4^-$ (1); $NH_2OH + R_2CO \rightarrow R_2C{=}NOH + H_2O$ kann ausgeschlossen werden, da die saure Hydrolyse von $HONHSO_3K$ zu $HONH_2$ (Rk. 1) in Abwesenheit von Carbonyl-Verbb., jedoch sonst unter denselben Bedingungen, wesentlich langsamer — bei den Verss. mit *Cyclohexanon* (I) in der Größenordnung 10^{-4} — verläuft. Aldehyde reagieren im allg. schneller als Ketone. Folgende Geschw.-Konst. (Liter^2·Mol^{-2}·min^{-1}) bei 33,5° u. der Ionenstärke 1,4 ($KHSO_4$) der Rk. von $HONHSO_3^-$ in verd. H_2SO_4 wurden bestimmt: *Aceton*, 1,85; I 4,08; *Methyläthylketon* 1,10; *Acetaldehyd* 267; *n-Butyraldehyd* 141; *Benzaldehyd* 13,3; *Furfurol* 155. Hydroxylamindisulfonat reagierte nicht mit Carbonylverbindungen. E. Maekawa. B 225□

Die Spaltungsreaktion der 1.3-Diole. 4. Mitt. Thomas E. Maggio und James English jun. (J. Amer. chem. Soc. **83**. 968—74. 20/2. 1961. New Haven, Conn., Yale Univ., Sterling Chem. Labor.) (Engl.) — 3. vgl. C. **1955**. 5757.

Vff. synthetisierten *cis-* u. *trans-1-Phenyl-2-methyl-2-[α-hydroxyisopropyl]-cyclopentanol* (VI) bzw. *cis-* u. *trans-1-Phenyl-2-methyl-2-[α-hydroxyisopropyl]-cyclohexanol* (VII). Spaltung dieser Diole mit 10%ig. alkohol. H_2SO_4 lieferte vorwiegend *2.3-Dimethyl-ω-benzoylhexen-(2)* (VIII) bzw. *-hepten-(2)*; daneben entstand Aceton, aus den cis-Diolen in geringer (5—7%), aus den trans-Diolen in erheblicher Menge (33—43%). Die analoge Spaltung von 2-Phenyl-4-methylpentandiol-(2.4) gab 49% Aceton u. 46% Acetophenon. Diese Ergebnisse werden diskutiert im Hinblick auf die Geometrie der Diole; ein Rk.-Mechanismus auf der Grundlage von trans-Eliminierungen wird vorgeschlagen.

Versuche: *1.2-Diäthyl-2-carbäthoxycyclopentanol* (?), $C_{12}H_{22}O_3$, Kp.$_{0,8}$ 84°, aus 18,4 g 2-Äthyl-2-carbäthoxycyclopentanon (I) u. C_2H_5MgBr in Ae.; 14 g (Ausbeute). — *3.7-Diäthyl-8-ketodecanol-(3)* (?), $C_{14}H_{28}O_2$, Kp.$_{0,5}$ 90—93°, a) aus 0,05 Mol I u. C_2H_5Li in Ae.; 5 g; b) aus I u. C_2H_5MgBr in Di-n-butyläther. — *1-Phenyl-2-äthyl-2-carbäthoxycyclopentanol*, $C_{16}H_{22}O_3$, Kp.$_1$ 140—142°, aus I u. C_6H_5MgBr in Äther. — *1.1.6.6-Tetraphenyl-2-methylhexandiol-(1.6)*, F. 157°, a) aus 8,5 g 2-Methyl-2-carbäthoxycyclopentanon u. C_6H_5Li in Ae., 5std. Kochen; 13,1 g; b) aus 5 g nachst. Verb. u. C_6H_5MgBr in Bzl., 12std. Kochen; 4,5 g. — *2-Methyl-2-benzoylcyclopentanon*, $C_{13}H_{14}O_2$, F. 53,5—54,5°, Kp.$_{1,2}$ 142°, aus 7 g 2-Benzoylcyclopentanon u. CH_3J in wss.-alkohol. NaOH, 6 Std. bei 60°; 3,8 g. — *1-Methyl-2-phenylcyclopenten*, Kp.$_{30}$ 128°, aus 40 g 2-Methylcyclopentanon u. C_6H_5MgBr, Kochen über Nacht in Ae., dann 4std. Kochen mit HCOOH; 35,1 g. — *1-Methyl-2-phenylcyclopentenoxyd*, $C_{12}H_{14}O$, Kp.$_{1,5}$ 85°, aus 15,8 g vorst. Verb. u. Perphthalsäure in Ae.; n_D^{23} 1,5309; 13,7 g. — *1-Vinyl-2-methyl-2-phenylcyclopentanol*, $C_{14}H_{18}O$, Kp.$_{1,5}$ 106—110°, aus 8 g vorst. Verb. u. Vinyl-MgBr in sd. Tetrahydrofuran (24 Std.); 2,4 g, daneben ca. 2,2 g vorst. Verb. zurück. — *2-Methyl-2-phenylcyclopentanon*, aus 2,4 g vorst. Verb. u. $KMnO_4$ in wss. Aceton (24 Std. bei

Raum-Temp.); 1,2 g *Semicarbazon*, $C_{13}H_{17}N_3O$, F. 190—191°. — *1-Methyl-2-phenylcyclohexen* u. *1-Methyl-6-phenylcyclohexen* (?), Gemisch im Verhältnis 2,5: 1, Kp.$_{1,5}$ 82°, aus 0,45 Mol 2-Phenylcyclohexanon u. CH_3MgJ, dann Kochen mit 90%ig. HCOOH; n^{23} 1,5469; 30 g. — *1-Methyl-2-phenylcyclohexenoxyd*, $C_{13}H_{16}O$, Kp.$_{1,5}$ 93°, aus 5,4 g vorst. Gemisches u. Perphthalsäure in Ae.; n^{23} 1,5270; 3,4 g. — *1-Phenyl-5-methyl-5-[α-hydroxyisopropyl]-cyclopenten*, $C_{15}H_{20}O$, Kp.$_{0,5}$ 105—107°, aus 12 g 1-Phenyl-5-carbäthoxy-5-methylcyclopenten u. CH_3MgJ, 5std. Kochen; 9 g. — *1-Methyl-2-phenylcyclohexen-(2)-carbonsäureäthylester*, $C_{16}H_{20}O_2$, Kp.$_{0,05}$ 110°, aus 6 g 2-Hydroxy-2-phenyl-1-methylcyclohexancarbonsäureäthylester (X) u. $KHSO_4$, 1 Std. bei 150°; n^{24} 1,5288; 5,3 g. — *cis-* u. *trans-1-Methyl-2-phenyl-2-epoxycyclopentancarbonsäureäthylester*, Gemisch 2: 3, das anschließend gaschromatograph. in die Isomeren (**II**), $C_{15}H_{18}O_3$, getrennt wurde; aus 12,3 g 1-Methyl-2-phenylcyclopenten-(2)-carbonsäureäthylester u. Perphthalsäure; 10 g roh. — *cis-* u. *trans-1-Methyl-2-phenyl-2-epoxycyclohexancarbonsäureäthylester* (**III**), $C_{16}H_{20}O_3$, Gemisch 4: 5 analog. — *cis-1-Phenyl-5-methyl-5-[α-hydroxyisopropyl]-cyclopentenoxyd* (*cis*-**IV**), aus 1,5 g cis-**II** u. CH_3Li in Ae.; 1,1 g. *trans*-**IV**, analog aus trans-**II**. — *cis-1-Phenyl-6-methyl-6-[α-hydroxyisopropyl]-cyclohexenoxyd* (*cis*-**V**), aus 1,5 g cis-**III**; 1 g roh. *trans*-**V**, analog aus trans-**III**. — *cis-1-Phenyl-2-methyl-2-[α-hydroxyisopropyl]-cyclopentanol* (*cis*-**VI**), $C_{15}H_{22}O_2$, F. 157,5—158° (Bzl.), a) aus 12,4 g 1-Phenyl-2-methylcyclopentanol-(1)-carbonsäure-(2)-äthylester u. CH_3MgJ; 3,3 g; b) aus 1,1 g cis-**IV** u. $LiAlH_4$; 700 mg. — *trans-1-Phenyl-2-methyl-2-[α-hydroxyisopropyl]-cyclopentanol* (trans-**VI**), $C_{15}H_{22}O_2$, F. 97,5—98° (Heptan), a) aus 1 g trans-**IV** u. $LiAlH_4$; 100 mg; daneben (Hauptmenge) 1-Phenyl-2-methyl-2-[α-hydroxyisopropyl]-cyclopenten-(x) (?, **IX**); b) durch Behandeln von 15 g **IX** mit Perphthalsäure, Red. des Epoxydgemisches (10 g) mit $LiAlH_4$, Abtrennung von 3,5 g auskrist. cis-**VI** u. Animpfen der Mutterlauge; 400 mg; das zurückbleibende Öl war hauptsächlich Ausgangsmaterial. — *cis-1-Phenyl-2-methyl-2-[α-hydroxyisopropyl]-cyclohexanol* (*cis*-**VII**), $C_{16}H_{24}O_2$, F. 146 bis 147,5° (Bzl.–Heptan), a) aus 2 g **X** u. CH_3MgJ, 24std. Kochen; 0,2 g; b) aus 1 g cis-**V** u. $LiAlH_4$, 7std. Kochen; 150 mg. — *trans-1-Phenyl-2-methyl-2-[α-hydroxyisopropyl]-cyclohexanol* (*trans*-**VII**), $C_{16}H_{24}O_2$, F. 118—119,5° (Heptan), aus 1 g trans-**V** u. $LiAlH_4$; 150 mg. — *2.3-Dimethyl-6-benzoylhexen-(2)* (**VIII**), $C_{15}H_{20}O$, aus cis- bzw. trans-**VI** u. 10%ig. H_2SO_4 in A., Erhitzen; 81,4 bzw. 43,5%, isoliert als *2.4-Dinitrophenylhydrazon* (*DNP*), $C_{21}H_{24}N_4O_4$, F. 149—150°. Daneben 6,9 bzw. 33,5% Aceton (isoliert als *DNP*, F. 125—126°) von trans-**VI**. — *2.3-Dimethyl-7-benzoylhepten-(2)*, *DNP*, $C_{22}H_{26}N_4O_4$, F. 158° (Zers.), a) aus 100 mg cis-**VII** analog; 90 mg; daneben 5,2 mg Aceton–DNP; b) aus 100 mg trans-**VII**; 43%, daneben 42,8% Aceton–DNP.

J. ROTHE. B 225□

Hydrofluorierung von Vinylacetylen mit suspendierten Katalysatoren. 2. Mitt. über Untersuchungen auf dem Gebiet der Synthese von Fluoropren. I. I. Dolgopolski, I. M. Dobromilskaja und B. A. Bysow. (Журнал Прикладной Химии [J. angew. Chem.] **31**. 1716—22. Nov. 1958.) (Russ.) — 1. vgl. C. **1961**. 3334.

Fluoropren (**I**) entsteht bei der Rk. von Vinylacetylen (**II**) mit HF in organ. Lsgm. in Ggw. von in Vaselinöl (**III**) suspendiertem HgO. Die optimale Rührgeschw. bei einem HgO-Geh. von 10 oder 15% u. einem Mol-Verhältnis von **II**: HF: N_2 (als inertes Gas) = 1: 1: 0,5 beträgt 900—1200 U/min. Erhöhung des Mol-Verhältnisses **II**: HF führt bei gleicher **I**-Ausbeute zur gesteigerten Bldg. von *Difluorbuten*, während bei Verringerung auf 0,75: 1 bis 0,5: 1 der Umwandlungsgrad von **II** absinkt. Die Rk.-Geschw. der Hydrofluorierung ist von der HgO-Konz. linear abhängig. Die Rk. verläuft am besten bei 60°; bei 40° tritt infolge der besseren Löslichkeit von **II** u. HF im Rk.-Gemisch eine verstärkte Verharzung unter dem Einfl. von HF ein, während bei 80° die Aktivität des Katalysators schnell absinkt.

Versuche: **II** u. HF leitet man durch eine Suspension von HgO in **III**; das austretende Gasgemisch wird nach Neutralisalisation mit 15%ig. KOH u. Trocknen über $CaCl_2$ kondensiert. Der Verlauf der Rk. wird durch Best. der Zus. des Kondensats kontrolliert. Bestimmt wurden der Einfl. der Rührgeschw., der Mol-Verhältnisse von **II** zu N_2 u. von **II** zu HF, der Zugabe-Geschw. von **II**, des HgO-Geh. u. der Temp. auf die Rk.-Geschwindigkeit. K. BEIER. B 225□

Die Gasphasenreaktion zwischen Methylchlorid und Stickstoffdioxyd. D. R. Thomas und J. H. Thomas. (Trans. Faraday Soc. **57**. 266—78. Febr. 1961. Cardiff, Univ. Coll., Chem. Dep.) (Engl.) — Vgl. TALBOT u. THOMAS, C. **1960**. 13628.

Zwischen CH_3Cl u. NO_2 erfolgt Rk. nur bei erhöhter Temp.; Art u. Menge der bei 250—300° entstehenden Prodd. wurden analyt., IR-spektroskop. u. gaschromatograph. untersucht. Die Rk. besitzt autokatalyt. Charakter u. führt vorwiegend zu H_2O, NO, CO, HCl u. NOCl, neben geringen Mengen CO_2, $COCl_2$, CH_2Cl_2, $CHCl_3$ u. CH_2ClNO_2. Die Stöchiometrie der Gesamt-Rk. wird z. B. durch die Gleichung $CH_3Cl + 2{,}17\,NO_2 \rightarrow$

1,80NO + 0,19NOCl + 0,43HCl + 1,13H_2O + 0,62CO + 0,29 Mol Nebenprodd. beschrieben. Zusatz von Cl_2, HCl oder NOCl erhöht die Rk.-Geschw., ebenso eine Vergrößerung der wirksamen Oberfläche. Für ein Rk.-Gefäß ohne Festkörperfüllung gilt das Zeitgesetz $-d[NO_2]/dt = 10^{10,94} \exp(-24500/RT)[NO_2]^{1,25}[CH_3Cl]^{1,30}$ Mol·Liter^{-1}·s^{-1}. Es wird nachst. Rk.-Mechanismus vorgeschlagen: $CH_3Cl + NO_2 \rightarrow CH_2Cl + HNO_2$, $CH_2Cl + NO_2 \rightarrow \underset{ONO}{\underset{|}{CH_2Cl}} \rightarrow CH_2O + NOCl$, $CH_2O + NO_2 \rightarrow CO + H_2O + NO$, $NOCl \rightarrow NO + Cl$, $NO + Cl \rightarrow NOCl$, $CH_3Cl + Cl \rightarrow CH_2Cl + HCl$, $HCl + NO_2 \rightarrow \frac{1}{2} Cl_2 + NOCl + H_2O$ oder $HCl + NO_2 \rightarrow HNO_2 + Cl$, $Cl_2 + NO \rightarrow NOCl + Cl$, $NOCl + Cl \rightarrow NO + Cl_2$, $2NO_2 \rightleftharpoons 2NO + O_2$, $2HNO_2 \rightarrow H_2O + NO + NO_2$. Die Nebenprodd. entstehen wahrscheinlich gemäß $CH_2Cl + NO_2 \rightarrow CH_2ClNO_2$, $CO + NO_2 \rightarrow CO_2 + NO$, $CH_2Cl + Cl \rightarrow CH_2Cl_2$, $CH_2Cl_2 + Cl \rightarrow CHCl_2 + HCl$, $CHCl_2 + Cl \rightarrow CHCl_3$, $CO + Cl \rightarrow COCl$, $COCl + Cl \rightarrow COCl_2$, $COCl + NOCl \rightarrow COCl_2 + NO$. Der autokatalyt. Charakter der Gesamt-Rk. beruht auf der Bldg. von Cl-Atomen als Zwischenprod., bes. aus HCl u. NO_2, welche ihrerseits durch die Oberfläche katalysiert wird. A. BLASCHETTE. B 225 □

Die thermische Zersetzung von Hexafluoraceton. W. Batey und A. B. Trenwith. (J. chem. Soc. [London] **1961.** 1388—92. März. Newcastle-upon-Tyne, King's Coll., Chem. Dep.) (Engl.)

Die therm. Zers. von *Hexafluoraceton* (I; dargestellt nach MORSE, AYSCOUGH u. LEITCH) bei 550—628° in einem Stahlgefäß wird beschrieben, wobei die Rk.-Prodd. ausgefroren oder an Aktivkohle adsorbiert u. analysiert wurden. Bei niedrigen Temp. führt die Rk. 1. Ordnung zu Hexafluoräthan u. CO; dabei wird einer Umlagerung der Vorzug vor einem Mechanismus mit freien Radikalen gegeben. Bei höheren Temp. geht **I**, ebenfalls in einer Rk. 1. Ordnung, über in Trifluoracetylfluorid (**II**) u. $:CF_2$, das sich zu *Oktafluorisobuten* polymerisiert. **II** ist stabiler als **I** u. zersetzt sich zu $:CF_2$ u. COF_2, das in heterogener Rk. hauptsächlich CO ergibt. Die Rk.-Geschw.-Konst. für verschiedene Temp. werden angegeben, die Mechanismen ausführlich diskutiert.

HEINZ NESTLER. B 225 □

Die Pyrolyse von 1.3.5-Trioxan. W. Hogg, D. M. McKinnon, A. F. Trotman-Dickenson und G. J. O. Verbeke. (J. chem. Soc. [London] **1961.** 1403—04. März. Edinburgh, Univ., Chem. Dep.) (Engl.)

Vff. untersuchen die therm. Zers. von entgastem u. bei niedrigem Druck sublimiertem *1.3.5-Trioxan* u. vergleichen ihre Ergebnisse mit denen von BURNETT u. BELL [1938.]. Die Kurven erster Ordnung der monomol. Rk. bei 272°, 312° u. 347° verliefen für die Dauer von 4 Halbwertszeiten linear; bei 20—80 mmHg Anfangsdruck gilt $\log k\,(sec.^{-1}) = 14{,}95 - (47400/2{,}3\,RT)$. Die Rk wurde auch bei 0,1 mmHg (340° u. 312°) u. 0,5 mmHg (272°) durchgeführt. Folgende Werte resultieren für log A (sec.$^{-1}$) u. die Aktivierungsenergie E (kcal·Mol^{-1}): bei 0,1 mm 11,0; 35,6; bei 1 mm 12,3; 39,5; bei 10 mm 14,5; 45,8; bei 100 mm 15,0; 47,4. Möglicherweise sind bei den niedrigsten Drucken u. Temp. heterogene Prozesse beteiligt. HEINZ NESTLER. B 225 □

Die Reaktion von Methylradikalen mit Sauerstoff, Vergleich mit anderen Reaktionen dritter Ordnung. D. E. Hoare und A. D. Walsh. (Trans. Faraday Soc. **53.** 1102—10. Aug. 1957. Dundee, Queen's Coll., Chem. Dep.) (Engl.)

Es wird gezeigt, daß CH_3-Radikale [photochem. aus Aceton (**I**) bei 3130—3020 Å] bei 200° mit O_2 nach $CH_3 + O_2 + M = CH_3OO + M$ reagieren. Die Rk. ist 3. Ordnung bei **I**-Drucken bis zu 200 mm, ihre Geschw.-Konst. beträgt mit M = **I** $1{,}6 \cdot 10^{-31}$ $(cm^3/Mol)^2 s^{-1}$ bei 200°. Die Wirksamkeit von CO_2 als Dreierstoßpartner beträgt nur 1/10 der von **I**. Theoret. Betrachtungen u. Vgl. mit den Rkk. $H + O_2 + M = HO_2 + M$ u. $CH_3 + M = C_2H_6 + M$ bestätigen den aus den experimentellen Ergebnissen gezogenen Schluß hinsichtlich Rk., Ordnung u. Größe der Geschw.-Konstante. Auch die Rk. $CH_3 + NO + M = CH_3NO + M$ [M = Di-tert.-butylperoxyd (**II**)] verläuft nach 3. Ordnung, wenigstens bei **II**-Drucken um 0.2 mm (vgl. DURHAM u. STEACIE, C. **1953.** 3054).

M. SCHENK. B 226 □

Isotopeneffekte und der Einfluß angeregter Radikale bei der Reaktion von Wasserstoffatomen mit Äthylen. A. H. Turner und R. J. Cvetanović. (Canad. J. Chem. **37.** 1075—81. Juni 1959. Ottawa, Canada, Nat. Res. Council, Div. of Applied Chem.) (Engl.)

In einem $C_2H_2D_4$-Gemisch einerseits u. $C_2H_4D_2$-Gemisch andererseits wurden durch Bestrahlung mit einer Niederdruckquecksilberlampe H- bzw. D-Atome erzeugt. Als Prodd. der Rk. von H mit C_2D_4 entstanden C_2D_3H; C_2D_5H; $C_2D_4H_2$; $C_4D_8H_2$. Als Prodd. der Rk. von D mit C_2H_4 entstanden C_2H_3D; C_2H_6, C_2H_5D, $C_2H_4D_2$, $C_2H_3D_3$, C_4H_{10}, C_4H_9D, $C_4H_8D_2$, $C_4H_7D_3$. Die Rk.-Folge $C_2H_4 + D \rightarrow C_2H_4D^*$; $C_2H_4D^* \rightarrow C_2H_3D + H$ erklärt die Vielzahl der Prodd. bei der Rk. von D mit C_2H_4. Die entsprechende Rk. $C_2D_4 + H \rightarrow C_2D_4H^*$; $C_2D_4H^* \rightarrow C_2D_3H + D$ findet dagegen nicht statt, sondern nur

$C_2D_4H^* \rightarrow C_2D_4 + H$. Dies ist einem Isotopeneffekt zuzuschreiben, der sich aus der verschiedenen Nullpunktsenergie der C–H- u. C–D-Bindung ergibt. Die Überschußenergie im angeregten Radikal $C_2D_4H^*$ reicht aus, um H, nicht aber um D abzuspalten. Der H_2- oder D_2-Druck-Einfl. auf den Isotopenaustausch u. Disproportionierungen (**D**; z. B. $C_2D_4H^* + C_2D_4H \rightarrow C_2D_4 + C_2D_2H_2^*$) wird untersucht u. festgestellt, daß die energiereichen Äthylradikale nur langsam durch Stöße desaktiviert werden (da **D** auch bei hohen Drucken stattfinden) u. auch nach einer Vielzahl von Zusammenstößen mit H_2, D_2 oder C_2H_4 zu **D** fähig sind. D. PALM. B 226□

Dehydrierung von n-Nonan am Alumochrom-Katalysator. Je. A. Timofejewa, N. I. Schuikin, Ju. N. Plotnikow und W. M. Kleimenowa. (Доклады Академии Наук СССР [Ber. Akad. Wiss. UdSSR] **129.** 128–30. 1/11. 1959. Zelinsky-Inst. für organ. Chem. der Akad. der Wiss. der UdSSR.) (Russ.)

Es wird die Dehydrierung von n-Nonan (**I**) am Alumochromkatalysator ohne Zusätze in Abhängigkeit von der Temp. u. Volumengeschw. untersucht. Es wird bei 400° ein Katalysat erhalten, das 8–9% *Nonene* [hauptsächlich *Nonen-(4)*] u. unverändertes **I** enthält u. prakt. frei von Aromaten sowie verzweigten Alkanen mit tert. C-Atomen ist. Das bei der Dehydrierung gebildete Gas enthält 92–97% H_2, 1,5–3,5% ungesätt. u. 1–4,5% gesätt. KW-Stoffe. Bei einer Volum-Geschw. von 2,1 h^{-1} u. 475° steigt zwar der Olefin-Geh. im fl. Katalysat von 8% auf 14–15%, gleichzeitig aber auch der Aromaten-Geh. von Spuren auf 15–16%. Bei Erhöhung der Volumen-Geschw. auf 4,2 h^{-1} u. 475° verändert sich die Olefinausbeute prakt. nicht, der Aromaten-Geh. sinkt dagegen von 15–16% auf 10–12%. Bei 427° u. 4,2 h^{-1} werden nur zu Versuchsbeginn geringe Mengen (< 1%) Aromaten beobachtet, der Olefin-Geh. beträgt konst. 8–9%.

HELMUT SCHÄFER. B 227□

Olefinische Additionen mit asymmetrischen Reagentien. 6. Mitt. **Dissymmetrische Hydrierung von (±)-4-Phenylpenten-(3)-ol-(2).** C. L. Arcus und T. J. Howard. (J. chem. Soc. [London **1961.** 670–74. Febr. London, Battersea Coll. of Technol.) (Engl.) — 5. vgl. C. **1961.** 12421.

Vff. synthetisierten aus β-Methyl-trans-cinnamoylchlorid u. $Cd(CH_3)_2$ *4-Phenylpenten-(3)-on-(2)* u. daraus durch MEERWEIN-PONNDORF-Red. *(±)-4-Phenylpenten-(3)-ol-(2)* (**I**). **I** gibt bei Hydrierung an RANEY-Ni bei 52° u. 106–107 at während 8 Std. 50 Min. bzw. 7 Std. 30 Min. in A. Diastereoisomeren-Gemische von *(±)-4-Phenylpentanol-(2)*, in denen die beiden Stereoisomeren im Verhältnis 3,02 : 1 bzw. 3,65 : 1 vorliegen. Die Zus. des Gemisches wurde durch Gaschromatographie mit Ar an Celite (imprägniert mit Tritolylphosphat) ermittelt. Das Gemisch gab mit CrO_3 in Eisessig als einzige Verb. *(±)-4-Phenylpentanon-(2)*. Die Stereochemie der Hydrierung wird diskutiert u. aus den Ergebnissen gefolgert, daß das asymmetr. C-Atom von **I** die Konformation des Mol. bestimmt, mit der es an der Ni-Oberfläche adsorbiert ist, u. daß die dissymmetr. Hydrierung eine Folge der dissymmetr. Adsoprtion von **I** an das Metall ist.

Versuche: *β-Methylcinmamoylchlorid*, Kp.$_{22}$ 148°, aus 154 g β-Methylzimtsäure (**II**, F. 99–100°) durch 1,5std. Erwärmen mit 170 g $SOCl_2$; 161 g (Ausbeute). — *4-Phenylpenten-(3)*-on-(2), $C_{11}H_{12}O$, F. 37,5–38,5° (PAe. [Kp. 60–80°]), Kp.$_{12}$ 127–130°, aus 161 g vorst. Verb. in Bzl. durch Zutropfen zu einer sd. Lsg. $(CH_3)_2Cd$ [aus 175 g CH_3Br, 42,5 g Mg u. Ae, dann Zusatz von 181 g $CdCl_2$ zum GRIGNARD-Reagens] in Bzl., 1std. Kochen u. Rühren der zähen Suspension, Zusatz von Eis u. 3n H_2SO_4, Bzl.-Extraktion u. Dest.; n_D^{25} 1,5675; 71 g; (gibt bei Oxydation mit 10%ig. wss.-alkal. NaClO **II**). *Semicarbazon*, F. 193,5–194,5°, wss. A.). *2.4-Dinitrophenylhydrazon*, $C_{17}H_{16}N_4O_4$, F. 193,5 bis 194° (CH_3OH). — *(±)-4-Phenylpenten-(3)-ol-(2)*, $C_{11}H_{14}O$, F. 63–64° (PAe.), aus 26 g vorst. Verb. durch 1std. Erhitzen mit Al-Triisopropylat unter Abdest. von Aceton, Gießen auf Eis–3n H_2SO_4 u. Ae.-Extraktion; n_D^{25} 1,5521; 17 g. *N-Naphthyl-(1)-carbamat*, $C_{22}H_{19}NO_2$, F. 96–97° (PAe.). *N-Biphenylyl-(4)-carbamat*, $C_{24}H_{21}NO_2$, F. 116,5–117°. — *Diastereoisomerengemisch* von *(±)-4-Phenylpentanol-(2)*, $C_{11}H_{16}O$, Kp.$_{11}$ 118–119°, a) aus 15 g vorst. Verb. in 99%ig. A. durch Hyyrierung in Ggw. von RANEY-Ni bei 52° u. 107 at während 8 Std. 50 Min. u. fraktionierte Dest.; n_D^{25} 1,5101; 6 g; b) analog bei 106 at während 7 Std. 30 Min.; n_D^{25} 1,5102; 2,17 g. — *(+)-4-Phenylpentanon-(2)*, $C_{11}H_{14}O$, Kp.$_{14}$ 116–117°, aus 9,06 g vorst. Gemisch in Eisessig durch Zusatz von 6,55 g CrO_3 in Eisessig bei 80° innerhalb 15 Min., 15 Min. Rühren, Gießen in W. u. PAe.-Extraktion; n_D^{25} 1,5048; 2,14 g. *Semicarbazon*, $C_{12}H_{17}N_3O$, F. 140–141° (wss. A.).

H.-J. KÖTZSCH. B 227□

Über die Dehydratisierung von n-Amylalkohol an Aluminiumoxyd. I. Ss. Lischanski, A. A. Korotkow, G. A. Andrejewa und A. G. Sak. (Журнал Прикладной Химии [J. angew. Chem.] **32.** 2344–46. Okt. 1959. Inst. für hochmol. Verbb. der Akad. der Wiss. der UdSSR.) (Russ.)

Die Dehydratisierung von n-Amylalkohol an akt. Al_2O_3 bei 400° im Quarzrohr führt zu einem *Pentenisomerengemisch*, aus dem sich nach zweimaliger fraktionierter Dest. isomerenfreies *Penten-(1)* ($Kp._{750-760}$ 29,8—30,4°) isolieren läßt. Der Penten-(1)-Geh. der in verschiedenen Verss. erhaltenen Isomerengemische ist abhängig von der eingesetzten Alkoholmenge (Tabellen im Original). Eine Deutung dieser Ergebnisse wird mit der Annahme der Bldg. von stereospezif. akt. Zentren des Al_2O_3 u. deren Veränderung während der Dehydratisierung gegeben. P. NEULAND. B 227□

C. Präparative organische Chemie. Naturstoffe

Synthetische Reaktionen von Dimethylformamid. 5. Mitt. **Synthese von Nicotinsäurealdehyd.** Z. Arnold. (Collect. czechoslov. chem. Commun. **25.** 1308—12. Mai 1960. Prag, Tschechoslov. Akad. der Wiss., Chem. Inst., Abt. für organ. Synth.) (Dt.) — 4. vgl. Collect. czechoslov. chem. Commun. **24.** [1959.] 2385.

Es wird die Formylierung von Derivv. des Crotonaldehyds (I) mit dem aus Dimethylformamid (DMF) u. $COCl_2$ bereiteten *Formylierungsmittel* beschrieben. Das Diäthylacetal von **I**, 1-Äthoxybutadien u. 1.1.3-Triäthoxybutan lieferten *5-Dimethylaminopentadien-(2.4)-al-(1)* u. *N-[5-Dimethylaminopentadien-(2.4)-yliden]-dimethylammoniumperchlorat* (**II**). 1-Dimethylaminobutadien (**IV**) u. 1.3-Bis-[dimethylamino]-buten-(1) (**III**) liefern *4-Dimethylaminomethylenpenten-(2)-dial-(1.5)*, das bei Einw. von NH_4Cl *Nicotinaldehyd* liefert.

Versuche: *N-[5-Dimethylaminopentadien-(2.4)-yliden]-dimethylammoniumperchlorat* (**II**), F. 164°, durch Zutropfen einer 3,5n Lsg. von $COCl_2$ in Chlf. zu DMF in Chlf. unter Eiskühlung, nach 1std. Rühren Zugabe von 1-Äthoxybutadien, Aufarbeitung u. Einw. von $NaClO_4$ auf das erhaltene Salz in W.; 22,5% (Ausbeute). Daneben *5-Dimethylaminopentadien-(2.4)-al-(1)*, $C_7H_{11}NO$, F. 59—60°(Ae.); 35%; liefert beim Kochen mit Dimethylaminperchlorat in A. **II**. — *Pyridin*, a) aus vorst. Aldehyd durch Erhitzen mit NH_4Cl; b) aus 1.1.3-Triäthoxybutan u. einer Lsg. von DMF u. $COCl_2$ in Äthylendichlorid durch Erhitzen auf 75° in 1 Std., Zers. mit Eis u. Dest. nach Zugabe von NH_4-Acetat u. NH_4OH u. weitere Aufarbeitung; 55%. — *1.3-Bis-[dimethylamino]-buten-(1)* (**III**), $Kp._7$ 49—50°, aus **I** in Bzl. durch Zutropfen zu Dimethylamin, nach 1 Std. Zugabe von wasserfreiem K_2CO_3 u. anschließendes Stehen über Nacht; 72%. — *1-Dimethylaminobutadien* (**IV**), $C_6H_{11}N$, $Kp._9$ 36,5°, aus **III** durch Dest. bei 60 mm in Ggw. von Phenanthrenchinon; n_D^{20} 1,5350; 55%. — *4-Dimethylaminomethylenpenten-(2)-dial-(1.5)*, $C_8H_{11}NO_2$, F. 159 bis 160,5° (A., orangefarbene Kristalle), a) durch Zugabe von DMF in Chlf. zu 3,58 n $COCl_2$ in Chlf. u. 2std. Rühren unter Eiskühlung, dann Zusatz von **IV** u. Stehen des Gemisches über Nacht; 35%; b) aus DMF u. $COCl_2$ in Chlf. durch Stehen über Nacht u. Zugabe von **III** in Chlf. unter Kühlung u. Aufarbeitung nach $^1/_2$tägigem Stehen; 65%; c) durch Zugabe von DMF zu 3,5n $COCl_2$ in Chlf., nach 1 Std. Zusatz von **II** u. Stehen über Nacht; 85%. — *Nicotinaldehyd*, C_6H_5NO, aus vorst. Verb. durch 1std. Erhitzen mit wss. NH_4Cl; n_D^{20} 1,5507; 79%. *Dinitrophenylhydrazon*, F. 260,5°.

J. KUČERA/Prag. 460□

Synthetische Reaktionen von Dimethylformamid. 6. Mitt. **Formylierung von Cyclopentadien.** Z. Arnold. (Collect. czechoslov. chem. Commun. **25.** 1313—17. Mai 1960.) (Dt.) — 5. vgl. vorst. Referat.

Cyclopentadien (I) reagiert mit dem aus Dimethylformamid (DMF) u. $COCl_2$ bereiteten Formylierungsmittel unter Bldg. von *Cyclopentadien-1.2.4-trialdehyd* (**IV**). Die Rk. verläuft wahrscheinlich über *6-Dimethylaminofulven* (**V**). Aus dem Rk.-Gemisch wurden *1.3-Diformyl-6-dimethylaminofulven* (**II**) u. *1-Formyl-3-dimethylimmoniomethyl-6-dimethylaminofulvenperchlorat* (**III**) isoliert. **IV, II, III** sowie das *Trioxim* von **IV** inhibieren das Wachstum von *Escherichia coli* bei Konzz. von 1—100 μg/ml.

Versuche: *1(2).3-Diformyl-6-dimethylaminofulven* (**II**), $C_{10}H_{11}NO_2$, F. 141—142,5° (A.), a) aus **I** (0,05 Mol) in Ae. durch Einw. von 0,2 Mol DMF u. 0,175 Mol $COCl_2$ in Chlf. in $2^1/_2$ Std. u. Behandlung mit gesätt. wss. K_2CO_3; 60,4% (Ausbeute); b) aus **V** u. DMF-$COCl_2$ u. nachfolgende Einw. von wss. K_2CO_3; liefert durch Einw. von heißem wss. KOH das *K-Salz*; 24,2%. — *1-Formyl-3-dimethylimmoniomethyl-6-dimethylaminofulvenperchlorat* (**III**), $C_{12}H_{17}ClN_2O_5$, F. 218,5—220° (Pyridin), durch Einw. von DMF-$COCl_2$ auf **I** wie vorst., Lösen des Prod. in W. u. Zugabe von $NaClO_4$; 82%. —*Cyclopentadien-1.2.4-trialdehyd* (**IV**). $C_8H_6O_3$, F. 142—143° (Bzl.), aus dem K-Salz durch Ansäuern mit verd. HCl. *K-Salz*, F. 264—266° (W.), aus **II** durch Einw. von heißer wss. KOH-Lsg. u. 12std. Stehen bei Raum-Temp.; 88,7%; liefert mit Dimethylamin in Bzl. **II**. *Trioxim*, $C_8H_9N_3O_3$, schmilzt nicht bis 270° (A.). — *1.3-Diformyl-6-aminofulven*, $C_8H_7NO_2$, F. 155—156° (W.), aus dem K-Salz von **IV** durch 2std. Kochen mit wss. NH_4Cl. J. KUČERA/Prag. 460

Synthetische Reaktionen von Dimethylformamid. 7. Mitt. **Darstellung von Triformylmethan.** Z. Arnold und J. Žemlička. (Collect. czechoslov. chem. Commun. **25.** 1318—23. Mai 1960.) (Dt.) — 6. vgl. vorst. Referat.

Triformylmethan (**I**) wird in guter Ausbeute aus N-[3-Dimethylaminopropen-(2)-yliden]-dimethylammoniumperchlorat (**II**) oder β-Dimethylaminoacrolein (**III**) oder $[(CH_3)_2N{=}CH{-}CH{=}CHCl]^+Cl^-$ (**IV**) durch Formylierung mit dem aus Dimethylformamid (DMF) u. $COCl_2$ erhaltenen Reagens (**B**) gewonnen. Aus dem Verh. von α-Methyl-β-dimethylaminoacrolein gegen **B** wird angenommen, daß die Formylierung von **III** über **IV** verläuft. Da **IV** das Zwischenprod. der Formylierung von Acetaldehyd (**V**) ist, gelang es auch bei Einw. von überschüssigem **B** auf **V** oder Äthylvinyläther, geringe Mengen von **I** nachzuweisen. **I** ist eine starke Säure, es bildet stabile Alkalisalze. Bei Einw. von Dimethylamin auf **I** entsteht das *Dimethylammoniumsalz* von **I** neben Spuren von *α-Formyl-β-dimethylaminoacrolein*. Einige *Deriv.* von **I** werden beschrieben. Das IR-Spektrum von **I** wird angegeben.

Versuche: *N-[3-Dimethylaminopropen-(2)-yliden]-dimethylammoniumperchlorat* (**II**), $C_7H_{15}ClN_2O_4$, F. 124—125° (A.), aus **III** u. Dimethylammoniumperchlorat in A. durch 1 std. Kochen; 75% (Ausbeute). — *Triformylmethan* (**I**), $C_4H_4O_3$, F. 102,5—103,5°; a) aus **II** u. **B** in Chlf. durch 1 std. Kochen, Aufarbeitung u. Sublimation bei 70—100°/0,2 mm; 58%; b) aus **III** u. **B** unter Eiskühlung, dann 3 Std. langes Kochen, nach 12 Std. Zers. mit wss. Na_2CO_3, Aufarbeitung u. Sublimation bei 85—90°/1,2 mm; 84,2%; c) aus **IV** u. **B** in Chlf. analog a); 56,8%; d) durch Einw. von überschüssigem **B** auf **V** in Chlf. wie vorst.; Sublimation bei 80°/3 mm; e) aus überschüssigem **B** u. Äthylvinyläther; danaben **III**; 0,5 g. *Na-Salz*, $C_4H_3NaO_3$ aus **I** mit 2n NaOH, nach dem Eindampfen im Vakuum Kristallisation aus 85%ig. Methanol. — *α-Methyl-β-chloracrolein*; aus α-Methyl-β-dimethylaminoacrolein u. **B** in Chlf., n_D^{20} 1,4802; 60%. — *β.β.β'.β'-Tetraformyldivinyläther*, $C_8H_6O_5$, F. 174,5—176,5°; a) aus dem Na-Salz von **I** u. **VI** in abs. Ae. unter Eis-Kochsalz-Kühlung in $^1/_2$ Std. u. Sublimation bei 150—160°/0,7 mm; 66%; b) aus **I** u. **VI** in abs. Ae. analog a) in 2—3 Std; 62,7%; c) durch Rk. von **I** u. **VI** in Pyridin-Chlf. unter Kühlung u. 2 std. Rühren bei Raum-Temp.; sublimiert bei 130°/0,35 mm; 69,4%. — *α-Formyl-β-dimethylaminoacrolein*, $C_6H_9NO_2$, F. 41—45° (Methanol). aus Dimethylcarbamylchlorid, **I** u. Pyridin unter Eiskühlung, dann 1 std. Schütteln bei 50—60° u. Dest. bei 170—180° (Bad-Temp.)/0,25 mm; rotes, aus Methanol bei —70° kristallisierbares Öl; 66,8%. — *Triformylmethandianilhydrochlorid*, $C_{16}H_{15}ClN_2O$, F. 168—171° (Methanol), durch $^1/_2$ std. Schütteln von **I** mit überschüssigem wss. Anilinhydrochlorid. J. Kučera/Prag. 460

Trichloracetonitril, ein selektives Reagens zur Veresterung von Phosphorsäure. F. D. Cramer und G. Weimann. (Chem. and Ind. **1960.** 46. 9/1. Heidelberg, Univ., Chem. Inst.) (Engl.)

Die sekundäre OH-Gruppe in Phosphorsäuremonoestern (**B**) ist genügend nucleophil, um sich in Ggw. bas. Katalysatoren an die C≡N-Gruppe von Trichloracetonitril (**II**) anzulagern, wobei reaktionsfähige *Imidoylphosphorsäureester* (**A**) entstehen. Durch Rk. von **A** mit Alkoholen kann man unsymm. *Phosphorsäuredialkylester* erhalten. Mit **B** reagieren **A** unter Bldg. von *Pyrophosphorsäureestern*. Ausgehend von Orthophosphorsäure kann die Rk. mit **II** u. Alkoholen auf der Stufe der *Mono-* oder *Diester* stehen bleiben, je nach der angewendeten Basenmenge. **II** reagiert nicht mit Phosphorsäurediestern, Carbonsäuren u. Wasser.

Versuche: *Cyclohexylammoniumisopropylidenadenosin-5'-phenylphosphat*, $C_{25}H_{35}\cdot N_6O_7P$, F. 211° (Aceton/PAe.), aus Isopropylidenadenosin, Phosphorsäuremonophenylester u. **II** in Ggw. von Pyridin durch 3 std. Erwärmenauf 70° u. Rk. mit Cyclohexylamin (**I**); 63% (Ausbeute). — *Bis-[cyclohexylammonium]-monobenzylphosphat*, $C_{19}H_{35}N_2O_4P\cdot H_2O$, F. 233° (W./Aceton), aus 0,196 g krist. Phosphorsäure, Benzylalkohol u. **II** in Ggw. von 0,404 g Triäthylamin in 4 Std. bei 75° u. Rk. mit **I**; 77%. — *Freie Säure*, F. 104—105°, aus dem Salz mit Ionenaustauschern. — *Dibenzylphosphorsäure*, wie vorst. mit der halben Menge Triäthylamin; 65%. — *Bis-[cyclohexylammonium]-P¹.P²-bis-[p-chlorphenyl]-pyrophosphat*, $C_{24}H_{36}Cl_2N_2O_7P_2$, F. 274° (W./Pyridin), aus p-Chlorphenylphosphorsäure u. **II** in Ggw. von Pyridin u. Rk. mit **I**; 91%. K. Lienhard. 460 □

Darstellung von bifunktionellen aliphatischen Verbindungen. Wladyslaw Chodkiewicz, Joginder Singh Alhuwalia, Paul Cadiot und Antoine Willemart. (C. R. hebd. Séances Acad. Sci. **245.** 322—24. 17/7. 1957.) (Franz.)

Vff. beschreiben die Darst. einiger *Polyacetylene* durch Kondens. von Bromacetylenen mit endständigen Acetylenen in Ggw. von Cu^+-Salzen u. Äthylamin (vgl. C. **1957.** 10444) u. deren Hydrierung an Pt.

Versuche: *1.1-Diphenylhexadiin-(2.4)-diol-(1.6)*, F. 129°, aus 1-Brompropin-(1)-ol-(3) u. 1.1-Diphenylpropin-(2)-ol-(1) (I) in Äthylamin in Ggw. von Cu^+-Salzen; 84% (Ausbeute); *Hydrierungsprod.*, F. 65°, durch Hydrierung an Pt. — *1.1.5-Triphenylpentadiin-(2.4)-ol-(1)*, F. 86°, aus α-Brom-β-phenylacetylen u. I; 87%; *Hydrierungsprod.*, F. 85°. — *2.15-Dimethylhexadecatetrain-(3.5.11.13)-diol-(2.15)*, F. 115°, aus 2-Methylbutin-(3)-ol-(2) u. 1.8-Dibromoctadiin-(1.7); 91%; *Hydrierungs-Prod.*, F. 56°. — *6-Methylheptadiin-(2.4)-ol-(6)-säureamid*, F. 150°, aus Propiolsäureamid u. 1-Brom-3-methylbutin-(1)-ol-(3) (II); 77%; *Hydrierungs-Prod.*, F. 98°. — *14-Methylpentadecadiin-(10.12)-ol-(14)-säure*, F. 46°, aus II u. Undecin-(10)-säure (III); 98%; *Hydrierungs-Prod.*, F. 81°. — *Hydrierungs-Prod.*, F. 62°, des Roh-Prod. aus III u. 1-Brom-3-methylbutin-(1)-en-(3). — *Hydrierungs-Prod.*, F. 39°, des Roh-Prod. aus III u. 1-Brom-3-methylpentin-(1)-en-(3). — *7-[Δ^1-Cyclohexen]-heptadiin-(4.6)-säure*, F. 121°, aus Pentin-(4)-säure u. α-Cyclohexen-(1)-yl-β-bromacetylen; 90%; *Hydrierungs-Prod.*, F. 32°. B. GÖRLICH. 490□

Polyacetylenverbindungen. 27. Mitt. Konstitution und Synthese eines Polyins aus Matricaria-Arten. Ferdinand Bohlmann, Hans Bornowski und Peter Herbst. (Chem. Ber. **93.** 1931—37. 9/9. 1960. Berlin-Charlottenburg, TU, Organ.-Chem. Inst.) (Dt.) — 26. vgl. C. **1961.** 3967.

Die Extraktion von 3 kg Wurzeln von *Matricaria discoidea DC.* mit Ae/PAe. liefert 25 mg einer krist., als „*Chamomillaester*" (I) bezeichneten Verb., die als *Tridecadiin-(9.11)-trien-(3.5.7)-ol-(1)-acetat* identifiziert wird. Vorsichtige Verseifung von I führt zum entsprechenden *Alkohol* (**IV**). Perhydrierung von I gibt *n-Tridecanol-(1)-acetat.* Durch partielle Ozonisierung von **IV** erhält man *Hexadiin-(2.4)-säure-(1)*, die durch Rk. mit CH_2N_2 als *Pyrazolderiv.* charakterisiert wird. Das *Maleinsäureanhydridaddukt* von I zeigt das UV-Spektrum eines *Diin-ens.* Folgende Synth. für I wird beschrieben: Octadiin-(4.6)-en-(2)-al-(1)-diäthylacetal wird mit Vinyläthyläther zu einem *Ätheracetal* kondensiert, das durch Hydrolyse *Decadiin-(6.8)-dien-(2.4)-al-(1)* (II) liefert. **II** wird nach WITTIG mit dem durch Umsetzen von 3-Brompropanol-(1) mit Dihydropyran u. folgende Rk. des entstandenen *Bromids* mit Triphenylphosphin erhaltenen *Phosphoniumsalz* von *[γ-Brompropyl]-[tetrahydropyranyl-(2)]-äther* umgesetzt. Das Rk.-Prod. wird sauer zu **IV** hydrolysiert u. dann mit Acetanhydrid zu I acetyliert. Zum Vgl. wird *Tridecadiin-(3.5)-trien-(7.9.11)-ol-(1)-acetat*(**III**) synthetisiert. Crotyltriphenylphosphoniumbromid wird nach WITTIG mit Penten-(2)-in-(4)-al-(1) zu *Nonatrien-(3.5.7)-in-(1)* umgesetzt, das durch oxydative Verknüpfung mit Butin-(3)-ol-(1)-acetat (**V**) nebeneinander **III**, *Octadiin-(3.5)-diol-(1.8)-diacetat* u. *Octadecadiin-(8.10)-hexaen-(2.4.6.12.14.16)* liefert, die durch Chromatographie getrennt werden. Die UV-Spektren von I u. **III** sind ident., die IR-Spektren verschieden.

Versuche: *Tridecadiin-(9.11)-trien-(3.5.7)-ol-(1)-acetat* (I), $C_{15}H_{16}O_2$, F. 68,5% (PAe. durch Extraktion von 3 kg Wurzeln von *Matricaria discoidea DC.* mit Ae./PAe. (1:1) u. mehrfache Chromatographie des Extraktionsrückstandes; 25 mg (Ausbeute). *Freier Alkohol* (**IV**, *Chamomillaalkohol*), F. 86,5° (Ae./PAe.), durch 2 std. Stehen einer methanol. Lsg. von I mit wss. KOH. — *4-Propinylpyrazolcarbonsäure-(3)-methylester*, F. 99° (Ae.), durch Rk. einer Essigesterlsg. von 15 mg **IV** mit O_3 bei 0°, Lösen des *Ozonids* in Dioxan, Zugabe von H_2O_2, 15 Min. langes Erhitzen auf 80° u. Behandeln des Rk.-Prod. mit Diazomethan; 2,3 mg. — *n-Tridecanol-(1)-acetat*, durch Hydrieren von I in Eisessig über PtO_2. — *3-[Heptadiin-(3.5)-en-(1)-yl]-6-[2-acetoxyäthyl]-1.2.3.6-tetrahydrophthalsäureanhydrid* (I-*Maleinsäureanhydridaddukt*), durch 2 std. Erwärmen von I mit Maleinsäureanhydrid in Bzl. auf 90°. — *Octadiin-(4.6)-en-(2)-al-(1)-diäthylacetal*, $Kp._{0,01}$ 102°, durch Lösen von 2,7 g Octadiin-(4.6)-en-(2)-al-(1) in Orthoameisensäuretriäthylester, Zugabe von p-Toluolsulfonsäure in abs. CH_3OH u. 24 std. Stehen bei Zimmer-Temp.; 3,95 g. — *3-Äthoxydecadiin-(6.8)-en-(4)-al-(1)-diäthylacetal*, $Kp._{0,01}$ 140°, durch langsame Zugabe von Äthylvinyläther zu einer mit einer 10%ig. Lsg. von $ZnCl_2$ in Essigester versetzten Lsg. von 3,9 g vorst. Verb. unter Rühren bei 40—45°; 2,8 g. — *Decadiin-(6.8)-dien-(2.4)-al-(1)* (**II**), $C_{10}H_8O$, F. 140° (gelb, Ae./PAe.), durch 3 std. Erwärmen von 2,6 g vorst. Verb. in wss. Dioxan in Ggw. von 85%ig. H_3PO_4 u. Hydrochinon unter N_2 auf 100°; 1,1 g. — *[γ-Brompropyl]-[tetrahydropyranyl-(2)]-äther*, $Kp._{12}$ 111—112°, durch Versetzen von 10 g Dihydropyran mit 2 Tropfen $POCl_3$ u. Eintropfen von 3-Brompropanol-(1); 14,4 g. — *[γ-Triphenylphosphoniopropyl]-[tetrahydropyranyl-(2)]-ätherbromid*, F. 238° (Zers.), durch 36 std. Erwärmen eines Gemisches von 5 g vorst. Verb. u. Triphenylphosphin in abs. Ae. im Rohr auf 100°; 3 g. 1,11 g geben in Ae. durch Versetzen mit äther. Butyl-Li, 10 Min. langes Rühren, Eintropfen einer Lsg. von **II** in abs. Ae., 3 std. Kochen, 15 std. Stehen des Rk.-Prod. mit verd. H_2SO_4 bei Zimmer-Temp. u. 2 std. Erhitzen von erhaltenem **IV** (ca. 200 mg) mit Acetanhydrid auf 100° I (100 mg). —

Nonatrien-(3.5.7)-in-(1), Kp.$_{0,01}$ 50° (Bad-Temp.), durch Versetzen von Crotyltriphenylphosphoniumbromid mit Butyl-Li in Ae., 1std. Rühren, Eintropfen einer äther. Lsg. von Penten-(2)-in-(4)-al-(1) u. 1std. Rühren; 50%. — *Tridecadiin-(3.5)-trien-(7.9.11)-ol-(1)-acetat* (III), $C_{15}H_{16}O_2$, F. 82,5° (PAe.), durch Versetzen von 1,2 g vorst. Verb. mit 10 g V in CH_3OH, dann mit CuCl u. NH_4Cl in W., Einstellen auf pH 4,5, 4std. Schütteln mit O_2 u. Säulenchromatographie; 1 g. Daneben *Octadecadiin-(8.10)-hexaen-(2.4.6.12.14.16)* [F. 143—146° (Zers.; PAe.; gelb); 60 mg] u. *Octadiin-(3.5)-diol-(1.8)-diacetat* [$C_{12}H_{14}O_4$, F. 61,5° (CH_3OH/Ae.); 4 g]. — *Tridecadiin-(3.5)-trien-(7.9.11)-ol-(1)*, F. 90—91° (Ae./PAe.), durch Verseifen von III mit methanol. KOH.

J. RUHNKE. 560□

Polyacetylenverbindungen. 28. Mitt. **Über weitere Polyine aus dem Tribus anthemideae L.** Ferdinand Bohlmann, Christian Arndt und Hans Bornowski. (Chem. Ber. **93.** 1937—44. 9/9. 1960.) (Dt.) — 27. vgl. vorst. Referat.

Die Chromatographie eines Ae./PAe.-Extrakts aus 2,5 kg Wurzeln von *Artemisia pontica L.* liefert 250 mg krist. *3.4-Epoxytridecatriin-(7.9.11)-dien-(1.5)* (I; als *Ponticaepoxyd* bezeichnet), das bei saurer Hydrolyse unter gleichzeitiger Allylumlagerung in ein Gemisch zweier *Diole* übergeführt wird, das bei Perjodsäurespaltung *Decatriin-(4.6.8)-en-(2)-al-(1)*, *Formaldehyd* u. *Acrolein* liefert. Außer in verschiedenen *Anthemideae*-Arten wird I durch Chromatographie eines Wurzelextrakts von *Tanacetum vulgare L.* isoliert. Daneben werden *cis-β-[5-Propinylthienyl-(2)]-acrylsäuremethylester*, ein Gemisch aus *Tetradecatriin-(2.4.6)-en-(8)-on-(12)* (II; C. **1956.** 8593) u. einer *Verb. „319“* erhalten, das nach Red. mit $LiAlH_4$ getrennt werden konnte, u. 2 *Polyine* mit einem *Triindien-* (IV) u. einem *Triinen* (III)-Chromophor. III krist. als *Azobenzolcarbonsäureester*. Die Gaschromatographie von perhydriertem III deutet auf einen C_{14}-Alkohol hin. IV wird als *1-Acetoxytetradecatriin-(8.10.12)-dien-(4.6)* identifiziert, das schon bei der Chromatographie zum entsprechenden *Alkohol* verseift wird. Dieser gibt einen krist. *Azobenzolcarbonsäureester* u. wird durch Hydrierung in *n-Tetradecanol* übergeführt. Das IR-Spektrum von I u. die UV-Spektren von I u. IV sind angegeben. Die Wurzeln von 100 *Anthemideae*-Arten werden untersucht u. dabei in *Artemisia sacrorum viridis L.*, *A. annual.*, *A. ludoviciana Nutt.*, *Chrysanthemum serotinum L.*, *Chr. boreale L.* u. *Cladanthus arabicus Cass.* ein Polyin mit dem UV-Spektrum von I nachgewiesen.

Versuche: *3.4-Epoxytridecatriin-(7.9.11)-dien-(1.5)* (I), $C_{13}H_{10}O$, F. 66° (PAe.), a) durch 3maliges Extrahieren von 2,5 kg zerschnittenen Wurzeln von *Artemisia pontica L.* mit PAe./10% Ae. u. Chromatographie des in PAe. lösl. Anteils; $[\alpha]_D^{23}$ +201° (c = 1; Aceton); 250 mg (Ausbeute); daneben aus dem in PAe. unlösl. Anteil des Extrakts eine *Verb. vom F. 129,5°* (aus Ae.; bildet ein *O-Acetat* u. nimmt bei der Hydrierung 1 Mol H_2 auf); b) durch Extrahieren von 20 kg Wurzeln von *Tanacetum vulgare L.* mit PAe./Ae. (10:1) u. Chromatographie an Al_2O_3; ca. 100 mg; daneben *cis-β-[5-Propinylthienyl-(2)]-acrylsäuremethylester* [$C_{11}H_{10}O_2S$, F. 101° (PAe., gelb)], *Verb. „319“* [F. 82—84° (Ae./PAe.), aus dem Chromatogramm durch Red. der Eluate mit $LiAlH_4$ u. erneute Chromatographie; 1,6 g] u. *Tetradecatriin-(2.4.6)-en-(8)-on-(12)* (II; F. 57°). — *Decatriin-(4.6.8)-en-(2)-al-(1)*, F. 103—104° (PAe., gelb), durch 5 Min. langes Erwärmen von I in Dioxan mit 5%ig. H_2SO_4, Zugabe von $NaJO_4$ u. 45 Min. langes Rühren. — *n-Decanol*, durch Red. vorst. Verb. mit $NaBH_4$ u. Hydrieren über Pd/$BaSO_4$. — *Formaldehyddinitrophenylhydrazon*, aus der wss. Phase vorst. Perjodsäurespaltung neben *Acroleindinitrophenylhydrazon*. — *1-Acetoxytetradecatriin-(8.10.12)-dien-(4.6)* (IV), F. 31,5°, neben I nach b). *Freier Alkohol*, F. 104° (Ae.), durch Verseifung des Acetats bei der Chromatographie; *Azobenzolcarbonsäure-(4)-ester*, $C_{27}H_{22}N_2O_2$, F. 117° (PAe., orangefarben). — *n-Tetradecanol*, durch Hydrierung vorst. Alkohols über Pt. — *Azobenzolcarbonsäureester vom F. 115—119°* (orangefarben) neben dem IV entsprechenden Alkohol durch Veresterung. — *Azobenzolcarbonsäure, Tetradecatriin-(8.10.12)-en-(6)-yl-(3)-ester*, $C_{27}H_{24}N_2O_2$, F. 78° (PAe.), durch Red. von II mit KBH_4 u. Veresterung. *Tetradecatriin-(8.10.12)-en-(6)-yl-(5)-ester*, $C_{27}H_{24}N_2O_2$, F. 67° (PAe., orangefarben), durch Rk. von Decatriin-(4.6.8)-en-(2)-al-(1) mit n-Butyl-MgBr u. Veresterung des *Carbinols*.

J. RUHNKE. 560□

Polyacetylenverbindungen. 29. Mitt. **Synthese des Hauptpolyins aus Centaurea cyanus L.** Ferdinand Bohlmann und Joachim Ruhnke. (Chem. Ber. **93.** 1945 bis 1947. 9/9. 1960.) (Dt.) — 28. vgl. vorst. Referat.

Allylcarbinol wird mit Formaldehyd u. Eisessig zu *1.3.5-Triacetoxypentan* umgesetzt, das nach Verseifung zum *Triol* mit Benzaldehyd *2-Phenyl-4-[β-hydroxyäthyl]-1.3-dioxan* liefert. Dieses wird über den *p-Toluolsulfonsäureester* in *2-Phenyl-4-[β-jod-*

äthyl]-1.3-dioxan verwandelt, das durch Rk. mit Triphenylphosphin das entsprechende *Phosphoniumjodid* gibt. Dieses wird nach Wittig mit Matricarianal zu *2-Phenyl-4-[dodecatrien-(2.4.10)-diin-(6.8)]-1.3-dioxan* umgesetzt. Saure Hydrolyse zum entsprechenden *Diol* u. Acetylierung führen zu *rac.-1.3-Diacetoxypentadecatrien-(5.7.13)-diin-(9.11)* (*Centaur* X_2), das als *Bis-[azobenzolcarbonsäureester]* des entsprechenden freien Diols identifiziert wird.

Versuche: *1.3.5-Trihydroxypentan*, $Kp._{0,03}$ 130—140°, durch 2std. Kochen von 1.3.5-Triacetoxypentan mit 15%ig. methanol. HCl; 97% (Ausbeute). — *2-Phenyl-4-[β-hydroxyäthyl]-1.3-dioxan*, $Kp._{0,7}$ 115—120°, durch 4std. Kochen vorst. Verb., Benzaldehyd u. p-Toluolsulfonsäure in Bzl.; 60%. *p-Tosylat*, $C_{19}H_{22}O_5S$, F. 74,5° (Ae.), durch 24std. Stehen von 8,4 g des Alkohols in Pyridin mit p-Toluolsulfochlorid; 5,2 g. *Jodid*, $C_{12}H_{15}JO_2$, $Kp._{0,01}$ 130—140°, durch 36std. Kochen des Tosylats mit NaJ in Aceton; 82,8%. — *2-Phenyl-4-[β-triphenylphosphonioäthyl]-1.3-dioxanjodid*, $C_{30}H_{30}JO_2P$, F. 207—209°, durch 72std. Erhitzen vorst. Jodids mit äther. Triphenylphosphin im Rohr auf 100°; 87,5%. — *1.3-Dihydroxypentadecatrien-(5.7.13)-diin-(9.11)*, durch Suspendieren vorst. Verb. in abs. Ae., Eintropfen von äther. Butyl-Li, 15 Min. langes Rühren, Zutropfen von äther. Matricarianal, 1std. Kochen u. 2std. Kochen des Rk.-Prod. mit p-Toluolsulfosäure in wss. CH_3OH. *Bis-[azobenzolcarbonsäureester]*, $C_{41}H_{34}N_4O_4$, F. 94 bis 95° (Ae., orangefarben). *Diacetat* durch 1½ std. Erhitzen des Diols mit Acetanhydrid auf 100°. J. Ruhnke. 570□

Zur Cyanäthylierung von Acetylen-γ-glykolen. A. I. Sacharowa und A. M. Efross. (Журнал Общей Химии [J. allg. Chem.] **28** (**90**). 3243—45. Dez. 1958. Leningrad, Landwirtschaftl. Inst.) (Russ.)

Die Cyanäthylierung von 1.1.4.4-Tetramethyl- (**I**) u. 1.1.4.4-Tetraphenylbutin-diol-(1.4) (**II**) mit Acrylnitril (**IV**) gelingt bei der Verw. von Triäthylbenzylammoniumhydroxydhydrat (**III**) als Katalysator unter milden Bedingungen.

Versuche: *1.1.4.4-Tetramethyl-1.4-bis-[β-cyanäthoxy]-butin*, $C_{14}H_{20}N_2O_2$, F. 37 bis 38° (PAe.), man gibt 16,4 g **IV** im Laufe von ½ Std. zu 7 g **I** u. 0,7 g **III** in 10 g Dioxan, gießt nach 24 Std. in W. u. gewinnt die organ. Schicht; 65% (Ausbeute). Daneben *1.1.4.4-Tetramethyl-1-[β-cyanäthoxy]-butinol-(4)*, $Kp._3$ 112—113°, aus dem nichtkrist. organ. Material durch Dest.; 8—10%. — *1.1.4.4-Tetraphenyl-1.4-bis-[β-cyanäthoxy]-butin*, $C_{34}H_{28}N_2O_2$, F. 179—180° (Aceton u. A.), man gibt 10 g **IV** in 15 Min. zu 15 g **II** in 15 ml Dioxan in Ggw. von 1 g **III** u. läßt 48 Std. stehen; 52,6%. Daneben *1.1.4.4-Tetraphenyl-1-[β-cyanäthoxy]-butinol-(4)*, $C_{31}H_{25}NO_2$, F. 68—69° (PAe.), aus der Mutterlauge durch Zugabe von 20 ml W.; 26,5%. H. Kühne. 570□

Ester von Phosphorsäuren mit quecksilberhaltigen Resten. M. Ss. Malinowski, D. G. Jurko und W. B. Tultschinski. (Журнал Общей Химии [J. allg. Chem.] **30** (**92**). 2170—71. Juli 1960.) (Russ.)

Aus Dialkylchlorphosphaten (**I**) u. -thiophosphaten (**II**) werden in wss. Lsg., Aceton oder Bzl. mit o-Hydroxyphenylquecksilberchlorid (**III**) in Ggw. von bas. Kondens.-Mitteln (NaOH, Triäthylamin, Pyridin, K_2CO_3) *O.O-Dialkyl-O-[o-chlormercuriphenyl]-phosphate* bzw. *-thiophosphate* dargestellt.

Versuche: O.O-Dialkyl-O-[o-chlormercuriphenyl]-thiophosphate, durch allmähliche Zugabe von **II** zu **III** in Aceton u. wasserfreiem K_2CO_3 unter intensivem Rühren, 2std. Rühren bei 30—40° u. 2—4std. Stehen in der Kälte, Ausbeute 40—90%: *O.O-Diäthyl-*, $C_{10}H_{14}ClHgO_3PS$, F. 105—106°. — *O.O-Dimethyl-*, $C_8H_{10}ClHgO_3PS$, Öl. — *O.O-Bis-[n-propyl]-*, $C_{12}H_{18}ClHgO_3PS$, Öl. — *O-Methyl-O-äthyl-*, $C_9H_{12}ClHgO_3PS$, Öl. — *O-Methyl-O-n-propyl-*, $C_{10}H_{14}ClHgO_3PS$, Öl. — *O.O-Diäthyl-O-[o-chlormercuriphenyl]-phosphat*, $C_{10}H_{14}ClHgO_4P$, F. 76—77°, analog. G. Kowollik. 590□

Untersuchungen über Phosphorylierung. 20. Mitt. **Die Oxydation von Mono- und Dialkylphosphiten.** D. M. Brown und P. R. Hammond. (J. chem. Soc. [London] **1960.** 4229—32. Nov. Cambridge, Univ., Chem. Labor.) (Engl.) — 19. vgl. C. **1961.** 2215.

Dibenzylphosphit (**I**) wird von Benzoylperoxyd, Perbenzoesäure u. akt. MnO_2 nicht angegriffen. $Hg(CH_3COO)_2$ u. HgO verwandeln **I** langsam in ein krist. Hg-Deriv., aus dem es mit H_2S wieder freigesetzt werden kann. $KMnO_4$ oxydiert in alkal. wss. Dioxan **I** u. auch Monobenzylphosphit zu den entsprechenden Phosphaten. Bei zu rascher Oxydation treten *Benzaldehyd* u. *Benzoesäure* als Nebenprodd. auf. ClO^- oxydiert **I** bei pH 8—9 rasch u. quant. zum Phosphat. Mit JO_4^- u. JO_3^- wird **I** bei pH 3—4 in guter Ausbeute zu *Dibenzylphosphat* oxydiert (hinsichtlich der Red. zu J_2 sind beide Rkk. etwa stöchiometr.). Bes. günstig ist die Verw. von JO_4^- in schwach alkal. Lsg. ($NaHCO_3$ oder 2.6-Lutidin). Diese Rk. ist hinsichtlich der Red. von JO_4^- zu JO_3^- stöchiometr., JO_3^- wird dann in der alkal. Lsg. nicht weiter reduziert. Die Oxydationen scheinen radikal. abzulaufen. Mit MnO_4^-, JO_4^- u. ClO^- wurden auch O-[2′.3′-O-Isopropylidenadenosin-(5′)]-O-benzylphosphorigsäure (**IV**) u. O-[1.2-O-Isopropylidenglyceryl]-O-benzylphosphorigsäure (**II**) zu den entsprechenden *Phosphaten* oxydiert. Die Verbb. wurden papierchromatograph. untersucht. R_F-Werte sind angegeben.

Versuche: *Dibenzylphosphat*, $C_{14}H_{15}O_4P$, F. 79,5°, a) durch 1 std. Rühren der Lsg. von I u. HJO_4 in Dioxan, 2.6-Lutidin u. W. bei Raum-Temp.; 100% (Ausbeute); b) durch ½ std. Zugabe von HJO_4 in W. zu der gerührten Suspension von I in wss. Dioxan (1:1); 86%; c) durch 10 Min. lange Zugabe von KJO_3 in W. zu I in 50 ml Dioxan, 20 ml W. u. 1 ml 20%ig. Essigsäure bei 50° u. ½ std. Rühren; 94%; d) durch ¼ std. Zugabe von 0,5n wss. NaOCl zu der Lsg. von I u. $NaHCO_3$ in Dioxan u. ½ std. Rühren; 92%; e) durch 1 std. Zugabe von $KMnO_4$ in W. unter Rühren zu der Suspension von I u. $NaHCO_3$ in wss. Dioxan (1:1); 94%. — *Bis-[cyclohexylammonium]-O-benzylphosphat*, $C_{19}H_{35}N_2O_4P$, F. 232—234°, durch Zugabe von $KMnO_4$ in W. zu der Lsg. von Bis-[cyclohexylammonium]-O-benzylphosphit u. $NaHCO_3$ in W.; 78%. — *O-[1.2-O-Isopropylidenglyceryl]-O-benzylphosphorigsäure* (II), durch Zugabe der aus Monobenzylphosphit, Phosphorsäurediphenylesterchlorid u. abs. Pyridin in Bzl. dargestellten Lsg. von O-Benzylphosphorigsäure-O.O-diphenylphosphorsäureanhydrid zu O-Isopropylidenglycerin u. 2.6-Lutidin u. 1 std. Rühren; farbloses Öl; 79%. — *Ba-Bis-[O-(1.2-O-isopropylidenglyceryl)-O-benzylphosphat]* (III), $C_{26}H_{36}BaO_{12}P_2$, a) durch Zugabe von HJO_4 in W. zu der Lsg. von II in 2.6-Lutidin/W. (3:2; 10 Min.), 1 std. Rühren u. Zugabe von krist. $Ba(OH)_2$; Nadeln aus Dimethylformamid/Essigsäureäthylester; IR-Banden bei 1383, 1373 u. 1501 cm^{-1}; 57%; b) durch ½ std. Zugabe von $KMnO_4$ zu II in Dioxan/W./Pyridin; 75%. — *Ba-O-[1.2-O-Isopropylidenglycerylphosphat]* $C_6H_{11}BaO_6P \cdot H_2O$, durch Hydrierung von III in W. in Ggw. von Palladiumschwarz u. Triäthylamin. — *Cyclohexylammonium-O-[glyceryl-(1)]-O-benzylphosphat*, $C_{16}H_{28}NO_6P$, F. 123° durch ½ std. Kochen von III in 10%ig. Essigsäure. — *O-[Adenosin-(5')]-O-benzylphosphorsäure*, F. 234°, durch ½ std. Zugabe von $KMnO_4$ in W. zu der Lsg. von rohem IV in Pyridin u. Umkristallisieren aus W.; 45%. S. DITTMANN-MITZSCHERLICH. 590□

Untersuchungen über Phosphorylierung. 21. Mitt. **Ketenimide als Reagentien bei der Pyrophosphat-Synthese.** R. J. Cremlyn, G. W. Kenner und Sir Alexander Todd. (J. chem. Soc. [London] **1960**. 4511—14. Nov.) (Engl.) — 20. vgl. vorst. Referat.

Aus Diphenylketen-p-tolylimid (I) u. Phosphorsäuredibenzylester (II) entsteht bei Raum-Temp. in Bzl. in langsamer Rk. *Pyrophosphorsäuretetrabenzylester* (Ausbeute nach 4tägiger Rk. 44%). In Acetonitril geht die Rk. etwa gleich schnell, in Nitromethan schneller (nach 15 Std. 70% Ausbeute). In Dimethylformamid ist die Ausbeute viel geringer. Ähnliche Ergebnisse wurden mit Phosphorsäurediphenylester (**IV**) erhalten. Bis-[methansulfonyl]-ketenmethylimid (**III**) reagiert mit **II** in Bzl. bei Raum-Temp. prakt. nicht, die Ausbeuten betragen in Acetonitril nach 5 Tagen 12%, in Nitromethan nach 2 Wochen 20%. Mit **IV** entsteht dagegen in Nitromethan innerhalb 1 Woche *Pyrophosphorsäuretetraphenylester* in 43%ig. Ausbeute. Mit Phosphorsäuremonobenzyl-(**V**) u. -monophenylester -(**VI**) liefert nur **III** *Pyrophosphorsäuredibenzyl-* bzw. *-diphenylester* in mäßiger Ausbeute. Das hypothet. Zwischenprod., ein Phosphorsäureimidsäureanhydrid, konnte in keinem Fall isoliert werden, doch wird der Beweis für die Richtigkeit des angenommenen Rk.-Schemas darin gesehen, daß **I** u. **III** bei Behandlung mit äquimol. Gemisch von **II** u. **IV** in Nitromethan hauptsächlich den unsymm. *Pyrophosphorsäuredibenzyldiphenylester* bilden. Die Asymmetrie soll dadurch entstehen, daß **IV** in wasserfreiem Nitromethan größere Tendenz zur Ionisierung besitzt als **II**. Aus Adenosin-(5')-phosphat (als Tris-[n-octylammonium]-salz in Dimethylformamid) entsteht mit Phosphorsäurebenzylester (**V**) in 30%ig. Ausbeute der unsymm. *Pyrophosphorsäureester*. Wird zunächst **V** mit **IV** kondensiert u. dann mit Tris-[n-Octylammonium]-adenosin-(5')-phosphat umgesetzt, so beträgt die Ausbeute nur 10%. Die Kondens. von Phosphorsäureestern mit p-Toluolsulfonsäure gelang nicht in befriedigender Ausbeute.

Versuche: *Pyrophosphorsäuretetrabenzylester*, F. 58—60° (Ae./Cyclohexan), aus **II** u. **I** in abs. Bzl. (4 Tage); 44% (Ausbeute). — *N-p-Tolyldiphenylacetamid*, F. 178 bis 180°, neben vorst. Verb.; 41%. — *Cyclohexylammonium-O.O-dibenzylphosphat*, F. 163 bis 165°, bei Durchführung obiger Rk. in wasserfreiem Nitromethan, nach 15 Std. Absaugen des Amids, Verdünnen mit Bzl. u. Versetzen mit Cyclohexylamin; 73%. — *N-Cyclohexyl-O.O-dibenzylphosphorsäureamid*, F. 73—75°, neben vorst. Verb.; 70%. — *Cyclohexylammonium-O.O-diphenylphosphat*, F. 195—198°, aus **II**, **IV** u. **I** in Nitromethan; 42%; daneben vorst. Verb. (30%). — *Bis-[cyclohexylammonium]-P.P'-bis-[O-benzyl]-pyrophosphat*, $C_{26}H_{42}N_2O_7P_2$, F. 213—215° (wss. Methanol), durch Zugabe von **III** in Nitromethan zu der Lsg. von **V** in Nitromethan, 4tägiges Stehen u. Zugabe von Cyclohexylamin; 30%. — *N-Methyl-bis-[methansulfonyl]-acetamid*, F. 210—212°, neben vorst. Verb.; 62%. — *Bis-[cyclohexylammonium]-P.P'-bis-[O-phenyl]-pyrophosphat*, $C_{24}H_{38} \cdot N_2O_7P_2$, F. 245—250° (wss. Aceton) analog vorvorst. Verb. aus Phosphorsäurephenylester (**VI**); 46%. — *Bis-[cyclohexylammonium]-P-O-benzyl-P'-O-phenylpyrophosphat*,

$C_{25}H_{40}N_2O_7P_2$, F. 220—225° (Methanol), aus **V** u. **VI** analog vorst. Verb.; 31%. — *P-[O-Adenosin-(5')]-P'-O-benzylpyrophosphat*, aus Adenosin-(5')-phosphat (Tris-[n-octylammonium]-Salz) in heißem Dimethylformamid u. **V** in Nitromethan durch 2wöchiges Stehen mit **III** bei Raum-Temp.; 30%. S. DITTMANN-MITZSCHERLICH. 590□

Die Darstellung von Monofluoressigsäure und von Ca-, Ba- und Ag-Monofluoracetaten. M. A. Phillips. (Manufact. Chemist **28.** 328—29. Juli 1957. Romford Essex.) (Engl.)

Die Darst. von *Monofluoressigsäure* (**I**) u. einiger ihrer Salze wird beschrieben.

Versuche: *Monofluoressigsäure* (**I**), Kp. 167—169°, durch Lösen von 1000 g Na-Fluoracetat in W. zu einem Vol. von 3 Litern, Einrühren von 30%ig. H_2SO_4 (enthaltend 275 ml konz. H_2SO_4), mehrstd. Stehen bei 5°, Abfiltrieren des Na_2SO_4, Extrahieren des Filtrats mit Ae., Einengen u. Dest.; 90% (Ausbeute). *Ca-Salz*, durch Lösen von 616 g Fluoracetamid in 1,5 Liter sd. W., Zugabe von 360 g $Ca(OH)_2$ in Mengen von 30—40 g, Versetzen mit heißem W. auf ein Vol. von 3 Litern, 1½—2std. Kochen u. Eindampfen; 96,5%. *Ba-Salz*, durch Verdünnen von **I** mit W., Zugabe von $BaCO_3$ bei 60° u. Eindampfen; 95%. *Ag-Salz*, durch Verdünnen von **I** mit W., Kochen mit Ag_2O u. Kühlen der heiß filtrierten Lsg.; 90%. WALTER SCHÄFER. 810

Veratrum-Alkaloide. 36. Mitt. **Über die Synthese der Angelicasäureester.** S. Morris Kupchan und Adriano Afonso. (J. org. Chemistry **25.** 2217—18. Dez. 1960. Madison, Wis., Univ. of Wisconsin, Dep. of Pharmac. Chem.) (Engl.) — 35. vgl. C. **1961.** 12842; vgl. auch C. **1961.** 14286.

Ester der *Angelicasäure* werden auf folgendem Wege dargestellt: 3-Bromangelicasäure (**I**) wird mit PCl_3 in *3-Bromangelicoylchlorid* (**II**) übergeführt. Dieses läßt sich durch Kochen mit Alkoholen verestern. Durch katalyt. Entbromierung werden dann die entsprechenden *Ester* der *Angelicasäure* erhalten. Die UV-Spektren der *Tiglinate* (**A**) u. *Angelicate* (**B**) unterscheiden sich nur durch ihre Extinktionskoeffizienten. Die Extinktions-Koeff. der **A** u. **B** bei 216 ± 1 mμ liegen bei ca. 11000 bzw. ca. 9000. Chlf.-Lsgg. der **A** zeigen im IR charakterist. Banden bei 8,75 u. 15,30 μ, während die **B** bei 8,05—8,10 u. 11,80 μ absorbieren. In Substanz besitzen die **A** Banden bei 13,65 u. 15,30 μ u. die **B** ein charakterist. Dublett bei 13,20/13,65 u. UV-Maxima verschiedener **A** u. **B** sind angegeben.

Versuche ($[\alpha] = [\alpha]_D^{25}$; $D. = D._4^{22}$; $n_D = n_D^{21}$): *3-Bromangelicoylchlorid* (**II**), C_5H_6BrClO, $Kp._{30}$ 70°, $Kp._{40}$ 84°, durch langsame Zugabe von **I** zu PCl_3 bei 40°, 2½ std. Erwärmen auf 60—65° u. Dekantieren; $D._4^{21}$ 1,570; 89% (Ausbeute). — 3-Bromangelicasäureester: *-methyl-*, $Kp._{53}$ 96°, durch Erhitzen äquimol. Mengen vorst. Verb. mit Methanol bis zur Beendigung der HCl-Entw.; D. 1,444; n_D 1,4890; 97,3%. — *-äthyl-*, $Kp._{51}$ 110°; D. 1,342; n_D 1,4796; 88,5%. — *-l-menthyl-*, $Kp._{0,6}$ 112°; D. 1,175; n_D 1,4906; 78,2%. — *-phenäthyl-*, $Kp._3$ 144°; D. 1,324; n_D 1,5418; 85,5%. — Angelicasäureester: *-methyl-*, $Kp._{740}$ 128°, durch Schütteln des entsprechenden Bromesters mit KOH-gewaschener Pd/Kohle u. H_2 in A. in Ggw. von Triäthylamin; D. 0,9202, n_D 1,4332; 64,3%. — *-äthyl-*, $Kp._{740}$ 142°; D. 0,9272; n_D 1,4296; 71,0%. — *-l-menthyl-*, $Kp._5$ 130°; D. 0,9656; n_D 1,4651; $[\alpha]$ −86° (c = 9,54; Bzl.); 89%. — *-phenäthyl-*, $C_{13}H_{16}O_2$, $Kp._{1,8}$ 109°; D. 1,053; n_D 1,5101; 89,7%. — *Tiglinsäure-l-menthylester*, $Kp._9$ 138°, aus 3-Bromtiglinsäure-l-menthylester wie vorst. Verb.; D. 0,9494; n_D 1,4668; $[\alpha]$ −87° (c = 9,54; Bzl.); 91,7%. G. TEEGE. 810□

Reaktion von Adipin- und Sebacinsäure mit Harnstoff und Acetylharnstoff. M. Ss. Dudkin. (Журнал Прикладной Химии [J. angew. Chem.] **32.** 2347—48. Okt. 1959.) (Russ.)

Beim Erhitzen von Adipin- (**I**) oder Sebacinsäure (**II**) mit Harnstoff (**III**) werden **I**-*Diamid* bzw. **II**-*Amid* erhalten. Beim Erhitzen von **I** u. **II** mit Acetylharnstoff (**IV**) entstehen in Abhängigkeit vom Mol-Verhältnis der Komponenten **I**- bzw. **II**-*Mono-* u. *Diamid*.

Versuche: *Adipinsäurediamid*, $C_6H_{12}N_2O_2$, F. 224—225° (W.), a) durch 2std. Erhitzen von 14,6 g **I** u. 18 g **III** auf 160° (230°); 22,8 bzw. 32% (Ausbeute); b) durch 2std. Erhitzen von 1 Mol **I** u. 2 Mol **IV** auf 230°; 34%. — *Adipinsäuremonoamid*, $C_6H_{11}\cdot NO_3$, F. 205—206°, durch 2std. Erhitzen von 1 Mol **I** u. 1 Mol **IV** auf 230° u. Umkristallisieren aus A.; 26%. — *Sebacinsäuremonoamid*, $C_{10}H_{19}NO_3$, F. 172—173°, a) durch 2std. Erhitzen von 10 g **II** mit 9 g **III** auf 160° u. Umkristallisieren aus W.; 32%; b) durch 2std. Erhitzen von 1 Mol **II** u. 1 Mol **IV** auf 230°; 28%. — *Sebacinsäurediamid*, $C_{10}H_{20}\cdot N_2O_2$, F. 208°, analog vorst. Verb. aus 1 Mol **II** u. 2 Mol **IV**; 39%. — *Sebacinsäureamidureid*, $C_{11}H_{21}N_3O_3$, F. 182—183°, analog vorst. Verb. aus 10 g **II** u. 9 g **III**; 34,5%. P. NEULAND. 820□

Einige neue Fumarsäurederivate. Darstellung von gemischten Fumarsäureestern und Monothiolfumarsäureestern. Paul G. Campbell, Gene Sumrell und Charles

H. Schramm. (J. org. Chemistry 26. 697—700. März 1961. Phillipsburg, N.J., J. T. Baker Chem. Co., Res. Labor.) (Engl.)

Durch SCHOTTEN-BAUMANN-Rk. werden einige neue *Fumarsäurediarylester* dargestellt. Umsetzung von Maleinsäureanhydrid mit Alkoholen u. $SOCl_2$ führt in einem Schritt zu *Fumarsäureesterchloriden* (**A**; 80% Ausbeute). Durch Rk. der **A** mit prim. u. sek. Aminen entstehen *Fumarsäureesteramide*, mit Mercaptanen werden *Monothiolfumarsäureester* gebildet.

Versuche: *Fumarsäuremonochlorid, Methylester* (I), nach EISNER u. Mitarbeitern (C. **1956.** 4980). *Äthylester* (II), analog I. *n-Propylester* (III), $C_7H_9ClO_3$, Kp.$_{15}$ 99—100°, durch Erhitzen von Maleinsäure u. n-Propanol auf 100°, tropfenweise Zugabe von $SOCl_2$ (1,25 Mol) zu dem entstandenen *Maleinsäuremono-n-propylester* unterhalb von 45°, Erhitzen auf 100° im Laufe von 2 Std., 4std. Stehen bei 100° u. fraktionierte Dest.; n_D^{25} 1,4599; 80% (Ausbeute). *Isopropylester* (IV), $C_7H_9ClO_3$, Kp.$_{12}$ 88—90°, analog III; n_D^{25} 1,4540; 46,8%. *n-Butylester* (V), $C_8H_{11}ClO_3$, Kp.$_9$ 102—104°, analog III; n_D^{25} 1,4610; 82,1%. *n-Pentylester* (VI), $C_9H_{13}ClO_3$, Kp.$_{13}$ 120,5—122°, analog III; n_D^{25} 1,4612; 83,4%. — *Fumarsäure, Bis-[4-bromphenylester]*, F. 174—175° (Bzl./Aceton), durch Zugabe von Fumaryldichlorid zu einer Lsg. von 4-Bromphenol in 5%ig. NaOH bei 0°, 1std. Rühren u. Filtrieren; 44%. *Bis-[2.4-dibromphenylester]*, $C_{16}H_8Br_4O_4$, F. 215 bis 216° (Bzl./Aceton), analog vorst. Verb.; 38%. *Bis-[2.4-dichlorphenylester]*, $C_{16}H_8Cl_4O_4$, F. 186—187°; 43%. *Bis-[2.4.5-trichlorphenylester]*, $C_{16}H_6Cl_6O_4$, F. 205—206°; 40%. — *Fumarsäuremonomethylester, 2.4.5-Trichlorphenylester* (IX), $C_{11}H_7Cl_3O_4$, F. 90—91° (Isopropanol), durch Zugabe von I zu einer Lsg. von 2.4.5-Trichlorphenol u. NaOH in W. bei 0°, mehrstd. Rühren u. Filtrieren; 29%. *2.4-Dibromphenylester*, $C_{11}H_8Br_2O_4$, F. 122 bis 123°, analog IX; 49,2%. *4-Bromphenylester*, $C_{11}H_9BrO_4$, F. 72—73°; 68,2%. — *Monothiolfumarsäure-O-methylester, S-Methylester*, $C_6H_8O_3S$, F. 53—54°, durch Einleiten von Methylmercaptan in kaltes abs. 1.2-Dimethoxyäthan, Zugabe von I bei 0—5°, ½ std. Rühren, Zugabe von Pyridin u. W., Kühlen auf 0° u. Filtrieren; aus Isopropanol Blättchen; 71%. *S-Isopropylester*, $C_8H_{12}O_3S$, F. —6°, Kp.$_{0,5}$ 60—61°, analog vorst. Verb.; n_D^{25} 1,5002; 57%. *S-tert.-Butylester* (VII), $C_9H_{14}O_3S$, F. 24°, Kp.$_{0,5}$ 69—71°, durch Zugabe von I zu einer Lsg. von tert.-Butylmercaptan in 5%ig. wss. NaOH bei 10—15°, 3std. Rühren bei —5°, Extrahieren mit Chlf. u. Dest.; hellgelbe Fl., die zu farblosen Blättchen erstarrt; n_D^{25} 1,4948; 40%. *S-Pentachlorphenylester*, $C_{11}H_5Cl_5S$, F. 157—159°, analog VII; 34,6%. *S-[4-Chlorphenylester]*, $C_{11}H_9ClO_3S$, F. 82—83°; 46,8%. — *Fumarsäuremonoäthylester, Morpholid* (VIII), $C_{10}H_{15}NO_4$, F. 72,5—73° (Ligroin/Isopropanol), durch Zugabe von II zu einer Lsg. von Morpholin in Äthylendichlorid bei 0°, mehrstd. Rühren u. Eindampfen; 78%. *2.5-Dichloranilid*, $C_{12}H_{11}Cl_2NO_3$, F. 121 bis 122°, analog VIII; 50%. *2-Chloranilid*, $C_{12}H_{12}ClNO_3$, F. 103,5—104,5°; 45,4%. *3-Chloranilid*, $C_{12}H_{12}ClNO_3$, F. 154—154,5°; 51%. *2.4.5-Trichlorphenylester*, $C_{12}H_9Cl_3O_4$, F. 51,5—53, analog IX; 76,8%. *2.4-Dibromphenylester*, $C_{12}H_{10}Br_2O_4$, F. 52—53°; 46,7%. *4-Bromphenylester*, $C_{12}H_{11}BrO_4$, F. 49—50; 79,3%. — *Monothiolfumarsäure-O-äthylester, S-tert.-Butylester*, $C_{10}H_{16}O_3S$, Kp.$_1$ 94—96°, analog VII; n_D^{25} 1,4908; 65,5%. *S-Pentachlorphenylester*, $C_{12}H_7Cl_5O_3S$, F. 134,5—135,5°; 39,2%. *S-4-Chlorphenylester*, $C_{12}H_{11}ClO_3S$, F. 47—48,5°; 50,6%. — *Fumarsäure-n-propylester, Diphenylamid*, $C_{19}H_{19}NO_3$, F. 85,5—86,5°, analog VIII aus III u. Diphenylamin; 41,9%. *2.4.5-Trichlorphenylester*, $C_{13}H_{11}Cl_3O_4$, F. 34,5—36,2°, analog IX; 67,6%. *2.4-Dibromphenylester*, $C_{13}H_{12}Br_2O_4$, Kp.$_{0,5}$ 208—210°; n_D^{25} 1,5593; 77,3%. *4-Bromphenylester*, $C_{13}H_{13}BrO_4$, F. 42—43°; 80,5%. — *Monothiolfumarsäure-O-n-propylester, S-tert.-Butylester*, $C_{11}H_{18}O_3S$, Kp.$_{0,4}$ 86°, analog VII; n_D^{25} 1,4875; 62,1%. *S-4-Chlorphenylester*, $C_{13}H_{13}ClO_3S$, F. 43—44,5°; 43,5%. — *Fumarsäureisopropylester-4-bromphenylester*, $C_{13}H_{13}BrO_4$, F. 40—41°, analog IX aus IV u. 4-Bromphenol; 62,5%. — *Fumarsäure-n-butylester, 2.4-Dibromphenylester*, $C_{14}H_{14}Br_2O_4$, analog IX aus V u. 2.4-Dibromphenol; n_D^{25} 1,5526; 66,9%. *4-Bromphenylester*, $C_{14}H_{15}BrO_4$, F. 32—33,5°; 81,2%. — *Monothiolfumarsäure-O-n-butylester, S-tert.-Butylester*, $C_{12}H_{20}O_3S$, Kp.$_{0,8}$ 109—110°, analog VII; n_D^{25} 1,4860; 67,7%. *S-4-Chlorphenylester*, $C_{14}H_{15}ClO_3S$, F. 41°, Kp.$_{0,4}$ 163—166°; n_D^{25} 1,5560; 35,6%. — *Fumarsäure-n-pentylester, 2.4.5-Trichlorphenylester*, $C_{15}H_{15}Cl_3O_4$, Kp.$_{0,6}$ 181—183°, analog IX aus VI u. 2.4.5-Trichlorphenol; n_D^{25} 1,5336; 73,2%. *2.4-Dibromphenylester*, $C_{15}H_{16}Br_2O_4$, F. 29—30°; 69,7%. *4-Bromphenylester*, $C_{15}H_{17}BrO_4$, Kp.$_{0,2}$ 158°; n_D^{25} 1,5283; 62,4%. — *Monothiolfumarsäure-n-pentylester, S-tert.-Butylester*, $C_{13}H_{22}O_3S$, Kp.$_{0,5}$ 113°, analog VII; n_D^{25} 1,4854; 55%. *S-4-Chlorphenylester*, $C_{15}H_{17}ClO_3S$, F. 36—37°; 44,5%. P. GOLINSKE. 820□

Absolute Konfiguration des Mevalolactons. M. Eberle und D. Arigoni. (Helv. chim. Acta **43.** 1508—13. 17/10. 1960. Zürich, ETH, Organ.-chem. Labor.) (Dt.)

Durch Darst. von (+)-*Mevalolacton* [(+)-I] aus Chinasäure (II) konnte gezeigt werden, daß das natürlich vorkommende I (R)-(—)-Konfiguration besitzt. Mit Aceton

u. H_2SO_4 geht **II** unter gleichzeitiger Lactonisierung in *Acetonchinid* über, das mit $LiAlH_4$ zum *Acetonid des Chinaalkohols* (**III**) u. weiter in dessen *Ditosylat* übergeführt wird. $LiAlH_4$ red. darin nur die prim. Tosyloxygruppe u. läßt die sek. unverändert; das gleiche *Monotosylat* (**IV**) entsteht aus **IIIa** durch Überführung in das *Jodid* u. dessen Red. mit Raney-Ni. Nach reduktiver Entfernung der Tosylgruppe mit $LiAlH_4$ liefert **IIIa** ein öliges *Diol* **V**, das durch saure Hydrolyse das krist. *Tetrol* **VIa**, bei vorhergehender

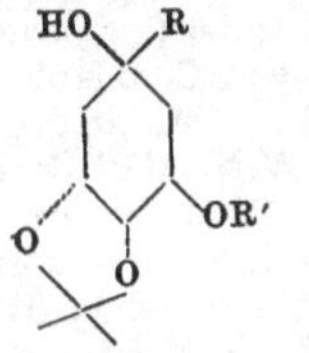

III R = CH_2OH, R′ = H
IIIa R = CH_2OTs, R′ = Ts
IV R = CH_3, R′ = Ts
V R = CH_3, R′ = H
(Ts = Tosyl-Rest)

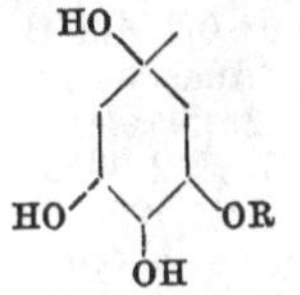

VIa R = H
VIb R = CH_3CO

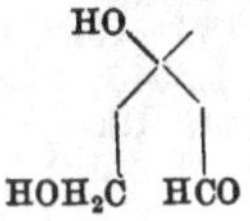

VII

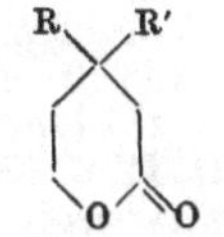

+I R = OH, R′ = CH_3
—I R = CH_3, R′ = OH

Acetylierung das *Monoacetat* **VIb** gibt. (+)-**I** entsteht daraus durch HJO_4-Spaltung, Red. mit $LiAlH_4$ zu einem *Tetrol*, dessen Oxydation zum *Mevalonaldehyd* (**VII**) u. dessen Br_2-Oxydation. Das *Benzhydrylamid* aus (+)-**I** stellt mit $[\alpha]_D$ +3,7° den Antipoden des aus natürlichem **I** hergestellten Benzhydrylamids dar,

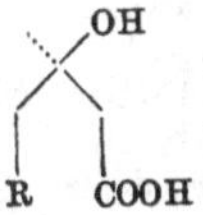

VIIIa R = CHO
VIIIb R = CO—Co—A

das $[\alpha]_D$ —2,0° aufweist. Nach den von anderen Autoren festgelegten Beziehungen läßt sich auch die abs. Konfiguration von Mevaldinsäure (**VIIIa**) u. dem Coenzym-A-Deriv. der β-Hydroxy-β-methylglutarsäure (**VIIIb**) angeben.

Versuche: *Acetonchinid*, $C_{10}H_{14}O_5$, F. 142—143° (Aceton–Hexan), durch 5std. Rühren von 500 mg **II** mit 15 ml Aceton u. 6 Tropfen H_2SO_4, Filtrieren, Zusatz von 200 ml Chlf., Waschen, Trocknen u. Abdampfen; $[\alpha]_D$ —32° (c = 1,6 in Chlf.); 280 mg (Ausbeute). — *Chinaalkoholacetonid* (**III**), $C_{10}H_{18}O_5$, F. 115—117° (Aceton–Hexan u. Sublimation), durch Zutropfen vorst. Verb. in Dioxan zu $LiAlH_4$ in Ae., 4std. Kochen u. übliche Aufarbeitung; $[\alpha]_D$ —59° (c = 1,3 in A.); 73%. *Ditosylat* (**IIIa**), $C_{24}H_{30}O_9S_2$, F. 136—137°, aus 506 mg **III** nach Grewe u. Nolte (C. **1952.** 4129); $[\alpha]_D$ —104° (c = 0,8 in Chlf.); 860 mg. — *3-Monotosylat* **IV**, $C_{17}H_{24}O_6S$, F. 142—143° (Aceton–PAe.), $[\alpha]_D$ —107° (c = 0,9 in Chlf.), a) durch 2tägiges Kochen von 760 mg **IIIa** mit $LiAlH_4$ in Dioxan/Ae.; 460 mg; b) durch 12std. Kochen von **IIIa** mit NaJ in Aceton, Filtrieren, Eindampfen u. Hydrieren des Rückstandes über Raney-Ni in Methanol. — *1-Methyl-1.3.4.5-tetrahydroxycyclohexan-4.5-acetonid* (**V**), durch 24std. Rühren von 807 mg **IV** in 90 ml 90%ig. wss. CH_3OH mit 18 g 5%ig. Na-Amalgam, Filtrieren, Neutralisieren mit CO_2, Eindampfen, Extrahieren mit Aceton; nicht kristallisierendes Öl; 446 mg. Gibt mit p-Toluolsulfonsäurechlorid in Pyridin **IV**. Liefert bei 5 Min. langem Erwärmen mit 80%ig. Essigsäure *1-Methyl-1.3.4.5-tetrahydroxycyclohexan* [**VIa**; $C_7H_{14}O_4$, F. 154 bis 156° (Methanol-Ae.); $[\alpha]_D$ —60° (c = 1,1 in A.)]. — *1-Methyl-3-O-acetyl-1.3.4.5-tetrahydroxycyclohexan* (**VIb**), $C_9H_{16}O_5$, F. 124—125° (Chlf.-PAe.), durch 12std. Stehen von **V** u. Acetanhydrid in Pyridin u. Hydrolysieren des Rohprod. mit 80%ig. Essigsäure; $[\alpha]_D$ —65° (c = 1,4 in Chlf.). — (*S*)-(+)-*Mevalolacton* [(+)-**I**], $C_6H_{10}O_3$, Kp.$_{0,03}$ 107—109° (Bad-Temp.), aus 681 mg vorst. Verb. durch 1std. Behandlung mit wss. HJO_4 bei Zimmer-Temp., Extraktion mit Chlf., 20std. Kochen des rohen *Dialdehyds* (591 mg) mit $LiAlH_4$ in Ae., Behandlung des durch Methanolextraktion aus dem Rückstand gewonnenen *Tetrols* (383 mg) mit wss. HJO_4 bei 0°, Entfernung der JO_4^- mit Ag^+, 3tägiges Stehen der Lsg. von **VII** mit Br_2 bei Zimmer-Temp. u. Extraktion mit Chlf.; $[\alpha]_D$ +10,5° (c = 2,2 in Chlf.), n_D 1,471, R_F 0,464 (Whatman-Papier Nr. 1, in 4:1 Propanol/2n NH_4OH); 207 mg. — *Mevalonsäurebenzhydrylamid*, $C_{19}H_{23}NO_3$, F. 102—103° (nach Chromatographie an Al_2O_3), aus (+)-**I** nach Eggerer u. Lynen (C. **1958.** 10028); $[\alpha]_D$ —2,7° (c = 2,4 in Chlf.), $[\alpha]_D$ +3,7° (c = 2,3 in A.), Rotationsdispersionskurve in A. vgl. Original. *O-Acetyl-Deriv.*, $C_{21}H_{25}NO_4$, F. 108—109°.

Heinz Nestler. 850□

Carbamate. 4. Mitt. **Die Reaktionen von disubstituierten Carbamaten mit Alkoholen.** Norman G. Gaylord. (J. org. Chemistry **25.** 1874—76. Nov. 1960. Newark, N.J., E. I. Du Pont de Nemours & Co., Inc., Film Dep., Yerkes Res. Labor.) (Engl.) — 3. vgl. C. **1957.** 4950.

N.N-Disubstituierte Carbaminsäureäthylester reagieren mit Alkoholen in Ggw. von Na-Alkoholaten entweder zu Carbaminsäure- oder zu Kohlensäureestern, wahrscheinlich in Abhängigkeit von der Basizität der disubstituierten Amine bzw. der Alkoholate. So gibt Isobutanol (**IV**) mit N.N-Diäthyl- (**VII**) oder N-Äthyl-N-phenylcarbaminsäureäthylester (**II**) bzw. Benzylalkohol (**III**) mit **II** oder N.N'-Dicarbäthoxypiperazin die entsprechenden Carbaminsäureester. N.N-Diphenylcarbaminsäureäthylester (**V**) reagiert mit **IV** zu *Kohlensäurediisobutylester* u. *Diphenylamin* (**VI**), mit **III** dagegen zu *Dibenzyläther*, der durch Decarboxylierung des Kohlensäureesters entsteht, u. **VI**.

Versuche: *N-Äthyl-N-phenylcarbaminsäure, Benzylester* (**I**), $C_{16}H_{17}NO_2$, Kp.$_{0,8}$ 145—146°, Kp.$_{0,3}$ 130—133°, a) aus 0,2 Mol **II** u. 0,6 Mol **III** durch 125std. Kochen; D.$_4^{25}$ 1,0960; n_D^{25} 1,5545; 84,6% (Ausbeute); b) analog a) in Ggw. von 0,02 Mol Na durch 157 Min. lange Rk.; 82%. *Isobutylester*, $C_{13}H_{19}NO_2$, Kp.$_{0,2}$ 75—78°, analog **I** aus **II**, **IV** u. Na durch 4std. Rk.; D.$_4^{25}$ 1,0062; n_D^{25} 1,4908; 94%. — *N.N-Diäthylcarbaminsäureisobutylester*, $C_9H_{19}NO_2$, Kp.$_{31}$ 95—98°, wie vorst. aus **VII**, **IV** u. Na durch 5½std. Rk.; 87%. — *Kohlensäurediisobutylester*, $C_9H_{18}O_3$, Kp. 184—186°, wie vorst. aus **V**, **IV** u. Na durch 3¾std. Rk.; D.$_4^{25}$ 0,9050; n_D^{25} 1,4060; 62%; daneben 87% *Diphenylamin* (**VI**), F. 51—53° (*Hydrochlorid*, F. 174—175°) u. 4,8% *N.N-Diphenylcarbaminsäureisobutylester*, $C_{17}H_{19}NO_2$, F. 50—50,5°; n_D^{29} 1,5538. — *N.N-Diphenylcarbaminsäurebenzylester*, $C_{20}H_{17}NO_2$, F. 112—113,5°, wie vorst. aus **V**, **III**, u. Na durch 2 Std. u. 52 Min. lange Rk.; 5% neben 94% **VI** u. 77% *Dibenzyläther* (Kp.$_{0,5}$ 108—112°). — Piperazine: *N.N'-Dicarbäthoxy-*, F. 44—45°, Kp.$_1$ 128—129°, aus Piperazinhexahydrat in wss. NaOH u. Chlorameisensäureäthylester in Ae. durch 2½std. Rk. bei $<8°$. — *N.N'-Dicarbobenzoxy-*, $C_{20}H_{22}N_2O_4$, F. 107—109°, aus vorst. Verb., **III**, u. Na durch 3std. Kochen; 33%. R. KRATTNER. 880□

Acetylcholin. 6. Mitt. **Lipophile Dialkylcarbaminsäureester von [m-Hydroxyphenyl]-alkyldimethylammoniumjodiden.** O. Dann und H. U. Erpf. (Arch. Pharmaz. Ber. dtsch. pharmaz. Ges. **293/65.** 306—11. März 1960. Erlangen, Univ., Inst. für Angew. Chem.) (Dt.) — 5. vgl. C. **1961.** 1635.

Über die Darst. lipophiler, langkettiger Verbb. vom Typ des Prostigmins (**I**) wird berichtet u. ihre Lipoidlöslichkeit (Verteilung zwischen Chlf./Phosphatpuffer pH 7,0), ihre cholinesterasehemmenden Eigg. u. ihre Toxizität (Blutegel) untersucht. Die Lipoidlöslichkeit der dargestellten Verbb. steigt mit Verlängerung der Alkylreste an. Die cholinesterasehemmende Wrkg. liegt in derselben Größenordnung wie die von **I**. Der Ester aus Methyl-n-dodecylcarbaminsäure u. 3-Hydroxyphenyltrimethylammoniumjodid hemmt das Wachstum von Enterokokken, Escherichia coli u. Hefe.

Versuche: Carbaminsäurechloride: *Methyl-n-butyl-* (**II**), $C_6H_{12}ClNO$, Kp.$_{0,8}$ 60°, durch Zutropfen von mol. Mengen Methyl-n-butylamin u. Pyridin in Toluol zu 20%ig. $COCl_2$ in Toluol bei $<-5°$, ½ Std. langes Rühren, Erwärmen lassen auf 10° u. Dest. der filtrierten Lsg.; 50% (Ausbeute). — *Methyl-n-octyl-*, Kp.$_{0,8}$ 105—110°, analog **II**; 63%. — *Methyl-n-dodecyl-*, $C_{14}H_{28}ClNO$, Kp.$_1$ 155—160°; 77%. — *Di-n-butyl-*, Kp.$_2$ 106°; 83%. — Carbaminsäure-3-dimethylaminophenylester: *Methyl-n-butyl-* (**IV**), Kp.$_{0,3}$ 150°, a) durch 2std. Kochen von je 0,1 Mol KOH u. 3-Dimethylaminophenol (**III**) mit 0,09 Mol **II** in abs. A., Filtrieren, Abdampfen des A., Aufnehmen in Ae., Ausschütteln mit 2n NaOH u. Dest. der äther. Lsg.; 53%; b) durch 14std. Kochen von 0,1 Mol **II** u. 0,2 Mol **III** in abs. Bzl. mit 1,3 g Mg-Spänen, Gießen in W., Zusetzen von 2n NaOH u. Ausäthern; 75%. — *Methyl-n-octyl-* (**VI**), Kp.$_{0,4}$ 190°; analog **IV** nach a) 45%, nach b) 85%. — *Methyl-n-dodecyl-* (**VII**), Kp.$_{0,6}$ 235—240°; nach a) 55%. — *Di-n-butyl-* (**V**), Kp.$_1$ 185—187°; nach b) 86%. — *Dimethylcarbaminsäure-3-[dimethylbutylammonio]-phenylesterjodid*, $C_{15}H_{25}JN_2O_2$, F. 119° (Aceton durch Fällen mit Ae.) aus Dimethylcarbaminsäure-3-dimethylaminophenylester u. n-Butyljodid im Rohr durch 2wöchige Rk. bei 37°; 51%. — *Methyl-n-butylcarbaminsäure, 3-[Trimethylammonio]-phenylesterjodid*, $C_{15}H_{25}JN_2O_2$, F. 132° (Aceton durch Fällen mit Ae.); aus **IV** u. CH_3J in abs. Aceton durch 1wöchige Rk. bei Raum-Temp.; 95%. *3-[Dimethyläthylammonio]-phenylesterjodid*, $C_{16}H_{27}JN_2O_2$, F. ca. 69°, analog mit C_2H_5J durch 4tägige Rk. bei 37°; 81%. — *Di-n-butylcarbaminsäure-3-[trimethylammonio]-phenylesterjodid*, $C_{18}H_{31}JN_2O_2$, F. ca. 108° (Toluol durch Fällen mit Ae.); aus **V** u. CH_3J in wenig A. durch 24std. Rk. bei 70—80°. — *Methyl-n-octylcarbaminsäure, 3-[Trimethylammonio]-phenylesterjodid*, $C_{19}H_{33}JN_2O_2$, F. 129° (W.), aus **VI** u. CH_3J in Aceton durch 1wöchige Rk. bei 20°; 90%. *3-[Dimethyläthylammonio]-phenylesterjodid*, $C_{20}H_{35}JN_2O_2$, F. ca. 64°; analog mit C_2H_5J ohne Lsgm. durch 4tägige Rk. bei 37°; 76%. — *Methyl-n-dodecylcarbaminsäure-3-[trimethylammonio]-phenylesterjodid*, $C_{23}H_{41}JN_2O_2$, F. 131° (W.); aus **VII** u. CH_3J in Aceton durch 1wöchiges Stehen bei 20°; 99%. H. GOEBEL. 880□

Amine mit gangliolytischer Aktivität. 2. Mitt. **Aliphatische Amine mit tertiären Resten.** N. K. Kotschetkow, A. Ja. Chorlin, L. A. Worotnikowa und K. I. Lopatina. (Журнал Общей Химии [J. allg. Chem.] **29 (91)**. 3616—19. Nov. 1959.) (Russ.) — 1. vgl. C. **1961.** 14999.

Durch Kondens. von 2-Methylbutanol-(2), 3-Methylpentanol-(3), 3-Äthylpentanol-(3) (I), 2-Methylpentanol-(2), 2-Methylhexanol-(2), 2.2.3-Trimethylbutanol-(3) (II), 2.2.3-Trimethylpentanol-(3), 2.3-Dimethylbutanol-(2) u. 3-Methylhexanol-(3) mit Acetonitril sowie von I u. II mit Blausäure werden die entsprechenden *Acet-* bzw. *Formamide* mit N-gebundenen tert.-Alkylresten erhalten u. mit $LiAlH_4$ in die *sek.-Amine* übergeführt. Die Amine mit den tert. Resten stellen eine neue Klasse akt. Gangliolytika dar. Die Abhängigkeit der physiolog. Aktivität von der Struktur wird diskutiert.

Versuche: N-Alkylacetamide: Man tropft zu 0,1 Mol tert. Alkohol u. 0,2 Mol Acetonitril bei $<40^0$ 0,2 Mol 98%ig. H_2SO_4 zu, läßt 2 Tage bei 20^0 stehen, macht ammoniakal. u. dest. bei $60-80^0/1-2$ mm: *N-tert.-Butyl-*, $C_6H_{13}NO$, F. 97 bis 98^0; 50% (Ausbeute). — *N-[2-Methylbutyl-(2)]-*, $C_7H_{15}NO$, F. $78-80^0$; 51%. — *N-[3-Methylpentyl-(3)]-*, $C_8H_{17}NO$, F. $80-82^0$; 50%. — *N-[3-Äthylpentyl-(3)]-*, $C_9H_{19}NO$, F. $86-87^0$; 55,5%. — *N-[2.3.3-Trimethylbutyl-(2)]-*, $C_9H_{19}NO$, F. $109-110^0$; 78,9%. — *N-[3.4.4-Trimethylpentyl-(3)]-*, $C_{10}H_{21}NO$, F. $107-109^0$; 52%. — *N-[2-Methylpentyl-(2)]-*, $C_8H_{17}NO$, F. $57-58^0$; 30%. — *N-[2.3-Dimethylbutyl-(2)]-*, $C_8H_{17}NO$, F. $62-64^0$; 30%. — *N-[3-Methylhexyl-(3)]-*, $C_9H_{19}NO$, $Kp._5$ $104-106^0$; 32%. — *N-[2-Methylhexyl-(2)]-*, $C_9H_{19}NO$, F. $65-67^0$; 93%. — *N-[2.3.3-Trimethylbutyl-(2)]-formamid*, $C_8H_{17}NO$, F. 129 bis 130^0, analog vorst. Verbb. mit HCN; 32%. — *N-[3-Äthylpentyl-(3)]-formamid*, $C_8H_{17}\cdot NO$, F. $98-100^0$; 53%. — Äthylamine: Man kocht 0,08 Mol $LiAlH_4$ u. 0,05 Mol der vorst. Verbb. in 50 ml Ae. 1—2 Std., fällt mit äther. HCl u. krist. aus Aceton um: *N-tert.-Butyl-*, *Hydrochlorid*, $C_6H_{16}ClN$, F. $204-205^0$; 60%. — *N-[2-Methylbutyl-(2)]-*, *Hydrochlorid*, $C_7H_{18}ClN$, F. $151-153^0$; 60%. — *N-[3-Methylpentyl-(3)]-*, *Hydrochlorid*, $C_8H_{20}ClN$, F. $160-162^0$; 55%. — *N-[3-Äthylpentyl-(3)]-*, *Hydrochlorid*, $C_9H_{22}ClN$, F. 178^0; 83,8%. — *N-[2.3.3-Trimethylbutyl-(2)]-*, *Hydrochlorid*, $C_9H_{22}ClN$, F. 256 bis 258^0; 80%. — *N-[3.4.4-Trimethylpentyl-(3)]-*, *Hydrochlorid*, $C_{10}H_{24}ClN$, F. $209-211^0$; 80%. — *N-[2-Methylpentyl-(2)]-*, *Hydrochlorid*, $C_8H_{20}C_4N$, F. 130^0; 50%. — *N-[2.3-Dimethylbutyl-(2)]-*, *Hydrochlorid*, $C_8H_{20}ClN$, F. $174-176^0$; 53%. — *N-[3-Methylhexyl-(3)]-*, *Hydrochlorid*, $C_9H_{22}ClN$, F. $153-156^0$; 63,3%. — *N-[2-Methylhexyl-(2)]-*, *Hydrochlorid*, $C_9H_{22}ClN$, F. $153-155^0$; 66%. — *N-[2.3.3-Trimethylbutyl-(2)]-methylamin*, *Hydrochlorid*, $C_8H_{20}ClN$, F. $232-232,5^0$; 63%. — *N-[3-Äthylpentyl-(3)]-methylamin*, *Hydrochlorid*, F. $171-172^0$; 50%. HELMUT SCHÄFER. 910□

Reaktionen der Formamidinium-Salze und ihrer Vinyloge mit Carbanionen. Z. Arnold und J. Žemlička. (Collect. czechoslov. chem. Commun. **25.** 1302—07. Mai 1960. Prag, Tschechoslow. Akad. der Wiss., Chem. Inst., Abt. für organ. Synth.) (Dt.)

Die Kondens. von Tetramethylformamidiniumperchlorat (I) mit Aceton, Pinakolin, Acetophenon u. Cyclopentanon lieferte in fl. NH_3 in Ggw. von $NaNH_2$ oder Na-tert.-Butylat *Methyl-*, *tert.-Butyl-*, *Phenyl-β-dimethylaminovinylketon* bzw. *2-Dimethylaminomethylencyclopentanon.* Aus Cyclopentadien (III) wurde mit I *6-Dimethylaminofulven* erhalten. Ferner entstand aus I u. N.N-Dimethylcyanacetamid *α-Cyan-β-dimethylaminoacrylsäuredimethylamid.* Analog reagierte N-[3-Dimethylaminopropen-(2)-yliden]-dimethylammoniumjodid (II; vgl. C. **1959.** 7431) mit Aceton zu *1-Dimethylaminohexadien-(1.3)-on-(5)* u. mit III zu *6-[2-Dimethylaminovinyl]-fulven.* Aus II u. Diacetylmonoketal wurde *1-Dimethylaminoheptadien-(1.3)-dion-(5.6)* dargestellt.

Versuche: *β-Dimethylaminovinylmethylketon*, $Kp._7$ $110-120^0$ (Bad-Temp.), aus Na-Amid, tert.-Butanol u. Aceton in fl. NH_3 durch Zugabe von I u. übliche Aufarbeitung; 48,6% (Ausbeute). — *β-Dimethylaminovinyl-tert.-butylketon*, F. $38,5^0$, durch Zugabe von Pinakolin u. I zu Na in fl. NH_3; nach Aufarbeitung Sublimation bei $35-40^0/0,1$ mm; 52%. — *β-Dimethylaminovinylphenylketon*, $C_{11}H_{13}NO$, F. 91^0 (A.), durch Zugabe von Acetophenon u. I zu Na in fl. NH_3 u. Rühren bis zum völligen Abdünsten des NH_3; 50%. — *2-Dimethylaminomethylencyclopentanon*, $C_8H_{13}NO$, F. 49^0 (Ae.), aus tert. Butanol u. Cyclopentanon in der Lsg. von Na in fl. NH_3 durch Zugabe von I; 36,8%. *Pikrat*, $C_{14}H_{16}\cdot N_4O_8$, F. $121-123^0$. — *6-Dimethylaminofulven*, $C_8H_{11}N$, F. $50-64,5^0$ (Ae.), durch Zutropfen von III in Ae. u. dann von I zur Lsg. von Na in fl. NH_3, 1std. Rühren bei Raum-Temp. u. Einw. von NH_4ClO_4; 12,5%. — *α-Cyan-β-dimethylaminoacrylsäuredimethylamid*, $C_8H_{13}N_3O$, F. $84-85^0$ (Dibutyläther), durch Zugabe von N.N-Dimethylcyanacetamid in abs. A. zur Lsg. von Na in A. u. 5std. Rühren bei Raum-Temp. nach Zusatz von I; sublimiert bei $80-85^0/0,4$ mm; 94,4%. — *1.Dimethylaminohexadien-(1.3)-on-(5)* $C_8H_{11}NO$, F. $45-46^0$ (Ae.), durch Zugabe von tert.-Butanol, Aceton u. dann II zur Lsg. von Na in fl. NH_3 u. 1std. Rühren; 66%. — *6-[2-Dimethylaminovinyl]-fulven*, $C_{10}H_{13}N$, F. $70-71^0$, aus II u. III in der Lsg. von Na in fl. NH_3 durch 1std. Rühren; sublimiert bei $65-100^0/0,2$ mm; 61,2%. — *1-Dimethylamino-6.6-dimethoxyheptadien-(1.3)-on-(5)*, $C_{11}H_{17}\cdot NO_3$, F. $82-83^0$ (Ae.), analog vorst. Verb. aus 3.3-Dimethoxybutanon u. II mit Na in fl. NH_3 in 2 Std.; 95%. — *1-Dimethylaminoheptadien-(1.3)-dion-(5.6)*, $C_9H_{11}NO_2$, F. 124

bis 126° (A.), durch ¼std.Einw. von 5nH_2SO_4 auf vorst. Verb. u. nachfolgende Zers. mit Eis; 100%. J. Kučera/Prag. 940

Umlagerungen in der Chemie der Aminosäuren und Peptide. Louis A. Cohen und Bernhard Witkop. (Angew. Chem. **73.** 253—71. 21/4. 1961. Bethesda, Md., Nat. Inst. of Health, Nat. Inst. of Arthritis and Metabolic Diseases, Labor. of Chem.) (Dt.)

Übersicht über intramol. Umlagerungen in der Chemie der Aminosäuren u. Peptide, Umlagerungen, an denen Stickstoff bzw. Amidbindungen beteiligt sind u. verschiedene andere Umlagerungen sowie eine theoret. Deutung des Rk.-Ablaufs. — 204 Literaturangaben. P. Golinske. 950□

Synthese von DL-α-[m-Carboxyphenyl]-glycin. Filadelfo Irreverre, Herman Kny, Sam Asen, John F. Thompson und Clayton J. Morris. (J. biol. Chemistry **236.** 1093—94. April 1961. Bethesda, Md., Nat. Inst. of Health; Beltsville, Md., u. Ithaca, N.Y., U.S. Dep. of Agric.) (Engl.)

Durch Oxydation von m-Toluylsäure (I) mit CrO_3 in Eisessig/Acetanhydrid entsteht *Isophthalaldehydsäurediacetat*, das nach Verseifung mit konz. H_2SO_4 in *Isophthalaldehydsäuremethylester* umgewandelt wird. Strecker-Synth. u. anschließende Verseifung mit konz. HCl liefern *DL-α-[m-Carboxyphenyl]-glycin* (II). Das *N-Acetyl-* (III) u. *N-Chloracetyl*-Deriv. (IV) von II werden beschrieben. II wird nicht von D- oder L-Aminosäureoxydase angegriffen. Acylase u. Carboxypeptidase A sind inakt. gegenüber III u. IV.

Versuche: *Isophthalaldehydsäurediacetat*, $C_{12}H_{12}O_6$, F. 129—130° (Essigester/PAe.), durch Rk. von I in Eisessig/Acetanhydrid u. konz. H_2SO_4 mit CrO_3 bei 5°, Gießen auf Eis u. Extrahieren mit Bzl.; 50% (Ausbeute). — *Isophthalaldehydsäure*, F. 174—175° (W.), durch ½std. Kochen vorst. Verb. in A./W. 1:1 mit konz. H_2SO_4; 87,4%. *Methylester*, F. 52—53° (PAe.), aus der Säure mit CH_2N_2 in Ae.; 100%. — *DL-α-[m-Carboxyphenylglycin]* (II), $C_9H_9NO_4$, F. 210—211° (Zers.; W. oder 50%ig. A.), durch 1std. Kochen von 6,6 g vorst. Methylesters in Methanol mit NaCN u. NH_4Cl in W., mehrstd. Rühren, Zugeben von konz. HCl, Einengen, 2std. Kochen mit 6n HCl, Einengen, Zugeben von 20%ig. NaOH (pH 6), Filtrieren über Dowex-50-X 4, Eluieren mit 2n NH_4OH, Filtrieren über Dowex-1-Acetat u. Eluieren mit 0,5n u. 2n Essigsäure; 1,97 g. *N-Acetyl-Deriv.* (III), $C_{11}H_{11}NO_5$, F. 237° (Zers.; W.); 71%. *N-Chloracetyl-Deriv.* (IV), $C_{11}H_{10}$·$ClNO_5$, F. 223—224° (Zers.; W.); 24%. E. Schröder. 950□

Glycin-N-methylensulfonsaures Natrium und sein Verhalten bei verschiedenem pH. Adalbert Prütz und Paul Rathfelder. (Chem. Ber. **94.** 58—61. 1961. Stuttgart, Schill & Seilacher, Wiss. Labor.) (Dt.)

Durch Rk. von Na-Glycinat (I) mit Na-Hydroxymethansulfonat (II) u. vorsichtiges Ansäuern wird *Na-Carboxymethylaminomethansulfonat* („*Glycin-N-monomethylensulfonsaures Na*") erhalten. An Hand von Titrationskurven wurde gezeigt, daß dieses im pH-Bereich von 6—8,5 bei 20° in wenigen Min. in Glycin u. Hydroxymethansulfonsäure zerfällt, bei pH 9—10 erfolgt wieder Sulfomethylierung. Aus dem Rk.-Gemisch von I u. II konnte durch Einw. von Benzoylchlorid in $NaHCO_3$-Lsg. *Na-N-Benzoylcarboxymethylaminomethansulfonat* in ca. 50%ig. Ausbeute gewonnen werden. Daneben entstehen 30% *Hippursäure.*

Versuche: *Na-Carboxymethylaminomethansulfonat*, $C_3H_6NNaO_5S·H_2O$, F. 110° (Zers.), durch ½std. Erwärmen von I mit II auf 90°, Ansäuern mit 2n HCl (pH 4,0) unter Kühlung u. Zugeben von Methanol; 50% (Ausbeute). *N-Benzoyl-Deriv.*, $C_{10}H_{10}$·$NNaO_6S$, F. 270—273° (Zers.; W.), durch ½std. Erwärmen von I mit II auf 90°, Zugeben von $NaHCO_3$ u. Benzoylchlorid bei 0—5°, 2std. Rühren, Ansäuern, Digerieren mit Ae. u. Auskochen des Nd. mit A.; 50%; daneben aus dem A. *Hippursäure*, F. 181—185°; 30%. E. Schröder. 950□

Einzelheiten über die Reduktion von Isonitrosomalonsäuredimethylester (Mesoxalsäuredimethylesteroxim). J. Tóth und G. Janzsó. (Acta Univ. Szegediensis, Acta physica chem. [N. S.] **3.** 125—28. 1957. Szeged, Univ., Inst. of Org. Chem.) (Engl.)

Isonitrosomalonsäuredimethylester (I) wird in 5 Std. an Raney-Ni in CH_3OH bei 60 at hydriert u. anschließend acetyliert.

Versuche: *Acetamidomalonsäuredimethylester*, F. 127° (A.), A. durch Hydrieren von I in Eisessig (II) an 16%ig. Pd/Kohle bei Raum-Temp. u. 1 at; 33,6% (Ausbeute); B. durch 5std. Hydrieren von I in CH_3OH an Raney-Ni bei Raum-Temp. u. Aufarbeiten, a) durch 24std. Stehen mit II; 34,1%; b) 1tägiges Stehen mit II; 38,3%; c) ½std. Kochen mit II u. 24std. Stehen bei Raum-Temp.; 40,4%; d) 24std. Stehen mit II bei 2—3°; 38,3%; e) 1std. Kochen mit II u. 24std. Stehen; 67%. J. Ruhnke. 950□

Eine abgeänderte Synthese von DL-Ornithin. Ö. Kovács und I. Vincze. (Acta Univ. Szegediensis, Acta physica chem. [N. S.] **3.** 122—24. 1957. Szeged, Univ., Inst. of Org. Chem.) (Engl.)

Durch Verw. von Acetamidomalonsäuredimethylester nach HELLMANN u. LINGENS (C. **1950/54.** 7883 S.) an Stelle des Diäthylesters als Zwischenprod. für die Ornithin-Synth. nach ŠORM [Laboratorni chemické predpisy, Prirodovedecké vydavatelstvi, Praha [1952.] 29—33) wird die Ausbeute erhöht. Für die Synth. erforderlicher *Malonsäuredimethylester* wird aus Malonsäurediäthylester (I) durch Behandlung mit CH_3OK erhalten.

Versuche: Malonsäuredimethylester: *Unsubstituierter*, $Kp._{11}$ 67°, durch 1 std. Zugabe kleiner Stücke von K zu einer methanol. Lsg. von I unter Rühren, weiteres 1 std. Rühren, Neutralisieren mit 6,05n methanol. HCl u. Dest. im Vakuum; 89% (Ausbeute). — *Isonitroso-*, nach HELLMANN u. LINGENS (l. c.); 96%. — *Acetamido-*, F. 127°, aus vorst. Verb. nach TTHÓ u. JANZSÓ (vgl. vorst. Ref.); 67%. — *[β-Cyanäthyl]-acetamido-*, $C_{10}H_{14}N_2O_5$, F. 124—125°, durch Zugabe vorst. Verb. zu einer Lsg. von Na in abs. CH_3OH u. ½ std. Eintropfen von Acrylonitril unter heftigem Rühren bei —5 bis 0°; 86,5%. — *β-Carbomethoxy-β-acetamido-α-piperidon*, $C_9H_{14}N_2O_4$, F. 185—187° (CH_3OH), durch ¾ std. Hydrieren vorst. Verb. an RANEY-Ni in CH_3OH bei 65—75° u. 50 at; 90%. — *DL-Ornithinmonohydrochlorid*, F. 232°, durch 4 std. Koehen vorst. Verb. in konz. HCl, Einengen im Vakuum zur Trockne, Aufnehmen in heißem A. u. Zugabe von konz. NH_4OH; 90%. J. RUHNKE. 950□

Synthesen von Azothiocarbonsäureestern. W. A. Ginsburg, G. Je. Selenin, Ss. Ss. Dubow, Ss. P. Makarow und A. Ja. Jakubowitsch. (Журнал Общей Химии [J. allg. Chem.] **30 (92)**. 2689—92. Aug. 1960.) (Russ.)

Der durch Rk. von Chlorthiokohlensäure-S-methylester (I) mit Hydrazincarbonsäureäthylester erhaltene *Hydrazothiodicarbonsäure-O-äthyl-S-methylester* liefert bei der Oxydation mit HNO_3 *Azothiodicarbonsäure-O-äthyl-S-methylester*. Analog verläuft die Darst. von *Phenylazothiocarbonsäureestern*. Der Vers., Azotetrathiodicarbonsäuredimethylester aus Hydrazotetrathiodicarbonsäure-Di-Na-Salz (II) durch Rk. mit $(CH_3)_2SO_4$ u. Oxydation des Tetramethylesters mit HNO_3 darzustellen, führte bei der Rk. von II mit $(CH_3)_2SO_4$ zur Bldg. von *S.S'.S''.S'''-Tetramethylformazin*, das bei der Oxydation mit HNO_3 *Azodithiodicarbonsäure-S.S'-dimethylester* lieferte.

Versuche: *Hydrazothiodicarbonsäure, O.S-Dimethylester* (III), $C_4H_8N_2O_3S$, F. 148° (W.), durch Zutropfen von 12,5 g I zu 14 g Hydrazincarbonsäuremethylesterhydrochlorid in 200 ml KOH (12,5 g KOH) unter Kühlung, 2 std. Rühren u. Zugabe von 200 ml W.; 98% (Ausbeute). *O-Äthyl-S-methylester*, $C_5H_{10}N_2O_3S$, F. 93° (W.), analog vorst. Verb.; 92%. *O.S-Diäthylester*, F. 44°; 95%. — *2-Phenylhydrazothiocarbonsäure-S-methylester*, $C_8H_{10}N_2OS$, F. 98° (A.), man gibt bei 0° 30 g Phenylhydrazin in 25 ml A. zu 30,7 g I in 25 ml A., macht mit NaOH alkal. (Phenolphthalein) u. gießt nach 1 Std. in 200 ml W; 90%. — *Phenylazothiocarbonsäure-S-methylester*, $C_8H_8N_2OS$, $Kp._2$ 132°, F. 32—35°, analog nachst. Verb. unter Verw. von rauchender HNO_3; 65%. — *Azothiodicarbonsäure, O.S-Dimethylester*, $C_4H_6N_2O_3S$, man gibt 30 ml 30%ig. HNO_3 zu 5 g III in 35 ml Ae., versetzt nach Beginn der stürm. Rk. mit 100 ml W., trennt die äther. Schicht ab, friert die äther. Lsg. mittels Trockeneis aus u. bewahrt die unbeständige Verb. unter CO_2 auf; $D._4^{20}$ 1,180; n_D^{20} 1,4518; 40%. *O-Äthyl-S-methylester*, $C_5H_8N_2O_3S$, $Kp._6$ 120°, analog vorst. Verb.; $D._4^{20}$ 1,202; n_D^{20} 1,4835; 80%. *O.S-Diäthylester*, $C_6H_{10}N_2O_3S$, $Kp._3$ 127°; $D._4^{20}$ 1,157; n_D^{20} 1,4755; 85%. — *S.S'.S''.S'''-Tetramethylformazin*, $C_6H_{12}N_2S_4$, F. 112°, zu 80 g I in 200 ml W. gibt man unter Eiskühlung 140 ml $(CH_3)_2SO_4$ u. fällt mit 300 ml A.; 50%. — *Azodithiodicarbonsäure-S.S'-dl-dimethylester*, $C_4H_6N_2O_2S_2$, F. 69° (PAe.), aus 10 g vorst. Verb. durch Oxydation mit HNO_3 in Ae.; 40%. H. KÜHNE. 950□

Kontinuierliche Darstellung von Tetraäthoxysilan. Adalbert Ráskai und Nikolaus Nádasy. (Chem. Techn. **9.** 463—66. Aug. 1957. Veszprém, Ungarn, Forsch.-Inst. für Chem. Schwerind.) (Dt.)

Eine Glas-App. zur kontinuierlichen Darst. von Tetraäthoxysilan (I; Kp. 165,3 bis 165,8°) wird beschrieben. Dabei werden $SiCl_4$ u. A. bei 100° in der Dampfphase miteinander umgesetzt. I u. eine geringe Menge polymeres Äthylsilicat fließen nach unten ab; HCl entweicht nach oben. Die Ausbeute an I beträgt 82%, der $SiCl_4$-Verlust 4,7%. H. REUTHER. 980□

Ester der Äthinylphosphonsäure. B. B. Hunt, B. C. Saunders und P. Simpson. (Chem. and Ind. **1960.** 47. 9/1. Cambridge, Univ., Chem. Labor.) (Engl.)

Äthinylphosphonsäureester konnten aus Äthinyl-MgBr u. einem Dialkylphosphorchloridat in Tetrahydrofuran erhalten werden. Die Ausbeuten sind gering u. die Ester konnten noch nicht völlig rein dargestellt werden. Die Konstit. wurde gesichert durch das IR- u. magnet. Kernresonanzspektrum, durch Hydrierung u. Bromierung sowie durch die charakterist. purpurrote Farb-Rk. mit 3.5-Dinitrobenzoesäure in alkal. Lösung. —

Äthinylphosphonsäurediisopropylester, $C_8H_{15}O_3P$, Kp.$_{0,1}$ ca. 50°, $n_D^{21,5}$ 1,4240. — *1.2-Dibromvinylphosphonsäurediisopropylester*, $C_8H_{15}Br_2O_3P$, Kp.$_{0,05}$ ca. 61°, aus vorst. Verb. u. Br_2 in Ae. bei Raum-Temp.; n_D^{21} 1,4939. K. LIENHARD. 980□

Verhalten von Lignin-Modellen bei der Nitrierung. A. A. Tschukssanowa, L. L. Ssergejewa und N. N. Schorygina. (Известия Академии Наук СССР, Отделение Химических Наук [Nachr. Akad. Wiss. UdSSR, Abt. chem. Wiss.] **1959**. 2219—25. Dez. Zelinsky-Inst. für Organ. Chem. der Akad. der Wiss. der UdSSR.) (Russ.)

Es wird die Nitrierung von 8 synthetisierten Ligninmodellsubstanzen (1—3 Mol konz. HNO_3 auf 1 Mol Substanz) in CCl_4 untersucht. 1-[3.4-Dimethoxyphenyl]-propanol-(1) (**I**) wird (mit 3 Mol HNO_3) in 6-Stellung u. vermutlich in geringem Maße auch in 2.6-Stellung nitriert; außerdem bilden sich 2 dimere Nitro-Verbb., die bei der Oxydation mit 15% ig. HNO_3 *4.5-Dinitroveratrol* geben. Bei der Nitrierung von 1-[4-Hydroxy-3-methoxyphenyl]-propanol-(1) (**II**) entsteht *3.5-Dinitriguajacol* unter Abspaltung der Seitenkette. 1-[3.4-Dimethoxyphenyl]-propanol-(2) (**III**) wird mit 1 Mol HNO_3 in 6-Stellung nitriert, bei Verw. von 3 Mol HNO_3 entsteht außerdem *1-[6-Nitro-3.4-dimethoxyphenyl]-propanon-(2)*. 1-[4-Hydroxy-3-methoxyphenyl]-propanol-(2) (**IV**) wird vermutlich in 5-Stellung, 1-[3.4-Dimethoxyphenyl]-propanol-(3) (**V**) in 6-Stellung nitriert. Bei der Nitrierung von 1-[4-Hydroxy-3-methoxyphenyl]-propanol-(3) (**VI**) bildet sich ein ligninartiges braunes Produkt. 1-[3.4-Dimethoxyphenyl]-propanon-(2) (**VII**) wird in 6-Stellung, 1-[4-Hydroxy-3-methoxyphenyl]-propanon-(2) (**VIII**) vermutlich in 5.6-Stellung nitriert. Die Nitrierung von salzsaurem u. hydrolysiertem Lignin unter denselben Rk.-Bedingungen führt zu einem nitrierten Lignin, das insgesamt ca. 4% N, jedoch nur Spuren Nitrat-N enthält.

Versuche: *1-[4-Hydroxy-3-methoxyphenyl]-propanol-(3)* (**VI**), $C_{10}H_{14}O_3$, F. 65° (Bzl.), durch Zutropfen von 20 g β-[4-Hydroxy-3-methoxyphenyl]-propionsäureäthylester in 200 ml abs. Ae. in 1 Std. zu 4,5 g $LiAlH_4$ in 130 ml Ae., 1½ Std. langes Rühren, Zers. des überschüssigen $LiAlH_4$ durch langsame Zugabe von 100 ml feuchtem Ae., Ansäuern u. Ausäthern; 13,3 g (Ausbeute). — *1-[3.4-Dimethoxyphenyl]-propanol-(3)* (**V**), $C_{11}H_{16}O_3$, Kp.$_1$ 171°, analog vorst. Verb. durch Red. von 20 g β-[3.4-Dimethoxyphenyl]-propionsäureäthylester; ca. 13 g. — *1-[4-Hydroxy-3-methoxyphenyl]-propanon-(2)* (**VIII**), $C_{10}H_{12}O_3$, Kp.$_4$ 155°, durch Kondens. von 25,5 g Vanillin mit Nitroäthan u. Red. des entstandenen 4-Hydroxy-3-methoxy-1-[β-nitropropenyl]-benzol nach KULKA u. HIBBERT [1943]. — *1-[4-Hydroxy-3-methoxyphenyl]-propanol-(2)* (**IV**), $C_{10}H_{14}O_3$, F. 52°, durch Red. von 6,7 g vorst. Verb. mit $LiAlH_4$ (4,5 g in 130 ml Ae.); 6,5 g. — *1-[3.4-Dimethoxyphenyl]-propanon-(2)* (**VII**), $C_{11}H_{14}O_3$, Kp.$_1$ 148°, nach KULKA u. HIBBERT [1943] durch Kondens. von 15,11 g Veratrumaldehyd mit Nitroäthan u. Red. des entstandenen 3.4-Dimethoxy-1-[β-nitropropenyl]-benzol; 3,8 g. — *1-[3.4-Dimethoxyphenyl]-propanol-(2)* (**III**), $C_{11}H_{16}O_3$, F. 44°, durch Red. von 8 g vorst. Verb. mit $LiAlH_4$ (4,5 g in 130 ml Ae.); 7,5 g. — *1-[4-Hydroxy-3-methoxyphenyl]-propanol-(1)* (**II**), $C_{10}H_{14}O_3$, F. 85 bis 86° (Bzl.), aus 10 g Vanillin u. Äthyl-MgBr; ca. 8 g. — *1-[3.4-Dimethoxyphenyl]-propanol-(1)* (**I**), $C_{11}H_{16}O_3$, Kp.$_2$ 146°, aus 11 g Veratrumaldehyd u. Äthyl-MgBr; 10 g. — Nitrierung: Zu 2 g vorst. Verbb. in 100 ml CCl_4 wird bei 5° in 30 Min. HNO_3 (D. 1,52) in 50 ml CCl_4 zugetropft (1—3 Mol HNO_3 auf 1 Mol Substanz). *Nitrierung von* **I** (2 g) mit 1,27 ml HNO_3: Das Rk.-Gemisch wird an Al_2O_3 absorbiert u. nacheinander mit CCl_4, Ae. u. A. eluiert; das Chlf.-Eluat wird im Vakuum eingedampft, der Rückstand aus Bzl. umkrist.: 0,6 g eines *dimeren Nitrierungs-Prod.* $C_{22}H_{28}N_2O_9$, F. 206°; aus der benzol. Mutterlauge fallen nach 2—3 Tage langem Stehen noch 0,15 g eines anderen *dimeren Nitrierungs-Prod.* $C_{22}H_{28}N_2O_9$, F. 134° (A.), aus; bei der Oxydation der beiden Verbb. mit 15% ig. HNO_3 wurde *4.5-Dinitroveratrol*, F. 128°, erhalten. Aus dem äther. Eluat werden 0,7 g *1-[6-Nitro-3.4-dimethoxyphenyl]-propanol-(1)*, $C_{11}H_{15}NO_5$, F. 86°, erhalten, dessen Oxydation mit 5% ig. $KMnO_4$ *6-Nitroveratrumsäure* (**IX**), $C_9H_9NO_6$, F. 189—190° (W.), liefert; außerdem werden aus dem äther. Eluat 0,18 g *1-[2.6-Dinitro-3.4-dimethoxyphenyl]-propanol-(1)* (?), $C_{11}H_{14}N_2O_7$, F. 95° (A.), erhalten. — *Nitrierung von* **II**: a) mit 3 Mol HNO_3: Das Rk.-Gemisch wird an Al_2O_3 absorbiert u. mit CCl_4, Chlf., A. u. W., das mit HCl angesäuert ist, eluiert; das wss. Eluat wird ausgeäthert u. aus dem Ae.-Extrakt sowie dem alkohol. Eluat werden 0,34 g *3.5-Dinitroguajacol*, $C_7H_6N_2O_6$, F. 122° (A.), erhalten; b) mit 2 Mol HNO_3 werden neben 0,3 g vorst. Verb. aus dem Chlf.-Eluat noch 0,15 g eines *dimeren Nitrierungs-Prod.*, $C_{20}H_{24}N_2O_9$, F. 140—141° (A.), erhalten. — *Nitrierung von* **III**: a) mit 1 Mol HNO_3: analog vorst. Eluieren mit CCl_4, Ae. u. A.; aus dem Ae.-Eluat wird *1-[6-Nitro-3.4-dimethoxyphenyl]-propanol-(2)* (**X**), $C_{11}H_{15}NO_5$, F. 99—100° (CCl_4), isoliert, das mit 5% ig. $KMnO_4$ zu **IX** oxydiert wird; b) mit 3 Mol HNO_3: Das CCl_4-Eluat wird im Vakuum eingeengt, wobei 1,21 g *1-[6-Nitro-3.4-dimethoxyphenyl]-propanon-(2)* [$C_{11}H_{13}NO_5$, F. 125,5° (CCl_4); *Semicarbazon*, F. 205—206°], ausfallen; aus dem Ae.-Eluat wird **X** erhalten; beide vorst. Verbb. liefern bei der Oxydation mit $KMnO_4$ **IX**. — *Nitrierung von* **IV** mit 1 Mol HNO_3: Eluieren mit Ae. u. A.; aus dem alkohol. Eluat werden 0,5 g *1-[5-Nitro-4-hydroxy-3-methoxyphenyl]-propanol-(2)*(?), $C_{10}H_{13}NO_5$, F. 95—96° (W.), erhalten. — *Nitrierung von* **V**: a) mit 3 Mol HNO_3: Eluieren mit CCl_4 u. Ae.; aus dem Ae.-Eluat wird 1 g einer hellgelben Substanz erhalten, die nach nochmaligem Eluieren u. Ausäthern *1-[6-Nitro-3.4-dimethoxyphenyl]-propanol-(3)*, $C_{11}H_{15}NO_5$, F. 92—93°, liefert; b) mit 1 Mol HNO_3: Aus dem Ae.-Eluat werden 0,5 g vorst. Verb. erhalten, die bei 6std. Erwärmen mit 5%ig. $KMnO_4$ **IX** liefert. — Bei der *Nitrierung von* **VI** mit 2 u. 3 Mol HNO_3 konnten keine eindeutigen Verbb. isoliertwerden. — *Nitrierung von* **VII** mit 3 Mol HNO_3: Das Rk.-Gemisch wird an Al_2O_3 absorbiert u. mit CCl_4, Ae. u. A. eluiert; aus dem CCl_4- u. Ae.-Eluat wird 1 g *1-[6-Nitro-3.4-dimethoxyphenyl]-propanon-(2)*, $C_{11}H_{13}NO_5$, F. 125,5°, erhalten, das bei der $KMnO_4$-Oxydation **IX** liefert. *Nitrierung von* **VIII** mit 3 Mol mNO_3: Die Rk.-Lsg. wird an Al_2O_3 absorbiert, der harzige Rk.-Rückstand in A. gelöst u. diese Lsg. an Al_2O_3 absorbiert; aus dem alkohol. Eluat wird *1-[5.6-Dinitro-4-hydroxy-3-methoxyphenyl]-propanon-(2)* (?), $C_{10}H_{10}\cdot N_2O_7$, F. 184°, erhalten. *Nitrierung von Lignin*: Es wird salzsaures Lignin (aus Tannenholzmehl) u. hydrolysiertes (techn. schwefelsaures) Lignin verwendet. Zu 2 g Lignin in 100 ml CCl_4 werden in 30 Min. 1,5 ml HNO_3 (D. 1,50) in 50 ml CCl_4 zugetropft, die Lsg. wird filtriert, der Nd. mit 1 Liter Eiswasser vermischt, wieder filtriert u. bis zur neutralen Rk. des Waschwassers gewaschen; das erhaltene Nitrolignin wird zuerst an der Luft, dann mit P_2O_5 getrocknet. Der N-Geh. beträgt 4,01—4,27% (Nitrat-Geh. 0,48—0,66%). E. BREITHER. 1050□

Jodierung von Benzoesäure in Jodat enthaltender Essigsäure–Schwefelsäuremischung. Robert S. Ajemian und A. J. Boyle. (J. org. Chemistry **24**. 1818—19. Nov. 1959. Detroit, Mich.) (Engl.)

m-Jodbenzoesäure [$C_7H_5JO_2$, F. 181—183° (Eisessig–W.)] entsteht in 75%ig. Ausbeute durch 1std. tropfenweisen Zusatz von NaJ in CH_3COOH zu einer Lsg. von Benzoesäure (**I**) u. $NaJO_3$ in Eisessig–H_2SO_4 (45:55 Vol.-%) bei maximal 85° unter Rühren, Entfärben der Rk.-Lsg. mit Na_2SO_3 u. Wasserzusatz. Als Mechanismus wird eine prim. Protonisierung der **I** u. eine schnelle Jodierung der nun negativierten m-Position durch freies J_2 diskutiert. G. MARQUARD 1210□

Suche nach neuen Amöbiciden. C. N. Kachru und B. Pathak. (Proc. nat. Acad. Sci. India, Sect. A **26**. 346—55. Juli 1957. Saugar, Univ., Dep. of Chem.; Calcutta, Univ., Dep. of Appl. Chem.) (Engl.) — Vgl. C. **1960**. 9195.

β-[2-n-Hexyl-4.5-dimethoxyphenyl]-äthylamin (**I**) u. *α-[2-n-Hexyl-4.5-dimethoxyphenyl]-äthylamin*] (**II**), 2 Verbb., die in ihrer Struktur Teilen des Emetin-Mol., dessen hohe amöbicide Wrkg. bekannt ist, ähneln, werden aus 1-n-Hexyl-3.4-dimethoxybenzol (**III**) dargestellt. **III** wird aus Veratrol (**IV**) durch Kondens. mit n-Caproylchlorid (**V**) in Ggw. von wasserfreiem $ZnCl_2$ u. anschließende CLEMMENSEN-Red. erhalten. Zur Überführung in **I** wird aus **III** durch modifizierte GATTERMANN-Synth. *2-n-Hexyl-4.5-dimethoxybenzaldehyd* dargestellt u. dieser mit Malonsäure (**VI**) zu *2-n-Hexyl-4.5-dimethoxyzimtsäure* kondensiert. Nach deren Red. mit Na-Amalgam u. anschließendes Überführen in *β-[2-n-Hexyl-4.5-dimethoxyphenyl]-propionamid* wird aus diesem durch modifizierten HOFMANNschen Abbau **I** erhalten. **II** entsteht aus **III** durch FRIEDEL-CRAFTS-Rk. mit Acetylchlorid (**VII**), Methylierung des dabei demethylierten Prod., Bldg. von *2-n-Hexyl-4.5-dimethoxyacetophenonoxim* u. dessen Red. mit Na in abs, C_2H_5OH.

Versuche: *3.4-Dimethoxyphenyl-n-amylketon*, $Kp._1$ 150°, a) aus **IV** u. **V** in CS_2 in Ggw. von wasserfreiem $ZnCl_2$ durch 6std. Kochen, Abdestillieren des CS_2, Zersetzen mit W., 1std. Kochen, Benzolextraktion u. Dest.; 49% (Ausbeute); b) analog a) in Ggw. von $AlCl_3$; 15%. *Semicarbazon*, $C_{15}H_{23}N_3O_3$, F. 178° (A.). — *1-n-Hexyl-3.4-dimethoxybenzol* (**III**), $C_{14}H_{22}O_2$, $Kp._2$ 134—136°, durch portionsweises Zufügen vorst. Verb. zu einem Gemisch von amalgamiertem Zn u. 10%ig. HCl, 11std. Kochen unter weiterem HCl-Zusatz, Ae.-Extraktion u. Vakuum-Dest.; 77%. — *2-n-Hexyl-4.5-dimethoxybenzaldehyd*, $Kp._2$ 168—170°, aus **III** u. $Zn(CN)_2$ in abs, Bzl. durch 1std. Einleiten von HCl-Gas bei 0°, Zusatz von $AlCl_3$, weiteres 3std. Einleiten von HCl, ½std. Erwärmen auf 40—50°, 2std. Erwärmen auf 50—60°, mehrstd. Stehen, Zersetzen mit Eis, ¼std. Kochen, Benzolextraktion u. Vakuum-Dest.; 30%. *2.4-Dinitrophenylhydrazon*, F. 210° (A.). *Semicarbazon*, $C_{16}H_{25}N_3O_3$, F. 134—135° (A.). — *2-n-Hexyl-4.5-dimethoxyzimtsäure*, $C_{17}H_{24}O_4$, F. 95—96° (verd. A.), aus vorst. Verb. u. **VI** in Pyridin u. wenig Piperidin durch 3std. Erhitzen auf 100°, 1std. Kochen u. Gießen auf Eis/konz. HCl; 77%. — *β-[2-n-Hexyl-4.5-dimethoxyphenyl]-propionsäure*, $C_{17}H_{26}O_4$, F. 70—72° (verd. A.), aus vorst. Verb. in verd. NaOH-Lsg. durch Rk. mit überschüssigem 3,5%ig. Na-Amalgam u. Ansäuern mit konz. HCl; 94%. *Amid*, $C_{17}H_{27}NO_3$, F. 58—60° (verd. A.), aus dem NH_4-Salz der Säure durch 2std. Einleiten von NH_3 bei 210° u. Eingießen in W.; 60%. —

β-[2-n-Hexyl-4.5-dimethoxyphenyl]-äthylamin (I), *Hydrochlorid*, $C_{16}H_{28}ClNO_2$, F. 123 bis 124° (abs. A.), durch Zufügen einer abs. methanol. Lsg. vorst. Amids zu einer NaO·CH_3-Lsg., Zugabe von Br_2, ½std. Erhitzen auf 100°, Ansäuern mit Essigsäure, Abdestillieren des CH_3OH, Hydrolyse mit 25%ig. NaOH-Lsg., Benzolextraktion, Ausziehen der Benzol-Lsg. mit verd. HCl, Alkalisieren mit NaOH, Ae.-Extraktion u. Einleiten von HCl; 30%. *Pikrat*, F. 162–163° (verd. A.). — *2-n-Hexyl-4.5-dimethoxyacetophenon*, $C_{16}H_{24}O_3$, Kp.$_2$ 162–165°, aus **III** u. **VII** in CS_2 bei 0° unter Zusatz von $AlCl_3$ durch 6std. Rk., einige Min. langes Erwärmen, Abdestillieren des CS_2, Zersetzen mit Eis, Benzolextraktion u. Abdestillieren des Bzl. u. Methylieren mit Dimethylsulfat; 25%. *Semicarbazon*, krist. nicht. *Oxim*, aus dem Keton, $NH_2OH·HCl$ u. wss. NaOH-Lsg. in wenig A. durch 4std. Kochen, Verdünnen mit W., u. Ae.-Extraktion; Öl; krist. nicht. — *α-[2-n-Hexyl-4.5-dimethoxyphenyl]-äthylamin* (II), *Hydrochlorid*, $C_{16}H_{28}ClNO_2$, F. 178° (W.), aus vorst. Oxim in abs. A. unter Zusatz von Na durch Ansäuern mit konz. HCl, Abdestillieren des A. im Vakuum, Lösen des Rückstandes in W., Versetzen mit NaOH-Lsg., Benzolextraktion u. Zufügen von konz. HCl; 58%. H. G. KREY. 1320□

Phosphororganische Analoga von Tropasäureestern. 1. Mitt. **2-Phenyl-2-[diäthoxyphosphonyl]-äthanol.** L.-E. Tammelin und L. Fagerlind. (Acta chem. scand. **14.** 1353–56. 1960. Sundbyberg, Sweden, Res. Inst. of Nat. Defence, Dep. 1.) (Engl.)

Aus Benzylphosphonsäurediäthylester u. Ameisensäuremethylester (II) entsteht durch Kondens. in Ggw. von Na *α-Formylbenzylphosphonsäurediäthylester* (I), der durch katalyt. Hydrierung *α-Hydroxymethylbenzylphosphonsäurediäthylester* liefert. IR-Spektrum, protolyt. Titration, Brechungsindex u. violette Farb-Rk. mit Fe^{3+}-Ionen weisen auf Keto–Enol-Tautomerie bei **I** hin.

Versuche: Benzylphosphonsäurediäthylester: *Unsubstituiert*, $C_{11}H_{17}O_3P$, Kp.$_{0,2}$ 115°, aus Benzylphosphonsäuredichlorid u. Triäthylamin in A. u. Ae.; n_D^{25} 1,4960; 80% (Ausbeute). — *α-Formyl-* (I), $C_{12}H_{17}O_4P$, F. 58°, Kp.$_{0,2}$ 110°, aus vorst. Verb. u. **II** in Ggw. von Na in Ae. durch 4std. Kochen u. 24 Std. langes Rühren bei Raum-Temp.; n_D^{25} 1,5195 (nach Dest.); n_D^{25} 1,5320 (nach 1 Woche); 50%. — *α-Hydroxymethyl-*, $C_{12}H_{19}O_4P$, Kp.$_{0,1}$ 130°, aus **I** durch 5tägiges Hydrieren an ADAMS-Pt-Katalysator in A. bei 50 at u. 70°; n_D^{25} 1,5040; 90%. K. PREUSS. 1380□

Über eine neue Synthese von α-Allenalkohol. Françoise Bardone-Gaudemar. (C. R. hebd. Séances Acad. Sci. **245.** 324–26. 17/7. 1957.) (Franz.)

Beim Erwärmen (24 Std.) von 1-Phenyl-2-methylpentadien-(2.3)-on-(1) (I) in Ae. mit $LiAlH_4$ erhält man 55% *1-Phenyl-2-methylpentadien-(2.3)-ol-(1)* (II, Kp.$_{0,05}$ 85 bis 87°, $[n]_D^{22}$ 1,547, $D.^{22}$ 1,00; *Phenylurethan*, F. 80°). Säuren isomerisieren **II** zu *1-Phenyl-2-methylpenten-(1)-on-(3)*, welches sich auch direkt aus **I** bei der Einw. von Al-Isopropylat bildet. B. GÖRLICH. 1470□

Über ein isomeres Dicyclopentadien. W. Schröder. (Angew. Chem. **73.** 241. 7/4. 1961. Ludwigshafen/Rh.) (Dt.)

Bei dem vom Vf. früher (vgl. C. **1961.** 7569) beschriebenen Isodicyclopentadien handelt es sich um die schon bekannte exo-Form. P. GOLINSKE. 1810□

Sterische Zuordnung der Prephensäure. H. Plieninger und G. Keilich. (Z. Naturforsch. **16 b.** 81–84. Febr. 1961. Heidelberg, Univ., Organ.-chem. Inst.) (Dt.)

Ba-Prephenat (I) wird in Ggw. von Pd/$BaSO_4$ hydriert. Das 2.4-Dinitrophenylhydrazon der entstehenden *Tetrahydroprephensäure* verhält sich papierchromatograph. ebenso wie das der synthet. dargestellten Tetrahydroprephensäure **II**. Daraus folgt für

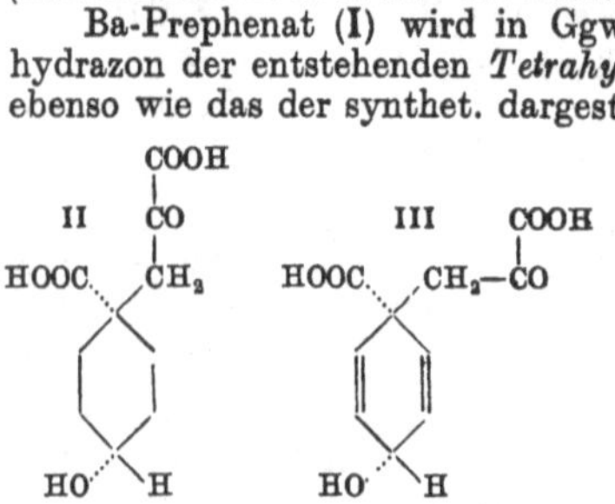

Prephensäure selbst die Struktur **III**. Verss. mit anderen Katalysatoren zeitigten weniger gute Ergebnisse. Um den geeigneten Katalysator herauszufinden, wurden Vorverss. mit 1-Methyl-1-dichlormethylcyclohexadien-(2.5)-ol-(4) (**IV**) durchgeführt. Aus **IV** entsteht an Pd/Kohle in Methanol unter Aufnahme von 3 Mol H_2 *1-Methyl-1-dichlormethylcyclohexan* u. an Pd/$BaSO_4$ *1-Methyl-1-dichlormethyl-4-hydroxycyclohexan.* 1-Methyl-1-trichlormethylcyclohexadien-(2.5)-ol-(4) (**VI**) wird in Ggw. von RANEY-Ni in alkal. Lsg. zu 4.4-Dimethylcyclohexanol hydriert. Im Falle der Hydrogenolyse von **I** müßte [1-Carboxycyclohexyl]-brenztraubensäure (**V**) entstehen. **V** wurde synthetisiert, konnte aber unter den Hydrierungs-Prodd. von **I** nicht aufgefunden werden.

Versuche: *1-Methyl-1-dichlormethylcyclohexan*, durch Hydrieren von **IV** in Methanol an Pd/Kohle bei 1 at u. Raum-Temp. u. Abdestillieren des Lsgm.; 93,5% (Ausbeute).

— *4-Methyl-4-dichlormethylcyclohexanol*, $C_8H_{14}Cl_2O$, F. 79—80°, analog vorst. Verb. durch Hydrieren in Ggw. von $Pd/BaSO_4$ u. etwas Triäthylamin; aus PAe. Spieße; 90%. — *4.4-Dimethylcyclohexanol*, durch Hydrieren von **VI** an RANEY-Ni in 5%ig. methanol. KOH, Filtrieren u. Eindampfen im Vakuum; Öl; 61%. *p-Nitrobenzoylester*, $C_{15}H_{19}NO_4$, F. 160—163° (PAe. oder A.), durch $^1/_4$std. Kochen von p-Nitrobenzoylchlorid u. vorst. Alkohol in Pyridin, Gießen in W., Ausäthern u. Eindampfen; 90%. — *[1-Cyancyclohexyl]-cyanbrenztraubensäureäthylester*, $C_{13}H_{16}N_2O_3$, F. 103—105° (Ae./PAe.), durch Lösen von K in abs. A./Ae., Zugabe von Oxalsäurediäthylester, $^1/_4$std. Stehen bei 20°, 1std. tropfenweise Zugabe von [1-Cyancyclohexyl]-acetonitril in abs. Bzl. bei 40°, 24std. Stehen, Absaugen, Lösen in W. u. Fällen mit konz. HCl; 43%. — *[1-Carboxycyclohexyl]-brenztraubensäure* (**V**), durch 2std. Kochen vorst. Verb. mit 2n H_2SO_4/Eisessig, Ausäthern u. Eindampfen; Sirup; 70%. *2.4-Dinitrophenylhydrazon*, $C_{16}H_{18}N_4O_8$, F. 225—226° (Zers.); aus A./W. gelbe Nadeln. *Ba-Salz*, $C_{10}H_{12}O_5Ba$, durch Versetzen der Säure mit Ba-Acetat. *Diäthylester*, Kp.$_{0,1}$ 115—118°.

P. GOLINSKE. 2070□

Amine mit gangliolytischer Aktivität. 1. Mitt. **Amine der Cyclopentan- und Cyclohexanreihe.** N. K. Kotschetkow, A. Ja. Chorlin, K. I. Lopatina und L. A. Worotnikowa. (Журнал Общей Химии [J. allg. Chem.] **29 (91)**. 3613—16. Nov. 1959. Inst. für Pharmakol. u. Chemotherapie der Akad. der med. Wiss. der UdSSR.) (Russ.) — 2. vgl. C. **1961.** **14992.**

Durch Rk. von 1-Alkylcyclopentanolen-(1) u. 1-Alkylcyclohexanolen-(1) (Alkyl = Methyl, Äthyl, n-Propyl-, n-Butyl) mit Acetonitril bzw. Blausäure nach RITTER [1948] werden *1-Alkyl-1-acetamido-* bzw. *-formamidocyclopentane* bzw. *-hexane* erhalten u. durch Red. mit $LiAlH_4$ in 1-*Äthylamino-* u. *1-Methylamino-1-alkylcyclopentane* bzw. *-hexane* übergeführt. Einige der Verbb. besitzen eine ganglioblockierende Wrkg., so daß diese nicht an das Vorhandensein des bicycl. Isocamphangerüstes gebunden ist (vgl. dazu STEIN u. Mitarbeiter, C. **1956.** 9192).

Versuche: 1-Acetamido-1-alkylcycloalkane: Man gibt zu 0,1 Mol 1-Alkylcycloalkanol u. 0,2 Mol Acetonitril bei <40° 0,2 Mol 98%ig. H_2SO_4 u. läßt 24 Std. bei 20° stehen; zur Reinigung krist. man aus Bzl.–PAe. um oder dest. bei 70—80°/2 mm: *-1-methylcyclopentan*, $C_8H_{15}NO$, F. 98—99°; 57% (Ausbeute). — *-1-äthylcyclopentan*, $C_9H_{17}NO$, F. 86—87°; 36%. — *-1-n-propylcyclopentan*, $C_{10}H_{19}NO$, F. 111—111,5°; 59%. — *-1-n-butylcyclopentan*, $C_{11}H_{21}NO$, F. 89—90°; 25%. — *-1-methylcyclohexan*, $C_9H_{17}NO$, F. 83—84°; 35%. — *-1-äthylcyclohexan*, $C_{10}H_{19}NO$, F. 71—72°; 65%. — *-1-n-propylcyclohexan*, $C_{11}H_{21}NO$, F. 69—70°; 72%. — *1-Formamido-1-äthylcyclopentan*, $C_8H_{15}NO$, Kp.$_5$ 128—130°, man tropft zu 0,2 Mol KCN, 0,1 Mol 1-Äthylcyclopentanol u. 20 ml Propionsäure bei <10° 0,3 Mol 98%ig. H_2SO_4 zu u. läßt 24 Std. bei 0° stehen; 82%. — *1-Formamido-1-äthylcyclohexan*, $C_9H_{17}NO$, Kp.$_3$ 130—132°; 65%. — 1-Äthylaminocyclopentane: Man gibt zu 0,08 Mol $LiAlH_4$ (aus 0,08 Mol $AlBr_3$ u. 0,32 Mol LiH) in 50 ml Ae. 0,05 Mol der vorst. Amide, kocht 4 Std., zersetzt mit wss. NaOH u. fällt aus Ae. mit äther. HCl oder wasserfreier Oxalsäure: *1-Methyl-*, *Hydrochlorid*, $C_8H_{18}ClN$, F. 184—185°; 65%. — *1-Äthyl-*, *Hydrochlorid*, $C_9H_{20}ClN$, F. 193—194°; 61%. — *1-n-Propyl-*, *Hydrochlorid*, $C_{10}H_{22}ClN$, F. 154—155°; 52%. — *1-n-Butyl-*, *Hydrochlorid*, $C_{11}H_{24}ClN$, F. 147—148°; 60%. — *1-Methylamino-1-äthylcyclopentan*, *Oxalat*, $C_{10}H_{19}NO_4$, F. 163 bis 164°; 60%. — 1-Äthylaminocyclohexane: *1-Methyl-*, *Hydrochlorid*, $C_9H_{20}ClN$, F. 203 bis 204°; 59%. — *1-Äthyl-*, *Hydrochlorid*, $C_{10}H_{22}ClN$, F. 193—194°; 60%. — *1-n-Propyl-*, *Hydrochlorid*, $C_{11}H_{24}ClN$, F. 191—192°; 58%. — *1-Methylamino-1-äthylcyclohexan*, *Oxalat*, $C_{11}H_{21}NO_4$, F. 173—174°; 57%.

HELMUT SCHÄFER. 2110□

Über die Reduktionsprodukte der α.α-Diphenylglutarsäure. François Salmon-Legagneur, Cécile Neveu und Michel Derrien. (C. R. hebd. Séances Acad. Sci. **245.** 320—22. 17/7. 1957. Rennes, Fac. des Sci., Labor. de Chim. gén.) (Franz.)

Red. des Anhydrids oder des Dimethylesters der α.α-Diphenylglutarsäure (I) mit $LiAlH_4$ in Dioxan ergab *2.2-Diphenylpentandiol-(1.5)*. Red. der I-Monomethylester mit Na u. A. führte über die *Lactone* zu den *Hydroxyvaleriansäuren*.

Versuche: *2.2-Diphenylpentandiol-(1.5)*, $C_{17}H_{20}O_2$, F. 124°, durch Zutropfen von 0,02 Mol I-Anhydrid oder I-Dimethylester in Dioxan zu einer sd. Dioxan-Lsg. von 0,04 Mol $LiAlH_4$ u. ½std. Erhitzen; Nadeln aus A.; 50% (Ausbeute). — *γ.γ-Diphenyl-δ-hydroxyvaleriansäure* (**II**), $C_{17}H_{18}O_3$, F. 135—136°, durch Red. des I-α-Monomethylesters mit Na in A., alkal. Verseifung des entstehenden Lactons u. Ansäuern; *Lacton*, $C_{17}H_{16}O_2$, F. 108°; 60% (roh). — *α.α-Diphenyl-δ-hydroxyvaleriansäure*, $C_{17}H_{18}O_3$, F. 125°, analog aus I-γ-Monomethylesters; *Lacton*, $C_{17}H_{16}O_2$, F. 111—112°, dicke glitzernde Nadeln aus A.; 50%.

B. GÖRLICH. 2450□

Äthinierungsreaktionen. 17. Mitt. **Die Äthinierung von Benztroponen.** Walter Ried und Harry Müller. (Chem. Ber. **94.** 1046—50. 21/4. 1961. Frankfurt/M., Univ., Inst. für Organ. Chem.) (Dt.) — 16. vgl. C. **1961.** 11315.

Durch Einw. von Li-Acetylid auf Benztropon (I), 2.7-Diphenylbenztropon (II) bzw. 2-Methylbenztropon (III) in fl. NH_3, Neutralisation mit NH_4Cl u. Abdampfen des NH_3 wurden *1-Äthinylbenztropole* erhalten. Die Äthinylgruppe wurde durch Bldg. der Ag-Salze, die beim Erhitzen heftig detonieren, nachgewiesen. Die IR-Spektren der dargestellten Verbb. stehen mit der Annahme einer 1.2-Addition des Acetylens an die Carbonylgruppe in Einklang. Die erhaltenen Äthinierungs-Prodd. sind unbeständig u. neigen zur Polymerisation. Wurde statt mit NH_4Cl mit HCl neutralisiert, so konnte *1.1'-Diäthinyl-1.1'-dibenztropyläther* isoliert werden. Bei der Äthinierung von I entstand als Nebenprod. *3-Äthinylbenztropon* oder dessen *2.3-Dihydroderivat*. Bei der Rk. von II u. III wurde kein 1.4-Addukt isoliert. Verss., die gewonnenen Äthinyl-Verbb. durch oxydative Dimerisation mit O_2 in Ggw. von CuCl zu symm. Diacetylen-Verbb. umzusetzen, schlugen fehl, da nur Harze isoliert werden konnten; die Bldg. von Diacetylen-bistropolen konnte jedoch durch Behandlung des CH_3OH-Extrakts der Rk.-Prodd. mit $SnCl_2$ u. Essigsäure, die zur Rotfärbung durch Spuren des erwarteten Kumulens führte, nachgewiesen werden.

Versuche: *1-Äthinylbenztropol-(1)*, $C_{13}H_{10}O$, F. 78—79° (gelbe Kristalle als PAe.), durch Zugabe von I in Ae. zu Li-Acetylid in fl. NH_3 bei —40 bis —50° innerhalb von 15—20 Min., 24std. Rühren bei dieser Temp., Neutralisieren mit NH_4Cl, Abdampfen des NH_3, Dekantieren, Lösen des Rückstands in W., Ae.-Extraktion, Abdestillieren des Ae. u. Abpressen auf Ton; 26% (Ausbeute). *Ag-Salz*, durch Zutropfen ammoniakal. $AgNO_3$-Lsg. zum Alkohol in A. u. Absaugen; explosiv. — *3-Äthinylbenztropon*, $C_{13}H_8O$, F. 125—126° (Kristalle aus PAe.), durch Zutropfen von I in Ae. zu Li-Acetylid in fl. NH_3 innerhalb 15—20 Min. unter Rühren, 12std. Rühren bei —35 bis —40°, Neutralisieren mit NH_4Cl, Abdampfen des NH_3, Dekantieren, Schütteln des Rückstandes mit Ae., Einengen der Ae.-Lsgg. im Vakuum, 1std. Kochen des Rückstandes mit PAe., Eindampfen der PAe.-Lsg., Lösen in Bzl., Behandeln mit Al_2O_3 u. Eindampfen. *Ag-Salz*, aus dem Keton in A. u. ammoniakal. $AgNO_3$-Lsg.; verpufft schwach. — *1.1'-Diäthinyl-1.1'-dibenztropyläther*, $C_{26}H_{18}O$, F. 142° (gelbe Kristalle aus Bzl.), durch Zugabe von I in Ae. zu Li-Acetylid in fl. NH_3, 30std. Rühren bei —50 bis —32°, langsames Erwärmen auf 10°, Neutralisieren nach Verdunsten des NH_3 durch Einleiten von HCl, Dekantieren, Zugabe von W. zum Rückstand, Ae.-Extraktion, Eindampfen im Vakuum u. Behandeln mit Al_2O_3 in Benzol. *Ag-Salz*, wie oben; verpufft. — *1-Äthinyl-2.7-diphenylbenztropol-(1)*, $C_{25}H_{18}O$, F. 139° (PAe.), durch Zutropfen von II in Toluol zu Li-Acetylid in fl. NH_3 bei —42 bis —33°, 18std. Rühren, Neutralisieren mit NH_4Cl, Abdampfen von NH_3 bei Raum-Temp., Dekantieren, Extraktion des Rückstandes mit Bzl., Eindampfen der organ. Lsgg. im Vakuum auf dem Wasserbad u. Fällen mit PAe.; 23%. — *1-Äthinyl-2-methylbenztropol-(1)*, F. 89° (CCl_4 u. Kohle), durch Zugabe von III in Ae. zu Li-Acetylid in fl. NH_3 innerhalb 15 Min., 20std. Stehen bei —40 bis —50°, Neutralisieren mit NH_4Cl, Abdampfen des NH_3 bei Raum-Temp., Zugabe von Ae., Dekantieren, Lösen des Rückstandes in W., Ae.-Extraktion, Einengen der Ae.-Lsgg. im Vakuum, Zugabe von PAe., Dekantieren u. Abpressen des Rückstandes auf Ton; zersetzlich.

H. Bertsch. 2600□

Äthinierungsreaktionen. 18. Mitt. **Mono- und Dianlagerungen von monosubstituierten Acetylenderivaten an unsubstituiertes und substituiertes Anthrachinon.** Walter Ried, Wolfgang Donner und Wolfgang Schlegelmilch. (Chem. Ber. **94.** 1051—58. 21/4. 1961.) (Dt.) — 17. vgl. vorst. Referat.

Durch Rk. der Li-Alkinyle mit Anthrachinon (II) in Dioxan bei 80—100° wurden *Dianlagerungs-Prodd.* von Phenylacetylen, Hexin, 1-Äthinylcyclohexen u. u. Methoxybutenin erhalten; dieselben Prodd. konnten durch Rk. der Monoanlagerungs-Prodd. mit Li-Alkinyl unter obigen Bedingungen dargestellt werden; letztere Meth. ermöglicht auch die Darst. unsymm. Dianlagerungsprodukte. Die Rk. substituierter Anthrachinone mit Li-Alkinylen in fl. NH_3 ergibt Monoaddukte. Monosubstituierte Alkine treten bei 1-substituierten Anthrachinonen in die 10-Stellung, bei 2-substituierten Anthrachinonen in die 9-Stellung ein. Diaddukte von Alkinen an monosubstituierte Anthrachinone konnten durch Rk. in Dioxan wie oben dargestellt werden; 1.5-Dichloranthrachinon ergab auch durch Rk. mit Li-Phenylacetylid in fl. NH_3 ein Diaddukt. Durch Red. von Diäthinylchindiolen mit $SnCl_2$ wurden symm. u. asymm. *9.10-Dialkinylanthracene* erhalten; diese wurden an Raney-Ni bzw. Lindlar-Katalysator zu *9.10-Dialkyl-* bzw. *9.10-Dialkenylanthracenen* hydriert.

Versuche: 9.10-Dihydroxy-9.10-dihydroanthracene: *9.10-Bis-[phenyläthinyl]-* (I), $C_{30}H_{20}O_2$, F. 206—207° (Dioxan-PAe.), a) durch 2std. Kochen von 0,04 Mol

Phenylacetylen mit 0,04 Mol $LiNH_2$ in Dioxan, Zugabe von 0,02 Mol **II**, 15 std. Erwärmen auf 100°, Eindampfen im Vakuum, Zugabe von W. u. Filtrieren; 47% (Ausbeute); b) durch 2 std. Kochen von 0,03 Mol Phenylacetylen mit 0,03 Mol $LiNH_2$ in Dioxan, Zugabe von 0,02 Mol 10-Hydroxy-10-phenyläthinylanthron-(9) in Dioxan, 5—7 std. Kochen unter Rühren, Eindampfen im Vakuum, Zugabe von W., Stehen u. Filtrieren. — *9.10-Bis-[hexin-(1)-yl]-*, $C_{26}H_{28}O_2$, F. 85—86° (gelbliche Kristalle aus wss. Aceton), analog **I** nach a); 40%. — *9.10-Bis-[Δ¹-cyclohexenyläthinyl]-*, $C_{30}H_{28}O_2$, F. 175—176° (wss. Aceton), analog **I** nach a) u. b); 52%. — *9.10-Bis-[4-methoxybuten-(3)-in-(1)-yl]-*, $C_{24}H_{20}O_4$, F. 155—156° (hellbraune Kristalle aus Bzl.), analog **I** nach a); 25%. — 10-Phenyläthinyl-9.10-dihydroxy-9.10-dihydroanthracene: *9-Hexin-(1)-yl-*, $C_{28}H_{24}O_2$, F. 172—173° (hellgelbe Kristalle aus wss. Aceton), analog **I** nach b); 63%. — *9-Vinyläthinyl-*, $C_{26}H_{18}O_2$, F. 189—190° (Bzl.-PAe.), analog **I** nach b); 40%. — *9-[Δ¹-Cyclohexenyläthinyl]-*, $C_{30}H_{24}O_2$, F. 187—188° (hellgelbe Kristalle aus Bzl.-PAe.), analog **I** nach b); 70%. — 10-Hydroxyanthrone-(9): *1-Chlor-10-phenyläthinyl-* (**III**), $C_{22}H_{13}\cdot ClO_2$, F. 163—164° (Bzl.), durch Rühren von 0,1 Mol Li u. 200 mg $Fe(NO_3)_3$ in fl. NH_3 bei —40° bis zum Verschwinden der Blaufärbung, Zutropfen von 0,1 Mol Phenylacetylen, 30 Min. langes Rühren, Zugabe von 0,05 Mol 1-Chloranthrachinon bei —40 bis —45°, 18—20 std. Rühren bei —40°, Neutralisieren mit 0,15 Mol NH_4Cl, Verdampfen des NH_3, Extraktion mit Essigester oder Dioxan u. Einengen; 62%. — *1-Chlor-10-[hexin-(1)-yl]-*, $C_{20}H_{17}ClO_2$, F. 91—92° (PAe.), analog **III**; lichtempfindlich; 30%. — *1-Amino-10-phenyläthinyl-*, $C_{22}H_{15}NO_2$, F. 173—174° (rotbraune Nadeln aus Toluol), analog **III**; 57%. — *1-Amino-10-[hexin-(1)-yl]-*, $C_{20}H_{19}NO_2$, F. 130—131° (orangegelbe Nadeln aus PAe.), analog **III**; lichtempfindlich; 7%. — 9-Hydroxyanthrone-(10): *2-Chlor-9-phenyläthinyl-*, $C_{22}H_{13}ClO_2$, F. 186—187° (A.), analog **III**; 62%. — *2-Chlor-9-[hexin-(1)-yl]-*, $C_{20}H_{17}ClO_2$, F. 105—106° (PAe.), analog **III**; lichtempfindlich; 34%. — *2-Amino-9-phenyläthinyl-*, $C_{22}H_{15}NO_2$, F. 205—206° (Zers.; gelbbraune Kristalle aus Toluol), analog **III**; 48%. — 9.10-Bis-[phenyläthinyl]-9.10-dihydroxy-9.10-dihydroanthracene: *1.5-Dichlor-*, $C_{30}H_{18}Cl_2O_2$, F. 243° (Zers.; Bzl.), a) analog **I** nach a); 14%; b) analog **III**; 96%. — *1-Chlor-*, $C_{30}H_{19}ClO_2$, F. 186—187° (Bzl.), analog **I** nach a); 84%. — *2-Chlor-*, $C_{30}H_{19}ClO_2$, F. 170—171° (gelbliche Kristalle aus Bzl.-PAe.), analog **I** nach a); 90%. — *2-Methyl-*, $C_{31}H_{22}O_2$, F. 180—181° (Bzl.), analog **I** nach a); 31%. — Anthracene: *9.10-Bis-[phenyläthinyl]-* (**IV**), $C_{30}H_{18}$, F. 249—250° (orangefarbene Kristalle aus Bzl.-PAe.), durch Zutropfen von $SnCl_2$ in 50%ig. Essigsäure zu **I** in Aceton oder Dioxan unter Rühren u. Filtrieren; 82%. — *9.10-Bis-[hexin-(1)-yl]-*, $C_{26}H_{26}$, F. 79° (gelbe Kristalle aus wss. Aceton), analog; 79%. — *9.10-Bis-[Δ¹-cyclohexenyläthinyl]-*, $C_{30}H_{26}$, F. 216—217° (gelborangefarbene Kristalle aus Bzl.-PAe.); 81%. — *9-[Hexin-(1)-yl]-10-phenyläthinyl-*, $C_{28}H_{22}$, F. 230—232° (gelbe Kristalle aus wss. Aceton); 74%. — *9-Vinyläthinyl-10-phenyläthinyl-*, $C_{26}H_{16}$, F. 265° (Zers.; gelbe Kristalle aus Dioxan-Aceton-W.); 62%. — *9-[Δ¹-Cyclohexenyläthinyl]-10-phenyläthinyl-*, $C_{30}H_{22}$, F. 226—228° (gelbe Kristalle aus Bzl.-PAe.); 75%. — *1-Chlor-9.10-bis-[phenyläthinyl]-*, $C_{30}H_{17}Cl$, F. 205—206° (orangegelbe Kristalle aus Bzl.); 95%. — *2-Chlor-9.10-bis-[phenyläthinyl]-*, F. 226—227° (orangegelbe Kristalle aus Bzl.); 95%. — *1.5-Dichlor-9.10-bis-[phenyläthinyl]-*, $C_{30}H_{16}Cl_2$, F. 231° (Zers.; rote Kristalle aus Bzl.); 90%. — *2-Methyl-9.10-bis-[phenyläthinyl]-*, $C_{31}H_{20}$, F. 224° (gelbe Kristalle aus Bzl.); 76%. — *9.10-Bis-[β-phenäthyl]-*, $C_{30}H_{26}$, F. 160—161° (A.), durch Hydrierung von **IV** an RANEY-Ni; 73%. — *9.10-Bis-[β-cyclohexyläthyl]-*, $C_{30}H_{38}$, F. 123—124° (gelbliche Kristalle aus A.), analog vorst. Verb.; 42%. — *9.10-Dihexyl-*, $C_{26}H_{34}$, F. 87—88° (A.), analog; 68%. — *9-Hexyl-10-[β-phenäthyl]-*, $C_{28}H_{30}$, F. 146—147° (A.), analog; 70%. — *9-Butyl-10-[β-phenäthyl]-*, $C_{26}H_{26}$, F. 155—157° (A.); 75%. — *9-[β-Cyclohexyläthyl]-10-[β-phenäthyl]-*, $C_{30}H_{32}$, F. 145—147° (gelbliche Kristalle aus A.); 73%. — *1-Chlor-9.10-bis-[β-phenäthyl]-*, $C_{30}H_{25}Cl$, F. 122—123° (A.); 62%. — *9.10-Distyryl-*, $C_{30}H_{22}$, F. 200—201° (gelbe Kristalle aus A.), durch Hydrierung von **IV** an LINDLAR-Katalysator; 69%. — *9.10-Bis-[hexen-(1)-yl]-*, $C_{26}H_{30}$, F. 82—83° (gelbe Kristalle aus A.), analog vorst. Verb.; 60%. — *9.10-Bis-[β-Δ¹-cyclohexenyläthenyl]-*, $C_{30}H_{30}$, F. 180—182° (gelbe Kristalle aus A.), analog; 69%. — *9-[Hexen-(1)-yl]-10-[β-phenyläthenyl]-*, $C_{28}H_{26}$, F. 167—169° (gelborangefarbene Nadeln aus A.), analog; 60%. H. BERTSCH. 2600 □

Aromatische Diazo- und Azoverbindungen. 37. Mitt. **Zweifache Kupplung mit γ-Säure.** Z. J. Allan und J. Podstata. (Collect. czechoslov. chem. Commun. **25.** 1337—43. Mai 1960.) (Dt.) — 36. vgl. C. **1961.** 15007.

Die in 8-Stellung gekuppelten Monoazo-Derivv. der γ-Säure (**I**) kuppeln mit einem weiteren Mol. Diazoniumsalz in 2-Stellung erst in natronalkal. Lösung. Die so aus einfach gekuppelten I-Derivv. u. Benzidin erhaltenen meist dunkelbraunen *substantiven Farbstoffe* (einige unmittelbar oder erst auf der Faser gekupfert) sind in Farbton u. Echtheiten (Licht-, Wasser-, Wasch- u. Schweißechtheiten) den handelsüblichen braunen Farbstoffen wie Siriuslichtbraun T, Coprantinbraun GRLL oder RL u. dgl. gleichwertig. Ähnlich wie einfach gekuppelte I-Derivv. kuppeln auch die Derivv. des 8-Hydroxynaphtho-[1'.2':4.5]-triazols. Die zweifache Kupplung von I wurde durch reduktive Spaltung von 1-[2-Carboxybenzolazo]-7-benzolazo-2-aminonaphthol-(8)-sulfonsäure-(6) zu *2.7.8-Triaminonaphthol-(1)-sulfonsäure-(3)* nachgewiesen. Es werden der Mechanismus der zweiten Kupplung, die Festigkeit der Wasserstoffbindung u. der aromat. Charakter des 1.2.3-Triazolringes diskutiert. Ferner wird ein verbessertes Darst.-Verf. für *8-[o-Carboxybenzolazo]-1.7-dihydroxynaphthalinsulfonsäure-(3)* (**II**) beschrieben.

Versuche: *8-[o-Carboxyphenylazo]-1.7-dihydroxynaphthalinsulfonsäure-(3)* (**II**), durch Lösen des in saurer Lsg. durch Kupplung von 0,1 Mol Anthranilsäure mit 0,1 Mol I hergestellten feuchten Farbstoffes in wss. Na_2CO_3, Zugabe von $NaHSO_3$ u. 1 std. Kochen unter Einleiten von SO_2, Lösen des mit NaCl gefällten Nd. in W. u. Kochen mit 32%ig. HCl 10 Min.; 21,5 g (Ausbeute). — *1-[2-Carboxybenzolazo]-2.8-dihydroxy-7-[4'-(4-hydroxy-3-carboxybenzolazo)-biphenylyl-(4)-azo]-naphthalinsulfonsäure-(6)*, aus **II** u. Na_2CO_3 in W. durch Zugabe von $CuSO_4$, dann Einw. der aus Benzidin u. Salicylsäure dargestellten Diazo-Verb. auf den erhaltenen Farbstoff bei 0° in verd. NaOH.

A. Emr/Prag. 2700

Perhydroacenaphthencarbonsäuren aus Cyclododecatrien-(1.5.9). Herbert Koch und K. E. Möller. (Angew. Chem. **73**. 240. 7/4. 1961. Mülheim/Ruhr, MPI für Kohleforschung.) (Dt.)

Bei der Carbonsäure-Synth. nach Koch (C. **1956**. 8483 u. C. **1958**. 13356) entstehen aus Cyclododecatrien (**III**) in 75%ig. Ausbeute ein Gemisch von 5 isomeren *Perhydroacenaphthencarbonsäuren* (**B**). Die Carboxylgruppe ist in jedem Fall tert. gebunden (IR-Spektrum). Durch Fraktionierung lassen sich 2 Säuren (**I**; $C_{13}H_{20}O_2$, F. 164 bis 165°, $Kp._{10}$ 177°; *Amid*, F. 174° bzw. **II**, F. 169—171°, Kp. ca. 184°, *Amid*, F. 181°) isolieren. Das Mengenverhältnis der Isomeren hängt von den Carboxylierungsbedingungen ab. **II** entsteht in jedem Fall in ca. 50%ig. Ausbeute, **I** wird mit BF_3-Katalysator zu 15% gebildet u. fehlt mit konz. H_2SO_4 fast ganz. Durch Abbau von **B** nach Curtius u. weiter bis zum Olefin wird ein Isomerengemisch von *Oktahydroacenaphthen* (**A**) gebildet, das bei der Hydrierung in ein Gemisch von 4 *Perhydroacenaphthenen* übergeht, das auch aus Acenaphthen gebildet wird. Die **A** entstehen auch bei der Decarboxylierung der **B** am Co–ThO_2-Kontakt u. bei der Isomerisierung von **III** mit den Katalysatoren der Carbonsäuresynthese.

P. Golinske. 2750 □

Untersuchungen in der Reihe der Diarylmethane und ihrer Derivate. 7. Mitt. Synthese von Mesityl-α-naphthylmethan. Thermische Umwandlungen der höheren Kondensationsprodukte aus Formaldehyd und Mesitylen. N. K. Moschtschinskaja, W. I. Tschernenko und B. Ss. Bouden. (Украинский Химический Журнал [Ukrain. chem. J.] **25**. 762—66. 1959. Dnepropetrowsk, Chem.-technol. Inst.) (Russ.) — 6. vgl. Украинский Химический Журнал [Ukrain. chem. J.] **25**. [1959.] 479.

Bei der Kondens. von Formaldehyd (**I**) mit Naphthalin (**II**) u. Mesitylen (**III**) entstehen nebeneinander *Dimesitylmethan* (**IV**), *2.4.6.2'.4'.6'.2''.4''.6''-Nonamethyl-1.3-dibenzylbenzol* (**V**; *Bis-[mesitylmethyl]-mesitylen*) u. *Mesityl-α-naphthylmethan* (**VI**). Bei der Kondens. ist **III** reaktionsfähiger als **II** u. die Ausbeute an den einzelnen Verbb. hängt von der Zus. des Rk.-Gemisches ab. Die Struktur von **VI** wird durch Parallel-Synth. aus **III** u. α-Chlormethylnaphthalin (**VII**) bewiesen. **V** u. die höheren Kondens.-Prodd. von **I** u. **III** liefern bei der therm. Zers. unter Abspaltung von Methan u. etwas H_2 gefärbte KW-Stoffe. Als Endprod. bildet sich aus **V** *Pentamethylpentaphen*, dem die Struktur **A** zugeschrieben wird.

A

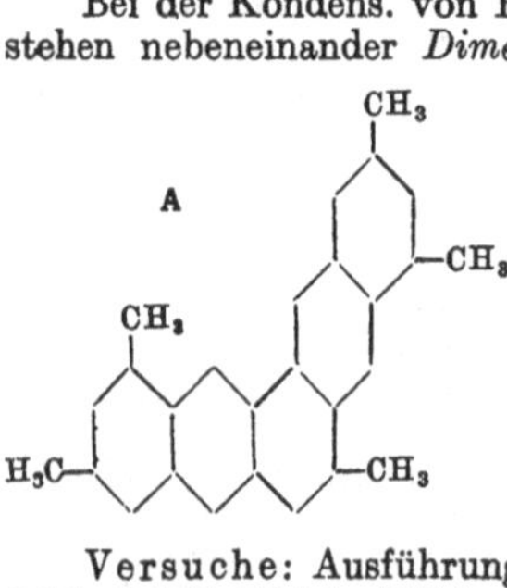

Versuche: Ausführung der Kondens.: Man erwärmt 0—12 Mol **II**, 1 Mol **III** u. 0,25—0,5 Mol **I** (als 40%ig. Formalin-Lsg.) in 0,25—0,5 Mol Acetanhydrid u. Essigsäure in Ggw. von 1 ml konz. H_2SO_4 bis zum Verbrauch von **I**, reinigt u. trennt durch Vakuum-Dest. u. anschließende Kristallisation aus A. u. Acetanhydrid. Je nach der Zus. des Ausgangsgemisches erhält man 7—35% **IV**, 3—19% **V** u. 4—30% **VI** der theoret. Ausbeute. — *Dimesitylmethan* (**IV**), $Kp._2$ 165—175°, $Kp._{760}$ 320—330°, F. 135°. — *Bis-[mesitylmethyl]-mesitylen* (*2.4.6.2'.4'.6'.2''.4''.6''-Nonamethyldibenzylbenzol*; **V**), $C_{29}H_{36}$, $Kp._2$ 196—205°, F. 155°; Nadeln, die im UV fluorescieren. — *Mesityl-α-naphthylmethan* (**VI**), $C_{20}H_{20}$, $Kp._2$ 180—190°, $Kp._{760}$ > 360°, F. 105—106°; a) nach vorst. Meth., große Kristalle, die im UV fluorescieren; b) aus **VII** u. **III** durch 1 std. Erhitzen auf 80—110°

in Ggw. von $ZnCl_2$; 65% (Ausbeute). — Therm. Umwandlung von V: Man erhitzt V unter CO_2 auf 400°, nimmt in Bzl. auf, chromatographiert an Al_2O_3 u. eluiert mit A.-Bzl.; man erhält orangegelbe Kristalle von *Pentamethylpentaphen*, $C_{27}H_{24}$, F. 220°.
HELMUT SCHÄFER. 2950□

Von Natrium-β-formyl-β-keto-α-nitropropionat abgeleitete Verbindungen. Paul E. Fanta, R. M. W. Rickett und Daniel S. James. (J. org. Chemistry **26**. 938—39. März 1961. Chicago, Ill., Inst. of Technol., Dep. of Chem.) (Engl.) — Vgl. C. **1959**. 2087.

Durch Rk. von 2-Nitromethylchinoxalin mit Diazomethan u. Sublimation wurde *Chinoxalin-2-aldoxim* erhalten. Die analoge Behandlung von 3-Nitropropanon-(2)-al-(1)-phenylosazon (III) ergab an Stelle des erwarteten Propanon-(2)-diol-(1.3)-phenylosazon-oxims (I) *1-Phenyl-4-benzolazopyrazol* (II); es wird angenommen, daß II durch Cyclisierung des mit I tautomeren Hydroxylamins unter Abspaltung von Hydroxylamin entsteht.

Versuche: *Chinoxalin-2-aldoxim*, F. 202° (Chlf.), durch portionsweise Zugabe von 2-Nitromethylchinoxalin zu äther. Diazomethan in Ggw. von wenig A., mehrstd. Stehen, Filtrieren, Dest. u. Sublimation des Rückstandes bei 120—140°/0,5 Torr. — *1-Phenyl-4-benzolazopyrazol* (II), $C_{15}H_{12}N_4$, F. 124,6—126,2° (gelbe Kristalle aus A.), durch portionsweise Zugabe von 2,96 g III zu äther. Diazomethan, Zugabe von A. bis zur fast vollständigen Lsg., 1½std. Rühren, Filtrieren, Abdestillieren der Lsgm. u. 18std. Sublimation des Rückstandes bei 120—130°/0,1 Torr; 0,31 g (Ausbeute). H. BERTSCH. 3000□

Untersuchung auf dem Gebiet der asymmetrischen α-Oxyde. Darstellung und Eigenschaften asymmetrischer Oxyde von Methylisopropyl- und von Methyl-tert.-butyläthylen. M. Ss. Malinowski und A. G. Judassina. (Журнал Общей Химии [J. allg. Chem.] **29** (**91**). 1889—92. Juni 1959. Dnepropetrowsk, Univ.) (Russ.)

Es wird aus den entsprechenden Halogenhydrinen durch Einw. von KOH das *asymm. Oxyd von Methylisopropyläthylen* [I; *2.3-Dimethylbutylenoxyd-(1.2)*] u. von *Methyl-tert.-butyläthylen* [II; *2.3.3-Trimethylbutylenoxyd-(1.2)*] dargestellt. Unter dem Einfl. tert. C-Atome ist die Neigung von I u. II zur Isomerisierung zu den entsprechenden Aldehyden gegenüber anderen asymm. α-Äthylenoxyden verstärkt u. die Addition von W. an den Oxydring erschwert. So ist II nicht zur Bldg. des entsprechenden Glykols fähig. Auch die Umsetzung mit Diäthylamin gelingt nur mit I. Verss., II durch Rk. von 2.3.3-Trimethylbuten-(1) (III) mit Benzopersäure darzustellen, lieferten nur *α-tert.-Butyl-α-methyläthylenglykolmonobenzoat*.

Versuche: *2.3-Dimethyl-4-chlorbutanol-(3)*, $C_6H_{13}ClO$, $Kp._{3-5}$ 45—46°, aus 208 g Isopropylbromid in 400 ml Ae., 58 g Mg u. 130 g Chloraceton in 300 ml Ae.; $D._4^{20}$ 1,0378; n_D^{20} 1,449; 27,9% (Ausbeute). — *2.3-Dimethyl-4-brombutanol-(3)*, aus 123 g Isopropylbromid, 28 g Mg u. 110 g Bromaceton in Ae.; da bei der Dest. bei 10 mm Zers. eintritt, wird das ungereinigte Roh-Prod. verarbeitet. — *α-Isopropyl-α-methyläthylenoxyd* (I), $C_6H_{12}O$, $Kp._{70}$ 50—52°, aus der vorst. oder vorvorst. Verb. durch Zugabe von KOH zur äther. Lsg.; $D._4^{20}$ 1,834; n_D^{20} 1,401; campherähnlicher Geruch; 10 g. — *2.3-Dimethylbutyraldehyd*, Kp. 116—120°, aus 2,3 g I in 5—6 ml W. durch Zusatz eines Tropfens 3%ig. H_2SO_4 u. Wasserdampf-Dest.; 0,4 g. — *2.3-Dimethylbutandiol-(1.2)*, Kp. 194 bis 197°, aus 2 g I in 5—6 ml W. durch 1 Min. langes Einleiten von gasförmigem HCl u. 6std. Schütteln; $D._4^{20}$ 0,980; n_D^{20} 1,4410. — *2.3-Dimethyl-2* (oder *3*)*-diäthylamino-butanol-(1* oder *2)*, $C_{10}H_{23}NO$, $Kp._{20}$ 106—108°, aus 2,5 g I u. 5 g Diäthylamin in Ggw. von wenig W. im Rohr durch 3std. Erhitzen auf dem Wasserbad; $D._4^{24}$ 0,873; n_D^{24} 1,4386. — *2.2.3-Trimethyl-4-chlorbutanol-(3)*, aus 170 g tert.-Butylchlorid, 65 g Mg u. 135 g Chloraceton in Ae.; Dest. bei 0,3 mm führt zur Zers.; 80 g. — *α-tert.-Butyl-α-methyläthylenoxyd* (II), $C_7H_{14}O$, $Kp._{55}$ 48—51°, aus 80 g der ungereinigten vorst. Verb. durch Einw. von 135 g KOH in Ae.; $D._4^{20}$ 0,830; n_D^{20} 1,4160; 4 g. Daneben *Verb.* $C_{14}H_{28}O_2$, $Kp._{10}$ 77—78°, n_D^{10} 1,4565. — *2.2.3-Trimethylbutyraldehyd*, Kp. 138—140°, a) aus 2 g II analog I; 0,4 g; b) beim Einleiten von gasförmigem HCl in die wss. Lsg. von II. — *α-tert.-Butyl-α-methyläthylenglykolmonobenzoat* [*1* (oder *2*)*-Benzoyloxy-2* (oder *1*)*-hydroxy-2.3.3-trimethylbutan*], $C_{14}H_{20}O_3$, Kp. 191—192°, aus III durch Einw. von Benzopersäure in Chlf.; $D._4^{19}$ 1,0718; n_D^{19} 1,5162; 2 g. H. KÜHNE. 3030□

Untersuchungen auf dem Gebiet der Chinone. 30. Mitt. **Synthese von o-Chinonen in der Reihe des Naphthofurans und Benzindols.** A. N. Grinew, Schtschi-zsjun Chun und A. P. Terentjew. (Журнал Общей Химии [J. allg. Chem.] **30** (**92**). 501—05. Febr. 1960. Moskau, Univ.) (Russ.) — 29. vgl. C. **1961**. 13165; vgl. auch C. **1961**. 13170.

5-Methyl-4-carbäthoxy-4'-hydroxy- (I) u. 5-Phenyl-4-carbäthoxy-4'-hydroxy-naphtho-[1'.2':2.3]-furan (II) sowie 1.2-Dimethyl-3-carbäthoxy-5-hydroxy- (III) u. 1-Phenyl-2-methyl-3-carbäthoxy-5-hydroxy-6.7-benzindol (IV) werden durch Chromsäure zu den entsprechenden *3'.4'-Dioxonaphthofuranen* bzw. *4.5-Dioxobenzindolen* oxydiert. Aus diesen o-Chinonen entstehen durch Red. mit $NaHSO_3$ *3'.4'-Dihydroxynaphthofurane* bzw. *4.5-Dihydroxybenzindole* u. durch Einw. von o-Phenylendiamin *Chinoxalino-[2.3:e]-naphthofurane* bzw. *Chinoxalino-[2.3:e]-benzindole.*

Versuche: *5-Methyl-4-carbäthoxy-3'.4'-dioxonaphtho-[1'.2':2.3]-furan* (**V**), $C_{16}H_{12}O_5$, Zers. > 50°, aus einer Lsg. von **I** in 98%ig. Essigsäure durch Zugabe von Chromsäure (CrO_3 + W. = 1 : 1) innerhalb von 15 Min. unter Rühren bei 5—10°, 30—40 Min. langes Rühren bei 13—15°, Filtrieren u. Gießen in kaltes W.; 74% (Ausbeute); färbt sich beim Aufbewahren an der Luft dunkel. — *5-Phenyl-4-carbäthoxy-3'.4'-dioxo-[1'.2':2.3]-naphthofuran* (**VI**), F. 191—191,5° (A. + Dioxan = 7 : 1), aus **II** analog **V** durch Zugabe der Chromsäure innerhalb von 10 Min. bei 10° u. 105 Min. langes Rühren bei 10—15°; 77%. — *1.2-Dimethyl-3-carbäthoxy-4.5-dioxo-6.7-benzindol* (**VII**), F. 191—192° (A.), analog aus **III** durch Zugabe der Chromsäure innerhalb von 10—15 Min. bei 10—12° u. 1std. Rühren bei 30—35°; 58%. — *1-Phenyl-2-methyl-3-carbäthoxy-4.5-dioxo-6.7-benzindol* (**VIII**), F. 217° (A.), analog aus **IV** durch Zugabe der Chromsäure innerhalb von 10—15 Min. bei 10° u. 105 Min. langes Rühren bei 10—15°; 70%. — *5-Methyl-4-carbäthoxy-3'.4'-dihydroxynaphtho-[1'.2':2.3]-furan*, $C_{16}H_{14}O_5$, F. 165—166° (A. + 1—2 Tropfen wss. $NaHSO_3$-Lsg.), aus **V** in Ae. durch Schütteln mit einer gesätt. wss. $NaHSO_3$-Lsg. unter Eiskühlung u. Abtrennung des an der Grenze zwischen der wss. u. äther. Schicht ausfallenden, gelblichen Nd.; 52%. — *5-Phenyl-4-carbäthoxy-3'.4'-dihydroxynaphtho-[1'.2':2.3]-furan*, F. 154—155° (A. + 1—2 Tropfen wss. $NaHSO_3$-Lsg.), analog vorst. Verb. aus **VI** in Dioxan; 92%. — *1.2-Dimethyl-3-carbäthoxy-4.5-dihydroxy-6.7-benzindol*, F. > 150° (Zers.; A. + 1—2 Tropfen wss. $NaHSO_3$-Lsg.), analog aus **VII** in Dioxan; 100%. — *1-Phenyl-2-methyl-3-carbäthoxy-4.5.dihydroxy-6.7-benzindol*, F. 198—199° (A. + 1—2 Tropfen wss. $NaHSO_3$-Lsg.), analog aus **VIII** in Dioxan; 100%. — *2'-Methyl-3'-carbäthoxyfuro-[5'.4':a]-chinoxalino-[2''.3'':e]-naphthalin*, $C_{22}H_{16}N_2O_3$, F. 194° (A.), aus **V** in 98%ig. Essigsäure durch Zugabe von o-Phenylendiamin, 5—10 Min. langes Erhitzen, Verdünnen mit W. u. Abfiltrieren der gelben, flockigen Kristalle; 100%. — *2'-Phenyl-3'-carbäthoxyfuro-[5'.4':a]-chinoxalino-[2''.3'':e]-naphthalin*, F. 198—198,5°, analog vorst. Verb. aus **VI**; 87%. — *1.2-Dimethyl-3-carbäthoxychinoxalino-[2.3:e]-6.7-benzindol*, F. 212—212,5°, analog aus **VII**; 93%. — *1-Phenyl-2-methyl-3-carbäthoxychinoxalino-[2.3:e]-6.7-benzindol*, F. 203,5—204°, analog aus **VIII**; 85%.

CH. BÖHME. 3051 □

Mechanismus der Reaktion zwischen Fructose und Diphenylamin. Tsutomu Momose, Yo Ueda und Masaru Nakamura. (Chem. pharmac. Bull. [Tokyo] **7**. 853. Okt. 1959. Katakasu, Fukuoka, Univ. of Kyushu, Pharm. Inst., Med. Fac.) (Engl.)

Der beim Erhitzen von Fructose u. Diphenylamin in Methanol/HCl entstehende Farbstoff wird mit wss. Methanol/H_2SO_4 extrahiert u. liefert dann ein krist. Sulfat mit der wahrscheinlichen Bruttoformel $C_{60}H_{50}N_4O_{11}S$ [F. 198° (Zers.), goldgelbe Prismen].

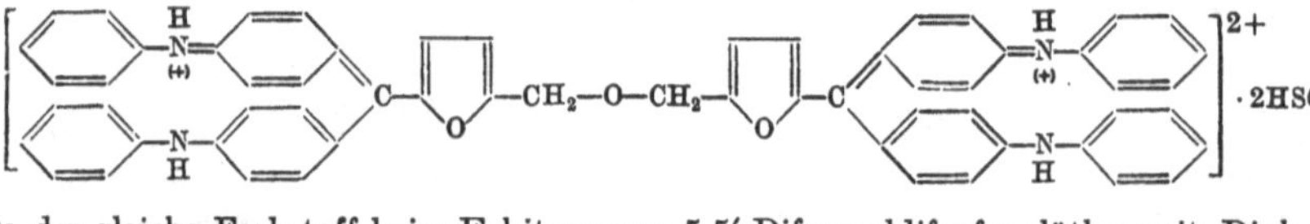

Da der gleiche Farbstoff beim Erhitzen von 5.5'-Diformyldifurfuryläther mit Diphenylamin in Methanol/HCl entsteht, könnte der fragliche Farbstoff ein *Diphenylamin-Deriv. des 5.5'-Diformyldifurfuryläthers* obenst. Struktur sein, der aus Fructose durch Kondens. von 2 Moll. 5-Hydroxymethylfurfurol entsteht.

E. SCHRAVEN. 3061 □

Chemie des Selenophens. 20. Mitt. **Kondensation von Selenophen-2-aldehyd mit Estern substituierter Essigsäuren und Nitromethan.** Ju. K. Jurjew, N. N. Mesenzowa und W. Je. Wasskowski. (Журнал Общей Химии [J. allg. Chem.] **29** (**91**). 3239—43. Okt. 1959. Moskau, Univ.) (Russ.) — 19. vgl. C. **1961**. 832.

Die Kondens. von Selenophen-2-aldehyd (**I**) mit Phenylessigsäure (**II**) liefert je nach den Rk.-Bedingungen *α-Phenyl-β-[selenienyl-(2)]-acrylsäure* oder *1-Phenyl-2-[selenienyl-(2)]-äthylen* (**III**). **III** wird auch bei der Rk. von **I** mit Benzyl-MgBr erhalten. Die Kondens. von **I** mit Methyl- (**IV**) u. Äthylacetat (**V**) gibt die entsprechenden Ester der *β-[Selenienyl-(2)]-acrylsäure*. Aus **I** u. Nitromethan (**VI**) wird *2-[β-Nitrovinyl]-selenophen* erhalten u. mit $LiAlH_4$ in *β-[Selenienyl-(2)]-äthylamin* übergeführt. Bei der Rk. von **I** mit Chloressigsäuremethylester (**VII**) wird *[Selenienyl-(2)]-brenztraubensäuremethylester* erhalten.

Versuche: *α-Phenyl-β-[selenienyl-(2)]-acrylsäure*, $C_{13}H_{10}O_2Se$, F. 185—186° (60%ig. Methanol), durch 4std. Kochen von 7 g **I**, 7,5 g **II**, 5 ml Triäthylamin u. 10 ml Acetanhydrid; 74% (Ausbeute). — *β-[Selenienyl-(2)]-acrylsäure, Methylester*, $C_8H_8O_2Se$,

$Kp._{25}$ 113—115°, F. 36—37° (PAe.), man gibt zu 30 g **IV** u. 1,85 g Na einige Tropfen abs. A., tropft bei 5—10° in 1/4 Std. 10 g **I** zu u. rührt 1 Std.; 64,5%. *Äthylester*, $C_9H_{10}O_2Se$, $Kp._{15}$ 115—116°, analog vorst. Verb. aus 16 g **I** u. 50 g **V**; $D._4^{20}$ 1,4239; n_D^{20} 1,6157; 74%. — *2-[β-Nitrovinyl]-selenophen*, $C_6H_5NO_2Se$, F. 67—68° (Methanol), man tropft zu 20 g **I** u. 8 g **VI** in 25 ml Methanol bei 5—8° 5,4 g NaOH in 20 ml W. zu u. rührt ½ Std.; 61%. — *β-[Selenienyl-(2)]-äthylamin*, C_6H_9NSe, $Kp._{11}$ 120—121°, man gibt zu $LiAlH_4$ (aus 8 g LiH u. 45,1 g $AlBr_3$) in 300 ml Ae. langsam 10 g vorst. Verb. in 200 ml Ae. u. kocht 2 Std.; $D._4^{20}$ 1,4571; n_D^{20} 1,5856; 75%. — *1-Phenyl-2-[selenienyl-(2)]-äthylen* (**III**), $C_{12}H_{10}Se$, $Kp._2$ 140—145°, F. 128—129° (Methanol), a) man gibt zum GRIGNARD-Reagens aus 12,5 g Benzylchlorid u. 2,43 g Mg in 50 ml Ae. 10 g **I** in 50 ml Ae. u. kocht 2 Std.; 61%; b) durch 5std. Kochen von 8 g **I**, 8 g **II**, 5 g PbO u. 15 ml Acetanhydrid; 35%. — *1-Phenyl-2-[5-acetoselenienyl-(2)]-äthylen*, $C_{14}H_{12}OSe$, F. 135—136° (Methanol), man tropft zu 10 g vorst. Verb. u. 2,6 g Acetanhydrid in 100 ml Bzl. 0,55 g 85%ig. H_3PO_4 + 2,5 g Acetanhydrid u. erhitzt 1 Std. auf 70—75°; 17%. — *[Selenienyl-(2)]-brenztraubensäuremethylester*, $C_8H_8O_3Se$, $Kp._{3-4}$ 149—151°, F. 72—73° (Heptan), man tropft zu 8,1 g Na-Methylat in 100 ml Ae. 16 g **I** u. 16,3 g **VII** in 50 ml Ae., läßt über Nacht stehen u. erhitzt ½ Std. auf dem Wasserbad; 52,5%. *Thiosemicarbazon*, C_9H_{11}·N_3O_2SSe, F. 194—195° (A.). HELMUT SCHÄFER. 3071 □

Chemie des Selenophens. 21. Mitt. **5-Nitro-2-cyanselenophen und 5-Nitro-2-acetoselenophen.** Ju. K. Jurjew und Je. L. Saitzewa. (Журнал Общей Химии [J. allg. Chem.] **29** (**91**). 3644—46. Nov. 1959.) (Russ.) — 20. vgl. vorst. Referat.

Durch Dehydratisierung von 5-Nitroselenophen-2-aldehyd (**I**)-oxim wird *5-Nitro-2-cyanselenophen* erhalten u. durch Hydrolyse in *5-Nitroselenophen-2-carbonsäure* (**II**) übergeführt, von der das *Chlorid* u. das *Amid* dargestellt werden. Die Rk. von **II**-Chlorid mit Äthoxymagnesiummalonester liefert *5-Nitro-2-acetylselenophen.*

Versuche: *5-Nitroselenophen-2-aldehyd* (**I**), *Oxim*, $C_5H_4N_2O_3Se$, F. 152—153° (Zers.; Methanol), man erhitzt 3,06 g **I**, 1,22 g Hydroxylaminhydrochlorid, 5,8 ml Pyridin u. 6 ml A. 2 Std. auf 110—115°; gelbe Kristalle; 69% (Ausbeute). — *5-Nitro-2-cyanselenophen*, $C_5H_2N_2O_2Se$, F. 90—90,5° (PAe.), man erhitzt 1,65 g **I**-Oxim u. 7 g Acetanhydrid auf 165—170°, kocht 3 Min. mit 7 ml W., neutralisiert mit Soda u. extrahiert mit Ae.; gelbe Kristalle; 74%. — *5-Nitroselenophen-2-carbonsäure* (**II**), F. 188,5—189° (W.), durch 3std. Kochen von 0,5 g vorst. Verb. mit 4 ml konz. HCl; gelbe Nadeln; 85,5%. *Chlorid*, $C_5H_2ClNO_3Se$, F. 53—53,5° (Chlf.), durch 1½std. Kochen 1,5 g **II** u. 4,1 g $SOCl_2$; gelbe Kristalle; 80%. *Amid*, $C_5H_4N_2O_3Se$, F. 198,5—199° (W.), aus 0,95 g **II**-Chlorid in 5 ml Aceton u. 4 ml 20%ig. NH_4OH unter Kühlung; gelbe Nadeln; 75%. — *5-Nitro-2-acetylselenophen*, $C_6H_5NO_3Se$, F. 120,5—121° (PAe.), man erwärmt 0,32 g Mg, 0,6 ml abs. A. u. 0,1 ml CCl_4, gibt nach Beginn der Rk. 8 ml abs. Ae. u. dann tropfenweise 2,14 g Malonester u. 0,6 ml A. zu, rührt 3 Std. bei 40—50°, tropft bei 35° **II**-Chlorid (aus 2,2 g **II**) in 12 ml Ae. zu, rührt 1 Std., säuert mit verd. H_2SO_4 an u. nimmt in Ae. auf; nach Abdestillieren des Ae. erhitzt man 7 Std. mit 3,6 ml Eisessig, 0,45 ml konz. H_2SO_4 u. 2,4 ml W.; gelbe Nadeln; 59%. *Semicarbazon*, $C_7H_8N_4O_3Se$, F. 258—259° (Zers.; A.); gelbe Kristalle; 94,5%. HELMUT SCHÄFER. 3071 □

Chemie des Selenophens. 22. Mitt. **Aminomethylierung und Acylaminomethylierung von Selenophen und seinen Homologen.** Ju. K. Jurjew, N. K. Ssadowaja und A. B. Ibragimowa. (Журнал Общей Химии [J. allg. Chem.] **29** (**91**). 3647—52. Nov. 1959.) (Russ.) — 21. vgl. vorst. Referat.

Durch Aminomethylierung von Selenophen (**I**), 3-Methyl- (**II**), 2.4-Dimethyl- (**III**) u. 3.4-Dimethylselenophen (**IV**) mit Dimethylaminhydrochlorid (**V**) u. Paraformaldehyd (**VI**) werden die entsprechenden *α-Dimethylaminoselenophene* erhalten. Die Aminomethylierung von **I** u. 2-Methylselenophen (**VII**) mit Formalin (**VIII**) u. NH_4Cl liefert *2-Aminomethyl-* bzw. *2-Methyl-5-aminomethylselenophen*, die mit $KMnO_4$ zu *Selenophen-2-carbonsäure* bzw. *5-Methylselenophen-2-carbonsäure* oxydiert werden. Bei der Rk. von **I**, **II**, **IV**, 2.5-Dimethylselenophen (**IX**) u. **VII** mit N-Hydroxymethylbenzamid (**X**) werden *Bis-[N-benzoylaminomethyl]-selenophene* als Hauptprodd. erhalten, wobei die Substituenten in α.α'-Stellung bzw. bei besetzter α-Stellung in α.β- u. β.β'-Stellung eintreten.

Versuche: *2-[Dimethylaminomethyl]-selenophen*, $C_7H_{11}NSe$, $Kp._{14}$ 82—82,5°, aus nachst. Hydrochlorid mit NH_3 in Ae.; $D._4^{20}$ 1,3119; n_D^{20} 1,5460; 50% (Ausbeute). *Hydrochlorid*, $C_7H_{12}ClNSe$, F. 178—179°, aus 1,5 g **I**, 1,5 g **V** u. 0,75 g **VI** in 3 ml abs. A.; 30%. — *2-[Dimethylaminomethyl]-3-methylselenophen*, $C_8H_{13}NSe$, $Kp._{16}$ 97,5—98°, aus nachst. Hydrochlorid; $D._4^{20}$ 1,2591; n_D^{20} 1,5422; 44%. *Hydrochlorid*, $C_8H_{14}ClNSe$, F. 209—210°, aus 1 g **II**, 1,21 g **V** u. 0,6 g **VI** in 3 ml A.; 60%. — *2.4-Dimethyl-5-[dimethylaminomethyl]-selenophenhydrochlorid*, $C_9H_{16}ClNSe$, F. 184—185°, aus 3,2 g **III**, 2,4 g **V** u. 1,35 g **VI** in 5 ml A.; 61%. — *3.4-Dimethyl-2-[dimethylaminomethyl]-selenophen-*

hydrochlorid, $C_9H_{16}ClNSe$, F. 199–200°, aus 1,6 g **IV**, 1,2 g **V** u. 0,7 g **VI** in 3 ml A.; 61%. — *2-[Aminomethyl]-selenophen*, C_5H_7NSe, Kp.$_{10}$ 89,5–90°, man erhitzt 15 g **I**, 40 g 36% ig. **VIII** u. 12,8 g NH_4Cl ½ Std. auf 65°, rührt 2 Std. mit 35 ml Methanol u. läßt über Nacht stehen; $D._4^{20}$ 1,5512; n_D^{20} 1,6021; 20,5%. *Carbonat*, $C_{11}H_{16}N_2O_3Se$, F. 88–89°, bildet sich leicht an der Luft. *N-Benzoyl-Deriv.*, $C_{12}H_{11}NOSe$, F. 121–122° (Toluol). — *Selenophen-2-carbonsäure*, F. 119–120° (W.), man gibt zu 0,97 g vorst. Amins in 25 ml W. + 1,94 g NaOH bei 40° 1,94 g $KMnO_4$ in 40 ml W.; 61%. — *2-Methyl-5-[aminomethyl]-selenophen*, C_6H_9NSe, Kp.$_7$ 93–93,5°, man erwärmt 7,5 g **VII**, 4,2 g NH_4Cl u. 4,3 g 36% ig. **VIII** auf 40° u. rührt noch 50 Min. bei 50°; $D._4^{20}$ 1,4172; n_D^{20} 1,5742; 20,5%. *Carbonat*, $C_{13}H_{20}N_2O_3Se$, F. 83–84° (Zers.). *N-Benzoyl-Deriv.*, F. 132–133° (Toluol). — *2-Methylselenophen-5-carbonsäure*, $C_6H_6O_2Se$, F. 134–134,5° (W.), aus vorst. Verb. mit $KMnO_4$; 84%. — Benzoylaminomethylselenophene: Man tropft zu 0,03 Mol des Selenophens, 0,06 Mol **X** u. 15 ml Eisessig bei 70–80° 0,003 Mol 85% ig. H_3PO_4 zu u. erhitzt 12–15 Stunden. *2.5-Bis-[benzoylaminomethyl]-selenophen*, $C_{20}H_{18}N_2O_2Se$, F. 165 bis 166° (Bzl.), aus **I** u. **X**; 60,5%. — *3-Methyl-2.5-bis-[benzoylaminomethyl]-selenophen*, $C_{21}H_{20}N_2O_2Se$, F. 198–199° (Bzl.), aus **II** u. **X**; 52%. — *2.5-Dimethyl-3.4-bis-[benzoylaminomethyl]-selenophen*, $C_{22}H_{22}N_2O_2Se$, F. 201–202° (Bzl.), aus **IX** u. **X**; 48%. — *3.4-Dimethyl-2.5-bis-[benzoylaminomethyl]-selenophen*, $C_{22}H_{22}N_2O_2Se$, F. 224–225° (Bzl.), aus **IV** u. **X**; 50%. — *2-Methyl-4.5-bis-[benzoylaminomethyl]-selenophen*, $C_{21}H_{20}N_2O_2Se$, F. 181–181,5° (Bzl.), aus **VII** u. **X**; 48%. Daneben 16% *2-Methyl-5-[benzoylaminomethyl]-selenophen*, $C_{13}H_{13}NOSe$, F. 132–133° (Bzl.). HELMUT SCHÄFER. 3071 □

Die Zerlegung von DL-Prolin und DL-Hydroxyprolin in die optisch-aktiven Komponenten. Ö. Kovács, M. Halmos und G. Bernáth. (Acta Univ. Szegediensis, Acta physica chem. [N. S.] **3.** 118–21. 1957. Szeged, Univ., Inst. of Org. Chem.) (Engl.)

DL-Hydroxyprolin u. DL-Prolin werden über die *3.5-Dinitrobenzoyl-Derivv.* u. die entsprechenden *Brucinsalze* in die opt.-akt. Komponenten zerlegt.

Versuche: *DL-Prolin*, F. 210–211°, nach ALBERTSON u. FILLMAN (J. Amer. chem. Soc. **71.** [1949.] 2818) aus Malonsäurediäthylester u. Acrylonitril. *3.5-Dinitrobenzoyl-Deriv.*, F. 221–222°; 92% (Ausbeute). — *3.5-Dinitrobenzoyl-D-prolinbrucinat*, $C_{35}H_{37}\cdot N_5O_{11}$, F. 111–112°, durch Zugabe einer Lsg. von 24 g Brucintetrahydrat in 100 ml Aceton zu einer Lsg. von 15,84 g des vorst. Dinitrobenzoyl-Deriv. in 100 ml Aceton, Abdestillieren des Lsgm., Lösen des Rückstandes in 450 ml heißem W. u. mehrstd. Stehen bei Raum-Temp. u. bei +3°; aus W. gelbe Plättchen; $[\alpha]_D^{22}$ +31,5° (c = 1,018; abs. A.); 17,54 g. — *3.5-Dinitrobenzoyl-D-prolin*, F. 179°, durch Alkalisieren einer wss. Lsg. vorst. Verb. mit 1n NaOH, mehrstd. Stehen bei 3°, Ausäthern der Brucinbase, Ansäuern der verbleibenden wss. Lsg. mit konz. HCl bis pH 6 u. 24std. Stehen bei +3°; aus W. gelbe Kristalle; $[\alpha]_D^{30}$ +94,8° (c = 1,292; 50% ig. A.); 62%. — *D-Prolin*, F. 215–220° (Zers.), durch Hydrolyse vorst. Verb. mit 5n HCl u. Behandeln mit Amberlite IR-4B; $[\alpha]_D^{20}$ +81° (c = 0,500; W.); 82%. — *3.5-Dinitrobenzoyl-L-prolin*, F. 178–179° (W.), aus dem Rückstand der Mutterlauge der vorvorst. Verb.; $[\alpha]_D^{24}$ –94,7° (c = 1,015; 50% ig. A.); 59%. — *L-Prolin*, F. 220–222° (Zers.), durch saure Hydrolyse vorst. Verb.; $[\alpha]_D^{20}$ –82° (c = 0,500; W.); 79%. — *DL-Hydroxyprolin*, F. 255°, nach GAUDRY u. GODIN (C. **1950/54.** 6753S.). *3.5-Dinitrobenzoyl-Deriv.*, F. 203–206°, durch allmähliche Zugabe von 3.5-Dinitrobenzoylchlorid zu einer Lsg. der Säure in 1n NaOH bei 0° unter Rühren u. gleichzeitiges Eintropfen von 1n NaOH, 2½std. Rk. u. Ansäuern mit konz. HCl; 95%. — *3.5-Dinitrobenzoyl-D-hydroxyprolinbrucinat*, F. 147–150° (W.), durch Lösen von vorst. Dinitrobenzoyl-Deriv. u. Brucintetrahydrat in heißem W. u. 1tägiges Stehen bei Zimmer-Temp.; $[\alpha]_D^{20}$ +54° (c = 0,500; abs. A.); 84%. — *3.5-Dinitrobenzoyl-D-hydroxyprolin*, durch Hydrolyse vorst. Verb.; fester Schaum; $[\alpha]_D^{20}$ +147° (c = 1,004; 50% ig. A.); 89%. — *D-Hydroxyprolin*, F. 274–275° (Zers.), durch Kochen vorst. Verb. mit 4n HCl u. 4std. Stehen; $[\alpha]_D^{20}$ +77° (c = 1,001; W.); 65%. — *3.5-Dinitrobenzoyl-L-hydroxyprolinbrucinat*, F. 95–108°, durch Animpfen vorst. Mutterlauge; aus W. gelbe Kristalle; $[\alpha]_D^{20}$ –50° (c = 1,020; abs. A.); 80%. — *3.5-Dinitrobenzoyl-L-hydroxyprolin*, aus vorst. Verb. wie oben; fester Schaum; $[\alpha]_D^{20}$ –145° (c = 1,112; 50% ig. A.); 93%. — *L-Hydroxyprolin*, F. 273–274° (Zers.), durch Hydrolyse vorst. Verb. mit 5n HCl; $[\alpha]_D^{20}$ –76° (c = 1,001; W.); 61%. J. RUHNKE. 3081 □

Über einige Eigenschaften des Hydroxyphthalimidins. Paul Lechat. (C. R. hebd. Séances Acad. Sci. **245.** 326–28. 17/7. 1957. Paris, Fac. de Méd., Labor. de Pharmacol.) (Franz.) — Vgl. C. **1958.** 12678.

Zur Feststellung, ob das bei der Red. von Phthalimid entstehende *Hydroxyphthalimidin* (**I**) eine offene oder cycl. Struktur besitzt, wurden 7,5 g **I** in 100 ml NaOH (25% ig.) bis zum Aufhören der NH_3-Entw. hydrolysiert u. angesäuert. Filtration lieferte 2 g

Phthalsäure u. Extraktion des Filtrates mit Chlf. 2,3 g *Phthalid* (II; F. 67°; Phenylhydrazin-Deriv., F. 165°). Red. von I mit KBH_4 ergab II u. *o-Hydroxymethylbenzoesäure*; Oxydation von I mit H_2O_2 in Essigsäure lieferte *Phthalamidsäure*. Die Rkk. sprechen für das Vorliegen von I in einer acycl. Struktur. B. GÖRLICH. 3081 □

Synthese von 2.2'-Diaminodiphenyl und Carbazol aus Phenanthren. Niichiro Tokura und Shigeru Anazawa. (Sci. Rep. Res. Inst. Tôhoku Univ., Ser. A **9.** 239—44. Juni 1957. Chem. Res. Inst. of Non-Aqueous Solutions.) (Engl.)

Durch Oxydation von Phenanthren (I) mit H_2O_2 in Eisessig, Überführung der gebildeten *Diphensäure* (II) ins *Diamid* (III) u. dessen HOFMANNschen Abbau mit Hypohalogeniden wird *2.2'-Diaminodiphenyl* (IV) dargestellt. Beim Vers., IV nach WHITE u. BERGSTROM (J. org. Chemistry **7.** [1942.] 497) durch Abbau von III mit KNH_2 in fl. NH_3 zu erhalten, wurde unverändertes III isoliert. IV wird durch Cyclodesaminierung mit 88%ig. H_3PO_4 in 78%ig. Ausbeute in *Carbazol* übergeführt. Die Rk. gelang jedoch nicht in fl. SO_2 in Ggw. oder Abwesenheit von SO_3, H_2SO_4 oder H_3PO_4.

Versuche: *Phenanthren* (I), F. 96—98° (A.), durch Behandeln von rohem I mit heißem CS_2, Filtrieren, Einengen, Kühlen, Filtrieren, Eindampfen, Behandeln mit Maleinsäureanhydrid in Xylol, Kühlen, Filtrieren, Abdampfen des Xylols u. Entfernen von Fluoren durch azeotrope Dest. mit Diäthylenglykol u. Dest. bei 140—145°/20 Torr. — *Diphensäure* (II), F. 228—230° (wss. A.), durch Eintropfen von 0,55 Mol 30%ig. H_2O_2 in die Lsg. von 0,1 Mol I in 200 ml Eisessig bei 80—85° unter Rühren, 4std. Rühren bei 85°, mehrstd. Stehen, Eindampfen im Vakuum, Extraktion mit Soda-Lsg. u. Ansäuern mit HCl; 64,4% (Ausbeute). *Diamid* (III), F. 211—212° (W.), a) durch 1std. Erhitzen von II mit der 5fachen Menge Acetanhydrid auf 120°, Filtrieren, 1std. Kochen mit verd. NH_4OH, Ansäuern, 2std. Kochen des zusammen mit II ausgefallenen *Monoamids* mit 3 Vol. Acetanhydrid u. 1std. Kochen des erhaltenen *Imids* mit 6n NH_4OH; 76%; b) durch Eindampfen der Lsg. von II in überschüssigem konz. NH_4OH, 3std. Erhitzen auf 250—260° u. 1std. Kochen des erhaltenen *Imids* mit 6n NH_4OH; 72%. — *Phenanthrenchinon-(9.10)-monoxim*, F. 155—156°, durch Oxydation von I mit CrO_3 in Eisessig u. Rk. mit $NH_2OH \cdot HCl$ in A.; 1 g der Verb. gibt beim Lösen in 50 ml fl. SO_2, Versetzen mit der Lsg. von 0,5 g SO_3 in 30 ml SO_2 bei Raum-Temp., mehrstd. Stehen u. Eindunsten ein schwarzes Harz. — *Verb. vom F. 272—273°*, durch Versetzen von 1 g vorst. Verb. in 50 ml fl. SO_2 mit der Lsg. von 1 g $SOCl_2$ in 50 ml fl. SO_2, mehrstd. Stehen, Eindampfen u. Gießen in W.; aus A. Nadeln; 0,7 g. — *2.2'-Diaminodiphenyl* (IV), $C_{12}H_{12}N_2$, F. 80—81° (A.), a) durch 10 Min. langes Lösen von 8 g III in der Lsg. von 12,8 g Br_2 in 50 ml 10%ig. NaOH bei 5°, ½ std. Stehen bei Raum-Temp., ½ std. Erhitzen auf 100°, Aufnehmen des Öls in Ae., Lösen des Ae.-Rückstandes in verd. HCl u. Alkalisieren; 82%; b) analog a) durch Rk. von III mit KOBr oder NaOCl; 69 bzw. 58%. — *Carbazol*, $C_{12}H_9N$, F. 242—243° (Bzl.), durch 5std. Erhitzen von 2 g IV u. 10 g 88%ig. H_3PO_4 auf 200—210°, Ausziehen mit Aceton u. Eindampfen; 1,4 g. *Pikrat*, $C_{12}H_9N \cdot C_6H_3N_3O_7$, F. 181,5—183°. L. LAMZA. 3081 □

Aromatische Diazo- und Azoverbindungen. 36. Mitt. **Kupplung mit Carbazol, Diphenylamin und Aceton. Theorie der Triazenbildung und der Benzidin-Umlagerung. Derivate des Carbazols.** 6. Mitt. Z. J. Allan und J. Podstata. (Collect. czechoslov. chem. Commun. **25.** 1324—36. Mai 1960. Pardubice-Rybitví, Forschungsinst. für organ. Synth.) (Dt.) — 35. vgl. C. **1961.** 8613; 5. vgl. C. **1960.** 12673; 37. vgl. C. **1961.** 15001.

Carbazol (I) bzw. 9-Methylcarbazol (II) kuppeln in Dioxan mit 2.4-Dinitrobenzoldiazoniumsulfat (III) zu *3-[2.4-Dinitrobenzolazo]-carbazol* (IV) bzw. *3-[2.4-Dinitrobenzolazo]-9-methylcarbazol* (V). Die Ausbeute der Kupplung nimmt mit steigender Acidität der Lsg. ab. In stärkerer als 70%ig. H_2SO_4 bildet sich kein IV mehr, sondern es entsteht wahrscheinlich *C.C.C-Tris-[2.4-dinitrophenyl]-3.3'-dicarbazolyl*. Zwecks Feststellung des Einfl. der mittleren Carbazolbindung auf die Farbe wurden IV bzw. V mit dem aus III u. Diphenylamin (VI) hergestellten *4-[2.4-Dinitrobenzolazo]-diphenylamin* (VII) verglichen. VII weist gegenüber IV bzw. V in neutraler Lsg. eine starke hypsochrome Verschiebung auf. Bei niedriger Acidität des Kupplungsmediums bildet sich aus III u. VI neben VII auch *1-[2.4-Dinitrophenyl]-3.3-diphenyltriazen* (VIII), das durch erhöhte Acidität nicht in VII umgelagert wird. Wird bei der Kupplung von I mit III das Dioxan durch Aceton ersetzt, so bildet sich vorwiegend *2.4-Dinitrobenzolazoaceton* (IX), das sich unter dem Einfl. des sauren Mediums z. T. zu *1.2-Bis-[2.4-dinitrobenzolazo]-propan* (X) umlagert u. dessen Bldg. durch geeignete Rk.-Bedingungen ganz unterdrückt werden kann. X entsteht auch aus IX durch Erhitzen in saurer Lsg. oder durch Kochen mit 2.4-Dinitrophenylhydrazin (DNP). Aus IX u. Phenylhydrazin bildet sich *1-[2.4-Dinitrobenzolazo]-2-[benzolazo]-propan.* IX kuppelt mit Benzoldiazoniumchlorid in Pyridin zu *1-[2.4-Dinitrobenzolazo]-1-[benzolazo]-aceton* (XIII), das durch Behandlung mit DNP wahrscheinlich in *1.2-Bis-[2.4-dinitrobenzolazo]-1-[benzolazo]-propan* übergeht. Ähnlich wie **III** kuppelt mit Aceton auch 4-Nitrobenzoldiazoniumsulfat (**XII**). Die von der Acidität des Kupplungsmediums abhängige Bldg. von **VIII** aus **III** u. **VI** wird theoret. begründet, u. einige hieraus folgende Schlüsse werden auf den Mechanismus der Benzidinumlagerung übertragen.

Versuche (FF. korr.): *3-[2.4-Dinitrobenzolazo]-carbazol* (**IV**), $C_{18}H_{11}N_5O_4$, F. 281° (Pyridin, Nadeln), aus der Lsg. von **III** in 98%ig. H_2SO_4 u. Naphthalinsulfonsäure-(1) unter Eiskühlung u. Zugabe des feuchten Nd. bei 0° zu einer mit 75%ig. H_2SO_4 angesäuerten Lsg. von 0,84 g **I** in Dioxan, dann 1std. Rühren bei 0—2° u. 2 Std. bei 20°; 1,27 g (Rohausbeute); liefert in Dioxan mit salzsaurer $SnCl_2$ in der Hitze *1.2.4-Triaminobenzol* u. *3-Aminocarbazol*. — *3-[2.4-Dinitrobenzolazo]-9-methylcarbazol* (**V**), $C_{19}H_{13}N_5O_4$, F. 227° (Pyridin, Nadeln), analog **IV** aus 0,9 g **II**; 0,62 g. — *C.C.C-Tris-[2.4-dinitrophenyl]-3.3'-dicarbazolyl* (?), $C_{42}H_{22}N_8O_{12}$, aus **III** in stark saurer Lsg. u. **I** bei 0° in 4 Tagen u. Fällen des in Pyridin gelösten Prod. mit A., schm. nicht <340°, braun, amorph, Reinigung durch Fällen mit A. bei 70° aus Pyridin; 14 g. — *4-[2.4-Dinitrobenzolazo]-diphenylamin* (**VII**), F. 197° (wss. A.), aus **III** durch Verdünnen mit W. oder Zugabe zu Eis, dann 2std. Rühren bei 0° sowie zweimal über Nacht mit **VI**, nach dem Absaugen des Farbstoffes Chromatographie an Al_2O_3. Daneben *1-[2.4-Dinitrophenyl]-3.3-diphenyltriazen* (**VIII**), F. 176° (A.). — *2.4-Dinitrophenylazoaceton* (**IX**), $C_9H_8N_4O_5$, F. 172°, aus **III** u. Aceton in Eis in 4 Std. bei 0—2° u. 20 Std. bei 20° im Dunkeln, Fällen mit W.; sublimiert bei 150°; 80% (roh). — *1.2-Bis-[2.4-dinitrophenylazo]-propan* (**X**), $C_{15}H_{12}N_8O_8$, F. 306° (Zers.), a) neben **IX** durch Kupplung bei Tageslicht, erhöhter Temp. u. Ggw. von Paraldehyd oder Sulfaminsäure u. Verrühren des Prod. mit Aceton; 40%; b) aus **IX** durch ½std. Kochen in A. in Ggw. von HCl; c) durch Kochen mit DNP in Essigsäure. — *1-[2.4-Dinitrobenzolazo]-2-[benzolazo]-propan*, $C_{15}H_{14}N_6O_4$, F. 265° (Zers.), durch 15 Min. langes Kochen von **IX** in A. mit Phenylhydrazin; aus Pyridin rotbraune, bei 240° sublimierende Kristalle. — *1-[2.4-Dinitrobenzolazo]-1-[benzolazo]-aceton* (**XIII**), $C_{15}H_{12}N_6O_5$, F. 217° (A.–Butanol 19:1), aus 2,52 g **IX** in Pyridin in Ggw. von Na_2CO_3 mittels wss. Benzoldiazoniumchlorid-Lsg.; 3,1 g (roh.) — *1.2-Bis-[2.4-dinitrobenzolazo]-1-[benzolazo]-propan* (??), aus **XIII** u. DNP durch 15 Min. langes Kochen in Eisessig; rötlichbraunes feinkristallines Produkt. — *4-Nitrobenzolazoaceton* (**XIV**), F. 215°, aus **XII** u. Aceton analog **IX** u. Chromatographie; 95%. Daneben *1.3-Bis-[4-nitrobenzolazo]-triazen*; 3%. — *1.1-Bis-[4-nitrobenzolazo]-aceton* (**XI**), a) neben **XIV**; b) aus **XIV** u. **XII** analog **XIII**. — *1.2-Bis-[4-nitrobenzolazo]-propan*, $C_{15}H_{14}N_6O_4$, F. 305° (Pyridin), a) aus **XII** u. Aceton analog **IX** bei längerer Rk.-Dauer in stärker saurer Lsg. neben **XIV**, **XI** u. vorvorst. Verb.; b) aus **XIV** durch 10 Min. langes Kochen mit 4-Nitrophenylhydrazin in A. in Ggw. von Eisessig. A. EMR/Prag. 3081

Untersuchungen über Peptidstrukturen mit Hilfe von Phenylisothiocyanat. 2. Mitt. Über die Anwendung der Mikro-Dünnschichtchromatographie auf Phenylthiohydantoine. Emile Cherbuliez, Br. Baehler und J. Rabinowitz. (Helv. chim. Acta **43.** 1871—73. 17/10. 1960.) (Franz.) — 1. vgl. C. **1961. 4308.**

Die Dünnschicht-Mikrochromatographie (SiO_2) von Phenylthiohydantoinen (Laufmittel Heptan:Pyridin:Essigester 5:3:2; Entwickler Stärke–Jodazid) wird beschrieben. Die Meth. ist 10—20 mal empfindlicher als die klass. Papierchromatographie. 0,01 μMol Di- oder Tripeptid (z. B. Glycyl-L-prolin, L-Prolyl-L-leucylglycin) werden nach der EDMAN-Meth. abgebaut. E. SCHRÖDER. 3122□

Synthese von Diaryloxazolen. Duane L. Aldous, J. L. Riebsomer und Raymond N. Castle. (J. org. Chemistry **25.** 1151—54. Juli 1960. Albuquerque, N. Mex., Univ., Dep. of Chem.) (Engl.)

Durch Bromierung von Propiophenon u. Rk. des erhaltenen *2-Brom-1-phenylpropanons-(1)* (**IV**) mit Na-Salzen von Carbonsäuren entstehen *Ester des α-Hydroxypropiophenons*, von denen ein Teil mit NH_4-Acetat in sd. Essigsäure zu den entsprechenden *4-Phenyloxazolen* cyclisiert werden konnte. 2-Methyl-4.5-diphenyloxazol (**I**) kondensiert sich mit Benzaldehyden zu den entsprechenden *Styryloxazolen*. Durch Umsetzung von **I** mit N-Bromsuccinimid erhält man *2-Brommethyl-4.5-diphenyloxazol* (**II**), das mit wss.-alkohol. $AgNO_3$ zu *2-Hydroxymethyl-4.5-diphenyloxazol* hydrolysiert wird. Zur Darst. von *2.4-Diphenyloxazol-5-carbonsäure* (**III**) wurde Äthyl-α-benzoyloxybenzoylacetat zu *2.4-Diphenylimidazol-5-carbonsäureäthylester* cyclisiert u. dieser durch Kochen mit wss. KOH in **III** umgewandelt, die durch ihr *N.N-Dimethylaminopropylamid* charakterisiert wurde. Beim Ringschluß von 2-Benzoyloxy-1-phenylpropanon-(1) (**V**) wurde neben dem Oxazol *2-Benzoylamino-1-phenylpropanon-(1)* isoliert.

Versuche: *2-Brom-1-phenylpropanon-(1)* (**IV**), $Kp._{19}$ 135—144°, aus Propiophenon u. Br_2 mit $AlCl_3$ in Ae.; gelbes Öl; 89% (Ausbeute). — *2-Benzoyloxy-1-phenylpropanon-(1)* (**V**), $C_{16}H_{14}O_3$, F. 109—110° (Essigester), aus Na-Benzoat u. **IV** durch 8std. Kochen in abs. A. + etwas H_2SO_4; 69%. — Analog nachst. α-Benzoyläthylester: *α-Naphthoesäure-*, $C_{20}H_{16}O_3$, F. 104,5—105,5° (Essigester); 83%. — *β-Naphthoesäure-*, F. 105—107° (Essigester); 67%. — *Chinaldinsäure-*, $C_{19}H_{15}NO_3$, F. 121—122° (Essigester); 55%. — *Chinolin-6-carbonsäure-*, F. 120—121° (A.); 62%. — *Isonicotinsäure-*, $C_{15}H_{13}NO_3$, F. 112 bis 113° (A.); 23%. — *Nicotinsäure-*, F. 84,5—85,5° (50% ig. A.); Spuren. — *Picolinsäure-*, F. 93—94° (A.); 39%. — *Pyridin-2.6-dicarbonsäure-bis-*, $C_{25}H_{21}NO_6$, F. 187—189° (Essigester); 5%. — 4.5-Diphenyloxazole: *2-Styryl-*, $C_{23}H_{17}NO$, F. 119—119,5° (A.), aus I u. Benzaldehyd durch 3std. Kochen mit $ZnCl_2$ unter N_2; gelborangefarbenes Pulver; 29%. — *2-[p-Methoxystyryl]-*, $C_{24}H_{19}NO_2$, F. 269—271° (A.), analog vorst. Verb.; Spuren. — *2-[o-Hydroxystyryl]-*, $C_{23}H_{17}NO_2$, F. 216—217° (A.); 62%. — *2-[3.4-Methylendioxystyryl-]*, $C_{24}H_{17}NO_3$, F. 142,5—143° (A.); Spuren. — *2-Brommethyl-* (II), $C_{16}H_{12}$·BrNO, Kp.$_{0,025}$ 170°, F. 104—106°, aus I, N-Bromsuccinimid u. Benzoylperoxyd durch 6std. Kochen in CCl_4. — *2-Hydroxymethyl-*, $C_{16}H_{13}NO_2$, Kp.$_{<0,1}$ 151—156°, aus II in A. u. $AgNO_3$ in W. durch 1std. Kochen; gelbe viscose Flüssigkeit. — *Äthyl-α-brombenzoylacetat*, Kp.$_{0,1}$ 113—133°, analog IV; gelbes Öl; 88%. — *Äthyl-α-benzoyloxybenzoylacetat*, $C_{18}H_{16}O_5$, F. 61—62° (A.), analog V; 75%. — *2.4-Diphenylimidazol-5-carbonsäureäthylester*, $C_{18}H_{16}N_2O_2$, F. 166—167,5° (A.), aus vorst. Verb. nach DAVIDSON, WEISS u. JELLING [1937]. — *2.4-Diphenyloxazol-5-carbonsäure* (III), $C_{16}H_{11}NO_3$, F. 222—223°, durch 1³/₄std. Kochen vorst. Esters mit wss. KOH; 100%. *N.N-Dimethylaminopropylamid*, $C_{21}H_{23}N_3O_2$, F. 161,5—163° (Essigester), aus dem K-Salz von III in Bzl. durch Zufügen von Oxalylchlorid unter Eiskühlung, ½ std. Rühren unter Kühlung u. 3 Std. bei Zimmer-Temp., Zugabe von Dimethylaminopropylamin in Bzl. unter Rühren. Aufkochen, Zugabe von 5% ig. HCl, Aufnehmen des Nd. in 5% ig. HCl u. Fällen mit NH_4OH. — 4-Phenyl-5-methyloxazole: *2-Phenyl-*, $C_{16}H_{13}NO$, F. 74—75°, durch 1std. Kochen von V mit NH_4-Acetat in Eisessig. Daneben *1-Phenyl-2-benzoylaminopropanon-(1)*, $C_{16}H_{15}NO_2$, F. 108—109,5° (Cyclohexanon); *Semicarbazon*, $C_{17}H_{18}N_4O_2$, F. 202—203°. — *2-[α-Naphthyl]-*, $C_{20}H_{15}NO$, F. 77,5—78,5° (A.), analog vorst. Verb.; 53%. — *2-[β-Naphthyl]-*, F. 98,5—100° (A.); 77%. — *2-[Chinolyl-(2)]-*, $C_{19}H_{14}N_2O$, F. 163—163,5° (A.); 18%. — *2-[Chinolyl-(6)]-*, F. 150—151° (A.); 49%. Daneben *1-Phenyl-2-[chinolyl-(6)-carbonylamino]-propanon-(1)*, $C_{19}H_{16}N_2O_2$, F. 195—197° (A.); *Semicarbazon*, $C_{20}H_{19}N_5O_2$, F. 209 bis 211°. — *N.N'-Bis-[α-benzoyläthyl]-pyridin-2.6-dicarbonsäurediamid*, $C_{25}H_{23}N_3O_4$, F. 211—213°. M. WOLFF. 3132□

Heterocyclische Spirane. Oxazolidine aus [1-Aminocyclohexyl]-methanol. Wayland E. Noland und Roy A. Johnson. (J. org. Chemistry **25.** 1155—59. Juli 1960. Minneapolis, Minn., Univ., School of Chem.) (Engl.)

[1-Aminocyclohexyl]-methanol (I) kondensiert sich mit CH_2O unter azeotroper Entfernung des gebildeten W. zu *1-Aza-3-oxaspiro-[4.5]-decan*, dessen Struktur aus der Analogie zu dem Rk.-Prod. von 3-Amino-2-methylbutanol-(2) mit CH_2O (vgl. BERGMANN u. Mitarbeiter, C. **1953.** 192) sowie aus dem IR-Spektrum seines *N-Benzoyl-Deriv.* folgt. Benzaldehyd liefert mit I ein Gemisch der SCHIFF*schen Base* mit *1-Aza-2-phenyl-3-oxaspiro-[4.5]-decan*, während mit p-Nitrobenzaldehyd nur *1-Aza-2-[4-nitrophenyl]-3-oxaspiro-[4.5]-decan* entsteht. Im Gegensatz dazu reagiert Zimtaldehyd mit I nur zur SCHIFF*schen Base*. Aus I u. Phthalaldehydsäure bildet sich ebenfalls das *Azomethin*, das als Zwitterion formuliert wird. Cyclohexanon liefert mit I *7-Oxa-15-azadispiro-[5.2.5.1]-pentadecan*, während Aceton, Acetophenon u. Diäthylketon mit I nicht reagierten. Die Strukturzuordnung — Spirooxazolidin oder SCHIFFsche Base — erfolgte jeweils auf Grund der IR-Spektren der Verbb. u. ihrer Derivate.

Versuche: *1-Aza-3-oxaspiro-[4.5]-decan*, durch 9std. Kochen von I, 37% ig. Formalin u. Bzl., weiteres 6std. Kochen am Wasserabscheider u. Abdest. des Bzl. u. der flüchtigen Bestandteile (Kp.$_5$ 75—82°); hellgelbes Öl; 50% (Ausbeute). *N-Benzoyl-Deriv.*, $C_{15}H_{19}NO_2$, F. 127—129° (A./W.), nach SCHOTTEN-BAUMANN; 88%. — Gemisch von *[1-Benzalaminocyclohexyl]-methanol* u. *1-Aza-2-phenyl-3-oxaspiro-[4.5]-decan*, $C_{14}H_{19}NO$, Kp.$_2$ 128—129°, n_D^{25} 1,5415, durch 5std. Kochen von I u. Benzaldehyd in Bzl. am Wasserabscheider; 74%; enthält noch Benzaldehyd, da sich infolge Luftoxydation II bildet. — *1-Benzoylaza-2-phenyl-3-oxaspiro-[4.5]-decan*, $C_{21}H_{23}NO_2$, F. 134—136,5° (Plättchen aus A./W.), nach SCHOTTEN-BAUMANN aus vorst. Gemisch; 37%. — *1-[Phenylcarbamoylaza]-2-phenyl-3-oxaspiro-[4.5]-decan*, $C_{21}H_{24}N_2O_2$, F. 124—127° (PAe.). — *1-Aza-2-[4-nitrophenyl]-3-oxaspiro-[4.5]-decan*, $C_{14}H_{18}N_2O_3$, F. 77—78° (Flocken aus A./W.), durch 2½std. Kochen von I u. p-Nitrobenzaldehyd in Bzl.; 66%. *N-Benzoyl-Deriv.*, $C_{21}H_{22}N_2O_4$, F. 163—165° (Plättchen aus A./W.); 23%. — *Zwitterionenform von 1-[(2-Carboxybenzal)-aminocyclohexyl]-methanol*, $C_{15}H_{19}NO_3$, F. 133—136° u. 147—150° (dimorph; aus Chlf./PAe.), durch 7½std. Kochen von I u. Phthalaldehydsäure in Bzl.; 93%. — *2.3-Dihydrooxazolo-[2.3:a]-isoindolon-(5)-[3-spiro-1']-cyclohexan*, $C_{15}H_{17}NO_2$, F. 80,5—82° u. 98—100° (A./W.), durch 45 Min. Erwärmen von Benzoylchlorid mit vorst. Verb. in Pyridin u. Gießen in Eiswasser; 74%; die niedriger schm. Form konnte durch Erhitzen auf 56° im Vakuum in die höher schm. umgewandelt werden. — *[1-Cinnamalaminocyclohexyl]-methanol*, $C_{16}H_{21}NO$, F. 96—98° (Bzl./PAe.), durch 2½ std. Kochen von **I** u. Zimtaldehyd in Bzl., Stehen über Nacht, Eindampfen u. Aufnehmen in Bzl.; 18%; gibt mit Benzoylchlorid kein krist. Produkt. — *7-Oxa-15-azadispiro-[5.2.5.1]-pentadecan*, $C_{13}H_{23}NO$, Kp.$_2$ 97—99°, durch 9 std. Kochen von **I** u. Cyclohexanon in Bzl.; $n_D^{27,4}$ 1,4915, n_D^{32} 1,4893, $D._4^{32}$ 1,0002; 89%. *Hydrochlorid*, F. 204—207° (Sublimation), durch Einleiten von HCl-Gas in eine Lsg. der Base in trockenem Ae.; feine Plättchen; 80%. *N-Acetyl-Deriv.*, $C_{15}H_{25}NO_2$, F. 122—124° (Aceton/W.); 42%. *N-[p-Nitrobenzoyl]-Deriv.*, $C_{20}H_{26}N_2O_4$, F. 175—178° (A./W. u. Aceton/W.). — *[1-Benzamidocyclohexyl]-methanol*, $C_{14}H_{19}NO_2$, F. 118—122° (Methylenchlorid/PAe.), nach SCHOTTEN-BAUMANN aus **I**; 70%. — *[1-p-Nitrobenzamidocyclohexyl]-methyl-p-nitrobenzoat*, $C_{21}H_{21}N_3O_7$, F. 193—195,5° (A./Aceton). — *1-[Hydroxymethyl]-cyclohexylammoniumbenzoat* (**II**), $C_{14}H_{21}NO_3$, F. 159—160° (Methylenchlorid), Nadeln. — *Bis-[1-(hydroxymethyl)-cyclohexylammonium]-carbonat*, $C_{15}H_{32}N_2O_5$, F. 90—96°, durch Einleiten von CO_2 in eine Lsg. von **I** in W. während 30 Min.; 40%. In Bzl. bildet sich ein Gemisch des *Carbamids* u. *Carbamats*, $RNHCONHR \cdot RNHCOO-H_3\overset{+}{N}R$ (R = $C_7H_{13}O$), $C_{30}H_{58}N_4O_7$, F. ca. 67—69°. M. WOLFF. 3132□

Thiazolcarbocyanine mit Arylresten im Thiazolkern. 7. Mitt. **Einfluß polarer Gruppen in Thiazolcarbocyaninen auf ihre Färbung.** Je. D. Ssytsch. (Украинский Химический Журнал [Ukrain. chem. J.] **25.** 767—73. 1959. Inst. für org. Chem. der Akad. der Wiss. der UkrainSSR.) (Russ.) — 6. vgl. C. **1961.** 4697.

Es werden *5-[p-Hydroxyphenyl]-* (**I**), *5-[p-Aminophenyl]-* (**II**) u. *5-[p-Acetamidophenyl]-2-methylthiazol* (**III**) sowie *5-[p-Dimethylaminophenyl]-2-methylthiazolmethoperchlorat* (**IV**) u. *5-[p-Diäthylaminophenyl]-2-methylthiazoläthoperchlorat* dargestellt. Aus **III**-Äthojodid, **IV** u. **I**-Ätho-p-toluolsulfonat werden mit Orthoameisenester (**V**) die entsprechenden *Trimethincyanine* erhalten. Es werden die Absorptionsmaxima der Cyanine in alkohol. Lsg. bestimmt u. mit denen analoger Verbb. verglichen. Die Nitrogruppe in den Bis-[5-nitrophenylthiazolyl]-carbocyaninen hat eine ungewöhnlich starke bathochrome Wrkg.; sie ist größer als die der Dimethylamino- oder phenol. Hydroxygruppe in alkal. Lösung. Für diesen Befund wird ein Vers. zur theoret. Deutung unternommen.

Versuche: *2-Methyl-5-phenylthiazol*, F. 84° (Ligroin), man erhitzt 10 g ω-Acetamidoacetophenon u. 8 g P_2S_5 auf dem Wasserbad bis zur beginnenden Rk. u. rührt kräftig; 80% (Ausbeute). — *2-Methyl-5-[p-aminophenyl]-thiazol* (**II**), $C_{10}H_{10}N_2S$, F. 160° (Bzl.), man erhitzt 18 g 2-Methyl-5-[p-nitrophenyl]-thiazol, 60 ml W., 7,2 g Ammoniumchlorid u. 72 g Fe-Späne ½ Std. unter Rühren u. allmählicher Zugabe von 50 ml A.; dicke Prismen; ca. 14 g. — *2-Methyl-5-[p-acetamidophenyl]-thiazol* (**III**), $C_{12}H_{12}N_2OS$, F. 186° (A.), man erhitzt 4 g **II** in Pyridin mit 4 ml Acetanhydrid ½ Std.; Prismen; fast 100%. — *2-Methyl-5-[p-hydroxyphenyl]-thiazol* (**I**), $C_{10}H_9NOS$, F. 225—226° (Methanol), man kocht 1 g 2-Methyl-5-[p-methoxyphenyl]-thiazol u. 4 g Pyridinhydrochlorid ½ Std.; Platten; 0,85 g. — *2-Methyl-5-[p-dimethylaminophenyl]-thiazolmethoperchlorat* (**IV**), $C_{13}H_{17} \cdot ClN_2O_4S$, F. 199° (A.), man erhitzt 1 g **II** u. 2 g Dimethylsulfat 5 Std. auf 110—120°; 1 g. — *2-Methyl-5-[p-diäthylaminophenyl]-thiazoläthoperchlorat*, $C_{16}H_{23}ClN_2O_4S$, F. 175—176° (A.), analog mit Diäthylsulfat; hellgelbe Prismen. — *Bis-[3-äthyl-5-(p-acetamidophenyl)-thiazol-(2)]-trimethincyaninjodid*, F. 265°, man erhitzt 0,5 g **III**-Äthojodid, 0,6 ml **V** u. 0,7 ml Pyridin ½ Std. im Rohr auf 140°, dann kurz auf 180°; λ_{max} 608 mμ; 60 mg. — *Bis-[3-methyl-5-(p-dimethylaminophenyl)-thiazol-(2)]-trimethincyaninperchlorat*, $C_{27}H_{31} \cdot ClN_4O_4S_2 \cdot 1{,}5\,H_2O$, F. 213° (A.), man erhitzt 0,15 g **IV**, 0,2 g **V** u. 0,5 ml Pyridin im Rohr 1 Std. auf 160°; dunkelgrüne Kristalle; λ_{max} 625 mμ. — *Bis-[3-äthyl-5-(p-hydroxyphenyl)-thiazol-(2)]-trimethincyaninperchlorat*, $C_{25}H_{25}ClN_2O_6S_2$, F. 266°, man erhitzt 0,4 g **I**-Ätho-p-toluolsulfonat, 0,5 g **V** u. 1 ml Pyridin 1 Std. im Rohr auf 140—145°; dunkelgrünes, amorphes Pulver; λ_{max} 600 mμ. HELMUT SCHÄFER. 3142□

Über das 2.2'-Azo-1.3.4-thiodiazolthion-(5) und verwandte Verbindungen. 1. Mitt. **Darstellung und Strukturermittlung.** Norbert Petri und Oskar Glemser. (Chem. Ber. **94.** 553—66. 21/3. 1961. Göttingen, Univ., Anorgan. Inst.) (Dt.)

Die Rk. von Hythizin, dem Hydrazoniumsalz der Hadrazindithiocarbonsäure, mit $SOCl_2$ oder SO_2Cl_2 liefert ein Gemisch zahlreicher, z. T. farbiger Prodd., aus dem verteilungschromatograph. mit maximal 0,2% Ausbeute dunkelrotes *2.2'-Azo-1.3.4-thiodiazolthion-(5)* (**I**) isoliert werden konnte, dessen Struktur durch Rkk., Spektren u. Synthesen aufgeklärt wurde. **I** ist mit Alkali aus organ. Lsgm. ausschüttelbar, mit Dimethylsulfat (**IIa**) bzw. Benzylchlorid (**IIb**) zu *5.5'-Bis-[methylmercapto]-* (**III**) bzw. *5.5'-Bis-[benzylmercapto]-2.2'-azo-1.3.4-thiodiazol* (**IV**) alkylierbar, bildet Metallsalze (mit Ag, Pb, Co, Cu, Na) u. wird durch $KMnO_4$ in das Dikaliumsalz der *5-Hydroxy-*

2.2'-azo-1.3.4-thiodiazolsulfonsäure-(5') übergeführt. Das IR-Spektrum von **IV** ähnelt stark dem von *5.5'-Diphenyl-2.2'-azo-1.3.4-thiodiazol.* Mit H_2O_2 ergibt **I** *2.2'-Azo-1.3.4-thiodiazolon-(5)* (**V**), durch Hydrierung mit H_2S in Dioxan/W. *5-Thiono-1.3.4-thiodiazolidon-(2)-azin* (**VI**). Gleiche Behandlung von **IV** liefert *5-Benzylmercapto-1.3.4-thiodiazolidon-(2)-azin,* das mit Acetanhydrid (**IIc**) ein *Diacetat* (**VII**), mit **IIa** ein *Dimethyl-Deriv.* bildet. Dagegen entsteht aus **IV** mit Zn in sd. **IIc** ein **VII**-Isomeres, *N.N'-Diacetyl-N.N'-bis-[5-benzylmercapto-1.3.4-thiodiazolyl-(2)]-hydrazin.* Das aus **I** u. Cl_2 gebildete *5.5'-Dichlor-2.2'-azo-1.3.4-thiodiazol* (**VIII**) wurde ähnlichen Rkk. unterworfen. Die Synth. von **I** gelang auf 3 Wegen: Substitution der Cl- in **VIII** durch SH-Gruppen, Debenzylierung des aus 2-Amino-5-benzylmercapto-1.3.4-thiodiazol (**IX**) u. $KMnO_4$ oder Chlorkalk (**X**) synthetisierten **IV** mit Na in fl. NH_3 u. Oxydation von 2-Amino-1.3.4-thiodiazolthion-(5) mit **X**. Aus **V** entsteht mit **IIb** *4.4'-Dibenzyl-,* mit **IIc** *4.4'-Diacetyl-2.2'-azo-1.3.4-thiodiazolon-(5),* durch Hydrierung u. Acetylierung *3.4-Diacetyl-5-oxo-1.3.4-thiodiazolidon-(2)-azin,* das dem Tetraacetyl-Deriv. von **VI** entspricht.

Versuche: *Hythizin,* F. 124° (W.), nach LOSANITCH [1922] durch Vermischen von 80%ig. Hydrazinhydrat u. CS_2 unter Kühlung; 92%. — *Sog. „Rohprod.",* durch Zutropfen von $SOCl_2$ zu vorst. Verb. in sd. CCl_4 unter Rühren, weiteres 3std. Kochen u. Abfiltrieren. — *2.2'-Azo-1.3.4-thiodiazolthion-(5)* (**I**), $C_4H_2N_6S_4$, Zers. bei 238° (Nädelchen aus Dioxan), a) durch Chromatographie des in konz. NH_4OH/Butanol gelösten vorst. Prod. an Cellulose (s. Original); b) durch 5 Min. langes Schütteln von **IV** mit Na in NH_3 bei —60°, nach Erwärmen Versetzen mit W., Ansäuern, Aufnehmen in Butanol u. analog a); 68,6% (Ausbeute); c) durch 10 Min. Erhitzen von **VIII** mit 1n Na_2S, Ansäuern, Aufnehmen in Butanol u. analog a); 74,5%. *Silbersalz,* $C_4Ag_2N_6S_4$, schwarz. *Bleisalz,* $C_4N_6 \cdot PbS_4$, schwarz. *Natriumsalz,* $C_4N_6Na_2S_4$, durch Versetzen der Dioxan-Lsg. mit Na-Äthylat in A.; tiefviolett. — *5.5'-Bis-[methylmercapto]-2.2'-azo-1.3.4-thiodiazol* (**III**), $C_6H_6N_6S_4$, Zers. bei 235—239°, durch 10 Min. Rühren von **I** u. **IIa** in 10%ig. NaOH; aus Eisessig rotbraune Blättchen; 63%. *Perchlorat,* $C_6H_6N_6S_4 \cdot 2\ HClO_4$, in Eisessig; 87%. — *5.5'-Bis-[benzylmercapto]-2.2'-azo-1.3.4-thiodiazol* (**IV**), $C_{18}H_{14}N_6S_4$, F. 194,5—195°, a) durch 10 Min. langes Kochen der wss.-methanol. Lsg. von **I**, **IIb** u. Na; 80%; b) durch Schütteln von **IX** in CH_3OH mit **X** oder $KMnO_4$-Lsg.; 27%; aus Methyläthylketon (MÄK) rotbraune Blättchen oder Nädelchen. — *5-Hydroxy-2.2'-azo-1.3.4-thiodiazolsulfonsäure-(5'), Dikaliumsalz,* $C_4K_2N_6O_4S_3$, durch Zusatz von wss. $KMnO_4$-Lsg. zur wss.-alkal. Lsg. von **I**; rotbraun; 35,4%. — *2.2'-Azo-1.3.4-thiodiazolon-(5)* (**V**), $C_4H_2N_6O_2S_2$, Zers. bei 314,5—316°, durch Zusatz von 3%ig. H_2O_2 zur wss. alkal. **I**-Lsg.; aus Dimethylformamid (DMF) dunkelgelbe Nädelchen oder Blättchen; 35,3%. *4.4'-Dibenzyl-Deriv.,* $C_{18}H_{14}N_6O_2S_2$, F. 238 bis 239°, durch 25 Min. langes Kochen mit Na u. **IIb** in wss. Methanol; orangegelbe, mikrokrist. Nädelchen aus Eisessig; 77,6%. *4.4'-Diacetyl-Deriv.,* $C_8H_6N_6O_4S_2$, Zers. bei 247—248° (aus **IIc**); 83,4%. — *5-Thiono-1.3.4-thiodiazolidon-(2)-azin* (**VI**), $C_4H_4N_6S_4$, durch H_2S-Einleitung in die sd. Lsg. von **I** in W./Dioxan, Umkristallisieren aus H_2S-haltigem wss. Methanol u. Trocknen im Hochvakuum; 96%. An der Luft schnell Rosafärbung durch Oxydation. *3.4-Diacetyl-Deriv.,* $C_{12}H_{12}N_6O_4S_4$, Zers. bei 184—195° (aus **IIc**), mit **IIc** u. Pyridin; 89%. — *5-Benzylmercapto-1.3.4-thiodiazolidon-(2)-azin,* $C_{18}H_{16}N_6S_4$, Zers. bei 173—177°, durch H_2S-Einleiten in die heiße Lsg. von **IV** in wss. Dioxan; aus Bzl. blaßgelbe Nädelchen; 100%. *3-Acetyl-Deriv.* (**VII**), $C_{22}H_{20}N_6O_2S_4$, F. 176—181° (Zers.), Nädelchen aus **IIc**; 76%. *3-Methyl-Deriv.,* $C_{20}H_{20}N_6S_4$, F. 188—189°, durch 3std. Kochen mit K_2CO_3 u. **IIa** in mit H_2S gesätt. Aceton; gelbe Nadeln aus MÄK. — *N.N'-Diacetyl-N.N'-bis-[5-benzylmercapto-1.3.4-thiodiazolyl-(2)]-hydrazin,* $C_{22}H_{20}N_6O_2S_4$, F. 154,5—155,5°, aus **IV** u. Zn in sd. **IIc**; Blättchen aus Eisessig; 97,1%. — *5.5'-Dichlor-2.2'-azo-1.3.4-thiodiazol* (**VIII**), $C_4Cl_2N_6S_2$, Zers. bei 274—275°, a) durch Einleiten von Cl_2 in die **I**-Lsg. in wss. Dioxan u. Wasserzusatz; 40,6%; b) durch Schütteln von 5-Chlor-2-amino-1.3.4-thiodiazolhydrochlorid mit kalter konz. **X**-Lsg. (nach STOLLÉ u. FEHRENBACH [1929]) bzw. heißer $KMnO_4$-Lsg.; 23,1% bzw. 39,2%; rotbraune Nadeln aus Eisessig. — *3-Methyl-5-methylmercapto-1.3.4-thiodiazolidon-(2)-azin,* $C_8H_{12}N_6S_4$, F. 165—166°, durch Einleiten von H_2S in die heiße Lsg. von **III** in wss. Dioxan, Eindampfen u. 3std. Kochen mit K_2CO_3 u. **IIa** in mit H_2S gesätt. Aceton; Blättchen aus MÄK; 87,2%. — *3-Methyl-5-chlor-1.3.4-thiodiazolidon-(2)-azin,* $C_6H_6Cl_2N_6S_2$, F. 214—215°, analog vorst. Verb. aus **VIII**; hellgelbe Nädelchen aus Methanol; 91%. — *3-Acetyl-5-methylmercapto-1.3.4-thiodiazolidon-(2)-azin,* $C_{10}H_{12}N_6O_2S_4$, Zers. bei 207—217°, durch H_2S-Hydrierung von **III**, Eindampfen u. Lösen in sd. **IIc**; Nadeln aus MÄK oder **IIc**; 83,2%. — *3-Acetyl-5-chlor-1.3.4-thiodiazolidon-(2)-azin,* $C_8H_6Cl_2N_6O_2S_2$, Zers. bei 239—243°, analog vorst. Verb. aus **VIII**; Nadeln aus **IIc**; 84%. — *N.N'-Diacetyl-N.N'-bis-[5-chlor-1.3.4-thiodiazolyl-(2)]-hydrazin,* $C_8H_6Cl_2N_6O_2S_2$, F. 217—218°, aus **VIII** u. Zn in sd. **IIc**; Nadeln aus A.; 76%. — *3.4-Diacetyl-5-oxo-1.3.4-thiodiazolidon-(2)-azin,* $C_{12}H_{12}N_6O_6S_2$, Zers. bei 218—230° (**IIc**), durch H_2S-Einleitung in die sd. Lsg. von **V** in wss. DMF, Eindampfen u. Aufkochen mit

IIc u. Pyridin; 94%. — *5.5'-Diphenyl-2.2'-azo-1.3.4-thiodiazol*, $C_{16}H_{10}N_6S_2$, F. 321,5 bis 322° (Zers.; Nitrobenzol), durch Schütteln von 2-Amino-5-phenyl-1.3.4-thiodiazol in A. mit X-Lsg.; orangerot; 39,8%. Heinz Nestler. 3173□

Über das 2.2'-Azo-1.3.4-thiodiazolthion-(5) und verwandte Verbindungen. 2. Mitt. Zu den Spektren im sichtbaren und Ultraviolett-Gebiet. Norbert Petri und Oskar Glemser. (Chem. Ber. **94.** 566—78. 21/3. 1961.) (Dt.) — 1. vgl. vorst. Referat.

Die Absorptionsspektren der im vorst. Ref. dargestellten Verbb. u. die folgender verwandter Verbb. werden beschrieben: *5-Methylmercapto-*, *5-Benzylmercapto-*, *5-Amino-* u. *3-Methyl-5-methylmercapto-1.3.4-thiodiazolthion-(2)*, *2.5-Bis-[benzylmercapto]-1.3.4-thiodiazol*, *Bis-[5-benzylmercapto-1.3.4-thiodiazolyl-(2)]-disulfid*, *2-Amino-* u. *2-Acetylamino-5-benzylmercapto-1.3.4-thiodiazol*. Der in alkal. Medium mit einer stark bathochromen Verschiebung verbundene Übergang der Azo- in die Azinstruktur wird für einige dieser Verbb. spektroskop. verfolgt. Heinz Nestler. 3173□

Kondensation von β.β-Dichloracrolein mit Carbonylverbindungen und Umwandlung der Kondensationsprodukte in α-Pyronderivate. L. I. Sacharkin und L. P. Ssorokina. (Известия Академии Наук СССР, Отделение Химических Наук [Nachr. Akad. Wiss. UdSSR, Abt. chem. Wiss.] **1958.** 1445—51. Dez. Inst. für metallorgan. Verbb. der Akad. der Wiss. der UdSSR.) (Russ.)

Die Kondens. von β.β-Dichloracrolein (I) mit Carbonyl-Verbb., wie Acetophenon, p-Chlor- u. p-Hydroxyacetophenon sowie Propiophenon in Ggw. von gasförmigem HCl führt zu den entsprechenden *ungesätt. Ketonen*, die in Ggw. von H_3PO_4 bzw. H_2SO_4 beim Erhitzen in Eisessig unter Ringschluß in die entsprechenden substituierten *α-Pyrone* übergehen. Das fl. Rk.-Prod. aus I u. n-Butyrophenon, *1.1-Dichlor-4-äthyl-5-phenylpentadien-(1.3)-on-(5)*, läßt sich nicht zum entsprechenden α-Pyron umwandeln. Beim Kochen in Eisessig liefert es ein krist. Isomeres (cis–trans Isomerie?) u. beim Erhitzen in konz. H_2SO_4 *4-Benzoylhexen-(3)-säure*. Bei der Kondens. von Acetessigester mit I entsteht *1.1-Dichlor-4-carbäthoxyhexadien-(1.3)-on-(5)*, welches beim Stehen *6-Methylcumalinsäure* u. beim Kochen in Eisessig in Ggw. von HCl deren Äthylester bildet. Die Kondens. von I mit Methyläthylketon gelingt nur in unbefriedigender Ausbeute u. mit Aceton gar nicht. — Der Rk.-Mechanismus wird diskutiert.

Versuche: *1.1-Dichlor-5-phenylpentadien-(1.3)-on-(5)*, $C_{11}H_8Cl_2O$, F. 76—77° (A.), man leitet in der Kälte HCl bis zur Sättigung in das Gemisch aus 10 g I u. 11,5 g Acetophenon u. läßt über Nacht stehen; 76% (Ausbeute). *2.4-Dinitrophenylhydrazon*, $C_{17}H_{12}$·$Cl_2N_4O_4$, F. 215—215,5° (Essigsäure), *Dibromid*, $C_{11}H_8Br_2Cl_2O$. — *6-Phenylpyron-(2)*, $C_{11}H_8O_2$, F. 67° (PAe.), man kocht 4 g vorst. Verb. 5 Std. in 15 ml Eisessig u. 1 ml 94%ig. H_2SO_4, gießt in W. u. extrahiert mit Chlf.; 57%; bei Verw. von H_3PO_4 statt H_2SO_4 70%. — *1.1-Dichlor-5-(p-chlorphenyl)-pentadien-(1.3)-on-(5)*, $C_{11}H_7Cl_3O$, F. 122° (A.), analog aus p-Chloracetophenon u. I; 75%. — *6-(p-Chlorphenyl)-pyron-(2)*, $C_{11}H_7ClO_2$, F. 93—94° (PAe.), aus 4 g vorst. Verb. in Ggw. von 1 ml 88%ig. H_3PO_4 durch 16std. Kochen in 15 ml Eisessig; 100%. — *1.1-Dichlor-5-(p-hydroxyphenyl)-pentadien-(1.3)-on-(5)*, $C_{11}H_8$·Cl_2O_2, F. 156—157° (A.), man leitet bei 0° 1 Std. lang HCl in die Lsg. von 6 g p-Hydroxyacetophenon u. 5,3 g I in 35 ml Eisessig, läßt 1 Tag stehen, filtriert u. gießt in W.; 80%. — *6-(p-Hydroxyphenyl)-pyron-(2)*, $C_{11}H_8O_3$, F. 222—223° (W.), aus 3,6 g vorst. Verb. durch 20std. Erhitzen; 3,1 g. — *1.1-Dichlor-4-methyl-5-phenylpentadien-(1.3)-on-(5)*, $C_{12}H_{10}Cl_2O$, F. 82—83° (A.), aus 16,5 g Propiophenon u. 13,8 g I bei 0° durch 80 Min. langes Einleiten von HCl; 77%. — *5-Methyl-6-phenylpyron-(2)*, $C_{12}H_{10}O_2$, Kp.$_2$ 135—136°, F. 98—99° (A.), man kocht 4 g vorst. Verb. in Ggw. von 1,5 ml 94%ig. H_2SO_4 24 Std. lang in 15 ml Eisessig, gießt in W. u. extrahiert mit Chlf.; 2,4 g. — *1.1-Dichlor-4-äthyl-5-phenylpentadien-(1.3)-on-(5)*, $C_{13}H_{12}Cl_2O$, Kp.$_2$ 144—145°, man leitet 1½ Std. lang HCl in das Gemisch aus 14,1 g n-Butyrophenon u. 10 g I, läßt 48 Std. lang stehen, gießt in W. u. extrahiert mit Chlf.; $D._4^{20}$ 1,2088; n_D^{20} 1,5959; 78%. *2.4-Dinitrophenylhydrazon*, $C_{19}H_{16}Cl_2N_4O_4$, F. 146—148° (A.). *Isomeres 1.1-Dichlor-4-äthyl-5-phenylpentadien-(1.3)-on-(5)*, $C_{13}H_{12}Cl_2O$, F. 68—69° (A.), man kocht 4 g des Isomeren vom Kp.$_2$ 144—145° in Ggw. von 2 ml 94%ig. H_2SO_4 28 Std. in 15 ml Eisessig; 2,9 g. *2.4-Dinitrophenylhydrazon*, $C_{19}H_{16}Cl_2N_4O_4$, F. 177—177,5° (Essigsäure). — *4-Benzoylhexen-(3)-säure*, $C_{13}H_{14}O_3$, Kp.$_2$ 190—191°, man erhitzt 10 g vorst. Verb. 12 Std. lang in 10 ml 94%ig. H_2SO_4 auf 110 bis 120°, gießt in W. u. extrahiert mit Chloroform. *2.4-Dinitrophenylhydrazid*, F. 142,5 bis 143,5° (Essigsäure). — *1.1-Dichlor-4-methylhexadien-(1.3)-on-(5)*, $C_7H_8Cl_2O$, Kp.$_3$ 77 bis 78°, F. 24,5—25,5° (PAe.), man leitet bei 0° 20 Min. lang HCl in das Gemisch aus 7,1 g Methyläthylketon u. 10 g I u. läßt über Nacht stehen; 30%. — *1.1-Dichlor-4-carbäthoxyhexadien-(1.3)-on-(5)*, $C_9H_{10}Cl_2O_3$, man leitet 1½ Std. lang HCl in das Gemisch aus 9,4 g Acetessigester u. 10 g I; $D._4^{20}$ 1,2520; n_D^{20} 1,5381; 87%. *2.4-Dinitrophenylhydrazon*, $C_{15}H_{14}Cl_2N_4O_6$, F. 153—154° (Essigsäure). — *6-Methylcumalinsäure*, $C_7H_6O_4$, F. 182,5°

(Bzl.), durch 3 Wochen langes Stehen vorst. Verbindung. *Äthylester*, $C_9H_{10}O_4$, Kp.$_2$ 114 bis 115°, man kocht 22 g vorst. Verb. in Ggw. von 1,5 ml konz. HCl 7 Std. in 50 ml Eisessig; $D._4^{20}$ 1,1973; n_D^{20} 1,5197; 25%. *Methylester*, F. 84° (PAe.), aus der Carbonsäure mit Diazomethan. — *β.β-Dichloracrolein* (I), *Dimedon-Deriv.*, $C_{19}H_{24}Cl_2O_4$, F. 158—159° (wss. A.), aus 0,9 g I u. 2 g Dimedon durch 1std. Erhitzen in 100 ml 50%ig. A. auf 70 bis 80°; 60%. *Dihydroresorcin-Deriv.*, $C_{15}H_{16}Cl_2O_4$, F. 203,5—204° (wss. A.).

H. KÜHNE. 3211□

Synthetische Versuche in der Benzopyronreihe. 66. Mitt. Relative Stabilität der isomeren 6-Methyl- und 8-Methyltrihydroxyflavone. V. V. S. Murti, T. R. Seshadri, V. Sundaresan und B. Venkataramani. (Proc. Indian Acad. Sci., Sect. A **46**. 265—71. Okt. 1957. Delhi, Univ., Dep. of Chem.) (Engl.) — 65. vgl. C. **1959**. 6468; 67. vgl. C. **1960**. 3870.

Durch Rk. von 8-Methylchrysin (**VI**) mit Hexamethylentetramin (**VII**) u. DAKIN-Oxydation des erhaltenen *5.7-Dihydroxy-6-formyl-8-methylflavons* wird *5.6.7-Trihydroxy-8-methylflavon* (**I**; *8-Methylbaicalein*) dargestellt, das mit Dimethylsulfat (**VIII**) u. K_2CO_3 in Aceton zu *5-Hydroxy-6.7-dimethoxy-8-methylflavon* (**II**) u. *5.6.7-Trimethoxy-8-methylflavon* (**III**) methyliert wird. **III** wird auch durch Kernoxydation von 3-Methylphloracetophenondimethyläther (**IX**) zu *2.5-Dihydroxy-4.6-dimethoxy-3-methylacetophenon*, Benzoylieren, Umlagerung des *Dibenzoyl-Deriv.* mit KOH/Pyridin zu *2-Hydroxy-3-methyl-4.6-dimethoxy-5-benzoyloxy-ω-benzoylacetophenon*, Cyclisieren des Diketons u. Methylieren des erhaltenen *5.7-Dimethoxy-6-hydroxy-8-methylflavons* (**IV**) dargestellt. **I** wird durch HJ in sd. Acetanhydrid nicht isomerisiert; bei gleicher Behandlung von **II** u. **III** wird nur **I** gebildet, während das durch Methylierung von Norwogonin (**X**) erhaltene *5-Hydroxy-7.8-dimethoxy-6-methylflavon* (**V**) mit HJ/Acetanhydrid zu **I** entmethyliert u. isomerisiert wird. Entmethylierung von **V** mit $AlCl_3$/Bzl. liefert ohne Umlagerung *6-Methylnorwogonin*.

Versuche: Flavone: *5.7-Dihydroxy-6-formyl-8-methyl-*, $C_{17}H_{12}O_5$, F. 255—256°, aus 1,2 g **VI** u. **VII** in Eisessig durch 6std. Erhitzen auf 100°, Zugeben von konz. HCl, weiteres 20 Min. langes Erhitzen auf 100°, Verdünnen mit W. u. mehrstd. Stehen im Kühlschrank; aus Bzl. oder Eisessig blaßgelbe Nadeln; 0,7 g (Ausbeute); $FeCl_3$-Rk. rotbraun. *Tetraacetyl-Deriv.*, $C_{25}H_{22}O_{10}$, F. 236—237° (Zers.); aus Aceton Platten. *2.4-Dinitrophenylhydrazon*, F. 330° (Zers.); orangerote Nadeln. — *5.6.7-Trihydroxy-8-methyl-* (I), $C_{16}H_{12}O_5$, F. 286—288° (Zers.), a) durch 10 Min. langes Zutropfen von 6%ig. H_2O_2 zu 1 g vorst. Verb. in Pyridin u. 10%ig. Tetramethylammoniumhydroxyd unter N_2 bei 0°, Erhitzen auf 50° u. Ansäuern mit verd. H_2SO_4; 0,5 g; b) aus **II**, **III** oder **V** u. HJ (Dichte 1,7) durch 3std. Kochen in Acetanhydrid; aus CH_3OH gelbe Prismen; $FeCl_3$-Rk. braunschwarz; mit wss. NaOH blaugrün → grün → dunkelgrüner Nd.; mit Na-Amalgam in A. tiefgrün → grüner Niederschlag. *Triacetyl-Deriv.*, F. 214—215°; aus A. Prismen. — *5-Hydroxy-6.7-dimethoxy-8-methyl-* (**II**), $C_{18}H_{16}O_5$, F. 159—160°, aus **I**, **VIII** u. K_2CO_3 durch 6std. Kochen in Aceton; aus Isopropanol gelbe Platten; $FeCl_3$-Rk. tiefgrün. — *5.6.7-Trimethoxy-8-methyl-* (**III**), $C_{19}H_{18}O_5$, F. 133—134°, aus **I** oder **IV**, **VIII** u. K_2CO_3 durch 32std. Kochen in Aceton; nach Chromatographie in Bzl. an Al_2O_3 aus verd. CH_3OH Platten. — *2.5-Dihydroxy-3-methyl-4.6-dimethoxyacetophenon*, $C_{11}H_{14}O_5$, F. 119—120°, durch Zugeben von $K_2S_2O_8$-Lsg. zu 2,1 g **IX** in verd. KOH u. Pyridin; aus Bzl./PAe. gelbe Prismen; 0,6 g; $FeCl_3$-Rk. grün, nach weiterer Zugabe von $FeCl_3$ → tiefrot. *Dibenzoyl-Deriv.*, $C_{25}H_{22}O_7$, F. 175—176°, durch 2std. Benzoylieren mit Benzoylchlorid/Pyridin bei 100° u. Essigesterextraktion; aus A. Prismen. — *2-Hydroxy-3-methyl-4.6-dimethoxy-5-benzoyloxy-ω-benzoylacetophenon*, $C_{25}H_{22}O_7$, F. 135—136°, durch 1std. Erwärmen von 1,5 g vorst. Dibenzoyl-Deriv. mit KOH-Pulver in abs Pyridin, Zugeben von Eisessig u. Verdünnen mit W ; aus A. gelbe Prismen; 0,7 g; $FeCl_3$-Rk. grünlichbraun. — Flavone: *6-Hydroxy-5.7-dimethoxy-8-methyl-* (**IV**), $C_{18}H_{16}O_5$, F. 227 bis 228°, aus vorst. Diketon u. Na-Acetat durch 2std. Erhitzen in Eisessig; aus CH_3OH Prismen. — *5-Hydroxy-6-methyl-7.8-dimethoxy-* (**V**), $C_{18}H_{16}O_5$, F. 256—257°, durch 1std. Schütteln von 1 g **X** in abs. CH_3OH von 0° mit CH_3ONa u. CH_3J, 4std. Kochen, Abdest. des CH_3OH im Vakuum, Ansäuern mit verd. HCl, Extrahieren des Nd. mit heißem Bzl. u. Chromatographie des Extrakts an Magnesol; aus A. gelbe Nadeln; 50 mg; $FeCl_3$-Rk. grün. — *5-Hydroxy-7.8-dimethoxy-*, F. 176—177°, durch Eluieren des Chromatogramms nach Abtrennung von **V** mit Bzl./Aceton (1:1); 0,3 g. — *5.7.8-Trihydroxy-6-methyl-*, $C_{16}H_{12}O_5$, F. 265—267° (Zers.), aus **V** u. $AlCl_3$ durch 2std. Kochen in abs. Bzl.; aus A. tiefgelbe Nadeln; $FeCl_3$-Rk. grünlichbraun → braun beim Stehen; mit Na-Amalgam in A. orangebraun → farblos.

F. HELLER. 3211□

Eine neue Synthese von Khellin. R. Aneja, S. K. Mukerjee und T. R. Seshadri. (J. sci. ind. Res. [New Delhi], Sect. B **17**. 382—83. Sept. 1958. Delhi, Univ., Dep. of Chem.) (Engl.)

Durch Claisen-Umlagerung von 2-Tosyloxy-3.6-dimethoxy-4-allyloxyacetophenon wird *2-Tosyloxy-3.6-dimethoxy-4-hydroxy-5-allylacetophenon* erhalten, welches durch Ozonolyse in Ameisensäure *2-Hydroxy-3.6-dimethoxy-4-tosyloxy-5-acetylphenylacetaldehyd* (I) ergibt. Durch Cyclohydratisierung von I mittels Polyphosphorsäure entsteht *O-Tosylkhellinon*, dessen Hydrolyse mit verd. KOH *Khellinon* (II) liefert. Nach der Meth. von Baxter u. Mitarbeitern [1949] wird aus II durch Kondens. mit Äthylacetat *Khellin* gewonnen. Die Ausbeute beträgt 30% [bezogen auf 2.4-Dihydroxy-3.6-dimethoxyacetophenon]. W. Hampel. 3211 □

Durch Angriff von Alkali eingeleitete Rotenoidreaktionen. L. Crombie, P. J. Godin, K. S. Siddalingaiah und D. A. Whiting. (Proc. chem. Soc. [London] **1961**. 19—20. Jan. Strand, King's Coll., Dep. of Chem.; South Kensington, Imp. Coll. of Sci. and Technol.) (Engl.)

Rotenon (I) u. seine Abkömmlinge werden durch Acetationen oder stärkere Basen an den C-Atomen 6a u. 12a racemisiert. Durch Modifizierung der Meth. von Jemen (C. **1953**. 9182) gelingt es, als Zwischen-Prod. das *Phenol* (II; F. 96°) zu fassen. Dieses lagert sich bei der Rk. mit Na-Acetat sofort in *Mutarotenon* um. Das *Acetat* von II ist ident. mit dem Prod., das durch Dehydrierung von Rotenolacetat mit akt. MnO_2 erhalten wird. Bei der Rk. von I mit wss. 2n NaOH entstehen dagegen zwei *5'β-Diastereomere* **IIIa** u. **b**; F. 150—151°; $[\alpha]_D^{20}$ +203° bzw. F. 122—123°; $[\alpha]_D^{20}$ —235°), die durch

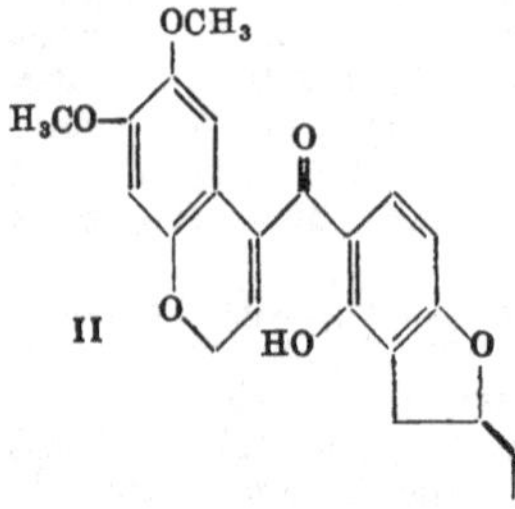

II

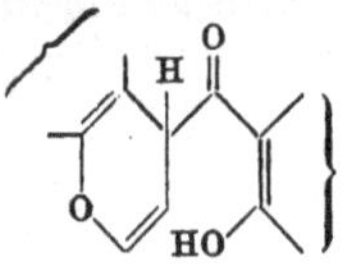

IIIa u. b

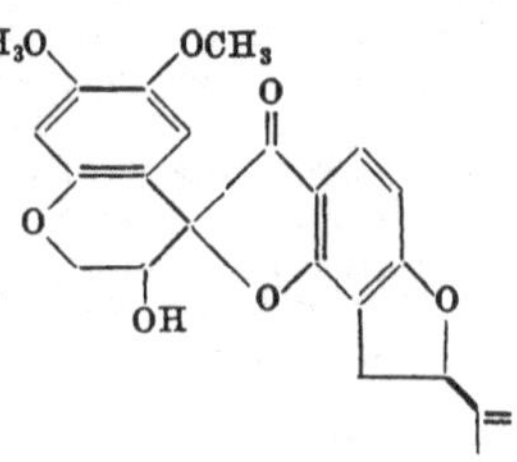

A

Acetationen nur langsam isomerisiert werden. Bei der Rk. des Racemats vorst. Verbb. mit K_2CO_3 in feuchtem Aceton wird (±)-*Isorotenon* (**IV**) isoliert. (±)-*Isorotenolon C* (**V**; F. 212°), das bei der Rk. von **IV** mit alkal. H_2O_2 entsteht, erhält Struktur **A**. Mit Hilfe der Formulierung von **II** als Zwischenstufe werden verschiedene Rkk. in der Rotenoidchemie geklärt. UV-Maximum u. IR-Banden von **II, IIIa** u. **b** u. **V** sind angegeben. G. Teege. 3211 □

Eine neue Synthese von N-[Pyridyl-(2)]-glycin. Manfred Augustin und Heinz Dehne. (J. prakt. Chem. [4] **13** (285). 118—20. 1961. Halle-Wittenberg, Martin-Luther-Univ., Inst. für organ. Chem.) (Dt.)

Es wird eine neue Synth. des *N-[Pyridyl-(2)]-glycins* durch Hydrierung eines Gemisches von 2-Aminopyridin (I) u. Glyoxylsäureäthylester (II) unter Verw. von Pd-Kohle beschrieben.

Versuche: *N-[Pyridyl-(2)]-glycin, Hydrochlorid*, $C_7H_9ClN_2O_2$, F. 189° (Zers.), durch katalyt. Hydrierung von I u. II in verd. HCl in Ggw. von Pd-Kohle, Einengen u. Lösen in konz. HCl; Blättchen; 40%. *Monohydrat*, $C_7H_8N_2O_2 \cdot H_2O$, F. 179°, aus dem Hydrochlorid in W. mit Ag_2O; aus abs. A. Nadeln. E. Schröder. 3231 □

Katalytische Hydrierung von Chinolin. A. N. Kosst, L. D. Perzow, L. G. Judin und Ss. F. Kalinkin. (Журнал Прикладной Химии [J. angew. Chem.] **32**. 2349—51. Okt. 1959.) (Russ.)

Vff. untersuchen die Hydrierung von Chinolin am techn. Ni-Chromoxyd-Kontakt zu *1.2.3.4-Tetrahydrochinolin* (I) bei 90—145° u. 80—100 at u. 7½—12 Std. Rk.-Dauer, wobei neben I *Dekahydrochinolin* u. *Polymerisations-Prodd.* von *1.2-Dihydrochinolin* erhalten werden.

Versuche: a) Hydrierung von 1 kg Chinolin unter Zusatz von 50 g Ni-Chromoxyd-Kontakt bei 50 at, später 100 at u. 110—115° in 10 Std. u. nachfolgende Vakuum-Dest. liefert aus 1012 g Katalysat: 80,9 g *cis-* u. *trans-Dekahydrochinolin* ($Kp._3$ 58—62°), 890,5 g *1.2.3.4-Tetrahydrochinolin* (I; $Kp._3$ 80—84°, n_D^{20} 1,5936, $D._4^{20}$ 1,0611) u. 40,5 g Dest.-Rückstand. — *trans-Dekahydrochinolin*, F. 48°, $Kp._{741}$ 203—205°, durch Abkühlen der Dekahydrochinolinfraktion auf 0—5°; Kristalle aus Pentan; *Pikrat*, F. 158° (Bzl.); b) Hydrierung von 6 kg Chinolin unter Zusatz von 300 g Ni-Chromoxyd-Kontakt bei 50 at, dann 105 at u. 105—110° in 7—8 Std. u. fraktionierte Dest. liefert: 5965 g I ($Kp._4$ 82—86°, n_D^{20} 1,5934), 120 g *Dekahydrochinolin* ($Kp._4$ 62—65°) u. 60 g Dest.-Rückstand. P. Neuland. 3231 □

Über die Reaktion von Chinolinimid und N-substituierten Chinoliniminen mit Aminen. Djordje M. Dimitrijevič und Živorad D. Tadič. (Гласник Хемиског Друштва Београд [Ber. chem. Ges. Belgrad] **22.** 473—81. 1957. Belgrad, Technol. Fak., Inst. für Organ.-Chem.) (Dt.)

Die Rk.-Fähigkeit von Chinolinsäureimid (I) gegenüber Aminen ist bei der Verw. von Bzl. als unpolarem Lsgm. im Vgl. zu der des Chinolinsäureanhydrids herabgesetzt, die dirigierende Wrkg. des Pyridinstickstoffs ist gemindert. Die Umsetzung von **I** mit Benzylamin (**II**) liefert sowohl *Chinolinsäure-α-N-benzylamid-β-amid* als auch *-β-N-benzylamid-α-amid*; die Umsetzung von N-Benzylchinolinsäureimid (**III**) mit **II** führt zu *N.N'-Dibenzylchinolinsäurediamid.* Unter gleichen Bedingungen werden **I** u. **III** von Anilin (**IV**) nicht angegriffen. Im Gegensatz zu **I** u. **III** reagiert N-Phenylchinolinsäureimid (**V**) nicht nur mit **II**, sondern auch mit **IV** unter Bldg. der entsprechenden Amide. NH_3 setzt sich lediglich mit **V** in geringerem Maße um, was durch die geringe Löslichkeit von NH_3 in Bzl. erklärt wird.

Versuche: *Chinolinsäure, β-N-Benzylamid-α-amid,* $C_{14}H_{13}N_3O_2$, F. 188° (Zers.; A.), durch mehrstd. Stehen der Suspension von 1 g **I** in 40 ml Bzl. u. 2 ml **II**; 0,25 g (Ausbeute). *α-N-Benzylamid-β-amid,* F. 134—135° (Zers.; Bzl. u. A.), aus der alkohol. Mutterlauge der β-Verb. durch Eindampfen; 0,85 g. — *Chinolinsäure-N.N'-dibenzyldiamid,* $C_{21}H_{19}N_3O_2$, F. 140° (Bzl.), a) aus 0,5 g **III** u. 1 ml **II** in 30 ml Bzl. durch 24std. Stehen bei Zimmertemp.; b) durch Erhitzen des Benzylammoniumsalzes des Chinolinsäure-α-N-benzylamids. — *Chinolinsäuredianilid,* $C_{19}H_{15}N_3O_2$, F. 223—224° (A.), aus 0,5 g **V** u. 1 ml **IV** in 30 ml Bzl. durch 20tägiges Stehen u. Zusatz von PAe.; 0,69 g. — *Chinolinsäure-α-N-benzyl-β-N-phenyldiamid,* $C_{20}H_{17}N_3O_2$, F. 149° (Propylalkohol), a) aus 1 g **V** u. 0,84 ml **II** in 30 ml Bzl. durch 2std. Stehen u. Eindampfen zur Trockne; 0,95 g; b) aus 1 g Chinolinsäure-α-methylester-β-anilid u. 0,84 g **II** in 100 ml Bzl. durch 12std. Stehen u. Eindampfen; 1,18 g; c) aus 1 g Chinolinsäure-α-anilid-β-methylester u. 0,84 ml **II** durch 48std. Stehen; 1,4 g. — *Chinolinsäure-α-amid-β-anilid,* F. 217° (A.), aus 1 g **V** in 40 ml Bzl. durch 3std. Einleiten von NH_3; 0,15 g. H. KÜHNE. 3231□

5-Amino-3-chlorpyridazin. Eine Klarstellung. W. E. Taft, John Adams und W. V. Curran. (J. org. Chemistry **26.** 605. Febr. 1961. Pearl River, N.Y., Amer. Cyanamid Co., Lederle Labor. Div., Organ. Chem. Res. Sect.) (Engl.)

Der von STECK (C. **1961.** 484) unternommene Vers., 3.6-Dichlorpyridazin (**I**) mit NH_3 umzusetzen, wurde wiederholt. Dabei zeigte sich, daß das von STECK als 5-Amino-3-chlorpyridazin (**II**) beschriebene Prod. *3-Chlor-6-hydroxypyridazin* [**III**, $C_4H_3ClN_2O$, F. 142—142,5° (Essigester), durch 3std. Kochen von **I** in 0,6n HCl, Dampf-Dest. des unveränderten **I**, Einengen im Vakuum u. Kühlen; 53% Ausbeute; IR-Spektrum, FF. u. Misch-F. u. Analysenwerte von **III** u. einer Probe des vermeintlichen **II** sind ident.] ist. Verss., 3-Amino-6-chlorpyridazin durch Kochen mit 0,6n HCl zu verseifen, verliefen erfolglos. Es wurde die Ausgangssubstanz zurückerhalten. Daraus folgt, daß auch intermediär unter den von STECK beschriebenen Bedingungen (l. c.) kein **II** oder 3-Amino-6-chlorpyridazin entstanden ist. P. GOLINSKE. 3272□

Über die katalytische Hydrierung von Pyrazincarbonsäuren. E. Felder, S. Maffei, S. Pietra und D. Pitrè. (Helv. chim. Acta **43.** 888—96. 2/5. 1960. Pavia, Univ., Inst. für allg. Chem.; Mailand, Bracco Ind. Chim., Forsch.-Abt.) (Dt.) — Vgl. MAGER u. BEHRENDS, C. **1959.** 3823; C. **1961.** 14654.

Die Alkalisalze einiger Pyrazincarbonsäuren werden in wss. Lsg. in Ggw. von Pd/Kohle bei 50° zu den entsprechenden Piperazincarbonsäuren in 83—96%ig. Ausbeute hydriert. *Piperazin-2-carbonsäure* wurde aus der nach dem Hydrieren konz. u. mit HCl versetzten Lsg. als *Dihydrochlorid* isoliert, mit Amberlite IR 45 (Am.) in die *freie Säure* übergeführt u. diese mit (+)-Campher-10-sulfonsäure (**I**) in die Salze der opt. Antipoden gespalten, aus denen mit Am. die *freien Säuren* erhalten werden. Die 3 Piperazindicarbonsäuren werden aus der Hydrier-Lsg. durch Ansäuern mit HNO_3 bis pH 3,8 isoliert. *Piperazin-2.3-dicarbonsäure* (**II**) liegt dabei als *trans-Isomeres* vor, da sie in 2 opt.-akt. Formen spaltbar ist. In Ggw. des gleichen Katalysators wird Pyrazin-2.3-dicarbonsäuremonoamid (**III**) als Na-Salz in W., Pyrazincarbonsäureamid (**IV**), Pyrazin-2.3-dicarbonsäurediamid (**V**), -diäthylester (**VI**) u. -dimethylester (**VII**) in A. oder Aceton zu den entsprechenden Piperazin-Derivv. hydriert. Die Hydrierung in Ggw. von ADAMS-Katalysator in A. gibt gleiche Ergebnisse. Die beiden hydrierten Ester lassen sich zu **II** verseifen. Pyrazincarbonsäuremethylester (**VIII**) u. -äthylester (**IX**) nehmen beim Hydrieren nur ca. 4 H auf; reine Prodd. konnten nicht erhalten werden. Pyrazin-2.3-dicarbonsäureimid (**X**) wird zu vermutlich *1.4.5.6-Tetrahydropyrazin-2.3-dicarbonsäureimid* (**XI**) hydriert, dessen rote Farbe auch durch eine betainartige Formel **XII** erklärt werden könnte. In verd. NaOH entsteht daraus

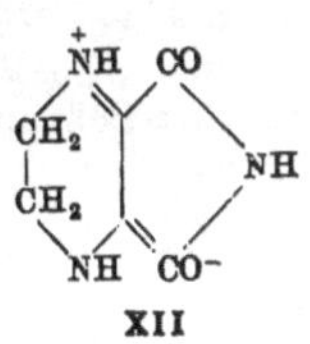

XII

schon in der Kälte das *Na-Salz* von *1.4.5.6-Tetrahydropyrazin-2.3-dicarbonsäuremonoamid*, das glatt zum *Na-Salz* von *Piperazin-2.3-dicarbonsäuremonoamid* hydriert werden kann.

Versuche: *Piperazin-2-carbonsäure, Dihydrochlorid*, $C_5H_{10}N_2O_2 \cdot 2\,HCl$, F. 281°, durch 1½std. Hydrieren von 3,1 g Pyrazincarbonsäure u. 1,6 g KOH in W. bei 50° u. 1 at in Ggw. von 10%ig. Pd/Kohle, Einengen der filtrierten Lsg. u. Zugabe von 10 ml konz. HCl; 3,5 g (Ausbeute). *Freie Säure*, $C_5H_{10}N_2O_2$, F. 285° (Zers.), aus der wss. Lsg. des Hydrochlorids durch Ionenaustausch mit Am., Einengen der gegen Phenolphthalein alkal. reagierenden Fraktion im Vakuum u. Versetzen mit A.; sublimiert bei 200°/0,02 Torr. (—)-*Form*, F. 291—293° (Zers.), durch Versetzen von 9,6 g des Racemats in heißem W. mit **I**, Animpfen, 48std. Stehen bei 20°, Ionenaustausch einer 2%ig. Lsg. von 6,2 g des erhaltenen *neutralen* (+)-*Camphersulfonats der* (—)-*Säure* [$C_5H_{10}N_2O_2 \cdot 2\,C_{10}H_{16}O_4S$, F. 264—265° (Zers.; W.); $[\alpha]_D^{25}$ +14,9° (c = 5; W.); 17,7 g] mit Am. u. Einengen der phenolphthaleinalkal. Fraktion; $[\alpha]_D^{20}$ —3,9° (c = 6,5; W.); 1,2 g. (+)-*Form*, F. 281 bis 282° (Zers.), analog aus den Mutterlaugen des neutralen Camphersulfonats; $[\alpha]_D^{20}$ +3,9° (c = 6; W.). *Amid*, $C_5H_{11}N_3O$, F. 143—144° (Zers.; abs. A.), durch Hydrieren von **IV** in abs. A. bei 50° u. 1 at in Ggw. von 10%ig. Pd/Kohle u. Einengen der filtrierten Lsg.; 83% [*Dihydrochloridhydrat*, $C_5H_{11}N_3O \cdot 2\,HCl \cdot H_2O$, F. 132—134° (W. durch Fällen mit A.)]. — *Piperazin-2.3-dicarbonsäure* (**II**), *Hydrat*, $C_6H_{10}N_2O_4 \cdot H_2O$, F. 291° (Zers.; W.), durch Lösen des Mono-K-Salzes der Pyrazin-2.3-dicarbonsäure in verd. KOH, 1std. Hydrieren in Ggw. von 10%ig. Pd/Kohle bei 50°, Einengen der filtrierten Lsg. im Vakuum u. Ansäuern mit HNO_3 bis pH 3,8; 83%. *Dihydrochlorid*, $C_6H_{10}N_2O_4 \cdot 2\,HCl$, F. 235 bis 236° (Zers.). (+)-*Form, Hydrat*, $C_6H_{10}N_2O_4 \cdot H_2O$, F. 296° (Zers.), durch Lösen von 10,5 g Racemat u. **I** in W., Animpfen, Stehenlassen, Lösen von 10 g des erhaltenen (+)-*Monocampher-10-sulfonats der* (+)-*Säure* [$C_6H_{10}N_2O_4 \cdot C_{10}H_{16}O_4S$, F. 233° (Zers.); $[\alpha]_D^{22}$ +14,08° (c = 6; W.); 13,4 g] in verd. NaOH u. Ansäuern mit HNO_3 bis pH 3,8; Nädelchen; $[\alpha]_D^{20}$ +0,32° (c = 21; 1n NH_4OH); 2,8 g. (—)-*Form, Hydrat*, $C_6H_{10}N_2O_4 \cdot H_2O$, F. 296° (Zers.), aus den Mutterlaugen des Monocamphersulfonats durch Ansäuern mit HNO_3 auf pH 3,8; $[\alpha]_D^{20}$ —0,29° (c = 20; 1n NH_4OH); 2,5 g. *Dimethylesterdihydrochlorid*, $C_8H_{14}N_2O_4 \cdot 2\,HCl$, F. 199°, durch 3std. Hydrieren von 3,9 g **VII** in abs. A. in Ggw. von 10%ig. Pd/Kohle oder in Ac. in Ggw. von Pt bei Raumtemp. u. 1 at, Versetzen der filtrierten Lsg. mit Pikrinsäure (**XIII**), Aufschlämmen des entstehenden *Pikrats* [$C_{14}H_{17}N_5O_{11}$, F. 192° (CH_3OH); 4,4 g] in CH_3OH, Zugabe von bas. Ionenaustauscher Castel 300 (Ct.), einige Std. langes Stehen, Einengen der filtrierten Lsg. u. Zugabe von mit HCl gesätt. CH_3OH u. von Ae. (gibt beim Verseifen mit 5%ig. NaOH in der Wärme u. Ansäuern mit HNO_3 bis pH 3,8 **II**). *Diäthylester*, $C_{10}H_{18}N_2O_4$, F. 55° [Ligroin (Lg.)], durch 3std. Hydrieren von 4,48 g **VI** in A. in Ggw. von 10%ig. Pd/Kohle oder in Ac. in Ggw. von Pt bei Raumtemp. u. 1 at u. a) Zusatz von **XIII**, Aufschlämmen von 2 g des entstehenden *Pikrats* [$C_{16}H_{21}N_5O_{11}$, F. 182° (A.); 4,8 g] in A., Behandeln mit Ct. u. Eindampfen der filtrierten Lsg.; 0,5 g; b) Eindampfen zur Trockne im Vakuum, Lg.-Extraktion u. Einengen der Lsg. (gibt bei ½std. Erhitzen mit 5%ig. NaOH auf 100° u. Ansäuern mit HCl bis pH 3,8 **II**). *Monoamidhydrat*, $C_6H_{11}N_3O_3 \cdot H_2O$, F. 189—190°, a) durch 1std. Hydrieren von **III** in verd. KOH in Ggw. von 10%ig. Pd/Kohle bei 50° u. 1 at, Einengen der filtrierten Lsg., Ansäuern mit HNO_3 bis pH 6, Versetzen mit A. u. längeres Stehen bei 0°; 74%; b) durch 8std. Hydrieren von 1,53 g **XI** (s. unten) in verd. KOH bei Raumtemp. u. 1 at, Einengen der filtrierten Lsg. im Vakuum, Ansäuern mit HNO_3 (1:1) bis pH 6 u. Zufügen von A.; 1,04 g. *Diamidhydrat*, $C_6H_{12}N_4O_2 \cdot H_2O$, F. 204—208° (Zers.; 90%ig. A.), durch 2std. Hydrieren von 4,2 g **V** in abs. A. in Ggw. von 10%ig. Pd/Kohle bei 50° u. 1 at, Zusatz von W., Kochen u. mehrstd. Stehen der filtrierten Lsg.; 3,8 g; — *Piperazin-2.5-dicarbonsäure, Hemihydrat*, $C_6H_{10}N_2O_4 \cdot \frac{1}{2}\,H_2O$, F. 205—307° (?), durch 2std. Erhitzen von Pyrazin-2.5-dicarbonsäuredimethylester in verd. KOH auf 80°, ca. 6std. Hydrieren in Ggw. von 10%ig. Pd/Kohle u. Ansäuern bis pH 3,9; 93%. *Dihydrochlorid*, $C_6H_{10}N_2O_4 \cdot 2\,HCl$, F. 278° (Zers.). — *Piperazin-2.6-dicarbonsäure*, $C_6H_{10}N_2O_4$, F. 305—306° (Zers.), durch ca. 1½std. Hydrieren von Pyrazin-2.6-dicarbonsäuredihydrat in verd. KOH in Ggw. von 10%ig. Pd/Kohle, Einengen u. Ansäuern bis pH 3,7 mit HNO_3 (1:1); 96%. *Dihydrochlorid*, $C_6H_{10}N_2O_4 \cdot 2\,HCl$, F. 242—243° (Zers.). — Bei 3std. Hydrieren von **VIII** in abs. A. in Ggw. von 10%ig. Pd/Kohle oder in Aceton (Ac.) in Ggw. von Pt bei 1 at u. Raumtemp., Versetzen der filtrierten Lsg. mit **XIII**, einiges Stehen u. Zusatz von A. wird ein *Pikrat vom F. 161°* (CH_3OH) erhalten, das auch bei gleicher Behandlung von **IX** entsteht; beim Vers., die bas. Komponente frei zu machen, verharzt es. — *1.4.5.6-Tetrahydropyrazin-2.3-dicarbonsäureimid* (**XI**), $C_6H_7N_3O_2$, F. 217 bis 218° (Zers.), durch wenige Min. langes Hydrieren von **X** in A. in Ggw. von 10%ig. Pd/Kohle bei 50° u. 1 at, Einengen der filtrierten Lsg., Abkühlen u. längeres Stehen; aus abs. A. rote Schuppen; 50% (läßt sich weder bei 20° oder in 50° in Ggw. von Pt/Kohle oder ADAMS-Pt weiter hydrieren). G. REISNER. 3272□

Die Synthese von 7-Glykosylpurinen. 1. Mitt. **Synthesen aus Purinen.** G. M. Blackburn und A. W. Johnson. (J. chem. Soc. [London] **1960.** 4347–58. Nov. Nottingham, Univ., Dep. of Chem.) (Engl.)

Im folgenden bedeuten: **I** = *Adenin*; **II** = *6-Chlorpurin*; **III** = *Dibenzylamin*; **IV** = *6-Dibenzylaminopurin*; **V** = *Acetobromglucose*; **VI** = *2.6.8-Trichlorpurin*; **VII** = *2.8-Dichlor-6-dibenzylaminopurin*; **VIII** = *6-Benzylaminopurin*; **IX** = *6-Dimethylaminopurin*; **X** = *6-[N-Benzyl-N-methylamino]-purin*; **XI** = *Tri-O-benzoyl-D-ribofuranosylchlorid*; **XII** = *Tri-O-acetyl-D-ribopyranosylchlorid*; **XIII** = *2.8-Dimethylmercaptoadenin*; **XIV** = *2.3.5-Tri-O-acetyl-D-ribofuranosylchlorid*; **XV** = *2.8-Dimethylmercapto-9-tri-O-benzoyl-D-ribofuranosyladenin*; **XVI** = *2-Methylmercaptoadenin*; **XVII** = *Chlorameisensäurebenzylester*; **XVIII** = *6-Amino-4-chlor-2-methylmercaptopyrimidin*; **XIX** = *4.5.6-Triamino-2-methylmercaptopyrimidin*; **XX** = *2-Methylmercapto-8-mercaptoadenin*; **XXI** = *Isothiocyansäureäthylester*; **XXII** = *2.8-Dimethylmercapto-7-methyladenin*; **XXIII** = *2.8-Dichlor-7-methyladenin*; **XXIV** = *Methylmercaptan*; **XXV** = *2.8-Dichlor-9-methyladenin*; **XXVI** = *4.6-Diamino-5-formamido-2-methylmercaptopyrimidin*; **XXVII** = *Formamid*; **XXVIII** = *„4.5-Diaminouracildiacetat“ (9-Acetyl-1.2.3.6.8.9-hexahydro-8-hydroxy-8-methyl-2.6-dioxopurin)*; **XXIX** = Dimethylsulfat; **XXX** = *6-Chlor-9-tetra-O-acetyl-β-D-glucopyranosylpurin*; **XXXI** = *Tetra-O-acetyl-D-ribofuranose*. Es werden Unterss. über den Einfl. der Größe von Substituenten der 6-Aminogruppe in **I** u. **I**-Derivv. auf die Bldg. von 7- bzw. *9-Glykosyl-Derivv.* bei der Umsetzung von Chlormercuri-Derivv. der Purine mit Glykosylhalogeniden beschrieben. Das aus **II** u. **III** dargestellte **IV** reagiert mit **V** zu *6-Dibenzylamino-9-tetra-O-acetyl-D-glucosylpurin*; das aus **VI** u. **III** erhältliche **VII** wird ebenfalls in das *9-Tetra-O-acetyl-D-glucosyl-Deriv.* übergeführt. Beide Glucosylpurine werden durch Na in fl. NH_3 unter Abspaltung einer Benzylgruppe zu *6-Benzylamino-9-D-glucopyranosylpurin* red. u. hydrolysiert; Verss., die Verbb. katalyt. mit H_2 zu debenzylieren, waren erfolglos. **VII** geht mit Na/NH_3 in **VIII** über, wodurch die Struktur von **VII** bewiesen ist. Die Bldg. von 7-Glykosyl-Derivv., die z. B. bei der Rk. von **IX** u. **V** glatt verläuft (vgl. Kissman, Pidacks u. Baker, C. **1958.** 7479), scheint hier durch die Benzylreste blockiert zu sein. Dagegen wird bei der Rk. von **X**, dessen richtiger F. 214,5–215° ist (vgl. Bullock u. Mitarbeiter, C. **1956.** 13127), mit **V** *7-Tetra-O-acetylglucosyl-6-[N-benzyl-N-methylamino]-purin* gebildet. **XI** liefert mit **X** wegen der Größe seiner Schutzgruppen nur die 9- u. nicht die 7-Glykosyl-Verb.; **VIII** bildet mit **XII** *6-Benzylamino-9-tri-O-acetylribopyranosylpurin.* In **VII** u. **IX** verhindern die Substituenten am N die prim. Bldg. von 7-Chlormercuri-Verbb., so daß die entstehenden 9-Chlormercuri-Derivv. vom Glykosylhalogenid am $N_{(7)}$ substituiert werden; in **IV** verhindern die Substituenten darüber hinaus auch den Eintritt des Glykosylrestes in die 7-Stellung. In **VIII** dagegen ist die Bldg. der 7-Chlormercuri-Verb. nicht blockiert. Hier entstehen dementsprechend die 9-Glykosyl-Verbb., die auch bei der Rk. von 6-Acetamidopurin u. **II** mit **V** gebildet werden. Das so dargestellte **XXX** wird durch Rk. mit NH_3 zu *9-β-D-Glucopyranosyladenin* identifiziert. Durch Verw. von Xylol als Lsgm. wird die Bldg. der $N_{(7)}$-Derivv. begünstigt. **XIII**-HgCl reagiert mit **V** zum *9-Glykosyl-Deriv.*, mit **XIV** zu einem Gemisch von 7- u. *9-Glykosyl-Deriv.*, das chromatograph. getrennt wurde, u. mit **XI** zu **XV**, das nach Entschwefelung mit Raney-Ni u. Hydrolyse in *Adenosin* übergeführt wird. Bei dem Vers., das aus **XVI**-Na-Salz u. **XVII** darstellbare *9-Carbobenzoxy-2-methylmercaptoadenin* mit **XI** nach Lawley (C. **1959.** 3502) zum 7-Glykosyl-Deriv. umzusetzen, wurden nur **XVI** u. *1.3.5-Tri-O-benzoylribofuranose* isoliert. Ebenso erfolglos waren Verss., das Methojodid von 9-Benzyl-2.8-dimethylmercaptoadenin darzustellen. *6-Dibenzylamino-2-methylmercaptopurin* wurde wegen zu geringer Ausbeuten bei seiner Synth. aus **XVIII** u. **III** nicht in die Unterss. einbezogen. **XIII** wurde durch Cyclisierung von **XIX** mit CS_2 zu **XX** u. dessen Methylierung dargestellt; das Prod. der weiteren Methylierung von **XIII**, *2.8-Dimethylmercapto-9-methyladenin,* wird auch durch analoge Cyclisierung von 5.6-Diamino-4-methylamino-2-methylmercaptopyrimidin mit CS_2 u. Methylierung des Prod. synthetisiert. Verss., 2.8-Dimethylmercapto-9-äthyladenin durch Kondens. von **XIX** mit **XXI** u. Cyclisierung des Prod. darzustellen, lieferten unter Abspaltung von *Äthylamin* nur **XX**. **XXII** resultiert aus der Rk. von **XXIII** mit KHS u. der Methylierung des Prod.; die direkte Umsetzung mit **XXIV** führt im Falle von **XXV** zu *2-Chlor-9-methyl-8-methylmercaptoadenin.* Das durch $LiAlH_4$-Red. von **XXVI** darstellbare *4.6-Diamino-5-methylamino-2-methylmercaptopyrimidin,* das mit **XXVII** zu *7-Methyl-2-methylmercaptoadenin* cyclisiert werden kann, läßt sich durch Rk. mit CS_2 u. Methylierung nicht zu **XXII** umsetzen. Die Strukturen der 7- u. 9-Glykosylpurine werden durch Vgl. ihrer UV-Spektren mit denen analog gebauter 7- u. 9-Alkylpurine gestützt. Das durch Benzylierung von **XXVIII** dargestellte *1.3-Dibenzyl-Deriv.* wird mit **XXVII** zu *1.3-Dibenzylxanthin* cyclisiert, das wegen der geringen Ausbeute nicht weiter verwendet wurde.

Versuche (UV-Spektren allg. in CH_3OH): *„4.5-Diamino-1.3-dibenzyluracildiacetat"* *(9-Acetyl-1.3-dibenzyl-1.2.3.6.8.9-hexahydro-8-hydroxy-8-methyl-2.6-dioxopurin)*, $C_{22}H_{22}N_4O_4$, F. 237°, durch Zutropfen von Benzylchlorid zu 1,0 g **XXVIII** u. $NaHCO_3$ in sd. abs. Dimethylformamid (DMF), 2std. Kochen, Kühlen, Eindampfen im Vakuum, Verreiben mit W., Extraktion mit Ae., Waschen der Extrakte mit $NaHCO_3$-Lsg. u. W., Trocknen u. Eindampfen; Nadeln aus A.; ν_{max} 1656 u. 1704 cm^{-1} (KBr); 0,2 g (Ausbeute). — *1.3-Dibenzylxanthin*, $C_{19}H_{16}N_4O_2$, F. 225° (korr.), durch $^1/_4$std. Kochen von 200 mg vorst. Verb. in **XXVII** u. Gießen in W.; Stäbe aus CH_3OH u. Bzl.-PAe.; λ_{max} 204 u. 274 mμ (log $\varepsilon = 4{,}58$ u. 4,06); 130 mg. — *2.8-Dichlor-6-dibenzylaminopurin* (**VII**), *Hydrat*, $C_{19}H_{15}Cl_2N_5 \cdot H_2O$, F. 257° (korr.), durch 3std. Kochen von 2 g **VI** u. **III** in abs. Butanol-(1), Kühlen, Lösen des Nd. in 0,1n NaOH, Waschen mit Ae. u. Ansäuern mit verd. CH_3COOH auf pH 5; Nadeln aus A.; 2,5 g. — *2.8-Dichlor-6-dibenzylamino-9-methylpurin*, $C_{20}H_{17}Cl_2N_5$, F. 151,5° (korr.), durch 3std. Kochen von 0,5 g 2.6.8-Trichlor-9-methylpurin u. **III** in abs. Butanol-(1), Kühlen, Extraktion des Nd. mit heißem Ae. u. Eindampfen im Vakuum; Nadeln aus A.; λ_{max} 283 mμ (log $\varepsilon = 4{,}28$; Schultern bei 210 u. 225 mμ); 0,55 g. — *6-Dibenzylaminopurin* (**IV**), $C_{19}H_{17}N_5$, F. 184°, durch 4std. Kochen von 0,2 g **II** u. **III** in abs. Butanol-(1), Kühlen der Lsg. auf 40°, Verdünnen mit A., Filtrieren (→ **III**-*Hydrochlorid*, F. 256°) u. Kühlen des Filtrats auf 0°; Prismen aus A.; 1,1 g. *Pikrat*, $C_{25}H_{20}N_8O_7$, F. 203°, aus A. Tafeln. — *6-[N-Benzyl-N-methylamino]-purin* (**X**), $C_{13}H_{13}N_5$, F. 212,5° (korr.), nach Bullock u. Mitarbeitern (l. c.). — *6-Benzylaminopurin* (**VIII**), $C_{12}H_{11}N_5$, F. 230° (korr.; W.), a) durch Zutropfen von Na in fl. NH_3 zu 500 mg **VII** in fl. NH_3 unter Rühren bis zur bleibenden Blaufärbung, 1std. Rühren, Zugabe von NH_4Cl u. Abdampfen des NH_3; 230 mg; b) nach Skinner u. Shive (C. **1957**. 12175). — *4-Amino-6-dibenzylamino-2-methylmercaptopyrimidin*, $C_{19}H_{20}N_4S$, F. 138°, durch 4std. Erhitzen von 2 g **XVIII** u. **III** auf 180° im Rohr, Extraktion mit heißem Bzl., Waschen der Extrakte mit W., Trocknen mit Na_2CO_3 u. Zugabe von PAe.; Prismen aus Essigester u. A.; 2,2 g. — *6-Dibenzylamino-2-methylmercaptopurin*, $C_{20}H_{19}N_5S$, F. 206,5° (korr.; A.-Kohle), durch Zutropfen von $NaNO_2$ in W. zu 5 g vorst. Verb. in 50%ig. CH_3COOH + wenig konz. HCl bei −5° unter Rühren, 2std. Rühren, Verdünnen mit W., Extraktion mit Chlf., Trocknen mit $MgSO_4$, Eindampfen, Extraktion mit PAe., Eindampfen, Lösen in warmem Aceton, 3 Min. lange Red. mit Na-Dithionit in W., Verdünnen mit W., Extraktion mit Chlf., Trocknen, Eindampfen, 1std. Erhitzen in HCOOH auf 100°, Gießen in W. u. $^1/_4$std. Schmelzen des *5-Formamido-Deriv.* vorst. Verb. [F. 204° (Zers.; CH_3OH-PAe.), λ_{max} 245 u. 269 mμ (log $\varepsilon = 4{,}56$ u. 4,05; 120 mg; daneben *Verb. vom F. 130—140°*, nach Verdünnen der Mutterlaugen mit PAe.] bei 250°; 40 mg. — *8-Mercapto-2-methylmercaptoadenin* (**XX**), $C_6H_7N_5S_2$, F. 305° (Zers.; Pyridin), durch ½std. Erwärmen von 1,7 g **XIX** in Pyridin mit CS_2 auf 60°, 10 Min. langes Kochen, Einengen im Vakuum u. Anreiben mit heißem A.; 1,9 g. — *2.8-Dimethylmercaptoadenin* (**XIII**), $C_7H_9N_5S_2$, F. 254° (korr.), durch Zutropfen von **XXIX** zu 1,9 g **XX** in 1 Val 1n NaOH unter Rühren, Abfiltrieren nach 10 Min., Waschen mit wss. A. u. Trocknen; Nadeln aus A. bzw. Prismen aus W.; 1,75 g. — *5.6-Diamino-4-methylamino-2-methylmercaptopyrimidin*, F. 151°, nach Baddiley u. Mitarbeitern (J. chem. Soc. [London] **1943**. 383); aus W. gelbe Prismen. *Pikrat*, $C_{12}H_{14}N_8O_7S$, F. 208° (Zers.; rasches Erhitzen) bzw. 195° (langsames Erhitzen), aus Äthanol. — *9-Methyl-2.8-dimethylmercaptoadenin*, $C_8H_{11}N_5S_2$, F. 236°, a) durch Cyclisieren vorst. Verb. mit CS_2 in Pyridin analog **XX** u. Methylierung des Prod. analog **XIII**; Stäbe aus A.; λ_{max} 204, 230 u. 290 mμ (log $\varepsilon = 4{,}20$, 4,41 u. 4,32; A.) bzw. 228 u. 290 mμ (log $\varepsilon = 4{,}36$ u. 4,31; 0,01n HCl); b) durch ½std. Erwärmen von 0,9 g **XIII** mit CH_3J in 0,5n äthanol. NaOH auf 70°, Abfiltrieren u. Waschen; 0,8 g. — *9-Methyl-2-methylmercaptoadenin*, F. 259° (A.), durch 1std. Kochen vorst. Verb. mit Raney-Ni in abs. A., Filtrieren, Extraktion des Rückstandes mit heißem A. u. Eindampfen der Filtrate; λ_{max} 277 mμ (log $\varepsilon = 4{,}11$; 0,05n NaOH) bzw. 270 mμ (log $\varepsilon = 4{,}09$; 0,05n HCl). — *9-Benzyl-2.8-dimethylmercaptoadenin*, $C_{14}H_{15}N_5S_2$, F. 205—206° (korr.; A.-Bzl.), analog vorvorst. Verb. nach b) aus **XIII** u. Benzylbromid; λ_{max} 208, 230 u. 291 mμ (log $\varepsilon = 4{,}43$, 4,41 u. 4,33). — *4.6-Diamino-5-[N'-äthylthioureido]-2-methylmercaptopyrimidin*, $C_8H_{14}N_6S_2$, F. >315° (W.), durch ½std. Kochen von 2,5 g **XIX** u. **XXI** in A., Kühlen, Abfiltrieren u. Waschen mit W. u. A.; 2,8 g. — *2-Chlor-9-methyl-8-methylmercaptoadenin*, $C_7H_8ClN_5S$, F. 283°, durch 5 Min. langes Kochen von 250 mg **XXV**, **XXIV** u. CH_3ONa in abs. CH_3OH u. 12std. Schütteln bei Raumtemp.; Tafeln aus A.; λ_{max} 233 u. 281 mμ (log $\varepsilon = 4{,}44$ u. 4,34); 150 mg. — *7-Methyl-2.8-dimethylmercaptoadenin* (**XXII**), $C_8H_{11}N_5S_2$, F. 261—263° (korr.), durch 6std. Erhitzen von 1 g **XXIII** u. K_2S in H_2S-gesätt. W. auf 120° im Rohr, Kühlen, Filtrieren, Ansäuern mit verd. CH_3COOH, Waschen des Nd., Lösen in 1n NaOH, $^1/_4$std. Schütteln mit **XXIX**, Abfiltrieren u. Waschen mit wss. CH_3OH; Nadeln aus CH_3OH, dann aus wss. CH_3OH; λ_{max} 241 u. 298 mμ (log $\varepsilon = 4{,}39$ u. 4,04); 0,25 g. — *4.6-Diamino-*

5-methylamino-2-methylmercaptopyrimidin, F. 172°, durch Red. von 0,9 g **XXVI** mit $LiAlH_4$ in sd. abs. Dioxan (Extraktions-Meth.), 1std. Kochen nach beendeter Extraktion, Stehen über Nacht, Zers. mit feuchtem Essigester, Zugabe von W., Erwärmen auf 80°, Filtrieren, Ansäuern mit verd. H_2SO_4, Eindampfen im Vakuum, Lösen in heißem W., Filtrieren u. Zugabe von Alkali bis pH 9; braune Nadeln aus A., dann aus heißem W.; λ_{max} 218 u. 277 mμ (log ε = 4,52 u. 4,00; A.) bzw. 215, 239 u. 279 mμ (log ε = 4,27, 4,28 u. 4,03; 0,1n HCl); 100 mg. — *7-Methyl-2-methylmercaptoadenin*, $C_7H_9N_5S$, F. 282 bis 283° (korr.), durch 1std. Kochen von 60 mg vorst. Verb. in abs. **XXVII**, Gießen in W. u. Eindampfen im Vakuum; Prismen aus A. u. durch Sublimation bei 230°/0,1 Torr; λ_{max} 212, 237 u. 286 mμ (log ε = 4,19, 4,33 u. 3,84; W.) bzw. 246 u. 289 mμ (log ε = 4,31 u. 4,03; 0,1n HCl); 30 mg. — *2.8-Dimercaptoadenin*, $C_5H_5N_5S_2$, F. 320°, durch 1std. Erhitzen von trockenem Thioharnstoff u. 1 g 4.5.6-Triamino-2-mercaptopyrimidin auf 180°, Kühlen, Lösen in 10%ig. NH_4OH, Filtrieren durch Kohle u. Fällen mit verd. $CH_3\cdot COOH$; gelbe Kristalle durch Fällen aus verd. NH_4OH; λ_{max} 311 u. 363 mμ (log ε = 4,34 u. 4,17; DMF); 0,8 g. — *Chlormercuripurine*, nach DAVOLL u. LOWY (C. **1952.** 1009) durch langsame Zugabe von 1 Val $HgCl_2$ in A. zum Purin-Na-Salz in W., W.–A. oder A. unter Rühren, Abfiltrieren, Waschen, Trocknen mit P_2O_5 im Vakuum, Pulvern u. Trocknen. — *6-Chlor-9-tetra-O-acetyl-β-D-glucopyranosylpurin* (**XXX**), $C_{19}H_{21}ClN_4O_9$, F. 163° (A.), durch Entwässern von 1 g **II**–HgCl in sd. Xylol unter Rühren (DEAN-STARK-App.), rasche Zugabe von **V**, 4std. Kochen u. Rühren, Filtrieren der heißen Lsg. durch Diatomite, Extraktion des Rückstandes mit Chlf., Verdünnen der Xylol-Lsg. mit PAe., Aufnehmen des Nd. mit der Chlf.-Lsg., Waschen dieser Lsg. mit 10%ig. KJ-Lsg. u. W., Trocknen, Eindampfen im Vakuum u. Aufarbeiten des Roh-Prod. durch Lösen in heißem A., Kühlen u. Chromatographie des Nd. an Al_2O_3 (Bzl.–10% Chlf.); 100 mg. — *9-β-D-Glucopyranosyladenin*, F. 207° (Aceton), durch 2std. Erhitzen von 25 mg **XXX** mit äthanol. NH_3 auf 140° im Rohr u. Eindampfen; λ_{max} 260 mμ (log ε = 4,08; 0,1n HCl); 7 mg. — *2.8-Dichlor-6-dibenzylamino-9-tetra-O-acetyl-β-D-glucopyranosylpurin*, $C_{33}H_{33}Cl_2N_5O_9$, F. 208°, analog **XXX** durch 3std. Rk. von 1,2 g **VII**–HgCl u. **V**; Nadeln aus A.; $[\alpha]_D^{22}$ −51° (c = 1,5; Chlf.), λ_{max} 284 mμ (log ε = 4,40; Schultern bei 210 u. 225 mμ mit log ε = 4,47 bzw. 4,37); 200 mg. — *6-Dibenzylamino-9-tetra-O-acetyl-β-D-glucopyranosylpurin*, $C_{33}H_{35}N_5O_9$, F. 162° (korr.; A.), analog **XXX** durch 3½std. Rk. von 2,6 g **IV**–HgCl u. **V**; $[\alpha]_D^{21}$ −66° (c = 1 in Chlf.); λ_{max} 278 mμ (log ε = 4,36); 1,25 g. — *6-Benzylamino-9-β-D-glucopyranosylpurin*, $C_{18}H_{21}N_5O_5$, F. 188—190° (korr.) u. 211° (nach Erstarren), a) durch Zutropfen von Na in fl. NH_3 zu 520 mg vorst. Verb. in fl. NH_3 unter Rühren bis zur bleibenden Blaufärbung, 1std. Rühren, Zugabe von NH_4Cl, Abdampfen des NH_3, Waschen mit Ae., Extraktion mit heißem A. u. Eindampfen; Nadeln aus A.; 300 mg; b) analog a) aus 120 mg vorvorst. Verb.; 50 mg. — *6-[N-Benzyl-N-methylamino]-7-tetra-O-acetyl-β-D-glucopyranosylpurin*, $C_{27}H_{31}N_5O_9$, F. 127° (A.), durch langsame Zugabe von NaOH zu **X** + 1 Val $HgCl_2$ in warmem A. (→ 630 mg **X**–HgCl), 4std. Erhitzen mit **V** in abs. Xylol u. Chromatographie an Al_2O_3 (Chlf.); $[\alpha]_D^{21}$ −15° (c = 0,55; Chlf.); λ_{max} 305 u. 223 mμ (log ε = 4,21 u. 4,20); 50 mg; daneben *Gemisch von 7- u. 9-Glucosid*, F. 105°, λ_{max} 277 mμ (log ε = 4,11; Schulter bei 302 mμ). — *6-Benzylamino-9-tri-O-acetyl-β-D-ribopyranosylpurin, Methanolat*, $C_{23}H_{25}N_5O_7\cdot CH_3OH$, analog **XXX** durch 3std. Rk. von 1,5 g **VIII**–HgCl u. **XII** u. Chromatographie des Roh-Prod. an Al_2O_3 (Chlf.); amorph; λ_{max} 208 u. 271 mμ (log ε = 4,36 u. 4,19); 0,82 g. — *6-Benzylamino-9-β-D-ribopyranosylpurin, Hemihydrat*, $C_{17}H_{19}N_5O_4\cdot ½\ H_2O$, F. 123—124° (korr.), durch Desacetylieren vorst. Verb.; Prismen aus W.; λ_{max} 209 u. 268 mμ (log ε = 4,36 u. 4,25; CH_3OH). — *6-[N-Benzyl-N-methylamino]-9-tri-O-benzoylribofuranosylpurin*, analog **XXX** durch 3std. Rk. von 0,75 g **X**–HgCl u. **XI** (aus 1-O-Acetyl-2.3.5-tri-O-benzoyl-D-ribofuranose nach KISSMANN u. Mitarbeitern, l. c.) u. Chromatographie an Al_2O_3 (Chlf.–Bzl.); Glas; λ_{max} 277 mμ; 0,8 g. — *2.8-Dimethylmercapto-9-β-D-glucopyranosyladenin*, F. 148°, analog **XXX** aus 1,4 g **XIII**–HgCl u. **V** u. 2tägiges Verseifen in methanol. NH_3 bei 10°; hellgelbes Pulver aus A.; λ_{max} 231 u. 290 mμ (log ε = 4,31 u. 4,28); 0,5 g. *Pikrat*, $C_{19}H_{22}N_8O_{12}S_2$, F. 188° (Zers.), aus A. Tafeln. — *2.8-Dimethylmercapto-9-tri-O-benzoyl-β-D-ribofuranosyladenin* (**XV**), $C_{33}H_{29}N_5O_7S_2$, F. 210° (korr.), analog **XXX** aus 2,1 g **XIII**–HgCl u. **XI** in abs. Toluol statt Xylol u. Waschen des aus A. isolierten Prod. mit kaltem Bzl.; Nadeln aus A. + 10% Essigester; $[\alpha]_D^{23}$ +22,3° (c = 1,04; Chlf.); λ_{max} 234 u. 292 mμ (log ε = 4,77 u. 4,35); 1,1 g (+400 mg nach Chromatographie des Waschbenzols an Al_2O_3 aus Bzl.). — *2.8-Dimethylmercapto-9-tri-O-acetyl-β-D-ribofuranosyladenin, Sesquihydrat*, $C_{18}H_{23}N_5O_7S_2\cdot 1½\ H_2O$, F. 178° (wss. CH_3OH), analog **XXX** aus 3,2 g **XIII**–HgCl u. **XIV** [nach ZINNER, C. **1954.** 5076, aus **XXXI** (F. 77—80°)] in 2½ Std. u. Chromatographie an Al_2O_3 (Bzl. + 10% Chlf.); 1,1 g; daneben das *7-Isomere*, $C_{18}H_{23}N_5O_7S_2$, durch Eindampfen der entsprechenden Chromatographiefraktionen im Vakuum, fraktionierte Kristallisation aus Propanol-(2) (→ 200 mg **XXXI**, F. 81°), Eindampfen der Mutterlaugen u. Chromatographie an Al_2O_3 (Bzl.); gelbes Glas; λ_{max} 203, 232 u. 297 mμ (log ε = 4,17, 4,40 u. 4,29); 80 mg. — *2.8-Dimethylmercapto-9-β-D-ribofuranosyladenin, Hemiäthanolat*, $C_{12}H_{17}N_5O_4S_2 \cdot$ ½ C_2H_5OH, F. 230° (korr.), a) durch ³/₄std. Kochen von 0,85 g **XV** mit CH_3ONa in CH_3OH; Stäbe aus A.; λ_{max} 289 mμ (log ε = 4,31; W.); 0,35 g; b) analog a) aus 0,8 g vorst. Verb.; 0,2 g. — *Adenosin*, F. 228°, durch 1std. Kochen u. Rühren von **XV** mit RANEY-Ni in A.-Essigester (3:1), Filtrieren der heißen Lsg., Extraktion des Ni mit heißem A., Eindampfen der Lsgg. im Vakuum u. Verseifen analog vorst. Verb. mit $CH_3 \cdot$ ONa; Nadeln aus W.; λ_{max} 207 u. 260 mμ (log ε = 4,27 u. 4,13; W.) bzw. 258 mμ (log ε = 4,12; 0,1n HCl). *Pikrat*, $C_{16}H_{16}N_8O_{11}$, F. 194°. — *9-Carbobenzoxy-2-methylmercapto-adenin*, $C_{14}H_{13}N_5O_2S$, F. 172° (Zers.; CH_3OH + 10% Chlf.), durch Lösen von 3,5 g **XVI** in warmem W. + 1n NaOH (ca. 1:1), Zutropfen von **XVII** in Dioxan unter Rühren, Abfiltrieren u. Waschen; λ_{max} 235 u. 277 mμ (log ε = 4,21 u. 4,11; Chlf.); 1,4 g. — *1.3.5-Tri-O-benzoyl-D-ribose*, $C_{26}H_{22}O_8$, F. 141,5—142,5° (korr.), durch 24std. Kochen von 1,4 g vorst. Verb. in abs. Aceton mit **XI** unter Rühren, Filtrieren (→ 0,53 g **XVI**, F. 287°, aus A.), Einengen des Filtrats im Vakuum, Kühlen, Filtrieren (→ 0,4 g vorst. Verb.) u. Eindampfen des Filtrats im Vakuum; Nadeln aus abs. Bzl., dann aus Aceton; $[\alpha]_D^{23}$ + 80,8° (c = 1; Chlf.); 300 mg. H. PAGEL. 3272□

Untersuchungen in der Chemie der Phenothiazine. 3. Mitt. Versuche zur Darstellung einiger pentacyclischer Verbindungen. K. J. Farrington und W. K. Warburton. (Austral. J. Chem. **10.** 502—04. Nov. 1957. Sydney, C.S.I.R.O., Div. of Animal Health and Prod., McMaster Labor.) (Engl.) — 2. vgl. C. **1959.** 6479.

Auf der Suche nach Phenothiazinanaloga mit stärkerer anthelminth. Wrkg. als entsprechende bekannte Verbb. wird die Synth. von *5.7-Dithia-12.14-diaza-* (**I**) u. *5.12-Dithia-7.14-diaza-7.14-dihydropentacen* (**II**) versucht. In der 2. Mitt. (l. c.) erhaltenes *4.6-Bis-[2-amino-4-chlorphenylmercapto]-1.3-dinitrobenzol* (**III**) gibt nach Acetylieren, SMILES-Umlagerung u. Cyclisieren *2-[2-Acetamido-4-chlorphenylmercapto]-3-nitro-8-chlorphenothiazin*, jedoch konnte die zweite SMILES-Umlagerung u. der anschließende Ringschluß unter keiner der untersuchten Bedingungen durchgeführt werden. Die entsprechenden Rkk. mit dem Dibenzoyl-Deriv. von **III** verliefen analog. Verss., **I** direkt aus den Diacetyl- bzw. Dibenzoyl-Derivv. von 4.6-Bis-[2-aminophenylmercapto]-1.3-dinitrobenzol herzustellen, schlugen ebenfalls fehl. Durch Schmelzen von N.N'-Diphenyl-p-phenylendiamin (**IV**) mit 4 Äquivalenten S wird in geringer Menge ein Prod. erhalten, das möglicherweise **II** ist.

Versuche (FF. korr.): *4.6-Bis-[2-amino-4-chlorphenylmercapto]-1.3-dinitrobenzol, Diacetyl-Deriv.*, $C_{22}H_{16}Cl_2N_4O_6S_2$, F. 121° (Zers.), durch Acetylieren von **III**; aus verd. A. gelbe Platten; 30% (Ausbeute). *Dibenzoyl-Deriv.*, $C_{32}H_{20}Cl_2N_4O_6S_2$, F. 213°; aus Aceton gelbe Nadeln; 60%. — *2-[2-Amino-4-chlorphenylmercapto]-3-nitro-8-chlorphenothiazin, Acetyl-Deriv.*, $C_{20}H_{13}Cl_2N_3O_3S_2$, F. 271° (Zers.), aus 160 mg vorst. Diacetyl-Deriv. in abs. Aceton durch 5malige Behandlung mit äquivalenten Mengen NaOH in A. in je ½std. Abstand, ½std. Kochen, Einengen u. Gießen in W.; aus A. dunkelrote Nadeln; 30 mg. *Benzoyl-Deriv.*, $C_{25}H_{15}Cl_2N_3O_3S_2$, F. 238° (Zers.), analog dem Acetyl-Deriv.; aus Bzl./PAe. dunkelrote Nadeln. — *4.6-Bis-[2-aminophenylmercapto]-1.3-dinitrobenzol*, $C_{18}H_{14}N_4O_4S_2$, F. 252° (Zers.), durch Zufügen einer Lsg. von 10,6 g o-Aminothiophenol, NaOH u. A. zu einer warmen Lsg. von 10,8 g 1.3-Dichlor-4.6-dinitrobenzol u. 1std. Kochen; aus Bzl. dunkelgelbe Platten; 15,4 g. *Diacetyl-Deriv.*, $C_{22}H_{18}N_4O_6S_2$, F. 213°; aus Aceton/A. gelbe Nadeln. *Dibenzoyl-Deriv.*, $C_{32}H_{22}N_4O_6S_2$, F. 225°, aus Toluol gelbe Platten. — *2-[2-Aminophenylmercapto]-3-nitrophenothiazin, Benzoyl-Deriv.*, $C_{25}H_{17} \cdot N_3O_3S_2$, F. 264° (Zers.), durch SMILES-Umlagerung vorst. Dibenzoyl-Deriv. wie oben u. Chromatographie an MgO; aus Aceton orangefarbene Platten; 10%. *Acetyl-Deriv.*, F. 174° (Zers.); aus A. rote Platten. — *5.12-Dithia-7.14-diaza-7.14-dihydropentacen* (**II**) (?), $C_{18}H_{12}N_2S_2$, F. 360°, durch 1std. Erwärmen von 2 g **IV** mit 1 g S u. 0,1 g J_2, Extrahieren mit sd. Bzl. u. Hochvakuumsublimation von 0,4 g des Rückstands; nach erneuter Sublimation gelbe Platten; 46 mg. H. LEHWALD. 3292□

Synthese von Aminozuckern durch Reduktion von Hydrazinderivaten; D- und L-Ribosamin, D-Lyxosamin. M. L. Wolfrom, F. Shafizadeh, R. K. Armstrong und T. M. Shen Han. (J. Amer. chem. Soc. **81.** 3716—25. 20/7. 1959. Columbus, Ohio, Ohio State Univ., Dep. of Chem.) (Engl.)

Die Rk. von Methyl-3.4-O-isopropyliden-2-O-p-toluolsulfonyl-β-D-arabinopyranosid (**I**) mit Hydrazin (**II**) u. anschließende Red. führt zu *Methyl-2-amino-2-desoxy-3.4-O-isopropyliden-β-D-ribopyranosid*, die anschließende Hydrolyse schließlich zu *Methyl-2-amino-2-desoxy-β-D-ribopyranosid*, das als *Hydrochlorid* isoliert wurde. Dieses liefert durch Acetylierung u. saure Hydrolyse *2-Amino-2-desoxy-α-D-ribose*. Durch entsprechende Rk. mit **II** entstehen aus 1.2-O-Isopropyliden-3.5-di-O-p-toluolsulfonyl-α-D-xylofuranose (**III**) *3.5-Diamino-3.5-didesoxy-1.2-O-isopropyliden-α-D-ribofuranose-*

di-p-toluolsulfonat, aus 1.2-O-Isopropyliden-5-O-p-toluolsulfonyl-α-D-xylofuranose (IV) *5-Amino-5-desoxy-1.2-O-isopropyliden-α-D-xylofuranose-p-toluolsulfonat* (V), aus Methyl-3.5-O-isopropyliden-2-O-p-toluolsulfonyl-α β-D-xylofuranosid (VI) *Methyl-2-amino-2-desoxy-3.5-O-isopropyliden-D-lyxofuranosid*, das anschließend zu *2-Amino-2-desoxy-α-D-lyxosehydrochlorid* hydrolysiert wird, u. aus Methyl-3.4-O-isopropyliden-6-O-p-toluolsulfonyl-α-D-galaktopyranosid *Methyl-6-amino-6-desoxy-3.4-O-isopropyliden-α-D-galaktopyranosid-p-toluolsulfonat*. Es wird angenommen, daß der Ersatz der p-Toluolsulfonylgruppe durch die Hydrazingruppe mit einer WALDENschen Umkehrung verbunden ist.

Versuche: *Methyl-2-desoxy-3.4-O-isopropyliden-2-salicylidenamino-β-D-ribopyranosid*, $C_{16}H_{21}NO_5$, F. 116—117° (wss. A.), durch 20std. Erhitzen von 20 g I u. II auf 145°, Extrahieren mit Ae., Eindampfen, Behandeln des Sirups mit W., 2std. Behandeln mit RANEY-Ni zur Zers. von II, 18std. Hydrieren in Ggw. von RANEY-Ni in der PARR-App. bei 3 atm, Einengen, Zugeben von Salicylaldehyd u. A., 1std. Erhitzen der klaren Lsg. auf 60° u. Zugeben von W.; $[\alpha]_D^{25}$ −110° (c = 2,42; Chlf.); 2,3 g (Ausbeute). — *Methyl-2-amino-2-desoxy-β-D-ribopyranosidhydrochlorid*, $C_6H_{14}ClNO_4$, F. 175—183° (Zers.), durch 1std. Erhitzen von 1,35 g vorst. Verb. in 2n HCl auf 100°; aus Methanol/Ae. Plättchen; $[\alpha]_D^{25}$ −91,8° (c = 3,04; W.); 0,6 g. — *Methyl-2-benzylidenamino-2-desoxy-β-D-ribopyranosid*, $C_{13}H_{17}NO_4$, F. 143°, durch Erhitzen von 0,5 g vorst. Verb. in W. mit Benzaldehyd u. $NaHCO_3$; aus Ae. Nadeln; $[\alpha]_D^{23}$ −114° (c = 1,85; Chlf.); 0,45 g. — *2-Amino-2-desoxy-α-D-ribose* (*D-Ribosamin*), *Hydrochlorid*, $C_5H_{12}ClNO_4$, F. 144—149° (Zers.; Methanol/Aceton), durch 1std. Erhitzen von 2,2 g vorst. Verb., Na-Acetat u. Acetanhydrid, Zugeben von Eiswasser, Extrahieren mit Chlf., Eindampfen u. 1std. Hydrolysieren des Sirups mit 4n HCl bei 100°; $[\alpha]_D^{23}$ +14,1° (c = 2,18; W.; Anfangswert) → −2,75°; 1,45 g. *DL-Form*, F. 169—170° (Methanol/Aceton/Ae.), durch Vermischen der D- u. L-Form. — *5-Amino-5-desoxy-1.2-O-isopropyliden-α-D-xylofuranose-p-toluolsulfonat* (V), F. 193° (Methanol/Aceton/Ae.), durch 20std. Erhitzen von IV u. wasserfreiem II, Einengen, Lösen in W., 18std. Hydrieren in Ggw. von RANEY-Ni in der PARR-App. u. Einengen; $[\alpha]_D^{25}$ −5,3° (c = 3,49; W.). — *3.5-Diamino-3.5-didesoxy-1.2-O-isopropyliden-α-D-ribofuranosedi-p-toluolsulfonat*, $C_{22}H_{32}N_2O_9S_2$, F. 210° (Methanol/Aceton/Ae.), durch 40std. Erhitzen von 10 g III in wasserfreiem II, Einengen, Lösen in W., Hydrieren analog V, Einengen, Lösen in Methanol u. Zugeben von Ae. u. Aceton; $[\alpha]_D^{25}$ +23,1° (c = 1,53; W.); 0,35 g. — *Methyl-3.4-O-isopropyliden-α-D-galaktopyranosid*, $C_{10}H_{18}O_6$, F. 97—98°, durch 20 Min. langes Rühren von 18 g Methyl-α-D-galaktopyranosidmonohydrat u. P_2O_5 in Aceton, Abdekantieren, Neutralisieren mit Na_2CO_3, Einengen, Extrahieren mit Bzl. u. Dest. beim $Kp._{0,1}$ 160°; aus Bzl. Flocken; $[\alpha]_D^{27}$ +135° (c = 1,61; Chlf.); 11,9 g. — *Methyl-3.4-O-isopropyliden-6-O-p-toluolsulfonyl-α-D-galaktopyranosid*, F. 127—128°, durch 24std. Stehen von 5 g vorst. Verb. u. 4 g p-Toluolsulfonylchlorid in 25 ml Pyridin u. Aufnehmen in W.; 5,2 g. — *Methyl-6-amino-6-desoxy-3.4-O-isopropyliden-α-D-galaktopyranosid-p-toluolsulfonat*, $C_{17}H_{27}NO_8S$, F. 175—176°, durch 18std. Erhitzen von 3,75 g vorst. Verb. in 50 g wasserfreiem II bei 140°, Einengen, Lösen in W., Hydrieren analog V u. Einengen; $[\alpha]_D^{20}$ +94,6° (c = 1,70; W.); 1,75 g. — *Methyl-2-desoxy-3.5-O-isopropyliden-2-salicylidenamino-D-lyxofuranosid*, $C_{16}H_{21}NO_5$, F. 109,5—110°, durch 20std. Erhitzen von 15 g VI u. 50 g wasserfreiem II bei 155°, Extrahieren mit Ae., Einengen, Lösen in W., Hydrieren analog V, Einengen, Lösen in W., 20 Min. langes Erhitzen nach Zugeben von 1 ml Salicylaldehyd in A. u. Einengen; $[\alpha]_D^{23}$ +99,5° (c = 1,67; Chlf.). — *2-Amino-2-desoxy-α-D-lyxosehydrochlorid*, $C_5H_{12}ClNO_4$, Zers. bei 148—155°, durch 1std. Erhitzen von 0,8 g vorst. Verb. in 20 ml 2n HCl u. Vakuumeinengen; $[\alpha]_D^{25}$ +54° (extrapoliert) → −36° (c = 2,3; W.).

H. SMALLA. 3400

Synthese von 6-O-Acetyl-α-glucose. Y. Z. Frohwein und J. Leibowitz. (Nature [London] **186.** 153. 9/4. 1960. Jerusalem, Hebrew Univ., Dep. of Biol. Chem.)

Aus β-Glucosepentaacetat (I) entsteht in Ggw. von KOH *6-O-Acetyl-α-glucose*, deren Konstit. durch Hydrolyse u. Perjodatoxydation bewiesen wird.

Versuche: *6-O-Acetyl-α-glucose*, F. 146°, aus I in kaltem Aceton in Ggw. von 1n KOH; $[\alpha]_D$ +53°; 20% Ausbeute. *Phenylosazon*, F. 171°. G. RÜCKER. 3400□

3-Desoxyhexosone. E. F. L. J. Anet. (J. Amer. chem. Soc. **82.** 1502. 20/3. 1960. Homebush, N. S. W., Div. of Food Preservat. and Transport.) (Engl.)

Aus Di-D-fructoseglycindihydrat (I) bzw. Di-D-tagatoseglycin (II) entstehen durch Erhitzen *D-erythro-* (III) u. *D-threo-3-Desoxyhexoson*, die mit Säuren *5-[Hydroxymethyl]-furan-2-aldehyd* u. mit Alkalien Metasaccharinsäuren bilden. Zwischenprod. der Rk. ist ein Endiol.

Versuche: *3-Desoxy-D-erythrohexoson* (III), durch 4½ Min. langes Kochen von I in W. bei pH 5, Dekationisierung u. Chromatographie an einer Papiersäule. *2.4-Dinitrophenylosazon*, F. 266° (Zers.); $[\alpha]_D^{25}$ +800° (Pyridin–Essigsäure); *Triacetat*, F. 184°

(Zers.); $[\alpha]_D^{25}$ $+588^0$ (Chlf.). *2.5-Dichlorphenylosazon*, F. 242⁰ (Zers.); $[\alpha]_D^{25}$ $+400^0$ (Pyridin); *Triacetat*, F. 184⁰ (Zers.). *4-Nitrophenylosazon*, F. 260—262⁰ (Zers.); $[\alpha]_D^{25}$ $+350^0$ (Pyridin–Essigsäure). — *3-Desoxy-D-threohexoson*, analog **III** aus **II**. *2.4-Dinitrophenylosazon*, F. 258—259⁰ (Zers.); $[\alpha]_D^{25}$ -500^0 (Pyridin–Essigsäure); *Triacetat*, F. 209⁰ (Zers.). *2.5-Dichlorphenylosazon*, F. 225⁰ (Zers.); $[\alpha]_D^{25}$ -208^0 (Pyridin).
G. RÜCKER. 3400□

Zur Darstellung von Aryl-N-D-fructosiden. (Kurze Mitt.) Fl. Knotz. (Mh. Chem. **88.** 703—06. 27/9. 1957. Graz, Univ., Inst. für organ. u. pharmazeut. Chem.) (Dt.)

Vf. gelingt die Darst. von *N-D-Fructosiden* aus Fructose u. den entsprechenden Aminen mit Hilfe von anorgan. u. organ. Säuren bzw. Säure-Derivv. ($POCl_3$, Phosphorsäureesterchloride, H_3BO_3, Benzoesäure, Chloressigsäure, Dianilidophosphorsäure u. a.) als Kondens.-Mittel (KM). Bei Einw. von Fructose auf salzsaure Amine entstehen mit $POCl_3$ SCHIFFsche Basen des 5-Hydroxymethylfurfurols.

Versuche (opt. Drehungen in Pyridin): *N-Phenyl-D-fructosamin*, F. 152—153⁰ (Zers.), aus Fructose u. Anilin in abs. A. unter Zusatz von $POCl_3$ durch 1½std. Kochen u. Behandeln mit W.; aus abs. A. glänzende Platten; $[\alpha]_D^{20}$ $-196{,}7^0$ (c = 1) bzw. $-201{,}1^0$ (c = 1; A.); 20% (Ausbeute). Durch Verw. von 0,1 Mol KM pro Mol Fructose bei verringerten Rk.-Zeiten (3—30 Min.) konnten die Ausbeuten auf 27,0—61,76% erhöht werden. — N-Aryl-D-fructosamine, aus Fructose u. dem entsprechenden Amin in A. mit Diäthylphosphorsäurechlorid durch Kochen (3 Min.): *N-[p-Äthoxyphenyl]-*, F. 140⁰ (A.); $[\alpha]_D^{20}$ $-179{,}8^0$ (c = 0,8); 48,6%. — *N-[p-Methoxyphenyl]-*, $C_{13}H_{19}NO_6$, F. 141—142⁰ (Zers.); aus A. Nadeln; $[\alpha]_D^{20}$ $-195{,}5^0$ (c = 1,6); 50,1%. — *N-[p-Tolyl]-*, $C_{13}H_{19}NO_5$, F. 155—156⁰; aus abs. A. büschelige Stäbchen; $[\alpha]_D^{20}$ $-190{,}4^0$ (c = 1); 45,8%.
G. ZUMACH. 3400□

Aminozuckersynthesen. 20. Mitt. Überführung von 2-Amino-2-desoxyhexosen in 3-Amino-3-desoxyhexosen und -pentosen. Richard Kuhn und Gerhard Baschang. (Liebigs Ann. Chem. **636.** 164—73. 18/10. 1960. Heidelberg, MPI für medizin. Forsch., Inst. für Chem.) (Dt.) — 19. vgl. C. **1960.** 10581.

N-Acetylmannosamin u. N-Acetylglucosamin lassen sich durch Cyanhydrin-Synth. zu den entsprechenden *3-Acetylamino-3-desoxyheptosen* aufbauen, deren Methylpyranoside durch Perjodatabbau u. Hydrolyse zu *3-Amino-3-desoxy-D-galaktose* u. *3-Amino-3-desoxy-D-guloseanhydrid-(1.6)* u. deren Methylfuranoside zu *3-Amino-3-desoxy-L-arabinose* abgebaut werden.

Versuche: *3-Acetylamino-3-desoxy-D-gluco-D-idoheptose* (**I**), $C_9H_{17}NO_7$, F. 186 bis 189⁰ (Zers.), durch 4tägiges Schütteln einer Lsg. von N-Acetyl-D-glucosamin in Pyridin mit Triäthylamin u. HCN u. 48std. Stehen bei 20⁰ (95%), anschließende Hydrierung des krist. Nitrils mit $Pd(OH)_2/BaSO_4$ in W./Eisessig u. Reinigung an Amberlite IR-120-H^+; aus W./A. umkrist.; $[\alpha]_D^{24}$ -144^0 (2 Min.) → $-87{,}2^0$ (4 Std., Endwert; c = 0,7; W.) (*2.5-Dichlorphenylhydrazon*, $C_{15}H_{21}Cl_2N_3O_6$, F. 210—212⁰); neben nachst. 2.5-Dichlorphenylhydrazon; $[\alpha]_D^{22}$ -17^0 [konst., c = 0,5; *l* = 2, Dimethylformamid]); daneben *3-Acetylamino-3-desoxy-D-gluco-D-guloheptose* (**II**), $C_9H_{17}NO_7$, F. 204⁰, aus den Mutterlaugen von **I**; $[\alpha]_D^{24}$ $-20{,}1^0$ (2 Min.) → $-4{,}9^0$ (4 Std., Endwert; c = 1,64; W.). *2.5-Dichlorphenylhydrazon*, F. 185—187⁰, durch Kochen eines Gemisches aus 70% **II** u. 30% **I** in W./Methanol/A. u. Fällen mit PAe.; $[\alpha]_D^{22}$ $+36{,}7^0$ (3 Min.) → $+34{,}7^0$ (5 Std.) → $+39{,}3^0$ (18 Std.) → $+35^0$ (3 Tage; c = 1; Dimethylformamid). — *Methyl-3-acetylamino-3-desoxy-D-gluco-α-D-guloheptopyranosid*, $C_{10}H_{19}NO_7$, F. 193—195⁰, durch Kochen von **II** in 4%ig. methanol. HCl u. Rk. des Sirups mit Triäthylamin u. Acetanhydrid; $[\alpha]_D^{23}$ $+82{,}7^0$ (c = 2,27; W.); 55%. — *Methyl-3-acetylamino-3-desoxy-α-D-gulopyranosid* (**V**), $C_9H_{17}NO_6$, F. 169—170⁰, durch 2½std. Rk. vorst. Verb. mit $NaJO_4$ in W. u. 3std. Stehen des Sirups mit KBH_4 in Methanol; $[\alpha]_D^{23}$ $+91{,}6^0$ (c = 1,31; W.); 83%. — *3-Amino-3-desoxy-β-D-guloseanhydrid-(1.6)-hydrochlorid*, $C_6H_{12}ClNO_4$, F. 235—240⁰ (Zers.), durch 5std. Erhitzen von **V** in 2n HCl auf 100⁰; Nadeln aus A./Essigester; $[\alpha]_D^{22}$ $+48{,}5^0$ (c = 1,7; W.); 71%. — *2-Acetylamino-2-desoxy-D-mannose, Hydrat*, durch 4tägige Epimerisierung von N-Acetyl-D-glucosamin mit NH_4OH bei 20⁰ u. fraktionierte Kristallisation; $[\alpha]_D$ $+11{,}2$ bis $+12^0$ (Gleichgewicht; W.); ca. 15%. — *3-Acetylamino-3-desoxy-D-manno-D-galaheptonsäurenitril*, $C_9H_{16}N_2O_6$, durch 24std. Rk. von wasserfreiem N-Acetyl-D-mannosamin mit Triäthylamin u. HCN in Dimethylformamid; $[\alpha]_D^{25}$ $-50{,}5^0$ (c = 0,95; 1n Essigsäure). — *3-Acetylamino-3-desoxy-D-manno-D-galaheptose* (**III**), $C_9H_{17}NO_7$, F. 223—225⁰, durch Hydrierung vorst. Verb. an $Pd(OH)_2/BaSO_4$ in essigsaurem W.; R_F 0,29 (FISCHER-NEBEL-Gemisch); $[\alpha]_D^{23}$ $+149{,}5^0$ (4 Min.) → $+110{,}5^0$ (24 Std.); 72,5%. — *2.4.5.6.7-Pentaacetyl-3-acetylamino-3-desoxy-D-manno-D-galaheptonsäurenitril*, $C_{19}H_{26}N_2O_{11}$, F. 180—183⁰, durch Cyanhydrin-Synth. aus N-Acetyl-D-mannosamin analog vorvorst. Verb. u. Acetylierung mit Pyridin/Acetanhydrid bei 4⁰; $[\alpha]_D^{23}$ $+20{,}2^0$ (c = 1,14; Chlf.); 45%. — *3-Acetylamino-3-desoxy-*

D-manno-D-gala(D-talo?)-heptonsäure-γ-lacton, $C_9H_{15}NO_7$, F. 194—197°, durch 4tägige Rk. von 10 g N-Acetyl-D-mannosamin mit Triäthylamin u. HCN in Pyridin u. 24std. Stehen des Sirups mit 2n Essigsäure u. Carboraffin; Nadeln aus W./Aceton/Essigester; $[\alpha]_D^{24}$ —27,4° (c = 1,2; 1n NaOH); 5 g (Ausbeute). — *3-Acetylamino-3-desoxy-D-manno-D-gala(D-talo?)-heptonsäurephenylhydrazid*, $C_{15}H_{23}N_3O_7$, F. 206—208°; $[\alpha]_D^{22}$ —53,5° (c = 2,58; W.). — *Gemisch aus Methyl-3-acetylamino-3-desoxy-D-manno-α- u. -β-D-galaheptopyranosid* (**IV**), $C_{10}H_{19}NO_7$, F. 233—236°, durch 36std. Kochen von 10 g **III** in 2%ig. methanol. HCl unter Zusatz von Drierite u. Nachacetylieren mit Acetanhydrid in 70%ig. wss. Methanol; Nadeln aus Methanol/Essigester; $[\alpha]_D^{23}$ +207° (c = 0,81; W.); 5,5 g. — *Methyl-3-acetylamino-3-desoxy-D-manno-β-D-galaheptofuranosid* (**VI**), $C_{10}H_{19}NO_7$, F. 190—192°, durch 1½std. Kochen von **III** mit Drierite in 0,5%ig. methanol. HCl; $[\alpha]_D^{23}$ —96° (c = 1,0; W.); 57%. — *3-Amino-3-desoxy-D-manno-D-galaheptosehydrochlorid*, $C_7H_{16}ClNO_6$, F. 180°, durch 4std. Erhitzen der Mutterlaugen von **VI** mit 2n HCl auf 100°; $[\alpha]_D^{22}$ +60° (1½ Min.) → +67,5° (2½ Std., Endwert; c = 2,93; W.). — *3-Amino-3-desoxy-L-arabinosehydrochlorid*, $C_5H_{12}ClNO_4$, F. 165—167° (Zers.), durch 5std. Rk. von **VI** mit $NaJO_4$ in Eiswasser u. 3std. Rk. des Sirups mit KBH_4 in Methanol; $[\alpha]_D^{22}$ +151° (1½ Min.) → +109° (100 Min., Endwert; c = 1,6; W.). — *3-Acetylamino-3-desoxy-L-arabinose*, $C_7H_{13}NO_5$, F. 175—177°, durch Acetylierung vorst. Verb. mit 1,1 Val Triäthylamin u. 1,5 Val Acetanhydrid in 70%ig. wss. Methanol; $[\alpha]_D^{22}$ +137° (2 Min.) → +124° (17 Min., Endwert; c = 1,44; W.); 85%. — *3-Amino-3-desoxy-D-galaktosehydrochlorid*, $C_6H_{14}ClNO_5$, F. 178—180°, analog **V** aus 3,82 g **IV** mit $NaJO_4$ u. KBH_4; $[\alpha]_D^{23}$ +115° (2 Min.) → +89° (2 Std., Endwert; c = 1,46; W.); 1,7 g. — *3-Acetylamino-3-desoxy-D-galaktose*, $C_8H_{15}NO_6$, F. 170—172°, durch Acetylierung vorst. Verb.; $[\alpha]_D^{24}$ +99° (1½ Min.) → +119° (2½ Std., Endwert; c = 1,16; W.); 50%.

E. SCHRAVEN. 3400□

Aminozuckersynthesen. 21. Mitt. **N-[Fluorenyl-(9)]- und Diphenylmethylhexosaminsäurenitrile. Eine neue Synthese von Allosamin und Talosamin.** Richard Kuhn und Johannes C. Jochims. (Liebigs Ann. Chem. **641**. 143—52. März 1961.) (Dt.) — 20. vgl. vorst. Referat.

Durch Anlagerung von HCN an Ribose u. Lyxose in Ggw. von *9-Aminofluoren* bzw. *Diphenylmethylamin* erhält man nach Epimerisierung der entstandenen *Hexonsäurenitrile* *N-[Fluorenyl-(9)]-D-allosaminsäurenitril* u. *N-[Fluorenyl-(9)]-D-talosaminsäurenitril* bzw. die entsprechenden *Diphenylmethylamin-Derivv.*, aus denen durch katalyt. Halbhydrierung krist. *β-D-Allosaminhydrochlorid* u. *Talosaminhydrochlorid* entstehen.

Versuche: *9-Aminofluoren*, $C_{13}H_{11}N$, F. 61—62°, Kp.$_2$ 136°, durch 2std. Kochen von Fluorenon mit $NH_2OH \cdot HCl$ u. NaOH in A./W., Ansäuern mit 10 vol.-%ig. H_2SO_4 u. 2½std. Kochen des rohen Oxims in konz. NH_4OH u. A. mit Zinkstaub u. Octanol; 80%. — *N-[Fluorenyl-(9)]-D-ribosimin* (**II**), $C_{18}H_{19}NO_4$, F. 115° (Zers.), durch Lösen von vorst. Verb. u. Ribose in A. u. 3std. Schütteln der abgekühlten Lsg. mit Ae. u. anschließend 12 Std. mit Bzn.; $[\alpha]_D^{22}$ —25° (5 Min.) → —16° (18 Std.; c = 1,0; Dimethylformamid); 92%. — *Gemisch aus N-[Fluorenyl-(9)]-D-ribohexosaminsäurenitrilen*, durch 3std. Schütteln vorst. Verb. in A. mit HCN bei 20°, 18std. Schütteln nach Zusatz von Bzn. (30—40°) u. 24std. Stehen bei 5°; $[\alpha]_D^{22}$ —24° (c = 1; Pyridin); 83%. — *N-[Fluorenyl-(9)]-D-allosaminsäurenitril*, $C_{19}H_{20}N_2O_4$, F. 147—149° (Zers.), durch 13std. Rühren vorst. Gemisches in Isopropanol bei 65° unter N_2; $[\alpha]_D^{22}$ +46° (c = 1,0; Pyridin); 90%. — *β-D-Allosaminhydrochlorid* (**I**), $C_6H_{13}NO_5 \cdot HCl$, F. 145—148° (Zers.), durch Hydrieren vorst. Verb. an PdO in 1n HCl/Ae. bei 20° u. Reinigen an Amberlite IR-120 (H^+-Form); schwach hygroskop. Prismen aus A./W./Essigester; $[\alpha]_D^{22}$ +1° (4 Min.) → +16° (4 Std.; c = 1,4; W.); 76%. — *N-Diphenylmethyl-D-ribosimin*, $C_{18}H_{21}NO_4$, F. 104—107° (Zers.), durch ½std. Kochen von D-Ribose u. Diphenylmethylamin in A.; $[\alpha]_D^{22}$ +15° (3 Min.) → +1° (48 Std.; c = 1,1; Dimethylformamid); 80%. — *Gemisch aus N-Diphenylmethyl-D-ribohexosaminsäurenitrilen*, $C_{19}H_{22}N_2O_4$, F. 132—134° (Zers.), durch 24std. Schütteln vorst. Verb. mit HCN in abs. Methanol bei 22°, Versetzen mit Ae./Bzn. (1 : 2) u. 12std. Stehen bei —10°; $[\alpha]_D^{23}$ —41° (c = 1,8; Pyridin); 86%; nach Lösen in Methanol u. 24std. Stehen mit Ae./Bzn. (1 : 1) bei —10° $[\alpha]_D^{22}$ —68° (c = 1,0; Pyridin); 73%. — *Gemisch aus N-[Fluorenyl-(9)]-L-arabohexosaminsäurenitrilen*, durch ½std. Kochen von L-Arabinose mit 9-Aminofluoren in abs. Methanol u. 24std. Schütteln der äthanol. Lsg. des entstandenen Sirups mit HCN bei 5°; $[\alpha]_D^{22}$ —12° (c = 1,6; Pyridin); 70%. — *N-[Fluorenyl-(9)]-L-glucosaminsäurenitril*, $C_{19}H_{20}N_2O_4$, F. 172—173° (Zers.; Gelbfärbung ab 168°), durch 46std. Rühren vorst. Gemisches in abs. A. unter N_2 bei 65°; $[\alpha]_D^{22}$ —30° (c = 0,8; Pyridin); 85%. — *L-Glucosaminhydrochlorid*, $C_6H_{13}NO_5 \cdot Cl$, Zers. ab 185°, durch Red. analog **I**; $[\alpha]_D^{22}$ —89° (5 Min.) → —72° (3 Std.; c = 1,0; W.); 70%. — *N-Diphenylmethyl-L-arabinosimin*, $C_{18}H_{21}NO_4$, F. 109—111° (Zers.), durch ¾std. Kochen von L-Arabinose u. Diphenylmethylamin in abs. A., Eindampfen unter N_2, Lösen in Essigester, Zugabe von Ae./Bzn., 24std. Stehen bei 5° u. 3 Tage bei 20°; $[\alpha]_D^{22}$ −14° (konst. über 30 Std.; c = 1,0; Dimethylformamid); 70%. — *Gemisch aus N-Diphenylmethyl-L-arabohexosaminsäurenitrilen*, $C_{19}H_{22}N_2O_4$, F. 133—136° (Zers.), durch 24std. Schütteln einer äthanol. Lsg. vorst. Verb. mit HCN bei 20°, Zugabe von Ae. u. 24std. Stehen bei −10°; $[\alpha]_D^{22}$ −7° (c = 1,8; Pyridin); 69%. — *Gemisch aus N-[Fluorenyl-(9)]-D-xylohexosaminsäurenitrilen*, $C_{19}H_{20}N_2O_4$, F. 123—126° (Zers.), durch 5 Min. langes Kochen von D-Xylose, 9-Aminofluoren u. NH_4Cl in abs. A. u. 24std. Schütteln mit HCN bei 5°; $[\alpha]_D^{20}$ −15° (c = 1,3; Pyridin); 69%. — *N-[Fluorenyl-(9)]-D-lyxosimin*, $C_{18}H_{19}NO_4$, F. 124—127° (Zers.; Gelbfärbung ab 122°), aus D-Lyxose u. 9-Aminofluoren analog **II**; $[\alpha]_D^{22}$ — 0,5° (konst.; c = 1,3; Dimethylformamid); 94%. — *Gemisch aus N-[Fluorenyl-(9)]-D-lyxohexosaminsäurenitrilen*, durch 6std. Schütteln einer äthanol. Lsg. vorst. Verb. mit HCN bei 22°, Zugabe von Bzn. u. 24std. Schütteln bei 5°; $[\alpha]_D^{22}$ +4° (c = 1; Pyridin); 85%. — *N-[Fluorenyl-(9)]-D-talosaminsäurenitril*, $C_{19}H_{20}N_2O_4$, F. 148—150° (Zers.; Gelbfärbung ab 143°), durch 13std. Rühren vorst. Gemisches unter N_2 bei 65°; $[\alpha]_D^{20}$ −81° (c = 1; Pyridin); 91%. — *D-Talosaminhydrochlorid*, $C_6H_{13}NO_5 \cdot HCl$, F. 150—153° (Zers.; Gelbfärbung ab 145°), durch Hydrierung vorst. Verb. analog **I**; $[\alpha]_D^{24}$ +1° (4 Min.) → −5,5° (2 Std.; c = 1,1; W.); 75%. — *N-Diphenylmethyl-D-lyxosimin*, $C_{18}H_{21}NO_4$, F. 131—132° (Zers.), durch kurzes Aufkochen von D-Lyxose u. Diphenylmethylamin in abs. A.; $[\alpha]_D^{22}$ −43° (3 Min.) → −28° (24 Std.; c = 1,2; Dimethylformamid); 95%. — *Gemisch aus N-Diphenylmethyl-D-lyxohexosaminsäurenitrilen*, $C_{19}H_{22}N_2O_4$, F. 135—140° (Zers.), durch ½std. Schütteln einer äthanol. Lsg. vorst. Verb. mit HCN bei 23° u. 48std. Stehen bei −10°; $[\alpha]_D^{22}$ +37° (c = 1,0; Pyridin); 83%.

E. SCHRAVEN. 3400□

Aminozuckersynthesen. 22. Mitt. **Über D-Threosamin und D-Erythrosamin.** Richard Kuhn und Hans Fischer. (Liebigs Ann. Chem. **641**. 152—60. März 1961.) (Dt.) — 21. vgl. vorst. Referat.

Aus 1.2;5.6-O.O-Diisopropylidenmannit (**II**) werden durch Spaltung mit $(CH_3COO)_4 \cdot Pb$, Kondens. mit Benzylamin u. HCN, saure Hydrolyse u. Hydrierung *D-Threosamin-* (**VI**) u. *D-Erythrosaminhydrochlorid* synthetisiert. Die ster. Zuordnung ergibt sich durch Umwandlung in *2-Amino-2-desoxy-D-threonsäure* (**V**), deren Cu-Komplex (+)-COTTON-Effekt zeigt, u. *2-Amino-2-desoxy-D-erythronsäure*. Die Farb-Rk. mit p-Dimethylaminobenzaldehyd u. die Red. von FEHLINGscher Lsg. u. ammoniakal. Silbersalz-Lsg. erfolgt schon in der Kälte. Beim Erwärmen mit Pyridin bildet sich *3-Acetamidofuran*. Aus N-Acetyl-D-threosamin erhält man durch Cyanhydrin-Synth. *3-Acetamido-3-desoxy-D-xylose*.

Versuche: *N-Benzyl-3.4-O-isopropyliden-2-amino-2-desoxy-D-threonsäurenitril* (**I**), $C_{14}H_{18}N_2O_2$, F. 87°, durch ½std. Schütteln von **II** mit $(CH_3COO)_4Pb$ in Bzl., Ausschütteln mit gesätt. K_2CO_3-Lsg., 5 Min. lange Rk. der organ. Phase mit Benzylamin, Abdampfen im Vakuum u. ½std. Rk. der methanol. Lsg. des entstandenen Sirups mit HCN; $[\alpha]_D^{23}$ −99,4° (c = 2,32; A.); 35% (Ausbeute). *Hydrochlorid*, $C_{14}H_{18}N_2O_2 \cdot HCl$, F. 123—125°; 65%. — *N-Benzyl-2-amino-2-desoxy-D-threonsäurenitrilhydrochlorid*, $C_{11}H_{14}N_2O_2 \cdot HCl$, F. 127—128°, durch Hydrolyse von **I** mit 2n HCl; $[\alpha]_D^{23}$ −64,0° (c = 1,75; A.); 80%. — *N-Benzyl-2-amino-2-desoxy-D-threonsäurelactonhydrochlorid* (**III**), $C_{11}H_{13}NO_3 \cdot HCl$, F. 170—171°, durch 3std. Erhitzen vorst. Verb. mit 2n HCl; $[\alpha]_D^{20}$ −36,0° (c = 1,0; W.); 53%. — *2-Amino-2-desoxy-D-threonsäurelactonhydrochlorid*, $C_4H_7NO_3 \cdot HCl$, F. 163° (Zers.), durch Hydrierung von **III** an $Pd(OH)_2/BaSO_4$ in W.; Nadeln aus A./Ae.; $[\alpha]_D^{20}$ −29,5° (c = 1,05; W.); 81%. — *2-Amino-2-desoxy-D-threonsäure* (**V**), $C_4H_9NO_4$, F. 209—211°. durch kurzes Erhitzen vorst. Verb. mit Ag_2CO_3; Nadeln aus W./Methanol; $[\alpha]_D^{20}$ −13,4° (c = 1,65; W.); 57%. *Cu-Salz*, $C_8H_{16}CuN_2O_8$, F. 195° (Zers.), durch Versetzen von **V** mit bas. Kupfercarbonat in W. bei 100°; Nadeln aus W./A.; 66%. — *D-Threosaminhydrochlorid* (**VI**), $C_4H_9NO_3 \cdot HCl$, durch 5 Min. lange Rk. von **I** mit 2n HCl in A. bei 50°, Hydrierung an $Pd(OH)_2/BaSO_4$ in W. u. Reinigung an Amberlite IR-120; $[\alpha]_D^{24}$ −33,4° (c = 0,57; Methanol); 3%. — *D-Threosephenylosazon*, F. 165—166°, durch 3std. Rk. von **VI** mit Phenylhydrazin u. Na-Acetat in 2n Essigsäure. — *N-Acetyl-D-threosamin* (**VII**), $C_6H_{11}NO_4$, durch Zutropfen von Acetanhydrid zu **VI** u. $NaHCO_3$ in 70%ig. Methanol, 2std. Rk. bei 20° u. Reinigung mit Amberlite IR-120 u. IR-45; hygroskop. Pulver bzw. Sirup; $[\alpha]_D^{20}$ −66,2° (c = 0,8; Methanol); 58%. — *3-Acetamidofuran*, F. 112—113°, durch 2std. Kochen von **VII** in Pyridin. — *Triacetyl-D-threosamin*, $C_{10}H_{15}NO_6$, F. 129—130°, durch 3std. Rk. von **VII** mit Acetanhydrid in Pyridin; Nadeln aus Bzl./Cyclohexan/Bzn. (30—40°); $[\alpha]_D^{20}$ −135° (c = 0,63; W.); 2,6%. — *Triacetyl-3-acetamido-3-desoxy-D-xylose*, $C_{13}H_{19} \cdot NO_8$, F. 212°, durch 3std. Rk. von **VII** mit Triäthylamin u. HCN in Dimethylformamid, Hydrierung an Pd in verd. HCl, Reinigung an Amberlite IR-120 u. kurzes

Erhitzen des Sirups mit Acetanhydrid in Pyridin auf 100°; aus W. Nadeln; $[\alpha]_D^{19}$ −5,1° (c = 0,78; Methanol); 7%. — *3-Amino-3-desoxy-D-xylosehydrochlorid*, $C_5H_{11}NO_4 \cdot HCl$, F. 163°, durch 3std. Kochen vorst. Verb. in 2%ig. HCl; $[\alpha]_D^{19}$ +1,6° (2 Min.) → +32,5° (1 Std.; c = 1,23; W.); 23%. — *N-Benzyl-3.4-O-isopropyliden-2-amino-2-desoxy-D-erythronsäurenitril* (IV), $C_{14}H_{18}N_2O_2$, F. 53°, aus den Mutterlaugen von I; $[\alpha]_D^{19}$ +52,0° (c = 0,75; Methanol); 3%. — *N-Benzyl-2-amino-2-desoxy-D-erythronsäurelactonhydrochlorid*, $C_{11}H_{13}NO_3 \cdot HCl$, F. 196—198°, durch 2std. Erhitzen von IV in 5n HCl auf 100°; Nadeln aus A./Ae.; $[\alpha]_D^{19}$ −27,3° (c = 0,95; W.); 50%. — *2-Amino-2-desoxy-D-erythronsäurelactonhydrochlorid*, $C_4H_7NO_3 \cdot HCl$, F. 173°, durch Hydrierung vorst. Verb. an $Pd(OH)_2/BaSO_4$ in W.; Nadeln aus A./Ae.; $[\alpha]_D^{20}$ −52° (c = 1,0; W.); 50%. — *D-Erythrosaminhydrochlorid*, $C_4H_9NO_3 \cdot HCl$, F. 128°, a) durch 5 Min. langes Erwärmen von IV in A. u. 2n HCl auf 50° u. Hydrierung an $Pd(OH)_2/BaSO_4$ bei 20°; Prismen aus Methanol/Essigester; $[\alpha]_D^{19}$ +33,4° (45 Sek.) → +5,3° (5 Min. u. 20 Std.; c = 1,13; W.); 12%; b) durch 3std. Erwärmen von I in Propanol bei 65° u. Hydrierung in 2nHCl analog a); 16%. — *N-Acetyl-D-erythrosamin*, $C_6H_{11}NO_4$, aus vorst. Verb. wie VII; Sirup; $[\alpha]_D^{18}$ −7,6° (c = 2,5; W.); 73%. E. SCHRAVEN. 3400□

Zur Synthese von 1-Alkylamino-1-desoxy-D-fructosen. 3. Mitt. über **Aminozucker.** G. Huber, O. Schier und J. Druey. (Helv. chim. Acta **43.** 713—17. 2/5. 1960. Basel, Ciba AG, Forschungslabor., Pharm. Abt.) (Dt.) — 2. vgl. C. **1960.** 9563.

Aus Methyl- (I), Äthyl- (II), Butyl- (III) u. Cyanmethylbenzylamin (IV) einerseits u. D-Glucose (V) andererseits entstehen unter AMADORI-Umlagerung die entsprechend substituierten *1-Amino-1-desoxy-D-fructosen*. Katalyt. hydrogenolyt. Entfernung der Benzylgruppe in Ggw. von Pd/Kohle in A./Eisessig/W. u. Aufarbeiten aus essigsaurem oder salzsaurem Milieu führt zu den entsprechenden Salzen von *1-Methyl-* (VII), *1-Äthyl-* (VIII) u. *1-Butylamino-1-desoxy-D-fructose* (VI). Ein Strukturbeweis wird durch Umsetzung von VII- u. VI-Hydrochlorid sowie VIII-Acetat mit HSCN geliefert, wobei *1-Methyl-*, *1-Butyl-* u. *1-Äthyl-2-mercapto-4-[1'.2'.3'.4'-tetrahydroxybutyl]-imidazol* entstehen. Aus VII-Acetat u. HOCN wird *1-Methyl-4-[1'.2'.3'.4'-tetrahydroxybutyl]-imidazolon-(2)* dargestellt.

Versuche: 1-Amino-1-desoxy-D-fructosen: *N-Methyl-N-benzyl-*, $C_{14}H_{21}NO_5$, F. 143—144°, aus V u. I in A. durch 1std. Kochen, Zugabe von NH_4Cl bzw. Oxalsäure u. weiteres 3std. Erhitzen; $[\alpha]_D^{26}$ −74,9° (c = 1,01; Pyridin); 46 bzw. 57% (Ausbeute). — *N-Methyl-* (VII), *Acetat*, $C_7H_{15}NO_5 \cdot C_2H_4O_2$, F. 152—153°, durch Hydrieren vorst. Verb. an 10%ig. Pd/Kohle in 95%ig. A./Eisessig bis zur Aufnahme der theoret. Menge H_2; $[\alpha]_D^{26}$ −58° (c = 1,069; W.); 91%. *Hydrochlorid*, $C_7H_{15}NO_5 \cdot HCl$, F. 160—162°, durch Hydrieren der vorst. Verb. analog der Darst. des Acetats, Abfiltrieren des Katalysators, Einengen u. Zusatz von konz. HCl, A. u. Ae.; $[\alpha]_D^{25}$ −78,8° (c = 0,985; W.); 89%. — *N-Äthyl-N-benzyl-*, $C_{15}H_{23}NO_5$, F. 119—120° (A.), a) durch 2std. Kochen von II u. V in A. im N_2-Strom u. weiteres 2½std. Kochen in Ggw. von NH_4Cl; $[\alpha]_D^{26}$ −79° (c = 1,07; Pyridin); 34%; b) durch 25 Min. langes Erhitzen von II u. V in 50%ig. CH_3COOH auf 100°, A.-Zusatz u. weiteres 5 Min. langes Erhitzen auf 100°; 61%. — *N-Äthyl-* (VIII), *Acetat*, $C_8H_{17}NO_5 \cdot C_2H_4O_2$, F. 144—146° (A.), aus vorst. Verb. durch Hydrieren an Pd/Kohle in 95%ig. A./Eisessig bis zur Aufnahme der theoret. Menge H_2; $[\alpha]_D^{25}$ −33° (c = 1,204; Pyridin); 79%. — *N-Butyl-N-benzyl-*, $C_{17}H_{27}NO_5$, F. 106—107° (A./W.), aus III u. V durch ½std. Erhitzen in 50%ig. CH_3COOH auf 100°, A.-Zusatz u. weiteres 5 Min. langes Erhitzen auf 100°; $[\alpha]_D^{24}$ −94° (c = 1,086; Pyridin); 62%. — *N-Butyl-* (VI), *Hydrochlorid*, $C_{10}H_{21}NO_5 \cdot HCl$, F. 134—135° (A.), aus vorst. Verb. durch Hydrieren in Ggw. von Pd/Kohle in 95%ig. A./Eisessig, Filtrieren, Einengen, Zusatz von 6,5n HCl u. erneutes Eindampfen; 93%. — *N-Cyanmethyl-N-benzyl-*, $C_{15}H_{20}N_2O_5$, F. 145—147°, aus IV u. V in 50%ig. CH_3COOH durch ½std. Erhitzen auf 100°, A.-Zugabe u. weiteres 5 Min. langes Erhitzen auf 100°; $[\alpha]_D^{28}$ −56,6° (c = 2,0317; Pyridin). — 2-Mercapto-4-[1'.2'.3'.4'-tetrahydroxybutyl]-imidazole: *1-Methyl-*, $C_8H_{14}N_2O_4S$, F. 194—195° (CH_3OH), aus VII-Hydrochlorid u. NH_4SCN in 1n Essigsäure durch 2½std. Erhitzen auf 100°; $[\alpha]_D^{25}$ −17,6° (c = 1,05; Pyridin); 62%. — *1-Äthyl-*, $C_9H_{16}N_2O_4S$, F. 175 bis 176° (A.), aus VIII-Acetat u. NH_4SCN analog vorst. Verb.; $[\alpha]_D^{27}$ −36° (c = 1,052; Pyridin); 60%. — *1-Butyl-*, $C_{11}H_{20}N_2O_4S$, F. 144—146°, aus VI-Hydrochlorid u. NH_4SCN analog vorvorst. Verb.; 29%. — *1-Methyl-4-[1'.2'.3'.4'-tetrahydroxybutyl]-imidazolon-(2)*, $C_8H_{14}N_2O_5$, F. 159—160° (A./CH_3OH), durch langsame Zugabe einer wss. KOCN-Lsg. zu VII-Acetat in 1n CH_3COOH bei 100° u. 1½std. Erhitzen auf 100°; $[\alpha]_D^{27}$ −15° (c = 0,9985; Pyridin); ca. 100%. J. GANTE. 3400□

Beitrag zur Konstellation des Chelidonins und Erklärung einiger Reaktionen. F. Šantavý, M. Horák, M. Maturová und J. Brabenec. (Collect. czechoslov. chem. Commun. **25.** 1344—50. Mai 1960. Olomouc, Palacký-Univ., Med. Fak., Chem. Inst.; Prag, Tschechoslow. Akad. der Wiss., Chem. Inst., Phys. Chem. Abt.) (Dt.)

Auf Grund chem. Rkk. u. der IR-Spektren wird die Konstellation des *Chelidonins* (I) nachgewiesen (vgl. auch BERSCH, C. **1959.** 11245). Die IR-Spektren von I, *Norchelidonin* (II) u. *Homochelidonin* (III), in *Tetrachloräthylen* gemessen, zeigen starke diffuse Absorptionsbanden bei 3206, 3288 u. 3210 cm^{-1}, was einer mit Stickstoff assoziierten OH-Gruppe (intramol. H-Brücke) entspricht. Für das Vorhandensein einer H-Brücke sprechen auch vergebliche Oxydations- u. Dehydratisierungs-Verss. u. die schwierige Jodmethylatbildung. Die IR-Spektren von I u. II werden angegeben u. ebenso wie deren chem. Rkk. diskutiert. Die abs. Konfiguration von I wird auf Grund des Vgl. der opt. Drehungen von I u. seinen Derivv. in verschiedenen Lsgm. mit (—)-*Phenyläthylamin* bzw. (—)-*Tetrahydro-N-methylisochinolin* vorgeschlagen. — (+)-*Chelidonin* soll die Konstellation des (—)-*Phenyläthylamins* besitzen, (—)-*Chelidonin* entspricht dem (+)-*Phenyläthylamin*.

Versuche: (+)-*Chelidonin* (+-I), F. 135 ± 2°; $[\alpha]_D^{20}$ +140° (c = 1,0 ± 0,3; Pyridin); $[\alpha]_D^{20}$ +100° (Chlf.); $[\alpha]_D^{20}$ +116° (A.); $[\alpha]_D^{20}$ +110° (0,1 n H_2SO_4); R_F 0,67 [Phosphatpuffer pH 5,8, WHATMAN No. 1, Propanol–W. (10 : 3)]. *Jodmethylat*, F. 146°. *Acetylchelidonin*, F. 173—174° (Äthylacetat), aus I mit Acetanhydrid u. CH_3COOK in 7 Tagen bei Raum-Temp.; $[\alpha]_D^{20}$ +110 ± 2° (c = 0,93; Chlf.); $[\alpha]_D^{20}$ +137 ± 2° (c = 0,54; Pyridin); $[\alpha]_D^{20}$ +148 ± 3° (c = 0,54; Eisessig). J. PLEŠEK/Prag. 3500

Alkaloide von Daphnandraarten. 6. Mitt. **Die Strukturen von Daphnandrin, Daphnolin und Aromolin.** I. R. C. Bick, P. S. Clezy und M. J. Vernengo. (J. chem. Soc. [London] **1960.** 4928—31. Dez. Tasmania, Univ., Chem. Dep.; Cambridge, Univ., Chem. Labor.) (Engl.) — 5. vgl. C. **1954.** 4164.

Bei der Spaltung der Ätherbrücken des *O.O-Dimethyldaphnolins* mit Na in fl. NH_3 werden (+)-*Armepavin* (*N-Methyl-1-[4-hydroxybenzyl]-6.7-dimethoxy-1.2.3.4-tetrahydroisochinolin*) u. aus dessen Mutterlaugen nach Rk. mit Diazomethan (—)-*O.O-Dimethylcoclaurin* (*1-[4-Methoxybenzyl]-6.7-dimethoxy-1.2.3.4-tetrahydroisochinolin*) erhalten. Bei gleicher Rk.-Weise liefert *O.O-Diäthyldaphnolin* ein öliges Rk.-Prod., das sich nach erneuter Äthylierung chromatograph. in eine *Base* **A** u. eine *Base* **B** trennen läßt. Beide Basen bleiben ölig. Ihre *Methojodide* zeigen gleiche R_F-Werte. Auf Grund dieser Ergebnisse erhält *Daphnolin* (I) nebenst. Struktur. Da I früher als Des-N-methylaromolin erkannt worden war, muß *Aromolin* die Struktur **Ia** besitzen. *O-Äthyldaphnandrin* (II) wird ebenfalls gespalten, u. als Rk.-Prod. kann (+)-*O-Äthyl-N-methylcoclaurin* (*N-Methyl-1-[4-hydroxybenzyl]-6-methoxy-7-äthoxy-1.2.3.4-tetrahydroisochinolin*) isoliert werden. Demnach liegt die freie OH-Gruppe des *Daphnandrins* (III) in dem N-methylierten Ring-Syst. des Moleküls. Im Gegensatz zu früheren Unterss. liefert die Extraktion von *D. micrantha* nur *Micranthin*, während aus *D. aromatica* (C) nur I erhalten wird. Dies bestätigt erneut die variierende Alkaloid-Zus. dieser Pflanzen.

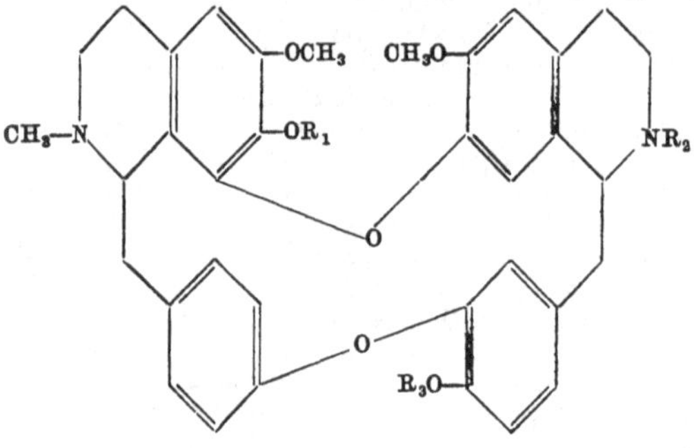

I $R_1 = R_2 = R_3 = H$
Ia $R_1 = R_3 = H$; $R_2 = CH_3$
III $R_1 = R_2 = H$; $R_3 = CH_3$

Versuche: *Daphnolin* (I), durch 5tägige SOXHLET-Extraktion von 6,5 kg Rinde von C mit CH_3OH, Ansäuern mit wss. Weinsäure, Eindampfen im Vakuum, Verdünnen mit W., Filtrieren, Alkalisieren, Fällen mit NH_4OH (pH 11), SOXHLET-Extraktion des Nd. mit Chlf., Ausschütteln der Chlf.-Lsg. mit 5%ig. wss. NaOH, Ansäuern der alkal. Lsg. mit HCl, Filtrieren, Alkalisieren mit NH_4OH u. Extrahieren mit Chlf.; Kristalle; 6,5 g (Ausbeute). — *O.O-Dimethyldaphnolin*, durch Rk. von 0,8 g I in CH_3OH mit äther. CH_2N_2-Lsg. u. Al_2O_3-Chromatographie in Bzl./Chlf. (1 : 1); 0,4 g. — (+)-*Armepavin*, F. 143°, durch Lösen vorst. Verb. in Toluol, Rk. mit Na in fl. NH_3, Extraktion mit Alkali, Neutralisieren des alkal. Extrakts u. Reinigung über das Oxalat; aus Ae./Aceton Nadeln. *Oxalatsesquihydrat*, $C_{19}H_{23}NO_3 \cdot \frac{1}{2} C_2H_2O_4 \cdot 1\frac{1}{2} H_2O$, F. 209° (A.); daneben (—)-*O.O-Dimethylcoclaurin*, F. 200°, aus den Mutterlaugen des Oxalats durch Rk. mit CH_2N_2 u. Al_2O_3-Chromatographie in Bzl./Chlf. (1 : 1); aus A. Nadeln. — *O.O-Diäthyldaphnolin*, durch Rk. von 1 g I mit äther. Diazoäthan-Lsg. u. Al_2O_3-Chromatographie; Öl; 0,7 g. — *Base* **A**, durch Rk. von 0,6 g vorst. Verb. mit Na in fl. NH_3, 10tägiges Stehen des Rk.-Prod. mit äther. Diazoäthan-Lsg. in CH_3OH u. Al_2O_3-Chromatographie in Bzl.; gelbes Öl; R_F 0,79 (WHATMAN Nr. 1, Butanol/Essigsäure/W. [4 : 1 : 5]); 0,24 g.

Methojodid; ölig; R_F 0,84; daneben *Base* **B**, durch Elution mit Bzl./Chlf. (1 : 1); Öl; R_F 0,88; 0,22 g. *Methojodid*; ölig; R_F 0,84. — *O-Äthyldaphnandrin* (**II**), *Dipikrathydrat*, $C_{38}H_{42}N_2O_6 \cdot 2C_6H_3N_3O_7 \cdot H_2O$ (nach 4std. Trocknen bei 100°/0,1 Torr), durch Rk. von **III** mit Diazoäthan u. Überführen in das Pikrat; amorph. — (+)-*O-Äthyl-N-methylcoclaurin*, F. 130—132°, durch Spaltung von 0,75 g **II** mit K in fl. NH_3, Abtrennen der phenol. Prodd. u. Reinigung über das Oxalat; aus PAe. Nadeln; $[\alpha]_D^{30}$ +87,1° (c = 0,426; Chlf.); 82 mg. *Oxalat*, F. 214—218° (Zers.); aus A. Nadeln; $[\alpha]_D^{20}$ +95,7° (c = 0,397; W.). G. TEEGE. 3500□

Die Stereochemie der Ringe E und F des Atisins und ihre Beziehung zu der Atisin-Isoatisin-Isomerisierung. A. J. Solo und S. W. Pelletier. (Proc. chem. Soc. [London] **1961**. 14—15. Jan. New York, N.Y., Rockefeller Inst.) (Engl.)

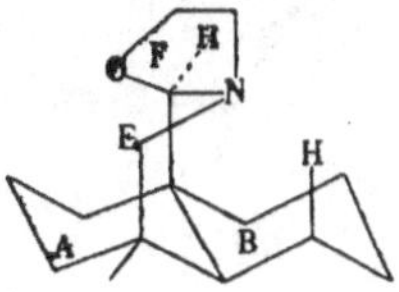

Vff. diskutieren die bisherigen Unters.-Ergebnisse u. zeigen, daß für die Ringe E u. F des Atisins nebenst. Struktur am wahrscheinlichsten ist. G. TEEGE. 3500□

Alkaloide aus Calebassencurare. Die Struktur von Macusin-B. A. R. Battersby und D. A. Yeowell. (Proc. chem. Soc. [London] **1961**. 17—18. Jan. Bristol, Univ.) (Engl.)

Macusin-B (**I**), $C_{20}H_{25}N_2{}^+O$, ein neues quatern. Alkaloid aus *Strychnos toxifera* (vgl. BATTERSBY u. Mitarbeiter, J. chem. Soc. [London] **1960**. 1848), liefert bei der therm. Spaltung seines *Chlorids* bei 310—320° die dimorphe tert. Base *Normacusin-B* [**II**; $C_{19}H_{22} \cdot N_2O$, F. 245° (rhomb.), F. 275° (Nadeln)]. **II** erhält auf Grund nachst. Ergebnisse, den Befunden anderer Vff. u. biosynthet. Erwägungen die nebenst. Struktur. **I** ist dann das entsprechende $N_{(b)}$-Methochlorid. **II** gibt bei Rk. mit CH_3J **I**-*Jodid*. Die UV- u. IR-Spektren von **II** zeigen die Ggw. eines 2.3-disubstituierten Indolsystems. **II** liefert ein *O.N-Diacetylderivat*. Die OH-Gruppe ist prim., denn bei der $LiAlH_4$-Red. des *O-Tosylats* wird *Desoxynormacusin-B* mit einer neuen C-Methylgruppe erhalten. Katalyt. Red. von **II** an Pt in Eisessig liefert *Dihydronormacusin-B* ($C_{19}H_{24}N_2O$, F. 189—190°) mit dem gleichen UV-Spektrum wie **II**; die Doppelbindung steht deshalb in **II** nicht in Konjugation zu dem Chromophor. Das Kernresonanzspektrum von **II** zeigt die Ggw. einer Äthylidengruppe. *O-Acetyldihydronormacusin-B* [F. 192° (rhomb.), F. 219—220° (Nadeln)] gibt bei der Methylierung mit CH_3J u. $NaNH_2$ in fl. NH_3 ein Gemisch $N_{(a)}$-methylierter Verbb., das bei Hydrolyse *Desoxyisoajmalol-B* mit bekannter Konfiguration liefert.

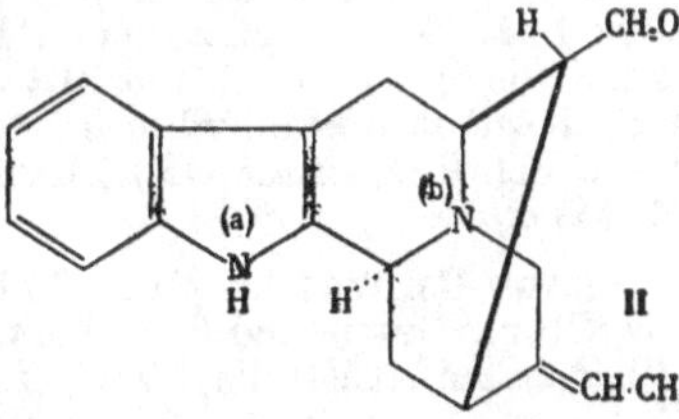

II

G. TEEGE. 3500□

Untersuchungen über stereochemische Reaktionen von heterocyclischen Verbindungen. 1. Mitt. Stereospezifische Reduktion von Yohimbon und Rauwolscon. A. Chatterjee und S. Ghosal. (J. Indian chem. Soc. **36**. 545—48. Aug. 1959. Calcutta, Univ. Coll. of Sci. and Technol., Dep. of Org. Chem.) (Engl.)

Die Red. von Yohimbon (**I**) u. Rauwolscon (**II**) mit $LiAlH_4$, $NaBH_4$ u. Al-Isopropylat wird untersucht. Aus **I** u. **II** wird durch Red. mit $LiAlH_4$ u. $NaBH_4$ jeweils nur ein epimerer Alkohol, nämlich *Epiyohimbol* (**III**) u. *Alloyohimbol* (**IV**), gebildet, die beide chromatograph. einheitlich sind. Red. von **I** mit Al-Isopropylat liefert *Yohimbol* u. **III**, während aus **II** nur **IV** entsteht. Der Red.-Mechanismus wird diskutiert. — IR-spektroskop. Angaben vgl. Original.

Versuche: *Epiyohimbol* (**III**), $C_{19}H_{24}N_2O$, F. 248—250° (Zers.; Aceton), a) aus **I** durch mehrstd. Rk. mit $NaBH_4$ in CH_3OH bei Raum-Temp. u. Chromatographie an Al_2O_3; $[\alpha]_D^{25}$ −72,5° (CH_3OH); 96% (Ausbeute); b) aus **I** u. $LiAlH_4$ in Ae. durch 2std. Erhitzen auf 100°; 85%. *Acetyl-Deriv.*, $C_{21}H_{26}N_2O_2$, F. 244—245° (Zers.), aus **III** u. Azetanhydrid durch 4std. Kochen; aus Aceton Nadeln. — *Alloyohimbol* (**IV**), $C_{19}H_{24}N_2O$, F. 212—214° (Zers.), aus **II** u. $LiAlH_4$ in Tetrahydrofuran, oder aus **II** u. $NaBH_4$ in Methanol; $[\alpha]_D^{25}$ −112° (CH_3OH); 90%. *Hydrochlorid*, $C_{19}H_{24}N_2O \cdot HCl$, F. 252—255° (Zers.; abs. A.), durch Einleiten von HCl-Gas in eine äther. Lsg. von **IV**. *Pikrat*, $C_{19}H_{24} \cdot N_2O \cdot C_6H_3N_3O_7$, F. 238—239° (Zers.), aus **IV** u. alkohol. Pikrinsäure-Lsg.; aus A. Nadeln. M. W. GÖRLICH. 3500□

Untersuchungen über die Carotinoidfarbstoffe. 4. Mitt. α-Kryptoxanthin. László Cholnoky, József Szabolcs und Erzsébet Nagy. (Liebigs Ann. Chem. **616**. 207—18. 14/8. 1958. Pécs, Univ., Chem. Inst.) (Dt.) — 3. vgl. C. **1959**. 15357; 5. vgl. C. **1916**. 2624.

α-Kryptoxanthin (I) ist nach seinem Spektrum mit α-Carotin u. Xanthophyll verwandt. Es nimmt bei Hydrierung 11 Mol H_2 auf, bildet ein Acetat, wird von O_2 oxydiert (Geruch nach β-Jonon) u. zeigt an Ratten Vitamin-A-Wirkung. Für I wird daher nachst. Struktur vorgeschlagen. Das von Bodea u. Nicoara (C. **1958.** 10375) beschriebene Physoxanthin ist nach Spektrum, Drehung, chromatograph. Verh. sowie aus biogenet. Gründen nicht ident. mit I, sondern wahrscheinlich ein cis-Isomeres des β-Kryptoxanthins.

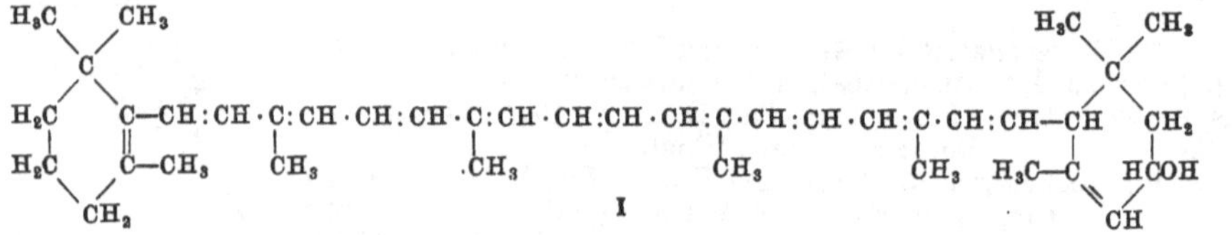

I

Versuche: *α-Kryptoxanthin (3'-Hydroxy-α-carotin;* I), $C_{40}H_{56}O \cdot \frac{1}{2} CH_3OH$, F. 182° (Bzl.–Methanol), aus der 2. Zone der aus PAe. an $Ca(OH)_2$ chromatographierten Ae./A.-Extrakte der Fruchtschalen von *Capsicum annuum var. lycopersiciforme flavum* durch Unterschichten der äther. Lsg. mit 30%ig. methanol. KOH, 2tägiges Stehen u. Chromatographie der Ae.-Phase an $CaCO_3$; λ_{max} (Hexan) 476, 447 u. 420 mμ; $[\alpha]_D^{20}$ +335 ± 8° (Chlf.). *Acetyl-Deriv.*, $C_{42}H_{58}O_2$, F. 118—119°, aus unreinem I (aus der KOH-Phase u. den Mutterlaugen) mit Acetylchlorid in Pyridin durch 3std. Stehen bei Raum-Temp., 1/4std. Stehen bei 60° u. Chromatographie in PAe. an Al_2O_3; ockergelbe Tafeln aus Bzl./Methanol 1 : 4. — *β-Kryptoxanthin* (II), $C_{40}H_{56}O$, F. 167° (Bzl./Methanol 1 : 3), aus der 1. Zone wie I; λ_{max} (Bzl.) 496, 462 (434) mμ. *Acetyl-Deriv.*, aus 200 mg II (aus *Physalis alkekengi*) u. Acetanhydrid in Pyridin durch 1std. Stehen bei 60° u. Chromatographie in Bzl./PAe. an $Ca(OH)_2$; daneben cis-Isomere im Verhältnis 65 : 35; λ_{max} (PAe.) 486, 453 mμ. A. Nowak. 3550□

Flavan-Derivate. 3. Mitt. **Melacacidin und Isomelacacidin aus Acacia-Arten.** J. W. Clark-Lewis und P. I. Mortimer. (J. chem. Soc. [London] **1960.** 4106—11. Okt. Adelaide, South Australia, Univ.) (Engl.) — 2. vgl. C. **1961.** 10545.

Aus dem Holz dreier austral. Acaciaarten (A. excelsa, A. harpophylla, A. melanoxylon) wurde ein neues Leucoanthocyanidin, *Isomelacacidin* (I), zusammen mit seinem 4-Epimeren, *Melacacidin* (II), isoliert. I verhält sich wie ein p-Hydroxybenzylalkohol u. bildet mit A. leicht einen *Äther*, im Gegensatz zu II, der zur Trennung beider Stoffe benutzt wird. Die relative Rk.-Trägheit von II wird auf die unerwartete Stabilität der 2(e), 3(a), 4(e)-Halbsesselkonformation zurückgeführt, die eine Resonanzstabilisierung des 4-Carboniumions verhindert u. so den benzyl. Charakter der 4-Hydroxylgruppe herabsetzt.

Versuche: *Melacacidin* (II), $C_{15}H_{14}O_7$, F. 229° (Zers.), durch 24std. Extrahieren von 2335 g Holz von *Acacia excelsa* mit Aceton, je 8std. Extraktion mit A. u. W., Einengen des Aceton- u. des A.-Extrakts, Verrühren mit W., Einengen im Vakuum, Extrahieren mit Äthylacetat, 2std. Kochen mit A. u. H_2SO_4, im Vakuum zur Trockne eindampfen, Lösen in W., Verteilen zwischen Äthylacetat u. W., Eindampfen der wss. Fraktion im Vakuum bei 55° u. Extrahieren mit Ae.; Prismen aus A.; $[\alpha]_D^{16}$ −75° (c = 0,2; A.); $[\alpha]_D^{24}$ −85° (c = 1; 1 : 1 Aceton/W.); $[\alpha]_D^{22}$ −75° (c = 1; 1 : 1 Dioxan/W.); 0,45% (Ausbeute); aus *Acacia harpophylla* bis 1%. *Tetramethyläther*, $C_{19}H_{22}O_7$, F. 144 bis 145°; Nadeln aus A./Ae.; $[\alpha]_D^{25}$ −83,5° (c = 1; A.). *Tetramethylätherdiacetat*, F. 191 bis 192°; $[\alpha]_D$ −39,5° (c = 0,2; A.). — *Dihydro-7.8.3'.4'-tetrahydroxyflavonol, Hemihydrat*, $C_{15}H_{12}O_7 \cdot \frac{1}{2} H_2O$, F. 284—285° (wss. A.; sintert bei 170—180°), a) aus der Äthylacetatfraktion von II durch Erhitzen mit W. auf 100°; 5,2 g Rohprod.; b) neben I (s. unten) aus dem Filtrat vorst. Verb. durch 2½std. Kochen mit A./CH_3COOH, Eindampfen zur Trockne, Lösen in W., Neutralisieren mit $NaHCO_3$ u. Extrahieren mit Ae.; 0,3%; c) neben *Pipecolinsäure* u. *4-Hydroxypipecolinsäure* aus dem wss. Holzextrakt. — *Okanin* (*3.4.2'.3'.4'-Pentahydroxychalkon*), F. 238°, aus 2756 g Holz von *Acacia harpophylla* durch Extrahieren mit PAe. (10 Std.), Ae. (67 Std.) u. Aceton (7 Std.), Einengen der Aceton-Lsg. auf dem Dampfbad, Abfiltrieren von III (s. unten), Verdünnen des Filtrats mit W., mehrtägiges Stehen, Einengen im Vakuum, 24std. Extrahieren mit Ae., Lösen des Extrakts in W. u. 24std. Extrahieren des amorphen Materials mit PAe.; orangefarbene Nadeln aus wss. A.; 1,47 g (Pentaacetyl-Deriv., F. 136°); daneben *7.8.3'.4'-Tetrahydroxyflavonol* (III), aus dem Acetonextrakt vorst. Verb.; 5,9 g. — *3.7.8.3'.4'-Pentaacetoxyflavon*, $C_{25}H_{20}O_{12}$, F. 176°, durch Acetylierung von III. — *3.7.8.3'.4'-Pentamethoxyflavon*, $C_{20}H_{20}O_7$, F. 151°, aus III mit Methylsulfat u. K_2CO_3

in Aceton. — *Isomelacacidin* (I), a) aus II durch 10 Min. langes Erhitzen mit 0,01n HCl auf 100°; 90%; b) durch Extraktion aus 8,8 kg Holz von *Acacia melanoxylon* nach Entfernen von II u. keton. Flavonoiden durch Verteilung zwischen Lsgm.; 106 g Rohprodukt. *4-Desoxy-[p-tolylsulfon]* (IV), *Dihydrat*, $C_{22}H_{20}O_8S \cdot 2H_2O$, F. 103—111°, a) aus I; 36%; b) aus V (s. unten); rosa Prismen aus 5%ig. CH_3COOH; $[\alpha]_D^{23}$ —24° (c = 1; Aceton); 81%; gibt bei 15 Min. langem Erwärmen mit 3n HCl auf 100° *3.7.8.3'.4'-Pentahydroxyflavyliumchlorid*. — *4-Desoxyisomelacacidin-4-[p-tolylsulfon]-pentaacetat*, $C_{32}H_{30}O_{13}S$, F. 193°; Nadeln aus A.; $[\alpha]_D^{23}$ —13,5° (c = 1; Aceton). — *4-Desoxyisomelacacidin-4-[p-tolyl-sulfon]-7.8.3'.4'-tetramethyläther*, $C_{26}H_{28}O_8S$, F. 153—154°, aus 1 g IV durch 45 std. Stehen mit äther. CH_2N_2 bei Raum-Temp., Einengen auf 5 ml, Eindampfen u. Aufnehmen in Ae.; Platten aus Aceton; $[\alpha]_D^{25}$ —44° (c = 1; Aceton); 0,85 g. *Acetyl-Deriv.*, *Hemihydrat*, $C_{28}H_{30}O_9S \cdot \frac{1}{2}H_2O$, F. 119—122°; Nadeln aus Methanol; $[\alpha]_D^{23}$ —34° (c = 1; Aceton). — *4-O-Äthylisomelacacidin* (V), *Hydrat*, $C_{17}H_{18}O_7 \cdot 3\frac{1}{2}H_2O$, aus 106 g I (Rohprod.) durch 2 std. Kochen mit A./CH_3COOH, Eindampfen u. Verteilen zwischen Äthylacetat u. W. u. Isolieren aus der Äthylacetatphase; wasserfrei nach Trocknen über P_2O_5; $[\alpha]_D^{22}$ —31° (c = 0,91; A.); $[\alpha]_D^{23}$ —40° (c = 2,4; 1 : 1 Aceton/W.); durch 6 std. Stehen mit 1% 10n HCl; $[\alpha]_D^{17}$ —70°; 20,4 g; gibt bei Hydrolyse mit W., 0,1- oder 0,5n CH_3COOH oder 0,01n HCl III u. I. — *4-O-Äthylisomelacacidin-7.8.3'.4'-tetramethyläther*, $C_{21}H_{26}O_7$, Kp.$_{.1}$ 245°. *3-[p-Toluolsulfonat]*, $C_{28}H_{32}O_9S$, F. 125°; Prismen aus A.; $[\alpha]_D^{23}$ —19° (c = 0,04; A.); 70%. — *4-O-Methylisomelacacidin*, *Hemihydrat*, $C_{16}H_{16}O_7 \cdot \frac{1}{2}H_2O$, aus 33,5 g I durch 2 std. Kochen mit Methanol/CH_3COOH u. Eindampfen im Vakuum; Nadeln u. Platten aus wss. Methanol bei 0°; rosa Pulver nach Stehen über $CaCl_2$; $[\alpha]_D^{12}$ —56° (c = 0,9; Methanol), —68° (c = 1; 1 : 1 Aceton/W.). B. G. BRODDA. 3550□

Optisch aktives β-Citronellol aus (+)- oder (—)-Pinan. R. Rienäcker und G. Ohloff. (Angew. Chem. 73. 240. 7/4. 1961. Mülheim/Ruhr, MPI für Kohlenforsch., Abt. für Strahlenchem.) (Dt.)

Durch therm. Umlagerung von Pinan (I) bei 385—450° unter vermindertem Druck entsteht in 80%ig. Ausbeute *3.7-Dimethyloctadien-(1.6)*, das mit Al-Diisobutylhydrid oder Triisobutyl-Al bei 100—135° unter Entw. von *Isobuten* quant. *Tris-[3.7-dimethylocten-(6)-yl-(1)]-Al* (II) gibt. II liefert bei der Oxydation (am besten in Lsg.) mit Luft oder O_2 bei Raum-Temp. *Al-Tris-[3.7-dimethylocten-(6)-olat-(1)]*, aus dem durch Hydrolyse *β-Citronellol* (III) gewonnen wird. Die Synth. verläuft unter vollständiger Erhaltung der opt. Aktivität. So können aus (+)-α- sowie aus (—)-α- u. (—)-β-Pinen über (+)-I bzw. (—)-I β-(—)-III bzw. β-(+)-III gewonnen werden. β-(—)-III riecht wie Geraniumöl, β-(+)-III ist mit dem aus Citronellöl isolierten Alkohol identisch. β-(+)-III läßt sich über *β-(+)-Citronellal* u. (—)-*Isopulegol* in (—)-*Menthol* überführen. P. GOLINSKE. 3600□

Über die Reduktionsprodukte der Elemisäuren mit Lithiumaluminiumhydrid. Miloš Mladenović und Milorad Dugandžić. (Гласник Хемиског Друштва Београд [Ber. chem. Ges. Belgrad] 22. 483—87. 1957. Belgrad, Pharm. Fak., Inst. für Pharm. Chem.) (Dt.) — Vgl. C. **1957**. 12766.

Die Darst. von *Epielemadiendiol*, *Epiisoelemadiendiol* u. *Elemendiol* durch Red. von Elemadienonsäuremethylester (I), Isoelemadienonsäure (II) bzw. Acetylelemenolsäure (III) wird beschrieben u. der strukturelle Zusammenhang der Diole diskutiert.

Versuche: *Epielemadiendiol*, $C_{30}H_{50}O_2$, F. 175° (A.), durch 8 std. Kochen von 0,17 g I mit 0,2 g $LiAlH_4$ in 100 ml Ae., Zersetzen mit 50%ig. Essigsäure, Abziehen des Ae., Zusatz von konz. HCl u. Filtrieren; $[\alpha]_D$ —22,95° (c = 0,392 in A.); LIEBERMANN-BURCHARD (L.-B.)-Rk. rotbraun (I gelb); HESSE-SALKOWSKY (H.-S.)-Rk. grün (I gelb). — Vermutlich *Epiisoelemadiendiol*, analog vorst. Verb. aus II; neutrales, amorphes Produkt. — *Elemendiol*, $C_{30}H_{52}O_2$, F. 155°, analog vorst. Verb. aus III; $[\alpha]_D$ —29,3° (c = 1,6 in A.); L.-B.-Rk. rotbraun (III grün); H.-S.-Rk. orange (III grün). Rkk. mit Br_2 u. Tetranitromethan negativ. H. KÜHNE. 3600□

Synthese von 6-Methylsteroiden. Luis Miramontes, Pascual Aguinaco und Miguel A. Romero. (J. Amer. chem. Soc. 82. 6153—55. 5/12. 1960. Mexico, D.F., S.A. de C.V., Res. Labor. of Prod. Esteroides.) (Engl.)

6α-Methylprogesteron (I) wird synthetisiert durch Cyanhydrin-Rk. aus Dehydroisoandrosteronacetat (II), wobei ein Gemisch der isomeren *17-Cyanhydrine* entsteht, Dehydratation zu *3β-Acetoxy-17-cyan-$\Delta^{5.16}$-androstadien*, dessen Rk. zum *5α.6α-Epoxyd* (III), Rk. von III mit CH_3MgBr in Anisol zu *3β.5α-Dihydroxy-6β-methyl-Δ^{16}-pregnen-20-on* (IV), Hydrieren von IV, Oxydation des Prod. zum *Diton*, dessen Dehydratation zum *6β-Methyl-Isomeren* von I u. Epimerisierung. Verss., III u. CH_3MgBr in Bzl. oder Toluol umzusetzen, waren erfolglos. — Das *17α-Hydroxy-Deriv.* von I wird dargestellt durch Oxydation des *16α.17α-Epoxyds* von IV zum *Diton*, dessen Dehydratation zu *16α.17α-Epoxy-6β-methyl-Δ^4-pregnen-3.20-dion*, Epimerisierung der Verb. zum *6α-Methyl-Isomeren*, Öffnung des Epoxydringes mit HBr u. Entbromierung des Prod. mit RANEY-Ni.

Versuche: *3β-Acetoxy-17-cyan-$\Delta^{5.16}$-androstadien*, F. 208—211°, durch Zugabe von CH_3COOH zu 60 g **II** u. KCN in A. bei 10° innerhalb von 40 Min. unter Rühren, 1std. Rühren bei 10°, 2std. Rühren bei Raum-Temp., Verdünnen mit W., Abfiltrieren, Waschen mit 2%ig. CH_3COOH, Trocknen bei Raum-Temp., 8std. Kochen des rohen Gemisches [F. 124° (Zers.), $[\alpha]_D$ —93,3°; ca. 100% (Ausbeute)] mit abs. Pyridin u. $POCl_3$, Kühlen, Gießen in 3n HCl-Eis unter Rühren, ¼std. Rühren, Abfiltrieren, Waschen mit verd. HCl, dann mit W. bis zur neutralen Rk., Lösen in Aceton, Entfärben mit Darco u. Einengen; $[\alpha]_D$ —71,6°; 43 g. — *5α.6α-Epoxy-17-cyan-Δ^{16}-androsten-3β-ol*, F. 211—213° (Aceton-Ae.), durch 1std. Kochen von 0,5 g **III** mit $NaHCO_3$ in 90%ig. A., Einengen u. Verdünnen mit W.; $[\alpha]_D$ —78,5°; 400 mg. *Acetat* (**III**), $C_{22}H_{29}$·NO_3, F. 191—194° (CH_2Cl_2-CH_3OH), durch Zugabe von 40%ig. Peressigsäure + K-Acetat in CH_2Cl_2 zu 46 g vorst. Verb. + K-Acetat in CH_2Cl_2 <25°, 4std. Stehen bei Raum-Temp., Waschen mit W., 5%ig. Bicarbonat-Lsg., dann mit W. bis zur neutralen Rk., Trocknen, Eindampfen u. Zugabe von Ae.; $[\alpha]_D$ —64,7°; 20,4 g. — *3β.5α-Dihydroxy-6β-methyl-Δ^{16}-pregnen-20-on* (**IV**), $C_{22}H_{34}O_3$, F. 253—256° (Chlf.-Ae., dann CH_3OH), durch Zutropfen von 40 g **III** in Anisol zu äther. 3n CH_3MgBr-Lsg. unter Rühren, 12std. Erwärmen auf 60°, Kühlen, Zutropfen der Lsg. zu 50%ig. CH_3COOH innerhalb von 1½ Std. unter Rühren, ½std. Erhitzen auf dem Dampfbad unter Dest., Dampf-Dest., Kühlen, Zugabe von 6n HCl, Abfiltrieren, Waschen u. Trocknen; $[\alpha]_D$ +7,6°; 14,8 g. — *3β.5α-Dihydroxy-16α.17α-epoxy-6β-methylpregnan-20-on*, F. 202—204°, durch Zugabe von 35%ig. H_2O_2 u. $NaOH_4$ zu 1,0 g **IV** in CH_3OH, 24std. Stehen bei Raum-Temp. u. Verdünnen mit W.; $[\alpha]_D$ +22,2°; 980 mg. *3-Acetat*, $C_{24}H_{36}O_5$, F. 210—213°, $[\alpha]_D$ +25°. — *5α-Hydroxy-16α.17α-epoxy-6β-methylpregnan-3.20-dion*, $C_{22}H_{32}O_4$, F. 248 bis 250° (CH_2Cl_2-Ae.), durch Zugabe von CrO_3 in 50%ig. CH_3COOH zu 6,9 g vorst. Verb. in CH_3COOH unter Rühren, 1½std. Rühren bei 45—48°, Zugabe von CH_3OH, Eindampfen im Vakuum nach 10 Min. u. Zugabe von W.; $[\alpha]_D$ +51°; 3,9 g. — *16α.17α-Epoxy-6β-methyl-Δ^4-pregnen-3.20-dion*, $C_{22}H_{30}O_3$, F. 188—189° (Chlf.-CH_3OH), durch Zugabe von $SOCl_2$ zu 4,58 g vorst. Verb. in Pyridin bei 0° u. Zugabe von Eiswasser nach 10 Min.; $[\alpha]_D$ +108°; λ_{max} 240 mμ (ε = 16200; CH_3OH); 3,43 g. *6α-Epimeres*, $C_{22}H_{30}O_3$, F. 153—156° (CH_2Cl_2-CH_3OH), durch 35 Min. langes Kochen von 1 g 6β-Verb. in CH_3OH + KOH, Zugabe von NaCl-Lsg., Abfiltrieren u. Trocknen; $[\alpha]_D$ +150°, λ_{max} 240 mμ (ε = 16100; CH_3OH); 650 mg. — *17α-Hydroxy-6α-methylprogesteron*, $C_{22}H_{32}O_3$, F. 218—220° (wss. Aceton), durch ½std. Stehen von 500 mg vorst. 6α-Verb. in CH_3·COOH mit überschüssigem HBr bei Raum-Temp., Verdünnen mit Eiswasser, Abfiltrieren, 2std. Kochen mit RANEY-Ni in CH_3OH, Filtrieren u. Eindampfen; $[\alpha]_D$ +78°, λ_{max} 240 mμ (ε = 16000; CH_3OH); 305 g. *Acetat*, F. 203—205°, $[\alpha]_D$ +54°, λ_{max} 240 mμ (ε = 16000; CH_3OH). — *3β.5α-Dihydroxy-6β-methylpregnan-20-on*, $C_{22}H_{36}O_3$, F. 208,5 bis 210,5° (CH_3OH), durch Hydrieren von 6 g **IV** in CH_3OH in Ggw. von 5%ig. Pd-Kohle, Filtrieren u. Eindampfen; $[\alpha]_D$ +59,2°; 5,4 g. — *5α-Hydroxy-6β-methylpregnan-3.20-dion*, F. 254—256° (Chlf.-CH_3OH), durch 1½std. Stehen von 1,82 g vorst. Verb. in CH_3COOH mit CrO_3 in 85%ig. CH_3COOH bei 45—48° u. Aufarbeiten; $[\alpha]_D$ +78°; 650 mg. — *6β-Methylprogesteron*, F. 168—169° (CH_3OH), durch Rk. von 600 mg vorst. Verb. in Pyridin mit $SOCl_2$ bei 0° u. Verdünnen mit W.; $[\alpha]_D$ +142°; 350 mg. *6α-Epimeres* (**I**), F. 118—120° (CH_3OH), durch 40 Min. langes Kochen von 1,0 g 6β-Verb. in A. mit wenig 12n HCl u. Verdünnen mit W.; $[\alpha]_D$ +178°; 705 mg. H. PAGEL. 3700□

Stufen zur Synthese des Histidin²-hypertensin-Analogons. 1. Mitt. Synthese eines geschützten Heptapeptids als Zwischenprodukt. D. Theodoropoulos und J. Gazopoulos. (J. chem. Soc. [London] **1960**. 3861—65. Okt. Athen, TU, Labor. of Organ. Chem.) (Engl.)

Durch Kondens. von *Carbobenzoxy* (Cbo)-*L-isoleucyl-1*(oder *3*)-*benzyl-L-histidin* (**I**, aus dem Benzylester durch Hydrolyse) mit L-Prolyl-L-phenylalaninmethylesterhydrochlorid (**II**) in Ggw. von N.N'-Dicyclohexylcarbodiimid (**III**) entsteht der ölige *Cbo-L-isoleucyl-1*(oder *3*)-*benzyl-L-histidyl-L-prolyl-L-phenylalaninmethylester* (**IV**), aus dem mit HBr/Eisessig *L-Isoleucyl-1*(oder *3*)-*benzyl-L-histidyl-L-prolyl-L-phenylalaninmethylesterdihydrobromid* (**V**) gewonnen wird. **IV** wird auch aus Cbo-1(oder 3)-benzyl-L-histidin (**VI**) u. **II** in Ggw. von **III**, anschließende Decarbobenzoxylierung u. Umsetzung mit Cbo-L-isoleucin (**VII**) nach der Anhydrid-Meth. synthetisiert. Alkal. Verseifung von **IV** liefert *Cbo-L-isoleucyl-1*(oder *3*)-*benzyl-L-histidyl-L-prolyl-L-phenylalanin*, das nach Hydrogenolyse durch azeotrope Dest. mit Benzylalkohol/CCl_4 in Ggw. von p-Toluolsulfonsäure in *L-Isoleucyl-1*(oder *3*)-*benzyl-L-histidyl-L-prolyl-L-phenylalaninbenzylester-di-p-toluolsulfonat* (**VIII**) umgewandelt wird. Durch Kondens. von **V** bzw. **VIII** mit dem aus **VI** u. *L-Valyl-L-tyrosinmethylester* synthetisierten *Cbo-1*(oder *3*)-*benzyl-L-histidyl-L-valyl-L-tyrosin* (**IX**) werden *Cbo-1*(oder *3*)-*benzyl-L-histidyl-L-valyl-L-tyrosyl-L-isoleucyl-1*(oder *3*)-*benzyl-L-histidyl-L-prolyl-L-phenylalaninmethylester* bzw. *-benzylester* erhalten.

Versuche: *Cbo-L-isoleucyl-1*(oder *3*)*-benzyl-L-histidin* (I), $C_{27}H_{32}N_4O_5$, F. 173—174° (A./Ae.), durch 3/4std. Rk. des Benzylesters mit 2n NaOH in A., Verdünnen mit W. u. Ansäuern mit Essigsäure; $[\alpha]_D^{26}$ —23,5° (c = 1,1; Essigsäure); 80% (Ausbeute). — *L-Prolyl-L-phenylalaninmethylesterhydrochlorid* (II), F. 158—159°, durch Rk. von Cbo-L-prolin mit L-Phenylalaninmethylester nach der Meth. der gemischten Anhydride in Tetrahydrofuran (THF) u. katalyt. Hydrierung des öligen *Cbo-L-prolyl-L-phenylalaninmethylesters* (70%) in Methanol in Ggw. von Pd u. HCl; 80%. — *Cbo-1*(oder *3*)*-benzyl-L-histidyl-L-prolyl-L-phenylalaninmethylester*, durch 18std. Rk. von VI u. II in CH_2Cl_2/Triäthylamin mit III, Einengen u. Lösen in Essigester; Öl; 80%. — *1*(oder *3*)*-Benzyl-L-histidyl-L-prolyl-L-phenylalaninmethylesterdihydrobromid*, $C_{28}H_{33}N_5O_4 \cdot 2\,HBr$, F. 208 bis 209° (Zers.; THF/Ae.), durch ½std. Rk. vorst. Verb. mit HBr/Eisessig u. Zugeben von Ae.; 80%. — *Cbo-L-isoleucyl-1*(oder *3*)*-benzyl-L-histidyl-L-prolyl-L-phenylalaninmethylester* (IV), a) durch Rk. von VII in THF mit Chlorkohlensäureäthylester u. Triäthylamin bei —5°, Zugeben vorst. Verb. in THF/Triäthylamin, Erwärmen auf Raum-Temp., Einengen u. Lösen in Essigester; Öl; 60%; b) aus I u. II in Dimethylformamid (DMF) in Ggw. von III; 79%. — *L-Isoleucyl-1*(oder *3*)*-benzyl-L-histidyl-L-prolyl-L-phenylalaninmethylesterdihydrobromid* (V), $C_{34}H_{44}N_6O_5 \cdot 2\,HBr$, aus 3,65 g IV mit HBr/Eisessig in ½ Std.; $[\alpha]_D^{24}$ +24° (c = 1; Essigsäure); 2,6 g. — *Cbo-L-valyl-L-tyrosinmethylester*, $C_{23}H_{28}N_2O_6$, F. 146—148° (Essigester/PAe.), aus Cbo-L-valin u. L-Tyrosinmethylester nach der Anhydrid-Meth. in THF. — *L-Valyl-L-tyrosinmethylesterhydrochlorid*, durch katalyt. Hydrierung von 4,5 g vorst. Verb. in abs. A. in Ggw. von PdO u. HCl, Einengen u. Verreiben mit Ae.; $[\alpha]_D^{25}$ +32,5° (c = 1; Methanol), hygroskop.; 3,3 g. — *Cbo-1*(oder *3*)*-benzyl-L-histidyl-L-valyl-L-tyrosinmethylester*, $C_{36}H_{41}N_5O_7$, F. 193—195° (A./Ae., PAe.), aus VI u. vorst. Verb. in DMF/Triäthylamin in Ggw. von III u. Verdünnen mit W.; $[\alpha]_D^{24}$ —8,2° (c = 2; Essigsäure); 73%. — *Cbo-1*(oder *3*)*-benzyl-L-histidyl-L-valyl-L-tyrosin* (IX), $C_{35}H_{39}N_5O_7$, F. 185—187° (A.-Essigester 1:2/PAe.) durch 1std. Verseifung vorst. Methylesters in A. mit 1n NaOH u. Zugeben von W. u. Essigsäure; 80%. — *Cbo-L-isoleucyl-1*(oder *3*)*-benzyl-L-histidyl-L-prolyl-L-phenylalanin*, $C_{41}H_{48}N_6O_7$, F. 192 bis 193° (A.), durch 1 Min. langes Erwärmen von 4 g IV in Methanol mit 1n NaOH auf 60°, ½std. Stehen bei Raum-Temp. u. Zugeben von W. u. Essigsäure; $[\alpha]_D^{24}$ —24,2° (c = 0,9; Essigsäure); 1,9 g. — *L-Isoleucyl-1*(oder *3*)*-benzyl-L-histidyl-L-prolyl-L-phenylalanin*, $C_{33}H_{42}N_6O_5 \cdot 2\,H_2O$, durch katalyt. Hydrierung vorst. Verb. (1,83 g) in abs. A. in Ggw. von Pd, Einengen u. Umfällen aus Aceton/Ae.; $[\alpha]_D^{26}$ +19° (c = 1; Essigsäure); 1,3 g. — *L-Isoleucyl-1*(oder *3*)*-benzyl-L-histidyl-L-prolyl-L-phenylalaninbenzylesterdi-p-toluolsulfonat* (VIII), $C_{54}H_{64}N_6O_{11}S \cdot H_2O$, durch ½std. Erwärmen von 0,5 g vorst. Verb. mit Benzylalkohol u. p-Toluolsulfonsäure in CCl_4 u. Zugeben von Ae.; 0,9 g. — *Cbo-1*(oder 3)*-benzyl-L-histidyl-L-valyl-L-tyrosyl-L-isoleucyl-1*(oder *3*)*-benzyl-L-histidyl-L-prolyl-L-phenylalanin, Methylester*, $C_{69}H_{81}N_{11}O_{11}$, F. 158—160° (abs. A./Ae., PAe.), durch 18std. Rk. von 0,9 g IX u. 1,09 g V in DMF/Triäthylamin mit III, Zugeben von Essigester, Einengen u. Lösen in Essigester; $[\alpha]_D^{24}$ —28,6° (c = 1; Essigsäure); 1 g. *Benzylester*, $C_{75}H_{85}N_{11}O_{11}$, F. 145—147°, aus IX u. VIII in Ggw. von III; $[\alpha]_D^{25}$ —27° (c = 1; Essigsäure); 60%. E. SCHRÖDER. 3750□

11-Alkylierte Steroide. 3. Mitt. **Zwei Synthesen von 11-Methylhydrocortison.** Gunther S. Fonken, John A. Hogg und A. Vern McIntosh jun. (J. org. Chemistry **24**. 1600—04. Okt. 1959. Kalamazoo, Mich., Upjohn Co., Res. Labor.) (Engl.) — 2. vgl. J. org. Chemistry **23**. [1958.] 1075.

Durch Überführung von 21-Hydroxy-cis-$\Delta^{4.17,20}$-pregnadien-3.11-dionacetat in sein *Ketal*, Verseifung der Acetoxygruppe, Überführung des *Alkohols* in den *21-Tritylather* u. dessen Rk. mit äther. CH_3Li wird *11β-Hydroxy-11-methyl-21-triphenylmethoxy-cis-$\Delta^{5.17,20}$-pregnadien-3-onäthylenketal* gewonnen. Dessen Hydrolyse, Acetylierung u. Oxydation führt zu *11-Methylhydrocortisonacetat* (*11β.17α.21-Trihydroxy-11-methyl-Δ^4-pregnen-3.20-dion-21-acetat*). 4-Chlor-11β-hydroxy-11-methyl-5β-pregnan-3.20-dion wird dehydrohalogeniert zu *11β-Hydroxy-11-methyl-Δ^4-pregnen-3.20-dion.* Dieses wird übergeführt in *11β-Hydroxy-2.21-bis-*[*methoxalyl*]*-11-methyl-Δ^4-pregnen-3.20-dion*, aus dem man *11β-Hydroxy-11-methyl-3-oxo-cis-$\Delta^{4.17,20}$-pregnadien-21-säuremethylester* erhält. Dieser geht durch Rk. mit Pyrrolidin u. p-Toluolsulfonsäure in ein krist. *3-Enamin* über, welches bei der Red. mit $LiAlH_4$ u. Hydrolyse mit Alkali *11β.21-Dihydroxy-11-methyl-cis-$\Delta^{4.17,20}$-pregnadien-3-on* liefert. Es kann, wie oben beschrieben, in *11-Methylhydrocortisonacetat* übergeführt werden.

Versuche ($[\alpha]_D$ für c = 1 in Chlf.): *21-Hydroxy-cis-$\Delta^{5.17,20}$-pregnadien-3.11-dion-3-äthylenketalacetat*, $C_{25}H_{34}O_5$, F. 160—162° (Essigester/Skellysolve B), aus 0,5 g 21-Hydroxy-cis-$\Delta^{4.17,20}$-pregnadien-3.11-dionacetat u. Äthylenglykol in Bzl. in Ggw. von p-Toluolsulfonsäuremonohydrat in 6 Std. unter Rückfluß; 0,27 g (Ausbeute). — *21-Hydroxy-cis-$\Delta^{5.17,20}$-pregnadien-3.11-dion-3-äthylenketal*, $C_{23}H_{32}O_4$, F. 113,5—115°, aus vorst.

Verb. u. wss.-methanol. $KHCO_3$ über Nacht bei Zimmer-Temp. unter N_2; aus wss. Methanol Nadeln; 94,2%. — *21-Triphenylmethoxy-cis-$\Delta^{5.17,20}$-pregnadien-3.11-dion-3-äthylenketal*, $C_{42}H_{46}O_4$, F. 201—203° (Ae./CH_3OH), aus 5,38 g vorst. Verb. u. Triphenylmethylchlorid in Pyridin in 52 Std. bei Zimmer-Temp.; 6,19 g. — *11β-Hydroxy-11-methyl-21-triphenylmethoxy-cis-$\Delta^{5.17,20}$-pregnadien-3-onäthylenketal*, $C_{43}H_{50}O_4$, F. 182 bis 184° (CH_3OH/Essigester), aus vorst. Verb. u. äther. CH_3Li in Bzl. (3 Tage bei Zimmer-Temp. unter N_2 u. Florisilchromatographie); 95,5%. — *11β.21-Dihydroxy-11-methyl-cis-$\Delta^{4.17,20}$-pregnadien-3-on*, $C_{22}H_{32}O_3$, F. 188—192° (Essigester), a) aus 0,2 g vorst. Verb. u. methanol. HCl u. 44 Std. bei Zimmer-Temp. u. Florisilchromatographie; 88 mg; b) aus 3,19 g 11β-Hydroxy-11-methyl-3-oxo-cis-$\Delta^{4.17,20}$-pregnadien-21-säuremethylester u. Pyrrolidin in Bzl. in Ggw. von p-Toluolsulfonsäure durch 1½ Std. langes Kochen am Wasserabscheider, Isolierung der krist. *3-Pyrrolidino-Verb.*, deren Red. mit $LiAlH_4$ in Ae./Bzl. (1½ Std.) u. Hydrolyse des Prod. mit wss.-methanol. NaOH (15 Min. bei 50°); 2,893 g. *21-Acetat*, $C_{24}H_{34}O_4$, F. 109—112° (Aceton/W.), $[\alpha]_D$ +120°. — *11β.17α.21-Trihydroxy-11-methyl-Δ^4-pregnen-3.20-dion-21-acetat (11-Methylhydrocortisonacetat)*, $C_{24}H_{34}O_6$, F. 202—204° (Essigester/Skellysolve B), aus 1,86 g vorst. Acetats u. N-Methylmorpholinoxydperoxyd in tert.-Butanol u. Pyridin in Ggw. von OsO_4 in 3 Std.; 0,563 g (roh). — *11β.17α.21-Trihydroxy-11-methyl-Δ^4-pregnen-3.20-dion*, $C_{22}H_{32}O_5 \cdot ½ H_2O$, F. 199—203°, aus 103 mg vorst. Verb. u. wss.-methanol. $KHCO_3$ (2 Tage bei Zimmer-Temp. unter N_2); 79 mg. — *4-Chlor-11β-hydroxy-11-methyl-5β-pregnan-3.20-dion*, $C_{22}H_{33}ClO_3$, F. 226 bis 230° (CH_2Cl_2/Skellysolve B), aus 20 g 11β-Hydroxy-11-methyl-5β-pregnan-3.20-dion u. tert.-Butylhypochlorit in tert.-Butanol u. wss. HCl (18 Std. bei Zimmer-Temp., dann einige Std. bei 14° im Dunkeln u. Al_2O_3-Chromatographie); $[\alpha]_D$ +111°; 12,12 g. — *11β-Hydroxy-11-methyl-Δ^4-pregnen-3.20-dion*, $C_{22}H_{32}O_3$, FF. 174—175 u. 177—178° (Aceton/W.), a) aus vorst. Verb. u. LiCl in Dimethylformamid (20 Min. bei 130° u. Al_2O_3-Chromatographie); b) aus 1,9 g vorst. Verb. u. Semicarbazidhydrochlorid in Dimethylformamid in Ggw. von Na-Acetat u. wss. Brenztraubensäure (2½ Std. bei 60° u. Florisilchromatographie); $[\alpha]_D$ +181°; 0,949 g. — *11β-Hydroxy-2.21-bis-[methoxalyl]-11-methyl-Δ^4-pregnen-3.20-dion*, $C_{28}H_{36}O_9$, F. 172—175° (Essigsäure), aus 10,7 g vorst. Verb. u. Oxalsäurediäthylester in tert.-Butanol in Ggw. von Na-Methylat (17 Std. bei Zimmer-Temp. unter N_2); $[\alpha]_D$ +172°; 4,93 g. — *11β-Hydroxy-11-methyl-3-oxo-cis-$\Delta^{4.17,20}$-pregnadien-21-säuremethylester*, $C_{23}H_{32}O_4$, F. 194—197° (CH_2Cl_2/Skellysolve B), aus 5,45 g vorst. Verb. u. Br_2 in CH_3OH in Ggw. von Na-Acetat durch 2std. Rühren unter N_2 bei 0—5°, Rk. mit methanol. Na-Methylat (2 Std. bei Zimmer-Temp.), nachfolgende Red. mit Zn-Staub in Eisessig (1 Std.) u. Florisilchromatographie; $[\alpha]_D$ +147°; 1,76 g. WALTER SIMON. 3750

Synthesen in der Vitamin-A-Reihe. Horst Pommer. (Angew. Chem. 72. 811—19. 21/11. 1960. Ludwigshafen/Rh., Badische Anilin- & Soda-Fabrik AG, Hauptlabor.) (Dt.)

Vf. liefert eine Übersicht vorwiegend eigener Arbeiten u. Patente zur Synth. von *Vitamin-A-Derivv.* nach verschiedenen Aufbauprinzipien. Die Synth. einiger C_5- (z. B. *β-Formylcrotonsäureester*), C_7- u. C_{10}-Bausteine werden unter bes. Berücksichtigung maximaler Ausbeuten in den einzelnen Rk.-Schritten beschrieben. Mit Hilfe der WITTIG-Rk. (WR) gelingt nach dem Prinzip C_{13} + C_7 die Synth. eines Gemisches stereomerer *Axerophthene* (**A**), aus dem *all-trans-Axerophthen* (all-trans-**A**; F. 76°) krist. werden kann. Nach C_{18} + C_2 verläuft nur die Kondens. des sog. β-C_{18}-Ketons mit Äthylidentriphenylphosphin zu **A** mittels WR befriedigend (> 60% Ausbeute), während 7 andere C_2-Phosphinylidene (PY; Tabelle im Original) Ausbeuten von weniger als 3—15% ergeben. Analog ist bei WR von β-Jonylidenacetaldehyd mit C_5-PY nur die Synth. von **A** (70%) u. I-*Methylester* (50%) befriedigend, bei WR von β-Jonon mit C_7-PY die von **A** (70%) u. *11,12-Dehydro-***A** (60%). Bei WR von C_2-, C_5-, C_7- u. C_{10}-Formyl-Verbb. mit C_{10}-, C_{13}-, C_{15}- u. C_{18}-PY werden 20—70% an **A**, *Vitamin-A-säure* (**I**), I-*Äthylester* bzw. *Vitamin-A-acetat* erhalten. Die Ausbeuten zeigen für C_{13} + C_7 ein Maximum, da es sich jedoch um Gesamtausbeuten handelt, sagen diese nichts über die ster. Einheitlichkeit der Rk.-Prodd. aus. Außer *β-Cyclogeranyltriphenylphosphoniumbromid* (F. 197—199°) konnte keines der zur Darst. der PY verwendeten Salze rein erhalten werden. Vf. beschreibt eine vereinfachte WR, bei der ein α,β-ungesätt. Alkohol in Ggw. von Triarylphosphin in einem meist stark polarem Lsgm. mit einem Protonendonator reagiert u. das Prod. mit einer Oxo-Verb. u. einem Protonenacceptor umgesetzt wird. Verbb. der *Vitamin-A*-Reihe werden damit in Ausbeuten von 35—80% (Tabelle im Original) erhalten. Rk.-Verlauf u. ster. Verhältnisse werden ausführlich diskutiert. Das Prinzip C_{10} + C_{10} wird vom Vf. bei techn. Synth. aus ster. Gründen vorgezogen. — 37 Literaturangaben. G. KIRSTEN. 3800□

Neuere Ergebnisse in der Vitamin-A-Reihe. K. Eiter, E. Truscheit und H. Oediger. (Angew. Chem. 72. 948—55. 21/12. 1960. Leverkusen, Farbenfabriken Bayer AG, Wiss. Hauptlabor.) (Dt.)

Zur Synth. in der Vitamin-A-Reihe (C_{20}-Verbb.) werden die — je nach Maßgabe des gewählten Aufbauprinzips — erforderlichen Schlüsselsubstanzen mit 15, 16 u. 17 C-Atomen mittels metallorgan. Rkk. aus Hydroxy-Verbb., Lactonen u. Imidolactonen dargestellt. Vff. beschreiben neue Rk.-Schritte zur Vermeidung der zu biolog. inakt. Verbb. führenden sog. Retroumlagerung (RU). Aus *β-Jonolylessigsäure* [F. 56°; *Methylester* (**I**); n_D^{20} 1,4898] wird z. B. mit $POCl_3$ durch Isomerisierung über das *Säurechlorid 2-trans-β-Jonylidenessigsäure* (**II**; 37% Ausbeute) erhalten. Nach C_{10} + C_5 erhält man aus *β*-Cyclocitral (**III**) u. *γ*-Brom-*β*-methylcrotonsäuremethylester (**XV**) unter REFORMATSKY-Bedingungen (RB) *3-Methyl-5-[2'.6'.6'-trimethylcyclohexen-(1')-yl]-5-hydroxypenten-(2)-säurelacton* [F. 81° (Ae./PAe.); 84%], das mit Na-Alkoholat quant. das *Na-Salz* von *2-cis-β-Jonylidenessigsäure* liefert. Aus *γ*-Brom-*β*-methylcrotonitril entsteht analog das entsprechende *δ-Imidolacton*, das durch Erhitzen im Vakuum quant. *2-cis-β-Jonylidenacetamid* (F. 132°) gibt, das alkal. zu **II** (F. 127°; 72%, bezogen auf **III**) verseift wird. **II** entsteht auch unter Vermeidung einer RU durch Acylierung von **I** u. Umsetzung des Rk.-Prod. mit einem Alkoholat (z. B. Na-tert.-Butylat) in wasserfreiem Lsgm.] z. B. Tetrahydrofuran (THF)]. Bromacetonitril wird mit *β*-Jonon (**IV**) u. Zn unter RB quant. zu *β-Jonolylacetonitril* (F. 47—48,5°) umgesetzt, das sich im Gegensatz zu **I** mit N-Bromsuccinimid, N-Jodphthalimid u. bes. mit N-Jodsuccinimid zu *β-Jonylidenacetonitril* dehydratisieren läßt, aus dem durch alkal. Verseifung **II** entsteht. Bei DARZENS-Kondens. von **IV** mit Chloracetonitril in Ggw. von überschüssigem Alkoholat entsteht unter Alkoholanlagerung an die CN-Gruppe der entsprechende *Oxidoimidoester*, der mit H^+ unter Epoxydringöffnung in *2-Hydroxy-3-methyl-5-[2'.2'.6'-trimethylcyclohexen-(5')-yliden]-penten-(3)-säureäthylester* (**V**) übergeht. **V** wird zur *freien Säure* (F. 129°) verseift, die bei Hochvakuum-Dest. zu *3-Methyl-5-[2'.6'.6'-trimethylcyclohexadien-(1.3)-yl]-pentadien-(2.4)-säure* (**VI**, F. 131°) dehydratisiert wird. **VI** wird auch aus **V** durch Wasserabspaltung mit Diäthoxychlorphosphit in Ggw. tert. Basen erhalten, wenn man den entstehenden **VI**-*Ester* verseift. Red. von **VI** oder dessen *Ester* mit $LiAlH_4$ führt zu *3-Methyl-5-[2'.6'.6'-trimethylcyclohexadien-(1'.3')-yl]-pentadien-(2.4)-ol-(1)*, der mit MnO_2 den entsprechenden *Aldehyd* gibt. In der Reihe der C_{16}-Schlüssel-Verbb. liefert Rk. von **IV** mit der Al-organ. Verb. von Propargylbromid einheitliches *4-Hydroxy-4-methyl-6-[2'.6'.6'-trimethylcyclohexen-(1')-yl]-hexen-(5)-in-(1)* (**VII**, n_D^{20} 1,5045), das bei Wasserabspaltung ein fl. KW-Stoffgemisch ergibt, aus dem sich festes *4-Methyl-6-[2'.2'.6'-trimethylcyclohexen-(5)-yliden]-hexen-(4)-in-(1)* (**VIII**; $C_{16}H_{22}$, F. 54°) isolieren läßt. Auf Grund der Spektren ist **VIII** die Retrostruktur, dem fl. Bestandteil, *4-Methyl-6-[2'.6'.6'-trimethylcyclohexen-(1)-yl]-hexadien-(3.5)-in-(1)* (**XIV**; n_D^{20} 1,5610), ein normales konjugiertes Doppelbindungs-Syst. zuzuordnen. Aus letzterem können daher *Vitamin A* u. *β-Carotin* synthetisiert werden. Analog **I** liefert **VII** ein *Acetyl-Deriv.* (n_D^{20} 1,4953), das mit nucleophilen Reagentien 90% **XIV** liefert. Unter Standardbedingungen (SB; mit verd. HCl angeätzter Zn-Staub; Ae., THF oder ein Gemisch derselben als Lsgm.; Konz. der Rk.-Komponenten auf möglichst spontanen Rk.-Verlauf abgestimmt) entstehen aus **IV**, *γ*-Bromcrotonsäuremethylester u. Zn unter RB ca. 70% *β-Jonolylcrotonsäuremethylester* (**IX**) u. ca. 15% eines durch 1.4-Addition an **IV** gebildeten, **IX**-*isomeren Ketoesters*. **IX** wird durch Alkali zu *β-Jonolylcrotonsäure* (F. 96°) verseift u. durch N-Jodsuccinimid dehydratisiert. Dieses Prod. liefert nach alkal. Verseifung *all-trans-β-Jonylidencrotonsäure* (**X**; F. 161°; 50%, bezogen auf **IV**). Bei Wasserabspaltung mit üblichen Mitteln wird RU beobachtet. Analog entstehen mit *γ*-Bromcrotonitril (**XI**) *5-Methyl-5-hydroxy-7-[2'.6'.6'-trimethylcyclohexen-(1)-yl]-heptadien-(2.6)-säurenitril* u. *5-Acetonyl-5-[2'.6'.6'-trimethylcyclohexen-(1)-yl]-penten-(2)-säurenitril*, wobei ersteres bei Wasserabspaltung keinerlei RU zeigt u. nach Verseifung **X** liefert. Verw. von *β*-substituiertem **XI** führt zu *Lactonen*. Quant. Rk. von trans-*β*-Jonylidenacetaldehyd mit **XV** liefert z. B. unter SB ein Gemisch von *3.7-Dimethyl-5-hydroxy-9-[2'.6'.6'-trimethylcyclohexen-(1')-yl]-nonatrien-(2.6.8)-säuremethylester* (**XII**) u. dem entsprechenden *Lacton* (**XIII**). **XIII** u. Na-Äthylat in A. geben *Neo-2-cis-vitamin-A-säure* (F. 171°). Acylierung von **XII** u. Rk. mit Na-tert.-Butylat in abs. THF führt zu einem *Vitamin-A-säuremethylester* [F. 101° (Ae./PAe.)] u. der *freien Säure* (F. 133°). Aus **XIV** u. C_2H_5MgBr entsteht quant. die GRIGNARD-*Verb.*, die mit 3-Ketobutyraldehyddimethylacetal *3.7-Dimethyl-3-hydroxy-9-[2'.6'.6'-trimethylcyclohexen-(1')-yl]-1.1-dimethoxynonadien-(6.8)-in-(4)* (n_D^{20} 1,5462) liefert, das durch Rk. mit $LiAlH_4$ oder selektives katalyt. Hydrieren in das entsprechende *Nonatrien-(4.6.8)* (**XVI**; n_D^{20} 1,5508) übergeführt wird. **XVI** u. H^+ ergeben ein Gemisch isomerer, normal konjugierter *Vitamin-A-aldehyde*, aus dem nach Red. u. Acylierung *all-trans-Vitamin-A-acetat* (F. 57—58°) isoliert wird. — IR- u. UV-Absorptionsmaxima der Verbb. sind angegeben. G. KIRSTEN. 3800□

Die Struktur von Homonataloin. L. J. Haynes und J. I. Henderson. (Chem. and Ind. **1960**. 50. 9/1. Kingston, Jamaica, Univ. Coll. of the West Indies, Chem. Dep.) (Engl.)

Homonataloin (I, $C_{22}H_{24}O_9$) bildet ein stabiles *Monohydrat*, das erst im Vakuum bei 140° W. abgibt. Oxydation von I mit $FeCl_3$ gibt *D-Arabinose* u. *Methylnataloemodin* ($C_{16}H_{12}O_5$). Für letztere Verb. folgt aus dem IR- u. UV-Spektrum die Konstit. *1-Methoxy-2.8-dihydroxy-6-methylanthrachinon.* Mit HCl wird die O-Methylgruppe abgespalten unter Bldg. von *Nataloemodin* ($C_{15}H_{10}O_5$). Methylierung von I mit CH_2N_2 in Ae. führt zum I-*Monomethyläther*, dieselbe Rk. in Methanol zum I-*Dimethyläther*, der durch Oxydation *Hemipinsäure* ergibt. Bei der Ozonolyse von I wird ein Gemisch von *D-Arabinose* u. *D-Glucose* erhalten. Aus der $NaBH_4$-Red. der Spalt-Prodd. der Perjodatoxydation von I folgt, daß I kein Glykosid ist. Das Abbau-Prod. von I mit wss. Na-Borat ist, gemäß IR- u. UV-Spektrum, ein Anthronderivat. In all diesen Eigg. ist I dem Barbaloin sehr ähnlich. Für I wird die Konstit. *2-Methyl-4.6-dihydroxy-5-methoxy-9-D-glucosylanthron-(10)* vorgeschlagen. K. Lienhard. 3950□

Untersuchungen über die Struktur von Psoralidin. P. C. Dattagupta, H. N. Khastgir und P. Sengupta. (Chem. and Ind. **1960.** 48—49. 9/1. Calcutta, India, East India Pharmac. Works Ltd.) (Engl.)

Das von Chakravarti u. Mitarbeitern (vgl. J. sci. ind. Res. [New Delhi], Sect. B **7.** [1948.] 24) beschriebene *Psoralidin* [I, F. 290—292° (Zers.)] wurde aus der Phenolfraktion des Samenkerns von *Psoralea corylifolia* isoliert u. seine Zus. zu $C_{20}H_{16}O_5$ bestimmt. Wie aus IR-spektroskop. Unterss. an I, I-*Dimethyläther* (II, $C_{22}H_{20}O_5$, F. 190 bis 191°) u. I-*Diacetat* (F. 221—223°) hervorgeht, liegen von den 5 vorhandenen O-Atomen 2 als phenol. OH-Gruppe u. 2 als Lactongruppe vor; das 5. ist vermutlich ein Äther-O. Die UV-Spektren von I u. II sind mit denen der Dihydro-Derivv. ident., woraus auf die Anwesenheit einer isolierten Äthylenbindung geschlossen wird. Die KOH-Schmelze von I ergibt *Resorcin* (F. 100—104°) u. *β-Resorcylsäure* (*Methylester*, F. 115 bis 117°), die Chromsäureoxydation ergibt *Aceton* (*2.4-Dinitrophenylhydrazon*, F. 126°). Die Behandlung des I-*Dihydro-Deriv.* ($C_{20}H_{18}O_5$, F. 274—276°, durch Hydrierung von I an Pd-Kohle) mit rauchender HNO_3 führt zu *Isocapronsäure*. Daraus ergibt sich die Anwesenheit eines direkt mit dem aromat. Kern verknüpften Isopentylsystems. II lieferte mit methanol. KOH u. dann Dimethylsulfat *Psoralidinsäuremethylestertrimethyläther* ($C_{24}H_{26}O_6$, F. 114—115°). Analog gibt II-Dihydro-Deriv. ($C_{22}H_{22}O_5$, F. 193—195°) einen öligen *Ester*, der durch Hydrolyse mit methanol. Alkali in *Dihydropsoralidinsäuretrimethyläther* [$C_{23}H_{26}O_6$, F. 197—198° (Zers.)] übergeht. Dieses liefert durch Vakuumsublimation *Decarboxydihydropsoralidinsäuretrimethyläther* ($C_{22}H_{26}O_4$, F. 84—86°). K. Lienhard. 3950□

D. Makromolekulare Chemie

Einige Gesichtspunkte bezüglich der Theorie der Lichtstreuung; Untersuchung der Polydispersität, Einfluß der Anisotropie. H. Benoit und G. Weill. (Proc. int. Symposium macromolecular Chem., Prague **1957.** 35—49. Suppl. 2 zu: Tetrahedron [London]. Strasbourg, Centre de Rech. sur les Macromol.) (Franz.)

Übersicht über die Ergebnisse der Unterss. der Lichtstreuung bei hochpolymeren Lsgg. (Best. der Gestalt u. Dimensionen von Moll. in einem polydispersen Syst., Effekt der Anisotropie auf die Lichtstreuung). — 39 Literaturangaben. — Diskussionsbemerkungen. R. Schäff. 4000□

Theorie der molekularen Kettenkristalle und ihre Anwendung auf Hochpolymere. Werner Brandt. (Ind. Engng. Chem. **50.** 1022. Juli 1958. Wilmington, Del., Du Pont Radiation Phys. Labor.)

Kurze Erörterung der Interpretation der makroskop. Eigg. von hochpolymeren Substanzen auf Basis inter- u. intramol. Wechselwrkg., deren Kenntnis für die Hochpolymerforschung u. bei der Entw. technolog. wichtiger Materialien von bes. Interesse ist. R. Schäff. 4000□

Ionisierende Bestrahlung und Polymerchemie. F. S. Dainton. (J. Oil Colour Chemists' Assoc. **40.** 830—44. Okt. 1957. Leeds, Univ.) (Engl.)

Übersicht über die physikal.-chem. Vorgänge bei Einw. ionisierender Strahlung auf Polymerisate u. Erörterung der Effekte der Bestrahlung auf ungesätt. organ. Verbb. u. auf gesätt. hochmol. Produkte. — Diskussionsbemerkungen. R. Schäff. 4000□

Synthese von Äthylaluminiumverbindungen für die drucklose Polymerisation von Äthylen. Janusz Bereś, Lech Nowakowski und Maria Szczurek. (Przemysł chem. **39.** 23—26. Jan. 1960. Blachownia, Inst. Ciężkiej Synt. organ., Zakł. Olefin.) (Pol.)

Die Al–Mg-Leg. mit 30% Mg wird mit 20% ig. benzol. Diäthylaluminiumchlorid (bromid)-Lsg. überschichtet. Nach 1 std. Stehen wird die Temp. beim Bromid auf 60, beim Chlorid auf 120° eingestellt. Unter Rühren wird Äthylbromid (Äthylchlorid) eingeleitet. Bei Äthylchlorid ist ein Zusatz von 5% Äthylbromid zweckmäßig. Das ausreagierte Gemisch wird weitere 15 Min. auf 120° erwärmt, um nichtumgesetztes Äthylhalogenid abzutreiben. Die Ausbeute an Diäthylaluminiumhalogenid beträgt 90—95%. Die erhaltene Lsg. eignet sich zur Aktivierung der Al–Mg-Legierung. F. Urban. 4010□

Die Schmelzentropie einiger linearer Polymerer. Howard W. Starkweather jun. und Richard H. Boyd. (J. physic. Chem. **64.** 410—14. April 1960. Wilmington, Del., E. I. du Pont de Nemours & Co., Du Pont Exp. Stat., Polychem. Dep.) (Engl.)

Unterss. über die Schmelzentropie von *Polyäthylen* (I), *Polytetrafluoräthylen* (II) u. *Polyoxymethylen* (III). Der auf Vol.-Änderungen beim Schmelzen basierende Anteil wird aus calorimetr. Best. errechnet. Der durch Rotationsisomerie um die Kettenbindungen bedingte Anteil wird theoret. aus einem Gittermodell, das die Wirksamkeit der ster. behinderten Rotation wiedergibt, abgeleitet u. schließlich wird der in Fll. auf den langreihigen Ordnungsabbau basierende Entropiebetrag durch Vgl. mit der Schmelzentropie einfacher niedermol. Stoffe erschlossen. Die Unterschiede in der Schmelzentropie zwischen **I, II** u. **III** werden hauptsächlich durch die Energiedifferenzen zwischen den Rotationsisomeren bedingt. Walter Schulze. 4010□

Polymere in gemischten Lösungsmitteln. R. Noel und Donald D. Patterson. (Off. Digest Federat. Soc. Paint Technol. **32.** 443—53. April 1960.) (Engl.)

Einige charakterist. Eigg. der Theorie von Flory u. Guggenheim über die Thermodynamik von Polymer-Lsgg. werden diskutiert u. die Intrinsicviscosität $[\eta]$ von Polymer-Lsgg. gemischter Lsgm. im Rahmen dieser Theorien behandelt. Die Theorie von Guggenheim gibt ein besseres Bild von den beiden Modell-Syst. *Polyisobutylen–Bzl.–Cyclohexan* u. *Polystyrol–Bzl.–Cyclohexan.* K. Wekua. 4010□

Dichroismus der 603 cm^{-1}-Bande von Polyvinylchlorid. Takehiko Shimanouchi und Mitsuo Tasumi. (J. chem. Physics **34.** 687—88. Febr. 1961. Tokyo, Univ., Fac. of Sci., Dep. of Chem.) (Engl.) — Vgl. C. **1960.** 12011.

Vff. beobachteten, daß krist. syndyotakt. *Polyvinylchlorid* (I) für die C—Cl-Valenzbande bei 603 cm^{-1} eine Umkehrung des Dichroismus zeigt. Diese Bande zeigt beim Recken eines I-Films um das Zweifache Parallel-, beim Recken um das Fünf- bis Siebenfache Senkrechtdichroismus. Die drei C—Cl-Valenzschwingungsbanden bei 690, 638 u. 615 cm^{-1} zeigen immer Senkrechtdichroismus. K. Frenkler. 4010□

Bestimmung der Energieausbeute der Luminescenz von Scintillatoren aus plastischen Massen unter Einwirkung von γ-Strahlen. I. Ja. Breido, Ju. A. Zirlin und L. N. Schischowa. (Оптика и Спектроскопия [Optik u. Spektroskopie] **7.** 89—92. Juli 1959.) (Russ.)

Zur Ermittlung der Energieausbeute der γ-Luminescenz eines Kunststoffscintillators (I), einer Lsg. von 2% *Terphenyl* u. 0,15% *POPOP* (im Original nicht näher bezeichnet) in *Polystyrol*, bei Einw. von Elektronen aus der γ-Strahlung von ^{137}Cs werden folgende Einzelgrößen bestimmt: Energie eines Photons $\varepsilon = 2{,}88$ eV, mittlere Photoleistung $C_\varphi = (12{,}5 \pm 0{,}5) \cdot 10^{-2}$, Verstärkungs-Koeff. $M = (7{,}9 \pm 0{,}5) \cdot 10^6$, radiotechn. Verstärkungs-Koeff. $k = 400 \pm 10$, Eingangskapazität des Vorverstärkers $c = 30 \pm 0{,}5$ cm. Aus der Gleichung für den Impuls am Ausgang des Zählers $V_a = E_k \, \eta \, \alpha \, C_\varphi \cdot M \, e \, k/\varepsilon \, c$ (E_k = Primärstrahlungsenergie, e = Elektronladung) ergibt sich $n = (1{,}7 \pm 0{,}3) \cdot 10^{-2}$. Die Energieausbeute von I beträgt $(1{,}6—2{,}7) \cdot 10^{-2}$, bei anderen Scintillatoren, wie *Polystyrol* + 2% *p-Terphenyl, Stilben, Anthracen* u. *NaJ(Tl)*, $0{,}6 \cdot 10^{-2}$ bis $6 \cdot 10^{-2}$. R. K. Müller. 4010□

Über die Haftfestigkeit, Benetzungswärme und Oberflächenaktivität carboxylsubstituierter Polystyrole. E. Jenckel und H. Huhn. (Kolloid-Z. **159.** 118—29. Aug. 1958. Aachen, TH, Inst. für theoret. Hüttenkunde u. physikal. Chem.) (Dt.)

Für die chem. Verklebung (chem. Bindungen zwischen den Klebstoff-Moll. u. dem zu verklebenden Stoff über Haupt- oder Nebenvalenzen) wurde der Einfl. der die Haftung bestimmter Gruppen, z. B. COOH, an einem Modellbeispiel [Verklebung von Al-Metall mit modifiziertem, *COOH-haltigem Polystyrol* (I)] ermittelt. Ferner wurde durch Messung der Benetzungswärme von Carbonsäure-Lsgg., z. B. von *Acrylsäure* (II) in W. u. in Äthylbenzol, an Al u. ihrer Oberflächenaktivität versucht, die Energie einer Bindung zwischen der einzelnen COOH-Gruppe u. der Al-Oberfläche zu ermitteln. Die Haftfestigkeit wird nicht durch eine polare Gruppe schlechthin, sondern speziell durch die freie COOH-Gruppe bes. beeinflußt u. verbessert. Die Zerreißfestigkeit von mit I verklebten Al-Prüfkörpern steigt von 120 auf ca. 360 kg/cm², vermutlich infolge H-Brücken-Bldg., wenn I ca. 0,5 Gewichts-% (entsprechend 0,4—0,8 Grundmol-% an Carbonsäure) einpolymerisierte Carbonsäure (*Malein-, Crotonsäure*, **II**) enthält. Die bei höherem Säure-Geh. festgestellte Abnahme der Zerreißfestigkeit läßt sich durch Assoziation zwischen COOH-Gruppen erklären (bes. starker Abfall beim **I**-Auftrag in Lsgg. kleiner DK, wie Bzl., dagegen nur geringer Abfall bei Lsgm. mit hoher DK, wie Acetylaceton). Die Benetzungswärme wird oberhalb einer bestimmten Säure-Konz. konstant. Die Adhäsionsenthalpie zeigt bei **II** bei hinreichender Konz. in wss. u. organ. Lsgg. den gleichen Wert. Der für die Zerreißfestigkeit einer H-Brücke berechnete Werte stimmt mit den experimentellen Befunden bei kleinen COOH-Geh. in **I** unter der Annahme überein, daß alle COOH-Gruppen in einer 6 Grundmoll. ($= 22{,}5 \cdot 10^{-8}$ cm) dicken Oberflächenschicht additiv an der Haftfestigkeit beteiligt sind. Wenn der mittlere Abstand zwischen 2 COOH-Gruppen $< 22{,}5 \cdot 10^{-8}$ cm (bei mehr als 0,5 Grundmol-%) wird, tritt Assoziation zwischen den COOH-Gruppen ein, wodurch die Festigkeit fällt. R. Schäff. 4010□

Durch Farbstoff sensibilisierte Photopolymerisation von Vinylverbindungen. Polymerisation von Styrol durch Cyaninfarbstoffe. 1. Mitt. Ai Watanabe und Masao Koizumi. (J. Inst. Polytechn., Osaka City Univ., Ser. C. **5.** 114—23. April 1956.) (Engl.)

Ident. mit der C. **1959.** 13497 referierten Arbeit. H. Reichert. 4010□

Durch Farbstoff sensibilisierte Photopolymerisation von Vinylverbindungen. Polymerisation von Styrol durch Cyaninfarbstoffe. 2. Mitt. Ai Watanabe und Masao Koizumi. (J. Inst. Polytechn., Osaka City Univ., Ser. C. **5.** 124—34. April 1956.) (Engl.) — 1. vgl. vorst. Referat.

Ident. mit der C. **1959.** 13497 referierten Arbeit. H. Reichert. 4010□

Durch Farbstoff sensibilisierte Photopolymerisation von Vinylverbindungen. Untersuchung der photosensibilisierten Polymerisation von Styrol vermöge des Triplettzustandes des Farbstoffes. Zisaku Kuroda und Masao Koizumi. (J. Inst. Polytechn., Osaka City Univ., Ser. C. **5.** 135—43. April 1956.) (Engl.)

Unterss. der Polymerisation von *Styrol* (**I**) in n-Butanol in Ggw. der fluorescierenden Farbstoffe Trypaflavin u. Eosin ergaben, daß eine Photosensibilität in einem für die quant. Auswertung unzureichenden Ausmaß vorhanden ist, bzw. die Reproduzierbarkeit zu unsicher ist. Dagegen ist bei Lsgg. eines 1:24-Gemisches aus den Zn-Salzen von *Tetraphenylchlorin* (**II**) bzw. *Tetraphenylporphin* u. **I** durch monochromat. Licht der Wellenlänge 425 mμ eine deutliche Beschleunigung der Polymerisation in Zusammenhang mit Photobleichung erreichbar. Bei Verw. von nur **II** u. einer Wellenlänge mit dem Absorptionsmaximum bei 621 mμ wird die Polymerisations-Geschw. eindeutig erhöht, ohne daß ein Bleichprozeß wahrgenommen wird. Da kein Farbstoffzerfall stattfindet, wird angenommen, daß die Energieübertragung zur Polymerisationsauslösung über den Triplettzustand des Farbstoff-Mol. erfolgt. H. Reichert. 4010□

Infrarotuntersuchungen an Polyvinylalkohol durch Deuterierung seiner OH-Gruppen. Hiroyuki Tadokoro. (Bull. chem. Soc. Japan **32.** 1252—57. Nov. 1959. Nakanoshima, Osaka Univ., Fac. of Sci., Dep. of Polymer Sci.) (Engl.) — Vgl. Tadokoro u. Mitarbeiter, Bull. chem. Soc. Japan **28.** [1955.] 559.

Zur Deutung der Natur der kristallisationsempfindlichen Bande bei 1141 cm^{-1}, zwecks Zuordnung der Banden im Bereich von 1500—800 cm^{-1}, zur Unters. der Möglichkeit der Kristallisations-Best. u. zum Studium der Feinstruktur der OH-Banden wurden IR-Analysen an *Polyvinylalkohol* (durchschnittlicher Polymerisationsgrad 1650), dessen OH-Gruppen deuteriert waren (Austausch-Rkk. mit D_2O) durchgeführt (Wiedergabe der Spektren u. Tabelle der Wellenlängen u. deren Zuordnung). R. Schäff. 4010□

Untersuchungen der dielektrischen Eigenschaften von Polyvinylalkohol. Yoichi Ishida, Yujiro Takada und Motowo Takayanagi. (Kolloid-Z. **168.** 121—24. Febr. 1960. Fukuoka, Japan, Kyushu Univ., Fac. of Engng., Dep. of Appl. Chem.) (Engl.)

Im Temp.-Bereich zwischen -61 u. $+27^0$ wird der dielektr. Verlust von 3 *Polyvinylalkohol*-Proben in Abhängigkeit von der Frequenz zwischen 100 Hz u. 2 MHz gemessen. Die Proben unterscheiden sich durch den Kristallinitätsgrad, der einen Einfl. auf die Größe der β-Absorption, nicht aber auf die scheinbare Aktivierungsenergie der dielektr. Nachwrkg. hat. Die β-Absorption wird bei allen drei Proben mit steigender Temp. stärker u. in der Form schärfer. Wegen zu starker Niederfrequenzleitfähigkeit war eine Beobachtung der α-Absorption nicht möglich. H. Fahlenbrach. 4010□

Spannungsrelaxation von thermo-reversiblen Gelen. Das System Polyvinylalkohol–Kongorot–Wasser. Kiyoshi Arakawa. (Bull. chem. Soc. Japan **32.** 1248—51. Nov. 1959. Oiwake, Hamamatsu, Shizuoka Univ., Fac. of Engng., Dep. of Chem. Ind.) (Engl.)

Am Syst. *Polyvinylalkohol* (1,5 Mol-% Restacetatgruppen, viscosimetr. Molgew. $8{,}5 \cdot 10^4$)-*Kongorot-W*. wurden im Temp.-Bereich von 15—60° Spannungsrelaxationskurven bei verschiedenen Konzz. u. t = 10^{-2} bis 10^4 Std. ermittelt u. das Relaxationsspektrum durch die Näherung 2. Ordnung berechnet. Die scheinbare Aktivierungsenergie ist unter ca. 43° konst. 42 kcal; oberhalb 43° nimmt sie mit der Temp. sehr stark zu. In grober Näherung scheint die Reduktion auf die Konz. zu einer einzigen zusammengesetzten Relaxationskurve möglich zu sein. R. Schäff. 4010□

Untersuchungen über Polyvinylcyanäthyläther. 2. Mitt. Viscosität von Polyvinylcyanäthyläther in verdünnter wässeriger Lösung. Michiharu Negishi, Ichirō Sekiguchi, Michio Shiraisi und Sadayuki Okada. (Chem. High Polymers [Tokyo] **13.** 69—76. 1956. Kiriu, Gumma Univ.) (Jap.; Auszug: Engl.) — 1. vgl. C. **1961.** 11571.

Von ca. 1%ig. wss. Lsgg. verschiedener *cyanäthylierter Polyvinylalkohole* (I) mit 0—40% β-Cyanäthylgruppen (CÄ) wurde die Intrinsicviscosität [η] bestimmt. Mit steigender Temp. nimmt [η] ab u. die Huggins-Konst. k' zu. Bei I mit 20—25% CÄ (5—6% N) entsprechend der dehnbarsten Mol.-Form erreicht [η] ein Maximum u. k' ein Minimum. Dem viscosimetr. Verh. entsprechend sinkt bei den I mit mehr als 25% CÄ die Fällungs-Temp. unter 100°. Der Feuchtigkeits-Geh. der Filme bei einer relativen Feuchtigkeit von 65% besitzt bei den I mit 20% CÄ ein Maximum. L. Schuler. 4010

Untersuchungen über Polyvinylcyanäthyläther. 3. Mitt. Über die Übergangstemperatur von Polyvinylalkohol und Polyvinylcyanäthyläther. Hehachiro Itō, Ichiro Sekiguchi und Michiharu Negishi. (J. chem. Soc. Japan, ind. Chem. Sect. [Kōgyō Kagaku Zassi] **59.** 834—37. Juli 1956. (Jap.) — 2. vgl. vorst. Referat.

Polyvinylcyanäthyläther (I) wird durch Rk. von vorgereinigtem Polyvinylalkohol (II) vom Polymerisationsgrad 1650 mit NaCN in homogener wss. Lsg. oder (für I mit über 8% N) mit Acrylonitril (III) dargestellt. Je nach dem Mol-Verhältnis III/II (0,221—4,42), der Temp. (40—80°) u. der Rk.-Dauer (1½—2 Std.) entstehen I-Prodd. mit 2,76 bis 14,43% N. Untersucht werden die Prodd. auf die Übergangs-Temp. (UT) 2. Ordnung, Ausdehnungs-Koeff., F. u. Dichte. Für I u. II werden 4 UT bei 64, 125, 160 u. 210° gefunden, wobei die UT mit der Erniedrigung des F. u. dem höheren Grad der Cyanäthylierung fällt. Für die Beziehung zwischen der Zus. von I u. der tiefsten UT sowie der Dichte ist die von Gordon-Taylor (J. appl. Chem. **2.** [1952.] 493) vorgeschlagene Gleichung anwendbar. Das Verhältnis F./UT (in abs. Temp.) ist konst. u. unabhängig von der Zus. des jeweiligen I. Die Gleichung von Flory [1949] ist nicht anwendbar. L. Schuler. 4010□

Polymerisation von Vinylacetat in Gegenwart des Polymeren. 1. Mitt. Polymerisation von Vinylacetat in Gegenwart von Polyvinylacetat mit Doppelbindungen in der Hauptkette. Saburo Imoto und Tsugio Kominami. (Chem. High Polymers [Tokyo] **15.** 60—64. 1958. Toyama, Kurashiki Reyon K. K.) (Jap.; Auszug: Engl.)

Die Unters. der Polymerisation von *Vinylacetat* in Ggw. von *Polyvinylacetat* mit Doppelbindungen in der Hauptkette bei 60° ergibt folgendes: Geschw. u. Grad der Polymerisation nehmen infolge abbauender Kettenübertragung ab. Durch kinet. Analyse u. Best. der Doppelbindungen ergibt sich eine Monomerenübertragungs-Konst. von $3 \cdot 10^{-4}$ u. $k_r/k_p < 10^{-2}$, wobei k_r u. k_p die Geschw.-Konst. der Aktivierung der Doppelbindung bzw. des Wachstums bedeuten. Die abbauende Kettenübertragung ist demnach unter den Vers.-Bedingungen die vorherrschende Reaktion. L. Schuler. 4010□

Ungesättigte Ester von Polyvinylalkohol. A. J. Seavell. (J. Oil Colour Chemists' Assoc. **39.** 99—113. Febr. 1956. Haltwhistle, Northumberland, Smith & Walton Ltd.) (Engl.)

Bei der Veresterung von *Polyvinylalkohol* (I) mit aus Leinsamen isolierten Säuren (51,3% Linolensäure, 15,3% Linolsäure, 15,8% Ölsäure u. 17,6% gesätt. Säuren) in Phenol bei 160—190° entstehen in 50%ig. Ausbeute die entsprechenden *Polyvinylester* (II). Von den in I vorhandenen OH-Gruppen werden ca. 50—60% verestert. Die übrigen OH-Gruppen bleiben unverändert oder bilden Ätherbrücken. Die Doppelbindungen in II werden nicht angegriffen. Wegen der Neubldg. polarer Zentren in II wird die Löslichkeit in CH_3OH verringert. R. Struve. 4010

Die Durchschlagspannung von Epoxydharz im inhomogenen Feld. Martin Eberhardt. (Wiss. Z. Techn. Hochschule Dresden **8.** 107—11. 1958/59. Dresden, TH, Inst. für Hochspannungstechn.) (Dt.)

Vf. untersucht im inhomogenen Feld (Spitze—Platte) die Durchschlagsspannung U_d des heißhärtenden Epoxydharzes *Epilox EG-1* mit verschiedenen Zusätzen von Quarzmehl (Körnigkeit < 0,06 mm). Dabei steigt U_d bei Elektrodenabständen von 3—9 mm proportional der Schlagweite an; die elektr. Festigkeit beträgt 180—110 kV/cm. Durch Zusätze von Quarzmehl bis zu 200 Gewichts-% erhöht sich U_d. Vergleichende Messungen an Rundstäben aus Epoxydharz zeigen die Überlegenheit bei Dauerbeanspruchung gegenüber Hartpapier u. Hartgewebe. Außerdem konnte gezeigt werden, daß bei Vorhandensein eines inhomogenen Feldes Vorentladungen im Epoxydharz auftreten.

H. SCHIRRWITZ. 4010□

Thermomechanische Untersuchung von Epoxydharzen. L. P. Golubenkowa, B. M. Kowarskaja, M. Ss. Akutin und G. L. Slonimski. (Коллоидный Журнал [Kolloid-J.] **20.** 34—37. Jan./Febr. 1958. Moskau, Forsch.-Inst. für Kunststoffe.)

Vff. untersuchten verschiedene *Epoxydharze* (EH) aus Epichlorhydrin (**I**) u. 2.2-Bis-[p-hydroxyphenyl]-propan (**II**), die mit Aminen oder Resolharzen gehärtet wurden. Die gehärteten EH haben 3dimensionale Struktur. Bei hohen Temp. sind sie bei großem **II**-Geh. elastischer als die an Epoxydgruppen reicheren EH. Bei Härtung mit Aminen entstehen Prodd., deren Elastizitätsmodul unabhängig von der Temp. ist, während er bei EH, die mit Resolharzen gehärtet wurden, mit steigender Temp. abnimmt. Die EH sind thermoplast., bei größerem **II**-Geh. thermoreakt., d. h., sie können auch ohne Zusatz (bei 200° während 10 Std.) gehärtet werden. Die Prodd. sind hitzebeständig u. elastisch.

WALTER SCHULTZE/Berlin. 4010□

Ein isothermes (26,9°) Calorimeter und seine Anwendung zur Messung einiger Copolymerisationswärmen von Schwefeldioxyd mit Olefinen, sowie eine neue Abschätzung der kinetischen Daten der Buten-(2)-Systeme. F. S. Dainton, J. Diaper, K. J. Ivin und D. R. Sheard. (Trans. Faraday Soc. **53.** 1269—84. Sept. 1957. Leeds, Univ., Dep. of Phys. Chem.) (Engl.) — Vgl. BRISTOW u. DAINTON, C. **1957.** 13364.

Es wird ein mit Diphenyläther (F. 26,9°) als Badsubstanz arbeitendes adiabat. Calorimeter beschrieben, dessen Wärmeverlust einen über 3 Std. konst. Wert von $\pm$ 0,0002 cal/min besitzt. Bestimmbar sind Wärmetönungen von 0,004—30 cal. Die verdrängte Hg-Menge beträgt (0,05295 $\pm$ 0,0001) g/cal. Mit Hilfe dieser App. wurden die Bldg.-Enthalpien von *Polysulfonen* aus SO_2 u. *Propylen, Buten-(1), Hexen-(1), Hexadecen-(1), cis-* u. *trans-Buten-(2)* u. *Cyclopenten* (I) bestimmt. Die Mittelwerte in fl. Phase, bezogen auf die Rk. Olefin + SO_2 → Polysulfoneinheit, betragen in vorst. Reihenfolge 20,2, 21,2, 20,7, 19,9, 20,2, 18,7 u. 21,65 kcal/Mol. Im allg. zeigen diese Werte den gleichen Gang wie die entsprechenden Hydrierungswärmen; lediglich bei I tritt insofern eine Abweichung auf, als es die höchste Copolymerisationswärme, jedoch die niedrigste Hydrierungswärme (26,33 kcal/Mol) der Reihe zeigt. Dieser Effekt beruht wahrscheinlich darauf, daß die Spannungsenergie in allen Polysulfonen außer dem von I als Folge der gehemmten Rotation um die C–S-Bindung gleich, aber verschieden von Null ist; im *Polysulfon* von I kann eine etwas größere Beweglichkeit um die C–S-Bindung zu energet. günstigeren Atomanordnungen führen. Die zur Dissoziation eines Polysulfons in SO_2 (Grundzustand) u. Olefindiradikale notwendige Energie berechnet sich zu 81 kcal/Mol, die entsprechende Dissoziationsenergie des *Dimethylsulfons* beträgt 80 kcal/Mol. Aus cis- u. trans-Buten-(2) werden ident. Polysulfone erhalten. Die daraus abzuleitenden kinet. u. energet. Folgerungen werden diskutiert.

A. BLASCHETTE. 4010□

Bestrahlung von Vinylmonomeren mit hochenergetischen γ-Strahlen. 2. Mitt. **Infrarotspektren von durch Strahlung polymerisiertem Acrylonitril.** Jett C. Arthur jun. und Robert J. Demint. (J. physic. Chem. **64.** 1332. Sept. 1960. New Orleans, La., Southern Regional Res. Labor.) (Engl.) — 1. vgl. C. **1961.** 5100.

Vff. bestrahlten verschieden zusammengesetzte Gemische von W. u. monomerem *Acrylonitril* mit ^{60}Co-γ-Strahlen (Strahlungsdosen von $5{,}2—520 \cdot 10^{21}$ eV/Liter). In den IR-Spektren der erhaltenen Polymeren sind die unterschiedlichen physikal. Eigg. derselben nicht durch das Auftreten neuer Banden nachzuweisen.

K. FRENKLER. 4010□

Bestimmung der absoluten Geschwindigkeitskonstanten für das Kettenwachstum und die beiden Abbruchreaktionen, Disproportionierung und Kombination, an Methylmethacrylat. G. V. Schulz, G. Henrici-Olivé und S. Olivé. (Z. physik. Chem. [Frankfurt/M.] [N. F.] **27.** 1—22. Jan. 1961. Mainz, Univ., Inst. für Physikal. Chem.; Zürich, Monsanto Res. S. A.) (Dt.)

Bei der *Methacrylsäuremethylester*-Polymerisation wurde eine Neubest. der abs. Geschw.-Konst. für das Kettenwachstum k_W u. die Abbruch-Rkk. durch Disproportionierung k_{dis} u. Kombination k_{com} durchgeführt. k_{dis}/k_{com} wurde durch Best. der mittleren radioakt. Endgruppenzahl pro Makromol. bei mit ^{14}C-markiertem Initiator (Azodiisobutyronitril, Bzl. als Lsgm., 40, 60 bzw. 80°) hergestellten Polymerisaten ermittelt. Für die exakte Best. des außerdem erforderlichen Zahlenmittels $\overline{P}_n$ des Polymerisationsgrads wurde ein Verf. entwickelt, bei dem die Molgewichts-Best. auf Messungen an Fraktionen basieren. Die formalen Beziehungen, welche sich daraus ergeben, daß innerhalb eines Polymerisats $\bar{P}_n$ mit dem Molgew. zunimmt (vgl. C. **1959.** 14974), u. der Einfl. der von k_{dis}/k_{com} abhängigen Uneinheitlichkeit des Polymerisats auf die Auswertung der Molgew.-Best. werden abgeleitet. Die kinet. Gleichungen wurden umgeformt, indem $\bar{P}_n$ durch $\bar{P}_\eta$ (viscosimetr. Polymerisationsgrad) ersetzt wurde. Es wird gezeigt, daß die „$\bar{P}_\eta$-Kinetik" theoret. genauso exakt ist wie die übliche $\bar{P}_n$-Kinetik, daneben aber noch den Vorzug hat, wegen des direkten Bezuges zu Meßgrößen experimentell wesentlich exakter zu sein (vgl. l. c.). Die gefundenen Zahlenwerte der einzelnen Geschw.-Konst. liegen um 40—60% höher als die Werte von MATHESON u. Mitarbeitern (J. Amer. chem. Soc. **71.** [1949.] 497); sie gehorchen im Temp.-Bereich von 30—80° den Gleichungen $\log k_W = 5{,}90 - 1060/T$; $\log k_{dis} = 9{,}78 - 910/T$ u. $\log k_{com} = 7{,}16 - 0/T$. Die Aktivierungsenergien u. -entropien wurden ebenfalls ermittelt. R. SCHÄFF. 4010□

Der Abbau von Polymethacrylsäure durch Hydroxylradikale. J. H. Baxendale und J. K. Thomas. (Chem. and Ind. **1956.** 377—78. 12/5. Manchester, Univ., Chem. Dep.) (Engl.) — Vgl. C. **1960.** 7187.

Die Quantenausbeute bei der Zers. von H_2O_2 mit Licht von 2537 Å beträgt bei 25° 1,00. Dieser Wert scheint das Doppelte der Primärausbeute zu sein, da in Ggw. von organ. Säuren in O_2-freien Lsgg. der Wert auf 0,50 absinkt. Beim Einsatz von *Polymethacrylsäure* tritt dazu ein erheblicher Abbau des Polymeren ein, der auf die Einw. von Hydroxylradikalen zurückgeführt wird, da der Betrag von gespaltenen C–C-Bindungen proportional der Strahlungsdosis ist. Die von anderen Autoren angenommene Bldg. von HO_2-Radikalen, die ihrerseits dann den Abbau bewirken, erscheint daher nicht notwendig. H. GIEHRING. 4010□

Der Abbau von Polymethacrylsäure durch HO_2-Radikale. P. Alexander und M. Fox. (Chem. and Ind. **1956.** 1385—86. 24/11. London, Chester Beatty Res. Inst.) (Engl.)

Vff. sehen in den Unterss. von BAXENDALE u. THOMAS (vgl. vorst. Ref.) keinen Grund, die frühere Auffassung zu verlassen, daß OH-Radikale allein eine C–C-Bindung in *Polymethacrylsäure* nicht sprengen können. Bevor nicht die relativen Geschw. der verschiedenen Rkk. bekannt sind, können die erhaltenen Quantenausbeuten nicht zur Entscheidung für eine der verschiedenen Möglichkeiten herangezogen werden.
H. GIEHRING. 4010□

Untersuchung der physikalisch-chemischen Eigenschaften linear-aliphatischer Polyester. O. P. Korenkowa und N. L. Pokrowski. (Кристаллография [Kristallographie] **4.** 386—92. 2 Tafeln. Mai/Juni 1959. Moskau, Lomonossow-Univ. u. Kristallograph. Inst. der Akad. der Wiss. der UdSSR.) (Russ.)

Durch Polykondens. von aliphat. Dicarbonsäuren u. Glykolen (ohne Katalysator) erhaltene Polyester werden der therm. u. thermograph. Analyse, calorimetr. Unters. (Best. der latenten Kristallisationswärme), Röntgenanalyse u. kristallopt. Unters. (Polarisationsmikroskop) unterworfen. Die Unterss. zeigen, daß es sich um kristalline Stoffe vom Sphärolithtyp mit Fernordnung handelt. Für den F. u. das Molgew. der Polyester werden folgende Werte bestimmt: *Äthylenpimelinat* (I), F. 35° (Molgew. 4100); 80%. — **I** + 20% *Äthylenadipinat* (**II**), hochviscose, trübe Fl. (4150); 60%. — *Äthylensuccinat* + 40% *Äthylenazelainat*, F. 44° (5160); 80%. — **II** + 20% *Diäthylenglykoladipinat* (**III**), F. 38° (4500); 60%. — **II** + 40% **III**, hochviscose, trübe Fl. (4550); 80%. — **II** + 20% *Triäthylenglykoladipinat*, F. 37° (4550). R. K. MÜLLER. 4010□

Dielektrische Eigenschaften ungesättigter Polyesterharze. 2. Mitt. **Der Effekt des Styrolgehalts als vernetzenden Agens.** Kenzō Gotō und Tatsuji Nakajima. (Chem. High Polymers [Tokyo] **13.** 185—92. 1956. Tokyo u. Kawasaki, Fuji Co.) (Jap.; Auszug: Engl.) — 1. vgl. C. **1961.** 5816.

Bei der Best. der DK von *Polydiäthylenglykolmaleat* (**I**) mit verschiedenem *Styrol* (**II**)-Geh. als Vernetzungsmittel ergibt sich folgendes: Bis zum Erreichen eines Monomeren-Geh., der dem Grad der Ungesättigtheit von **I** äquivalent ist, nimmt das Maximum des dielektr. Verlustes ε'' mit steigendem **II**-Geh. ab u. verschiebt sich nach der Seite der höheren Temp.; bei etwas überschüssigem Monomeren-Geh. nimmt die Verteilung der Relaxationszeit stärker zu, das Maximum von ε'' wird flacher u. der Wert von ε' oder ε'' erreicht außer bei hohen oder extrem niedrigen Temp. einen höheren Wert. Bei weiter ansteigendem Monomeren-Geh. nimmt ε' oder ε'' infolge des Verdünnungseffekts ab. Die gleiche Tendenz zeigt die Leitfähigkeit, sie erreicht ein Minimalwert, wenn der **II**-Geh. dem Grad der Ungesättigtheit äquivalent ist. Deshalb wird angenommen, daß mehr als eine vernetzende **II**-Brücke die gegenseitige intermol. Bindung zwischen den Estergruppen von **I** hindert, jedoch hängt dies vom Sättigungsgrad der Säure ab. Denn im Falle des gesätt. Polydiäthylenglykolsuccinats nimmt der dielektr. Verlust mit zunehmendem **II**-Geh. linear ab. L. SCHULER. 4010

Über die Struktur und den Phasenzustand der Fasern aus Polyäthylenterephthalat. W. O. Gorbatschewa und N. W. Michailow. (Коллоидный Журнал [Kolloid-J.] **20.** 38—42. Jan./Febr. 1958. Mytischtschi, Inst. für Kunstfasern.)

Vff. untersuchen *Polyäthylenterephthalat* (I) röntgenograph. u. thermographisch. Im Gegensatz zu Polyamiden erhält man I beim Abkühlen der Schmelze meist in amorphem Zustand, nur bei sehr langen Abkühlungszeiten erhält man kristallines I. Der amorphe Zustand ist bei Zimmer-Temp. metastabil, bei 80—110° geht amorphes I in den kristallinen Zustand über. Fasern, die aus amorphem I bei 20° verstreckt wurden, zeigen nur geringe Orientierung, während Verstreckung bei 80—90° kristalline Fasern ergibt. Die Schmelzwärme von I wurde zu 9—11 cal/g bestimmt.

WALTER SCHULTZE/Berlin. 4010□

Mit Hilfe von kernmagnetischer Resonanz untersuchte Strahlungsschäden in Hochpolymeren. A. Lösche. (Arch. des Sci. **12 (164).** 205—06. 1/4. 1959. Leipzig, Univ., Physikal. Inst.)

Mit Hilfe der kernmagnet. Resonanzspektren untersuchte Vf. den Einfl. von γ-Strahlen auf 2 verschiedene Polyamide, *Ultramid A* (I) u. *Ultramid B* (II). Nach 0, 2, 4 u. 6 Monate langer Bestrahlung wurden die folgenden zweiten Momente der Protonlinien gefunden: für **I** 14,3; 13,7; 13,4 u. 0,07 G^2 u. für **II** 16,0; 11,9; 8,7 u. 0,07 G^2. Die Kristallinität der Proben vor der Bestrahlung betrug bei 20° ~95% u. bei 70° ~92%. Nach 6monatiger Bestrahlung, wobei ca. 10^{16}-γ-Quanten absorbiert worden waren, konnte keine kristalline Phase mehr festgestellt werden. Die Linienformen änderten sich nicht beim Erwärmen auf 80° oder bei mehrtägigem Aufbewahren. Vf. schließt aus den Beobachtungen, daß für die Änderung der zweiten Momente keine Radikale verantwortlich zu machen sind; die Verminderung der Linienbreite läßt sich daher nur durch eine Zerstörung der Mol.-Ketten u. durch die Erhöhung der Beweglichkeit erklären.

C. GOTTFRIED. 4010

Über die Kristallisation von Poly-6-caprolactam. P. Čefelín, M. Chemlíř und O. Wichterle. (Collect. czechoslov. chem. Commun. **25.** 1267—74. Mai 1960. Prag, Tschechoslow. Akad. der Wiss., Inst. für makromol. Chemie.) (Dt.)

Die bei 190, 195 u. 200° isotherm. durchgeführte Kristallisation des durch 20std. Polymerisation von *6-Caprolactam* (I) mit 4 Mol-% *6-Aminocapronsäure* bei 220 u. 260° hergestellten *Polymeren* wurde durch dilatometr. Messung (vgl. C. **1960.** 3557) des spezif. Vol. (V_s) der erstarrenden Schmelze verfolgt u. aus der Abhängigkeit von V_s von der Temp. für die Umwandlungs-Temp. 2. Ordnung der Wert von 30—32° gefunden. Die kinet. Auswertung des Kristallisationsvorganges nach der AVRAMIschen Gleichung $X = X_0 [1 - \exp(-K \cdot t^n)]$, worin X der kristalline Anteil in der Zeit t, X_0 der kristalline Anteil im Endzustand, K eine von der Wachstums-Geschw. des Kristallits u. n eine von der Art des Kristallits u. von der Bildungsweise der Kristallisationszentren abhängige Konst. bedeuten, ergab für das bei 220° polymerisierte I bei Kristallisations-Temp. von 190, 195 bzw. 200° für n die Werte 2,2, 2,7 bzw. 3,2, für K die Werte $2{,}5 \cdot 10^{-6}$, $1{,}2 \cdot 10^{-8}$ bzw. $1{,}3 \cdot 10^{-11}$. Für das bei 260° polymerisierte I wurde n = 1,8, 2,7 bzw. 3,2 u. $K = 1{,}9 \cdot 10^{-5}$, $1{,}2 \cdot 10^{-8}$ bzw. $2{,}6 \cdot 10^{-11}$ gefunden. Ermittlung des X-Wertes nach der Meth. von PRICE. Die Kristallisation des Polymeren wird wahrscheinlich durch atherm. gebildete Zentren hervorgerufen, erreicht bei isothermem Verlauf die maximale Geschw. dicht unterhalb 190° u. kommt unterhalb 180° prakt. zum Stillstand. Erreicht wurde eine maximale Kristallinität von 67%.

A. EMR/Prag. 4010

Die Oberflächen-Pfropfung von Polyvinylpyrrolidon mit Acrylonitril unter dem Einfluß von Co-60-Gamma-Strahlen, und die Quellungseigenschaften der gebildeten Produkte. Arnim Henglein und Wolfram Schnabel. (Makromolekulare Chem. **25.** 119—33. Dez. 1957. Köln, Inst. für physik. Chemie.) (Dt.)

Pfropf- u. Blockcopolymere werden dargestellt, indem Polymere durch geeignete Bestrahlung in Ggw. polymerisierbarer Vinyl-Verbb. zersetzt werden. Die dabei auftretenden Makroradikale des Polymeren lösen die Polymerisation des Monomeren aus. Baut man das Polymere durch Ultraschall ab, so erhält man Blockcopolymere. Beim Einfl. ionisierender Strahlen entstehen Pfropfcopolymere. Bei der sog. Oberflächenpfropfung wird das Polymere in eine Lsg. einer Vinyl-Verb. gebracht, in der es selbst unlösl. ist. Die Vinyl-Verb. bildet in diesem Falle eine Schicht über dem ursprünglichen Polymeren. In der vorliegenden Arbeit wird das Aufpfropfen von *Polyacrylonitril* (PAN) auf *Polyvinylpyrrolidon* (PVP) beschrieben. PVP-Folien wurden unter dem Einfl. von γ-Strahlen durch Eintauchen in benzol. Lsgg. von Acrylonitril (I) an der Oberfläche mit PAN überpflanzt. Der Pfropfungsvorgang verläuft in zwei Phasen. Bei kurzen Bestrahlungszeiten nimmt die Menge des aufgepfropften I schnell zu. Bei längeren Bestrahlungszeiten hat man dagegen nur geringe Zunahmen zu verzeichnen. Der Grenzwert für die Menge des aufgepfropften I wird mit steigender Konz. größer u. wird nach kurzer Bestrahlungszeit erreicht. Der Einfl. von Luftsauerstoff auf die Pfropfung wurde untersucht u. die Begriffe Oberflächenpfropfung u. eingelagerte Pfropfung werden erklärt. Die durch I aufgepfropften Folien haben die Eigg. semipermeabler Membranen. Es wurden Quellungs-Verss. unter dem Einfl. von Lsgm., in denen PVP lösl. u. PAN unlösl. sind (Methanol, H_2O, Chlf.), durchgeführt. Das Lsgm. dringt dabei in die gepfropften Folien ein. Der osmot. Druck im Innern der Folie wird dabei gleich dem Gegendruck der Membranschicht. Die gepfropften Folien sind im ungequollenen u. gequollenen Zustand durchsichtig. E. ANTON. 4010☐

Molekulargewichte von Siliconen und ihre Bestimmung. Toshizō Uryu und Tadashi Wada. (Chem. High Polymers [Tokyo] **15.** 55—59. 1958. Tokyo, Shinetsu Chem. K. K.) (Jap.; Auszug: Engl.)

Die gemeinsamen Hydrolysen-Prodd. von je 1 Mol *Dimethyldichlorsilan* u. *Phenyltrichlorsilan* mit 3,75 W. u. 8,43 CH_3OH ergeben trotz der beobachteten hohen Viscosität nach dem kryoskop. Verf. in Bzl. mittlere Molgew. von ca. 1000. Außerdem werden die Molgew. verschiedener handelsüblicher *Siliconöle* u. *-firnisse* nach einem modifizierten RASTschen Verf. zu ca. 400—1400 bestimmt. Trotz großer Verschiedenheit der physikal. Eigg. zeigen die Molgew. handelsüblicher *Firnissiloxane* (I) Molgew. von 1600—2200. Durch Erhitzen der I in Toluol mit 0,2% KOH erfolgt eine Zunahme des Molgew. von 1000 auf ca. 2000 (nach Viscositäts-Best.), was für das einzelne I-Mol. einen Geh. von 20 Si-Atomen ergibt. L. SCHULER. 4010☐

Bestrahlungseffekte auf Dimethyldiphenylsiloxan-Copolymere. 1. Mitt. **Schutzwirkung des Phenylradikals auf die Vernetzung.** Mitsuru Koike und Akibumi Danno. (J. physic. Soc. Japan **15.** 1501—08. Aug. 1960. Tokai-mura, Naka-gun, Ibaraki-ken, Japan, Jap. Atomic Energy Res. Inst.) (Engl.)

Es werden sowohl *Polydimethylsiloxan* (I) als auch ein *Copolymeres* aus I u. *Diphenylsiloxan* (II) der γ-Bestrahlung von ^{60}Co unterworfen, wobei die Viscosität der unbestrahlten Probe mit der absorbierten Strahlendosis ansteigt u. Gelcharakter annimmt. Dabei wird festgestellt, daß die vernetzende Wrkg. der Strahlen im Falle des Copolymeren mit steigender II-Konz. merklich abnimmt. Für die minimale Strahlendosis, die zur Gel-Bldg. ausreicht, u. die Wirksamkeit auf die Vernetzung werden quant. Beziehungen pro Monomereneinheit angegeben, die Funktionen der Konz. an Phenylradikalen darstellen. Weiterhin läßt sich feststellen, daß der Schutzeffekt von II sich auf 5 oder 6 monomere Nachbareinheiten erstreckt. G. ENGELHARDT. 4010☐

Untersuchung über das Vulkanisationsverhalten von Naturgummi mittels kernmagnetischer Resonanzspektren. Keiichi Oshima und Hajime Kusumoto. (J. chem. Soc. Japan, ind. Chem. Sect. [Kōgyō Kagaku Zassi] **59.** 806—09. Juli 1956. Tokyo, Univ., Rigōgaku-Kenkyujō.) (Jap.)

Mit Hilfe einer App., die aus einem permanenten Magnet von 6090 Gauß u. einem Autodynoscillator-Syst. besteht, wird zwischen —196 bis 120° die kernmagnet. Resonanzabsorption von 7 Proben von mit 2—32% S bei 140° vulkanisiertem *Naturgummi* [I; aus 100 (Teilen) I, 1 Beschleuniger, 1 Stearinsäure u. 5 ZnO] bestimmt. Aus dem Vgl. der Absorptionskurven bei hoher u. tiefer Temp. geht hervor, daß 1. die Rotation der CH_3-Gruppen in den elast. Proben mit weniger als 10% S sich deutlich von der Bewegung der Kettensegmente unterscheidet, 2. die Proben mit 10—20% S weniger elast. sind u. die beiden Bewegungstypen der Struktureinheiten sich nicht mehr voneinander unterscheiden lassen u. 3. die Absorptionskurve für höhere Temp. bei den Proben mit mehr als 20% S Feinstruktur erkennen läßt, was auf die Bldg. neuer S-Bindungen hindeutet. Diese Proben sind dem Ebonit ähnlich. Die Anwendung dieser Meß-Meth. wird zur Kontrolle des Vulkanisierungsprozesses vorgeschlagen.
L. SCHULER. 4030☐

Absorptionsspektren von Cellulose- und Amylose-Jod-Komplexen im Sichtbaren und Ultraviolett. Takehiro Abe. (Bull. chem. Soc. Japan **31.** 661—62. Juli 1958. Yokosuka, Kanagawa, Defense Acad., Dep. of Chem.) (Engl.)

Der *Cellulose-Jod-Komplex* (I) in $ZnCl_2$-Lsg. wurde mit dem *Amylose-Jod-Komplex* (II) bzgl. der Absorptionsspektren bei 20° verglichen. Es wurde eine große Analogie gefunden, so daß gefolgert wird, daß I die blaue Farbe nach dem gleichen Mechanismus wie II gibt (Anordnung der J_2-Moll. in der schraubenförmigen Cellulosekette). Analog der Umwandlung von β-Amylose in die schraubenförmige α-Amylose bei NaOH-Behandlung scheint auch Cellulose durch NaOH in den schraubenförmigen Zustand unter Blaufärbung mit J_2 umgewandelt werden zu können. R. SCHÄFF. 4050☐

Untersuchungen über das Molekulargewicht von Kartoffelamylose in wässeriger Lösung durch Messung des osmotischen Drucks. B. B. Jørgensen und O. B. Jørgensen. (Acta chem. scand. **14.** 2135–38. 1960. Kopenhagen, Royal Techn. Univ., Dep. of Techn. Biochem.; Univ. Inst. of Phys. Chem.) (Engl.)

Vff. bestimmten mittels des umgekehrten Mikroosmometers von Christiansen u. Jensen (C. **1956.** 9259) den osmot. Druck wss. Lsgg. von *Kartoffelamylose* (**I**) bei 21°. Die I-Konzz. betrugen 0,2–0,6%. **I** wurde durch Fällung von Kartoffelstärke mit Thymol gewonnen u. hatte einen „Blauwert" von 1,38. Die I-Lsgg. wurden durch Lösen von I in 0,4n KOH hergestellt, u. zwar unter 1½std. Schütteln in einer N_2-Atmosphäre. Danach wurde die Lsg. 2–16 Min. erhitzt, um den Einfl. der Erhitzungsdauer auf den osmot. Druck zu untersuchen. Nach dem Abkühlen unter fließendem W. wurden die Lsgg. mit 0,4n HCl neutralisiert u. ggf. mit 0,2n KCl verdünnt. Demgemäß war die äußere Fl. im Osmometer ebenfalls 0,2n KCl. Der aus dem osmot. Druck berechnete mittlere Polymerisationsgrad ($\bar{P}$) erreicht nach einer Erhitzungsdauer von 5 Min. einen etwa konst. Wert u. nimmt bei weiterem Erhitzen nur wenig ab (alkal. Abbau von **I**). Ein gleiches Bild ergibt sich bei Verfolgung der spezif. Viscosität der alkal. **I**-Lösung. Die red. Viscosität η_{sp}/c ist sowohl bei erhitzten als auch bei nichterhitzten Lsgg. von der **I**-Konz. unabhängig ($c \leq 0{,}43 \cdot 10^{-3}$ g/ml). Bei Konzz. zwischen 0,215 u. 0,573% ändert sich der red. osmot. Druck nicht, so daß nicht auf $c = 0$ extrapoliert zu werden braucht. Vff. empfehlen für die $\bar{P}$-Best. eine Erhitzungsdauer von 5–10 Min. in 0,4n KOH unter N_2. Unter diesen Bedingungen ergibt sich für **I** ein $\bar{P}$-Wert von 1250, bei Extrapolation auf die Erhitzungsdauer 0 ein $\bar{P}$-Wert von 1300. Der Abfall des $\bar{P}$-Werts von ca. 1900 (ohne Erhitzen) auf den nach dem Erhitzen gefundenen Wert läßt sich möglicherweise durch Desaggregation von **I** erklären. An einem von Whelan hergestellten **I**-Präp. mit einem durch Perjodatoxydation ermittelten $\bar{P}$-Wert von 1250 fanden Vff. nach ihrer Meth. einen $\bar{P}$-Wert von 1270. S. Augustat. 4050

Synthesen in der Polymyxin-Reihe. 4. Mitt. **Synthese des cyclischen Dekapeptids 8γ.** K. Vogler, R. O. Studer, W. Lergier und P. Lanz. (Helv. chim. Acta **43.** 1751–59. 17/10. 1960. Basel, F. Hoffmann-La Roche & Co., Chem. Forschungsabt.) (Dt.) – 3. vgl. C. **1961.** 2641.

Vff. bezeichnen die 4 möglichen Strukturen für *Polymyxin B_1* (vgl. 1. Mitt., C. **1961.** 157) wie folgt: Ring mit 8 Aminosäuren u. α- bzw. γ-verknüpfter Seitenkette = 8α bzw. 8γ; Ring mit 7 Aminosäuren u. α- bzw. γ-verknüpfter Seitenkette = 7α bzw. 7γ. – Es wird das cycl. Dekapeptid 8γ, *Cyclo-{L-leucyl-L-α.γ-diaminobutyryl-L-α.γ-diaminobutyryl-L-threonyl-L-α.γ-diaminobutyryl-Nγ-[Nα-(+)-isopelargonyl-D-α.γ-diaminobutyryl-L-threonyl]-L-α.γ-diaminobutyryl-L-α.γ-diaminobutyryl-D-phenylalanin}* [**I**, *Diaminobutyryl¹-Nγ-(1'.2')-polymyxin*] aus N-Formyl-L-leucyl-Nγ-carbobenzoxy(cbo)-L-α.γ-diaminobutyryl-Nγ-cbo-L-α.γ-diaminobutyryl-L-threonyl-Nγ-cbo-L-α.γ-diaminobutyryl-Nγ-[Nα-(+)-isopelargonyl-Nγ-cbo-D-α.γ-diaminobutyryl-L-threonyl]-L-α.γ-diaminobutyryl-Nγ-tosyl-L-α.γ-diaminobutyryl-D-phenylalaninmethylester (**II**) durch Deformylierung mit 4n methanol. HCl in Trifluoressigsäure oder mit 4n methanol. HCl in Dimethylsulfoxyd, anschließende Verseifung mit 1n NaOH in Dimethylsulfoxyd, Cyclisierung des offenkettigen verzweigten Dekapeptids (**IV**) mit N.N'-Dicyclohexylcarbodiimid (**III**) in Dimethylformamid (DMF) u. anschließende Entfernung der Schutzgruppen mit Na/fl. NH_3 synthetisiert. Die Reinigung von **I** gelingt durch Gegenstromverteilung, Säulenchromatographie an Cellulosepulver u. Ionenaustauscherchromatographie. **I** ist mit dem natürlichen Polymyxin B_1 nicht ident., was vor allem an Hand der verschiedenen spezif. Drehung u. der geringen mikrobiolog. Aktivität gegen *Brucella bronchiseptica* ATTC 4617 (10–15% des Natur-Prod.) in vitro festgestellt wird.

Versuche: *L-Leucyl-Nγ-cbo-L-α.γ-diaminobutyryl-Nγ-cbo-L-α.γ-diaminobutyryl-L-threonyl-Nγ-cbo-L-α.γ-diaminobutyryl-Nγ-[Nα-(+)-isopelargonyl-Nγ-cbo-D-α.γ-diaminobutyryl-L-threonyl]-L-α.γ-diaminobutyryl-Nγ-tosyl-L-α.γ-diaminobutyryl-D-phenylalanin* (**IV**), *Methylester,* a) durch 20std. Schütteln von 6,2 g **II** in abs. Trifluoressigsäure/4n methanol. HCl bei 20°, Einengen, Lösen in DMF/Triäthylamin (pH 9) u. Gießen in 1n NaCl-Lsg. 4,9 g (Ausbeute); b) durch 20std. Schütteln von 4,6 g **II** in Dimethylsulfoxyd/4n methanol. HCl bei 20°, Einengen, Zugeben von Triäthylamin (pH 9), Gießen in 1%ig. NaCl-Lsg. u. Umfällen aus DMF/1%ig. NaCl-Lsg.; 3,9 g. **IV**, F. 220–222° (Zers.; DMF/Ae.), durch 20std. Stehen von 7,7 g Methylester in Dimethylsulfoxyd mit 1n NaOH bei 20°, Zugeben von Eisessig (pH 4,7) u. 1%ig. NaCl-Lsg.; 5,5 g. – *L-Leucyl-L-α.γ-diaminobutyryl-L-α.γ-diaminobutyryl-L-threonyl-L-α.γ-diaminobutyryl-Nγ-[Nα-(+)-isopelargonyl-D-α.γ-diaminobutyryl-L-threonyl]-L-α.γ-diaminobutyryl-L-α.γ-diaminobutyryl-D-phenylalanin,* durch Rk. von **IV** mit Na/fl. NH_3, Zugeben von NH_4Cl, Einengen, Lösen in W., Zugeben von 6n HCl bei 0°, Entsalzen an Amberlite IRC-50 (H^+-Form) mit W. u. 2,5%ig. Essigsäure u. Eluieren mit 1n HCl. – *Cyclo-{L-leucyl-Nγ-cbo-L-α.γ-diaminobutyryl-*

N^{γ}-cbo-L-α.γ-diaminobutyryl-L-threonyl-N^{γ}-cbo-L-α.γ-diaminobutyryl-N^{γ}-[N^{α}-(+)-isopelargonyl-N^{γ}-cbo-D-α.γ-diaminobutyryl-L-threonyl]-L-α.γ-diaminobutyryl-N^{γ}-tosyl-L-α.γ-diaminobutyryl-D-phenylalanin}, durch Zutropfen von 4,8 g **IV** in DMF bei 20° zu **III** in DMF in 24 Std., 72std. Rühren bei 20°, Einengen, Zugeben von 50% ig. Essigsäure bei —5°, Zugeben von Ae./PAe. (2:1) u. Umfällen aus DMF/Ae.; 3,3 g. — *Cycl. Dekapeptid 8 γ* (I), *Pentahydrochlorid*, $C_{56}H_{103}Cl_5N_{16}O_{13}$, durch Rk. von 3,3 g vorst. Verb. mit Na/fl. NH_3, Zugeben von NH_4Cl, Einengen, Lösen in W., Zugeben von 6 nHCl bei 0° (pH 6) u. Gefriertrocknung; 2 g; Reinigung: 400 u. 800—900 stufige Gegenstromverteilung in sek.-Butanol/0,1 nHCl; Säulenchromatographie an WHATMAN Nr. 1-Cellulosepulver oder Hyflo-Supercel mit n-Butanol/Pyridin/Eisessig/W. (30:20:6:24) u. n-Butanol, gesätt. mit 15% ig. Essigsäure u. Ionenaustauscherchromatographie an Amberlite IRC-50 (XE-64, H^+-Form) mit W. (Durchfluß pH 6—7), 2,5% ig. Essigsäure u. Eluieren mit 0,1 nHCl; $[\alpha]_D^{25}$ —57,5° (c = 0,92; W.). E. SCHRÖDER. 4070□

Die Sorption von gasförmigem Chlorwasserstoff durch trockenes lyophilisiertes β-Lactoglobulin. Wasyl S. Hnojewyj und Lloyd H. Reyerson. (J. physic. Chem. **64.** 1199—1202. Sept. 1960. Minneapolis, Minn., Univ. of Minn., School of Chem.) (Engl.) — Vgl. REYERSON u. PETERSON, C. **1960.** 7764; REYERSON u. HNOJEWYJ, J. physic. Chem. **64.** [1960.] 811.

β-Lactoglobulin sorbiert bei 27° HCl-Gas so fest, daß es im Hochvakuum nicht abgepumpt werden kann. Die Zahl der sorbierten HCl-Moll. pro Mol Protein ist gleich der Zahl der akt. Aminogruppen in den Seitenketten. Beim Erwärmen auf 40 u. 60° unter Vakuum wird nur ein Viertel der HCl-Beladung entfernt. Die H_2O-Sorption wird durch die HCl-Sorption nur wenig verringert. In Ggw. von W. werden im Gegensatz zu mit HCl beladenem Nylon die Peptidbindungen nicht hydrolysiert. Diese Ergebnisse bestätigen die Annahme, daß HCl an den Seitenketten u. nicht an der Peptidbindung sorbiert wird. M. LASER. 4070□

Makromolekulare Struktur von Seidenproteinen. 1. Mitt. Bestätigung des Meyer-Markschen Modells durch Synthese eines regulären Makropolypeptids aus Glycin und L-Alanin. Yūkichi Go, Junzō Noguchi, Masatomo Asai und Tadao Hayakawa. (Chem. High Polymers [Tokyo] **13.** 171—84. 1956. Kanazawa, Univ.; Ueda, Shinshu, Univ.) (Jap.; Auszug: Engl.)

Im Gegensatz zu bisherigen Verss. gelang es Vff., unter Anwendung der N-Thiocarbonsäurephenylester-Meth. verschiedene Polypeptide einschließlich des MEYER-MARKschen Modells [1928] herzustellen. Aus dem Vgl. der IR-Absorptionsspektren u. Röntgenbeugungs-Unterss. von natürlichen u. synthet. Prodd. ergibt sich, daß das synthet. hergestellte *Polyglycyl-L-alanin* aus einer abwechselnden Sequenz von Glycyl- u. L-Alanylresten besteht, die auf Grund des Ergebnisses der physikal. Unters. mit dem kristallinen Anteil des *Seidenfibroins* von *Bombyx mori* übereinstimmt.

Versuche: *N-Carbothiophenoxy-L-alaninmethylester*, $C_{11}H_{13}NO_3S$, F. 44—45° (Ae./PAe.), aus L-Alaninmethylester in Ae. u. Chlorthiokohlensäurephenylester unter Kühlung; $[\alpha]_D^{16}$ +77,1° (A.); 91,4% (Ausbeute). — *N-Carbothiophenoxy-L-alanin*, $C_{10}H_{11}NO_3S$, F. 103° (Bzl.), durch Hydrolyse vorst. Esters mit n-HCl bei 100° (½ Std.) u. Einengen; $[\alpha]_D^{16}$ +40,9° (A.); 85%. — *N-Carbothiophenoxy-L-alanylglycinäthylester*, $C_{14}H_{18}N_2O_4S$, F. 142° (Äthylacetat), durch Einw. von $SOCl_2$ auf vorst. Säure in Chlf., Erwärmen auf 40—45°, Einengen im Vakuum, Zugabe von Ae. u. Einengen, Zutropfen des ausgeschiedenen u. in Chlf. gelösten *N-Carbothiophenoxy-L-alaninchlorids* zu Glycinäthylester in Ae. bei —7 bis —10°, ½ std. Stehen bei dieser Temp., dann über Nacht u. Einengen des Filtrats; $[\alpha]_D^{19}$ +84,9° (A.); 72,2%. — *N-Carbothiophenoxy-L-alanylglycin*, $C_{12}H_{14}N_2O_4S$, F. 146—147° (Ae.), durch Hydrolyse vorst. Esters in Eisessig mit n-HCl (½ Std. auf dem Wasserbad) u. Einengen; $[\alpha]_D^{16}$ +74,5° (A.); 61,5%. — *Polyglycyl-L-alanin*, $(C_5H_8N_2O_2)_n$, durch Polymerisation der in heißem Dioxan gelösten vorst. Verb. bei 70° im Rohr (350 Std.; nach 24 Std. Gel-Bldg.), Aufnehmen in Aceton, Zentrifugieren, Digerieren des Rückstands mit Aceton zur Entfernung des Thiophenols u. dann mit Methanol zur Entfernung des lösl. Diketopiperazins; $[\alpha]_D^{19}$ +12,8° (Chloressigsäure/Eisessig 1:1); 35% Umsatz. L. SCHULER. 4070

Modifizierte Reaktivität von Hämoglobin nach Lichtabsorption. Q. Gibson. (Discuss. Faraday Soc. Nr. **27.** 142—43. 1959. Sheffield, Univ.) (Engl.)

Bei der photochem. Spaltung des *CO-Hämoglobin*-Komplexes mit Licht von Wellenlängen über 310 mμ entsteht ein „*neugebildetes Hämoglobin*" (Hb*), das im SORET-Bereich ein etwas anderes Spektrum als normales *Hämoglobin* (Hb) hat. Bei pH 9,1 u. 0° wird Hb* mit einer Geschw.-Konst. von 250 s^{-1} in Hb umgewandelt. Die Geschw.-Konst. für die Rk. von Hb* mit CO ist unter den gleichen Bedingungen $2 \cdot 10^6$ $Mol^{-1} \cdot s^{-1}$, d. h. 40 mal größer als die entsprechende Konst. von Hb. Die Aktivierungsenergie der Rk.

mit CO beträgt für Hb* bei pH 10,6 5,6 Kcal, für Hb 10,5 kcal. Die Menge des gebildeten Hb* hängt vom pH ab u. hat bei pH 6,6 ein Minimum. Vf. nimmt an, daß Hb* ein Hb-Mol. darstellt, das seine Liganden so schnell verloren hat, daß die zugehörigen Änderungen in der Proteinstruktur noch nicht abgelaufen sind. Die Stabilisierung der Proteinstruktur führt dann zu Hb. Diese Annahme würde auch erklären, warum Hb* [ebenso wie $Hb(CO)_3$] eine 40fach schnellere CO-Anlagerung als Hb aufweist. E. DEHMLOW. 4070□

Über die N-endständigen Aminosäuren in Fibrinogen u. Fibrin. Birger Blombäck und Ikuo Yamashina. (Ark. Kemi **12.** Nr. 32. 299–319. 30/4. 1958. Stockholm, Karolinska Inst., Chem. Dep. II.) (Engl.)

Mit Hilfe der N-Phenylthiocarbonyl-Meth. von EDMAN wurde eine quant. Unters. der N-endständigen Aminosäuren von sieben verschiedenen Arten von *Fibrinogen* (**I**) u. *Fibrin* (**II**) durchgeführt. In allen Fällen enthielten beide 0,4–0,6 Mol von N-endständigem *Tyrosin* je 10^6 g Protein. Als zweite N-endständige Aminosäure wurde in Rinder-I *Glutaminsäure* u./oder *Glutamin*, in Pferde- u. Hunde-I *Threonin* u. in Menschen-, Schweine-, Schaf- u. Ziegen-I *Alanin* festgestellt. Bei den beiden letzten wurde als dritte *Glycin* gefunden. In **II** sind diese zusätzlichen Aminosäurereste durch Glycinreste ersetzt, was eine Abspaltung verschiedener Peptide bei den verschiedenen Arten anzeigt. **II**, das aus Rinder-**I** durch Wrkg. von Peptidase oder Papain entsteht, hat die gleichen N-endständigen Aminosäuren wie normales **II**. Jedoch beträgt das Verhältnis Tyrosin: Glycin hier 1:1 gegenüber 1:2 bei normalem **II**. S. NEUE. 4070□

Ein spektrophotometrisches Kriterium für „versteckte" und „exponierte" Gruppen in Proteinen. Theodore T. Herskovits und Michael Laskowski jun. (J. biol. Chemistry **235.** PC 56–PC 57. Nov. 1960. Lafayette, Ind., Purdue Univ., Dep. of Chem.) (Engl.)

Die kleinen spektralen Verschiebungen infolge von Lsgm.-Stör-Wrkgg. lassen sich am besten differentialspektrophotometr. ermitteln. Als störende Lsgm. dienten Polyhydroxy-Verbb. (20%ig. Saccharose, Glycerin, Äthylenglykol, Polyäthylenglykol), da sie definierte Rotverschiebungen der Spektren von Tyrosin-Derivv. hervorrufen u. wahrscheinlich keine wesentlichen Veränderungen in der Eiweißkonformation bedingen. Von den 6 Tyrosylresten nativer *Ribonuclease* (**I**) ionisieren nur 3 leicht u. reversibel, während die restlichen im Mol.-Inneren „versteckten" 3 nur in 8 m Harnstoff (**II**)-Lsg. oder in **II**-Guanidinhydrochloridgemischen normal miterfaßbar sind, da unter diesen Denaturierungsbedingungen **I** auseinandergefaltet wird u. alle 6 Gruppen zugänglich werden. Hierfür spricht, daß die spektrale Störung von **I**, deren S–S-Brücken alle gespalten sind, das Doppelte derjenigen nativer **I** beträgt. In *Rinderserumalbumin* sind anscheinend höchstens 30% der Tyrosylreste bei pH 7,4–4,2 der Wrkg. von Saccharose u. Glycerin ausgesetzt, bei pH 4,2–3,8 weitere 20%. Bei höherer Ionenstärke ($\Gamma/2$ = 0,25) findet bei pH-Senkung von 3,8 auf 1,0 nur eine geringfügige weitere Änderung statt. K. MAIER. 4070□

E. Biologische Chemie. Physiologie. Medizin

E_1. Allgemeine Biologie und Biochemie

Zur Allgegenwartstheorie der chemischen Elemente. Ida Noddack-Tacke. (Vitalstoffe-Zivilisationskrankh. **6.** 15–19. Febr. 1961. Bamberg, Staatl. Forschungsinst. für Geochem.) (Dt.)

Von den 90 natürlich vorkommenden Elementen des Period. Syst. sind bis heute ca. 80 in Mineralien u. Meteoriten nachgewiesen worden. Vf. diskutiert die relative Häufigkeit der einzelnen Elemente in verschiedenen Mineralien (Tabelle), ihr Vork. in Tier-u. Pflanzenwelt u. gibt Anreicherungsfaktoren von 23 Spurenelementen in Meerestieren, Hölzern, Pflanzen, Kohlen u. Graphiten tabellar. an. G. KIRSTEN. 4100

Die Bildung der Pflanzensubstanz, betrachtet als pankatalytisches Phänomen. N. C. Roussopoulos. (Vitalstoffe-Zivilisationskrankh. **6.** 30–31. Febr. 1961. Athen, École supérieur d'Agriculture, Labor. de Chim. Agricole.) (Franz.)

Vf. interpretiert das Pflanzenwachstum bzw. die Zunahme der Biomasse vom kinet. Standpunkt, vergleicht sie mit der Kinetik einer monomol. Rk. u. kommt so zur MITSCHERLICH-Formel. Autokatalyt. Vorgänge unter Mitwrkg. der Enzyme lassen den ganzen Lebensprozeß als pankatalyt. Phänomen erscheinen. G. O. KIRSTEN. 4100□

Über die Konzentration von Kynurenin und Hydroxykynurenin während der Entwicklung bei den Genotypen ra^+ und ra von Plodia interpunctella F. Ferrand de Almeida. (Naturwissenschaften **48.** 27–28. 1. Jan.-H. 1961. Tübingen, Max-Planck-Inst. für Biol.) (Dt.)

Bei der rotäugigen Mutante *ra* von *P. interpunctella*, die die notwendigen Pigmentvorstufen selbst synthetisieren kann, ist *Kynurenin* (I) schon vor dem Verpuppen nachweisbar. Die I-Konz. bleibt am 1. Verpuppungstag fast gleich, erreicht am 3. das Maximum u. fällt dann sehr rasch ab. Ähnlich verläuft die *Hydroxykynurenin* (II)-Konz., ohne die Höhe der von I zu erreichen. Die I-Konz. der Wildform erreicht zwischen 2. u. 3. Tag, die II-Konz. ca. am 4. das Maximum. Die I-Konz. der Mutante *ra* ist am 3.—4. Tag höher als die des Wildtyps, d. h. I wird nicht oder nur beschränkt zur Ommochrom-Synth. verwendet. K. MAIER. 4130□

„Sage", ein neuer Farbveränderer in Aspergillus nidulans. B. J. Kilbey. (Nature [London] **186.** 906—07. 11/6. 1960. London, Univ. College, Dep. of Botany.) (Engl.)

Ein Biotin benötigender Wildstamm von *Aspergillus nidulans*, der grüne Sporen bildet, wurde mit UV-Licht bestrahlt, wobei eine hellgrüne Mutante (M) entstand. Diese M wurde mit einer gelben M gekreuzt, wobei man einen Stamm erhielt, der normale grüne u. gelbe sowie hellgrüne u. hellgelbe Sporen enthielt. Die sauren Pigment-Farbstoffe wurden als Na-Salze mit Methanol extrahiert u. durch Fällen mit verd. HCl vorgereinigt. Die Prüfung der Reinheit erfolgte durch Best. der Absorptionsspektren. Das vorgereinigte Pigment (Pg) wurde an Zeo-karb 225 adsorbiert u. mit Puffer-Lsgg. bei verschiedenen pH-Werten eluiert. Die für das gelbe u. hellgelbe Pg erhaltenen Spektren unterscheiden sich im Kurvenverlauf u. in der Höhe der Absorptionsmaxima nur unwesentlich. Das vom hellgelben Pg erhaltene Spektrum zeigt neben den Maxima bei 228 u. 280 mμ noch eine zusätzliche Absorptionsbande bei 200 mμ. R. STRUFE. 4130

Thiol-Gruppen und Morphogenese. J. Brachet. (Nature [London] **184.** 1074—75. 3/10. 1959. Brüssel, Univ., Labor. de Morphologie Animale.) (Engl.)

β-Mercaptoäthanol (I) u. *Dithiodiglykol* (II) bewirken bei *Acetabularia mediterranea* (AM) eine starke Hemmung der Morphogenese. Auch *Mercaptoäthanoläthylgluconamid* (III), das zwar die reduzierende Wrkg. von I besitzt, dessen Penetration durch die Zellmembran jedoch nicht möglich ist, bewirkt eine, wenn auch schwächere abnorme Morphogenese bei AM. An Embryonen von Amphibien bewirkt III (Konz. 0,01 m) nach anfangs normaler Entw. eine Dilatation des Nerven-Syst.-Lumens. Die durch I hervorgerufene Hemmung der Schwanzregeneration bei Kaulquappen beeinflußt II in entgegengesetztem Sinne, was sich in einem höheren *Ribonucleinsäure*-Geh. der regenerierenden Zellen äußert. R. STRUFE. 4130

Die Biochemischen Funktionen der Zellstrukturen. N. M. Sissakjan. (Успехи Современной Биологии [Fortschr. gegenwärt. Biol.] **51.** 129—52. März/April 1961.) (Russ.)

Übersicht an Hand der Literatur. — 111 Literaturangaben. O. LEBTAG. 4150□

Elektrophoretische Untersuchung der Strukturbestandteile von Micrococcus lysodeikticus. A. V. Few, A. R. Gilby und G. V. F. Seaman. (Biochim. biophysica Acta [Amsterdam] **38.** 130—36. 12/2. 1960. Cambridge, G. B., Univ., Dep. of Colloid Sci.) (Engl.)

Es wurden intakte Bakterien, Zellen, Zellmembranen u. Membranlipide u. entfettete Membranfraktionen von *Micrococcus lysodeikticus* als auch *Cardiolipin* mittels Mikroelektrophorese untersucht. Die Ergebnisse liefern einen experimentellen Beweis für die Ansicht, daß innerhalb der Struktur der Zellmembran die Lipide eine innere Stelle einnehmen, umhüllt von Protein u. vielleicht Kohlenhydrat. H. AMAN. 4150□

Wirkungen von Protamin und Strophanthin auf den Kalium-, Natrium- und Wassergehalt von Mitochondrien. Leonard Share. (Amer. J. Physiol. **199.** 653—56. Okt. 1960. Cleveland, Ohio, Western Res. Univ., Dep. of Physiol.) (Engl.)

Rattenleber- u. -nierenmitochondrien werden durch 4 mg *Protaminsulfat* (I)/100 ml in vitro in ihrer Fähigkeit *K* zu konzentrieren gehemmt, gleichzeitig schwellen die Mitochondrien an. Die Wrkg. von 2.4-Dinitrophenol auf den O_2-Verbrauch dieser Mitochondrien zeigt, daß die oxydative Phosphorylierung entkoppelt wird (noch ungeklärt, ob kausaler Zusammenhang oder gleichzeitiger Ausdruck degenerativer Veränderungen). I übt keine Wrkg. auf die *Na*-Konz. aus. *Strophanthin* führt in hohen Dosen von 1 g/100 ml ebenfalls zum Anschwellen der Mitochondrien aus Rattenleber, -niere u. -herz u. stört ebenfalls die Fähigkeit zur K-Konzentrierung; die Na-Konz. tendiert nach oben. Da die in vitro-Wrkg. offenbar von den in vivo-Wrkg. verschieden sind, muß das Konzept einer direkten Beteiligung der Mitochondrien am Mechanismus der Erhaltung des K-Konz.-Gradienten durch intakte mit Zurückhaltung beurteilt werden.

U. TAUSENDFREUND. 4150□

Über den Transport der Glucose in die Zellen der Gewebekultur. W. I. Agol. (Биохимия [Biochemie] **25.** 1092—98. Nov./Dez. 1960. Moskau, Inst. zur Erforschung der Polyomyelitis der Akad. der med. Wiss. der UdSSR, Labor. für Biochemie.) (Russ.; Auszug: Engl.)

In Verss. mit Nierenrindenzellen von Macacus rhesus zeigt Galaktose (I) eine hemmende Wrkg. auf die aerobe u. anaerobe Assimilation der *Glucose* (II). Im Homogenat wird diese I-Wrkg. nicht beobachtet. I hemmt auch die anaerobe Glykolyse in den Zellen der Kaninchenniere. Vf. nimmt an, daß I den Durchtritt von II durch die Zellhaut hemmt u. eine umkehrbare Blockierung des akt. Zentrums bewirkt .Da I die Aktivität der Hexokinase (III) nicht beeinflußt, darf III nicht als II-Überträger angesehen werden. Aus dem Vgl. der Konz.-Abhängigkeit der Glykolyse-Geschw. in den Zellen u. Homogenaten geht hervor, daß die Sättigung des glykolyt. Syst. in der Zelle bei viel höherer II-Konz. erfolgt als im Homogenat. Unter Berücksichtigung des großen Konz.-Gefälles von II in der Zell- u. extracellulären Fl. lassen sich die Ergebnisse dahin deuten, daß die Geschw. der Glykolyse in den Nierenrindenzellen (zumindest bei geringen II-Konzz.) durch die Geschw. des II-Transportes durch die Zellmembran begrenzt ist. O. LEBTAG. 4150□

Ein in Zellkulturen gebildeter Aktivator von Plasminogen. Eugene V. Barnett und Samuel Baron. (Proc. Soc. exp. Biol. Med. **102.** 308—11. Nov. 1959. Bethesda, Md., Div. of Biologics Standards, U. S. Dep. of HEW, NTH.) (Engl.)

Die Verss. zeigen, daß ein „Aktivator" von *Plasminogen* (I) von KB (von einem menschlichen Epidermiscarcinom) — Zellkulturen ausgeschieden wird. Die überstehende Fl. von MK (Affennieren)-Zellkulturen aktivierte I u. wirkte auch proteolyt. in Abwesenheit von I. Die Ansicht, daß es sich bei der Ausscheidung eines Aktivators in einer Zellkultur um einen Stoffwechselvorgang handelt u. nicht um einen Zellzerfall, scheint gesichert, da nur ein geringer Teil der in der überstehenden Fl. gefundenen Aktivität durch Extraktion aus den Zellen erhalten werden kann. H. AMAN. 4150□

Die Einwirkung von Kobalt auf den Stoffwechsel von Rattenhaut-Fibroblasten in der Gewebekultur. Mary Daniel, J. T. Dingle und M. Webb. (Biochem. J. **76.** 24P. Aug. 1960. Cambridge, Strangeways Res. Labor.) (Engl.)

Bei mehrmaliger Subkultur von Rattenhautfibroblasten (RHF) unter Zusatz von *$CoCl_2$* über 6 Monate entstanden Zellen (Z), die sich cytolog. u. biochem. von Normal-Z unterscheiden u. die morpholog. Ähnlichkeit mit malignen Z aufweisen. Die $CoCl_2$-behandelten Z besitzen eine verminderte Atmung, eine erhöhte aerobe u. anaerobe Glykolyse u. sind in ihrem Wachstum gegen $CoCl_2$ unempfindlich. Die Atmung normaler RHF wird durch 2,5 μg $CoCl_2$/ml vollständig gehemmt, die Glykolyse um das 3fache erhöht. R. STRUFE. 4150

Paralysierung der anoxygenen Energie(ATP)bildung bei autonomer Persistenz des Spaltungsstoffwechsels. F. Windisch, W. Heumann, H. Roick und K. Schubarth. (Z. Naturforsch. **15b.** 714—20. Nov. 1960. Berlin, Dtsch. Akad. der Wiss.; Berlin-Buch, Inst. für Med. u. Biol.) (Dt.) — Vgl. WINDISCH, HEUMANN, NORDHEIM, Acta Biocatalytica [Den Haag] Enzymologia **21.** [1960.] 261.

Durch Blockierung des Phosphatacceptors *Adenosintriphosphat* (*ATP*) mittels *2.4-Dinitrophenol* (I) läßt sich an *Saccharomyceten* die *anoxygene Energie* (ATP)-Bldg. von der *Gärung* abkoppeln. Unter dem antimetabolit. Eingriff wird der anoxygene Energieprozeß völlig stillgelegt („totale Sistierung der Anoxy-Synth."), während die Gärung dadurch in keiner Weise beeinträchtigt wird, sondern mit unverminderter Intensität weitergeht. Sie ist also, unabhängig von angeblich „obligaten Bedingungen" an das *Adenylsäure* (II)-Syst., autonom voll funktionsfähig. — Die Tatsache, daß die Gärung ohne obligate II-Rkk. (Substratdephosphorylierung auf Adenosindiphosphat; Entstehung von Gärungs-ATP) ablaufen kann, ist weder mit der geltenden Dissimilationstheorie von EMBDEN-MEYERHOF-PARNAS, noch mit der Energielehre von PASTEUR (endergon. Korrelation zwischen Atmung u. Gärung) in Einklang zu bringen. Damit wird die Bedeutung des von den Vff. aufgedeckten anorganen Energieprozesses (vgl. l. c.) erkennbar, der — im Gegensatz zum Spaltungsstoffwechsel — durch I hemmbar ist, ohne daß die Gärungsintensität dabei abgewertet wird. A. HESSE. 4150□

Untersuchungen über die Wirkung der Bestrahlung von Zellpartikeln. 3. Mitt. **Die Wirkung kombinierter Bestrahlungen auf die Phosphorylierung.** Henry T. Yost jun. und Hope H. Robson. (Biol. Bull. **116.** 498—506. Juni 1959. Amherst, Mass., Amherst Coll., Dep. of Biol.) (Engl.) — 2. vgl. C. **1958.** 5103.

Durch UV-Bestrahlung (wirksamer Bereich ca. 2600 Å) wird die oxydative *Phosphorylierung* von Mitochondrien aus Rattenleber inaktiviert. Die *Phosphorylierung*, bestimmt nach der *Hexokinase*-Meth., wurde stärker als die O_2-Aufnahme inaktiviert. Weder durch Zusatz von den Cofaktoren *Diphosphopyridinnucleotid* u. *Flavinadenindinucleotid* noch durch Licht oder IR-Bestrahlung konnte eine Reaktivierung der Phosphorylierung erzielt werden. Ebenso war eine Reaktivierung der durch Röntgenstrahlen hervorgerufenen Beeinträchtigung der *Phosphorylierung* nicht möglich. Es wird vermutet, daß ionisierende u. nichtionisierende Strahlen die Zellen wenigstens teilweise durch Inaktivierung der oxydativen *Phosphorylierung* schädigen. F. RADLER. 4150☐

Orte der Protein- und Ribonucleinsäuresynthese in der Zelle. M. Zalokar. (Exp. Cell Res. **19.** 559–76. April 1960. New Haven, Conn., Yale Univ., Dep. of Microbiol.) (Engl.)

Neurospora crassa-Hyphen (Stamm E 5297) wurden nach Zufuhr von ^{3}*H-Leucin* (**I**) oder *-Uridin* (**II**) abzentrifugiert, fixiert, mit 5%ig. Trichloressigsäure gewaschen u. autoradiograph. untersucht. 10–20 Sek. nach ^{3}*H*-**I**-Zufuhr waren, neugebildete *Proteine* (**III**) vorwiegend im Ergastoplasma, einige in Kernen u. Mitochondrien, keine im Enchylem nachweisbar. Nach 30–60 Sek. war auch das Enchylem markiert, jedoch schwächer als das Ergastoplasma, nach 2 Min. jede Zellfraktion mehr oder weniger gleichmäßig. Bei ^{3}*H*-**II**-Zufuhr waren nach 1–4 Min. nur die *Ribonucleinsäure* (**IV**) der Kerne markiert. Nach 8 Min. begann die Markierung des Ergastoplasmas u. nach 1 Std. wurde der Markierungsgrad der Zellfraktionen dem **IV**-Geh. proportional. Zentrifugierte Zellen bauten weder **I** noch **II** ein, jedoch setzte wenige Min. später, nach Wiederverteilung der Zellinhalte, die Fähigkeit zur Inkorporation wieder ein. Anscheinend findet die Synth. des Hauptanteils der Zell-**III** im Ergastoplasma u. nur beschränkte Bldg. in Kernen u. Mitochondrien statt. Dagegen werden mindestens 99% der Zell-**IV** in den Kernen gebildet, aus denen **IV** dann in das Cytoplasma austritt. Die Befunde stützen die Annahme, daß **IV** genet. Information vom Kern in das Cytoplasma, wo die **III**-Synth. erfolgt, überträgt. K. MAIER. 4150☐

Synthese von 2-Fluor-6-benzylaminopurin und anderer Purinderivate. Edward O. Leonard, Charles G. Skinner und William Shive. (Arch. Biochem. Biophysics **92.** 33–37. Jan. 1961. Austin, Texas, Univ. of Texas, Clayton Found. Biochem. Inst and Dep. of Chem.) (Engl.)

Vff. untersuchten die Einfl. der 2-Fluorsubstitution u. des Ersatzes des Imidazolringes durch den Triazolring auf die biolog. Aktivität $C_{(6)}$-substituierter Purine. Die Synth. der *2-Fluor-*(**I**) u. *2-Amino-8-aza*-Derivv. des *6-Benzylaminopurins* werden beschrieben. Die biolog. Aktivität der dargestellten Verbb. wurde an Lattichsamen getestet. **I** hat eine ähnlich stimulierende Wrkg. auf keimende Samen wie *Kinetin*, dagegen waren die *8-Azapurine* inaktiv. Daneben besitzt **I** in einer Konz. von 60 μg/ml eine starke Hemmwrkg. auf den Wuchs von *Lactobacillus casei*.

Versuche: *2-Fluor-6-methylmercaptopurin*, $C_6H_5FN_4S$, F. 247–248° (Zers.). Aus 2-Amino-6-methylmercaptopurin u. Fluorborsäure (**II**) bei –5° unter Zusatz von etwas $CuSO_4$ durch Diazotierung mit $NaNO_2$. UV-Spektrum: bei pH 2, λ_{max} 294, 287, 248 mμ, λ_{min} 259, 234 mμ; bei pH 6 λ_{max} 294, 286, 248 mμ, λ_{min} 259, 234 mμ; bei pH 9 λ_{max} 294 mμ, λ_{min} 248 mμ. — *2-Fluor-6-benzylaminopurin*, $C_{12}H_{10}FN_5$, F. 222–224° (Zers.). Wie vorst. aus 2-Amino-6-benzylaminopurin u. **II**. UV-Spektrum: bei pH 2 λ_{max} 275, 268 mμ, λ_{min} 273, 235 mμ; pH 6 λ_{max} 275, 266 mμ, λ_{min} 273, 230 mμ; pH 9 λ_{max} 275 m μ, λ_{min} 244 mμ. — *6-Benzylamino-2.4-diaminopyrimidin*, $C_{11}H_{13}N_5$, F. 131–134°. Aus 6-Chlor-2.4-diaminopyrimidin u Benzylamin in n-Butanol 18 Std. am Rückfluß gekocht. — *6-Benzylamino-2.4-diamino-5-nitrosopyrimidin*, $C_{11}H_{12}N_6O$, F. 255° (Zers.). Aus vorst. Verb. bei 0–5° in W. durch Nitrosierung mit $NaNO_2$. — *6-Benzylamino-2.4.5-triaminopyrimidindihydrochlorid*, $C_{11}H_{14}N_6 \cdot 2\,HCl$, F. 185–186°. Vorst. Verb. mit Pd-Kohle in Dimethylformamid mit H_2 5 Std. bei 760 mm Hg reduziert. — *2-Amino-6-benzylamino-8-azapurin*, $C_{11}H_{11}N_7$, F. 263–265° (Zers.). Aus vorst. Verb. durch Diazotierung mit $NaNO_2$ bei 5°. UV-Spektrum: bei pH 2 λ_{max} 290, 256 mμ, λ_{min} 271, 238 mμ; pH 7 λ_{max} 286, 258 mμ, λ_{min} 265, 244 mμ; pH 11 λ_{max} 286, 257 mμ, λ_{min} 265, 244 mμ. — *6-Mercapto-8-azapurin*, $C_4H_3N_5S$, F. 300°. 8-Azahypoxanthin in Pyridin mit Phosphorpentasulfid 3 Std. am Rückfluß gekocht. Nadeln aus W.-Pyridin. UV-Spektrum: pH 2 λ_{max} 299, 243 mμ, λ_{min}277, 231 mμ; pH 7 λ_{max} 310, 243 mμ, λ_{min} 278, 232 mμ.
N. NÜRNBERGER. 4150☐

Nucleinsäureumsatz und Enzymsynthese in ruhenden Bakterien. M. H. Proctor. (Biochem. J. **76.** 57P–58P. Sept. 1960. Cambridge, Univ., Dep. of Biochem.) (Engl.)

Der Geh. an *Purinen* u. *Pyrimidinen* in der *Nucleinsäure* (**I**) gram-variabler Bakterien wurde nach chromatograph. Trennung der freien Basen bestimmt. Folgende Werte für die Basen-Zus. konnten ermittelt werden: Für **I**: *Adenin* (**II**) 1,00; *Guanin* (**III**) 1,10; *Cytosin* (**IV**) 0,65; *Uracil* (**V**) 0,67 u. *Thymin* (**VI**) 0,15; für *Desoxyribonucleinsäure* (*DNS*): **II** 1,00; **III** 1,18; **IV** 1,02; **VI** 0,94; für *Ribonucleinsäure* (*RNS*): **II** 1,00; **III** 1,34; **IV** 0,88; **V** 0,82. DNS u. RNS wurden nach der Meth. von DUTTA, JONES u. STACEY (C. **1953.** 9189) isoliert. Die ruhenden Zellen enthielten 9,55% RNS u. 1,9% DNS. Der **I**-Umsatz wurde mit radioakt. markierten Basen untersucht. Der Übergang der Radioaktivität von der mit kalter Trichloressigsäure (TCE) fällbaren Zellfraktion auf die in kalter TCE lösl. wurde gemessen u. daraus der I-Umsatz errechnet. ^{14}C-V wird als V u. IV, ^{14}C-II als II u. III u. ^{14}C-III als III u. nur in Spuren als II in die I eingebaut. In ruhenden Zellen beträgt der Umsatz 0,3% II/Std., 0,4% III/Std. u. 0,15% V/Stunde. L. Laschet. 4150□

Isolierung der Ribonucleinsäure aus dem Plasmasaft von Pflanzenblättern und Untersuchung der Besonderheiten ihres Umsatzes. Sh. A. Medwedew, N. N. Sabolotzki, Zsjan-ssja Schen, Ssi-mu Mo, Je. G. Dawidowa und Je. R. Dawidow. (Биохимия [Biochemie] **25.** 1001—11. Nov./Dez. 1960. Moskau, Timirjasew-Akad. für Landwirtsch., Lehrstuhl für Agro- u. biol. Chemie.) (Russ.; Auszug: Engl.)

Die aus dem Plasmasaft der Hafer- u. Bohnenblätter gewonnene *Ribonucleinsäure* (I) zeigt in Verss. über den ^{32}P-Einbau eine viel größere Geschw. des P-Umsatzes als die I der Mikrosomen, Mitochondrien u. Plastiden (**Ia**). In Verss. über den Einbau von ^{35}S-Methionin in die Komponenten der Zellen zeigt sich, daß I nach der Deproteinisierung immer eine merkliche Radioaktivität beibehält, bedingt durch die Ggw. von markierten Aminosäure–Peptid-Prodd., während **Ia** fast völlig von ^{35}S-Prodd. gereinigt werden kann. Im Protoplasma der Blätter kommt eine Fraktion vor, die aus Polypeptiden u. Polynucleotiden besteht. Diese können durch Behandlung des A.-Nd. mit 10% ig. NaCl-Lsg. bei 100° abgetrennt werden. O. Lebtag. 4150□

Der Nucleotidbestand der Desoxyribonucleinsäuren und Ribonucleinsäuren einiger Pilze. Ss. O. Urysson und A. N. Beloserski. (Доклады Академии Наук СССР [Ber. Akad. Wiss. UdSSR] **132.** 708—10. 21/5. 1960. Bach-Inst. für Biochem. der Akad. der Wiss. der UdSSR.) (Russ.)

Die Unters. der Nucleotid (I)-Zus. der *Desoxyribonucleinsäure* (II) bei *Phykomyces blakesleanus* (Stamm + u. Stamm —), *Aspergillus niger*, *Sclerotina libertiana* u. *Agaricus bisporus Lange* ergab, daß mit Ausnahme von Asp. niger in allen Fällen die I-Zus. der II dem AT-Typ (A-Arginin, T-Thymin) entspricht. Bei Asp. niger besteht in II ein äquimol. Verhältnis der Basen. In den untersuchten II konnte kein 5-Methylcytosin nachgewiesen werden (möglicherweise ungenügend empfindliche Analysen-Meth.). Der Spezifitäts-Koeff. [Verhältnis (A + T)/G + C), wo G = Guanin, C = Cytosin] beträgt: Ph. blaks. —1,59, Ph. blaks. +1,58, Asp. niger 1,00, Sc. libertiana, 120, Agaricus 1,25. Die *Ribonucleinsäure* (III) der untersuchten Pilze gehört nach ihrer I-Zus. zum Typ GC, gehorcht der Chargaff-Regel u. zeigt nur geringe Artunterschiede. Bei Sclerotina, Agaricus u. Phykomyces ist die I-Zus. der III sehr ähnlich u. gehört zum Typ GC. Auch die III-Zus. ist, ähnlich der II-Zus., bei Asp. niger von der der übrigen stark verschieden. Das Verhältnis (G + C)/(A + U), wo U Uridylsäure bedeutet, beträgt: Phykomyces —1,03, Phykomyces + 1,05, Asp. niger 1,23 Sclerotinia 1,01, Agaricus 1,01. O. Lebtag. 4150□

Die Nucleinsäuren der seidesezernierenden Drüsen des Maulbeer-Seidenspinners. G. P. Ramenskaja, I. B. Sbarski und L. Ss. Milman. (Доклады Академии Наук СССР [Ber. Akad. Wiss. UdSSR] **132.** 1206—09. 11/6. 1960. Ssewertzow-Inst. für Morphol. der Tiere der Akad. der Wiss. der UdSSR.) (Russ.)

Die Unters. des Nucleotidbestandes der seidesezernierenden Drüsen von *Bombyx mori L* ergab im Fibrointeil der Drüse einen hohen *Ribonucleinsäure* (I)-Geh. (bis zu 10% der Trockensubstanz) u. im Sericinteil der Drüse einen 2—3 mal niedrigeren I-Gehalt. Der Geh. beider Drüsenteile an *Desoxyribonucleinsäure* ist relativ gering. Der Befund entspricht der Tatsache, daß der Seidenfaden zu 70—80% aus Fibroin u. nur zu 20—30% aus Sericin besteht. Der Geh. des Fibrointeils an hochpolymeren I-Fraktionen entspricht ca. 80% des Gesamt-Geh. an I; das Verhältnis der beiden Fraktionen ist hier also das gleiche wie in den Organen der Säugetiere. E. Rentz. 4150□

Vergleichende Charakteristik der Nucleotidzusammensetzung der nach verschiedenen Methoden aus Insekten und Säugetieren isolierten Desoxyribonucleinsäure. I. P. Kok und A. F. Opolski. (Биохимия [Biochemie] **25.** 1073—80. Nov./Dez. 1960. Kiew, Zool. Inst. der Akad. der Wiss. der UkrainSSR.) (Russ.; Auszug: Engl.)

Vff. behandeln die Meth. u. Bedingungen für die Isolierung der *Desoxyribonucleinsäure* (I) aus Seidenspinner, Eichenspinner, Maus, Ratte, Zimmerfliege, Kalb u. Frosch u. zeigen, daß eine I-Best. ohne Abtrennung aus dem Gewebe möglich ist. Man erhält die gleichen Werte wie bei der Analyse von hochpolymeren gereinigten I-Präparaten. Die Spezifitäts-Koeff. (Adenin + Thimin)/Guanin + Cytosin sind in beiden Fällen gleich. Die Molverhältnisse der N-Basen gehorchen der Chargaff-Regel für native I. Bei Eichen- u. Seidenspinner sowie bei Zimmerfliege sind die Spezifitäts-Koeff. höher als für die I aus Stier, Ratte u. Maus. O. Lebtag. 4150□

Die Verteilung von Nebenkomponenten in der Ribonucleinsäure löslicher Zellfraktionen. D. B. Dunn, J. D. Smith und M. V. Simpson. (Biochem. J. **76.** 24P. Aug. 1960. Cambridge, Agricultural Res. Council, Virus Res. Unit.) (Engl.)

Der lösl. Anteil von aus Rattenlebern isolierter *Ribonucleinsäure* (*RNS*) kann bis zu 0,14 Mol *Pseudouridin* (PU) pro Mol *Uridylsäure enthalten.* In aus Taubenleber durch NaCl-Fraktionierung erhaltener hochmol. RNS ist neben PU auch *2-O-Methylribose* enthalten. Dagegen ist die aus *Escherichia coli* erhaltene 70 S-Fraktion mit Ausnahme von PU frei von Nebenkomponenten. R. STRUFE. 4150

Fraktionierung und Gegenstromverteilung von Ribonucleinsäure. K. S. Kirby. (Biochim. biophysica Acta [Amsterdam] **40.** 193—205. 20/5. 1960. London, Royal Cancer Hosp., Inst. of Cancer Res., Chester Beatty Res. Inst.) (Engl.)

Aus Ratten- u. Hühnerleber wurde die *Ribonucleinsäure* (*RNS*) mit Hilfe der Phenol/W.-Meth. (KIRBY, Biochem. J. **64.** [1956.] 405) (a) u. der Phenol/Naphthalin-1.5-disulfonat-Meth. (b) gewonnen. Die mit b gewonnene RNS ist anscheinend weniger denaturiert. Der Zusatz von Naphthalin-1.5-disulfonat scheint die in den Zellen vorhandenen Nucleasen zu hemmen. Durch Zusatz von 2-Butoxyäthanol oder 2-Äthoxyäthanol zu der 2% K-Acetat enthaltenden RNS-Lsg. wird diese fraktioniert, wobei die weniger lösl. Fraktion den höheren Guanin- u. Cytosin-Geh., die besser lösl. den höchsten Adenin- u. Uracil-Geh. besitzt. Für die Fraktionierung der nach b gewonnenen RNS ist 2-Äthoxyäthanol besser geeignet. Die nach a hergestellte RNS enthält noch 1—1,5% Aminosäuren (Lysin, Arginin, Asparagin, Glutamin, Alanin, Serin, Leucin u. Threonin. In der Gegenstromverteilung erweisen sich sowohl die RNS als auch ihre Fraktionen als ein komplexes Gemisch miteinander reagierender Komponenten. Die Gegenstromverteilungskurven der einzelnen Fraktionen lassen sich nicht mit der der RNS zur Deckung bringen. Nur ein Gemisch der Fraktionen in entsprechenden Konzz. ergibt eine mit RNS ident. Kurve. Ein Zusatz von Ribonuclease zu der am wenigsten abgebauten RNS der Fraktion 1 (Meth. a) verändert das Bild der Gegenstromverteilung im Sinne einer nach der Meth. a gewonnenen RNS. Die Basen-Zus. wird dabei nicht verändert. L. LASCHET. 4150 □

Fraktionierung der Ribonucleinsäure mit Phenol. 1. Mitt. **Zwei im Stoffwechselverhalten unterschiedliche Klassen von Ribonucleinsäuren in tierischen Zellen.** K. Yamana und A. Sibatani. (Biochim. biophysica Acta [Amsterdam] **41.** 295—303. 1/7. 1960. Ube, Japan, Yamaguti School of Med., Cytochem. Labor.) (Engl.)

^{32}P-Orthophosphat wird von den lymphat. Zellen von Kaninchen u. von Rattenlebern in vitro u. in vivo eingebaut. Bei der Phenolextraktion der *Ribonucleinsäure* (*RNS*) zeigte sich, daß die RNS in der wss. Phase ähnlich wie die Desoxyribonucleinsäure eine geringere spezif. Aktivität besitzt als die Gesamt-RNS. Bei Leberextrakten ließ sich in der Phenolphase eine an Protein gebundene RNS-Fraktion mit hoher spezif. Aktivität nachweisen. Durch Phenolbehandlung kann man also zwei RNS mit unterschiedlicher Stoffwechselaktivität erhalten. Die beiden RNS-Typen unterscheiden sich nicht nur im Stoffwechselverhalten. Die durch Phenol abgetrennte RNS in der wss. Phase hat einen höheren Guanylsäure-Geh. als die RNS der Phenolphase. Der Anteil der weniger Stoffwechsel-akt. RNS in der wss. Phase beträgt 70—80% der Gesamt-RNS.
L. LASCHET. 4150 □

Röntgen-Kleinwinkel-Streuuntersuchungen von Ribonucleinsäure in Lösung. S. N. Timasheff und V. Luzzati. (Biochem. J. **76.** 57P. Sept. 1960. Strasbourg, Centre de Recherches sur les Macromolécules.) (Engl.)

3 verschiedene Proben von *Ribonucleinsäure* (*RNS*) aus Ascitestumorzellen ($S_{20,70}$ 18 [37%] u. 31 [63%]), *E. coli* (hochaggregiert) u. Hefe ($S_{20,80}$ 4—15) wurden in isotropen verd. wss. Lsgg. (0,5—3,5 Gew.-%) u. in 0,14 m NaCl/0,01 m Phosphatpuffer, pH 6,8 bis 7,0, untersucht. Die mit den Puffer-Lsgg. erhaltenen Ergebnisse sind für die drei Proben über den gesamten untersuchten Winkelbereich identisch. Über einen kurzen Bereich sind die Moll. stäbchenförmig: Gyrationswinkel um die Achse 8,5 Å; lineares spezif. Molgew. 116 $\pm$ 5 bei einem spezif. Vol. von 0,578. Diese Parameter ähneln denen der *Desoxyribonucleinsäure* (*DNS*) unter den gleichen experimentellen Bedingungen. Während die DNS aber bis hinunter zu sehr kleinen Winkeln völlig unabhängige Teilchen bildet, sind die RNS-Moll. entweder flexibel oder bilden Aggregate.
L. LASCHET. 4150 □

Ribonucleoprotein aus einem Rattentumor, dem Jensen-Sarkom. 1. Mitt. **Der Einfluß der Magnesiumbindung auf die Ultrazentrifugierungs- und elektrophoretischen Eigenschaften.** Mary L. Petermann. (J. biol. Chemistry **235.** 1998—2003. Juli 1960. New York, N.Y., Cornell Univ., Med. Coll., Sloan-Kettering Inst. for Cancer Res. and Sloan-Kettering Div.) (Engl.)

Aus dem transplantierten JENSEN-Sarkom der Ratte wurde das *Ribonucleoproteid* (I) durch Extraktion mit Na-Desoxycholat gewonnen. Nach 2½ std. Zentrifugieren mit 78000·*g* wurde I mit 0,0005 m $MgCl_2$/0,001 m K-Phosphatpuffer, pH 7, gewaschen u. gegen Puffer verschiedener Ionenstärken dialysiert. I besitzt die gleichen Eigg. wie die entsprechenden Präpp. aus Hefe, *E. coli* u. Erbsenkeimlingen. In der Ultrazentrifuge tritt eine Komponente mit 83 S auf, die in Abhängigkeit von der Mg-Konz. dissoziiert u. assoziiert. Im Gegensatz zum Rattenleber-I assoziiert es in 0,002 m $MgCl_2$ hauptsächlich zur 122 S-Form u. nur in geringem Umfang zu 110 S-Aggregaten. Bei Entfernung von Mg^{2+} erfolgt Dissoziation zu 55 S-Partikeln. Bei pH 8,6 überwiegt eine 60 S-Komponente. Das höchste Verhältnis von Mg^{2+} zu Ribonucleinsäurephosphat beträgt 0,95. Die Bindung erfolgt hauptsächlich an den Phosphodiestergruppen der Ribonucleinsäure (RNS). Die 83 S-Komponente wird durch eine Mg^{2+}-Konz. von 0,3 Äquivalent/Mol. Phosphat stabilisiert, ihr Molgew. beträgt $4 \cdot 10^6$. Sie enthält ca. 1000 mg-Atome/Molekül. Bei pH 8,0 u. Ionenstärke 0,1 ist die elektrophoret. Beweglichkeit solange die 83 S-Form erhalten bleibt, eine lineare Funktion der gebundenen Mg-Konzentration. Bei Dissoziationen u. Assoziationen werden die Mobilitätsänderungen sehr komplex. Die Änderung der elektr. Ladung scheint durch Änderungen des Reibungs-Koeff. kompensiert zu werden. L. LASCHET. 4160□

Histologische und histochemische Beobachtungen mit Reihenkulturen von Gewebezellen in vivo. Bernard M. Wagner, Lewis L. Coriell, Robert M. Mc Allister und Sylvia H. Shapiro. (Lab. Invest. **8.** Part I. 939—47. Sept./Okt. 1959. Philadelphia, Pa., Children Hosp., Dep. of Pathol.; Camden, N.J., South Jersey Med. Res. Found.) (Engl.)

An Gewebekulturen adaptierte Zellen vom normalen menschlichen Darm, von der Bindehaut u. von Nieren wurden verglichen mit Epidermoidcarcinom (HeLa) u. mit prim. Gewebekulturen aus Affennieren durch intraperitoneale Inoculierung in Ratten. Alle untersuchten Reihen hatten einen ähnlichen Wachstumsverlauf mit Ausnahme des HeLa-Stammes. Diese Zellen behielten nachdrücklich ihre histolog. u. biolog. bösartigen Eigg. bei. Bei einer Reihe histochem. Unterss. war die Ggw. von sauren Mucopolysacchariden in den HeLa-Zellen anliegendem Bindegewebe das einzige Unterscheidungsmerkmal dieser Zellen, u. diese Beobachtung ist vielleicht von gewisser Bedeutung. H. AMAN. 4160□

Eine Pyroninophile Komponente in pathologischen Serum- und Harnproteinen. R. E. Ballieux und G. N. Niehaus. (Nature [London] **189.** 60. 7/1. 1961. Utrecht, Univ. Hosp., Med. Dep.) (Engl.)

Da die *Pyronin–Methylgrün*-Färbung von Paraproteinen in Serum u. Harn nicht nur im Serum bei multiplem Myelom, sondern teilweise auch bei WALDENSTRÖMscher Makroglobulinämie, atyp. Makroglobulinämie u. unerklärter Paraproteinämie positiv ausfiel, kann diese Meth. leider nicht als spezif. für multiples Myelom angesehen werden. U. TAUSENDFREUND. 4160□

Die Myelom-Globuline. P. Houghton und N. H. Martin. (Brit. J. Cancer **14.** 709—15. Dez. 1960. London, St. George Hosp., Med. School, Dep. of Chem. Pathol.) (Engl.)

Unterss. mit immunochem. Meth. sowie mit der Ultrazentrifuge u. Elektrophorese zeigten, daß die Abweichungen, die Myelom-*Globuline* im Vgl. zu normalen Globulinen zeigen, stetig verlaufen u. nicht in bestimmte Gruppen einzuteilen sind. R. PREUSSMANN. 4160□

Das Schicksal von ^{35}S-Cystin bei multiplem Myelom. E. Siegel, B. A. Sachs und F. A. Graig. (Brit. J. Cancer **14.** 730—36. Dez. 1960. New York, N.Y., Montefiore Hosp.) (Engl.)

Patienten mit multiplem Myelom u. solche mit anderen neoplast. Krankheiten wurden mit *^{35}S-Cystin* (spezif. Aktivität 30 mc/g) i.v. behandelt. Der ^{35}S-Geh. im Blut nimmt nur langsam ab, die Ausscheidung im Urin ist gering. Durch graph. Analyse konnten die Blutkonzentrationskurven in 3 Komponenten aufgeteilt werden. Patienten mit multiplem Myelom zeigen eine langsamere Abnahme des ^{35}S-Geh. in der Anfangs- u. der Endphase im Vgl. mit den Patienten der anderen Gruppe. R. PREUSSMANN. 4160□

Relative Stoffwechselaktivitäten von Histonen in Tumoren und in der Leber. J. A. V. Butler und D. J. R. Laurence. (Brit. J. Cancer **14.** 758—63. Dez. 1960. London, Chester Beatty Res. Inst., Inst. of Cancer Res., Royal Cancer Hosp.) (Engl.)

Die Aufnahme von *$^{14}C_6$-l-Lysin* (spezif. Aktivität 7,5 mc/mm) in Histone u. cytoplasmat. Proteine wurde untersucht. Bei Tumoren zeigen die Histone eine stärkere Aufnahme als die cytoplasmat. Proteine. Die Unterschiede in der Geschw. der Inkorporation scheinen nicht mit den Mitose-Geschw. in Beziehung zu stehen.

R. Preussmann. 4160□

Gesteigerte Dihydrofolatreduktaseaktivität als mögliche Basis der Medikamentresistenz bei der Leukämie. D. K. Misra, Stewart R. Humphreys, Morris Friedkin, Abraham Goldin und Elizabeth J. Crawford. (Nature [London] **189.** 39—42. 7/1. 1961. Boston, Mass., Tulane Univ., School of Med., Dep. of Pharmacol.; Bethesda, Md., Nat. Cancer Inst., Labor. of Chem. Pharmacol.) (Engl.)

Leukäm. Zellen, die anfänglich gegenüber der Wrkg. von Folsäureanalogen empfindlich sind, entwickeln eine Resistenz gegenüber der hemmenden Wrkg. dieser Substanzen. Die verminderte Wirksamkeit von Folsäureantagonisten wird teilweise auf eine gesteigerte Kapazität resistenter Zellen zur Red. von Folsäure-Verbb. zu coenzymat. akt. Tetrahydroformen zurückgeführt. Bei der nun durchgeführten Best. der *Dihydrofolatreduktase* (I)-Aktivität in Geweben von Mäusen mit antifolatempfindlichen u. resistenten Abkömmlingen der lymphat. Mäuseleukämie L 1210 konnte ein kräftiger Anstieg der I-Aktivität in resistenten Zellen gefunden werden, die für zahlreiche Generationen in der Abwesenheit von Antifolaten gezüchtet worden waren. Die Bedeutung des hohen I-Spiegels wird besprochen.

U. Tausendfreund. 4160□

Ductus- und Alveolarwachstum in Brustdrüsen adrenal-gonadektomierter männlicher Ratten mit mammotropen Hypophysentumoren. Kelly H. Clifton und Jacob Furth. (Endocrinology **66.** 893—97. Juni 1960. Boston, Mass., Children's Cancer Res. Found.; Harvard Med. School, Pathol. Dep.) (Engl.)

Bei adrenal- u. gonadektomierten ♂ Ratten mit implantierten mammotropen Hypophysentumoren kommt es (unter deren Hormon-Einw.) zu einem starken Drüsengang- u. Alveolarwachstum der Brustdrüsen. Den vom Tumor abgesonderten Hormonen ist demnach die prim. stimulierende Rolle zuzuerkennen, da Steroidhormone nicht erforderlich sind. Zur Ingangsetzung der Milchsekretion sind allerdings Glucocorticoide erforderlich (durch Cortisol, nicht jedoch durch Desoxycorticosterontrimethylacetat, kommt die Sekretion zustande), diesen kommen demnach modifizierende Eigg. zu.

U. Tausendfreund. 4160□

Eine histochemische Untersuchung der frühen Stadien der Carcinogenese in Rattenlebern: Lokalisation eines fluorescierenden Carcinogens, Veränderungen der Succin-Dehydrogenase-Aktivität. Lucille Bitensky, R. W. Baldwin und J. Chayen. (Brit. J. Cancer **14.** 690—695. Dez. 1960. London, Royal Coll. of Surgeons Nottingham, Univ., Cancer Res. Dep.) (Engl.)

Zur Unters. der frühen Stadien der Leber-Carcinogenese wurde das stark fluorescierende *4-Dimethylaminostilben* (I) appliziert. I konnte jedoch nicht durch Fluorescenzmikroskopie im Lebergewebe lokalisiert werden, da es sehr schnell zu nicht fluorescierenden Metaboliten abgebaut wird. Die *Succindehydrogenase*-Aktivität wird bald nach Injektion von I stark vermindert, hat jedoch nach wenigen Std. den Normalwert wieder erreicht.

R. Preussmann. 4160□

Eine histochemische Untersuchung der frühen Stadien der Carcinogenese in Rattenlebern: Veränderungen in Zell-Lipiden und Mitochondrien. Lucille Bitensky, R. W. Baldwin und J. Chayen. (Brit. J. Cancer **14.** 696—702. Dez. 1960. London, Royal Coll. of Surgeons, Nottingham, Univ., Cancer Res. Dep.) (Engl.) — Vgl. vorst. Referat.

Eine schnelle Rk. eines Teiles der Leberzellen auf die Gabe von *4-Dimethylaminostilben* ist die beträchtliche Erhöhung des freien Lipid-Geh. bei gleichzeitiger Verminderung von Phospholipiden. Andere Leberzellen zeigen eine Zunahme von Phospholipiden.

R. Preussmann. 4160□

Die chemische Induktion von Mamma-Tumoren in der Ratte: Hormonale Faktoren in der Tumor-Erzeugung. J. S. Howell. (Brit. J. Cancer **14.** 657—67. Dez. 1960. Birmingham, Med. School, Dep. of Pathol. and Cancer Res.) (Engl.)

Die Beeinflussung der Erzeugung von Mamma-Tumoren durch Hautpinselung mit einer Öl-Lsg. von *9.10-Dimethyl-1.2-benzanthracen* durch hormonale Faktoren wurde untersucht. Ovarektomie, Schwangerschaft u. Lactation verhindern die Tumorentstehung. *Hexöstrol*, *Progesteron* sowie eine Kombination beider vermindern die Tumorausbeute und erhöhen die Latenzzeit. ♂ Ratten entwickeln keine Brusttumoren, auch nicht nach Kastration.

R. Preussmann. 4160□

Die Anhäufung von Phosphoäthanolamin in Lebern von Ratten, die mit Leber-Carcinogenen behandelt wurden. W. J. P. Neish und Ann Rylett. (Brit. J. Cancer **14.** 737—45. Dez. 1960. Sheffield, Univ., Cancer Res. Unit.) (Engl.)

Nach Gabe der folgenden Leber-Carcinogene: *3'-Methyl-*, *4'-Methyl-*, *2-Methyl-* u. *4'-Äthyl-4-dimethylaminoazobenzol*, *Gerbsäure*, *Dimethylnitrosamin*, DL-*Äthionin* sowie des nicht carcinogenen CCl_4 wurde eine Anreicherung von *Phosphoäthanolamin* in der Leber beobachtet. Es entsteht ferner ein papierchromatograph. nachweisbares Prod., das noch unbekannt ist u. wahrscheinlich ein SH-haltiges saures Peptid darstellt.

R. PREUSSMANN. 4160☐

Die Wirkung einiger chemischer Carcinogene auf den SH-Spiegel von empfindlichen und nicht empfindlichen Geweben. G. Calcutt, D. Doxey und Joan Coates. (Brit. J. Cancer **14.** 746—57. Dez. 1960. Northwood, Middlesex, Mount Vernon Hosp.; Radium Inst., Dep. of Cancer Res.) (Engl.)

3.4-Benzpyren erhöht den SH-Geh. der Haut nach Pinselung, jedoch nicht denjenigen in Leber u. Niere. Durch *Acetaminofluoren* wird Leber-SH erhöht. *4-Dimethylaminoazobenzol* erhöht den SH-Spiegel der Leber nur unwesentlich und hat auf die Niere keinen Einfluß. *Urethan* bewirkt eine Erhöhung der SH-Werte in der Lunge und vermindert diese in der Haut nach Behandlung mit Crotonöl. *Stilböstrol* ergab keine eindeutigen Ergebnisse.

R. PREUSSMANN. 4160☐

Über die mögliche Alkylierung von Leber-Ribonucleinsäure durch die Lebercarcinogene Dimethylnitrosamin und Äthionin. E. Farber und P. N. Magee. (Biochem. J. **76.** 58 P. Sept. 1960. Carshalton, Surrey; M.R.C. Labor Toxicol. Res. Unit.) (Engl.)

Nach intraperitonealer Injektion von ^{14}*C-Dimethylnitrosamin* (I) oder *L-(Äthyl-$^{14}C_{(1)}$)-Äthionin* (II) bei ♀ Ratten ist die *Ribonucleinsäure* (*RNS*) der Leber stärker radioakt. markiert als das gesamte Leberprotein. Das Verhältnis der spezif. Aktivitäten von RNS zu Protein beträgt bei **I** 5,1—5,5 : 1 u. bei **II** 2,4—2,6 : 1. Nach Hydrolyse der RNS mit 1n HCl zeigt sich bei der Chromatographie an Dowex 50 (H^+), daß nach Behandlung mit **I** 80% der Radioaktivität in einer Fraktion in der Mitte zwischen Guanin u. Adenin auftreten. Das Spektrum dieser Verb. entspricht dem *7-Methylguanin.* Mit **II** werden 2 radioakt. Gipfel erhalten, die äthylierten Purinen entsprechen könnten. Vff. nehmen an, daß die Carcinogene **I** u. **II** durch Alkylierung der Leber-RNS unnatürliche Bausteine produzieren. Es ist möglich, daß die so veränderte RNS in den frühen Stadien der Krebsentstehung eine Rolle spielt.

L. LASCHET. 4160☐

Freie Radikale in der Umwelt. M. J. Lyons und J. B. Spence. (Brit. J. Cancer **14.** 703—08. Dez. 1960. Glasgow, Royal Beatson Memorial Hosp.) (Engl.)

Zur Unters. der These, daß freie Radikale aus der Umwelt als Carcinogene wirken können, wurde der Geh. an freien Elektronen in carbonisiertem organ. Material, das als Luftverunreinigung in Frage kommt, mittels Elektronenspinnresonanz bestimmt. Dieselöl- u. Kaminrauchruße enthalten $1{,}8 \cdot 10^{19}$ bzw. $5 \cdot 10^{18}$ freie Elektronen pro g Ruß. Die freien Radikale in diesem Material ebenso wie in Ruß aus der Atmosphäre u. aus Auspuffgasen von Kraftfahrzeugen sind sehr stabil u. mit organ. Lsgm. nicht extrahierbar. Dagegen sind die freien Radikale in Tabakrauchkondensaten lichtempfindlich, weitaus instabiler u. von einer Molekulargröße, die Resorption in die Zelle ermöglichen sollte.

R. PREUSSMANN. 4160☐

Ergebnisse in der Behandlung von Brustkrebs durch interstitielle Bestrahlung der Hypophyse. W. P. Greening, G. S. Ramsay, J. J. Stevenson, E. Boyland, P. C. Rigby-Jones und B. Godsmark. (Brit. J. Cancer **14.** 627—35. Dez. 1960. London, Royal Mardsen Hosp.) (Engl.)

Die Behandlung weit fortgeschrittener Fälle erfolgte mit ^{198}*Au* oder ^{90}*Y*. In 12% der Fälle wurden Remissionen beobachtet, Mortalität 11%, Komplikationen 24%. Die Meth. wird wegen ihrer Einfachheit für bestimmte Fälle empfohlen.

R. PREUSSMANN. 4160☐

Leberkatalase und Tumorhemmung durch Urinextrakte. Constance B. Brown und C. L. Walters. (Science [Washington] **125.** 1246—48. 21/6. 1957. Middlesex, Sunbury-on-Thames, Hosa Res. Labor.) (Engl.)

Durch mehrfache A.-Extraktion u. nachfolgende Dialyse wurde ein Urinkonzentrat hergestellt, welches ♂ Mäusen oral gegeben wurde. Gleichzeitig wurde ihnen u. Kontrolltieren (K.T.) etwas akt. Sarkom-37-Gewebe implantiert. Bei den K.T. fiel parallel der stetigen Vergrößerung des Tumors die Katalase-Konz. bis auf die Hälfte ab, während bei den Vers.-Tieren nur ein geringer Konz.-Abfall eintrat. Außerdem trat nach wenigen Tagen Stillstand der Tumor-Entw. ein.

P. TEICHGRÄBER. 4160☐

K. G. Ober, H. M. Rauen, J. Schoenmackers und J. Zander, Symposium über Krebsprobleme. Arbeitstagung des Beratungsausschusses für Krebsforschung beim Kultusministerium des Landes Nordrhein-Westfalen am 27. und 28. Juni 1960 in Düsseldorf. Berlin, Göttingen, Heidelberg: Springer-Verl. 1961. (IV + 176 S. m. 91 Abb.) 8°. DM 42,—.

E$_2$. Enzymologie. Gärung

Isolierung, Reinigung und einige Eigenschaften von Cytochrom b der Säugetiere. Donald Feldman und W. W. Wainio. (J. biol. Chemistry **235.** 3635—39. Dez. 1960. East Orange, N.I., Veterans Administration Hosp., New Brunswick, N.I., State Univ., Bureau of Biolog. Res.) (Engl.)

Zur Isolierung u. Reinigung von *Cytochrom b* (I) aus Rinderherz dienten: Extraktion mit 0,6%ig. Lsg. von *Natriumdesoxycholat* (II) in Ggw. von Phosphatpuffer; Zentrifugieren bei 50198 · *g* (30 Min.; 0—5°); nochmalige Extraktion mit 0,8%ig. II-Lsg. u. Zentrifugieren (165380 · *g*, 4 Std., 0—5°); Behandlung des roten gelatinösen Rückstandes mit *Phospholipase A* (Gift aus *Crotalus ademanteus*); Fraktionieren mit $(NH_4)_2SO_4$; Lösen des roten Nd. [der auch *Cytochrom* c_1 (III) enthielt u. Molgewicht ca. 350000 ± 50000 aufwies] mit roher *Pankreasprotease* der Nutritional Biochemicals Corp., Cleveland, Ohio (alle anderen angewendeten Enzym-Präpp. zerstörten I u. III!); Fraktionieren mit $(NH_4)_2SO_4$. Das erhaltene lösl. I war frei von Bernsteinsäuredehydrogenase u. Cytochromoxydase, enthielt aber kleine Verunreinigungen von II u. zeigte im red. Zustand Absorptionsmaxima bei 560—562, 530—532 u. 428—430 mμ; im oxydierten Zustand zeigte I eine Absorptionsspitze bei 413—414 mμ. — Die aus Extinktionswerten u. Protein-Geh. berechnete Teilchengröße lag bei 175000 ± 25000; die berechnete Extinktion $\Delta E_{cm}^{g/ml}$ betrug 132 bei 560 mμ. — Das aus I-Präpp. erhaltene *Pyridinhämochromogen* zeigt in red. Zustand Absorptionsspitzen bei 554, 525 u. 420 mμ, was den Werten für Ferroprotoporphyrin IX entspricht. — Vorläufige Best. des Oxydationspotentials für isoliertes I ergab im Fe^{2+}/Fe^{3+}-Oxalat-Syst. bei pH 7,0 (Trispuffer) Werte zwischen + 60 u. + 78 mV. A. HESSE. 4210□

Chemische und physikalische Eigenschaften der kleinen Desoxyribonucleinsäure-Komponente des kristallinen Cytochrom b$_2$. M. D. Montague und R. K. Morton. (Nature [London] **187.** 916—17. 10/9. 1960. Adelaide, Univ., Waite Agric. Res. Inst., Dep. of Agricult. Chem.) (Engl.)

Das Flavohämoprotein *Cytochrom* b_2 (I) enthält *Desoxyribonucleinsäure* (DNS) u. besitzt *L*(+)-*Lactatdehydrogenase*-Aktivität. Die DNS-Komponente läßt sich aus dem krist. I durch anaerobe Dialyse bei pH 8,0 gegen 0,7 gesätt. $(NH_4)_2SO_4$-Lsg., die 0,15 m Lactat u. 10^{-4} m Äthylendiamintetraacetat enthält, abtrennen. Reinigung der DNS an Ecteola-Cellulose. Gradientenelution zwischen 0,5 u. 0,7 m NaCl. Das Verhältnis Purine/Pyrimidine beträgt etwa 2,5. Als Endgruppen ließen sich Guanin u. Cytosin nachweisen. Die Sedimentation ergab $S_{20,w}$ 5,6—5,9. Die homogene DNS-Komponente besitzt ein Molgewicht von annähernd 10000, ihre Funktion ist nicht bekannt, da sie für die Dehydrogenaseaktivität nicht notwendig ist. Die DNS-Komponente beeinflußt lediglich die Kristallisierbarkeit von I. L. LASCHET. 4210□

Über den Katalaseprozeß. A. I. Schulmina und P. W. Afanassjew. (Доклады Академии Наук СССР [Ber. Akad. Wiss. UdSSR] **124.** 1347—49. 21/2. 1959. Bach-Inst. für Biochem. der Akad. der Wiss. der UdSSR.) (Russ.)

Die Unters. der H_2O_2-Oxydation zu H_2O_4 in Ggw. von *Katalase* (I) wurde bei konst. I-Konz. (4γ/ml) u. verschiedener H_2O_2-Konz. (0,005—0,650 mol.) bei 20° durchgeführt. Danach ist die Konz. des entstehenden H_2O_4 abhängig von der Konz. des H_2O_2 u. erreicht ein Maximum bei 0,15 m H_2O_2. Dies deckt sich mit der theoret. Erwartung. Diese Abhängigkeit der H_2O_4-Konz. von der H_2O_2-Konz. beobachtet man auch bei der photochem. Zers. von H_2O_2, so daß die photochem. u. die durch I bewirkte H_2O_2-Zers. einander ähnlich sind. Die Kurven für die Abhängigkeit der Anfangs-Geschw. des I-Prozesses u. der maximalen H_2O_4-Konz. von der Anfangs-Konz. des H_2O_2 zeigen den gleichen Verlauf. In den Ergebnissen sehen Vff. eine Bestätigung der Richtigkeit des von ihnen aufgestellten Rk.-Mechanismus (vgl. C. **1958.** 11846). O. LEBTAG. 4210□

Die Rolle der nichtphosphorylierenden Oxydation bei der Thermoregulation. W. P. Skulatschew und Ss. P. Masslow. (Биохимия [Biochemie] **25.** 1055—64. Nov./Dez. 1960. Moskau, Lomonossow-Univ., Lehrstuhl für Biochem. der Tiere) (Russ., Auszug: Engl.)

Die Unters. der oxydierenden Phosphorylierung der Mitochondrien der Skelettmuskeln, der Körper-Temp. u. des Gasumsatzes bei Tauben, die für kurze Zeit einer Temp. von — 15° ausgesetzt wurden, ergab 3 Stadien der „raschen" Anpassung an die Kälte: 1) Abnahme des Koeff. P/O, vorübergehende Intensivierung des Gasumsatzes u. Auftreten einer Hypothermie bei der ersten Abkühlung; 2. weitere Abnahme des Koeff. P/O, beständige Intensivierung des Gasumsatzes u. Beibehaltung einer normalen Körper-Temp. bei wiederholter Kälte-Einw; 3. teilweise Normalisierung von P/O u. Gasumsatz bei weiterer Anpassung an die Kälte. Der Grad der Entkopplung der Oxydation u. der Phosphorylierung in den verschiedenen Stadien korreliert mit einer Quellung der Mitochondrien u. einer Hemmung der H-Übertragung durch Diphosphopyridinnucleotid (I) der Mitochondrien. Die Oxydation über I wird bei Zusatz von I normalisiert. P/O u. opt. Dichte werden bei Zusatz von Adenosintriphosphorsäure u. Äthylendiamintetraessigsäure erhöht. Der Mechanismus der Entkopplung bei der Kälte-Einw. ist verschieden vom enzymat. Koeff. der Entkopplung durch Dinitrophenol u. ist ähnlich dem Koeff. bei der Entkopplung durch Ca^{2+} u. Thyroxin. Im Unterschied zur Thyreotoxikose erfolgt die Entkopplung jedoch nicht am Muskel, sondern an der Leber; sie verläuft hier viel rascher. Die rasche u. starke Aktivierung der nichtphosphorylierenden Oxydation korreliert mit der Überlebensrate in der Kälte u. beweist, daß die nicht mit einer Phosphorylierung zusammenhängende Oxydation für den Stoffwechsel von großer Bedeutung ist; sie ist an der Thermoregulation beteiligt. O. LEBTAG. 4210□

Sterische Faktoren bei der Enzymwirkung: Oxydation — Reduktion — Enzyme. E. C. Slater. (Biochem. Soc. Symposia **19.** 108—24. 1960. Amsterdam, Univ., Labor. of Physiol. Chem.) (Engl.)

Vortrag. Stereospezif. *Dehydrogenasen* u. *Racemasen, Aminosäureoxydasen,* Stereospezifität der H-Übertragung bei Rkk. der *Pyridinnucleotiddehydrogenasen, Bernsteinsäuredehydrogenase.* — 60 Literaturangaben. K. MAIER. 4210□

Über den Mechanismus der Hydrogenasewirkung. Harry D. Peck jun., Anthony San Pietro und Howard Gest. (Proc. nat. Acad. Sci. USA **42.** 13—19. 15/1. 1956. Cleveland, Western Reserve Univ. School of Med., Dep. of Microbiol.; Baltimore, The John Hopkins Univ., Mc Collum-Pratt Inst.) (Engl.)

Die Isotopenaustausch-Rk. zwischen D_2O u. H_2 wird von einer Reihe von *Hydrogenase*-(I)-Präparaten katalysiert. Bes. wirksam sind die Präparate, die aus red. *Methylviologen* (II) H_2 freisetzen können, während jene, die nur Methylenblau red., nicht bes. akt. oder inakt. sind. Auf den offenbaren Zusammenhang zwischen Austauschkatalyse u. der Fähigkeit, II zu dehydrieren, wird hingewiesen.

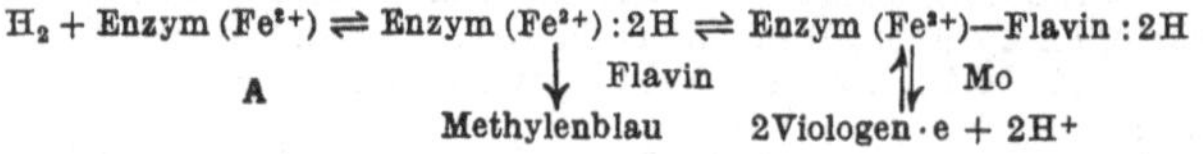

A

Die Rolle von *Fe* u. *Mo* als essentielle I-Komponenten wird herausgestellt u. im Wrkg.-Mechanismus von I (**A**), der dem von GREEN u. BEINERT (Annu. Rev. Biochem. **24.** [1955.] 1) vermuteten ähnlich ist, vorgeschlagen. H. KLUGE. 4210□

Reinigung und Eigenschaften der Milchsäuredehydrogenase des menschlichen Herzens. J. S. Nisselbaum und Oscar Bodansky. (J. biol. Chemistry **236.** 323—27. Febr. 1961. New York, N.Y., Sloan Kettering Inst. for Cancer Res., Div. of Enzymol. and Metabolism; Memorial Center and James Ewing Hosp., Dep. of Biochem.; Cornell Univ. Med. Coll., Sloan Kettering Div.) (Engl.)

Milchsäuredehydrogenase (I) aus Menschenherzen wurde durch Fraktionieren mit $Ca_3(PO_4)_2$-Gel, $(NH_4)_2SO_4$ u. Aceton sowie anschließende Chromatographie an Hydroxyapatit gereinigt. Die gereinigte I erweist sich bei Elektrophorese u. Ultrazentrifugieren als prakt. einheitlich (Molgewicht ca. 140000). Die turn over-Zahl (mit Pyruvat + red. Diphosphopyridinnucleotid [DPNH]) beträgt 78000 Mol/min/Mol I; während $K_{m(Pyruvat)}$ unabhängig von DPNH-Konz. $1{,}18 \pm 0{,}12 \cdot 10^4$ Mol betrug, wurden für $K_{M(Lactat)}$ je nach der DPN-Konz. Werte zwischen $0{,}44 \cdot 10^{-2}$ Mol (bei $4{,}76 \cdot 10^{-4}$ Mol DPN) u. $1{,}65 \cdot 10^{-2}$ Mol (bei $0{,}95 \cdot 10^{-4}$ DPN) gefunden. — Die relativen Geschw. der Red. von DPN, Pyridin-3-aldehyd-DPN u. 3-Acetylpyridin-DPN betragen 100 : 16 : 3. A. HESSE. 4210□

Reaktionen von Milchsäuredehydrogenasen aus menschlichem Gewebe mit Antiseren gegen Humanherz- und -lebermilchsäuredehydrogenasen. J. S. Nisselbaum und Oscar Bodansky. (J. biol. Chemistry **236.** 401—04. Febr. 1961. New York, N.Y., Sloan Kettering Inst. for Cancer Res., Div. of Enzymol. and Metabolism; Memorial Center and James Ewing Hosp., Dep. of Biochem.; Cornell. Univ., Med. Coll., Sloan Kettering Div.) (Engl.) — Vgl. vorst. Referat.

Durch i.v. Injektion von an $Al(OH)_3$-adsorbierten krist. Enzyms wurden bei Kaninchen u. Hähnen Antiseren zu *Menschenleber-* u. *Herzmilchsäuredehydrogenase* (**Ia, Ib**) hergestellt. Das **Ia**-Antiserum hemmte stark das entsprechende Enzym aus Leber- u. Skelettmuskel, beeinflußte aber das Enzym aus anderen Humangeweben wenig. Unter den Vers.-Bedingungen hemmte **Ib**-Antiserum *Dehydrogenase* (I) aus Herz, Niere, Prostata, Hirn u. Erythrocyten stark. I aus Leber u. Skelettmuskel jedoch nur schwach. Bei Verstärkung normalen Humanserums durch **Ia** oder **Ib** konnte die Herkunft von zugesetztem I immunochem. nachgewiesen werden. K. MAIER. 4210□

Die Bestimmung von Milchsäuredehydrogenase-Aktivität menschlicher Erythrocyten. J. A. Birkbeck und A. G. Stewart. (Canad. J. Biochem. Physiol. **39.** 257—65. Iowa, Univ., Iowa City, Dep. of Paediatr.; Alberta, Edmonton, Univ. of Alberta, Dep. of Paediatrics.) (Engl.)

Es wurde der Einfl. von pH, Temp., Konz. von Substrat, Coenzym u. Enzym auf die Best. der *Milchsäuredehydrogenase* (I)-Aktivität menschlicher Erythrocyten untersucht. pH-Optimum = 7,0—7,8. Merkliche Temp.-Abhängigkeit (Korrektur bei 30°). Optimale Konzz. von *Pyruvat* u. red. *Diphosphopyridinnucleotid* (DPNH) sind $1{,}7 \cdot 10^{-7}$, bzw. $0{,}8 \cdot 10^{-7}$ Mol/ml Incubations-Gemisch. Beschreibung der Meth. Von den im klin. Labor gebräuchlichen Antikoagulantien hemmt Oxalat die Aktivität von I, nicht aber *Heparin, Fluorid, Versen* u. *Citrat*. Gesamtblut bei 4° u. verd. eingefrorenes Hämolysat können 4 Wochen ohne Verlust an I-Aktivität aufbewahrt werden. H. AMAN. 4210□

Hemmung einer mikrobiellen Glucose-6-phosphat-Dehydrogenase durch Diäthylstilboestrol. Norman N. Durham und Kay Leach. (Canad. J. Microbiol. 7. 75—84. Febr. 1961. Stillwater, Okla., Oklahoma State Univ., Dep. of Bact.) (Engl.)

Diäthylstilboestrol (I) hemmt die Red. von *Nicotinamidadenindinucleotidphosphat* durch *Glucose-6-phosphatdehydrogenase* (aus *Aerobacter aerogenes*). Die Hemmung ist konzentrationsabhängig. Durch Hinzufügen von überschüssigem Glucose-6-phosphat oder Nicotinamidadenindinucleotidphosphat kann die Hemmung nicht aufgehoben werden. Isocitrat-, Alkohol- u. Äpfelsäuredehydrogenase werden in dem Aerobacter-aerogenes-Extrakt ebenfalls gefunden. Die Red. der Nucleotide durch diese Enzyme wird durch Steroide nicht beeinflußt. Es wird vermutet, daß I mit Enzymen reagiert, wodurch die Geschw. der Enzym-Rk. beeinflußt wird. Möglicherweise reguliert I auch den intermediären Stoffwechsel. U. BEHRENS. 4210□

Cystin- und Glutathionreduktasen in der Kleidermotte Tineola bisselliella. R. F. Powning und H. Irzykiewicz. (Austral. J. biol. Sci. 13. 59—68. Febr. 1960. Canberra, C.S.I.R.O., Div. of Entomol.) (Engl.)

Die Larven der Kleidermotte *T. bisseliella* besitzen ein Enzym, das die Red. von *L-Cystin*-(I) durch red. *Triphosphopyridinnukleotid* (TPNH) katalysiert. Ganzextrakte von Larven red. bei pH 7,3 14μ Mol I pro g Larve u. Std. An red. Diphosphopyridinnukleotid (DPNH) gebundene I-Reduktase u. an DPNH u. TPNH gebundene *Glutathionreduktase* sind in den Larvenextrakten in geringerem Umfang ebenfalls nachzuweisen. H. KLUGE. 4210□

Reinigung und Eigenschaften von Xanthindehydrogenase aus Clostridium cylindrosporum. W. H. Bradshaw und H. A. Barker. (J. biol. Chemistry 235. 3620—29. Dez. 1960. Berkeley, Calif., Univ. of California, Dep. of Biochem.) (Engl.)

Xanthindehydrogenase (I) aus (auf Harnsäure gezüchteten) *Clostridium cylindrosporum* konnte durch Fällen des Rohextraktes mit Protaminsulfat, Elution mit Phosphatpuffer pH 7,5, Fraktionieren mit $(NH_4)_2SO_4$, Dialyse, Elution des dabei entstehenden Nd. u. Adsorption an $Ca_3(PO_4)_2$-Gel auf 26fachen Reinheitsgrad (Ausbeute 6,7%) gebracht werden. — Gereinigte I enthält *Flavinadenindinucleotid, Mo* u. *Fe*. Die Substratspezifität weicht stark von der der I aus Milch oder aus Säugetierleber ab. I aus Clostridium bevorzugt die Oxydation u. Red. von Purinen am $C_{(8)}$; bei einigen Purinen wird auch am $C_{(2)}$ u. in einem Fall auch am $C_{(6)}$. — *Hypoxanthin* u. *6.8-Dihydropurin* werden nicht unmittelbar in Xanthin übergeführt, sondern erst zu Harnsäure oxydiert, die dann zu Xanthin reduziert wird. — Die Hauptfunktion der I scheint in vivo die Red. von Harnsäure zu sein. A. HESSE. 4210□

Wirkung von Streptokokkenenzymen auf die Kontraktilität des menschlichen und des Meerschweinchenvorhofes. Nancy Voege, David Goldring und William Sleator jun. (J. Lab. clin. Med. 56. 954—55. Dez. 1960. St. Louis, Mo.) (Engl.)

Streptokokken-Diphosphopyridinnucleotidase (I) übt auf die Kontraktion von Meerschweinchen-Vorhöfen eine Hemmung aus, die an Vorhöfen normaler u. rheumat. Personen nicht nachweisbar ist. *Somat. Kohlenhydrat* (*Substanz C*) hemmt Meerschweinchen- u. menschliche Vorhofkontraktionen (stark bzw. vorübergehend). Vorher gegen *Hyaluronidase* u. I sensibilisierte Meerschweinchenvorhöfe reagierten mit gesteigerter Kontraktionshöhe u. Rhythmusirregularitäten, sie sind leichter reizbar. Die spezif. Bedeutung dieser Enzyme bei der Entw. der rheumat. Erkrankungen ist noch ungeklärt. U. TAUSENDFREUND. 4210□

Die Wirkung von in Koazervattropfen eingeschlossener Ribonuclease. A. I. Oparin und K. B. Sserebrowskaja. (Доклады Академии Наук СССР [Ber. Akad. Wiss. UdSSR] 122. 661—64, 1/10. 1958.) (Russ.)

In Koazervattropfen geht eine hydrolyt. Spaltung der Ribonucleinsäure (I) unter der Einw. von Ribonuklease (II) vor sich. Die Spalt-Prodd. treten in die Koazervat-Lsg. aus. In Abwesenheit von II findet kein Austausch des I-P statt. Die Ggw. des akt. II im Koazervattropfen wirkt merklich auf die Wechsel-Wrkg. zwischen dem Ausgangsfarbstoff (Toluidinblau) u. der I. E. KOCH. 4210□

Stereochemische Spezifität einiger Enzyme des Nucleotidstoffwechsels. G. R. Barker. (Biochem. Soc. Symposia **19.** 125–36. 1960. Manchester, Univ., Dep. of Chem.) (Engl.)

Vortrag. Synth. von *D-Ribose* u. *2-Desoxy-D-ribose*, Bldg. u. Spaltung von Glycosidbindungen, *Nucleotidpyrophosphorylasen*, Bldg. u. Spaltung von Bindungen in Polynucleotiden. — 27 Literaturangaben. K. MAIER. 4210□

Adenosintriphosphatase in isolierten Bakterien-Zellmembranen. Adolph Abrams, Peter McNamara und F. Bing Johnson. (J. biol. Chemistry **235.** 3659–62. Dez. 1960. Denver, Colorado, Univ. of Colorado School of Med., Dep. of Biochem.) (Engl.)

Mittels osmot. Lyse u. mittels metabol. Lyse, bei der die Zellen in 0.4 m Glycylglycin (pH 7.2; 1.10^{-4} m Mg SO_4 enthaltend) 120 Min. bei 38° mit *Lysozym* behandelt u. anschließend der Glykolyse unterworfen wurden, wurden Protoplasten u. Zellmembranen von *Streptococcus faecalis* getrennt. Die Zellmembranen enthalten eine *Adenosintriphosphatase* (I), die Mg^{2+} zur Wrkg. benötigt. Maximale Aktivität wird bei äquimol. Konzz. von *Adenosin-5'-phosphat* (II) u. Mg^{2+} erhalten, so daß offenbar der II-Mg^{2+}-Komplex das eigentliche Substrat der I ist. Überschuß an II-Mg^{2+} wirkt hemmend. A. HESSE. 4210□

Ein den Adenosintriphosphat-Adenosindiphosphataustausch katalysierendes Enzym aus Spinatchloroplasten. J. S. Kahn und Andre T. Jagendorf. (J. biol. Chemistry **236.** 940–43. März 1961. Baltimore, Md., Johns Hopkins Univ., McCollum-Pratt Inst.) (Engl.) — Vgl. Biochem. Biophys. Res. Commun. **2.** [1960] 259.

Aus Spinatchloroplastenextraktüberstand wurde durch doppelte Acetonfraktionierung ein gereinigtes Enzym-Präp. erhalten (Ausbeute $> 90\%$), das den Phosphataustausch zwischen Adenosintri- u. diphosphat katalysierte. Andere Enzymaktivitäten waren nicht nachweisbar. Das Enzymprotein war elektrophor. weitgehend einheitlich. Das Enzym benötigte ein 2wertiges Kation, wie Mg^{2+} (optimal $2{,}5 \cdot 10^{-3}$ m), Fe^{2+}, Mn^{2+}, Co^{2+}, Ca^{2+}, während Zn^{2+}, Hg^{2+}, Cu^{2+} hemmten. Das pH-Optimum der Austausch-Rk. liegt bei ca. 8. NH_4^+, Amine u. Guanosindiphoshat hemmten die Rk. erheblich, Inosin-, Cytidin- u. Uridinphosphat schwächer. K. MAIER. 4210□

Die oxydative Phosphorylierung des Gehirns bei Sauerstoffeinwirkung unter erhöhtem Druck. S. G. Bronowitzkaja und S. Ss. Gerschenowitsch (Биохимия [Biochemie] **25.** 981–86. Nov./Dez. 1960. Rostow a. Don, Univ.) (Russ., Auszug: Engl.)

Werden Ratten in einer Druckkammer einem O_2-Druck von 6 at bis zum Eintritt des „terminalen" Zustandes ausgesetzt, so bleibt die Intensität der Atmung der Hirnrindenschnitte, ausgedrückt in μ Liter O_2 je 100 mg Frischgewebe u. Std., prakt. die gleiche wie in der Kontrolle. Die Intensität der Phosphorylierung, gemessen am Geh. an anorgan. P u. an Adenosintriphosphorsäure sowie am ^{32}P-Einbau in den anorgan. P, bleibt ebenfalls prakt. unverändert. Werden die Hirnrindenschnitte 1 Std. bei einem O_2-Druck von 8 at (in der Kontrolle 1 at) inkubiert, so nimmt die oxydative Phosphorylierung um 22% zu. O. LEBTAG. 4210□

Der Einfluß der Ernährung auf die Leberphosphorylase. 1. Mitt. **Die Wirkung von Nahrungsentzug und erneuter Zufuhr.** Hermann Niemeyer, Carmen González und Ricardo Rozzi. (J. biol. Chemistry **236.** 610–13. März 1961. Santiago, Chile, Inst. de Quim. Fisiol. y Patol.) (Engl.)

Bei Nichtfütterung nimmt die Rattenleber-*Phosphorylase* (I)-Aktivität allmählich, nach 3 Tagen auf ca. 40% des normalen Werts, ab. Bei Aufnahme der Nahrungszufuhr steigt der I-Geh. in dem gleichen Zeitraum wieder auf die Norm an. Die Leber der nach Fasten wieder gefütterten Tiere weist einen höheren *Glykogen*(II)-Geh. auf als solche normal gefütterter. Der höhere II-Geh. bleibt so lange bestehen, bis die I-Aktivität vermindert ist. In Leberschnitten solcher Tiere nimmt II langsam ab. Die Befunde stehen mit der Annahme in Einklang, daß I in der Zelle verzögernd am II-Abbau beteiligt ist. K. MAIER. 4210□

Gewebekomponenten des Haushuhns. 4. Mitt. **Die Aktivität der alkalischen Phosphatase des Plasmas.** D. J. Bell. (Biochem. J. **75.** 224–29. Mai 1960. Edinburgh, Großbrit., Agric. Res. Counc., Poultry Res. Centre). (Engl.) — 3. vgl. C. **1959.** 15104.

Die Aktivität der *alkal. Phosphatase* des Blutplasmas von Haushühnern gegenüber *4-Nitrophenylphosphat* wurde colorimetr. bestimmt. Unterss. an Hühnern unterschiedlichen Alters ergaben u. a., daß das zeitweise starke Ansteigen der Plasma-Phosphatase Aktivität bei legenden Hennen als stimulierend angesehen werden kann für den osteoblast. Recalcifizierungsprozeß, der zum Ersatz des für die Eischalen benötigten Ca notwendig ist. H. G. TRÜPER. 4210□

Die Verwertung phosphorylierter Verbindungen in der Gewebekultur. Helen J. Morton und J. F. Morgan. (Exp. Cell Res. **19.** 623–25. April 1960. Ottawa, Canada, Dep. of Nat. Health and Welfare, Labor. Hyg.) (Engl.)

Die Unters. der Verwertung von *Fructosediphosphat* (I) durch Hühnerembryonenherzkulturen in zuckerfreien, synthet. Nähr-Lsg. (M 1232) mit Zusatz von Adenosintriphosphat (II) zeigte, daß das Gleichgewicht zwischen Phosphatdonatoren u. -acceptoren die Kohlenhydratverwertung steuert. In M 1232 mit I als einziger Kohlenhydratquelle, ohne II-Zusatz, lebten Kulturen nicht länger als 5 Tage. Größere Überlebensdauer diente als Kriterium der Zuckerverwertung. 10 mg u. mehr Adenosindiphosphat (III)/Liter steigerten, unabhängig von der Ggw. kleiner III-Konzz., die Überlebenszeit signifikant. Mit Glucose als C-Quelle u. 1,0 mg II/Liter war die Durchschnittsüberlebensdauer 35—40 Tage. Mit I als C-Quelle u. III-Zusatz stieg letzte von 4 auf 28 Tage.
K. MAIER. 4210□

Darstellung von Oligosacchariden des Glucosamins und Acetylglucosamins und deren Spaltung durch Lysozym. Hans Peter Lenk, Martin Wenzel und Ernst Schütte. (Naturwissenschaften **47.** 516—17. 2. Nov.-H. 1960. Berlin-Dahlem, Freie Univ., Physiol.-chem. Inst.) (Dt.)

Vff. inkubieren Grundbausteine des Chitins (*N-Acetylglucosamin* (I) u. *Glucosamin* [II]) mit *Lysozym* (III) in Phosphatpuffer-Lsg. (pH 7,0) in Ggw. von NaCl (0,015%) u. stellen fest, daß die Tri- u. Pentameren von I leicht durch III hydrolysierbar sind. Als Abbauprodd. werden hauptsächlich *Acetylglucosamin*, in geringer Menge dessen Dimeres u. beim Pentasaccharid (*Chitopentaose*) auch das Trimere nachgewiesen. Das Pentamere von II zeigt eine geringere Spaltbarkeit. III wirkt auf Poly-I als β-Glucosidase. Aus Hummerschalenchitin lassen sich II-Oligosaccharide durch Erhitzen mit festem KOH (unter N_2), Hydrolyse des gebildeten *Chitosans* mit verd. HCl u. Trennung des Oligomerengemisches über Dowex 50 (Elution mit 0,1—4,15 n HCl) gewinnen u. nach der Anthron-Meth. quant. bestimmen. Die durch aufsteigende Dreifachchromatographie (Lösungsm. Pyridin/n-Pentanol/W. 8 : 8 : 7, Reagentien: Ninhydrin, ammoniakal. $AgNO_3$-Lsg.) ermittelten Wanderungs-Geschw. der II- (u. nach Acetylierung erhaltenen) I-Oligomeren entsprechen der Beziehung der polymerhomologen Reihe *Chitobiose, -triose, -tetraose* u. *-pentaose.* P. FAHRNLAENDER. 4210□

Ein Trisaccharid aus dem enzymatischen Abbau von 2 Arabinoxylanen. G. O. Aspinall, I. M. Cairncross, R. J. Sturgeon und K. C. B. Wilkie. (J. chem. Soc. [London] **1960.** 3881—85. Okt.) (Engl.)

Vff. inkubieren *Xylan* aus Cocksfoot-Gras (a) u. Roggenmehl (b) in Ggw. von *L-Arabonolacton* (I) u. Acetatpuffer (pH 4,5—5) mit einem Enzym-Präp. aus *Myrothecium verrucaria* u. bestimmen die im Rk.-Gemisch enthaltenen Kohlenhydrate nach Trennung über Kohle-Celit u. Elution mit 5—15%ig. wss. A. auf papierchromatograph. Wege. a-Proben enthalten nach 2—10 std. Hydrolyse *Xylose* (II), *Arabinose* (III), *Glucose, Galaktose*, sowie *Xylobiose* (IV), *Xylotriose* (V) u. *Xylotetraose*. Nach 16 std. Abbau werden nur noch Spuren an Oligosacchariden neben Monosacchariden, IV u. den polymeren Homologen gefunden. Aus a -u. b-Hydrolysaten läßt sich ein *Trisaccharid* (VI, $[\alpha]_D$ — 14,9° [c = 0,5, W.], $[\alpha]_D$ — 15,3°; [c = 0,67; W.]) isolieren, das bei der Säurehydrolyse → 65—66% II u. 32—33% III liefert. Schonender Abbau von VI mit 0,01 n Oxalsäure (100°) ergibt III u. IV (*4-O-β-D-Xylopyranosyl-D-xylose*). Bei Behandlung von VI mit n NaOH wird *Xyloisosaccharinolacton* u. nach längerer Einw. (96 Std.) auch *Xylometasaccharinolacton* nachgewiesen. Bei der Perjodatoxydation verbraucht VI 3 Mol des Oxydationsmittels, u. oxydiertes VI liefert nach Hydrolyse ca. 0,90 Mol II pro Mol VI. Methylierung des durch Red. mit $NaBH_4$ erhaltenen entsprechenden VI-Alkohols u. anschließende Hydrolyse (n-H_2SO_4, 100°, 3 Std.) ergibt *2.3.5-Tri-O-methylarabinose* (*2.3.5-Tri-O-methyl-L-arabonamid*, F. 135°) u. *2.4-Di-O-methyl-D-xylose* (F. 114°). Bei der enzymat. Rk. wird freie III nicht in IV oder V übergeführt. Inkubation von Enzym-Präpp. mit *L*-III, IV oder V in Ggw. von I führt zu II- u. III-enthaltenden Oligosacchariden. Aus den Ergebnissen geht hervor, daß VI als *O-L-Arabinofuranosyl (1 → 3)-O-β-D-Xylopyranosyl-(1 → 4)-D-xylose* aufzufassen ist. P. FAHRNLAENDER. 4210□

Über eine δ-Lactonepimerase. 1. Mitt. Herstellung und Eigenschaften. Th. Posternak und P. Waegell. (Helv. chim. Acta **44.** 257—67. 1/2. 1961. Genève, Univ., Labor. de Chim. biol. et org. spéciale.) (Franz.)

Aus 3 *Acetobacter suboxydans*-Stämmen wurden durch Zerreiben lyophil getrockneter Zellen mit Al_2O_3, Acetatpufferextraktion u. fraktionierte $(NH_4)_2SO_4$-Fällung (0,40—0,70 Sättigung) zellfreie Lsgg. eines lösl. Enzyms, das die gegenseitige Umwandlung von *2.3/4-Trihydroxycyclohexanon* in *3/2.4-Trihydroxycyclohexanon* u. die reversible Epimerisierung von *D-Glucono-δ-lacton* (IV) zu *D-Mannono-δ-lacton* (V) katalysiert. Das pH-Optimum der *δ-Lactonoepimerase* (I) ist 5,1—5,2. I wird von Zn^{2+}- u. Mn^{2+}-Ionen aktiviert. Die Wrkg. wird durch die Spontanhydrolyse beider Lactone beschränkt, da die entsprechenden Säuren kein I-Substrat bilden. Es wird eine polarimetr. Meth. zur

Best. der Epimerisierungs-Prodd. angegeben, die auf der Bldg. stark drehender Komplexe mit NH_4-Molybdat basiert, *D-Mannonsäure* (II)-Komplex, $[\alpha]_D$ +148°, *D-Gluconsäure* (III)-Komplex, $[\alpha]_D$ + 37,4°. Nach enzymat. IV-Epimerisierung wurden II als *Phenylhydrazid*, $C_{12}H_{18}N_2O_6$, F. 213—215° (W.), u. III als *Phenylhydrazid*, $C_{12}H_{18}N_2O_6$, F. 198—200°, isoliert. K. MAIER. 4210□

Die Wirkung von Wasserstoffperoxyd auf chromatographisch gereinigte Hefe- und Aspergillus niger-Aconitase. Ernst-Erich Bruchmann. (Naturwissenschaften **48.** 79—80. 1. Febr.-H. 1961. Berlin, Inst. für Gärungsgewerbe.) (Dt.)

Analog der chromatograph. Herst. u. Reinigung von *Aconitase* (I)-Präpp. aus *A. niger* (Naturwissenschaften **48.** [1961.] 53) wurden 25fach angereicherte I-Präpp. aus Hefe gewonnen, die frei von Fumarase u. prakt. frei von Isocitronensäuredehydrogenase waren. Der opt. Test bei 240 mμ zeigte, daß Hefe-I durch $^1/_{20000}$m H_2O_2 zu 100% u. *A. niger*-I, abhängig vom Pilzstamm, durch $^1/_{20000}$—$^1/_{5000}$m H_2O_2 zu 95% gehemmt werden. K. MAIER. 4210□

N-Succinyl-L-α.ε-diaminopimelinsäuredesacylase. S. H. Kindler und Charles Gilvarg. (J. biol. Chemistry **235.** 3532—35. Dez. 1960. New York, N.Y., New York Univ., School of Med., Dep. of Biochem.) (Engl.)

N-Succinyl-L-α.ε-diaminopimelinsäuredesacylase (I), welche die als Zwischenprod. bei der Biosynth. von *α.ε-Diaminopimelinsäure* (II) auftretenden *N-Succinyl-L-α.ε-diaminopimelinsäure* (III; GILVARG, C. **1960.** 16470) desacyliert, ist nur in solchen Bakterien u. blaugrünen Algen vorhanden, welche auch II enthalten. Der Nachw. von I wurde erbracht für *Escherichia coli* (ATCC 9637; 26-26; D-1), *Azotobacter vinelandii, Alcaligenes faecalis, Corynebacterium diphtheriae P. W. 8, Bacillus cereus, Rhodopseudomonas sphäroides, Micrococcus lysodeikticus* [dessen Zellmembran allerdings frei von II ist, aber zur Synth. von *Lysin* (IV) befähigt ist]; Fehlen von I wurde nachgewiesen für Lactobacillus casei, Streptococcus Gruppe A u. Gruppe B (deren Zellmembranen IV enthalten), Schweinsherz, Rinderleber. — I aus Escherichia coli M-26-26 wurde teilweise gereinigt; I ist akt. bei pH 6—9, mit breitem Optimum bei ca. pH 8; K_m 1,3·10^{-3} bzw. 1,5·10^{-5} für III bzw. III in Ggw. von Co^{2+}. — I benötigt Ggw. von Metallen, wobei Co^{2+} die stärkste Wrkg. hat, während Mn^{2+} (30% der Co^{2+}-Wrkg.), Zn^{2+}, Fe^{3+}, Ni^{2+} geringere Wrkg. u. Mg^{2+} sowie Al^{3+} nur ganz geringfügige Wrkg. zeigen. — Die folgenden Analoga von III werden nicht angegriffen: N-Acetyl-L-diaminopimelinsäure, α-N-Acetyl-ε-N-succinyl-diaminopimelinsäure, α-N-Succinyl-ε-ketoaminopimelinsäure, α-N-Succinyl-ε-N-dinitrophenyl-L-diaminopimelinsäure, Carbobenzoxysuccinyl-L-lysin, N-Succinyl-L-asparaginsäure; dagegen wird *DL-N-Succinyl-meso-diaminopimelinsäure* zwar gespalten, aber nur mit $^1/_5$ der bei III beobachteten Geschwindigkeit. — Es wurde bes. nachgewiesen, daß I nicht ident. mit *N-Acetylornithinase* ist. A. HESSE. 4210□

Über die Eigenschaften des Fermentsystems aus der Rattenleber, das die Aminosäuresynthese aus Brenztraubensäure und Ammoniumsalzen katalysiert. I. N. Pjatnitzkaja. (Биохимия [Biochemie] **25.** 1081—84. Nov./Dez. 1960. Moskau, Inst. für biol. u. med. Chem. der Akad. der med. Wiss. der UdSSR, Labor. für Pathol. des Eiweißstoffwechsels u. Immunochem.) (Russ.; Auszug: Engl.)

Homogenate der Rattenleber wurden nach dem früher (vgl. C. **1960.** 11339) beschriebenen Verf. fraktioniert. Bei der Elektrophorese (auf Stärke) des die Aminierung der Brenztraubensäure (I) in den Strukturelementen der Niere katalysierenden Ferment-Syst. wird eine Aktivität in der Hauptsache in der zur Anode wandernden Fraktion festgestellt; höchstens 30% der Aktivität lassen sich in der zur Kathode wandernden Fraktion nachweisen. Diese Eiweißfraktionen weisen eine hohe *Glutamicodehydrase* (II)-Aktivität auf, gemessen an der Intensität der Aminosäure-Synth. aus α-Ketoglutarsäure. In dieser Beziehung unterscheiden sich die bei der Zentrifugierung der Homogenate erhältlichen Mikrosomen u. überstehende Fl. von den Mitochondrienextrakten, in welchen das die Synth. aus I katalysierende Ferment von II elektrophoret. getrennt werden kann. In der überstehenden Fl. u. in den Mikrosomen der Nierenzellen läßt sich das die Synth. aus I katalysierende Ferment von der *Glutamicoasparaginaminopherase* (III) u. von der *Glutamicoalaninaminopherase* (IV) trennen. In den untersuchten Strukturelementen der Niere ist die Aktivität von III wesentlich höher als die von IV. O. LEBTAG. 4210□

Über einige Eigenschaften der gereinigten Glutamintransaminase. Tin-ssen Ssjui. (Биохимия [Biochemie] **25.** 1113—18. Nov./Dez. 1960. Moskau, Inst. für biol. u. med. Chem. der Akad. der med. Wiss. der UdSSR, Labor. für Stoffwechsel der Aminosäuren u. Stickstoffbasen.) (Russ.; Auszug: Engl.)

In Unterss. über die physikal.-chem. u. katalyt. Eigg. der gereinigten *Glutamintransaminase* (I) wird festgestellt, daß die Umaminierung zwischen Glutamin u. α-Ketosäure (II) in den ersten 1½ Std. prakt. linear verläuft. I besitzt eine hohe Thermostabilität. Durch Erwärmen auf 80° (5 Min.) oder 2 Min. auf dem sd. Wasserbad geht die Aktivität zu 65% verloren. Bei Erhöhung der Inkubations-Temp. von 15 auf 45° wird die Geschw. der Rk. etwa verdreifacht. Das pH-Optimum der I-Wrkg. ist abhängig vom Acceptor der NH_2-Gruppe: 8,2 mit Pyruvat, 8,7 mit α-Ketoisocapronat, 9,1 mit Phenylpyruvat. Mit den beiden letzten **II** bleibt die I-Aktivität bei hoher Alkalität (pH ca. 10) weitgehend erhalten. Die scheinbare Dissoziations-Konst. des Komplexes I + Glutamin beträgt $3{,}33 \cdot 10^{-3}$ m. In Ggw. denaturierender Konzz. von Harnstoff erfolgt eine irreversible Inaktivierung von **I**; in der 5 m Harnstoff-Lsg. nimmt die I-Aktivität um 68% ab. Bei vorheriger Inkubation mit Thiolgiften nimmt die I-Aktivität stark ab: um 50% mit 10^{-4} m p-Chlormercuribenzoat, um 35% mit $5 \cdot 10^{-3}$ m Jodacetamid. Weniger wirksam ist oxydiertes Glutathion. Die I-Inaktivierung durch die Gifte kann teilweise oder völlig mit Hilfe von SH-haltigen Verbb. (Cystein, SH-Glutathion, Unithiol) aufgehoben werden. O. LEBTAG. 4210□

Einige Eigenschaften der Serindesaminasen von Coli- und Dysenterie-Bakterien. L. Ss. Olenitschewa. (Биохимия [Biochemie] **25.** 1026—29. Nov./Dez. 1960. Rostow/Don, Med. Inst., Lehrstuhl für Biochem.) (Russ.; Auszug: Engl.)

In den zellfreien Extrakten der *Dysenteriebakterienstämme Flexner 4832* u. *Sonne 9529* läßt sich eine Desaminierung von *Serin* (**I**) unter Bldg. von *Brenztraubensäure* (**II**) beobachten. In Fermentextrakten von *Bac. coli* wird die **II**-Menge in Ggw. von **I** auf das 2,5—6fache erhöht; durch Glucose (**III**)-Zusatz wird die I-Desaminierung stark intensiviert, durch Zusatz von Adenosintriphosphorsäure (**IV**) nicht beeinflußt. In den Extrakten von Flexner u. Sonne wird die fermentative Spaltung von **I** durch Zusatz von **IV** verstärkt. Bei der Lysis von Bac. coli, Sonne u. Flexner durch Lysozym wird eine aktivere Serindesaminase frei als bei der mechan. Zerstörung der Bakterien. In den Extrakten von B. coli erfolgt eine direkte Oxydation von **III**, in den Extrakten von Flexner u. Sonne ein glykolyt. Zerfall. O. LEBTAG. 4210□

Zur Bestimmung der Carboxypeptidase im Duodenalsaft. W. Rick. (Klin. Wschr. **38.** 408—09. 15/4. 1960. Gießen, Univ., Med. Klinik.) (Dt.)

Da die Aktivität von Fermenten häufig von der Art des verwendeten Puffers abhängt, wurden die Testbedingungen zur Best. der Aktivität der *Carboxypeptidase* (als Indicator der Pankreasfunktion bei Kindern) im Duodenalsaft geändert u. *Triäthanolamin–HCl-Puffer* als optimaler Puffer erkannt. Die Menge des gebildeten Rk.-Prod. war bis zur Hydrolyse von 50% des Substrates (Carboxynaphthoxyphenylalanin; das sich bildende β-Naphthol wird nach Azokupplung photometr. bestimmt) proportional. 30 μg des krist. Enzyms setzen in 60 Min. bei 37° 16,8 μg β-Naphthol frei (entspricht 0,116 μMol Substrat). Bei Gesunden entspricht die in 100 ml Duodenalsaft enthaltende Carboxypeptidaseaktivität derjenigen von 125—375 mg krist. Enzym. Zugesetztes Ferment wurde zu 90—100% wiedergewonnen. In einigen Proben konnte auch *Procarboxypeptidase*-Aktivität nachgewiesen werden. U. TAUSENDFREUND. 4210□

Eine Untersuchung der Enzyme aus dem Magen-Darm-Trakt von Helix pomatia. Fay L. Myers und D. H. Northcote. (J. exp. Biology **35.** 639—47. Sept. 1958. Cambridge, Univ., Dep. of Biochem.) (Engl.) — Vgl. C. **1959.** 15713. 17223.

In einem Extrakt aus dem Verdauungstrakt von *Helix pomatia* wurden die *Proteinase-* u. *Lipase*-Aktivität sowie 20 verschiedene vorhandene *Carbohydrase*-Aktivitäten quant. bestimmt. Schneckengalaktan wurde durch das Enzym-Präp. nicht abgebaut. K. ZINGRAF. 4210□

Zur Fage des Abbaues von Kollagen. G. Gries und J. Lindner. (Klin. Wschr. **38.** 406—07. 15/4. 1960. Mainz, Univ., Med. Klinik; Hamburg, Univ., Pathol. Inst.) (Dt.)

Es konnte auch mit verschiedenen *Necrosin*-Chargen keine meßbare Änderung des *Kollagen*-Abbaus festgestellt werden, so daß es wenig wahrscheinlich erscheint, daß die nach MENKIN (Biochem. Mechanism of Inflammation, 2. Auflage, S. 195, Springfield, Ill., [1956.]) gewonnenen Necrosin-Präpp. sowie Leukocytenhomogenate spezif. Kollagenase enthalten, die in vitro einen beschleunigten biochem. Abbau von Kollagen bewirken. Die Befunde nach Injektion von Necrosinchargen in die Cutis von Vers.-Tieren können demnach nur als eine indirekte Necrosin-Wrkg. erklärt werden, z. B. im Sinne einer Aktivierung zell- oder gewebeeigener Abbaumechanismen, durch die das Kollagen gespalten oder für Proteasen angreifbar gemacht wird. U. TAUSENDFREUND. 4210□

Sterische Faktoren bei der Enzymwirkung: Hydrolytische Enzyme. E. C. Webb. (Biochem. Soc. Symposia **19.** 90—107. 1960. Cambridge, Univ., Dep. of Biochem.) (Engl.)

Vortrag. Kinet. Überlegungen, ***Esterasen, Glykosidasen, Peptidasen,*** weitere *Hydrolasen* hoher Stereospezifität. — 73 Literaturangaben. Diskussion. K. MAIER. 4210□

Der histochemische Nachweis von Cholinesterase im Hühneramnion. W. Hoefke und H. Lüllmann. (Naunyn-Schmiedebergs Arch. exp. Pathol. Pharmakol. **227.** 519 bis 521. 1956. Mainz, Univ., Pharmakolog. Inst.) (Dt.)

Hühneramnien des 5.—11. Bebrütungstages (später lassen sich die Verwachsungen zwischen Amnion u. Allantois nicht mit Sicherheit lösen) zeigen im histochem. Nachw. die Ggw. einer gegen *Acetylthiocholin* u. *Butyrylthiocholin* wirksamen *Cholinesterase*. A. HESSE. 4210□

Coenzym-A-Gehalt von Fettgewebe. Marilyn M. Thompson und Jean Mayer. (Nature [London] **186.** 640—41. 21/5. 1960. Boston, Mass., Harvard Univ. School of Public Health, Dep. of Nutrit.) (Engl.)

Bei 5 Monate alten normalgewichtigen u. bei hyperglykäm. Mäusen sowie bei durch intraperitoneale Injektion von *Aurothioglucose* (AU) hypophthalm. verfetteten Mäusen wurde der *Coenzym-A* (CoA)-Geh. im Abdomenfettgewebe (AF) mittels in vitro-Acetylierung von *Sulfanilamid* unter Zusatz von Taubenleberextrakt bestimmt. Das Normal-AF besaß 100—150 LIPMANN-Einheiten (LE), das durch AU induzierte AF enthielt 600—700 LE u. das AF hyperglykäm. Mäuse (Blutzucker 240 mg%) enthielt durchschnittlich 1200 LE. R. STRUFE. 4210

Reinigung und Charakterisierung der Neuraminidase aus Vibrio cholerae. E. Mohr und G. Schramm. (Z. Naturforsch. **15 b.** 568—75. Sept. 1960. Tübingen, Max-Planck-Inst. für Virusforschung.) (Dt.) — Vgl. C. **1961.** 10993.

Neuraminidase (I) wurde aus Rohfiltraten von Choleravibrionenkulturen durch Adsorption an Kälbererythrocyten (0,9% NaCl, pH 8—9, 0°), Elution mit 0,05m Acetatpuffer, pH 5,5 (0,9% NaCl, 0,1% $CaCl_2$), Dialyse gegen Boratpuffer, Säulenchromatographie an Kieselgur–Kälberchromata–I-Komplex (unbewegliche Phase), Elution mit 0,05m Acetatpuffer, pH 5,5 (+0,01m $CaCl_2$), Dialyse nach KCN-Zusatz (0,01m, pH 7—8) als Oxydationsschutz u. Einengen über P_2O_5 bei Raum-Temp. u. $(NH_4)_2SO_4$-Fällung (30—40% Sättigung) krist. erhalten (Anreicherung 50000fach). Zur Aktivitäts-Best. wurden hochmol. *Neuraminsäure* (II)-haltige Substanzen (Harnmucin, Submaxillarismucin, Erythrocytenstroma) gespalten, ungespaltenes Substrat durch Benzoesäurefällung abgetrennt u. von Überstand freie **II** nach der BIALschen Orcin-Meth. bestimmt (1 Einheit, die I-Menge, die in 15 Min. 1 γ **II** bei 37° abspaltet). Aus der beschriebenen Säule, in der **I** an das spezif. Substrat gebunden ist, ohne gespalten zu werden, sind Hämoglobin u. andere Verunreinigungen leicht auswaschbar, da diese keine Affinität zum Stroma zeigen. **I** gab eine einheitlich sedimentierende Bande mit s_{20} 1,3 *S*. Die **I**-Aktivität nimmt mit der Temp. bis zu einem Optimum bei 50° zu; zwischen 55—60° erfolgt rasch Inaktivierung. Gegen 0,001m Versenat-Lsg. u. W. dialysiertes Enzym ist gegenüber salzfrei dialysiertem Substrat wirkungslos. Die Aktivität ist durch Ca-, Mn- u. in geringem Maße durch Mg-Ionen regenerierbar. Die MICHAELIS-Konst. K_m wurde an Erythrocytenstroma zu ca. $2 \cdot 10^{-4}$m bestimmt. K. MAIER. 4210□

Vergleichende bioenzymatische Untersuchungen in der Hornschicht von Mensch und Schuppentieren (Squamaten). G. Weber. (Naturwissenschaften **48.** 83. 1. Febr.-H. 1961. Mainz, Univ., Hautklinik.) (Dt.)

Während unter physiolog. Bedingungen u. bei der Retentionshyperkeratose in der Hornschicht von Mensch u. Squamaten sich keine Veränderungen von *Aldolase, Brenztraubensäure, Milchsäuredehydrogenase, Milchsäure, Glutaminsäure–Brenztraubensäure-Transaminase, Glutaminsäure–Oxalessigsäure-Transaminase* u. *Äpfelsäuredehydrogenase* fanden, konnten bei Proliferationshyperkreatose u. weit ausgeprägter bei Parakeratose Enzym- u. Substrat-Konzz. nachgewiesen werden, die teilweise beträchtlich über den Werten in der Epidermis lagen. Diese Substrate u. Enzyme kommen demnach immer nur dann in der Hornschicht vor, wenn patholog. gesteigerte Verhornung stattfindet. U. TAUSENDFREUND. 4210□

Enzyme der Lebermoose. 1. Mitt. Ram Udar und Satish Chandra. (Current Sci. **29.** 104—05. März 1960. Lucknow, Univ., Dep. of Bot.) (Engl.)

Es wurde eine Reihe von Enzymaktivitäten junger, kräftig wachsender Pflanzen der Lebermoose *Riccia discolor L.* et *L.* (♂, A; ♀, B), *Asterella angusta* (*St.*) *Kachroo* (♂, D), *R. billardieri Mont.* et *N.* (C) u. *Plagiochasma intermedium L.* et *G.* (E) vergleichend untersucht. *Lipase*, D > E > C > A u. B; *Butyrase*, D > E > B > C > A; *saure Phosphatase*, annähernd gleiche Aktivität; *Phosphorylase*, A > B (Rest nicht geprüft); *Amylase*, E > D > C > A > B; *Invertase*, E > D > C > A > B; *Maltase*, E > D > C > A > B; *Urease*, D > A > B > C > E; proteolyt. Wrkg. (Substrat: Pepton), D > A B > E > C; *Ribonuclease*, A > B (Rest nicht geprüft); *Katalase*, E > D > C > B > A; *Laccase*, E > D > C > B > A. K. MAIER. 4210□

Acetylierung der p-Aminobenzoesäure in vitro durch Taubenleberschnitte und Aktivierung des Thyroxins durch Coenzym A. Le Van Hung. (C. R. Séances Soc. Biol. Filiales **153.** 1007—09. 20/10. 1959. Paris, Fac. des Sci., Labor. de Physiol. gén.) (Franz.)

Coenzym A (CoA) erhöht die Acetylierungs-Geschw. der *p-Aminobenzoesäure* (PAB) durch Gallenleberschnitte in vitro, aber die Zugabe von *Thyroxin* verringert stark diese Geschw. in derselben Zeit, wie die Oxydationen infolge der Bldg. des akt. Hormon-Deriv. sie in Ggw. von CoA vermehren. Die Affinität des CoA gegenüber dem Acet-Deriv. des Thyroxins würde der des CoA für die Acetylgruppen überlegen sein.

W. F. EBEL. 4210□

Stereochemische Korrelationen. W. Klyne. (Biochem. Soc. Symposia **19.** 3—31. 1960. London, Postgraduate Med. School.) (Engl.)

Vortrag. Chem. Rkk. ohne u. mit Substituentenaustausch am asymm. Zentrum, asymm. Synth., quasi-rac. Verbb., röntgenkristallograph. Meth., opt. Drehung, enzymat. Beweis. — 116 Literaturangaben. K. MAIER. 4210□

Sterische Aspekte der Biosynthese von Terpenen und Steroiden. D. Arigoni. (Biochem. Soc. Symposia **19.** 32—45. 1960. Zürich, ETH, Labor. for Org. Chem.) (Engl.)

Inhaltlich ident. mit der C. **1960.** 4882 referierten Arbeit. Vortrag. — 41 Literaturangaben. K. MAIER. 4210□

Studien zur enzymatischen Hydrolyse von Steroidglucuroniden. Klaus-Dieter Voigt, Maren Lemmer und Jürgen Tamm. (Biochem. Z. **332.** 550—61. 1960. Hamburg-Eppendorf, II. Med. Univ.-Klinik.) (Dt.)

Die *Hemiacetalglucuronide* von *Phenolphthalein* (**I**), *8-Hydroxychinolin, Androsteron* (**II**), *Dehydroisoandrosteron* (**III**), *Isoandrosteron* (**IV**), *Testosteron* (**V**), *Pregnandiol* (**VI**) u. *Cholesterin* (**VII**) wurden mit *β-Glucuronidase* (SCHERING; **VIII**) u. *Ketolase* (aus Rinderlebern hergestellt) u. mit **VIII** aus *B. coli* enzymat. hydrolysiert u. die Eigg. dieser 3 Enzyme untersucht. Hemiacetalglucuronid wurde neben Esterglucuronid u. freier *Glucuronsäure* (**IX**) bestimmt. Die freie **IX** u. die durch Alkalispaltung entstehende **IX** wurden mit Hypojodit zur Saccharinsäure, die nicht mit Naphthoresorcin reagiert, oxydiert. Im stark sauren Milieu erfolgte dann die Spaltung u. Messung der Hemiacetalglucuronide. Ihre Abnahme im Verlauf der enzymat. Hydrolyse bildet einen quant. Parameter für die Enzymwirkung. Die **VIII** aus Rinderlebern besitzt ein pH-Optimum bei pH 4,6, die aus B. coli bei pH 6,5. Die Vers.-Ergebnisse zeigen, daß die Wirkungsweise der **VIII** bei in-vitro-Ansätzen mit reinen Steroidglucuroniden u. bei Urininkubation deutliche substratabhängige Unterschiede zwischen Rinderleber- u. bakterieller **VIII** aufweisen. Gegenüber **I**-Glucuronid als Substrat besitzen alle 3 Enzyme die angegebenen Aktivitäten, nicht aber gegenüber anderen Substraten. Bezogen auf mg biuretpositiven Proteins weist die Ketolase den höchsten, die bakterielle **VIII** den niedrigsten Reinheitsgrad auf. Die bakterielle **VIII** spaltet in vitro **III**-, **IV**- u. **VI**-Glucuronid auch nach Chlf.-Aktivierung nicht. Rinderleber-**VIII** spaltet in vitro keine **II**- u. **VII**-Glucuronide. **V**-Glucuronsäure wird nur von bakterieller **VIII** in geradliniger Kinetik angegriffen. Inkubation mit bakterieller **VIII** in Ansätzen mit Urin führt zu einer signifikant höheren Ausbeute an freigesetzten Steroiden. Prim. Alkohole, Chininsulfat u. evtl. auch Steroidalkohole sind Hemmstoffe. Die MICHAELIS-Konst. der Enzyme werden angegeben.

L. LASCHET. 4210□

Franz Bergel, Chemistry of enzymes in cancer. Springfield (Illinois): Thomas; Oxford: Blackwell Scientific. 1961. (XIII + 122 S. m. Tab. u. Diagr.) 44 s.

E$_3$. Mikrobiologie. Bakteriologie. Immunologie

Studien über die metabolische Funktion von Ferrichromverbindungen. Bruce F. Burnham und J. B. Neilands. (J. biol. Chemistry **236.** 554—59. Febr. 1961. Berkeley, Calif., Univ. of California, Dep. of Biochem.) (Engl.)

Der von GREENBERG u. BAKER aus Erde isolierte Arthrobacter JG-9 benötigt als ernährungsakt. Wachstumsfaktoren bestimmte in der Natur vorkommende Hydroxamsäuren bzw. eine Hämin-Verb. EMERY fand, daß *Ferrichrom* (**I**) ein Eisenhydroxamat darstellt. Substanzen des **I**-Typs kommen in Mikroorganismen wie *Ustilago sphaerogena* vor. Der Geh. an Fe u. *Katalase* ist bei JG-9 von der **I**-Ernährung abhängig. Die **I**-Funktion besteht in einer Fe-Übertragung im Laufe des mikrobiellen Stoffwechsels. Eine Zufuhr von **I** zu ferrichromlosen Zellen des JG-9 ließ die Katalaseaktivität stark u. schnell ansteigen. In ferrichromlosen Zellen von JG 9 blieben die spezif. Aktivitäten von zwei Kontrollenzymen (Acetokinase u. d-Aminolävulinsäuredehydrase) sowie auch die Total-Synth. von Porphyrin ungeschwächt. Man fand aber auch, daß ein Zuwachs an anorgan. Fe ein besseres Wachstum des JG-9 bewirkt als ein noch so hoher Ferrichromspiegel. Man erklärt dies damit, daß die Übertragung des Fe aus den sek. Hydroxamaten ein enzymat. kontrollierter Vorgang ist. Gründlich gereinigtes **I** oder ein red. Prod. üben keine nennenswerte Aktivität aus. Der Häminbedarf ist 10^3mal höher als der von II, wobei JG-9 den totalen Bedarf synthetisieren kann. L. MACHER. 4310□

Der stimulierende Effekt von Weizenkleie auf die Milchsäurefermentation. F. Schweigart. (Vitalstoffe-Zivilisationskrankh. **6.** 20—22. 27—30. Febr. 1961. Pretoria, Nasionale Voedingsnavorsingsinst.) (Dt.)

Weizenkleie (WK) übt einen stark stimulierenden Effekt auf die Milchsäuregärung von *Lactobacillus delbrückii* in einem Gemisch aus Maisbrei u. 18% Molkenpulver (10% Gesamttrockenmasse) aus. Diese Wrkg. wird durch Hitzeeinw. zerstört. Die akt. Bestandteile der WK sind wasserlösl. u. lassen sich mit 1,5%ig. NaCl-Lsg. extrahieren. Bei Temp. zwischen 4 u. 50° gewonnene Extrakte zeigen die gleiche Wrkg. wie rohe WK, höher erhitzte (65—100°) sind dagegen nicht mehr aktiv. Bei 30° wird auch durch 3maliges Mazerieren keine vollständige Extraktion erreicht. Mit A. (24 Vol.-%) hergestellter WK-Extrakt ist genauso akt. wie die wss. Lsg.; hingegen sind Extrakte mit 48- bzw. 96%ig. A. inakt.; u. das gesamte akt. Material verbleibt im Extraktionsrückstand. Wird bei der Gärung an Stelle WK lediglich ein *Proteinase* (I)-Präp. zugesetzt, so findet bei 0,01—0,05% I (bezogen auf Trockenmasse) keine, bei 0,1% I eine 7 Std. anhaltende stimulierende Wrkg. statt. Die volle, 24std. Wrkg. wird jedoch erst mit 0,25—0,5% I-Zusatz erreicht. Vf. schließt aus den Ergebnissen, daß der stimulierende Effekt der WK auf ihrem Geh. an proteolyt. Enzymen beruht, deren enzymat. Aktivität in den wss. Extrakten mittels Formoltitration bestimmbar ist. Der Zusatz von Molken- oder anderer hochwertiger Proteine, zusammen mit I zur Gärmaische, ist notwendig, um den Bakterien alle zur Gärungs-Rk. erforderlichen Aminosäuren zu liefern. Die gleiche Wrkg. wird durch Zusatz verschiedener Peptone oder Hefeextrakte zu molkenfreiem Maisbrei erzielt. — 8 Tabellen u. Diagramme. G. KIRSTEN. 4310□

Thiamin- und Biotinbedarf zweier Stämme von Glomerella tucumanensis (Speg.) Arx und Mueller. K. V. Srinivasan und U. Vijayalakshmi. (Current Sci. **29.** 103—04. März 1960. Coimbatore, Sugarcane Breeding Inst.) (Engl.)

Die Stämme 244 u. D von *G. tucumanensis*, dem Erreger der Rotfäule des Zuckerrohres, zeigten in Nähr-Lsg. hinsichtlich des Bedarfes an *Thiamin* (I) u. *Biotin* (II) keinen wesentlichen Unterschied. Das Mycelwachstum nahm mit steigernder I-Dosis zu. Die Sporulation erhöhte sich bei 50—200 μg I/ml Nähr-Lsg. erheblich, während sie mit 500 μg stark gehemmt wurde. Bis 5 μg II/ml nahmen Mycelgewicht u. Sporulation zu. Mit 100 μg u. mehr I erfolgten nach 2 Wochen Autolyse u. Abnahme des Mycelgewichtes, während bei kleineren Konzz. dies innerhalb 4 Wochen nicht eintrat. Ein Bedarf an externem Pyridoxin oder Inosit bestand nicht. K. MAIER. 4310□

Freie Aminosäuren einiger Pilze. R. Close. (Nature [London] **185.** 609—10. 27/2. 1960. Christchurch, New Zealand, Dep. of Sci. and Ind. Res., Crop Res. Div.) (Engl.)

Nach entsprechender Kulturzeit wurden die Aminosäuren in konz. alkohol. Extrakten aus den Mycelien von Phycomyceten (*Pythium ultimum Trow.*; *Phytophthora cactorum Leb.* u. *Cohn*; *Phycomyces nitens* + *Kunze* u. *Schmid*; *Thamnidium elegans Link*); Ascomyceten u. *Fungi imperfecti* (*Chromocrea spinulosa Petch*; *Fusarium culmorum Sacc.*; *Fusarium javanicum Koorders*) u. Basidiomyceten (*Stereum purpureum Pers. ex Fries*) papierchromatograph. bestimmt. Einige Aminosäuren wurden in allen untersuchten Pilzen aufgefunden, *γ-Aminobuttersäure* in 7 von 8 untersuchten, *β-Alanin* in 4, *Prolin* in 2 Pilzen; *Tyrosin* in kleinen Mengen war in einigen Pilzen vorhanden, *Tryptophan* in keinem. *Glutamin* schien in größeren Mengen gegenwärtig zu sein als *Asparagin*. 4 noch unidentifizierte Verbb. in einigen Pilzen erschienen in den Chromatogrammen an den Stellen von *α-Aminoadipinsäure*, *3.4-Dihydroxyphenylalanin*, *Äthanolamin* u. *Taurin*. Die Zahl u. relativen Mengen freier in Pilzen vorhandener Aminosäuren zeigen ganz gleiche Ähnlichkeit mit denen in höheren Pflanzen. H. AMAN. 4315□

Kohlenhydrat-Stoffwechsel bei Pseudomonas Saccharophila. 3. Mitt. **Oxydation von D-Arabinose.** Norberto J. Palleroni und Michael Doudoroff. (J. Bacteriol. **74.** 180—85. Aug. 1957. Berkeley, Calif., Univ. of California, Dep. of Bacteriol.) (Engl.) — 2. vgl. J. Bacteriol. **71.** [1956.] 202.

An *D-Arabinose* adaptierte Mutanten oxydieren diesen Zucker zum *D-Arabonsäure-γ-lacton* mit einer spezif. DPN-abhängigen Dehydrogenase. Nach enzymat. Hydrolyse zu *D-Arabonsäure* wird diese durch *D-Arabonsäuredehydrase* in *2-Keto-3-desoxy-D-arabonsäure* umgewandelt, die dann durch DPN dehydriert u. in *Brenztraubensäure* u. *Glykolsäure* gespalten wird. Durch Unterss. mit $^{14}C_{(1)}$-D-Arabonsäure u. $^{14}C_{(5)}$-D-Arabinose konnte gezeigt werden, daß die Carboxylgruppe der *Brenztraubensäure* aus dem $C_{(1)}$, die Carbinolgruppe der *Glykolsäure* aus dem $C_{(5)}$ der Arabinose stammt.

H. REMBOLD. 4320□

Die Verdauung von Wolle durch einen keratinolytischen Bacillus. G. S. Molyneux. (Austral. J. biol. Sci. **12.** 274—81. Aug. 1959. Sydney, United Dental Hosp., Inst. of Dental Res.) (Engl.)

Züchtung u. Charakteristica eines Haar u. Wolle in cuticulare u. corticale Zellbestandteile zerlegenden aeroben, mesophilen, sporenbildenden Bacillus werden beschrieben. Der Bacillus zersetzt Wolle in vitro u. in vivo, wahrscheinlich durch Angriff auf natives Wollprotein. H. KLUGE. 4320□

Über die Ursachen einer Anreicherung von Koproporphyrin in den Kulturen von Candida guilliermondii. G. M. Schawlowski und A. M. Bogattschuk. (Биохимия [Biochemie] **25.** 1043—48. Nov./Dez. 1960. Lwow, Franko-Univ., Lehrstuhl für Physiol. u. Biochem. der Pflanzen.) (Russ.; Auszug: Engl.)

In Verss. mit *Candida guilliermondii* zur Klärung der Natur der die „Porphyrie" begünstigenden Faktoren zeigte sich, daß eine intensive Bldg. von *Koproporphyrin* (**I**) nach beendetem Zellwachstum (4—7 Tage nach Beginn der Inkubation) eintritt. Unter günstigen Bedingungen lassen sich nach 6—9 Tagen 200—300 γ **I** in 1 g Hefetrockensubstanz nachweisen. Eine Parallele zwischen der Intensität der Riboflavinanreicherung u. dem **I**-Geh. der Kulturen verschiedenen Alters besteht nicht. Eine intensive **I**-Synth. erfolgt nur durch Hefezellen, die unter relativ anaeroben Bedingungen auf Nährböden wachsen, die **I**-Vorläufer oder genet. mit **I** zusammenhängende Stoffe enthalten. Die **I**-Synth. wird durch Glykokoll, Bernsteinsäure, Serin, Threonin, Asparagin, Glutaminsäure, Hefeautolysat, Malzextrakt u. vitaminfreies Caseinhydrolysat stimuliert. In Ggw. von Glykokoll im Nährboden wird die **I**-Synth. durch Zusatz von Thiamin, Nicotinsäure u. Pantothensäure verstärkt. Faktoren, welche die Synth. von Vitamin B_2 stimulieren (geringe Fe-Konz., Zusatz von Co oder o-Phenanthrolin), unterdrücken die **I**-Synthese. Fe-Mangel ist nicht die Ursache der „Porphyrie". O. LEBTAG. 4320□

Die Gammastrahlen als Desinfektionsmittel von Büchern gegen Sporen der Schimmelpilze. L. A. Beljakowa. (Микробиология [Mikrobiologie] **29.** 762—65. Sept./Okt. 1960. Moskau, Lenin-Bibliothek der UdSSR.) (Russ.; Auszug: Engl.)

Die an der Beschädigung von Büchern beteiligten Schimmelpilze sind sehr verschieden empfindlich gegen γ-Bestrahlung. Bes. resistent waren Pilze der Gattung *Stemphylium* u. *Stachybotrys atra*, bes. empfindlich *Aspergillus ruber*, *Oospora crustacea*, *Penicillium herquer*, *Pen. Simplicissimum* u. *Rhinotrichum parietinum*. Mit einer Dosis von 650000 rep konnte ein vollständige Desinfektion erreicht werden.

K. SATTLER. 4330□

Ein die Fungitoxizität, die Elektronenabsorptionsspektren und die chemische Reaktionsfähigkeit mit Mercaptalbumin beeinflussender Orthoeffekt. H. P. Burchfield und Eleanor E. Storrs. (Nature [London] **187.** 593—94. 13/8. 1960. Yonkers, N.Y., Boyce Thompson Inst.) (Engl.)

2.4-Dichlor-6-anilino-symm.-triazin-Derivv., die in o-Stellung des Benzolringes einen Cl-, CH_3- oder C_2H_5O-Substituenten tragen oder in o-Stellung u. am Imino-H gleichzeitig CH_3, sind für Conidien von *Neurospora sitophila* (*Mont.*) *Shear* u. *Dodge*, *Mycothecium verrucaria* (*Alb.* u. *Schw.*) *Ditm.* ex *Fr.*, *Glomerella cingulata* (St.) *Sp.* u. *von S.* u. von *Aspergillus niger von Tiegh* weniger tox. als die entsprechenden m- u. p-Isomeren. Die Hauptwrkg. der o-Substitution beruht auf Verminderung der von den Sporen aus der Lsg. aufgenommenen Menge des Fungicids. Maximale Aufnahme erfolgt anscheinend, wenn aromat. u. heterocycl. Ring coplanare Konfiguration annehmen können. Möglicherweise vermindern o-Substituenten auch die Bindung an Stoffwechselsubstraten infolge Störung der 4-Brücken-Bldg. zwischen NH-Gruppe u. Elektronen- oder Protonendonatorgruppen an Receptorstellen innerhalb der Sporen. o- u. Iminosubstitution sind von einer hypsochromen Verschiebung u. Intensitätsverminderung der UV-Absorption begleitet, während m- u. p-Substituenten eine schwache Rotverschiebung bedingen. Kinet. Unterss. der nucleophilen Substitutions-Rkk. zwischen symm. Triazinen u. Rindermercaptoalbumin zeigen, daß das o-Methylisomere nur ca. 10% der Rk.-Fähigkeit der m- oder p-Verb. hat. K. MAIER. 4330□

Untersuchung über die Wirkung von Tanninen auf das Wachstum von sulfatreduzierenden Bakterien. G. H. Booth. (J. appl. Bacteriol. **23.** 125—29. April 1960. Teddington, Nat. Chem. Labor.) (Engl.)

Vf. untersuchte die Wrkg. verschiedener Tannine, wie *Tanninsäure* (**I**), *Myrabolam* (**II**), *Mimosa* (**III**), *Quebracho* (**IV**) u. *Kastanie* (**V**) auf das Wachstum von *Desulphovibrio desulphuricans* (DD) (HILDENBOROUGH, Stamm NCIB 8303), der auf einem modifizierten BAARS-Medium mit 0,1% Hefeextrakt u. 0,05% $FeSO_4(NH_4)_2SO_4 \cdot 6H_2O$ bei verschiedenem pH u. rH (Redoxpotential; 30°, N_2) gezüchtet wurde. Entgegen Literaturangaben (vgl. FARRER u. Mitarbeiter J. appl. Chem. **3.** [1953.] 80) zeigt Vf., daß Tannine in reinen

Kulturen von DD bei günstigen Wachstumsbedingungen Wachstumshemmung nur in hohen Konzz. entfalten (1% **III**, 2% **I**, 5% **II**, **IV**, **V**). In Medien mit günstigem rH u. ungünstigem pH kann Hemmung bei 0,5% Tannin eintreten. In Medien mit ungünstigem rH u. pH von 7,2 ± 0,2 erfolgt Hemmung des DD bei 0,5% **I** u. **III**, 1% **IV** u. 2% **II** u. **V**. Eine wachstumshemmende Wrkg. kann auch teilweise durch Zusatz von Mineralsäuren erreicht werden (Einstellung eines ungünstigen pH), woraus Vf. schließt, daß das pH des Nährbodens ein wichtiger Faktor bei der Wachstumshemmung des DD ist. Zusatz von Cystein (Einstellung eines konst. rH) steigert die Toleranz des DD gegen Tannine. B. Görlich. 4330□

Derivate des 2-Styrylchinolins. M. V. Rubtsov, G. H. Pershin, N. A. Yanbuktin, L. A. Pelenitsina, T. J. Gurevich, N. A. Novitskaya, S. N. Milovanova und S. A. Vichkanova. (J. med. pharmac. Chem. **11**. 113—31. April 1960. Moscow, Ordzhonikidze, All-Unions Chem.-Pharm. Res. Inst.) (Engl.)

Vff. stellen eine Anzahl von Derivv. des *6-Methoxy-* (**I**) u. *7-Chlor-2-styrylchinolins* (**II**) durch Kondens. der entsprechend substituierten *Chinaldine* mit Aldehyden in Ggw. von Piperidin oder Acetanhydrid her u. untersuchen die Wrkg. von **I** u. **II** auf pathogene Kokken, Bakterien, Pilze, Actinomyceten u. Protozoen in vitro sowie die mycobacteriostat. Aktivität auf M. tuberculosis. Folgende 2-Styryl-Derivv. des *4-[δ-Diäthylamino-α-methylbutylamino]-6-methoxychinolins* (**III**) werden untersucht: *2-[4-Chlorstyryl]*-**III**·*2 HCl* (F. 245—247°), *2-[2-Chlorstyryl]*-**III**·*3 H_3PO_4* (F. 98—100°; 70% Ausbeute), *2-[3-Chlorstyryl]*-**III**·3 H_3PO_4 (F. 195—197°; 77,6%), *2-[4-Nitrostyryl]*-**III**·3 H_3PO_4 (F. 110 bis 112°; 90%), *2-[3-Nitrostyryl]*-**III**·3 H_3PO_4 (F. 190—193°; 72%), *2-[2-Nitrostyryl]*-**III**·3 H_3PO_4 (F. 110—111°), *2-[4-Methoxystyryl]*-**III**·3 H_3PO_4 (F. 75—76°; 71%), *2-[2-Methoxystyryl]*-**III**·3 H_3PO_4 (F. 96—98°; 67,2%), *2-[3-Methoxystyryl]*-**III**·3 H_3PO_4 (F. 196 bis 198°; 66%), *2-[4-Bromstyryl]*-**III**·3 H_3PO_4 (F. 130—132°; 66,3%), *2-[2-Acetoxystyryl]*-**III**·3 H_3PO_4 (F. 172—175°; 70%), *2-[Penten-1-yl]*-**III**·3 H_3PO_4 (F. 94—96°), *2-[4-Methylsulfonylstyryl]*-**III**·3 H_3PO_4 (F. 98—100°), *2-[2-Carboxy-3.4-dimethoxystyryl]*-**III**·3 H_3PO_4 (F. 168—170°; 35,2%), *2-[3-Methoxy-4-hydroxystyryl]*-**III**·3 H_3PO_4 (F. 262—263°; 56,7%). Von 2-Styryl-Derivv. des *4-[δ-Diäthylamino-α-methylbutylamino]-7-chlorchinolins* (**IV**) werden angeführt: *2-[4-Chlorstyryl]*-**IV**·2 HCl (F. 260—261°), *2-[2-Chlorstyryl]*-**IV**·3 H_3PO_4 (**V**; F. 196—198°; 89%), *2-[3-Chlorstyryl]*-**IV**·3 H_3PO_4 (F. 210—212°; 64%), *2-[4-Nitrostyryl]*-**IV**·3 H_3PO_4 (F. 245—246°; 75,5%), *2-[2-Nitrostyryl]*-**IV**·3 H_3PO_4 (F. 220—222°; 90%), *2-[3-Nitrostyryl]*-**IV**·3 H_3PO_4 (F. 248—250°; 69%), *2-[4-Methoxystyryl]*-**IV**·3 H_3PO_4 (F. 153—155°; 60%), *2-[3-Methoxystyryl]*-**IV**·3 H_3PO_4 (F. 160 bis 163°; 77,2%), *2-[2-Methoxystyryl]*-**IV**·3 H_3PO_4 (F. 143—145°; 95%), *2-[4-Bromstyryl]*-**IV**·3 H_3PO_4 (F. 185—187°; 64,3%), *2-[Methoxysulfonylstyryl]*-**IV**·3 H_3PO_4 (F. 165 bis 167°), *2-[2-Acetoxystyryl]*-**IV**·2 HCl (F. 257—260°), *2-Styryl*-**IV**·2 HCl (F. 167,5—169°; 38%), *2-[4-Dimethylaminostyryl]*-**IV**·3 HCl (F. 127—129°), *2-[4-Acetaminostyryl]*-**IV** (F. 138—140°; 21,6%), *2-[2-Carboxy-3.4-dimethoxystyryl]*-**IV** (F. 180°; 74%), *2-[3-Methoxy-4-hydroxystyryl]*-**IV** (F. 212—215°; 63,2%). An Derivv. des *2-[4-Nitrostyryl]-6-methoxychinolins* werden hergestellt: *2-[4-Nitrostyryl]-4-chlor-6-methoxychinolin* (F. 184 bis 185°; 80%), *2-[4-Nitrostyryl]-4-anilino-6-methoxychinolinphosphat* (F. 253—255°; 60,7%), *2-[4-Nitrostyryl]-4-benzylamino-6-methoxychinolinphosphat* (F. 303,5—305°), *2-[4-Nitrostyryl]-4-[β-diäthylaminoäthylamino]-6-methoxychinolindiphosphat* (F. 229 bis 231°; 50%), *2-[4-Nitrostyryl]-4.6-dimethoxychinolin* (F. 181—183°; 90,6%), *2-[4-Nitrostyryl]-4-äthoxy-6-methoxychinolin* (F. 164—166°; 77%), *2-[4-Nitrostyryl]-4-phenylmethoxy-6-methoxychinolin* (F. 206—208°; 60,5%), *2-[4-Nitrostyryl]-4-phenoxy-6-methoxychinolin* (F. 177—179°; 75%). Als Ausgangssubstanzen dienen u. a. folgende 4.6-substituierten Chinaldine: *4-Äthoxy-6-methoxy-* ($Kp._{0,2}$ 128°; 93%), *4-Benzyloxy-6-methoxy-* ($Kp._{0,3}$ 186°; 66%), *4-Phenoxy-6-methoxy-* (F. 110—112°; 75%), *4-Anilino-6-methoxy-* (F. 205—206°; 78%), *4-Benzylamino-6-methoxy-* (F. 207—208°; 64%). Aus den Ergebnissen geht hervor, daß diejenigen Verbb., die in 4-Stellung eine Diäthylaminoalkylaminogruppe besitzen, eine ausgesprochene bakteriostat. Wirksamkeit zeigen. Die gleichen Verbb. sind auch chemotherapeut. gegen die bei der Maus experimentell hervorgerufene Tuberkulose wirksam. Eine hohe Toxizität besitzt **V** (*Aminochinol*) für *Lamblia muris*.

Versuche: *2-[2-Chlorstyryl]-4-[δ-diäthylamino-α-methylbutylamino]-7-chlorchinolintriphosphat* (**V**), F. 196—198°, aus *4-[δ-Diäthylamino-α-methylbutylamino]-7-chlorchinaldin* u. *o-Chlorbenzaldehyd* in Piperidin u. Xylol u. Versetzen der freien Base mit H_3PO_4 in Aceton, gelbes Pulver; 89% (Ausbeute). *2-[4-Nitrostyryl]-4-[δ-diäthylamino-α-methylbutylamino]-6-methoxychinolintriphosphat*, F. 110—112°, aus *4-[δ-Diäthylamino-α-methylbutylamino]-6-methoxychinaldin* (**VI**) u. *p-Nitrobenzaldehyd* in Acetanhydrid u. Überführen des erhaltenen Hydrochlorids (91%) in das Phosphat; gelbes Pulver; 90%. *2-[2-Acetoxy]-4-[δ-diäthylamino-α-methylbutylamino]-6-methoxychinolintriphosphat*, F. 172

bis 175°, aus **VI** u. *Salicylaldehyd* in Acetanhydrid (5 Std. 180—190°) u. Behandlung der freien Base mit H_3PO_4 in Methanol; gelbes Pulver; 70%.

P. FAHRNLAENDER. 4330□

Antibiotische Substanzen aus einem Bacillus subtilis-Stamm. M. Purkayastha und P. Nandi. (J. appl. Bacteriol. **23.** 114—19. April 1960. Calcutta, Bose Inst., Dep. of Microbiol.) (Engl.)

Aus *Bacillus substilis* (Stamm B_7, gewonnen aus Erdprobe in Calcutta) isolierten Vff. 4 antibiot. wirksame Substanzen (Fraktion I—IV). Nach 48std. Inkubation auf Saccharose–Hefeextrakt in der Schüttelkultur (Temp. 30°, pH 6,8) wurden die *Antibiotica* (**I**) nach Abzentrifugieren der Bakterien mit HCl gefällt. Extraktion von **I** mit Butanol lieferte ca. 40 mg wirksame Substanz/Liter Kultur-Fl., die sich nach Behandlung mit Methanol, PAe. u. Bzl. in Fraktion I u. II auftrennen ließen. Adsorption von **I** an Al_2O_3 (BROCKMANN) u. Elution mit n-Butanol lieferte Fraktion I, II u. III. Adsorption von **I** an IRA-120 (H^+-Form) u. Elution mit HCl (1—6n) ergab Fraktion I—IV. Fraktion I, F. 311°, R_F 0,08 (W.), 0,08 (A., 20%), 0,12 (A., 50%), 0,15 (A., 80%), 0,32 (Ae.-A.-W., 2:1:1), ziegelrotes amorphes Pulver, lösl. in Alkoholen, Pyridin, Aceton, Alkali u. 5% $NaHCO_3$, unlösl. in Ae., PAe., Bzl., W. u. Säuren, UV_{max} 276 mμ, schwach angegriffen von Pepsin, Trypsin u. Papain, nicht dialysierbar, von Cystein-HCl nicht inaktiviert, liefert positive Eiweiß-Rkk., negative FEHLING- u. $FeCl_3$-Rk., Hydrolyse mit 6n HCl (48 Std., 110°) liefert *Asparaginsäure* (**XI**), *Serin*, *Glutaminsäure* (**II**), *Threonin* (**III**), *Alanin* (**IV**), *Tyrosin* (**V**), *Prolin* (**VI**), *Valin* (**VII**), *Leucin* (**VIII**), *Arginin* (**IX**), *Lysin* u. *Glycin* (**X**). Fraktion I hemmt das Wachstum von *Staphylococcus aureus*, *Xanthomonas malvacearum*, *Micrococcus flavus*, *Azotobacter chroococcum*, *Az. indicum*, *Az. vinelandii*, *Streptomyces noursei*, *Curvularia sp.*, *Fusarium vasinfectum*, *Helminthosporium sativum* (H.s.), *Alternaria solani*, *Trichophyton rubrum* u. *Fusarium oxysporum* var. pisi. Die Minimal-Konz. für die Hemmung von H.s. betrug 2,5 μg/ml. — Durch Erwärmen auf 120° (30 Min.) wird Fraktion I inaktiviert. — Fraktion II, F. 158 bis 162°, R_F 0,08, 0,08, 0,13, 0,14, 0,32, gelblichweißes amorphes Pulver, lösl. in A., Pyridin, Ae., Bzl. u. Alkali bzw. 5% $NaHCO_3$, unlösl. in W. u. Petroläther. Hydrolyse liefert **XI, II, IV, V, VII, X** u. *Phenylalanin*. Fraktion II hemmt das Wachstum von H.s. (Minimal-Konz. 8 μg/ml) u. von Curvularia sp. — Fraktion III, R_F 0,81, 0,67, 0,09 0,09, 0,26, gelbes amorphes Pulver, lösl. in W. u. Aceton, wenig lösl. in Ae., unlösl. in Chloroform. Fraktion III ist kein Polypeptid u. ist gegen H.s. aktiv. — Fraktion IV, R_F 0,79, 0,71, 0,73, 0,72 u. 0,35, gelblichweißes amorphes Pulver, lösl. in niederen Alkoholen, unlösl. in W. u. Säuren. Hydrolyse liefert **XI, II, III, IV, V, VI, VII, VIII IX** u. **X**. Fraktion IV ist antibiot. wirksam gegen H. sativum. B. GÖRLICH. 4340□

Ein biochemischer Vergleich von 6-Aminopenicillansäure, Benzylpenicillin und 2.6-Dimethoxyphenylpenicillin. Harry G. Steinman. (Proc. Soc. exp. Biol. Med. **106.** 227—31. Jan. 1961. Bethesda, Md., Nat. Inst. of Allergy and Infect. Dis., Labor. of Clin. Invest.) (Engl.)

Die Hydrolyse von *Benzylpenicillin* (*Penicillin G*; **I**) durch *Penicillase* (**II**) von *Bacillus cereus* (B.c.) oder *Staphylococcus aureus* (S.a.) erfolgt wesentlich rascher als die von *6-Aminopenicillansäure* (**III**) oder von *2.6-Dimethoxyphenylpenicillin* (**IV**). Die wachstumshemmenden Konzz. gegenüber S.a., nicht aber B.c., waren bei **III** u. **IV** viel niedriger als bei **I**. **II**-Bldg. wurde bei S.a. u. B.c. durch **IV** sehr wirksam eingeleitet. In dieser Hinsicht waren **I** u. **III** gegenüber S.a. weniger wirksam als gegenüber B. cereus. Durch Subkultur in zunehmenden Konzz. von **IV** konnte eine Mutante eines **II** erzeugenden Stammes von S.a. mit erhöhter Resistenz gegen **IV** erhalten werden.

K. ZINGRAF. 4340□

Einfluß von Chlortetracyclin auf die Pankreaslipase. Josef Rokos, Mikuláš Burger und Pavel Procházka. (Českoslov. Mikrobiol. **3.** 217—19. 1958. Praha, Českoslov. akad. věd, Biol. úst., Mikrobiol. odd.) (Tschech.)

Die Hydrolyse von *Tributyrin* durch *Pankreaslipase* wird in vitro durch *Chlortetracyclin* (**I**) unterdrückt. Die Rk. ist umkehrbar, sie kann durch 0,012—0,040m *Na-Citrat* (bei 500 γ **I**/ml) prakt. vollständig verhindert werden. R. K. MÜLLER. 4340□

Beziehung zwischen der Biosynthese des Erythromycins und einigen Prozessen des Brenztraubensäure-Stoffwechsels bei einem Stamm von Streptomyces erythreus. Vladimír Musílek und Vladimír Ševčík. (Českoslov. Mikrobiol. **3.** 205—16. 1958. Praha, Českoslov. akad. věd, Biol. úst., Mikrobiol. odd. (Tschech.)

Wenn man dem Fermentationsmedium von techn. *Streptomyces erythreus* (S.e.) Na_3AsO_3 bis zu einer $4 \cdot 10^{-4}$m Endkonz. zu Beginn der Kultur zusetzt, geht die Biosynth. von *Erythromycin* (**I**) bis um 87% zurück, während gleichzeitig die Speicherung der *Brenztraubensäure* (**II**) zunimmt. Diese Wrkg. des Na_3AsO_3 kann durch Zugabe von

0,5% (Endkonz.) Na-Acetat oder -Propionat zurückgedrängt werden, nicht aber durch Salze von II, Bernstein-, Äpfel-, Citronen- oder Milchsäure, Glycin oder Acetylglycin. Die oxydative Decarboxylierung von II-Salz u. die Oxydation von Acetat wird durch das gewaschene Mycel von S.e. völlig unterdrückt, die von Glucose nur teilweise. Unter normalen Bedingungen erfolgt die Biosynth. von I durch Decarboxylierung von II zu Essigsäure, die offenbar die Vorstufe der am Lactonring von I beteiligten Propionsäure darstellt. R. K. MÜLLER. 4340□

Untersuchungen zur Biogenese des Erythromycins. 1. Mitt. **Der Aufbau des Lactonringes.** Hans Grisebach, Hans Achenbach und Werner Hofheinz. (Z. Naturforsch. **15b.** 560—68. Sept. 1960. Tübingen, Max-Planck-Inst. für Virusforsch.) (Dt.) — Vgl. C. **1961.** 3029.

$^{14}C_{(1)}$-$T_{(3)}$-*Propionsäure* (I) wurde zu verschiedenen Zeitpunkten *Streptomyces erythreus*-Fermentationsansätzen zugesetzt u. das ^{14}C–T-Verhältnis im isolierten *Erythromycin* (II) bestimmt. Die Lokalisierung der ^{14}C- u. T-Aktivität erfolgte durch oxydativen Abbau nach KUHN-ROTH. Bei gleichzeitigem Zusatz äquimol. Mengen von $^{14}C_{(1)}$-*Essigsäure* u. $T_{(3)}$-I fiel das $^{14}C/T$-Verhältnis in II um 96% ab. Beim Vers. mit ruhenden Zellen u. I als einziger C-Quelle wurden, bezogen auf ^{14}C- oder *T-Aktivität*, 53 bzw. 68% des II-Lactonringes aus I gebildet. Inkubations-Verss. mit $^{14}C_{(CH_3)}$-*Methionin* ergaben, daß die CH_3-Gruppe nur auf die Zuckerkomponenten, nicht auf den Lactonring übertragen wird. Die Befunde zeigen, daß der II-Lactonring aus Propionateinheiten aufgebaut ist. I spielt möglicherweise bei der Biosynth. von *Cladinose* eine Rolle.
K. MAIER. 4340□

Erfahrungen bei der Isolierung und Identifizierung von Pikromycin. Zdenko Vaněk, Libuše Doležilová und Zdeněk Řeháček. (Českoslov. Mikrobiol. **3.** 255—57. 1958. Praha, Českoslov. akad. věd, Biol. úst., Mikrobiol. odd.) (Tschech.)

Eine mit *Streptomyces felleus* verwandte Aktinomycete (BU 277) erzeugt *Pikromycin* (I), das aus der Gär-Fl. durch Ansäuern mit Oxalsäure auf pH 4, Filtrieren über SiO_2, Alkalisieren mit 40%ig. NaOH auf pH 8,5, 2malige Extraktion mit Äthylacetat u. Eindampfen der organ. Phase im Vakuum isoliert wird. Das erhaltene rohe I wird gereinigt. Das reine I hat F. 90—100°, $[\alpha]_D^{20}$ +58°, Analyse $C_{30}H_{52}NO_8$. Nur an einem krist. Präp. kann festgestellt werden, ob es sich um ein neues Antibioticum handelt.
R. K. MÜLLER. 4340□

Colicine und colicinogene Faktoren. Pierre Fredericq. (Symposia Soc. exp. Biol. Nr. **12.** 104—22. 1958. Liège, Univ.) (Engl.) — Vgl. C. **1958.** 9814.

Übersichtsreferat. Es wird das Vork. dieser auf Enterobakterien antibiot. wirkenden Polypeptide bei verschiedenen Stämmen von Escherichia coli besprochen u. auf Ähnlichkeiten mit dem Aktivitätsspektrum der Bakteriophagen hingewiesen. Die Entstehung u. Übertragung colicinogener Faktoren wird referiert u. ihre den Prophagen ähnliche Wrkg. diskutiert. — 94 Literaturangaben. H. REMBOLD. 4340□

Wirkung des Antibioticums Cycloheximide auf Stoffwechsel und Wachstum von Saccharomyces pastorianus. Bradner W. Coursen und Hugh D. Sisler. (Amer. J. Bot. **47.** 541—49. Juli 1960. Appleton, Wis., Lawrence Coll., Dep. of Biol.) (Engl.)

50%ig. Wachstumshemmung durch *Cycloheximide* (I), sein Semicarbazon u. sein Oxim wurde bei 0,018 bzw. 0,37 bzw. 12,0 ppm erreicht. Unter 160 untersuchten organ. u. biochem. Stoffen zeigten nur einige methylierte Ringketone u. Vitamin-A-Alkohol oder -Acetat eine merkbare antagonist. Aktivität gegenüber der Toxizität von I. Mit 3,16 ppm I behandelte Hefezellen verbrauchten bei Inkubation (30 Min.) mit ^{14}C-*Glucose* nur 10% weniger Aktivität als unbehandelte Zellen. Radioaktivitäts-Best. in aus den Zellen mit 80%ig. A. extrahierten Verbb. ergaben deutliche Aktivität in *Glutamin* (II) unbehandelter Zellen, keine bei behandelten. Die Aktivität der *Glutaminsäure* behandelter Zellen war vermindert, während die von *Alanin* u. *Asparaginsäure* angestiegen war im Vgl. mit der entsprechenden Aktivität unbehandelter Zellen. Eine Blockierung der II-Synth. durch I könnte eine ausreichende Erklärung für die Toxizität von I sein, aber das Unvermögen exogener Quellen von II, diese aufzuheben, zeigt, daß möglicherweise noch andere Rkk. im Zellstoffwechsel so empfindlich gegen I sind wie die Synth. von II.
H. AMAN. 4340□

Bemerkung über ein coryneformes γ-Carotin bildendes Bakterium. V. G. Pradhan und J. V. Bhat. (Current Sci. **29.** 102—03. März 1960. Bangalore, Indian Inst. of Science.) (Engl.)

Das früher (MAHDIHASSAN, Verh. dtsch. zool. Ges. **12.** [1939.] 420) aus dem Insekt *Cicadella viridis* isolierte, seinerzeit *Mycobacterium carotinogen* genannte, grampositive Bakterium gehört zu *Corynebacterium*. Der gebildete Farbstoff ist kein *β*-Carotin, sondern sehr wahrscheinlich *γ-Carotin*. K. MAIER. 4350□

Isolierung und chemische Untersuchung des Anatoxins des septischen Vibrio. I. P. Maiorowa. (Биохимия [Biochemie] **25.** 977—80. Nov./Dez. 1960. Moskau, Gamaleja-Inst. für Epidemiol. u. Mikrobiol. der med. Wiss. der UdSSR, Abt. Biochem.) (Russ.; Auszug: Engl.)

Durch Konzentrierung u. Reinigung der nativen *Anatoxine* (I) des sept. Vibrio durch Fällung mit HCl u. Aceton (II) u. Fraktionierung mit II wurden I-Präpp. erhalten, die einen konst. Geh. an N u. Kohlenhydrat, jedoch eine verschiedene Aktivität u. verschiedene Mengen an Asche aufwiesen. Hauptbestandteil der Asche ist Fe; S u. P sind darin nicht enthalten. Der I-Geh. an N beträgt 8,2%, der Geh. an Kohlenhydraten 6—8%. Die Eiweißkomponente von I ist durch kleine Moll. von der Größenordnung der Polypeptid-Moll. vertreten u. enthält die nachst. Aminosäuren: Lysin, Arginin, Asparaginsäure, Serin, Oxyprolin, Glutaminsäure, Alanin, Prolin, Tyrosin, Aminobuttersäure, Methionin, Valin, Phenylalanin u. Leucin. Das gereinigte I-Präp. besitzt im UV ein Absorptionsmaximum bei 275 mμ, das beim Verlust der Aktivität beim Stehen verschwindet. Papierelektrophoret. läßt sich I in 2 Komponenten zerlegen.

O. Lebtag. 4370□

Untersuchungen über den Reaktionsmechanismus der durch Endotoxin bewirkten Gefäßreaktionen. James Vick. (J. Lab. clin. Med. **56.** 953—54. Dez. 1960. Minneapolis, Minn.) (Engl.)

Bei Perfusion einer isolierten Vena saphena des Hundes in O_2-haltigem NaCl-Bad (37°) konnte 30—60 Sek. nach Zufügung von *Escherichia coli*-Endotoxin eine Gefäßkontraktion beobachtet werden; Ringer-, Krebs-Henseleit- u. Dextran-Perfusionen hatten keinen Einfl.; plättchenreiches Serum oder Plasma rief gute Kontraktion hervor; plättchenreicher buffy coat blieb ohne Einfl.; es ist also ein hitzelabiler Faktor von Bedeutung; die Aktivität wird durch Sinterglas (nicht jedoch durch Seitz-Filter) zurückgehalten; Dialyse von plättchenreichem Plasma gegen Krebs-Henseleit-Lsg. führt zu akt. Dialysat ebenso wie zu retinierter Reaktivität im Ultrafiltrat; defibriniertes Blut führt zur Kontraktion; Cerebrospinal-Fl. ist inaktiv. Die Gefäßkontraktion ist also als Folge enzymat. Aktivität (unter Einbeziehung der Wrkg. zwischen Endotoxin u. Serum oder Plasma bzw. Plättchen) anzusehen, die zur Freisetzung von Histamin oder -ähnlichen Substanzen führt. Beim intakten Tier sind sicher auch später andere Substanzen (einschließlich Serotonin, Epinephrin, Norepinephrin u. Acetylcholin) beteiligt. U. Tausendfreund. 4370□

Übertragung mehrerer Pflanzenviren durch Phenol–Wasser-Extrakte der erkrankten Gewebe. David E. Schlegel. (Phytopathology **50.** 156—158. Febr. 1960. Berkeley, Calif., Univ. of California.) (Engl.)

Vf. versuchte die *Alfalfagrasmosaik-* (I), *Tabakmosaik-* (II), *Kartoffel-X-* (III), *Tabakringflecken-* (IV), *Tabaknekrose-* (V), *Gurkenmosaik-* (VI) u. *Erbsen-„Enation"-Mosaik-Viren* (VII) mit wassergesätt. Phenol aus dem erkrankten Gewebe zu extrahieren u. zu übertragen. Dieses Verf. erwies sich zur Übertragung von I, II, III u. IV als ungeeignet, während es sich bei V u. VI nicht von der normalen Übertragung unterschied. Nur mit dem Extrakt von VII konnte eine erhöhte Virulenz erzielt werden. H. Pötter. 4374□

Die Prüfung viruswirksamer Desinfektionsmittel im Keimträgerversuch unter Verwendung der Viruskultur im exembryonierten Hühnerei. E. Greuel. (Naturwissenschaften **48.** 78—79. 1. Febr.-H. 1961. Bonn, Univ., Tierphysiol. Inst., Forschungsstat. für Geflügelkrankh.) (Dt.)

Zur Prüfung von Brutschrankmaterial (Holz, Metall, Kunststoff, Pappe) auf ausreichende Desinfektion bei Verw. der Brutschränke zur Züchtung von Viren gibt Vf. eine vereinfachte Meth. an. Hierzu dienten 1 cm^2 große u. 2 mm dicke Scheibchen des Brutschrankmaterials, die mit 0,05 ml einer Suspension des zum Test benutzten u. auf exembryonierten Eiern wachsenden Newcastle-Virus beschickt wurden. Nach Desinfektion unter den zu prüfenden Bedingungen wurden die keimtragenden Materialien in 14—15 Tage lang bebrütete Hühnereier gegeben, aus denen die Embryonen entfernt u. durch 20 ml antibioticahaltige Tyrode-Lsg. ersetzt waren. Eine Virusvermehrung ließ sich nach ausreichender Wartezeit am Anstieg des Hämagglutinationstiters erkennen. Es zeigte sich, daß die übliche Formalindesinfektion (20 g $KMnO_4$ + 30 ml Formalin 40% ig./m^3 Raum) für Metall u. Kunststoff schon innerhalb 15 Min. voll wirksam ist. Deutlich verlängerte Zeit benötigte die Desinfektion der rauhflächigen Stoffe Holz u. Pappe. Adsorbierende Begleitstoffe (Vers. mit Kondensmilch) verhinderten eine rasche Desinfektion. K. Zopff. 4374□

Der Stoffwechsel von Plasmodium berghei, dem Malariaparasiten der Nagetiere. 2. Mitt. Eine Wirkung von Mepacrine auf den Stoffwechsel von Glucose durch den von seiner Wirtszelle abgetrennten Parasiten. I. B. R. Bowman, P. T. Grant, W. O.

Kermack und D. Ogston. (Biochem. J. **78.** 472—78. März 1961. Aberdeen, Univ., Dep. of Biol. Chem.) (Engl.) — 1. vgl. C. **1961.** 1975.

Mepacrine (*2-Chlor-5-[1-methyl-4-diäthylaminobutyl]-7-methoxaminoacridindihydrochlorid*; I) hemmt in *Plasmodium berghei*-Parasiten (bzw. infizierten Reticulocyten) in dem durch diese Parasiten verwendeten EMBDEN-MEYERHOF-Abbauweg von Glucose ein für den weiteren Abbau von Hexose-6-phosphat verantwortliches Enzym, welches den geschwindigkeitsbegrenzenden Schritt der Glykolyse durch den Parasiten katalysiert u. wahrscheinlich als *6-Phosphofructosekinase* anzusprechen ist. In normalen Reticulocyten wird der Glucoseabbau durch I nicht beeinflußt. U. TAUSENDFREUND. 4380□

Philip Lewis Carpenter, Microbiology. Philadelphia, London: Saunders. 1961. (XVI + 432 S. m. Abb.) 47 s.

—, Continuous culture of micro-organisms; comprising papers (with discussions) read at a symposium organised by the Microbiology Group held at University College, London, March-1 April 1960. London: Society of Chemical Industry. 1961. (IV + 272 S. m. Abb.) = Monographs no. 12. 40 s.

E_4. Pflanzenchemie. Pflanzenphysiologie. Pflanzenpathologie

Die Zimtsäureester von Antirrhinum majus-Blüten. J. B. Harborne und J. J. Corner. (Arch. Biochem. Biophysics **92.** 192—93. Jan. 1961. Bayfordbury, Hertford, John Innes Inst.) (Engl.)

Aus den Blüten der nivea-Mutante von *Antirrhinum majus* wurden papierchromatograph. drei Zimtsäureester isoliert. Hydrolyse mit β-Glucosidase ergab *Kaffeesäure, p-Cumarsäure* u. *Ferulasäure*, als zweite Esterkomponente wurde stets *Glucose* nachgewiesen. (Chromatograph. Verh., Farb-Rkk. u. Spektrum nach Rk. mit Resorcin in H_2SO_4.) In keinem Fall gelang der Nachw. der entsprechenden Chinasäureester in nivea-Blüten u. anderen gefärbten Formen von Antirrhinum. Zur weiten Verbreitung solcher Zimtsäureglucoseester in der Natur vgl. auch Biochem. J. **76.** [1960.] 53P.

N. NÜRNBERGER. 4420□

Phenolische Glykoside der Pampelmuse: eine Beziehung zwischen Bitterkeit und Struktur. Robert M. Horowitz und Bruno Gentili. (Arch. Biochem. Biophysics **92.** 191—92. Jan. 1961. Pasadena, Calif., U.S. Dep. of Agric., Fruit and Vegetable Chem. Labor.) (Engl.)

Aus Pampelmusenschalen der Sorte „Marsh Seedless" wurde neben *Naringin* (I) ein zweites bitter schmeckendes Flavanon isoliert, das bei saurer u. enzymat. Hydrolyse *Rhamnose, Glucose* u. (—)-*Isosakuranetin* (*4'-Methoxy-5.7-dihydroxyflavanon*) ergab. Die Best. des F. (192—194°) u. des IR-Spektrums ergab Identität mit dem von HATTORI (vgl. Acta phytochim. [Tokyo] **14.** [1944.] 1) aus *Poncircus trifoliata* isolierten *Poncirin* (II). Der Abbau von II mit heißer wss. KOH ergab *Phloracetophenon-4-[2-O-L-rhamnosyl-β-D-glucosid]*. Die gleiche Verb. wurde beim Abbau von I u. *Neohesperidin* (III) erhalten. Für die Bitterkeit dieser Stoffe ist deshalb die Verknüpfung der Zucker untereinander von großer Wichtigkeit. Bei der Prüfung verschiedener Flavanon-7-rutinoside, diese besitzen die Zuckerkonfiguration 6-O-α-L-Rhamnosyl-D-glucose, ergab sich in keinem Fall bitterer Geschmack (vgl. C. **1961.** 12098). Die Bitterkeit von I, II u. III ist demnach auf die Konfiguration 2-O-L-Rhamnosyl-D-glucose zurückzuführen. Weiterhin wurde aus Pampelmusen u. Orangen *Phloroglucin-β-D-glucosid* (*Phlorin*), F. 236—238°, isoliert.

H. NÜRNBERGER. 4420□

Zur Charakteristik der Gerbstoffe der Baumwollpflanze durch Papierchromatographie. A. Ss. Ssadykow und A. K. Karimdshanow. (Узбекский Химический Журнал [Usbek. chem. J.] **1960.** Nr. 1. 52—56. Inst. für Chem. der Polymere der Akad. der Wiss. der UsbekSSR.) (Russ.; Auszug: Usbek.)

Mit Hilfe der Papierverteilungschromatographie konnte erstmalig gezeigt werden, daß das Gerbstoffgemisch der Baumwollpflanze *l-Epigallocatechin, dl-Gallocatechin, l-Epicatechin, dl-Catechin, l-Gallocatechingallat* u. *l-Epicatechingallat* enthält. Die Veränderungen der Catechine u. Gallocatechine u. ihrer Umwandlungs-Prodd. während der Vegetation werden erörtert. O. LEBTAG. 4420□

Kondensierte Tannine. 4. Mitt. Die Verteilung und Ablagerung der Tannine in den Kernhölzern von Acacia mollissima und Schinopsis Spp. D. G. Roux und S. R. Evelyn. (Biochem. J. **76.** 17—23. Juli 1960. Grahamstown, South Africa, Rhodes Univ., Leather Ind. Res. Inst.) (Engl.) — 3. vgl. C. **1960.** 9609.

Aus dem Kernholz von *Schinopsis spp.* wurden (+)-*Catechin* u. *Gallussäure* isoliert. Extraktion mit Äthylacetat, Eindampfen im Vakuum u. Aufnahme in Methanol, Chromatographie an WHATMAN Nr. 3 in 2%ig. Essigsäure, Elution mit 70%ig. A. u.

Auftrennung in saure u. phenol. Fraktion mit *$NaHCO_3$* bzw. Ae.-Extraktion. (+)-*Catechin*, F. 175°, *Pentaacetyl-*(+)*-catechin*, F. 131°; *Gallussäure*, F. 253° (Zers.), *Triacetylgallussäure*, F. 171°. Im Kernholz von *Acacia mollissima* wurden papierchromatograph. *Fustin* u. *Fisetin* nachgewiesen. Beide Kernhölzer enthalten enantiomorphe (—)- u. (+)-*Leukofisetinidine*. Weiter wurde die vertikale u. radiale Verteilung der Tannine in bezug auf das durchschnittliche Molgew., den Geh. an *Leukoanthocyanen* u. die Konz. an assoziierten Nicht-Tanninen untersucht. Die typ. kondensierten Tannine werden in den peripheren Zellen des Kernholzes gebildet, in denen die *Flavan*-Vorstufen abgelagert sind. Bzgl. des Molgew. u. des Verhältnisses Tannin/Nicht-Tannin besteht im Kernholz von *Sch. quebradocolorado* ein vertikaler Kegeleffekt. Die Kernholztannine von *A. mollissima* erstrecken sich über den Molgew.-Bereich von 290—1650. Dabei nimmt mit steigendem Molgew. der Geh. an *Anthocyanidinen* ab. H. NÜRNBERGER. 4420□

Über die Alkaloide von Dictamnus albus L. Winfried Renner. (Naturwissenschaften **48.** 53. 2. Jan.-H. 1961. Karlsruhe, TH, Bot. Inst.) (Dt.)

(Vorläufiger Bericht.) Vf. konnte bei einer neuerlichen Unters. über die sek. Inhaltsstoffe von *Dictamus albus* L. neben dem von THOMS (Ber. dtsch. pharm. Ges. **33.** [1923.] 68) in der Wurzel aufgefundenen *Dictamnin* (I) aus den Blättern das Alkaloid *Skimmianin* (II) isolieren. Neben Spuren von I waren in den Blättern noch weitere DRAGENDORFF-positive Substanzen festzustellen. Die quant. Best. von I u. II, sehr schwach bas. Alkaloide, gelang durch Colorimetrieren der Alkaloidjodwismutate nach TRABERT (C. **1957.** 4791). K. ZOPFF. 4420□

Die Isolierung von Niacytin, die gebundene Form von Nicotinsäure. E. Kodicek und P. W. Wilson. (Biochem. J. **76.** 27P—28P. Aug. 1960. Cambridge, Univ., Med. Res. Council, Nutrit. Labor.) (Engl.)

Aus Weizenkleieextrakten wurde durch Acetonfällung, Extraktion des Präcipitats mit Pyridin u. Phenol sowie nochmalige Acetonfällung eine Substanz isoliert, bei deren Hydrolyse 1 Mol *Nicotinsäure* (NS), 1 Mol aromat. Amin (A), 6 Mol *Glucose* (G), 2 Mol *Xylose*, 1 Mol *Arabinose* u. 3 Mol substituierte *Zimtsäuren* gefunden wurden. Durch Ammonolyse der aus Weizenkleie erhaltenen, *Niacytin* (I) genannten, Substanz ließ sich feststellen, daß NS über eine Esterbrücke gebunden ist. Die Partialhydrolyse von I mit HCl lieferte 2 Substanzen, die NS, A u. G im Mol-Verhältnis 1:1:4 u. 1:1:2 enthalten. Schneckencellulase setzte aus I G frei, wodurch das Vorliegen β-glykosid. Bindungen nachgewiesen wurde. Für I wurde die Summenformel $C_{94}H_{142}N_2O_{66}$ aufgestellt. R. STRUFE. 4425

Zur Permeation von Wasserstoffperoxyd. G. Hübner, R. Ludewig und V. Görisch. (Naturwissenschaften **48.** 72. 1. Febr.-H. 1961. Leipzig, Univ., Inst. für physikal. Stofftrennung; Inst. für Pharmakol. u. Toxikol.) (Dt.)

An Stengelabschnitten der Alge *Tolypella nidifica* (Leonh.), die als Angehörige der Familie Characeae geräumige Internodialzellen aufweist, untersuchten Vff. das Penetrationsvermögen von H_2O_2 in die Pflanzenzelle. 10- u. 0,1%ig. H_2O_2 führte nach einer Einw.-Dauer von 3 Sek. bzw. 15 Min. zum Auftreten von H_2O_2 in den Internodialzellen, wie in dem mit einer Capillarpipette entnommenen Vakuoleninhalt durch Zusatz von $Ti(SO_4)_2$ sicher nachgewiesen werden konnte. Auch in 0,01%ig. H_2O_2 wurde die Rk. nach 15 Min. positiv, sofern das Material mit dem die Katalase hemmenden Hydroxylamin (0,25%ig; 2 Min.) vorbehandelt war. Bei den Verss. wurde gleichzeitig die Unversehrtheit des Protoplasten durch Plasmolyse mit hyperton. Lsgg. von KNO_3 u. Rohrzucker mit anschließender Desplasmolyse durch Rückbringen in Meerwasser nachgewiesen. Hohe H_2O_2-Konzz. von 10—30% führten zu Gas-Bldg. in den Internodialzellen. Die Erscheinung konnte durch Vorbehandlung mit Hydroxylamin unterdrückt werden. K. ZOPFF. 4450□

Aufnahme von Mannit in Trieben intakter Gerstenpflanzen. H. Groenewegen und J. A. Mills. (Austral. J. biol. Sci. **13.** 1—4. Febr. 1960. Griffith, New South Wales, C.S.I.R.O., Irrigation, Res. Stat.; Adelaide, C.S.I.R.O., Div. of Biochem. and General Nutrit.) (Engl.)

Mannit (I) wird wesentlich schneller von den Wurzeln aufgenommen als *NaCl* (konz. Lsgg.), doch erholen sich die Pflanzen in normalen Medien rasch. Physiolog. Bedeutung der I-Aufnahme wird diskutiert. H. KLUGE. 4460□

Der Einfluß verschiedener Formen von Stickstoff auf die Zusammensetzung der markierten Produkte der Photosynthese bei Mais und Bohne. N. G. Doman und Ss. G. Waklinowa. (Доклады Академии Наук СССР [Ber. Akad. Wiss. UdSSR] **122.** 653—56. 1/10. 1958.) (Russ.)

Die Zufuhr verschiedener N-Formen wirkt auf den Gang der C-Assimilation, indem sie wesentliche Unterschiede in der Zus. der markierten Photo-Synth.-Prodd. hervorruft. Mittels der Isotopen-Meth. konnte festgestellt werden, daß neben der an den Pflanzentyp gebundenen Steuerung der Verteilung des C in der Pflanze auch äußere Faktoren auf die Verteilung des photosynthet. assimilierten C Einfl. haben (Lichtintensität, mineral. Nährstoffe). Die Verbesserung der N-Zufuhr verstärkt den Eintritt des C in den Proteidkomplex u. in die Aminosäuren. Die Zufuhr von NH_3-N wirkt in Richtung einer Verringerung des Geh. an markierten Zuckern. Abgesehen davon, daß Mais u. Bohnen sich im Stoffwechseltyp unterscheiden, wird durch die N-Zufuhr die Radioaktivität der freien Aminosäuren sowie der übrigen markierten organ. Säuren in beiden Kulturen erhöht, u. zwar bes. ausgeprägt, wenn der N ammoniakal. Herkunft ist. Während bei Bohnen sich der höchste %-Satz der Radioaktivität in den Zuckern findet, ist diese beim Mais in den Aminosäuren vorherrschend. Nitrat-N erniedrigt den Geh. an Aminosäuren.

E. Koch. 4460□

Untersuchungen über den Atmungs- und Kohlenhydratstoffwechsel von Pflanzengeweben. 8. Mitt. Eine durch Sauerstoffvergiftung induzierte Hemmung der Atmung in Erbsen. E. R. Turner und Christine E. Quartley. (J. exp. Botany **7.** 362–71. Sept. 1956. Cambridge, Univ., Bot. School.) (Engl.) — 7. vgl. C. **1957.** 5024.

Geschälte Erbsen werden bei 15° in einem CO_2-freien Luftstrom u. unter 5 at O_2-Druck gehalten. Unter O_2-Druck erfolgt eine markante Hemmung der CO_2-Entwicklung. Es kommt zur Anreicherung von *Brenztraubensäure* (I) u. „*Citronensäure*" (**II**; unter diesem Begriff wird die Summe von *Citronensäure, cis-Aconitsäure* u. *Isocitronensäure* verstanden) sowie einer Abnahme von *α-Ketoglutarsäure* u. *Äpfelsäure.* Die **II**-Anreicherung wird auf Blockierung von *Aconitase* bzw. *Isocitronensäuredehydrogenase* zurückgeführt, die beide eine SH-Gruppe besitzen. — 33 Literaturangaben.

W. Schenk. 4462□

Über den Einfluß der Wasserversorgung der Baumwollblätter auf ihren Gehalt an Nitraten und Phosphaten bei Quadratnesteraussaat. Je. A. Popowa und S. I. Gorbatschewa. (Узбекский Биологический Журнал [Usbek. biol. J.] **1960.** Nr. 6. 39–42. Inst. für Genetik u. Physiol. der Pflanzen der Akad. der Wiss. der UsbekSSR.) (Russ.; Auszug: Usbek.)

Zwischen der Saugkraft der Blätter der Baumwollpflanze u. ihrem Geh. an Nitraten (**I**) u. Phosphaten (**II**) besteht (im Laufe der Tagesstunden) ein hoher Korrelationskoeffizient. Nach der Bewässerung tritt eine Verminderung der **I**- u. **II**-Mengen in den Blättern ein, was im Zusammenhang mit einer Beschleunigung der Synth. der N- u. P-haltigen Stoffe steht. Nach Gaben von N- u. P-Düngern u. nach Bewässerung steigt der Geh. an **I** u. **II** beträchtlich, bes. in der Phase der Blütenknospen-Bldg. u. der Blüte, während die Saugkraft der Blätter sinkt. Spritzen mit Superphosphat-Lsgg. vom Flugzeug aus in der Reifungsphase der Pflanzen bewirkt eine Erhöhung des P-Geh. in den Blättern. Der Geh. an **I** u. **II** in den Blättern widerspiegelt nicht nur die Wasser-, sondern auch die Nährstoffverhältnisse der Pflanzen. W. Wroblewski. 4470□

Die Beziehung zwischen Nitratanhäufung und den durch Molybdänmangel hervorgerufenen Blatt-Brand-Symptomen. L. F. Notley und G. L. Wilson. (Austral. J. biol. Sci. **13.** 104–06. Febr. 1960. Brisbane, Univ. of Queensland, Botany Dep.) (Engl.)

Die Vertrocknungserscheinungen an Pflanzenblättern bei starker Nitratdüngung unter Mo-Mangel wurden bei Kopfsalat u. Tomaten untersucht. Es bestehen direkte Beziehungen zwischen dem signifikant (um 1–3% auf 2,5–6,2%) erhöhten Nitrat-Geh. u. den Welkerscheinungen, doch steht ein Beweis dafür, daß der hohe Nitrat-Geh. die einzige Verbrennungsursache ist, noch aus. H. Kluge. 4470□

Die Abhängigkeit der Wurzelbildung vom Bor bei Sonnenblumen. W. Bussler. (Z. Pflanzenernähr., Düng., Bodenkunde **91 (136).** 1–13. 1/10. 1960. Berlin-Charlottenburg, TU Berlin, Inst. für Pflanzenernährung, Bodenchem. u. Bodenbiol.) (Dt.)

Es wird eine Meth. beschrieben, die es gestattet, den Einfl. des *Bors* auf die Wurzel-Bldg. einwandfrei festzustellen. Vf. konnte feststellen, daß die Wurzel-Bldg. direkt borabhängig ist u. ohne *Bor* keine Wurzeln gebildet werden. H. Pötter. 4470□

Unterschiedliche Spezifität zweier Keiminhibitoren in Echium plantagineum. L. A. T. Ballard und A. E. Grant Lipp. (Austral. J. biol. Sci. **12.** 343–47. Aug. 1959. Canberra, C.S.I.R.O., Div. of Plant Ind.) (Engl.)

In alkohol. (I) u. wss. (II) Extrakt von *Echium plantagineum* befinden sich zwei papierchromatograph. u. in ihrer Species-Wrkg. unterschiedliche Keimhemmstoffe. **I** hemmt die Keimung von *L. sativum* zu 90% [in A.-W. (80:20) R_F 0,7–0,8], **II** die von *Echium plantagineum* zu 50% (im gleichen Lsgm. R_F 0,3). Eine nähere chem. u. biolog. Identifizierung wurde noch nicht vorgenommen. H. Kluge. 4485□

Neutrale und saure Auxine in wachsenden Tabaksamen. L. G. Paleg und R. M. Muir. (Austral. J. biol. Sci. **12.** 340–43. Aug. 1959. Iowa State Univ., Dep. of Botany.) (Engl.)

Extraktion von weiblichen Tabakblüten vor dem Pollensprung ergab geringen Gesamtauxin-Geh., erhöhten Geh. an Neutralauxin 3 Tage danach (bis 200% des sauren Auxins) u. Anstieg des sauren Auxin-Geh. nach 4 oder mehr Tagen. Dieser Befund wird im Hinblick auf die Biosynth. des Wachstumshormons diskutiert.

H. KLUGE. 4485□

Über geschlechtsgebundene Unterschiede im Auxin-Gehalt diözischer Hanfpflanzen. K. Conrad und K. Mothes. (Naturwissenschaften **48.** 26–27. 1. Jan.-H. 1961. Halle, Univ., Inst. für Allg. Bot.) (Dt.)

Die oberird. Teile männlicher u. weiblicher Hanfpflanzen sowie der diöz. Sorte „Gluchowskaja 1" wurden kurz nach der Vollblüte, aber noch vor Vergilbungsbeginn der männlichen Pflanzen (Stadium I) auf *Auxin* (**I**)-Geh. nach dem *Agrostemma*–Hypokotylzylinder-Zuwachstest von BORRISS untersucht. Das Verhältnis der *β-Indolylessigsäure*-Äquivalente war beim Stadium I: ♂/♀ 1:30; Stadium II (10 Tage später): ♂/♀ 1:28; ♂/♀ 1:15. Die bedeutenden Differenzen im **I**-Geh. beruhen vielleicht auf mangelnder **I**-Bldg. oder schneller **I**-Zerstörung in den männlichen Pflanzen. K. MAIER. 4485□

Direkte Übertragung wachstumfördernder Substanzen von Erdbeer- auf Erbsenpflanzen. P. A. Thompson. (Nature [London] **188.** 682–83. 19/11. 1960. Dundee, Mylnefield, Invergowrie, Scot. Horticult. Res. Institute.) (Engl.)

Zwischen dem Epicotyl von Erbsenpflanzen u. den Blattstielen von Erdbeerpflanzen wird eine Verb. ähnlich einer Pfropfung hergestellt. Werden die Erdbeerpflanzen vorher mit verschieden konz. Lsgg. von *Gibberellinsäure* (**I**) besprüht, so wird eine Zunahme des Internodienwachstums der Erbsenpflanzen beobachtet, deren Größe von der Konz. der zum Besprühen verwendeten **I**-Lsgg. abhängt. Diese Methodik wird zur quant. Bestimmung der **I** vorgeschlagen. Bei verschiedenen Varietäten von *Pisum sativum* führt eine derartige Verb. mit nicht vorbehandelten Erdbeerpflanzen zu einer Intensivierung des Internodienwachstums, die ohne diese Pfropfung nach Besprühen der Erbsenpflanzen mit ca. 0,02 μg **I** zu erzielen ist. Der **I**-Spiegel der Erdbeerpflanzen verändert sich nach Kältebehandlung. W. SCHENK. 4485□

Längenwachstumsaktivitäten einiger Cyclopropanderivate, einer neuen Klasse von Antiauxinen. N. P. Kefford. (Austral. J. biol. Sci. **12.** 257–62. Aug. 1959. Canberra, C.S.I.R.O., Div. of Plant Ind.) (Engl.)

Nachst. Verbb. wurden auf ihre *Antiauxin*-Wrkg. hin getestet: *cis-* bzw. *trans-2-Phenylcyclopropancarbonsäure* (**Ia**, F. 105°, bzw. **Ib**, F. 88–90°); *2.3-Dihydrobenzofurylen-2.3-essigsäure* (F. 182°; **II**); *1.2-Dihydronaphthylen-1.2-essigsäure* (F. 164°; **III**); *1.2.3.4-Tetrahydronaphth-1.2;3.4-bis-[methylencarbonsäure]*, (F. 282°; **IV**); *Thionaphthenyl-(3)-essigsäure* (F. 108–110°; **V**); *cis-* bzw. *trans-2.3-Dihydrothionaphthenylen-(2.3)-essigsäure* (**VIa**, F. 182°, bzw. **VIb**, F. 145–148°); *Thionaphthenyl-(3)-essigsäure-1.1-dioxyd* (F. 265°; **VII**) u. *2.3-Dihydrothionaphthenylen-(2.3)-essigsäure-1.1-dioxyd* (F. 241°; **VIII**). **II, III, VIa** u. **VIb** hemmen kompetitiv das von Auxin induzierte Wachstum von Hafer (*Avena coleoptile*) u. sind *Antiauxine*, während **Ib, IV** u. **VIII** inakt. waren. Beziehungen zwischen der Struktur dieser u. älterer Antiauxine konnten gefunden werden, bes. wird auf das ungleichartige Verh. der Olefin-Doppelbindung u. des Cyclopropanrings in der Seitenkette hingewiesen. H. KLUGE. 4485□

Die Entwicklung von Stengelrost auf Weizenblättern, die mit einigen Zuckern und Zuckeralkoholen behandelt wurden. William Silverman. (Phytopathology **50.** 114–19. Febr. 1960. St. Paul, Minn., Univ. of Minnesota, Dep. of Plant Pathol. and Botany, Inst. of Agricult.) (Engl.)

Es wird die Entw. (Wachstum u. Sporen-Bldg.) des *Puccinia graminis var. tritici* der Rasse 15 B auf Blättern von *Little Club-Weizen*-Sämlingen beschrieben. Die mit dem Rostpilz infizierten u. von der Pflanze losgelösten Blätter wurden in 0,3m Lsgg. von 3 *Pentosen*, 6 *Hexosen*, 5 *Disacchariden*, 2 *Trisacchariden* u. 6 *Zuckeralkoholen* (**I**) u. Aqua dest. gestellt. Vf. konnte feststellen, daß nur *Glucose* (**II**), *Fructose* (**III**) u. die Polysaccharide, die **II** u. **III** enthalten, ein kräftiges Wachstum des Pilzes sowie eine starke Sporen-Bldg. hervorrufen, während die anderen Zucker keinen großen Einfl. auf die Entw. ausüben. Durch die Behandlung mit **I** wurde ein abnormales Wachstum des Pilzes sowie eine abnormale Sporen-Bldg. hervorgerufen. H. PÖTTER. 4490□

Die Wirkung von Cytovirin als Blattsprühmittel auf die Empfindlichkeit und Übertragbarkeit des Kartoffel-Virus-Y bei Pfeffer. John N. Simons. (Phytopathology **50.** 109–111. Febr. 1960. Florida, USA, Agricult. Exper. Stat.) (Engl.)

Es werden Verss. zur Bekämpfung des mit dem Kartoffel-Virus-Y infizierten Pfeffer *Capsicum annuum L. var. California Wonder* mit dem Antibioticum *Cytovirin* (**I**) beschrieben. Die Wrkg. des **I** ist abhängig von der Art der Übertragung (mechan. Verletzung,

Insekten). Die optimale Dosis zur Bekämpfung des Virus ruft schwere Schäden an den Pflanzen hervor. Durch Sonnenlicht wird die Wrkg. sowie die Toxicität von I vermindert.
H. PÖTTER. 4490□

N. Davidov, Botanical dictionary. Text in Russian, English, German, French and Latin. London: Collet's Holdings. 1961. (335 S.) 20 s.

David D. Davies, Intermediary metabolism in plants. Cambridge: Cambridge U. P. 1961. (XII + 108 S. m. Tab. u. Diagr.) 20 s.

Rudolf Schenck, Das Licht im Grundsystem des Kohlenhydratstoffwechsels. Ein Beitrag zur Chemie des angeregten Wasserstoffs. Darmstadt: D. Steinkopff. 1960. (XII + 136 S. m. 19 Abb. u. 16 Tab.) 8° = Wissenschaftliche Forschungsberichte. Naturwissenschaftliche Reihe. Bd. 67. DM 38,—.

E_5. Tierchemie. Tierphysiologie. Tierpathologie

Gesamtkörperwasserverteilung von Kreatinin und Harnstoff bei nephrektomierten Hunden. Paul R. Schloerb. (Amer. J. Physiol. **199.** 661—65. Okt. 1960. Kansas City, Kansas, Univ. of Kansas, School of Med., Dep. of Surg. and Surg Res. Labor.) (Engl.)

Es wurden die Verteilungs-Voll. von *Kreatinin* (I), *Harnstoff* (II) u. ^3H_2O bei nephrektomierten Hunden bestimmt u. verglichen. ^3H_2O u. II wurden in 95%, I in 61% ihrer Endverteilungs-Voll. nach 30 Min.-Infusion verteilt. Das Endgleichgewicht trat in ca. 90 Min. bei H_2O u. II bzw. in 4 Std. bei I ein. I wurde in 99 ± 3% des ^3H_2O-Vol. u. in 101 ± 5% des II-Vol. verteilt. II verteilte sich in 98 ± 4% des ^3H_2O-Volumens. I u. II werden vermutlich im Gesamtkörperwasser nephrektomierter Hunde mit einer Äquilibrierungszeit von 4 Std. bzw. 1½ Std. verteilt. U. TAUSENDFREUND. 4510□

Der Kohlenhydratspiegel in Patella. R. J. C. Barry und K. A. Munday. (J. Marine biol. Assoc. United Kingdom **38.** 81—95. Febr. 1959. Southampton, Univ., Dep. of Physiol. and Biochem.; Sheffield, Univ., Dep. of Physikol.) (Engl.)

Der *Glucose*-Geh. (I) im Blut von *Patella* zeigt jahreszeitliche Schwankungen. Von Jan. bis März beträgt I 3 mg-% u. steigt von Mai bis Nov. auf 6 mg-%. Durch Aushungern der Sommer-*Patella* sinkt I auf den Winterwert. Eine experimentelle Hyperglykämie (intravaskuläre Injektion von 30 mg-% *Glucose*) wird innerhalb 4 Std. abgebaut. Die I-Schwankungen im Blut hängen nicht zusammen mit I in der Nahrung. Die Gonaden enthalten keine Glykogenreserven, mit PAe. ist aber Fett extrahierbar. Die Ausschüttung der Genital-Prodd. (Nov. bis Jan.) ist mit bedeutender I-Verringerung im Blut u. Glykogenabnahme im Gewebe verbunden. Im Gegensatz zur Auster bleibt bei *Patella* der Glykogenspiegel während der Wintermonate niedrig. H. KLUGE. 4520□

Der Nachweis von Mucopolysacchariden im Sekretionsprodukt der Glans digitiforme des ausgewachsenen Tiers von Scyliorhinus canicula L. J. M. Gastaud. (C. R. Séances Soc. Biol. Filiales **153.** 2027—29. 1959, herausgeg. 22/4. 1960. Monaco-Ville, Inst. Océanograph; Banyuls-sur-Mer, Univ. de Paris, Labor. Arago.) (Franz.)

Im Sekret der Glans digitiforme von *S. canicula* wurde mittels der Rk. von HOTCHKIN–MAC-MANUS u. der Meth. von BAUER ein *N-freies Polysaccharid* nachgewiesen. Für die Existenz eines sauren Mucopolysaccharids vom Typ Hyaluronsäure sprechen die Ergebnisse mit den Rkk. von HALE u. von RITTER u. OLESON sowie die negative Rk. nach Behandlung mit Hyaluronidase. K. MAIER. 4520□

Vorkommen von nichtfibrillärem Elastin im Regenwurm. P. van Gansen-Semal. (Nature [London] **186.** 654—55. 21/5. 1960. Brüssel, Univ., Labor. de biologie animale.) (Engl.)

Die Magenhaut (M) von Regenwürmern (R; *Lumbricus rubellus*) wurde gereinigt, hydrolysiert u. papierchromatograph. untersucht, wobei vornehmlich *Prolin*, *Hydroxyprolin* (I), *Valin* u. *Glycin* vorhanden waren. I ist für das Vorhandensein von *Kollagen* u. *Elastin* (II) charakteristisch. Auch auf biochem. Wege konnte in der M des R II nachgewiesen werden. Es handelt sich dabei um nicht fibrilläres *Elastin*.
R. STRUFE. 4520

Untersuchungen über Eidotterproteine. 4. Mitt. **Elektrophoretische Untersuchungen an Eidotterproteinen.** Hiroshi Sugano. (J. Biochemistry [Tokyo] **45.** 667—74. Sept. 1958. Niigata (Japan), Univ., Fac. of Sci., Dep. of Chem.) (Engl.)

Mit Hilfe der in früheren Mitt. (J. Fac. Sci. Niigata Univ., Ser. 1, **1.** [1955.] 41 u. C. **1959.** 10270) beschriebenen elektrophoret. Meth. wurden 9 Komponenten im Gesamteidotterprotein (GP) nachgewiesen u. die %-Anteile bestimmt: *Phosvitin* (I) 9,9%, *α-Lipovitellin* (II) 23,7%, β-II 50,4%, L_1-, L_2- u. L_3-*Livetin* zusammen 14,2% u. 3 weitere geringere Komponenten (die γ-Komponente folgt β-II, die anderen beiden liegen zwischen I u. α-II) 16,0%. Die Werte von Lipid- u. P-Geh. vom GP stimmen gut mit denen der Einzelkomponenten überein. 74—84% des GP-P entfallen auf I u. β-II. Während er in I als Protein-P enthalten ist, sind in β-II 90% Lipid-P. P. TEICHGRÄBER. 4520□

Zinkovalbumin. P. Putzeys und E. Swaelen. (Meded. Kon. vlaamse Acad. Wetensch., Letteren schone Kunsten België, Kl. Wetensch. **22.** 3—8. 1960. Nat. Centr. voor Fysikochem. Biol.) (Fläm.)

Beschreibung der Darst. von kristallinem *Zn-Ovalbumin* (I) aus Eiereiweiß u. $ZnSO_4$ bei neutraler oder schwach alkal. Reaktion. Auf diese Weise wird die Aggregat-Bldg., die bei saurer Rk. eintritt, verhütet. Die I-Kristalle enthalten 0,5 mg Zn/g Trockeneiweiß (= 3,6 Atome Zn/Molekül). K. ZINGRAF. 4520□

Die Isolierung und die Eigenschaften einiger löslicher Proteine aus Wolle. 1. Mitt. **Die Isolierung eines Proteins mit niedrigem Schwefelgehalt.** M. Gillespie. (Austral. J. biol. Sci. **13.** 81—103. Febr. 1960. Parkville, Victoria, C.S.I.R.O. Wool Res. Labors, Div. of Protein-Chem.) (Engl.)

Mindestens 5 elektrophoret. einheitliche *S-Carboxymethylkerateine* konnten durch Extraktion von Wolle mit 0,1 m *K-Thioglykolat*-Lsg. bei pH 11 (2 Std. bei 50°), Fällung des Extrakts bei pH 5, Wiederauflösen in Thioglykolat bei pH 10 u. Rk. mit *Na-Jodacetat* bei pH 9 erhalten werden. Ansäuern auf pH 4,1 fällte $^2/_3$ der Proteinmenge, darunter die Hauptfraktion, u. führte zu zwei gut ausgebildeten Fraktionen. Die auf pH 11 gebrachte Lsg. des Präcipitats in Puffern zeigte bei der Elektrophorese eine Haupt- u. zwei Nebenfraktionen. Zus. u. Eigg. der Wollproteine werden unter Mit-Verw. der Literatur verglichen, die Ergebnisse zusammengefaßt u. Nomenklaturvorschläge für derartige durch Red. oder Alkylierung von Wollproteinen erhaltene Prodd. gemacht. H. KLUGE. 4520□

Ein Porphyrinpigment in der Hülle von Arion ater (L.). G. Y. Kennedy. (J. Marine biol. Assoc. United Kingdom **38.** 27—32. Febr. 1959. Sheffield, Univ., Cancer Res. Unit.) (Engl.)

Mehrere Exemplare von *Arion ater* wurden mit Chlf. getötet, gesäubert u. mit Methanol-Schwefelsäure-Mischung (19:1) extrahiert. Nach Verdünnung mit der gleichen Menge W. wurden die fluorescierenden Bestandteile mit Chlf. hieraus extrahiert. Das Spektrum ähnelt dem des *Uroporphyrins* (U) u. hat typ. Banden bei 626, 570, 536, 501 mμ (in Chlf.). Durch Chromatographie über MgO u. durch Papierchromatographie wird nur U I, aber auch nicht in Spuren U III gefunden. R_F-Wert von U I = 0,15 auf WHATMAN No. 4 (2.6-Lutidin: W., 5:3 in NH_3-Atmosphäre als Entwickler) F. 292,2° (Unkorr.). Die Menge des *Porphyrins* ist proportional dem *Melamin*-Geh. der Hülle. — Diskussion der Ergebnisse u. Vgl. mit dem Farbstoff-Geh. in anderen Weichtieren. H. KLUGE. 4520□

Untersuchungen über „Haemixodovin", das Pigment in den Eiern der Rinderzecke Boophilus microplus (Acarina: Ixodidae). K. C. Bremner. (Austral. J. biol. Sci. **12.** 263—73. Aug. 1959. Yeerongpilly, Queensland, C.S.I.R.O. Veterinary, Parasitol. Labor., Div. of Animal Health and Production.) (Engl.)

In den Eiern der Rinderzecke *B. microplus* ist ein aus einem wasserunlösl. *Globulin* u. der prosthet. Gruppe *Protohaem* zusammengesetztes *Chromoprotein*, dessen Absorption untersucht u. für das der Name *Haemixodovin* vorgeschlagen wird, vorhanden. Physiolog. dient die Globulinhälfte wahrscheinlich als Nahrungsreserve u. der Haemanteil dürfte ein funktionsloser Einschluß aus Rinderblut von den Eltern her sein. H. KLUGE. 4520□

Versuche zur chromatographischen und spektroskopischen Trennung der Farbstoffe des Schwammes Ectyon oroides. Anastasios A. Christomanos. (Enzymologia [Den Haag] **20.** 225—30. 30/5. 1959. Saloniki, Univ., Biochem. Inst. u. St. Georg, Limni (Eriboea), Labor. for Marine Biochem.) (Dt.)

Die Farbstoffextrakte des Schwammes *Ectyon oroides* konnten chromatograph. in mehrere Fraktionen aufgetrennt werden, in denen sich spektroskop. drei Farbstoffe nachweisen ließen. Zwei gehören wahrscheinlich zur Gruppe der *Carotinoide*, der dritte ist evtl. den *Naphthochinonpigmenten* der Seeigel ähnlich. U. BAUMANN. 4520

Gassekretion bei Fischen ohne Rete mirabile. G. Sundnes, T. Enns und P. F. Scholander. (J. exp. Biology **35.** 671—76. Sept. 1958. Oslo, Univ., Inst. of Zoophysiol.; Baltimore, Md., Johns Hopkins Univ., Dep. of Med.; Bergen, Fisheries Directorate, Marine Res. Inst.) (Engl.)

Bei 3 Salmonidenarten, die kein Gegenstrom-Syst. (Rete mirabile) besitzen, war die N- u. O-Kapazität im Blut zu niedrig, als daß die hohen Spannungen in der Schwimmblase durch einen einstufigen Diffusionsprozeß hätten erklärt werden können. Offenbar besteht ein akt. Transportmechanismus für diese Gase durch die Saumzellen der Schwimmblase. K. ZINGRAF. 4550□

Kationen, Wasser und peripherer Gefäßwiderstand. H. W. Overbeck, J. I. Molnar und F. J. Haddy. (J. Lab. clin. Med. **56.** 934. Dez. 1960. Chicago, Ill.) (Engl.)

Verss. mit isoton. u. hyperton. Salz-Lsgg. zeigen, daß die durch Kationen verursachten Veränderungen des Widerstandes peripherer Gefäße im Falle von K^+ u. Ca^{2+} (Verminderung bzw. Erhöhung des Widerstandes) durch akt. Angriff am kontraktilen Mechanismus der glatten Arteriolenmuskulatur unabhängig von der Salz-Konz. zustande kommt; Na greift nicht derartig direkt an. Konz.-Änderungen bewirken Wasserbewegungen in oder aus der glatten Muskulatur mit nachfolgender passiver Arteriolenerweiterung oder -konstriktion. U. TAUSENDFREUND. 4550□

Die Wirkung der Temperatur auf den gegen Wasser abdichtenden Mechanismus eines Insekts. J. W. L. Beament. (J. exp. Biology **35.** 494—519. Sept. 1958. Cambridge, Agricultural Res. Council, Unit of Insect Physiol., Dep. of Zool.) (Engl.)

Die Wasserdurchlässigkeit der Cuticula von *Periplaneta americana*-Puppen nimmt bei ca. 30° infolge Desorganisation der untersten, ursprünglich gerichteten, monomol. wasserabdichtenden Fettschicht plötzlich zu. K. ZINGRAF. 4550□

Der Mechanismus der marinen Osmoregulation beim Flußneunauge (Lampetra fluviatilis L.) und die Ursachen seines Zusammenbruches während der Laichwanderung. R. Morris. (J. exp. Biology **35.** 649—65. Sept. 1958. Nottingham, Univ., Dep. of Zool.) (Engl.)

Die Osmoregulation beim Neunauge hat folgenden Mechanismus: Schlucken von Meerwasser, Resorption großer Mengen einwertiger Ionen ins Blut, Cl^--Ausscheidung durch bes. Zellen in den Kiemen, hoher extrarenaler Wasserverlust, Rückbldg. der Cl-Ausscheidung u. des extrarenalen Wasserverlustes bei der Laichwanderung. K. ZINGRAF. 4550□

Immunologische Toleranz. P. B. Medawar. (Nature [London] **189.** 14—17. 7/1. 1961. London, Univ. Coll.) (Engl.)

Betrachtungen über das Problem der immunolog. Toleranz mit Besprechung einiger Eigg. des Toleranzstadiums, von Toleranz u. Zwergwuchs, anderer Formen von immunolog. Rk.-Abschwächung, der biolog. Bedeutung sowie der Theorien der Toleranz. — 19 Literaturangaben. U. TAUSENDFREUND. 4551□

Antigen-Antikörper-Reaktion an spezifischen Bindungszentren: Ein Mechanismus unter Beteiligung von Imidazol. J. H. Turnbull. (Experientia [Basel] **15.** 304—05. 15/8. 1959. Birmingham, Edgbaston, Univ.; Porton, Wilts, Microbiol. Res. Establ.) (Engl.)

Vf. diskutiert eine sog. *Imidazol* (I)-Hypothese unter Auswertung eigener Vers.-Ergebnisse u. solcher anderer Autoren. Danach soll der I-Kern einer *Histidin*-Einheit am spezif. Bindungszentrum des *Antikörpers* (AK) für die Bindung an einer COO^--Gruppe des *Antigens* (AG) verantwortlich anzusehen sein. Das würde u. a. auch den *Hapten*-Charakter vieler aromat. Säuren erklären u. die Dissoziation des AG–AK-Komplexes in wss. Carbonsäuren. Es würde sich daraus eine Analogie zwischen AG–AK-Rk. u. gewissen *Enzym*-Substrat-Rkk. ergeben, da z. B. Chymotrypsin u. einige andere Enzyme ihre Acylsubstrate durch Rk. mit I ihres akt. Enzymzentrums zu binden u. zu hydrolysieren scheinen. — 37 Literaturangaben. M. METZE. 4551□

Opsonifikation von Bentonitpartikeln durch γ-Globulin. Elizabeth Vaughan-Potter und Gene H. Stollerman. (J. Lab. clin. Med. **56.** 952—53. Dez. 1960. Chicago, Ill.) (Engl.)

Es wird über eine Erweiterung des Konzepts der Opsonifikation (gewöhnlich Kombination eines Antigen mit seinem spezif. Antikörper u. nachfolgende Rk. dieses Komplexes mit thermolabilen Plasmafraktionen, welche die Phagocytose stimulieren) auf einen durch unspezif. Bindung von *γ-Globulin* (I) an nichtantigene Substanzen charakterisierten Effekt berichtet. *Bentonit*-Partikel (allein kaum durch menschliches Blut in vitro phagocytiert) werden nach I-Adsorption reichlich durch menschliche Leukocyten in vitro phagocytiert (autolog u. homolog). Bei Vgl. von I aus Elektrokonvektion, Ammonsulfatfällung u. COHN-Fraktionierung wurde maximale Wrkg. mit der COHN-Fraktion II aus großem Plasmapool erzielt; die phagocytosestimulierende Fähigkeit von I hängt nicht von deren Geh. an aggregierten Globulinen ab. — Die nichtspezif. I-Bindung durch Fremdkörper oder zerstörtes Gewebe spielt unter Umständen eine grundlegende Rolle bei der akuten Entzündung. U. TAUSENDFREUND. 4551□

Die Verwendung von Bromelin zur Durchführung eines Standard-Cross-match". Bernard Pirofsky. (Amer. J. clin. Pathol. **32.** 350—56. Okt. 1959. Portland, Oreg., Univ. of Oregon, Med. School, Div. of Exper. Med., u. Pacific Northwest Reg. Blood Center.) (Engl.)

Isoton. Lsgg. von „*Bromelin*" (I; Konzentrat proteolyt. Enzyme aus dem Ananasstamm) lassen sich zum Nachw. von Antikörpern gegen verschiedene Erythrocyten verwenden. Hierbei sind Präinkubation, Aktivierung, Auswaschen u. Inkubation nicht notwendig. Die Meth. wurde mit Erfolg zum Nachw. von Antikörpern gegen die ABO-, MNS-, P-, Rh-hr-, Kidd-, Kell-, Bufty-, Lewis-, Vel- u. Sutter-Blutgruppen verwendet. Unter Verw. von I läßt sich ein 15 Min.-Routine „cross-match" durchführen.

K. F. MÜLLER. 4551 □

Toxin-Antitoxin-Phänomene bei verbrannten und verletzten Personen. Sol Roy Rosenthal, James B. Hartney und Wilma A. Spurrier. (J. Lab. clin. Med. **56.** 942. Dez. 1960. Chicago, Ill.) (Engl.)

Die Seren von Personen mit Verbrennungen 2. u. 3. Grades (entnommen zwischen dem Tage Null u. 16) üben gegenüber HeLa-Zellkulturen eine Wachstumshemmung aus. Nach Transfusion von Blut oder Plasma von Personen mit geheilten Verbrennungen wurde in Übereinstimmung mit der einsetzenden klin. Besserung eine Abnahme der Toxizität gegenüber den Zellkulturen gesehen. Auch durch Inkubation von Seren aus der akuten Verbrennungsphase mit Seren geheilter Fälle führte zum Toxizitätsverlust gegenüber den HeLa-Zellen. Im Serum der akuten Phasen zeigten sich (nach 24—48 Std.) Cytolysinogene u. Präcipitogene (gegenüber Serum geheilter Fälle), gefolgt von Cytolysinen u. Präcipitinen (gegenüber Erythrocyten u. Seren der akuten Phasen) im Verlaufe der Heilung.

U. TAUSENDFREUND. 4551 □

Die Zusammensetzung von Antikörpern gegen saure und basische Azoproteine. Sidney Fleischer, Richard L. Hardin, Jack Horowitz, Morris Zimmerman, Edwin Gresham, James E. Turner, J. Paul Burnett jun., Zdenko Stary und Felix Haurowitz. (Arch. Biochem. Biophysics **92.** 329—32. Febr. 1961. Bloomington, Ind., Indiana Univ., Dep. of Chem.) (Engl.)

Die Aminosäure-Zus., der Hexosamin-Geh. u. die N- u. C-endständigen Aminosäuren von gereinigten Kaninchenserumantikörpern im Vgl. mit diazotierter Arsanilsäure, Anthranilsäure oder p-Aminophenyltrimethylammoniumchlorid gekuppeltem Rinder-γ-globulin werden bestimmt. Es werden keine signifikanten Unterschiede festgestellt. Die serolog. Unterschiede können nur in der dreidimensionalen Konformation der Peptidketten oder in der Reihenfolge der Aminosäuren längs der Kette verankert liegen.

D. ZIEBARTH. 4551 □

Die Antigeneigenschaften des oralen Sekrets der Flöhe. E. Benjamini, Ben F. Feingold und L. Kartman. (Nature [London] **188.** 959—60. 10/12. 1960. San Francisco, Calif., Kaiser Found. Res. Inst., Labor. of Med. Entomol., Field Stat., Technol. Branch, C.D.C., U.S. Public Health Serv.) (Engl.)

Vff. versuchen, durch experimentelle Sensibilisierung von Meerschweinchen mit dem *oralen Sekret von Katzenflöhen* (*Ctenocephalides felis felis*) die Allergen-Eig. dieses Sekrets zu untersuchen. Da die intradermale Injektion von Gesamtflohextrakt (1 mg in Salz-Lsg.) u. die intraperitonele mit lyophilisiertem Oralsekret (1,5 μg), das in Kombination mit FREUND's Adjuvans u. Salz-Lsg. gegeben wurde, eine Sensibilisierung hervorrufen, nicht aber die Injektionen des Oralsekrets in Salz-Lsg. allein, ist anzunehmen, daß die sensibilisierende Substanz des Oralsekrets den Charakter eines inkompletten Antigens (Haptens) hat, das erst durch Kombination mit einem Adjuvans seine vollen Antigen-Eig. erhält.

CH. FOLESKY. 4551 □

Eine immunologische Analyse des Blutserums und der Milch des Rindes. L. Å. Hanson. (Experientia [Basel] **15.** 471—72. 15/12. 1959. Gothenburg, Univ., Dep. of Bacteriol.) (Engl.)

Mit Hilfe der Immunoelektrophorese wird gezeigt, daß von den mindestens 21 antigenen Faktoren des Blutserums des Rindes 10—15 auch in der Milch vorhanden sind. Das Colostrum weist zur ausgereiften Milch einige Unterschiede in qual. u. quant. Hinsicht auf. Ausführliche Beschreibung der Verss. erfolgt an anderer Stelle.

D. ZIEBARTH. 4551 □

Eine vergleichende Analyse der Milch und des Blutplasmas des Menschen mit der Geldiffusionsmethode. L. Å. Hanson. (Experientia [Basel] **15.** 473—74. 15/12. 1959. Gothenburg, Univ., Dep. of Bacteriol.) (Engl.) — Vgl. vorst. Referat.

Mit Hilfe von Immunelektrophorese u. Doppeldiffusionstechnik sind in der menschlichen Milch folgende Blutplasmaproteine serolog. identifizierbar: *Praealbumin, Albumin, saures Seromucoid,* α_1*-Glycoprotein* (3,5 S), *Coeruloplasmin, Haptoglobin,* α_2- oder β*-Lipoprotein, Transferrin, Fibrinogen,* β_2*A-Globulin,* β_2*M-Globulin* u. γ*-Globulin.* Zwischen *Praecolostrum, Colostrum* u. der reifen Milch sind kleine Unterschiede feststellbar.

D. ZIEBARTH. 4551 □

Zusammensetzung der Milch vom Spürhund. Jack R. Luick, Harold R. Parker und A. C. Andersen. (Amer. J. Physiol. **199.** 731—32. Okt. 1960. Davis, Calif., Univ. of California, School of Vet. Med., Dep. of Animal Husbandry.) (Engl.)

Zwischen der 3. u. 5. Lactationswoche konnten in der Spürhundmilch bei Unters. auf C-haltige Verbb. 26% *Gesamtfeststoffe*, 13% *Fett*, 3,3% *Lactose* u. 9,8% *Proteine*

nachgewiesen werden. Der Gesamtfeststoff-Geh. schwankte mit dem Fett-Geh. entsprechend der Gleichung: % Feststoffe = 15,6−0,85% Fett.
U. TAUSENDFREUND. 4555 □

Carbonatbindung beim lactierenden Spürhund. Jack R. Luick, Arthur L. Black und Harold R. Parker. (Amer. J. Physiol. **199.** 733–35. Okt. 1960. Davis, Calif., Univ. of California, School of Vet. Med., Dep. of Animal Husbandry.) (Engl.) —Vgl. vorst. Referat.

Bei Unters. der Carbonatfixierung im Verlauf der Milch-Synth. durch lactierende Spürhunde erschienen ca. 90% des ^{14}C nach i. v. Injektionen von $NaH^{14}CO_3$ in der Ausatmungsluft ($^{14}CO_2$) innerhalb 3 Std. nach der Injektion. 5,3% waren an *Lactose-C*, 1,6% an *Casein-C* u. 0,6% an *Fett-C* fixiert. Die Werte liegen 50% unter den für die Kuh bestimmten u. stimmen somit mit den Unterschieden im Wiederkäuer- u. Nichtwiederkäuerstoffwechsel überein. U. TAUSENDFREUND. 4555 □

Neuere Studien über das Milcheiweiß. H. Lagoni. (Vitalstoffe-Zivilisationskrankh. **6.** 34–35. Febr. 1961. Kiel, Bundesforschungsanstalt für Milchwirtschaft, Physik. Inst.) (Dt.)

Elektronenmkr. Unterss. an Milch zeigen, daß *Casein* in Form suspendierter Teilchen vorliegt. Je nach Herkunft ist der häufigste Durchmesser der Caseinpartikel verschieden. Er beträgt für Frauenmilch 42, Kuhmilch 93 u. Ziegenmilch 133 mμ. Bei allen untersuchten Milcharten ist die Größenverteilung der *Casein*-Partikel gleichartig. — 3 photograph. Aufnahmen. G. KIRSTEN. 4555 □

Elektrolyt- und Inulinverteilungsvolumina in der Speichel- und Pankreasdrüse der Ratte. L. H. Schneyer und C. A. Schneyer. (Amer. J. Physiol. **199.** 649–52 Okt. 1960. Birmingham, Ala., Univ. of Alabama, Med. Center, Dep. of Physiol. and Dent.) (Engl.)

In Submaxillar (Submandibular)-, Parotisdrüse u. Pankreas von Ratten konnten folgende Elektrolyt- u. *Inulin* (I)-Vol.-Verteilungen konstatiert werden: für **I** 198, 257 u. 209 ml/kg, für *Na* 232, 318 u. 275 ml/kg, für *Cl* 365, 460 u. 388 ml/kg. Vgl. der Werte führt zu der Annahme, daß das Vorhandensein von intracellulärem Na u. intracellulärem Cl möglich bzw. wahrscheinlich ist. Intracelluläres *K* scheint wie beim Säugetiermuskel vorzuliegen. Aus den Elektrolytdaten u. dem Geh. des Parotissekrets u. der Parotisdrüse an Amylase wird geschlossen, daß das Parotissekret zu 10% aus nichtmodifizierter intracellulärer Fl. gebildet wird, der Rest besteht aus Beimischungen einer Lsg. mit Elektrolytzusatz von extracellulärem Charakter. Das fast isoton. Sekret der Rattenparotis kann danach ohne Annahme von Elektrolyt- oder Wasserrückresorption zustande kommen.
U. TAUSENDFREUND. 4555 □

Induzierte Eierstockentwicklung bei dekapitierten Moskitos durch Transfusion von Haemolymphe. J. D. Gillett. (J. exp. Biology **35.** 685–93. Sept. 1958. Entebbe, Uganda, East African Virus Res. Inst.) (Engl.)

Die Endstadien der Eierstock-Entw. von *Aedes aegypti* werden durch ein im Kopf produziertes Hormon kontrolliert. K. ZINGRAF. 4559 □

Untersuchungen über die Extraktion des roten Kober-Farbstoffes durch organische Lösungsmittel zur Östrogenbestimmung im Harn. Gerd Ittrich. (Acta endocrinol. [Copenhagen] **35.** 34–48. Sept. 1960. Berlin, Charité, Univ.-Frauenklinik.) (Dt.)

Es wurde eine Reihe von *Phenolen* u. organ. Lsgm. auf ihre Eignung als Lösungsvermittler bzw. Extraktionsmittel für die vom Autor früher erarbeitete fluorometr. *Östrogen*-Best.-Meth. untersucht.(C. **1959.** 5204). Mit einer Lsg. von 2 Gewichts-Vol.-% p-Nitrophenol in Acetylentetrabromid mit 1 Vol.-% A. wurden die besten Ergebnisse erzielt, wenn nach Anregung mit Licht der Wellenlänge 546 mμ fluorometr. gemessen wurde. Bei Benutzung dieses Lsgm. bzw. Extraktionsmittel-Syst. werden keine unspezif. Farbstoffe extrahiert u. der Extrakt zeigt die intensivste sek. Fluorescenz. Die Empfindlichkeit, Stabilität u. Spezifität der Rk. wurde untersucht. Eine weitere Vereinfachung der Meth. bei Verw. von nur 5 ml Harn bei Unterss. im normalen Menstruationscyclus ermöglicht es nun, durchschnittlich 10 Best. innerhalb von 3–4 Std. von einer Arbeitskraft durchführen zu lassen, wobei es sich um Gesamtöstrogen-Best. ohne Fraktionierung in 17β-Östradiol, Östriol u. Östron handelt. Der Schwellenwert der Meth. liegt bei 0,34 μg Östron/24-Std.-Harn. Es werden die während eines vollständigen Menstruationscyclus bei einer Probandin mit dieser Meth. ermittelten Östrogenausscheidungswerte angegeben. U. LASCHET. 4559 □

Erregungsphysiologische Regelwirkungen von 17β-Oestradiol am Myometrium. Hugo Jung. (Acta endocrinol. [Copenhagen] **35.** 49–58. Sept. 1960. Freiburg/Br., Univ.-Frauenklinik.) (Dt.)

Unterss. über die Wrkg. der Östrogene auf den Erregungsmechanismus der einzelnen Uterusfaser wurden an isolierten Uterushörnern kastrierter, ausgewachsener

♀ Ratten durchgeführt. Vorverss. hatten ergeben, daß wasserlösl. *Östradiolmonophosphat* u. *Östronsulfat* eine hemmende Wrkg. auf die mechan. Motilität (Kontraktionsfrequenz, Amplitude u. Ruhetonus) haben. Dieser hemmenden Wrkg. ging eine Amplitudenverstärkung über 2 Kontraktionen voraus. Die Membran- u. Aktionspotentiale wurden mit der Mikroglaselektrode nach LING u. GERARD abgeleitet. Bei kastrierten ♀ Ratten verliert der Uterusmuskel die Fähigkeit, fortgeleitete Aktionspotentiale zu bilden. Dabei geht das doppelphasige Verkürzungsprinzip des hormonstimulierten Organs verloren, das über Ruhepotential-gesteuerte ton. Verkürzungen phas. Kontraktionen mit tetan. Erregungen auszuführen vermag. Das Ruhepotential des Kastratenuterus beträgt $-57,3 \pm 1,2$ mV. Langsame, flache, ton. Verkürzungen werden nur noch durch Ruhepotentialschwankungen gesteuert. Zehntägige Behandlung mit 2,5 μg *Östradiolbenzoat* (I) täglich führt zu einer Steigerung des Ruhepotentials auf $-75,4 \pm 1,4$ mV. Behandlung mit 10 u. 50 μg I/Tag führt zu keinem weiteren Anstieg des Ruhepotentials. Die Dosis-Wrkg.-Kurve zeigt zwischen 0 u. 0,4 μg *Östradiol* einen steilen Abfall. Nach der I-Behandlung treten auch wieder Aktionspotentiale auf. Demnach muß der Na-Überträgermechanismus der Muskelmembran von Östrogenen abhängig sein. Die spontanen Ruhepotentialschwankungen des Kastratenuterus werden durch einen Stabilisierungs- u. Abdichtungseffekt des I an der Membran der Muskelfaser unterbunden. Der östrogenbedingte Potentialanstieg wirkt einerseits auf den Uterus ruhigstellend, andererseits sprechen jedoch andere Beobachtungen dafür, daß gleichzeitig der Erregungsmechanismus vorbereitet wird. Jedoch lassen sich die Östrogen-Wrkg. nicht im Sinn einer einfachen Hemmung oder Stimulierung am Myometrium erklären. Sie sind komplexer Natur. U. LASCHET. 4559 □

Einige biologische Wirksamkeiten von bestimmten Progestagenen. 1. Mitt. **17α-Hydroxyprogesteron-17-n-capronat.** Woodrow B. Kessler und Aleck Bormann. (Ann. New York Acad. Sci. **71.** 486—93. Juli 1958. New Brunswick, N.J., Squibb Med. Res. Inst.) (Engl.)

17α-Hydroxylierung vermindert die Gestagenaktivität [Vgl. mit *Progesteron* (**IV**)]. Veresterung mit Capronsäure stellt die Aktivität wieder her u. potenziert die Wrkg. in bestimmter Hinsicht: Die Wrkg. von 5 mg **IV** am 4. Tag nach einmaliger subkutaner Injektion in Benzylbenzoat/Sesamöl entspricht der von 20 mg *17α-Hydroxyprogesteron-17-n-capronat* (I) am 20. Tag nach Injektion. Wurden **I**, *17α-Hydroxyprogesteron* (II) u. *Testosteron* (**III**) infantilen kastrierten ♂ Ratten 20 Tage lang subkutan injiziert, so war nach 1, 5 u. 10 mg **I** u. **II** keine thymolyt. Wrkg., nach 100, 500 μg oder 1 mg **III** hingegen eine deutliche Thymolyse zu finden. **I** u. **II** steigerten das Nebennierengewicht; **II** bewirkt Prostatahypertrophie, nicht hingegen **I**. Daß weder **I** noch **II** glucocorticoidwirksam sind, konnte neben dem Fehlen der thymolyt. Wrkg. auch am negativen Ausfall des Leberglykogentests nachgewiesen werden. Auch als Mineralocorticoid sind beide Substanzen unwirksam. Im Gegenteil hemmen **I** u. **II** die Na-Retention. Die antiöstrogene Aktivität wurde am Östrogen-stimulierten Mäuseuterus untersucht. *9α-Fluor-11β-hydroxyprogesteron* war wirksamer als **IV**; **I** u. **II** waren unwirksam; **I** stimulierte sogar das Uteruswachstum. U. LASCHET. 4559 □

Einige biologische Aktivitäten von bestimmten Progestagenen: 2. Mitt. **9- und 12-halo-11-oxygenierte Progesterone.** Josef Fried, Woodrow B. Kessler und Aleck Borman. (Ann. New York Acad. Sci. **71.** 494—99. Juli 1958. New Brunswick, N.J., Squibb Inst. for Med. Res.) (Engl.) — 1. vgl. vorst. Referat.

Folgende biolog. Aktivitäten verschiedener 9- u. 12α-halo-11β-oxygenierter *Progesteron* (**I**)-Derivv. wurden ermittelt: Im Leberglykogentest (*Cortisonacetat* = 1); im Na-Retentionstest (*Desoxycorticosteronacetat* = 1): Die Progesterone: *9α-Brom-11β-hydroxy-*, 0,02—0,29; <0,02. *12α-Brom-11β-hydroxy-*, 0,25—0,64; 0,02. *9α-Brom-11-keto-*, 0,03; 0,02. *12α-Brom-11-keto-*, <0,1; <0,02. *9α-Chlor-11β-hydroxy-*, 0,27 bis 0,44; <0,02. *12α-Chlor-11β-hydroxy-*, 0,33—0,54; 0,1. *9α-Chlor-11-keto-*, 0,09—0,24. *12α-Chlor-11-keto-*, <0,15. *9α-Fluor-11β-hydroxy-*, 0,69—1,04; 1,1. *12α-Fluor-11β-hydroxy-*, 0,48—1,04; 0,6. *9α-Fluor-11-keto-*, 0,87—1,38; 2,8. *12α-Fluor-11-keto-*, 0,38—0,95. Die Glucocorticoidaktivität steigt demnach mit vermindertem Atomgew. des Halogens. Nennenswerte Mineralocorticoidaktivität besitzen nur die F-Verbindungen. Die uterotrope Wrkg. von 0,5 μg *Östron* wurde bei hypophysektomierten Ratten in folgendem Ausmaß (%) gehemmt: 250 μg **I** 36; 1 mg *11β-Hydroxyprogesteron* (**II**) 22; 250 μg 9α-Fluor-11β-hydroxy-I 51; 250 μg *9α-Fluorhydrocortison* (**III**) 51. Die durch 1 mg *Testosteron* bei hypophysektomierten Ratten bewirkte uterotrope Wrkg. wurde ebenfalls gehemmt (%): 1 mg **I** 5; 1 mg **II** 32. 100 μg *9α-Fluor*-**II** 35; 250 μg *9α-Fluor-11β.17α-dihydroxyprogesteron* (**IV**) 38; 250 μg **III** 36. Hemmung des Uteruswachstums bei intakten infantilen Ratten: 200 μg **I** 27; 200 μg **II** 21; 100 μg 9α-Fluor-**II** 44; 100 μg **IV** 24;

100 μg III 18. Die Daten über die Gestagenaktivitäten von 9α-Halosteroiden vgl. HERTZ u. Mitarbeiter, C. **1957.** 4165, über die zur 25%ig. Hemmung der uterotropen Wirksamkeit von 0,03 μg *Östradiol* benötigten Menge vgl. Ann. New York Acad. Sci. **61.** [1955.] 573. Im CLAUBERG-Test wurde die Gestagenaktivität verschiedener Haloprogesteron-Derivv. bei subkutaner (Progesteron = 1) u. oraler Darreichung (*Äthinyltestosteron* = 1) untersucht: die Progesterone: 9α-Brom-11β-hydroxy-, 0,5; 2—3. 9α-Brom-11-keto-, 0,5; 3—5. 9α-Chlor-11β-hydroxy-, 0,25; 1. 9α-Chlor-11-keto-, 0,25; 1. 9α-Fluor-11-keto-, 0,25; 2—3. 9α-Fluor-11β-hydroxy-, 0,125; 3—5. 12α-Brom-11β-hydroxy-, 2; 0,5. 12α-Brom-11-keto-, <0,125; <0,5. 12α-Chlor-11β-hydroxy-, 2; 1. 12α-Chlor-11-keto-, 0,125; 0,2. 12α-Fluor-11β-hydroxy-, 1; 0,2. 12α-Fluor-11-keto-, 0,5. U. LASCHET. 4559□

Einige chemische und biologische Eigenschaften von 19-Nor-17α-äthinyltestosteron. Daniel A. Mc Ginty und Carl Djerassi. (Ann. New York Acad. Sci. **71.** 500—15. Juli 1958. Detroit, Mich., Parke, Davis & Co. and Syntex S. A., Mexico, D. F.) (Engl.)

Zunächst Übersicht über die Synth.-Wege u. Darst.-Möglichkeiten für *19-Nor-17α-äthinyltestosteron* (I). Im MCPHAIL-CLAUBERG-Test ist *Progesteron* (II) i.m. mit 0,5 mg, oral mit 20 mg, I oral mit 0,1—0,2 u. subkutan mit 5 mg wirksam. Die *Methyl-*, *Äthyl-* u. *Vinyl*-Analogen von I haben ungefähr die gleiche Gestagenaktivität wie I. Bei intrauteriner Anwendung ist I bis zu Dosen von 20 μg unwirksam, hingegen II bereits mit 0,5 μg wirksam. In 200—250 μg I, 15—20 μg *Östron* u. 4—5 μg *17α-Äthinylöstradiol-3-methyläther* ist bei oraler Applikation je 1 R.E. Östrogen enthalten (Vaginalabstrichtest). I hat bis zu 300 μg täglich, 14 Tage lang verabfolgt, keine androgene oder anabole Wrkg. im Gegensatz zu seinem 17α-Methylanalogen, das die gleiche androgene u. eine noch stärkere anabole Aktivität wie *17α-Methyltestosteron* hat. *19-Nor-17α-vinyltestosteron* hat ebenso wie I bis zu 300 μg täglich keine androgene oder anabole Wirkung. Mit 0,5 u. 2 mg I ließ sich an Samenblasen u. Prostatae eine eindeutige antigonadotrope Wrkg. nachweisen, ebenso mit 0,5 mg *19-Nor-17α-methyl-* u. 0,5 bzw. 2 mg -vinyltestosteron. Bei höheren Dosen dieser Verbb. überwog die direkte Wrkg. auf Samenblasen u. Prostatae. U. LASCHET. 4559□

Einige biologische Wirksamkeiten von 17-Äthinyl- und 17-Alkylderivaten des 17-Hydroxyöstrenons. Francis J. Saunders und Victor A. Drill. (Ann. New York Acad. Sci. **71.** 516—31. Juli 1958. Chicago, Ill., G. D. Searle & Co.) (Engl.)

Norethynodrel [*$\Delta^{5(10)}$-17α-Äthinyl-17-hydroxyöstren-3-on* (I)] ist im CLAUBERG-Test bei oraler Gabe wesentlich besser wirksam als bei subkutaner; intrauterin besitzt es kaum eine Gestagenwirkung. Auch eine geringe Östrogenaktivität ist nachzuweisen. Es hemmt die gonadotrope Funktion u. verhindert die Befruchtung, wenn ♀ oder ♂ Ratten vor der Paarung behandelt werden. Die Sterilität ist jedoch nur temporär. Eine ähnliche Wrkg. wie I besitzt eine Mischung von I mit 1,5% *Äthinylöstradiol-3-methyläther* (*Enovid*). Die Gestagenaktivität verschiedener anderer $\Delta^{5(10)}$-Östren-17-ol-3-onsteroide scheint durch deren geringfügige Östrogenaktivität (0,04% des *Östrons*) verschleiert zu werden. Folgende Vgl.-Werte bei intrauteriner, subkutaner u. oraler Gabe werden für die Gestagenaktivität angegeben: *Progesteron* 100; 100; 5. *Norprogesteron* 100; 1000; 100. *17-Äthylnortestosteron* 25; 500; 250. *17-Äthinylnortestosteron* <1; 50; 100. *17-Äthinyl-1-methallylnortestosteron* 1000; 500; 100. *$\Delta^{5(10)}$-17-Äthinylnortestosteron* <1; 0—25; 25. U. LASCHET. 4559□

Vergleichende Aktivität verschiedener progestagener Verbindungen in einer Anzahl unterschiedlicher biologischer Testverfahren. M. X. Zarrow, L. E. Peters und A. L. Caldwell jun. (Ann. New York Acad. Sci. **71.** 532—41. Juli 1958. Lafayette, Ind., Purdue Univ., Dep. of Biol. Sci.) (Engl.)

17α-Hydroxyprogesteron (IV), *17α-Hydroxyprogesteroncapronat* (V), *11-Dehydroprogesteron* (III), *17α-Äthyl-19-nortestosteron* (VI) u. *17α-Äthinyl-19-nortestosteron* (VII) wurden im Vgl. zu *Progesteron* (II) untersucht. Im Wachstumstest am Kükeneileiter bei gleichzeitiger Injektion von *Stilböstrol* (I) stieg nach alleiniger Gabe von I das Eileitergewicht von 13% des Körpergewichts auf 1048 mg% bei täglich 1 mg I, 7 Tage lang (Tötung 8. Tag) an. II hemmte die I-bedingte Gewichtszunahme des Eileiters: täglich 0,2 mg in Öl 606 (mg%); 0,5: 466. 1: 429; 2,5: 327. 0,5 mg II in NaCl-Lsg. mit Tween 80 930; 1: 552; 2,5: 447. 0,1 mg III in Öl 589; 2,5 mg IV in Suspension 694; 5: 768; 10: 682. 0,5 mg VI (Suspension) 821; 2,5: 476; 5: 372. 0,2 mg VII (Suspension) 399; 1: 259; 2,5: 238,5; 5: 240. Stimulierung des Decidua-Wachstums bei kastrierten Ratten, Gewichtszunahme des behandelten Uterushorns (Tagesdosis): 0,2 mg II (in Öl) 68 (%); 0,5 mg, 164; 1,0 mg, 287; 2,0 mg, 411; 1,0 mg (in Suspension) 187; 2,0 mg 297; 40 mg IV in Suspension 21; 40 mg V in Öl 150; 0,375 mg III in Öl 277; 1 mg VI in Suspension 29; 2 mg 5; 2 mg VII in Suspension 25. An Mäusen ergaben sich Werte, die von denen bei

Ratten differieren. Folgende Vgl.-Aktivitäten wurden ermittelt (1. CLAUBERG-Test; 2. Deciduomtest an Ratten; 3. Deciduomtest an Mäusen; 4. Eileiterwachstumstest beim Küken; 5. HOOKER-FORBES-Test): **II** = 1; **IV**, <0,01; <0,02; <0,04; 0,15; 60. **V**, 5; 0,02; <0,04; 0,08; –; **III**, 2; 2; –; 2,5; 0,3. **VI**, 10; 0,4; 1,8; 1,8; –. **VII**, 10; 0,7; <0,5; 15; –. U. LASCHET. 4559□

Biologische Wirkung von 17α-Hydroxyprogesteron-17-n-capronat auf die Fortpflanzungsprozesse bei der Ratte. Joseph T. Velardo. (Ann. New York Acad. Sci. **71.** 542–54. Juli 1958. New Haven, Conn., Yale Univ. School of Med., Dep. of Anat.) (Engl.)

17α-Hydroxy-17-n-capronat (**I**), in Dosen von 0,5–7,5 mg/Tag, 7 Tage lang subkutan verabfolgt, kann weder den Östruscyclus verlängern, noch das durch *17β-Östradiol* induzierte Uteruswachstum, die Ovulation, die Befruchtung u. die Nidation des Eies hemmen. Während *Progesteron* die zwischen Begattung u. Befruchtung vergehende Zeit verlängert, wird diese durch **I** hingegen verkürzt. **I** führt zu keiner Verminderung der Anzahl der lebend geworfenen Jungtiere. U. LASCHET. 4559□

Versuche zur Erreichung und Erhaltung der Trächtigkeit bei noch nicht geschlechtsreifen Mäusen durch Behandlung mit 17α-Hydroxyprogesteron-17-n-capronat. Morris Smithberg. (Ann. New York Acad. Sci. **71.** 555–59. Juli 1958. Bar Harbor, Maine., Roscoe B. Jackson Mem. Labor.) (Engl.)

Bei präpuberalen Mäusen konnte nach induzierter Ovulation durch einmalige subkutane Injektion von 6,25 mg *17α-Hydroxyprogesteron-17-n-capronat* Einidation erzielt werden, jedoch die Trächtigkeit nicht erhalten werden. Am 15. Tag nach der Injektion waren in keinem Fall lebende Foeten zu finden. Mit 3,25 mg hingegen konnte selbst dann keine Nidation erzielt werden, wenn diese Dosis bis zum 15. Tag täglich verabfolgt wurde. U. LASCHET. 4559□

Vergleichende pharmakologische und klinische Aktivität von 19-Nortestosteron- und 17-Hydroxyprogesteron-Derivaten beim Menschen. Jeanne A. Epstein, Herbert S. Kupperman und Arthur Cutler. (Ann. New York Acad. Sci. **71.** 560–71. Juli 1958. New York, N.Y., New York Univ.-Bellevue Med. Center, Dep. of Therapeut.) (Engl.)

An Parabiose-Ratten (kastriertes, ca. 70 g schweres ♂ u. normales, 70 g schweres ♀) wurde die antigonadotrope Wirksamkeit folgender Verbb. untersucht: *17α-Äthyl-19-nortestosteron* (**I**), *17α-Methyl-19-nortestosteron* (**II**), *$\Delta^{5(10)}$-17α-Äthinyl-19-nortestosteron* (**III**), *17α-Hydroxyprogesteroncapronat* (**IV**) u. *Progesteron* (**V**). Nach 7 tägiger subkutaner Injektion in das ♂ konnten folgende Ovargewichtsverminderungen (% gegenüber nichtinjizierten Kontrollpaaren) ermittelt werden: 0,1; 0,2 u. 0,5 mg **I**/Tag ca. 80%; 0,1 mg **II** 65%; 0,3 mg 80%. 0,1 mg **III** mit 1,5% *Äthinylöstradiolmethyläther* 60%, 0,2 u. 0,5 mg ca. 90%; **III** rein 0,3 mg ca. 15%, 0,6 mg ca. 60%. 0,3 mg *17α-Äthinyl-19-nortestosteron* ca. 50%. 1; 2; 5 u. 10 mg **IV** hemmen nur gering oder gar nicht, 10 mg **V** ebenfalls nicht, 20 u. 40 mg ca. 35%. **I** u. **II** haben signifikante anabole Wrkg.; **I**-Dosen, die bereits eindeutige anabole Wrkg. besitzen (0,05 mg/Tag), haben keine eindeutige androgene Wirkung. *Acetoxyprogesteron* u. **IV** sind bei parenteraler Zufuhr sehr gut gestagen wirksam. **II** hat bei Frauen starke unerwünschte androgene Nebenwirkungen. **I** verhält sich klin. u. experimentell gleich. Die untersuchten Steroide lassen sich auch klin. zur Hemmung der gonadotropen Funktion anwenden. U. LASCHET. 4559□

Die Wirkung von 17α-Hydroxyprogesteron-17-n-capronat auf Wachstum und Fettansatz bei Rindern. F. X. Gassner und E. C. Reifenstein jun. (Ann. New York. Acad. Sci. **71.** 572–76. Juli 1958. Fort Collins, Colo., Colorado State Univ.; New York, N.Y., Squibb Inst. for Med. Res.) (Engl)

Einmalige Injektion von 120 mg *Testosteron* (**I**), kombiniert mit 24 mg *Diäthylstilböstrol*, hat bei Stieren eine eindeutige anabole Wirkung. Werden protrahiert wirksame Präpp. verabfolgt, so ist ebenfalls ein guter Effekt zu beobachten (*Testosteronönanthat* u. *Östradiolvalerianat*). Wird das Östrogen statt mit Androgenen kombiniert mit *17α-Hydroxyprogesteron-17-n-capronat* (**II**) verabfolgt, so ist während der ersten Wochen nach der Injektion ein stärkerer anaboler Effekt nachzuweisen, der jedoch nur kürzere Zeit besteht. Wird die halbe **I**-Menge durch **II** ersetzt, also eine Dreierkombination angewandt, so sind die besten Erfolge zu erzielen. **I** + **II** + Östrogene haben offensichtlich synergist. Wrkg. in bezug auf den Eiweißstoffwechsel. U. LASCHET. 4559□

Die Wirkung von 17α-Hydroxyprogesteron-17-n-capronat auf die Fortpflanzungstätigkeit bei Rindern. K. R. Johnson. (Ann. New York Acad. Sci. **71.** 577–79 Juli 1958. Moskow, Idaho, Univ. of Idaho.) (Engl.)

Von 57 mit 500 mg *17α-Hydroxyprogesteron-17-n-capronat* (**I**) behandelten Kühen konzipierten nach dem ersten Deckakt 71,9%, von den unbehandelten Kontrollen nur 39,6%. Insgesamt kam es bei den behandelten Kühen nach 78 Deckakten zu 56, bei den Kontrollen nach 110 lediglich zu 58 Konzeptionen. Es wird angenommen, daß die Nidation durch die I-Behandlung gefördert u. das Absterben der Foeten verhindert wurde. U. LASCHET. 4559 □

Die Wirkung von Progesteron auf die Morphologie des Ovars und auf die Mortalität der Foeten bei trächtigen Ratten, Schweinen und Schafen. A. V. Nalbandov. (Ann. New York Acad. Sci. **71.** 580—87. Juli 1958. Urbana, Ill., Univ. of Illinois.) (Engl.)

Progesteron (I) hatte weder auf die Mortalität der Embryonen noch auf das Ovargewicht oder die makroskop. oder mkr. Morphologie der Corpora lutea während der Trächtigkeit bei Ratten einen Einfluß. Erhielten hingegen Schweine mehr als 1,6 mg/kg Körpergewicht/Tag, so wurde die Mortalität der Embryonen erhöht, die Corpus luteum-Bldg. verhindert oder bei schon voll entwickelten Corpora lutea eine luteolyt. Wrkg. ausgeübt. Auch bei Schafen erhöht sich nach I-Gabe die Mortalität der Embryonen; das Ovargewicht wird ebenso wie das Lutealgewebe vermindert. Histolog. verhalten sich die Corpus luteum-Reste normal. U. LASCHET. 4559 □

Stoffwechselwirkungen von Steroiden mit Gestagenaktivität beim Menschen. Richard L. Landau, Kathleen Lugibihl und Dean F. Dimick. (Ann. New York Acad. Sci. **71.** 588—98. Juli 1958. Chicago, Ill., Univ. of Chicago, U. S. Atomic Energy Comm., Dep. of Med. and Argonne Cancer Res. Hosp.) (Engl.)

Es wurde der Einfl. von *Progesteron, 17α-Hydroxyprogesteron, 17α-Hydroxyprogesteroncapronat, 17α-Acetoxyprogesteron, Cortisonacetat, Desoxycorticosteronacetat, Testosteronpropionat, 17α-Äthinyltestosteron* u. *19-Nor-17α-äthinyltestosteron* auf die *Gesamt-N-, Harnstoff-N-, Aminosäure-N-, anorgan. Phosphat-, Kreatinin-, Harnsäure-, Na^+-, Cl^--* u. *K^+*-Ausscheidung im Harn beim Menschen untersucht. Die katabole Stoffwechsel-Wrkg. von Steroiden ist an Gestagene mit einer $C_{(17)}$-β-Seitenkette u. offensichtlich auch an eine Ketogruppe am $C_{(20)}$ gebunden. Gestagene mit $C_{(17)}$-α-Seitenketten wirken anabol u. salzretinierend. Für die salzeliminierende Progesteron-Wrkg. scheint ebenfalls die Mol.-Konfiguration am $C_{(17)}$ von Bedeutung zu sein. U. LASCHET. 4559 □

Vergleichende Wirksamkeit von progestativen Stoffen am menschlichen Endometrium und Vaginalepithel chirurgischer Kastrationen. George L. Wied und M. Edward Davis. (Ann. New York Acad. Sci. **71.** 599—616. Juli 1958. Chicago, Ill., Univ. of Chicago and Chicago Lyingin Hosp., Dep. of Obstetr. and Gynec.) (Engl.)

17α-Hydroxyprogesteroncapronat (I) u. *17α-Hydroxyprogesteronacetat* (II) sind bei parenteraler Applikation stärker u. länger wirksam als reines *Progesteron* in Öl. *17α-Äthinyl-19-nortestosteron* hat die doppelte Wirksamkeit u. Wrkg.-Dauer von **I** oder **II. II** u. *9α-Brom-11-ketoprogesteron* sind oral wirksamer als *Anhydrohydroxyprogesteron.* Schwache Gestagene sind die *Cyclopentylpropionate* von *Δ^4-Pregnen-20β-* u. *-20α-ol-3-on.* Die noch unwirksame Dosis, die Schwellendosis u. die Substitutionsdosis für die genannten Verbb. wurde jeweils an 4—7 chirurg. Kastratinnen durch Endometriumsbiopsie u. den Karyopyknose-Index des Vaginalepithels bestimmt. U. LASCHET. 4559 □

Histochemische Reaktionen im menschlichen Endometrium nach Verabfolgung von 17-Äthinylöstrenolon. Prabhaker N. Shah, Margaret E. Long und Anna L. Southam. (Ann. New York Acad. Sci. **71.** 617—27. Juli 1958. New York, N.Y., Columbia Univ., Dep. of Obstetr. and Gynec., Coll. of Physic. and Surg. and the Presbyterian Hosp.) (Engl.)

Bei 13 anovulator. Patientinnen waren nach 5—10 mg *17-Äthinylöstrenolon*/Tag, 7—21 Tage lang oral verabfolgt, die histochem. Rkk. des Endometriums auf *Glykogen, Lipoide* u. *alkal. Phosphatase* z. T. wie bei normalem sekretor. umgewandeltem Endometrium sowohl in Drüsen- als auch in Stromazellen, z. T. aber auch vorwiegend nur in den Stroma- u. Pseudodeciduazellen positiv. In wenigen Fällen glich die Lokalisation der alkal. Phosphatase mehr dem Bild der Proliferationsphase. U. LASCHET. 4559 □

Wirkungen verschiedener Progesteronverbindungen auf das normale präovulatorische Endometrium verglichen mit dem Endometrium bei sekundärer Amenorrhoe. M. James Whitelaw. (Ann. New York Acad. Sci. **71.** 628—37. Juli 1958. San Francisco, Calif., Univ. of California, School of Med., Dep. of Obstetr. and Gynec.) (Engl.)

α-Anhydrohydroxyprogesteroncapronat (I) ist nach einmaliger Injektion 4fach wirksamer als oral, sublingual oder vaginal verabreichtes *Progesteron* (II). **II** führt bei Tagesdosen über 0,5 g bei oraler, sublingualer u. intravaginaler, nicht aber bei i.m. Verabfolgung zu Erbrechen. Nach *17α-Hydroxyprogesteroncapronat* in Dosen bis zu 1 g, begonnen am 3.—5. Cyclustag, oral, intravaginal oder parenteral verabfolgt, kam es bei 5 von 17 normal menstruierenden infertilen Frauen zu anovulator., bei 2 Frauen zu völlig irregulären Cyclen, in einem Fall zur Schwangerschaft. Nach Vorbehandlung mit *Stilböstrol* oder *Äthinylöstradiol* war bei 7 Patientinnen mit mehr als 1jähriger Amenorrhoe durch **II** in Dosen bis zu 2 g keine sekretor. Umwandlung des Endometriums nachzuweisen. Nach einmaliger Injektion von 500 mg **I** war das Endometrium in 2 von 7 Fällen sekretor. umgewandelt, zeigte in 2 weiteren Fällen einen geringen u. in den restlichen 3 Fällen keine Progesteronwirkung. U. LASCHET. 4559□

Wirkungen progestativer Verbindungen auf die Fortpflanzungsprozesse beim Mann. Carl G. Heller, W. M. Laidlaw, H. T. Harvey und W. O. Nelson. (Ann. New York Acad. Sci. **71.** 649—65. Juli 1958. Portland, Oreg., Univ. of Oregon, Med. School, Dep. of Med., Div. of Endocrinol.; New York, N.Y., Rockefeller Inst. for Med. Res.) (Engl.)

Progesteron (**I**), *17α-Äthyl-19-nortestosteron* (**II**; *Nilevar*), *17α-Äthinyl-19-nortestosteron* (**III**; *Norlutin*) u. *$\Delta^{5(10)}$-17α-Äthinylöstren-17β-ol-3-on* (**IV**; *Enovid*) wurden 19 gesunden Männern verabfolgt: **I** 50 mg/Tag i.m.; **II**—**IV** 2mal täglich 15 mg oral. Zwischen der 9. u. 10. Behandlungswoche kam es in allen Fällen zur Azoospermie, nach Absetzen der Zufuhr schnell wieder zur normalen Spermienzahl bzw. zum Rebound-Effekt. Nach **III**- u. **IV**-Zufuhr waren bei der Hodenbiopsie der Azoospermie entsprechende Befunde, nach **I**- u. **II**-Zufuhr noch relativ bewegliche Spermien zu finden; in allen Fällen kam es zum völligen Verlust der Libido. Nach **I**, **III** u. **IV** blieb der *Gonadotropin*-Spiegel im Harn unverändert, nach **II** war er vermindert; die *17-Ketosteroid*-Ausscheidung war in allen Fällen vermindert, *Pregnandiol* im Harn unbeeinflußt. U. LASCHET. 4559□

Eine vergleichende Untersuchung der Wirkung progestativer Stoffe auf Menstruationsabnormitäten beim Menschen. Anna L. Southam. (Ann. New York Acad. Sci. **71.** 666—76. Juli 1958. New York, N.Y., Columbia Univ., Dep. of Obstetr. and Gynec.) (Engl.)

Jede Art der *Progesteron* (**I**)-Zufuhr u. 125 mg *17α-Hydroxyprogesteroncapronat* (**II**) bewirken bei Amenorrhoe Abbruchblutungen, auch dann, wenn nur ein gering proliferiertes Endometrium vorliegt. **I** u. **II** können demnach als Indicator für eine endogene Östrogenproduktion angewandt werden. 19-Norsteroide lösen auch bei atroph. Endometrium Abbruchblutungen aus u. können daher zum Nachw. der Rk.-Fähigkeit des Endometriums angewandt werden. Die 19-Norsteroide haben offensichtlich sowohl östrogene als auch Gestagen-Wrkg.; mit ihnen können anovulator. Uterusblutungen schnell vermindert oder zum Stehen gebracht werden. **II** bewirkt vor Einsetzen der Abbruchblutung eine Verminderung des Blutverlustes. U. LASCHET. 4559□

Wirkungen von Norethynodrel am menschlichen Endometrium. Maxwell Roland. (Ann. New York Acad. Sci. **71.** 638—48. Juli 1958. New York, N.Y., Yeshiwa Univ., Albert Einstein Coll. of Med.) (Engl.)

Nach *Norethynodrel* (**I**)-Behandlung wurden bei 54 infertilen Frauen in Abhängigkeit von Dosis u. Zuführungsdauer sowie von der zur Zeit der Behandlung vorliegenden Cyclusphase unterschiedliche histolog. Bilder des Endometriums gefunden. Im allg. wird die Entw. der Endometriumsdrüsen in der frühen Proliferationsphase arretiert, während ein Teil des Epithels sekretor. umgewandelt wird. Dem **I** kommt offensichtlich sowohl östrogene als auch gestagene Aktivität zu. U. LASCHET. 4559□

Wirkungen bestimmter 19-Norsteroide auf Fortpflanzungsprozesse. Gregory Pincus, John Rock und Celso Ramon Gaccia. (Ann. New York Acad. Sci. **71.** 677—90. Juli 1958. Shrewsbury, Mass., Worcester Found. for exp. Biol.; Brookline, Mass., Free Hosp. for Women, Reproduct. Study Center.) (Engl.)

17α-Äthinyl-19-nortestosteron (**I**) oder *$\Delta^{5(10)}$-17α-Äthinylöstren-17β-ol-3-on* (**II**) allein in Dosen von 10 mg/Tag oral über 5—25 Tage können das Endometrium ohne geringere oder stärkere Blutung nicht erhalten. Verdoppelung der Dosis oder kombinierte Behandlung mit kleinen Östrogenmengen vermindert die Blutungsneigung. **I** u. **II** wirken in höheren Dosen offenbar auch östrogen, denn höhere Dosen des stärker gestagenwirksamen *17α-Äthyl-19-nortestosterons* (**III**) können die Blutung nicht verhindern. **III** scheint darüber hinaus antiöstrogen wirksam zu sein. Als günstigstes Östrogen zur Verhinderung der Abbruchblutung bei Kombination mit Gestagenen konnte der *3-Methyläther* des *β-Östradiols* bei Vgl. mit *Diäthylstilböstrol* u. *α.α-Dimethyl-β-äthyl-β-[6-methoxynaphthyl-(2)]-propionsäure* (*Vallestril*) ermittelt werden. **I**, **II** u. **III** hemmen die Ovulation. Bei 1279 Cyclen kam es unter **II**-Behandlung vom 5.—25. Tag eines jeden Cyclus zu keiner einzigen Schwangerschaft. U. LASCHET. 4559□

Klinische Anwendung von 17α-Hydroxyprogesteron-17-n-capronat. J. J. Gold und M. R. Cohen. (Ann. New York Acad. Sci. **71.** 691—703. Juli 1958. Chicago, Ill., Michael Reese Hosp. and Chicago Med. School.) (Engl.)

17α-Hydroxyprogesteron-17-n-capronat hat sich als hochakt., injizierbares, protrahiert wirksames Gestagen allein oder in Verbindung mit Östrogenen bei der Therapie der sek. Amenorrhoe, funktioneller Uterusblutungen, Endometriose, Dysmenorrhoe u. ungenügender Entw. der Mammae erwiesen. U. LASCHET. 4559 □

Klinische Anwendung neuer progestativer Steroide zur Fertilitätsbehandlung. E. T. Tyler und H. J. Olson. (Ann. New York Acad. Sci. **71.** 704—09. Juli 1958. Los Angeles, Calif., Los Angeles School of Med., Univ. of California and the Tyler Clinic.) (Engl.)

17α-Äthinyl-19-nortestosteron (**I**; *Norlutin*), *17α-Äthinyl-17β-ol-3-on-$\Delta^{5(10)}$-östren* (**II**; *Norethynodrel*; *Enovid*; *Verb. SC-4642*) u. *17α-Hydroxyprogesteroncapronat* (**III**; *Delalutin*) wurden bei Sterilität erprobt. Sie wurden entweder zur Unterstützung der Corpus-luteum-Funktion nach nachgewiesener Ovulation in Dosen von 10 mg **II** (89 Patientinnen), 10 mg **I** (78 Patientinnen) oral oder 1,5 ml (!) **III** am 3. Tag u. 10. Tag (1 ml) i.m. oder aber zur Erzielung eines Rebound-Effekts über längere Zeit verabfolgt. Die Anzahl der erzielten Graviditäten wird für jedes einzelne Präp. angegeben. U. LASCHET. 4559 □

Die Wirkung von 17α-Hydroxyprogesteron-17-n-capronat auf die Ausscheidung der Nebennierenrindensteroide. Sarah L. Clark und Robert B. Greenblatt. (Ann. New York Acad. Sci. **71.** 710—16. Juli 1958. Augusta, Ga., Med. Coll. of Georgia, Dep. of Endocrinol.) (Engl.)

In 2 Fällen von kongenitalem adrenogenitalem Syndrom wurde durch i.m. Injektion von *17α-Hydroxyprogesteron-17-n-capronat* die Ausscheidung von *Pregnantriol* u. in einem Fall von Diabetes die *17-Hydroxycorticosteroid*-Ausscheidung vermindert; in einem Fall mit ausgeprägter exogener Fettsucht stieg die 17-Hydroxycorticosteroidausscheidung an; sie blieb ebenso wie die *17-Ketosteroid*-Ausscheidung in 2 Fällen von Morbus Cushing u. in einem Fall von Akromegalie unbeeinflußt. U. LASCHET. 4559 □

Ein neuer Test für die Wirksamkeit progestativer Verbindungen. Robert B. Greenblatt, Edwin C. Jungck und William E. Barfield. (Ann. New York Acad. Sci. **71.** 717—21. Juli 1959. Augusta, Ga., Med. Coll. of Georgia, Dep. of Endocrinol.) (Engl.)

Bei ununterbrochener täglicher oraler Zufuhr von 30 mg *17α-Äthinyl-19-nortestosteron* (**I**) vom 20.—21. Cyclustag an wird der Abbruch des Endometriums verhindert u. damit die Menstruationsblutung (Mb.) bis 2—3 Tage nach Absetzen der **I**-Zufuhr unterdrückt. Substanzen, mit denen dieser Effekt nicht zu erzielen ist, müssen als therapeut. unbrauchbar bei habituellem oder drohendem Abort angesehen werden. Tagesdosen von 300 mg *Äthinyltestosteron*, 1 g *17-Acetoxyprogesteron* oral, 250 mg *Progesteron* (**II**) intravaginal oder 1,25 g *17α-Hydroxyprogesteron* oral waren in diesem Test unwirksam. 500 mg **II** intravaginal täglich verzögerten die Mb. um 7 Tage. Mit 30 mg **I**/Tag oral konnte die Mb. bis zu 6 Monaten unterdrückt werden. Injektion von *17α-Hydroxyprogesteroncapronat* in 3—7tägigen Intervallen hat bei kombinierter Zufuhr mit einem protrahiert wirksamen Östrogen bessere Wrkg., während gleichzeitige Östrogenzufuhr die Wrkg. der genannten unwirksamen Substanzen nicht verbessert. U. LASCHET. 4559 □

Vergleich der Wirkungen von Anhydrohydroxyprogesteron und 17-Acetoxyprogesteron, neuen oral wirksamen progestativen Verbindungen, am Endometrium des Menschen. Joseph W. Goldzieher, William F. Peterson und Richard A. Gilbert. (Ann. New York Acad. Sci. **71.** 722—26. Juli 1958. San Antonio, Tex., Southwest Found. for Res. and Educat., Dep. of Endocrinol.; Washington, D.C., 1100th U. S. Air Force Hosp.; Chevy Chase, Md.) (Engl.)

17-Acetoxyprogesteron (**I**) bewirkt eine stärkere Glykogeneinlagerung im Endometrium als *Anhydrohydroxyprogesteron*; die Wirksamkeit beider Substanzen auf die Histologie des Endometriums war sonst gleich. Es wird die Frage diskutiert, welches Kriterium überhaupt für die Best. der klin. Wirksamkeit eines Gestagens maßgeblich sein sollte. U. LASCHET. 4559 □

Beobachtungen über die Rolle progestativer Verbindungen bei gynäkologischen Erkrankungen und Schwangerschaftskomplikationen des Menschen. Hanns-Werner Boschann. (Ann. New York Acad. Sci. **71.** 727—52. Juli 1958. Berlin, FU, Krankenhaus Moabit, Geburtshilfl.-gynäkolog. Abt.) (Engl.)

Die Wirksamkeit von unverestertem, ölgelöstem oder wss. suspendiertem *Progesteron*, ölgelöstem *17α-Hydroxyprogesteroncapronat* (**I**), *17α-Äthinyl-19-nortestosteronönanthat* (**II**), *Anhydrohydroxyprogesteron*, *17α-Äthyl-19-nortestosteron*, *17α-Äthinyl-19-nortestosteron* u. *17α-Äthinylnortestosteronacetat* wurde an 264 artefiziellen Menstruationscyclen untersucht. **I** u. **II** sind protrahiert wirksam. Jeder Substanz kommen Vorzüge bei der Behandlung bestimmter patholog. Zustände zu. U. LASCHET. 4559 □

Hochwirksame progestative Substanzen bei menschlicher Schwangerschaft. C. Paul Hodgkinson, Eli J. Igna und Alfred P. Bukeavich. (Ann. New York

Acad. Sci. **71.** 753—58. Juli 1958. Detroit, Mich., Henry Ford Hosp., Dep. of Gyn. and Obstetr.) (Engl.)

61 Frauen mit Frühschwangerschaftskomplikationen wurden mit *17α-Hydroxyprogesteroncapronat* bzw. *17α-Äthinyl-19-nortestosteron* behandelt. In 39,4% konnte die Schwangerschaft durch die Gestagenbehandlung erhalten werden, bei einer Kontrollgruppe nur 15,5%. U. LASCHET. 4559□

Klinische Beobachtungen über die Anwendung von 17-Äthinyl-19-nortestosteron bei wiederholten und drohenden Aborten. Daniel Abramson. (Ann. New York Acad. Sci. **71.** 759—61. Juli 1958. Boston, Mass., Harvard Med. School, Dep. of Obstetr.; Boston, Lying-in Hosp.) (Engl.)

Orale Gabe von *17-Äthinyl-19-nortestosteron* (I) hat sich bei wiederholtem oder drohendem Abort besser bewährt als parenterale, buccale oder intravaginale Gabe; I wurde teils prophylakt. (5 mg/Tag), teils therapeut. angewandt. In 42 von 67 behandelten Fällen wurde die Schwangerschaft ausgetragen; 23 Patientinnen waren zur Zeit des Berichts noch nicht am Termin. U. LASCHET. 4559□

Klinische Anwendung von 17α-Hydroxyprogesteron-17-n-capronat bei habituellem Abort. Edward C. Reifenstein jun. (Ann. New York Acad. Sci. **71.** 672—86. Juli 1958. New York, N.Y., Olin Mathieson Chem. Corp., E. R. Squibb & Sons Div., Squibb Inst. for Med. Res., Med. Div.; Flower and Fifth Avenue Hosp.; New York Med. Coll, Dep. of Med.)

17α-Hydroxyprogesteron-17-n-capronat (I) in Dosen von 375—500 mg einmal pro Woche von der 6.—20. Schwangerschaftswoche erwies sich als protrahiertes u. hochwirksames Gestagen in der Therapie des habituellen Aborts. Bei 82 Frauen, die ohne Therapie im Verlauf von 344 voraufgegangenen Schwangerschaften 11,3% lebensfähige Kinder gebaren, stieg nach I-Behandlung der %-Satz auf 68,3 bei 82 Schwangerschaften an. Bei keinem der Kinder konnten Schädigungen durch die I-Behandlung festgestellt werden. U. LASCHET. 4559□

Die klinische Anwendung von 17α-Hydroxyprogesteron-17-n-capronat zur Verhütung der vorzeitigen Wehentätigkeit und seine Wirkung auf das Überleben des Foeten. Eduard Eichner. (Ann. New. York Acad. Sci. **71.** 787—93. Juli 1958. Cleveland, Ohio, Mount Sinai Hosp.) (Engl.)

40 Fälle mit spontanem vorzeitigem Blasensprung, 8 mit vorzeitigen schmerzhaften Wehen u. 11 mit Uterus- oder Beckenanomalien wurden mit individuellen Dosen *17α-Hydroxyprogesteron-17-n-capronat* behandelt. Weder die vorzeitige noch die termingerechte Wehentätigkeit konnte dadurch beeinflußt werden, jedoch konnten mehr Kinder mit einem Geburtsgewicht zwischen 1000 u. 2000 g am Leben erhalten werden als ohne Behandlung. U. LASCHET. 4559□

Die Behandlung menschlicher Diabetes-Schwangerschaften mit Östradiolvalerianat und 17α-Hydroxyprogesteron-17-n-capronat. Luke Gillespie, Lloyd I. Sexton und Priscilia White. (Ann. New York Acad. Sci. **71.** 794—99. Juli 1958. Boston, Mass., Harvard Med. School; Boston Lying-in Hosp., Dep. of Obstetr.; Joslin Clin.) (Engl.)

50 Diabetikerinnen, davon 82% mit schwerem Diabetes, erhielten sofort nach Diagnostizierung der Gravidität wöchentlich *Östradiolvalerianat* + *17α-Hydroxyprogesteron-17-n-capronat* (1 ml *Delestrogen* + 1 ml *Delalutin* steigend bis 10 + 10 ml). Unter dieser Behandlung erreichten alle Foeten Lebensfähigkeit; 86% überlebten. Während der Schwangerschaft war die *Pregnandiol*-Ausscheidung im Harn bei 90% der Patientinnen niedriger als bei nichtbehandelten diabet. Kontrollpatientinnen; die *Choriongonadotropin*-Ausscheidung war bei beiden Gruppen gleich. U. LASCHET. 4559□

Die Verteilung von durch Infusion verabreichtem Östron im menschlichen Plasma. H. N. Antoniades, J. W. McArthur, R. B. Pennell, F. M. Ingersoll, H. Ulfelder und J. L. Oncley. (Amer. J. Physiol. **189.** 455—59. Juni 1957. Boston, Mass., Protein-Found., Inc. and Vincent Mem. Hosp.)

Männlichen Vers.-Personen wurden 100 mg *Östronsulfat* (gepuffert) in 0,9%ig. *NaCl*-Lsg. (100 ml) durch i.v. Infusion verabreicht. Einer anderen Gruppe wurden 100 mg krist. *Östrons* in 35 ml *Propylenglykol* u. 80 ml 5%ig. menschlichen Serumalbumins verabreicht. Nach 2 Std. wurde eine Phlebotomie vorgenommen, 500 ml des Bluts durch den Dowex-50-Austauscher einer ADL-COHN-Blutfraktioniermaschine geschickt u. nach Abtrennung des Plasmas mit der Fraktionierung begonnen. Die Extrakte der Fraktionen wurden unreifen weiblichen Ratten verabreicht u. die östrogene Aktivität durch die Gewichtszunahme des Uterus festgestellt. Östrogene Aktivität wurde in allen Blutfraktionen, bes. aber in Fraktion IV_1 (*α-Globuline*, *Cholesterin*,

Albumin), V (*Albumin*) u. VI (überstehende Lsg.) gefunden. Weitere Unterss. zeigen, daß *Östron* vor allem ungebunden u. an die *Albumine* gebunden im Blut vorliegt.

A. GUDE. 4559□

Wirkungen von Östrogen und Progesteron auf einzelne Uterusmuskelfasern der Ratte. Jean M. Marshall. (Amer. J. Physiol. **197.** 935—42. Okt. 1959. Baltimore, Md., Johns Hopkins Univ., School of Med., Dep. of Physiol.) (Engl.)

Während Uterusmuskelfasern von unbehandelten Albinoratten ein Ruhepotential von 35,2 mV aufweisen, zeigen Fasern von 5 Tage lang mit 6,0 μg *Östradiolbenzoat* (I)/Tag behandelten Tieren ein Potential von 57,6 mV u. sind rhythm. kontraktionsfähig (begleitende u. vorlaufende Aktionspotentiale), einige Regionen zeigen Schrittmacher-Eigg. (langsame Membrandepolarisierung zwischen Aktionspotentialen). Fasern von 3 Tage lang mit 6,0 μg I u. 5 Tage lang mit 1,6 μg I plus 12 mg *Progesteron*/Tag behandelten Tieren zeigen ein noch höheres Ruhepotential von 63,8 mV, jedoch keine Schrittmacherregionen u. keine begleitenden Aktionspotentiale. *Acetylcholin* führt bei den behandelten Gruppen zur Kontraktion, zur Verminderung des Membranpotentials u. zur Steigerung der Aktionspotentialfrequenz. *Epinephrin* vermindert die Kontraktion, steigert das Membranpotential u. löscht die Aktionspotentiale aus.

U. TAUSENDFREUND. 4559□

Allylöstrenol, ein die Schwangerschaft erhaltendes oral wirksames Gestagen. Z. Madjerek, J. de Visser, J. van der Vies und G. A. Overbeek. (Acta endocrinol. [Copenhagen] **35.** 8—19. Sept. 1960. Oss, Holland, N. V. Organon, Dep. of Pharmacol.) (Engl.)

Aus einer Reihe neusynthetisierter Steroide konnte *Allylöstrenol* (*17α-Allyl-Δ^4-östren-17β-ol*) als oral wirksames Gestagen ermittelt werden. Es hat weder androgene, noch östrogene, noch die Keimdrüsen oder Nebennierenrinde hemmende Eigenschaften. Die wirksame Dosis beträgt im CLAUBERG-Test 0,5 mg (Tagesdosis), im CORNER-ALLEN-Test 10 mg, im Deciduom-Test 2,5 mg, für die Carboanhydrasen 0,5 mg u. für die Erhaltung der Gravidität 10 mg. Eine antiöstrogene Wrkg. ist mit einer Tagesdosis von 2 mg nachzuweisen. Bei Verabfolgung während der Schwangerschaft konnte keine Beeinträchtigung der Foeten nachgewiesen werden. Das Präp. ist nicht toxisch.

U. LASCHET. 4559□

Reaktionsfähigkeit des Kindbett-Vaginalepithelium bei lokaler Östrogentherapie. Nilo Pereira Luz. (Amer. J. Obstetr. Gynecol. **80.** 463—65. Sept. 1960. Porto Alegre, Rio Grande do Sul, Brasil, Univ., Dep. of Anat., Fac. du Med.) (Engl.)

Wird Frauen im Kindbett täglich 5 cm^3 einer Salbe vaginal appliziert, die 0,1 mg *Dienöstrol* pro cm^3 enthält, so lassen sich deutliche Veränderungen bei der Verhornung u. Zellverdichtung der mit dem Vaginalschleim ausgesonderten Zellen feststellen. Demgegenüber spricht der Organismus im Kindbett nicht auf oral oder parenteral applizierte Östrogene an. L. TRÄGER. 4559□

Klinische Beobachtungen zur Diagnose und Therapie der Leydig-Zellinsuffizienz. J. Kimmig. (Klin. Wschr. **37.** 1165—68. 15/11. 1959. Hamburg, Univ., Hautklinik.) (Dt.)

An 39 Patienten wurde nachgewiesen, daß es eine „LEYDIG-Zellinsuffizienz" bei völlig normalem Spermiogramm gibt. Die Diagnose kann nur aus den erniedrigten *Fructose* (I)-Werten im Spermaplasma (ca. 500 γ/ml) gestellt werden. Nach Verabreichung von *Choriongonadotropin* (3mal 6000 E. innerhalb von 6 Tagen) bzw. *Methyltestosteron* (5—10 mg/Tag) kommt es bereits nach 6—8 Tagen zur Normalisierung der I-Werte im Spermaplasma. *9α-Fluor-11β-hydroxy-17α-methyltestosteron* (10 mg/Tag) ist fast ohne Wrkg. auf den erniedrigten I-Spiegel, so daß dieser Verb. keine wesentlichen androgenen Eigg. zuzukommen scheinen. U. TAUSENDFREUND. 4559□

Das Vorkommen von Δ^5-3β-Hydroxysteroiden in Nebennieren- und Hodengewebe. Robert Neher und Albert Wettstein. (Acta endocrinol. [Copenhagen] **35.** 1—7. Sept. 1960. Basel, Ciba Ltd., Pharm. Div.) (Engl.)

Aus Schweinenebennieren konnten erstmals *Δ^5-Pregnen-3β-ol-20-on* u. *Δ^5-Pregnen-3β.17α-diol-20-on* isoliert werden, während *Dehydroepiandrosteron* (I) nicht nachzuweisen war. I wurde jedoch in Schweinehoden gefunden, die aber kein *17α-Hydroxypregnenolon* enthielten. Vff. folgern aus ihren Vers.-Ergebnissen, daß I hauptsächlich aus *17α-Hydroxypregnenolon* der Nebennieren gebildet wird. Es wird die Meinung vertreten, daß sowohl im Nebennieren- als auch im Hodengewebe zwei unterschiedliche pregnenolonabhängige Biosynth.-Wege für Androgene ablaufen: Der Hauptweg in den Nebennieren verläuft über *Pregnenolon* → *17α-Hydroxypregnenolon* → I → *Δ^4-Androsten-3.17-dion*; der Biosynth.-Weg in den Hoden hingegen verläuft hauptsächlich vom *Pregnenolon* über *Progesteron* u. *17α-Hydroxyprogesteron* zu *Δ^4-Androsten-3.17-dion.*

U. LASCHET. 4559□

Eine neue Klasse lang wirksamer Steroidhormonester. Egon Diczfalusy. (Acta endocrinol. [Copenhagen] **35.** 59—68. Sept. 1960. Stockholm, Karolinska Sjukhuset, Dep. of Women's Diseases, Hormone Labor.) (Engl.)

Steroidester der *p-Alkoxyphenylpropionsäure* mit 3—12 C-Atomen in der Alkoxygruppe sind protrahiert wirksam. Folgende Verbb. wurden untersucht: *Testosteron* (I)-*phenylpropionat*, I-*Cyclopentylpropionat*, I-*Önanthat*, I-*p-Hexoxyphenylpropionat*, *17β-Östradiol* (II)-*valerianat*, II-*p-Propoxyphenylpropionat*, *17α-Hydroxyprogesteron* (III)-*capronat*, III-*p-Butoxyphenylpropionat* u. *Cortison* (IV)-*p-Octoxyphenylpropionat* u. IV-*p-Dodecoxyphenylpropionat*. Die protrahierte Androgenaktivität wurde am Samenblasen- u. Prostatagewicht kastrierter erwachsener ♂ Ratten am 4., 8., 16., 28., 42., 60. u. 90. Tag nach einmaliger Injektion von 4,35 u. 8,7 mg I-Äquivalenten bestimmt, die anabole Wrkg. im Levator ani-Test am gleichen Tiermaterial, die Östrogen-Wrkg. im Vaginalabstrichtest nach einmaliger Injektion bei kastrierten Mäusen u. die Gestagenaktivität im modifizierten McPHAIL-Test nach vorausgehender Injektion von einmal 300 μg *Polyöstradiolphosphat*. I-*Phenylpropionat* ist als Androgen nur relativ kurz wirksam; die Maximalwerte im Samenblasengewichtstest waren am 8. Tag zu finden; I-*Önanthat* am 16.—28. Tag, erst am 90. Tag werden wieder Kontrollwerte erreicht; I-*Cyclopentylpropionat* am 16. Tag, Kontrollwerte am 60. Tag. Die protrahierteste u. stärkste Androgen-Wrkg. hat I-p-Hexoxyphenylpropionat, Maximalwerte am 43. Tag u. am 90. Tag noch die gleiche Wrkg. wie das I-*Önanthat* oder I-*Cyclopentylpropionat* etwa am 35. Tag. Ähnlich sind die Wrkg.-Verhältnisse am Prostatagewichtstest. Die anabole Wrkg. von *19-Nortestosteron-p-hexoxyphenylpropionat* ist der des I-*p-Hexoxyphenylpropionats* gleich, jedoch fehlt dem Nortestosteron-Deriv. die hohe Androgenaktivität. Von den Östrogenen erwies sich II-p-Propoxyphenylpropionat am protrahiertesten wirksam: 1 μg ca. 15, 2 μg ca. 25, 5 μg 35 Tage; II-Valerianat 1 μg 13, 2 μg 18 Tage; II-Cyclopentylpropionat 1 μg 14, 2 μg 25 Tage. Während 16 Tage nach einmaliger subkutaner Injektion von 20 mg *Progesteron* keine Gestagen-Wrkg. am Endometrium des Kaninchens mehr nachzuweisen ist, ist nach 6 mg III-Capronat bzw. III-p-Butoxyphenylpropionat, ebenso auch nach *11-Desoxycorticosteron-21-p-hexoxyphenylpropionat* noch eine deutliche progestative Wrkg. festzustellen. Beide hergestellten IV-Derivv. haben im Thymusinvolutionstest protrahierte Glucocorticoidwirkung.

U. LASCHET. 4559□

Die chromatographische Analyse der 17-Ketosteroide des Plasmas. Frühere Methoden und eigener Beitrag. G. Lotti und A. Marcenaro. (Arch. „E. Maragliano" Patol. Clin. **16.** 605—12. Aug. 1960. Genova, Univ., Ist. di Clin. Med. Generale.) (Ital.)

Modifikation der Meth. von MIGEON u. PLAGER (C. **1956.** 12312). Hydrolyse u. Extraktion erfolgen ohne Enteiweißung des Plasmas u. vor der Chromatographie wird der Extrakt in eine Hexan- u. eine A.-Fraktion getrennt. Dadurch werden Verluste durch Ausfällung zusammen mit den Eiweißkörpern u. Schwierigkeiten infolge überschüssiger Lipoidanteile in den Extrakten vermieden. Normalwerte: ♂ 56,6 ± 17,3 μg% *Dehydroepiandrosteron* (I) u. 25,9 ± 7,8 μg% *Androsteron* (II); ♀ 51,7 ± 12,3 μg% I u. 21,3 ± 8,7 μg% II.

K. ZINGRAF. 4559□

Blockierung der spermienbildenden Wirkung des Choriongonadotropins bei der Kröte. J. V. Iriarte und M. H. Burgos. (C. R. Séances Soc. Biol. Filiales **153.** 504. 30/6. 1959. Mendoza, Argentine, Fac. des Sci. Méd., Inst. d'Histol. et d'Embryol.) (Franz.)

Das *phosphorylierte Hesperidin* (20 mg/Tier) verhindert die Spermien-Bldg. nicht. Das *Suramin BP* (*Antrypol*, IMPERIAL CHEM. PHARM; 20 mg/Kröte; in die Haut injiziert) hingegen verhinderte in fast allen Fällen die spermienbildende Wrkg. von 50 I.E. *Choriongonadotropin* bei der Kröte (*Bufo arenarum Hensel*).

W. F. EBEL. 4560□

Die hemmende Wirkung von Antiserum gegen Rattenhypophysen bei hypophysektomierten Ratten nach Injektion von Hypophysenhormonen. Ludwik Anigstein, Edward G. Rennels und Dorothy M. Anigstein. (Acta endocrinol. [Copenhagen] **35.** 139—60. Sept. 1960. Galveston, Texas, Univ. of Texas, Med. Branch, Dep. of Prevent. Med. and Publ. Health, Dep. of Anat. and of Microbiol.) (Engl.)

Das Antiserum gegen Rattenhypophysine (antirat pituitary serum, APS) hemmte bei gleichzeitiger Injektion mit Hypophysenhomogenaten von Ratten oder Rinder-*Somatotropin* (STH) die Aktivität des STH u. der Gonadotropine. Rinder-STH-Antiserum hemmte die durch Rattenhypophysenhomogenate ausgelöste Stimulierung. Es wurden spezif. Antikörper im APS- u. Rinder-STH-Antiserum gegen ihre homologen Antigene nachgewiesen.

U. LASCHET. 4560□

Vergleich der Dehydratation und Hydratation von zwei Froscharten (Heleioporus und Neobatrachus), welche in Gebieten wechselnder Trockenheit leben. P. J. Bentley,

A. K. Lee und A. R. Main. (J. exp. Biology **35.** 677—84. Sept. 1958. Univ. of Western Australia, Physiol. and Zool. Dep.) (Engl.)

Neobatrachus, nicht aber *Heleioporus*, aus trockenen Gebieten nahm bei Dehydratation oder nach Injektion von Hypophysenhinterlappenextrakt rascher W. auf als Tiere aus weniger trockenen Gebieten. Keine Unterschiede in der Widerstandsfähigkeit gegen Austrocknung. K. ZINGRAF. 4560□

Neurohypophysenhormone von Vögeln: Pharmakologische Eigenschaften und versuchsweise Identifizierung. Robert A. Munsick, Wilbur H. Sawyer und H. B. van Dyke. (Endocrinology **66.** 860—71. Juni 1960. New York, N.Y., Columbia Univ., Coll. of Physicians and Surgeons, Dep. of Pharmacol.) (Engl.)

Die pharmakolog. Wrkg. der Neurohypophyse des Haushuhns, *Gallus domesticus*, wurden untersucht. Sie entsprechen denen eines Gemisches aus *Oxytocin* (**I**) u. *Arginin-vasotocin* (**II**), einem von KATSOYANNIS u. DU VIGNEAUD (C. **1959.** 13535; Nature [London] **184.** [1959.] 1465) synthetisierten Analogon des **I.** Papierchromatograph. u. enzymat. Unterss. sowie der Nachw. der Inaktivierung durch Thioglykolat beweisen weiterhin, daß **I** u. **II** die Hormone der Neurohypophyse des Haushuhns darstellen.
K. F. MÜLLER. 4560□

Antidiuretische Wirkung von Hypophysen-Hypothalamusextrakten von Myxine glutinosa L. (Cyclostomata). Hans Adam. (Naturwissenschaften **48.** 75—76. 1. Febr.-H. 1961. Drøbak, Univ. Oslo, Biol. Station; Wien, Hochsch. für Bodenkultur, Inst. für Exp. Zool. u. Vergl. Anatomie u. Physiologie.) (Dt.)

Aus der Hypophyse u. den anschließenden Hirnteilen frischgefangener Exemplare von *Myxine glutinosa L.* (Cyclostomata) werden durch Entwässern in kaltem Aceton, Trocknen über H_2SO_4, Pulverisieren u. Verreiben mit froschisotoner Kochsalz-Lsg. (2—3 Min.) Extrakte mit deutlich antidiuret. Wrkg. gewonnen. Der morpholog. Nachw. eines neurosekretor. Syst. in den betreffenden Hirnabschnitten ließ bereits die innere Sekretion antidiuret. Hormone vermuten. Beim Test an *Bufo viridis Laur.* (Wechselkröte), denen der Extrakt aus den Gehirnteilen von 5—10 ca. 30 cm langen Exemplaren von Myxine in den dorsalen Lymphsack injiziert worden war, ließ sich als Folge der Harnretention in 1—5 Std. eine Gewichtszunahme von 10—13% (5 Verss.) feststellen. Gleiche Gewichtszunahme verursachten 1—3 I.E. standardisierter Hypophysenhinterlappenhormone (*Pituisan*, SANABO, Wien bzw. *Pituifral*, PHILIPS-CHEMIE, Wien).
K. ZOPFF. 4560□

Beiträge zur Beteiligung des Zentralnervensystems an der thyreotropen Reaktion der Hypophyse. D. Belloiu, R. Holban und V. Săhleanu. (Comun. Acad. Republ. Populare romîne **5.** 425—32. Febr. 1955. Acad. R. P. R., Inst. de endocrinol. C. I. Parhon.) (Rum.)

Ratten wird 12 Tage lang *Methylthiouracil* (**I**), *Jod* oder *Thyroxin* (**II**), für sich oder zusammen mit anderen auf das Zentralnerven-Syst. (ZNS) wirkenden Stoffen: *Coffein* (**III**), *Chloralose* (**IV**) oder *Luminal* (**V**) injiziert u. der Geh. an thyreotropem Hormon (TH) in der Hypophyse durch Implantation bei der Kaulquappe festgestellt. Das TH nimmt nach **III** zu, schwächer mit **IV** u. **V**; deren Wrkg. summiert sich aber nicht mit der von **I**, J_2 u. **III**. **I** + **III** u. **II** + **III** erhöhen den TH-Geh., die Wrkg. von J_2 wird durch **III** geschwächt. **IV** setzt den Geh. an TH bei mit **I** oder J_2 behandelten Tieren herab u. verstärkt die Senkung durch **II. V** erhöht den Geh. an TH bei den mit **I** behandelten Tieren. Damit erscheint der Einfl. des ZNS auf die thyreotrope Rk. bzw. das Gleichgewicht zwischen Sekretion u. Exkretion nachgewiesen.
R. K. MÜLLER. 4560□

Die Beziehung zwischen der hypothalamischen Neurosekretion und der Corticotropinausschüttung unter experimentellen Bedingungen. E. Kivalo und U. K. Rinne. (Acta endocrinol. [Copenhagen] **34.** 8—18. Mai 1960. Turku, Finland, Univ., Dep. of Anatomy.) (Engl.)

Stress (ST) stimuliert die Aktivität des *Nucleus supraopticus* u. des *Nucleus paraventralis* im *Hypothalamus* (ANH) u. die Ausschüttung von *adrenocorticotropem Hormon* (AAH), St + Hydratation hemmt ANH, stimuliert aber AAH. *Cortison* (**I**) hemmt ANH u. AAH, **I** + Dehydratation stimuliert ANH, hemmt aber AAH. Es scheint keine Beziehung zwischen ANH u. AAH zu bestehen, dagegen wird eine solche zwischen neurosekretor. Material im Bereich der *Eminentia medialis* u. AAH angenommen.
K. ZINGRAF. 4560□

Corticosteroide und Akkumulierung von ^{14}C-Aminosäuren und Histamin durch das isolierte Rattenzwerchfell. Ira G. Wool. (Amer. J. Physiol. **199.** 715—18. Okt. 1960. Chicago, Ill., Univ. of Chicago, Dep. of Physiol.) (Engl.)

Während Adrenalektomie ohne Einfl. auf die Eintritts-Geschw. von *$^{14}C_{(1)}$-Aminoisobuttersäure*, *$^{14}C_{(2')}$-L-Histidin*, *$^{14}C_9$-L-Phenylalanin*, *$^{14}C_6$-L-Lysin*, *$^{14}C_6$-L-Leucin*, *$^{14}C_3$-L-Alanin* u. *$^{14}C_{(2')}$-Histamin* in das Rattenzwerchfell ist, hemmt die Verabreichung von 2 mg *Cortison*/Tag die Akkumulierung der betreffenden Substanzen. U. TAUSENDFREUND. 4561□

Intensivierung der thymolytischen Wirkung von Cortisol durch Epinephrin. N. R. Stephenson. (Acta endocrinol. [Copenhagen] **35.** 69—73. Sept. 1960. Ottawa, Ontario, Canada, Dep. of Nat. Health and Welfare, Food and Drug Labor.) (Engl.)

Subkutane Injektion kleiner Dosen *Adrenalin* (**I**) u. *Cortisol* (**II**) im gleichen wss. Medium führte bei intakten u. adrenalektomierten Ratten zu einer erheblichen Intensivierung der thymolyt. Wrkg. von **II**. Wurden **I** u. **II** nicht in einer Injektion sondern getrennt verabfolgt, so fehlte dieser Effekt oder war zumindestens vermindert. Vf. nimmt an, daß durch **I** die Resorptionsquote von **II** erhöht wird. 0,005—0,002 mg **I** allein verminderten das Thymusgewicht um 11,4—13,5%; 0,3 mg **II** allein um 32,1% u. die Kombination von **I** + **II** um 51,0—60,5%. U. LASCHET. 4561□

Der Effekt von Hypertension auf die Elektrolyten in der Arterienwand bei Verabreichung von Desoxycorticosteron. Louis Tobian und Paul D. Redleaf. (Amer. J. Physiol. **189.** 451—54. Juni 1957. Minneapolis, Minn., Univ. of Minnesota, Hosp.)

Vff. verabreichen Ratten in Abständen von 4 Wochen 2 subkutane Dosen von je 125 mg *Desoxycorticosterontrimethylacetat* (**I**). Gruppe 1 der Ratten bekommt in der Nahrung u. im Trinkwasser nur 0,0023% Na^+, Gruppe 2 erhält in der Nahrung u. im W. je 1% *NaCl*. Die Kontrollgruppe wurde nicht mit **I** behandelt u. bekam die Diät der Gruppe 1. In Gruppe 2 wurden 7 Tiere mit starker Hypertension u. 9 Tiere mit leichter Hypertension festgestellt. Bei Gruppe 1 hatte keine Blutdruckerhöhung stattgefunden. Der *Na*-Geh. des Serums der Tiere mit Hypertension lag um 1% höher, der *Cl*-Geh. des Serums um 12% tiefer als in der Kontrollgruppe, während das Serum der Gruppe 1 keine Unterschiede gegenüber der Kontrollgruppe aufweist. Der Geh. der Aortawand bei starker Hypertension an *Na*, *K* u. *Cl* war um 18 bzw. 18 bzw. 16% höher, bei leichter Hypertension lag der *Na*-Geh. um 13% höher, der *K*-Geh. um 5% u. der *Cl*-Geh. um 10% niedriger, in Gruppe 1 war der Na-Geh. um 4% höher, der *K*-Geh. um 5% niedriger u. der *Cl*-Geh. ungeändert gegenüber der Kontrollgruppe. Vff. glauben damit bewiesen zu haben, daß die **I**-Behandlung nicht von Hypertension, hyperchloräm. Alkalose u. Elektrolytzunahme in der Arterienwand begleitet ist, wenn eine *NaCl*-arme Diät gegeben wird. A. GUDE. 4561□

Wirkungen von Corticosteroiden auf den Elektrolytstoffwechsel von Teleosten während der Osmoregulation. Isidore S. Edelman, Ho Lee Young und John B. Harris. (Amer. J. Physiol. **199.** 666—70. Okt. 1960. San Francisco, Calif., Univ. of California, School of Med., Dep. of Med.; Coconut Island, Hawaii, Univ. of Hawaii, Hawaii Marine Labor.) (Engl.)

Die Überlebenszeit von eryhalinen u. stenohalinen Meeresteleosten (*Mugil cephalus, Tilapia mossambica, Thalassoma duppery*) in Frischwasser ist umgekehrt proportional der Geschw. des *Na*-Verlustes. Verabreichung von *Hydrocortison*, *9α-Fluorhydrocortison* u. *dl-Aldosteron* haben keinen Einfl. auf Na- oder *K*-Verlust oder auf Veränderungen im Plasma- oder Muskelelektrolyt-Geh. während des Aufenthaltes im Frischwasser, so daß die Interrenaldrüsen die Geschw. des Elektrolyttransports durch Kiemen u. Nierentubuli der Teleosten nicht regulieren. Die Euryhalinität hängt demnach von der Fähigkeit zur Bewahrung von Na, K u. Cl in hypoton. W. ab. NaCl-Verarmung, Zusammenziehung der Extrazellulär-Fl. u. Hypovolämie sind als Hauptfaktoren zur Unfähigkeit des Überlebens in Frischwasser anzusehen. U. TAUSENDFREUND. 4561□

Der Stoffwechsel von $^{14}C_{(2)}$-Pyruvat nach Adrenalektomie. W. W. Winternitz und W. G. Forrest. (Amer. J. Physiol. **199.** 1059—63. Dez. 1960. New Haven, Conn., Yale Univ., School of Med., Dep. of Physiol.) (Engl.)

Normale u. adrenalektomierte Ratten erhielten Infusionen von *$^{14}C_{(2)}$-Pyruvat* ($15,7 \cdot 10^6$ Impulse/min). Bei den Normaltieren fand sich die Radioaktivität vorwiegend im Leberglykogen (spezif. Aktivität 19020). Die adrenalektomierten Tiere bildeten kein Leberglykogen aus dem Pyruvat (spezif. Aktivität ~0), zeigten aber gegenüber den Normaltieren eine leichte Erhöhung der Radioaktivität im ausgeatmeten CO_2 u. im Blutplasma. Prim. scheint bei Adrenalektomie die Glykogenese gestört, der ein vergrößerter Kohlenhydratabbau über alle verfügbaren Stoffwechselwege folgt.

K. THIELMANN. 4561□

Wirkung von Cortison und verwandten Verbindungen auf die Biogenese des Knorpels. M. W. Whitehouse und J. W. Lasb. (Nature [London] **189.** 37—39. 7/1. 1961. Philadelphia, Pa., Univ. of Pennsylvania, School of Med., Dep. of Biochem. and Anatomy.) (Engl.)

Cortison (I), *Hydrocortison* (II), *Prednison* (III), *Prednisolon* (IV), *6α-Methyl*-I, -II, -III, *9α-Fluor*-II, -IV, *9α-Fluor-16α-hydroxy*-II u. -IV ($1,5 \cdot 10^{-4}$ m) sowie *K-Salicylat* in hohen Konzz. ($1,5 \cdot 10^{-2}$ m) hemmen die Bldg. *saurer Mucopolysaccharide* im Bindegewebe, sie wirken vorwiegend durch Hemmung der Sulfierung präformierter Polysaccharide. *6α-Methyl*-IV (*Medrol*), *K-Benzoat*, *K-Thiosalicylat*, *Phenylbutazon* u. *Cinchophen* ($3 \cdot 10^{-4}$ m) waren ohne Wrkg. on vitro. U. TAUSENDFREUND. 4561 □

Wirkung von Sexualhormonen, Cortisol, Prednisolon und ACTH auf die Bernsteinsäuredehydrogenase-Aktivität in der Meerschweinchenleber in vivo. G. Lotti und A. Marcenaro. (Arch. „E. Maragliano" Patol. Clin. **16.** 613—20. Aug. 1960. Genova, Univ., Ist. di Clin. Med. Generale.) (Ital.)

Die Bernsteinsäuredehydrogenaseaktivität von Leberhomogenisaten von Meerschweinchen wurde durch *Cortisol* u. *Prednisolon* (in vivo) statist. signifikant u. durch *Adrenocorticotropes Hormon* weniger stark erhöht, durch *Testosteron* u. *17β-Östradiol* dagegen nicht beeinflußt. K. ZINGRAF. 4561 □

Durch Steroide hervorgerufene Änderungen der Adenosintriphosphataseaktivität und des Volumens der Lymphosarkome und Lebermitochondrien. Melvin Blecher und Abraham White. (J. biol. Chemistry **235.** 3404—12. Dez. 1960. New York, N.Y., Yeshiva Univ., Albert Einstein Coll. of Med., Dep. of Biochem.) (Engl.)

Die Unters. bringt Beweise dafür, daß die früher (BLECHER, Fed. Proc. **19.** [1960.] 53) beobachtete Hemmung der anaeroben *Glykolyse* von Glucose (IV) u. Hexosemonophosphaten durch *Desoxycorticosteron* (I) u. *Cortisol* (II; bei Verw. von Ratten-Lymphosarkomen) tatsächlich teilweise auf einer Aktivierung der *Adenosintriphosphatase* (III; in Lymphosarkomen wie in Mitochondrien) durch die Steroide beruht. Die Steroide bewirken in vitro ein Freisetzen der latenten III aus frisch hergestellten Lymphosarkomen bzw. Lebermitochondrien, wobei die Wrkg. in folgender Reihenfolge abnimmt: *Progesteron, 17α-Äthyl-19-nortestosteron, 17α-Methyltestosteron, 17α-Äthyltestosteron,* I, *21-Desoxycortisol, Δ^1-Cortisol, Cortisol-21-aldehyd, 11-Desoxycorticosteron-21-acetat, 11-Desoxycortisol, Corticosteron, Östradiol, 19-Nortestosteron,* II, *Dihydrotestosteron, 9α-Fluorcortisol, Δ^1-Cortison, 11-Desoxycortison, Cortison, 17α-Hydroxyprogesteron, Testosteron, Dihydrocortison-21-acetat, Cortison-21-acetat, Cortisol-21-acetat, Cholesterin.* Die Beziehungen zwischen Steroidstruktur u. Aktivität sind die gleichen, die früher für die Hemmung der IV-Verwertung durch lymphoides Gewebe beobachtet worden sind. — Verabreichen von I an Ratten mit Lymphosarkomen führt zu Tumormitochondrien mit 3fach erhöhter III-Aktivität. — In vitro war das Freisetzen der III-Wrkg. aus Lymphosarkomen u. Lebermitochondrien proportional der Steroid-Konz., u. zwar deutlich kurz nach der Inkubation, unbeeinflußt von der Gasphase (Luft oder N_2), sehr deutlich bei pH 6,5, aber auch ausgeprägt bei pH 6,0 u. pH 7,4 (wie auch mit 2.4-Dinitrophenol gefunden wurde); der Effekt wurde in Ggw. wie in Abwesenheit von Rinderserum-*Albumin* (V) beobachtet; er tritt nicht nach dem Altern der Mitochondrien ein, da bei diesem Vorgang bereits ein Freisetzen der latenten III erfolgt. — Ggw. von V im Inkubationsmedium der III-Unters. ist bei Lymphosarkomen erforderlich. — Ein Freisetzen von Protein durch I wird bei Mitochondrien nicht beobachtet. — Steroide sind ohne Wrkg. auf die III-Wrkg. von Mikrosomenfraktionen oder lösl. cytophasmat. Fraktionen von Lymphosarkomen. — I bewirkt, proportional zu seiner Konz., eine Vergrößerung des Vol. von Lymphosarkomen u. Lebermitochondrien. Diese Vol.-Vergrößerung der Mitochondrien geht nach Zusatz von Adenosintriphosphat (ATP) zurück, wobei ein gleichzeitiger Zusatz von Mg^{2+} eine Aktivierung der III u. Aufhebung der ATP-Wrkg. verursacht. Zusatz von V allein vermindert Geschw. u. Ausmaß des durch I induzierten Schwellens der Mitochondrien. — Gleichzeitige Best. der durch I bewirkten Vol.-Vergrößerung u. der durch I erhöhten III-Wrkg. zeigten sowohl bei Leber- als auch bei Lymphosarkommitochondrien, daß das Ausmaß der Vergrößerung in umgekehrter Beziehung zur anfänglichen u. bleibenden Konz. von ATP steht. ATP-Konzz., die höher als die Minimal-Konz. von ATP waren, hinderten — selbst in Ggw. des die III aktivierenden Mg^{2+} — vollständig die durch I bewirkte Vol.-Vergrößerung der Mitochondrien. A. HESSE. 4561 □

Über einen Cortison-äquivalenten Katalysator der Autoxydation der Linolsäure in vitro. W. Schuler und R. Meier. (Experientia [Basel] **14.** 288—89. 15/8. 1958. Basel, Forschungslabor. der CIBA A.G., Pharmaz. Abt.)

ω-Hydroxyacetophenon (I) u. *ω-Hydroxy-3.4-dimethoxyacetophenon* (II) besitzen eine dem Cortison quant. u. qual. ähnliche katalyt. Wrkg. bei der Autoxydation von *Linolsäure.* I wirkt stärker als II. *Dihydroxy*-Derivv. von *Acetophenon* sind wesentlich schwächer wirksam, *ω-3.4-Trihydroxyacetophenon* ist unwirksam. K. ZINGRAF. 4561 □

Die Wirkung von Cortison auf die bei Ratten mit Cholesterin und Vitamin D ausgelöste cardiovaskuläre Sklerose. T. P. J. Vanha-Perttula und E. K. Näätänen. (Acta endocrinol. [Copenhagen] **35.** 20—33. Sept. 1960. Turku, Univ., Dep. of Anat.) (Engl.)

Ratten, die 100 Tage lang 3,5% *Cholesterin* (II) u. 0,01% *Vitamin* D_3 (III) kombiniert oder allein mit dem Futter erhielten, bekamen anfangs täglich 2,5, vom 30. Tag an nur noch 1 mg Cortison (I)/Tag subkutan injiziert. I allein verursacht keinerlei cardiovaskuläre arteriosklerot. Veränderungen; auch II allein hat keine entsprechenden Veränderungen zur Folge. Werden I u. II zusammen verabfolgt, so kommt es nach einiger Zeit zu geringen degenerativen Veränderungen der elast. Fasern der Aorta bei ♀ u. ♂. Große Dosen III verursachten eine typ. massive MÖNCKEBERG-Medialsklerose. Unter kombinierter I + III-Zufuhr entwickelten sich diese Veränderungen schneller u. in ausgedehnteren Bezirken; in diesem Fall wurde die Medialsklerose von lokalen reakt. Proliferationsprozessen der Intima, subendokardialer Fibrose, Nekrose u. Verkalkung des Myocards begleitet. In den Coronarien kam es zu Ca-Ansammlungen in der Media u. Thrombosen, in der Aorta zu Aneurysmen. U. LASCHET. 4561□

6β-Hydroxycortisol: Hoher Gehalt im Urin bei Schwangerschaft und Schwangerschaftstoxämie. Andrew G. Frantz, Fred H. Katz und Joseph W. Jailer. (Proc. Soc. exp. Biol. Med. **105.** 41—43. Okt. 1960. New York City, Presbitarian Hosp., Columbia Univ., Coll. of Physicians and Surgeons, Dep. of Med., Obstetrics and Gynecol.) (Engl.)

6β-Hydroxycortisol (I) liegt im normalen menschlichen Urin in größeren Mengen (über 400 μg/Tag) vor, als jedes andere freie Hormon. Im 3. Drittel der Schwangerschaft steigt der I-Spiegel an (über 800 μg) u. ist bei Schwangerschaftstoxämie noch höher (ca. 1900 μg). Diese Befunde werden darauf zurückgeführt, daß während der Schwangerschaft mehr *Cortisol* in I umgewandelt wird als im Normalzustand.

U. BAUMANN. 4561

Über die Wismutatoxydation für die Bestimmung der ketogenen Corticoide praktisch wichtiger C_{19}- und C_{21}-Steroide. W. Freislederer. (Acta endocrinol. [Copenhagen] **35.** 74—94. Sept. 1960. München, Univ.-Kinderklinik.) (Dt.)

Es wird über eingehende Unterss. zu möglichen Fehlerquellen bei der Best. der *17-ketogenen Steroide* (KGS) nach NORYMBERSKI berichtet. Neben der Best. mit u. ohne Kochhydrolyse u. der Colorimetrie mit 3 verschiedenen Modifikationen der ZIMMERMANN-Rk. wurden auch die nach Wismutatoxydation erhaltenen *17-Ketosteroide* (17-KS) papierchromatograph. aufgetrennt. Die Best. der KGS wurde mit größeren Ausgangsmengen aber unter den gleichen Rk.-Bedingungen wie bei der Mikro-Meth. durchgeführt. Bes. die *17-Hydroxycorticosteroid*-Metaboliten u. ihre theoret. zu fordernden Rk.-Prodd. wurden untersucht. Zur Prüfung ihrer Stabilität wurden *Tetrahydrocortison* u. 17-KS dem Harn zugesetzt. Die Farbwerte der einzelnen KS auf den Papierchromatogrammen nach Färbung mit Dinitrobenzol schwanken, bezogen auf Dehydroandrosteron = 100, zwischen 61 u. 125%. Ein Teil der C_{19}-Steroide wird durch HCl-Hydrolyse in der Wärme verändert. Die 11-Hydroxy- u. 11-Keto-Verbb. werden bei der Wismutatoxydation bes. stark verändert. Die Best. der KGS mit oder ohne Hydrolyse liefert nur dann richtige Werte, wenn die 3α-Hydroxygruppe nicht zur 3-Ketogruppe oxydiert wird u. keine stärkeren (über 40%) Hydrolyseveränderungen auftreten. Durch Harnstoff wird nur bei den C_{11}-oxydierten Metaboliten die Bldg. von 3-Ketosteroiden verhindert. Erst ein Zusatz von NaCl u. Harnstoff im Verhältnis 1:2—6 führt zu einer ausreichenden Konservierung der üblichen Steroide. Die weitgehende Zerstörung der meisten KS durch die Anwesenheit freien Chlors bei der Kochhydrolyse kann durch ausreichende Zugabe von Bisulfit verhindert werden. Vf. hält die 10fache der bisher benutzten Na-Bisulfitmenge für erforderlich.

L. LASCHET. 4561□

Über die Colorimetrieäquivalente von C_{19}- und Wismut-oxydierten C_{21}-Steroiden bei Anwendung verschiedener Modifikationen der Zimmermannschen Reaktion. W. Freislederer. (Acta endocrinol. [Copenhagen] **35.** 95—106. Sept. 1960. München, Univ.-Kinderklinik.) (Dt.) — Vgl. vorst. Referat.

Die Resultate der colorimetr. Best. der 17-Ketosteroide (KS) u. *17-ketogenen Steroide* (KGS) mit 3 Modifikationen der ZIMMERMANN-Rk. (1. nach CALLOW; 2. nach ZIMMERMANN u. 3. nach ZIMMERMANN, ANTON u. PONTIUS) werden mit den durch Papierchromatographie erhaltenen quant. Resultaten verglichen. Bei den Reinsubstanzen beträgt die Fehlerbreite ±5%. Nur die *11-Desoxysteroide* liefern nach allen 3 Meth. gleiche Werte. Zur Best. der KS bei Erwachsenen sind alle 3 Meth. geeignet, zur KGS-Best. nur die Meth. nach CALLOW. Die KGS bestehen zu 90% aus C_{11}-substituierten Verbb., die colorimetr. die größten Abweichungen zeigen. L. LASCHET. 4561□

Die Wirkungen von Thyroxin auf das Wachstum der Milchdrüsen, des Gesamtkörpers, des Herzens und der Leber bei hypophysektomierten Ratten, die mit Insulin, Cortison und Ovarsteroiden behandelt wurden. Dora Jacobsohn. (Acta endocrinol. [Copenhagen] **35.** 107—34. Sept. 1960. Lund, Univ., Inst. of Physiol.) (Engl.)

Die Unterss. wurden an kastrierten, hypophysektomierten ♂ u. ♀ Ratten durchgeführt, die *Thyroxin* (I), *Insulin* (II), *Cortison* (III), *Östradiolbenzoat* (IV) u. *Progesteron* (V) in verschiedenen Dosen u. unterschiedlichen Kombinationen injiziert erhielten. Ausführlich beschrieben werden zunächst die Vorverss., in denen die Bedingungen ausgearbeitet wurden, um die starke Belastung der Tiere durch Hypophysektomie u. die zahlreichen Injektionen auszugleichen. Neben besonderen diätet. Maßnahmen, wie z. B. Zucker im Futter bei allen II-Verss., wurde nach Hypophysektomie zunächst mit I allein behandelt, erst 10—14 Tage später konnte die Behandlung mit II, III u. weiteren Hormonen beginnen. Dosen über 0,25 mg III/Tag wurden vermieden. Die Behandlung mit I in Kombination mit III oder allein führt bei kastrierten, hypophysektomierten Tieren, die IV u. V erhielten, zur Entw. der Endknospen an den Milchgängen, ohne daß die Atrophie der sonstigen Gewebeelemente der Mamma behoben wurden; I verbessert auch das allg. Körperwachstum u. die Gewichtszunahme der Herzventrikel, hat aber keinen Einfl. auf das Lebergewicht bei hypophysektomierten Ratten, die mit II, III, IV u. V behandelt wurden. Eine direkte Wrkg. des I auf das Mammagewebe scheint nicht vorhanden zu sein. Das Mammawachstum scheint vielmehr vom allg. Stoffwechselzustand des Tieres beeinflußt zu werden. Hypophysäre Hormone sind offensichtlich für das Mammawachstum nicht unumgänglich notwendig.

U. LASCHET. 4562□

Freisetzung von Norepinephrin aus dem isolierten Herzen. J. A. Richardson und E. F. Woods. (Proc. Soc. exp. Biol. Med. **100.** 149—51. Jan. 1959. Charleston, S.C., Med. Coll. of South Carolina, Dep. of Pharmacol. and Therapeutics.) (Engl.)

Acetylcholin regt die Kontraktion des isolierten perfundierten Kaninchenherzens an. Diese Wrkg. beruht darauf, daß größere Mengen *Norepinephrin* freiwerden, die in den Perfusaten durch chem. (fluorimetr.) u. biolog. Meth. nachgewiesen werden können.

U. BAUMANN. 4569

Jodtransport durch den Rattendünndarm in vitro. J. D. Acland und Sheila Johnson. (Biochem. J. **76.** 19P. Aug. 1960. Sheffield University, Dep. of Pharmacol. and Therapeutics.) (Engl.)

2-Äthoxycarbonylmercapto-1-methylglyoxalin (I) wurde an Ratten (R) verfüttert u. der Transport (Tr) von *Jod* in das Jejunum der R in KREBS-HENSELEIT-Bicarbonatpuffer bestimmt. Unbehandelte Kontrollen zeigten annähernd gleiche *Jod*-Werte wie die mit I behandelten Ratten. Demnach ist der akt. Tr von *Jod* in das Jejunum von R nicht an eine Peroxydase-ähnliche Oxydation gebunden. Der *Jod*-Tr ist unabhängig von der Höhe des Spiegels an circulierendem *Thyroid-stimulierenden* Hormon.

R. STRUFE. 4562

Der Sauerstoffverbrauch zirkulierender menschlicher Leukocyten nach intravenöser Injektion von Trijodthyroessigsäure und Trijodthyronin. Sheenah K. Bisset, W. D. Alexander und J. Crooks. (Biochem. J. **76.** 20P—21P. Aug. 1960. Glasgow, Western Infirmary, Dep. of Biochem. and Gourdiner Inst. of Med.) (Engl.)

Nach i.v. Injektion von 5 mg *Trijodthyroessigsäure* (TTE) an einen Patienten wurden zu verschiedenen Zeiten Blutproben entnommen, die darin enthaltenen *Leukocyten* (L) isoliert u. deren O_2-Verbrauch manometr. bei 37° gemessen. Nach 180 Min. war die O_2-Aufnahme der L um 217% erhöht. Ein Patient erhielt 5 mg TTE i.v. u. nach 7 d 2 mg *Trijodthyronin* (TIT) i.v. verabreicht. 2 Std. danach war die O_2-Aufnahme um 52% gegenüber einer Kontrolle erhöht. TTE u. TIT erhöhen außerdem den Grundumsatz.

R. STRUFE. 4562

Selektive Hemmung der calorigenen Wirkungen einiger Thyroxinanaloge mit Hilfe Thiouracildauerbehandlung bei Ratten. Neil R. Stasilli, Robert L. Kroc und Ray Edlin. (Endocrinology **66.** 872—85. Juni 1960. Morris Plains, N.J., Warner-Lambert Res. Inst.) (Engl.) — Vgl. C. **1960.** 889.

Thiouracil (I) kann bei Ratten die Verwertung von *Thyroxin* (II) u. einiger seiner Analogen hemmen u. kann deren gastrointestinale Ausscheidung verändern. Das Fehlen von J am $C_{(5')}$ u. Fehlen der Aminogruppe in der Seitenkette der Analogen ist bei den I-behandelten Tieren mit maximaler calorigener Wrkg. verbunden. Nach subkutaner Injektion von II u. seiner Analogen konnten bei I-dauerbehandelten Tieren folgende calorigenen Fähigkeiten (als %-Satz der Fähigkeiten bei normalen erwachsenen Ratten) festgestellt werden: L-II 7%, *3.5.3'-Trijod-L-thyronin*, *3.5.3'.5'-Tetrajodthyroessigsäure* u. *thyropropionsäure* sowie *lösl. Thyreoglobulin*-Präp. 29—43%, *3.5.3'.Trijodthyroessigsäure*

u. *Thyropropionsäure* ca. 100%. Die Hemmung der calorigenen Wirksamkeit von II durch I kommt bei normalen u. thyreoidektomierten Tieren gleichermaßen zustande. Unter I-Behandlung kommt es zur Ausscheidung von ca. 2,3 mal mehr antigoitrogen akt. Material in den Faeces als normal. U. TAUSENDFREUND. 4562□

Stoffwechsel des L-Thyroxins in Schnitten menschlicher Gewebe. Edwin C. Albright und Frank C. Larson. (J. clin. Invest. **38.** 1899–1903. Nov. 1959. Madison, Wis., Univ. of Wis. Med. School, Dep. of Med.) (Engl.)

Mit Hilfe radioakt. markierten *L-Thyroxins* (I) konnte die dejodierende Wrkg. von Gewebeschnitten (GS) der menschlichen Niere nachgewiesen werden. 300–500 mg schwere durch Operationen erhaltene GS wurden in KREBS-RINGER-Phosphat-Lsg. (pH 7,4) mit 0,01 μg ^{131}J-markiertem I bei 37° inkubiert. Nach 6 Std. wurden die GS entfernt, abgespült, homogenisiert u. mit ammoniakal. Butanol extrahiert. Nach Einengen wurde der Extrakt chromatographiert (absteigend, WHATMAN Nr. 3, tert. Amylalkohol/ 2nNH_4OH). Mit Vgl.-Substanzen u. durch Ausmessen der Radioaktivitätskurve konnte festgestellt werden, daß 11–38% (in der Hauptsache 22%) des I in *Trijodthyronin* umgewandelt wurden. Verss. mit GS aus Leber, Herz u. Skelettmuskulatur zeigten, daß nur GS des Herzens eine geringe dejodierende Wrkg. ausübten. Vff. führen als mögliche Ursache für die stärkere Wrkg. der Niere ihren im Vgl. zu den anderen Geweben sehr viel höheren Q_{O_2} an. P. WALSMANN. 4562□

Weitere Beobachtungen über die Wirkung des Thyrotropins der Hypophyse auf den Zwischenstoffwechsel von Schafschilddrüsengewebe in vitro. Norbert Freinkel. (Endocrinology **66.** 851–59. Juni 1960. Boston, Mass., Boston City Hosp.; Harvard Med. School, Dep. of Med.) (Engl.)

Das *Thyrotropin* der Hypophyse (TSH) steigert die Assimilation der Glucose durch überlebende Schafschilddrüsenschnitte u. fördert die Lipogenese aus $^{14}C_6$-Glucose u. die oxydative Decarboxylierung von $^{14}C_6$-Glucose in vitro. TSH fördert auch den Einbau von ^{14}C-Inosit in Thyroidlipoide, sogar in glucosefreien Medien. Diese Befunde stützen die Hypothese, daß TSH durch direkte Beeinflussung des Zwischenstoffwechsels des Schilddrüsengewebes wirkt. K. F. MÜLLER. 4562□

Die Akkumulation von Fluorborationen in den Schilddrüsen von Ratten. M. Anbar, S. Guttmann und Z. Lewitus. (Endocrinology **66.** 888–90. Juni 1960. Rehovoth, Weizmann Inst. of Sci., Isotope Dep.; Petach Tikva, Beilinson Hosp., Isotope Dep.) (Engl.)

Bei Prüfung der Verteilung von BF_4^- (unter Verw. von ^{18}F) bei Ratten fand sich eine spezif. Anhäufung in der Schilddrüse, ähnlich wie sie für J^- besteht. ClO_4^- u. J^- interferieren mit der BF_4^--Aufnahme. U. TAUSENDFREUND. 4562□

Die Bernsteinsäuredehydrogenase-Aktivität der Schilddrüse als Indicator der Aktivität der Schilddrüsenzellen. Antti Telkkä, K. J. Heikkilä und Väinö K. Hopsu. (Acta endocrinol. [Copenhagen] **35.** 135–38. Sept. 1960. Helsinki, Univ., Dep. of Anat.) (Engl.)

Nach 30tägiger Stimulierung der Schilddrüsen erwachsener ♂ Meerschweinchen mit 80 mg *Methylthiouracil*/kg Körpergewicht/Tag per os wurde die *Bernsteinsäuredehydrogenase* (I)-Aktivität mit der quant. histochem. Tetrazolblau-Meth (PEARSON u. DEFENDI, C. **1955.** 2920) untersucht. Es konnte eine merkliche Zunahme der Enzymaktivität in der Schilddrüse nachgewiesen werden. Damit eignet sich die quant. histochem. Best. der I-Aktivität in der Schilddrüse zur Best. der Aktivität der Schilddrüsenzelle auf dem Zellniveau. U. LASCHET. 4562□

Tierexperimentelle Untersuchungen über die Beziehung zwischen Erythrocytenlebenszeit und Schilddrüsenfunktion unter Benutzung der Radiochrommethode. W. Keiderling und K. Th. Frank. (Klin. Wschr. **38.** 379–85. 15/4. 1960. Freiburg/Br., Univ., Med. Klinik.) (Dt.)

Die ^{51}Cr-Meth. erlaubt es, den Einfl. von Stoffwechselveränderungen auf die Lebensdauer der Erythrocyten, als isolierbare Körperzellen, in ihrem nativen Milieu zu beobachten, Unter physiolog. Bedingungen ist die Anzahl der im Blut kreisenden Erythrocyten als weitgehend konst. zu betrachten (am normalen Kaninchen mittlere Lebenszeit von 68,8 Tagen mit exponentialen Abfallkurven). Durch direkte Best. der Erythrocytenlebenszeit lassen sich hämolyt. Prozesse, auch latenter Art, bei welchen ein Defizit durch gesteigerte Neubildung noch ausgeglichen wird, erfassen. Bei experimentell nachgeahmten Hyper- bzw. Hypothyreosen konnte eine eindeutige Verkürzung der Erythrocytenlebenszeit (bes. kenntlich an der verstärkten Krümmung der Abbaukurven) beobachtet werden (bei Thyroxinzufuhr Folge beschleunigter Alterung oder vermehrter Zerstörung der Erythrocyten infolge gesteigerter Aktivität des Reticuloendothels bzw. Störung des Erythrocytenstoffwechsels durch Thyroxinmangel).
U. TAUSENDFREUND. 4562□

^{132}Jod-Aufnahme durch die Schilddrüse bei Psychopathen. J. L. Crammer und W. F. R. Pover. (J. Mental Sci. **106.** 1371–76. Okt. 1960. Birmingham, Univ., Dep. of Med. Biochem. and Pharmacol. and All Saint's Hosp.) (Engl.)

Unter Verw. von ^{132}*Jod* wurde die Schilddrüsenfunktion (ThF) bei 20 chron. schizophrenen Patienten u. bei einem Mann mit einem 6 Tage lang dauernden man.-depressiven Cyclus untersucht. Die ThF war in allen Fällen normal, vereinzelt fanden sich aber weite Abweichungen, für die es keine Erklärung gibt u. die es unmöglich machen, eine Beziehung zwischen Änderungen der Jod-Aufnahme u. Änderungen im Geisteszustand zu finden. Gaben von täglich 300 mg *Chlorpromazin*, die wenigstens 3 Monate lang gegeben wurden, bewirken einen sehr geringfügigen Anstieg der ThF, der aber nicht signifikant ist. Bei dem cycl. kranken Patienten wurde kein signifikanter Unterschied in der Schilddrüsenaktivität an man. oder stuporösen Tagen gefunden. K. BÖHM. 4562□

Die Wirkung von Nebenschilddrüsenextrakt auf die Transaminaseaktivität in Metaphysenknochen. Luigi Tessari. (Endocrinology **66.** 890–92. Juni 1960. Mailand, Univ., Orthop. Clin.) (Engl.)

Bei Vgl. der *Glutaminsäure–Oxalessigsäure-Transaminase* (**I**)-Aktivität in den Tibiametaphysen von mit *Nebenschilddrüsenextrakt* (*Paratormolo*, ISM, Milano; **II**) behandelten Ratten mit denen unbehandelter Tiere ließ sich ein Anstieg der **I**-Aktivität (sowohl in bezug auf Trockengewicht als auf N-Geh.) bei den **II**-behandelten Tieren erkennen. **II** übt wahrscheinlich einen Einfl. auf den Proteinstoffwechsel im Bereich der Transaminasestufe aus (Beziehung zur Knochenresorption). U. TAUSENDFREUND. 4563□

Einfluß des Insulins auf das Gehirn. Ss. G. Geness. (Успехи Современной Биологии [Fortschr. gegenwärt. Biol.] **51.** 188–203. März/April 1961.) (Russ.)

Übersicht an Hand der Literatur. — 97 Literaturangaben. O. LEBTAG. 4564□

Insulin und der Einbau von Radioaktivität in die Nucleinsäurefraktion des isolierten Zwerchfells. Ira G. Wool. (Amer. J. Physiol. **199.** 719–21. Okt. 1960. Chicago, Ill., Univ. of Chicago, Dep. of Physiol.) (Engl.)

Insulin (**I**) regt in vitro den Einbau der Radioaktivität aus $^{14}C_{(6)}$*-D-Glucose*, $^{14}C_{(8)}$*-Adenin* u. $^{14}C_{(6)}$*-Orotsäure* in die *Nucleinsäure*-Fraktion des isolierten Rattenzwerchfells an, hat jedoch keinen Einfl. auf den Einbau von $^{14}C_{(2)}$*-Thymin* in die Nucleinsäuren. Die Inkorporierungssteigerung von ^{14}C-Adenin u. Orotsäure geht in Abwesenheit von zugefügter *Glucose* vor sich, der Adenineinbau wird durch Glucose zwischen 0 u. 600 mg% nicht beeinflußt. U. TAUSENDFREUND. 4564□

Der Einfluß der Temperatur auf die Chromatographie des Insulins an Diäthylaminoäthylcellulose. I. J. O'Donnell und E. O. P. Thompson. (Austral. J. biol. Sci. **13.** 69–80. Febr. 1960. Parkville, Victoria, C.S.I.R.O. Wool Res. Labors. Div. of Protein Chem.) (Engl.)

Die Einfl. von Ionenstärke (0,15–0,3), pH (7–9) u. Temp. (1–25°) auf das chromatograph. Verh. drei verschiedener *Insuline* (**I**) an *Diäthylaminoäthylcellulose*-Kolonnen wurde untersucht. Fallende Temp., fallender pH u. steigende Ionenstärke bewirken gleichsinnig eine Abnahme des Elutions-Vol. des Proteins. Der markante Temp-Einfl. beruht nicht auf einer Einflußnahme auf den Aggregationsgrad von **I**, da das nicht aggregierte Rinder–Plasma-Albumin in gleicher Weise beeinflußt wurde. Die Desaminokomponente (**II**) von **I** konnte unter den Vers.-Bedingungen zwar nicht nachgewiesen werden, doch wurde beim Eluieren eine NH_3-Fraktion u. je nach Herkunft von **I** 2–6% einer beigemengten Komponente erhalten. Die Abtrennung des Zn-Geh. aus **I** beeinflußte die Elutionskurve nicht. H. KLUGE. 4564□

Der durch Bromwasser bewirkte selektive Abbau der Polypeptidketten des oxydierten Insulins. E. O. P. Thompson. (Austral. J. biol. Sci. **13.** 106–08. Febr. 1960. Parkville, Victoria, C.S.I.R.O. Wool Res. Labors., Div. of Protein Chem.) (Engl.)

Die spezif. chem. Abbau-Meth. von Proteinen durch *Bromwasser*, die unter Dibromierung des Phenylkernes von *Tyrosin* (**I**) an der Peptidbindung zwischen **I** u. der benachbarten Aminosäure angreift (vgl. C. **1955.** 2218), wurde auf die Phenylalanylkette des mit *Perameisensäure* oxydierten *Insulins* (**II**) angewandt [Bromwasser in wss. Methanol (4:1001/Vol. bei –5 bis –10°, 1 Std.] mit nachfolgender Dinitrophenylierung, Hydrolyse, chromatograph. Trennung u. Best. der Dinitrophenylaminosäure. So konnten die DNP-Derivv. von *Threonin* u. *Leucin* in 13 bzw. 19%ig. Ausbeute (bezogen auf *DNP-Phenylalanin*) erhalten werden. Die erhaltenen Ausbeuten sind zwar geringer als die bei spezif. enzymat. Abbau, doch dürfte die Meth. noch verbesserungsfähig sein, da die Rk.-Bedingungen nur in engen Grenzen variiert wurden. — Die neuere Literatur über diese Proteinabbau-Meth. wird zusammengefaßt. H. KLUGE. 4564□

Die Rolle des adrenergischen Systems bei der thermoglykämischen Reaktion von Jungkaninchen. Sukhen Chaudhuri und D. P. Sadhu. (Amer. J. Physiol.

199. 727–28. Okt. 1960. Calcutta, Bengal Vet. Coll., Dep. of Physiol. and Nutrition.) (Engl.)

Die bei Jungkaninchen (300—400 g) bei Wärmestress (2½ Std. lange Exposition gegenüber 42—45°) zu beobachtende Hyperthermie (39—39,4° rectal), Tachycardie (318 bis 365) sowie thermoglykäm. Rk. (Blutzuckeranstieg auf 98,7—115,1 mg/100 ml) werden durch das adrenerg. Syst. vermittelt (die thermoglykäm. Rk. kann durch Pentamethylen-1.5-bis-[1-methylpyrrolidinium]-hydrogentartrat als Ganglienblocker u. Ergotamintartrat als adrenerg. blockierendem Stoff ausgelöscht werden) u. sind als Beweis für mangelhafte Thermoregulationskraft der Jungkaninchen anzusehen. In der Blut-Zus., der Erythrocyten- u. Leukocytenzahl, dem spezif. Gew. des Blutes oder im Hämatokritwert traten keine Änderungen ein. U. TAUSENDFREUND. 4564□

Untersuchungen zum Wirkungsmechanismus der Sulfonylharnstoffe. K. Stuhlfauth, H. Mehnert, G. Schäfer und G. Kaliampetsos. (Klin. Wschr. **38.** 825 bis 826. 15/8. 1960. München, Univ., Med. Poliklinik, Chirurg. Klinik; TH, Organ.-Chem. Inst.) (Dt.)

Es ist grundsätzlich möglich, am isolierten Hundepankreas unter Verw. eines Blutersatzmittels Perfusionen durchzuführen u. eine Anregung der *Insulin* (I)-Ausschüttung mit verschiedenen Substanzen, wenn auch nicht exakt quant., zu testen. Es ließ sich sowohl für *Glucose* (II) als auch für *BZ 55* (*Carbutamid*) regelmäßig erhöhte I-Ausschüttung nachweisen, während das extrahepat. wirksame blutzuckersenkende *Phenyläthylbiguanid* keine I-Ausschüttung bewirkt. Es ist noch ungeklärt, ob die im venösen Perfusat auch bei Infusion von BZ 55 in II-freier Lsg. zu findenden II-Mengen aus Blutbeimengungen sich erst später öffnender kleiner Gefäße oder aus den Pankreaszellen selbst stammen. Inwieweit diese geringen II-Konzz. für die Vermittlung des Sulfonylharnstoffeffektes auf die B-Zellen eine Rolle spielen, läßt sich ebensowenig entscheiden, wie die mögliche Bedeutung der intracellulär noch vorhandenen II für die I-Ausschüttung. BZ 55 könnte entweder auf die Funktion der Zellmembran selbst Einfl. nehmen oder auf den II- u. I-Durchtritt an intracellulären Grenzflächen wirksam werden.

U. TAUSENDFREUND. 4564□

Untersuchungen über den Einfluß von Tolbutamid auf den Kohlenhydratstoffwechsel. B. Leijnse und H. J. Ybema. (Clin. chim. Acta [Amsterdam] **2.** 284—91. Aug. 1957. Rotterdam, Coolsingel Hosp., Biochem. Labor.) (Engl.)

Die Wrkg. von *Tolbutamid* (I; *D 860*, *Rastinon*, *Orinase*, *U 2043*) auf den Kohlenhydratstoffwechsel der Ratte nach Gaben von 100 mg/kg per os wird untersucht. I ist auf die Resorption von *Fructose*, *Glucose* u. *Galaktose* ohne Einfluß. Der Blutzuckerspiegel wird durch I gesenkt; dieser Senkung geht jedoch keine erhöhte Synth. von *Glykogen* parallel. Nach Gaben von I + Fructose ist der Glykogen-Geh. der Leber sogar deutlich gesenkt; in Verss. mit Galaktose u. Glucose ist diese Verminderung weniger deutlich.

H. SCHIMASSEK. 4564□

Gewichtsänderungen der Nebennieren mit Kompensationshypertrophie bei dynamischen Änderungen des Zentralnervensystems bei mit Epiphysenhormon, Thymus oder Östradiol behandelten Tieren. Şt.-M. Milcu und N. Simionescu. (Comun. Acad. Republ. Populare romîne **5.** 401—08. Febr. 1955.) (Rum.)

Bei Erregung des Zentralnerven-Syst. (ZNS) nimmt die Kompensationshypertrophie (KH) der Nebennieren zu, bei Hemmung des ZNS ab. *Östradiol* stimuliert die KH u. verstärkt noch den Einfl. des ZNS. Nach Behandlung der Tiere (Mäuse) mit Stoffen, die die KH hemmen (Thymus, Epiphysenhormon), wird diese Hemmung bei Erregung des ZNS vermindert, bei Blockierung des ZNS verstärkt. Die Hemmung der KH durch Proteindextrakte des Thymus kann quant. durch Erregung des ZNS völlig aufgehoben, diejenige durch Epiphysenhormon vermindert werden. Mit Östradiol behandelte Tiere zeigen bei Erregung des ZNS verstärkte KH. Die durch Thymus bewirkte KH wird bei Hemmung des ZNS vermindert, die durch Epiphysenhormon bewirkte KH aufgehoben, die stimulierende Wrkg. von Östradiol stark vermindert. R. K. MÜLLER. 4565□

Der Einfluß einiger Lipidfraktionen der Thymusdrüse und der Milz auf die Stoffwechselprozesse. I. Potop, Sh. Biner, E. Juvină und C. Ciocirdia. (Биохимия [Biochemie] **25.** 987—90. Nov./Dez. 1960. Bukarest, Parhon-Inst. für Endokrinol., Abt. Biochemie.) (Russ.; Auszug: Engl.)

Untersucht wurde im Ratten-Vers. der Einfl. der Fraktionen A, B, C u. D der aus der Thymusdrüse des Kalbes gewonnenen *Lipide* (I) u. der aus der Milz isolierten I-Fraktion auf die Stoffwechselprozesse. Nach subkutaner Zufuhr von je 1 ml I jeden 2. Tag 24 Tage lang wurden in der Leber u. im Blut O_2-Verbrauch (Qo_2), Geh. an Glykogen (II), Milchsäure (III) u. Glucose (IV), Einbau des ^{32}P in den Nucleoproteid-P (Pn) u. in den

Lipid-P (P_1) sowie die Glykolyse bestimmt. Danach wurde Q_{O_2} in der Leber u. im Blut nur wenig verändert. Bemerkenswert ist die Erhöhung in der Leber nach Zufuhr der Fraktion C. Die Glykolyse wird durch die Fraktionen A u. B in der Leber um 205 bzw. 198% erhöht, durch C um 37% gesenkt. Durch Milz-I wird die Glykolyse in der Leber um 282% erhöht. Der **II**-Geh. in der Leber wird durch B um 46% gesenkt, durch C um 49% erhöht. Der **III**-Geh. des Blutes wird durch A um 49% erhöht, durch B, C u. D fast nicht verändert. Auf den **IV**-Geh. des Blutes sind alle **I** ohne Einfluß. Der Einbau von ^{32}P in P_n wird durch **I** stark verändert: Zunahme der Radioaktivität um 52 bzw. 37 bzw. 119% durch A, B u. C. Durch Milz-I wird die Radioaktivität von P_n um 40% gesenkt. Die Radioaktivität von P_1 wird durch alle **I**-Fraktionen erhöht, bes. stark durch Milz-I (um 250%). O. LEBTAG. 4566□

Freisetzung von Renin bei hypertensiven Ratten. Teruo Omae, Georges M. C. Masson und Irvine H. Page. (Amer. J. Physiol. **199.** 637—43. Okt. 1960. Cleveland, Ohio, Cleveland Clin. Found., Res. Div.; Frank E. Bunts Inst.) (Engl.)

Die Überpflanzung einer Niere auf einen 24 Std. nephrektomierten Partner kann bei Ratten zur Unters. der Freisetzung von Pressorsubstanzen (*Renin*) verwendet werden. Durch die Überpflanzung normaler Nieren wird ein starker u. anhaltender Blutdruckanstieg hervorgerufen. Nieren von Ratten mit Hypertension infolge Niereninfarkt, *Desoxycorticosteron* (**I**)-Behandlung oder Nebennierenregeneration zeigen gleichmäßig einen starken Rückgang (oder völliges Verschwinden) der Blutdruckwirkung. Kompensator. hypertroph. Nieren verhalten sich wie normale Nieren, solange Leitungswasser verabreicht wird; falls 1% NaCl gegeben wird, sinkt die Pressoraktivität allmählich u. verschwindet nach ca. 3 Wochen; durch **I**-Behandlung (2 mg/Tag) wird der Salzeffekt derart gesteigert, daß nach 4 Tagen schon keine Pressoraktivität mehr besteht. Da das Fehlen der Pressoraktivität im venösen Nierenblut dieser Anordnung nicht notwendigerweise mit Entw. von Hypertension zusammentreffen muß, wird für möglich gehalten, daß diese Veränderung prim. eine Rk. auf Nierenschädigung, Na-Überschuß u./oder hohen Blutdruck darstellt. U. TAUSENDFREUND. 4569□

Reizwirkung von Acetylcholin auf die Herzen von Frosch und Meerschweinchen. Füruzan Emiroğlu. (Arch. int. Physiol. Biochim. **67.** 633—47. Okt. 1959. Istanbul, Univ., Inst. of Physiol.) (Engl.)

Es wurde die Wrkg. verschiedener Konzz. von *Acetylcholin* (**I**) auf isolierte, mit *KCl* zum Stillstand gebrachte oder durch Hitze gelähmte Frosch- u. Meerschweinchenherzen untersucht. 10^{-7} bis 10^{-9} **I** stimuliert u. erhält den Herzschlag. Vagusreizung fördert an Froschherzen die Wiederaufnahme der Kontraktionen; nach Aufhören der Stimulierung dauern diese nur kurze Zeit an. 10^{-7} bis 10^{-8} **I** bringt mit *Atropin* behandelte u. mit KCl stillgelegte Froschherzen zum Schlagen. Dabei wurde kein Anzeichen einer negativen inotropen oder chromotropen Wrkg. von **I** beobachtet. 10^{-8} **I** bringt mit *Gynergen* behandelte u. mit KCl stillgelegte Froschherzen zum Schlagen. 10^{-5} bis 10^{-7} **I** bewirkt an mit KCl stillgelegten Meerschweinchenherzen Wiederaufnahme u. Fortdauer der Schlagtätigkeit. Die wahrscheinlichen Ursachen der Hemm- oder Reizwrkg. verschiedener Konzz. von **I** in Beziehung auf den akt. oder inakt. Status des Herzens werden besprochen. H. AMAN. 4569□

Freigabe und Wiederauffüllung von Acetylcholin in der Meerschweinchendarmwand. Toyoaki Hayama und Miyoshi Ikeda. (Amer. J. Physiol. **197.** 923—25. Okt. 1959. Tokyo, Univ. of Tokyo, Fac. of Agricult., Labor. of Vet. Pharmacol.) (Engl.)

Der Geh. des Meerschweinchenileums an *Acetylcholin* (**I**) ist kurz nach passiver Weitung des Darmes um 10—20% vermindert, innerhalb 15 Sek. nach Beendigung der Prozedur ist der **I**-Geh. wieder hergestellt. **I** scheint in einer physiolog. inakt. gebundenen Form im Gewebe vorzuliegen, es wird durch Reizung in akt. Form freigesetzt; die Weitung führt unter Umständen zu **I**-Freisetzung in gebundener Form, durch Cholinesterase kommt es zum raschen Abbau, so daß kurz danach der **I**-Geh. vermindert ist. Auch Peristaltik führt zum Abfall des **I**-Geh. in der Darmwand, so daß **I** an diesem Vorgang beteiligt scheint. — Morphin hemmt den Abfall des **I**-Geh., **I**, Histamin u. KCl (als Stimulantien glatter Muskulatur) über keinen Einfl. aus.

U. TAUSENDFREUND. 4569□

Freisetzung von Histamin und 5-Hydroxytryptamin aus den Zellen der Peritonealflüssigkeit von Ratten. H. Garcia-Arocha. (Canad. J. Biochem. Physiol. **39.** 395 bis 402. Febr. 1961. Montreal, Quebec, McGill Univ. Dep. of Physiol.) (Engl.)

Zellsuspensionen aus dem Peritonealraum von Ratten werden als geeignete Suspensionen zur Unters. der Freigabe physiolog. Substanzen angesehen. Die Mastzellen derartiger Suspensionen enthalten den größten Teil des *Histamins* (**I**) u. *5-Hydroxytryptamins* (**II**) u. sämtliches extrahierbares Heparin. Inkubation mit **I**-Freisetzern, lyt. Substanzen, Verd. mit dest. W. oder Einfrieren u. Auftauen führen zur quant. Freisetzung

von I u. II; die Freigabe durch I-Freisetzer ist pH- u. temperaturabhängig. Beide Amine liegen offenbar in diffusionsfähiger oder lose gebundener Form in der Zellstruktur vor.
U. TAUSENDFREUND. 4569☐

Freisetzung von 5-Hydroxytryptamin und Histamin bei der anaphylaktischen Reaktion der Ratte. H. Garcia-Arocha. (Canad. J. Biochem. Physiol. **39.** 403—16. Febr. 1961. Montreal, Quebec, McGill Univ., Dep. of Physiol.) (Engl.) — Vgl. vorst. Referat.

Die anaphylakt. Rk. des Rattenuterus hängt von der Freisetzung von *5-Hydroxytryptamin* (I) ab, während *Histamin* (II) u. I an der anaphylakt. Rk. anderer Rattengewebe teilhaben. Aus zerkleinertem Uterusgewebe läßt sich durch Antigenzugabe nur I freisetzen, während I u. II bei Antigenzugabe zu Peritonealsuspensionen oder Dünndarmperfusions-Fl. sensibilisierter Ratten freigesetzt werden konnte.
U. TAUSENDFREUND. 4569☐

Intravenöses Histamin und Magen-Pepsin beim nicht anästhesierten Hund. Robert Abrams und Frank P. Brooks. (Proc. Soc. exp. Biol. Med. **104.** 278—79. Juni 1960. Philadelphia, Univ. of Pennsylvania School of Med., Dep. of Physiol.) (Engl.)

5 Bastardhunden (13—19 kg) wurde *Histamindiphosphat* (I) i.v. mit einer Geschw. von 1,8 μg Histaminbase/kg/Min. während 3 Std. verabreicht, der Magensaft in Abständen von 15 Min. gesammelt, die freie u. gesamte Acidität u. die *Pepsin* (II)-Aktivität nach der *Hämoglobin*-Substrat-Meth. sowie durch Trübungsmessungen ermittelt. 2 Std. nach der I-Infusion stieg die HCl-Bldg. auf 5,2—6,2 mVal/15 Minuten. II fiel von $227 \cdot 10^{-2}$ mg/15 Min. in den ersten 30 Min. auf $35 \cdot 10^{-2}$ mg/15 Min. in der 3. Std. der I-Infusion. Der hohe II-Ausstoß während der ersten halben Std. unterstützt die „Auswasch-Hypothese" von BABKIN, während die Ggw. von II nach 3 Std. als eine wahre durch I stimulierte Sekretion angesehen werden kann. B. GÖRLICH. 4569☐

Wirkung von Dopamin auf die isolierten durchströmten Lungenlappen des Hundes. Bjarne A. Waaler. (Brit. J. Pharmacol. Chemotherapy **16.** 195—202. April 1961. Univ. of Oxford, Dep. of Physiol.) (Engl.)

Die vasoconstrictor. Wrkg. von *Dopamin* (β-*[3.4-Dihydroxyphenyl]-äthylamin*; I) im isolierten durchströmten Lungenlappen des Hundes ist 20—30 mal schwächer als die von Adrenalin oder Noradrenalin. I besitzt prakt. keine Wrkg. auf die Bronchialgefäße u. auf das Respirationsvolumen. Die Verengung der Lungengefäße in Rk. auf Sympathicusreizung wurde mitunter durch I potenziert. K. ZINGRAF. 4569☐

Sulfhydrylgruppen und die Struktur von Hämoglobinen. Austen F. Riggs und Robert A. Wolbach. (J. gen. Physiol. **39.** 585—605. 20/3. 1956. Cambridge, Harvard Univ., Biol. Labors.) (Engl.)

Durch Zusatz von *Mersalyl* (I), $HgCl_2$, *Methylquecksilberhydroxyd* (II) u. *p-Chlormercuribenzoesäure* (III) zu *Pferdehämoglobin* (IV), optimales Molverhältnis (2:1), konnte die Häm-Häm-Wechselwrkg. weitgehend, die O_2-Affinität von IV jedoch nur teilweise u. uneinheitlich eingeschränkt werden. I u. $HgCl_2$ erhöhen die O_2-Affinität in geringer Konz.; diese Wrkg. werden auf eine Blockade der SH-Gruppen zurückgeführt, da *Glutathion* antagonist. wirkt. Es werden Überlegungen über den Bau der beiden Häm-Hälften von IV angestellt, deren Ergebnisse sich mit denen von WYMANN u. ALLEN (C. **1953.** 6267) u. GEORGE u. PAULING (Science **114.** [1951.] 629) decken. H. KLUGE. 4572☐

Hitzelabilität und Säurestabilität von Hämoglobin H. K. Betke, H. R. Marti, E. Kleihauer und E. Bütikofer. (Klin. Wschr. **38.** 529—32. 1/6. 1960. Freiburg, Univ. Kinderklinik u. Bern, Med. Univ. Klinik.) (Dt.)

Im Blut einer Patientin mit Fe-refraktärer Anämie wurde in einer Menge von 7% *Hämoglobin H* (I) gefunden. Die Kältedenaturierung des I-*H* (als Oxyhämoglobin) wird durch *KCN*-Zusatz verhindert. Die Hitzedenaturierung von I-*H* läuft bei 69° ca. 10fach schneller als die von Hämoglobin A (II), sie setzt beim I-*H* bereits bei niedrigeren Temp. ein als bei II. Die Alkalidenaturierung erfolgt bei beiden I-Arten etwa gleich schnell, bei Säuredenaturierung ist II wesentlich labiler als I-*H*. Aus fixierten Blutausstrichen ist I-*H* im Gegensatz zu II schwer eluierbar. Die Autoxydation von I-*H* läuft schneller als die des II. W. SCHELER. 4572☐

Der Wasser- und Elektrolytgehalt von Erythrocyten bei arterieller Hypertonie. H. Losse, H. Wehmeyer und F. Wessels. (Klin. Wschr. **38.** 393—95. 15/4. 1960. Münster/Westf., Univ., Med. Klinik u. Poliklinik.) (Dt.)

Es wird erstmals mitgeteilt, daß der *Wasser*- u. *Na*-Geh. von Erythrocyten bei Patienten mit essentieller Hypertonie höher ist als bei normotonen gesunden Vgl.-Personen oder bei Patienten mit symptomat. Hypertonie. Da auch Körperzellen derartige Erhöhungen aufweisen, scheinen die Elektrolyt- u. Wasserveränderungen der Erythrocyten denjenigen der übrigen Körperzellen zu entsprechen. Bei einigen Patienten konnte mit diätet. Maßnahmen ein Absinken des Na-Geh. der Erythrocyten bis zur Norm bei gleichzeitigem Blutdruckabfall beobachtet werden u. umgekehrt. Die Best. des intracellulären Na- u. Wasser-Geh. der Erythrocyten dürfte für die Differentialdiagnose der Hypertonie von Bedeutung sein. U. TAUSENDFREUND. 4573□

Über Stoffwechselprobleme der Erythrocyten. Hansjürgen Matthies. (Известия на Института по Експериментална Медицина, Българска Академия на Науките [Bull. Inst. Méd. exp. Acad. bulg. Sci.] **2.** 339—49. 1957.) (Dt.)

Alle Best. erfolgten in Hämolysaten der abzentrifugierten Erythrocyten. In den normalen Zellen blieb der Kationenbestand fast 4 Std. erhalten. Erst dann beginnt eine geringe Auswanderung u. Na-Einwanderung. Bei viel Methämoglobin (I) enthaltenden Zellen stellt sich sofort ein starker Verlust ein, während Na in die Zellen eindringt. Setzt man den beiden Proben Glucose (II) zu, so bleibt bei normalen Zellen der K-Bestand noch besser erhalten. Auch bei I-haltigen Zellen sind dann K-Verlust u. Na-Einwanderung geringer. Bei Lactat (III)-Zusatz verhalten sich die normalen Zellen, als ob sie keinen Substratzusatz erhalten hätten. Die I-haltigen Zellen zeigen eine stark beschleunigte I-Rückbldg., der Kationenbestand verhält sich aber auch hier wie bei den substratfreien Proben. Setzt man zu den Erythrocyten II + III zu, so ist der Kationenbestand sowohl bei den normalen Fällen wie bei den I-haltigen noch nach 6 Std. normal. Vf. nimmt an, daß, da die I-Red. durch III erfolgen kann, die II weitgehend für den akt. Kationentransport zur Verfügung bleibt. Die I-Rückbldg. durch II u. der akt. Kationentransport konkurrieren um die gleichen Stoffwechsel-Syst., wobei bei starker I-Red. der Kationentransport benachteiligt ist. Die Erhaltung des I im funktionsfähigen Zustand kann man als eine spezif. Zelleistung der Erythrocyten ansehen, während die Erhaltung des Kationenbestandes eine allg. Zellfunktion darstellt. F. DU MANS. 4573□

Veränderungen von Phosphatverbindungen menschlicher roter Blutzellen während der Blutbanklagerung. Grant R. Bartlett und Harry N. Barnet. (J. clin. Invest. **39.** 56—61. Jan. 1960. La Jolla, Calif., Scripps Clinic and Res. Found. San Diego, Calif. Blood Bank.) (Engl.)

Die phosphorylierten Stoffwechsel-Prodd. roter Blutzellen wurden nach Lagerung von Blut in *Citratdextrose* (I) bei 4° durch Ionenaustauscherchromatographie der Trichloressigsäureextrakte an Dowex 1-x 8-chlorid in zeitlichen Abständen untersucht. Der Gesamtphosphor der Eluate wurde photometr. bei 260 mμ bestimmt. I-Zugabe führte zu schneller Abnahme der Fructosediphosphat-Konz., die Glucosediphosphat-Konz. blieb unbeeinflußt; ATP u. 2.3-Diphosphoglycerat nahmen gleichfalls ab. Das intracelluläre anorgan. Phosphat erreicht nach 15 Tagen maximale Konzentration. Die Vff. diskutieren den Fermentmechanismus dieser Erscheinungen. R. ROTHE. 4573□

Über das Verhalten der Lipoide bei der Reifung und Konservierung von Blutzellen. H.-J. Raderecht, E. Schölzel und S. M. Rapoport. (Klin. Wschr. **38.** 824—25. 15/8. 1960. Berlin, Humboldt-Univ., Physiol.-Chem. Inst.) (Dt.)

Es wird vermutet, daß der Abbau der *Lipoide* (bes. des *Lecithins*) für den Eintritt der Hämolyse bei der Blutkonservierung u. möglicherweise bei der Alterung in vivo von großer Bedeutung ist, da bei Voranschreiten der Alterung der prozentuale Anteil der Lecithinfraktion abnimmt (Zunahme des Lysolecithins u. anderer Abbauprodukte). U. TAUSENDFREUND. 4573□

Entfernung von überschüssigem Kalium durch Hämodialyse. W. H. Tu, Glenn O. Bair und Paul R. Schloerb. (Amer. J. Physiol. **199.** 671—76. Okt. 1960. Kansas City, Kans., Univ. of Kansas, School of Med., Dep. of Med. and Surg. and Surg. Res. Labor.) (Engl.)

Bei *K*-Eliminierung aus nephrektomierten, K-belasteten Hunden mittels Hämodialyse läßt sich eine rasche Phase mit Verminderung der Plasma-K-Konz. erkennen, sowie eine Phase, in der trotz weiterer Dialyse keine Veränderungen der Plasma-K-Konz. auftreten. Hypokaläm. Elektrocardiogrammveränderungen erscheinen, während die Tiere in positiver K-Bilanz verbleiben. Nach K-Belastung zeigte sich eine Tendenz zur Verminderung der P-Zackenamplitude, die nach K-Entfernung anstieg. U. TAUSENDFREUND. 4574□

Die jahreszeitliche Veränderung von Stickstoff, Calcium und Phosphor im Blutserum des Rindes. N. A. Korotina. (Узбекский Биологический Журнал [Usbek. biol. J.] **1961.** Nr. 2. 52—55. Akad. der Wiss. der Usbek. SSR, Inst. für exper. Med.) (Russ.; Auszug: Usbek.)

Der Geh. an Gesamt-N, Rest-N, Ca u. P im Blutserum von Rindern ist von Rasse u. Jahreszeit abhängig. Der Geh. an Gesamt-N u. Rest-N ist im Sommer am höchsten (Mittel

1,45 g% bzw. 39,67 mg%). P- u. Ca-Geh. steigen von April bis Juni/Juli an (6,25 mg% P, 13,88 mg% Ca), der Ca-Geh. fällt im Winter bis auf 12,22 mg% ab.
I. v. KLOCH-KORNITZ. 4574□

Zur Reaktionsgeschwindigkeit und Regulation der Seromucoide. J. Zach, Kl. Zimmermann und E. Müller. (Klin. Wschr. **38.** 719—21. 15/7. 1960. Würzburg, Univ., Med. Poliklinik.) (Dt.)

Auf Grund der schnellen Erhöhung des *Seromucid*-Spiegels auf unspezif. Reize hin lassen sich diese in die Gruppe der „*acute phase proteins*" einordnen; ob die Steuerung der Seromucoide auf neuralem, humoralem oder neurohumoralem Weg erfolgt, kann noch nicht beurteilt werden. U. TAUSENDFREUND. 4574□

Heparin und Stickstoffausscheidung bei normalen Ratten. A. N. Granitsas. (Amer. J. Physiol. **199.** 729—30. Okt. 1960. Athens, Univ. of Athens, Inst. of Physiol.) (Engl.)

0,05—0,5 mg *Heparin* (I) verursachen bei normalen Ratten eine verminderte *N-Ausscheidung*, die der Wrkg. von 2,5 E. Wachstumshormon ähnlich (wenn auch nicht ident.) ist. Die N-sparende Wrkg. von I ist von der Antikoagulations-Wrkg. unabhängig. Ob eine direkte Wrkg. auf den N-Stoffwechsel vorliegt oder ob die Wrkg. durch bevorzugte Verw. von Fetten hervorgerufen wird, ist noch nicht zu entscheiden. *Protamin* führt zur Steigerung der N-Ausscheidung u. löscht die Wrkg. von I aus.
U. TAUSENDFREUND. 4574□

Zur weiteren Charakterisierung der heparinähnlichen Eigenschaften von hochmolekularen Polymeren. F. Rodriguez-Erdmann und H. G. Lasch. (Naturwissenschaften **48.** 53. 2. Jan.-H. 1961. Heidelberg, Med. Univ.-Klinik.) (Dt.)

Vff. untersuchten, ob *Protaminsulfat* (I), das bekanntlich die gerinnungsverzögernde Wrkg. von *Heparin* (II) aufzuheben vermag, auch ähnliche Hemmwrkg. gegenüber synthet. Antikoagulantien wie den *Polyanetholsulfonaten* (*Liquoid-Roche*; **III**) besitzt. **III** ist im Gegensatz zu **II** sehr tox. u. führt im Tier-Vers. bei genügend hoher Dosierung zu Kreislaufkollaps u. hämorrhag. Diathese. Das patholog. Bild entspricht dabei dem nach Sensibilisierung gegen Toxine gramnegativer Bakterien durch abermalige Toxingabe ausgelösten SANARELLI-SHWARTZMAN-Phänomen. Mit **I** ließ sich tatsächlich die durch **III** ausgelöste Entaktivierung der Blutthrombokinase aufheben. Im Tier-Vers. verhinderte **I** bei gleichzeitiger Gabe die tox. Wrkg. von **III**. Ein vollentwickeltes SANARELLI-SHWARTZMAMAN-Syndrom ließ sich indessen durch nachträgliche **I**-Gaben nicht beeinflussen. K. ZOPFF. 4574□

Vorläufige Untersuchungen über die Rheologie von Rinderblut-Gerinnseln. G. W. Scott Blair und J. Burnett. (Kolloid-Z. **168.** 98—101. Febr. 1960. Reading, Univ., Nat. Inst. for Res. in Dairying.) (Engl.)

Das Verh. von geronnenem Rinderblut in einem U-Rohrgelometer bei 32° läßt sich bei mechan. Beanspruchung durch ein einfaches Modell beschreiben, das aus einem Dämpfungskolben u. aus einer Feder besteht. Die Relaxationszeit beträgt ca. 70 Sekunden. Geronnenes Rinderblut verhält sich in rheolog. Hinsicht wesentlich einfacher als koagulierte Milch. W. KRÜGER. 4574□

Änderungen im hämostatischen Mechanismus beim experimentellen Crush-Syndrom. Donald G. Mc Kay und Robert M. Hardaway III. (Lab. Invest. **8.** Part I. 979—86. Sept./Okt. 1959.) (Engl.)

Durch Zusammenpressen der Oberschenkelmuskeln eines Hinterbeines zweier Hunde mit Holzzwingen wird ein experimentelles CRUSH-Syndrom erzeugt. Die Tiere sind für die Dauer des Vers. mit Pentobarbital anästhesiert. Nach 6 Std. werden die Zwingen entfernt. Aus der Halsvene wird 1, 2, 3 u. 13 Std. danach Blut entnommen. Bestimmt werden Leucocyten- (**I**) u. Blutplättchenzahl (**II**), Prothrombin- (**III**) u. Thrombinzeit (**IV**), Fibrinogen-Geh. (**V**), Fibrinogenolyse (**VI**) u. fibrinolyt. Aktivität (**VII**). Bemerkbare Änderungen zeigen sich erst unmittelbar nach Entfernung der Zwingen. Erhöht sind **I, V, VI, VII**, erniedrigt ist **II**, unverändert sind **III** u. **IV**.
D. ZIEBARTH. 4574□

Kinetik der Ödembildung bei Ratten unter dem Einfluß kritischer Dextrandosen. L. Kátó und B. Gözsy. (Amer. J. Physiol. **199.** 657—60. Okt. 1960. Montreal, Quebec, Canada, Univ. of Montreal, Inst. of Microbiol. and Hyg.) (Engl.)

Die Stärke der durch *Dextran* (I) bei der Ratte hervorrufbaren Ödeme u. die Zeit, die bis zur Ödem-Bldg. verstreicht, wird in charakterist. Weise durch die i.v. **I**-Dosierung beeinflußt. Niedrige **I**-Dosen (0,1—0,8 mg/100 g) führen zu maximaler Ödem-Bldg. innerhalb 10 Min., während bei Dosisverstärkung die Stärke der Ödeme abnimmt u. die Latenzzeit verlängert wird bis zu einer (für jeden **I**-Typ charakterist.) krit. Dosis, bei welcher weder Ödeme noch Hyperämie gebildet werden. Jenseits dieser Dosis kommt es erneut zu Ödemen. Bei gleichzeitiger Injektion von Antihistaminicis im Bereich der krit. Dosis bilden sich die Ödeme in vollem Umfange. Es existieren offenbar 2 I-Fraktionen, von denen die eine ödembildend, die andere ödemverhindernd wirkt; durch die Antihistaminica wird vermutlich die Wrkg. der ödemhemmenden Fraktion gehemmt. Die Ergebnisse lassen einheitliche Resultate durch geringste Mengen von I erwarten; durch das Vorhandensein der beiden Fraktionen lassen sich die Diskrepanzen der Ergebnisse verschiedener Untersucher von I-Rkk. erklären. U. TAUSENDFREUND. 4576□

Zum Nachweis der 5-Hydroxyindolessigsäure im Harn. H. Schön, W. Ordnung und E. Schmid. (Klin. Wschr. **38.** 405—06. 15/4. 1960.) (Dt.)

Der bei Nachprüfung des UDENFRIENDschen Arbeitsganges zur Wiedergewinnung von zum Harn zugesetzter *5-Hydroxyindolylessigsäure* (I) auftretende starke Verlust wird der Verw. von Chlf. zur Extraktion der 2.4-Dinitrophenylhydrazone u. des überschüssigen 2.4-Dinitrophenylhydrazins zur Last gelegt (in den Nd. des beim Zentrifugieren gebildeten Drei-Phasen-Syst. gehen wechselnde Mengen von I über). Von Einfl. auf die I-Wiedergewinnung ist außerdem die Dauer des Ausschüttelns (Wiedergewinnung ist höher bei nur 1 Min. Ausschütteln), doch auch bei kurzer Schütteldauer bleibt I im Chlf. zurück. Ein Teil der I-Verluste geht ferner zu Lasten der anschließenden *Ae.*-Extraktion. Es wird deshalb eine Modifikation der UDENFRIEND-Meth. vorgeschlagen, mit deren Hilfe zwischen 79,5 u. 95% (Mittel 83%) der zugesetzten I (5—20 μg/ml) wiedergewonnen wurden. Die I-Tagesmenge im Harn lag bei 24 Personen zwischen 17 u. 74 Jahren zwischen 1 u. 6 mg (Mittel 2,53 $\pm$ 1,11 mg). U. TAUSENDFREUND. 4577□

Purine im Urin bei Normalpersonen und Schizophrenen. Brenda M. Bollard, R. H. Culpan, N. Marks, H. McIlwain und Michael Shepherd. (J. Mental Sci. **106.** 1250—72. Okt. 1960. London, Univ., Dep. of Biochem. and Psych. Inst. of Psych., Maudsley, Hosp.) (Engl.)

Im Urin von Normalpersonen (Np) u. Schizophrenen (Schi) gleichen Alters, Gewichts u. Geschlechts wurden die Purine durch Adsorption an Dowex 50-H-Harz u. Eluierung mit Ammoniak, Fällung mit Ag-Salzen, Trennung durch Papierchromatographie, Identifizierung im UV-Licht, individuelle Eluierung u. Spektrophotometrie untersucht. Bestimmt wurden die Werte für *Hypoxanthin* (I), *Xanthin*, *1-Methylguanin*, *7-Methylguanin*, *Adenin*, *8-Hydroxy-7-methylxanthin* u. *Guanin* in Proben vom 24-Std.-Urin. Die Ausscheidung dieser Purine war bei Schi u. Np gleich groß. Die Ausscheidung von I nahm mit ansteigendem Körpergewicht zu. Sie war bei Männern größer als bei Frauen von gleichem Gewicht, ein Unterschied, der bei den meisten untersuchten Verbb. gefunden wurde. K. BÖHM. 4577□

Vergleich des Überganges von Calcium und Strontium vom Plasma in die Cerebrospinalflüssigkeit beim Menschen. Joseph Samachson, Bernard Kabakow, Herta Spencer und Daniel Laszlo. (Proc. Soc. exp. Biol. Med. **102.** 287—90. Nov. 1959. New York City, N.Y., Montefiore Hosp.) (Engl.)

Spurendosen von ^{85}*Sr* oder von ^{85}*Sr* u. ^{45}*Ca* (je ca. 0,2 μc/kg Körpergewicht) wurden als Chloride in einzelnen i.v. Injektionen an 17 Patienten verabreicht, bei welchen aus ärztlichen Gründen Lumbalpunktion angezeigt war. Zwischenzeit zwischen Injektion u. Punktion 5½—47 Stunden. Die Verhältniszahlen Cerebrospinalfl./Plasma waren für ^{85}*Sr* u. ^{45}*Ca* ungefähr gleich. Da ein größerer Anteil von ^{85}*Sr* als von ^{45}*Ca* nicht an Protein gebunden ist, scheint eine unterschiedliche Passage in die Cerebrospinal-Fl. zugunsten von ^{45}*Ca* stattzufinden. H. AMAN. 4578□

Transferrin in normaler Cerebrospinalflüssigkeit. Jørgen Clausen und Troels Munkner. (Nature [London] **189.** 60—61. 7/1. 1961. Copenhagen, Univ., Inst. of Biochem.; Radiol. Dep., Isotope Labor.; Univ. Clinic.) (Engl.)

Bei Vgl. von *Transferrin* (I) aus Serum u. aus Cerebrospinalfl. des Menschen ließen sich für I aus Cerebrospinalfl. 2 von den Fällungsbogen des Serum-I abweichende Veränderungen nachweisen, so daß die beiden I-Typen unterschiedliche physiko-chem. Eigg. aufweisen. Die charakterist. Eigg. der *Fe*-Bindung waren qual. nicht verändert. U. TAUSENDFREUND. 4578□

Uterusblutstrom und Sauerstoffverbrauch bei graviden Schafen und Ziegen. James Metcalfe, Seymour L. Romney, Joseph R. Swartwout, Donald M. Pitcairn, Anton N. Lethin jun. und Donald H. Barron. (Amer. J. Physiol. **197.** 929—34. Okt. 1959. Boston, Mass., Harvard Med. School, Dep. of Med. and Obstet.; Boston Lying-in Hosp.; New Haven, Conn., Yale Univ., Med. School, Dep. of Physiol.) (Engl.)

Am nichtgraviden Uterus von Schaf u. Ziege ließ sich (mit Hilfe von N_2O nach FICK) eine Durchströmungs-Geschw. des Blutes von 25 ml/Min. nachweisen, die auf

200 ml/Min. am 80. Tag einer Gravidität anstieg u. 1000 ml/Min. gegen Ende der 150 Tage dauernden Gravidität überstieg. Dieser Anstieg ist durch erhöhte Anforderung von Seiten des Foetus erklärbar. Der Anstieg des O_2-Verbrauchs/kg steigt ebenfalls, jedoch nicht so ausgeprägt wie die Durchströmung. U. TAUSENDFREUND. 4583□

Die Wirkung schwacher Elektrolytlösungen auf das Ausschlüpfen der Eier von Trichostrongylus retortaeformis (Zeder) und ihre Deutung durch einen vorgeschlagenen Brutmechanismus für Strongyloideneier. P. A. G. Wilson. (J. exp. Biology 35. 584—601. Sept. 1958.) (Engl.)

0,05 n Lsgg. von *Na-Acetat*, Na_2SO_4, $CaCl_2$, Li_2SO_4, *NaCl*, $MgCl_2$, K_2SO_4, KNO_3 u. *KJ* verlängerten die Reifung, ohne die Brutfähigkeit aufzuheben, u. verringerten die Wasserdurchlässigkeit der Eihülle. K. ZINGRAF. 4583□

Einfluß der kohlenhydrat-, eiweiß- und fettreichen Nahrung auf die bedingt reflektorische Tätigkeit bei Ratten. Ana Chranowa. (Известия на Института по Експериментална Медицина, Българска Академия на Науките [Bull. Inst. Méd. exp., Acad. bulg. Sci.] **2.** 141—66. 1957.) (Bulg.; Auszug: Dt.)

In Verss. an erwachsenen Ratten (♂) erhielt eine Gruppe das Doppelte an Milcheiweiß (a), die andere an Kohlenhydraten (b), die dritte an tier. Fetten (c) im Vgl. zur Kontrolle. Die b-Tiere zeigten in ihrer bedingt reflektor. Tätigkeit Zeichen eines Überwiegens der Hemmungsprozesse (Verlängerung der Latenzperiode der positiven bedingten Reflexe, partiellen oder vollständigen Ausfall der bedingten Reflexe, Fehlen bzw. Abschwächung der unbedingten Reflexe, einhergehend mit Entw. eines trägen schläfrigen Zustandes). Bei a traten Zeichen des Vorwiegens der Erregungsprozesse auf. Die Dauer der Latenzperiode bei positiven bedingten Reflexen war verkürzt, die Zahl der Reflexe war um das 2- bis 3fache vermehrt, der orientierende Reflex u. die allg. Erregbarkeit verstärkt. Bei c zeigten sich die gleichen Verschiebungen wie bei a, nur waren diese Veränderungen noch etwas stärker ausgeprägt. Sie traten schneller bei den Tieren ein, die vorher normale Kost bekamen im Vgl. zu den Tieren, die spezielle Diätarten erhielten. Ratten mit schwachem, z. T. auch mit starkem, unausgeglichenem Typ der Tätigkeit des höheren Nerven-Syst. reagierten auf die Änderung der Kost schneller als die übrigen Tiere. F. DU MANS. 4585□

Stoffwechsel der ^{35}S-Thiaminphosphorsäureester im tierischen Organismus. A. Ja. Rosanow. (Биохимия [Biochemie] 25. 991—1000. Nov./Dez. 1960. Odessa, Med. Pirogow-Inst., Lehrstuhl für Biochemie.) (Russ.; Auszug: Engl.)

Im Vers. mit Ratten, Meerschweinchen u. weißen Mäusen werden physiolog. Dosen von *Thiamintriphosphat* (**I**), *Thiaminpyrophosphat* (**II**) u. *Thiaminmonophosphat* (**III**) nach parenteraler Zufuhr in den Organen u. Geweben weniger zurückgehalten als *Thiamin* (**IV**). **I**, **II** u. **III** zerfallen im tier. Organismus langsamer zu vitaminfreien Prodd. als **IV**. Das zu Heilzwecken parenteral zuzuführende **IV** kann mit Erfolg durch **I** u. **II** ersetzt werden, die wirksamer sind als **IV**. Nach der Zerfalls-Geschw. gilt die folgende Reihe: **I** < **II** < **III** < **IV**. O. LEBTAG. 4587□

Die Wirkungen von Nicotinsäure, Nicotinsäureamid und Placebo beim chronischen Schizophrenen. W. Ross Ashby, G. H. Collins und Margaret Bassett. (J. Mental Sci. **106.** 1555—59. Okt. 1960. Bristol, Burden Neurol. Inst.; Gloucester, Barnwood House.) (Engl.)

An 39 chron. Schizophrenen wurden über 24 Wochen lang die Wrkg. massiver Dosen (3 mal täglich 300 mg bis 2,1 g) von *Nicotinsäure, Nicotinsäureamid* u. einem *Placebo* getestet. Die Analyse der Ergebnisse brachte keinen Beweis dafür, daß die Patienten durch die Behandlung beeinflußt werden. K. BÖHM. 4587□

Metabolite des Nicotinamids in Mäuseurin: Wirkungen von Azaserin. Vincenzo Bonavita, Stuart A. Narrod und Nathan O. Kaplan. (J. biol. Chemistry **236.** 936—39. März 1961. Waltham, Mass., Brandeis Univ., Graduate Dep. of Biochem.) (Engl.)

Nach intraperitonealer Injektion von $^{14}C_{(7)}$*-Nicotinamid* (**I**) wurde aus Mäuseharn ein neues Stoffwechsel-Prod., *Nicotinamid-N-oxyd* (**II**), F. 295—296° (Zers.), nadelförmige Kristalle (Butanol), chromatograph. isoliert. Die Identifizierung erfolgte durch R_F-Wert, Umwandlung in **I** mittels Mäuseleberhomogenat u. durch UV- u. UR-Spektrum. Subkutane Injektion von *Azaserin* (**III**) änderte die Ausscheidung der **I**-Metabolite. die Geschw. der Ausscheidung, berechnet aus der ausgeschiedenen ^{14}C-Menge, nahm bei **III**-Injektion zu. Die **II**-Gesamtausscheidung nach **III**-Injektion nahm unter gleichzeitiger Zunahme von Verbb., die wahrscheinlich mit N′-Methylnicotinamid oder Nicotinsäure ident. waren, ab. K. MAIER. 4587□

Einige Artunterschiede der Intrinsic faktor-Stimulierung der Vitamin-B_{12}-Aufnahme durch Dünndarm in vitro. T. Hastings Wilson und Elliott W. Strauss.

(Amer. J. Physiol. **197.** 926—28. Okt. 1959. Boston, Mass., Harvard Med. School, Dep. of Physiol. and Med.; Peter Bent Brigham Hosp., Richard C. Curtis hematol. Labor.) (Engl.)

Die *Vitamin-B_{12}* (I)-Aufnahme durch Rattendarmschlingen wird nur durch *Intrinsic faktor* (II) von Ratten gefördert, während die I-Aufnahme durch Meerschweinchendarm durch II von Meerschweinchen, Ratte, Schwein, Hamster, Kaninchen u. Mensch eine Förderung erfährt; die Darmschlingen von Hamster u. Kaninchen reagieren auf II vom Hamster, Ratte u. Kaninchen bzw. II von Kaninchen, Ratte, Schwein u. Mensch. Das Meerschweinchenileum ist als Vers.-Material für II von Schwein u. Mensch als geeignet anzusehen. U. TAUSENDFREUND. 4587 □

Intestinale Resorption von Vitamin B_{12} und von einem Vitamin B_{12}-Peptidkomplex bei normalen Personen und bei Patienten mit Magenteilresektion. G. Milhaud. (Nature [London] **189.** 33—34. 7/1. 1961. Paris, Inst. Pasteur.) (Engl.)

Patienten mit teilreseziertem Magen können als geeignete Personen zur Prüfung von *Vitamin-B_{12}* (I)-Resorptionsverfahren angesehen werden. Es konnte gezeigt werden, daß bei derartigen Patienten die I-Resorption gestört ist. Im Gegensatz dazu konnte mit dem von HEATHCOTE u. MOONEY (C. **1959.** 6872) isolierten I-Peptid-Komplex vollständige Resorption erzielt werden. U. TAUSENDFREUND. 4587 □

Vergleichende Bestimmung von Vitamin B_{12} mit Lactobacillus leichmannii und Poteriochromonas stipitata in verschiedenen Fischfuttermitteln und Klärschlammproben. J. Wünsche und K. Nehring. (Int. Z. Vitaminforsch. **31.** 76—86. 1960. Rostock, Oskar-Kellner-Inst. für Tierernährung.) (Dt.)

Vff. erarbeiteten zur mikrobiolog. Best. von *Vitamin B_{12}* in Futterstoffen einen Kölbchentest mit dem Protozoon *Poteriochromonas stipitata* u. stellten vergleichende Unterss. in verschiedenen Fischfuttermitteln u. Klärschlammproben mit dem *Lactobacillus leichmanii*-Test an. Beide Verff. sind bei einer durchschnittlichen Fehlerbreite von ± 4 bis $\pm 10\%$ reproduzierbar, doch ist wegen seiner größeren Spezifität trotz höheren Arbeitsaufwandes u. längerer Bebrütungszeit dem Poteriochromonas-Test der Vorzug zu geben. R. ILLHARDT. 4587 □

Anwendbarkeit von Hydroxocobalamin als ein langwirkendes Vitamin B_{12}. G. B. J. Glass, H. R. Skeggs, D. H. Lee, E. L. Jones und W. W. Hardy. (Nature [London] **189.** 138—40. 14/1. 1961. New York, N.Y., Bird S. Coler Memorial Hosp., New York Med. Coll., Dep. of Med.; West Point, Pa., Merck Sharp & Dohme Res. Labor., Merck & Co., Inc.) (Engl.)

Die hämatopoet. Aktivität von *Hydroxocobalamin* (*Vitamin B_{12a}* oder *B_{12b}*; I) ist der des *Cyanocobalamins* (II) gleichwertig. Wird die Resorption von I im Vgl. zu der von II oder von II-*Zinktannatkomplex* (III) an Patienten verglichen, die normalen *Vitamin-B_{12}* (IV)-Geh. im Blut sowie keine Rückenmarksdefekte aufweisen, so zeigt sich, daß nach einer einzigen Dosis von i.m. 1000 μg I der IV-Geh. im Blutserum selbst nach 3 Wochen noch signifikant höher ist als nach II- oder III-Injektion. 5 Std. nach I-Injektion ist der IV-Geh. im Blutserum 96fach, nach 48 Std. 32fach u. nach 72 Std. 10fach höher als der normale Wert. Nach I-Injektion ist der erreichte IV-Geh. nach 5 Std. 4,1fach, nach 24 Std. 12,8fach, nach 72 Std. 5,2fach u. nach 3 Wochen 2,5fach höher als nach Injektion einer gleichen 1000 μg Dosis von II. III wirkt noch schlechter bei der Erhaltung eines hohen IV-Spiegels im Blutserum. Die IV-Ausscheidung im Urin erfolgt nach I-Injektion am langsamsten, d. h. die I-Resorption erfolgt verzögert. Das konnte auch durch Injektion von ^{57}Co- bzw. ^{58}Co-I nachgewiesen werden, das am Ort der Injektion wesentlich länger verblieb als ^{57}Co-II. Die Resorptionsverzögerung von I wird auf dessen veränderte Rk.-Fähigkeit mit Serumproteinen u. a. zurückgeführt.
L. TRÄGER. 4587 □

Die stabilisierende Wirkung der Flavonoide auf die L-Ascorbinsäure. I. Dawidek. (Биохимия [Biochemie] **25.** 1105—12. Nov./Dez. 1960. Prag, Zentr. Forschungs-Inst. für Lebensmittelind.) (Russ.; Auszug: Engl.)

Die Unterss. über die Stabilisierung u. Zerstörung der *Ascorbinsäure* (I) durch *Flavonoide* (II) mit oder ohne Ggw. von Schwermetallen ergab, daß die II keine stabilisierende Wrkg. auf reine I ausüben; stabilisierend wirken sie jedoch in Ggw. von Cu^{2+}. Von den II sind Rutin u. Quercitrin (bis zu 50%ig. stabilisierende Wrkg.) am stärksten wirksam, weniger Naringin. Eine starke stabilisierende Wrkg. zeigen die II aus Apfelsinen u. schwarzer Johannisbeere (in 15facher Verdünnung). Das Gemisch von Apfelsinen-I unterdrückt schon in 0,1%ig. Konz. die katalyt. Wrkg. des Cu^{2+} vollständig. Aus den Vers.-Ergebnissen schließt Vf., daß die stabilisierende Wrkg. der II auf I nicht auf dem Einfl. auf die Redoxvorgänge beruht, sondern darauf, daß die II als Folge ihrer komplexbildenden Eigg. die Schwermetalle fest binden u. damit deren katalyt. Wrkg. blockieren. O. LEBTAG. 4587 □

Beobachtungen über die Wirkung von 3-Methylcholanthren bei skorbutischen Meerschweinchen. G. R. Martin, Harold M. Fullmer und J. J. Burns. (Proc. Soc. exp. Biol. Med. **106**. 157—60. Jan. 1961. Bethesda, Md., U.S. Dep. of H.E.W., P.H.S., N.I.H., Nat. Inst. of Dental Res. u. Nat. Heart Inst.; New York, N.Y., Goldwater Memorial Hosp., New York Univ., Res. Serv.) (Engl.)

Bei skorbut. Meerschweinchen verringerte *3-Methylcholanthren* die Blutungshäufigkeit u. die Knochenresorption, erhielt die Dentin-Bldg. aufrecht u. verhütete das Absterben der Odontoblasten. Die Wrkg. erfolgt nicht über eine Einleitung der *L-Ascorbinsäure*-Synth. oder eine erhöhte Retention des Vitamins. K. ZINGRAF. 4587 □

Die Pathogenese der Osteomalazie. August Meyer. (Int. Z. Vitaminforsch. **31**. 58—72. 1960. Basel.) (Dt.)

Vf. gibt eine Übersicht über die Theorien der Genese der Osteomalazie. Nach seiner Ansicht soll die Ursache auf einer Störung des Phosphatstoffwechsels beruhen, die bedingt sei — neben endogenen Ursachen — durch ungenügende exogene Zufuhr von *Vitamin D* u. Phosphatsalzen. Vf. warnt vor der zu tox. Fluormedikation, da diese durch phosphatreiche Ernährung ersetzt werden kann. R. ILLHARDT. 4587 □

Bemerkungen zu der Publikation von A. Meyer: Die Pathogenese der Osteomalazie. H. Jesserer. (Int. Z. Vitaminforsch. **31**. 73—75. 1960. Wien, Univ., I. Med. Klin.) (Dt.)

Vf. unterzieht vorst. Arbeit einer krit. Betrachtung u. kommt zu dem Schluß, daß auf einem so schwierigen Gebiet wie der Pathogenese der Osteomalazie nicht eigene Ansichten, sondern nur durch Befunde belegte Fälle Ausgangspunkt jeglicher Erörterung sein können. R. ILLHARDT. 4587 □

Resorption und Stoffwechsel einiger Zucker bei der Heuschrecke, Schistocerca gregaria (Forsk.). J. E. Treherne. (J. exp. Biology **35**. 611—625. Sept. 1958. Cambridge, Univ., Dep. of Zool., A.R.C. Unit of Insect Physiol.) (Engl.)

^{14}C-Glucose, Mannose u. *Fructose* wurden lediglich im Mitteldarm durch Diffusion resorbiert u. parallel zur Resorptions-Geschw. in variablen Mengen in *Trehalose* umgewandelt, die sich in der Hämolymphe ansammelte. K. ZINGRAF. 4594 □

Einfluß von Veränderungen der Glykämie auf die Kinetik von Magen, Duodenum und Jejunum. T. Spîrchez, S. Stoichiţă, O. Stanciu, B. Gheorghiescu und Lia Ifrim. (Comun. Acad. Republ. Populare romîne **5**. 409—16. Febr. 1955.) (Rum.)

Erhöhung der Konz. der *Glucose* (I) im Blut hemmt die Magenkinetik, Verminderung der I-Konz. verstärkt u. beschleunigt die Magenkontraktionen, vermutlich durch Änderung der Erregbarkeit des PAWLOWschen Verdauungszentrums. Wenn in Duodenum oder Jejunum hyperton. Lsg. eingeführt wird, wird die Magenkinetik u. die des Dünndarms reflektor. bzw. direkt gehemmt. Aus der engen Beziehung zwischen Glykämie u. Verdauungskinetik wird ein physiolog. Test (viscerograph. Best. des Vagustonus) abgeleitet. Das Hypoglykämiesyndrom nach Magenresektion läßt sich danach von dem Syndrom des abnorm beschleunigten Durchsatzes von Nährbrei unterscheiden. Auch der Mechanismus von Hunger in der Norm u. in der Pathologie findet auf dieser Grundlage eine Klärung. R. K. MÜLLER. 4594 □

Experimentelle Steatorrhoe beim Menschen, ausgelöst durch ein Gallensäuren bindendes Mittel. Sami A. Hashim, Stanley S. Bergen jun. und Theodore B. Van Itallie. (Proc. Soc. exp. Biol. Med. **106**. 173—75. Jan. 1961. New York City, N.Y., Columbia Univ., Dep. of Med., St. Luke's Hosp. u. Inst. of Nutrit. Sci.) (Engl.)

Bei Normalpersonen konnte durch Anwendung von *MK-135* (Chlorid eines bas. Anionenaustauschharzes; I) eine makroskop. Steatorrhoe ausgelöst werden. I hemmte die Resorption von *^{131}J*-markiertem *Triolein,* nicht aber von *Ölsäure,* die mit ^{131}J markiert war. K. ZINGRAF. 4594 □

Serum-Gallenpigment-Fraktionen während des Ikterus. Douglas B. Mc Gill, Harry N. Hoffman und Jesse L. Bollman. (J. Lab. clin. Med. **56**. 925—26. Dez. 1960. Rochester, Minn.) (Engl.)

In Anlehnung an SCHACHTER wurde eine einfache Meth. zur Best. der *Diazopigmente A* u. *B* in Serum, Galle u. Urin ausgearbeitet, wenn auch in Galle u. Harn keine genaue quant. Festlegung möglich war. Bei Gallengangsverschluß (Hunde als Vers.-Tiere) herrschte in den ersten beiden Wochen Pigment II im Serum vor (die Werte lagen 10—15% unter den mit chromatograph. Meth. erzielten), danach war Pigment I vorherrschend. Gesamt-Serum-Bilirubin sank nach initialem Anstieg, um während der 2. Woche ein erneutes Plateau zu erreichen, das bis zum Ende gehalten wurde. Durch *Cortison* trat keine Änderung ein. — Bei Patienten mit nichthämolyt. Ikterus konnte keine Beziehung zwischen dem Verh. der Pigmente u. dem Erkrankungstyp erkannt werden; verschiedene Nierenclearance-Geschw. werden dafür verantwortlich gemacht. U. TAUSENDFREUND. 4594 □

Wirkungen der Gallensäuren auf die Ausscheidung der Endprodukte des Cholesterinstoffwechsels im Stuhl. William T. Beher, Gizella D. Baker und William L. Anthony. (Amer. J. Physiol. **199.** 736—40. Okt. 1960. Detroit, Mich., Henry Ford Hosp., Edsel B. Ford Inst. for Med. Res.) (Engl.)

Gallensäuren sind offenbar wichtige Faktoren bzgl. Best. der *Cholesterin* (I)-Stoffwechsel-Geschw. u. des I-Stoffwechselweges. Mäuse mit durch $^{14}C_{(4)}$-I-Fütterung erhöhtem Gewebespiegel an I wiesen nach *Cholsäure* (II)-Verabreichung eine Hemmung der I-Mobilisierung u. nach *Hyodesoxycholsäure* (III) einen raschen Rückgang des Leber-I auf subnormale Werte auf. II hemmte die Gesamtsteroidausscheidung, die Verminderung zeigte sich in der Gallensäurenfraktion, die Steroidausscheidung im Stuhl blieb relativ unverändert. III steigerte die Gesamtsteroidausscheidung, die Steigerung zeigte sich an der Sterinfraktion, die Gallensäurenausscheidung war vermindert.

U. Tausendfreund. 4596 □

$^{14}C_{(4)}$-Cholesterin und Gallensäuren beim Meerschweinchen. Ludvik Perić-Golia und Russell S. Jones. (Proc. Soc. exp. Biol. Med. **106.** 177—80. Jan. 1961. Salt Lake City, Utah, Univ. of Utah, Dep. of Pathol.) (Engl.)

Bei ausgewachsenen Meerschweinchen mit Gallentraktfisteln u. stabilen Gallensäurespeichern in der Leber wurde *$^{14}C_{(4)}$-Cholesterin* unabhängig von der Darmpassage in 3 markierte Gallensäuren, nämlich *3α.7α.12α-Trihydroxycholansäure* (*Cholsäure*) *3α.7α-Dihydroxycholansäure* u. *3α-Hydroxy-7-ketocholansäure* umgewandelt.

K. Zingraf. 4596 □

Der Stoffwechsel von Acetat in skorbutischen Meerschweinchen. Sachchidananda Banerjee und Pulak Kumar Ghosh. (Amer. J. Physiol. **199.** 1064—66. Dez. 1960. Rajasthan, India, Bikaner, Med. Coll., Dep. of Physiol.) (Engl.)

Bei Verfütterung von *Na-Acetat* an normale Meerschweinchen (1 ml 1%ig. Lsg./100 g Körpergewicht, aufgeteilt in 3 Dosen täglich) stiegen Gesamtlipid-Geh. des Körpers u. Leberglykogen an, Körpercholesterin, Gewebecholesterin u. Glucosetoleranz blieben normal. Bei skorbut. Meerschweinchen waren Cholesterin in Blut, Dünndarm u. Hoden sowie der Gesamtcholesterin-Geh. des Körpers erhöht u. wurden durch die gleiche Acetatfütterung wie bei Normaltieren noch gesteigert. Die herabgesetzte Glucosetoleranz, das verminderte Leberglykogen, der Gesamtlipid- u. Gesamtphospholipid-Geh. des Körpers bei skorbut. Tieren wurden durch die Acetatfütterung nicht beeinflußt. Acetat scheint bei Skorbut in Cholesterin eingebaut zu werden, weil in Fettsäure-Synth., Glykogenese u. Tricarbonsäurecyclus nicht genügend abfließen kann (wie bei Diabetes). Insulinbehandlung (steigernd 0,1—0,3 E./100 g Körpergewicht bei täglicher Gabe) normalisiert die erhöhte Ausscheidung von Citronensäure, Äpfelsäure u. Ketokörpern im Harn bei den Acetat-gefütterten skorbut. Tieren. Daraus wird geschlossen, daß Acetat über den Tricarbonsäurecyclus abgebaut wird u. bei Skorbut ein Hypoinsulinismus besteht.

K. Thielmann. 4596 □

Vergleich der Oxydation von Threonin, Valin, Histidin und Glucose an Hühnern. L. E. Ousterhout. (Proc. Soc. exp. Biol. Med. **102.** 285—87. Nov. 1959. Davis, Calif., Univ. of California, Dep. of Poultry Husbandry.) (Engl.)

Bei intraperitonealer Verabreichung verschiedener Mengen von gleichmäßig markiertem *L-Threonin* (I), *L-Valin* (II), *L-Histidin* (III) oder *Glucose* (IV) an junge Hühnchen, vorher gefüttert mit komplettem oder an verschiedenen essentiellen Aminosäuren armem Futter, betrug die im 14-Std.-Vers. als $^{14}CO_2$ wiedergefundene durchschnittliche Menge der verabreichten Gesamtaktivität für I 10%, für III 25%, für II 40% u. für IV 50%. Es bestehen große Unterschiede im Anteil jeder Aminosäure, der in die Pikrinsäurefraktion der Proteine inkorporiert ist. Das Maximum der $^{14}CO_2$-Produktion tritt ein 1 Std. nach der Verabreichung von IV, I oder II, 2 Std. nach der Verabreichung von III. Weder die vorhergegangene Diät, noch 10fache Änderungen der Mengen der verabreichten Aminosäuren scheinen die oxydierten oder in Proteinen synthetisierten Fraktionen zu beeinflussen.

H. Aman. 4596 □

Die Aminosäurezusammensetzung der eiweißfreien Fraktionen der glatten Muskeln von wirbellosen und Wirbeltieren. Ss. Je. Ssewerin und A. A. Dikanowa. (Биохимия [Biochemie] **25.** 1012—17. Nov./Dez. 1960. Moskau, Lomonossow-Univ., Lehrstuhl für Biochem. der Tiere.) (Russ.; Auszug: Engl.)

Die Unterss. über die *Aminosäure* (I)-Zus. der Magenmuskeln der Taube u. der glatten Muskeln der Anodonten u. Mydien ergaben nur geringe qual. Unterschiede, jedoch große Unterschiede der I-Mengen. Bei den Salzwasser-Mydien ist der I-Geh. mit 1127 mg% viel höher als bei den Süßwassermydien (346 mg%), bedingt durch die verschiedenen Lebensverhältnisse. Im Taubenmuskel beträgt der I-Geh. 728 mg%. In den eiweißfreien Filtraten der glatten Muskeln von Vertebraten u. Invertebraten fehlen

Carnosin u. Anserin; sie enthalten jedoch Tripeptidglutathion, bes. viel der Magenmuskel der Taube. In der Fraktion des extraktiven N sind im Taubenmuskel Glutathion (II), Glutamin u. Glutaminsäure vorherrschend, bei den Mydien Glykokoll, α-Alanin u. Taurin, bei den Anodonten Arginin, α-Alanin u. II (eigentlich Summe der auf Ninhydrin reagierenden N-Verbb.). Der Geh. an Tyrosin, Tryptophan, Methionin u. Valin ist in allen Proben so gering, daß eine quant. Best. nicht erfolgte. O. LEBTAG. 4597□

Über die Strukturproteine der glatten Muskeln von Warmblütern. W. W. Oppel und T. P. Sserebrenikowa. (Биохимия [Biochemie] **25.** 1035—42. Nov./Dez. 1960. Leningrad, Ssetschenow-Inst. für evolut. Physiol. der Akad. der Wiss. der UdSSR.) (Russ.; Auszug: Engl.)

Die Unterss. ergaben, daß die Aussalzkurven der *Strukturproteine* (I) der glatten Magenmuskeln von Hund, Schwein, Kaninchen, Stier, Taube, Huhn u. Mensch einen sehr ähnlichen Verlauf aufweisen. In allen Fällen tritt ein Maximum für Actin (II) auf, das bei den Kurven der quergestreiften Muskeln fehlt. Bei einigen Tieren beobachtet man in der Aussalzzone von II ein beständiges Maximum bei 12—16%ig. $(NH_4)_2 \cdot SO_4$ (III)-Sättigung u. ein weniger beständiges Maximum bei 18—23%ig. III-Sättigung. Die Ergebnisse zeigen, daß, entgegen anderen Vorstellungen, II nicht nur für die Aussalzkurven der glatten Muskeln des Hundes charakterist. ist. Bei allen untersuchten Tieren beobachtet man ein Maximum der Aussalzung bei einer 29—33%ig. III-Sättigung, das dem Actomyosin entspricht. O. LEBTAG. 4597□

Extraktion individueller Fettsäuren durch das Herz. M. Rothlin und R. J. Bing. (J. Lab. clin. Med. **56.** 942. Dez. 1960. Detroit, Mich.) (Engl.)

Bei Prüfung der Entnahme freier Fettsäuren aus dem Blutstrom durch den Herzmuskel ergab sich eine bevorzugte Extraktion von *Ölsäure* (I), während *Stearin-*, *Palmitin-* u. *Linolensäure* gleichartig entnommen werden. Beim Menschen bestehen die freien Fettsäuren zu 43% aus I, u. 60% der coronaren arterio-venösen Differenz freier Fettsäuren werden durch I repräsentiert (beim Hund betragen die Werte 38 u. 51%). Das periphere Fettgewebe setzt I in höheren Geschw. als die anderen Fettsäuren frei, so daß I als Hauptkomponente der freien Fettsäuren des Plasmas mit hoher Turnover-Geschw. anzusehen ist. Da im Herzmuskel Veresterung u. Hydrolyse möglich sind, ist die Extraktion als Ausdruck der Verwertung u. der Umwandlungsvorgänge anzusehen. U. TAUSENDFREUND. 4597□

Änderungen der Leberfunktion während normaler Schwangerschaft. Ruth D. McNair und Richard V. Jaynes. (Amer. J. Obstetr. Gynecol. **80.** 500—05. Sept. 1960. Detroit, Providence Hosp.; Garden City, Mich., Garden City Med. Center.) (Engl.)

An 600 normalen Schwangeren werden verschiedene Leberfunktionen verfolgt. Lediglich der Serumcholesterin-Geh. steigt signifikant gegen Ende der Schwangerschaft. Weniger deutliche Erhöhungen werden bei der Serumthymoltrübung u. dem alkal. Phosphatase-Geh. gefunden. Das Serumbilirubin bleibt unverändert. L. TRÄGER. 4597□

Na-Rückresorption und O_2-Verbrauch der Niere. P. Deetjen und K. Kramer. (Klin. Wschr. **38.** 680. 15/7. 1960. Göttingen, Univ., Physiol. Inst.) (Dt.)

Die bisherige Anschauung, daß der *O_2*-Verbrauch der Niere durch das O_2-Angebot in Abhängigkeit von der Durchblutung bestimmt würde, muß durch die Befunde von Vff. korr. werden. Der O_2-Verbrauch steht danach nicht in ursächlicher Verknüpfung mit der Durchblutung, sondern wird durch die Menge des filtrierten *Na* diktiert, womit auch die große Schwankungsbreite des O_2-Verbrauchs in früheren Unterss. erklärt werden könnte. U. TAUSENDFREUND. 4597□

Rückresorption von Protein in Nierentubuli: Nachweis und Lokalisierung der Rückresorption von Eialbumin und β-Lactoglobulin beim Hund. Willoughby Lathem und Bernard B. Davis. (Amer. J. Physiol. **199.** 644—48. Okt. 1960. Pittsburgh, Pa., Univ. of Pittsburgh, School of Med., Dep. of Med.) (Engl.)

Beim normalen Hund konnte gezeigt werden (stop-flow-Analyse), daß verschiedene Arten von Protein aus dem Glomerulumfiltrat rückresorbiert werden können u. daß diese Eigg. offensichtlich auf die Zellen der proximalen Tubuli beschränkt sind. Die untersuchten Proteine *Eialbumin* u. *β-Lactoglobulin* wurden (ebenso wie früher von *Hämoglobin* nachgewiesen) an der gleichen proximalen Stelle in Überlagerung der p-Aminohippursäuresekretion rückresorbiert. U. TAUSENDFREUND. 4597

Ansteigen der Ribonuclease-Aktivität im Serum nach bilateraler Nephrektomie. M. Rabinovitch und S. R. Dohi. (Amer. J. Physiol. **187.** 525—28. Dez. 1956. São Paulo, Brasil, Univ., Fac. de Med., Labor. for Cell Physiol.) (Engl.)

Nach beidseitiger Nierenexstirpation oder bei Hydronephrosis bei WISTAR-Ratten steigt die *Ribonuclease*-Aktivität (RA) im Serum innerhalb 10 Std. bis auf das Doppelte an. Die RA wurde mit *Orcin* spektrophotometr. verfolgt. Dieser Anstieg wird nicht durch gleichzeitige Adrenalektomie, Pankreatektomie, Evisceration oder Zufuhr von *Cortison* aufgehoben u. ist offensichtlich auf die nichtmögliche Ausscheidung durch die Niere zurückzuführen. Dagegen rührt die Aktivitätssteigerung nicht aus dem Verdauungstrakt oder aus dem Pankreas- oder Lymphgewebe oder aus Stress her.

P. TEICHGRÄBER. 4597 □

Aminonucleosid-Nephrose. Versuch einer biochemischen Erklärung ätiologisch verschiedener Nephroseformen. Ulrich C. Dubach und Lillian Recant. (Klin. Wschr. **38.** 1177–81. 1/12. 1960. St. Louis, Mo., Washington Univ., Med. School, Dep. of Preventive Med., Stoffwechsellabor.) (Dt.)

Es konnte trotz verschiedener Ätiologie (experimentelle Immunnephrose u. Aminonucleosidkrankheit) eine einheitliche Theorie für die Pathogenese der Nephrose aufgestellt werden. Die Primärläsion der Nephrose liegt im Glomerulus. Der biochem.-pathogenet. Mechanismus ist mit der Hemmung von essentiellen Fermenten zur Bldg. von Nucleotiden u. Cofermenten eng verbunden. Diese Enzym-Syst. müßten in den füßchenartigen Fortsätzen der Epithelialzellen oder in der filtrierenden Membran des Glomerulus lokalisiert sein. Die Veränderungen führen zu gesteigerter glomerulärer Durchlässigkeit (Proteinämie). U. TAUSENDFREUND. 4597 □

Gewebskonzentrationen von Adenosin-Nucleotiden bei experimenteller Nephrose. E. Mascitelli-Coriandoli und C. Citterio. (Klin. Wschr. **37.** 1146. 1/11. 1959. Mailand, Farmavigor S.p.A., Forschungs-Labor.) (Dt.)

In Übereinstimmung mit den bekannten Schemen der für die experimentelle Nephrose charakterist. Stoffwechselveränderungen konnte nach Hervorrufung des nephrot. Symptomenkomplexes bei der Ratte durch *Schafantinierenserum* in Leber, Herz u. bes. Nieren ein deutlicher Abfall der Konz. von *P* aus *Adenosintri-*, *-di-* u. *-monophosphat* festgestellt werden. Auch die *Kreatinphosphat*-Konzz. sind verringert, wenn auch nicht so ausgeprägt wie die Adenosinnucleotide. Die Anhäufung von *anorgan. P* in den betreffenden Geweben steht ungefähr im geraden Verhältnis zur Verminderung der Adenosinphosphate, da sie hauptsächlich auf der angeblichen Verwertung der P-Radikale beruht. Wahrscheinlich ist die herabgesetzte Verfügbarkeit der Adenosinphosphate ein Zeichen des raschen Verschwindens der Zuckerreserven.

U. TAUSENDFREUND. 4597 □

Dynamik des Einbaues von ^{35}S des Methionins in der Augenlinse der weißen Ratten. G. Ss. Lebedewa. (Доклады Академии Наук СССР [Ber. Akad. Wiss. UdSSR] **128.** 1053–56. 11/10. 1959. Leningrad, Pädagog. Inst.) (Russ.)

In Verss. mit Ratten im Alter von 5 Tagen (a), 30 Tagen (b) u. erwachsenen Tieren (c) wurde der Einbau von ^{35}*S-Methionin* (I) in die verschiedenen Zonen der Augenlinse untersucht. Bei Zufuhr von 0,5 μc I ist die ^{35}S-Anreicherung bei a, b u. c nach 24 Std. am stärksten in der Übergangszone (Zone der Bldg. der Linsenfaser), etwas weniger intensiv im Epithel u. am schwächsten im zentralen Kern. Dies erklärt sich aus der Bldg. von β-Kristallin in der Übergangszone. 1–20 Tage nach der I-Zufuhr nimmt ^{35}S in der Übergangszone sehr stark ab, im zentralen Kern zu. Werden die Tiere vor der I-Zufuhr mit 400 r röntgenbestrahlt, so ist nach 1–20 Tagen in allen Bereichen der Linse der I-Einbau geringer als in der Kontrolle. Die Geschw. der Verschiebung des maximalen I-Einbaues nach dem Zentrum nimmt in den ersten 5 Tagen nach der Bestrahlung ab. Nach 20 Tagen liegt das Maximum sowohl in der Norm wie bei Bestrahlung im Linsenzentrum. Bei den bestrahlten Tieren ist jedoch die Zone des Maximums nur halb so groß wie in der Kontrolle. Bereits 5 Tage nach der Bestrahlung sind Größe u. Gewicht der Linse nur halb so groß wie in der Kontrolle. O. LEBTAG. 4598 □

Cis-trans-Isomere des Retinens bei Sehvorgängen. G. A. J. Pitt und R. A. Morton. (Biochem. Soc. Symposia **19.** 67–89. 1960. Liverpool, Univ., Dep. of Biochem.) (Engl.)

Vortrag. — 54 Literaturangaben. — Inhaltlich ident. mit der C. **1960.** 4914 referierten Arbeit. K. MAIER. 4598 □

Elektrische Reizung der sympatischen Nerven des isolierten Kaninchenohres und das Schicksal des freigesetzten Neurohormons. R. H. Stinson. (Canad. J. Biochem. Physiol. **39.** 309–16. Febr. 1961. London, Ontario, Canada, Univ. of Western Ontario, Dep. of Biophys.) (Engl.)

Bei Reizung des periarteriellen sympath. Plexus an der Basis des isolierten Kaninchenohres kommt eine für entsprechende Unterss. geeignete Vasoconstriction zustande; mit einer Reizfrequenz von 25/Sek. ist eine initiale Spitzen-Rk. zu sehen, eine Frequenz von 15/Sek. benötigt die ständige Reaktion. Nach Dauerreizung konnte unter einer Rezirkulationsanordnung (4 ml Durchströmungs-Fl.) kein Nachw. für das Vorhandensein einer

Pressorsubstanz geführt werden; da lokale Zerstörung von Adrenalin u. Noradrenalin ausgeschlossen werden kann, ist anzunehmen, daß die Pressorsubstanz in der Durchströmungs-Fl. nicht über die Schwellen-Konz. hinaus akkumuliert.
U. TAUSENDFREUND. 4598□

Die höhere Nerventätigkeit bei jungen und alten Menschen, untersucht nach der Methode der bedingten Gefäßreflexe. Einfluß von Hormon und -Vitaminbehandlung bei alten Personen. C. I. Parhon, A. Aslan und Al. Vrăbiescu. (Comun. Acad. Republ. Populare romine **5.** 417—24. Febr. 1955.) (Rum.)

Auf Grund der Annahme, daß das Altern mit Funktionsstörungen des Nerven-Syst. u. bes. der Hirnrinde zusammenhängt, wird die höhere Nerventätigkeit bei jungen u. alten Menschen nach der Meth. der bedingten Reflexe verglichen. Während bei jungen Menschen der Gefäßreflex nach 3—4 Assoziationen fixiert wird, geschieht dies bei alten erst nach 9—12 Assoziationen. Durch Behandlung mit Milz- u. Schilddrüsenextrakt oder *Novocain* gelingt es auch bei alten Individuen eine Fixation nach 2—4 Assoziationen zu erreichen.
R. K. MÜLLER. 4598□

Die Wirkung von Stress und Äthanol auf den Milchsäuregehalt des Gehirns. J. W. Ridge. (Biochem. J. **78.** 28P. März 1961. Bristol, Burden Neurol. Inst.) (Engl.)

Stress bewirkt bei Ratten innerhalb der 1. Min. einen Anstieg des Hirn-*Lactat*-Geh. (von normal 22,0 mg/100 g Frischgewicht) auf 36,3 mg/100 g, der durch weiteren Stress nicht überboten wird. Nach Stressbeendigung fällt der Lactat-Geh. innerhalb 4 Min. zur Norm ab, sinkt dann jedoch weiter (18 mg/100 g), um schließlich in einen erneuten Anstieg (35 mg/100 g) u. abklingende Schwankungen überzuführen (Periode von 10 Min. mit Gesamtdauer der Schwankungen von 40 Min.). Einen ähnlichen Kurvenverlauf kann man mit Verabreichung von 3 ml 30%ig. A. (Magensonde) erzielen, während nach 3 ml W. (infolge des Sondeneinführungsstress) nur eine ganz leichte Schwankung mit nachfolgender Oszillation auftritt.
U. TAUSENDFREUND. 4598□

Pasteur-Reaktion und Glykogengehalt des Rattenhirns nach Noble-Collip-Trommelschock. Harutada Ninomiya, Robert W. Buxton und Moritz Michaelis. (Proc. Soc. exp. Biol. Med. **106.** 162—64. Jan. 1961. Baltimore, Md., Univ. of Maryland, Div. of Exp. Surg.) (Engl.)

Im Hirn von Ratten, die mittels einer NOBLE-COLLIP-Trommel in einen Schockzustand versetzt wurden, wurde eine Steigerung der aeroben u. anaeroben Glykolyse nachgewiesen u. der *Glykogen*-Geh. sowie die PASTEUR-Rk. waren signifikant verringert. Es besteht daher beim Schock im Hirn eine gesteigerte Anaerobiose, u. der Geh. an energiereichem *Phosphat* ist verringert.
K. ZINGRAF. 4598□

Vergleich direkter Großhirn- und Kleinhirnrindenreaktionen bei der Katze. Albert Rhoton, Sidney Goldring und James L. O'Leary. (Amer. J. Physiol. **199.** 677—82. Okt. 1960. St. Louis, Mo., Washington Univ., School of Med., Div. of Neurol. and Neurosurg.) (Engl.)

γ-Aminobuttersäure (**I**; 0,1—0,5%) kehrt nach Aufbringung auf die Großhirnrinde der Katze die Polarität der negativen Spitzen von elektr. 6—20 Sek.-Reizen um, **I** steigert die Summation der langsamen Negativität oder läßt sie unbeeinflußt. An der Kleinhirnrinde führt **I** zum Ersatz der negativen Spitzen durch positive u. zu einer Verminderung der Amplitude der langsamen Negativität. *Nembutal* (**II**; i.v.) bewirkt eine Steigerung einzeln oder serienmäßig hervorgerufener Negativität, führt jedoch zu einer deutlichen Verminderung der Amplitude oder einer Umkehr der positiven Polarität serienmäßig hervorgerufener prim. Spitzen. *Procain* (**III**; i.v.) löscht die langsame Negativität der Großhirnrinde aus u. läßt die serienmäßigen Spitzen unbeeinflußt. Am Kleinhirn haben **II** u. **III** keine Wrkg. auf die direkte Rinden-Rk. in den Dosen, die zur Beeinflussung der Großhirnrinde ausreichen.
U. TAUSENDFREUND. 4598□

Der Einfluß einiger Substrate und biologisch aktiver Stoffe auf die Erneuerungsgeschwindigkeit der Phosphorverbindungen in Hirnschnitten. Tshan Zsin. (Биохимия [Biochemie] **25.** 1099—1104. Nov./Dez. 1960. Leningrad, Pawlow-Inst. für Physiol. der Akad. der Wiss. der UdSSR, Labor. für Biochem. des Nervensystems.) (Russ.; Auszug: Engl.)

Verss. mit weißen Ratten ergaben, daß ein Zusatz von Glucose oder Fructose zum Inkubationsmedium sowohl die O_2-Aufnahme wie die Erneuerung der *Phosphoproteine* (**I**), *Phospholipide* (**II**) u. *Ribonucleinsäure* (**III**) in den Hirnschnitten intensiviert. Durch Zusatz von L-Glutaminsäure wird die Erneuerung von **I, II** u. **III** beschleunigt, nicht jedoch die O_2-Aufnahme. 0,01 m Lsgg. von Acetylcholin intensivieren die Erneuerung von **I** u. **II** u. hemmen die Erneuerung von **III**. Die γ-Aminobuttersäure ist hierauf ohne Einfluß.
O. LEBTAG. 4598□

W. Auerswald, Hrsg., Aktuelle Probleme des Mineralstoffwechsels. Vorträge und Diskussionen der Internationalen Expertentagung in Wien vom 27.—28. Mai 1960. Darmstadt: Dietrich Steinkopff. 1961. (XIV + 156 S. m. 23 Abb. u. 3 Tab.) = Supplementum 1 zur Zeitschrift für Ernährungswissenschaft. DM 36,—.

Robert S. Harris and Dwight J. Ingle, eds., Vitamins and hormones: advances in research and applications. Vol. 18. New York, London: Academic P. 1960. (XIV + 615 S. m. Tab. u. Diagr.) 5 £. 7 s. 6 d.

H. Gardiner-Hill, ed., Modern trends in endocrinology. 2nd series. London: Butterworths. 1961. (X + 349 S. m. Abb., Tab. u. Diagr.) 75 s.

Juda Hirsch Quastel, The chemistry of brain metabolism in health and disease. Springfield (Illinois): Charles C. Thomas. 1961. (170 S. m. Abb.) = American lecture series, publication no. 406. $ 6,50.

Joseph Mendel Yoffey, Quantitative cellular haematology. Springfield (Illinois): Thomas; Oxford: Blackwell Scientific. 1960. (XV + 122 S. m. Abb., Tab. u. Diagr.) = American lectures no. 412. 24 s.

Rheumatic Review. Vol. 1, no. 1. Herausgeg. von Charles De Coti-Marsh. London: Hursdrex. 1960. Erscheint vierteljährlich. 1 s.

E_6. Pharmakologie. Therapie. Toxikologie. Hygiene

Chemische Konstitution und physiologische Wirkung. Sankichi Takei. (Botyu Kagaku [Sci. Insect Control] **24.** I—XVI. Nov. 1959.) (Jap.)

Vf. gibt einen Rückblick über seine Arbeiten betreffend *Rotenon*, Aroma des *Tees*, *Blätteralkohol*, *Grayanotoxin* (Bestandteil von *Leucothoe grayana Max.*), *Pflanzenhormone*, das Schädlingsbekämpfungsmittel *BHC*, *Pyrethrin* u. natürlichen *Kautschuk*.

F. MOSSNER. 4600

Sterische Aspekte der Arzneimittelwirkung. R. B. Barlow. (Biochem. Soc. Symposia **19.** 46—66. 1960. Edinburgh, Univ., Dep. of Pharmacol.) (Engl.)

Vortrag. — 85 Literaturangaben. — Inhaltlich ident. mit der C. **1960.** 2946 referierten Arbeit. K. MAIER. 4600 □

Über den Einfluß der Bestrahlung auf die Zusammensetzung der Serumproteine. Ernst Waldschmidt-Leitz und Lorenz Keller. (Hoppe-Seyler's Z. physiol. Chem. **323.** 88—92. 15/3. 1961. Heiligenberg/Baden, Heiligenberg-Inst., Chem. Abt.) (Dt.)

Es wurde gezeigt, daß nach der Bestrahlung mit Röntgenstrahlen im Serum von Kaninchen eine starke Abnahme von *Albumin* u. *γ-Globulin* u. eine Zunahme von *α-* u. *β-Globulin* eintritt. Die Zus. der Albuminfraktion bleibt unverändert, in der Zus. der Globulinfraktionen treten teilweise starke Verschiebungen im Geh. der einzelnen Aminosäuren auf (z. B. verschwindet Cystin fast völlig aus α- u. β-Globulin).

U. TAUSENDFREUND. 4601 □

Einfluß der langen täglichen Bestrahlung auf den Umsatz der Nucleinsäuren in einigen Geweben des Kaninchens. R. Je. Libinson und W. W. Konstantinowa. (Биохимия [Biochemie] **25.** 1018—25. Nov./Dez. 1960.) (Russ.; Auszug: Engl.)

Ratten wurden 7—83 Tage lang täglich mit 30 r in der Dosis 0,7 r/min (γ-Strahlen von ^{60}Co) bestrahlt u. auf den Geh. an Ribonucleinsäure (**I**) u. Desoxyribonucleinsäure (**II**) in Leber u. Knochenmark untersucht; daneben wurde die Geschw. des ^{32}P-Einbaues in **I** u. **II** nach Zufuhr von $Na_2H^{32}PO_4$ bestimmt. Die Verss. bestätigten, daß durch eine Fraktionierung der Bestrahlungsdosis der biolog. Effekt stark herabgesetzt wird. Der **I**- u. **II**-Geh. wird durch die Bestrahlung in der Leber nicht merklich verändert, im Knochenmark stark vermindert. Die Geschw. des ^{32}P-Einbaues in **II** wird bei 420 r auf das 2,2fache, bei 2490 r auf das 2,7fache erhöht. Bei einer Gesamtbestrahlung von 900 bis 1920 r ist die spezif. Aktivität von **II** deutlich vermindert, die von **I** weniger deutlich gesenkt. Im Knochenmark wird die spezif. Aktivität von **I** u. **II** bei einer Bestrahlung mit 210 r etwas gesenkt, bei 420, 630 u. 2490 r deutlich erhöht. Vff. diskutieren den Mechanismus der verstärkten Synth. von **I** u. **II** sowie der Veränderung der mitot. Aktivität bei langer wiederholter Bestrahlung. O. LEBTAG. 4601 □

Leukämie bei Überlebenden nach dem Atombomben-Angriff auf Hiroshima. Niel Waid. (Science [Washington] **127.** 699—700. 28/3. 1958. Hiroshima, Japan, Atomic Bomb Casualty Commission.) (Engl.)

In einer tabellar. Übersicht werden Erkrankungen an Leukämie bei Überlebenden nach dem Atombombenangriff in Hiroshima während der Jahre 1945—1957 zusammengestellt. Am häufigsten sind erwartungsgemäß die Leukämieerkrankungen im Umkreis von 1500 m der Atombombenexplosion. Genaue Abschätzungen zwischen Häufigkeit von Leukämieerkrankungen u. Strahlendosis bei der Atombomben-Einw. konnten statist. nicht durchgeführt werden. G. FAUST. 4601 □

Autographie peripherer Blutabstriche als Methode der Früherkennung einer inneren Bestrahlung mit radioaktiven Substanzen. A. A. Danilin, S. N. Kosyrina, E. I. Schtscherban und E. Ss. Chatschkurusowa. (Журнал Научной и Прикладной Фотографии и Кинематографии [J. wiss. angew. Photogr. Kinematogr.] **4.** 289—91. 1 Tafel. Juli/Aug. 1959. Leningrad, Zentr. röntgenoradiol. Forsch.-Inst. des Minist. für Gesundheitsschutz der UdSSR.) (Russ.)

Wenn man einen Abstrich von peripherem Blut in dünner Schicht auf einem mit A. u. Ae. sorgfältig entfetteten Objektträger aufträgt, nach Trocknung durch Überschichten mit Methanol (nicht Eintauchen) fixiert, nach dessen völligem Verdampfen zunächst 1%ig. Celloidin- oder Cr-Gelatine-Lsg. als Unterschicht, dann fl. photograph. Emulsion aufbringt, dann wirken die bei einer vorausgehenden radioakt. Bestrahlung entstandenen radioakt. Elemente, wie ^{32}P, ^{59}Fe oder zugesetztes ^{131}J, bei lichtundurchlässiger Aufbewahrung in einem Exsiccator im Kühlschrank auf die photograph. Emulsion im Sinne der Autoradiographie ein u. können mit Amidolentwickler (3—4 Min.) u. Fixierung mit 40%ig. $Na_2S_2O_3$-Lsg. nachgewiesen werden. R. K. MÜLLER. 4601 □

Ist das menschliche Ei für in den Kreislauf gelangende radioaktive Substanzen und für Medikamente erreichbar? K. N. v. Kaulla, J. K. Aikawa und J. D. Pettigrew. (Klin. Wschr. **37.** 1248. 1/12. 1959. Denver, Colo., Univ. of Colorado, School of Med., Dep. of Obstetr. and Gyn. and Med.) (Dt.)

Es konnte gezeigt werden, daß mit großer Wahrscheinlichkeit das menschliche Ei in seinem Follikel vor in den Kreislauf gelangenden radioakt. Verbb. u. auch vor Medikamenten nicht geschützt ist u. diese möglicherweise aufnehmen kann. Welche Bedeutung ein solcher Vorgang für die Genese von Mißbildungen, Mutationen, Sterilität u. andere Rückwrkg. auf das zukünftige Leben hat, bleibt offen. Im einzelnen ergab sich, daß ^{131}*J*, ^{131}*J-γ-Globulin*, ^{203}*Hg-Mercaptopurin*, ^{14}*C-Meprobamat*, *Penicillin*, *Pyridium* in die menschliche Follikel-Fl. eindringen u. darin z. T. konz. werden; *Evansblau* u. bes. *Benzoechtrosa* werden vom Ei der lebenden Maus aufgenommen.
U. TAUSENDFREUND. 4601 □

Toxikologische Charakteristik der nach verschiedenen Verfahren der Verschwelung von Ölschiefern erhaltenen Teere. H. Jänes. (Известия Академии Наук Эстонской ССР, Серия Биологическая [Nachr. Akad. Wiss. Estn. SSR, biol. Ser.] **9.** 17—25. 1960. Inst. für exp. u. klin. Med. der Akad. der Wiss. der EstnSSR.) (Estn.; Auszug: Russ.)

Die Art der Verschwelung bestimmt maßgebend den Charakter der biolog. Wrkg. der erhaltenen Schieferteere (Mittelfraktion von Generatorteer, Kammerteer u. Mittelfraktion von Tunnelteer). Akute Verss. an weißen Mäusen in einer Kammer, wo die Teere Temp. zwischen 18 u. 20° u. dann 50, 100 u. 175° ausgesetzt wurden, zeigten eine verschiedene Toxizität der flüchtigen Komponenten der verschiedenen Teere. Man benötigte zur Tötung der weißen Mäuse nach einer Exposition von 2 Std. innerhalb der nachfolgenden 22 Std., je nach der Art des Teeres, 30—70 mg/Liter. Ein im Generator erhaltener Teer war toxischer als die anderen Arten. Die Teere rufen nach 3std. Applikation auf die unverletzte Haut des Kaninchenohres eine entzündliche Rk. hervor. Auch hier erwies sich der Generatorteer am wirksamsten. Alle Teere werden durch die Haut des Schwanzes der weißen Mäuse resorbiert. Eine Verstärkung der prophylakt. Maßnahmen zum Schutze der Arbeiter wird gefordert. F. DU MANS. 4607 □

Hemmung der experimentellen Tetrachlorkohlenstoffcirrhose nach Behandlung mit Aminoacetonitril. L. Fiume und G. Favilli. (Nature [London] **189.** 71—72. 7/1. 1961. Bologna, Univ. of Bologna, Inst. of Gen. Pathol.) (Engl.)

Durch tägliche Verabreichung von 20 mg *Aminoacetonitrilhydrosulfat* (I) kann bei Ratten die durch CCl_4 bewirkte Leberschädigung gehemmt werden. I wirkt dabei nicht nur auf Grund bekannter spezif. Hemmung der *Kollagen*-Bldg., sondern vermutlich auch durch Hemmung der *Fibroblasten*-Vermehrung. Da jedoch die Möglichkeit bisher unbekannter direkter Einw. von I auf CCl_4 n. damit Verhütung der Leberschädigung nicht ausschließbar ist, müßte die angenommene Hemmwrkg. gegenüber Fibrosen an anderen Organen nachgeprüft u. bestätigt werden. U. TAUSENDFREUND. 4607 □

Die Wirkung der akuten Alkoholintoxikation auf den Gehalt der Nebennieren an Ascorbinsäure und Cholesterin bei der Ratte. Caroline Czaja und H. Kalant. (Canad. J. Biochem. Physiol. **39.** 327—34. Febr. 1961. Toronto, Ontario, Canada, Univ. of Toronto, Dep. of Pharmacol.) (Engl.)

Intraperitoneale Injektion von 2 g *A.*/kg führt bei Ratten zu einer Verminderung des Nebennieren-Geh. an *Ascorbinsäure* u. *Cholesterin*, die bei peroraler Verabreichung von A. nicht zu beobachten ist. Da die Vermutung, es handle sich um die Folge eines intraperitonealen Schmerzreizes, experimentell durch Vorinjektion von Lokalanästheticum widerlegt werden konnte, muß die Verminderung als Folge des plötzlichen Anstieges der Blut–A.-Konz. (300 mg% innerhalb 2 Min. im Gegensatz zu 200 mg% innerhalb 90 Min. nach peroraler Verabreichung) angesehen werden. U. TAUSENDFREUND. 4607 □

Die Wirkung von Äthanol auf die Aminosäuren des Rattenhirns mit Berücksichtigung der Verabreichung von Glutamin. Hertta-Maija Häkkinen und E. Kulonen. (Biochem. J. **78.** 588—93. März 1961. Helsinki, State Alcohol Monop.) (Engl.)

Bei *A.*-Intoxikation kommt es im Rattenhirn zum Anstieg des Geh. an *γ-Aminobuttersäure* (I), *Glutaminsäure* (II) u. *Asparaginsäure* sowie zur Verminderung des Geh. an *Glutamin* (III). Der Geh. an *Alanin, Glycin, Serin* u. *Taurin* bleibt unverändert. Gleichzeitige III-Verabreichung hemmt diese A.-Wirkungen. *Bernsteinsäure* steigt, *α-Hydroxysäuren* sinken während der Intoxikation; bei Aufarbeitung der Hirn-Präpp. bei Zimmer-Temp. sind diese Veränderungen ausgeprägter als bei Bearbeitung in fl. Luft; für die I- II- u. III-Best. ist Fixierung in fl. Luft nicht erforderlich. Bei jungen Ratten ist der Geh. des Gehirns an freien Aminosäuren (außer III) niedriger als bei erwachsenen Ratten. U. TAUSENDFREUND. 4607□

Einfluß des Äthylalkohols auf den bedingten Reflex gegenüber Farbe bei der Ratte. J. J. Desmarez. (C. R. Séances Soc. Biol. Filiales **153.** 1280. 24/11. 1959. Bruxelles, Univ., Labor. de Pharmacodyn. et de Thérapeut.) (Franz.)

10%ig. *Äthylalkohol* verringert die Leistungen von auf Farbe dressierte Ratten. Die Feststellung ist gültig sowohl für vereinzelte als auch in der Gruppe lebende Ratten. W. F. EBEL. 4607□

Wirkung einer Einzel-Dosis von DL-Serin auf die Lipid-Phosphorylierung in Rattennieren. W. E. Cornatzer, David Rinn und George Miroff. (Proc. Soc. exp. Biol. Med. **104.** 288—90. Juni 1960. Grand Forks, N.Dak., Univ. of North Dakota, School of Med., Dep. of Biochem.) (Engl.)

Vff. untersuchten chromatograph. die Verteilung der *Phospholipide* bei der experimentellen Nierennekrose, die durch Verabreichung einer einzigen Dosis von *DL-Serin* (I) hervorgerufen wurde. Albinoratten des SPRAGUE-DAWLEY-Stammes (80—100 g) erhielten nach 10tägiger Diätnahrung (*Casein, Vitamin B*) 100 mg I u. 4 μc $NaH_2{}^{32}PO_4$. Die Tiere wurden nach weiteren 48 Std. getötet, *Lipide* der Nieren mit A.-Ae. extrahiert, die Radioaktivität u. der *P*-Geh. der *Lipide* ermittelt. — Bei einer 2. Gruppe von Ratten (240—400 g) wurden nach 18tägiger Diät u. Verabreichung von 100 mg I bzw. 20 μc $NaH_2{}^{32}PO_4$ die Nieren nach weiteren 30 Std. in A. homogenisiert, *Lipide* extrahiert u. über Silicagel chromatographiert (Elution mit Chlf. u. Methanol.)— I bewirkte bei der Rattenniere eine Abnahme der *Phospholipide* (bes. der *Lecithine*) sowie eine deutliche Zunahme der *Lipid*-Phosphorylierung (Steigerung der Radioaktivität der *Lipid*-Fraktionen) bes. in der *Phosphatidyläthanolamin–Serin*- u. in der *Phosphatidylinosit*-Fraktion. B. GÖRLICH. 4607□

Subkutane Resorption von Urethan bei dehydratisierten und fastenden Mäusen. Eigill Hvidberg und Jens Schou. (Nature [London] **184.** 646—47. 22/8. 1959. Copenhagen, Univ., Dep. of Pharmacol.) (Engl.)

Es wurde nachgewiesen, daß sowohl Wassermangel als auch Fasten bei Mäusen zu einer starken Steigerung der Resorption von subkutan injiziertem *Urethan* (I) führen. Diese Steigerung wird auf eine Verminderung des Hyaluronsäure-Geh. im Bindegewebe zurückgeführt, da durch gleichzeitige Injektion von 500 E. *Hyaluronidase* (II)/ml ebenfalls eine Beschleunigung der I-Resorption bewirkt u. der Unterschied zwischen dehydrierten bzw. fastenden Tieren u. Kontrollen ausgeglichen wird. Der Wasser-Geh. des Bindegewebes spielt wohl keine Rolle, ebenso dürfte die Bldg. von Nebennierenrindensteroiden (als Stressfolge) nicht ausschlaggebend sein [obwohl von *Cortison* (III) die Steigerung der I-Resorption bekannt ist], da durch II kein Ausgleich unter den mit III u. ohne III behandelten Gruppen zustande kommt. U. TAUSENDFREUND. 4607□

Über den Gehalt an Adenosinphosphorsäuren in Leber und Muskeln von Ratten bei der Vergiftung mit Dinitrophenol. A. W. Kotelnikowa, W. W. Ssolomatina und I. A. Gorskaja. (Биохимия [Biochemie] **25.** 1085—91. Nov./Dez. 1960. Moskau, Bach-Inst. für Biochem. der Akad. der Wiss. der UdSSR.) (Russ.; Auszug: Engl.)

In Verss. in vivo wurden die Veränderungen des Geh. an *Adenosinphosphorsäuren* u. anderen *Nucleotiden* (I) in der Leber u. in den Muskeln der Ratte bei Vergiftung mit *Dinitrophenol* (II) untersucht. Danach nimmt in der I-Fraktion der Leber bei II-Vergiftung der Geh. an *Adenosintriphosphorsäure* (III) von 18—26% (vom Gesamt-I) auf 2,7—5,8% u. der Geh. an *Adenosindiphosphorsäure* (IV) nur unbedeutend ab. Der Geh. an *Adenosinmonophosphorsäure* (V) nimmt von 5,6—9,0% in der Kontrolle bei II-Vergiftung auf 14,0—49,4% in der Leber zu. Der Geh. an den übrigen I wird nur wenig verändert. Im Gegensatz zum Leber-I wird im Muskel-I der Geh. an **III, IV** u. **V** bei II-Vergiftung nur wenig verändert: geringe Zunahme von **IV, V** u. Inosinmonophosphorsäure, geringe Abnahme von **III**. Die beobachteten Unterschiede des I-Umsatzes in Leber u. Muskeln erklären Vff. damit, daß bei der II-Vergiftung in den Muskeln durch Beseitigung des PASTEUR-Effektes die Glykolyseprozesse verstärkt werden, so daß die Resynth. von III stark kompensiert wird. In der Leber erfolgen die anaeroben Prozesse viel weniger intensiv, so daß die Kompensation nicht eintritt. O. LEBTAG. 4607□

Pharmakologische Eigenschaften von ω-Cyclopentylalkylamiden der D-Lysergsäure. Z. Votava und I. Lamplová. (Českoslov. Farmac. **9.** 293—97. Juli 1960. Praha, Výzk. úst. pro farm. a biochem.) (Tschech.)

Vff. untersuchten die pharmakolog. Eigg. u. Wrkg. von Derivv. des *Cyclopentylamids der D-Lysergsäure* (I), bei denen die aliphat. Brücke zwischen dem Cyclopentylkern u. dem Amid-N um 1—4 Methylengruppen verlängert wurden (II—V). Die Derivv. zeigten am Kaninchen eine wesentlich niedrigere uteroton. Wrkg. als I u. beeinflußten bei Hunden, Katzen u. Kaninchen den Blutdruck u. Atem weniger. Mit der Verlängerung der aliphat. Brücke wird die mydriat. Wrkg. erhöht (Mauspupille), gleichzeitig wächst auch teilweise die hyperpyret. Wrkg. beim Kaninchen. Bei Mäusen u. Kaninchen erwiesen sich II—V weniger tox. als I. B. GÖRLICH. 4607 □

Das Verhalten verschiedener nichtresistenter und resistenter Stämme der Stubenfliege (Musca domestica L.) gegenüber Cetyl- und Myristyl-Brom- und Chloracetat. S. Bettini, M. Boccacci und G. Natalizi. (Indian J. Malariol. **12.** 447—52. Dez. 1958. Rom, Ist. Sup. di Sanità, Dep. Parasitol.) (Engl.) — Vgl. J. econ. Entomol. **53.** [1960.] 99.

Vff. bestimmten an 6 *Musca domestica*-Stämmen (davon 4 resistent R Sardinia, Ac-R, P_2 u. K_1; 2 nichtresistent S Roma u. Svizzera) die Wrkg.-Geschw. sowie die DL_{50} von *Cetyl* (I)- u. *Myristyl* (II)-, *Brom*- u. *Chloressigsäureester*. Nach ihren Ergebnissen trifft es nicht zu, daß allg. die gegenüber Insekticiden resistenten Stämme gegenüber diesen Verbb. bes. empfindlich sind. Vermutlich ist die bes. Empfindlichkeit von R Sardinia gegenüber I- u. von K_1 gegenüber II-*Bromessigsäureester* als Charakteristicum des jeweiligen Stammes anzusehen. Nichts deutet auf das Bestehen einer derartigen negativen Korrelation hin. Zum Nachw. einer solchen Beziehung müßten die nichtresistenten Ausgangsstämme bzw. genet. einheitlichen Stämme herangezogen werden. HANS THIELE. 4607 □

Hemmung der Ali-Esterase und der Cholinesterase der Hausfliege durch Parathion und Malathion unter in vivo-Bedingungen. Frederick W. Plapp jun. und Walter S. Bigley. (J. econ. Entomol. **54.** 103—08. Febr. 1961. Corvallis, Oreg., Entomol. Res. Div., Agric. Res. Serv.) (Engl.)

Bei Behandlung der *Musca domestica L.* mit den Insekticiden *Parathion* u. *Melathion* tritt Enzymhemmung (EH) sofort ein, nach 240 Min. beträgt die Ali-Esteraseaktivität 29 ± 5%, die Cholinesterase 67 ± 1% (Messung der Enzymaktivität mit protection-Technik). Die Abhängigkeit der EH von Zeit u. Dosis wird untersucht. P. TEICHGRÄBER. 4607 □

Die Aufnahme und Umsetzung von Parathion durch Insekteneier. R. D. O'Brien und E. H. Smith. (J. econ. Entomol. **54.** 187—91. Febr. 1961. London, Canada, Pesticide Res. Inst.; Geneva, Cornell Univ., New York State Agric. Exp. Stat.) (Engl.)

^{32}*P-Parathion* (I) wird von verschiedenen Insekteneiern in beträchtlichen Mengen aufgenommen. Eine einfache Beziehung der Ovicidalempfindlichkeit der verschiedenen Species zu I konnte nicht festgestellt werden. P. TEICHGRÄBER. 4607 □

Über eine Histamin freisetzende Substanz in Baumwollstaub. H. Antweiler. (Naunyn-Schmiedebergs Arch. exp. Pathol. Pharmakol. **238.** 89—91. 1960. Homberg/Ndrh.) (Dt.)

Inhaltlich mit der C. **1960.** 3619 referierten Arbeit. P. LOCH. 4608 □

Laborhilfsmittel bei der Diagnose und Behandlung von Harntraktinfektionen. Ralph A. Straffon. (Cleveland clin. Quart. **28.** 30—37. Jan. 1961. Cleveland, Ohio, Cleveland Clin., Dep. of Urol.) (Engl.)

Kurzer Überblick über die laboratoriumsmäßigen Hilfsmittel zur Aufdeckung von (in vielen Fällen symptomlos verlaufender) Pyelonephritis u. deren Behandlung. — 35 Literaturangaben. U. TAUSENDFREUND. 4610 □

Einfluß der Daueranwendung von Butadion auf den Verlauf der Tuberkulose bei Streptomycintherapie und ohne diese. A. Võsamäe. (Известия Академии Наук Эстонской ССР, Серия Биологическая [Nachr. Akad. Wiss. EstnSSR, biol. Ser.] 9. 3—16. 1960. Inst. für exp. u. klin. Med. der Akad. der Wiss. der EstnSSR.) (Estn.; Auszug: Russ.)

Meerschweinchen wurden subkutan mit Typus bovinus des Tuberkulosestäbchens infiziert. Eine Gruppe (12 Tiere) erhielt täglich *Butadion* (I) oral 25 mg/kg, eine andere Gruppe (12 Tiere) 3000 E. *Streptomycin* (II) subkutan pro Tier u. Tag. Eine 3. Gruppe (13 Tiere) erhielt I u. II in gleicher Dosierung zusammen. Die Behandlung begann im Frühstadium der Generalisierung des Krankheitsprozesses. Es wurden 2 Kuren mit I durchgeführt, die 1. dauerte 65 Tage, angefangen mit dem 43. Tage nach der Infektion, die 2. 14 Tage vom 150. Tag nach der Infektion. Die Behandlung mit II fing mit dem 43. Tag nach der Infektion an u. dauerte 120 Tage. I förderte das Fortschreiten der tuberkulösen Affektion der Organe u. führte zu einem früheren Tod der meisten Vers.-Tiere. Die tuberkulösen Veränderungen waren dabei ausgedehnter u. schwerer als bei den nicht behandelten Kontrolltieren. Außerdem bestand eine relativ starke unspezif. Schädigung des Leberparenchyms von dystroph.-nekrot. Charakter. Bei kombinierter Behandlung mit I u. II war manchmal der Behandlungserfolg im Vgl. mit der Wrkg. von II allein verschlechtert. Die Verw. von I in der Klinik wird abgelehnt.

F. DU MANS. 4611 □

Isolierung eines Corynebacteriums und dessen Umwandlungsformen bei einem Fall subakuter, mit Antibiotica behandelter bakterieller Endocarditis. Ruth G. Wittler, W. F. Malizia, Patricia E. Kramer, J. D. Tuckett, H. N. Pritchard und H. J. Baker. (J. gen. Microbiol. **23.** 315—33. Okt. 1960. Washington, D.C., Veterans Administrat. Central Labor. for Clin. Pathol. and Res., Walter Reed Army Inst. of Res., Dep. of Bacteriol.; Walter Reed General Hosp.) (Engl.)

In Blut u. Knochenmark eines Kindes mit subakuter bakterieller Endocarditis fand sich vor der Antibioticabehandlung (*Penicillin, Streptomycin, Oxytetracyclin, Chloramphenicol*) u. bei deren Aussetzung die konventionelle Stäbchenform von *Corynebacterium* sp. Bei ausreichender Antibioticatherapie mit klin. Rückgang der Symptome verschwand der Erreger nicht, sondern blieb in Körnchenform im Blut erhalten. Die für die Rückverwandlung dieser Form in die normalen erforderlichen Züchtungsbedingungen u. die Morphologie der verschiedenen Übergangsformen werden beschrieben.

K. MAIER. 4611 □

Die Konzentration einiger Antibiotica in der Milch nach Infusion in das Euter. Olga Uvarov. (Veterin. Rec. **72.** 1228—31. 24/12. 1960. Greenford, Middlesex, Glaxo Labor. Ltd.) (Engl.)

Zur Behandlung der Mastitis erhielten Milchkühe Infusionen von *Penicillin* (I), *Dihydrostreptomycin* (II), *Streptopen* (Kombination aus I u. II; VETERINARY CERAT, Glaxo) sowie von *Novobiocin,* alle als Suspension in Mineralöl mit Al-Stearatgel in verschiedener Konzentration. Der Verbleib der Antibiotica (III) in der Milch wurde bestimmt. Die Ausscheidung der untersuchten III schwankte sowohl bei den verschiedenen Vers.-Tieren als auch bei ein u. demselben Tier. Die beschriebenen Verss. erlauben daher keine eindeutigen Angaben über die Höhe der erforderlichen III-Dosierungen.

H. DOSSMANN. 4611 □

Einige pharmakologische Wirkungen von Amphenidon, einer neuen psychotherapeutischen Droge. John F. Reinhard, Osvalds J. Plekss und John V. Scudi. (Proc. Soc. exp. Biol. Med. **104.** 480—81. Juli 1960. Belleville, N.J., Wallace & Tiernan, Res. Dep.) (Engl.)

1-[m-Aminophenyl]-pyridon-(2) (Amphenidon, I) zeigte im Tier-Vers. eine hypnot. Wrkg. nur in tox. Dosen, wie 500 (mg/kg) i.v. oder 1000 oral bei der Maus, 400 intraperitoneal bei der Ratte u. 600 i.v. beim Hund. Subtox. Dosen (400 mg/kg oral u. i.v.) wirkten bei Katze u. Hund nicht hypnotisch. Subhypnot. Dosen von *Hexobarbital* wurden durch I in ihrer Wrkg. potenziert. Die Wrkg. von *Lysergsäurediäthylamid* bei der Maus wurde durch I vollständig blockiert, wobei die effektive Dosis DE_{50} oral nur 110 mg/kg betrug. Bei der anticonvulsiven Wrkg. gegen elektr. u. chem. (*Metrazol*) induzierte Krämpfe betrug die DE_{50} 180 bzw. 120 mg/kg per os. I äußerte ferner eine analget. Wirkung. Blutdruck u. Atmung bei anästhesierten Hunden u. Katzen wurden nur durch letale I-Dosen beeinflußt. Das EKG war unverändert. Die Wrkg. von *Acetylcholin, Epinephrin, Norepinephrin* u. *Serotonin* auf den Blutdruck wurden durch I nicht beeinflußt. Elektr. oder chem. induzierte Kontraktionen der Nickhaut der Katze wurden selbst durch große I-Dosen (200 mg/kg i.v.) nicht verändert. Die normale Tätigkeit des isolierten Herzens wurde durch Zugabe massiver I-Dosen zur Perfusions-Fl. nicht beeinflußt. EBERHARD MÜLLER. 4620 □

Die Wirkung einiger Adrenolytica (Regitin-Reserpin-Yohimbin) auf die Veränderung der geformten Elemente des Blutes nach Cardiazolschock. M. Cormier, J. van den Driessche, C. Parigot, L. Trebaul und R. le Bars. (Arch. int. Pharmacodynam. Thérap. **127.** 211—19. 1/8. 1960. Rennes, Fac. de Méd. et de Pharmacie.) (Franz.)

Der *Cardiazol* (I)-Schock hat bei Kaninchen eine Hyperleukocytose (durch Vermehrung der Mononucleären unabhängig vom Anfangswert) zur Folge. Nach Injektion von *Regitin, Reserpin* oder *Yohimbin* verhalten sich die Tiere ($<$ 8000 Leukocyten vor Vers.-Beginn) wie die Kontrollen. Tiere mit $>$ 8000 Leukocyten zeigen nach Zufuhr eines Adrenolyticums u. I-Schock eine auf Verminderung der Mononucleären beruhende Leukopenie). Hyper- wie Hypoleukopenie erreichen keine anomalen Leukocytenzahlen, sondern stellen vielmehr eine Normalisierung derselben dar. K. MAIER. 4620 □

Die stimulierende Wirkung von Reserpin auf die durch Iproniazid modifizierten Metrazolkrämpfe. L. R. Weiss, J. W. Nelson und A. Tye. (J. Amer. pharmac. Assoc. sci. Edit. **49.** 514—17. Aug. 1960. Columbus, Ohio, Ohio State Univ., Coll. of Pharm.) (Engl.)

Vff. geben ♀ Mäusen *Iproniazidphosphat* (I; 150 mg/kg intraperitoneal) u. *Reserpin* (II; 8, intraperitoneal) sowie I-II-Kombinationen u. anschließend innerhalb von 4 Std. bis zu 10 Tagen eine bestimmte Dosis *Metrazol* (III; 65 mg/kg), die bei 50% der Tiere die ton. Krampfphase in den Hinterextremitäten auslöst. In jeder Vers.-Reihe werden die bis zum Auftreten der ton. Extensorphase verflossene Zeit (Latenzzeit = LT) u. die krampfauslösende III-Schwellendosis (DC_{50}) ermittelt. Es zeigt sich, daß eine 4—24std. Vorbehandlung mit I eine leichte Erhöhung der LT u. DC_{50} verursacht, während II unter den gleichen Bedingungen eine erhebliche Senkung der LT u. DC_{50} in Abhängigkeit von der applizierten Dosis hervorruft. Die Wrkg. von II auf die III-Krämpfe wird durch innerhalb von 4—8 Std. nachfolgende Zufuhr von I nicht beeinflußt. Vorbehandlung mit I u. anschließend II führt dagegen zu einer verstärkten anticonvulsiven Wrkg. u. verlängerten LT. Die Ergebnisse unterstützen die Hypothese, wonach I hauptsächlich als Monaminoxydaseinhibitor wirksam ist u. II eine Abgabe von *Norepinephrin* u. anderen Aminen aus ihren Reservoiren an das Zentralnervensyst. auslöst. — 23 Literaturangaben.

P. FAHRNLAENDER. 4620□

Der Einfluß lang dauernder Behandlung mit Reserpin, Iproniazid und 5-Hydroxytryptamin auf den Oestrus-Cyclus von Mäusen erbreiner Stämme. Wolfram Dischler. (Naturwissenschaften **47.** 401—02. 1. Sept.-H. 1960. Paris, Labor. Genét., Fond. Curie.) (Dt.)

Weder *Hydroxytryptamin* (2 mg über 4 Wochen), noch *Iproniazid* (I; 6 mg über 8 Wochen), noch die kombinierte orale Verabfolgung beider Präpp. über 3 Wochen beeinflussen die östralen Veränderungen des Vaginalepithels bei virginellen geschlechtsreifen Mäusen. Lediglich bei 2 von 13 Tieren sistierte unter 4 bzw. 6 μg *Reserpin* (II)/Tag 4 Wochen lang der Cyclus. II führte bei Dosen von 8,0 u. 12,5 μg/Tag zu starkem Gewichtsverlust, I in Dosen von 12 mg/Tier/Tag zum Tode, mit 6 mg nur dann, wenn nicht mit kleineren Anfangsdosen begonnen wurde. Wurde II statt in einem Gemisch von Propylenglykol, A. u. W. in Olivenöl verfüttert, so konnte mit Initialdosen von 2,5 μg/Tier u. Tag u. weiterhin 0,5 μg der Cyclus bei der Hälfte der Mäuse unterdrückt werden. Nach Absetzen der II-Zufuhr normalisierte sich der Cyclus. Da bei beiden Vers.-Ansätzen mit II unterschiedliche Mäusestämme verwandt wurden, nimmt Vf. an, daß es sich um Stammes-spezif. Empfindlichkeitsdifferenzen handelt. Nach einer Behandlungspause gelang es nicht, den Cyclus erneut mit II zu hemmen. U. LASCHET. 4620□

Die Wirkung von Reserpin auf die Stoffwechselgeschwindigkeit von Ratten. Gordon E. Johnson und E. A. Sellers. (Canad. J. Biochem. Physiol. **39.** 279—85. Febr. 1961. Toronto, Ontario, Canada, Univ. of Toronto, Dep. of Pharmacol.) (Engl.)

Die Wrkg. von *Reserpin* (I) auf die Stoffwechsel-Geschw. ist vermutlich als Begleiterscheinung der Freisetzung von Adrenalin (II) aus dem Nebennierenmark anzusehen. 1—4 mg I/kg steigern bei ♂ Albinoratten die Stoffwechsel-Geschw. für einige Std.; dieser Anstieg kommt nach Adrenalektomie nicht zustande u. kann durch Vorbehandlung mit *Phenoxybenzamin*, welches den Anstieg nach II u. Noradrenalin vermindert, verhütet werden. *5-Hydroxytryptophan* war ohne Einfluß.

U. TAUSENDFREUND. 4620□

Relative Wirksamkeit von Phenothiazin-Tranquillizern, welche eine Ausschüttung von Melanophorenhormon bewirken. George T. Scott und Lewis K. Nading. (Proc. Soc. exp. Biol. Med. **106.** 88—90. Jan. 1961. Oberlin, Ohio, Oberlin Coll., Dep. of Zool.; Woods Hole, Mass., Marine Biol. Labor.) (Engl.)

Fluphenazin (*Permitil*), *Trifluoperazin* (*Stelazin*), *Perphenazin* (*Trilafon*), *Thiopropazat* (*Dartal*), *Chlorpromazin* (*Thorazin*), *Triflupromazin* (*Vesprin*), *Methoxypromazin* (*Tenton*), *Prochlorperazin* (*Compazin*) u. *Promazin* (*Sparin*) bewirkten beim intakten Frosch eine Ausschüttung von Melanophorenhormon (MSH). *Mepazin* (*Pacatal*) war unwirksam. Bei hypophysektomierten Tieren konnte kein Einfl. auf die Melanophoren beobachtet werden. K. ZINGRAF. 4620□

Gewebespiegel von Chlorpromazin bei Versuchstieren. Magdalena Berger Wechsler und Leon Roizin. (J. Mental Sci. **106.** 1501—05. Okt. 1960. New York, N.Y., Dep. of Exp. Psych., New York State Psych. Inst. and Columbia Univ., Dep. of Biochem., Coll. of Phys. and Surg.) (Engl.)

Bei Ratten, die 25 mg *Chlorpromazin* (I)/100 g Körpergewicht i.m. erhielten, fand sich nach 16—18 Std. die größte Menge I in den Lungen, absteigend folgten dann Leber, Milz, Magen, Niere, Darm. Das Gehirn enthielt von allen genannten Organen am wenigsten I. Bei Affen, die 15 mg I/100 g Körpergewicht subkutan erhalten hatten, wurde in den verschiedenen Regionen des Zentralnerven-Syst. keine selektive I-Ansammlung gefunden. Im Cortex u. den Basalganglien war der I-Spiegel höher als im Rückenmark Cerebellum u. Pons. Ratten, die täglich 0,6 mg I/100 g Körpergewicht 2 Wochen bis 3 Monate lang erhalten hatten, hatten keine meßbaren Mengen I in ihren Geweben. Ebenso verhielt es sich mit Leber u. Gehirn von Affen, die in ähnlicher Weise I injiziert erhalten hatten. K. BÖHM. 4620□

Phenothiazin-Nebenwirkungen. Vergleich von zwei Haupt-Tranquillizern. D. M. Somerville, Philip H. Cohen und Gwen D. Graves. (J. Mental Sci. **106.** 1417—24. Okt. 1960. Sydney, Victoria, Australia, Mont Park Mental Hosp.; Melbourne, Mental Health Res. Inst.) (Engl.)

An 60 chron. schizophrene Frauen wurden 6 Wochen lang *Chlorpromazin* (I) u. *Thioridazine* (*3-Methylmercapto-10-{2'-[N-methylpiperidyl-(2'')]-äthyl-(1')}-phenothiazin*; II) verabreicht, um deren Nebenwrkg. zu untersuchen. II besitzt weit weniger Nebenwrkg. als I bei täglichen Dosen zwischen 200 u. 800 mg. II verursacht keine Photosensibilität, keinen Parkinsonismus oder Depressionen. Es wirkt langsamer, u. man braucht davon größere Dosen als von I. 600—800 mg II täglich entsprechen ungefähr täglich 400 mg I. II kann bei Patienten, die I nicht vertragen oder nicht darauf reagieren, gegeben werden. II ist wegen seiner guten Verträglichkeit für die ambulante Behandlung geeignet. Labilität in der Temp.-Regulation wurde so oft nach Placebo bei Patienten gefunden, daß diese nicht als Nebenwrkg. von Phenothiazinen aufgefaßt wird, wenn sie isoliert vorkommt. K. BÖHM. 4620□

Extrapyramidale Wirkungen, herrührend von Perphenazin (Trilafon). J. Frederick Lutz, Peter J. Kearney und C. Babuna. (Amer. J. Obstetr. Gynecol. **79.** 296—98. Febr. 1960. Lake Forest Hosp., Dep. of Obstetr. and Gynecol.) (Engl.)

Es wird über 3 Fälle berichtet, in welchen nach Verabreichung von *Perphenazin* (*Trilafon*) als Nebenwrkg. bisher nicht beschriebene neuromuskuläre Komplikationen, hauptsächlich den Musculus masseter betreffend, aufgetreten waren. H. AMAN. 4620□

Schwere Reaktionen auf Fentazin in der Praxis geistiger Defekte. Peter Sykes. (J. Mental Sci. **106.** 1584—86. Okt. 1960. Banff, Ladysbridge Hosp.) (Engl.)

Bei einem Idioten n. einem Schizophrenen traten nach *Fentazin* (*Perphenazine*) schwere Muskelspasmen mit nachfolgender starker psych. Erschöpfung u. Kollapszuständen auf. In beiden Fällen kam es nach 24 Std. zu völligem Verschwinden dieser Störungen. K. BÖHM. 4620□

Wirkungen psychopharmakologischer Wirkstoffe auf experimentell ausgelöste Reizungen bei Mäusen. Gregory B. Fink und Ewart A. Swinyard. (J. Amer. pharmac. Assoc., sci. Edit. **49.** 510—13. Aug. 1960. Salt Lake City, Univ. of Utah, Coll. of Pharm. and Med., Dep. of Pharmacol.) (Engl.)

Vff. bestimmen die Wrkg. bzw. Schwellendosen (DE_{50}) von *Chlorpromazinhydrochlorid* (I; *Thorazin*), *Promazinhydrochlorid* (II; *Sparin*), *Triflupromazinhydrochlorid* (III; *Vesprin*), *Reserpin* (IV), *Hydroxyzinehydrochlorid* (V, *Atarax*), *Meprobamat* (VI; *Equanil, Miltown*), *Phenaglycodol* (VII; *Ultran*), *Phenobarbital-Na* (VIII) u. *Diphenylhydantoin-Na* (IX) auf die an ♂ Albinomäusen durch verschiedene Elektroschock-Meth. u. *Pentylentetrazol* (X; *Metrazol*, 85 mg/kg subkutan) induzierten Krämpfe. Ferner werden die mittleren neurotox. Dosen (DT_{50}) u. DL_{50} ermittelt. Unter den vorst. Verbb. besitzen nur VI (DL_{50} 1350 mg/kg; DT_{50} 228 oral), VII (760; 170), VIII (200; 70) u. z. T. IX (490; 84) anticonvulsive Wrkg., u. zwar (außer IX) am stärksten auf den X-Test, während IX die durch supramaximalen Elektroschock hervorgerufenen Convulsionen beeinflußt. I (580; 15,7), II (485; 23,5), III (330; 7,8) u. V (515; 490) zeigen keine anticonvulsiven Eigg.; IV (390; 16,5) potenziert die Wrkg. des Elektroschocks u. X. Die zur Auslösung minimaler Krämpfe notwendigen Schwellendosen an elektr. Energie u. X werden durch I, II, IV u. V erniedrigt u. durch III nicht beeinflußt. Die Ergebnisse zeigen, daß die Krampfteste zur Prüfung potentieller psychopharmakolog. Wirkstoffe nur einen begrenzten Wert besitzen, jedoch zur Unters. neuropharmakolog. Eigg. brauchbar sind. — 34 Literaturangaben. P. FAHRNLAENDER. 4620□

Die Wirkungen von Natrium-Amylbarbitone und Dexamphetaminsulfat auf das periphere Gesichtsfeld. H. C. Holland. (J. Mental Sci. **106.** 1438—42. Okt. 1960. London, Univ., Inst. of Psychiatry, Maudsley Hosp.) (Engl.)

An 6 ♀ Vers.-Personen im Alter von 19—24 Jahren wurde der Einfl. von 10 mg *Dexamphetamin* (I), 3 grains (etwa 200 mg) *Na-Amylbarbitone* (II) u. von einem *Placebo* (III) auf das periphere Gesichtsfeld mit einem GOLDMANN-Perimeter untersucht. Zwischen I, II u. III bestehen keine signifikanten Unterschiede bzgl. ihres Einfl. auf die Innengrenzen, aber hoch signifikante Unterschiede auf die Außengrenzen des Gesichtsfeldes. Erklärungsmöglichkeiten für diese Befunde werden diskutiert. K. BÖHM. 4627□

Akute Toxizität und narkotische Wirksamkeit cyclooctenylsubstituierter Barbitursäuren im Vergleich mit Cycloheptenyläthyl- und Cyclohexenyläthylbarbitursäure. Egon Wetzels. (Arzneimittel-Forsch. **9.** 360—63. Juni 1959. Bonn, Univ., Pharmakol. Inst.) (Dt.)

Vf. bestimmt Toxizität, Dosis hypnotica (DH_{50}), therapeut. Breite (DH_{50}:DL_{50}) u. Narkosedauer von *Δ^1-Cyclooctenylbutyl-* (I), *-äthyl-* (II) u. *-propylbarbitursäure* (III) bei intraperitonealer Injektion u. oraler Verabreichung der doppelten intraperitoneal wirksamen DH_{50} an weißen Mäusen im Vgl. mit *Medomin* (IV; *Cycloheptenyläthylbarbitursäure*) u. *Phanodorm* (V; *Cyclohexenyläthylbarbitursäure*). Es werden folgende Ergebnisse erzielt: I: DL_{50} 282,5 mg/kg; DH_{50} 115,5; DH_{50}:DL_{50} 1:2,4; II: 152,5; 34,0; 1:4,5; III: 210; 74,0; 1:2,8; IV: 255,0; 65,5; 1:3,0; V: 255,0; 65,5; 1:3,9. 24 Std. nach I-Zufuhr treten noch Spättodesfälle auf. Dosen von 100—130 mg/kg verursachen neben Somnolenz u. Schlaf auch schwache Erregungserscheinungen. Nach oraler Applikation der doppelten DH_{50} erfolgt der Wrkg.-Eintritt innerhalb von 30—45 Min. (II 45—60; III u. IV 15—30; V 15); die Wrkg.-Dauer beträgt nach Zufuhr von 2·DH_{50} → 2,8 Std. (II 3,3 Std.; III 2,7 Std.; IV 5,5 Std.; V 3,3 Std.). Die 3 neuen Cyclooctenylbarbitursäuren zeigen die typ. Eigg. von Schlafmitteln; I ist jedoch infolge seiner geringen therapeut. Breite (1:2,4) relativ tox., während II ein in wesentlich geringeren Dosen wirksames Hypnoticum mit hoher therapeut. Breite (1:4,5) darstellt. III stimmt in seinen Eigg. bis auf die um ca. 50% verkürzte Wrkg.-Dauer völlig mit IV überein.

T. FAHRNLAENDER. 4627 □

Einfluß des medikamentösen Schlafes auf die Bildung antienzymatischer Antikörper. Eugenia Soru und Henrietta Vainer. (Comun. Acad. Republ. Populare romîne **5.** 433—40. Febr. 1955. (Rum.)

Kaninchen wird *Desoxyribonuclease* (I), an K-Alaun adsorbiert, intraperitoneal injiziert (an 3 Tagen 10, 20 u. 50 mg). In der Norm bildet sich ein Serum, das die Aktivität der I hemmt u. bei Verdünnung 1:700000 bis 1:1000000 I fällt. Diese Rkk. fallen jedoch aus, d. h. Antikörper gegen I bilden sich nicht, wenn die Injektion bei Tieren erfolgt, die mit *Veronal* in künstlichen Schlaf versetzt sind. R. K. MÜLLER. 4627 □

Ausscheidung von ^{14}C-N-Methylmorphin im Harn und $^{14}CO_2$ durch die Lunge beim Affen und Hund nach subkutaner Injektion des markierten Arzneimittels. L. B. Mellett und L. A. Woods. (Proc. Soc. exp. Biol. Med. **106.** 221—23. Jan. 1961. Ann Arbor, Mich., Univ. of Michigan, Med. School, Dep. of Pharmacol.) (Engl.)

Nach subkutaner Verabreichung von 2,0 mg *^{14}C-N-Methylmorphin*/kg schieden Hunde 13—15%, Affen 6—14% der Gesamtdosis als freies *Morphin* (I) u. 48—52 bzw. 55—71% als konjugiertes I im Harn u. ca. 0,2 bzw. 1% in Form von $^{14}CO_2$ durch die Lunge aus. K. ZINGRAF. 4627 □

Zur antiphlogistischen Wirkung von γ-Phenylpropylcarbamat, einem neuen zentralen Muskelrelaxans mit Tranquillizer-Eigenschaften. O. Büch. (Arch. int. Pharmacodynam. Thérap. **123.** 140—47. 1/12. 1959. Zofingen, Schweiz, Siegfried A.-G., Forschungsabt.) (Dt.) — Vgl. C. **1961.** 6942.

In Modell-Verss. (Formalinödem, Dextranödem, Serotoninödem u. Hefefieber der Ratte) zeigte *γ-Phenylpropylcarbamat* (I; *Proformiphen, MH 532*) mit *Phenylbutazon* (*Butazolidin*, II) vergleichbare antiphlogist. Qualitäten. I wirkt außerdem antipyret. u. analget. u. hat muskelentspannende u. tranquillierende Eigenschaften. Bei Ratten beträgt für I bzw. II die akute orale u. intraperitoneale DL_{50} 1950 bzw. 1350 u. 275 bzw. 250 mg/kg. I wird für entzündliche, bes. rheumat. Erkrankungen empfohlen.

G. KIMMERLE. 4628

Pharmakologische Eigenschaften neuer Spasmolytica, Hexadipheniumbromid, Phenamsulfoniumjodid und Benzamsulfoniumjodid. Z. Votava, J. Metyšová und J. Metyš. (Českoslov. Farmac. **9.** 286—93. Juli 1960. Praha, Výzký úst. pro farm. a biochem.) (Tschech.)

Vff. untersuchten folgende Verbb. auf ihre Wrkg. als Spasmolytica: *β-[Diphenylaminocarbonyl]-äthyldimethylsulfoniumjodid*, *Phenamsulfoniumjodid* (I), *β-[Benzylphenylaminocarbonyl]-äthyldimethylsulfoniumjodid, Benzamsulfoniumjodid* (II) u. *N-[β-(Phenylcyclohexylacetoxy)-äthyl]-pyridiniumbromid, Hexadipheniumbromid* (III). I, II u. III dämpfen die Darmmotilität am narkotisierten Kaninchen etwa gleich u. nähern sich in ihrer Wrkg. dem *Thiospasmin* (*Hexadiphensulfoniumjodid*, IV). Am wachen Hund zeigen I u. II relativ niedrige Wrkg., auch die Magensekretion wird wenig beeinflußt. III wirkte bei diesen Verss. stärker als I u. II. Alle 3 Verbb. weisen sehr schwache antimethacholin. Wrkg. an Ratten auf. Im Vgl. zu IV waren sie 5mal u. im Vgl. zu *Atropin* 50mal schwächer. Die Verbb. sind schwach tox., bes. bei peroraler Verabreichung.

III scheint die Motilität u. Sekretion des Verdauungstrakts wesentlich zu dämpfen (geringe Nebenwrkg.), während **I** u. **II** die Motilität der glatten Muskulatur beeinflussen. B. GÖRLICH. 4628□

Kinetik der Reaktion des isolierten Kaninchenohres gegenüber Epinephrin. R. H. Stinson und A. C. Burton. (Amer. J. Physiol. **199.** 710—14. Okt. 1960. London, Ontario, Canada, Univ. of Western Ontario, Dep. of Biophys.) (Engl.)

Darlegung einer Theorie für die Rk. des isolierten Kaninchenohrs gegenüber verschiedenen Konzz. von *Brenzcatechinaminen*, basierend auf der reversiblen Bldg. eines Substanz–Receptor-Komplexes; die gemessene Rk. muß prim. sein. Die gemessene Rk. ist der Anstieg des Drucks, der zur Erhaltung einer konst. Durchströmung bei Zugabe der Pressorsubstanz erforderlich ist; diese ist ziemlich proportional der Spannung glatter Gefäßmuskeln. Die Ergebnisse stimmen gut mit der Theorie überein. Die Gleichgewichts-Konst. K ist $8{,}19 \cdot 10^6$ (S.E.M. = $1{,}28 \cdot 10^6$), $\Delta F^0 = -9{,}4$ kcal u. $\Delta H = 14{,}5$ kcal. Eine negative Beziehung zwischen K u. der Maximal-Rk. läßt an das Vorliegen zweier oder mehrerer Stufen denken, die Gleichgewichts-Konst. der 1. Stufe (Komplex-Bldg.) kann auf $15{,}8 \cdot 10^6$ geschätzt werden. U. TAUSENDFREUND. 4630□

Flavonoide und Herzmuskelstoffwechsel. Kurt Böhm und Walther Lamprecht. (Ärztl. Forsch. **13.** I. 543—48. 10/11. 1959. München, TH, Organ.-chem. Inst.) (Dt.)

In Unterss. an isolierten Lebermitochondrien von Ratten riefen *Quercetin* (10^{-5} m), *Hyperosid* (10^{-5} m) (**I**), *Rutin* (10^{-5} m) u. *Vitexin-4'-rhamnosid* (**II**) eine Atmungssteigerung bei **I** um 13,5, bei **II** um 6,3% u. ein Absinken des P/O-Quotienten in unterschiedlichem Maße hervor. Diese Flavonoide interferieren mit den isolierten oxydativen Enzym-Syst. der Atmungskettenphosphorylierung u. haben bei hypoxäm. Zuständen am Herzen eine therapeut. Bedeutung. I. v. KLOCH-KORNITZ. 4630□

Dihydrochlorothiazid als Sensibilisator für die Blutdrucksenkung durch Carbäthoxysyringoylmethylreserpat und seine Antagonisten. E. Gori und F. Scrollini. (Arch. „E. Maragliano“ Patol. Clin. **16.** 503—24. Aug. 1960. Milano, Labor. di Ric. della Dr. L. Zambeletti.) (Ital.)

Die blutdrucksenkende Wrkg. von *Carbäthoxysyringoylmethylreserpat* (**I**) beim Kaninchen wird durch *Dihydrochlorothiazid*, das allein keine blutdrucksenkende Wrkg. hat, potenziert. Diese Potenzierung bzw. Sensibilisierung wird durch isoton. Lsgg. von Glucose (**II**) oder NaCl nicht, durch hyperton. Lsgg. von **II** oder NaCl vorübergehend u. durch isoton. Lsg. von Dextran vollständig aufgehoben, während die ursprüngliche blutdrucksenkende Wrkg. von **I** erhalten bleibt. K. ZINGRAF. 4630□

Aldosteron und Diuretica. B. Truniger und W. Siegenthaler. (Klin. Wschr. **38.** 385—88. 15/4. 1960. Zürich, Univ., Medizin. Poliklinik.) (Dt.)

Es werden die Beziehungen zwischen *Aldosteron* (**I**)- u. *Na*-Ausscheidung bzw. Na-Bilanz unter lang dauernder Einw. saliuret. wirkender Pharmaca (*Hydrochlorothiazid*) analysiert. Beim Gesunden wie beim Ödemkranken führt die Verabreichung von Diureticis zu einer vorübergehenden Steigerung der **I**-Ausscheidung. Diese tritt in dem Augenblick auf, da die rasch mobilisierbaren Na- bzw. Körper-Fl.-Reserven erschöpft sind, d. h. keine weiteren Ödeme mehr ausgeschwemmt werden können. Die Diskrepanz zwischen dem Verlauf der **I**-Ausscheidung u. der Na-Bilanz unter lang dauernder Einw. von Diureticis weist auf das Eingreifen neuer, noch unbekannter Na-bewahrender Mechanismen hin. Die Betrachtungen widerlegen die Ansicht, daß der Erhöhung der **I**-Ausscheidung eine entscheidende Bedeutung beim sek. Wrkg.-Verlust der Diuretica in der Ödembehandlung zukommt. Vff. glauben vielmehr, daß die **I**-Ausscheidungssteigerung Ausdruck eines leerlaufenden Regulations-Vers. eines durch die Wrkg. von Diureticis prim. übergangenen Regulationsmechanismus zu werten sei; die erhöhte **I**-Ausscheidung kennzeichne lediglich eine Phase des Krankheitsablaufs, in welcher durch diuret. Therapie keine Mobilisierung bestehender Ödeme zu erreichen ist. U. TAUSENDFREUND. 4634□

Versuchsreihe zur Feststellung der optimalen Fluorkonzentration, vom therapeutischen Standpunkt aus gesehen. K. Balogh und C. Petrucz. (Vitalstoffe-Zivilisationskrankh. **6.** 10—12. Febr. 1961. Budapest.) (Dt.)

An Gemischen aus künstlich erstelltem Zahnbelag u. Speichel wurde die gärungsinhibierende Wrkg. verschiedener NaF-Konzz. an Hand der CO_2-Bldg. untersucht. Verminderte CO_2-Bldg. wird bei NaF-Konzz. von 0,004—4% mit einem deutlichen Tiefstwert bei 0,01—0,02% NaF festgestellt. 6—8% NaF im Gemisch hingegen bewirken stärkere CO_2-Bldg. als im Kontrollpräparat. Die Gärungsinhibition ist unterhalb 4% NaF der F-Konz. nahezu umgekehrt proportional. G. KIRSTEN. 4655□

Behandlung von Verbrennungen mit einem Ferment-Inaktivator. L. Koslowski und W. Gaschkeit. (Klin. Wschr. **38.** 1219—20. 1/12. 1960. Freiburg/Br., Univ., Chirurg. Klinik.) (Dt.)

Ausgehend von der Vorstellung, daß auch bei der Verbrennungskrankheit eine Hemmung der gesteigerten bzw. entgleisten *Proteolyse* im geschädigten Gewebe u. im Blut anzustreben sei, wurde nach experimentellen Verbrennungen an Ratten das Präp. *Bayer A 128* (*Trasylol*; I) geprüft. Als Kriterien seiner Wrkg. dienten der Blutdruck, die Harnmenge u. die Amino-N-Ausscheidung, wobei letzte einen Indicator für das Ausmaß der Proteolyse darstellt. Blutdruckabfall ist unter I abgeschwächt, die Rückkehr zur Norm beschleunigt; der Anstieg der Amino-N-Ausscheidung bleibt aus; die Oligurie ist vermindert; der Allgemeinzustand ist besser, die Überlebensquote höher. Auch bei menschlichen Verbrennungen scheint deshalb I-Anwendung aussichtsreich, bes. da Nebenwrkg. selbst bei hoher Dosierung nicht auftreten.

U. TAUSENDFREUND. 4660☐

Wirkungen von Salicylat auf Nebennierenfunktion und Kohlenhydratstoffwechsel von Ratten. O. A. Zaki. (Amer. J. Physiol. **199.** 1056—58. Dez. 1960. Cairo, Ein Shams Univ., Fac. of Med., Physiol. Dep.) (Engl.)

Therapeut. Dosen von *Na-Salicylat* (0,5 mg/g Körpergewicht) verursachen bei normalen Ratten einen Abfall des Leberglykogens, Hyperglykämie u. Verminderung des Ascorbinsäure-Geh. der Nebenniere. Bei adrenalektomierten Ratten sinken Leberglykogen u. Blutglucose ab. Bei Alloxandiabetes verändert sich der Leberglykogen-Geh. nicht, während Blutglucose u. Ascorbinsäure-Geh. der Nebenniere stark absinken. Salicylat scheint die Aktivität von Enzymen des Kohlenhydratstoffwechsels zu beeinflussen.

K. THIELMANN. 4670☐

Orale Prophylaxe gegen Anticholinesterase-Vergiftung. I. W. Coleman, P. E. Little und G. A. Grant. (Canad. J. Biochem. Physiol. **39.** 351—63. Febr. 1961. Kingston, Ontario, Kingston Labor., Defence Res. Board.) (Engl.)

Es wurde eine Schutz-Meth. gegen Vergiftung durch Cholinesteraseinhibitoren geprüft, nämlich durch orale Anwendung von *N-Methylpyridinio-2-aldoximmethansulfonat* (I, 20 mg/kg) vor, in Kombination mit i.m. verabreichtem *Atropinsulfat* (II, 12,5 mg/kg) nach der Einw. des Anticholinesteraseagens. An mit *O.O-Dimethyl-S-[2-(diäthylamino)-äthyl]-thiophosphat* (III) vergifteten Ratten bewirkte die Behandlung ein Überleben auf die 28fache DL_{50} unbehandelter Tiere. Die Schutz-Wrkg. durch orales I dauert längere Zeit an u. nimmt in ca. 4 Std. auf ½ ab. So behandelte Mäuse, Meerschweinchen u. Kaninchen zeigen eine hohe Verträglichkeit gegen III, aber in geringerem Maß als Ratten. Behandlung mit II u. III gewährte Mäusen u. Ratten Schutz gegen *Diäthyl-p-nitrophenylphosphat* (*Paraxon*), *Diäthyl-2-chlorovinylphosphat*, *O.O-Diäthyl-[S-äthylmercaptoäthyl]-phosphorothiolat* (*Isosystox*), *Diisopropylphosphorofluoridat* (*DFP*), *Tetraäthylpyrophosphat* (*TEPP*) u. *Eserin*, war aber relativ unwirksam gegen *Isopropylmethylphosphonofluoridat* (*Sarin*), *Äthyldimethylphosphoramidocyanidat* (*Tabun*) u. *Oktamethylpyrophosphoramid* (*Schradan*). Die Möglichkeit der Anwendung der Meth. in der Humanmedizin wird besprochen.

H. AMAN. 4675☐

Zur Klinik und Therapie der E 605-Intoxikation. O. Stahler. (Münchener med. Wschr. **103.** 1148—50. 2/6. 1961. Neustadt/Weinstraße, Städt. Krankenhaus „Hetzelstift".) (Dt.)

An Hand von 3 Vergiftungsfällen werden die Gift-Wrkg., Latenzzeit, Gift-Nachw., Symptome u. Therapie bei E 605-Vergiftungen besprochen. Als sicherste Therapeutica werden *Pyridin-2-aldoximmethojodid* u. *Atropin* genannt.

P. LOCH. 4675☐

Über eine akute Chininvergiftung, klinischer Verlauf und Therapie. Horst Becke. (Münchener med. Wschr. **103.** 1151—53. 2/6. 1961. Mülhausen/Thür., Kreiskrankenhaus.) (Dt.)

In der Absicht, einen Abort herbeizuführen, wurden ca. 12—20 g *Chinin* auf einmal eingenommen. Bei den schweren Vergiftungserscheinungen, die in der Kasuistik eingehend geschildert werden, standen Hämoglobinämie, Tubulusschädigung der Niere u. Hautschädigungen.

P. LOCH. 4675☐

Zur Symptomatologie aktueller gewerblicher Vergiftungen. G. Klavis. (Med. Welt **1961.** Nr. 23. 1259—62. 10/6. 1961. Hannover, Dienststelle des Niedersächs. Landesgewerbearztes.) (Dt.)

Es werden die durch Vergiftung mit Alkoholen, Formaldehyd, Acrolein, Chlor, nitrosen Gasen, Halogen-KW-stoffen, Phosgen, Polyestern, Styrol, NH_3, beruflichen Antigenen, Vanadin-Verbb., Phosphorsäureestern hervorgerufenen Symptome beschrieben.

P. LOCH. 4675☐

Die Behandlung von Flußsäureverätzungen der Haut. Andre Buffet. (Münchener med. Wschr. **103.** 1187—88. 9/6. 1961. Berre-l'Étang, B.d.R., Frankreich, Raffinage Shell, Werkärztl. Abt.) (Dt.)

Die Behandlung von *Flußsäure*-Verätzungen im Betrieb soll so rasch wie möglich erfolgen. Die Verätzung wird an Ort u. Stelle 10 Min. lang mit W. gespült, später mit $NaHCO_3$-Lsg. gereinigt u. mit 7% ig. MgO-Paste verbunden. Bei schwereren Fällen Umspritzung mit 10% ig. Ca-Gluconatlösung. P. LOCH. 4675□

Industrieabgase. H. Berge. (Vitalstoffe - Zivilisationskrankh. **6.** 42—44. Febr. 1961. Heiligenhaus, Bez. Düsseldorf.) (Dt.)

Übersicht zum Problem der Luftverschmutzung durch Abgase. G. KIRSTEN. 4680□

William Harold Fishman, Chemistry of drug metabolism. Springfield (Illinois): Thomas; Oxford: Blackwell Scientific. 1961. (XVII + 235 S. m. Abb., Tab. u. Diagr.) = American lecture series no. 433. 84 s.

Harold Elford Johns, The physics of radiology. 2nd edit. Springfield (Illinois): Thomas; Oxford: Blackwell Scientific. 1961. (XVI + 767 S. m. Abb., Tab. u. Diagr.) = American lectures no. 419. 9 £ 4 s.

William Edward Schall, X-rays: their origin, dosage, and practical application. 8th edit. Bristol: Wright. 1961. (XI + 348 S. m. Abb., 83 Taf., Tab. u. Diagr.) 50 s.

—, Aminophylline. Eerste therapie-bespreking georganiseed door de Nederlandse vereniging voor allergie en de Stichting experimenteel onderzoek allergologie gehouden te Renkum op 20 februari 1960. Leiden: H. E. Stenfert Kroese. 1961. (94 S. m. Abb.) hfl. 5,—.

F. Pharmazeutische Chemie. Desinfektion

Radioaktive Isotope in der Pharmazie. Karl Ernst Schulte. (XVIIIe Congr. int. Sci. pharmac., Bruxelles 1958. 93—118. 1960.) (Dt.) — C. **1960.** 9977. F. THOMAS. 4750□

Allergie gegen Medikamente. Oskar Eichler. (Dtsch. Apotheker-Ztg. **101.** 139—41. 9/2. 1961. Heidelberg, Univ., Pharmakolog. Inst.) (Dt.)

Übersicht über die verschiedenen Allergien gegen Medikamente u. Diskussion der Ursachen. Es werden durch dieses Phänomen eine ganze Anzahl wertvoller Medikamente für die Anwendung unbrauchbar. Die Arzneimittelallergien nehmen unzweifelhaft zu, was wesentlich auf den zu hohen Arzneimittelverbrauch zurückgeführt wird. F. O. W. MEYER. 4750□

Ein Laboratorium für umfassende pharmazeutische Stabilitätsprüfungen. 1. Mitt. **Physikalische Einrichtung des Laboratoriums und mögliche Arbeitserleichterungen für die Stabilitätsprüfung.** Leon Lachman und Jack Cooper. (J. Amer. pharmac. Assoc., sci. Edit. **48.** 226—33. April 1959. Summit, N.J., Ciba Pharm. Prod., Inc., Res. Dep.) (Engl.) S. ERBE. 4758□

Ein Laboratorium für umfassende pharmazeutische Stabilitätsprüfungen. 2. Mitt. **Angewandtes Registrier- und Kontrollsystem für das Laboratorium.** Leon Lachman und Jack Cooper. (J. Amer. pharmac. Assoc., sci. Edit. **48.** 233—35. April 1959.) (Engl.) — 1. vgl. vorst. Referat. S. ERBE. 4758□

Ein Laboratorium für umfassende pharmazeutische Stabilitätsprüfungen. 3. Mitt. **Eine „Lichtstabilitätskammer" zur Bestimmung der Lichtempfindlichkeit pharmazeutischer Zubereitungen.** Leon Lachman, Charles J. Swartz und Jack Cooper. (J. Amer. pharmac. Assoc., sci. Edit. **49.** 213—18. April 1960.) (Engl.) — 2. vgl. vorst. Referat.

Beschreibung der Einrichtung u. der Prüfmeth. am Beispiel der Lichtempfindlichkeit von 2 Tablettensorten in verschiedenen Glasbehältern. — 28 Literaturangaben. S. ERBE. 4758□

Magensaftresistente Überzüge. 2. Mitt. **Stärke- (und Amylose-) Acetatphthalate.** John G. Wagner, Thomas W. Brignall und Stuart Long. (J. Amer. pharmac. Assoc., sci. Edit. **48.** 244—49. April 1959. Kalamazoo, Mich., Upjohn Co., Prod. Res. and Dev. Dep.) (Engl.) — 1. vgl. C. **1960.** 4279.

6 *Stärkeacetatphthalate* u. 2 *Amyloseacetatphthalate*, die sich im Acetat- u. Phthalat-Geh. unterscheiden, wurden hergestellt u. sind bis auf eine Ausnahme für magensaftresistente Überzüge geeignet. Die Magensaftresistenz ist nicht so gut wie bei *Celluloseacetatphthalat*. Ochsengallenextrakt erhöht die Zerfalls-Geschw. der Tabletten bei pH 6,9 infolge der besseren Benetzung der Überzugsschicht, Pankreatin jedoch nicht. — 21 Literaturangaben. S. ERBE. 4766□

Ein Beitrag zur Theorie der Verdichtung von Pulvern durch Pressen regulärer Anordnungen von Kugeln. D. Train und J. N. Carrington. (J. Pharmacy Pharmacol., Suppl. **11.** 261T—268T. Dez. 1959. London, Univ., School of Pharm., Dep. of Pharmaceut.) (Engl.)

Vff. untersuchen mit Hilfe regulärer Anordnungen von Phosphorbronzekugeln die interparticuläre u. die Wandschmier-Wrkg. von Graphitfilmen, die als Gleitmittel bei den Preßverss. in zylindr. Stempeln verwendet wurden. Der Einfl. des Packungswinkels auf das Preßverh. wurde durch Veränderung der Kugeldurchmesser in den verschiedenen Schichten untersucht. — 18 Literaturangaben. S. ERBE. 4766□

Die Vererbung des Glykosidgehalts in den Blättern bei Digitalis lanata Ehrh. G. Ligeti. (Pharmazie **14.** 162—66. März 1959. Budapest, Medizin. Univ., Inst. für organ. Chem.) (Dt.)

Inhaltlich ident. mit der C. **1960.** 3308 referierten Arbeit. N. SEILER. 4782□

Zur Frage der chemischen Taxa der Digitalis lanata Ehrh. Bemerkungen zur Abhandlung von G. Ligeti. P. Tétényi. (Pharmazie **14.** 690. Dez. 1959. Budapest, Forschungsinst. für Heilpflanzen.) (Dt.) — Vgl. vorst. Referat. E. LÜCK. 4782□

Isolierung und Identifizierung der Alkaloide aus Papaver lateritium C. Koch. Vorläufige Mitt. H.-B. Schröter, M. Maturová und F. Šantavý. (Planta med. [Stuttgart] **7.** 329—30. Sept. 1959. Olomouc, Palacký-Univ., Med. Fak., Chem. Anst.) (Dt.)

Durch Isolierung u. chromatograph. Trennung wurden 5 Alkaloide (Alk.) in *Papaver lateritium* C. KOCH nachgewiesen. 2 Alk. sind mit *Rhoeadin* (I) u. *Protopin* (II) identisch. Von den übrigen 3 Alk. zeigten 2 dieselbe Farb-Rk. wie **I** (Karmin → Grün), F. 246 bis 248°, R_F 0,78, F. 223—225°, R_F 0,63. Das dritte, noch nicht identifizierte Alk. hat F. 204—206°, R_F 0,60. Es ähnelt in seinem chromatograph. Verh. u. bzgl. der Farb-Rk. mit H_2SO_4 (Rot → Violett) dem **II.** Morphin, Kodein, Thebain, Papaverin u. Narcotin konnten in Papaver lateritium nicht nachgewiesen werden. I. GEIBLER. 4782□

Fettfreie Salbengrundlagen. 2. Mitt. **Herstellung von Hydrogel-Salbengrundlagen mit Rührwerken.** H. Naumann. (Pharmazie **14.** Nr. 12 Beilage: Pharmaz. Prax. Nr. 12. 169—73. 1959. Leipzig.) (Dt.) — 1. vgl. C. **1959.** 7562.

Vf. beschreibt die Anwendung maschineller Arbeits-Meth. durch Einsatz von langsam- u. schnellaufenden Rührwerken für die Herst. synthet. Gelbildner, wie *Äthoxose, Tylose, Ultraquellcellulose* usw., als Grundstoffe für fettfreie Salbengrundlagen. I. GEIBLER. 4792□

Untersuchungen über die Teilchengröße in Augensalben. J. Schmid. (Pharmazie **15.** Nr. 9. Beilage: Pharmaz. Prax. Nr. 9. 185—90. 1960. Erfurt.) (Dt.)

Bei ca. 50% der Industrie- u. Rezepturaugensalben wurde die Teilchengröße der inkorporierten Medikamente als zu groß befunden. Vf. stellte fest, daß man in der Praxis durchaus Augensalben mit einer Korngröße von 30—60 μm herstellen kann. Ein Vorrätighalten feinst zerkleinerter Wirkstoffe ist möglich. Emulsionssalben sollten Hinweis für Lagerung u. Verfallsdatum tragen (Rekristallisationsgefahr). H. HERPER. 4792□

Über die Haltbarkeit von Penicillin-V-Tabletten. W. A. Ritschel. (Pharmaz. Ind. **23.** 17—21. Jan. 1961. Kundl, Tirol, Biochemie GmbH., Pharmazeut. Forschungsabt.) (Dt.)

Penicillin-V (**I**) ist in der oralen Therapie dem *Penicillin-G* überlegen, da es eine große Säurestabilität besitzt u. somit durch den Einfl. der Magensäure keine Verluste auftreten. Bei längerer Lagerung zeigen **I**-Tabletten eine Abnahme der Zerfallszeit u. der Härte u. eine geringe Zunahme des Wassergehalts. **I**-K-Salz-Tabletten zeigen bei Lagerung eine Zunahme der Zerfallszeit. **I**-K-Salz ergibt bei oraler Applikation schnelleres u. höheres Ansteigen der Blutspiegelwerte als **I**, jedoch kürzeres Anhalten der Blutspiegelwerte. **I**-K-Salz ist weniger säurestabil als **I**. Für **I**-Tabletten kann eine Haltbarkeit von mindestens 3½ Jahren garantiert werden. — 26 Literaturangaben. S. ERBE. 4810□

Über die Einführung der Methode zum Nachweis von Arsen in Medikamenten durch Quecksilberchloridpapier (Methode nach Cribier) in die Pharmakopö. A. Morette und M.-F. Malézieux. (Ann. pharmac. franç. **17.** 570—79. Okt./Dez. 1959. Paris, Fac. de Pharm.) (Franz.)

Vff. vergleichen die Meth. nach CRIBIER u. die Meth. nach BOUGAULT zum Nachw. von As in pharmazeut. Zubereitungen. Die Meth. nach CRIBIER (Gelbfärbung des Reagenspapiers durch AsH_3) gestattet den Nachw. von 0,001 mg As, während die nach BOUGAULT nur 0,01 mg As erfaßt. S. ERBE. 4880□

Die Technik der Verbrennung in der Flasche in der pharmazeutischen Analyse: Jodenthaltende Substanzen. C. A. Johnson und C. Vickers. (J. Pharmacy Pharmacol., Suppl. **11.** 218T—222T. Dez. 1959. Nottingham, Boots Pure Drug Co. Ltd., Stand. Dep., Analyt. Dev. Group.) (Engl.)

Die Verbrennung jodhaltiger Substanzen, wie *Jodbenzoesäure, Yatren* (I) u. I-*Na, Dijodhydroxychinolin* (II), II-Tabletten, *Jodoform, Iodoxyl B.P.* (Di-Na-Salz der 3.5-Dijod-N-methylpyridon-(4)-2.6-dicarbonsäure), *α-[3-Amino-2.4.6-trijodbenzyl]-buttersäure, Pheniodol B.P.* (III; α-Phenyl-β-[4-hydroxy-3.5-dijodphenyl]-propionsäure), III-Tabletten, *Thyroxin-Na, Propyliodone B.P.* [3.5-Dijodpyridon-(4)-N-essigsäure-n-propylester], *10-[p-Jodphenyl]-undecansäureäthylester* u. *Jodised Oil Injektion B.P.*, in mit O_2 gefüllter Flasche ist eine einfache u. schnelle Meth., die auf Grund ihrer Genauigkeit für Routinekontroll-Meth. geeignet ist. Der Einsatz für Arzneibuchzwecke erscheint möglich. Die empfohlene Meth. ergibt Werte, die mit denen der vom Arzneibuch vorgeschriebenen Meth. gut übereinstimmen. S. ERBE. 4880□

Toxikologische Untersuchung des anästhetischen Gemisches nach Schleich mittels Gaschromatographie. E. Gloesener, C. L. Lapière und J. Versie. (XVIIIe Congr. int. Sci. pharmac., Bruxelles **1958.** 317—29. 1960.) (Franz.) — C. **1960.** 11028. F. THOMAS. 4880□

Analytische Untersuchung von N-Methyl-α-phenylsuccinimid (Phensuximide-Milontin R). E. Mativa. (XVIIIe Congr. int. Sci. pharmac., Bruxelles **1958.** 307—15. 1960. — C. **1960.**) (Franz.) 11028. F. THOMAS. 4880□

Qualitative Analyse einiger Sulfonamide mittels Papierchromatographie. E. Sophoulis. (Ann. pharmac. franç. **17.** 446—53. Juni 1959. Port Said, Ägypten, Pharmacie Normale.) (Franz.)

Vf. trennt auf Papier WHATMAN No. 1 mit verschiedenen Lsgm.-Gemischen aufsteigend *Sulfacetamid, Sulfadiazin, Sulfamerazin, Sulfathiazol, Sulfamethazin, Sulfaguanidin, Sulfapyridin* u. *Sulfanilamid.* Eine eindeutige Trennung kann mit der zweidimensionalen Meth. u. mit n-Butanol–Methanol–Chlf.–NH_3 2% ig. (25 : 25 : 50 : 5) oder mit wassergesätt. Butanol–NH_3 (100 : 3) erfolgen. R_F-Werte im Original. S. ERBE. 4880□

Eine chromatographische Technik zur Identifizierung von Fluorescein- und Phenolphthaleinderivaten. C. Robert McMillion und H. A. Brown Dunning jun. (J. Amer. pharmac. Assoc., sci. Edit. **48.** 249—51. April 1959. Baltimore, Md., Westcott & Dunning, Inc., Res. Labor. of Hynson.) (Engl.)

Vff. beschreiben die Trennung von Tetrajodfluorescein, Tetrabromfluorescein, Dijodfluorescein, Dibromfluorescein, unsymm.-Dibromfluorescein, Dijodtetrachlorfluorescein, Nitrofluorescein, Fluorescein, Tetrabromphenoltetrabromphthalein, o-Phenylphenolphthalein, Dibromphenoltetrabromphthalein, Tetrajodphenoltetrachlorphthalein, Phenoltetrabromphthalein, Tetrabromphenoltetrachlorphthalein, Dijodphenoltetrachlorphthalein, Dibrom-o-phenylphenolphthalein, Dibromphenoltetrachlorphthalein, Phenoldibromphthalein, o-Kresoltetrachlorphthalein u. Phenolphthalein auf Papier WHATMAN Nr. 1. u. an Säulen von WHATMAN-Cellulosepulver mittels 0,5m Phosphatpuffer vom pH 8,5 als beweglicher Phase bei Fluorescein-Derivv. u. pH 11 bei Phenolphthaleinderivaten. S. ERBE. 4880□

Die optischen kristallographischen Eigenschaften der Xanthylderivate einiger Barbiturate. Edward A. Julian und Elmer M. Plein. (J. Amer. pharmac. Assoc., sci. Edit. **48.** 207—11. April 1959. Seattle, Wash., Univ. of Washington, Coll. of Pharm.) (Engl.)

Durch Umsetzung von 1 g *Xanthydrol* mit 0,6 g Barbitursäure in Eisessig werden Xanthyl-Derivv. erhalten, die nach dem Umkristallisieren aus n-Amylacetat–Aceton (1 : 1) auf Grund ihres F. u. ihrer kristallograph. Eigg. zur Identifizierung von *Amobarbital, Aprobarbital, Butabarbital, Cyclopentenylallylbarbitursäure, Vinbarbital, Diallylbarbitursäure, Probarbital, Phenobarbital, Pentobarbital, Butethal, Propallylonal, Hexethal, Thiopental, Butallylonal, Cyclobarbital, Allylbarbitursäure, Secobarbital, Amylbromallylbarbitursäure* u. *Barbital* dienen können. S. ERBE. 4880□

Eine colorimetrische Bestimmung für nicht oxydierte Phenothiazinderivate: ein neues Komplexsalz. James A. Ryan. (J. Amer. pharmac. Assoc., sci. Edit. **48.** 240—43. April 1959. Philadelphia, Pa., Wyeth Inst. for Med. Res.) (Engl.)

Die Best. von unzersetzten *Phenothiazin* (I)-Verbb. neben den Oxydations-Prodd. I-Sulfoxyd u. I-Sulfon ist nach den bisher bekannten Meth. schwierig oder unmöglich. Vff. bestimmen unzersetzte I, wie *Promazin* (II), *Chlorpromazin* (III) u. *Promethazin* (IV), durch spektrophotometr. Messung der Laurylsulfatsalze der über das oxydationsempfindliche S-Atom gebildeten Pd-Komplexe. Das Absorptionsmaximum der Pd-Komplexe liegt für II bei 545 mμ, für III bei 545 mμ u. für IV bei 525 mμ. S. ERBE. 4880□

Analytische Untersuchung von herzwirksamen Heterosiden mittels der Farbreaktion mit Hydroxylamin-Eisenchlorid. D. Vincent, H. Schwal und M.-C. Vincent. (Ann. pharmac. franç. **17.** 579—84. Okt./Dez. 1959. Toulouse, Univ., Fac. de Méd. et de Pharm., Labor. de Matière méd.) (Franz.)

Die aus den Heterosiden durch stark alkal. Hydroxylamin-Lsg. erhaltenen Hydroxamsäuren geben mit $FeCl_3$ einen rot gefärbten Komplex, dessen Intensität dem LAMBERT-BEERschen Gesetz gehorcht. Die intensivste Färbung zeigen die Acetylheteroside *Digilanid A, B* u. *C, Acetyldigitoxin, Oleandrin, Scillirosid* u. *Tanghinin*, schwächer gefärbt sind *Scillaren, Helleborein, Adonidosid, Adonivernosid, Gitoxin, Digitalin* u. *Thevetin*. Die Färbungen von *K-Strophantosid, G-Strophantosid, Convallatoxin* u. *Digoxin* sind prakt. zu vernachlässigen. Die Messungen erfolgen für alle Heteroside bei 520 mμ. S. ERBE. 4880□

Trennung und Bestimmung der primären und sekundären Heteroside der Blätter des roten Fingerhutes. J. Lemli. (XVIIIe Congr. int. Sci. pharmac., Bruxelles **1958.** 167—75. 1960.) (Franz.) — C. **1960.** 14447. F. THOMAS. 4880□

Die colorimetrische Bestimmung einiger Lokalanästhetica mit 1.2-naphthochinon-4-sulfonsaurem Natrium. Edward G. Feldmann. (J. Amer. pharmac. Assoc., sci. Edit. **48.** 197—201. April 1959. Chicago, Ill., Amer. Dental Assoc., Div. of Chem.) (Engl.)

Vf. untersucht die Verwendbarkeit der Farb-Rk. von *1.2-naphthochinonsulfonsaurem Na* (I) mit *Tetracain·HCl, Propoxycain·HCl, Butethamin·HCl, Metabutethamin·HCl, Metabutoxycain·HCl, Naepain·HCl, Butacainsulfat, Äthylaminobenzoat, Erocain·HCl, Lidocain, Meprylcain·HCl* u. *Piperocain·HCl* für die quant. Bestimmung. Eine wss. Lsg. der zu untersuchenden Probe wird mit 3 ml 0,05n HCl, 3 ml 0,114n Na_2CO_3 u. 1 ml 1%ig. I-Lsg. 1½—2 Std. im Dunkeln stehengelassen. Der Überschuß an I wird mit 1 ml Acetatpuffer (25 g $CH_3COONa \cdot 3H_2O$ u. 250 ml Eisessig pro Liter) u. 3 ml 4%ig. $Na_2S_2O_3$-Lsg. zerstört. 10—20 Min. später wird die Extinktion bei 483 mμ gemessen. Minimal können 3 μg Lokalanästheticum erfaßt werden, maximal 600 μg. Fehlergrenze ±3—4%. Sek. u. tert. Amine stören die Best. nicht. S. ERBE. 4880□

UV-spektrophotometrische Mikrobestimmung von Alkaloiden als Tetraphenylborate. 1. Mitt. Darlegung der Methode und Beschreibung der Spektren. Jean-Albert Gautier, Jean Renault und Jean Rabiant. (Ann. pharmac. franç. **17.** 401—08. Juni 1959. Paris, Fac. de Pharmacie, Labor. de Chim. organ.) (Franz.)

Vff. bestimmen die Alkaloide *Atropin, Genatropin, Pilocarpin, Scopolamin, Spartein, Cocain, Codein, Codethylin, Morphin, Pholcodin, Strychnin, Boldin, Brucin, Eserin, Geneserin, Papaverin* u. *Procain* mittels der UV-Absorption ihrer Tetraphenylborate in Acetonitril. Absorptionskurven, Absorptionsmaxima u. molare Extinktionen werden angegeben. Die Best. der genannten Alkaloide nebeneinander ist nur in einigen Fällen möglich, meist muß eine Trennung erfolgen. Fehlergrenze ca. ±1%. K^+, NH_4^+, Ag^+ u. Hg^{2+} stören die Bestimmung. S. ERBE. 4880□

UV-spektrophotometrische Mikrobestimmung von Alkaloiden als Tetraphenylborate. 2. Mitt. **Anwendung bei der Kontrolle pharmazeutischer Präparate.** Jean-Albert Gautier, Jean Renault und Jean Rabiant. (Ann. pharmac. franç. **17.** 491—97. Juli/Sept. 1959.) — 1. vgl. vorst. Referat.

Genaue Arbeitsvorschriften zur Best. von Alkaloiden in einfachen Lsgg., in komplexem Milieu u. in Alkaloidgemischen (Beispiel: Pilocarpin–Procain) werden angegeben. Bei einer Fehlergrenze von $<5\%$ ist die Meth. zur Alkaloid-Geh.-Best. in pharmazeut. Zubereitungen bei Analysenmengen von 1—4 mg Alkaloid gut geeignet.
S. ERBE. 4880□

Differentialspektrophotometrische Bestimmung von Morphin. H. J. van der Pol. (XVIIIe Congr. int. Sci. pharmac., Bruxelles **1958.** 257—67. 1960.) (Engl.) — C. **1960.** 11030. F. THOMAS. 4880□

Über die papierelektrophoretische Trennung und quantitative Bestimmung von Rescinnamin und Ajmalicin. M. Sahli. (XVIIIe Congr. int. Sci. pharmac., Bruxelles **1958.** 153—60. 1960.) (Dt.) — C. **1960.** 11030. F. THOMAS. 4880□

Analytische Untersuchung der Mutterkorndroge und ihrer Alkaloide mit dem UV-Spektrophotometer. J. Bayer. (Pharmaz. Zentralhalle Deutschland **99.** 478—84. Aug. 1960.) (Dt.)

Die Mutterkornalkaloide vom *Ergotoxin-, Ergotamin-* u. *Ergometrin*-Typ besitzen wegen ihres Lysergsäureskeletts in 1%ig. Weinsäure-Lsg. ein Absorptionsmaximum bei 317 mμ. Für Lysergsäure selbst wurde $E^{1\%}_{1cm}$ (317 mμ) zu 273,5 bestimmt. Auf dieser Tatsache baut Vf. eine quant. Best.-Meth. der genannten Alkaloide auf. Die Aufarbeitung der Droge wird ausführlich beschrieben. W. KRÜGER. 4880□

Papierchromatographische Bestimmung von Menthol. Lola V. Hopkins und Martin I. Blake. (J. Amer. pharmac. Assoc., sci. Edit. **48.** 222—24. April 1959. Fargo, N. Dak., North Dakota Agric. Coll., School of Pharmacy.) (Engl.)

Menthol (I) wird mit CS_2 u. KOH in das Xanthogenat überführt u. in einer Chromatographierkammer, die mit *Drierite* von Wasserdampf freigehalten wird, aufsteigend mit n-Propanol–Toluol (1 : 1) auf Papier Whatman Nr. 1 chromatographiert. Der im UV-Licht gelbfluorescierende Fleck wird ausgeschnitten u. mit Chlf. u. p-Dimethylaminobenzaldehyd-Lsg. versetzt. Nach 2 Std. wird die entstandene Färbung bei 500—570 mμ gemessen. Fehlergrenze ±2,5%. Die Best. von I neben Thymol u. Campher ist nach der angegebenen Meth. möglich. Die Temp. beim Chromatographieren darf 30° nicht übersteigen, die Fließmittel sind täglich frisch zu bereiten. Die Entw.-Zeit soll zwischen 2 u. 3 Std. betragen. S. Erbe. 4880□

Gaschromatographie bei pharmazeutischen Routineuntersuchungen. C. B. Baines und K. A. Proctor. (J. Pharmacy Pharmacol. Suppl. **11.** 230 T—234 T. Dez. 1959. Nottingham, Boots Pure Drug Co. Ltd., Standards Dep., Phys. Assay Div.) (Engl.)

Vff. geben Beispiele zur gaschromatograph. Best. von *Campher, Menthol, Diäthylphthalat* u. äther. Ölen in verschiedenen Zubereitungen. Einzelheiten über Säulenlängen, stationäre Phasen, Trägergase, Temp.-Bereiche usw. im Original. S. Erbe. 4880□

Eine Methode zur Bestimmung der Folsäure unter Verwendung der Permanganatoxydation. S. S. Schiaffino, J. M. Webb, H. W. Loy und O. L. Kline. (J. Amer. pharmac. Assoc., sci. Edit. **48.** 236—40. April 1959. Washington, D.C., Dep. of Health, Educat. and Welfare, Food and Drug Administ., Div. of Nutrit.) (Engl.)

Folsäure (I) wird in 3% ig. K_2HPO_4-Lsg. gelöst, mit $KMnO_4$ oxydiert, die entstehende p-Aminobenzoesäure diazotiert, der Überschuß an $NaNO_2$ mit $NH_4SO_3\ NH_2$ zerstört u. das Diazoniumsalz mit Bratton-Marshall-Reagens (frisch bereitete 0,1% ig. wss. Lsg. von N-[1-Naphthyl]-äthylendiamindihydrochlorid) gekuppelt. In Ggw. stark gefärbter Substanzen kann die entstandene Farb-Verb. quant. mit Isobutanol extrahiert werden. Die spektrophotometr. Messung erfolgt bei 550 mμ. Fe-Verbb. u. Ascorbinsäure stören die Best. nicht. Die Ergebnisse sind reproduzierbar. S. Erbe. 4880□

C. Krieger & Co. Nachf., Koblenz (Erfinder: Karl Broockmann, Köln-Mülheim), **Trägerlack für Heilmittel,** dad. gek., daß er W., eine Fettsäure oder einen Fettalkohol, einen Emulgator, einen oder mehrere ein- oder mehrwertige niedermol. Alkohole, NH_3, ein Alkanolamin oder Salze dieser Basen u. einen wss. alkohol. Polyamidlack enthält. (**D. A. S. 1 106 456** Kl. 30h vom 10/12. 1958, ausg. 10/5. 1961.) K. Koebke. 4787

Abbott Laboratories, Chicago, übert. von: Edgar B. Carter, Highland Park, Ill., V.St.A., **Oral anwendbares Eisenpräparat** enthaltend das Fe in Verb. mit einem chelatbildenden Mittel, wie Äthylendiamin-N.N'-tetraessigsäure, Propylen-1.2-diamin-N.N'-tetraessigsäure, 1.3-Diaminopropanol-(2)-N.N'-tetraessigsäure, Diäthylentriamin-N.N'-tetraessigsäure, Diäthylentriamin-N.N'.N''-pentaessigsäure, Hexamethylendiamin-N.N'-tetraessigsäure oder β-Hydroxyäthyläthylendiamin-N.N'-triessigsäure. Das Prod. wird unter Verw. von üblichen Hilfsmitteln zu Tabletten verpreßt. (**A. P. 2 816 060** vom 28/7. 1954, ausg. 10/12. 1957.) W. Heyer. 4807

Ciba Soc. An., Schweiz, **Stereospezifische Herstellung von 1.3-Dihydroxy-2-aminoalkenen-(4) R—CH=CH—CH(OH)—CH(NH$_2$)—CH$_2$·OH** (R = höhermol. Alkylrest) u. ihren *Acylderivv.* aus den entsprechenden Nitroverbb. durch Red., z. B. mit Zn u. HCl, $LiAlH_4$, mit H_2 in Ggw. eines Katalysators, z. B. Pt-Metall oder Lindlar-Katalysator. — 47 (g) Hexadecin-(2)-al-(1) u. 20 Nitroäthanol werden auf 0° abgekühlt u. mit 2 K_2CO_3 in 90 ml Methanol unter Kühlung versetzt. Nach dem Abscheiden des K_2CO_3 wird mit methanol. HCl angesäuert. Beim Aufarbeiten wird *threo-1.3-Dihydroxy-2-nitrooctadecin-(4)*, F. 74—75°, gewonnen, daneben die *erythro-Verb.*, F. 43—45°. Diese wird mit Zn-Staub u. HCl zu der entsprechenden *NH_2-Verb.*, F. 74—77°, reduziert. — 2 g erythro-1.3-Dihydroxy-2-aminooctadecin-(4) in 50 ml Tetrahydrofuran werden mit 1,5 $LiAlH_4$ 4 Std. auf dem Dampfbad erhitzt unter Bldg. von *erythro-trans-DL-1.3-Dihydroxy-2-aminooctadecen-(4)*, F. 64—68°. — *threo-1.3-Dihydroxy-2-aminooctadecin-(4)*, F. 83—84°. — *Arzneimittel.* (**F. P. 1 205 325** vom 4/4. 1958, ausg. 2/2. 1960. Schwz. Prior. 9/4. 1957.) M. F. Müller. 4807

Ciba Akt.-Ges., Basel, Schweiz, **Ungesättigte aliphatische Aminodiole** der Formel $CH_3—(CH_2)_n—A—CHOH—CH(NH_2)—CH_2OH$ (A = —C≡C— oder —CH=CH—; n = 6—11) werden hergestellt aus Verbb. der Formel $CH_3—(CH_2)_n—C≡C—CHO$, bes. Pentadecin-(2)-al-(1) (**III**), Tridecin-(2)-al-(1) oder Undecin-(2)-al-(1), durch Kondens. mit β-Nitroäthanol (**I**) zu entsprechenden 2-Nitroalkin-(4)-diolen-(1.3), die red. werden, oder durch Kondens. der letzteren mit einem Aldehyd, bes. Benzaldehyd (**II**), über entsprechende Nitro-m-dioxane, deren anschließende Red., ggf. Acylierung, Aufspaltung des Dioxanrings u. ggf. Entacylierung; die Aminodiole werden nach Wunsch partiell hydriert, acyliert, zu Salzen umgesetzt u./oder in ihre opt. Antipoden zerlegt. — *Tetradecin-(1)*, Kp.$_{0,7}$ 70—78°, aus Acetylen in fl. NH_3 mit Na durch Umsetzung mit Laurylbromid u. Dimethylformamid, 2std. Rühren bei 65° unter N_2, Versetzen mit W. u. Ae.-Extraktion; Öl; n_D^{20} 1,4400. — *Pentadecin-(2)-al-(1)-acetal*, Kp.$_{0,15}$ 118—124°, aus vorst. Verb. durch GRIGNARD-Rk. mit Äthylbromid in Ae., Umsetzung der GRIGNARD-Verb. mit Orthoameisensäureäthylester, Kochen über Nacht u. Zers. der Rk.-Lsg. mit 20%ig. wss. NH_4Cl-Lsg.; Öl; n_D^{20} 1,4472. **III**, Kp.$_{0,3}$ 105—115°, aus dem Acetal durch 6std. Rühren mit 2n HCl in W./Dioxan unter N_2 bei 110°; n_D^{20} 1,4607. — 1.3-Dihydroxyheptadecine-(4): *threo-2-Nitro-* (**IV**), F. 71—72,5° (Pentan), aus **III** u. **I** durch Umsetzung mit K_2CO_3 in CH_3OH bei 0°, nach 15 Min. Ansäuern mit HCl, Ae.-Extraktion u. Kristallisation aus Pentan. — *erythro-2-Nitro-* (**V**), F. 44—47° (Chlf./Pentan), neben **IV** aus den Pentan-Mutterlaugen durch 48 std. Stehen. — *threo-2-Amino-* (**VI**), F. 78—80° (Chlf.-Pentan), a) aus **IV** u. **II** durch 8 Tage Schütteln mit Zn-Pulver in Bzl., 15std. Red. des daraus isolierten Öls (**A**) mit Al-Amalgam in Ae./W., 15std. Umsetzung des gebildeten öligen m-Dioxangemisches mit Acetanhydrid in Pyridin bei 20°, Aufspaltung des Dioxanrings durch 30 Min. Erhitzen mit 4n HCl in Dioxan auf dem Dampfbad; b) aus **IV** durch Red. mit Zn-Staub/konz. HCl in A. oder mit Al-Amalgam oder Fe in Essigsäure. *Oxalat*, F. 207—209°. — *erythro-2-Amino-* (**VII**), F. 71—73,5°, a) aus **A** durch Eintragen in eine Lsg. von Na in A., Versetzen mit Eisessig, Eindampfen, Red., Acetylierung u. Ringspaltung wie vorst. unter a); b) aus **V** wie vorst. unter b). — 1.3-Dihydroxy-2-aminoheptadecene-(4): *threo-trans-* (**VIII**), F. 88—91° (Chlf./Heptan), a) aus **IV** oder **VI** durch 4std. Umsetzung mit $LiAlH_4$ in Tetrahydrofuran auf dem Dampfbad; b) aus *threo-cis-* (**IX**) durch 45 Min. langes Kochen mit verd. H_2SO_4 in wss. Dioxan. *Oxalat*, F. 212—214°. — **IX**, F. 77—79° (Chlf./Pentan), aus **IV** oder **VI** durch Hydrierung in Essigester oder Feinsprit an LINDLAR-Katalysator. — *erythro-trans-*, F. 60—65°, a) aus **VII** analog **VIII**, Meth. a); b) aus nachst. Verb. analog **VIII**, Meth. b). *Hydrochlorid*, Zers. bei 60°, Nadeln. — *erythro-cis-*, F. 66—68° (Acetonitril), aus **VII** analog **IX**. — Ähnlich werden hergestellt: *Decin-(1)*, Kp.$_{760}$ 162—165°, aus Acetylen u. Octylbromid; n_D^{25} 1,4262. — *Undecin-(2)-al-(1)*, Kp.$_{13}$ 118—124°, aus dem Acetal; n_D^{25} 1,4540. *Acetal*, Kp.$_{14}$ 147—152°, aus vorst. Verb. analog **III**; n_D^{25} 1,4395. — 1.3-Dihydroxytridecine-(4): *threo-2-Nitro-*, F. 53—55° (Pentan). — *threo-2-Amino-*, F. 67 bis 68° (Chlf./Pentan). — 1.3-Dihydroxy-2-aminotridecene-(4): *threo-trans-*, F. 73 bis 78° (Chlf./Pentan). — *threo-cis-*, F. 64—66° (Chlf./Pentan). — *Dodecin-(1)*, Kp.$_{14}$ 96 bis 100°, aus Acetylen u. Decylbromid; n_D^{25} 1,4324. — *Tridecin-(2)-al-(1)*, Kp.$_{14}$ 148 bis 152°, aus dem Acetal; n_D^{25} 1,4565. *Acetal*, Kp.$_{12}$ 170—175°, analog **III**; n_D^{25} 1,4430. — 1.3-Dihydroxypentadecine-(4): *threo-2-Nitro-*, F. 62—64° (Pentan). — *erythro-2-Nitro-*, F. 40—41° (Chlf./Pentan). — *threo-2-Amino-*, F. 75—77° (Chlf./Pentan). — *erythro-2-Amino-*, F. 56—58° (Ae./Pentan). — 1.3-Dihydroxy-2-aminopentadecene-(4): *threo-trans-*, F. 83—85° (Chlf./Pentan) — *erythro-trans-*, F. 56—60°. — *threo-cis-*, F. 70—71° (Chlf./Pentan). — *erythro-cis-*, F. 49—52° (Acetonitril). — *Heilmittel*. (**Oe. P. 205 962** vom 11/7. 1958, ausg. 26/10. 1959. Schwz. Prior. 12/7. 1957.)

EBERHARD RIEDEL. 4807

Aktieselskabet Grindstedvaerket, Aarhus, Dänemark, **Herstellung von 2.2-Dialkylpropandiol-(1.3)-dicarbamaten**, z. B. *2.2-Diäthyl-*, F. 149—150°, u. *2-Methyl-2-[n-propyl]-propandioldicarbamat*, F. 105,5—106°, dad. gek., daß man 2.2-Diäthyl- bzw. 2-Methyl-2-[n-propyl]-propandiol in Toluol in Ggw. von Al-tert.-Butylat mit Äthylurethan fraktioniert. — *Sedativa*. (**F. P. 1 195 628** vom 5/5. 1958, ausg. 18/11. 1959. **Belg. P. 567 467** vom 7/5. 1958, ausg. 12/8. 1960. Beide Dän. Prior. 10/5. 1957.)

S. BÖTTCHER. 4807

Dr. Karl Thomae G. m. b. H. (Erfinder: Klaus Hasspacher und Erich Müller), Biberach/Riß, **4-Chlorbenzol-1.3-bis-[N-methylsulfonamid] (I)** erhält man durch Rk. von 4-Chlorbenzol-1.3-disulfonsäurehalogenid mit mindestens 2 (Mol) Methylamin in Ggw. von mindestens 2 eines Halogenwasserstoff bindenden Mittels (anorgan. oder tert. organ. Basen) oder überschüssigem Amin. Man kann auch 4-Chlorbenzol-1.3-disulfonamid mit 2 eines Methylierungsmittels in Ggw. von mindestens 2 einer anorgan. oder tert. organ. Base bei 50—100° in wss., wss. alkohol. oder alkohol. Lsg. umsetzen. — Aus 31 g Chlorbenzol-2.4-disulfonsäurechlorid u. 10 g Methylamin in 100 cm^3 Bzl. oder W. → 26 g **I**, aus wss. Methanol, F. 144°; auch erhältlich aus Chlorbenzol-2.4-disulfonamid + CH_3J in A. unter Rückfluß. — **I** ist *diuret.* wirksam; Harnausscheidung vgl. Tabelle. (**D. A. S. 1 104 948** Kl. 12o vom 5/1. 1960, ausg. 20/4. 1961.)

G. KRAUSS. 4807

May & Baker Ltd., England (Erfinder: Glyn Evan Lee und William Robert Wragg), **Herstellung von 6-Aminobicyclo-[2.2.1]-heptanen und -heptenen** der allg. Formel I, worin X u. Y = H oder gemeinsam eine einfache Bindung u. R_1 u.

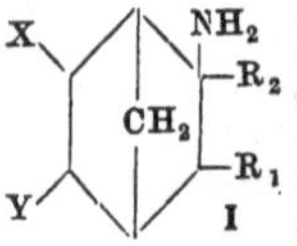

I

R_2 = Alkylreste, dad. gek., daß man in 6-Nitrobicyclo-[2.2.1]-heptenen-(2) die Nitrogruppe u. ggf. die Doppelbindung hydriert. — *6-Amino-5.6-dimethylbicyclo-[2.2.1]-heptan*, F. 360°, u. *-hepten-(2)*, F. 245—260° (Zers.), durch Hydrieren von 6-Nitro-5.6-dimethylbicyclo-[2.2.1]-hepten-(2) an Raney-Ni oder mit Fe u. HCl. — *Therapeutica.* (**F. P. 1 187 718** vom 20/5. 1957, ausg. 15/9. 1959. E. Prior. 22/5. 1956.) S. Böttcher. 4807

May & Baker Ltd., England (Erfinder: Glyn Evan Lee und William Robert Wragg), **Herstellung von 6-Aminobicyclo-[2.2.1]-heptanen und -heptenen** der allg. Formel **I**, worin X u. Y = H oder gemeinsam eine einfache Bindung, R_1, R_2, R_3 u. R_5 = H oder Alkylrest u. R_4 = Alkylrest, dad. gek., daß man Verbb. der allg. Formel **II** alkyliert u. ggf. die Doppelbindung hydriert. — *6-Methylamino-5.6-dimethyl-bicyclo-[2.2.1]-heptanhydrojodid*, F. > 250° (Zers.), aus 6-Amino-5.6-dimethylbicyclo-[2.2.1]-heptan (III; Hydrochlorid, F. 162—164°). — *6-Methylamino-6-methyl-* (*Hydrochlorid*, F. >160°), *-6-äthyl-* (*Hydrochlorid*, F. 161—170°), u. *-5.5-dimethyl-* (*Hydrochlorid*, F. >350°), *6-Dimethylamino-5.6-dimethylbicyclo-[2.2.1]-heptanhydrochlorid*, aus 6-Amino-6-methyl-, -6-äthyl-, -5.5-dimethylbicyclo-[2.2.1]-heptan bzw. aus **III** u. HCHO. — *Therapeutica.* (**F. P. 1 187 719** vom 20/5. 1957, ausg. 15/9. 1959. E. Prior. 22/5. 1956.) S. Böttcher. 4807

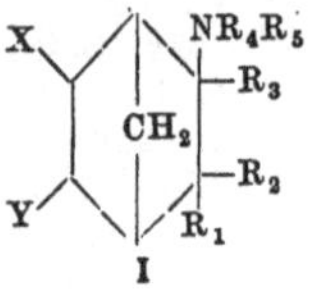

I

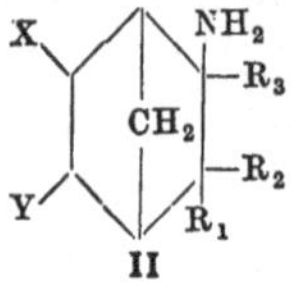

II

Ciba Soc. An., Schweiz (Erfinder: Lincoln Harvey Werner), **Herstellung von 10-substituierten Thianaphthenoindolen** der allg. Formel I, worin X = niedrigmol. KW-Stoffrest u. R = Aminogruppe, dad. gek., daß man den Rest RX in 10-H-Thianaphtheno-[3.2:b]-indole einführt oder daß man 3-Hydroxythianaphthene mit N-Phenyl-N-(R_1X_1)-hydrazinen umsetzt, worin R_1 u. X_1 die gleiche Bedeutung wie R u. X haben oder in diese überführbare Gruppen bedeuten. Die Rk.-Prodd. können in Salze u. quaternäre Verbb. übergeführt werden, auch können Kernsubstituenten eingeführt werden. — *7-Chlor-10-[2'-diäthylaminoäthyl]-thianaphtheno-[3.2:b]-indol* (*Hydrochlorid*, F. 213—215°), durch 3 std. Kochen einer Suspension von 7-Chlorthianaphthenoindol in Toluol, die man vorher 4 Std. mit $NaNH_2$ gekocht hat, mit 2-Diäthylaminoäthylchlorid. — Analog folgende Thianaphtheno-[3.2:b]-indole: *7-Chlor-3-methoxy-10-[2'-dimethylaminopropyl]-* (*Hydrochlorid*, F. 225—229°), aus 7-Chlor-3-methoxy- u. 1-Dimethylamino-2-propylchlorid. — *3-Nitro-10-[2'-diäthylaminoäthyl]-* (**VI**), F. 88—90° (*Hydrochlorid*, F. 258—259°), aus 3-Nitro-. — *6-Chlor-10-[2'-dimethylaminopropyl]-* (*Hydrochlorid*, F. 256—259°), aus 6-Chlor-. — *7-Chlor-10-[2'-äthylaminoäthyl]-* (*Hydrochlorid*, F. 310—314° [Zers.]), aus 7-Chlor- u. 2-Äthylaminoäthylchlorid. — *7-Methoxy-10-[2'-piperidinoäthyl]-* (**V**; *Hydrochlorid*, F. 258 bis 261°), aus 7-Methoxy- u. 1.2-Dibromäthan über *10-[2'-Bromäthyl]-6-methoxy-*, F. 159 bis 162°, u. dessen Rk. mit Piperidin. — *7-Methoxy-10-[6'-piperidinohexyl]-* (*d-Tartrat*, F. 81—85°), aus 7-Methoxy-10-[6'-bromhexyl]-. — *10-[3'-Aminopropoxy]-* (*Hydrochlorid*, F. >300°), aus 10-[2'-Cyanäthyl]-. — *7-Methoxy-10-carboxymethyl-* (*Piperidid*, F. 318 bis 320° [Zers.]), daraus **V**. — *3-Amino-10-[2'-diäthylaminoäthyl]-* (*Dihydrochlorid*, F. 214° [Zers.]), aus **VI**. — *10-[2'-Diäthylaminoäthyl]-* (*Hydrochlorid*, F. 191—193°), aus 3-Hydroxythianaphthen (**III**) u. 1-Phenyl-1-[2'-diäthylaminoäthyl]-hydrazin. — *7-Methoxy-10-[5'-diäthylaminopentyl-(2')]-*, aus N'-Phenyl-N'-[5-diäthylaminopentyl-(2)]-hydrazin, $Kp._1$ 135—142°, das aus $N^1.N^1$-Diäthyl-N^4-phenyl-1.4-diaminopentan hergestellt wurde, u. 6-Methoxy-3-hydroxythianaphthen. — *7-Chlor-10-[2'-dimethylaminopropyl]-* (**IV**), F. 105—108°. *Hydrochlorid*, F. 262—264°. *Methansulfonat*, F. 162—163°. *Sulfat*, F. 197 bis 198°. — *8-Methyl-10-[2'-dimethylaminopropyl]-*. *Hydrochlorid*, F. 204—205°. *d-Tartrat* F. 115° (Zers.). — **IV**-*Methochlorid*, F. 247—250° (mit 1 C_2H_5OH). — *7-Chlor-*, F. 269 bis 270°, aus 6-Chlor-3-hydroxythianaphthen u. Phenylhydrazin. — *7-Brom-*, F. 280 bis 282°, aus m-Bromthiophenol über *m-Bromphenylthioglykolsäure*, F. 87—89°, u. 6-Brom-3-hydroxythianaphthen, F. 158—160°. — *2-Chlor-*, F. 265—268°, aus **III** u. m-Chlorphenylhydrazin. — *4-Chlor-*, F. 164—166°. — *3-Chlor-*, F. 281—283°. — *9-Chlor-*, F. 124 bis 128°. — *2.7-Dichlor-*, F. 237—239°. — *3.7-Dichlor-*, F. 260—262°. — *7.8-Dichlor-*, F. 247—249°. — *8.9-Dichlor-*, F. 188—190°. — *8-Brom-*, F. 223—225°. — *7-Fluor-*, F. 261—264°. — *8-Fluor-*, F. 239—241°. — *7-Methoxy-*, F. 275—277°. — *3.7-Dimethoxy-*, F. 253—255°. — *3-Chlor-7-methoxy-*, F. >300°. — *3-Chlor-7-äthoxy-*, F. 295—300°. — *7-Chlor-9-methyl-*, F. 168—172°. — *7-Chlor-3-methoxy-*, F. 232—234°. — Weitere Verbb. der Formel **II**, worin R u. —AN < (in dieser Reihenfolge) folgende Bedeutung haben u. sämtliche FF. sich auf die *Hydrochloride* beziehen: *H*, $CH_2CH(CH_3)N(CH_3)_2$, F. 202 bis

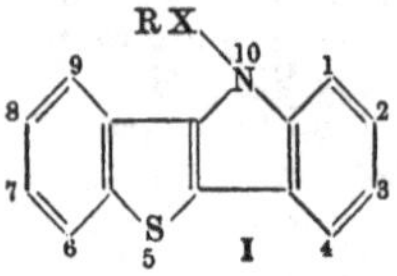

I

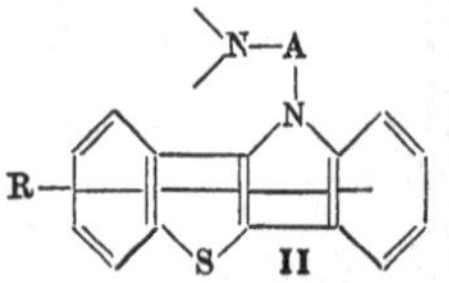

II

206°. — *H*, $CH_2CH_2CH_2N(CH_3)_2$, F. 189—191°. — *H*, $CH_2CH_2CH_2N(CH_3)$-*Cyclopentyl*, F. 200—204°. — *2-Cl*, CH_2CH_2-*Piperidino*, F. 264—266°. — *2-Cl*, $CH_2CH(CH_3)N(CH_3)_2$, F. 182—184°. — *2-Cl*, $CH_2CH_2CH_2N(CH_3)_2$, F. 261—263°. — *3-Cl*, $CH_2CH(CH_3)N(CH_3)_2$, F. 245° (Zers.). — *4-Cl*, CH_2CH_2-*Piperidino*, F. 284—286°. — *4-Cl*, $CH_2CH(CH_3)N(CH_3)_2$, F. 225—227°. — *6-Cl*, $CH_2CH_2CH_2N(CH_3)_2$, F. 172—176°. — *7-Cl*, $CH_2CH_2N(CH_3)_2$, F. >275°. — *7-Cl*, CH_2CH_2-*Pyrrolidino*, F. >300°. — *7-Cl*, CH_2CH_2-*Piperidino*, F. 273 bis 278°. — *7-Cl*, CH_2CH_2-*Morpholino*, F. 288—292°. — *7-Cl*, $CH_2CH_2CH_2N(CH_3)_2$, F. >275°. — *7-Cl*, $CH_2CH_2CH_2N(C_2H_5)_2$, F. 185—187°. — *8-Cl*, $CH_2CH(CH_3)N(CH_3)_2$, F. 255—256° (Zers.). — *9-Cl*, $CH_2CH(CH_3)N(CH_3)_2$, F. 252—255°. — *2.7-Cl*$_2$, $CH_2CH(CH_3)N(CH_3)_2$, F. 267—270°. — *3.7-Cl*$_2$, $CH_2CH_2CH_2N(CH_3)_2$, F. >275°. — *7.8-Cl*$_2$, $CH_2CH(CH_3)N(CH_3)_2$, F. 267—279°. — *8.9-Cl*$_2$, $CH_2CH(CH_3)N(CH_3)_2$, F. 272—274°. — *7-Br*, $CH_2CH(CH_3)N(CH_3)_2$, F. 257—258° (Zers.). — *8-Br*, $CH_2CH(CH_3)N(CH_3)_2$, F. 260 bis 262°. — *7-F*, $CH_2CH(CH_3)N(CH_3)_2$, F. 267—271° (Zers.). — *8-F*, $CH_2CH(CH_3)N(CH_3)_2$, F. 255—257°. — *7-*CH_3O, $CH_2CH(CH_3)N(CH_3)_2$, F. 272—274°. — *3.7-*$(CH_3O)_2$, $CH_2CH(CH_3)N(CH_3)_2$, F. 244—246°. — *7-*C_2H_5O, $CH_2CH(CH_3)N(CH_3)_2$, F. 295—297°. — *7-Cl, 9-*CH_3, $CH_2CH(CH_3)N(CH_3)_2$, F. 252—255°. — *3-Cl, 7-*CH_3O, $CH_2CH(CH_3)N(CH_3)_2$, F. 270—272° (freie *Base*, F. 137°). — *3-Cl, 7-*C_2H_5O, $CH_2CH(CH_3)N(CH_3)_2$, F. 282 bis 285°. — *3-Cl, 7-*C_2H_5O, $CH_2CH_2CH_2N(CH_3)_2$, F. 292—294°. — *Pharmazeutica*. — Vgl. Oe. P. 199 642; C. **1960.** 8957. (**F. P. 1 170 733** vom 1/12. 1956, ausg. 16/1. 1959. A. Prior. 2/12. 1955, 28/3. u. 18/9. 1956.) S. BÖTTCHER. 4807

American Cyanamid Co., V.St.A. (Erfinder: Richard William Young), **Herstellung heterocyclischer Sulfonamide,** z. B. *2-Phenyl-*, F. 210—211°, u. *2-Acetylamino-1.3.4-thiadiazol-5-sulfonamid*, F. 268—270°, *Benzthiazol-2-sulfonamid*, F. 179 bis 180°, *3-[p-Chlorphenyl]-1.2.4-triazol-5-sulfonamid*, F. 265—268°, dad. gek., daß man 2-Phenyl- bzw. 2-Acetylamino-5-benzylmercapto-1.3.4-thiadiazol, 2-Benzylmercaptobenzthiazol bzw. 3-[p-Chlorphenyl]-5-benzylmercapto-1.2.4-triazol bei 0—15° in Essigsäure, HCl oder HBr chloriert u. die rohen Sulfonylchloride mit fl. NH_3 umsetzt. — Vgl. A. P. 2 744 907; C. **1957.** 207. (**F.P. 1 188 408** vom 21/1. 1955, ausg. 22/9. 1959. A. Prior. 27/1. 1954.) S. BÖTTCHER. 4807

J. R. Geigy Akt.-Ges., Basel, Schweiz, **Herstellung von Carbostyrilderivaten.** Malonsäurediester $R_1-CH(COOX)_2$ (R_1 = KW-Stoff-Rest, der ggf. einen durch Halogen, Alkyl- oder Alkoxygruppen substituierten aromat. Ring enthält, Pyridylalkyl-, Thienylalkyl- oder Furylalkylrest; X = KW-Stoff-, bes. Alkylrest) werden mit Diphenylamin, dessen Phenylkerne Halogen, Alkyl- oder Alkoxygruppen tragen können, bis zur Freisetzung von mindestens annähernd 2 Moll. X—OH erhitzt. Die gebildeten *1-Phenyl-3-[R*$_1$*]-4-hydroxycarbostyrile* können mit Basen in Salze übergeführt werden. — 4-Hydroxycarbostyrile: *1-Phenyl-3-methyl-*, F. >250° (A.), aus Methylmalonsäurediäthylester durch 4std. Erhitzen mit Diphenylamin auf 250—270°, Aufnehmen in verd. Sodalsg. u. Bzl.; aus den wss. Phasen nach Ansäuern auf pH <3. — Analog: *1-Phenyl-3-isopropyl-*, F. 229° (Bzl.). — *1-Phenyl-3-[n-butyl]-*, F. 210° (Essigester). — *1-Phenyl-3-cyclopentyl-*, F. >250° (A.). — *1.3-Diphenyl-*, F. 218° (Bzl.). — *1-Phenyl-3-benzyl-*, F. >270° (Eisessig). — *1-[p-Methoxyphenyl]-3-phenyl-6-methoxy-*, F. 92—93° (A.). — *1.3-Bis-[p-methoxyphenyl]-6-methoxy-*, F. 179—180° (A.). — *1-Phenyl-3-[p-chlorbenzyl]-*, F. 241°. — *1-Phenyl-3-[β-(pyridyl-(4))-äthyl]-*. — *1-[p-Bromphenyl]-3-[n-butyl]-6-brom-*. — *Heilmittel*. (**Oe. P. 205 502** vom 5/8. 1958, ausg. 10/10. 1959. Schwz. Prior. 6/8. 1957.) EBERHARD RIEDEL. 4807

Farbenfabriken Bayer Akt.-Ges., Leverkusen (Erfinder: Ernst Schraufstätter, Günther Schmidt-Kastner und Wolfgang Wirth, Wuppertal-Elberfeld), **Heterocyclische Bissulfonamide** der Formel $H_2N-SO_2-Het-X-Het-SO_2-NH_2$ (Het = heterocycl. Arylrest, bes. Thiophen-, Thiazol-, Thiodiazol-, Pyridin-, Pyrimidin-, Pyridazin- oder Benzthiazolrest; X = —CO- oder ggf. verzweigte oder ungesätt. Alkylengruppe mit 1—5 C-Atomen, —O- oder —S-Brücke oder einfache Bindung) werden hergestellt durch Umsetzung eines Sulfonamids der Formel H_2N-SO_2-Het—Hal (Hal = Halogen) nach WURTZ oder mit Alkalisulfid oder einem Sulfonamid der Formel H_2N-SO_2—Het—X_1—H (X_1 = O oder S) oder dessen Alkalisalz oder durch Umsetzung eines Sulfonamids der Formel H_2N-SO_2—Het—X_2—Hal (X_2 = ggf. verzweigte oder ungesätt. Alkylengruppe mit 1—5 C-Atomen) bzw. der Formel H_2N-SO_2-Het—CO—Hal mit einem heterocycl. Sulfonamid der Formel H_2N-SO_2—Het oder nach WURTZ. — NaS wird mit etwas W. geschmolzen, mit 2-Chlorpyridinsulfonsäure-(5)-amid 4 Std. auf 100° erhitzt u. in W. gegossen: *Di-[5-amidosulfonylpyridyl-(2)]-sulfid*, F. 215° (20%ig. CH_3OH). — *Carboanhydrasehemmstoffe*. (**Oe. P. 205 974** vom 17/12. 1957, ausg. 26/10. 1959. D. Prior. 2/1. 1957.) EBERHARD RIEDEL. 4807

Farbwerke Hoechst Akt.-Ges., vormals Meister Lucius & Brüning, Deutschland, **Herstellung basisch substituierter Amide,** z. B. *1-[Diäthylaminoacetyl-*

amino]-2-nitro- (*Hydrochlorid*, F. 181—182°) u. *-2-amino-6-chlorbenzol* (*Hydrochlorid*, F. 187—188°), *1-[β-Piperidinopropionylamino]-2-nitro-*, *1-[ω-Piperidinopropionylamino]-2-nitro-*, F. 93°, *Hydrochlorid*, F. 196—197°) u. *-2-amino-6-chlorbenzol* (*Hydrochlorid*, F. 211 °(Zers.)], dad. gek., daß man 1-Amino-2-nitro-6-chlorbenzol (I) mit Chloracetylchlorid zu 1-[Chloracetylamino]-2-nitro-6-chlorbenzol, F. 164—165°, u. dieses mit Diäthylamin bzw. I mit β-Piperidinopropionsäurechlorid umsetzt u. die Nitro-Verbb. reduziert. — *Anästhetica*. — Vgl. D. B. P. 954 420; C. **1957.** 6833. (**F. P. 1 187 611** vom 15/10. 1954, ausg. 14/9. 1959. D. Prior. 17/10. 1953.) S. BÖTTCHER. 4807

Chemische Fabrik Promonta G. m. b. H. (Erfinder: Rolf Kallischnigg), Hamburg, **Herstellung von 9-Piperidylcarbazolen** der allg. Formel I, worin R = Alkylrest u. x = 0, 1 oder 2, dad. gek., daß man N-alkylierte Piperidylhalogenide oder Piperidylalkylhalogenide in Ggw. alkal. Kondens.-Mittel (Alkalimetalle, -hydride, -amide oder -oxyde, Alkyl-Mg-Halogenide) mit einem Carbazol kondensiert. — Zu 65 (g) Carbazol, 4 LiH u. Xylol läßt man unter Rühren u. Kochen 68 N-Methylpiperidyl-(4)-bromid in 2—3 Std. zutropfen, läßt 4 Std. lang kochen, abkühlen, fügt A. u. W. zu u. erhält [*N-Methylpiperidyl-(4)]-carbazol*, F. 151—152°. — Analog folgende Carbazole: [*N-Methylpiperidyl-(3)*]-, F. 79—80°. — [*N-Methylpiperidyl-(2)-methyl*]-, F. 106—107° (*Hydrochlorid*, F. 237—239°), *-(3)-methyl*]- (*Hydrochlorid*, F. 250—251°) u. *(4)-methyl*]- (*Hydrochlorid*, F. 85°). — [*N-Äthylpiperidyl-(3)-methyl*]- (*Hydrochlorid*, F. 218°; *Hydrobromid*, F. 238°) u. *-(4)-methyl-* (*Hydrochlorid*, F. 167—169°). — [*N-(n-Propyl)-piperidyl-(3)-methyl*]-, *Hydrochlorid*, F. 227—228°. — [*β-(N-Methylpiperidyl-(2))-äthyl*]-, F. 123—124°. — *9-[N-Methylpiperidyl-(2')-methyl]-3-methyl-*, F. 112—113°, *-3-methoxy-*, F. 90—92°, u. *-2-chlor-* F. 124—126°. — Ausgangsstoffe sind: [N-Methylpiperidyl-(2)]-, -(3)]- u. -(4)]-methylbromid, [N-Äthylpiperidyl-(3)]- u. -(4)]-methylbromidhydrobromid, [N-(n-Propyl)-piperidyl-(3)]-methylchlorid, β-[N-Methylpiperidyl-(2)]-äthylbromid, 3-Methyl-, 3-Methoxy- u. 2-Chlorcarbazol u. N-Methylpiperidyl-(3)-chlorid. — *Therapeutica*. — Vgl. E. P. 809 488; C. **1960.** 7608. (**Oe. P. 198 758** vom 18/1. 1957, ausg. 25/7. 1958. D. Prior. 1/2. 1956. **D. A. S. 1 083 824** Kl. 12 p vom 1/2. 1956, ausg. 23/6. 1960.) S. BÖTTCHER. 4807

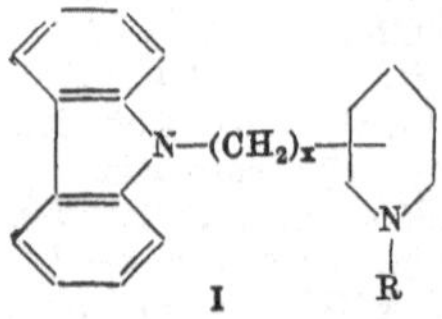

I

Deutsche Gold- und Silber-Scheideanstalt vormals Roessler, Deutschland, **Herstellung von Thiophenylpyridylaminen.** Zu D. A. S. 1 001 684; C. **1957.** 5654 u. Oe. P. 194 852; C. **1959.** 16423, sind folgende Thiophenylpyridylamine zu ergänzen: *N-Acetyl-*, F. 167°, aus *Thiophenylpyridylamin* (F. 114—115°, hergestellt aus Phenylpyridylamin u. S in Ggw. von J_2 oder $AlCl_3$ oder mit $Na_2S_2O_3$ oder SCl_2) u. Acetylchlorid. — *6-Chlor-*, F. 96°, aus 4-Chlorphenylaminopyridin. — *6-Methyl-*, F. 142°, aus 4-Methylphenylaminopyridin. — *7-Chlor-*, F. 166°. — *9-Benzyl-*, F. 81—82°. — *9-[Dimethylaminoäthyl]-*, *Hydrochlorid*, F. 195—198°. — *9-[2'-Dimethylaminopropyl]-*, *Hydrochlorid*, F. 214°. — *9-[2'-Diäthylaminoäthyl]-*, *Hydrochlorid*, F. 181 bis 184°. — *9-[3'-Dimethylamino-2'-methylpropyl]-*, *Hydrochlorid*, F. 231—232°. — *9-[2'-Morpholinoäthyl]-*, *Hydrochlorid*, F. 217—219°. — *Pharmazeutica*. — Vgl. Oe. P. 196 407; C. **1960.** 10067. (**F. P. 1 170 124** vom 14/9. 1955, ausg. 9/1. 1959. D. Prior. 2/10. 1954.) S. BÖTTCHER. 4807

May & Baker Ltd., England (Erfinder: William Robert Wragg und Kenneth Douglas Roland Washbourn), **Herstellung von Phenanthridiniumsalzen** der allg. Formel I, worin mindestens einer der Reste R_1 u. R_2 = p-Amidinophenyldiazoaminorest, der andere auch = H oder NH_2, R_3 = Alkyl-, Aryl- oder substituierter Arylrest, R_4 = Alkylrest u. Y = Anion, dad. gek., daß man p-Aminobenzamidin diazotiert u. mit einem Aminophenanthridiniumsalz kuppelt. — p-Aminobenzamidindihydrochlorid wird diazotiert u. in wss. Lsg. in Ggw. von Na-Acetat 2 Std. bei 0—5° mit 2.7-Diamino-10-methyl-9-phenylphenanthridiniumchlorid gekuppelt: *7-[p-Amidinophenyldiazoamino]-2-amino-10-methyl-9-phenylphenanthridiniumchloridhydrochlorid · 1½ H_2O*, F. 296—297° (Zers.). — Weitere Phenanthridiniumchloride: *7-[p-Amidinophenyldiazoamino]-2-amino-10-äthyl-9-phenyl-*, *Hydrochlorid · 1 H_2O*, Zers. bei 278—299°, u. *2-[p-Amidinophenyldiazoamino]-7-amino-10-äthyl-9-phenyl-*, *Hydrochlorid · 3 H_2O*, Zers. bei 236—240°, *Hydrochlorid · 6 H_2O*, F. 283—285° (Zers.), *7-Amino-9-[4-(p-amidinophenyldiazoamino)-phenyl]-10-methyl-* oder *9-[p-Aminophenyl]-7-[p-amidinophenyldiazoamino]-10-methyl-*, *Acetat*, F. 202—203° (Zers.), *2.7-Di-[p-amidinophenyldiazoamino]-10-äthyl-9-phenyl-*, *Dihydrochlorid*, F. 230—233° (Zers.), aus 2.7-Diamino-10-äthyl-9-phenyl- bzw. 7-Amino-9-[p-aminophenyl]-10-methylphenanthri-

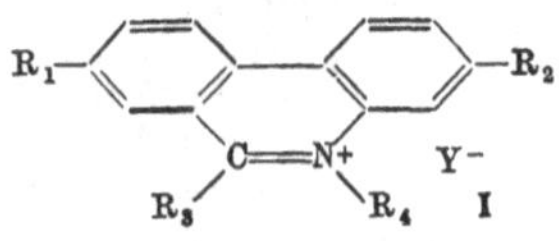

I

diniumchlorid. — *Pharmazeutica.* (**F. P. 1 187 655** vom 20/3. 1957, ausg. 15/9. 1959. E. Prior. 23/3. 1956.) S. BÖTTCHER. 4807

J. R. Geigy Akt.-Ges., Basel, Schweiz, **Substituierte 3.5-Dioxotetrahydro-1.2.6-thiadiazin-1.1-dioxyde** der nachst. Formel (R_1 = aromat. oder araliphat. KW-Stoff-Rest, ggf. Halogen-, Nitro-, Alkoxy- oder Alkylmercaptogruppen tragend; R_2 = H oder wie R_1; R_3 = nichtaromat. gebundener KW-Stoff-Rest, der ggf. Halogen, HO- oder NO_2-Gruppen trägt u. als Glieder-O-, —NH- oder =N- enthalten kann) werden hergestellt aus entsprechenden 2.6-disubstituierten 3.5-dioxotetrahydro-1.2.6-thiadiazin-1.1-dioxyden durch Kondens. mit entsprechenden Oxo-Verbb. unter gleichzeitiger oder anschließender Einw. von katalyt. aktiviertem H_2.—Als Ausgangs-Verbb. werden folgende 3.5-Dioxotetrahydro-1.2.6-thiadiazin-1.1-dioxyde genannt: *2.6-Diphenyl-* (I), F. 240—241° (Zers.), aus Malonsäuredichlorid u. Sulfanilid durch Erhitzen in Bzl. auf 70°. — *2-Phenyl-6-tolyl-*, F. 232°.— *2-Phenyl-6-benzyl-*, F. 147—148°. — Es werden hergestellt: 2.6-Diphenyl-3.5-dioxotetrahydro-1.2.6-thiadiazin-1.1-dioxyde: *4-Benzyliden-*, F. 222,5—224° (Essigester), aus I u. Benzaldehyd durch 3std. Erhitzen in Eisessig auf 110°.—*4-Benzyl-*, F. 214,5 bis 215,5° (Essigester), durch Hydrieren vorst. Verb. in A. an Pd/$CaCO_3$ unter Normalbedingungen. — Analog: *4-Butyliden-*, F. 204—205°, aus I mit Butyraldehyd. — *4-[n-Butyl]-*, F. 177—178°. — *4-Cyclohexyliden-*, F. 251—253°, aus I mit Cyclohexanon. — *4-Cyclohexyl-*, F. 247—248°. — *4-[p-Dimethylaminobenzyliden]-*, aus I u. p-Dimethylaminobenzaldehyd. — *4-[p-Dimethylaminobenzyl]-*, F. 195—196°. — *Arzneimittel.* (**Oe. P. 206 899** vom 3/4. 1958, ausg. 28/12. 1959. Schwz. Prior. 4/4. 1957.)

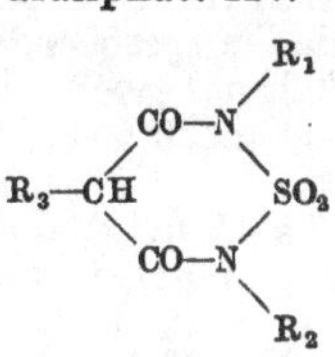

EBERHARD RIEDEL. 4807

Merck & Co., Inc., Rahway, N.J., V.St.A., **Herstellung von Steroiden.** Inhaltlich ident. mit Aust. P. 217 553; C. **1960.** 15147. Zu ergänzen ist: Δ^1-3.20-Diketo-11β.17α-dihydroxy-21-acetoxyallopregnen-3-semicarbazon + Brenztraubensäure → *Δ^1-3.20-Diketo-11β.17α-dihydroxy-21-acetoxyallopregnen,* F. 225—230°. — *Zwischen-Prod.* zur Herst. von *Steroidhormonen.* (**E. P. 829 679** vom 26/10. 1956, ausg. 2/3. 1960. A. Prior. 16/11. 1955.) U. SIEVERS. 4809

Chas. Pfizer & Co., Inc., Brooklyn, N.Y., V.St.A., **$\Delta^{1.4}$-Pregnadiene** erhält man durch Bebrütung der entsprechenden Pregnan-Verbb. mit einer Kultur eines Mikroorganismus der Art *Nocardia.* — Man setzt z. B. 11β.17α.21-Trihydroxypregnan-3.20-dion unter üblichen submersen u. aeroben Bedingungen mit *Nocardia corallina* um → *Prednisolon.* — Analog lassen sich *Prednison, $\Delta^{1.4}$-Pregnadien-21-ol-3.20-dion, 1-Dehydrodesoxycorticosteron* u. a. herstellen. — *Heilmittel* sowie Zwischenprodd. zu deren Herstellung. — Vgl. A. P. 2 890 153; C. **1960.** 9314. (**E. P. 829 260** vom 29/1. 1958, ausg. 2/3. 1960. A. Prior. 12/2. 1957.) U. SIEVERS. 4809

Chas. Pfizer & Co., Inc., Brooklyn (Erfinder: Gilbert Malcolm Shull, Huntington Station), N.Y., V.St.A., **3-Keto-$\Delta^{1.4}$-steroide und 3-Keto-Δ^4-steroide** oder deren Gemische erhält man durch Bebrütung eines entsprechenden, im Kern gesätt. 3-Ketosteroids mit einer Kultur von *Micromonospora chalcea.* — Man bebrütet z. B. 11β.17α.21-Trihydroxypregnan-3.20-dion mit *Micromonospora chalcea A.T.C.C: 10026* → *Prednisolon.* — Analog: 4-Dihydrodesoxycorticosteron → *1-Dehydrodesoxycorticosteron.* Androstan-3-on → *$\Delta^{1.4}$-Androstadien-3-on.* — Androstan-3.17-dion → *$\Delta^{1.4}$-Androstadien-3.17-dion.* — *Heilmittel.* — Vgl. A. P. 2 890 153; C. **1960.** 9314. (**D. A. S. 1 071 080** Kl. 12o vom 13/11. 1957, ausg. 17/12. 1959. **E. P. 831 256** vom 25/10. 1957, ausg. 23/3. 1960. Beide A. Prior. 12/2. 1957.) U. SIEVERS. 4809

Scherico Ltd., Luzern, Schweiz (Erfinder: Alexander L. Nussbaum, Leonia, und Eugene P. Oliveto, Glen Ridge, N.J., V.St.A.), **Δ^5- oder $\Delta^{1.5}$-3-Ketosteroide der Pregnan- und Androstanreihe** erhält man durch Rk. eines entsprechenden 3-Keto-Δ^4-steroids oder -$\Delta^{1.4}$-steroids, das in 6-Stellung durch höheres Halogen als Fluor, eine Sulfonyloxy- oder eine Acyloxygruppe substituiert ist, mit einem mehrwertigen reduzierenden Metall, dessen Normalpotential zwischen —2,50 u. —0,15 liegt, in einem im wesentlichen neutralen organ. Lsgm. u. durch evtl. anschließend durchgeführte Hydrolyse vorhandener Estergruppen. — Man setzt z. B. $\Delta^{1.4}$-6β-Brom-17α.21-dihydroxypregnadien-3.11.20-trion-21-acetat in abs. A. mit Zn-Pulver in etwas H_2O bei normaler Temp. 8 Std. um → *$\Delta^{1.5}$-17α.21-Dihydroxypregnadien-3.11.20-trion-21-acetat,* F. 214—218°; $[\alpha]_D^{25}$ 138,4°; daraus durch mikrobiolog. geführte Verseifung mit einer Kultur von *Flavobacterium dehydrogenans* → *$\Delta^{1.5}$-17α.21-Dihydroxypregnadien-3.11.20-trion.* — Analog: $\Delta^{1.4}$-9α-Fluor-6β-brom-17α.21-dihydroxypregnadien-3.11.20-trion-21-acetat in Tetrahydrofuran + Mg → *$\Delta^{1.5}$-9α-Fluor-17α.21-dihydroxypregnadien-3.11-20-trion-21-acetat.* — *$\Delta^{1.5}$-11β.17α.21-Trihydroxypregnadien-3.20-diontriacetat,* F. 115 bis 116°; *21-Monoacetat,* F. 195—205°. — *$\Delta^{1.5}$-9α-Fluor-16α-methyl-11β.17α.21-trihydroxy-*

pregnadien-3.20-dion-21-acetat, F. 191—193°. — *Heilmittel.* (**D. A. S. 1 097 440** Kl. 12o vom 25/3. 1959, ausg. 19/1. 1961. A. Prior. 1/4. u. 29/10. 1958.) U. SIEVERS. 4809

Schering Akt.-Ges. (Erfinder: Emanuel Kaspar, Rudolf Wiechert und Martin Schenck), Berlin, **1.2-Methylen-3-ketosteroide** erhält man durch Spaltung der entsprechenden, durch Umsetzung von $\Delta^{1.4.6}$-3-Ketosteroiden mit Diazomethan erhältlichen Diazomethylenketosteroide mit sauren Katalysatoren, bes. mit $HClO_4$. — Man behandelt z. B. [Δ^1-Pyrazolino]-4'.3':1.2-$\Delta^{4.6}$-pregnadien-17α.21-diol-3.20-dion-21-acetat, F. 229—230°; $[\alpha]_D^{27}$ 24°, mit 70%ig. $HClO_4$ in Dioxan → *1.2-Methylen-$\Delta^{4.6}$-pregnadien-17α.21-diol-3.20-dion-21-acetat*, F. 204—206°. — Analog: *1.2-Methylen-$\Delta^{4.6}$-androstadien-17β-ol-3-on-17-acetat*, F. 178—180°. — *1.2-Methylen-$\Delta^{4.6}$-pregnadien-17α-ol-3.20-dion-17-acetat*, F. 279,5—280,5°. — *Zwischenprodd.* zur Herst. von *Heilmitteln.* (**D. A. S. 1 096 353** Kl. 12o vom 11/7. 1959, ausg. 5/1. 1961. **Zusatz zu D. A. S. 1 072 991; C. 1960. 17211.**) U. SIEVERS. 4809

Schering Akt.-Ges. (Erfinder: Emanuel Kaspar, Rudolf Wiechert und Martin Schenck), Berlin, **Halogenierte Methylsteroide** erhält man durch Rk. α.β-ungesätt. 20-Ketosteroide mit den Haloformen Bromoform u. Chlf. u. partielle Red. des erhaltenen Trihalogenmethylsteroids. Man hydriert z. B. 16α-Tribrommethylpregnenolon in Methanol mit H_2 in Ggw. von PtO u. K-Acetat, bis zur Aufnahme von 2 Äquivalenten H_2 → *16α-Brommethylpregnenolon*, F. 177—178°; daraus durch OPPENAUER-Oxydation → *16α-Brommethylprogesteron*, F. 140—142°. — Analog: *16α*-Trichlormethyl-3-[tetrahydropyranyl-(2)-oxy]-Δ^5-pregnen-20-on (**Ia**), F. 191° (Zers.), + methanol. HCl → *16α-Trichlormethyl-Δ^5-pregnen-3β-ol-20-on* (I), F. 213—214°, welches sich durch Red. mit RANEY-Ni in A. u. in Ggw. von K-Acetat überführen läßt → *16α-Chlormethyl-Δ^5-pregnen-3β-ol-20-on*, F. 182—183°. — Hydriert man I in Ggw. von PtO u. K-Acetat bis zur Aufnahme von 1 Äquivalent H_2, so erhält man *16α-Dichlormethyl-Δ^5-pregnen-3β-ol-20-on*, F. 201—205°; daraus durch OPPENAUER-Oxydation → *16α-Dichlormethyl-Δ^4-pregnen-3.20-dion*, F. 168°. — **Ia** + 1 Äquivalent H_2 → *16α-Dichlormethyl-3-[tetrahydropyranyl-(2)-oxy]-Δ^5-pregnen-17-on*, F. 163—164°. — *16α-Dibrommethylpregnenolon*, F. 202—204°. — *Zwischenprodd.* für die Herst. von *Heilmitteln.* (**D. A. S. 1 101 416** Kl. 12o vom 5/3. 1959, ausg. 9/3. 1961. **Zusatz zu D. A. S. 1 043 333; C. 1959. 12328.**) U. SIEVERS. 4809

Bristol Laboratories, Inc., Syracuse, übert. von: David A. Johnson, Fayetteville, N. Y., und John C. Sheehan, Arlington, Mass., V.St.A., **Benzylpenicillinthiosäure** (I) u. deren Salze werden erhalten durch Rk. von Mischanhydriden von Benzylpenicillin u. Monoalkylestern der Kohlensäure mit H_2S in Ggw. eines geeigneten Lsgm. [chlorierte KW-Stoffe, z. B. Methylenchlorid (II), Chlf. u. Chlorbenzol, aliphat. Ketone, Fettsäurealkylester oder -amide] bei Raumtemp. oder bes. bei Temp. um 0° u. ggf. Überführung der so erhaltenen I in die Salze nach an sich bekannten Verfahren. — 8,7 (g) Triäthylammoniumbenzylpenicillin wird in 100 ml II mit 1,9 ml Chlorkohlensäureäthylester bei Raumtemp. umgesetzt (1 Std.) u. anschließend die Lsg. mit H_2S gesättigt. Nach 18std. Stehen bei Raumtemp. wird die Lsg. mit 100 ml einer Phosphatpuffer-Lsg. (pH 7,4) u. dann mit gesätt. $NaHCO_3$-Lsg. gewaschen. Beim Ansäuern der $NaHCO_3$-Lsg. mit konz. Phosphorsäure fällt das Rk.-Prod. aus, das abgetrennt wird → I, F. 75—90° (Zers.), *1.1-Diphenyl-3-piperidinopropansalz.* — *Bacteriostatica.* (**A. P. 2 751 378** vom 11/3. 1953, ausg. 19/6. 1956.) H. BRÄUCKER. 4811

American Cyanamid Co., V.St.A. (Erfinder: Joseph Francis Weidenheimer, Jerry Robert Daniel McCormick und Alberta Schuman Mendelsohn), **Herstellung von kristallinem Chlortetracyclinsulfat,** dad. gek., daß man Chlortetracyclin in A., Isopropanol oder Propanol suspendiert u. mit der stöchiometr. Menge H_2SO_4 erhitzt. Beim Abkühlen krist. das Sulfat. (**F. P. 1 188 427** vom 7/10. 1955, ausg. 22/9. 1959. A. Prior. 8/10. 1954.) S. BÖTTCHER. 4811

American Cyanamid Co., New York, N.Y., V.St.A., **Herstellung einer stabilen, oral applizierbaren Poliomyelitis-Vaccine,** dad. gek., daß man bei —5° bis 20°, bes. bei 3—5°, in eine wss. Suspension eines nicht pathogenen Virus (Titer 10^1—10^9, bes. 10^3 bis 10^8) wasserfreie Gelatinekörnchen von 10—140, bes. 60—100 Maschen portionsweise einträgt. Man erhält ein freifließendes Granulat, dem auch Konservierungsmittel, wie Glycerin, Sorbit, Mannit, Dulcit, Nystatin, Methyl- oder Propylester der p-Hydroxybenzoesäure oder β-Naphthol, ferner Trägerstoffe, wie Stärke u. antibakterielle Stoffe, wie Penicillin, Streptomycin, zugegeben werden können. Man füllt in Gelatinekapseln. — Vgl. D. A. S. 1 081 605; C. **1960.** 15497. (**E. P. 841 009** vom 21/4. 1958, ausg. 13/7. 1960. A. Prior. 29/5. 1957.) K. KOEBKE. 4813

Riker Laboratories, Inc., Los Angeles, Calif., V.St.A., **Inhaliermittel für die Aerosol-Therapie,** enthaltend als Zerstäubungshilfsmittel Dichlordifluormethan („Freon 12"), Dichlortetrafluoräthan („Freon 114"), Trichlormonofluormethan

(„Freon 11“) oder Monochlordifluormethan („Freon 22“) bzw. Gemische dieser u. als Arzneistoff Isoproterenol, Epinephrin, Ephedrin, Narcotin, Nicotin, Atropin, Ergotamin, Scopolamin, Colchicin, Cortison, Amyl-, Octyl- oder n-Nonylnitrit u. als Verdünnungsmittel 95%ig. Äthanol. — Vgl. Aust. P. 215 565; C. **1960**. 9309. (**Belg. PP. 555 319** u. **555 321** vom 26/2. 1957, ausg. 12/2. 1960. A. Prior. 21/3. u. 4/10. 1956.)
W. HEYER. 4815

Imperial Chemical Industries Ltd., London, England, **Arzneimittel zur Behandlung von Wurm-Bronchitis** der Rinder, Schafe, Ziegen, Schweine u. des Geflügels, enthaltend *Cyanacethydrazid* in wss. oder öliger Lsg., als Puder oder Granulat oder in Kapseln. Man kann als Stabilisatoren SO_2, Sulfite, Metabisulfite oder Hydrosulfite zusetzen, außerdem noch andere Wirkstoffe. — Vgl. E. PP. 817 143, 817 380 u. 818 467; C. **1960**. 16190. (**Belg. PP. 563 013** vom 16/12. 1957, ausg. 3/6. 1960. E. Prior. 7/12. 1956 u. 15/11. 1957, **563 014** vom 6/12. 1957, ausg. 3/6. 1960. E. Prior. 7/12. 1956 u. 20/11. 1957, **563 015** u. **563 016** vom 6/12. 1957, ausg. 3/6. 1960. E. Prior. 7/12. 1956 u. 15/11. 1957.)
K. KOEBKE. 4815

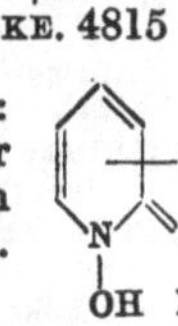
I

Olin Mathieson Chemical Corp., New York, N.Y., V.St.A. (Erfinder: Almon Guion Hovey), **Desinfektionsmittel** mit fungicider u. bakterizider Wrkg., enthaltend ein Pyridinthion der Formel (I), in der R für H, Halogen oder eine C_{1-5}-Alkyl- oder eine C_{1-5}-Alkoxygruppe steht, u. ein wasserlösl. Borat. (**E. P. 839 495** vom 10/9. 1957, ausg. 29/6. 1960.) K. KOEBKE. 4833

J. R. Geigy Akt.-Ges., Basel, Schweiz, **Keimtötendes Mittel,** gek. durch einen Geh. an einer Kombination an sich bekannter keimtötender Stoffe, welche aus mindestens einer Verb. der allg. Formel **I**, worin R_1 eine Alkylgruppe mit 10—14 C-Atomen oder einen eine lipophile Gruppe enthaltenden araliphat. Rest, R_2 H oder eine aliphat. Gruppe mit 1—4 C-Atomen, A einen durch $\alpha.\beta$- oder $\alpha.\gamma$-C-Atome verbundenen cycloaliphat. Rest bedeutet, u. aus mindestens einer Verb. der allg. Formel **II** besteht, worin Hal ein Halogen u. n = 0, 1, 2, 3 oder 4 bedeutet, wobei das Gewichtsverhältnis von Wirkstoff der Formel **I** zu Wirkstoff der Formel **II** 1:1 bis 4:1 beträgt. (**D. A. S. 1 106 927** Kl. 30i vom 7/9. 1959, ausg. 18/5. 1961. Schwz. Prior. 8/9. 1958 u. 18/8. 1959.)

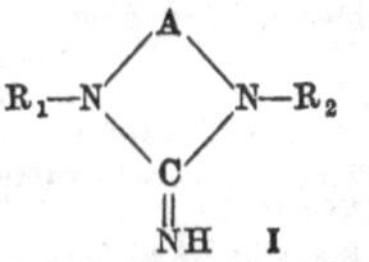
I

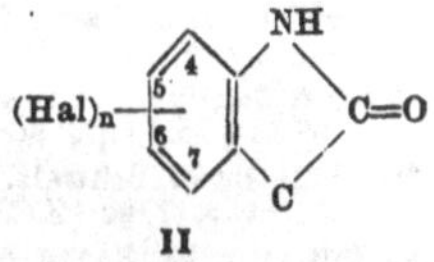
II

K. KOEBKE. 4833

Rohm & Haas Co., Philadelphia, Pa., V.St.A., **Herstellung von Ureidoalkylvinyläthern** der Formel $(CH_2 = CHOANRCONR^1)_2B$ (A = Cyclohexylenrest oder Alkylenrest mit 2—18 C-Atomen, eine Kette von mindestens 2 C-Atomen befindet sich zwischen dem benachbarten O- u. N-Atom; R = H oder KW-Stoffrest mit 1—18 C-Atomen, ggf. substituiert durch OH, Halogen, NO_2, CN oder tert. Aminogruppe; R^1 = H oder aliphat. oder cycloaliphat. KW-Stoffrest mit 1—24 C-Atomen, ggf. substituiert durch OH, Halogen, NO_2, CN oder tert. Aminogruppe; B = aliphat. oder alicycl. KW-Stoffrest mit 2—18 C-Atomen, oder Bzl.-, Naphthalin-, Diphenyl-, Diphenylalkan- oder Triphenylalkanrest). Man läßt ein Bis-carbamylchlorid der Formel $B(NR^1COCl)_2$ bei —10 bis 50° mit einem Amin der Formel $CH_2 = CHOANHR$ reagieren. — Ein Gemisch von 2-N-Methylaminoäthylvinyläther, Toluol, K_2CO_3 u. W. wird bei 30—40° mit einer Lsg. des Bis-carbamylchlorids von Piperazin in Toluol versetzt u. 2 Std. auf 40° erwärmt. Es entsteht eine weiße, krist. Substanz, lösl. in A. u. Dimethylformamid. — Verw. als *Bacteriostatica, Insekticide, Therapeutica.* — Vgl. Aust. P. 212 732; C. **1960**. 10407. (**Holl. P. 92 794** vom 26/9. 1955, ausg. 16/11. 1959. A. Prior. 27/9. 1954.) F. BÖHM. 4833

F. Hoffmann-La Roche & Co. Akt.-Ges., Basel, Schweiz, **Herstellung eines N-Glykosides von 5-Fluoruracil.** 2-Desoxyribose wird von einem 2-Desoxyribosid, bes. Thymidin (**I**), mittels Streptococcus faecalis (ATCC 8043, **A**) enzymat. auf 5-Fluoruracil übertragen u. das gewonnene *2'-Desoxy-5-fluoruridin* ggf. mit einer Base in ein Salz übergeführt. — 5-Fluoruracile: *2-Thio-*, *S-Methyläther*, F. 241—243° (W. oder Essigester), aus Hydroxymethylenfluoressigsäureäthylester-K-Salz u. Ameisensäureäthylester durch Umsetzung mit K-Alkoholat, Versetzen mit S-Methylisothioharnstoff u. Na-Methylat u. Kochen in CH_3OH. — *Unsubstituiert* (**II**), F. 282—283° (Zers.), sublimiert bei 180—200°/0,1 mm, aus vorst. Verb. durch 4std. Kochen in 37%ig. wss. HCl unter N_2. — *2'-Desoxy-5-fluoruridin*: Aus **A** auf einem AOAC-Folsäure-Nährboden mit **I** durch 20std. Brüten bei 37° gezüchtete Zellen werden in einem K-Phosphat-Puffer mit **I** u. 150 mg **II** 18 Std. bei 37° bebrütet; nach Zusatz von Aceton u. Ae., Filtrieren u. Einengen wird mit A./W./n-Butyläther (80:13:7) chromatographiert; Ausbeute ca. 85,5 mg. — *Antisepticum* u. *Antimetabolit.* (**Oe. P. 205 674** vom 11/3. 1958, ausg. 10/10. 1959. A. Prior. 21/3. 1957.) EBERHARD RIEDEL. 4833

J. R. Geigy Akt.-Ges., Basel, Schweiz, *Eugenol- und Isoeugenolglykolsäureamide.* (**Ind. P. 57 531** vom 6/6. 1956, ausg. 2/9. 1958. — C. **1960.** 3633 [E. P. 792 490].)

J. R. Geigy Akt.-Ges., Basel, Schweiz, *N-Aryl-N'-aminoalkylharnstoffe.* (**Ind. P. 49 698** vom 8/6. 1953, ausg. 23/8. 1954. — C. **1956.** 3655 [D. B. P. 935 127].)

Cilag Ltd., Schaffhausen, Schweiz, *Kondensationsprodukte des Sulfaguanidins.* (**Ind. P. 56 363** vom 24/1. 1956, ausg. 17/3. 1958. E. Prior. 21/2. 1955. — C. **1957.** 205 [D. B. P. 949 885].)

A/B Kabie, Stockholm, Schweden, *Neue Biguanidine.* (**Norw. P. 90 186** vom 14/9. 1954, ausg. 21/10. 1957. Schwed. Prior. 15/9. 1953. — C. **1958.** 6335 [Oe. P. 190 940].)

Ciba Ltd., Basel, Schweiz, *Herstellung von 10-substituierten Thianaphtheno-[3.2:b]-indolen.* (**Ind. P. 56 494** vom 7/2. 1956, ausg. 15/5. 1958. — C. **1960.** 8957 [Oe. P. 199 642].)

Parke, Davis & Co. (Erfinder: **Ralph Edward Bowman, John Frederick Cavalla** und **John Davoll**), Detroit, Mich., V.St.A., *3-Pyrrolidinylbenzilate.* (**E. P. 821 436** vom 22/2. 1956, ausg. 7/10. 1959. — C. **1960.** 12774 [F. P. 1 172 666].)

J. R. Geigy Akt.-Ges., Basel, Schweiz, *Neue Pyrazolone.* (**Dän. P. 84 146** vom 20/8. 1954, ausg. 30/12. 1957. Schwz. Prior. 21/8. 1953. — C. **1957.** 11382 [A. P. 2 731 473].)

F. Hoffmann-La Roche & Co. Akt.-Ges., Basel, Schweiz, *Herstellung von 4-Äthinyltetrahydrothiapyranol-(4).* (**Ind. P. 49 540** vom 12/5. 1953, ausg. 21/8. 1954. — C. **1956.** 3379 [Belg. P. 520 610].)

F. Hoffmann-La Roche & Co. Akt.-Ges., Basel, Schweiz, *Herstellung von Cumarinderivaten.* (**Ind. P. 49 537** vom 11/5. 1953, ausg. 21/8. 1954. — C. **1955.** 11635 [D. B. P. 925 472].)

May & Baker Ltd., Dagenham, England, *Neue Pyridinderivate.* (**Ind. P. 49 689** vom 5/6. 1953, ausg. 21/1. 1955. E. Prior. 6/6. 1952. — C. **1957.** 12254 [F. P. 1 082 868].)

F. Hoffmann-La Roche & Co. Akt.-Ges., Basel, Schweiz, *Derivate der 2-Methylpyridin-4-carbonsäure.* (**Ind. P. 49 782** vom 23/6. 1953, ausg. 10/12. 1954. — C. **1950/54.** 3421 S [F. P. 1 080 206].)

Deutsche Gold- und Silber-Scheideanstalt vormals Roessler, Frankfurt/M., *Tertiäre Thiophenylpyridylamine.* (**Belg. P. 556 920** vom 23/4. 1957, ausg. 26/2. 1960. D. Prior. 12/5. 1956. — C. **1960.** 7259 [Oe. P. 199 184].)

Sandoz Soc. An., Basel, Schweiz, *Piperidinderivate.* (**Belg. P. 554 943** vom 12/2. 1957, ausg. 12/2. 1960. Schwz. Prior. 13/2. 1956. — C. **1960.** 16852 [Oe. P. 196 385].)

Merck & Co., Inc., Rahway, N.J., V.St.A., *Herstellung von substituierten Isonipecotatverbindungen.* (**Ind. P. 57 517** vom 5/6. 1956, ausg. 30/9. 1958. — C. **1960.** 15834 [Aust. P. 215 794].)

Ciba Ltd., Basel, Schweiz, *Chinolincarbonsäureamide.* (**Ind. P. 49 795** vom 24/6. 1953, ausg. 15/12. 1954. — C. **1959.** 7892 [E. P. 762 761].)

F. Hoffmann-La Roche & Cie. Soc. An., Basel, Schweiz, *4-[p-Aminobenzolsulfonamido]-2.6-dimethoxypyrimidin.* (**Belg. P. 565 823** vom 18/3. 1958, ausg. 29/7. 1960. Oe. Prior. 26/3. 1957. — C. **1960.** 14115 [Oe. P. 201 595].)

Ciba Ltd., Basel, Schweiz, *Herstellung von Estern von 1.4-Dihydro-4-oxo-1-phenyl-6-alkylpyridazon-3-carbonsäuren.* (**Ind. P. 49 633** vom 25/5. 1953, ausg. 18/8. 1955. — C. **1957.** 497 [F. P. 1 108 128].)

F. Hoffmann-La Roche & Co. Akt.-Ges., Basel, Schweiz, *Derivate des 5.6-Dihydro-benzo-(c)-cinnolins.* (**Belg. P. 543 003** vom 22/11. 1955, ausg. 11/9. 1959. Schwz. Prior. 23/11. 1954. — C. **1960.** 3316 [Oe. P. 194 395].)

Laboratoires Dausse Soc. An., Paris, Frankreich, *Morpholinylphenylcarbamate.* (**Ind. P. 56 462** vom 2/2. 1956, ausg. 27/5. 1958. — C. **1959.** 9329 [A. P. 2 824 872].)

Soc. des Usines Chimiques Rhône-Poulenc, Paris, Frankreich, *Phenthiazinverbindungen.* (**Ind. P. 49 719** vom 12/6. 1953, ausg. 28/12. 1954. — C. **1956.** 13206 [E. P. 731 016].)

Laboratoires Dausse Soc. An., Paris, Frankreich, *Morphinäther.* (**Norw. P. 90 139** vom 13/5. 1953, ausg. 14/10. 1957. — C. **1956.** 5365 [E. P. 717 900].)

Laboratoires Dausse Soc. An., Paris, Frankreich, *Morphinäther.* (**Ind. P. 49 797** vom 25/6. 1953, ausg. 12/1. 1955. E. Prior. 12/1. 1953. — C. **1956.** 5365 [E. P. 717 900].)

Takeda Pharmaceutical Industries Ltd., Osaka, Japan, *Vitamin-B_1-Derivate.* (**Ind. P. 49 730** vom 15/6. 1953, ausg. 27/8. 1954. — C. **1956.** 1972 [D. B. P. 929 551].)

UCLAF, Paris, Frankreich, *Mikrobiologische Gewinnung von Vitamin B_{12}.* (**Belg. P. 564 813** vom 14/2. 1958, ausg. 15/7. 1960. F. Prior. 15/2. 1957. — C. **1959.** 15450 [D. A. S. 1 058 212].)

N. V. Philips' Gloeilampenfabrieken, Eindhoven, Holland, *Trans-Vitamin D.* (**Ind. P. 56 233** vom 4/1. 1956, ausg. 28/1. 1958. — C. **1959.** 7569 [D. A. S. 1 026 748].)

Upjohn Co., Kalamazoo, Mich. V.St.A., *Herstellung von Steroiden.* (**Dän. P. 84 107** vom 14/8. 1953, ausg. 23/12. 1957. A. Prior. 30/8. 1952. — C. **1958.** 1377 [F. P. 1 092 979].)

Chas. Pfizer & Co., Inc., Brooklyn, N.Y., V.St.A., *Nervenentspannende Steroide.* (**Ind. P. 56 990** vom 4/4. 1956, ausg. 23/5. 1958. — C. **1959.** 16735 [Aust. P. 211 006].)

Chas. Pfizer & Co., Inc., Brooklyn, N.Y., V.St.A., *1-Dehydrosteroide.* (**Ind. P. 56 368** vom 24/1. 1956, ausg. 19/2. 1958. — C. **1959.** 14508 [D. A. S. 1 045 400].)

Glaxo Laboratories Ltd., Greenford, England, *20-Monoenolester von Steroid-11.20-diketonen.* (**Ind. P. 49 734** vom 15/6. 1953, ausg. 20/10. 1954. E. Prior. 20/10. 1952. — C. **1957.** 9728 [E. PP. 739 591 u. 739 592].)

Glaxo Laboratories Ltd., Greenford, England, *20-Monoenolester von Steroid-11.20-diketonen.* (**Ind. P. 49 744** vom 16/6. 1953, ausg. 14/10. 1954. E. Prior 4/9. 1952. — C. **1957.** 9728 [E. PP. 739 591 u. 739 592].)

Francesco Vismara S. p. A., Brianza, **Alberto Ercoli** und **Romeo Justoni**, Mailand, Italien, *Herstellung von Steroidketocyanhydrinen und Reinigung von Steroidketonen über deren Cyanhydrine.* (**Ind. P. 49 777** vom 22/6. 1953, ausg. 21/7. 1955. E. Prior. 29/7. 1952. — C. **1955.** 9626 [E. P. 712 873].)

Ciba Akt.-Ges., Basel, Schweiz, *7.8.9.11-Steroiddiene.* (**Schwed. P. 152 553** vom 30/4. 1953, ausg. 6/12. 1955. Schwz. Prior. 12/5. 1952. — C. **1950/54.** 4866 S [F. P. 1 078 704].)

Organon Laboratories Ltd., London, England, *11-Oxygenierte Pregnene.* (**Ind. P. 49 534** vom 11/5. 1953, ausg. 12/8. 1954. — C. **1959.** 2560 [D. B. P. 962 334].)

Merck & Co., Inc., Rahway, N.J., V.St.A., *2.6-disubstituierte Naphthalinverbindungen.* (**Dän. P. 84 104** vom 27/1. 1953, ausg. 16/12. 1957. A. Prior. 28/1. 1952. — C. **1957.** 1752 [E. P. 730 906].)

C. F. Boehringer & Soehne G. m. b. H., Mannheim, *1-Nitrophenyl-2-acylaminopropandiol-(1.3).* (**Ind. P. 54 896** vom 6/7. 1955, ausg. 4/6. 1957. — C. **1959.** 1223 [F. P. 1 127 384].)

Biochemie G. m. b. H., Innsbruck, Österreich, *Gewinnung von Penicillin.* (**Ind. P. 49 697** vom 8/6. 1953, ausg. 4/10. 1955. E. Prior. 22/4. 1953. — C. **1954.** 9584 [Oe. P. 178 692].)

American Cyanamid Co., New York, N.Y., V.St.A., *Behandlung des Nährmediums zur biologischen Tetracyclingewinnung.* (**Ind. P. 56 336** vom 18/1. 1956, ausg. 2/7. 1958.— C. **1960.** 16188 [A. P. 2 866 738].)

Chas. Pfizer & Co., Inc., Brooklyn, N.Y., V.St.A., *Herstellung des Antibioticums Novobiocin.* (**Ind. P. 56 409** vom 30/1. 1956, ausg. 9/6. 1958. — C. **1958.** 13311 [D. A. S. 1 018 192].)

Soc. des Usines Chimiques Rhône-Poulenc, Paris, Frankreich, *Hydrierung von Spiramycinen.* (**Ind. P. 56 938** vom 29/3. 1956, ausg. 10/7. 1958. — C. **1960.** 14795 [E. P. 785 191].)

Eli Lilly & Co., Indianapolis, Ind., V.St.A., *Herstellung des Antibioticums Vancomycin.* (**Ind. P. 56 367** vom 24/1. 1956, ausg. 28/2. 1958. — C. **1959.** 571 [D. A. S. 1 017 328].)

Friedrich Etmer und Jürgen Bolck, Arzneimittelgesetz. Gesetz über den Verkehr mit Arzneimitteln. Kommentar mit sämtlichen amtlichen Unterlagen. München: Verl. R.S. Schulz. 1961. (XXIX + 166 S.+ VII) DM 22,70.

Alfred Mosig, Kurze Systematik der Arzneipflanzen mit Angaben ihrer Drogen und Inhaltsstoffe. 5. erw. Aufl. Dresden, Leipzig: Theodor Steinkopff. 1961. (172 S.) 8°. DM 19,90.

Hans Rothgang, Rothgangs Spezialitäten-Praktikum. München: Lehrmann. 1961. (XXIV + 1216 S.) 8°. DM 24,—.

Charles O. Wilson & Tony Everett Jones, American drug index. 1961. Philadelphia: Lippincott; London: Pitman Medical. 1961. (VII + 781 S. m. Tab.) 55 s.

—, Apotheker-Jahrbuch. 1961. Zugleich Jahrgang 46 des Handbuchs des Deutschen Apotheker-Vereins. Stuttgart: Wissenschaftliche Verl.-Ges. 1961. (XXIV + 620 S.) 8°. DM 32,80.

—, New and nonofficial drugs: an annual compilation of available information on drugs, including their therapeutic, prophylatic and diagnostic status, as evaluated by the Council on Drugs of the American Medical Association. Philadelphia: Lippincott; London: Pitman Medical. 1961. (XXIX + 849 S. m. Tab. u. Diagr.) 30 s.

—, Pharmacopoea Nordica, Kommentarer till vol. 4. København: Apotekarsocietetens Förlag. 1961. (48 S.) dkr 6,—.

—, XVIIIe Congrès International des Sciences Pharmaceutiques Bruxelles 1958. Conférences et Communications. Recueil des travaux publiés dans le journal de pharmacie de Belgique. Bruxelles: La Nationale Pharmaceutique. 1960. (478 S. m. Abb. u. Tab.) bfr 250,—.

—, Fédération internationale pharmaceutique, section scientifique. 19e Congrès des sciences pharmaceutiques, Zurich 1959. Conférences et communications. Zürich: Schweizer. Apotheker-Verein. 1960. (XII + 667 S. m. Abb.) sfr 45,—.

—, Convegno internazionale sulle legislazioni farmaceutiche d'Europa. Roma, 1959. Legislazioni farmaceutiche d'Europa. Documentazione a cura della Società italiana di scienze farmaceutiche. Convegno internazionale del 4/5/6 maggio 1959. Roma: Istituto superiore di sanità. Milano: Scuole arti grafiche Artigianelli. 1959. (266 S. m. Abb.) L. 2000.—.

G. Analyse. Laboratorium

Verwendung der Spritzflasche als Zerstäuber. D. J. Chapman. (Chemist-Analyst. **47.** 50. Juni 1958. Starcross, Devon, Ministry of Agric.) (Engl.)

Eine Polyäthylenspritzflasche kann als Zerstäuber (z. B. für die Chromatographie) verwendet werden, wenn man das Steigrohr (5 mm ∅) über der Oberfläche der Fl. abschneidet u. ein zweites Rohr (2 mm ∅) hineinschiebt, das bis dicht an die Spritzdüse u. in die Fl. reicht (Abb.). Beim Zusammendrücken der Flasche wird die Fl. zerstäubt.

Ch. Schlage. 5010 □

Ein piezoelektrisches Oscillatormanometer. D. J. Pacey. (Vacuum [London] **9.** Nr. 5/6. 261—63. Nov. 1959, herausgeg. Jan. 1960. London, Brunel Coll. of Technol.) (Engl.)

Vf. beschreibt eine einfache App. mit linearer Skala zur Messung von Gas- u. Dampfdrücken im Bereich zwischen 760 u. 10^{-1} Torr, deren Prinzip auf dem Dämpfungseffekt beruht, den Gase oder Dämpfe auf einen schwingenden Quarzkristall ausüben; es ändert sich die Schwingungsamplitude des Kristalls. Bei entsprechender Regulierung der Eingangsspannung kann der meßbare Druckbereich auf 10^{-2} Torr ausgedehnt werden. Temp.-Schwankungen, Erschütterungen u. äußere Magnetfelder beeinflussen die App. nicht. Der Dämpfungseffekt wird theoret. untersucht u. eine Übereinstimmung der Berechnungen mit den Messungen festgestellt. Die Eichkurven für *Ar*, *Luft* u. H_2 werden mitgeteilt.

H. Fries. 5016 □

Ein Druckregler zum Arbeiten im Trockenkasten. Thomas. R. Hodge, Leo H. Spinar und John L. Margrave. (Chemist-Analyst **47.** 48—49. Juni 1958. Madison, Wis., Univ. of Wisconsin, Dep. of Chem.)

Vff. beschreiben ein Ventil, das bei hohem Druck in der Zuführungsleitung einen geringen Überdruck in einem abgeschlossenen Kasten (zum Arbeiten mit empfindlichen Substanzen) selbst einreguliert. Vff. erreichten einen Wasserdampfpartialdruck von $6{,}6 \cdot 10^{-5}$ at, ohne durch zu hohen Druck im Kasten behindert zu werden.

CH. SCHLAGE. 5022□

Eine Metallapparatur für Versuche im Ultrahochvakuum (UHV). Horst Ehlers und Justus Moll. (Z. angew. Physik **12.** 324—28. Juni 1960. Köln-Bayental, Leybold-Hochvakuum-Anlagen G. m. b. H.) (Dt.)

Vff. beschreiben den Aufbau u. die Wirkungsweise einer Metall-App. zur Erzeugung von UHV, deren Bauprinzip zahlreichen Vers.-Aufgaben leicht angepaßt werden kann. Das Pump-Syst. besteht aus einer 2stufigen Gasballastpumpe u. 2 Öldiffusionspumpen. Beide Diffusionspumpen sind mit Schnellkühlung ausgerüstet. Die Zeit vom Schließen bei Atmosphärendruck bis zum Erreichen eines Druckes von ca. 10^{-9} Torr beträgt etwa 4 Stunden. Die App. wird bei 450° ausgeheizt. Sie wurde zur Herst. sauberer Aufdampfschichten im UHV eingesetzt.

H. FRIES. 5026□

Untersuchungen über dynamische osmotische Messungen. Hans-Georg Elias. (Chemie-Ing.-Techn. **33.** 359—64. Mai 1961. Zürich, ETH, Techn.-Chem. Labor.; München, TH, Inst. für Chem. Technol.) (Dt.)

Die Brauchbarkeit dynam. Verff. zur Best. des osmot. Druckes von Makro-Moll. wurde an Polyäthylenglykolen verschiedenen Molgew. mit Cellophan- u. Glasmembranen untersucht. Es wurde gefunden, daß eine schnelle Abs.-Best. aus der Lsgm.-Durchlässigkeit u. der Einstell-Geschw. der Lsg. möglich ist, sofern Sekundäreffekte (Nachlauf, Temp.-Inkonstanz, Balloneffekte, Gelinstabilität) ausgeschaltet werden. Die Messungen an prakt. semipermeablen Membranen lieferten bei den dynam. Messungen sowohl mit als auch ohne überlagerten Fremddruck den theoret. osmot. Druck, bei solchen an permeablen Membranen wird der noch durch den STAVERMANN-Effekt beeinflußte osmot. Druck erhalten. Die vorgeschlagenen Verff. eignen sich bes. für Messungen an instabilen Substanzen, dicken Membranen sowie hochviscosen Lösungsmitteln.

W. HEIN. 5048□

Neue Methoden der anorganischen Ultramikroanalyse unter dem Mikroskop. I. P. Alimarin und M. N. Petrikova. (Talanta [London] **8.** 333—41. Mai 1961. Moscow, Acad. of Sci., V. I. Vernadsky Inst. of Geochem. and Analyt. Chem.) (Engl.)

Es wird eine Zusammenstellung von Meth. der Ultramikroanalyse, die unter dem Mikroskop ausgeführt werden können, gegeben. Vff. entwickelten teilweise neue Verff. u. Geräte zur qual. u. quant. Ultramikroanalyse. Mikrokristallograph., chromatograph. u. elektrolyt. Trennungs-Meth. (Elektrolyse mit Pt- u. Hg-Elektroden) werden zur qual. Analyse beschrieben. Quant. Best.-Meth. im Ultramikromaßstab unter dem Mikroskop erfordern die Verw. von speziellen Apparaturen. Die potentiometr. u. amperometr. Titration sowie colorimetr. Verff. sind anwendbar. Die Ergebnisse einiger quant. Best. u. die Erfassungsgrenzen der qual. Meth. für einige Metallionen (Cr, Fe, V, Cl durch potentiometr., V durch amperometr. Titration, Mg u. S auf colorimetr. Wege sowie K durch Vol.-Messung des Nd.) werden angegeben.

K. OHLS. 5050□

Untersuchung der Linearität eines Gasstromteilers für die Capillargaschromatographie. L. S. Ettre und Warren Averill. (Analytic. Chem. **33.** 680—84. Mai. 1961. Norwalk, Conn., Perkin-Elmer Corp.) (Engl.)

Bei der Verw. von Trenncapillaren in Gaschromatographen muß zur Überwindung der schwierigen u. krit. Dosierungsprobleme das Teilstrom-Verf. verwendet werden, bei dem nur eine kleine Menge der ursprünglich dosierten Substanz in die Capillarsäule eintritt. Vff. definieren zunächst den oft ungenau gefaßten Begriff der „Linearität“: Die relative Größe der Banden muß entweder den berechneten Werten oder den ohne Teiler erhaltenen relativen Flächen gleich sein; bei der Analyse von verschieden konz. Mischungen müssen die Werte der Bandenflächen proportional den Konzz. sein; die relative Größe der Banden muß bei Änderung der Vers.-Bedingungen (Temp., Teilungsverhältnis, Gasmengenstrom usw.) konst. bleiben. Für die Unterss. wurde ein handelsüblicher Gaschromatograph mit einer Wärmeleitfähigkeitszelle verwendet, bei dem hinter die normale Trennsäule in einem Block vereinigt der Teiler, die Capillarsäule u. ein Flammenionisationsdetektor in der Art geschaltet ist, daß beide Syst. getrennt oder auch gleichzeitig benutzt werden können. Die notwendigen konstruktiven Einzelheiten dieser Anordnung werden mitgeteilt. An Hand der Ergebnisse mehrerer Vers.-Reihen mit verschieden zusammengesetzten Mischungen von Heptan, Octan, Nonan, Decan, Dodecan, Tetradecan, Hexadecan, Bzl. u. o-Xylol wird die Brauchbarkeit der App. diskutiert. Es kann gezeigt werden, daß die Bedingungen der Linearität bei den unterschiedlichsten Verhältnissen erfüllt werden. W. Hein. 5062□

Doppelsäulen-Gaschromatographie mit Temperaturprogrammregelung. Edward M. Emery und W. E. Koerner. (Analytic. Chem. **33.** 523—27. April 1961. St. Louis, Mo., Monsanto Chem. Co., Res. Dep., Org. Chem. Div.) (Engl.)

Vff. beschreiben einen vielseitigen Doppelsäulen-Gaschromatographen mit Temp.-Programmregelung. Dadurch wird die Verw. von selektiven Säulenfüllungen ermöglicht, deren Dampfdruck bei höheren Temp. ein Ansteigen der Null-Linie bewirkt u. deshalb ihren Einsatz in Einfachsäulen-App. ausschließt. Ein bes. für diese Zwecke entwickelter Trennsäulenblock garantiert einerseits die vollständige Verdampfung der Probensubstanz u. verhindert andererseits eine Kondens. der Säulenfüllung auf der Strecke zwischen den Trennsäulen u. dem Detektor. Zwei völlig voneinander unabhängige Kontroll-Syst. für den Gasmengenstrom erleichtern geringfügige Abgleichungen, um eine nicht genaue Übereinstimmung der Trennsäulen zu kompensieren. Die App. ist weitgehend automatisiert. Es konnten Polyphenylmischungen mit weit auseinanderliegenden Kpp. sowie auch solche von m- u. p-Terphenyl, deren Kpp. bei 363 bzw. 376° liegen, ausgezeichnet getrennt werden. W. Hein. 5062□

Bestimmung der Oberflächengröße durch Gaschromatographie. Ralph Stock. (Analytic. Chem. **33.** 966—67. Juni 1961. Liverpool, Coll. of Technol., Dep. of Chem.) (Engl.)

Vf. beschreibt eine Meth. zur Best. der Oberflächengröße, bei der nur eine gaschromatograph. Messung notwendig ist. Eine bestimmte kleine Menge des Adsorbens wird in eine kurze Säule gefüllt, im He-Strom entgast u. auf —196° abgekühlt. Sodann wird das Adsorbens mit N_2 aus einer He–N_2-Mischung (relativer Druck des N_2 ca. 0,5 entsprechend 300—400 mm Hg) gesätt. u. danach N_2 mit He wieder eluiert. Der Weg zur Berechnung der Isotherme aus der Elutionskurve u. der zur daraus nach der BET-Meth. abzuleitenden Oberflächengröße wird gezeigt. Ferner werden einige der möglichen Einwände gegen dieses Verf. diskutiert. W. Hein. 5062□

Die Anwendung gemischter stationärer Phasen in der Gas-Flüssigkeits-Chromatographie. M. Šingliar, A. Bobák, J. Brída und L. Lukačovič. (Z. analyt. Chem. **177.** 161—66. 1960. Nováky, CSSR, Forsch.-Inst. für Petrochem.) (Dt.)

Mit Hilfe gemischter stationärer Phasen wird auf die Möglichkeit gaschromatograph. Trennung von Gemischen verschiedenartiger Stoffe hingewiesen. Beste Trenneffekte erreicht man, wenn die gemischte stationäre Phase als homogenes Gemisch in die Trennsäule gefüllt wird. — Gemische von isomeren Butyraldehyden, Butylalkoholen u. Toluol können an einer Säule mit einer homogenen stationären Phase von Polyäthylenglykol (Molgew. 6000), Diglycerin u. Diäthylenglykolbenzoat auf dem Träger „Rysorb" getrennt werden. Das Verhältnis der stationären Phase zum Träger beträgt 20:100. E. Faulhaber. 5062□

Einige Merkmale eines Strontium-90-β-Teilchen-Detektors für die Flüssig-Gas-Chromatographie. Frank T. Upham, Frank T. Lindgren und Alex V. Nichols. (Analytic. Chem. **33.** 845—49. Juni 1961. Berkeley, Calif., Univ. of California, Donner Labor. of Med. Phys. u. Lawrence Radiat. Labor.) (Engl.)

Vff. beschreiben einige Einzelheiten des apparativen Aufbaus eines Fl.-Gas-Chromatographen, bei dem als Detektor ein β-Strahlungsionisationsdetektor mit ^{90}Sr als strahlendes Präp. verwendet wird. Die entscheidenden Teile der App. werden unter Zugrundelegung der Arbeitsergebnisse mit Methylestern langkettiger Fettsäuren bewertet u. diskutiert. Es werden Eichwerte angegeben u. die Konstruktion des Probengebers sowie die des Detektors eingehend geschildert. Bei günstigen Arbeitsbedingungen hat dieser Detektor einen großen dynam. Bereich u. eine außerordentlich empfindliche Rauschanzeige. W. Hein. 5062□

Ein schreibendes automatisches Titriergerät und seine Anwendungsmöglichkeiten. S. Wolf. (Österr. Chemiker-Ztg. **61.** 292—98. 1960. Herisau, Schweiz.) (Dt.)

Beschreibung des Metrohm-Potentiograph E 336, bei dem Bürettenauslauf u. Papiertransport direkt miteinander gekoppelt sind. Anwendungsbeispiele auch in Kombination mit dem Coulometer E 211 u. dem Konduktoskop E 165. K. Ross. 5066□

Differentialelektrolytische Potentiometrie. 3. Mitt. Untersuchung der Variabeln der auf inaktive Reduktionsmittel angewandten Methode. E. Bishop. (Analyst **85.** 422—31. Juni 1960. Exeter, Wash., Univ., Washington Singer Labor.) (Engl.) — 2. vgl. C. **1959.** 4577.

An Hand der Best. von Hydrazin mit $KBrO_3$ werden die elektr. Variabeln der differentialelektrolyt. Potentiometrie irreversibler Red.-Mittel. — Mittel gegen reversibel elektrolysierbare Oxydationsmittel — untersucht. Es ergibt sich, daß die Anodenstromdichte ≧ Kathodenstromdichte u. die letztere zwischen 0,1 u. 1,5 $\mu A/cm^2$ liegen sollte. Die „Ballastladung“ (Prod. aus Stromquellenspannung u. Ballastwiderstand) sollte nicht $< 10^9$, besser noch 10^{10} Volt-Ohm sein. PH. FRESENIUS. 5066□

Anwendung der Graphitelektrode zur Indication bei acidi-alkalimetrischen potentiometrischen Titrationen. Juraj Berčik. (Chem. Zvesti **14.** 372—84. Mai 1960. Bratislava, Slov. vys. škola techn., Katedra anal. chem.) (Slowak.)

Es wird die Graphitelektrode in Verbindung mit der gesätt. Kalomelelektrode zur Indication des Äquivalenzpunktes bei Neutralisationstitrationen benutzt. Eine geeignete Elektrode wird aus Elektrographit EK 25 durch 2 Std. langes Vorheizen auf 150° u. 2 Std. langes Imprägnieren mit Paraffin bei 100° erhalten. Die Aktivierung der Elektrode erfolgt durch mechan. Reibung u. nachfolgende Behandlung mit 0,5m $KMnO_4$- + 0,5m NaOH-Lösung. Der Vorteil dieser Elektrode besteht in kleinem Widerstand der Meßkette u. in der Anwendbarkeit bei Titration von HF in Ggw. von oxyd. Stoffen. Die Indication wird durch die Bldg. von chinoiden Stoffen an der Elektrodenoberfläche, die ein Redox-Syst. bilden, dessen Potential pH-abhängig ist, erklärt.
J. KOMENDA. 5066□

Cerimetrie in nichtwäßrigen Medien. G. Prabhakar und A. R. Vasudeva Murthy. (Z. analyt. Chem. **177.** 86—89. 1960. Bangalore, India, Indian Inst. of Sci., Dep. of Inorgan. and Phys. Chem.) (Engl.)

Mit einer Maß-Lsg. von Ce(IV)-Ammoniumnitrat in Acetonitril (I) können Titrationen in nichtwss. Medien durchgeführt werden. Die Titerstellung erfolgt jodometrisch. Am Beispiel einer Xanthogenat-Lsg. in I wird die Brauchbarkeit der Meth. gezeigt. Das Endprod. der Oxydation ist in diesem Fall Dixanthogen, welches keine weitere Umsetzung erleidet. Der Äquivalenzpunkt wird durch leichte Gelbfärbung der Lsg. angezeigt. Bei größeren Einwaagen werden Unterwerte erhalten. E. FAULHABER. 5066□

Eine allgemeingültige Formel für den Zusammenhang zwischen Reagenszusatz und Potentialänderung in Maßanalysen. F. L. Hahn. (Z. analyt. Chem. **177.** 113—21 1960. México, Angel Urraza 718—303.) (Dt.)

Vf. entwickelt eine allg. gültige Formel für den Zusammenhang zwischen Reagenszusatz Δv u. Potentialänderung ΔE bei acidimetr. u. Fällungstitrationen: $n\Delta E = \log(1 + \Delta v/|x - v|) \pm \log(1 - \Delta v/i + v)$. Das Hauptglied entspricht dem Teil der Potentialänderung, der durch die Abnahme des Stoffüberschusses vor dem Umschlag u. die Zunahme des Reagensüberschusses nach ihm entsteht. Das Nebenglied entspricht dem „Verdünnungseffekt“, hervorgerufen durch das Lsgm. oder durch das Rk.-Produkt. E. FAULHABER. 5066□

a) Elemente und anorganische Verbindungen

Über die Reaktion von Huminsäuren des Torfes mit Metallsalzen. Ss. Je. Burkat. (Журнал Прикладной Химии [J. angew. Chem.] **33.** 2378—81. Okt. 1960.) (Russ.) — Vgl. C. **1956.** 13211.

Beim Zusammenbringen von Lsgg. des Na-Salzes von *Huminsäuren* (I) aus Torf mit verd. Lsgg. der Salze polyvalenter Metalle, wie *Pb, Fe, Bi, Cu, Ni, Co, Cd, Zn, Be, Mn, Sr, Ca* u. *Mg*, werden die Metalle ausgefällt, wobei 1000 g organ. Masse der I ca. 3 g-Äquivalente Metall zu binden vermögen. Es handelt sich hier nicht um eine Adsorption, sondern um eine Austauschreaktion. Auch freie I in Pulverform vermögen Metalle aus ihren verd. Salzlsgg. bei neutraler oder schwach saurer Rk. auszufällen. Erhöhung der Temp. beschleunigt diesen Vorgang. Die mögliche analyt. Verw. von I für die Metall-Best. wird erörtert. M. ULMANN. 5106□

Ionenaustauschtrennung der Elementgruppen. 3. Mitt. **Elemente der Kupfergruppe.** B. K. Preobrashenski und J. u. P. Ssaikow. (Радиохимия [Radiochemie] **2.** 68—72. 1960.) (Russ.)

Die Elemente der Cu-Gruppe des analyt. Trennungsgangs (Hg, Bi, Cd, Pb u. Cu) wurden aus 0,6n HNO_3 an einer Säule von 70—100 mm Länge u. 2 mm Ø eines Sulfostyrol-Kationenaustauschers adsorbiert, wohingegen die Elemente der Pt-Gruppe unter diesen Bedingungen durchliefen. Die Elution erfolgte mittels Mischungen aus HCl + HNO_3, was eine einwandfreie Trennung ermöglichte: 0,01m HCl + 0,5m HNO_3 (Hg), 0,05m HCl + 0,5m HNO_3 sowie 0,1m HCl + 0,5m HNO_3 (Hg u. Bi), 0,5m HCl (Hg, Bi u. Cd), ebenso 1m HCl, 1,2m HCl (sämtliche außer Cu) u. 1,5m HCl (alle Elemente der Cu-Gruppe). Die Bldg. von Komplexen, etwa des Typs $CdCl^+$, $CdCl_2$, $CdCl_3^-$ u. $CdCl_4^{2-}$ dürfte eine wesentliche Rolle spielen. M. WIEDEMANN. 5106□

Ionenaustauschtrennung der Elementgruppen. 4. Mitt. **Elemente der 3. analytischen Gruppe.** B. K. Preobrashenski, W. P. Zwelichowski und W. N. Melnikow. (Радиохимия [Radiochemie] **2.** 73—77. 1960.) (Russ.) — 3. vgl. vorst. Referat.

Mittels der in vorst. Arbeit beschriebenen Säule konnten die Elemente der $(NH_4)_2S$-Gruppe des analyt. Trennungsgangs getrennt werden. Dabei wurden Austauscher in der H^+- u. Cl^--Form verwandt. Aus konz. HCl wurden Anionit, Mn, In, Ti, Hf, Zr, Co, Fe, GaU u. Zn adsorbiert; die Elution erfolgte durch HCl geringerer Konz. (12—0,005n). Die Elemente, die in starker HCl keine Anionenkomplexe bilden, wurden am Kationit adsorbiert u. mittels 0,5—2,5m HCl eluiert: Cr^{3+}, Be, V^{4+}, Tl^+, Ni, Al. Diese Elemente, vor allem Cr^{3+}, dürften neutrale Komplexe vom Typ $MeCl_x^0$ bilden. M. WIEDEMANN. 5106☐

Methoden zur Isotopenanalyse von Wasser. 4. Mitt. **Methode zur totalen Isotopenanalyse von Wasser.** A. I. Schatenstein, Je. A. Jakowlewa, Ss. F. Ssusdalzewa und N. P. Antipowa. (Журнал Аналитической Химии [J. analyt. Chem.] **12.** 398—401. Mai/Juni 1957. Moskau, Physik.-chem. Karpow-Inst.) (Russ.) — 2. vgl. C. **1959.** 14513; 5. vgl. C. **1960.** 16201.

Für die Isotopenanalyse von W. mit 0—100 Atom-% D u. 0—3,5 Atom-% schwerer O-Isotope wird eine Meth. beschrieben, die 2—8 ml benötigt u. $1^1/_2$—$2^1/_2$ Std. in Anspruch nimmt. Dabei läßt man den Dampf sich mit Luftsauerstoff an einem aus $Mn(NO_3)_2$ gewonnenen Mn-Oxyd-Katalysator bei 500—750° ins Gleichgewicht setzen u. bestimmt vorher wie nachher die Dichte nach einer Tropfenmethode. M. WIEDEMANN. G 240☐

Bestimmung sehr kleiner Mengen Wasserstoffperoxyd. H. Perschke und E. Broda. (Nature [London] **190.** 257—58. 15/4. 1961. Wien, Univ., Inst. für phys. Chem.) (Engl.)

Vff. beschreiben eine sehr empfindliche Best.-Meth. für H_2O_2 in geringster Konzentration. Nach ANDREAE (C. **1958.** 7855) wird Scopoletin (6-Methoxy-7-hydroxy-1.2-benzopyron) in Ggw. von Meerrettichperoxydase von H_2O_2 in stöchiometr. Verhältnis (1 : 1) oxydiert. Der dabei auftretende Verlust an Fluorescenz wird fluorimetr. gemessen. 10^{-10} Mol H_2O_2 können noch bestimmt werden. Die Konz. an Scopoletin soll so gewählt werden, daß es zu $^3/_4$ bei der Rk. mit H_2O_2 verbraucht wird. Der günstigste pH-Wert beträgt 10,0 (Boratpuffer). Die Fluorescenz des unveränderten Scopoletins wird gegen eine Blindlsg. gemessen. Das beschriebene Verf. ist über einen großen Konz.-Bereich anwendbar. Die Anwendungsgrenze liegt bei H_2O_2-Konzz. von $5 \cdot 10^{-12}$ Mol/ml, der Standardfehler beträgt bei einer H_2O_2-Konz. von $1,5 \cdot 10^{-11}$ Mol/ml ca. 10%.

K. OHLS. G 241☐

Ein System zur Bestimmung von Stickstoffoxyden. F. Vratny. (Analytica chim. Acta [Amsterdam] **24.** 389—90. April 1961. West Lafayette, Ind., Wetherill Chem. Labor.) (Engl.)

Eine Anordnung zur Best. mehrerer Stickstoffoxyde (NO_2, N_2O, NO, N_2O_3) nebeneinander wird beschrieben. Liegt die zu analysierende Substanz in fester oder fl. Form (z. B. als Metallnitrate) vor, so wird sie bei 100° therm. zersetzt. Mol. O_2 u. O_2 aus den Oxyden wird an metall. Ni, das auf 800° erhitzt wird, gebunden, N_2 wird in einer Kühlfalle ausgefroren. Sollen NO_2 u. N_2O_3 abgetrennt werden, so kondensiert man sie vor dem Ni. NO u. N_2O werden am Ende des Durchlauf-Syst. bestimmt. Die Regeneration des Ni erfolgt mit H_2. Bei einer Probenmenge von 20 ml wurde eine Reproduzierbarkeit von ca. 1% gefunden. D. PAPENFUSS. G 243☐

Maßanalyse von Fluoriden mittels einer Zirkoniumsalzlösung unter Verwendung fluorescierender Indicatoren. Z. Kolařík. (Collect. czechoslov. chem. Commun. **25.** 2228—29. Aug. 1960. Brno, Masaryk-Univ., Inst. für analyt. Chemie.) (Dt.)

Bei der vorgeschlagenen Meth. werden der 2—40 mg F enthaltenden Probe 10—20 ml Puffer (3 Vol.-Teile 1 mol. NaOH- u. 2 Vol.-Teile 2 mol. $CH_2ClCOOH$-Lsg.), 10 Tropfen 0,1%ig. äthanol. Morin(I)-Lsg. auf 100 ml der zu titrierenden Lsg. u. A. bis zur Konz. von mindestens 20% zugesetzt. Nach Zugabe von festem NaCl im Überschuß wird langsam mit 0,05—0,1 mol. $ZrOCl_2$-Lsg. im UV-Licht bis zum Entstehen einer hellgrünen Fluorescenz titriert. Auf 1 Zr-Atom entfallen ca. 7 F-Atome, daher muß der Faktor der $ZrOCl_2$-Lsg. durch Titration der Standardfluorid-Lsg. bestimmt werden. Der Verbrauch an Standard-Lsg. ist von der F^--Konz. linear abhängig. Die Meth. liefert reproduzierbare Ergebnisse bei einem mittleren Fehler von + 0,9% u. wird durch Sulfate einer Konz. < 0,2 mol nicht gestört, jedoch sind die Ergebnisse um ca. 1% höher. Höhere Konz. von Sulfaten führt zu niedrigen Ergebnissen u. schlechter Reproduzierbarkeit. Äthylendiamintetraessigsäure, Phosphate, Oxalate, Fe^{3+}, Al^{3+} u. Ca^{2+} stören. Von den geprüften Indikatoren, I, Quercetin u. Ferron, hat sich I am besten bewährt. Durch die H-Ionen-Konz. wird der Maßlösungsverbrauch beim pH 2,8—3,9 nicht beeinflußt. Bei pH < 2,8 wächst der Verbrauch mit sinkendem pH. Bei pH > 4 scheidet sich auf 2 F-Atome ein 1 Zr-Atom enthaltender weißer Nd. ($ZrOF_2$) ab.

J. VANĚČEK/Prag. G 246

Bestimmung von Chlorid und Jodid nebeneinander. A. De Sousa. (Chemist-Analyst **49.** 45. Juni 1960. Lissabon, Univ., Faculty of Sci.) (Engl.)

Die Best. von Cl^- u. J^- nach BECK [1915.] wird dahingehend abgeändert, daß die Halogenid-Nd. nicht getrocknet u. gewogen, sondern in ammoniakal. $K_2Ni(CN)_4$-Lsg. gelöst u. das gegen Ag ausgetauschte Ni mit EDTA gegen Murexid titriert wird (vgl. FLASCHKA, C. **1956.** 7621; FLASCHKA u. HUDITZ, C. **1955.** 4661). Bei Cl^-/J^--Verhältnissen von 50 : 1 bis 1 : 50 Fehlergrenze 1%. F. HUBER. G 249☐

Oscillopolarographischer Nachweis und Bestimmung von Jodat und Perjodat. A. Berka und J. Doležal. (Analytica chim. Acta [Amsterdam] **24.** 476—80. Mai 1961. Prag, Karls-Univ., Lehrst. für analyt. Chem.) (Dt.)

Vff untersuchten das oscillopolarograph. Verh. von Perjodat u. Jodat in sauren, neutralen u. alkal. Elektrolyten u. fanden, daß sich mit der oscillograph. Meth. beide Stoffe mikroquant. bestimmen lassen. Außerdem wurde eine Meth. ausgearbeitet, die die Best. auch von sehr kleinen Mengen JO_3^- in JO_4^- u. JO_4^- in JO_3^- ermöglicht. Ein saures Medium (1 m Lsgg. von HCl, H_2SO_4, H_3PO_4, CH_3COOH u. Oxalsäure) bietet keine geeigneten Bedingungen zur Unterscheidung beider Verbb., in neutralem, schwach alkal. u. alkal. Medium macht sich die Depolarisation von JO_4^- u. JO_3^- bei der Verfolgung der Kurven $dV/dt = f(V)$ durch klar ausgeprägte Einschnitte bemerkbar. In 1 m Lsgg. von $NaClO_4$, Na_2SO_4, KCl, KNO_3, K-Phosphat u. Na-Acetat bildet JO_4^- im kathod. Teil der Kurve zwei Einschnitte bei —0,1 V (gegen eine gesätt. Kalomel-Elektrode) (Red. des JO_4^- zum JO_3^-) u. —1,4 V (Red. des JO_3^- zum J^-). Die Red. von JO_3^- zeigt sich durch einen einzigen Einschnitt mit einem Depolarisationspotential von —1,4 V. In Lsgg. von Carbonatpuffern vom pH 8,4—11,08 macht sich die Red. von JO_4^- zu JO_3^- in gleicher Weise wie im neutralen Elektrolyten bemerkbar. In allen Fällen ist es möglich, in 5 ml Elektrolyt-Lsg. 0,1 mg KJO_4 in Ggw. großer JO_3^--Konzz. nachzuweisen. In 0,2—5 m KOH-Lsgg. werden mit steigender Konz. beide JO_4^--Einschnitte weniger deutlich. Bei KOH-Konzz. > 2,5 m verschwindet prakt. der Einschnitt bei —1,4 V, wobei an dem kathod. Teil der Kurve bei mehr negativen Potentialen eine Deformation in Form einer länglichen Ausbuchtung auftritt. Da das JO_3^- aber unter denselben Bedingungen im ganzen Konz.-Bereich des KOH einen scharfen Einschnitt bei —1,4 V verursacht, läßt sich so JO_3^- neben JO_4^- nachweisen. In 5 ml 5 m KOH-Lsg. kann man 0,1 mg KJO_3 verläßlich erkennen. Bei Verw. von NaOH-Lsgg. (0,2—5 m) wurden prakt. dieselben Ergebnisse erzielt. Zur Best. von JO_4^- in JO_3^- werden 0,8 g KJO_3 in einem 10 ml-Kolben in W. gelöst u. 5 ml der Lsg. zur Unters. verwendet. Die quant. Auswertung wird mit der Meth. der verschiebbaren Lichtachse (A) oder der Meth. der osczilligraph. Komparationstitration (B) vorgenommen. Aus dem Diagramm Einschnitttiefe gegen JO_4^--Konz. geht hervor, daß der optimale Konz.-Bereich für JO_4^- in JO_3^- bei 0,05—0,17% liegt. Der Fehler der Best. bei Auswertung nach A überschreitet nicht ± 10%, nach B bei Verw. eines reinen JO_3^--Präp. als Vgl.-Elektrolyt nicht ± 5%. Als geeignetster Grundelektrolyt zur JO_3^--Best. wurde eine 5 m NaOH-Lsg. verwendet, in der JO_4^- nur wenig lösl. ist. 1 g KJO_4 wird in 10 ml-Kolben in 5 ml 5 m KOH-Lsg. gelöst u. die Lsg. schnell mit 10 m NaOH-Lsg. aufgefüllt. Nach Absitzen des Nd. werden 5 ml der Lsg. in das Elektrolytgefäß pipettiert. Optimale Ergebnisse werden bei JO_3^--Konzz. von 0,2—1% im JO_4^- erzielt. Der Fehler der Best. liegt bei ± (10—20%), da die hohe JO_4^--Konz. einen Einfl. ausübt u. die Messung schwieriger als bei der JO_4-Best. ist. GERHARD SCHULZE. G 249☐

Zur analytischen Charakteristik des elementaren Schwefels. Beiträge zur Chemie des Schwefels. 55. Mitt. F. Fehér, K. H. Sauer und H. Monien. (Z. analyt. Chem. **177.** 109—13. 1960. Köln, Univ., chem. Inst.) (Dt.) — 54. vgl. C. **1960.** 5265.

Die beim Erhitzen von S häufig bemerkte dunkle Abscheidung wurde qual. u. halbquant. untersucht. Im Gegensatz zu früheren Ansichten enthält der Rückstand neben C alle übrigen Elemente, die nach anderen Meth. gefunden werden. E. FAULHABER. G 253☐

Redoxindicatoren in der indirekten volumetrischen Anionenbestimmung. Bestimmung von Sulfationen mit Blei(II)-nitrat. Zbigniew Gregorowicz und Franciszek Buhl. (Z. analyt. Chem. **177.** 91—97. 1960. Gliwice, Polen, Schles., TH, Inst. für Anorgan. Chem.; Katowice, Päd. Hochschule, Analyt. Anstalt.) (Dt.) — Vgl. C. **1961.** 593.

Es wird ein indirektes volumetr. Verf. zur Best. von 2—100 mg SO_4^{2-}-Ionen durch Fällung mit 0,1 n $Pb(NO_3)_2$-Lsg. als $PbSO_4$. Der Pb-Überschuß wird in 75 Vol.% Methanol bei 40° mit 0,1 n $K_4(Fe(CN)_6]$-Lsg. gegen *Variaminblau* als Redoxindicator u. 2 Tropfen 0,1 n $K_3[Fe(CN)_6]$-Lsg. zurückgemessen. Alkali-Ionen stören in größeren

Konzentrationen. 2- u. 3wertige Metallionen werden vorher durch Carbonatfällung abgetrennt. Die Meth. eignet sich zur SO_4-Best. von Wässern u. Metallsulfaten.

E. Faulhaber. G 253□

Einige Daten über die Aktivierungsanalyse von Silicium hoher Reinheit. M. Ördögh und V. Upor-Juvancz. (Acta chim. Acad. Sci. hung. **26.** 253—58. 1961. Budapest, Central Res. Inst. for Phys. and Res. Inst. for Telecommunication.) (Engl.)

Die Verss. werden mit einem polykristallinem Si-Kristall, der Ta, Au, Ni, Cu u. Co enthält, vorgenommen. Die Aktivierungsanalyse verläuft sehr rasch, sie ist spezif. u. wird für die Halbleitertechnologie zur Reinheitsprüfung vorgeschlagen.

W. Hampel. G 261□

Gaschromatische Analyse einiger flüchtiger Phosphorverbindungen. S. H. Shipotofsky und H. C. Moser. (Analytic. Chem. **33.** 521—23. April 1961. Manhattan, Kans., Kansas State Univ. of Agricult. and Appl. Sci., Dep. of Chem.) (Engl.)

Vff. beschreiben eine schnelle gaschromatograph. Meth. zur Analyse von Mischungen aus PCl_3-$PSCl_3$, PCl_3-$POCl_3$ u. $(CH_3O)_2POH$-$(C_2H_5O)_2POH$. Sie verwenden dazu eine übliche gaschromatograph. Apparatur. Die beiden Trennsäulen bestanden jedoch aus Borsilicatglasrohren (spiralförmig; 246 cm bzw. 86 cm lang, 5 mm bzw. 6 mm Innendurchmesser; gefüllt mit 20—80 mesh Fluoropak 80; als fl. Phasen dienten Di-n-butylphthalate oder Apiezon K-Öl bei den organ. Verbb. u. Kel-F 90-Fett bei den anorgan. Verbb.). Für die Organophosphite würde eine normale Wärmeleitfähigkeitszelle benutzt; für die agressiven anorgan. Verbb. mußte ein Detektor aus inerten Material entwickelt werden. Die Konstruktion der einfachen, aber genau anzeigenden Wärmeleitfähigkeitszelle aus Borsilicatglas u. Ta-Drähten wird eingehend beschrieben. Die bei den einzelnen Mischungen einzuhaltenden Vers.-Bedingungen (Mischungsverhältnis der Säulenfüllungen, Trägergas-Geschw., Säulen-Temp., Drücke am Ein- bzw. Ausgang der Trennsäulen) werden angegeben. Die Flächen-% jeder Bande der Chromatogramme stimmten sehr gut mit den Gewichts-% der entsprechenden Mischungskomponente überein. Wegen der guten Reproduzierbarkeit der Werte dürfte die Meth. für Routine-Analysen geeignet sein. Ein Vers., PCl_5 in die Meth. miteinzubeziehen, scheiterte, da es in den Trennsäulen in nichtreproduzierbarer Weise reagierte. W. Hein. G 264□

Umarbeitung der Bitartrat-Methode zur Bestimmung von Kalium in Meeresmutterlaugen. B. K. Shukla und D. J. Mehta. (Z. analyt. Chem. **176.** 355—59. 1960. (Bhavnager, Indien, Central Salt Res. Inst.) (Engl.)

Ein Verf. wird ausgearbeitet, das die Schwierigkeiten der üblichen Bitartrat-Meth. — langsame u. unvollständige Fällung in Ggw. von Mg u. Ungenauigkeit der Best. infolge der geringen Löslichkeit von $KHC_4H_4O_4$ in W. — auch in Ggw. von viel Mg — umgeht. Dazu wird nach entsprechender Verdünnung der Probe K in A.-Wassergemischen als $KHC_4H_4O_4$ gefällt, abfiltriert, in warmem W. gelöst u. mit 0,1 n NaOH maßanalyt. bestimmt. Eine Einzel-Best. dauert 35 Minuten. W. Kupfer. G 275□

Eine Trennung des Berylliums von Aluminium, dreiwertigem Eisen, Yttrium, Cer und den Seltenen Erden durch Kationenaustauschchromatographie. F. W. E. Strelow. (Analytic. Chem. **33.** 542—45. April 1961. Pretoria, South Africa, South African Council for Sci. and Ind. Res., Nat. Chem. Res. Labor.) (Engl.)

Aus einer systemat. Unters. der Adsorption von Kationen an AG 50 W-X8 Harzen (100—200 mesh; H^+-Form) aus 1n HCl bzw. 1,2n HNO_3 ergaben sich folgende Verteilungs-Koeff. (K_D): für Be^{2+} 13,3 bzw. 12,7; für Fe^{3+} 35,5 bzw. 52,0; für Al^{3+} 60,8 bzw. 56,0; für Y^{3+} 144,6 bzw. 115,1 u. für Ce^{3+} 264,8 bzw. 159,1. Auf Grund der starken Differenzen in den K_D-Werten ließ sich eine gute austauschchromatograph. Trennung für Be entwickeln, die bes. in Hinsicht auf die Trennung des Be vom Al wichtig ist. Die mit 20 ± 0,1 g des Harzes gefüllten Säulen waren 19—20 cm lang u. 1,9—2,0 cm im Durchmesser. Die Durchlauf-Geschw. betrug 3,5 ± 0,5 ml/min. Die mit einem automat. Fraktionsschneider aufgefangenen aliquoten Teile des Eluates wurden auf ihren Geh. an Kationen mit den jeweils üblichen analyt. Meth. untersucht. Aus diesen Werten konnten die zusammengesetzten Elutionskurven erhalten werden. In Ggw. von mehr als 60 mg Fe^{3+} in der Probe erwies sich 1,2n HNO_3 als günstigstes Elutionsmittel. Be^{2+} wurde von 375 ml 1n HCl bzw. 425 ml 1,2n HNO_3 (danach mit 100 ml W. waschen), Fe^{3+} von 300 ml 2n HCl, Al^{3+} von 500 ml 2n HCl, Y^{3+} von 500 ml 3n HCl u. Ce^{3+} von 700 ml 3n HCl eluiert. Die Elution des Be^{2+} dauert 2 Stunden. Bei Verw. von HCl können bis zu je 10 mVal Al^{3+}, Y^{3+}, Ce^{3+} bei der von HNO_3 bis zu 10 mVal Al^{3+}, Fe^{3+}, Y^{3+}, Ce^{3+} von 10 mVal Be^{2+} abgetrennt werden. Ca^{2+}, Sr^{2+}; Ba^{2+}, Ga^{3+}, La^{3+} u. die anderen Seltenen Erden sowie Zr^{4+} u. Th^{4+} bleiben bei der Elution von Be^{2+} auf dem Austauscher. Während Cd^{2+}, Sn^{4+}, Se^{4+}, Hg^{2+}, V^{5+}, Mo^{5+}, Au^{3+}, As^{3+}, Sb^{3+}, Bi^{3+} u. Pt^{4+} vor der Elution des Be^{2+} mit 0,5n HCl abgetrennt werden können, laufen Co^{2+}, Ni^{2+},

Mn^{2+}, Cu^{2+}, Zn^{2+}, Mg^{2+} u. Ti^{4+} teilweise mit dem Be^{2+} mit. Möglichkeiten zur Ausschaltung der dadurch auftretenden Fehler werden angegeben. NO_3^-, ClO_4^- u. SO_4^{2-} dürfen bis zu einer Konz. von 0,2 n vorhanden sein, falls sich keine schwerlösl. Ndd. bilden. F^- u. alle anderen Anionen, die mit den Metallionen stabile Komplexe bilden, dürfen nicht anwesend sein. Die Trenn-Meth. wird zur Best. des Be-Geh. eines Gadolinits angewendet. W. Hein. G 281 □

Spektrophotometrische Bestimmung von Beryllium mit 2-Phenoxychinizarin-3.4′-disulfonsäure. E. Guy Owens II und John H. Yoe. (Analytic. Chem. **32.** 1345—49. Sept. 1960. Charlottesville, Va., Univ. of Virginia, Dep. of Chem., Pratt Trace Anal Labor.) (Engl.)

Be bildet mit 2-Phenoxychinizarin-3.4′-disulfonsäure einen stabilen Komplex, dessen Maximum bei 550 mμ für die Be-Best. in Beryll, Stahl u. Eisen, Cu u. seinen Legg. sowie Al u. seinen Legg. ausgenutzt wird. Die Empfindlichkeit der Rk. beträgt 1 : 125 Millionen. Störungen sind weitgehend auszuschalten durch Elektrolyse an einer Hg-Elektrode, durch Anwendung von Ionenaustauschern u. Maskieren gewisser Elemente, wie z. B. durch Komplexbildner, wie Ca-Äthylendiamintetraacetat. Die Genauigkeit der Meth. liegt bei ±2%. W. Kupfer. G 281 □

1.2-Dimorpholyläthan als Reagens in der quantitativen Analyse. 1. Mitt. Gravimetrische Quecksilberbestimmung. E. Asmus und K. Ohls. (Z. analyt. Chem. **177.** 100—09. 1960. Berlin-Charlottenburg, TU, Lehrgebiet Analyt. Chem.) (Dt.)

1.2-Dimorpholyläthan (I) gibt in Ggw. von Cl^-, Br^- u. J^--Ionen mit Hg^{2+}-Ionen eine Anzahl schwerlösl. Verbb., deren Zus. vom pH der Lsg. abhängig ist. Die Fällung ist stets quantitativ. Bei pH 1,5 wird in Ggw. von KJ die Verb. $C_{10}H_{20}N_2O_2 \cdot HgJ_2 \cdot 2\,HJ$ (**II**) erhalten. In neutraler Lsg., pH 6,5, werden Verbb. der Zus. $C_{10}H_{20}N_2O_2 \cdot HgX_2$ (X = Halogen) erhalten, wenn nur eine Halogenart vorliegt. Für die quant. Hg-Best. wird in saurer Lsg. die Verb. **II** vorgeschlagen. Die Fällung erfolgt in 300 ml Lsg. mit 1 g KJ, 20—30 ml 0,5n HCl u. 20—30 ml 0,1n I-Lösung. Der Nd. wird mit W., A. u. Ae. gewaschen u. bei 110° getrocknet (Faktor 0,2203). In neutraler Lsg. erfolgt die Fällung mit 5 ml 0,5n HCl, 1 g KJ oder KBr u. I-Lösung. Die Umrechnungsfaktoren betragen für die J-Verb. 0,3064, für die Br-Verb. 0,3578. Während die Elemente der H_2S-Gruppe teilweise stören, haben die Elemente der anderen Gruppen keinen Einfl. auf die Bestimmung. E. Faulhaber. G 290 □

Die photometrische Schnellbestimmung von Al in Kohlenstoffstahl. Shigeo Wakamatsu. (Nippon Kinzoku Gakkai-Si [J. Japan Inst. Metals] **24.** 233—37. 1960.) (Jap.; Auszug: Engl.)

Das im einzelnen beschriebene Verf. beruht auf der violett-roten Färbung, die Al mit Erichrom-Cyanin R gibt, die man bei 535 mμ gegen eine Blindprobe mißt. W. Wesly. G 294 □

Die spektrographische Bestimmung von Spurenverunreinigungen in Gallium. J. H. Oldfield und E. P. Bridge. (Analyst **86.** 267—69. April 1961. Poole, Dorset, Admiralty Materials Labor.) (Engl.)

Vff. beschreiben ein Verf. zur Best. von sehr geringen Verunreinigungsmengen in Ga. Das Metall wird in HCl gelöst u. als Chlorid mit Diisopropyläther extrahiert. Die Verunreinigungen bleiben in der sauren Phase zurück. Nach Zusatz von H_2SO_4 u. $CuSO_4$ werden sie durch Abdampfen konzentriert, auf einer Graphitelektrode getrocknet u. spektograph. analysiert. Bis zu 200 μg Ga/0,1 ml stören nicht; ist die zurückgebliebene Ga-Menge größer, so nimmt die Dichte des Spektrogrammes einschließlich des Untergrundes zu. Die Intensitätsverhältnisse der meisten Linienpaare werden jedoch nicht beeinflußt. Diese hängen aber von der Konz. der Säuren ab. Bei End-Konzz. zwischen 0,8 u. 2 n zeigen sich nur geringe Veränderungen. Bei Verw. von organ. Lsgm. ist darauf zu achten, daß eine Rk. mit H_2SO_4 erfolgen kann. Da beim Ansteigen der Säure-Konz. die Intensität der Linien geschwächt wird, ist ein Überschuß an Säure zu vermeiden. Die Möglichkeit der Best. der Verunreinigungen nach der Extraktion des Ga mit Diisopropyläther wurde nach einer Zusatz-Meth. untersucht. Eine Probe-Lsg., die 2 g Ga enthält, wird in gleiche Teile aufgeteilt. Zu einem Teil der Lsg. wird jeweils 1 ppm der Metalle Mn, Cr, Bi, Ni, Mo, Be, Ti, Zr, Cd, V, Zn, Co, Mg u. Al gegeben. Aus den Spektren beider Proben kann die ursprünglich in der Probe enthaltene Menge der Verunreinigungen berechnet werden. K. Ohls. G 295 □

Schnelle Bestimmung von metallischem Zirkonium und Sauerstoff in Zirkonium-Sauerstofflegierungen nach der Wasserstoffentwicklungsmethode. M. E. Straumanis und T. Ejima. (Z. analyt. Chem. **177.** 241—44. 1960. Rolla, Mo., Univ. of Missouri, School of Mines and Metallurgy, Dep. of Metallurg. Engng.) (Engl.)

Durch volumetr. Messung des bei der Umsetzung von Zr-Metall mit 0,5—1n HF nach der Gleichung $Zr + 4\,HF = ZrF_4 + 2\,H_2$ gebildeten H_2 ist die Geh.-Best. von *Zr* u. *O* in Zr-Legg. möglich. Der Geh. an Zr berechnet sich aus 0,2035 V/w (V = Vol. H_2, w = g Einwaage). Der Geh. an O in Form von ZrO_x oder ZrO_2 errechnet sich aus der Differenz des entwickelten H_2-Vol. zu dem theoret. möglichen Vol. bei der gleichen Einwaage an reinem Zr: 25,970—0,05285 V/w. Die Ergebnisse sind um 0,3% höher als bei der Verbrennungs-Meth. zu ZrO_2. Das neue Verf. ist jedoch zuverlässiger u. zeitsparend.
E. Faulhaber. G 322□

Spektrophotometrische Bestimmung des Zr in Aluminiumlegierungen. G. Matelli und V. Vincentini. (Alluminio **29.** 453—57. Okt. 1960. Ist. sperim. Metalli leggeri, Mem. Rapp. [11] Nr. **255.** 3—7. 1960. Novara, Ist. Sper. Metalli Legg., Div. Ric.) (Ital.)

Eingehende Verss. zur Best. von Zr in Al-Legg. ergaben, daß sich die von Mills u. Hermon entwickelten spektrometr. Meth. für die 0,25% Zr enthaltende Leg. *Hidumi-nium R.R 350* unter Verw. von Alizarinsulfonsäure als Chromophor auch vorteilhaft zur Zr-Best. in ähnlichen Al-Legg. verwenden läßt. Zweckmäßigerweise verwendet man hierbei Meßkurven aus mit $ZrCl_4$ eingestellten Lsgg. von reinem Al-Metall. Herst. der Lsgg., Meßkurven u. Ausführung der spektrophotometr. Best. werden an Hand von Tabellen u. Diagrammen ausführlich beschrieben.
A. Sander. G 322□

Verbesserte 2-Thenoyltrifluoraceton-Extraktionsmethode für Radiozirkonium. S. Fredric Marsh, William J. Maeck, Glenn L. Booman und James E. Rein. (Analytic. Chem. **33.** 870—72. Juni 1961. Idaho Falls, Idaho, Phillips Petroleum Co., Atom. Energy Div.) (Engl.)

Vff. geben eine verbesserte Meth. zur Best. von radioakt. ^{95}Zr an, die auf der Extraktion des 2-Thenoyltrifluoraceton (TTA)-Komplexes mit Xylol beruht. Dazu müssen Hydrolysate u. koll. Teilchen des Zr durch eine Vorbehandlung mit HF zerstört werden. Den wss. Lsgg. mit niedriger bzw. hoher Aktivität werden 1 Tropfen einer Lsg. von 6g $ZrOCl_2 \cdot 8\,H_2O$ in 500 ml 6 m HNO_3 als Trägersubstanz, 2 ml bzw. 3 Tropfen 27 m HF u. nach Einengen auf 5 ml ca. 40—45ml 3m $HClO_4$ bzw. sofort (ohne Einengen) 2 ml konz. $HClO_4$ zugesetzt. Organ. Lsgg. werden, falls nötig, auf mindestens 5 ml verd., mit 2,5 ml 0,25m HF, 2,5 ml 0,25m HNO_3 u. 1 Tropfen der Träger-Lsg. versetzt. Der abgetrennten wss. Phase werden 2 ml konz. $HClO_4$ zugefügt. Um einen die TTA-Komplex-Bldg. störenden SO_4^{2-} u. F^--Geh. zu entfernen, werden die so vorbereiteten Lsgg. nach Zusatz von 1 Tropfen einer 1m KJ-Lsg. zunächst bis fast zur Trockne (< 0,1 ml) u. dann nach Aufnahme mit 2 ml konz. HCl erneut bis auf 0,5 ml abgeraucht. Die mit dreimal 3ml 3m $HClO_4$ sowie 4 Tropfen 30%ig. H_2O_2-Lsg. u. 10 ml 0,5m TTA-Xylol-Lsg. aufgenommenen Rückstände werden 10 Min. lang geschüttelt. Die abgetrennte organ. Phase wird zweimal 3 Min. lang mit 10 ml 3m $HClO_4$ u. 2 Tropfen 30%ig. H_2O_2-Lsg. gewaschen. Bei > 3 Monate alten Proben kann nach Verdünnen auf ein Standard-Vol. sofort die γ-Aktivität des ^{95}Zr in einem Scintillations-Zählrohr bestimmt werden. Sind die Proben < 3 Monate alt, muß das darin enthaltene u. mit dem ^{95}Zr-TTA-Komplex teilweise extrahierte ^{131}J u. ^{132}J abgetrennt werden. Die organ. Phase wird deshalb mit je 5 ml 0,25n HF u. 0,25n HNO_3 3 Min. lang extrahiert u. nochmals mit den gleichen Mengen 1 Min. lang gewaschen. Die vereinigten wss. Phasen enthalten dann das ^{95}Zr in meßbereiter Form. Eine Fehlerberechnung ist wegen der quant. Überführung des ^{95}Zr nicht notwendig. Die Zuverlässigkeit der Meth. wurde durch Messung der Spaltausbeute des ^{95}Zr aus ^{235}U an therm. Neutronen bestimmt. Der mittlere Fehler lag bei ± 0,05. Eine Einzel-Best. hochaktiver Proben dauert ca. 45 Minuten.
W. Hein. G 322□

Organische Azofarbstoffe in der quantitativen Analyse. 2. Mitt. Ein selektiver komplexometrischer Indicator für Thorium. M. R. Zaki und K. Shakir. (Z. analyt. Chem. **177.** 196—99. 1960. Dokki-Cairo, Atomic Energy Establish, Nuclear Chem. Dep.) (Engl.) — 1. vgl. C. **1961.** 9915.

Die komplexometr. Best. von *Th* mit 1 ml 0,1%ig. *Chrom red brown 5 RD* (2.3.4-Trihydroxyazobenzol-4′-hydroxy-3′.5′-disulfonsäure)-Lsg. als Indicator ist zwischen pH 2,5—3,5 (Essigsäure/Acetat- oder HNO_3/NH_4OH-Puffer) selektiv. Die Probe-Lsg. soll auf 10 ml wenigstens 0,2 mg Th enthalten. $Fe^{2/3+}$ u. Zr stören u. müssen vorher abgetrennt werden.
E. Faulhaber. G 324□

Beitrag zur Germaniumbestimmung durch das Molybdänblau-Verfahren. Z. Řezáč und L. Růžičkova. (Collect. czechoslov. chem. Commun. **25.** 2242—45. Aug. 1960. Ústí n. L., Forsch.-Inst. für anorgan. Chem.) (Dt.)

Vff. untersuchten den ungünstigen Einfl. verschiedener Faktoren auf die Ge-Best. durch das Molybdänblau-Verfahren. Durch die Wahl einer geeigneten Zus. des Rk.-Gemisches wurde eine größere zulässige Zeitspanne zwischen der Zugabe des Molybdats

u. des Reduktionsmittels ermöglicht. Es wurde eine neue gemischte Metol–Sulfit-Red.-Lsg. vorgeschlagen. — Die neutrale, höchstens 250 μg Ge enthaltende Lsg. wird mit 15 ml Eisessig versetzt u. mit W. auf 40 ml verdünnt. Nach Zugabe von 1 ml einer 10%ig. Lsg. von NH_4-Molybdat u. der nach etwa 1 Min., spätestens aber binnen 10 Min. vorgenommenen Zugabe von 1 ml der Rd.-Lsg. (15 g $Na_2S_2O_5$, 1 g $Na_2SO_3 \cdot 7 H_2O$ u. 0,5 g Metol in 100 ml W.) wurde das Gemisch nach 30 Min. Stehen zu 50 ml mit W. aufgefüllt. Die Messung der Extinktion erfolgte bei 827 mμ gegen Wasser. Im Konz.-Bereich 0—250 μg Ge/50 ml weist die Eichkurve einen linearen Verlauf auf. Der mittlere Fehler der Best. beträgt 2,1 Rel.%. J. VANĚČEK/Prag. G 326

Der Komplex von Vanadyl(V) mit Äthylendiamintetraessigsäure. G. Kakabadse und H. J. Wilson. (Analyst **86**. 402—07. Juni 1961. Manchester, Coll. of Sci. and Technol., Dep. of Chem.) (Engl.)

Vff. untersuchen die Komplex-Bldg. zwischen VO_2^+ u. EDTA, bes. die Abhängigkeit von der H^+-Konzentration. Das Verhältnis $H^+ : V$ wurde zwischen 1 : 1 u. 60 : 1 variiert, die V-Konz. zwischen 0,015 u. 0,009 g-Atom/Liter. Die Endpunkt-Best. wurden konduktometr. u. mit Xylenolorange als Indicator vorgenommen. Bei einem niedrigen H^+/V-Verhältnis bilden sich VO_2^+-Ionen gemäß $VO_3^- + 2 H^+ \rightleftharpoons VO_2^+ + H_2O$ nur unvollständig. Die Verss. ergaben, daß das Verhältnis H^+/V den Wert 5 überschreiten muß. Die obere Grenze dieses Verhältnisses wird durch die Instabilität des Metall–EDTA-Komplexes in Ggw. überschüssiger Säure nach $Me^{n+} + H_2Y^{2-} \rightleftharpoons (MeY)^{n-4} + 2 H^+$ bestimmt (Y^{4-} = EDTA-Anion). Außerdem steigt mit zunehmender H^+-Konz. das Oxydationspotential des VO_2^+, wodurch die Gefahr einer Redox-Rk. zwischen VO_2^+ u. EDTA zunimmt. Die Titrationen bestätigten den quant. Charakter der Komplex-Bldg. nahe der unteren H^+/V-Grenze; an der oberen Grenze ist die Komplex-Bldg. noch quant. bei einem H^+/V-Verhältnis von 26, während bei einem Verhältnis von 36 der experimentelle Endpunkt um 5% zu tief liegt. Für höhere Verhältnisse tritt der Farbwechsel zu langsam ein; dasselbe gilt, wenn die Gesamtacidität zu hoch ist. Der pH-Wert muß über 1,8 liegen. In Lsgg. hoher H^+-Konz. erfolgt teilweise Red. zum V (IV); bei pH 2 ist die Red. so gering, daß sie die titrimetr. Best. des V (V) nicht stört. Obgleich der V(V)-EDTA-Komplex nur mäßig stabil ist u. eine genaue Einstellung zwischen minimaler u. maximaler Acidität erfordert, empfehlen Vff. die Meth. zur volumetr. Best. von V. Die Probe mit 7,5—25 mg V wird mit 30 ml 0,1 m $HClO_4$ schwach zum Sieden erhitzt, gekühlt u. auf ca. 100 ml verdünnt. Nach Zusatz von 3 Tropfen einer 0,1%ig. Lsg. von Xylenolorange in verd. A. titriert man mit 0,01 m EDTA-Lsg., bis die Lsg. rein gelb ist.

GERHARD SCHULZE. G 330 □

Bestimmung von Chromationen neben Arsenat- und Permanganationen. Ágnes Kellner, László G. Molnár und László Szekeres. (Magyar Kémikusok Lapja [Z. Ver. ung. Chemiker] **15**. 426—27. Sept. 1960. Agrártudományi Egyetem, Kém Tanszék.) (Ung.)

Die Best. von $Cr_2O_7^{2-}$ neben AsO_4^{2-} wird durch Zugabe von KBr u. Best. des freigesetzten Br_2 mit As_2O_3-Meß-Lsg. durchgeführt. $Cr_2O_7^{2-}$ neben MnO_4^- wird durch jodometr. Titration der beiden Ionen u. Red. von MnO_4 mit Na_2CO_3 u. H_2O_2 in einer zweiten Lsg. u. anschließende jodometr. Titration von $Cr_2O_7^{2-}$ bestimmt.

G. HALMI. G 335 □

Azofarbstoffe als Reagentien zur spektrophotometrischen Bestimmung von Mikrogramm-Mengen Molybdän. J. Korkisch. (Mikrochim. Acta [Wien] **1961**. 564 bis 570. Wien, Univ., Analyt. Inst.) (Dt.)

Vf. beschreibt die Anwendung der drei Azofarbstoffe Solochrome Dark Blue B (I), Solochrome Black RN (II) u. Solochrome Black AS (III) zur spektrophotometr. Best. von μg-Mengen Mo. Die Farbstoffe bilden mit Mo blaugefärbte Komplexe, die Komplex-Bldg. erfolgt nur in salzsaurer-methanol. Lsg. mit genügender Intensität, in anderen Lsgm. (W., A., Aceton usw.) bilden sich entweder nur sehr schwache Komplexe oder es kommt wegen der geringen Löslichkeit der Farbstofe in diesen Lsgm. überhaupt zu keiner Rk. des Mo. Die beschriebenen Meth. sind etwa doppelt so empfindlich wie das Verf. mit Solochrome Violet R; es lassen sich noch 1,0—2,0 μg Mo/10 ml Meß-Lsg. (d. h. 0,1—0,2 ppm) mit ausreichender Genauigkeit bestimmen. Das Absorptionsmaximum liegt bei Anwendung von **I** bei 610, von **II** bei 560 u. von **III** bei 600 mμ. Die optimalen Farbstoff-Konzz., Säure- u. Methanolmengen wurden ermittelt. Die Farb-Entw. erreicht nach 5 Min. ihre volle Intensität, die 24 Std. lang konst. ist. Im Temp.-Bereich von 15—30° ändert sich die Extinktion nicht. Die Reihenfolge des Reagenszusatzes ist ohne Einfl. auf die Meßergebnisse. Das LAMBERT-BEERsche Gesetz ist in den Konz.-Bereichen von 0—150 (μg Mo/10 ml) für **I**, von 0—30 für **II** u. von 0—100 für **III** erfüllt. Der mittlere prozentuale Fehler beträgt $\pm$ 5% bei Anwendung von **I**, $\pm$ 3% von **II** u.

± 7% von **III**; bei Konzz. < 1 bzw. 2 μg Mo/10 ml kann der Fehler > ± 10% sein. Al, Ni, Cr(III), Co, Ca, Ba, Pb, Bi(III), Zn, U(VI), Th(IV), Sr, Mn(II), Cd, Mg, As(III), Hg(II), Cl^-, SO_4^{2-}, NO_3^-, F^-, Br^- u. J^- stören nicht. Störungen werden hervorgerufen durch Cu(II), Fe(III), Zr(IV), Hf(IV), Ti(IV), V(V), Nb(V), Ta(V), Sn(II), Sb(III) u. PO_4^{3-}. Der Einfl. von selbst mg-Mengen Cu, Fe(III), Zr u. Hf läßt sich durch Zusatz von Ascorbinsäure u. EDTA eliminieren; in Ggw. der anderen Störelemente muß Mo vor der Best. abgetrennt werden. Zur Best. wird der Rückstand der zur Trockne eingedampften Mo-haltigen Lsg. unter schwachem Erwärmen portionsweise in insgesamt 2 ml 0,5n HCl aufgenommen, die Lsg. in einen 10 ml-Kolben mit ca. 4 ml CH_3OH übergeführt, mit einigen Kristallen Ascorbinsäure, 0,1 ml 0,1 m EDTA-Lsg. u. 3 ml 0,1%ig. Farbstoff-Lsg. in CH_3OH versetzt u. mit CH_3OH aufgefüllt. Die Extinktion mißt man bei den Wellenlängen der Absorptionsmaxima gegen Blind-Lsg. u. wertet über Eichkurven aus. GERHARD SCHULZE. G 336□

Die Redox-Potentiale des Wolframs in salzsauren Lösungen. R. Geyer und G. Henze. (Z. analyt. Chem. **177.** 185—90. 1960. Leuna-Merseburg, TH für Chem., Inst. für Analyt. Chem.) (Dt.)

Die kathod. Red. von *W(VI)*-Lsg. an Pb- oder Hg-Elektroden in mehr als 9n HCl verläuft stets über die 5wertige nur bis zur 3wertigen Stufe. Die W(III)-Lsgg. sind grün gefärbt. In phosphorsaurer Lsg. wird höchstens die 5wertige Stufe erreicht. An elektrolyt. hergestellten W(V)- u. W(III)-Lsgg. wurden Potentialmessungen an den Syst. W(VI/V) u. W(V/III) in salzsaurer Lsg. verschiedener Konz. durchgeführt. Die erhaltenen Potentialwerte zeigen Abhängigkeit von der Säurekonzentration. E. FAULHABER. G 337□

Eine titrimetrische Bestimmung von Uran in Gegenwart organischer Lösungsmittel. U. Veereswara Rao. (Z. analyt. Chem. **177.** 190—95. 1960. Belgrade, Inst. of Nuclear Sci.) (Engl.)

Es wird eine volumetr. Best.-Meth. von *U(IV)* ohne Zerstören des organ. Extraktionsmittels mit 0,1n Na-Vanadat-Lsg. nach GOPALA RAO (vgl. C. **1960.** 7621) beschrieben. Die Umsetzung erfolgt in 30% Tributylphosphat in Kerosin (I), Äthylacetat, 10% Dodecylphosphorsäure in I u. Methylisobutylketon in 1 m schwefelsaurer Lsg. genügend schnell. Als Indicator dient *Diphenylbenzidin* in Ggw. von 2 ml 10%ig. Oxalsäurelösung. Die Best. wird von Nitrat gestört. Nach der gleichen Meth. kann Fe(II) bestimmt werden. E. FAULHABER. G 339□

Neue Farbreaktionen auf Hexacyanoferrate(III). N. Ss. Frumina. (Журнал Аналитической Химии [J. analyt. Chem.] **13.** 586—89. Sept./Okt. 1958. Saratow, Univ.) (Russ.; Auszug: Engl.)

Eine Reihe substituierter Diphenylaminocarbonsäuren bildet mit $K_3[Fe(CN)_6]$ im alkal. Medium rotbraune Lsgg. ihrer Oxydations-Prodd. mit einem Absorptionsmaximum bei 470 mμ. Die größte Empfindlichkeit zeigen *o-Nitrophenylanthranilsäure* (**I**) u. *Diphenyltolidin-o.o-dicarbonsäure* (**II**). Das Oxydations-Prod. von **I** folgt zwischen 10 u. 100 μg in 5 ml, das von **II** zwischen 30 u. 300 μg in 4 ml Volumen dem LAMBERT-BEERschen Gesetz. Nachst. Meth. zur photometr. Best. von Spuren $K_3[Fe(CN)_6]$ in $K_4[Fe(CN)_6]$ wurde erarbeitet: 0,1—1 ml Lsg., die nicht mehr als 100 μg/mg $[Fe(CN)_6]^{3-}$ enthält, mit 0,2 ml 0,1%ig. Reagens-Lsg. (**I** oder **II**) in 0,1%ig. Soda-Lsg. versetzen u. mit 0,05n NaOH auf 5 ml ergänzen. Nach 5 Min. bei 450 mμ in einer Küvette von 5 mm Schichtdicke photometrieren. Kompensations-Fl. = H_2O. Die Eichkurve mit reinen $K_3[Fe(CN)_6]$-Lsgg. aufstellen. Synthese der Reagentien: **I** nach ULLMANN (1907); **II** analog KADIERA [1905]. S. ECKERT. G 354□

Redoxkinetische Titration von Kaliumhexacyanoferrat(III) mit Kobalt(II)-sulfat. K. Sundararajan. (J. electroanalyt. Chem. [Amsterdam] **1.** 339—40. Mai 1960. Karaikudi/India, Central Electrochem. Res. Inst.) (Engl.)

Bei der Titration von 0,05 m $K_3[Fe(CN)_6]$ mit 0,05 m $CoSO_4$ in Ggw. von Ammoniumcitrat u. NH_4OH ist der Endpunkt mit einer starken Änderung des redoxkinet. Potentials ψ verbunden. Die Anordnung besteht aus drei Pt-Mikroelektroden (0,1 cm^2). An zwei Elektroden wird eine konst. Wechselspannung angelegt (50 Hz; 0,5 mA/cm^2), die dritte dient in Verb. mit einem Galvanometer (Empfindlichkeit 5 μV/mm) zur Messung von ψ. Die Genauigkeit der Best. beträgt im Vgl. zur potentiometr. Meth. ± 0,1%, bei Verw. von 0,01 m Lsgg. jedoch nur ± 1%. A. BLASCHETTE. G 354□

Die Bestimmung der Hexacyanoferrate(II) neben Hexacyanoferraten(III), Cyaniden und Thiocyanaten. 2. Mitt. Volumetrie. S. Arribas Jimeno und B. Losa Martín. (Inform. Quím. analít. **14.** 31—33. März/April 1960.) (Span.) — 1. vgl. C. **1961.** 14038.

Für Serienanalysen wird eine volumetr. Variante der l. c. beschriebenen Best., von $Fe(CN)_6^{4+}$ (I) neben anderen cyanhaltigen Anionen ausgearbeitet. Die dort beschriebene gelbe Fällung von *Fe(CN)*$_6$*(NH*$_4$*)·2 MoO*$_3$*·3 H*$_2$*O* (II) wird in $NaHCO_3$ gelöst u. mit J_2-Lsg. oxydiert, deren Überschuß gegen $NaAsO_2$-Lsg. mit Stärke als Indicator zurücktitriert wird. Andererseits wird der rötlichbraune Nd. *Fe(CN)*$_6$*·(MoO*$_2$*)*$_2$*·2 H*$_2$*O* (III) entweder wie II behandelt, oder er wird in NH_4OH (1:1) gelöst. Diese Lsg. (A) wird dann mit überschüssiger H_2SO_4-saurer $Ce(SO_4)_2$-Lsg. oxydiert u. gegen 0,1n Fe^{2+}-Lsg mit *o-Phenanthrolin-Fe(II)* (IV) als Indicator zurücktitriert oder Lsg. A wird, genügend verd. (s. Original), mit überschüssiger H_2SO_4-saurer $KMnO_4$-Lsg oxydiert u. gegen Fe^{2+}-Lsg. mit oder ohne IV zurücktitriert oder Lsg. A wird mit H_2SO_4-saurer $K_2Cr_2O_7$-Lsg. im Überschuß oxydiert u. gegen Fe^{2+}-Lsg. mit Ba-Diphenylsulfonat als Indicator zurücktitriert, wobei der Farbumschlag ebensogut in konz. wie in verd. Lsg. stattfindet. Die Fehler der I-Best. liegen unabhängig davon, ob man mit II oder III arbeitet u. welches Oxydationsmittel genommen wird, zwischen 0 u. −0,5%, Mittel −0,2%.

W. METZENER. G 354□

Gasgehalte und Bindungsform der Gase in Ferrolegierungen. Alfons Fuchs und Johannes Niebuhr. (Arch. Eisenhüttenwes. **31.** 645—49. Nov. 1960. Nürnberg, Ges. für Elektrometallurg.) (Dt.)

Die Gasbest. von Ferro-Legg. nach dem Vakuumschmelz-Verf. wird beschrieben u. einige Schwierigkeiten, die bei diesen Analysen auftreten können, werden geschildert. *H*- u. *O*-Geh. von verschiedenen Ferro-Legg. u. Leg.-Metallen werden angegeben u. erörtert. Auf den höheren Gas-Geh. von Pulvern im Vgl. zum stückigen Material wird bes. eingegangen. Die Bindungsform von O u. N im *Ferrochrom* wird besprochen. Die Art der Oxydeinschlüsse hängt vom *Si*-Geh. im Ferrochrom ab. Beim Eindiffundieren von O in Ferrochrom bei 1300° zeigen die Arten der entstehenden Oxydeinschlüsse eine entsprechende Abhängigkeit vom Si-Gehalt. — Diskussion. H. HOCHSTEIN. G 354□

Gase in Ferrolegierungen. Roger Limpach und Borut Marincek. (Arch. Eisenhüttenwes. **31.** 639—43. Nov. 1960. Zürich, ETH, Lehrstuhl für Metallurg.) (Dt.)

Die Best. der Gas-Geh. von Ferro-Legg. in einer Vakuum-Heißextraktions-Anlage, die bei Temp. bis zu 2000° arbeitet u. mit der Gasevologramme aufgeschrieben werden können, wird geschildert. Die Unterss. verschiedener Ferro-Leg.-Sorten zeigen, daß ihr Gas-Geh. recht unterschiedlich sein kann. Die mitunter sehr hohen Geh. sind bes. von der Zus. der Ferro-Legg., von der Herkunft, der Korngröße (feinere Fraktionen zeigen höhere Gas-Geh.) sowie von der Lagerung (Zunahme mit der Zeit) gekennzeichnet. Aus den Ergebnissen werden Folgerungen für die Verw. der Ferro-Legg. u. die Probenahme für die Gas-Best. gemacht. H. HOCHSTEIN. G 354□

Beitrag zur Lösungsspektralanalyse von Oxydeinschlüssen in Stahl. S. Meyer und O. G. Koch. (Spectrochim. Acta [London] **1959.** 549—56. Okt. Neunkirchen/Saar, Neunkirchener Eisenwerke A. G., Chem. Labor.) (Dt.)

Es wird ein Mikro-Verf. zur Lösungsspektralanalyse für Oxydeinschlüsse in Stahl beschrieben. Bei einer Einwaage von 100—500 μg der Substanz u. Verw. von Co als internem Standard können die Geh. an SiO_2, Al_2O_3, FeO, MnO, Cr_2O_3, CaO, MgO u. CuO mit einem relativen Fehler von ± 5,5% (für die Einzel-Best.) quant. ermittelt werden. Das Probenmaterial wird mit einem Gemisch von $Na_2CO_3/K_2CO_3/Na_2B_4O_7 \cdot 10\,H_2O$ aufgeschlossen u. in salzsaurer Co-Citrat-Lsg. gelöst. Einen aliquoten Teil dieser Lsg. bringt man auf die vorerhitzten Graphitelektroden. Die Spektralanalyse wird im Hochspannungsfunken durchgeführt. Der Zeitbedarf für eine Best. von Oxydeinschlüssen nach der angegebenen Meth. beträgt ca. 55 Minuten. K. OHLS. G 354□

Trennung und Bestimmung von Oxydeinschlüssen in unlegiertem Kohlenstoffstahl mit einer Lösung von Brom in Methanol. 3. Mitt. **Ein Vergleich des Verhaltens verschiedener Einschlußbestandteile von Stahl in methanolischen Lösungen von Brom und Jod.** Yosaburo Okura. (Nippon Kinzoku Gakkai-Si [J. Japan Inst. Metals] **24.** 289—93. 1960.) (Jap., Auszug: Engl.) — 2. vgl. C. **1961.** 14776.

Unterss. über die Eignung von methanol. J_2- u. Br_2-Lsgg. zur Abtrennung von verschiedenen Einschlüssen in Stahl bei Raum-Temp. u. bei 60° zeigen, daß sich SiO_2, Al_2O_3, S, nichtkrist. Fe-Oxyde, Al- u. Si-Nitrid gegen beide Lsgg. gleich verhalten. MnO ist gegen Br_2-Lsg. unbeständiger als gegen J_2-Lsg.; FeS sowie Fe- u. Mn-Nitrid sind gegen O_2-Lsg. mehr oder weniger beständig. W. WESLY. G 354□

Trennung und Bestimmung von Oxydeinschlüssen in unlegiertem Kohlenstoffstahl mit einer Lösung von Brom in Methanol. 4. Mitt. **Ein Vergleich des Verhaltens einiger Komplexverbindungen von Oxyden in methanolischen Lösungen von Brom und Jod.** Yosaburo Okura. (Nippon Kinzoku Gakkai-Si [J. Japan Inst. Metals] **24.** 293—95. 1960.) (Jap., Auszug: Engl.) — 3. vgl. vorst. Referat.

Fe$_2$*P* in Ferrophosphor ist gegen Lsgg. von J_2 u. Br_2 in CH_3OH beständig u. vermag die FeO-Best. im Rückstand zu stören; *Fe-Carbid* wird dagegen völlig gelöst. SIEMENS-

MARTIN-Schlacke u. Tephroit geben sehr niedrige Werte bei Anwendung einer 60^0 warmen Lsg. von Br_2 in CH_3OH. W. WESLY. G 354□

Trennung und Bestimmung von Oxydeinschlüssen in unlegiertem Kohlenstoffstahl mit einer Lösung von Brom in Methanol. 5. Mitt. Das Verhalten von Einschlüssen in Stahl und Eisen gegen methanolische Lösungen von Brom und Jod. Yosaburo Okura. (Nippon Kinzoku Gakkai-Si [J. Japan Inst. Metals] **24.** 296—300. 1960. (Jap., Auszug: Engl.) — 4. vgl. vorst. Referat.

Zur Abtrennung der Oxyde von Si, Al, Mn u. Fe in Fe- u. Stahlstücken oder -Bohrspänen mit weniger als 0,5% C ist eine 10%ig. Lsg. von Br_2 in CH_3OH bei Zimmer-Temp. geeigneter als eine J_2-Lsg. Diese Meth. ist schneller u. spezif. als jedes andere bisher bekannte Verfahren. W. WESLY. G 354□

Zur Thermo- und Magnetoanalyse des Ni-Fe-Systems mit Elektronen. S. Yamaguchi. (Z. analyt. Chem. **177.** 269—73. 1960. Tokyo, Inst. of Phys. and Chem. Res.) (Dt.)

Proben einer Ni–Fe-Leg. (Invar) wurden mit Elektronenstrahlen ($\lambda = 0{,}03$ Å u. 100 μA) erwärmt. Mit Hilfe des LORENTZ-Effektes bei der Elektronenbeugung konnten Beobachtungen über die Temp.-Abhängigkeit der Magnetisierung gemacht werden, die mit dem magnet. Phasendiagramm des Fi–Ni-Syst. in Einklang stehen.
E. FAULHABER. G 354□

Thenoyltrifluoraceton als Reagens auf Kobalt. Santosh K. Majumdar und Anil K. De. (Z. analyt. Chem. **177.** 97—100. 1960. Calcutta, India, Jadavpur Univ., Dep. of Chem.) (Engl.)

Mikromengen Co^{2+} können mit einer alkohol. Lsg. von *2-Thenoyltrifluoraceton* zwischen pH 4—8 als orange gefärbter Komplex gefällt werden. Nach Filtration wird er mit HCl zerstört, u. das Co wird als $CoSO_4$ gravimetr. bestimmt. Der Fehler beträgt $\pm$ 1%. Ag, Hg^{2+}, Sr, Fe^{3+}, Cr^{3+}, Th, Zr, U, Citrat u. Tartrat stören die Best. nicht.
E. FAULHABER. G 355□

Photometrische Methode zur Kobaltbestimmung in Form von Hexanitrokobaltat. Florin Modrejanu und Nikolaje Iorga. (Журнал Аналитической Химии [J. analyt. Chem.] **13.** 617—18. Sept./Okt. 1958. Iaşi, Rumänien, Chem. Inst. der Akad. der Wiss.) (Russ.; Auszug: Engl.)

Hexanitrocobaltat-Lsgg. mit einem Co^{2+}Geh. von 0,35—1,5 mg/ml folgen dem BEERschen Gesetz.

Versuche: In 25-ml-Meßkölbchen wurden verschiedene Mengen (von 0,05 mg bis 3,0 mg) Co^{2+} mit 2 ml Eisessig u. 5 ml einer Lsg., von 120 g chem. reinem K-freiem $NaNO_3$ in 180 ml bi-dest. W. versetzt u. mit Hilfe eines Capillarrohres bis zur Abscheidung von Stickoxyden mit Luft gesättigt. Nach Auffüllung wurde gegen dest. W. in einer Schichtdicke von 10 mm durch ein Blaufilter colorimetriert. Die Färbung ist 2 Std. beständig u. verändert sich nicht bei Verringerung der Zugabe an $NaNO_3$-Lsg. bis auf 3 ml sowie bei Veränderung der Eisessigmenge zwischen 0,5—2 ml. Es stören: Cu^{2+}, VO_3^-, K^+, NH^+_4, Bi, Fe^{3+}. Weiter stören bei der Best. von 0,5 mg Co^{2+} in Mengen von 10,0 mg: Pb^{2+} u. Sb^{3+}; in Mengen $>$ 20 mg: Zn^{2+}, Cd^{2+}, Mn^{2+}; mehr als 24 mg Ni^{2+}, mehr als 2 mg Sn u. mehr als 1,0 mg Cr^{3+}. Selbst die 100fache Menge an UO_2^{2+} stört nicht.
S. ECKERT. G 355□

Verteilung von Metallchelaten mit verschiedenen, in 7-Stellung substituierten 8-Hydroxychinolinderivaten zwischen Wasser und Chloroform. 2. Mitt. Fritz Umland und Klaus-Udo Meckenstock. (Z. analyt. Chem. **177.** 244—65. 1960. Hannover, TH, Inst. für anorgan. Chem.) (Dt.) — 1. vgl. C. **1959. 14974.**

Durch MANNICH-Rk. wurden verschiedene in 7-Stellung substituierte *8-Hydroxychinolin* (I)-Verbb. hergestellt, die in der Seitenkette ein oder mehrere N-Atome enthalten. Dadurch entsteht aus dem einbas.-zweizähnigen I ein einbas.-dreizähniger Komplexbildner, von dem infolge ster. Hinderung vorzugsweise mit 2wertigen Metallionen Chelate gebildet werden, die mit Chlf. aus wss. Lsgg. extrahiert werden. Bei verschiedenem pH ist die quant. Extraktion u. spezif. photometr. Best. von *Cu*, *Pb* u. die nahezu spezif. Best. von *V* u. *Mg* sowie von *Zn* in Cd u. *Ni* in Co möglich. Bzgl. präparativer Herst. u. Eignung wird als Chelatbildner das *7-[α-(o-Carbomethoxyanilino)-benzyl]*-I (CMAB-Oxin) u. das *7-[α-(o-Carbomethoxyanilino)-picolyl]*-I (CMAB-Oxin) empfohlen. Der Nachteil der Reagentien besteht in der Unlöslichkeit in W., wodurch längeres Mischen bei der Extraktion nötig ist. E. FAULHABER. G 358□

Über analytische Eigenschaften einer Reihe von Azoverbindungen mit Thiazol. 1. Mitt. E. Boni und A. Hemmeler. (Chimica [Milano] **34.** 443—44. Nov. 1958. Urbino, Univ., Ist. di Chim. generale.) (Ital.)

Im Verlauf präparativer Arbeiten stellten Vff. fest, daß sich eine Reihe von Azoverbb. des Thiazols sehr gut zum Nachw. von Kationen eignen. Dargestellt wurden bisher die Azoverbb. des Thiazols mit Brenzcatechin, Resorcin, Phloroglucin, β-Naphthol,

Chromotropsäure, γ-Hydroxychinolin, Alizarin S u. Salicylaldoxim hergestellt. Sie sind zum Nachw. von Ag^+, Hg^+, Pb^{2+}, Cd^{2+}, Cu^{2+}, Bi^{3+}, Sb^{3+}, Fe^{3+}, Al^{3+}, Co^{2+}, Ni^{2+}, Mn^{2+}, Zn^{2+}, Ca^{2+} u. Mg^{2+} geeignet. C. GOTTFRIED. G 358

Thiazolazo-β-naphthol als Nachweisreagens, speziell von Kupfer, Kobalt und Zink. 2. Mitt. E. Boni und A. Hemmeler. (Chimica [Milano] **34.** 445–46. Nov. 1958.) (Ital.) — 1. vgl. vorst. Referat.

Das durch Kupplung von Diazothiazol mit β-Naphthol erhaltene *Thiazolazo-β-naphthol*, F. 138–139°, ist unlösl. in W. u. lösl. in einer Reihe organ. Lösungsmittel. In Säuren löst sich die Verb. mit gelber, in Basen mit rotvioletter Farbe. Der Nachw. von Cu ist spezif. in salzsaurer Lsg. bei einem pH $\leqq 3$. Cu^{2+} gibt eine mehr oder weniger intensive blauviolette Färbung, je nach der Konz. des Kations. Bis zu 0,5 γ Cu^{2+} pro cm^3 in 10 cm^3 Lsg. sind nachweisbar. Andere Kationen stören nicht. Das Verf. kann auch papierchromatograph. durchgeführt werden. Der Nachw. von Co ist spezif. in NH_3-haltiger Lsg. bei einem pH 10–11. Je nach der Konz. erzeugt Co^{2+} eine mehr oder weniger intensive smaragdgrüne Färbung. 1 γ Co^{2+} pro cm^3 in 10 cm^3 Lsg. ist nachweisbar. Auch in diesem Fall kann der Nachw. papierchromatograph. durchgeführt werden. Zum Nachw. von Zn eignet sich am besten die papierchromatograph. Meth., da das Reagens in Lsg. mit einer Reihe anderer Kationen gleiche Färbungen ergibt. Die Substanz in salzsaurer Lsg. wird mit NaOH behandelt u. filtriert. Das Filtrat, das das Zn^{2+} als Natriumzinkat enthält, wird mit HCl angesäuert; in Ggw. von Pb^{2+} werden einige Tropfen H_2SO_4 zugesetzt u. abfiltriert. Die Lsg. wird hierauf mit NH_3 alkal. gemacht u. in diese Lsg. das mit dem Reagens getränkte Papier getaucht. In Ggw. von Zn^{2+} erhält man eine blauviolette Färbung. Störend wirken Sn^{2+} u. in geringerem Maße Ga^{2+}. Die Nachweisbarkeitsgrenze liegt bei 1 γ Zn^{2+} pro cm^3. Eine mehr oder weniger blauviolette Färbung erhält man mit Ni (Nachweisbarkeitsgrenze 2 γ pro cm^3), Cd (5 γ pro cm^3) u. Mn (6 γ pro cm^3). C. GOTTFRIED. G 358

Analytische Anwendungen der Chelone. 17. Mitt. **Das Murexid als Indicator für die maßanalytische Makro- und Mikrobestimmung von Kupfer mit einer Maßlösung von 1.2-Diaminocyclohexantetraessigsäure.** Francisco Bermejo Martínez und Ramón Rey Mendoza. (Z. analyt. Chem. **167.** 261–64. 1959. Santiago de Compostela, Univ., Wiss. Fak., Labor. für analyt. Chem. (Dt.) — C. **1961.** 14778.) W. METZENER. G 358 □

Analytische Anwendungen der Chelone. 18. Mitt. **Spektrophotometrische und absorptiometrische Mikrobestimmung des Kupfers mit AEGT.** Francisco Bermejo Martínez und Manuel Paz Castro. (Inform. Quím. analít. **13.** 94–99. Juli/Aug. 1959. Santiago de Compostela, Fac. de Cie.) (Span.) — 17. vgl. vorst. Referat.

Die Absorptionsspektren des *Äthylenglykol-bis-[β-aminoäthyläther]-N.N.N'.N'-tetraessigsäure* (AEGT, I)-Cu(II)-Komplexes werden für 128 μg Cu/ml bei verschiedenen pH u. für 248 g Cu/ml bei pH 6,0 zum Vgl. mit den entsprechenden Cu-Komplexen des ADCT (II) u. AEDT (III) in Kurven wiedergegeben. Man beobachtet dabei eine geringe Verschiebung des Absorptionsmaximums mit steigendem pH in Richtung zum UV, obgleich es zwischen pH 4,90 u. 9,77 konst. ist. Die opt. Dichte ist andererseits bei allen untersuchten pH bis zu 2,31 im Maximum nahezu konst.; in stärker saurer Lsg. tritt Spaltung des Komplexes u. Fällung des I, in stärker alkal. solche von $Cu(OH)_2$ ein. Für Cu(II)·I liegt das Absorptionsmaximum unter obigen Bedingungen bei 608 mμ, also bei kleinerer Wellenlänge als für die entsprechenden Cu(II)·II- u. Cu(II)·III-Verbindungen. — Ausführung: Als Vorratseichlsg. diente 0,1007 m $CuSO_4$-Lösung. Zu bestimmten Teilen derselben gab man 2 ml 5%ig., mit NaOH zum Di-Na-Salz neutralisierte I-Lsg., tropfte weiter n-NaOH bis pH 7,50 zu, gab 10 ml Puffer-Lsg., pH 7,50, nach CLARK u. LUBS zu u. verd. auf 25 ml. Dann wurde die Absorption dieser Eichlsgg. u. zugleich die der entsprechend behandelten Probe-Lsg. gemessen. Fe^{3+}, Ni^{2+}, Mn^{3+} u. Co^{3+} stören. Fe^{3+} wird mit F^- maskiert, Ni^{2+} mit Dimethylglyoxim gefällt u. abfiltriert. Co^{3+} u. Mn^{3+} werden durch Kochen der Probe-Lsg. mit H_2O_2 zu den nicht störenden Co^{2+} u. Mn^{2+} reduziert. In Ggw. anderer, mit I komplexbildender, nicht störender Kationen werden größere Reagensmengen zugegeben, ohne daß ein I-Überschuß stört. Für die Absorption des Cu^{2+}·I gilt das BEERsche Gesetz von 20–500 μg Cu pro ml. Die Farbe des Komplexes ist mehrere Tage haltbar u. entspricht im Ton der des hydratisierten Cu^{2+}. Unter Einhaltung der übrigen Analysenbedingungen ändern pH-Schwankungen von 5–11 die opt. Dichte nicht, die aber in stark saurem Gebiet abnimmt; doch sichert pH 7,50 die größte Empfindlichkeit der Farbreaktion.
W. METZENER. G 358 □

Elektrochromatographische Trennung der Silber- und Thallium-Ionen voneinander und von Mischungen verschiedener mehrwertiger Kationen. Harold H. Strain, John F. Binder, G. Harlowe Evans, Harlan D. Frame jun. und John J. Hines. (Analytic. Chem. **33.** 527—31. April 1961. Argonne, Ill., Argonne Nat. Labor.) (Engl.)

Zur Entw. eines Verf. zur Trennung der Hg_2^{2+}-, Ag^+- u. Th^+-Ionen von mehrwertigen Kationen untersuchten Vff. die Effekte einiger Komplexbildner, von Mischungen dieser Substanzen u. der Variation des pH-Werts auf die Unterschiede in der Wanderungs-Geschw. dieser Ionen im elektr. Feld. Die verwendete App., die stationäre Phase u. die verschiedenen beweglichen Phasen sowie die Arbeitsweise beim Auftragen der Proben u. Entwickeln der Zonen nach der Trennung werden beschrieben. In einer 0,35m Milchsäure-Lsg., die zur Verhinderung einer Ag-Fällung u. einer Schwanz-Bldg. 0,25m NH_3 enthielt, wurden Th u. Ag voneinander u. von vielen anderen mehrwertigen Kationen getrennt (pH 4,4; 4,4 V/cm; 280 mA; 4 Std.). In einer 0,02m NH_3-Lsg. mit 0,05m $(NH_4)_2C_2O_4$ wurden Ag u. Th gemeinsam von den dabei als Oxalatokomplexe vorliegenden mehrwertigen Kationen getrennt (pH 9,8; 16 V/cm; 350 mA; 1,08 Std.). Mit einer 0,185m NH_3-Lsg., die 0,05m HCN u. 0,05m $(NH_4)_2C_2O_4$ enthielt, ließ sich nur Th befriedigend isolieren (pH 9,5; 8 V/cm; 125 mA; 30 Min.). In einer 3,0m NH_3-Lsg. mit 0,0125m Nitrilotriessigsäure ließ sich nur Ag befriedigend isolieren (pH 11,4; 8 V/cm; 58 mA; 1 Std.). Gleiche Ergebnisse ergaben sich mit 1.3-Diamino-2-hydroxy-propan-N.N.N'.N'-tetraessigsäure. Äthylendiamintetraessigsäure bildet mit Ag^+ anscheinend einen sehr starken Komplex, da das Ag^+-Ion am Startpunkt bleibt, während Th als Anion mit den mehrwertigen Ionen, ebenfalls als Chelatkomplexe, mitwandert. W. Hein. G 359□

Die analytische Chemie der Pyridinthiocyanate — 2. Mitt. **Die Trennung von Ruthenium und Palladium.** J. H. W. Forsythe, R. J. Magee und C. L. Wilson. (Talanta [London] **3.** 324—29. Febr. 1960. Belfast, N. Ireland, Queen's Univ., Chem. Dep.) (Engl.) — 1. vgl. Talanta [London] **1.** [1958.] 249.

Vff. beschreiben die Darst. von $Pd[C_5H_5N](SCN)_2$ **(I)** u. eines dunkelblauen Ru-Thiocyanat-Komplexes **(II)** u. deren Extraktions-Verh. gegen Chlf., Ae., Ketone, Tributylphosphat u. Acetate. **I** wird aus Lsgg. bis pH 12 vollständig unter Bldg. einer schwachgelben Lsg. extrahiert. **II** kann mit *Methylisobutylketon* **(III)** u. Tributylphosphat/Cyclohexan (1 : 5) aus 2n HCl-Lsg. schnell u. vollständig extrahiert werden. Die Extraktion ist unvollständig mit Äthern, Acetaten u. Chloroform. — Die Absorptionsspektren von **I** u. **II** in **III** werden angegeben. Das verschiedene Extraktions-Verh. dient zu einer Trennmeth. mit anschließender colorimetr. Bestimmung. — Die Natur der in Lsg. auftretenden Ru-Komplexe wird diskutiert. G. Günzler. G 365□

Die analytische Chemie der Pyridinthiocyanate. — 3. Mitt. **Die Trennung von Rhodium, Palladium und Platin.** J. H. W. Forsythe, R. J. Magee und C. L. Wilson. (Talanta [London] **3.** 330—34. Febr. 1960.) (Engl.) — 2. vgl. vorst. Referat.

$Pd[C_5H_5N]_2(SCN)_2$ läßt sich mit *Methylisobutylketon* **(I)** auch extrahieren, wenn durch Zugabe von Pyridin ein pH von 6,0—6,5 eingestellt wird. Unter diesen Bedingungen bilden sich keine extrahierbaren Komplexe von Rh(III) u. Pt(IV). — Ein extrahierbarer *Pt-Thiocyanat-Komplex* **(II)** entsteht durch Erwärmen von $PtCl_6^{2-}$ in 0,1n HCl-Lsg. mit CNS^-. Der goldgelbe Komplex ist ein Anionenkomplex u. läßt sich bei pH 6,5 mit **I** extrahieren. — Durch Rk. von NH_4-Chlororhodaten mit KSCN in der Wärme entsteht ein *Rh-Thiocyanat-Komplex* **(III)**, der aus 3n HCl-Lsg. mit **I** oder O-haltigen organ. Lsgm. extrahierbar ist. — Für **II** u. **III** in **I** werden die Absorptionsspektren angegeben. — Aus dem verschiedenen Extraktions-Verh. wird eine Trennmöglichkeit abgeleitet. Eine vollständige Trennung u. Best. gelingt in 1½ Stunden. — Die Natur der in Lsg. auftretenden Komplexe wird diskutiert. G. Günzler. G 368□

Spektrophotometrische Bestimmung von Platin. Anthranilsäure als ein Reagens. A. K. Majumdar und J. G. Sen Gupta. (Z. analyt. Chem. **177.** 265—69. 1960. Calcutta, India, Jadavpur Univ., Dep. of Inorgan. and Analyt. Chem.) (Engl.)

Anthranilsäure bildet mit *Hexachloroplatinsäure* bei pH 5,0 u. Erhitzen auf dem Wasserbad einen rötlichvioletten 1 : 1-Komplex mit einem Absorptionsmaximum bei 500 nm. Das Beersche Gesetz ist im Bereich von 4—64 ppm Pt^{4+} erfüllt; die optimale Konz. liegt zwischen 16 u. 48 ppm Pt. Der relative Fehler beträgt 1%. E. Faulhaber. G 368□

b) Organische Verbindungen

Organische quantitative Analyse. 25. Mitt. **Untersuchung der Außenabsorption der Stickoxyde mit Mangan(IV)-oxyd bei der Kohlenstoff- und Wasserstoffbestimmung.** M. Večeřa und D. Šnobl. (Collect. czechoslov. chem. Commun. **25.** 2013—21,

Aug. 1960. Pardubice-Rybitví, Forsch.-Inst. für organ. Synthesen.) (Dt.) — 24. vgl. C. **1961**. 1674.

Die Absorptionsfähigkeit verschiedener Präpp. von *MnO_2* bei der Außenabsorption von NO_2 wurde untersucht u. die für die Verw. von MnO_2 bei modernen Verff. in der Elementaranalyse prakt. wichtigen Folgerungen werden erörtert. Die Absorptions-Eigg. wurden bei folgenden MnO_2-Präpp. ermittelt: *kristallin. Modifikation des β-MnO_2* (**A**); *teilweise krist. Modifikation von MnO_2* (**B**); *amorphes MnO_2* (**C**). **B** enthielt neben $MnO(OH)_2$ (ϑ-MnO_2) eine kleine Menge Mn_3O_4, **C** war gelartiges ϑ-MnO_2. Die mit der BET-Meth. festgestellte spezif. Oberfläche (S) von **A** betrug 2,9 m^2/g; bei den übrigen MnO_2-Präpp. konnte dieses Verf. im Hinblick auf die Ggw. von $MnO(OH)_2$ nicht verwendet werden. Die NO_2-Absorption wurde sowohl in NO_2-Atmosphäre unter stat. Bedingungen (bei **B**) als auch im strömenden Gasgemisch von NO_2 u. O_2 in einer üblichen Verbrennungs-App. für C- u. H-Mikrobest. untersucht. Die Gewichtszunahme von **B** in der NO_2-Atmosphäre bei der Rk. des gesamten MnO_2 wies auf das Verhältnis $MnO_2 : NO_2 = 1 : 2$ hin, was mit der Summengleichung: $N_2O_4 + MnO_2 = Mn(NO_3)_2$ im Einklang ist. Bei den Außenabsorptionsmessungen im NO_2-Strom wurde *Piperidinpikrat* als NO_2-Quelle im O_2-Strom verbrannt u. die Absorptionskapazität einzelner MnO_2-Präpp. mit Hilfe von *N.N'-Tetramethylbenzidin* an *Silicagel* (**I**) als Indicator des durchgegangenen NO_2 kontrolliert. Überdies wurde die Absorption von verschiedenen NO_2-Mengen an überschüssigem MnO_2 (**C**) derart durchgeführt, daß das während des Vers. aus MnO_2 freigesetzte W. mit *$Mg(ClO_4)_2$* (**II**) aufgefangen u. aus der entsprechenden Gewichtszunahme festgestellt wurde. Durch Abrechnung des Feuchtigkeitswassers, dessen Geh. in MnO_2 bekannt war, wurde die Menge des freigewordenen chem. gebundenen W. ermittelt, wobei das konst. Verhältnis $NO_2 : H_2O = 1 : 1$ gefunden wurde. Hieraus ergibt sich, daß sämtliche an der MnO_2-Oberfläche befindlichen Oxydanionen in OH-Form zugegen sind u. daß die NO_2-Absorptions-Rk. nach der Summengleichung: $Mn(OH)_4 + N_2O_4 = Mn(NO_3)_2 + 2H_2O$ verläuft. Die Ggw. von OH-Gruppen ist daher für die Absorptionsfähigkeit von MnO_2 unentbehrlich. Mit Rücksicht darauf, daß im Gasstrom, wo alles freie W. aus der Oberfläche von MnO_2 sofort weggeführt wird, die angeführte Rk. prakt. nur in einer monomol. Oberflächenschicht stattfinden kann, ist in diesem Falle die Absorptionskapazität von MnO_2 dem Wert der spezif. Oberfläche proportional. Da sämtliche MnO_2-Präpp. hydratisierte Oberflächen aufweisen, ist für ihr Absorptionsvermögen prakt. lediglich der Wert der spezif. Oberfläche ausschlaggebend. Auf Grund dieser Beziehungen schlagen Vff. zur Berechnung der spezif. Oberfläche einzelner MnO_2-Präpp. die Formel: $S = a \cdot 6{,}02 \cdot 10^{23} \cdot 27 \cdot 10^{-16} \cdot 10^{-4}/NO_2\ m^2/g$ vor, worin a die Menge des von 1 g MnO_2 absorbierten NO_2 bedeutet; es wird vorausgesetzt, daß jedes NO_3^--Anion die Fläche von ca. 27 Å² blockiert. Diese Berechnungsart ist bes. bei jenen MnO_2-Präpp. von Bedeutung, wo andere Meth. zur Best. der spezif. Oberfläche versagen. Für das **A**-Präp. wurde nach der obigen Formel $S = 2{,}8\ m^2/g$ berechnet; dieser Wert stimmt mit dem früher angeführten gut überein. Für **B** wurde analog $S = 411$ bzw. (**B** an **I**) 184 m^2/g, für **C** (2 Präpp.) 570 u. 612 m^2/g berechnet. Dementsprechend weist **C** die höchste Absorptionskapazität auf, während **A** prakt. inakt. ist. Herst. von **C**: Zur 5%ig. neutralen $MnSO_4$-Lsg., die mit 1000 ml wss. Suspension von 20 g ZnO versetzt wurde, wird unter Rühren bei 50° eine äquivalente Menge neutraler 5%ig. $KMnO_4$-Lsg. zugegeben; nach 3maliger Dekantation wird ZnO durch Zugabe *10%ig. HNO_3* bis zur sauren Rk. gelöst, der restliche Nd. wiederholt mit HNO_3 u. darauf mit W. dekantiert, abgesaugt, mit warmem W. bis zum Verschwinden der Rk. auf SO_4^{2-} gewaschen u. 8 Std. bei 90° getrocknet. Das trockne Präp. soll 17—18% W. enthalten. Die größte Wirksamkeit besitzen frische **C**-Präpp.; jedoch sind sie selbst nach 1 Jahre noch verwendbar, u. die Füllung von ca. 500 mg **C** reicht für 50—100 Analysen. Zum verläßlichen Auffangen des bei der NO_2-Absorption in Freiheit gesetzten W. wird **II**, dessen Gewicht ½ jenes von MnO_2 beträgt, verwendet. **C** kann in genügend fester, körniger Form hergestellt werden, so daß verschiedene Träger nicht vorzugsweise notwendig sind. K. KÁMEN/Prag. 5352

Von der Jodzahlschnellmethode zur jodometrischen Säurezahl. Walther Ruziczka. (Österr. Chemiker-Ztg. **61**. 298—303. Okt. 1960. Wien.) (Dt.)

Überblick über die wichtigsten Meth. zur Best. der JZ. einschließlich der Überjodzahl u. der jodometr. Säure-Best. mit Angabe von Arbeitsvorschriften.

K. Ross. 5358□

Bestimmung von Alkoxylgruppen durch Titration in nichtwässerigem Medium. Robert H. Cundiff und P. C. Markunas. (Analytic. Chem. **33**. 1028—30. Juli 1961. Winston-Salem, N.C., R. J. Reynolds Tobacco Co.) (Engl.)

Eine Variation der ZEISEL-Meth. wird beschrieben, bei der das *Alkyljodid* im N_2-Strom in eine Vorlage mit Pyridin getrieben wird. Anschließend wird potentiometr.

gegen Tetrabutylammoniumhydroxyd titriert. Der erste Wendepunkt der Titrationskurve entspricht der mit dest. HJ, die zweite dem Alkyljodidgehalt. Da also HJ, J_2 u. Sulfide nicht stören, entfällt die Waschvorrichtung. E. Dehmlow. 5364□

Eine Methode zur Analyse von tertiärem Butylalkohol. Michael R. F. Ashworth. (Ann. Univ. Saraviensis 7. 97—106. Okt. 1958. Saarbrücken, Univ. des Saarlandes, Inst. für organ. Chem.) (Engl.)

Vf. prüfte die Rk. zwischen tert.-Butanol (I) u. konz. HCl auf ihre Eignung zur Best. von I durch Rücktitration der nicht umgesetzten Menge HCl. Obwohl die Rk. nur zu einem ca. 95—98%ig. Umsatz führt, können bei Einhaltung geeigneter Rk.-Bedingungen reproduzierbare Ergebnisse erzielt werden. Die Best. von I nach der beschriebenen Meth. ist auch in Ggw. etwa gleich großer Mengen anderer Substanzen (W., Alkohole, Dioxan, Äther, KW-Stoffe u. a.) durchführbar. — Arbeitsvorschrift: 1 ml der zu bestimmenden Mischung wird in einen 100-ml-Erlenmeyer-Kolben mit Schliff eingewogen u. mit 2 ml 12,7n HCl versetzt. Dann wird ein kurzer, innen angefeuchteter Kühler auf den Kolben gesetzt u. dieser 2½ Min. lang in ein Wasserbad von 50° getaucht. Nach dem Abkühlen unter fließendem W. werden ca. 10 ml CCl_4 durch den Kühler zugefügt. Nach Umschwenken werden ca. 90—95% der zur Rücktitration erforderlichen Menge n NaOH durch den Kühler in den Kolben gegeben. Der Kolbeninhalt wird dann durch den Kühler in einen zweiten gleichartigen Kolben gegossen, worin nach Zugabe von Methylrot als Indicator gegen n NaOH bis zum Farbumschlag titriert wird. Dann wird der Kolbeninhalt wieder durch den Kühler in den ersten Kolben zurückgegossen. Dabei schlägt der Indicator wieder um, u. es wird abermals mit n NaOH titriert. Dieser Vorgang wird wiederholt, bis beim Umgießen von einem Kolben in den anderen kein Indicatorumschlag mehr erfolgt. Die Operationen sind möglichst rasch auszuführen, um die langsam eintretende Hydrolyse des tert.-Butylchlorids gering zu halten. Die Standardisierung des konz. HCl wird in gleicher Weise vorgenommen. K. Pavel. G 560

Chromatographische Trennung von Mikrogramm-Mengen von Butyl- und Isooctylalkohol. T. G Lipina. (Заводская Лаборатория [Betriebs-Lab.] 26. 55—56. 1960. Inst. für Arbeitshyg. u. Berufserkrankungen.) (Russ.)

Das Chromatographieren wird auf Glasplatten, die mit dem Adsorbens bedeckt sind, durchgeführt. Die Trennung wird in Form der 3.5-Dinitrobenzoate der entsprechenden Alkohole durchgeführt. Die Best. derselben wird nach der Janowski-Rk. ausgeführt, die auf der Eig. der Dinitro-Derivv. der aromat. Reihe beruht, mit Aceton u. Alkali gefärbte Verbb. zu geben. Die Meth. eignet sich zur Trennung von 10—200 γ der Dinitrobenzoate des n-Butylalkohols u. der Isobutylalkohole. Die Intensität der blauvioletten Färbung wurde mit dem Stufenphotometer bei 575 mμ gemessen. Die Färbung gehorcht dem Lambert-Beerschen Gesetz. Die kalibrierten Kurven des Äthyl-, Butyl- u. Isooctylalkohols liegen nahe beieinander. Für Methylalkohol ist die Kurve etwas steiler. Empfindlichkeit der Meth. 5 γ. E. Steinberg. G 560□

Potentiometrische Methode zur Differenz-Titration organischer Basen in Methyläthylketon. A. P. Kreschkow, L. N. Bykowa und N. Sch. Schemet. (Доклады Академии Наук СССР [Ber. Akad. Wiss. UdSSR] 134. 96—99. 1/9. 1960. Chem.-technolog. Mendelejew-Inst.) (Russ.)

Organ. Basen u. ihre Gemische wurden mit Glas- u. Kalomelelektroden potentiometr. titriert. In ein 100-ml-Becherglas bringt man 30 ml Methyläthylketon u. leitet trocknen N_2 hindurch. 0,02—0,05 g Einwaage bringt man in das Becherglas. Die Fl. wird mit einem magnet. Rührer gerührt u. gegen eingestellte Perchlorsäure-Lsg. (8,5 ml 72%ig. $HClO_4$ in reinem Methyläthylketon), indem man jeweils 0,1 ml u. späterhin in der Nähe des Äquivalentpunkts 0,02 ml zufügt, titriert. Man titriert bis zum Maximum des Potentials, bis dieses sich beim weiteren Zusatz des Titriermittels nicht ändert u. konst. bleibt. Zum Vgl. wird gleichzeitig gegen $HClO_4$ in Methyläthylketon u. gegen $HClO_4$ in Dioxan oder in Essigsäure titriert. Verss. zeigten, daß man beim Titrieren mit $HClO_4$ in Methyläthylketon größere Potentialsprünge erhält als mit Lsgg. von $HClO_4$ in Dioxan oder Essigsäure. So beträgt der Potentialsprung beim Titrieren von Tetraäthylammoniumhydroxyd gegen $HClO_4$ in Methyläthylketon 1150 mV u. gegen $HClO_4$ in Dioxan 500 mV. E. Steinberg. G 900□

Untersuchung der Titration von Aminosäuren. 1. Mitt. S. Lewin. (Lab. Pract. 8. 292—95. Sept. 1959. London, South-West Essex Techn. Coll., Phys. Chem. Labor.) (Engl.)

Es werden bekannte Möglichkeiten diskutiert, die bei der direkten volumetr. Titration von *Aminosäuren* (I) gegen Alkali auftretende Schwierigkeit der Endpunkts-Best. zu erleichtern. Bei der Titration nach Sörensen mit *Phenolphthalein* (II) als Indicator ist darauf zu achten, daß der lineare Bereich der Titrierkurve tatsächlich unterhalb pH 10 liegt. Deshalb sollte der *Formaldehyd* (III) an Ionenaustauschern gereinigt werden, denn unter aeroben Bedingungen können sich störende Säuremengen bilden. Bei I mit kleiner I–III-Gleichgewichts-Konst. sollte statt II eine Glaselektrode u. Differential-Meth. angewandt werden. I soll in möglichst hoher Konz. vorliegen u. wegen möglicher bakterieller Zers. bald titriert oder unter anaeroben Bedingungen im Kühlschrank gelagert werden. R. Junge. G 950□

c) Bestandteile von Pflanzen und Tieren

Technik zur Saftextraktion aus Pflanzengewebe. E. A. McComb und V.V. Rendig. (Chemist-Analyst **49.** 55. Juni 1960. Davis, Calif., Univ., Dep. of Soils and Plant Nutrit.) (Engl.)

Das Pflanzenmaterial wird in einem PVC-Schlauch (∅ ca. 1 cm), der mit einer Klemme an einem Ende verschlossen ist, gefüllt u. mit den Fingern zerrieben. Durch Aufrollen des Schlauches auf die Klemme wird der Saft an die Oberfläche des Materials gedrückt u. kann mit einer Mikropipette zur chromatograph. Unters. entnommen werden. W. Luchsinger. 5660□

Die Nitratbestimmung in Pflanzensubstanz. Catharina Louise Harberts und Gertie Thijsen. (Landwirtsch. Forsch. **13.** 128—34. 1960.) (Dt.)

Es wurden die in Deutschland gebräuchliche Meth. von Balks u. Reekers mit 1.2.4-Xylenol (3.4-Dimethylphenol; I) u. die in den Niederlanden u. Skandinavien üblichen nach „Maastricht" sowie die mit 1.3.4-Xylenol (2.4-Dimethylphenol) zur Nitrat-Best. in Pflanzensubstanz, Futtermitteln usw. überprüft. Das 1. Verf. ergibt zu hohe Werte, was sich dadurch erklärt, daß I, außer mit Nitrat, auch mit anderen Substanzen reagiert, wobei Prodd. entstehen, die ebenso wie das gebildete Nitroxylenol den alkal. Ätherauszug färben u. dadurch die Nitrat-Best. stören. Die störenden Substanzen können durch bestimmte Vorbehandlung des Pflanzenmaterials beseitigt werden: dieses wird ½ Std. lang in einem Meßkolben mit 10 ml Extraktions-Lsg. (34 g $CuSO_4 \cdot 5H_2O$ + 10 ml Kalkmilch im Liter) geschüttelt, mit 1 Tropfen Octylalkohol versetzt, nach Auffüllung auf 50 ml filtriert. Die Nitrat-Best. erfolgt in einem aliquoten Teil des Filtrats durch Absorptionsmessung bei 430 mμ u. ergibt die gleichen Werte wie das als zuverlässig erwiesene 2. Verfahren. M. Wroblewski. 5664□

Nitratbestimmung in Pflanzensubstanz mit 1.2.4-Xylenol. R. Balks und Inge Reekers. (Landwirtsch. Forsch. **13.** 134—36. 1960. Münster, Joseph-König-Inst. der Landw.-Kammer Westfalen-Lippe.) (Dt.)

Die von Vff. 1954 vorgeschlagene Meth. zur Best. des Nitrat-Geh. im Pflanzenmaterial (in Futtermitteln usw.) ergibt zu hohe Werte, bes. bei Unterss. von jungem Gras. Dies wird durch störende Substanzen, hauptsächlich wasserlösl. Kohlenhydrate, hervorgerufen. Der störende Einfl. kann jedoch durch Filtration des zu untersuchenden Pflanzenextrakts durch eine vorher mehrfach mit warmem W. ausgewaschene, dann bei 600° im Muffelofen geglühte Al_2O_3-Säule beseitigt werden. Der Pflanzensubstanzextrakt zur Unters. kann durch Schütteln mit $CuSO_4$-Lsg. (1 g $CuSO_4 \cdot 5H_2O$ in 100 ml W.) hergestellt werden. Auch weitere Vereinfachung der Meth. wird vorgeschlagen. Vergleichende Unterss. zeigten, daß die Meth. nach ihrer Modifikation Werte ergibt, die mit denen nach der niederländ. Meth. „Maastricht" übereinstimmen.
M. Wroblewski. 5664□

Eine Schnellmethode zur Bestimmung von Magnesium in Pflanzenmaterial. E. G. Bradfield. (Analyst **86.** 269—71. April 1961. Bristol, Res. Stat.) (Engl.) — Vgl. C. **1961.** 606.

Die Best. von Mg in Pflanzenrückständen mit Titangelb erfordert die Abtrennung von PO_4^{3-} mit Hilfe einer Ionenaustauschsäule. Vf. beschreibt ein Best.-Verf. mit gleicher Genauigkeit u. geringerem Zeitbedarf, wobei die Mg-Menge photometr. bestimmt wird. Die getrockneten Pflanzenrückstände werden in 0,5n HCl gelöst u. so verd., daß die Proben 5—25 μg Mg enthalten. Die Anfärbung erfolgt mit einer standardisierten Lsg. von Titangelb in 50%ig. Glycerin, die 0,05% Polyvinylalkohol enthält, u. NaOH. Die Extinktionsmessung wird bei 550 nm vorgenommen, die Auswertung erfolgt über eine Eichkurve. Die Rk. von $Mg(OH)_2$ mit Titangelb wird auch durch einen 10fachen PO_4^{3-}-Überschuß nicht gestört, wenn die End-Konz. des Mg $< 1{,}25$ ppm ist. Ca muß durch Äthylenglykol-bis-[β-aminoäthyläther]-N.N'-tetraessigsäure komplexiert werden u. stört dann nicht. Bei hohem PO_4^{3-}-Geh. kann dann auch kein $Ca_3(PO_4)_2$ ausfallen. Fe wird bis zur doppelten u. Zn bis zur 4fachen Menge gegenüber dem Mg durch Triäthanolamin so komplexiert, daß keine Störungen auftreten. Der Einfl. von Al in Ggw. von Triäthanolamin bleibt bis zur doppelten Menge konst. u. kann herauskompensiert werden. Cu stört bis zur doppelten Menge in Ggw. von Glycerin nicht. Der Mn-Geh. darf nur die Hälfte der Mg-Menge erreichen. Die beschriebene Mg-Best. stimmt in der Genauigkeit mit der volumetr. Meth. über 8-Hydroxylchinolin überein. K. OHLS. 5664□

Direktanzeigende spektrometrische Bestimmung von Zink, Kupfer und Blei in pflanzlichen Materialien. A. Strasheim und D. J. Eve. (Appl. Spectroscopy **14.** 97–100. 1960. Pretoria, Union of South Africa, Council for Sci. and Ind. Res., Nat. Phys. Labor.) (Engl.)

Zn, Cu u. Pb können in Pflanzenmaterialien nach Veraschen u. Anreicherung durch Extraktion der Dithizonate mit $CHCl_3$ aus Citrat-Lsg. spektrometr. bestimmt werden. Die $CHCl_3$-Lsg. wird mit einem BECKMAN-Zerstäuber auf die Oberfläche eines mit 6 U/s rotierenden Kohlerädchens (aus Graphitpulver + 20% $NaCO_3$ zur Untergrundverminderung gepreßt) aufgebracht. Dieses ist als Anode eines Gleichstromabreißbogens (3,5 A) geschaltet. Zur Spektrallinienregistrierung diente ein HILGER-Medium-Spektrograph mit selbstkonstruiertem lichtelektr. Ansatz. Die Auswertung erfolgte nach den Linien Zn 2138,6 Å, Pb 2833,1 Å u. Cu 3247,5 Å mit Cd 3261,1 Å als Bezugslinie. Aus 10 Parallelbest. wurden folgende Variations-Koeff. errechnet: Zn –5,1%, Cu –7,3%, Pb –6,1%. Bes. Wert ist auf die Reinheit der verwendeten Chemikalien zu legen.

R. GERBATSCH. 5664□

Über die Anwendung der Papierelektrophorese bei der Prüfung der Homogenität von Samenproteinen. Ju. Ja. Gofman und I. A. Waintraub. (Биохимия [Biochemie] **25.** 1049–54. Nov./Dez. 1960. Kischinew, Univ., Labor. für Eiweißchem.) (Russ.; Auszug: Engl.)

Bei der elektrophoret. Trennung von *Legumin* (I) u. *Vicilin* (II) aus dem Samen von Pisum sativum wird **I** viel stärker vom Papier adsorbiert als **II.** Um die dadurch bedingten Ungenauigkeiten zu vermeiden, muß das Gemisch **I** + **II** in möglichster Nähe der Gleichgewichtslage des zu bestimmenden Eiweißes aufgetragen werden, so daß dieses Eiweiß in einer Richtung, der Rest in der entgegengesetzten Richtung wandert. Auf diese Weise läßt sich eine **II**-Beimengung von ca. 4% in **I** nachweisen. Das aus dem Erbsensamen durch isoelektr. Fällung gewonnene **I**-Präp. enthält weniger als 3,5% **II,** wenn diese Fällung 5mal durchgeführt wird. Das **II**-Präp. besteht aus 2 Komponenten, die sich in der elektrophoret. Beweglichkeit wenig voneinander unterscheiden. Die als Beimengung in Höhe von ca. 10% in **II** vorkommende Komponente hat eine elektrophoret. Beweglichkeit, die zwischen den Werten von **I** u. **II** liegt. Vff. vermuten, daß diese Beimengung kein **I** ist. O. LEBTAG. 5666□

Frank Brescia, Laboratory studies in general chemistry. New York: Academic Press. 1961. (210 S. m. Abb.) $ 3.25.

Philip J. Dickerman, ed., Symposium on optical spectrometric measurements of high temperatures, University of Chicago, 1960. Optical spectrometric measurements of high temperatures. Chicago: Univ. of Chicago Press. 1961. (268 S. m. Abb.) $ 12.50.

Robert Blanchard Fischer, A basic course in the theory and practice of quantitative chemical analysis. 2nd edit. Philadelphia, London: Saunders. 1961. (XI + 501 S. m. Abb. u. Tab.) 47 s.

Clarence Erwin McClung, Handbook of microscopical technique for workers in animal and plant tissues. 3rd edit. revised and enlarged. New York, London: Hafner. 1961. (XIX + 790 S. m. Abb., Tab. u. Diagr.) 6£ 6 s.

George Alfred Morrison, Systematic qualitative analysis: an introduction. London: Butterworths. 1961. (IX + 198 S. m. Tab.) 25 s.

C. J. van Nieuwenburg en **J. W. L. van Ligten,** Kwantitatieve chemische microanalyse. Hilversum: D. B. Centen. 1961. (144 S. m. Abb.) hfl. 11.50.

Nikolai Sergeevich Poluektov, Techniques in flame photometric analysis. New York: Consultants Bureau. 1961. (XVI + 219 S. m. Abb.) $ 9.50.

Charles Norwood Reilley and Donald Turner Sawyer, Experiments for instrumental methods. New York, London: McGraw-Hill. 1961. (XI + 412 S. m. Tab. u. Diagr.) 46 s.

Hunter Rouse, Laboratory instruction in the mechanics of fluids. Iowa City: State Univ. of Iowa. 1961 (60 S. m. Abb.) $ 1.—.

H. Angewandte Chemie

I. Allgemeine chemische Technologie

Kombinierte Verwendung thermischer Energien. J.-E. Lafon. (Métallurgie Construct. mécan. **91.** 477–83. Juni 1959.)

An Beispielen, wie einer Gewinnungsanlage für elektr. Energie u. an einem MARTIN-Ofen zur Erzeugung von Stahl, wird gezeigt, daß Energiequellen verschiedener Herkunft sich vorteilhaft kombinieren lassen. F. VIER. 5800□

Die Konzentrationsverteilung eines 2-Phasenstroms durch ein Rohr. S. L. Soo und J. A. Regalbuto. (Canad. J. chem. Engng. **38.** 160—66. Okt. 1960.) (Engl.)

Die Konz.-Verteilung fester Teilchen in einem turbulenten 2-Phasenstrom in einem Rohr wurde mittels einer Anschlagzähl-Vorr. untersucht, wobei der Transport wegen der Trägheit der Teilchen längs des Geschw.-Feldes des turbulenten Stroms durch turbulente Diffusion in Geschw.-Abnahme der Teilchen durch den Strom in der Nähe der Rohrwand u. in Beschleunigung in Richtung gegen einen Kern hoher Geschw. resultiert. Im Kern selbst haben die Teilchen eine geringere mittlere Geschw. als der Fluß, während in der Nähe der Wandung die mittlere Geschw. höher ist. Dies ergibt eine Zunahme der ungleichmäßigen Verteilung fester Teilchen in einem vollkommen entwickelten turbulenten Fluß. J. EGGERT. 5800□

Billiges Inertgas — ein neues Betriebsmittel. Gerd v. Bennigsen. (Erdöl u. Kohle **12.** 646—48. Aug. 1959. München-Allach, Kraus-Maffei AG.)

Beschreibung einer Schutzgasanlage, Syst. KRAUS-MAFFEI, München, mit Rest-Geh. an unverbrannten Brennstoffbestandteilen u. O_2 von zusammen unter 0,5%. Zur Herst. sind geeignet alle brennbaren Gase von 300 kcal/Nm³ an u. alle destillierbaren aschefreien fl. Brennstoffe. Leistung 500—2000 Nm³/h. Verw. als Inertgas zum Ausblasen, als Trägergas u. zur Brandbekämpfung. A. KNICKENBERG. 5804□

Untersuchungen über die Eignung polnischer Aktivkohlen zur Gastrennung. Emil Zieliński. (Przemysl chem. **39.** 16—18. Jan. 1960. Kraków, Akad. Górn.-Hutn., Kat. Chem. ogóln.) (Pol.)

Die Adsorptionsisothermen von H_2, N_2, He, Ne, Ar an Aktivkohlen poln. Produktion bei der Temp. des fl. N_2 werden angegeben. Die Adsorptionsfähigkeit der Kohlen ist nur annähernd von der spezif. Oberfläche abhängig. Größere Bedeutung für dieAdsorption hat die Struktur der zur Herst. der Kohlen verwendeten Ausgangsstoffe. F. URBAN. 5850□

Entfernung von Schwefeldioxyd aus den Rauchgasen von Wärmekraftwerken. Zdeněk Špitálník und Miloslav Stary. (Chem. Průmysl **11(36).** 74—76. Febr. 1961. Ustí n. L., Výzkumný ústav anorg. chemie.) (Tschech.)

Vgl. der verschiedenen Verff., durch Absorption mittels CaO, $CaCO_3$ u. a. SO_2 zu binden. Die besten Ergebnisse wurden mit den Verff. erzielt, die NH_3 bzw. $MgCO_3$ verwenden. J. SCHNEIDER. 5850□

Entgiften der Abgase der Viscose-Reyon-Fabriken. Andrzej Kaszyński. (Przemysl chem. **39.** 141—45. März 1960. Łódź, Inst. Włókien sztucznych synt.) (Pol.)

Übersicht über Absorptions- u. Oxydations-Verff. zur Beseitigung von H_2S u. CS_2 aus den Abgasen. — 18 Literaturangaben. F. URBAN. 5850□

Beitrag zur Untersuchung des Massentransportes zwischen einer mobilen und einer stationären Phase. I. V. Robu. (Lucrările Inst. Petrol, Gaze Geol. București **5.** 109—23. 1959.) (Rum.) — Vgl. C. **1961.** 6266.

Ableitung einer Differentialgleichung für die „sukzessive Extraktion" als Beziehung zwischen der Konz. des Lsgm. u. der Menge des extrahierten Stoffs für jede Einzelextraktion. W. WESLY. 5862□

Untersuchungen über die Vakuumkristallisation von Ammoniumchlorid. Jerzy Synowiec und Janina Pabis-Machej. (Przemysl chem. **39.** 161—67. März 1960. Gliwice, Inst. Chem. nieorgan.) (Pol.)

Die Größe der NH_4Cl-Kristalle, die aus einer Lsg. von NH_4Cl u. NaCl beim Abkühlen ausfallen, ist von der Rührgeschw., der Konz. der Lsg. u. der Kühlgeschw. abhängig. Optimale Ergebnisse werden bei Blattrührern bei 40 U/min, bei 150 Min. langer Kristallisationszeit u. einem Temp.-Abfall von 1°/min erzielt. Bei der Kristallisation einer Lsg. von 31 (%) NH_4Cl u. 11 NaCl in kontinuierlich arbeitenden Vakuumkristallisatoren in 3 Stufen (55 Torr–52°, 32 Torr–44° u. 20 Torr–37°) wird unter den angegebenen Bedingungen 96%ig. NH_4Cl mit 70—90 μ Korngröße erhalten. Das Prod. enthält noch 0,2—1% NaCl u. Spuren Fe aus dem Gefäß. Die starke Korrosion der Gefäße kann nur durch sorgfältige Gummierung der Kristallisatoren verhindert werden. Die Vol.-Ausbeute ist bei Anwendung der kontinuierlichen Kristallisatoren 5mal größer als bei period. arbeitenden Apparaten. F. URBAN. 5868□

Apparatur zur Bestimmung der Oberflächengröße von staubförmigen Stoffen durch die Gasadsorption. O. Grubner und V. Benešová. (Chem. Průmysl **11(36).** 71—73. Febr. 1961. Praha, ČSAV, Ústav fysikální chemie.) (Tschech.)

Es wurde eine App. nach CABICAR für die Best. der Oberflächengröße auf Grund von Adsorptionsmessungen bei niedrigen Drücken entsprechend einer Oberflächengröße von 0,5 m² u. mehr verwendet. Meßbedingungen: $1 \cdot 10^{-3}$ mm Hg, 99% ig. Gase u. $\pm 1°$;

Fehler der Messung 4%. Prakt. Messungen wurden mit TiO_2 u. 2 Sorten von Ar verschiedener Reinheit durchgeführt. J. SCHNEIDER. 5888□

Kontinuierliche Messung der Konzentration von Lösungen mit Bremsstrahlung niederenergetischer, radioaktiver Beta-Strahler. W. Kühn. (Chemie-Ing.-Techn. **32.** 747—49. Nov. 1960. Karlsruhe, Isotopen-Studienges. e. V., Kernforschungszentrum.) (Dt.)

Es wird ein Verf. zur Konz.-Best. von Lsgg. beschrieben, das auf der photoelektr. Absorption von γ- bzw. Röntgenstrahlung der Energie 10—100 keV in Lsgg. beruht. Die Strahlungsschwächung steigt mit zunehmender Ordnungszahl. Mit Hilfe von künstlich radioakt. β-Strahlern, z. B. ^{3}H, ^{63}Ni, ^{106}Ru, ^{147}Pm, ^{45}Ca, ^{85}Kr, ^{204}Tl, u. einem abbremsenden Material, z. B. Zr, entsteht eine Röntgenbremsstrahlung, die keinen Strahlenschutz erfordert. Als Detektor dient ein Szintillometer mit Photomultiplier u. CsJ-Kristall. Das Verf. eignet sich auch zur kontinuierlichen Überwachung des Mischungsverhältnisses von Lösungen. Die untere Erfassungsgrenze beträgt für KCl 0,25 Gewichts-% Salz. Bei Lsgg. organ. Stoffe versagt das Verfahren. H. HARENZ. 5888□

Katalytische Herstellung von Magnesiumhydrid. J. P. Faust, E. D. Whitney, H. D. Batha, T. L. Heying und C. E. Fogle. (J. appl. Chem. **10.** 187—88. April 1960. Niagara Falls N.Y., Olin Mathieson Chem. Labor.) (Engl.)

Herst. von MgH_2 durch Einw. von H_2 auf Mg bei 175° u. 5 at in Ggw. von Allyljodid, Propargylbromid u. J als Beschleuniger. Ausbeute 99,6%. F. ROSENDAHL. 5904□

Über die Beeinflussung der katalytischen Eigenschaften des Platins durch verschiedene Katalysatorträger. Dietwart Nehring und Hans Dreyer. (Chem. Techn. **12.** 343—44. Juni 1960. Rostock, Dt. Akad. der Wiss., Inst. für organ. Katalyseforsch.) (Dt.)

Wenn für Pt als Trägersubstanz ein n-leitendes Metalloxyd verwendet wird, so tritt bei der Hydrierung von Cyclohexan die Spaltung der C—C-Bindung in den Hintergrund. Bei anderen Trägern wird ein großer Teil des Cyclohexans zu niederen KW-Stoffen abgebaut auf Kosten der Benzolausbeute. Die Beeinflussung von Pt durch n-leitende Oxyde wird durch elektron. Wechselwrkg. erläutert. F. ROSENDAHL. 5904□

E. I. du Pont de Nemours & Co. (Erfinder: Webster Raymond Schmidt), Wilmington, Del., V.St.A., **Wärmebeständiger, zur Verarbeitung auf Gebrauchsartikel wie Förderbänder, Dichtungen, Diaphragmen, Brennstoffbehälter u. dgl. geeigneter gummiartiger Werkstoff** aus einen überzogenen Fasersubstrat (I), dad. gek., daß das gewebte oder nichtgewebte Fasersubstrat vorwiegend aus einem aromat. Polyamid u. der Überzug aus einem mittels eines Härters gehärteten Mischpolymeren besteht, das ca. 30—70 (Gewichts-%) Vinylidenfluorid u. 70—30 Hexafluorpropen enthält. (**D. A. S. 1 097 405** Kl. 81 vom 21/8. 1958, ausg. 19/1. 1961. A. Prior. 21/8. 1957.) M. BÖTTCHER. 5805

Yarrow & Co. Ltd. und Andre Rubber Co. Ltd. (Erfinder: Eric Dott Hobson), **Abtrennen einer auf einer Flüssigkeit höherer Dichte schwimmenden Flüssigkeit geringer Dichte, bes. Trennen von Öl und Wasser.** Die leichtere Fl. wird mittels eines an der Oberfläche des Fl.-Gemisches schwimmenden kon. Behälters mit hohlen Wänden aus Kautschuk oder Polythen durch ein zentral im Boden des Fl.-Tanks fest angeordneten Rohrs abgeführt, mit dem der schwimmende Behälter beweglich verbunden ist; die Zuspeisung des zu trennenden Fl.-Gemisches erfolgt gleichmäßig auf die Oberfläche des Gemisches, z. B. an zahlreichen Stellen in der Nähe der Wandungen des Tanks. — Abbildungen. (**Aust. P. 219 508** vom 18/12. 1956, ausg. 29/1. 1959. E. Prior. 28/12. 1955.) K. DEMMLER. 5829

Montecatini Soc. Gen. per l'Industria Mineraria e Chimica, Mailand, Italien, **Entfärben von wäßrigen Lösungen, Wein, Öl und anderen Flüssigkeiten** mit Entfärbungsmitteln, wie Aktivkohle oder Bleicherde. Um das Abtrennen der Entfärbungsmittel von der Fl. zu erleichtern, vermischt man es mit 0,001—6% eines synthet. organ. Polyelektrolyten (I), wie alkal. Verseifungs-Prodd. von Polyacrylnitril, teilweise mit einem oder mehreren Metallen der 1., 2., 3. oder 8. Gruppe des Period. Syst. verseifte Maleinsäureanhydrid–Vinylacetat-Mischpolymere (Monomerenverhältnis 0,2 : 1 bis 1 : 1) Vinylpyridinderivate. Die I sollen ein Molgew. von 5000—500000 besitzen, sie können auch dem Entfärber während der Aktivierung zugegeben oder während der Entfärbung der Suspension beigemischt werden. (**It. P. 512 407** vom 23/10. 1953.) K. KOEBKE. 5829

René Jaume, Paris, Frankreich, **Herstellung von Filterkörpern.** Streifenförmiges Filtermaterial (I) wird an seinen Rändern in flexibles Kunststoffmaterial derart gebettet, daß hinter dem I auch Filtraträume gebildet werden. Diesen Körpern wird dann z. B. eine zylindr. Form gegeben oder sie werden spiralig aufgewickelt. —

Abbildungen. (**E. P. 831 430** vom 28/12. 1956, ausg. 30/3. 1960. **A. P. 2 883 058** vom 27/12. 1956, ausg. 21/4. 1959. Beide F. Prior. 5/1. 1956.) H. Blachetzki. 5831

Screen Products, Inc. (Erfinder: Raymond Herman Just und Albert Griffith May), Caldwell, N.J., V. St. A., **Ringförmige Filterscheibe für Flüssigkeiten,** bes. Öl. Um die auftretenden Drücke aushalten zu können, sind die Filtergewebe der Filterscheibe am Innen- u. am Außenrand zusammengefaßt, unter Einschluß der dazwischen liegenden Stützkörper. — Abbildungen. (**E. P. 858 356** vom 25/8. 1958, ausg. 11/1. 1961. **A. P. 2 863 561** vom 20/1. 1955, ausg. 9/12. 1958.) H. Blachetzki. 5831

Parmatic Engineering Ltd. (Erfinder: Janusz Gutkowski), Etobicoke, Toronto, Canada, **Hochdruck-Ölfilter, bes. für Luftfahrzeuge.** Um einen Druckabfall in der Ölleitung u. das Eintreten von Luft in diese beim Auswechseln des Filters zu vermeiden, sind im Filterkopf ein federbelasteter Nebenschluß u. ein drehbarer Verschluß für den normalen Filtrationsstrom vorgesehen, die durch Entfernen des Filters zwangsläufig betätigt werden. — Vorr., Zeichnungen. (**E. P. 843 990** vom 6/5. 1958, ausg. 10/8. 1960.) H. Blachetzki. 5831

Guy Villette, Grenoble, Frankreich, **Filtrieren von Flüssigkeiten.** Ein einziges Filtertuch ist auf beweglichen Stützkörpern u. diese auf einem Zwischenboden befestigt, so daß das Filtertuch mit den abfiltrierten Rückständen aus dem Gehäuse derart entfernbar ist, daß diese nicht in den Filtratraum gelangen können. — Vorr., Zeichnungen. (**D. A. S. 1 100 599** Kl. 12d vom 17/9. 1954, ausg. 2/3. 1961. F. Prior. 18/9. 1953.) H. Blachetzki. 5831

Albert Pretzer, Berlin, **Filtrieren von Lösungsmitteln in chemischen Reinigungsanlagen** mit Hilfe von Filterhilfsmitteln, bes. Kieselgur. Die in einem geschlossenen Gehäuse auf einem Scheibendrehfilter anfiltrierten Rückstände werden von den einzelnen Filterscheiben (I) dadurch entfernt, daß diese I an in geringem Abstand von den I vorgesehenen Schabemessern entlang geführt werden. — Abbildungen. (**D. A. S. 1 057 576** Kl. 12d vom 11/5. 1955, ausg. 21/5. 1959.) H. Blachetzki. 5831

David M. Zall, Annapolis, Md., V.St.A., **Gastrocknungsmittel.** Auf einer feuchtigkeitsdurchlässigen Metallfolie wird fein verteiltes Silicagel aufgebracht, das durch ein feuchtigkeitsübertragendes Klebemittel auf Stärkebasis festgehalten wird. (**A. P. 2 842 223** vom 22/12. 1955, ausg. 8/7. 1958.) A. Heinsen. 5855

Labofina Soc. An., Brüssel, Belgien (Erfinder: Edmund Attwood, London, England), **Hydrauliche Flüssigkeit** auf der Basis von Phosphorsäureestern, Halogenphosphorsäureestern u. Polymerisaten, bestehend aus einer Mischung von a) mindestens 80 Gewichts-% eines Triarylphosphats (**I**), b) eines Mischpolymeren vom Molgew. zwischen 5000 u. 15000 aus Vinylchlorid u. Vinylacetat u. einem Vinylchlorid-Geh. von 80—90% sowie c) eines Halogenalkylphosphats (**II**), dessen Alkylrest weniger als 8 C-Atome enthält. — Beispiele für **I**: Trikresylphosphat, Diphenylxylylphosphat oder Trixylylphosphat; für **II**: Trichloräthylphosphat. (**D. A. S. 1 104 105** Kl. 23c vom 22/5. 1959, ausg. 6/4. 1961. E. Prior. 23/5. 1958.) E. Drews. 5893

United States Atomic Energy Commission, übert. von: Arthur S. Coffinberry, Los Alamos, N. Mex., V.St.A., **Plutonium-Cer-Kupfer-Legierungen als fl. Brennstoff für Kernreaktoren** bestehen aus 10—30 (at %) Cu, bis 50 Pu, Rest Ce. Als Behälterwerkstoff für den Brennstoff dient W oder Ta. (**A. P. 2 886 504** vom 9/9. 1958, ausg. 12/5. 1959.) C. Götze. 5895

United States Atomic Energy Commission, Washington, D. C., V.St.A., **Kontrollstäbe für Kernreaktoren** bestehen aus 0,5—1,5 (%) eines der Metalle *Pt*, *Ru*, *Rh*, *Os* oder *Pd*, 0—10 *Cd*, 2—20 *In*, Rest *Ag*. (**E. P. 832 959** vom 20/10. 1958, ausg. 21/4. 1960. A. Prior. 10/12. 1957.) C. Götze. 5895

Soc. Grenobloise d'Études et d'Applications Hydrauliques Sogreah (Erfinder: Louis Berthod), Grenoble, Frankreich, **Überwachung von Brennstoffhülsen bei Kernreaktoren** mit fl. Kühlmittel u. Mitteln zum Einleiten eines Spülgases, einer Entgasungseinrichtung zur Abtrennung des Spülgases u. der bei einem Hülsenschaden ausgetretenen gasförmigen radioakt. Spaltprodd. u. mit Mitteln zum Weiterleiten dieser Gase zu einer Meßeinrichtung. Das Spülgas wird in die Kühl-Fl. jeweils im unteren Teil der von der Kühl-Fl. aufwärts durchströmten Brennstoffzellen eingeleitet. (**D. A. S. 1 090 788** Kl. 21g vom 7/8. 1959, ausg. 13/10. 1960. F. Prior. 8/8. 1958. **F. P. 1 216 278** vom 8/8. 1958, ausg. 25/4. 1960.) H. Kessel. 5895

Farbenfabriken Bayer Akt.-Ges. (Erfinder: Heinz Jonas, Leverkusen, Theo Müller, Opladen, Erich Noack, Odenthal, und Robert Zimmermann, München), **Kontinuierliche Durchführung chemischer Reaktionen zwischen Gasen und Flüssigkeiten,** die ggf. Feststoffe enthalten, wobei die Fl. dem im Vgl. zu Höhe u. Breite sehr langen, horizontal angeordneten geschlossenen Rk.-Gefäß derart am einen Ende zugeführt u. am anderen Ende abgeführt wird, daß das Rk.-Gefäß nicht vollständig mit Fl. angefüllt ist, u. das Gas dem Fl.-Strom auf dessen ganzer Länge derart von unten zugeführt wird, daß durch die kräftige Umwälzung der Fl. u. die lebhaft bewegte Oberfläche derselben die Berührung der Fl. mit dem über ihr befindlichen Restgas bes. innig gestaltet wird, dad. gek., daß das Restgas an dem gleichen Ende des Rk.-Behälters abgeführt wird, an dem ihm die zu behandelnde Fl. zufließt. Chlorieren von Fll., Herst. von Chlorkalk aus Kalkmilch u. Cl_2, Einw. von CO_2 oder Halogenwasserstoffsäuren auf Flüssigkeiten. (**D. B. P. 973 744** Kl. 12g vom 18/1. 1952, ausg. 25/5. 1960. Anmeldung bekanntgemacht 6/12. 1956.) W. MATTHAES. 5897

Heinrich Koppers G. m. b. H. (Erfinder: Willy Linder), Essen, **Durchführung katalytischer Gasumsetzungen.** Man verwendet einen Schachtofen mit parallelen, gegeneinander gasdichten Kanälen (I), denen das Gasgemisch aus einem gemeinsamen Gaszuführungssaum zugeleitet wird. Die I enthalten den Katalysator (II) in loser Schüttung; die Temp. wird durch Änderung der Strömungswiderstände geregelt. Das Verf. ist dad. gek., daß die I bei Betriebsbeginn nur so weit aufgefüllt werden, daß ein freier Raum oberhalb der Füllung verbleibt, u. daß während des Betriebes den I einzeln so viel II zugegeben wird, daß die Rk.-Temp. in allen I sich etwa auf den gleichen Wert einstellt. (**D. B. P. 972 411** Kl. 12g vom 30/5. 1952, ausg. 16/7. 1959. Anmeldung bekanntgemacht 5/5. 1955.) H. KOBS. 5903

Houdry Process Corp., Philadelphia (Erfinder: Edward Bernard Cornelius, Swarthmore, Thomas Henry Milliken jun., Moylan, und George Alexander Mills, Swarthmore), Pa., V.St.A., **Herstellung stranggepreßter Tonerdekatalysatoren.** Pulvriges $Al(OH)_3$ wird mit konz. HNO_3 (entsprechend 5—9 Gewichts-% 100%ig. Säure) imprägniert, stranggepreßt, zerschnitten, 10—60 Min. lang bei 105 bis 150° schnell vorgetrocknet, wobei ein trockenes Hilfsgas (I) durch die Teilchen (II) geleitet wird (Raum-Geschw. 10 Vol. I/Vol. II/Std.), dann langsam auf $\leqq$370° erhitzt, wobei die Temp. von 150—315° nur um $\geqq$28°/Std. steigen darf u. wobei mindestens im Temp.-Bereich von 205—315° ein hoher Feuchtigkeitsgrad dadurch aufrecht erhalten wird, daß man I mit niedriger Raum-Geschw. durch II leitet, so daß bes. eine Dampf-Konz. von $>$50 Vol.-% aufrecht erhalten wird. Das langsame Erhitzen kann bis 425° fortgesetzt werden; anschließend können die II mit einer Säure ausgelaugt werden; man kann sie mit 10—50% Cr-Oxyd oder mit 0,1—2% Pt imprägnieren; sie sind gegen Abrieb beständig. (**D. A. S. 1 058 026** Kl. 12g vom 21/2. 1956, ausg. 27/5. 1959. A. Prior. 24/5. 1955. **Belg. P. 543 929** vom 24/11. 1955, ausg. 25/9. 1959. A. Prior. 24/12. 1954 u. 24/5. 1955.) H. KOBS. 5905

W. R. Grace & Co., New York, N.Y. (Erfinder: Milton E. Winyall, Baltimore, Md.), V.St.A., **Herstellung eines SiO_2-Al_3O_2-Katalysators.** SiO_2-Hydrogel wird aus einer Alkalisilicat-Lsg. mittels CO_2 ausgefällt; das gleichzeitig gebildete Alkalicarbonat dient als Fällungsmittel für eine anschließend zugegebene wss. Lsg. eines Al-Salzes einer starken Säure. Das Prod. wird abfiltriert, gewaschen u. getrocknet. (**D. A. S. 1 069 582** Kl. 12g vom 24/8. 1956, ausg. 26/11. 1959. A. Prior. 30/8. 1955.) H. KOBS. 5905

Houdry Process Corp., Philadelphia, Pa. (Erfinder: George Raynolds Bond jun., Paulsboro, N.J.), V.St.A., **Platinrückgewinnung aus Katalysatoren.** Man behandelt den Katalysator 5—60 Min. bei 230—430° mit $COCl_2$ oder dieses bildenden Verbb., bes. CCl_4-CO_2, fängt die verflüchtigte Pt-Carbonylchloridkomplex-Verb. in W. auf u. zersetzt sie nach bekannten Meth. zu metall. Pt. (**D. A. S. 1 077 642** Kl. 12g vom 21/7. 1956, ausg. 17/3. 1960. **E. P. 795 629** vom 9/7. 1956, ausg. 28/5. 1958.) H. KOBS. 5905

Imperial Chemical Industries Ltd., London, England, *Herstellung homogener Gemische aus mehreren Flüssigkeiten.* (**Ind. P. 53 626** vom 24/1. 1955, ausg. 4/4. 1956. E. Prior. 12/3. 1954. — C. **1959.** 13596 [F. P. 1 119 059].)

E. V. G. Entwicklungs- und Verwertungs-Gesellschaft m. b. H., Graz, Österreich, *Entstauben von Gasen.* (**Ind. P. 54 591** vom 27/5. 1955, ausg. 19/3. 1957. E. Prior. 23/3. 1955. — C. **1960.** 6989 [Belg. P. 536 698].)

Small & Parkes Ltd., Harpurhey, Manchester, England (Erfinder: **C. A. Redfarn**), *Reibungsbeläge für Bremsen oder Kupplungen.* (**E. P. 816 571** vom 19/7. 1954, ausg. 15/7. 1959. — C. **1958.** 226 [F. P. 1 127 682].)

Alfred Teves Maschinen- und Armaturenfabrik K. G., Frankfurt/M., und **Farbwerke Hoechst Akt.-Ges., vormals Meister Lucius & Brüning**, Frankfurt/M., *Steigerung der Schmiereigenschaften von wasserfreien hydraulischen Flüssigkeiten.* (**Dän. P. 83 642** vom 20/10. 1953, ausg. 21/10. 1957. D. Prior. 10/11. 1952. — C. **1961.** 4837 [Norw. P. 89 420].)

D. Napier & Son Ltd. (Erfinder: **Bernard Fredrick Adams Lane** und **Gordon Robert Strickland**), *Katalysator.* (**Aust. P. 209 400** vom 28/5. 1956, ausg. 15/8. 1957. E. Prior. 29/7. 1955. — C. **1960.** 9337 [D. A. S. 1 035 625].)

James S. Campbell, Principles of manufacturing materials and processes. New York: McGraw-Hill. 1961. (674 S. m. Abb.) $ 9.75.

Robert F. Chapman, Separation processes in practice. London: Chapman & Hall. 1961. (209 S. m. Abb.) 40 s.

Wallace Russell Harper, Basic principles of fission reactors. New York, London: Interscience. 1961. (VIII + 314 S. m. Abb., Tab. u. Diagr.) 57 s.

Howard P. Kallen, ed., Handbook of instrumentation and controls; a practical design and applications manual for the mechanical services covering steam plants, power plants, heating systems, airconditioning systems, ventilation systems, diesel plants, refrigeration an water treatment. New York: McGraw-Hill. 1961. $ 15.—.

A. Meyer und S. Orlando, Technisches Wörterbuch. Bd. I: Italienisch-Deutsch. Bd. II: Deutsch-Italienisch. Wiesbaden: Brandstetter Verl. 1961. I. (840 S.) DM 26,—. II. (1102 S.) DM 28,—.

H. Mießner und U. Grigull, Hrsg., Fortschritte der Verfahrenstechnik. Bd. 4: 1958/59. Weinheim/Bergstr.: Verl. Chemie. 1961. (XIX + 982 S. m. 109 Abb. u. 76 Tab.) DM 99,—.

Eli Mishkin, ed., Adaptive control systems. New York: McGraw-Hill. 1961. (533 S. m. Abb.) $ 16.50.

Glenn Murphy, Elements of nuclear engineering. New York: Wiley. 1961. (213 S. m. Abb.) $ 7,50.

Mortimer Arvyrm Schultz, Control of nuclear reactors and power plants. 2nd edit. New York, London: McGraw-Hill. 1961. (IX + 462 S.) 97 s.

Karl Winnacker und **Leopold Küchler,** Hrsg., Chemische Technologie. Sammelwerk in fünf Bänden Zweite neubearb. Aufl. Bd. 1: Anorganische Technologie I. (790 S. m. 321 Abb. u. 105 Tab.) DM 78,—. Bd. 2: Anorganische Technologie II. (727 S. m. 273 Abb. u. 172 Tab.) DM 72,—. Bd. 3: Organische Technologie I. (932 S. m. 347 Abb. u. 226 Tab.) DM 98,—. Bd. 4: Organische Technologie II. (1177 S. m. 249 Abb. u. 248 Tab.) DM 124,—. München: Carl Hanser Verl. 1958—60.

—, Codes for reactor computations. Proceedings of the Seminar on Codes for Reactor Computations sponsored by the Internat. Atomic Energy Agency and held at Vienna, 25—29 april 1960. Vienna: International Atomic Energy Agency. 1961. (538 S. m. Abb.) 8°. DM 27,20.

—, Industrial and engineering chemistry. Modern chemical processes. Vol. 6. London: Chapman & Hall. 1961. (126 S. m. Abb.) 48 s.

II. Betriebsschutz. Feuerschutz

Staubbekämpfung in der Gießerei. E. A. Hohmann. (Giessereipraxis **1960.** 25—27. 25/1.) (Dt.)

Überblick über die in den einzelnen Abteilungen der Gießerei üblichen Maßnahmen zur Beseitigung des anfallenden Staubes. K. HILLINGER. 5932□

Reinhaltung der Luft in Gießereien. W. H. White. (B.C.I.R.A. Journal **8.** 497—505. Juli 1960.) (Engl.)

Im Rahmen des Factory Act von 1937 sind in England mit Wrkg. vom 1/1. 1956 die Iron and Steel Foundries Regulations of 1953 erlassen worden. Sie bieten für Unfallverhütung u. Gesundheitsschutz Möglichkeiten, die nur persönliche Mitarbeit der in Gießereien Tätigen verwirklichen kann. Atemschutzmasken u. Absaug-Vorr. an Abstech-, Schleif- u. Gußputzmaschinen zur Staubentfernung sind in Wort u. Bild geschildert neben allg. Staub- u. Lüftungsproblemen der verschiedenen Arbeitsplätze. H. MERCK. 5932□

Atemschutz im Hüttenwerk. Emil Zillmer. (Stahl u. Eisen **79.** 629—34. 30/4. 1959. Dortmund.) (Dt.)

(Vortrag.) Das Auftreten CO-haltiger Gase, giftiger Dämpfe u. der Staubanfall, ständige Gefahrenquellen in Hüttenbetrieben, machen an bestimmten Arbeitsplätzen u. bei manchen Arbeiten das Tragen von Atemschutzgeräten unerläßlich. Die Benutzer müssen über die Arbeitsweise u. die Einsatzmöglichkeiten der Geräte unterrichtet sein; der Ablauf des Atemschutzes an der Arbeitsstätte muß planmäßig geleitet werden. Die Geräte sind durch ausgebildete Personen zu warten, zu pflegen u. zu verwalten. Dazu müssen zweckmäßig ausgestattete Räume mit allen Notwendigkeiten verfügbar gemacht werden. F. O. W. MEYER. 5936□

Der Stand der Weiterentwicklung von Bergbau-Feuerlöschgeräten. Klaus Grumbrecht und Walter Both. (Glückauf **96.** 1461—67. 5/11. 1960. Essen, Versuchsgrube Dortmund u. Hauptstelle für Grubenrettungswesen.) (Dt.)

Durch verschiedenartige Lösch-Verss. im Brandstollen bzw. an anderen Brandobjekten zeigen Vff., welche Ergebnisse mit einem fahrbaren 80-kg-Bicarbonat-Trockenlöscher mit CO_2 (8 kg) als Treibmittel u. kleineren tragbaren Geräten bzw. mit neuartigen (U-) Löschpulvern auf der Grundlage von feingemahlenem Ammoniumsulfat u. -phosphat mit Zusätzen von z. B. Stearat als Hydrophobierungsmittel bei Glut- u. Flammenbränden zu erzielen sind. Die Anforderungen für Bau u. behördliche Prüfung der „Trokkenlöscher (U) mit 10 kg Inhalt“ werden besprochen. — 15 Literaturhinweise. H. MEINER. 5944□

Praktische Erfahrungen aus der Staubniederschlagsmessung. Arnold Heller. (Staub **20.** 282—85. 1/8. 1960. Berlin-Dahlem, Bundesgesundheitsamt, Inst. für Wasser-, Boden- u. Lufthygiene.) (Dt.)

Es wird über die Unters.-Technik, die Labor.-Unterss. sowie die Auswertung der Ergebnisse von Proben berichtet, die mit dem Nd.-Wasserauffanggerät nach LÖBNER entnommen sind. G. BAUER. 5948☐

Die Charakteristik und die Prüfmethoden des Textilstaubes. 2. Mitt. Stanisław Frankiewicz. (Przegląd włókienniczy **14.** 90—97. Febr. 1960.) (Pol.) — 1. vgl. C. **1961.** 1683.

Übersicht über Meth. zur Messung des Staub-Geh. in der Luft unter bes. Berücksichtigung von Membranfiltern. F. URBAN. 5948☐

Bestimmung von Bleitetraäthyl in der Luft. Władysław Duliński und Zofia Köhsling. (Nafta [Katowice] **16.** 217—19. Aug. 1960. Kraków, Akad. Górn.-Hutn.) (Pol.)

Die zu untersuchende Luft wird mit einer Geschw. von 5 Liter/min durch Glaswolle geleitet, die mit HNO_3 (D. 1,4) getränkt ist. Das gebildete $Pb(NO_3)_2$ wird mit $K_2Cr_2O_7$ u. Essigsäure versetzt u. die Trübung der Lsg. nephelometr. bestimmt. F. URBAN. 5948

III. Elektrotechnik

Eine Apparatur zur Herstellung von Halbleiter-Silicium durch „film boiling". Ray C. Ellis jun. (J. electrochem. Soc. **107.** 222—25. März 1960. Waltham, Mass., Raytheon Comp., Res. Div.) (Engl.)

Um bes. reines Silicium zu erhalten, wird eine App. konstruiert, mit der die Geschw. der therm. Zers. von SiJ_4 durch *„film boiling"* auf 120 g/Std. vergrößert werden kann. Das geschmolzene Si wird auf dem geheizten Graphitofen abgelagert u. durch Flotation nach dem Durchlauf durch die heiße Zone gesammelt. Die App. wird für die Synth. u. Reinigung großer Mengen von SiJ_4 beschrieben. H. SCHIBILLA. 5952☐

Galvanostatische Herstellung von Hohlleitern aus Kupfer. L. E. Hall und B. H. Meggs. (Metal Ind. [London] **97.** 435—38. 25/11. 1960.) (Engl.)

Zur Herst. von Hohlleitern aus Cu wird das Cu aus einem H_2SO_4-sauren $CuSO_4$-Elektrolyten elektrolyt. auf einer Form niedergeschlagen, die aus einem Metall mit einem niederen F. als Cu hergestellt ist. Wenn die Gestaltung der Form ihre mechan. Entfernung erlaubt u. wenn es auf große Genauigkeit u. Oberflächenglätte ankommt, kann die Form auch aus rostfreiem Stahl sein. Die innere Oberfläche kann durch einen Lacküberzug geschützt werden. Die Hohlleiter aus Cu eignen sich bes. für Hochfrequenzradio- u. Radar-Anwendungen. F. VIER. 5952☐

Beziehungen einiger chemischer Oberflächeneigenschaften von Zink-Silicat-Phosphoren zu ihrem Verhalten in Fluorescenzlampen. D. E. Harrison. (J. electrochem. Soc. **107.** 210—17. März 1960. Cleveland, Ohio, Gen. Electr. Comp., Lamp Metals and Components Dep., Luminescent Materials Labor.)

Es werden Unters.-Ergebnisse zusammengestellt, die für das Verständnis des Zn-Silicat-Phosphors notwendig erscheinen. Phasen-Unterss. werden behandelt, um zu zeigen, daß bei Gleichgewichtsbedingungen die Zus. der Phosphore im wesentlichen aus $(Zn, Mn)_2SiO_4 + SiO_2$ besteht. Die Auswirkungen des Verhältnisses ZnO/SiO_2 sowie der Temp. der Phosphor-Synth. auf die Lichtausbeute werden gezeigt. Einige chem. Eigg. der Oberflächen von Zn-Silicat-Phosphoren werden aufgeführt. Die Wahrscheinlichkeit einer Änderung der kristallograph. Struktur an der Oberfläche wird erwähnt. Abschließend wird der phänomenolog. Mechanismus der Fluorescenzverschlechterung des Zn-Silicat-Phosphors in Fluorescenzlampen besprochen. H. SCHIBILLA. 5974☐

Untersuchungen über die Verminderung des Stromverbrauchs der Quecksilberzelle bei der Elektrolyse von Natriumchlorid. Wirtschaftliche Untersuchung über die Planung und Verbesserung der Quecksilber-Chlorzelle. Toshiyuki Sugino. (J. Electrochem. soc. Japan **26.** E 59—62. 1958. Tokyo, Ajinomoto Co., Inc.) (Engl.) — Vgl. C. **1960.** 13277.

Es wird eine Gleichung für die wirtschaftlichste Kathodenstromdichte hergeleitet, um die Summe der Kosten der elektr. Kraft u. des bei der Planung neuer Zellen zu investierenden Kapitals herabzusetzen. C. GOTTFRIED. 5992

Moderne Methoden der Entionisierung von Lösungen. Tadeusz Broniewski und Jerzy Kapko. (Chemik **13.** 399—403. Okt. 1960. Kraków, Politechn., Zakł. Tworzyw sztuczn. w Budownictwie.) (Pol.)

Übersicht über Elektrodialysenmethoden. F. URBAN. 5992☐

Standard Telephones & Cables Ltd., London, England, **Herstellung von Silicium** für *Halbleiterzwecke* durch Red. von Si-Halogeniden mit H_2, dad. gek., daß man zumindest teilweise mit atomarem H arbeitet u. daß die Rk. nicht am Ort der Bldg.

des atomaren H durchgeführt wird. — Zeichnung. (**E. P. 851 290** vom 17/10. 1958, ausg. 12/10. 1960. D. Prior. 19/10. 1957.) A. GRADL. 5953

Joachim Streng, Sonneberg, **Herstellung von spannungsabhängigen Widerständen aus nichtmetallischen Stoffen,** bes. aus *Siliciumcarbid* mit keram. Bindemitteln. Als Bindemittel wird pulverförmiges Glas der Syst. PbO-Na_2O-B_2O_3-SiO_2 oder PbO-Na_2O-K_2O-SiO_2 oder K_2O-Na_2O-B_2O_3-SiO_2 mit Schmelz-Temp. von 600—800° in Mengen von 1—10% verwendet. Dabei wird die Korn-Zus. des Siliciumcarbids so gewählt, daß sich die Höchstzahl von Berührungsstellen innerhalb des Widerstandskörpers ergibt. (**D. P. [DDR] 18 828** Kl. 21c vom 31/1. 1956, ausg. 12/5. 1960 [Wirtschaftspatent].) M. F. MÜLLER. 5955

International Telephone & Telegraph Corp., New York, N.Y., V.St.A. (Erfinder: Andre Pierrot, Yves Lescroel und Nicolle Rault, Paris, Frankreich), **Herstellung von dielektrischem Material** mit einer DK > 100 000 u. einem Verlustwinkel < 5 bei 50 Hz, bes. zur Verw. in elektr. Kondensatoren. Hierzu wird ein Gemisch von Fe_2O_3, TiO_2, ZrO_2 u. ggf. TiO_2 durch Pressen oder Ziehen verformt, in Luft oder O_2 1—8 Std. lang auf 1100—1400° erhitzt u. anschließend 15 Std. lang in O_2 oder Luft abgekühlt. Als Ausgangsgemisch wird z. B. verwendet: Fe_2O_3 mit 0,05—10 (Gewichts-%) ZrO_2 u. ggf. bis zu 10 TiO_2 oder eine Mischung von 87,5—99,9 (Mol-%) Fe_2O_3 u. 0,1 bis 12,5 ZrO_2 oder 71,0—99,9 Fe_2O_3, 0,1—11,5 ZrO_2 u. höchstens 17,5 TiO_2. (**D. A. S. 1 103 222** Kl. 80b vom 25/7. 1959, ausg. 23/3. 1961. F. Prior. 30/7. 1958.) G. FRIKELL. 5957

American Cyanamid Co., New York, N.Y. (Erfinder: Thomas Julius Dietz, Pa.), V.St.A., **Polyorganosiloxanharzpräparat** aus einem oder mehreren hochmol. thermoplast. mastizierbaren Harzen (Molgew. > 5000000) [z. B. Styrol-Butadien (70:30)-Mischpolymerisat (I); Butadien-Styrol-Divinylbenzol-Mischpolymerisat, 2-Äthylhexylacrylat-Butadien-Acrylnitril (70:20:10)-Mischpolymerisat, Isobutylen-Isopren-Mischpolymerisat, chlorsulfoniertes Polyäthylen] u. einem oder mehreren Polyorganosiloxanen des Molgew. > 150000, die mit dem Harz mischbar sind. Die Harze sind etwas vernetzt oder anvulkanisiert. Man nimmt 65—87,6 (Gewichts-%) des thermoplast. Harzes u. 35—12,5 des Polysiloxans. — Die Mischungen eignen sich als wasserabweisendes *elektr. Isoliermaterial.* — Man mischt z. B. 977 g I u. 173 g Dimethylpolysiloxan bei 325° F. (**Jap. A. S. 5888/1959** vom 25/10. 1956, ausg. 4/7. 1959.) M. PANKOW. 5957

Westinghouse Electric Corp., East Pittsburgh (Erfinder: Daniel E. Lewis, Pittsburgh, Pa.), V.St.A., **Pfropfpolymerisate auf Organopolysiloxanbasis** werden aus, aus Silanen der Formel X_2RSi—  —SiR_2Y (I), ggf. in Mischung mit Silanen der Formel R_nSiX_{4-n} (R = gesätt. KW-Stoffrest, X = hydrolysierbarer Rest, Y = olefin. Rest) durch Hydrolyse u. Kondens. gewonnenen, hochmol. Organopolysiloxanen u. die Gruppe >C=C< enthaltenden Monomeren (II) durch Erhitzen, ggf. in Ggw. eines Katalysators (III) hergestellt. Als **II** werden verwendet Styrole, Vinylester, Acrylate, Methacrylate, Maleinate, Allylester, Methallylalkohol, Acrylnitril, ungesätt. Äther u. Ketone, Crotonate, Chloropren, Triallylcyanurat, Divinylbenzol, als **III** dienen organ. Peroxyde u. Ozonide. Vor der Pfropfpolymerisation können Füll- oder Faserstoffe zugesetzt werden. Anstrich-, Überzug-, Imprägniermittel, bes. *für elektr. Isolierungen.* (**D. A. S. 1 105 163** Kl. 39b vom 18/6. 1955, ausg. 20/4. 1961. A. Prior. 21/6. 1954.) A. DANDL. 5957

S. p. A. F.I.P.S. Fabbrica Italiana Prodotti Sinterizzati (Erfinder: Alessandro Corte), Turin, Italien, **Herstellung von Dauermagneten** bes. aus Ferriten mit sehr hohem Koerzitivfeld, nicht zu hoher Remanenz, maximalem BH-Wert merklich niedriger als bei anderen Dauermagneten. Eine feingemahlene Mischung von Metalloxyden der allg. Formel $M_xMg_{(1-x)}O \cdot 6\ Fe_2O_3$, wobei M für Ba, Pb oder Sr steht u. x eine Zahl zwischen 0,7 u. 1 bedeutet, wird mit wenig CuO bzw. AgO versetzt, unter starkem Druck einer ungleichförmigen Bewegung unterworfen u. das gebildete Agglomerat zu Körpern gepreßt, die in oxydierender Atmosphäre 30—150 Min. auf 1200 bis 1300° erhitzt werden. Danach zermahlt man die Masse zu Pulver mit Teilchen von ca. 1 μ, suspendiert in W., läßt absitzen, mahlt erneut, preßt u. läßt bei 1050—1300° nochmals 20—60 Min. in der endgültigen Form sintern. (**D. A. S. 1 104 879** Kl. 80b vom 18/9. 1959, ausg. 13/4. 1961.) G. FRIKELL. 5959

Erich Habann, Berlin-Hessenwinkel, **Elektrochemischer Speicher.** In einem Element mit Luft-O_2-Depolarisation mittels akt. Kohle als O_2-Überträger ist eine dritte Elektrode aus nicht angreifbarem Material, z. B. Ni-Drahtnetz, untergebracht, die bei der Ladung an Stelle der Kohleelektrode eingeschaltet ist, während bei der Entladung wieder die akt. Kohle in Funktion tritt. Als negative Elektrode dient Zn, Cd oder Fe in Lauge oder Pb in Säure. Der bei der Ladung entstehende O_2 kann zur Wieder-Verw. bei der Entladung gespeichert werden. Die akt. Kohle enthält ausgerichtete Poren (Verkohlen einer mykolog. aufgeschlossenen Holzscheibe. (**D. P. [DDR] 14 049** Kl. 21b vom 30/11. 1954, ausg. 11/11. 1957 [Wirtschaftspatent].) J. WEIS. 5971

Union Carbide Corp., übert. von: Richard E. Johnson, Cleveland, Nelson C. Cahoon, Fairview Park, und Hugh F. Schaefer, Lakewood, Ohio, V.St.A., **Galvanische Batterie aus Lagerelementen mit Gasdepolarisation.** In einem dicht verschlossenen Behälter befinden sich übereinandergeschichtete Flachzellen u. eine von außen zerstörbare Ampulle mit einer Mischung des Aktivatorgases (I) BF_3 u. des Depolarisatorgases (II) Br_2, Cl_2 oder F_2. Jede Flachzelle enthält eine Stahlplatte, auf welche ein Leitlacküberzug, eine leitende Verteilerschicht für **II**, welche aus einem mit Kohleteilchen imprägnierten Papier besteht, u. eine Schicht aus akt. Kohle aufgebracht sind. Darauf folgen der Separator u. die Zn-Folie (**III**). Der Separator wird z. B. durch Mahlen von 30 (g) $Sr(OH)_2 \cdot 8 H_2O$ (**IV**), 1 Glasfasern oder α-Cellulose u. 200 einer gesätt. wss. Lsg. von **IV**, Formen einer Folie aus der Masse u. Trocknen hergestellt. Wird die Ampulle zerstört, so tritt BF_3 in den Separator; durch die erfolgende Rk. wird Kristallwasser frei, welches das überschüssige BF_3 löst u. so den Elektrolyten für die Zelle bildet. Bei dieser Rk. wird Wärme gebildet, so daß der Druck des **II** erhöht wird. Als **I** können auch SiF_4 oder HCl, an Stelle von **IV** $LiOH \cdot H_2O$ oder $Ba(OH)_2 \cdot 8 H_2O$ u. an Stelle von **III** Ni, Cd, Pb, Al, Fe, Mn oder Mg verwendet werden. — Zeichnungen. (**A. P. 2 945 079** vom 19/6. 1957, ausg. 12/7. 1960.) F. LAASS. 5971

Leonard Fuller, London, und Edmund William Sudlow, Westcliff-on-Sea, Essex (Erfinder: Jonas Abraham Szper, Ilford, Essex), England, **Akkumulator mit Gehäuse aus Kunststoff,** dessen Deckel u. Seitenwände aus einem Stück bestehen. Der Block aus Platten u. Separatoren wird durch den Boden des Gehäuses eingebracht u. füllt den Raum zwischen den Seitenwandungen des Gehäuses vollständig u. dicht aus, so daß mit Hilfe von aufgebrachtem Gießharz, z. B. Epoxydharz, der Boden des Gehäuses gebildet werden kann. (**D. A. S. 1 095 335** Kl. 21b vom 24/3. 1958, ausg. 22/12. 1960. E. Prior. 12/4. 1957 u. 26/2. 1958.) F. LAASS. 5971

N. V. Philips' Gloeilampenfabrieken (Erfinder: Peter Winkel und Sjerp Anne Troelstra), **Großoberflächige Elektrode aus Tantal oder Niob für elektrolytische Sammler,** dad. gek., daß der bes. aus Ta oder Nb bestehende Kern mit einer porösen Schicht aus gesintertem, pulverförmigem Ta oder Nb in einer Stärke von höchstens $^1/_4$ mm überzogen ist, wobei das Metallpulver eine Korngröße von höchstens ca. 1 μ aufweist. (**Aust. P. 219 571** vom 3/3. 1958, ausg. 29/1. 1959. Holl. Prior. 5/3. 1957.) K. DEMMLER. 5971

Siemens & Halske Akt.-Ges., Berlin und München, **Glimmlampe zur Messung korpuskularer oder elektromagnetischer Strahlungen.** Bei der Herst. wird in sehr reinem, höchstens Hg-Dampf enthaltendem Edelgas längere Zeit eine starke Glimmentladung aufrecht erhalten u. dann das Gas abgepumpt. Dieser Reinigungsprozeß wird so oft wiederholt, bis die Entladungsnachwrkg. in weniger als $^1/_{1000}$ Min. abklingen, so daß mit einer entsprechende kurzen Totzeit gerechnet werden darf. (**Oe. P. 188 408** vom 5/3. 1954, ausg. 25/1. 1957. D. Prior. 6/3. 1953.) H. KESSEL. 5975

Sylvania Electric Products, Inc., Salem, Mass., V.St.A., **Herstellung von Leuchtschirmen.** Der Leuchtstoff wird *elektrostat.* auf der Feuerwand von Leuchtröhren niedergeschlagen. Dazu muß er mit 1—15% eines inerten festen Stoffes (I) gleicher Korngröße gemischt werden, damit keine Kornzusammenballungen eintreten. — Beispiele für I: SiO_2, Al_2O_3, Wollastonit, Knochenasche oder Gemische dieser Stoffe. (**E. P. 813 732** vom 28/2. 1957, ausg. 21/5. 1959. A. Prior. 30/3. 1956.) A. KALIX. 5975

United States Atomic Energy Commission, übert. von: George V. Taplin, Clayton H. Douglas, Los Angeles, und Sanford C. Sigoloff, Beverly Hills, Calif., V.St.A., **Chemisch-colorimetrisches Zweiphasen-Strahlungsdosimeter** für Röntgen- u. γ-Strahlen enthält einen chlorierten KW-Stoff (Chlf., CCl_4, Tetrachloräthylen oder Monochlorbenzol) u. im Kontakt damit eine wss. acidimetr. Farbstoffphase. Zur Normalisierung dient ein aliphat. Alkohol. (**A. P. 2 848 625** vom 13/8. 1953, ausg. 19/8. 1958.) H. KESSEL. 5979

United States Atomic Energy Commission, übert. von: George V. Taplin, Los Angeles, Calif., V.St.A., **Chemisch-colorimetrisches Einphasen-Strahlungsdosimeter** für Röntgen- u. γ-Strahlen enthält in W. einen chlorierten KW-Stoff (Chlf., CCl_4, Trichloräthan, Di-, Tri- oder Tetrachloräthylen) u. einen acidimetr. Farbstoff, z. B. Phenolrot, Chlorphenolrot, Bromkresolpurpur, Neutralrot oder Kresolrot. (**A. P. 2 858 447** vom 6/9. 1955, ausg. 28/10. 1958.) H. KESSEL. 5979

United States Atomic Energy Commission, übert. von: William R. Balkwell jun., San Francisco, und Gail D. Adams jun., Larkspur, Calif., V.St.A., **Chemisch-colorimetrisches Strahlungsdosimeter** für Röntgen- u. γ-Strahlen. Eine wss. schwefelsaure $FeSO_4$-Lsg. enthält zur Stabilisierung u. Sensibilisierung durch Komplex-Bldg. eine organ. Verb., z. B. eine organ. Säure oder Hexylenglykol. (**A. P. 2 936 372** vom 26/6. 1957, ausg. 10/5. 1960.) H. KESSEL. 5979

Ethicon, Inc., übert. von: Charles Artandi, Highland Park, und Albert Adam Stonehill, Plainfield, N.J., V.St.A., **Chemisch-colorimetrisches Strahlungsdosimeter.** Ein Körper aus Polyvinylchlorid (I) oder einem Mischpolymerisat mit mindestens 70 (%) I u. höchstens 5 Weichmacher verfärbt sich bei Bestrahlung. (**A. P. 2 937 279** vom 25/10. 1957, ausg. 17/5. 1960.) H. KESSEL. 5979

United States of America, Secretary of Army, übert. von: Henry Linschitz, Cambridge, Mass., V.St.A., **Chemisch-colorimetrisches Strahlungsdosimeter** für Röntgen- u. γ-Strahlen arbeitet reversibel u. enthält in einem Rk.-Raum $FeCl_2$ mit NH_4SCN im Überschuß, gelöst in einem Gemisch aus Pyridin u. CCl_4. Zur Zurückbldg. des bei Bestrahlung gebildeten roten Thiocyanatoferrat(II)-Komplexes kann aus einem Vorratsbehälter Hg zugegeben werden. (**A. P. 2 939 959** vom 30/10. 1958, ausg. 7/6. 1960.) H. KESSEL. 5979

N. V. Philips' Gloeilampenfabrieken (Erfinder: Thomas Coe Analist), Eindhoven, Holland, **Gedruckte Schaltung.** Bei der Herstellung unter Verwendung einer Leimfolie, die aus einer mit in der Wärme härtbaren Klebstoffen überzogenen Trägerfolie auf Papierbasis besteht, dient als Trägerfolie ein mit einer oder mehreren Papierschichten gefülltes gehärtetes Kondensat von Formaldehyd u. Phenol oder Kresol.— Vgl. Aust. P. 208 004; C. **1959.** 11748. (**D. A. S. 1 093 443** Kl. 21c vom 19/12. 1955, ausg. 24/11. 1960. Holl. Prior. 21/12. 1954.) H. KESSEL. 5983

Pintsch Bamag Akt.-Ges., Berlin, **Elektrolytische Zelle mit Quecksilberkathode,** bei der zwecks Bldg. von streifenförmigen Hg-Kathoden auf dem Zellenboden parallel zu dem Hg-Fluß Rippen mit sich nach unten erweiterndem Querschnitt, z. B. bes. in Dreiecksform, angebracht sind, wobei die Rippen aus isolierenden Stoffen, wie Glas, Porzellan oder dgl. bestehen. — Abbildungen. (**E. P. 803 197** vom 13/11. 1956, ausg. 22/10. 1958. It. Prior. 25/11. 1955.) K. DEMMLER. 5993

Gottfried Trümpler, Zürich, Schweiz, und Paul Rüetschi, Yardley, Pa., V.St.A., **Verhinderung von Reaktionen zwischen den bei Elektrolysen an den Elektroden entstehenden Produkten mit den zu elektrolysierenden Stoffen** erfolgt dadurch, daß die zu elektrolysierende Fl. sich vor der der Rk. entsprechenden Elektrode im Überdruck befindet, an dieser elektrolysiert wird u. hinter diese fließt, was durch Verw. von mit Durchgängen versehenen Metallelektroden (feste Metallkörner bzw. Quecksilber vor einer Fritte) geschieht. Der erforderliche Druck wird hydrostat. erzeugt. — Beispiel: Red. von Phenyldiazoniumchlorid; Propionsäure aus Propylalkohol an Pt-Anode in H_2SO_4-saurer Lsg.; kathod. Red. von Diazoniumchlorid zu Phenylhydrazoniumchlorid. — 3 Zeichnungen von Zellen. (**Schwz. P. 344 992** vom 12/10. 1953, ausg. 29/4. 1960.) K. WOLK. 5993

General Electric Co. Ltd., übert. von: **Stanley Edwin Bradshaw**, Harrow, und **Abraham Isaac Mlavsky**, London, England, *Ziehen von gleichmäßigen Halbleiterkristallen aus der Schmelze.* (**A. P. 2 935 478** vom 30/8. 1956, ausg. 3/5. 1960. E. Prior. 6/9. 1955. — C. **1960.** 4310 [D. A. S. 1 061 904].)

General Electric Co., New York, übert. von: **Floyd C. Kelley**, Schenectady, N.Y., V.St.A., *Herstellung gesinterter elektrischer Kontakte.* (**A. P. 2 806 786** vom 14/5. 1954, ausg. 17/9. 1957. — C. **1959.** 7252 [E. P. 771 705].)

Horizons Titanium Corp., Princeton, N.J., übert. von: **Eugene Wainer**, Cleveland Heights, Ohio, V.St.A., *Schmelzbad für die galvanische Abscheidung von Transistormetallen.* (**A. P. 2 894 886** vom 16/7. 1954, ausg. 14/7. 1959. — C. **1959.** 16126 [D. A. S. 1 050 315].)

Diamond Alkali Co., Cleveland, Ohio, übert. von: **John C. Burns jun.**, Pasadena, Tex., V.St.A., *Behandeln von Kohleelektroden mit polymerisierbarem Öl.* (**A. P. 2 820 728** vom 21/6. 1955, ausg. 21/1. 1958. — C. **1959.** 14843 [Holl. P. 89 137].)

Western Electric Co., Inc., New York, N.Y. (Erfinder: **Joseph Francis Barry**, Quakertown, Pa., und **Norman Clair Seeley**, Easton, Pa.), V.St.A., *Elektrolytische Erzeugung eines spannungsfreien Schnitts in einem Halbleiter.* (**D. A. S. 1 049 189** Kl. 48a vom 11/11. 1955, ausg. 22/1. 1959. **E. P. 803 887** vom 28/12. 1955, ausg. 5/11. 1958. Beide A. Prior. 31/12. 1954. — C. **1960.** 4631 [A. P. 2 827 427].)

Dow Corning Corp. (Erfinder: **Donald Richard Weyenberg**), Midland, Mich., V.St.A., *Isoliermaterial.* (**D. A. S. 1 091 161** Kl. 21c vom 11/1. 1955, ausg. 20/10. 1960. A. Prior. 11/1. 1954. — C. **1956.** 8225 [A. P. 2 714 099].)

Westinghouse Electric Corp. (Erfinder: **Dow A. Rogers**), Pittsburgh, Pa., V.St.A., *Herstellung eines mischpolymeren Kunstharzes.* (**Schwz. P. 345 744** vom 5/4. 1955, ausg. 31/5. 1960. A. Prior. 7/4. 1954. — C. **1959.** 249 [E. P. 780 521].)

Centre National de la Recherche Scientifique, Paris, Frankreich, *Herstellung ferromagnetischen Materials.* (**Holl. P. 93 948** vom 2/2. 1956, ausg. 19/4. 1960. F. Prior. 3/2. 1955. — C. **1959.** 9009 [E. P. 795 269].)

E. I. du Pont de Nemours & Co., Wilmington, Del., V.St.A., *Herstellung von ferromagnetischem Chromoxyd.* (**E. PP. 829 007** vom 13/6. 1956, ausg. 24/2. 1960 u. **824 323** vom 13/6. 1956, ausg. 25/11. 1959. Beide A. Prior. 14/6. 1955. — C. **1960.** 5604 [F. P. 1 154 191].)

Erik Gustav Hysing, Stockholm, und **Anders Erik Grusell**, Jacobsberg, Schweden, *Galvanisches Primärelement.* (**D. A. S. 1 096 438** Kl. 21b vom 21/9. 1954, ausg. 5/1. 1961. Schwed. Prior. 25/9. 1953. — C. **1957.** 2034 [F. P. 1 112 211].)

Chloride Electrical Storage Co. Ltd., Clifton Junction, England, *Akkumulatorgitter-Legierung.* (**Dän. P. 81 079** vom 27/2. 1954, ausg. 3/9. 1956. E. Prior. 23/12. 1953 u. 27/1. 1954. — C. **1955.** 8939 [E. P. 728 810].)

Union Carbide Corp., New York, N.Y. (Erfinder: **Marcus Rankin Hatfield**, Rocky River, Ohio), V.St.A., *Sperrschicht für eine galvanische Primärtrockenzelle.* (**D. A. S. 1 094 828** Kl. 21b vom 18/4. 1956, ausg. 15/12. 1960. A. Prior. 18/4. 1955. **Ind. P. 58 341** vom 5/9. 1956, ausg. 21/8. 1958. Can. Prior. 5/4. 1956. — C. **1960.** 5934 [Aust. P. 212 648].)

Deutsche Elektronik G. m. b. H., Berlin (Erfinder: **Richard Magner**, Hagen, und **Karl Fritz**, Freiburg), *Vakuumgefäß für Elektronenröhren.* (**D. A. S. 1 089 077** Kl. 21g vom 17/1. 1953, ausg. 15/9. 1960. — C. **1959.** 4270 [E. P. 751 229].)

Philips Electrical Industries Ltd., London, England, *Herstellung von luminescierendem Calciumfluorchlorphosphat mit Apatitstruktur, aktiviert mit Mangan und Antimon.* (**E. P. 741 324** vom 21/4. 1953, ausg. 30/11. 1955. Holl. Prior. 24/4. 1952. — C. **1956.** 5936 [F. P. 1 077 730].)

Telefunken G. m. b. H., Berlin, *Herstellung eines Heizleiters mit isolierendem Überzug.* (**E. P. 814 404** vom 27/2. 1956, ausg. 3/6. 1959. D. Prior. 26/2. 1955. — C. **1957.** 4796 [D. B. P. 956 088].)

Westinghouse Electric Corp., East Pittsburgh (Erfinder: **Robert F. Sterling**, Pittsburgh), Pa., V.St.A., *Lichtbogenfeste Kunstharzpreßmasse.* (**D. A. S. 1 092 078** Kl. 21c vom 27/1. 1955, ausg. 3/11. 1960. A. Prior. 19/3. 1954. — C. **1958.** 9592 [F. P. 1 124 996].)

Abram Federovich Ioffe, Semi-conductors and their use. 2nd edit. Moscow: Foreign Languages Publishing House; London: Central Books. 1960. (79 S. m. Abb.) 1 s.

IV. Wasser. Abwasser

Das Salzgleichgewicht in Grundwasserreservoirs. David B. Willets und Charles A. McCullough (mit Diskussion von Robert O. Thomas, David B. Willets und Charles A. McCullough). (Trans. Amer. Soc. Civil Engr. **124.** 224—35. 1959. Los Angeles u. Sacramento, Calif., California State Dep. of Water Resources.) (Engl.)

Die Erschließung zusätzlicher Wasserquellen zur Deckung größten Bedarfs macht eine zweckentsprechende Heranziehung von Grundwasserreservoirs für die Vorratshaltung erforderlich. Hierbei besteht die Gefahr einer allmählichen Anreicherung der Mineralsalze. Vff. untersuchen Salzzuführung u. -abgabe bei Grundwasserreservoirs u. diskutieren die zur Aufrechterhaltung des Gleichgewichts möglichen Maßnahmen. Leider ist hierüber nur wenig bekannt. Die abschließende Diskussion befaßt sich mit den Zusammenhängen zwischen Landbewässerung u. Salzgleichgewicht im darunterliegenden Grundwasserkörper. Hans Thiele. 6010□

Einheitliche Anforderungen an die Trinkwasserbeschaffenheit und Untersuchungsverfahren in Europa. Heinrich Kruse. (Schriftenreihe Ver. Wasser-, Boden- Lufthyg. Berlin-Dahlem **1960.** 8—36.) (Dt.)

In diesem Bericht sind die Vorschläge einer vom europäischen Büro der Weltgesundheitsorganisation einberufenen Studiengruppe zusammengestellt, die sich mit den Anforderungen befassen, die an alle Trinkwässer zentraler Wasserversorgungen in bakteriolog. u. chem. Hinsicht gestellt werden müssen. Die Vorschläge umfassen Darst. der Unters.-Ergebnisse, Probenahme u. Unters.-Verff. unter Berücksichtigung des letzten Standes der Erkenntnisse u. sollen nach dem jeweis letzten Stand der Technik u. Wissenschaft ergänzt werden, sind also nicht endgültig. Der Bericht wendet sich sowohl an Wasserwerke als auch an die Gesundheitsbehörden, damit der Bevölkerung einwandfreies Trinkwasser geliefert wird. L. Schillbach. 6014□

Silicat als Korrosionsinhibitor in Wassersystemen. Henry L. Shuldener und Sidney Sussman. (Corrosion [Houston] **16.** 354t—358t. Juli 1960. New York, N.Y., Water Serv. Labor.) (Engl.)

Beschreibung der Anwendung von *Na-Silicat* als Korrosionsinhibitor für Trinkwasserleitungen aus verzinktem Fe u. Stahl, Messing u. Cu. Der Schutz kommt dadurch zustande, daß sich ein dünner Film bildet, der aus SiO_2-Gel u. einer Absorptions-Verb. aus SiO_2 u. Metallhydroxyd besteht. — 22 Schrifttumshinweise. W. Wesly. 6014□

Spannungskorrosionsprüfungen von Werkstoffen für Dampfkesselrohre in Atomkraftwerken. D. E. White und E. G. Johnson. (Corrosion [Houston] **16.** 320t bis 324t. Juli 1960. Chicago, Ill., Westinghouse's Bettis Atomic Power Labor.; Nolco Chem. Co.) (Engl.)

Unterss. über die Anfälligkeit von Werkstoffen für Dampfkesselrohre (in U-Form gebogen) gegen Spannungskorrosionsrisse bei 24std. Einw. eines synthet. Kesselwassers

mit 230—350 (mg/Liter) PO_4^{3-} als Na_2HPO_4, 7—9 O_2, 500—550 Cl^- als NaCl, mit NaOH auf pH 10,6—11,2 eingestellt, zeigen, daß rostfreier Stahl, Typ 347, fast ebenso anfällig ist wie Carpenter 7 Mo. Stahl Typ 304 u. Carpenter 304 mit niedrigem C- u. N-Geh. zeigen besseres Verhalten. Inconel, Monel, Ni u. Ti sind völlig beständig gegen Spannungskorrosionsrisse. Ferrit. Stähle sind rißfest, zeigen aber Grübchenkorrosion.
W. Wesly. 6030 □

Über Abwässer der anorganischen Industrie. Ernest Pischinger. (Przemysł chem. **38.** 743—46. Dez. 1959. Toruń, Univ. M. Kopernika, Kat. Technol. chem.) (Pol.)
Allg. Übersicht. — 12 Literaturangaben. F. Urban. 6036 □

Detergentien als Bestandteil der textilen Abwässer. Jerzy Nowacki. (Przegląd włókienniczy **14.** 196—200. April 1960.) (Pol.)
Übersicht über Eigg. von Detergentien u. ihren Einfl. auf die Reinigungsprozesse in Abwässern. — 49 Literaturangaben. F. Urban. 6036 □

Die Sauerstoffbilanz der Abwasserabnehmer und ihre praktische Bedeutung. Bohdan Koziorowski. (Przemysł chem. **38.** 734—36. Dez. 1959.) (Pol.)
Die von Steeter u. Phelps [1935] aufgestellte Beziehung für den O_2-Verbrauch des mit Abwasser verunreinigten Flußwassers gilt für die kleineren poln. Flüsse nicht: Bei ihnen stellt sich das biolog. Gleichgewicht schneller ein. F. Urban. 6038 □

Anwendung von aktiver Holzkohle in der Behandlung von gewerblichen Abwässern. D. H. Sharp. (Brit. chem. Engng. **6.** 107—10. Febr. 1961.) (Engl.)
Herst. der akt. Kohle, kurze Angaben über die physikal. Prozesse bei der Adsorption in Fll., Regenerierung der erschöpften Kohle. H. Dorsch. 6040 □

Untersuchungen über die Beseitigung von Anilin und Nitrobenzol aus dem Abwasser der Produktion. Krzysztof Bardecki, Józef Kucharski und Andrzej Sterniński. (Przemysł chem. **38.** 753—56. Dez. 1959. Warszawa, Inst. Chem. ogóln., Inst. Przem. organ.) (Pol.)
Aus dem Abwasser der Anilin-Herst., das 1% Anilin u. 0,1% Nitrobenzol enthält, nimmt Aktivkohle bei einer Durchlauf-Geschw. von 1,5 m/h 0,1 g/g dieser Substanzen auf. Die stat. Sorptionskapazität für Aktivkohle beträgt 0,2 g/g. Die Regenerierung der Kohle u. die Wiedergewinnung der adsorbierten Stoffe erfolgt mit überhitztem Wasserdampf (160°). Die Sorptionskapazität der Kohle Carbopol Z 4 beträgt nach mehrmaligem Regenerieren 50—60% des Anfangswertes u. bleibt konstant. F. Urban. 6040 □

Anwendungsmöglichkeiten und Betriebskosten der Entphenolungsverfahren für Abwässer der kohleveredelnden Industrie. H. G. Riedel, J. Strankmüller und K. H. Mangold. (Bergbautechnik **9.** 469—76. Sept. 1956. Böhlen, Ingenieurtechn. Zentralstelle.) (Dt.)
Zur Verfügung stehen das Koppers-Verf. (Austreiben der Phenole mit Dampf u. Rückgewinnung mittels NaOH), das Phenolsolvan-Verf. (Extraktion der Phenole mit höheren aliphat. Alkoholen, Braunkohlenteerölen oder Bzl.) sowie die Adsorption an Harzaustauscher oder Aktivkohle. Beim ersteren Verf. sowie bei der Extraktion mit Braunkohlenteeröl steht die Gewinnung der im Abwasser enthaltenen Phenole im Vordergrund, während bei den anderen der Wasserreinigungseffekt ausschlaggebend ist. Die beiden ersteren machen eine Nachreinigung des anfallenden Dünnwassers erforderlich, die besten Effekte werden hierbei mit dem Adsorptions-Verf. erzielt (Senkung des Phenol-Geh. auf ca. 50 mg/Liter). Die Betriebskosten hängen stark von der techn. Vollkommenheit der angewandten Verff. sowie der Verwertbarkeit der anfallenden Prodd. ab. W. Pache. 6042 □

Anwendung von belebtem Schlamm zur biologischen Reinigung von Industrieabwässern. Jerzy Gańczarczyk. (Przemysł chem. **38.** 732—34. Dez. 1959. Gliwice, Inst. Gospod. komun.) (Pol.)
Übersicht. — 50 Literaturangaben. F. Urban. 6044 □

Einfluß von ABS auf die anaerobe Schlammfaulung. John W. Hernandez und Don E. Bloodgood. (J. Water Pollut. Control Federat. **32.** 1261—68. Dez. 1960. Lafayette, Ind., Purdue Univ.) (Engl.)
Zwei anaerobe Schlammfäulnisanlagen wurden unter gleichen Bedingungen der Absetzung, Mischung u. Zugabe untersucht, man erhielt gleiche Gas-Voll. pro Tag. Ein period. Zuschlag von ABS (Alkyl-Benzol-Sulfonate) konst. Konz. hatte keinen Einfl. auf den Fäulnisprozeß. Bei Steigerung der Konz. der ABS erreicht man schließlich (bei 3,3 mg/g feste Substanz) eine Zerstörung der anaeroben Festkörper, u. die Gasproduktion hört auf. H. Oppermann. 6048 □

Colorimetrische Bestimmung von Chloraten in Quellwässern. Paul Urone und Erik Bonde. (Analytic. Chem. **32.** 1666—68. Nov. 1960. Boulder, Colo., Univ., Dep. of Chem.) (Engl.)

o-Toluidin reagiert in stark salzsaurer Lsg. mit Chloraten, wobei sich die Lsg. gelb färbt. Dies gibt eine Möglichkeit für ein empfindliches colorimetr. Verf. zur Best. von Chloraten in Trinkwässern. Bei Verw. von 4-ml-Proben können 0,05—10 ppm Chlorat mit einer Fehlerbreite von 0,02 ppm bestimmt werden. Störende NO_2^--Ionen werden mit NaN_3 in schwach essigsaurer Lsg. beseitigt. Färbungen durch Fe^{3+}-Ionen oder durch Cl_2 können durch entsprechende Korrekturen berücksichtigt werden. G. Pankow. 6060□

Analytik der Phenole in Abwässern. Zygmunt Łada und Jadwiga Młodecka. (Przemysł chem. **38.** 736—38. Dez. 1959. Warszawa, Inst. Chem. ogóln., Zakł. analit.) (Pol.)

Übersicht über Best.-Meth. für Phenole im Abwasser. Befriedigende Ergebnisse können nur erzielt werden, wenn ein Phenol oder ein in der Zus. bekanntes Gemisch von Phenolen zu bestimmen ist. — 134 Literaturangaben. F. Urban. 6068□

Zur colorimetrischen Bestimmung von Phenolen. B. Drábek. (Gesundheits-Ing. **81.** 359—61. 10/12. 1960.) (Dt.)

Vf. beschreibt sie Best. einwertiger, wasserdampfflüchtiger Phenole in dest. Abwasser mit 4-Aminoantipyrin, wobei die unbeständige rote wss. Farb-Lsg. mit Chlf. extrahiert u. der orangefarbene Chlf.-Extrakt im Lange-Photocolorimeter mit Filtern bei 460 mμ Wellenlänge in Nessler-Röhren gemessen wird. Art, Menge u. Reihenfolge der Reagentienzugabe ist wichtig. Mit gleichen Zusätzen wird aus frisch dest. Phenol (Carbolsäure p.a. Merck) mit Standard-Lsgg. von 0,01—0,5 mg/Liter Phenol eine Eichkurve aufgestellt. Die Meßergebnisse werden in auf 0,01 mg/Liter Phenol abgerundeten Werten angegeben. Die Best. werden gestört durch H_2S, Thiosulfate, Cyanide, Metallonen, die mit $K_3[Fe(CN)_6]$ reagieren, prim. aromat. Amine u. andere cycl. Verbb. mit Enol–Keto-Syst. im Ring sowie stark oxydierende u. reduzierende Stoffe. L. Schillbach. 6068□

Passavant-Werke (Erfinder: Wilhelm Passavant† und Herbert Auler), Michelbacher Hütte, **Reinigen von Wasser mittels Siebbandmaschinen.** Um eine abgedichtete Lagerung der Siebkörbe an ihren Führungsbahnen im Rohwasserraum zu gewährleisten, sind die umlaufenden Antriebsketten für die Körbe über eine nachstellbare u. elast. Spann-Vorr. geführt u. mit einem bei Überlastung ansprechenden Endschalter versehen. — Abbildungen. (**D. A. S. 1 083 231** Kl. 12d vom 21/1. 1956, ausg. 15/6. 1960.) H. Blachetzki. 6017

Union Chimique Belge Soc. An., Brüssel, Belgien, **Abscheidung kolloidal dispergierter Teilchen aus Abwässern.** Die Ausflockung wird bewerkstelligt durch einen Zusatz von *Cyanäthylstärke.* Diese wird erhalten durch Rk. von 1 (Mol) Acrylnitril mit Stärke (entsprechend 0,3—10 Anhydroglucose) in wss. Suspension in Ggw. einer starken Base, z. B. NaOH, bei $<60^0$. (**Holl. P. 94 941** vom 21/1. 1958, ausg. 15/7. 1960. Belg. Prior. 21/1. 1957.) F. Böhm. 6043

Infilco, Inc. (Erfinder: Helen Caroline Myslicki), Tucson, Ariz., V.St.A., **Biologische Reinigung von mit einem hohen Gehalt an organischer Substanz beladenen sauren Abwässern mittels aerober Belebtschlämme.** Die Abwässer werden unverd. mit einem überwiegend aus Schimmelpilzen bestehenden Schlamm gemischt. Die Mischung wird durch Zusatz von Mineralsäuren (H_2SO_4, H_3PO_4 bzw. deren Salze) auf ein pH $<6,5$, bes. 6,5—3,5, eingestellt u. dann belüftet. Erforderlichenfalls werden N u./oder P enthaltende Verbb. als Nährstoffe zugesetzt. Während des Betriebes sich bildende Schlammüberschüsse werden abgesondert. Den benötigten Belebtschlamm stellt man her, indem man eine Teilmenge des zu behandelnden W., ggf. nach Einstellung auf einen das Wachstum von Schimmelpilzen fördernden u. das Bakterienwachstum hindernden pH-Wert u. ausreichenden Nährstoff-Geh. durch Zusatz von Säuren u./oder Salzen u. anderen, bes. N u./oder P enthaltenden Verbb., mit Schimmelpilzen, z. B. aus sauren Schlammböden, animpft u. den Schlamm durch Belüften auf die zum Betrieb des Reinigungsprozesses erforderliche Menge vermehrt. (**D. A. S. 1 096 295** Kl. 85c vom 29/1. 1954, ausg. 29/12. 1960. A. Prior. 2/2. 1953.) E. Lindemann. 6045

Passavant-Werke, Michelbacher Hütte bei Michelbach (Erfinder: Aale Pasveer, Scheveningen, Holland), **Reinigen von häuslichem und industriellem Abwasser** mit belebtem Schlamm in einem Becken, in dem das Abwasser (**I**) *unter künstlicher O_2-Zufuhr* in Bewegung gehalten wird. Hierbei wird **I** derart belüftet, daß während seines Aufenthalts im Becken ein O_2-Geh. von $\geqq 3$ (mg/Liter), bes. >5, gewährleistet ist. Die Belüftung wird so lange durchgeführt, bis die gelösten Stoffe, die im **I** enthaltenen Feststoffe u. die sich während der Belüftung bildenden Schlammflocken, soweit diese Stoffe organ. sind, derart abgebaut sind, daß der im Becken verbleibende

Restschlamm einen Geh. an mineral. Bestandteilen von $\geqq 60\%$ aufweist. Zweckmäßig führt man I diskontinuierlich zu. Das gereinigte W. wird dabei in dem Zeitraum abgeleitet, in dem kein I zugefügt wird. Bei Benutzung eines Beckens mit weit voneinander liegendem Zu- u. Ablauf werden diese mittels einer automat. Schalt-Vorr. period. u. abwechselnd geöffnet u. geschlossen. Mit derselben Schalt-Vorr. werden die das W. in Bewegung haltenden Vorr. ein- u. ausgeschaltet. — Vorrichtungen. (**D. A. S. 1 093 739** Kl. 85c vom 27/1. 1956, ausg. 24/11. 1960. Holl. Prior. 7/2. 1955.)

E. LINDEMANN. 6045

Dorr-Oliver, Inc., Stamford, Conn., V.St.A., *Reinigen von Flüssigkeiten und Abwässern.* (**Ind. P. 55 426** vom 19/9. 1955, ausg. 21/11. 1956. — C. **1958.** 11343 [E. P. 773 124].)

Hans Hartmann, Untersuchungen über die biologische Reinigung von Abwasser mit Hilfe von Tauchtropfkörpern. München: Oldenbourg. 1960. (227 S. m. Abb.) 8° = Stuttgarter Berichte zur Siedlungswasserwirtschaft. 9. DM 17,50.

D. Wilkinson and **N. Squire**, eds., Water engineer's handbook 1961. London: Colliery Guardian. 1961. (439 S. m. Tab.) 20 s.

V. Anorganische Industrie

Anforderungen der chemischen Industrie an die Forschung auf dem Gebiet der anorganischen Chemie und Technologie. Jan Neumann. (Chem. Zvesti **13.** 640—45. Nov. 1959. Praha, minist. chemického průmyslu.) (Slowak.)

Vf. berichtet über die Hauptprobleme der anorgan.-chem. Industrie: 1. die Rohstofforschung, 2. Die Grundlagenforschung, 3. Technologie der anorgan. Großfabrikation, 4. Technologie der anorgan. Kleinfabrikation. B. BLANKA. 6070□

Schwefelgewinnung nach der Extraktionsmethode. Zofia Köhsling. (Wiadomości Naftowe **6.** 81—83. April 1960.) (Pol.)

In Labor.-Verss. wurden Bohrproben mit S-haltigem Gestein unter Druck mit wss. $(NH_4)_2S$-Lsg. extrahiert. Die Lsg. wurde in Achsenrichtung des Bohrkerns unter häufigem Richtungswechsel durchgepreßt. Es lassen sich so mindestens 85% des S extrahieren. Die Lsg. kann maximal 30% S aufnehmen. Die Extraktion wird durch Hohlräume im Gestein erschwert, da die Lsg. bevorzugt durch diese Räume läuft.

F. URBAN. H 253□

Entwässerung von Stoffen im Vakuum bei Tiefkühlung. Ja. Ja. Dodonow und Ss. B. Pirkess. (Журнал Общей Химии [J. allg. Chem.] **26 (88).** 690—91. März 1956. Saratow, Univ.) (Russ.)

Eine App. für beschleunigtes Vakuumtrocknen bei Temp. unter 100° wird vorgeschlagen. Um eine starke Herabsetzung des Wasserdampfdruckes der behandelten Substanz zu erreichen, wird das Trocknen bei 5—10 mm Hg im langsamen H_2-Strom durchgeführt. Die W.-Dämpfe werden in einem tiefgekühlten (fl. Luft bzw. festes CO_2 in Aceton-Lsg.) Empfänger mit $CaCl_2$ aufgenommen. Schwierig zu trocknende Verbb., wie einige organ. Salze der *Seltenen Erden*, können in vorst. App. in 2 Std. entwässert werden. S. BARYSCHNIKOW. H 303□

Über die Rolle des Calciumoxyds bei der Oxydation von Chromitchargen. M. W. Kirejewa und A. A. Ssoloschenko. (Журнал Прикладной Химии [J. angew. Chem.] **33.** 43—49. Jan. 1960.) (Russ.)

Durch Glühen verschiedener Chromerz–Soda- u. -Kalk-Gemische wurde festgestellt, daß bei Temp. unter 1000° mit Kalk ein weitgehender Übergang in Cr(VI) möglich ist, während mit Soda selbst bei 1100° nur ein Oxydationsgrad von 52% erreicht wird. Damit widerlegen Vff. die bestehende Auffassung, daß Na-Chromat allein durch Einw. von Soda auf Cr_2O_3 gebildet wird. Aus den Unterss. resultiert nachst. Rk.-Schema für die Chromat-Bldg.: (1) $3(MgO \cdot Cr_2O_3) + 9\,CaO + 3\,O_2 \rightarrow 9\,CaO \cdot 4\,CrO_3 \cdot Cr_2O_3 + 3\,MgO$, (2) $9\,CaO \cdot 4\,CrO_3 \cdot C_2O_3 + 6\,Na_2CO_3 + {}^3/_2\,O_2 \rightarrow 6\,Na_2CrO_4 + 9\,CaO + 6\,CO_2$.

S. ECKERT. H 335□

M. W. Kellogg Co., Jersey City, N.J., übert. von: Warren C. Schreiner, Franklin Square, und Nicholas Walen jun., Brooklyn, N.Y., V.St.A., **Entfernung saurer Bestandteile aus Gasen.** Zur möglichst restlosen Absorption von sauren Gasen aus einem Gemisch verschiedener Gase ist ein kombiniertes Verf. unter Verw. von Pakkungen mit großen Oberflächen (RASCHIG-Ringe) u. Waschböden vorteilhaft. Dabei werden zunächst mehr als 15 (gallons) Alkalicarbonat-Lsg. je 1 Mol Gasgemisch u. in einer 2. Verf.-Stufe < 10 angewendet, ehe das Gas dem Waschboden zugeführt wird. So wird z. B. der Geh. von 18,05 (Mol-%) CO_2 eines *NH_3-Synthesegases*, das daneben

59,50 H_2 u. N_2, CO, CH_4, A. u. H_2O enthält, auf 0,47 CO_2 gesenkt. (**A. P. 2 912 301** vom 18/10. 1956, ausg. 10/11. 1959.) G. FRIKELL. H 243

Phillips Petroleum Co., übert. von: Dick P. Bresee, St. Louis, Mo., V.St.A., **Bereitung von wäßrigem Ammoniak** bzw. Ammoniakwasser mit 15—30 % NH_3-Gehalt. In einer ersten Stufe leitet man das durch Vermischen von W. u. NH_3 entstandene Ammoniakwasser in den Dampfraum eines schon mit Ammoniakwasser beschickten Behälters ein, indem man das Ammoniakwasser in Form eines dünnen Films an den Wänden des Behälters herabrieseln läßt, der von außen mit kaltem W. gekühlt ist. Dann läßt man in einer zweiten Stufe dieses Ammoniakwasser wiederum an den mit W. gekühlten Wänden des anderen Behälters herabrieseln u. vermeidet so übermäßige Dampfdrucke. (**A. P. 2 890 937** vom 29/4. 1957, ausg. 16/6. 1959.) H. NEBELSIEK. H 243

Commercial Solvents Corp., Terre Haute, Ind., V.St.A., übert. von: Bernard L. Lubin, Haifa, Israel, und George Burnet, Terre Haute, Ind., V.St.A., **Entwässern von geschmolzenem Ammoniumnitrat.** Man erhitzt NH_4NO_3, das noch geringe Mengen an W. enthält, auf 340—550° F, bes. 370—430° F, u. läßt die entstandene Schmelze einen Abtreiber passieren, der mit inertem Füllmaterial beschickt ist. Dabei leitet man von unten, d. h. im Gegenstrom zur Schmelze, in den Abtreiber ein Inertgas mit abgestimmter Geschw. ein: Das mit ca. 0,8—1,2% W. aufgegebene NH_4NO_3 hat nach des Behandlung noch einen Wasser-Geh. von 0,25—0,20%. — Zeichnungen. (**A. P. 2 884 999** vom 29/5. 1956, ausg. 5/5. 1959.) H. NEBELSIEK. H 243

Phillips Petroleum Co., übert. von: Neil E. Lloyd, Rock Hill, S. C., V.St.A., **Gewinnung von Ammoniumsulfat.** Man leitet die heiße $(NH_4)_2SO_4$-Lsg. in eine Kristallisierungszone, trennt einen Teil des $(NH_4)_2SO_4$-Lsg. ab u. leitet die restliche heiße Lsg. in eine Verdampfungszone. Diesem Teil setzt man H_2SO_4 u. Ammoniak u. zum Schluß NH_3 zu. Dabei führt man dem heißen Kristallbrei Ammoniak im Gegenstrom zu. Dabei entstehen mehrere Kristallbreiströme, die unter turbulenten Bedingungen aufeinander einwirken. — Zeichnung. (**A. P. 2 890 935** vom 3/1. 1956, ausg. 16/6. 1959.) H. NEBELSIEK. H 243

National Distillers & Chemical Corp., übert. von: Hans Osborg, Port Washington, N.Y., V.St.A., **Herstellung von Hydrazin** aus einer Hydrazin-Verb. mit zumindest einem organ. Substituenten, die im Gemisch mit W. u. einer inerten Fl. (Träger-Fl. z. B. Anilin, aliphat. Amine) vorliegen. Das Gemisch wird mit einem Alkali- oder Erdalkalicarbid (Menge entsprechend dem Wasser-Geh.) zur Rk. gebracht u. Hydrazin gewonnen. Nach dieser Rk. können in analoger Weise Alkylhydrazin, Hydrazonium-Verbb. u. Acetylen hergestellt werden. — Verf.-Schema. (**A. P. 2 917 369** vom 8/3. 1957, ausg. 15/12. 1959.) E. MIESSGANG. H 243

Soc. des Usines Chimiques Rhône-Poulenc (Erfinder: Robert Meyer und Daniel Pillon), Frankreich, **Herstellung von Hydraziniumsulfat** aus Benzophenonazin, bes. in Mischung mit Benzophenon, durch Hydrolyse in konz. H_2SO_4 bei 100 bis 110°. (**F. P. 1 188 142** vom 6/12. 1957, ausg. 18/9. 1959.) W. WITTHOLZ. H 243

Fred Kurata, Lawrence, Kans., und James Paul Kohn, South Bend, Ind., V.St.A., **Gewinnung von Schwefel** aus einem Gemisch von CH_4 u. $>$ 6 Mol % H_2S. Das Gemisch wird bei einem Druck $>$450 lbs./sq.in. abs. auf eine so niedrige Temp. gekühlt, daß sich 2 fl. u. eine gasförmige Phase bilden. Die Gasphase ist CH_4-reich u. enthält $<$6 Mol— % H_2S, die eine der fl. Phasen enthält CH_4 neben wenig H_2S, die andere ist an H_2S angereichert. Die Gasphase u. die CH_4-reiche fl. Phase wird unter Abkühlung auf $< -258°$ F entspannt, wobei sich H_2S in fester Form abscheidet u. vom CH_4 abgetrennt wird. Die H_2S-reiche fl. Phase wird zur Umsetzung des H_2S zu S eingesetzt u. der freie S gewonnen. — Verf.-Schema, Diagramme. (**A. P. 2 901 326** vom 22/12. 1955, ausg. 25/8. 1959.) E. MIESSGANG. H 253

M. W. Kellogg Co., Jersey City, übert. von: Samuel R. Stiles, Cresskill, N.J., V.St.A., **Reinigung von Schwefelsäure** mit einem Geh. von mindestens 80 % H_2SO_4 u. polaren u./oder unpolaren Verunreinigungen. Die Säure wird in einer Kristallisationszone krist., wobei H_2SO_4-Kristalle u. eine Mutterlauge erhalten werden. Um ein Zusammenbacken der Kristalle zu vermeiden, wird das Ausgangs-Prod. mit einer linearen Geschw. von mindestens 50 (bes. 100—400) feet/s eingetragen. — Verf.-Schema. (**A.P. 2 903 339** vom 26/7. 1955, ausg. 8/9. 1959.) E. MIESSGANG. H 253

M. W. Kellogg Co., Jersey Citty, übert. von: Paul T. Atteridg, Little Falls, N.J., V.St.A., **Reinigung von verdünnter Schwefelsäure,** die organ. Verunreinigungen enthält. Die Säure wird in einer 1. Kristallisationszone auf eine Temp. zwischen deren eutekt. Punkt u. ca. 50° F gekühlt. Die gebildeten H_2SO_4-Kristalle werden von der

Mutterlauge (I) getrennt. I gelangt in eine 2. Kristallisationszone, wird dort in Ggw. von ausreichend W. auf – 35 bis 45° F gekühlt, wobei $H_2SO_4 \cdot H_2O$ gebildet u. abgetrennt wird. — Verf.-Schema, Diagramm. (**A. P. 2 881 058** vom 24/10. 1955, ausg. 7/4. 1959.)
E. Miessgang. H 253

Universal Oil Products Co., Des Plaines, übert. von: Herman S. Bloch, Skokie, und Vladimir Haensel, Hinsdale, Ill., V.St.A., **Entfernen von Schwefelwasserstoff aus Gasgemischen.** Die Reinigung von Gasen von als Verunreinigung darin enthaltenem H_2S wird erreicht durch Überleiten des Gases über inerte Trägerkörper, wie Al_2O_3 oder Tierkohle, die Phosphate von Cu, Ag, Zn, Cd u. Hg enthalten. Bei 50—200° u. erhöhtem Druck werden in Ggw. von H_2O Sulfide u. H_3PO_4 bzw. deren saure Salze gebildet. Die Regeneration der erschöpften Trägerkörper erfolgt bei erniedrigter Temp. u. erniedrigtem Druck unter Abpumpen des bei der Rückbldg. der Metallphosphate frei gewordenen H_2S. (**A. P. 2 930 673** vom 27/6. 1957, ausg. 29/3. 1960.
G. Frikell. H 253

Metallgesellschaft Akt.-Ges., Frankfurt/M. (Erfinder: Jürgen Müller, Langelsheim), **Herstellung von $LiBH_4$** aus LiH u. BF_3 nach Patent 950 846, dad. gek., daß in der 1. Stufe LiH als Suspension (bes. in Ae.) in eine Lsg. von überschüssigem BF_3 (z. B. in Ae.) eingetragen wird. — Zeichnung. (**D. B. P. 972 339** Kl. 12i vom 10/7. 1955, ausg. 9/7. 1959. Anmeldung bekanntgemacht 23/8. 1956. **Zusatz zu D. B. P. 950 846; C. 1957. 5679.**)
H. Kobs. H 273

Sinclair Mfg. Co., Toledo, übert. von: Eugene Wainer, Cleveland Heights, Ohio, V.St.A., **Herstellung eines Gemisches aus Calciumcarbonat und Calciumsilicat.** Man stellt ein Schmelzbad aus wenigstens einem Alkalicarbonat u. aus $CaCO_3$ enthaltendem Material, das daneben noch 2—20 Gew.-% SiO_2 oder Alkalisilicat enthält, her. Man hält das Schmelzbad auf ca. 850—880°, bis eine homogene Schmelze entstanden ist. Diese gießt man dann in wss. Alkalicarbonat-Lsg., so daß sich ein Nd. aus $CaCO_3$–$CaSiO_3$ bildet, den man abtrennt. (**A. P. 2 865 781** vom 2/7. 1956, ausg. 23/12. 1958.)
H. Nebelsiek. H 283

Masafumi Maki, Tokyo, Japan, **Trennen von Seltenen Erden.** Sie bilden mit Citronensäure (I) Komplexe, die je nach Wasserstoffionen-Konz. verschieden stabil sind. Man sättigt Träger, wie Filtrierpapier, Gewebe, Tonerde, Kieselerde oder Ionenaustauscherharze mit I, die mit NH_3 usw. auf ein bestimmtes pH eingestellt ist, bringt darauf die Proben aus der Mischung Seltener Erden, legt Gleichstrom an u. trennt die Erden elektrophoret. durch ihre verschiedene Wanderungsgeschwindigkeit. — Man bringt eine Lsg. mit je 0,5 Mol I u. NaCl mit NH_3 auf pH 2,6, sättigt mit der Lsg. Filtrierpapier, bringt an dessen Anfang eine Mischung aus La, Ce, Y u. Pr, legt an die beiden Enden des Filters 3 Std. einen Gleichstrom von 400 V an, wobei die Elemente nacheinander mit verschiedener Geschw. zur Kathode wandern. (**Jap. A. S. 8298/1959** vom 31/3. 1956, ausg. 15/9. 1959.)
M. Pankow. H 303

National Lead Co., New York, übert. von: Leon Merker, Bronx, N. Y., V.St.A., **Calciumtitanateinkristalle** werden dadurch erhalten, daß pulverförmiges $CaTiO_3$, das mittels eines O_2-Stromes, der von einem H_2-Strom umgeben ist, in einer H_2–O_2-Flamme geschmolzen wird, u. die Schmelze sich auf einen gegenüber der Flamme aufgestellten Träger zu einem Titanatkörper aufbaut, der von der Flamme umgeben bleibt, der Körper dann während 12—48 Std. in einer oxydierenden Atmosphäre bei 1650—1750° getempert u. anschließend mit einer Abkühlungs-Geschw. 30°/Std. auf Zimmer-Temp. abgekühlt wird. — Zeichnung. (**A. P. 2 936 216** vom 24/2. 1958, ausg. 10/5. 1960.)
K. Wolk. H 321

United States of America, Secretary of Army, übert. von: Joseph M. Stanley, Spring Lake, Sergius Theokritoff, Red Bank, Eduard A. Gerber, West Long Branch, Andrew R. Chi, Eatontown, N.J., und Donald L. Hammond, Estes, Colo., V.St.A., **Herstellung synthetischer Quarzkristalle,** dad. gek., daß der Lsg., aus der die Kristalle in einem Autoklaven bei 5000—6000 lbs./sq.in. u. ca. 350° in 8 bis 15 Tagen gewonnen werden, Al zugesetzt wird, bes. in Mengen von 50—200 ppm. — Graph. Darstellung. (**A. P. 2 944 027** vom 7/5. 1956, ausg. 5/7. 1960.)
A. Gradl. 6151

Kymin Osakeyhtiö-Kymmene Aktiebolag (Erfinder: **Runar Mauritz Rafaelsson Örnhjelm**), Kuusankoski, Finnland, *Herstellung von Alkaliperoxyden.* (**Schwz. P. 348 694** vom 4/11. 1955, ausg. 31/10. 1960. Finn. Prior. 5/11. 1954. — C. **1961.** 3113 [D. A. S. 1 054 970].)

Jaroslav **Beranek**, Krivoklat, und **Drahomir Sokol**, Ceska Skalice, Tschechoslowakei, *Diffusionsverfahren und -vorrichtung zur Ausführung chemischer Reaktionen.* (**E. P. 839 848** vom 18/6. 1958, ausg. 29/6. 1960. — C. **1960.** 14481 [F. P. 1 149 877].)

Metallgesellschaft Akt.-Ges., Frankfurt/M., *Gewinnung von Schwefel.* (**It. P. 512 764** vom 12/12. 1953. D. Prior. 10/6. 1953. Zusatz zu It. P. 492 787; C. 1959. 15474. — C. **1957.** 10585 [D. B. P. 958 918].)

Imperial Chemical Industries Ltd., London, England, *Gewinnung von Schwefel aus Erdalkalisulfaten.* (**Ind. P. 49 025** vom 20/2. 1953, ausg. 2/5. 1955. E. Prior. 5/3. 1952. — C. **1955.** 8468 [E. P. 719 406].)

Soc. An. des Manufactures des Glaces et Produits Chimiques de Saint-Gobain, Chauny & Cirey, Paris, Frankreich, *Stabilisieren von SO_3.* (**E. P. 840 381** vom 5/9. 1956, ausg. 6/7. 1960. F. Prior. 5/9. 1955. — C. **1960.** 609 [F. P. 1 130 793].)

Montecatini Soc. Gen. per l'Industria Mineraria e Chimica, Mailand, Italien, *Herstellung von Natriumhyposulfit.* (**Ind. P. 49 197** vom 16/3. 1953, ausg. 30/8. 1954. — C. **1956.** 3969 [Belg. P. 518 626].)

Texas Gulf Sulphur Co., New York, N.Y., V.St.A., *Zersetzung von Metallsulfiden zur Herstellung von Schwefel und Metallchlorid.* (**Holl. P. 95 639** vom 20/10. 1955, ausg. 15/10. 1960. — C. **1960.** 16557 [E. P. 805 922].)

Walter M. Weil, Shaker Heights, Ohio, V.St.A., *Herstellung von Metallboriden.* (**It. P. 510 882** vom 3/2. 1954. — C. **1959.** 16856 [E. P. 757 419].)

Reymersholms Gamla Industri Aktiebolag, Hälsingborg, Schweden, *Herstellung von Dicalciumphosphat mit niedrigem Fluorgehalt.* (**Holl. P. 95 499** vom 14/2. 1958, ausg. 15/9. 1960. Schwed. Prior. 15/2. 1957. — C. **1959.** 12025 [D. A. S. 1 051 821].)

Knapsack-Griesheim Akt.-Ges., Knapsack (Erfinder: **Franz Rodis, Gerhard Hartlapp**, Knapsack, und **Klaus Beltz**, Hürth), *Herstellung von Alkalitriphosphaten.* (**D. A. S. 1 097 421** Kl. 12i vom 8/3. 1954, ausg. 19/1. 1961. — C. **1960.** 954 [F. P. 1 120 378].)

Engelhard Industries, Inc., Newark, N.J., V.St.A., *Calcinieren von Tonerdehydrat.* (**E. P. 834 211** vom 15/8. 1956, ausg. 4/5. 1960. A. Prior. 16/9. 1955. — C. **1961.** 4838 [A. P. 2 916 356].)

Ciba Ltd., Basel, Schweiz, *Trennung von Niob und Tantal.* (**Holl. P. 95 681** vom 3/8. 1956, ausg. 15/10. 1960. Schwz. Prior. 4/8. 1955 u. 3/7. 1956. — C. **1959.** 11036 [D. A. S. 1 050 323].)

National Research Council, Ottawa, Canada, *Extraktion von Uran mit Carbonatlösung.* (**Aust. P. 161 191** vom 24/12. 1952, ausg. 3/3. 1955. Can. Prior. 11/1. 1952. — C. **1955.** 8234 [E. P. 716 597].)

National Research Council, Ottawa, Ontario, Canada, *Abscheidung von Uran aus Alkalicarbonat-Lösungen.* (**Aust. P. 161 189** vom 22/12. 1952, ausg. 3/3. 1955. Can. Prior. 11/1. 1952. — C. **1959.** 2584 [Norw. P. 85 014].)

United States Atomic Energy Commission, Washington, D. C., V.St.A., *Gewinnung von reinem Uranhexafluorid.* (**Belg. P. 562 991** vom 5/12. 1957, ausg. 3/6. 1960. — C. **1961.** 264 [D. A. S. 1 074 563].)

VI. Silicatchemie. Baustoffe

Gedanken zur Keramikwissenschaft: Altes als Grundlage für Neues. A. L. Roberts. (Trans. Brit. ceram. Soc. **59.** 505—14. Nov. 1960. Inst. of Ceramics.) (Engl.)

Vf. würdigt die Verdienste des Chemikers Dr. MELLOR auf dem Gebiet der wissenschaftlichen Keramik. Mit Hilfe von Röntgenstrahlen konnte MELLOR nach dem Erhitzen von Tonerde auf 500—900° die Existenz der „Keramite“ ($3\ Al_2O_3 \cdot 2\ SiO_2$) nachweisen. Er befaßte sich mit den beim Erhitzen entstehenden Zwischenstrukturen von Al_2O_3 u. stellte den sog. gefärbten „Feuertonen“ (Clayite) das Kaolinit gegenüber. H. SCHUMANN. 6206 □

Beitrag zur Untersuchung französischer Feldspate. C. Blin. (Ind. céram. **1960.** 341—49. Nov. Société française de Ceramique.) (Franz.)

Es werden die Eigg. verschiedener französ. Feldspate miteinander u. mit einigen ausländ. Sorten verglichen. Da bes. die viscositätsbestimmenden Eigg. interessieren, werden Flußproben auf Hartporzellanplatten (Fließlänge, Farbe, Glanz usw.) verglichen u. in einer graph. Darst. mit der Zus. in Beziehung gebracht. Durch eine einheitliche Ausführung dieser Verss. sollen Feldspate ausgeschieden werden, die sich für keram. Zwecke nicht eignen, bzw. es soll eine sichere Eingangskontrolle für Rohmaterialien erreicht werden. L. KÜHNERT. 6208 □

Struktur und Verhalten von basischen Steinen bei hohen Temperaturen. H. M. Richardson, K. Fitchett und M. Lester. (Trans. Brit. ceram. Soc. **59.** 483—504. Nov. 1960. Brit. Ceramic Res. Assoc.) (Engl.)

Verw. findet Selukwe-Chromerz von der Zus. 9,2 (%) SiO_2, 13,6 Al_2O_3, 15 Fe_2O_3, 42 Cr_2O_3, 1,9 CaO, 18,3 MgO. Nach Zufügen von feinem Chromerz, Ti-, Cr- u. Fe-Oxyden entsteht bei 1600° eine Mg-Chromerzmischung mit guten feuerfesten Eigenschaften. Weitgehende Zerkleinerung des Chromerzes u. Titanoxydes setzt die Temp. auf 1500° herab. Die Struktur-Unterss. werden mit Hilfe von Röntgenstrahlen u. elektronenmkr. Aufnahmen durchgeführt u. tabellar. erfaßt. Gewichtsverminderungen treten bei Temp. von 1650—1807° ein, wobei Magnesiumchromite nur wenig abnehmen. Diese Verluste sind im geringeren Maße auf die Abgabe von O der Oxyde als auf die Flüchtigkeit der Cr- u. Fe-Verbb. sowie auf das gegenseitige Durchdringen der Spinelloxyde u. Silicatphasen zurückzuführen. Die Porosität erhöht sich nach Zusatz von Ti-Verbb. u. sinkt nach Zugabe von Chromoxyd ab. Die Feuerfestigkeit steigt nach Zufügen von 5% Ti- oder 5% Chromoxyd. Ti ergibt Titanate der vorwiegenden Zus. $2\ MgO \cdot TiO_2$. Die Vol.-Stabilität ist bei 1700° nicht viel geringer als bei 1800°. H. SCHUMANN. 6218 □

Sintern von kristallinem Quarz. A. C. D. Chaklader und A. L. Roberts. (Trans. Brit. ceram. Soc. **59.** 323—38. Sept. 1960. Vancouver, Canada, Univ. of Brit. Columbia, Dep. of Mining and Metallurgy.) (Engl.) — Vgl. C. **1961.** 402.

Es werden Ausgangsmaterialien, Vers.-Ofen u. -Technik zur Unters. des Verh. von Quarzpulver (Korndurchmesser 0,137 mm) bei Temp. von 1500, 1530 u. 1570° angegeben. Unterss. der Druckfestigkeit u. linearen Ausdehnung von gepreßten u. gesinterten Probestäbchen zeigen, daß eine Umwandlung von Quarz über eine Übergangsphase in Cristobalit eintritt, was sich durch mkr. Verfolgung des Vorganges feststellen läßt u. woraus geschlossen werden kann, daß der Bruch von Silicasteinen infolge der schlechten Sinter-Eigg. des darin gebildeten Cristobalits in höherem Maße beeinflußt wird als durch Schmelzvorgänge. L. KÜHNERT. 6218□

Stabilitätsmessungen an Drehofenmänteln mit dem Shelltest-Gerät. H. Hilber. (Zement-Kalk-Gips **14** (**50**). 1—16. Jan. 1961. Wien.) (Dt.)

Die Haltbarkeit des feuerfesten Ofenfutters von Drehrohröfen ist von der ausreichenden Mantelstabilität abhängig. Der Ovalitätswert läßt sich mit Hilfe des schwed. Deformationsmessers „Shelltest“ mit dem dazugehörigen Schreibgerät „Shelltest-Recorder“ bestimmen. Diese Werte gestatten Aussagen über den Zustand des Ofenmantels in Verbindung mit den Auflagedrucken an den Laufringen. Entsprechend den Diagrammen ist bei guten Ansatzverhältnissen trotz starker Ofenmanteldeformation eine Futterhaltbarkeit von 8—10 Monaten möglich, wenn die maximale Deformation für Öfen mit Ø unter 3 m (1) 20—25 mm beträgt. Liegt der Ø über 3 m (2), darf die Ovalität 20 mm nicht überschreiten. Unter schlechten Ansatzverhältnissen wird der maximale Ovalitätswert für (1) mit 10 mm u. für (2) mit 5 mm bei einer Futterhaltbarkeit von 6—8 bzw. 3—6 Monaten angegeben. Die Wand-Temp. müssen berücksichtigt werden, da die Festigkeiten des Bleches in der Regel über 300° nachläßt. In der Gegenüberstellung der Ofentypen weist Vf. darauf hin, daß ihm über eine direkte Befestigung der Laufringe am Ofenmantel nichts Nachteiliges bekannt ist. H. SCHUMANN. 6222□

Kohlensäure in hydratisiertem Portlandzement. W. F. Cole und B. Kroone. (J. Amer. Concrete Inst. **31.** Proc. 56. 1275—95. Juni 1960. Detroit, Mich., Amer. Concrete Inst.) (Engl.) — Vgl. C. **1960.** 7766.

Thermogravimetr., röntgenograph. u. mittels DTA untersuchten Vff. carbonatisierte Proben von Portlandzementmörtel u. von Calciumsilicathydrat, um festzustellen, in welcher Weise CO_2 gebunden ist. Zu den Verss. wurden Zementmörtel mit einem Sand–Zement-Verhältnis von 4,0 u. einem Verhältnis W.-Zement von 0,60 der Luft oder einem CO_2-Strom ausgesetzt. Das Calciumsilicathydrat wurde nur feuchtem CO_2 ausgesetzt. Aus den Unterss. ergab sich, daß das CO_2 als $CaCO_3$ chem. gebunden ist, u. zwar hauptsächlich in Form von schlecht krist. *Vaterit, Aragonit* u. *Calcit*, u. nicht als ein Silicatmineral. In den Mörteln überwiegt Vaterit über den Aragonit, in dem Calciumsilicathydrat der Aragonit über den Vaterit. Die Mineralien haben sich aus $Ca(OH)_2$ gebildet, das während der Hydratisierung von *Alit* ($3CaO \cdot SiO_2$) u. bei der Zers. der hydratisierten Zementmineralien in Freiheit gesetzt wird. Beim Erhitzen der carbonatisierten Proben von Mörtel u. Calciumsilicathydrat werden schlecht krist. Vaterit u. Aragonit in schlecht krist. $CaCO_3$ umgewandelt. Bei schnellem Erhitzen reagiert $CaCO_3$ mit dem kieselsäurehaltigen Rest u. liefert nichtstabilen *Larnit* (β-$2CaO \cdot SiO_2$). Bei höheren Temp. rekrist. der Larnit, in dem Calciumsilicathydrat wird er dagegen in *Wollastonit* umgewandelt. Ganz allg. zersetzen sich die Mörtelproben bei einer höheren Temp. als die Probe des Calciumsilicathydrates. C. GOTTFRIED. 6222

Ähnlichkeiten und Verschiedenheiten der Calcium-, Strontium- und Bariumzemente. A. Braniski. (Zement-Kalk-Gips **14** (**50**). 17—26. Jan. 1961. Bukarest) (Dt.)

Als bas. Silicate, Aluminate, Ferrite u. Aluminatferrite weisen Ca, Sr u. Ba hydraul. Eigg. auf. Bas. Ba-Hochofenschlacken auf Orthosilicatbasis binden ohne Erreger mit W. ab u. erreichen nach 21—28 Tagen Luftlagerung sowie 5monatiger Aufbewahrung in W. sehr hohe Festigkeiten. Saure u. neutrale Schlacken der bezeichneten Erdalkalien sind keine hydraul. Bindemittel. Hydraul. Eigg. besitzen das Dicalcium-, Distrontium- u. Dibarium- sowie die Trierdalkalisilicate der genannten Metalle. Hydraul. binden die mittelbas. Monoerdalkalialuminate, Dierdalkaliferrite (12 Std. Abbindezeit) u. Tetraerdalkalialuminatferrite des Ca, Sr u. Ba ab. Ca-, Sr- u. Ba-Alite sind hydraul. erhärtende polymorphe Modifikationen der durch Tonerde u. MgO (FeO) stabilisierten Trierdalkalisilicate, desgleichen findet man hydraul. Eigg. bei den Ca-, Sr- u. Ba-Beliten. Die entsprechenden Celite sind mittels MgO neutralisierte Tetraerdalkalialuminate. Die Begrenzung der Felder der silicat. Zemente, Tonerdezemente u. bas. Hochofenschlacken im Dreistoffdiagramm Erdalkalioxyd–Tonerde–Kieselsäure wird diskutiert u. der Rk.-

Ablauf beim Brennvorgang der Klinker an Hand regelmäßiger Analysen auf CO_2 u. Erdalkalioxyde gedeutet. Kieselsäure wirkt auf Carbonate besser als auf Sulfate ein. Ba-Zemente sind sehr widerstandsfähig gegen Meerwasser u. sulfathaltige Substanzen. Die Hydratation von Zementen, Eigg. von Purzementpasten u. Dichtungsmittel für Beton u. Mörtel der Elemente Ca, Sr u. Ba werden miteinander verglichen.

H. SCHUMANN. 6222□

Reaktionsfähigkeit von Kalk und entsprechenden Oxyden. 3. Mitt. Absorption von Wasser an Calciumoxyd. (Hydratation im flüssigen Medium). D. R. Glasson. (J. appl. Chem. **10.** 38—42. Jan. 1960. Plymouth, Acheson Res. Labor. Techn. Coll.) (Engl.) — 2. vgl. C. **1961.** 3118.

Akt. CaO mit Oberflächen von 5—100 m^2/g hydratisiert mit W. oder mit W. gemischten inerten Lsgm. (Aceton). Die Kristallite steigen hier im Gegensatz zur „trockenen" Hydratation mit Wasserdampf an. Bei hochaktiviertem CaO (93 m^2/g) verkleinert sich die Oberfläche. Eine Oberflächenvergrößerung von 5,9 auf 26,4 m^2/g bewirkt in reinem W. eine Vermehrung der Kristallite. Die Größe der Teilchen wächst auf Kosten der Oberfläche. Unter 1% W. nehmen die Kristallite nur noch bedingt zu. Unter 20% W. sinkt die Größe der Kristallite, oberhalb dieser % steigt sie an. Eine Alterung der Teilchen ist immer zu verzeichnen, selbst wenn W. weitgehend durch Aceton ersetzt wird. Das Wachstum der Kristalle des CaO in reinem oder 90% ig. W. ist vergleichbar mit dem bei der Umsetzung von 2n NaOH mit 0,5m $Ca(NO_3)_2$-Lsg. entstehenden $Ca(OH)_2$. Vers.-Durchführung: 5 g CaO werden unter schnellem Rühren mit 200 ml frisch dest. W. versetzt u. innerhalb ½ Std. entsprechende Mengen Aceton zugefügt (pH-Wert 12,5—14). Die Temp. des Thermostaten beträgt 22°. Nach dem Abfiltrieren des Nd. u. Waschen mit Aceton wird die Probe bei 200° im Vakuum getrocknet u. die Oberfläche aus den Adsorptionsisothermen des Stickstoffs bei —183° bestimmt. Eine therm. Analyse des Sorptionsgleichgewichts wird durchgeführt. Bei 500° geht $Ca(OH)_2$ quant. in CaO über.

H. SCHUMANN. 6226□

Reaktionsfähigkeit von Kalk und entsprechenden Oxyden. 4. Mitt. Carbonisierung von Kalk. D. R. Glasson. (J. appl. Chem. **10.** 42—48. Jan. 1960. Plymouth, Acheson Res. Labor. Chem. Dep. Techn. Coll.) (Engl.) — 3. vgl. vorst. Referat.

Proben von CaO, $Ca(OH)_2$ werden einmal unter trockenen Bedingungen u. andererseits in Lsg. carbonatisiert. Carbonatisierungsmittel sind Na_2CO_3 oder $(NH_4)_2SO_4$ sowie die entsprechenden Hydrogencarbonate. Verglichen werden diese Rkk. mit einer direkten Umsetzung von 200 ml $Ca(NO_3)_2$-Lsg. u. 400 ml 0,5m Na_2CO_3-Lösung. Die spezif. Oberfläche beträgt hierbei nach dem Trocknen 8,0 m^2/g u. die Teilchendurchmesser 2770 Å. Werden Lsgg. geringerer Konz. verwendet, steigt die Oberfläche unter Absinken der Teilchengröße. Wächst die Fläche von 14 auf 16,3 m^2/g an, sinken die Teilchendurchmesser von 1590 auf 1360 Å ab. In sehr verd. Lsgg. steigt der Durchmesser bis auf 44000 Å an. Der Vorgang der Carbonatisierung, der auf der Oberfläche der Teilchen beginnt, kann an Hand von Oberflächen-Best. u. Beobachtung der Kristallstrukturen verfolgt werden. Das Wachstum der Kristallite u. die Porosität sind stark vom pH-Wert der umgebenden Lsg. abhängig, desgleichen Menge u. Löslichkeit der entstehenden Carbonate. Die Alterungstendenz ist abhängig vom Wachstum der Kristallite. Für die Darst. von $CaCO_3$ mit Hilfe von $NaHCO_3$ u. NH_4HCO_3 sind pH-Kurven sehr schlecht reproduzierbar, da das während der Umsetzung entstehende $Ca(HCO_3)_2$ in $CaCO_3$ u. CO_2 zerfällt.

H. SCHUMANN. 6226□

Union des Verreries Mécaniques Belges Soc. An., Charleroi (Erfinder: Edgard Brichard, Jumet, Emile Plumat, Gilly, und Lucien Léger, Montigny-le-Tilleul), Belgien, **Verhinderung der Irisierung von Glas** durch Feuchtigkeitseinw. bei der Lagerung oder beim Transport. Man bringt die Oberfläche mit $NaHSO_4$ (I) in Berührung. Die Behandlung kann z. B. durch Tauchen oder Besprühen mit wss. Lsgg. erfolgen oder mit Hilfe von I-haltigem Pulver oder hiermit imprägniertem Papier. (**Holl. P. 95 287** vom 9/5. 1957, ausg. 15/8. 1960. Belg. Prior. 11/5. 1956.)

F. BÖHM. 6201

Höganäs-Billesholms A/B, Höganäs, Schweden (Erfinder: E. J. Crawley), **Keramische Masse.** Pulverförmiges keram. Material (90 Gew.-Teile) wird mit 5 pechartigem Bindemittel u. 5 leicht fl. Schmiermittel vermischt. — Vgl. Schwed. P. 151 088; C. **1960.** 3670. (**Schwed. P. 154 854** vom 13/3. 1951, ausg. 12/6. 1956.)

K. H. KÄHLER. 6209

Council of Scientific & Industrial Research, Neu-Delhi, Indien, **Herstellung von rötlicher Emaille,** die bes. für Schilder, Töpfe u. Pfannen verwendet wird, durch oxydierendes Schmelzen der üblichen Fritte auf 1000—1250° unter Zusatz von

10—25% MnO_2 als Farbstoff. — Man schmilzt z. B. 5—15 (Teile) Quarz, 35—50 Feldspat, 15—25 Borax, 3—6 Mennige, 3—6 Na_2CO_3 u. 4—12 MnO_2 bei 1000—1250° zusammen. Nach dem Erkalten vermahlt man 100 der Fritte mit 0,5—5,0% Ton, 0,5 Borax u. 40,0 Wasser. (**Ind. P. 49 837** vom 2/7. 1953, ausg. 23/3. 1955.)
H. NEBELSIEK. 6213

D. W. Schulte Fabrikation feuerfester Sondermassen (Erfinder: Friedrich Lipinski), Plettenberg/Westf., **Herstellung feuerfester Erzeugnisse.** Es wurde gefunden, daß die Qualität von Schamotte-, Sillimanit-, Korundsteinen u. a. bes. durch die Festigkeit der Einbindung des unplast. Korns abhängt. Deshalb wird zunächst das der Magerung dienende Grobkorn angefeuchtet, u. mit einem kleinen Anteil des Bindetons ggf. mit Zusatz von Flußmitteln oder Mineralisatoren innig vermischt, ehe es mit dem feinkörnigen Magerungsstoffanteil u. dem restlichen Bindeton verarbeitet wird. Das für die Formgebung erforderliche W. wird erst unmittelbar davor eingearbeitet. (**D. B. P. 974 648** Kl. 80b vom 30/7. 1953, ausg. 16/3. 1961. Anmeldung bekanntgemacht 25/8. 1955.) G. FRIKELL. 6219

Max-Planck-Institut für Eisenforschung, Düsseldorf (Erfinder: Wilhelm Anton Fischer, Ratingen, und Gert Lorenz, Düsseldorf), **Herstellen von feuerfesten, hohe Temperaturwechsel- und Schlackenbeständigkeit aufweisenden Formteilen aus Chromoxyd.** Um einen sehr dichten Scherben zu erhalten, wie er z. B. für Thermoelementschutzrohre zum Tauchtemp.-Messen von Metallschmelzen nötig ist, werden die Formteile aus Cr_2O_3 zunächst bei Temp. bis 1250° vorgebrannt u. dann bei mehr als 1850°, bes. bei 1900—2000° vorteilhaft in reduzierender Atmosphäre versintert. (**D. A. S. 1 103 221** Kl. 80b vom 11/12. 1957, ausg. 23/3. 1961.) G. FRIKELL. 6219

Union Carbide Corp., New York, N.Y. (Erfinder: Lorne Bennet Alden, Hyattsville, Md., und Frank Palmer Holloway, Fostoria, Ohio), V.St.A., **Herstellung kohlenstoffhaltiger Formkörper.** Die Bldg. flüchtiger, kondensierender Verbb., die sich auf den kalten Teilen der App. abscheiden, wird vermieden, wenn ein C-enthaltendes Prod. wie calcinierter Koks mit einem C-haltigen Bindemittel, dessen F. unter 300° liegt, wie Steinkohlenteerpech, Steinkohlenteerdepolymerisationspech oder Holzpech u. 3—20 Gewichts-% S, bezogen auf das Pech, unter gleichzeitiger elektr. Heizung verpreßt wird. Dabei entweicht der größte Teil des S in Form flüchtiger Verbindungen. Die Dichte u. die Biegezugfestigkeit der Formkörper wird durch den Zusatz von S verbessert. (**D. A. S. 1 100 535** Kl. 80b vom 24/10. 1958, ausg. 23/2. 1961. A. Prior. 24/10. 1957.) G. FRIKELL. 6221

General Electric Co., Schenectady (Erfinder: Ralph John Bondley, Scotia), N.Y., V.St.A., **Vakuumdichte Schweiß- bzw. Lötverbindung zwischen einem nichtmetallischen, schwer schmelzbaren Material, einem weiteren Bauteil aus Silber, Kupfer oder Gold und einer Zwischenschicht aus den Reaktionsprodukten des schwer schmelzbaren Materials mit Titan oder Zirkonium sowie einem aus Indium, Gallium, Thallium, Zink oder Cadmium.** Bei der Verbindung von Quarz u. a. nichtmetall. feuerfesten Prodd. mit den genannten Stoffen, wie es z. B. bei der Herst. von Wellenleiterfenstern erforderlich ist, wird eine feste, vakuumdichte Verbindung, die hohen Temp. standhält, erzielt durch eine zusätzliche Zwischenschicht, die im wesentlichen aus einer α-Phasen-Leg. des Lots mit dem Metall des Bauteiles besteht u. prakt. frei von unlegiertem Lot ist. Diese Leg. kann z. B. aus Ag mit 1—3% Ir bestehen. (**D. A. S. 1 102 032** Kl. 80b vom 30/8. 1957, ausg. 9/3. 1961. A. Prior. 30/8. 1956.)
G. FRIKELL. 6221

Rütgerswerke Akt.-Ges., Frankfurt/M. (Erfinder: Rudolf Haefner, Oberursel, Wolfgang Malchow, Falkenstein, und Otto Funk, Offenbach), **Verbundwerkstoff** zur *Auskleidung* von Flächen, der abwechselnd aus Trägerschichten (Pappe, Glasvlies, Polyvinylchlorid- oder Al-Folie) u. Dichtungsschichten (Bitumen) besteht, die als geschmolzene Masse aufgegossen werden. (**Schwz. P. 331 922** vom 28/12. 1954, ausg. 30/9. 1958.) E. WEISS. 6229

Matthias Weiss, Wien, Österreich, **Hartfaserplatten** werden aus der Mischung von 2 Teilen Lignocellulose (lufttrockene Sägespäne) u. 1 Teil Sulfitablauge (mit 20% Trockensubstanz) durch Verpressen bei 200° u. 628 lbs./sq.in. hergestellt. Ggf. wird Draht zur Verstärkung eingelegt. Die Masse kann auch auf ein Furnier aufgepreßt werden. — 2 Abbildungen. (**E. P. 837 700** vom 18/6. 1956, ausg. 15/6. 1960.)
F. KOCH. 6229

Dr. Klaffke & Co., Hamburg, und Vereinigte Baustoffwerke Bodenwerder G. m. b. H., Bodenwerder/Weser, **Herstellung von Belagplatten.** Platten mit einer ein- oder mehrlagigen Kunstharzschicht u. einer bes. Gips mit Zusätzen, wie Kunststoffen, Klebern, Leimen enthaltende Trägerplatte werden hergestellt durch Beschichten dieser mit einer Härteschicht, bes. aus Zement, ggf. mit Zusätzen, wie $BaSO_4$, anschließender Wärmebehandlung, bes. mit IR-Strahlen u. Aufbringen mindestens einer weiteren Schicht aus Mehrkomponentenkunststoffen, wie Polyestern, Polyurethanen u./oder Polyamiden mit Zusätzen von Härtemitteln. (**D. A. S. 1 102 628** Kl. 80b vom 19/12. 1956, ausg. 16/3. 1961.) G. FRIKELL. 6229

Karl Johannes Lofhjelm, **Isolierungsmaterial** aus Wellpappe, -papier oder -asbest wird hergestellt, indem mehrere Blätter des gewellten Materials kreuzweise bzw. in einem Winkel zueinander verleimt werden, wobei eine oder beide Seiten des fertigen Isolationskörpers mit Dachpappe oder dgl. oder Al-Folie, Farbe, Öl oder Lack bedeckt sein können. (**Aust. P. 220 793** vom 13/12. 1955, ausg. 16/4. 1959.) K. DEMMLER. 6229

Rubina Hay Stephens, **Poliermittel für Metall und Glas,** bestehend aus einem Gemisch von 1 Teil pulverisiertem Fe_2O_3 u. 3 Teilen pulverisierter SiO_2. (**Aust. P. 221 537** vom 11/4. 1957, ausg. 11/6. 1959.) H. MÖLLERING. 6239

Minnesota Mining & Mfg. Co., Minnesota, Del., V.St.A., **Schleifscheiben,** die genau ausgewuchtet sind, werden in einer schnell rotierenden Form (1750 U/min) aus Schleifmittel (Al_2O_3) u. Bindemittel (Epoxyharz + Aminhärter) hergestellt. — 4 Abbildungen. (**E. P. 836 591** vom 2/5. 1956, ausg. 9/6. 1960. A. Prior. 2/5. 1955.) F. KOCH. 6239

United States of America, Secretary of Commerce, übert. von: Karl F. Nefflen, Bethesda, Md., V.St.A., **Herstellung von Schleifmittel enthaltenden Folien,** dad. gek., daß ein Kunstharz, bes. ein Vinylchlorid-Vinylacetat-Mischpolymerisat, in einer solchen Menge eines Lsgm., bes. Cyclohexanon, gelöst wird, daß sich das zu dieser Lsg. zugefügte Schleifmittel, bes. Diamantstaub, noch absetzen kann, daß man diese Schleifmittelsuspension gründlich mischt u. auf eine glatte Fläche gießt, worauf nach Absetzen des Schleifmittels das Lsgm. abgedunstet u. die Folie von der Unterlage abgezogen wird. — Zeichnungen. (**A. P. 2 937 934** vom 29/6. 1951, ausg. 24/5. 1960.) O. SCHÖN. 6239

Union Carbide Corp., New York, N.Y. (Erfinder: **Paul Trammell Sessions jun.**, Birmingham, Ala.), V.St.A., *Trennöle für Glasformen.* (**D. A. S. 1 060 567** Kl. 32b vom 20/1. 1956, ausg. 2/7. 1959. A. Prior. 21/2. 1955. — C. **1959.** 17373 [E. P. 796 372].)

Glaxo Laboratories Ltd., Greenford, England, *Behandeln von siliconüberzogenen Glasgegenständen.* (**Dän. P. 84 083** vom 15/1. 1955, ausg. 16/12. 1957. E. Prior. 18/3. 1954 u. 5/1. 1955. — C. **1961.** 626 [Aust. P. 209 352].)

Libbey-Owens-Ford Glass Co., Toledo, Ohio, V.St.A., *Abdeckmassen.* (**E. P. 829 709** vom 25/3. 1957, ausg. 2/3. 1960. A. Prior. 2/4. 1956. — C. **1960.** 3003 [D. A. S. 1 061 978].)

Russel Pearce Heuer, Philadelphia, Pa., V.St.A., *Feuerfeste Materialien.* (**It. P. 509 048** vom 12/1. 1955. — C. **1950/54.** 4222. S [F. P. 1 082 298].)

Corning Glass Works (Erfinder: **Albert George Bossard**), Corning, N.Y., V.St.A., *Verhinderung der Blasenbildung an feuerfesten Körpern.* (**D. A. S. 1 085 087** Kl. 80b vom 3/1. 1956, ausg. 7/7. 1960. **Holl. P. 94 560** vom 4/1. 1956, ausg. 15/6. 1960. Beide A. Prior. 4/1. 1955. **A. P. 2 919 209** vom 4/1. 1955, ausg. 29/12. 1959. — C. **1959.** 2588 [E. P. 779 596].)

General Electric Co., New York, übert. von: **Alexis G. Pincus**, Schenectady, N.Y., V.St.A., *Keramische Forsteritkörper.* (**A. P. 2 912 340** vom 10/11. 1955, ausg. 10/11. 1959. — C. **1960.** 266 [E. P. 798 450].)

Rudolph Grimm, Neuhof, *Herstellung von Hartgips.* (**E. P. 801 395** vom 5/9. 1955, ausg. 10/9. 1958. — C. **1960.** 3997 [D. P. [DDR] 17 126].)

British Oxygen Co. Ltd., England, *Entfernung des Schwefels aus Hochofenschlacke.* (**F. P. 1 186 533** vom 18/11. 1957, ausg. 26/8. 1959. E. Prior. 21/11. 1956. — C. **1960.** 5309 [E. P. 808 788].)

Monsanto Chemical Co., St. Louis, Mo., übert. von: **Frank Joseph Lection**, West Mifflin, Pa., V.St.A., *Herstellung styrolisierter Phenol-Formaldehyd-Harze.* (**A. P. 2 859 205** vom 6/8. 1954, ausg. 4/11. 1958. — C. **1960.** 5288 [Aust. P. 211 416].)

VII. Agrikulturchemie. Schädlingsbekämpfung

Untersuchung der Salpetersäurebehandlung der Phosphate unter Zusatz von Schwefeldioxyd. W. K. Dubowaja und M. N. Nabijew. (Узбекский Химический Журнал [Usbek. chem. J.] **1958.** Nr. 5. 5—17. Inst. für Chem. der Akad. der Wiss. der UsbekSSR.)

Es wird festgestellt, daß die Verw. von SO_2 als Zusatz bei der HNO_3-Behandlung der Phosphate durchaus möglich ist. Optimale Bedingungen für den Prozeß sind: pH 5,0—5,5, stöchiometr. Mengen SO_2 u. ausreichende Berührung der Reagentien (gleichzeitige Zufuhr der fl. u. gasförmigen Reagentien). Während der Neutralisierung, des Eindampfens u. des Trocknens werden die Sulfite zu Sulfaten oxydiert. Es werden 3 Varianten der HNO_3-Behandlung beschrieben. H. TREUMANN. 6282□

Fluor in den Produkten der Glühphosphatherstellung. Stefan Exner. (Przemysł chem. **39.** 28—32. Jan. 1960. Bonarka, Fabryka Supertomasyny, Zakład. Labor. badawcze.) (Pol.)

Die F-Bilanz der Glühphosphat-Herst. aus Fluorapatit wird aufgestellt. In den Abgasen ist keine flüchtige F-Verb. nachweisbar. Im Staub sind hauptsächlich wasserlösl., im Klinker säurelösl. (2%ig. Citronensäure) F-Verbindungen. Bei Rückführung des Staubes in den Prozeß steigt der Anteil wasserlösl. F-Verbb. im Klinker. Da bei den hohen Temp. im Drehofen ein Teil des F in gasförmigen Verbb. auftreten muß u. trotzdem keine flüchtigen Verbb. in den Abgasen festzustellen sind, muß eine Refluorisierung des Prod. beim weiteren Sintern eintreten, wobei bevorzugt wasserlösl. F-Verbb. entstehen. Eine Verwertung des F beim Glühphosphatprozeß ist durch Extraktion des Staubes der Elektrofilter mit W. möglich. F. URBAN. 6282□

Entwicklung der Produktion von Stickstoff- und zusammengesetzten Düngemitteln in der Sowjetunion. W. A. Klewke und W. Je. Mednikow. (Журнал Прикладной Химии [J. angew. Chem.] 33. 2153—65. Okt. 1960.) (Russ.)

Übersicht über die in der UdSSR angewandten neueren Verff. zur Herst. von reinen N-Düngemitteln u. stickstoffhaltigen Mischdüngemitteln. — 14 Literaturangaben. E. KLEVER. 6284□

Beitrag zur Kenntnis des Pufferungsvermögens der Böden im Westen der Rumänischen Volksrepublik. P. L. Mureşanu, C. Petrescu, M. Handra und N. Vîlceanu. (Studii Cercetări [Timişoara], Ştiinte chim. 6. Nr. 3/4. 111—25. Juli/Dez. 1959. Timişoara, Baza de Cercetări ştiinţifice a Academiei R.P.R.) (Rum.)

Statist. Angaben. W. SCHMIDT/Timişoara. 6304

Untersuchung der Dünnschliffe brauner Waldböden. János Rózsavölgyi und Pál Stefanovits. (Agrokémia és Talajtan [Agrochem. u. Bodenkunde] 9. 365 bis 380. Sept. 1960. Budapest, MTA Talajtani és Agrokém. Kut. Int.) (Ung.)

Zur Best. der Bewegung von Ton u. Fe in ungar. braunen Waldböden wurden an den genet. Horizonten chem., physikal. sowie mikromorpholog. Unterss. ausgeführt. Es wurde die mechan. Zus. der Böden festgestellt, der Boden sowie sein Tonanteil vollständig analysiert u. das komplexonlösl. Fe u. Al bestimmt. Mit Hilfe von Dünnschliffen konnte der Prozeß der „Toneinwaschung" untersucht werden. N. SEILER. 6304□

Eigenschaften von braunen podsoligen Böden. Tsuneo Tamura, R. M. Hanna und A. E. Shearin. (Soil Sci. 87. 189—97. April 1959. Connecticut Agric. Exp. Stat.) (Engl.)

Mechan., chem. u. mineralog. (röntgenograph.) Unterss. an Proben von 4 typ. braunen podsoligen Böden ergaben, daß im Gegensatz zu Podsolböden mit kontraktionsfähigen Tonmineralen (K-Fixierung) in diesen Böden Al-Ionen bzw. Al-Hydroxyde in die Tonmineralzwischenschichten eingelagert sind, wodurch der stabile 14 Å-Gitterabstand hervorgerufen wird. Es wird angenommen, daß dieser stabile 14 Å-Reflex sowohl durch Vermiculit als auch durch Montmorillonit hervorgerufen wird. Theoret. ist sogar eine völlige Aluminierung der Tonminerale unter Chlorit-Bldg. nicht ausgeschlossen. Tonmineral-Bldg. u. -Abbau führt in diesen Böden zu einem Gleichgewicht mit ca. 10% Tongehalt. — Die starken Unterschiede im Schluff-Geh. der Böden deuten darauf hin, daß die Böden nur z. T. unter äol. Einfl. standen. pH-Wert u. Ton-Geh. der braunen podsoligen Böden nehmen vom A_1- zum B_{22}-Horizont zu, der Geh. an organ. Substanz u. die Sorptionskapazität dagegen nehmen ab. WILFRIED WERNER. 6304□

Über den Gehalt an Mangan und seine Form in nördlichen gewöhnlichen und typischen Grauerden. K. Ch. Mirsajewa. (Доклады Академии Наук УзССР [Ber. Akad. Wiss. UsbekSSR] 1959. Nr. 12. 38—41. Inst. für Bodenkunde der Akad. der Wiss. der UsbekSSR.) (Russ.; Auszug: Usbek.)

In der Ackerkrume der gewöhnlichen nördlichen (Kirgisien u. Taschkent) Grauerde beträgt der Geh. an Gesamt-Mn 724—860 mg pro kg Boden, in der typ. Grauerde 630—1105 mg. Der Boden enthält an säurelösl. Mn 420—860 mg, an leichtreduzierbaren Mn 8,4—32,0 mg. In W. lösl. Mn fehlt. Austauschfähiges Mn wurde in der Grauerde nach Luzerne in Mengen von 8,4—32,0 mg/kg ermittelt. M. WROBLEWSKI. 6304□

Fruchtbarkeitsuntersuchungen an einigen Böden von New Brunswick. 2. Mitt. **Der Kalium-Versorgungszustand des Bodens, angezeigt durch Gewächshaus- und chemische Untersuchungen.** A. A. MacLean, J. J. Doyle und F. G. Hamlyn. (Canad. J. Soil Sci. 37. 29—33. Febr. 1957.) (Engl.) — 1. vgl. C. 1957. 12283.

In Gefäß-Verss. wurde die Wrkg. einer K-Düngung auf Ertrag u. K-Geh. von Ladinoklee auf jeweils 6 Böden von 5 verschiedenen Bodentypen (insgesamt 30 Böden) in Abhängigkeit von den nach folgenden Meth. ermittelten K-Status dieser Boden untersucht: a) 30 Min. langes Schütteln mit W. (1 : 10), b) Extraktion mit Na-Acetat-Lsg. (pH 4,85), c) Extraktion mit neutraler n-NH_4-Acetat-Lsg., d) Extraktion mit kochender HNO_3. Der Ertrag wurde durch K-Düngung nur auf 2 Böden, der K-Geh. in allen Fällen signifikant erhöht. Je höher der K-Geh. der Pflanzen ohne K-Düngung war, um so geringer war der Ertragszuwachs durch die K-Zufuhr. Vff. folgern daraus, daß die Pflanzenanalyse eine Bewertung des K-Status von Böden ermöglicht. Durch die geprüften

Extraktionsmittel wurden unterschiedliche K-Mengen extrahiert, u. zwar d > c > b > a. Die mit diesen Verff. extrahierten K-Mengen korrelierten signifikant miteinander. Weiterhin bestanden gesicherte Korrelationen zwischen dem chem. ermittelten K-Status des Bodens u. der K-Aufnahme der Pflanzen. Im Mittel aller Böden war diese Korrelation im Falle von b) am höchsten. Wilfried Werner. 6304□

Die Beeinflussung chemischer Eigenschaften von Böden in West-Texas durch die Qualität des Bewässerungswassers. D. E. Longenecker und P. J. Lyerly. (Soil Sci. **87**. 207—16. April 1959. Texas Agric. Exp. Stat.) (Engl.)

In Feld- u. Labor.-Verss. wurde die Wrkg. von minderwertigem Bewässerungswasser (zu hoher Salz-Geh. bzw. schlechtes Ionengleichgewicht) auf den Boden untersucht. Während auf Böden guter Permeabilität trotz hohen Salz-Geh. des Bewässerungswassers gute Erträge erzielt wurden, wurde auf Böden schlechterer Permeabilität die Ertrags-Bldg. infolge Salzanreicherung im Boden limitiert. Es bestand eine gute Korrelation zwischen der elektr. Leitfähigkeit des gesätt. Bodenextraktes u. dem Geh. der Böden an austauschbarem Na, so daß mittels einer Best. der elektr. Leitfähigkeit der Na-Status der Böden vorausgesagt werden kann. Dagegen korrelierte der Geh. des Bodens an austauschbarem Na nicht mit der Salz-Zus. des Bewässerungswassers, was auf das Fehlen eines Gleichgewichtes zwischen Boden u. W. sowie den relativ hohen Gips-Geh. der Böden zurückgeführt wird. Durch die Anwendung von W. mit hohem Salz-Geh. wurden im Verlauf von 15—20 Jahren erhebliche Mengen an Gips in tiefere Bodenschichten verlagert bzw. ausgewaschen. Wilfried Werner. 6304□

Faktoren, die den Salzgehalt von überfluteten Böden und das Wachstum von Caloro-Reis beeinflussen. George A. Pearson. (Soil Sci. **87**. 198—206. April 1959. Riverside, Calif., U. S. Dep. of Agric., Agric. Res. Serv., Soil and Water Conserv. Res. Div., Salinity Labor.) (Engl.)

In Gefäß-Verss. mit 2 tonigen Böden (Sorptionskapazität 43 bzw. 31 mVal/100 g, elektr. Leitfähigkeit im gesätt. Wasserextrakt 1,6 bzw. 2,3 mmhos/cm) wurden die Wrkg. des ursprünglichen Salz-Geh., des Salz-Geh. des Bewässerungswassers u. der Drainage-Geschw. auf den Salz-Geh. des Bodens u. das Reiswachstum bei überfluteten Böden untersucht. Die elektr. Leitfähigkeit (E) der Boden-Lsg. korrelierte positiv mit der E des Bewässerungswassers u. negativ mit der Geschw. des Wasserabflusses. Beide Faktoren zusammen waren für 90% der Streuung der E der Boden-Lsg. verantwortlich. In Böden mit auch nur geringer innerer Wasserführung werden die ursprünglich vorhandenen lösl. Salze durch das Bewässerungswasser abwärts geführt u. haben daher nur geringen Einfl. auf die endgültige E der Bodenlösung. In allen Fällen war die E der Boden-Lsg. infolge der Evapotranspiration (die direkt proportional der gebildeten Reistrockenmasse war) höher als die E des Bewässerungswassers. Die Reissämlinge erwiesen sich in den ersten 3 Wochen ihrer Entw. am empfindlichsten gegenüber lösl. Salzen. Ein Ansteigen der E in der Boden-Lsg. beeinträchtigte das Reiswachstum, bes. die reproduktive Phase. Bei einem der E von 8 mmhos/cm entsprechenden Salz-Geh. in der Wurzelzone wurde der Kornertrag im Vgl. zu Salz-Geh. ≙ ca. 2 mmhos/cm um 50% vermindert.

Wilfried Werner. 6304□

Die Düngung von Virginia Bright-Tabak in Umbrien. Giovanni Petrosini. (Tabacco **60**. 355—85. Okt./Dez. 1956. Perugia, Univ., Ist. di Chim. agrar.) (Ital.)

Es werden die Ergebnisse von Düngungs-Verss. mit der Tabaksorte Virginia Bright (**a**) in Umbrien für 1954 u. 1955 wiedergegeben. Die Unterss. über die Phosphatdüngung zeigen, daß **a** einen sehr niedrigen Verwertungs-Koeff. (VK) für Phosphate hat, daß die Erzeugung mit 500—1000 kg *Superphosphat* (**I**)/Hektar sich steigern läßt u. mit größeren Gaben abnimmt (vorzeitige Reife der Blätter, Verschlechterung der Qualität). Die NPK-Düngung lieferte Prodd. guter Qualität, jedoch war deren Trocknung erschwert. *Thomasmehl* (**II**) wies einen niedrigeren VK auf als **I**. Die mit **I** behandelten Kulturen ergaben bessere Prodd. als die mit **II** behandelten. G. Platzer. 6304□

Einfluß der Düngemittel auf den Kohlertrag. A. P. Skoblin. (Доповіді Академії Наук Української РСР [Ber. Akad. Wiss. UkrainSSR] **1958**. 786—87. Dnepropetrowsk, Versuchsstat. für Gemüse- u. Kartoffelbau.) (Ukrain.)

In Abhängigkeit von der Düngung verteilten sich die Spätkohlerträge (in dz/ha) nach verschiedenen einjährigen Kulturen (**A**) bzw. nach mehrjährigen Gräsern (**B**) auf gewöhnlichem ukrain. Tschernosem bei Bewässerung wie folgt: **A**: ohne Düngung 409,7; bei Gabe von 20 t/ha Stallmist (**I**) 503,0; bei **I** + mineral. Düngung (**II**; je 90 kg/ha N u. K u. 60 kg/ha P) 603,3; bei **II** allein 472,4; bei erhöhten Gaben von **II** 595,3 —599,7. Bei **B** betrugen die Erträge entsprechend: 372,0; 456,4; 541,4; 424,1; 513,5—543,5.

M. Gordienko. 6304□

Die Wirkung der Blattdüngung auf den Nährstofftransport bei Weizen. Gábor Pálfi. (Agrokémia és Talajtan [Agrochem. u. Bodenkunde] **9.** 345—56. Sept. 1960. Szeged, Délalföldi Mezögazd. Kisérleti Int.) (Ung.)

Vf. untersucht den K^+- u. N-Transport im aufsteigenden Saft von Weizen (während der Zeit der Ähren-Bldg.) nach Begießen mit 10% ig. KNO_3-Lösung. Der K^+- u. Gesamt-N-Geh. steigt im Saft schon 1 Std. nach der KNO_3-Blattdüngung an; die größte K^+- u. Gesamt-N-Zunahme wird am 1. Tag, die größte NO_3^--Zunahme wird am 2. Tag beobachtet. Die Nährstoffzunahme dauert 8 Tage (K^+ u. Gesamt-N) bzw. 6 Tage (NO_3^-) an. In erster Linie nimmt nach der Blattdüngung der Nährstoff-Geh. durch Zunahme der Saftmenge zu. N. SEILER. 6304□

Ergebnisse von Versuchen über die Wirkung einer Stickstoffdüngung im Herbst. Károly Pekáry. (Agrokémia és Talajtan [Agrochem. u. Bodenkunde] **9.** 357—64. Sept. 1960. Kompolt, Északkelet-Magyarorsz. Mezögazd. Kisérl. Int.) (Ung.)

Vf. untersucht die Wrkg. von zu verschiedenen Zeiten gegebenem Kalkammonsalpeter auf den Körner- u. Strohertrag einer Sommergerste. Herbst- u. Frühjahrsdüngung gaben die gleiche Ertragssteigerung. N. SEILER. 6304□

Zur Frage der Einbringungszeiten von flüssigen Stickstoffdüngern bei Baumwolle. G. I. Jarowenko. (Доклады Академии Наук УзССР [Ber. Akad. Wiss. UsbekSSR] **1959.** Nr. 3. 47—49. Landwirtsch.-Akad. der UsbekSSR.) (Russ.; Auszug: Usbek.)

Bei Zufuhr von fl. N-Düngemitteln (I) nur in der Vegetationsperiode sind größere Lagerräume für I erforderlich. Verss. zeigen, daß die Zufuhr von 30% der I vor der Aussaat, des Restes in der Knosp- u. Blüteperiode eine Erhöhung der Ernte an Rohbaumwolle um 200—250 kg/ha mit sich bringt. Die Wirksamkeit der I ist dann gleichwertig derjenigen von $(NH_4)_2SO_4$ u. größer als die von NH_4NO_3. R. K. MÜLLER. 6304□

Einfluß der Kalkung des Bodens und der Anwendung chlorhaltiger Düngemittel auf die Jodaufnahme von Pflanzen. M. W. Katalymow und W. M. Tschurbanow. (Доклады Академии Наук СССР [Ber. Akad. Wiss. UdSSR] **131.** 1191—93. 11/4. 1960. Dolgoprudny, Agrochem. Stat.) (Russ.)

Chloride zeigen eine antagonist. Wrkg. gegen die J-Salze, Gaben von Cl-haltigen Düngern unterdrücken die J-Aufnahme durch die Pflanzen. Auch Kalkung des Bodenvermindert den J-Geh. in den Pflanzen: im Haferkorn von 2,12 auf 1,34 mg/kg Trockens substanz, im Haferstroh von 1,54 auf 0,76, im Klee von 1,95 auf 1,60. In Verss. mit Kopfsalat auf lehmigem u. sandigem Podsolboden wurde durch Kalkung der J-Geh. in den Pflanzen (in mg pro kg Trockensubstanz) wie folgt, entsprechend der Bodenart, vermindert: von 1,92 auf 1,00 bzw. von 1,05 auf 0,86. Gaben von NaJ bewirkten eine starke Erhöhung des J-Geh. in den Pflanzen. Wurde dabei aber auch gekalkt, so vermindert sich die J-Aufnahme auch aus dem Dünger sehr beträchtlich. M. WROBLEWSKI. 6304□

Vergleichende Versuche mit verschiedenen Kombinations- und Einzeldüngern. Béla Debreczeni und Béláné Debreczeni. (Agrokémia és Talajtan [Agrochem. u. Bodenkunde] **9.** 291—306. Sept. 1960. Moskau, Timirjasew Landwirtschafts-Akad.; Budapest, Ung. Akad. der Wiss., Forschungsinst. für Bodenkunde u. Agrikulturchemie.) (Ung.)

In Feld-Verss. wurden auf verschiedenen Bodentypen Kombinations- (Nifosz, Nitrophoska) u. Einzelmineraldünger vergleichend geprüft. Es gab keine signifikanten Unterschiede in der Ertragsleistung. N. SEILER. 6304□

Die Wirkung der Düngung auf Ertrag und Nährstoffgehalt von Mais. Alajosné Balla. (Agrokémia és Talajtan [Agrochem. u. Bodenkunde] **9.** 307—22. Sept. 1960. Budapest, MTA talajtani és Agrokém. Kut. Int.) (Ung.)

Im Durchschnitt über 4 Jahre wurden durch Düngung sowohl mit Stallmist als auch mit Kunstdünger 13% ig. (Korn) bzw. 25—30% ig. (Stengel) Ertragssteigerungen bei Mais erzielt. Gleichzeitig erhöhte sich der Roheiweiß-Geh. um 10 bzw. 20%. Bei gleichem Wirkstoff-Geh. übertrifft der Kunstdünger den Stalldung in seiner Wrkg. in den meisten Fällen. N. SEILER. 6304□

Die Kupferernährung von Hirsen. S. Gopalakrishnan. (Madras agric. J. **47.** 53—62. Febr. 95—108. März 1960. Coimbatore, Indien, Agric. Coll. and Res. Inst.) (Engl.)

In Sand–W.-Kultur-Verss. mit den Hirsen Sorghum, Eleusine u. Pennisetum wurde die Wrkg. steigender *Cu*-Gaben untersucht. Bis zu Mengen von 20 ppm wurde die Keimung gefördert, darüber hinaus gehemmt. 10 ppm Cu erhöhten das Wachstum im Keimlings- u. Nachblütenstadium u. vergrößerten die Blattfläche. Der Trockensubstanzertrag lag bei Gaben zwischen 20 u. 50 ppm am höchsten. Diese Mengen führten aber bereits zu chlorot. Erscheinungen an den Blättern. Die chem. Analyse wies mit steigenden Cu-Gaben sinkende Pflanzen-Geh. an Fe u. Mg aus. Die N-, P- u. K-Aufnahme erhöhte sich bei Cu-Mengen, die für die Ertrags-Bldg. optimal waren, ebenso verhielt sich der Blatt-Geh. an reduzierenden Zuckern. Das Ca in der Pflanze wurde durch die Cu-Düngung kaum beeinflußt. Die untersuchten Hirsearten zeigten in ihrer Rk. auf die Cu-Gaben graduelle Unterschiede. WILFRIED WERNER. 6304□

Ferrichelat der Äthylendiamin-bis-(o-hydroxyphenylessigsäure) zur Behandlung von durch Kalk bedingter Chlorose. Harry Kroll. (Soil Sci. **84.** 51—53. Juli 1957.) (Engl.)

Das genannte Fe-Chelat erwies sich als ein sehr wirksames Mittel zur Bekämpfung der auf alkal., kalkreichen Böden auftretenden Chlorose der Pflanzen. B. SCHEIFELE. 6304

Ansprechen chlorotischer Citrusbäume in Arizona auf Bodendüngung mit Eisenchelaten. J. Richard Kuykendall, Robert H. Hilgeman und C. W. Van Horn. (Soil Sci. **84.** 77—86. Juli 1957. Univ. of Arizona, Arizona Agric. Exp. Stat.) (Engl.)

Durch Fe-Chelate, bes. *HFe-EDDHA* [*Ferrichelat* der *Äthylendiamin-bis-(o-hydroxyphenylessigsäure)*] konnte die Chlorose bei Citronen- u. Orangenbäumen, die auf Sandboden u. auf tonigem Lehmboden wuchsen, rasch u. völlig behoben werden. B. SCHEIFELE. 6304

Anwendung von Chelaten bei der Citrusgewinnung in Florida. Ivan Stewart und C. D. Leonard. (Soil Sci. **84.** 87—97. Juli 1957. Lake Alfred, Univ. of Florida, Citrus Exp. Stat.) (Engl.)

Auf den sauren Böden von Florida zeigte nahezu die Hälfte der Citruspflanzungen Fe-Chlorose, die durch Düngung mit *Fe-EDTA*) behoben werden konnte. — *Zn-Chelate* sind im Vgl. zu *Zn-Sulfat* für Citrus wenig von Vorteil. — 15 Literaturangaben. B. SCHEIFELE. 6304

Ansprechen von einigen an Zinkmangel leidenden Obstbaumarten auf Zinkchelate. N. R. Benson, L. P. Batjer und I. C. Chmelir. (Soil Sci. **84.** 63—75. Juli 1957. Pullman, Washington Agric. Exp. Stat.) (Engl.)

An *Zn*-Mangel leidende Obstbäume (Pfirsiche, Süßkirschen, Äpfel) wurden mit *Na_2Zn-EDTA* (I) bzw. *NaZn-HEEDTA* gedüngt. Bei Pfirsichen u. Kirschen wurden die Mangelerscheinungen hierdurch behoben, nicht aber bei Äpfeln. Verss. mit I-Sprays (im Herbst) zeigten in keinem Falle befriedigende Ergebnisse. B. SCHEIFELE. 6304

Einfluß der aktiven Kohle und gemahlenen Braunkohle auf die Entwicklung des Wurzelsystems beim Weizen. T. G. Kydrew und W. M. Kolew. (Доклады Болгарской Академии Наук [C. R. Acad. bulg. Sci. **10.** Nr. 6. 505—07. Nov./Dez. 1957. Inst. für Pflanzenbau der Bulg. Akad. der Wiss.) (Russ.)

Bei normalem Feuchtigkeits-Geh. (60%) u. normalen Belüftungsverhältnissen im Boden äußerte sich die Wrkg. der akt. Kohle bzw. der gemahlenen Braunkohle in einer Vergrößerung der Wurzellänge bei der Weizenpflanze, während die Gesamt- u. akt. Oberfläche der Wurzel abnahm. Unter ungünstigen Belüftungsverhältnissen (100%ig. Wasser-Geh. im Boden) wirkten beide Kohlearten fördernd auf die Vergrößerung der Gesamt- u. der akt. Oberfläche der Wurzeln. M. GORDIENKO. 6304□

Der Einfluß der Struktur einiger organischer Verbindungen auf die Aktivität gegenüber Bodenorganismen und Citrusschößlingen in „alten" Böden. William Moje, J. P. Martin und R. C. Baines. (J. agric. Food Chem. **5.** 32—36. Jan. 1957. Riverside, Calif., Univ. of California, Citrus Exp. Stat.) (Engl.)

Es wurde der Einfl. von 59 aliphat. Alkoholen, Chlor-, Brom- u. Jod-KW-Stoffen, Chloralkoholen, Säuren, Estern, Amiden u. einiger weiterer Verbb., die als Fungicide bekannt sind, auf Bodennematoden, -pilze, -bakterien, -aktinomyceten u. auf die Citrusschößlinge untersucht. Halogenierte Alkohole u. $\alpha.\beta$-ungesätt. Alkohole haben die stärkste Wrkg. ohne Schädigung der Pflanzen. Einige Substanzen stimulieren das Wachstum von Trichoderma viride u. bewirken dadurch eine indirekte biolog. Bodendesinfektion. E. LÜCK. 6312□

Einfluß des Herbicids 2.4-D auf die Teich-Invertebraten. L. P. Braginski und L. P. Rotowska. (Доповіді Академії Наук Української РСР [Ber. Akad. Wiss. UkrainSSR] **1960.** 529—31. Odessa, Univ., Lehrstuhl für Hydrobiologie.) (Ukrain.; Auszug: Engl.)

Die Behandlung von trockengelegten Fischteichen mit *2.4-D* zwecks Vertilgung der höheren Wasserpflanzen war ohne merkliche tox. Wrkg. auf die wichtigsten Formen des Planktons u. des Zoobenthos. An den Stellen der Einbringung von 2.4-D beobachtet man eine Konzentrierung von Crustaceen. Auf Bosmina longirostris wirkt 2.4-D in der Konz. 1 mg/Liter toxisch. O. LEBTAG. 6312□

Bekämpfung des Maisährenwurms an Süßmais. Maurice Semel. (J. econ. Entomol. **52.** 1111—14. Dez. 1959. Riverhead, N.Y., Long Island Vegetable Res. Farm.) (Engl.)

Gegen Heliothis zea Boddie wirkte *Sevin* ebenso gut wie *DDT* (I). Von geringerer Wrkg. waren *Endrin* (II), *Thiodan, Guthion* (III) u. *Shell 4402*, während *Malathion, Phosdrin* (IV), *Diazinon, Union Carbide 8305* [*P-Chlor-2.4-dioxa-5-methyl-P-thiono-3-phosphabicyclo-(4.4.0)-decan*], *Dieldrin, Toxaphen, Heptachlor, Perthane, Monsanto 11327* (*Dithiophosphorsäure-O.O-dimethyl-S-propinylester*), *Monsanto 10851* [*2-Chlor-4.6-bis-(O.O-diäthyldithiophosphoryl)-1.3.5-triazin*], *Monsanto 10502* [*1-(Dimethoxyphosphinyl)-vinyldimethylphosphat*], *Monsanto 8574* [*O.O-äthylen-bis-(thiophosphorsäuredimethylester)*], *Chlorthion, Kepone, General Chemical 3583, Ryania* (V) u. *Shell 3562* versagten. **I, II, III, IV** u. **V** wirkten gut gegen Pyrausta nubilalis Hbn. Oberflächenakt. Substanzen verlängerten die Wrkg.-Dauer von **I** nicht.

FRITZ MÜLLER/Ludwigshafen. 6312

Prüfung von Abwehrmitteln zum Schutze gegen Stechmücken in Alaska 1953. Robert M. Altman und Carroll N. Smith. (J. econ. Entomol. **48.** 67—72. Febr. 1955.) (Engl.)

In Labor.-Verss. ausgewählte Abwehrmittel wurden 1953 in Alaska gegen verschiedene Aedes- u. Culiseta-Arten erprobt. Unterschiede in der Wrkg. auf die einzelnen Arten ergaben sich nicht. Geprüft wurden: *Dimethylphthalat* (I), *2-[2-Cyclohexyloxyäthoxy]-äthanol, 2-Äthylhexandiol-(1.3)* (II), *Undecylensäure, 2-Phenylcyclohexanol, N-Isopropylacetanilid, Anthranilsäure-sek.-butylester, 2-Butyl-2-äthylpropandiol-(1.3), Cyclohexen-1.2-dicarbonsäurediäthylester, Dimethylcarbaminsäure, N-Butylcyclohexen-4.5-dicarbonsäureimid, Mandelsäureisobutylester, Morpholinoessigsäureisobornylester, N-Propylacetanilid, Nonandiol-(2.4), N.N-Diäthylsuccinamidsäurepropylester* (III), *N.N-Diisopropylsuccinamidsäurepropylester, N.N-Diäthylglutaramidsäuremethylester, N.N-Diisopropyladipinamidsäuremethylester, 1-Hydroxycyclohexancarbonsäure-2-butoxyäthylester, 1-Hydroxycyclopentancarbonsäure-2-butoxyäthylester, 2-Methyl-4-oxo-6-propylcyclohexen-(2)-carbonsäureäthylester, 6-Äthyl-2-methyl-4-oxocyclohexen-(2)-carbonsäure-(1)-äthylester, N.N-Dibutylacetoacetamid, 2.5.7-Trimethyloctin-(3)-diol-(2.5), N-Allylcyclohexen-4.5-dicarbonsäuremid, N-Butylcyclohexan-1.2-dicarbonsäureimid, 1-Butyl-4-methylcarbostyril, Bicyclo-[2.2.1]-hepten-(5)-dicarbonsäure-(2.3)-methylpropylester, Propiophenonoxim, 5-Äthyldecandiol-(4.6), Capronsäure-2-hydroxyäthylester, Fencholsäure, Milchsäurebutoxyäthoxyäthylester, Senecíosäure-2-(2-butoxyäthoxy)-äthoxyäthylester, o-Chlor-N.N-diäthylbenzamid* (IV), *Citral–Malonsäure-Kondensat* (V), *1-(o-Methoxyphenyl)-buten-(3)-ol-(1), Mandelsäureamylester, 1-Hydroxycyclohexancarbonsäure-2-propoxyäthylester, N.N-Diäthyl-o-toluamid, N.N-Diäthyl-m-toluamid* (VI), *Mandelsäurepropylester, Mandelsäureallylester, α-tert.-Butylpiperonylalkohol, o-Äthoxy-N.N-diäthylbenzamid* (VII) sowie Kombinations-Präpp. einiger der genannten Verbindungen. Als am wirksamsten erwiesen sich **III, IV, V, VI** u. **VII**. Die wirksamsten Kombinations-Präpp. waren: *M-2043*, bestehend aus 40 (%) **I**, 30 **II** u. 30 **III**, *M-2072* (bestehend aus 40 **I**, 30 **II**, 30 **VII**) u. *M-2074* (bestehend aus 40 **I**, 30 **II**, 30 **VI**).

FRITZ MÜLLER/Ludwigshafen. 6312

Widerstandsfähigkeit einiger Nagerköder gegen Befall durch Tribolium confusum Duv. J. Palmer Saunders und Ernest C. Bay. (J. econ. Entomol. **51.** 299—302. Juni 1958.) (Engl.)

Köder aus Maismehl u. Nagergift wurden mit solchen mit *DDT* (I) verglichen. An Nagergiften wurden getestet: *Warfarin* u. die folgenden *1.3-Indandion* (III)-Derivv.: *2-Acyl*-**III**, *Pivalyl*-**III** (IV), *Piperidoyl*-**III**, *Propionyl*-**III** (V), *Isovaleryl*-**III** (VI), *Isobutyryl*-**III**, *Heptanoyl*-**III** (VII), *Naphthoyl*-**III**, *Acetyl*-**III** (II), *Methylbenzyl*-**III**, *Phenylacetyl*-**III** u. *Diphenylacetyl*-**III**. Reismehlvollkerfe wurden durch **I**-Köder vollkommen abgetötet. Hingegen hatte von den Nagergiften lediglich **IV** eine gewisse Wirksamkeit. Bei Verw. von 0,5 bzw. 0,05% **IV** im Köder überlebten 24 bzw. 84% der Vollkerfe. — In den **I**-Ködern entwickelten sich keine Larven, ebensowenig in Ködern mit 0,2% **IV, VI** oder **II**. Köder mit 0,5% **V** oder **VII** wirkten etwas hemmend auf die Larven-Entw., während alle übrigen Verbb. wirkungslos waren.

FRITZ MÜLLER/Ludwigshafen. 6312

Düngemittel. J. A. Brabson. (Analytic. Chem. **31.** 688—91. April 1959. Wilson Dam, Ala., Tennessee Valley Authority.) (Engl.)

Literaturübersicht über die Fortschritte der analyt. Meth. von Düngemitteln bis Ende August 1958 im Anschluß an den letzten Bericht (C. **1958.** 241). — 80 Literaturangaben. E. KLEVER. 6322□

Düngemittel. E. D. Schall. (Analytic. Chem. **33.** 46R—49R. April 1961. Lafayette, Ind., Purdue Univ., Dep. of Biochem.) (Engl.) — Vgl. vorst. Referat.

Fortsetzung der Übersicht über die Arbeiten auf dem Gebiete der analyt. Chemie der Düngemittel bis 1/9. 1960. — 105 Literaturangaben. E. KLEVER. 6322□

Kontinuierliche Durchflußverdünnung von Bodensuspensionen für die mikrobiologische Untersuchung. J. D. Menzies. (Canad. J. Microbiol. **6.** 583—89. Okt. 1960. Prosser, Wash., U.S.D.A., Western Soil and Water Managem. Res. Branch.) (Engl.)

Zur Vorbereitung von Bodenproben für die mikrobiolog. Unters. wird das Prinzip der logarithm. Verdünnung in einem geschlossenen Syst. angewandt. Theorie u. App. sind ausführlich beschrieben. M. RINGPFEIL. 6324

Dichte, Menge und Kohlenstoffgehalt der organischen Substanz in Böden. — Einige methodische Überlegungen. Reijo Heinonen. (Maataloustieteellinen Aikakauskirja [J. sci. agric. Soc. Finland] **32.** 125—27. 1960. Helsinki, Univ., Dep. of Agric. Chem.) (Engl.)

Method. Unterss. des Vf. ergaben, daß der C-Geh. der organ. Substanz des Bodens höher ist, als bisher auf Grund der Ergebnisse nach der Meth. von ALTEN, WANDROWSKY u. KNIPPENBERG [1935] angenommen wurde. Der Koeff. beträgt nicht 1,72, sondern 1,90. Der mittlere Geh. der untersuchten Böden an organ. Substanz beträgt 7,36 an Stelle von 6,08%. Setzt man diesen Wert in eine Gleichung ein, die eine Regression der Bodendichte auf die Geh. an Ton u. organ. Substanz darstellt, so erhält man für die Dichte der organ. Substanz den Wert 1,47 (an Stelle von 1,34). Dieser Wert stimmt mit den Ergebnissen anderer Autoren überein. WILFRIED WERNER. 6324□

Zur laboratoriumsmäßigen Beurteilung des Phosphorbedarfs einiger ungarischer Böden. Györgyné Fábry. (Agrokémia és Talajtan [Agrochem. u. Bodenkunde] **9.** 391—404. Sept. 1960. Budapest, Orsz. Mezögazd. Minöségvizsgálo Int. Talajtani Oszt.) (Ung.)

Zur Beurteilung der Nährstoffdynamik wurden in 5 Böden (in Abschnitten bis zu 150 cm Tiefe) austauschbare Kationen, Humus-Geh., C- u. N-Geh., Gesamt-P, anorgan. u. organ. gebundener P sowie lactatlösl. P-Anteil in gedüngter u. nichtgedüngter Bodenprobe bestimmt. Die Reifung der Proben mit dest. W. vermehrte den lactatlösl. P-Anteil. Die DTA-Kurven der Proben zeigten keinen Zusammenhang mit der Nährstoffdynamik. N. SEILER. 6324□

Bestimmung minimaler Magnesiummengen in Gegenwart großer Calciummengen. P. Lefèvre. (Ann. Inst. nat. Rech. agronom., Sér. A **9.** 481—97. Juli/Aug. 1958. Amiens, Station d'Agronomie.) (Franz.)

Die Best.-Meth. für austauschbare Basen im Boden nach METSON wurde vom Vf. dahingehend erweitert, daß die Genauigkeit der Mg-Best. auch in Ggw. großer Ca-Konzz. verbessert wird. Prinzip: Best. des Ca mit Äthylendiamintetraessigsäure-Lsg. (EDTA), anschließende Best. des Mg mit gleichem, jedoch verdünnterem Reagens. — Arbeitsweise: Die Bodenprobe wird nach Perkolation mit 1 n NH_4-Acetat getrocknet, geglüht u. die Summe der Basen wird durch acidimetr. Titration bestimmt. Nach Entfernen von P, Al, Fe, Mn, Vertreiben der NH_4-Salze u. Abtrennen des Si verbleiben K, Ca, Na u. Mg in der resultierenden Lsg. 1, die man nach Aufnehmen des Glührückstandes mit 25 ml 0,2 n HCl durch Filtrieren, Auswaschen des Filters mit sd. W., Abkühlen des Filtrats u. Auffüllen auf 100 ml erhält. Best. des Ca: A) Zunächst ist eine näherungsweise Best. erforderlich: Zu 10 ml Lsg. 1 werden 10 ml W, 2 ml 10%ig. KOH (pH $\geqq$12) u. 20 mg Murexid (feste Lsg. von 1 Teil Murexid in 50 Teilen NaCl, fein zerrieben) gegeben. Mit 0,02 n EDTA-Lsg. (aus 3,725 g EDTA, gelöst in W., auf 1000 ml aufgefüllt) von Rosa auf Violett titrieren. Verw. einer frisch austitrierten Lsg. zum Farb-Vgl. wird empfohlen. Die Genauigkeit der Endpunkterkennung läßt sich durch Verw. von Tageslichtlampen, ferner durch photoelektr. Endpunkterkennung (hierzu Farbfilter ILFORD 603) verbessern. B) Zur endgültigen Best. des Ca gleiche Einsatzmenge wie für A) verwenden u. mit der 0,02 n EDTA-Lsg. titrieren, bis 1 ml vor dem unter A) ermittelten Umschlagspunkt. Dann mit 0,002 n EDTA-Lsg. bis Violett titrieren. Best. des Mg: 10 ml der Lsg. 1 vorlegen. Es werden hinzugefügt: 10 ml W., 20 mg Eriochromschwarz T, 5 ml Puffer-Lsg. (67,5 g NH_4Cl in ca. 200 ml W. lösen, 570 ml konz. NH_4OH, D. 0,925, zugeben, auf 1000 ml auffüllen, pH der Lsg. 10,1) u. 2 ml KCN (2%ig. Lsg.). Wie unter B) beschrieben Ca titrieren. Anschließend Lsg. leicht erwärmen. Aus der aufgefüllten Bürette mit 0,002 n EDTA-Lsg. auf Reinblau titrieren (Farbwechsel bei Titrieren von Bordeauxrot über Purpur, Violett, Blauviolett nach Blau). Folgende Punkte sind zu beachten: 1. Es ist bei allen Best. langsam u. mit gleicher Geschw. zu titrieren. 2. Die Mg-Best. kann nach Durchführung der Ca-Best. nach B) auch in der gleichen Lsg. vorgenommen werden. Hierzu werden zur nach B) austitrierten Lsg. 3 ml HCl (halbkonz.) gegeben, wodurch die Murexidfärbung verschwindet. Dann werden 5 ml Puffer-Lsg. (s. oben), 2 ml KCN-Lsg. (s. oben), Indicator (s. unter Mg-Best.) zugesetzt u., wie für Mg beschrieben wird, titriert. 3. Der KCN-Zusatz bewirkt außer der Ausschaltung evtl. vorhandener Störionen einen guten Farbumschlag nach Blau. KCN läßt sich nicht durch KSCN oder Weinsäure ersetzen. — Die Unters. verschiedener Indicatoren hatte folgende Resultate: Murexid

u. Eriochromschwarz T sind geeignete Indicatoren. Calcon (oder CJ 202) ist in Ggw. von Diäthylamin als Puffer etwas besser zur Ca-Best. als Murexid geeignet. Geeignet ist ferner 2-Hydroxy-1-(2-hydroxy-4-sulfo-1-naphthylazo)-3-naphthoesäure als Indicator für die Ca-Best., während die Summe Ca + Mg vorher unter Verw. von Eriochromschwarz T/Monoäthanolamin-Puffer bestimmt wird. Bei diesem Verf. läßt sich ammoniakfrei arbeiten u. der Farbumschlag erfolgt schneller, jedoch sind zahlreiche Reagentien erforderlich, außerdem muß eine sehr genaue Eichung der EDTA-Lsg. vorgenommen werden. J. KUSCHEL. 6324□

Die Bestimmung von Uranspuren in Böden durch eine empfindlichere $(UO_2)_2[Fe(CN)_6]$-Reaktion. Ákos Székely. (Agrokémia és Talajtan [Agrochem. u. Bodenkunde] 9. 381—90. Sept. 1960. Mosonmagyaróvár, Orsz. Mezögazd. Minöségvizsgálo Int. Talajtani Oszt.) (Ung.)

Durch aufsteigende Papierchromatographie (Äthylacetat/konz. HNO_3/W. = 17:2:1) können noch 10 γ/ml U von anderen Ionen abgetrennt u. durch Besprühen mit 20%ig. $K_4[Fe(CN)_6]$ (2% Na_2SO_3 enthaltend) sichtbar gemacht werden, R_F 0,90—0,95. — Durchschnitts-Geh. der Böden 0,0—3,0 γ U/g Boden. N. SEILER. 6324□

Die Bestimmung von Rotenon in Lonchocarpuswurzel und -weichharz. D. V. Richmond und J. T. Martin. (J. Sci. Food Agric. 10. 404—08. Juli 1959. Bristol, Univ., Long Ashton Res. Stat., Dep. of Agric. and Horticult.) (Engl.)

Der Rotenon-Geh. von Lonchocarpuswurzel u. -weichharz wird durch direkte Kristallisation des CCl_4-Solvats u. auch durch Kristallisation des Solvats nach Teilbeseitigung anderer Bestandteile durch Alkaliextraktion oder Säulenchromatographie bestimmt. Die direkte Kristallisation ergibt Werte, die um 20% zu niedrig sind. Daher bedarf die Arbeitsweise einer Überprüfung. W. WESLY. 6328□

André Gesnel und Soc. d'Études, de Recherches et d'Applications Industrielles et Agricoles AGRINDUS, Frankreich, **Düngemittel.** Zum Aufschluß von Rohphosphaten u. zur Herst. von einfachen u. komplexen Düngemitteln wird die bei der Herst. von Nitroglycerin anfallende Nitriersäure verwendet. (**F. P. 1 179 843** vom 25/7. 1957, ausg. 28/5. 1959.) W. WITTHOLZ. 6283

Soc. An. Force et Nature, Brüssel, Belgien, **Herstellung von organischen Düngemitteln.** Kompost, bes. Champignon-Kompost, wird bei 50—70° getrocknet u. in Hammermühlen oder dgl. gepulvert. Das Pulver wird mit Blut von Schlachttieren oder Gerbereiabfällen innig vermischt, die durch Zusatz von Torf, Sägemehl oder Gips in eine trockene Masse übergeführt u. durch Behandlung bei höheren Temp. sterilisiert worden sind. Dem Blutgemisch können noch 1—5% Xylol u. Ameisen- oder Borsäure zugefügt werden. Das pH der Masse wird durch Zusatz von Borax, H_2SO_4, Phosphaten, bes. Superphosphat, u. dgl. auf bestimmte Werte eingestellt. Man erhält Dünge- u. Bodenverbesserungsmittel mit hohen Geh. an Spurenelementen u. leichtlösl., rasch pflanzenaufnehmbarem N. (**Belg. P. 561 056** vom 24/9. 1957, ausg. 20/5. 1960.) H. KARST. 6295

E. I. du Pont de Nemours & Co., übert. von: Ernest Lewis Little jun. und Howard Frederick Mower, Wilmington, Del., V.St.A., **1-Amino-1-hydroxy-2.2-dicyanäthyle (I), dessen Alkali-, Erdalkali- und NH_4-Salze** erhält man durch Rk. von Malonsäurenitril mit Alkalicyanat bei 130—170°, bes. 150°, ggf. in Ggw. von Dimethylformamid. Aus den Salzen ensteht in Ggw. von Ionenaustauschern („Amberlite IR-120 H) I, $C_4H_3N_3O$, Zers. >300°. — *K-Salz*, $C_4H_2N_3OK$, aus wss. A. F. 277° (Zers.). — Mit $AgNO_3$ → *Ag-Salz*. — *Li-*, *Ba-*, *Ca-Salz*. Die Säure reagiert mit Basen. — *Herbicide, Fungicide*, bes. gegen *Apfelschorf* u. *Tomatenmehltau*; *Entblätterungsmittel* für *Baumwollpflanzen*. (**A. P. 2 852 552** vom 8/4. 1957, ausg. 16/9. 1958.) G. KRAUSS. 6313

Leek Chemicals Ltd. (Erfinder: Francis Norman Morris), Leek, England, **Unkrautbekämpfungsmittel,** bestehend aus dem *NH_4-Salz der α-4-Chlor-2-methylphenoxypropionsäure* u. einem Zusatz von *2.3.6-Trichlorbenzoesäure*, bes. zur Bekämpfung von Vogelmiere u. Ackerwinde. (**E. P. 841 735** vom 13/2. 1958, ausg. 20/7. 1960.) H. NEBELSIEK. 6313

Stauffer Chemical Co., übert. von: Harry Tilles, El Cerrito, Calif., August B. Lindquist, Maitland, Fla., und Joe Antognini, Mountain View, Calif., V.St.A., **Unkrautbekämpfungsmittel** durch Einbringen von *n-Amyl-N.N-diäthylthiolcarbamat* (**I**) bzw. *n-Propyl-N.N-diäthylthiolcarbamat* (**II**) bzw. *Isobutyl-N.N-diäthylthiolcarbamat* (**III**) in den Boden vor Auflaufen der Saat. — I erhält man durch Zusatz von 172 (Teilen) Toluol u. 27 1-Pentanthiol zu 5,8 Na-Hydrid. Man erhitzt u. fügt anschließend 36,6 Diäthylcarbamoylchlorid hinzu → *n-Amyl-N.N-diäthylthiolcarbamat*, $n_D^{24,5}$

1,4783; auf ähnliche Weise erhält man *n-Propyl-N.N-diäthylthiolcarbamat*, $Kp._{18}$ 112,2 bis 116,6°, $n_D^{25,6}$ 1,4788, u. *Isobutyl-N.N-diäthylthiolcarbamat*, $Kp._{19}$ 122—125°, n_D^{28} 1,4748. (**A. PP. 2 913 325, 2 913 326** vom 25/1. 1956 u. **2 913 328** vom 16/1. 1956, alle ausg. 17/11. 1959.) H. NEBELSIEK. 6313

Gulf Research & Development Co., Pittsburgh, übert. von: Robert J. Hartle, Gibsonia, und Helen I. Thayer, Pittsburgh, Pa., V.St.A., **3.4-Methylendioxyphenyl-N-alkylcarbamate** werden durch Rk. von 3.4-Methylendioxyphenylchlorameisensäureester mit einer wss. Lsg. von Methylamin oder Äthylamin in Ggw. von Äther als Lsgm. hergestellt. Man erhält *3.4-Methylendioxyphenyl-N-methylcarbamat*, F. 108—109°, bzw. *-N-äthylcarbamat*, F. 92—93°. — *Insekticide*. (**A. P. 2 951 850** vom 1/5. 1958, ausg. 6/9. 1960.) A. DANDL. 6313

Farbenfabriken Bayer Akt.-Ges., Leverkusen (Erfinder: Ernst Böcker, Köln, Detlef Delfs, Günther Unterstenhöfer, Opladen, und Wolfgang Behrenz, Wuppertal), **Carbaminsäurederivate.** Durch Rk. von o-Isopropoxyphenol (I) mit $CH_3N{=}C{=}O$ in Dioxan erhält man *O-(2-Isopropoxyphenyl)-N-methylcarbamat*, F. 91°. Aus I u. $(CH_3)_2NCOCl$ in Pyridin → *O-(2-Isopropoxyphenyl)-N.N-dimethylcarbamat*, $Kp._{2,5}$ 130°. Analog: *O-(2-Isobutylphenyl)-N-methylcarbamat*, F. 70°, u. *O-(2-Isobutylphenyl)-N.N-dimethylcarbamat*, $Kp._{0,1}$ 83—84°. — Wirksame Mittel *gegen saugende* u. *beißende* bzw. *fressende Insekten*. (**D. A. S. 1 108 202** Kl. 12o vom 31/7. 1959, ausg. 8/6. 1961.) A. BRÖSAMLE. 6313

Associated Fumigators Ltd. (Erfinder: Montague Alexander Phillips), London, England, **Insekticide Mittel,** enthaltend *Fluoracetamid* oder dessen Derivv. (I) unter Zusatz einer Verb. (II), bes. 1-Cystein, Acetamid oder Glycerinmono-, -di- oder -triacetat im Verhältnis 1:5 bis 1:2,5. Der II-Zusatz dient dazu, die Toxizität von I gegenüber Säugetieren zu vermindern. Man verwendet z. B. 1 (Gewichtsteil) I auf 5 II für 20000 Wasser. (**E. P. 839 849** vom 22/5. 1956, ausg. 29/6. 1960.) H. NEBELSIEK. 6313

Farbwerke Hoechst Akt.-Ges., vormals Meister Lucius & Brüning, Deutschland, **Herstellung neutraler Phosphorsäureester** der allg. Formel I, worin R_1, R_2, R_3 u. R_4 = Alkyl- oder Alkenylreste mit 1—4 C-Atomen, X u. X' = O oder S, Y = O, S oder $O(CH_2)_nO$ (n = 1—10) bedeuten, dad. gek., daß man Dialkyl- oder Dialkenylphosphorsäuren, ihre Salze bzw. Halogenide mit Dihalogen- bzw. Dihydroxy-Derivv. von Äthern oder Thioäthern umsetzt. — Beschrieben ist die Herst. von Verbb. der Formel I, in denen R_1—R_4, X, X' u. Y (in dieser Reihenfolge) folgende Bedeutung haben: CH_3, *S, S, O*; C_2H_5, *S, S, O*; CH_3, *S, S, S*; C_2H_5, *S, S, S*; C_2H_5, *S, S, O* $(CH_2)_4O$; C_2H_5, *O, S, S*; C_2H_5, *O, S, O*. — Als Ausgangsstoffe werden genannt: K-Dimethyl- u. K-Diäthyldithiophosphat, NH_4-Diäthylthiophosphat, Dichlordimethyläther, Dichlordimethylthioäther, Butylenglykol-bis-chlormethyläther, Dichlordimethylsulfid. — *Schädlingsbekämpfungsmittel*. (**F. P. 1 186 899** vom 26/3. 1957, ausg. 3/9. 1959.) S. BÖTTCHER. 6313

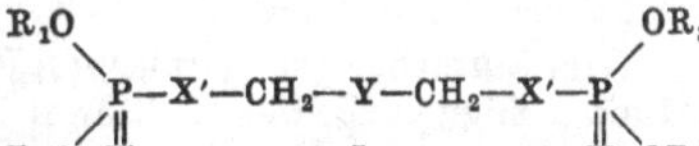

Clarence Oscar Fulton, Vernon, und Paul Chandos Trussell, Vancouver, Canada, **Abtöten von Bohrwürmern** in Schiffsbauten, die im Meerwasser liegen. Man fügt dem W. 0,000625—2% Alkaliarsenit (als As_2O_3) zu. Dieses mit dem Arsenit versetzte W. dringt allmählich in das Holz ein, u. da die Tiere das Meerwasser über ihre Saugorgane aufnehmen, so kommt das Gift sehr schnell zur Wirkung. (**A. P. 2 834 706** vom 1/8. 1956, ausg. 13/5. 1958.) H. NEBELSIEK. 6313

Taro Yamaguchi, Shiki-machi, Kitaadachi-gun, Japan, *Phosphatdüngemittel*. (**Aust. P. 161 959** vom 23/4. 1952, aus. 31/3. 1955. — C. **1960.** 7306 [D. A. S. 1 062 259].)

Süddeutsche Kalkstickstoff-Werke Akt.-Ges., Trostberg, übert. von: **Franz Kaess, Hermann Kronacher**, Trostberg, **Herwig Hoeger**, Wimen, und **Walter Dichtl**, Trostberg, *Herstellung von weißem Kalkstickstoff*. (**A. P. 2 940 824** vom 30/9. 1955, ausg. 14/6. 1960. — C. **1960.** 3355 [D. B. P. 972 551].)

Lummus Co., New York, N.Y., V.St.A., *Dicalciumphosphat enthaltende Düngemittel*. (**Ind. P. 56 868** vom 20/3. 1956, ausg. 28/2. 1958. — C. **1960.** 3355 [D. A. S. 1 042 614].)

Pest Control Ltd., Bourn, England, *Chemische Bodenbehandlungsmittel*. (**Ind. P. 49 106** vom 4/3. 1953, ausg. 7/8. 1954. E. Prior. 5/3. 1952. — C. **1955.** 6602 [E. P. 717 610].)

Farbenfabriken Bayer Akt.-Ges., Leverkusen, *Unkrautbekämpfungsmittel*. (**E. P. 840 912** vom 18/4. 1958, ausg. 13/7. 1960. D. Prior. 20/4. 1957. — C. **1959.** 4286 [D. A. S. 1 039 779].)

J. R. Geigy Akt.-Ges., Basel, Schweiz, *Fungicide Mittel*. (**E. P. 834 576** vom 20/7. 1956, ausg. 11/5. 1960. Schwz. Prior. 22/7. 1955. — C. **1958.** 13087 [D. A. S. 1 025 202].)

Badische Anilin- & Soda-Fabrik Akt.-Ges., Ludwigshafen/Rh., *Fungicide Mittel*. (**E. P. 840 211** vom 15/8. 1958, ausg. 6/7. 1960. D. Prior. 17/8. 1957. — C. **1960.** 10031 [D. A. S. 1 076 434].)

J. R. Geigy Akt.-Ges., Basel, Schweiz, *Fungicide Mittel*. (**Ind. P. 57 594** vom 12/6. 1956, ausg. 27/4. 1959. — C. **1960.** 1304 [Oe. P. 194 651].)

E. I. du Pont de Nemours & Co., Wilmington, Del., V.St.A. (Erfinder: **John Carl Sauer**), *Dilactone* (*[$\Delta^{2,2'}$(5H.5'H)-Bifuran]-5.5'-dione*) *aus disubstituierten Acetylenen und Kohlenmonoxyd.* (**E. P. 811 498** vom 10/5. 1955, ausg. 8/4. 1959. — C. **1960.** 5293 [D. A. SS. 1 063 150 u. 1 054 086].)

N. V. de Bataafscne Petroleum Mij., Den Haag, Holland, *Herstellung von 1.2.3.4.7.7.-Hexachlorbicyclo-[2.2.1]-heptadien-(2.5).* (**Ind. P. 58098** vom 9/8. 1956, ausg. 22/9. 1958. — C. **1960.** 13197 [F. P. 1 170 150].)

Soc. des Usines Chimiques Rhône-Poulenc, Paris, Frankreich, *Herstellung von Phosphorderivaten.* (**Holl. P. 95 652** vom 9/3. 1956, ausg. 15/10. 1960. F. Prior. 12/3. 1955. — C. **1959.** 1587 [D. P. [DDR] 14322].)

California Spray-Chemical Corp., Richmond, Calif., V.St.A., *Herstellung einer organischen Phosphorverbindung.* (**Holl. P. 95 664** vom 19/5. 1956, ausg. 15/10. 1960. A. Prior. 20/5. 1955. — **C. 1959.** 2946 [D. A. S. 1 034 410].)

Montecatini Soc. Gen. per l'Industria Mineraria e Chimica, Mailand, Italien, *Herstellung von Dialkyldithiophosphorsäurederivaten.* (**Holl. P. 95 965** vom 13/7. 1956, ausg. 15/11. 1960. It. Prior. 14/7. 1955. — C. **1960.** 1652 [Oe. P. 194 858].)

Farbenfabriken Bayer Akt.-Ges., Leverkusen, *Herstellung von Thiophosphonsäureestern.* (**E. P. 842 306** vom 31/10. 1958, ausg. 27/7. 1960. D. Prior. 2/11. 1957. — C. **1959.** 12036 [D. A. S. 1 053 503].)

C. B. Richey, ed., Agricultural engineers' handbook. New York, London: McGraw-Hill. 1961. (XII + 880 S. m. Tab. u. Diagr.) 7 £ 11 s.

R. K. S. Wood, ed., Biological problems arising from the control of pests and diseases. London: Institute of Biology. 1960. (VIII + 180 S. m. Taf. u. Tab.) 25 s.

Edwin Kenneth Woodford, ed., Herbicides and the soil. Springfield (Illinois): Charles C. Thomas. 1961. (88 S. m. Abb.) $ 3.50.

—, Insect pathology and biological control, transactions of the first International conference. London: Collet's Holdings. 1961. (654 S. m. Abb., Tab. u. Diagr.) 50 s.

VIII. Metallurgie. Korrosion

Die Notwendigkeit einer neuen Wissenschaft vom Prospektieren. Louis B. Slichter. (Mining Engng. **12.** 570—77. Juni 1960. Los Angeles, Calif., Univ. of California, Inst. of Geophys.) (Engl.)

Die bei Schürfungen gültigen qual. Begriffe sollten durch die entsprechenden quant. ersetzt werden. W. WESLY. 6354□

Der Stand der geochemischen Prospektierung in der UdSSR. Herbert E. Hawkes. (Mining Engng. **12.** 591—93. Juni 1960. Berkeley, Calif., Univ. of California, Dep. of Mineral Technol.) (Engl.)

Übersicht über Organisation u. Fortschritte der Schürfung in der UdSSR. W. WESLY. 6354□

Die Vorräte an Metallerzen in Friaul. Dino di Colbertaldo. (Ind. mineraria [2] **11.** 559—69. Aug. 1960. Padua, Univ.) (Ital.)

Übersicht über Vork. von Metallen in den karn. u. jul. Alpen Italiens, unter denen Raibl [Pb–Zn (Ge–Cd), Pyrit u. Fluorit] das wichtigste Bergwerk ist; Val d'Aupa, M. Cocco, M. Avanza, Comeglians (Pb, Zn, Cu, Sb, Ag u. Baryt) u. Ugovizza, Pontebbe u. Val Bartolo [Pb–Ag (Zn–Cu)] (Abb.). G. PLATZER. 6354□

Zerkleinern. 2. Mitt. **Die charakteristischen Faktoren beim Zerbrechen in der Kugelmühle. Ergebnisse experimenteller Untersuchungen.** A. Masson. (Rev. univ. Mines, Métallurgie, Mécan., Trav. publ., Sci. Arts appl. Ind. [9] **16 (103).** 421—34. Okt. 1960.) (Franz.) — 1. vgl. C. **1961.** 5229. F. VIER. 6360□

Zerkleinern und Mahlen in Outokumpu. H. Tanner und T. Heikkinen. (Progr. Mineral Dressing [Stockholm] **1957.** 123—38. 1958. Helsinki, Outokumpu Co.) (Engl.)

Beschreibung der KERETTI-Anlage für die Erzzerkleinerung. W. WESLY. 6360□

Über die Verwendung des Elektroofens bei der Gewinnung von Nicht-Eisenmetallen. C. Reschke und K. D. Fritzsche. (Metall **15.** 328—30. April 1961. Duisburg.) (Dt.)

Überblick. F. VIER. 6370□

Induktionsöfen zum Schmelzen von Stahl an freier Luft und unter Vakuum. Konstruktion. Verwendung. A. Belly. (Rev. Métallurgie **57.** 679—93. Aug. 1960. Soc. Générale d'Applications Électro-Thermiques.) (Franz.)

Die besonderen Merkmale von induktiv beheizten Stahlschmelzofen mit mittlerer u. niedriger Frequenz (Induktoren, Auskleidung, Leistung u. Größe) werden besprochen, u. es werden Angaben über die elektr. Ausrüstung (Umformer, Kondensatoren) gemacht. Die Bauart der Induktionsöfen zum Schmelzen des Stahls an freier Luft sowie unter Vakuum wird erörtert. — Diskussion. H. HOCHSTEIN. 6370□

Die Reaktionsfähigkeit von Koks und ihre Prüfung. E. Grand'ry und H. Renson. (Rev. univ. Mines, Métallurgie, Mécan., Trav. publ., Sci. Arts appl. Ind. [9] **17 (104).** 73—98. März 1961. Soc. Carbonisation Centrale.) (Franz.)

Die Unters. der Reaktivität von Koks geht von der chem. Kinetik heterogener Rkk. aus u. bezweckt die Best. der Reaktions-Geschw. u. der Parameter, von denen diese direkt abhängt. Die industrielle Bedeutung der Koksreaktivität wird behandelt. Es werden Gleichungen zu ihrer Berechnung mitgeteilt u. die Vorr. zu ihrer Best. beschrieben. — 45 Literaturangaben. H. HOCHSTEIN. 6370□

Harze auf Polyesterbasis in der Gießerei. H. Burton und M. Notte. (Fonderia ital. **8.** 52—56. Febr. 1959. Montreal, Canadian Steel Foundries Ltd.) (Ital.)

Die Herst. von Gußformen aus gehärteten *Polyesterharzen* verstärkt durch *Glaswolle*-Netzwerk unter Verw. einer Vakuumpumpe zur Verhinderung von Luftblasen ergibt allg. verwendbare Formen mit guten physikal. Eigenschaften. J. EGGERT. 6382□

Über die Kompressionsgeschwindigkeit bei der Prüfung von Formsand bei hoher Temperatur. Mototaka Mutaguchi. (Imono, J. Japan Foundrymen's Soc. **32.** 685—89. Okt. 1960.) (Jap.; Auszug: Engl.) — Vgl. C. **1960.** 17590.

Die Kompressionsspannung von Formsand (mit Bentonit als Bindemittel) wird mit steigender Kompressions-Geschw. merklich verbessert. W. WESLY. 6382□

Die Aufbereitung und Klassierung von Gießereisanden durch Schlämmverfahren. Theodor Eder. (Giesserei **47.** 62—68. 11/2. 1960. Wien.) (Dt.)

Der Begriff der „Körnungsbreite" wird erläutert, der aus den Körnungsgrößen abgeleitet wird, die einen Rückstand von 10 u. 90% auf dem Sieb ergeben. Der Quotient der Siebmaschengröße ergibt dann die Körnungsbreite. Körnungsbreiten von 1,7—2,0 werden als sehr gut, über 3,0 als ungünstig bezeichnet. Vf. erläutert die Grundzüge verschiedener Schlämm-Verff. u. zeigt ihre techn. Ausführungen bei den beschriebenen Anlagen auf. K. HILLINGER. 6382□

Neue Untersuchungsergebnisse über das Verhalten von Schamotte und Quarzsand bei Stahlguß. Alfred Völpel. (Gießerei **47.** 56—62. 11/2. 1960. Remscheid.) (Dt.)

Infolge der nach dem Gießen durch den starken Wärmefluß von Metall in der Formoberfläche eintretenden Veränderungen werden unter Mitwrkg. von Gas-Rkk. Bindeton, Korngefüge u. organ. Binder betroffen. Bei Vorliegen unzureichend verdichtetem Korngefüge dringt Stahl in die Formoberflächen ein. Obwohl durch Verw. von Schlichten das Anbrennen stark zurückgedrängt werden kann, ist das Anbrennen mit Sicherheit nur durch gut verdichtetes Korngefüge zu verhindern. Die Zugabe bestimmer Mengen von Ratinger Naturformsand begünstigt die Ausbldg. eines derartigen Korngefüges. K. HILLINGER. 6382□

Die Volumenänderung der Metalle bei der Erstarrung. R. Domanowski. (Gießereipraxis **75.** 77—80. 25/2. 100—04. 10/3. 1957.) (Dt.)

Übersicht über die Ursachen des Schwindens bei Zustandsänderungen, bes. der Erstarrung von Metallen, die dadurch hervorgerufenen Fehlermöglichkeiten (Lunker-Bldg.), die sie beeinflussenden Faktoren u. die Gegenmaßnahmen. W. WESLY. 6382□

Behandlung der Beschickungen der Hochöfen auf der Hochofenanlage Forges de la Providence in Marchienne-au-Pont. P. Charon und H. Landgraf. (Rev. univ. Mines, Métallurgie, Mécan., Trav. publ., Sci. Arts appl. Ind. [9] **17** (**104**). 99—110. März 1961.) (Franz.)

Die Einrichtungen zur Aufnahme, Zerkleinerung, Aussiebung, Homogenisierung u. Sinterung von *Fe-Erzen* werden beschrieben u. Angaben über ihre Leistung gemacht. H. HOCHSTEIN. 6390□

Die Sinterung von Feinerzen nach dem Schachtsinterverfahren. Werner Wenzel und Hermann Schenck. (Stahl u. Eisen **81.** 404—07. 30/3. 1961. Aachen, TH, Inst. für Eisenhüttenw.) (Dt.)

Die Grundbedingungen für das Sintern eines Feinerzes, bes. nach dem Schachtsinter-Verf., werden besprochen, u. es werden bes. hierbei Angaben über das Querstrom—Schachtofen-Verf. gemacht. Der Aufbau einer Vers.-Anlage wird beschrieben. Ein Vgl. der nach verschiedenen Verff. hergestellten Sinter ergab, daß die Festigkeit des Schachtsinters etwas höher liegt als die des Pfannensinters, u. daß dafür die Reduzierbarkeit u. der Oxydationsgrad beim Schachtsinter etwas ungünstiger ist. — Diskussion. H. HOCHSTEIN. 6390□

Einige ferromagnetische Eigenschaften des Agglomerats. S. I. Nekrassow, W. W. Tschekin und W. P. Romanow. (Доповіді Академії Наук Української РСР [Ber. Akad. Wiss. UkrainSSR] **1960.** 464—67. Inst. für Eisenmetallurgie der Akad. der Wiss. der UkrainSSR.) (Ukrain.; Auszug: Engl.)

In Verss. mit gängig gemachtem Agglomerat von Eisenerz aus Kertsch nach der röst—magnet. Anreicherung des Konzentrats wurde die Abhängigkeit der magnet. Susceptibilität $\varkappa$ von der magnet. Feldstärke, die $\varkappa$-Abhängigkeit von der Höhe der gesinterten Schicht u. die Geschw. der Fortbewegung der unmagnet. Schicht bei einem

Kohle-Geh. der Charge von 3,5 u. 7% untersucht u. damit ein früherer Befund von NEKRASSOW u. Mitarbeitern (C. **1960.** 628) bestätigt. O. LEBTAG. 6390□

Versuche zum Schmelzen von Gußeisen im Kupolofen mit Anwendung von sauerstoffreichem Wind. Czesław Podrzucki und Jerzy Szopa. (Zeszyty naukowe Akad. Górniczo-Hutniczej, Metalurgia i Odlewnictwo **1959.** Nr. 3. 103—21. 2 Tafeln. Kraków, AGH, Kat. Odlewnictwa.) (Pol.; Auszug: Engl.)

Beim Schmelzen von Gußeisen im Kupolofen wurde ein mit O_2 angereicherter Wind verwendet. Mit der O_2-Konz. im Wind steigt die Temp. des Gußeisens in der Abstichrinne, u. zwar um 1,5° pro Nm³ zugesetztem O_2 u. 1 t Fe. Die Ausbeute wird bei 25% O_2 im Wind um 18, bei 30% O_2 um 36% erhöht. Mit der O_2-Konz. steigt auch die Reaktivität des CO_2 im Gas u. damit der CO-Geh. des Abgases. Die chem. Zus. des Gußeisens wird durch Anwendung von O_2-reichem Wind günstig beeinflußt, da der Si-, C- u. Mn-Geh. ansteigen u. der S-Geh. sinkt. F. URBAN. 6402□

Die Reinigung von geschmolzenem Eisen durch die Anwendung von Niederfrequenz-Rütteln. J. H. Gittus. (Iron and Steel **34.** 64—67. Febr. 1961.) (Engl.)

Flüchtige oder leicht oxydierbare Elemente, welche die Bldg. von Kugelgraphit im Gußeisen verhüten, werden aus dem schmelzfl. Gußeisen durch Rütteln bei einer Frequenz von 100 Schwingungen/s u. bei einer Amplitude von 0,040 in. entfernt. Der Prozeß wird durch oxydierende Bedingungen gefördert. Ausnahme bilden *As* u. *Sb*, die nur schwer zu entfernen sind. *Mg* kann in dieser Weise auch entfernt werden. Bei der Herst. von Gußeisen mit Kugelgraphit muß der ursprüngliche Mg-Geh. hoch genug sein, daß trotz der Rüttel-Wrkg. u. des dadurch bedingten Mg-Verlustes noch genügend Mg zur Impfung zurückbleibt. H. HOCHSTEIN. 6404□

Über die Schrumpfungsfehler von Kugelgraphit-Gußeisen, das mit verschiedenen, Kugelgraphit bildenden Reagentien behandelt worden ist. Hiroshi Nakamura und Takao Takase. (Imono, J. Japan Foundrymen's Soc. **32.** 703—12. Okt. 1960.) (Jap.; Auszug: Engl.)

Unterss. über die Behandlung von Gußeisen mit 4,20 (%) C, 1,87 Si, 0,20 Mn, 0,082 P, 0,022 S, 0,069 Ti, 0,006 Cr, 0,012 As, 0,003 Sn, 0,018 V mit verschied., Kugelgraphit bildenden Reagentien, wie Mg, Ca-Silicid (**I**) „OZ"-Kugelbildnern, Gemischen von **I** mit Oxyden der Seltenen Erden, zeigen, daß diese Gemische zu weniger Schrumpfungsmängeln als Mg führen. In den Steigern angewandte exotherm. Stoffe oder Reisstrohasche führen zu gesunden Gußstücken. W. WESLY. 6404□

Der Einfluß von Stickstoff auf die Graphitform von Titangußeisen. Yoshisada Ueda. (Imono, J. Japan Foundrymen's Soc. **32.** 696—702. Okt. 1960.) (Jap.; Auszug: Engl.)

Ti in Gußeisen mit 0,021 (%) *C*, 0,07 *Si*, 0,14 *Mn*, 0,027 *P*, 0,017 *S*, 26,51 *Ti* verbindet sich zuerst mit dem darin enthaltenen N zu *TiN* u. danach mit C zu *TiC*. Beim Verhältnis Ti:N > 4 verschwindet TiN zugunsten von TiC, das eine feste Lsg. mit N bildet. Im TiN-Bereich ist der Graphit flockig; beim Auftreten von TiC liegt teilweise eutekt. Graphit vor. Zugfestigkeit u. Härte sind im Bereich der beiden Verbb. gering, aber ziemlich hoch im Gebiet des flockigen oder des eutekt. Graphits allein. W. WESLY. 6404□

Die Einflüsse von Kohlenstoff, Silicium, Mangan, Phosphor und Schwefel auf die S-Kurve in Molybdän und Kupfer enthaltendem Gußeisen. Youichi Tokunaga. (Imono, J. Japan Foundrymen's Soc. **32.** 713—22. Okt. 1960.) (Jap.; Auszug: Engl.)

Unterss. über den Einfl. mehrerer Elemente auf die S-Kurve von Gußeisen mit 0,4—0,6 (%) Mo u. 1,2—1,5 Cu (nach 30 Min. langer Austenitisierung bei 900°) zeigen, daß C u. Si auf die Umwandlung im Perlit (**I**)-Gebiet einen geringen Einfl. ausüben, abgesehen von der Beschleunigung der **I**-Bldg. in hoch gekohltem Fe mit grobem Flockengraphit. Im Bainit (**II**)-Bereich wird die für Beginn u. Ende der Umwandlung nötige Zeit mit steigendem C- u. Si-Geh. verkürzt. P verschiebt die S-Kurve im **I**-Gebiet nach links u. im oberen **II**-Bereich nach rechts. Im **I**- u. **II**-Gebiet wird die Umwandlung durch S beschleunigt, durch Mn verzögert. W. WESLY. 6404□

Die Struktur-Metallurgie von Stahl. Aussichten für quantitative Entwicklungen. K. W. Andrews. (Iron and Steel **34.** 82—89. März 1961. Morgate, Rotherham, United Steel Co. Ltd.) (Engl.)

Die Struktur-Metallurgie von fl. u. festem Stahl, der Erstarrungsbereich, die festen Phasen, die subkrit. Umwandlungen, die Härtbarkeit, die Versprödung-Übergangs-Temp. sowie der Ausscheidungsprozeß in legierten Stählen werden erörtert u. dabei wird dargelegt, wie es möglich ist, eine vorzugsweise mathemat. Beziehung zwischen den vier Hauptvariablen einer Stahl-Leg., nämlich der Struktur, Beschaffenheit, Zus. u. Eigg., aufzufinden. — 21 Literaturangaben. H. HOCHSTEIN. 6408□

Vakuumgießen von Stahl. Zdeněk Motloch. (Hutnické Listy **13.** 1037—50. Nov. 1958. Ostrava, Výzk. Vítkovických železáren K. Gottwalda.) (Tschech.)

Zusammenfassung der Ergebnisse des Vakuumgusses von 85 Labor.- u. 12 halbtechn. Schmelzen von 20—40 kg (4—8 mm Hg), bzw. 2350 kg (12—23 mm Hg) von C- u. legiertem Stahl. Der H_2-Geh. geht im Vakuum um 50—80% entgegen normalem Guß herab; der Rest-Geh. hängt von der Guß-Geschw. ab: Steigende Geschw. u. Temp. senkt den H_2-Gehalt. Bei 6 mm Hg werden 100—350 cm^3 Gas/kg Metall frei. Das Vakuum beseitigt die Neigung zur Flocken-Bldg. u. verfeinert die prim. dendrit. Struktur, verbessert die mechan. Eigenschaften. J. TŮMOVÁ. 6408□

Das Problem der Randzonenrisse beim Stranggießen von Stahl. J. Gouzou und J. Zaeytydt. (Rev. univ. Mines, Métallurgie, Mécan., Trav. publ., Sci. Arts appl. Ind. [9] **17 (104).** 110—34. März 1961. Centre Nat. de Rech. Métallurg.) (Franz.)

Durchgeführt werden Berechnungen von Strangabrissen innerhalb der Gießkokille beim Stranggießen von Stahl. — 30 Schrifttumsangaben. H. HOCHSTEIN. 6408□

Abhängigkeit der Neigung von Stahl zu reversibler Anlaßsprödigkeit von der Temperatur der wiederholten Austenitisierung. Buţu Rotenstein und Nicolae Drăgan. (Studii Cercetări Metalurgie **3.** 259—85. 4 Tafeln. 1958.) (Rum.) (Rev. Métallurgie [Bucarest] **3.** Nr. 3. 5—31. 1958.) (Russ.)

Durch Überhitzung bei der Härtung bei hoher Temp. tritt bei Stahl eine Veränderung des Austenit (**I**)-Korns ein, die dadurch beseitigt werden kann, daß man den Stahl nochmals von der Rekristallisations-Temp. des überhitzten **I** (TSCHERNOW-Punkt b) aushärtet; bei dem untersuchten Stahl mit 0,25 (%) C, 0,020 S, 0,020 P, 1,07 Si, 1,15 Mn, 1,33 Cr, 0,08 Ni u. 0,33 Cu liegt diese Temp. bei 950—1000°. Die durch Rekristallisation veränderte Körnung des **I** wirkt sich auch auf die Neigung von Baustahl zu Anlaßsprödigkeit aus. Die sek. Austenitisierung bei der Rekristallisations-Temp. setzt die Punkte des Übergangs von faserigem Bruch auf einen Bruch gemischten Typs herab. Der negative Einfl. der Vergrößerung des **I**-Korns wird durch die Hochtemp.-Prozesse im **I**-Gebiet verstärkt. R. K. MÜLLER. 6408□

Schweißbare Baustähle der Klasse St. 52 mit hoher Fließgrenze. István Balsay. Kohászati Lapok **13(91).** 72—80. Febr./März. 326—33. Juli 1958.

Allg. über die schweißbaren Stahltypen mit hoher Fließgrenze u. ihre Eigg., bes. der Klasse *St 52.* Um den geforderten mechan. Eigg. Genüge leisten zu können, ist die chem. Zus. des zu verarbeitenden Stahls zu prüfen u. die nötigen, möglichst billigsten Leg.-Elemente zuzusetzen. Von diesen erhöhen einige die Festigkeit u. Fließgrenze (C, Mn, Si, P usw.), andere sind für die Schweißbarkeit vorteilhaft (C, Ti, Al). Vf. bespricht die Änderung der Eigg. des Stahls *St. 52* mit verschiedenen Leg.-Elementen u. -Mengen u. gibt einen Vorschlag zur Festlegung der Eigg. für den Handel.
J. PLANK. 6408

Der relative Verlust an Legierungsbestandteilen im Induktionsofen mit basischer Auskleidung. Feliks Olszak und Kazimierz Mamro. (Zeszyty naukowe Akad. Górniczo-Hutniczej, Metalurgia i Odlewnictwo **1959.** Nr. 3. 67—76. Kraków, AGH, Kat. Metalurg. Stali.) (Pol.; Auszug: Engl.)

Die Verluste an Leg.-Bestandteilen, wie *Mn, Cr, Ni* u. *Ti,* bei der Herst. von Stahl in Induktionsöfen mit bas. Futter hängt von der Konz. dieser Bestandteile u. von der Größe des Ofens ab. Außerdem sind die Verluste auch von der Temp. u. der Schmelzdauer abhängig. F. URBAN. 6410□

Herstellung von Stahlformgüssen mit 3,5% Nickel zur Verwendung bei Temperaturen bis zu —100°. Corrado Galletto. (Fonderia ital. **8.** 45—46. 85. Febr. 1959. Mailand, Centro di Inform. del Nickel.) (Ital.)

Die Kerbschlagzähigkeit (CHARPY-Probe), die für die Verw. unter 0° maßgebend ist, erfordert eine vollständige Entgasung u. Desoxydation mit Mn, Si u. Al zur Verhinderung oxyd. Einschlüsse u. Bldg. von Nitriden u. Sulfiden, die eine Veränderung der Korngröße u. infolgedessen Sprödigkeit hervorrufen. Um strukturell einwandfreien u. martensitfreien Formguß zu erhalten, ist die vorgeschriebene therm. Behandlung genau einzuhalten, wobei man die Anlaß-Temp. auf maximal 620° reduziert. Im Gegensatz zur ASTM-Norm wird ein maximaler C-Geh. von 0,15% u. maximal 0,05% P- u. S-Zusatz empfohlen. Die Al-Zugabe soll 0,09% betragen. J. EGGERT. 6410□

Untersuchungen über die Rekristallisation eines ferritischen Stahles mit 27% Cr unter besonderer Berücksichtigung der Glühdauer. Heinz Borchers, Karl Bungardt und Dieter Pusch. (Arch. Eisenhüttenwes. **31.** 177—82. März 1960. München, TH, Inst. für Metallurgie u. Metallkunde; Krefeld, Forschungs-Inst. der dtsch. Edelstahlwerke.) (Dt.) — Vgl. C. **1961.** 8455.

Erörtert werden die neuesten Vorstellungen über den Rekristallisationsablauf u. mitgeteilt werden die Ergebnisse von Härtemessungen u. mkr. Gefügeaufnahmen an einem kaltgewalzten u. anschließend rekristallisierend geglühten Cr-Stahl mit ca. 27% Cr. Der Stahl lag in Verformungsgraden von 0—70% vor. Die Glühzeiten betrugen 24 Std. im Temp.-Gebiet 20—500° u. 15 Sek. bis 2 Std. im Bereich 500—1200°. Ferner wurden einige Glühungen von 3 u. 2 Sek. Dauer bei 1000—1200° durchgeführt. Infolge der Versprödung bei ca. 475° ergaben sich zwischen 400 u. 800° Überlagerungen der Härtewerte, die Aussagen über die Erholungsvorgänge verhinderten u. auch die Beobachtungen über den Beginn der Rekristallisation störten. Außerdem machte sich ein leichter Einfl. der Ausscheidung von σ-Phase bemerkbar. Temp. u. Glühzeiten für die Tiefstwerte der Härte im Gebiet von 700 u. 800° konnten festgelegt werden. Die mkr. Gefüge-Unters. ließ die prim. Rekristallisation u. die Kornvergrößerung erkennen. Eine kennzeichnende sek. Rekristallisation wurde nicht festgestellt. Im krit. Verformungsbereich wurde im wesentlichen nur ein Wachsen der Körner beobachtet. Feinste Korngrößen ließen sich bei erhöhten Verformungen oberhalb ca. 30% bei möglichst niedrigen Rekristallisations-Temp. von 800 oder 700° u. Glühzeiten von 10 oder 30 Min. bis zu 2 Std. erzielen. Außer dieser Glühbehandlung führten kurzzeitige Glühungen bei verhältnismäßig hoher Temp., z. B. von 3 Sek. bei 1000°, bei 30%ig. Verformung zu feinem Korn. — 35 Literaturangaben. H. HOCHSTEIN. 6410☐

Beitrag zur Metallurgie der austenitischen stickstofflegierten Stähle mit Cr–Mn und Cr–Mn–Ni. František Pobořil und Marcela Zezulová. (Hutnické Listy **13**. 969—79. Nov. 1958. Praha, Stát. výzk. ústav hutnictví železa.) (Tschech.)

Zusammenstellung der Ergebnisse umfangreicher Labor.- u. halbtechn. Vers.-Schmelzen von Cr–Mn–N-Stählen [ca. 0,1 (%) C; 15 Mn; 10—17 Cr; 0,3—0,5 N; Schmelzen im Hochfrequenzofen zu 10 u. 100 kg; die N-Eintragung durch FeMn mit 8,6% N]. Es wurde ermittelt, daß die nach LANGENBERG berechnete Menge des lösl. N den maximalen N-Zusatz vorstellt, bei welchem noch blasen- u. seigerungsfreie Ingots erhalten werden können. Höhere N-Zusätze verursachen größere u. unregelmäßige N-Verluste. Die steigende Löslichkeit von N mit sinkender Temp. in Cr-Stählen wird bestätigt. J. TŮMOVÁ. 6410☐

Nichtmagnetisierbare Stähle für hohe mechanische Beanspruchungen. Max Kroneis und Reinhold Gattringer. (Stahl u. Eisen **81**. 431—45. 30/3. 1961. Kapfenberg, Gebr. Böhler & Co. A.-G.) (Dt.)

Bei nichtmagnetisierbaren Stählen für höhere Beanspruchungen sind gegenüber den üblichen austenit. Stählen höhere Festigkeitswerte, bes. Streckgrenzenwerte, erforderlich, die durch geeignete Legierungsmaßnahmen, die Ausscheidungshärtung u. die Kaltverformung erreichbar sind. Erhöhte *C*-, *N*-, *Mn*- u. *Cr*-Geh. sowie Zusätze an *V* können z. B. im abgeschreckten Zustand Streckgrenzen bis zu 60 kg/mm² ergeben. Die Festigkeitssteigerung durch eine Ausscheidungshärtung wird durch die Elemente V, *Ti* oder *Al* begünstigt. Für einen Stahl mit ca. 0,53 (%) C, 20,6 Mn, 14,6 Cr, 0,2 N u. 1,3 V erwies sich eine Ausscheidungsglüh-Temp. von 650—700° nach dem Abschrecken von 1160° als vorteilhaft. Nach einer Glühzeit von 6 Std. werden Streckgrenzenwerte von über 100 kg/mm² ermittelt. Bei den nichtmagnetisierbaren Stählen für eine Kaltverformung wird die erforderliche Austenitbeständigkeit durch höhere Leg.-Geh. erreicht. Stähle mit höheren C- u. Mn-Geh. verfestigen stärker als solche mit niedrigen C-Geh. oder mit Ni-Zusätzen. Für Stähle mit ca. 0,65 C, 8,5 Mn, 3,5 Cr u. 7 Ni oder mit 0,4 C, 18 Mn, 4 Cr oder mit 0,2 C, 6 Mn, 12 Cr, 10 Ni wurden durch Verformungs- u. Glüh-Verss. die Bedingungen für eine Streckgrenzenerhöhung durch Kaltverformung sowie die Grenz-Temp. für die Kaltverformung u. für das Spannungsfreiglühen ermittelt. Der Einfl. von Kerben bei versprödendem u. nichtversprödendem Stahl wird untersucht, wobei sich zeigt, daß mit ansteigender Verfestigung die Dauerfestigkeit an glatten geschliffenen Proben nicht entsprechend der Streckengrenzenerhöhung ansteigt u. an gekerbten Proben vermindert wird. Diese Verminderung war bei geschliffenem Kerb größer als bei gedrehtem Kerb. — Diskussion. H. HOCHSTEIN. 6410☐

Ein Beitrag zur Untersuchung der Rekristallisation des Austenits in übermäßig geglühtem Stahl. B. Rotenstein und N. Drăgan. (Studii Cercetări Metalurgie **4**. 295—310. 14 Tafeln. 1959.) (Rum.)

Unterss. über die Rekristallisation (RK) von Austenit (**I**) in je einem mit *Mn*, *Mo* u. *Cr* schwach legierten u. einem Stahl mit 0,45% *C* nach Glühen bei zu hoher Temp. (1200—1300°) zeigen: Bei einer Erwärmungs-Geschw. von 150—200°/min liegt die 2. Austenitisierung zwischen 900 u. 950°. Der mit feinem Korn rekrist. I behält das Feinkorn zwischen ca. 900 u. 1300°. Mit Steigerung der Austenitisierungs-Temp. von 1200 auf 1300° verschiebt sich das Temp.-Gebiet der I-Rk. von 950—1050° auf 1000—1100°.

Die Lage dieses Gebietes senkt sich mit verlängerter Dauer der 2. Wärmebehandlung. Die Ergebnisse beweisen die Möglichkeit, gewisse rumän., bei 1200—1300° geglühte Stähle durch eine 2. Glühbehandlung bei 900—1000° zu regenerieren.

W. WESLY. 6410□

Mechanische und physikalische Eigenschaften der 3 Kupfergußlegierungen mit niedrigem Schwund. J. G. Kura und R. M. Lang. (Proc. Amer. Soc. Testing Mater. **58.** 775—90. Diskussion: 805—11. 1958. Columbus, Ohio, Battelle Mem. Inst.) (Engl.)

An Proben der Cu-Leg. mit 10 (%) Sn u. 10 Pb, mit 5 Sn, 5 Pb u. 5 Zn sowie der „*Navy M*"-Leg. mit 5,7 Sn, 1,4 Pb u. 4,4 Zn wurden bei Temp. von —40 bis 550° F die Bruchfestigkeit, Kriechfestigkeit, Dehnung, Querschnittsverminderung, YOUNGscher Modul, Druckfestigkeit, V-Kerb-CHARPY-Schlagfestigkeit, BRINELL-Härte, Dauerfestigkeit, Bearbeitbarkeit, F., Schwinden, Dichte, Spezif. Gew., elektr. Widerstand, Wärmeleitfähigkeit u. Wärmeausdehnung bestimmt u. in Tabellen angegeben.

F. VIER. 6432□

Kriecheigenschaften der 3 Kupfergußlegierungen mit niedrigem Schwund. Ward F. Simmons und J. G. Kura. (Proc. Amer. Soc. Testing Mater. **58.** 791—804. Diskussion: 805—11. 1958.) (Engl.)

Kriech-Verss. an den im vorst. Ref. bezeichneten Legg. bei 350, 450 u. 550° F. Die Dauer der Verss. betrug 2000 bzw. 10000 Stunden. Kriech-Bruch-Verss. wurden ebenfalls vorgenommen. Bei 350° F hatte die „Navy M"-Leg. die größte Kriechfestigkeit. Bei 450° F waren *Navy M* u. die 85-5-5-5-Leg. gleich, ebenso bei 550°, jedoch schien die „*Navy M*" stabiler. Kurzzeit-Zerreißproben wurden an kriechgeprüften Proben zur Best. der Restspannungen nach langer Belastung vorgenommen. Die Ergebnisse zeigten eine schwache Steigerung der Kriechfestigkeit für alle 3 Legg., unabhängig von ihrer Vorgeschichte. Die Bruchfestigkeit war jedoch unter gewissen Bedingungen wesentlich schlechter. F. VIER. 6432□

Magnesium-Metallurgie in Großbritannien. Lösung der Fabrikationsprobleme. Christopher Smith. (Z. Metallkunde **51.** 677—80. Dez. 1960. Birmingham, James Booth Aluminium Ltd.) (Dt.)

Überblick. F. VIER. 6444□

Beiträge zur Kenntnis des Zustandes der Salzschmelzen der Systeme NaF–AlF$_3$ und NaF–AlF$_3$–Al$_2$O$_3$, unter den Bedingungen der Aluminium-Elektrolyse. H. Ginsberg und K. Resch. (Z. Erzbergbau Metallhüttenwes. **13.** 523—33. Nov. 1960. Bonn, Vereinigte Aluminium-Werke Akt.-Ges.) (Dt.)

Röntgen-Unterss. von abgeschreckten, NaF u. AlF$_3$ sowie NaF, AlF$_3$ u. Al$_2$O$_3$ enthaltenden Schmelzproben zeigten, daß AlF$_3$ nicht frei in der Schmelze vorhanden ist, solange noch NaF zur Bldg. von NaAlF$_4$ vorhanden ist. *Kryolith* gruppiert sich danach unter Bldg. von NaF u. NaAlF$_4$, *Chiolith* unter Bldg. von Kryolith u. NaAlF$_4$ um. Aus dem Vorhandensein von NaAlF$_4$ auch in den Kondens.-Prodd. über Schmelzen von Kryolith oder Chiolith kann auf das Vorhandensein dieser Verb. generell im Schmelzfluß der untersuchten Syst. geschlossen werden. — 41 Literaturangaben.

F. VIER. 6446□

Die Beeinflussung der Warmverformbarkeit von Ti–Al-Legierungen durch Wasserstoffzusätze. H. W. Schleicher und W. Jung-König. (J. less-common Metals [Amsterdam] **1.** 348—55. Okt. 1959. Frankfurt/M., Metallgesellschaft AG.) (Dt.)

Der Einfl. des H-Geh. auf die Warmverformbarkeit von Ti u. Ti-Legg. mit Al-Geh. bis 10% wurde untersucht. Als Maß für die Verformbarkeit diente die Stauchung kleiner Vers.-Zylinder unter der Einw. eines Fallhammers. Die Stabilisierung der kub. weichen β-Phase durch H ergibt eine Erhöhung der Verformbarkeit. Mit Zunehmen der H-Konz. in dieser Phase wird die Verformbarkeit herabgesetzt. Aus dem Zusammenwirken dieser Einfl. ergibt sich das Maximum der Verformbarkeit. Es ist von der Al-Konz. u. der Temp. abhängig. F. VIER. 6448 □

Anwendung der Metallurgie der Amalgame bei der Herstellung von Cadmium und beim Raffinationsprozeß von Zink. A. Vaschetti. (Metallurgia ital. **50.** Nr. 11. Atti Notizie **13.** 331—34. Nov. 1958. Turin, Centro Ric. metallurg.) (Ital.)

Kurzer Überblick über die Verw. von Cd- u. Zn-Amalgamen zur Herst. von 99,95% ig. Cd (18 Tonnen/Jahr) aus S-haltigen Röstgasen u. von hyperreinem 99,995% ig. Zn aus therm. Zn in einer Vers.-Anlage (250 kg/Tag) u. schließlich Reinigung von Zn-Amalgam in Elektrolysezellen (Abb.). G. PLATZER. 6456□

Moderne industrielle Verwendung der Platinmetalle. W. Betteridge und D. W. Rhys. (Metal Ind. [London] **97.** 163—66. 26/8. 183—85. 2/9. 203—05. 9/9. 1960.) (Engl.)

Überblick. — 11 Literaturangaben. F. VIER. 6466□

Einfluß der Sintertemperatur auf die Porenform in Antifriktionsmaterialien auf metallkeramischer Grundlage. O. Ja. Artamonow und I. M. Fedortschenko. (Доповіді Академії Наук Української РСР [Ber. Akad. Wiss. UkrainSSR] **1960.** 44—47. Inst. für Metallkeramik u. Sonderlegierungen der Akad. der Wiss. der UkrainSSR.) (Ukrain.; Auszug: Engl.)

Durch Unterss. wird festgestellt, daß die Porenform in metallkeram. Fe- u. Fe–Graphit-Antifriktionsmaterialien in der Hauptsache durch die Sinter-Temp. bestimmt wird. Die Sinterung dieser Materialien bei Temp., die dem γ-Gebiet (1050°) entsprechen, gewährleistet die Herst. von Poren verzweigter Form, Sinter-Temp. des α-Gebietes (910°) jedoch die Erzielung runder Poren. Bei hohen Temp. gesinterte Wälzlager besitzen eine höhere Gasdurchlässigkeit u. Schmierung als die bei niedrigeren Temp. gesinterten Wälzlager. Im Zusammenhang hiermit wird festgestellt, daß die bei 1050° gesinterten Wälzlager mit höherer Schmierung ein besseres Betriebs-Verh. besitzen. H. HOCHSTEIN. 6474

Untersuchung einiger Eigenschaften von gesinterten Cu–Ni-Briketts. W. W. Ogorodnikow, I. M. Fedortschenko und O. I. Raitschenko. (Доповіді Академії Наук Української РСР [Ber. Akad. Wiss. UkrainSSR] **1960.** 1603—07. Inst. für Metallkeramik u. Sonderlegierungen der Akad. der Wiss. der UkrainSSR.) (Ukrain.; Auszug: Engl.)

Die vergleichende Unters. der isotherm. Sinterung der Gemische aus 80 (%) *Cu* + 20 *Ni* bzw. 60 Cu + 40 Ni (a), der Pulver von Cu-Ni-Leg. der gleichen Zus. (b) sowie der Sinterung von reinem Cu-Pulver bei 950° in wasserfreiem H_2 (15—240 Min.) ergab, daß die lineare Schwindung bei den b-Briketts rascher erfolgt als bei den a-Briketts. Die Zugfestigkeit der b-Briketts ist in allen Stufen der Sinterung viel größer als bei den a-Briketts. Mit steigendem Cu-Geh. in den a-Briketts wird der Schwindungsprozeß beschleunigt, die Homogenisierung verzögert. Die Veränderung der Konz. von Cu u. Ni infolge der Diffusion in den a-Briketts ist von großem Einfl. auf die Nullporosität u. die elektr. Leitfähigkeit. O. LEBTAG. 6474□

Über das betriebliche Messen kleinster Toleranzen bei gezogenem bzw. geschliffen-poliertem Stahl. Karl Wenderlich. (Draht-Welt **47.** 25—28. Jan. 1961. Krefeld). (Dt.)

Das Maß unmittelbar anzeigende Meßwerkzeuge, z. B. das Mikrometer, sowie die vorhandene Abweichung (Toleranz) anzeigende Meßwerkzeuge, z. B. Fühlhebelmeßgeräte, Spiegellehren pneumat. Feinmeßgeräte, werden behandelt u. es werden Angaben über vergleichende, nicht das tatsächliche Maß oder die tatsächliche Abweichung messende „feste Lehren", wie Rachenlehren, Kaliberringe, Meßbuchsen, gemacht.
H. HOCHSTEIN. 6480□

Unterschiede der Grenzflächen auch in „reinen" Proben. W. C. Winegard und G. B. Craig. (Canad. Metalworking **23.** Nr. 9. 32—36. Sept. 1960. Toronto, Univ., Dep. of Metallurgy.) (Engl.)

Unterschiede in den Eigg. scheinbar ident. Metallproben, bes. in Form von Einkristallen, können bei der Erstarrung, die durch die Grenzfläche Fl.–fester Körper beeinflußt wird, entstehen oder durch Grenzflächen verursacht werden, die durch Bearbeitung oder Wärmebehandlung nach der Erstarrung entstehen (Beispiele). Daher wird empfohlen, dem Gefüge der Legg. mehr Aufmerksamkeit zu schenken. — 20 Literaturangaben. W. WESLY. 6480□

Testblöcke für die Eindruckhärteprüfung. J. G. Wood. (Metallurgia [Manchester] **60.** 115—18. Sept. 1959. Nat. Physic. Labor.) (Engl.)

Für die Prüfung nach VICKERS u. ROCKWELL werden Stahlblöcke (*Staytoform*) mit 1 (%) *C*, 1,2 *Mn*, 0,6 *Cr*, 0,5 *Ni*, 0,4 *W*, 0,2 *V*, 0,2 *Si*, 0,01 *S*, 0,03 *P* verwendet. Wichtig ist gleichmäßiges Durchwärmen im Salzbad u. sorgfältiges Härten. Beim Schleifen muß jede örtliche Überhitzung vermieden werden. Die Unterseite muß vollkommen gerade u. eben sein, die Oberfläche wird mit Diamantstaub spiegelblank poliert.
K. STEIN. 6480□

Die Härte von Eisen, niedrig gekohlten Stählen und gußeisernen Walzen bei verschiedenen Temperaturen. E. R. Petty und Hugh O'Neill. (J. Iron Steel Inst. **197.** 141—46. Febr. 1961. Swansea, Univ. u. Banbury, Aluminium Labor. Ltd.) (Engl.)

Untersucht wird das Auftreten der Blauhärte in niedriggekohlten Stählen u. techn. reinem Fe, u. es wird diese Erscheinung mit einer Zunahme in der Kalthärtungskapazität erklärt. Die Härte von Stählen bei höheren Temp. wird mit der von Gußeisen mit Kugelgraphit verglichen. Eine Beziehung zwischen der Härte u. Zugfestigkeit wird für diese Werkstoffe in einem weiten Temp.-Bereich angegeben. Die Abhängigkeit von Warmwalzen aus Gußeisen bei den Betriebs-Temp. wird behandelt u. dargelegt, daß die Haltbarkeit der Walzen nach ihrer Härte bei Raum-Temp. beurteilt werden kann. Diese

Walzen werden in unterschiedlichem Maße bei den Betriebs-Temp. weich. — 22 Literaturangaben. H. HOCHSTEIN. 6480□

Wechselfestigkeit von Grauguß. Stanisław Korcyl. (Prace Inst. Odlewnictwa **9.** 216—37. 1959, herausgeg. 1961.) (Pol.)

Unterss. von Graugußschmelzen verschiedener Zugfestigkeit, die einer Wechselbeanspruchung unterworfen werden, ergeben die Kerb-Koeff. u. Kerbempfindlichkeits-Koeff. für die angewandten Kerbarten. Dabei zeigt sich kein merklicher Zusammenhang zwischen Zugfestigkeit u. Kerbempfindlichkeit von Gußeisen. W. WESLY. 6480□

Einfluß von statischer Vorspannung auf die Dauerfestigkeit unter gleichförmig zunehmenden Spannungsausschlägen. V. H. Vitovec. (Proc. Amer. Soc. Testing Mater. **58.** 552—69. 1958. Minneapolis, Minn., Univ. of Minnesota.) (Engl.)

Bei Verss. zur Best. des Einfl. der stat. Vorspannung auf die Dauerfestigkeit gekerbter u. ungekerbter Proben aus *Al*-Legg., aus *Cr Ni-Stahl* mit ca. 16 (%) Cr u. 27 Ni sowie einer Leg. mit ca. 43 Co, 20 Ni, 20 Cr, 4 Mo, 3 Fe, 3 Nb, 1 Ta u. 4 W wird festgestellt, daß die Hauptfaktoren der Beeinflussung der Dauerfestigkeit die Restspannungen, metallurg. Rkk. u. bei der Zugvorspannung erzeugte Risse sind. Die Kalthärtung u. Relaxation der Restspannung scheint von sek. Bedeutung für die untersuchten Werkstoffe zu sein. — 18 Schrifttumsangaben. H. HOCHSTEIN. 6480□

Beitrag zur Sprödbruch-Einleitung in einem Flußstahl durch eine Druckvorspannung. C. E. Turner. (J. Iron Steel Inst. **197.** 131—35. Febr. 1961. London, Imperial Coll. of Sci. Technol.) (Engl.)

Flußstahlproben werden, nachdem sie mit einem Kerb versehen sind, bei Raum-Temp. zusammengepreßt u. darauf auf Zug unterhalb der Versprödungs-Übergangs-Temp. mit Spannungen unterhalb der Streckgrenze geprüft. Hierbei treten Sprödrisse u./oder Sprödbrüche ohne eine überall meßbare plast. Verformung bei Beanspruchung bedeutend unterhalb der Streckgrenze auf. H. HOCHSTEIN. 6480□

Das Verhalten vorgespannter Drähte unter Spannungen. R. de Strycker. (Schweiz. Arch. angew. Wiss. Techn. **26.** 356—63. Sept. 1960. Louvain, Univ.) (Franz.) — Vgl. C. **1960.** 10042.

Erscheinungen des Kriechens u. des Spannungsabfalles von vorgespannten Drähten werden auf 18 Vers.-Ständen in thermostat. regulierten Labor. untersucht. Die Extensiometer sind vom Typ MARTENS u. die Vers.-Dauer ist zwar variabel, beträgt aber im allg. mindestens 3 Monate. Nach einer verschieden langen Anlaufdauer folgt das Kriechen stets einem logarithm. Zeitgesetz. Dasselbe gilt für den Spannungsabfall. Drähte mit einer Schlußglühung sind auf zusätzliche Spannung viel empfindlicher als ungeglühte, im ziehharten Zustand verwendete Drähte. Der wirkliche Spannungsabfall ist immer kleiner als derjenige, der aus dem Kriechverlauf abgeleitet wird. Jede Temp.-Erhöhung bewirkt eine Erhöhung des Kriechens, aber dieser Effekt variiert mit der Drahtsorte. Für eine Temp. von 100° sind die zulässigen Spannungen stark reduziert. Wenn die Last sich zeitlich cycl. ändert, nähert sich das Kriechen jenem Wert, der bei konst. Höchstlast aufgetreten wäre. Zieht man die Drähte unter Spannung über Kanten, so erhöht sich das Kriechen bes. bei kleinen Kantenradien. Große Radien haben keinen merkbaren Einfluß. Verss. mit interkristalliner Korrosion in sulfid. Umgebung haben für die gebräuchlichsten Drähte einen Einfl. des Spannungsgradienten auf den Beginn der Risse gezeigt. H. HOCHSTEIN. 6480□

Restspannungen in Metallen: ihre Bestimmung. José María Sistiaga. (Rev. Ci. apl. **12.** 385—96. Sept./Okt. 496—507. Nov./Dez. 1958.) (Span.)

Überblick über die qual. u. quant. Meth. der Best. von Restspannungen in Metallen. — 115 Literaturhinweise. R. K. MÜLLER. 6480□

Ermittlung des Genauigkeitsgrades der Streckgrenzenwerte bei den verschiedenen mechanischen Prüfverfahren mit technischer Statistik. Harald Bever. (Draht-Welt **47.** 21—24. Jan. 1961. Nachrodt.) (Dt.)

Von den Stählen *St 50·11* u. *60·11* u. den Abmessungen 10—50 mm ∅ wurden in gezogenem u. gezogen-normalisiertem Zustand die Streckgrenzenwerte durch Beobachtung des ersten Stillstandes der Kraftmeß-Vorr. an einer Zerreißmaschine durch Prüfung mit einer Meßuhr bzw. der Feindehnungsmessung ermittelt u. ihre Abweichungen untereinander mit der techn. Statistik festgestellt. Hierbei zeigt sich, daß der Kraftanzeiger der Zerreißmaschine um 2,4—3,4 kg/mm² höhere Streckgrenzenwerte anzeigt als durch Feinmeßprüfung. Die Feindehnungsmessungen mit der Meßuhr sind ca. um 0—0,5 kg/mm² ungenauer als die mit einem Spiegelgerät gemessenen Werte. H. HOCHSTEIN. 6480

Beitrag zur Untersuchung der Sprödigkeit von Sonderstählen. Analogien zwischen verschiedenen, an ferritischen und austenitischen Stählen beobachteten Arten von

Sprödigkeit. R. Castro und A. Gueussier. (Rev. Métallurgie **57.** 715—24. Aug. 1960. Soc. d'Électro-Chimie d'Ugine.) (Franz.)

Eine experimentelle Unters. zeigt eine große Ähnlichkeit zwischen den Sprödigkeitserscheinungen der austenit. u. der ferrit. Stähle. Eine vorausgegangene Wärmebehandlung, bes. eine Erhöhung der Härte-Temp., scheint einen ähnlichen Einfl. auf die beiden verschiedenen Gefügearten auszuüben. Verunreinigungen, wie P, Sb u. As, welche die Anlaßsprödigleit der ferrit. Stähle bestimmen, erhöhen auch die Sprödigkeit bei sehr niedrigen Temp. der zuvor überhärteten u. angelassenen austenit. Stähle. — 9 Literaturstellen. H. Hochstein.6480 □

Wirkung der Atmosphäre auf die Kriech-Bruch-Eigenschaften einer Nickel-Chrom-Aluminium-Legierung. Paul Shahinian und M. R. Achter. (Proc. Amer. Soc. Testing Mater. **58.** 761—74. 1958. Washington, D.C., U.S. Naval Res. Labor.) (Engl.)

An einer Leg. aus 76 (%) Ni, 19 Cr u. 4 Al wurden Kriech–Bruch-Verss. bei 1300, 1500 u. 1900° F an Luft u. im Vakuum durchgeführt, um den Einfl. der Atmosphäre zu untersuchen. Bei niedrigeren Temp. u. hohen Belastungen war die Zeit bis zum Bruch im Vakuum länger als an Luft. Bei hohen Temp. u. niedrigen Belastungen war es umgekehrt. Dieses Verh. steht im Einklang mit einem früher vorgeschlagenen Mechanismus, der auf Herabsetzung der Festigkeit als Folge einer erniedrigten Oberflächenenergie u. Verfestigung durch Oxydation beruht. Die bei höheren Temp. an Luft erhaltene Kriech-, kurve war ungewöhnlich. Die Proben brachen nicht in der 3. Stufe, wie zu erwarten war, sondern es trat eine 4. Stufe mit beschleunigtem Kriechen auf, die den Bruch verzögerte. — Diskussion. F. Vier. 6480 □

Neues Reagens für metallographische Schliffe. W. Ja. Ssawenkow. (Заводская Лаборатория [Betriebs-Lab.] **26.** 371—72. 1960. Akad. der Wiss. der UkrainSSR, Inst. für Schwermetallurgie.) (Russ.)

Das Reagens wird durch Zusammengeben von 3 Teilen 10% ig. wss. Lsg. von *Chloramin T* u. 1 Teil 10% wss. Lsg. von *Citronensäure* hergestellt. Im Gegensatz zu den alkohol. Lsgg. von HNO_3 u. Pikrinsäure hinterbleiben keine unlösl. Korrosionsprodukte. Geeignet für Stahl, Bronze, Cu u. Al. H. Jäger. 6482 □

Gerät zum elektrolytischen Polieren und Ätzen von Mikroschliffen direkt auf Einzelteilen. N. N. Popowa und W. A. Malyschenko. (Заводская Лаборатория [Betriebs-Lab.] **26.** 367—68. 1960.) (Russ.)

Es werden mit umlaufender Elektrolyt-Fl. Mikroschliffe unter beliebigen Ansatzwinkeln zum Werkstück anod. geätzt u. poliert. Das Gerät ist zur Korrosions-Unters. von Stahl u. Schweißnähten nach GOST 6032-58 geeignet. H. Jäger. 6482 □

Schweißen von rostfreiem Stahl im Elektronenstrahlbündel. C. R. Lehmann und E. G. Littell. (Metal Ärogr. **79.** Nr. 3. 125. März 1961. Evendale, Ohio, General Electric Co.) (Engl.)

Die unter einem Elektronenstrahlbündel ohne Zusatzmittel geschweißten rostfreien Stähle zeigen an der Schweißstelle eine einheitliche dendrit. Mikrostruktur, die säulenförmig von der Schmelzlinie nach innen orientiert ist. Im Innern haben sich gleichachsige Kristalle regellos gebildet. Zwischen der Schweißzone u. dem anliegenden Bereich ist eine scharfe Trennlinie zu beobachten. F. Vier. 6482 □

Kennzeichnung der Apparate für industrielle Radiographie und einheitliche Darlegung auf der Grundlage normalisierter KV/mr-Kurven. A. Gilardoni und A. Taccani. (Metallurgia ital. **51.** 382—84. Aug. 1959. Mailand, S'.p.A. Apparecchi per radiazioni Roentgen e nucl.) (Ital.) C. Gottfried. 6484

Röntgenographische Untersuchung von Restspannungen in dünn- und dickwandigen Rohren. N. A. Alijew und F. G. Mageramow. (Известия Академии Наук Азербайджанской ССР, Серия Физико-Математических и Технических Наук [Nachr. Akad. Wiss. AserbaidshanSSR, Ser. physik.-math. techn. Wiss.] **1959.** Nr. 5. 87—91.) (Aserbaidshan.; Auszug: Russ.)

Die sowohl bei der Kalt- als auch Warmverformung in Metallen entstehenden Restspannungen werden an dünn- u. dickwandigen Rohren aus kohlenstoffreichem Stahl in Abhängigkeit von dem Deformationsgrad röntgenograph. untersucht. Aus den erhaltenen Röntgenogrammen wird die Ggw. von Restspannungen II. Art festgestellt. Für die Ausmessung der Linienbreite auf den Röntgenogrammen wird die Meth. von Gurewitsch [1956] u. Nowikow u. Terminassow [1939] angewendet. Als Vgl.-Maß dient die Linienbreite, die von einer bei 800° ausgeglühten Stahlprobe erhalten wurde. Auf Grund der Messungen werden die Restspannungen in den untersuchten Proben sowie die latenten Energien derselben errechnet. Es zeigt sich, daß die Restspannungen II. Art in den dünnwandigen Rohren dreimal größer als die in den dickwandigen Rohren sind.

H. Hochstein. 6484 □

Die Anwendung hoher Energiegeschwindigkeit auf die Metallformgebung. E. W. Feddersen. (J. Metals **12.** Nr. 9. 682—86. Sept. 1960. Ft. Worth, Texas, General Dynamics Corp.) (Engl.)

Die drei Hauptmeth. der Anwendung hoher Energie-Geschw. für die Formgebung von Metallen, nämlich die Explosionsgestaltung durch Sprengstoffe, die hydroelektr. sowie die pneumat.-mechan. Gestaltungs-Meth. werden in ihrer Durchführung mit ihren Vorzügen u. Nachteilen besprochen u. typ. Anwendungsbeispiele erläutert. Ferner wird eine Erklärung für den neuen Begriff der Fließpreßformung im geschlossenen Hohlraum (closed-cavity extrusion molding) vermittelt. Die Entw. der verschiedenen Meth. ist noch nicht abgeschlossen. H. HOCHSTEIN. 6490□

Probleme der Bearbeitung von Metallen für den Weltraum. L. A. Hauser und M. C. Metzger. (Metal Progr. **79.** Nr. 3. 97—100. 154. 156. 158. 160. März 1961. Bridgeville, Pa., Universal-Cyclops Steel Corp.) (Engl.)

Beschreibung von Vorr. u. Werkzeugen zur Bearbeitung von Super-Legg. u. höchstfesten Stählen mit einer Härte von mehr als Rockwell C-50. F. VIER. 6490□

Der Einfluß sehr geringer Gehalte von Elementen auf die Zähigkeit von Walzdraht. B. Matuschka. (Rev. Métallurgie **57.** 725—30. Aug. 1960. Wien, Schöller-Bleckmann-Stahlwerke AG.) (Franz.)

Beschrieben wird die verwendete App. zur Beurteilung der Zähigkeit von Walzdraht nach dem Biegeversuch. Aus den angestellten Unterss. geht hervor, daß zur Erzielung einer guten Qualität (hohe Zähigkeit) des Walzdrahtes nur sehr niedrige Geh. an den Begleitelementen bei der Herst. die Charge des Elektro- bzw. MARTIN-Ofens vorhanden sein dürfen ([$<$0,05 (%) *S*, $<$0,02 *P*, $<$0,4 *Mn* $<$0,08 *C*, möglichst kein *Cr*, *Ni*, *Zn* oder *Sn*]. Auch müssen die Geh. an Schlackeneinschlüssen im Stahl weitestgehend verringert werden. H. HOCHSTEIN. 6490□

Die Berechnung der Zugfestigkeit von patentierten und kaltgezogenen Stahldrähten. Lajos Mankher. (Draht-Welt **47.** 29—35. Jan. 1961. Solgótarján.) (Dt.)

Der Zusammenhang zwischen Patentierfestigkeit u. chem. Zus. wird erörtert u. diese Festigkeit u. ihre Zunahme während des Ziehens von Stahldrähten werden auf graph. Wege ermittelt. Der Zusammenhang zwischen Festigkeitszunahme, der Größe der Kaltverformung u. des C-Geh. bzw. der Patentierungsfestigkeit werden an Beispielen besprochen. — 22 Schrifttumsangaben. H. HOCHSTEIN. 6490

Fortschrittsbericht über keramische Stoffe. 3. Mitt. Mehr Prüfungen mit keramischen Stoffen im Vergleich mit Carbiden. B. D. Smith und F. L. Helmel. (Metalwork. Product. **101.** 369—71. 1/3. 1957. Chicago, Ill., Internat. Harvester Co., Mfg. Res. Dep.) (Engl.) — 1. u. 2. vgl. C. **1959.** 16779.

Ein Vgl. von 6 keram. Stoffen mit Stahlschneid- u. Ti-reichem Carbid zeigt, daß bei Geschw. $>$ 800 ft./Min. zwei der keram. Stoffe sich durch Verschleißfestigkeit auszeichnen, wogegen einer Neigung zur Zerspanung erkennen läßt. W. WESLY. 6490□

Fortschrittsbericht über keramische Stoffe. 4. Mitt. Die Beschleunigung der Getriebeumdrehung mit keramischen Stoffen bei Ford. George H. de Groat. (Metalwork. Product. **101.** 371—73. 1/3. 1957.) (Engl.)— 3. vgl. vorst. Referat.

Beschreibung der Anwendung von keram. Stoffen für Schneidwerkzeuge. W. WESLY. 6490□

Die Anlaßwirkung auf eine Matratzenstahldrahtfeder und ihre Bedeutung für die Federeinlagen- und Polstermöbelindustrie. Rudolf Brühl. (Draht-Welt **47.** 17—21. Jan. 1961. Plettenberg/Westf.) (Dt.)

Der Einfl. des C-Geh. u. des Verh. der Gefügestrukturen beim unmittelbaren Anlassen von Stahldrähten vor der bildsamen Verformung zur Feder werden erörtert. Die Leitfähigkeit zur schnellen u. gleichmäßigen Durchwärmung des laufenden Drahtes wurde von Stahldrähten verschiedener Oberflächenbeschaffenheit bestimmt. Die Aufrauhung der Drahtoberflächen durch die Anlaß-Temp. wurde an verschieden vorbehandelten Drähten gemessen. H. HOCHSTEIN. 6492□

Die wissenschaftlichen Grundlagen der Wärmebehandlung von Stählen in Beziehung zu der praktischen Anwendung. A. Constant. (Rev. Métallurgie **57.** 695—713. Aug. 1960. IRSID.) (Franz.)

Trotz der Schwierigkeit der Aufstellung quant. Gesetzmäßigkeiten auf dem Gebiete der Wärmebehandlung von Stahl, stehen dem Praktiker dennoch eine Anzahl von allg. wohlfundierten Ergebnissen zur Verfügung, von denen bes. die isotherm. Austenitumwandlungskurven, die chem. Stahl-Zus., die Seigerung, die Zeilenstruktur, die Austenitisierungsbedingungen, Spannungen u. Verformungen, Restaustenit u. sein Anlaß-Verh. zur Verbesserung der Wärmebehandlungsergebnisse erörtert werden. — 29 Literaturstellen. H. HOCHSTEIN. 6492□

Für festere Geschoßhülsen — entkohlen. John M. Lynch. (Metal Progr. **79.** Nr. 3. 79—81. März 1961. Sacramento, Calif., Acroget-General Corp.) (Engl.)

Zur Erhöhung der Zähigkeit hat sich ein Entkohlen der Stähle für Raketenhülsen an der Oberfläche als brauchbar erwiesen. Die Verff. werden beschrieben. F. VIER. 6492☐

Der Einfluß der Chromdiffusion auf das Oxydationsverhalten von Stahl und von Legierungen auf der Basis von Nickel und Kobalt. R. L. Samuel und T. P. Hoar. (Metallurgia [Manchester] **60.** 75—80. Sept. 1959.) (Engl.)

Beschrieben wird die Cr-Diffusion durch Inkromieren bei 850—1200°, die eine höhere Oxydationsbeständigkeit zur Folge hat. Bei Legg., die oxydationsunempfindlich sind, kann die Cr-Diffusion die Widerstandsfähigkeit steigern u. z. B. intergranulare Zerstörungen verhindern. K. STEIN. 6492☐

Die Chromdiffusion und ihre Anwendung auf Blechteile. R. L. Samuel und N. A. Lockington. (Sheet Metal Ind. **33.** 447—54. Juli 1956. London, Diffusion Alloys Ltd.) (Engl.)

Übersicht über Grundzüge, Ausführung, Zubehör u. Anwendung der Verff. der Cr-Diffusion zur Herst. von korrosions- u. warmfesten Blechteilen aus Schmiedeeisen, legierten Stählen u. Ni-Legierungen. — 13 Schrifttumshinweise. W. WESLY. 6492☐

Zusatzmetalle für Hochfrequenz-Lötung. J.-C. Charton. (Z. Schweißtechn. [Zürich] **46.** 133—39. Juni 1956. Lausanne, Castolin-Schweißmaterial AG.) (Dt. u. Franz.)

Unters. über die bei der Hochfrequenzlötung verwendbaren Zusatzmetalle u. die Eigg. der so erzeugten Lötverbindungen zeigen, daß Flußstahl den Anforderungen entspricht. Aus den gemessenen Scherfestigkeiten der verwendeten 8 Flußstähle werden die Zugfestigkeiten abgeleitet, die mit den durch Verss. ermittelten Werten hinreichend übereinstimmen. W. WESLY. 6504☐

Hartlöten von Geschoß- und elektronischen Teilen in trocknem Wasserstoff. H. E. Lewis. (Metal Progr. **79.** Nr. 3. 93—96. 162. 164. März. Nr. 4. 94—96. April 1961. San Carlos, Calif., Pyromet Co.) (Engl.)

Die für das Hartlöten in trocknem H_2 notwendigen Oberflächenbehandlungen, die Halte-Vorr. u. Ofentypen werden erörtert. F. VIER. 6504☐

Sichtbarmachen der Querschnitte von Schweißnähten bei der Ultraschalldefektoskopie. A. K. Gurwitsch. (Заводская Лаборатория [Betriebs-Lab.] **26.** 64—68. 1960. Wiss. Forsch.-Inst. für Brücken.) (Russ.)

Die App. für die Sichtbarmachung von Schweißnahtquerschnitten bei der Ultraschalldefektoskopie wird eingehend beschrieben. Es werden Angaben über die Arbeitsweise dieses Verf. gemacht, wobei der Einfl. des Divergenzwinkels φ u. des Einfallwinkels α des Ultraschallstrahles sowie seiner Breite auf die Güte des Bildes bes. behandelt wird. Eine Analyse der nach dem Verf. erhaltenen Bilder zeigt, daß die erörterte Meth. eine hohe Empfindlichkeit u. Reproduzierbarkeit besitzt. Nur bei nahe beieinander liegenden Fehlern u. bei hoher Empfindlichkeit werden auf dem Schirm infolge sek. Reflexionen des Ultraschallimpulses Materialfehler vorgetäuscht. Außerdem wird beim Vorliegen von 2 oder mehr gleich großen Defekten auf der Linie der Ultraschallfortpflanzung nur ein Defekt sichtbar. H. HOCHSTEIN. 6506☐

Über Ätzwirkungen in Tantal. R. Bakish. (Planseeber. Pulvermetallurgie **8.** 54—57. Aug. 1960. Cambridge, Mass., Alloyd Corp.) (Engl.)

Ta-Pulver mit 2% reinstem Fe-Pulver wird je 1 Std. bei 1500° u. 1950° im Vakuum gesintert, im Ofen abgekühlt u. mit einem Gemisch von 5 (Teilen) H_2SO_4, 2 HF u. 2 HNO_3 geätzt. Die Ätz-Wrkg. steht wahrscheinlich mit dem Austritt von Versetzungen u. Versetzungslinien an der Ta-Oberfläche in Zusammenhang. Dabei zeigen sich normale u. bes. Ausbildungen u. Veränderungen infolge von Kalt- u. Warmbearbeitung. W. WESLY. 6512☐

Der Einfluß des Beizens und Anodisierens auf die Dauerfestigkeit der Aluminium-Legierungen 2L40 und D.T.D. 683. J. M. Finney. (Metallurgia [Manchester] **60.** 93—101. Sept. 1959. Melbourne, Aeronaut. Res. Lab.) (Engl.)

Zur Prüfung des Einfl. der Oberflächenbeschaffenheit auf die Dauerfestigkeit von Schmiedestücken aus Al-Legg. *2 L 40 B* (4% Cu; I) u. *D.T.D. 683/3* (5% Zn; II) wurden verschiedene Beizmeth. ausgeführt. Die beste Säurebeize war $H_2SO_4 \cdot HF$. Der Festigkeitsabfall war nach Beizen u. Anodisieren bei II größer. Das Anodisieren einer bearbeiteten Oberfläche bewirkte bei I eine höhere Dauerfestigkeit als bei II. K. STEIN. 6512☐

Die Rückgewinnung verbrauchter Beizflüssigkeiten. F. F. Jaray. (Sheet Metal Ind. **33.** 482—83. 486. Juli 1956. Wien.) (Engl.)

Erläuterungen zu den Grundlagen u. der Anwendung des ZAHN-Syst. zur Rückgewinnung ausgebrauchter Beizsäure in verd. Form, Zusatz frischer Säure u. Gewinnung von $FeSO_4 \cdot H_2O$ (Fließbild). W. WESLY. 6512□

Entwicklung der elektrolytischen Verfahren in den Industriebetrieben der Montevecchio. E. E. Tremolada. (Metallurgia ital. 50. Nr. 11. Atti Notizie 13. 322–31. Nov. 1958. Mailand, Soc. Montevecchio.) (Ital.)

Übersicht über die neueste industrielle Entw. u. Verw. der elektrolyt. Verff. der SOC. MONTEVECCHIO zur Herst. von nicht Fe-haltigen Metallen, bes. von *Zn* (99,999%), *Co* (99,98%) u. zur elektrolyt. Reinigung von *Pb* (99,997%). G. PLATZER. 6516□

Verfahren zum Überziehen von Stahldraht mit Aluminium durch Eintauchen in ein Bad. John D. Sprowl. (Wire and Wire Products 31. 1160–63. 1273–77. Okt. 1956. Spokane, Wash., Kaiser Aluminum and Chem. Corp.) (Engl.)

Übersicht über Grundzüge, Ausführung u. Zubehör der Verff. zur Aufbringung einer Al-Schutzschicht auf Stahldraht u. die Eigg. solcher Drähte. W. WESLY. 6516□

Die Abscheidung von Nickel durch chemische Reduktion. A. McL. Aitken. (Sheet Metal Ind. 33. 439–43. 455. Juli 1956. Albright and Wilson Ltd., Kanigen Div.) (Engl.)

Krit. Übersicht über die Verff. zur Abscheidung von Ni durch chem. Red. mit bes. Berücksichtigung der Herst. von „Kanigen"-(Ni–P)-Überzügen, deren Eigg. u. Anwendungen. — 17 Schrifttumshinweise. W. WESLY. 6520□

Die Eigenschaften von elektrolytisch abgeschiedenen Glanz-Nickelüberzügen in Beziehung zur Verwendungszeit des Plattierungsbades. 3. Mitt. Zusammensetzung und Gefüge. J. Edwards. (Trans. Inst. Metal Finishing 36. 86–92. 1959. Diskussion: 170b–172b. 1959. London, Brit. Non-Ferrous Metals Res. Assoc., Electrodeposition Sect.) (Engl.) — 2. vgl. C. **1961.** 5953.

Unterss. der Zus. von Glanz-Ni-Überzügen aus 2 Betrieben zeigen, daß die Menge der in den Überzügen enthaltenen organ. Stoffe mit der Verw.-Zeit des Plattierungsbades steigt. Zwischen der plast. Verformbarkeit der Überzüge u. der darin vorhandenen Menge Zusatzstoffe u. Verunreinigungen besteht eine bestimmte Beziehung. Zusätze, die zur Verminderung der Spannungen u. Erhöhung der plast. Verformbarkeit dienen, verringern die organ. Stoffe in den Überzügen. — Diskussion. W. WESLY. 6520□

Hochschmelzende Überzüge als Schutz gegen hohe Temperaturen. John V. Long. (Metal Progr. 79. Nr. 3. 114–20. März 1961. San Diego, Calif., Solar Aircraft Co.) (Engl.)

Überblick über Überzüge aus Keramik, Cermets, Metall u. metall. Diffusionsschichten. F. VIER. 6528□

Oxydation von Wolfram-Niob-Legierungen bei hohen Temperaturen. J. W. Semmel jun. (Trans. Amer. Soc. Metals 52. 1015–26. 1960. Evendale, Ohio, General Electric Co.) (Engl.)

Die Ggw. einer inneren zusammenhängenden u. einer äußeren porösen Oxydschicht auf unlegiertes W führt zu einer Oxydation, die parabol. beginnt u bei 2000°F linear mit der Zeit wird. Bei 2300°F wird die äußere Oxydschicht fl. u die Oxydation wird parabolisch. Zusatz von Nb zu W setzt die Oxydations-Geschw. herab u. erhöht den F. der äußeren Oxydschicht. Für Legg. mit weniger als 15 (Atom-%) Nb ist die Umwandlung von linearer zur parabol. Oxydation mit steigenden Temp. auf Sintern oder Verformen der Oxydschicht zurückzuführen. Legg. mit mehr als 15 Nb haben eine andere Oxydstruktur u. oxydieren parabol. bei 2000–2300° F. Die Oxydationsbeständigkeit ist besser als die anderer hochschmelzender Legierungen. — Diskussion. F. VIER. 6530□

Oxydation und thermische Ätzfiguren von Fe–Si-Legierungen in Spuren von Wasserdampf enthaltender Wasserstoff-Atmosphäre. A. Ferro, C. Sari und C. Venturello. (Metallurgia ital. 50. 484–94. Nov. 1958. Turin, Lab. FIAT, Ist. Elettrotecn. naz. Galileo Ferraris-Centro Stud. di Elettrofis.) (Ital.)

Es wurde der Oxydationsverlauf von Fe–Si-Legg. mit 1 (%), 3,5 u. 6,4 *Si* als Funktion der Zeit u. Temp. in einer schwachen Konz. von Wasserdampf enthaltenden H_2-Atmosphäre, bes. die Bldg.-Bedingungen von reinem SiO_2 u. die im oxydierenderen Bereich von *Fayalit* untersucht. Bei Temp. über 1200° erfolgt der Bldg.-Prozeß von therm. Ätzfiguren gleichzeitig an der Probenoberfläche, die in Wechselbeziehung mit der Orientierung des Grundkristalls u. mit der Menge des anwesenden O_2 stehen. Unter günstigen Bedingungen kommt es über 1210° zur Bldg. von geschmolzenem Fayalit. Bei hoher Temp. ist die Oxydation in den rekristallisierten Zonen bes. interessant, die oft auch nach längerer Verweilzeit keine Oxydation zeigen (Mikroaufnahmen). — 26 Literaturangaben. G. PLATZER. 6530□

Korrosionsinhibitoren für Gußeisen und andere Metalle in Äthylenglykollösungen und in Wasser. A. D. Mercer und F. Wormwell. (J. appl. Chem. 9. 577–88. Nov. 1959.) (Engl.)

Zusätze von Na-Benzoat u. $NaNO_2$ zu Äthylenglykol wirken bei Raum-Temp. nur in höheren Konzz. korrosionsverzögernd auf Gußeisen u. Lötstellen. So schützte eine Lsg. von 25,0 (%) Glykol, 5,0 Na-Benzoat u. 0,3 $NaNO_2$ wirksam Gußeisen, Lötstellen u. andere Metalle nach einem 5 Jahre dauernden Labor-Vers. bei Raumtemperatur. Bei Zwischenerhitzungen waren Zusätze von 1,5 Na-Benzoat u. 0,1 $NaNO_2$ bei denselben Verss. ausreichend. Bei verschiedenen Metallen, jedoch nicht bei Cu, sind die Korrosions-Geschw. in Äthylenglykol-Lsgg. ohne Zusätze geringer als in Wasser. In W. kann Gußeisen durch Zusätze von Chromaten u. Nitriten geschützt werden. Bei Zwischenerhitzungen waren Zusätze von 1,5 Na-Benzoat u. 0,1 $NaNO_2$ wirksam. Durch Elektrodenpotentialmessungen der Metalle in den verschiedenen Glykol-Lsgg. konnten Aussagen über ihr Korrosions-Verh. erhalten werden. Lange Zeiten waren erforderlich — bis zu 50 Tagen —, ehe stabile Werte für das Potential erhalten wurden. F. VIER. 6538□

Korrosionsinhibitoren für Äthylenglykollösungen mit besonderer Berücksichtigung ihrer Wirkung bei verkadmetem und verzinntem Stahl. A. D. Mercer und D. M. Brasher. (J. appl. Chem. **9.** 589—94. Nov. 1959.) (Engl.)

Verss. mit Cd-überzogenem u. verzinntem Stahl, Gußeisen, Cu, verzinntem Cu u. rostfreiem Stahl ergaben, daß Lsgg. mit 33 (%) Äthylenglykol, 1,5 Na-Benzoat u. 0,1 $NaNO_2$ korrosionsschützend bei Vornahme von zwischenzeitlichen Erhitzungen wirkten. Lsgg. mit 30 Glykol, 5,0 Na-Benzoat u. 0,3 $NaNO_2$ wirkten ebenso bei Raumtemperatur. *D.T.D. 779* — das Na-Salz von Mercaptobenzothiazol — wirkte in 33%ig. Lsg. korrosionsverzögernd. F. VIER. 6538□

Betrachtungen über den chemischen Angriff von Stahlschmelzen auf feuerfeste Stoffe bei metallurgischen Prozessen in der Eisenindustrie. Antonio Cocco. (Fonderia ital. **8.** 47—51. Febr. 1959. Triest, Univ., Ist. di Chim. Appl.) (Ital.)

Theoret. Betrachtungen ergaben, daß Fe durch seine große Affinität zum O einen Korrosionsangriff der Schmelzen hervorruft, u. daß das Verh. von FeO auf die freien u. gebundenen Oxyde der feuerfesten Ofenfutter nicht indifferent ist. Dies wird an Hand von bin. u. tern. Diagrammen von FeO u. den Grundbestandteilen der angewandten Materialien demonstriert, wobei in der Praxis eine höhere Oxydationsstufe von Fe in Betracht gezogen werden muß. Dabei sind auch andere Elemente sowie die Oxyde von S u. P von Einfluß. — 16 Literaturangaben. J. EGGERT. 6538□

Hochtemperatur-Korrosion von Gußeisen in Schwefeldampf. 2. Mitt. Keizo Nishida. (J. electrochem. Soc. Japan **26.** E 205—E 208. 1958. Hokkaido, Muroran Inst. of Technol.) (Engl.)

Gußeisenproben mit 3,62% *Al* der Marke Al C.I. von verschiedenen Durchmesser wurden 1—12 Std. bei 460—900° S-Dampf von 1 atm ausgesetzt. Die Dicke der gemessenen Korrosionsschicht wird angegeben; hierbei zeigt sich, daß das Al-haltige Gußeisen eine gute Korrosionsbeständigkeit gegen den S-Angriff besitzt. Die Korrosionsschicht besteht aus zwei Lagen, von denen die innere dicht u. von graugelber Farbe ist, während die äußere Lage grobkörnig ist u. einen metall. Glanz besitzt. Die Kennzeichen der Korrosionsschichten werden im einzelnen erörtert u. der Mechanismus der Sulfid-Bldg. im Gußeisen erläutert. H. HOCHSTEIN. 6538□

Vergleichbares Spannungskorrosions-Verhalten von einigen hochlegierten Stählen. P. P. Snowden. (J. Iron Steel Inst. **197.** 136—41. Febr. 1961. Sheffield, Brown-Firth Res. Labor.) (Engl.)

Eine Anzahl austenit., ferrit. u. martensit. korrosionsbeständiger Stähle wurden unter Bedingungen, die von einfachen kochenden Lsgg. bis zum Hochdruckdampf reichen, auf Spannungskorrosion untersucht. Das Verh. der einzelnen Stähle unter spezif. Bedingungen wird in Tabellen angegeben u. dabei ein Vgl. von der Empfindlichkeit der verschiedenen Stähle für Spannungskorrosion angestellt. Es wird gezeigt, daß unter Bedingungen, die zu einer schnellen Spannungskorrosions-Rißbldg. der austenit. Legg. führen, die hochchromhaltigen ferrit. Legg. gegenüber Rißbldg. unempfindlich sind oder nur eine viel geringere katastrophale Art von Angriff erleiden, u. es wird angenommen, daß Legg. dieser Art Vorzüge für die Verw. in Ggw. von Chloriden besitzen.
H. HOCHSTEIN. 6538□

Die Korrosionsfestigkeit von Kugelgußeisen. F. L. La Que. (Nickel [Milano] **1958.** Nr. 76. 1—11. Okt.; Nr. 77. 14—16. Dez. Internat. Nickel Comp., Dev. and Res. Div.) (Ital.) — Vgl. C. **1959.** 4621.

Es wird über elektrochem. Wrkg., Einfl. von Graphit-C, Korrosionsfestigkeit gegenüber Säuren, in neutralen oder alkal. Lsgg. u. im Meerwasser, Erosionsfestigkeit, atmosphär. u. unterird. Korrosionswiderstand u. verschiedene Korrosionsbereiche berichtet u. gefunden, daß Kugelgußeisen (I) genügend Korrosionsfestigkeit besitzt, um Grau- u. schmiedbares Gußeisen u. Stahl zu ersetzen, wo auch immer diese Materialien verwendet werden; in manchen Fällen zeigt I eine höhere Korrosionsfestigkeit als andere Werkstoffe. — 14 Literaturangaben. G. PLATZER. 6538□

Korrosionsuntersuchungen an einer gesinterten Legierung mit 60% Ni, 20% Fe und 20% Mo. Hans Jürgen Booß. (Arch. Eisenhüttenwes. **31.** 195—97. März 1960. Berlin.) (Dt.)

Kaltgewalzte Bleche aus einer Sinter-Leg. mit 60 (%) Ni, 20 Fe u. 20 Mo erwiesen sich gegenüber konz. Säuren als sehr korrosionsbeständig. Durch weniger stark konz. Säuren wurden sie dagegen, bes. bei längeren Verweilzeiten, stärker angegriffen. Bei cycl. Korrosions-Verss. in Luft mit verschiedenen Feuchtigkeits-Geh. u. teils mit SO_2- u. CO_2-Zusätzen, ferner bei Salzwassersprüh- u. Wechseltauch-Verss. zeigte sich ebenfalls ein starker Angriff auf die Bleche. Die Zugfestigkeit u. Bruchdehnung von gezogenen u. anschließend bei 1200° unter H_2 geglühten Drähten aus der untersuchten Sinter-Leg. fiel durch Einw. von Säuren stärker ab, als auf Grund der mit der Korrosion verbundenen Querschnittsverminderung zu erwarten war. H. HOCHSTEIN. 6538

Zur Frage der Ermüdungserscheinungen bei Wälzlagern. H.-H. Schreiber und G. Ulsenheimer. (Wear [Amsterdam] **3.** 122—43. März/April 1960. Schweinfurt, Kugelfischer Georg Schäfer & Co.; München, TH, Inst. für techn. Mechanik.) (Dt.)

Vff. untersuchen die Ursachen der Pitting-Bldg. in Wälzlagern hinsichtlich des Einfl. der Behandlung u. Bearbeitung des Werkstoffs, der Spannungsverteilung unter dem Einfl. äußerer Belastung, der Einw. des Schmiermittels u. der metallurg. Erscheinungen. Eine befriedigende Theorie bzw. Klärung kann noch nicht gegeben werden. — 76 Literaturangaben. H.-G. MOSLÉ. 6538□

Reibung und Schmierung im Maschinenbau, insbesondere bei zusätzlicher Verwendung von Kolloidal-Graphit. J. U. Augustin. (Wear [Amsterdam] **3.** 114—21. März/April 1960. Berlin, TU.) (Dt.) — Vgl. VDI-Z. **99.** [1957.] 274, 624.

Der Korrosions-Einfl. von *HD-Ölen* u. Feuchtigkeit auf die Oberfläche von Gußeisen-Zylinderflächen u. die Verletzbarkeit der BEILBY-Schicht werden diskutiert. Die Schutz-Wrkg. von koll. Graphit in bezug auf Korrosion u. Verschleiß wird in Labor- u. Feld-Verss. (an OTTO-Motoren) untersucht. Die den HD-Ölen überlegene Schutz-Wrkg. des Graphits wird auch nicht durch die Öle gestört. H.-G. MOSLÉ. 6538□

Korrosionsbeständigkeit von Werkstoffen für KNa-Wärmeaustauschsysteme. Samuel J. Basham, John H. Stang und Eugene M. Simons. (Chem. Engng. Progr., Symposium Ser. **55.** Nr. 23. 53—60. 1959. Columbus, Ohio, Battelle Mem. Inst.)

In einem kippbaren Schmelzofen werden insgesamt 61 Materialien (darunter reine *Metalle, Legg., Cermets, keram. Material*) auf Korrosion durch fl. KNa bei höheren Temp. getestet. Eine kleine Menge der zu untersuchenden Substanzen befindet sich dabei an dem einen Ende innerhalb eines Einschlußrohrs, das ca. 6 g KNa u. He als Gas enthält u. innerhalb der Vers.-Dauer von 110 Std. ca. 5000mal um ca. 30° gekippt wird, so daß das KNa in ihm hin u. her fließt. Die Temp. wird an dem einen Rohrende bei 1200°F, an dem anderen bei 1600°F gehalten. Als bes. korrosionsfest gegenüber KNa erwiesen sich *W* u. *Mo* sowie andere hochschmelzende Metalle. Gute Eigg. hatten auch die meisten der untersuchten Legg. u. eine Anzahl von Carbiden, an erster Stelle W-Carbid, neben *Ti-, Cr-, Mo-* u. *Zr-Carbiden.* Nur wenige keram. Materialien, z. B. *BeO,* waren genügend korrosionsfest gegenüber fl. KNa. J. MARTINS. 6538□

Strom- und Potentialbeziehungen für den Kathodenschutz von Stahl in einer Umgebung von hohem Widerstand. W. J. Schwerdtfeger. (J. Res. nat. Bur. Standards, C **63** C. 37—45. Juli-Sept. 1959 (Engl.) — C. **1961.** 4152.

H. HOCHSTEIN. 6538□

Korrosionen bei Berührungen von Kohlenstoff mit Metallen. T. K. Ross und A. H. Morshedian. (Trans. Instn. chem. Engr. **38.** 43—45. April 1960. Manchester, Coll. of Sci. and Technol., Dep. of Chem. Engng., Fuel Technol. and Metallurgy.) (Engl.)

Unterss. über die Korrosion von C, der von belüftetem W. bespült, in Berührung mit 4 verschiedenen Legg. A (18 [%] Cr, 8 Ni, 0,15 C, 0,65 Ti, Rest Fe), B (76 Ni, 15 Cr, 6 Fe, Rest C, Cu u. Mn), C (67 Ni, 30 Cu, Rest Fe, Si u. C), D (96 Cu, 3 Si, 1 Mn) steht, zeigen, daß die C-Oberfläche als Kathode wirkt u. die Korrosion der Legg. von der an der Kathodenoberfläche verfügbaren O_2-Menge bestimmt wird, die ihrerseits von der Belüftung abhängt. Bei geringer Luftgeschwindigkeit wird die Korrosionsfestigkeit der Legg. nicht wesentlich vermindert, wohl aber bei höherer Luftgeschwindigkeit.

W. WESLY. 6538□

Erosion von Oberflächen durch feste Teilchen. Iain Finnie. (Wear [Amsterdam] **3.** 87—103. März/April 1960. Emeryville, Calif., Shell Dev. Comp.) (Engl.)

Die Erosion von Oberflächen durch feste Teilchen in strömenden Fll. hängt von den Bedingungen des Fließens u. von der Mechanik des Abtrennens des Materials ab.

Zunächst werden die Fließbedingungen, die zu Erosion führen können, besprochen, dann wird eine Analyse der Mechanik des Abtrennens für plast. u. sprödes Material gegeben. Für plast. deformierbares Material kann der Zahlenwert der Erosion nicht genau berechnet werden, doch besteht eine Beziehung zu den Meßergebnissen, die beim Abdrehen von Metallen erhalten wurden. Für spröde Materialien ist eine derartige Voraussage nicht möglich. H.-G. MOSLÉ. 6546□

Allis-Chalmers Mfg. Co., übert. von: William F. Stowasser jun., Milwaukee, Wis., V.St.A., **Herstellung von hartgebrannten Agglomeraten.** Feinkörniges *Magnetiterz* wird zu Grünpellets verformt, getrocknet u. in oxydierender Atmosphäre vorerhitzt, um Magnetit in *Hämatit* überzuführen u. die einzelnen, nebeneinanderliegenden Hämatitkörner zu verbacken, um die Festigkeit u. Widerstandsfähigkeit der Pellets für die weitere Behandlung zu erhöhen. Ein Trommeln in heißer oxydierender Atmosphäre schließt sich an, wobei Wachstum u. Rekristallisation der Hämatitkörner fortschreiten u. ein geschlossenes Netzwerk von Hämatitkristallen durch das ganze Pellet hindurch ohne Schlacken-Bldg. entsteht. Derartig hergestellte Pellets eignen sich für den Transport u. die Weiterverarbeitung in Schmelzöfen. — Abbildung. (**E. P. 835 981** vom 15/7. 1958, ausg. 1/6. 1960. A. Prior. 22/7. 1957. **A. P. 2 925 336** vom 22/7. 1957, ausg. 16/2. 1960.) M. NECKERMANN. 6377

Helen E. Brennan, übert. von: Joseph B. Brennan, Cleveland, Ohio, V.St.A., **Kontinuierliches Gießen und Raffinieren von Stoffen,** die Bestandteile mit verschied. F. aufweisen. Die Stoffe werden geschmolzen in eine Gießform eingeführt u. kontinuierlich als erstarrter Strang entnommen. Während des Durchgangs durch die Gießform läßt man die Schmelze von einer Seite aus nach innen zur gegenüberliegenden Seite einfrieren, so daß sich längs erstreckende Zonen verschiedenen F. ausbilden. Zwecks weitergehender Trennung der Stoffe kann das Verf. während des Transports durch die Gießform öfter wiederholt u. der unerwünschte Bestandteil abgetrennt werden. — Beispiel: Abtrennung von *Al* aus *Cu.* — Abbildung. (**A. P. 2 912 321** vom 4/9. 1956, ausg. 10/11. 1959.) M. NECKERMANN. 6381

Associated Electrical Industries Ltd., London, England (Erfinder: Thomas Edward Allibone), **Raffination von Schwermetallen durch Zonenschmelzen.** Die Schmelzzone wird von unten nach oben geführt, so daß die leichteren Bestandteile des zu behandelnden Materials an das oberste Ende transportiert werden, von wo sie entfernt werden können. — Beispiele: Raffination von *U, Th* u. *Pu,* von Spalt-Prodd., wie *La, Ce* u. *Ag.* — Abbildung. (**E. P. 831 305** vom 11/1. 1955, ausg. 30/3. 1960.) M. NECKERMANN. 6381

American Cyanamid Co., New York, N.Y., V.St.A., **Behandlung von metallhaltigen Stoffen.** Das *Fe, Cu, Ni* u./oder *Co,* teilweise als Sulfid enthaltende Material wird in wss. H_2SO_4-Lsg. aufgeschlämmt u. in einem Autoklaven bei erhöhter Temp. u. erhöhtem Druck in Ggw. von freiem O_2 so lange behandelt, bis die NE-Metalle gelöst sind. Hierauf wird der pH-Wert der Lsg. durch Zusatz von NH_3 auf 3—5 erhöht, wodurch in Lsg. gegangenes Fe als unlösl. Nd. ausfällt u. durch Filtration eine Fe-freie Lsg. erhalten werden kann. — Abbildung. (**Belg. P. 558 922** vom 3/7. 1957, ausg. 8/4. 1960. A. Prior. 4/6. 1949.) M. NECKERMANN. 6381

Badische Anilin- & Soda-Fabrik Akt.-Ges. (Erfinder: Adolf Johannsen, Georg Wittmann und Herbert Wolf), Ludwigshafen/Rh., **Verfahren zur thermischen Spaltung und magnetisierenden Röstung von Eisenspat oder Eisenmanganspat.** Dieses Material mit einer Korngröße von 0—3 mm wird für sich oder zusammen mit dem hierfür an sich bekannten Korngrößenbereich von 4—15 mm nach dem Wirbelschicht-Verf. in ein u. derselben Wirbelschicht behandelt, wobei die von unten zugeführten O_2-haltigen Gase vorgewärmt zugeleitet werden, die Temp. der Wirbelschicht auf 400 bis 800° (vorzugsweise 500—650°) u. die Höhe der Schicht, auf den Ruhezustand bezogen, auf unter 1,5 cm gehalten wird. (**D. B. P. 974 379** Kl. 1b vom 3/12. 1953, ausg. 8/12. 1960. Anmeldung bekanntgemacht 26/5. 1955.) W. HAUSWALD. 6391

A. R. B. E. D. Aciéries Réunies de Burbach-Eich-Dudelange, Soc. An., Luxemburg, und Centre National de Recherches Métallurgiques A. S. B. L., Belgien, **Herstellung von Stahl durch Windfrischen von Roheisen,** bei dem die bes. zur Entphosphorung notwendigen festen Stoffe im feinverteilten Zustand von oben auf u./oder in das zu behandelnde Schmelzbad mittels eines oxydierenden Gases eingeblasen werden, dad. gek., daß der Betrieb so geführt wird, daß die Schlacke im festen oder halbteigförmigen Zustand während des größeren Teils des Prozesses unter Vermeidung einer Schlackenschäumung bleibt u. dann durch bekannte Mittel verflüssigt wird; die fl.

Schlacke wird vom Bade abgezogen, wenn ihre Fe-Geh. auf 3—8% abgesunken ist. (**F. P. 1 222 350** vom 27/4. 1959, ausg. 9/6. 1960. Luxemburg. Prior. 28/4. 1958.) H. HOCHSTEIN. 6409

A. R. B. E. D. Aciéries Réunies de Burbach-Eich-Dudelange Soc. An., Luxemburg, Luxemburg, **Herstellung von hochwertigem Stahl durch Windfrischen von Roheisen mit über 0,3 % P in einem Konverter,** in den von oben auf u./oder in das Bad techn. reiner, feinverteilter Kalk in Suspension enthaltendem O_2 eingeblasen wird, dad. gek. daß während der ersten Betriebs-Min. die in den Frischbehälter gebrachte, im wesentlichen Roheisen u. einen Teil der für den Betrieb erforderlichen schlackenbildenden Materialien enthaltende Charge einem Blasen mit techn. reinem O_2 mittels einer mit einer langen Düse versehenenen Lanze ausgesetzt u. der Betrieb dann unter Einblasen den feinzerteilten Kalk in Suspension enthaltenden techn. reinem O_2 fortgesetzt wird, wobei sich allmählich die Einblaslanze der Badoberfläche nähert, u. daß nach Abzug der hierbei gebildeten Schlacke der Betrieb noch einige Min. unter O_2-Blasen mit gleichzeitiger Zufuhr von feinem Kalk fortgesetzt wird. (**Belg. P. 567 172** vom 26/4. 1958, ausg. 12/8. 1960. **F. P. 1 222 379** vom 25/4. 1959, ausg. 9/6. 1960. Belg. Prior. 26/4., 5/6., 2/8., 4/8. u. 12/12. 1958.) H. HOCHSTEIN. 6409

A. R. B. E. D. Aciéries Réunies de Burbach-Eich-Dudelange Soc. An., Luxemburg, Luxemburg, **Herstellung von Stahl durch Windfrischen von Roheisen** unter Auf- oder Einblasen von techn. reinem O_2 auf oder in das Bad, wobei der O_2-Strahl pulverförmiges Material in Suspension enthalten kann, dad. gek., daß unmittelbar nach dem Blasen mit reinem O_2 bei einer Zwischen- oder Endentschlackung in das Bad ein Gas mit einem niedrigeren Geh. an freiem O_2 eingeblasen wird, welches eine Badumrührung ermöglicht, die Rkk. zwischen dem Metall u. der noch akt. Schlacke beschleunigt oder die genaue Regelung am Ende des Prozesses bewirkt. Zweckmäßig liegt der Geh. an freiem O_2 des Gases unter 35%; auch kann zur Umrührung des Bades ein neutrales Gas, wie N_2 oder Ar, oder CO sowie für die Regelung des Prozesses atmosphär. Luft oder mit an O_2 schwach angereicherter Luft oder Luft mit einem geringen Wasserdampfzusatz verwendet werden. (**Belg. P. 568 267** vom 2/6. 1958, ausg. 12/8. 1960. **F. P. 1 222 976** vom 27/4. 1959, ausg. 14/6. 1960. Luxemburg. Prior. 28/4. 1958. Belg. Prior. 2/6. 1958.) H. HOCHSTEIN. 6409

A. R. B. E. D. Aciéries Réunies de Burbach-Eich-Dudelange Soc. An., Luxemburg, Luxemburg, **Regelung der Windfrischprozesse von Roheisen,** bei denen entphosphorende Mittel im feinverteilten Zustande ganz oder z. T. von oben auf oder in das Metallbad mittels eines Gases oder Gasgemisches geblasen werden, dad. gek., daß die Intensität der IR-Strahlen der Flamme von einer Wellenlänge über 1 μ am Konverterausgang gemessen wird. Die Intensität dieser Strahlen wird in Abhängigkeit von der Zeit aufgezeichnet. Bei Abnahme der Intensität im Laufe des Betriebes müssen Mittel zur Vermeidung des Schäumens der Schlacke ergriffen werden. (**Belg. P. 567 268** vom 29/4. 1958, ausg. 12/8. 1960.) H. HOCHSTEIN. 6409

A. R. B. E. D. Aciéries Réunies de Burbach-Eich-Dudelange Soc. An., Luxemburg, Luxemburg, **Herstellung von Stahl durch Windfrischen von Roheisen,** wobei die gesamten oder ein Teil der feinverteilten, CaO-haltigen Entphosphorungsmittel von oben auf u./oder in das Bad mittels eines oxydierenden, O_2-reichen Gases geblasen werden, dad. gek., daß Kalkstein in feinverteiltem Zustand in Form von Pulver oder Körnern dem Schmelzbad zur Vermeidung oder Bekämpfung des Schäumens der Schlacke zugesetzt wird. Zweckmäßig ist der pulverförmige Kalkstein im Frischgas in Art einer Suspension enthalten. Auch kann der Kalkstein mit dem Entphosphorungsmittel vermischt u. gleichzeitig in das Bad eingeblasen werden. (**Belg. P. 567 269** vom 29/4. 1958, ausg. 12/8. 1960.) H. HOCHSTEIN. 6409

Armco Steel Corp., übert. von: James H. Waxweiler, Middletown, Ohio, V. St. A., **Herstellung eines austenitischen nichtrostenden Chrom-Nickel-Stahls** mit leichter Formbarkeit durch Ziehen, Pressen oder Biegen sowie mit durch eine Warmbehandlung bei verhältnismäßig tiefen Temp. erzielbaren hohen Streckgrenze, dad. gek., daß ein Stahl mit 0,08—0,30 (%) *C*, bis zu 5 *Mn*, bis zu 1,0 *Si*, 12—21 *Cr*, 3—10 *Ni*, bis zu 0,15 *N*, Rest im wesentlichen *Fe*, verwendet wird, mit der Maßgabe, daß die Geh. am C, Mn, Ni u. N einerseits sowie an Si u. Cr andrerseits durch ein Zustandsdiagramm bestimmt werden. Hiernach werden die Zus. der zu verwendenden Stähle festgelegt durch die Summe der ferritbildenden Elemente (80 Si + 77 Cr) von 1700—1800 bei einer Summe der austenitbildenden Elemente (2500 C + 80 Mn + 115 Ni + 2900 N) von 570—900 sowie durch die Summe von 940 von Ferritbildnern bei einer Summe von 1330 bis 1420 an Austenitbildnern. Die Stähle werden bei 1400—2250°F geglüht u. darauf abgekühlt, worauf einer Kaltverformung bei 32 bis −200° F unterworfen u. abschließend gehärtet durch eine Wiedererhitzung auf 750−1100° F. — Abbildung. (**A. P. 2 903 386** vom 27/10. 1955, ausg. 8/9. 1959.) H. HOCHSTEIN. 6411

British Oxygen Co. Ltd., London, England (Erfinder: Thomas Christopher Churcher), **Bleiraffination** zur Entfernung von *Sb*. Man läßt das geschmolzene Pb in zerteiltem Strahl innerhalb eines Schachtes in Kontakt mit oxydierendem Gas herunterfallen. Als oxydierendes Gas kann z. B. Luft, mit O_2 angereicherte Luft, O_2 oder O_2 in Mischung mit CO_2, Ar oder HF verwendet werden. Der Schacht wird auf ca. 800° erhitzt, das Pb bei 540−750° gegossen. — Abbildung. (**E. P. 824 216** vom 21/6. 1957, ausg. 25/11. 1959.) M. NECKERMANN. 6431

American Smelting & Refining Co., V.St.A. (Erfinder: Leonard Thomas Curnow, Paul Sam Randazzo, Arnold Joe Skalak und Thomas Nicholas Bosiljevac jun.), **Entfernung von Zink aus Blei.** Das Zn-haltige Pb wird auf eine zwischen 482 u. 649° liegende Temp. erhitzt u. danach ein Vakuum von ca. 1,0 mm Hg aufrechterhalten. Zur Erhöhung der Zn-Verdampfung wird die Oberfläche des Metallbades in Wellenbewegung versetzt, was mittels Hochpumpen des Pb durch ein zentral in dem Behandlungsgefäß liegendes Rohr an die Oberfläche des Metallbades erreicht wird. — Abbildung. (**F. P. 1 212 431** vom 15/10. 1958, ausg. 23/3. 1960. A. Prior. 10/2. 1958.) M. NECKERMANN. 6431

Albertine Bernstein geb. Chatellier, Frankreich, **Blei-Kupfer-Vorlegierungen** bestehen aus 0,4−1,2% *Cu*, Rest *Pb*. Zwecks Herst. der Leg. wird eine bestimmte Menge Pb auf 800−1000° erhitzt, Späne aus Cu zugegeben, bis zur vollständigen Auflösung derselben gerührt u. die Mischung mit der erforderlichen Menge Pb ergänzt. Zur Vermeidung der Oxydation wird die Oberfläche des Bades mit Harz bedeckt. (**F. P. 1 213 888** vom 31/10. 1958, ausg. 5/4. 1960.) C. GÖTZE. 6431

Alan Robert Bailey, Epsom Downs, Surrey, England, **β-Messing** besteht aus mindestens 53 (%) *Cu*, 0−3,4 *Mn*, 3−6 *Al*, 1−4 *Fe*, 1−2,5 *Ni* u./oder *Co*, Rest *Zn* mit üblichen Verunreinigungen, wobei Ni oder Co entfallen können. Die Legg. sind korrosionsfest u. besitzen hohe Festigkeit. (**E. P. 833 288** vom 14/6. 1957, ausg. 21/4. 1960.) C. GÖTZE. 6433

Avesta Jernverks Aktiebolag, Schweden, **Verringerung des Kobaltgehaltes in einem Bad aus Chromerz** durch Behandlung mit einer Reduktionsmittelmenge, bei welcher der *Co*-Geh. des Bades im wesentlichen zu Co-Metall ohne gleichzeitige Red. des Cr red. wird. Das vom Co-Metall abgetrennte restliche Schmelzbad wird zur Herst. von nichtrostendem *Cr-Ni-Stahl* für Atomreaktoren verwendet. (**F. P. 1 218 953** vom 18/3. 1959, ausg. 13/5. 1960. Schwed. Prior. 10/4. 1958.) M. NECKERMANN. 6441

British Aluminium Co. Ltd., England, **Stromführungselement zum Anschluß an eine Kathode aus flüssigem Aluminium beim Dreischichtenverfahren zur Raffination von Aluminium,** besteht aus dem *Carbid* u./oder *Borid* des *Ti* oder *Zr*, wobei das Element über eine galvan. aufgebrachte Ni- oder Co-Zwischenschicht (ca. 0,025 mm) mit einem Schutzmantel aus Al verbunden ist, der sich für den Anschluß an die Kontaktklemmen über das Element hinaus erstreckt. — Zeichnungen. (**F. P. 1 148 068** vom 9/3. 1956, ausg. 3/12. 1957. E. Prior. 10/3. 1955.) K. BAYER. 6447

British Aluminium Co. Ltd., England, **Stromführungselemente und deren Verwendung in elektrolytischen Zellen zur Gewinnung oder Raffination von Aluminium,** wobei wenigstens der Teil, der mit fl. Al in Berührung kommt, im wesentlichen aus einer Mischung von *TiC* u. TiB_2, z. B. mit 5−25%, bes. 10% TiB_2, besteht. — Abbildungen. (**F. P. 1 149 468** vom 8/3. 1956, ausg. 26/12. 1957. E. Prior. 10/3. 1955.) K. BAYER. 6447

Allegheny Ludlum Steel Corp., Brackenridge, Pa., übert. von: Schuyler A. Herres, Albany, N.Y., V.St.A., **Raffination und Schmelzen von Titan** aus unreinem Metall, Ti-Schwamm oder -Schrott durch Erhitzen in einem Lichtbogenofen auf 50−100°, über den F. von Ti, wobei die niedriger sd. Verunreinigungen verflüchtigt werden. — Abbildungen. (**A. P. 2 734 244** vom 8/2. 1951, ausg. 14/2. 1956.) K. BAYER. 6449

Barium Steel Corp., New York, N.Y., übert. von: Stanislaw Teodor Jazwinski, Camp Hill, Pa., und Joseph A. Sisto, New York, N. Y., V.St.A., **Trennung von Zirkonium und Hafnium.** Das mit Hf verunreinigte, feinverteilte Zr-Metall wird in einer Druckkammer mit CO im Überschuß behandelt, so daß sich die entsprechenden Carbonyle bilden. Da $Zr(CO)_7$ einen niedrigeren Kp. hat als $Hf(CO)_7$ können die beiden Verbb. durch Dest. voneinander getrennt werden. Das so abgetrennte $Zr(CO)_7$ wird in bekannter Weise zu Zr-Pulver u. CO zersetzt. — Abbildung (**A. P. 2 793 107** vom 15/6. 1954, ausg. 21/5. 1957.) K. BAYER. 6449

Armco International Corp., V.St.A. (Erfinder: Victor W. Carpentier und John M. Jackson), **Herstellung eines unorientierten Bleches aus einer Fe–Si-Legierung**, dad. gek., daß eine Fe-Leg. mit 0,5–3,8 (%) *Si*, 0,02–0,8 *C*, bis 0,5 *Al*, Rest Fe mit den üblichen unvermeidlichen Verunreinigungen auf eine Zwischenstärke warmgewalzt, gebeizt, ohne Zwischenglühung kalt auf die gewünschte Blechenddicke ausgewalzt u. in einer entkohlenden Atmosphäre bei 1065–1205° einer Glühung unterworfen wird, so daß das Blech noch einen Gesamt-C-Geh. von mehr als 0,01% aufweist, worauf das Blech nochmals gebeizt u. einer das Blech bis auf einen C-Geh. unter 0,01% entkohlenden Schlußglühung bei 760–927° unterzogen wird. (**F. P. 1 228 627** vom 12/6. 1959, ausg. 31/8. 1960.) H. HOCHSTEIN. 6493

Friedr. Blasberg G. m. b. H., Solingen-Merscheid (Erfinder: Waldemar Immel, Solingen, Lorenz Läser, Solingen-Merscheid, und Manfred Oprée, Solingen-Ohligs), **Galvanisches Abscheiden hochglänzender Nickelüberzüge** mit einem Bad, das *Nucleoproteide, Polynucleotide* oder die durch Hydrolyse entstehenden Abbau-Prodd. der Polynucleotide enthält, bes. *Uracil, Thymin, Purinbasen*, wie *Hypoxanthin, Guanin* u. *Adenin*. (**D. A. S. 1 091 396** Kl. 48a vom 1/4. 1959, ausg. 20/10. 1960.) H. HÄNLE. 6521

Aluminum Co. of America, Pittsburg, Pa., V.St.A., **Schutz von Gegenständen aus Aluminium-Magnesium-Legierungen** vor Korrosion u. Oxydation bei hohen Temperaturen. Hierzu werden die fertig- oder halbfertig-bearbeiteten Gegenstände mit einer organ. *Ammoniumfluorborat-Lsg.* überzogen u. so lange auf 400–750°F, aber auf jeden Fall auf eine Temp. unterhalb der Oxydations-Temp. der betreffenden Leg., erhitzt, daß sich unter Bldg. von BF_3 das organ. Ammoniumfluorborat zersetzt. (**E. P. 843 426** vom 10/9. 1958, ausg. 4/8. 1960. A. Prior. 18/9. 1957 u. 26/3. 1958.) H. BAUR. 6529

Badische Anilin- & Soda-Fabrik Akt.-Ges., Ludwigshafen/Rh. (Erfinder: Willy Hirschberger, Ludwigshafen/Rh., Hans Engel und Hans Krzikalla, Heidelberg, und Heinz Pohlemann, Ludwigshafen/Rh.), **Schutz von Metallen gegen Spannungskorrosion** bei der therm. Druckbehandlung C-haltiger Stoffe, wie Kohle, Öl, Teer oder deren Dest.- oder Umwandlungs-Prodd. durch Einbringen von kleinen Mengen (0,0001–2,0%) von *2.5-Dimercapto-1.3.4-thiadiazol* oder seinen Derivv. in die zu behandelnden Stoffe. (**D. A. S. 1 102 520** Kl. 48d vom 22/4. 1954, ausg. 16/3. 1961.) H. BAUR. 6539

Dorr-Oliver, Inc., Stamford, Conn., V.St.A., *Entfernung von Arsen aus arsenhaltigen Pyriten.* (**Belg. P. 565 698** vom 13/3. 1958, ausg. 15/7. 1960. A. Prior. 14/3. 1957. — C. **1960.** 9370 [A. P. 2 867 525].)

Matti Haakon August Tikkanen, *Konzentration von Titandioxyd.* (**Aust. P. 218 772** vom 6/6. 1957, ausg 18/12. 1958. Schwed. Prior. 7/8. 1956. — C. **1960.** 641 [E. P. 805 438].)

Ruhrgas Akt.-Ges., Essen, *Verhüttung von staubförmigen oder feinkörnigen Erzen.* (**Ind. P. 58 953** vom 21/11. 1956, ausg. 11/6. 1958. — C. **1957.** 13478 [D. A. S. 1 004 815].)

Columbia-Southern Chemical Corp., Pittsburgh, Pa., V.St.A., *Behandlung von Erzen.* (**E. P. 846 468** vom 5/11. 1956, ausg. 31/8. 1960. A. Prior. 14/11. 1955. — C. **1959.** 12045 [F. P. 1 160 268].)

National Distillers & Chemical Corp., V.St.A., *Gewinnung von Metallen durch Reduktion von Metallhalogeniden.* (**F. P. 1 228 012** vom 31/5. 1957, ausg. 26/8. 1960. A. Prior. 1/6. 1956. — C. **1959.** 6256 [D. A. S. 1 036 218].)

Siemens-Planiawerke Akt.-Ges., Meitingen, *Herstellung von Metallen und Legierungen.* (**E. P. 846 025** vom 23/7. 1957, ausg. 24/8. 1960. Oe. Prior. 23/7. 1956. — C. **1960.** 10396 [D. A. S. 1 079 840].)

Foundry Services International Ltd., Birmingham, England, *Entfernung eines gelösten Gases aus einem geschmolzenen Metall.* (**Oe. P. 208 604** vom 19/8. 1958, ausg. 25/4. 1960. — C. **1960.** 16925 [E. P. 815 847].)

Farbenfabriken Bayer Akt.-Ges., Leverkusen, *Entfernung von Schwefel und Sauerstoff aus Metallen.* (**Belg. P. 565 449** vom 6/3. 1958, ausg. 15/7. 1960. D. Prior. 7/3. 1957. — C. **1959.** 11722 [D. A. S. 1 033 904].)

Norsk Hydro-Elektrisk Kvaelstofaktieselskab (Erfinder: **Olaf Jensen**), *Herstellung von Schwammeisen.* (**Aust. P. 218 779** vom 23/8. 1957, ausg. 18/12. 1958. — C. **1960.** 5310 [A. P. 2 797 989].)

Deutsche Katadyn G. m. b. H., München, *Legierung für elektrooligodynamische Elektroden.* (**E. P. 835 414** vom 13/6. 1956, ausg. 18/5. 1960. D. Prior. 13/6. 1955. — C. **1960.** 13190 [Schwz. P. 343 588].)

Svenska Flygmotor Aktiebolaget, Trollkaettan, Schweden, *Warmfeste Legierungen.* (**It. P. 513 006** vom 2/1. 1954. — C. **1956.** 6236 [F. P. 1 080 840].)

Metallhütte Mark Akt.-Ges., Hamburg (Erfinder: **K. Heinz, A. Scheuten** und **Helmut Wiegand**, Hamburg), *Raffination von Leicht- und Schwermetallen.* (**Schwz. P. 347 357** vom 28/3. 1956, ausg. 15/8. 1960. D. Prior. 29/3. 1955. — C. **1959.** 285 [F. P. 1 144 881].)

Pechiney Comp. de Produits Chimiques et Électrométallurgiques, Paris, übert. von: **Charles Daniel Ménégoz** und **André Jacques Galy**, Grenoble, Frankreich, *Herstellung von Metallen durch Zersetzung ihrer Carbide.* (**A. P. 2 931 719** vom 6/9. 1957, ausg. 5/4. 1960. F. Prior. 28/9. 1956. — C. **1959.** 12994 [F. P. 1 158 908].)

Metallgesellschaft Akt.-Ges., Frankfurt/M., *Herstellung von Zink im Schachtofen.* (**Belg. P. 565 953** vom 21/3. 1958, ausg. 29/7. 1960. D. Prior. 30/3. 1957. — C. **1959.** 12995 [D. A. S. 1 041 257].)

Metallurgical Processes Ltd., Nassau, Bahama, und **National Smelting Co. Ltd.**, London, England, *Gewinnung von Zink im Schachtofen.* (**Belg. P. 565 320** vom 1/3. 1958, ausg. 15/7. 1960. E. Prior. 1/3. 1957 u. 7/1. 1957. — C. **1960.** 3687 [D. A. S. 1 051 010].)

Metallurgical Development Co., Nassau, Bahama, übert. von: **John Lumsden**, Bristol, England, *Gewinnung von Zink im Schachtofen.* (**A. P. 2 932 566** vom 24/9. 1957, ausg. 12/4. 1960. E. Prior. 1/3. 1957. — C. **1960.** 3687 [D. A. S. 1 051 010].)

National Smelting Co. Ltd., London, England, *Gewinnung von Zinn.* (**It. P. 513 418** vom 4/2. 1954. E. Prior. 6/2. 1953. — C. **1957.** 3389 [F. P. 1 092 722].)

Sud-Metaux, Paris, Frankreich, *Behandlung von Rückständen aus der Herstellung von Kupferlegierungen.* (**E. P. 844 722** vom 1/7. 1958, ausg. 17/8. 1960. F. Prior. 19/7. 1957. — C. **1960.** 10398 [F. P. 1 179 174].)

Soc. d'Électro-Chimie, d'Électro-Métallurgie et des Aciéries Électriques d'Ugine, Paris, Frankreich, *Abtrennung von Nickel aus Nickel- und Kobaltsalze enthaltenden Lösungen.* (**Belg. P. 566 626** vom 9/4. 1958, ausg. 29/7. 1960. F. Prior. 7/5. 1957. — C. **1960.** 9715 [F. P. 1 174 631].)

Soc. d'Électro-Chimie, d'Électro-Métallurgie et des Aciéries Électriques d'Ugine, Paris, übert. von: **Pierre Morize**, Venthon b. Albertville, Frankreich, *Gewinnung von Aluminium.* (**A. P. 2 783 991** vom 5/5. 1955, ausg. 5/3. 1957. — C. **1959.** 2279 [E. P. 768 913].)

Aluminum Co. of America, Pittsburgh, übert. von: **Philip T. Stroup** und **James D. Dowd**, New Kensington, Pa., V.St.A., *Rückgewinnung von Aluminium aus frisch abgeschäumter Krätze.* (**A. P. 2 754 199** vom 30/8. 1952, ausg. 10/7. 1956. — C. **1957.** 8642 [F. P. 1 088 368].)

Farbenfabriken Bayer Akt.-Ges., Leverkusen, *Aufschließen von oxydischen Titanerzen.* (**Ind. P. 57 651** vom 18/6. 1956, ausg. 30/1. 1958. E. Prior. 18/4. 1956. — C. **1957.** 14127 [D. A. S. 1 003 958].)

Imperial Chemical Industries Ltd., London, England, *Elektrolytische Herstellung von Titan.* (**Belg. P. 517 293** vom 30/1. 1953, ausg. 10/12. 1954. E. Prior. 23/11. 1951. F. Prior. 15/11. 1952. — C. **1955.** 6612 [F. P. 1 066 602].)

Fulmer Research Institute Ltd., Stoke Poges, übert. von: **Philipp Gross**, Eton, und **David Leon Levi**, Chalfont St. Peter, England, *Herstellung und Reinigung von Titan.* (**A. P. 2 785 973** vom 19/8. 1952, ausg. 19/3. 1957. E. Prior. 5/9. 1951. — C. **1956.** 5128 [E. P. 723 880].)

Fulmer Research Institute Ltd., Stoke Poges, übert. von: **Philipp Gross**, Eton, und **David Leon Levi**, Chalfont St. Peter, England, *Herstellung und Reinigung von Titan.* (**A. P. 2 764 480** vom 19/8. 1952, ausg. 25/9. 1956. — C. **1956.** 3147 [E. P. 719 551].)

Comp. des Meules Norton, Frankreich (Erfinder: **Guy Ervin jun.** und **Herbert Frank George Ueltz**), *Elektrolytische Gewinnung von Titan.* (**F. P. 1 137 747** vom 4/11. 1955, ausg. 3/6. 1957. A. Prior. 10/11. 1954. — C. **1960.** 11107 [E. P. 786 460].)

Barium Steel Corp., New York, N.Y., V.St.A. (Erfinder: **Stanislaw Teodor Jazwinski** und **Joseph Anthony Sisto**), *Raffination und Trennung von Titan, Zirkonium, Cer, Hafnium und Thorium.* (**E. P. 828 239** vom 17/12. 1956, ausg. 17/2. 1960. — C. **1960.** 11105 [F. P. 1 178 435].)

Metal Hydrides, Inc., übert. von: **Peter P. Alexander**, Beverly, Mass., V.St.A., *Herstellung von Calcium.* (**A. P. 2 794 732** vom 3/5. 1954, ausg. 4/6. 1957. — C. **1959.** 5624 [D. A. S. 1 031 526].)

Lakefield Research of Canada Ltd., Lakefield, Ontario, Canada, *Gewinnung von Gold.* (**E. P. 833 718** vom 29/4. 1957, ausg. 27/4. 1960. Can. Prior. 3/7. 1956. — C. **1959.** 12048 [A. P. 2 827 372].)

Sherritt Gordon Mines Ltd., Toronto, Ontario, Canada, *Herstellung von Kupferpulver.* (**E. P. 842 946** vom 15/7. 1958, ausg. 27/7. 1960. Can. Prior. 20/11. 1957. — C. **1960.** 10399 [A. P. 2 867 528].)

Sandvikens Jernverks A/B, Sandviken, Schweden, *Harte Sinterkörper.* (**Ind. P. 57 764** vom 2/7. 1956, ausg. 29/4. 1959. — C. **1960.** 11109 [F. PP. 1 174 191 u. 1 176 740].)

Walter M. Weil, Shaker Heights, Ohio, V.St.A., *Verarbeitung von eisenhaltigen Titanerzen.* (**Ind. P. 56 986** vom 3/4. 1956, ausg. 26/6. 1958. — C. **1960.** 13839 [Aust. P. 215 666].)

British Aluminium Co. Ltd., England, *Behandlung von Aluminiumoberflächen.* (**F. P. 1 144 061** vom 28/10. 1953, ausg. 9/10. 1957. E. Prior. 28/10. 1952. — C. **1957.** 9508 [A. P. 2 750 309].)

DEHYDAG Deutsche Hydrierwerke G. m. b. H., Düsseldorf, *Galvanisches Abscheiden von Metallüberzügen.* (**E. P. 841 529** vom 4/10. 1956, ausg. 20/7. 1960. D. Prior. 7/10. 1955. — C. **1958.** 4320 [D. A. S. 1 004 010].)

DEHYDAG Deutsche Hydrierwerke G. m. b. H. (Erfinder: **Wennemar Strauss, Alfred Kirstahler, Wolfgang Gündel** und **Hermann Haas**), Düsseldorf, *Galvanisches Abscheiden von Metallüberzügen.* (**Schwz. P. 348 304** vom 26/5. 1955, ausg. 30/9. 1960. D. Prior. 13/8. 1954. — C. **1959.** 12376 [D. A. S. 1 004 009].)

DEHYDAG Deutsche Hydrierwerke G. m. b. H., Düsseldorf, *Galvanisches Kupferbad.* (**Belg. P. 565 994** vom 24/3. 1958, ausg. 29/7. 1960. D. Prior. 16/4. 1957. — C. **1960.** 16253 [Oe. P. 202 414].)

DEHYDAG Deutsche Hydrierwerke G. m. b. H., Düsseldorf, *Galvanisches Kupferbad.* (**F. P. 72 946** vom 12/2. 1958, ausg. 21/9. 1960. D. Prior. 13/2. 1957. Zusatz zu F. P. 1 118 019; C. 1957. 8351. — C. **1959.** 9047 [D. A. S. 1 030 133].)

General Motors Corp., Detroit, Mich., V.St.A., *Verzinken von Eisen.* (**E. P. 846 078** vom 20/3. 1959, ausg. 24/8. 1960. A. Prior. 14/5. 1958. — C. **1960.** 16929 [A. P. 2 894 850].)

Mond Nickel Co. Ltd., London, England, *Elektrolytische Abscheidung von Platin auf Metallen.* (**Ind. P. 58 946** vom 20/11. 1956, ausg. 18/1. 1958. Can. Prior. 10/4. 1956. — C. **1959.** 17456 [Aust. P. 211 539].)

Continental Oil Co., Ponca City, Kay County, Okla., V.St.A., *Schutzüberzüge auf Gegenstände aus Eisen.* (**Belg. P. 565 722** vom 14/3. 1958, ausg. 29/7. 1960. A. Prior. 30/6. 1954. F. Prior. 10/2. 1958. — C. **1959.** 16474 [A. P. 2 827 425] u. C. **1961.** 1363 [F. P. 1 198 794].)

Amchem Products, Inc., Ambler, Pa., V.St.A., *Erzeugen von festhaftenden Überzügen auf nichtrostendem Stahl.* (**Oe. P. 209 666** vom 3/11. 1955, ausg. 25/6. 1960. A. Prior. 2/12. 1954 u. 16/5. 1955. — C. **1958.** 11367 [F. P. 1 127 905] u. C. **1959.** 7287 [A. P. 2 813 816].)

Vereinigte Aluminium-Werke Akt.-Ges., Bonn, *Vorbehandlung von Aluminium zur Herstellung hochglänzender Oberflächen.* (**Ind. P. 58 137** vom 13/8. 1956, ausg. 29/4. 1958. — C. **1958.** 1424 [D. A. S. 1 009 884].)

IX. Organische Industrie

Hydratation des Acetylens in Dampfphase bei Atmosphärendruck. Gyula Lévai. (Magyar Kémiai Folyóirat [Ung. Z. Chem.] **66.** 389—91. Okt. 1960. Budapest, Szerves-vegyipari és Müanyagipari Kutató Intézet.). (Ung.)

Vf. stellte fest, daß der Partialdruck des W. die Gasphasen-Hydratation des Acetylens (I) zu Acetaldehyd weitgehend beeinflußt. Bei höheren Drucken wird die unerwünschte Chemosorption des I zurückgedrängt u. dadurch die Hydratations-Geschw. erhöht. G. Halmi. H 530

Herstellung von Vinylacetat aus Gasgemischen mit geringem Acetylengehalt. György Thurzó und Kornél Jókay. (Magyar Kémiai Folyóirat [Ung. Z. Chem.] **66.** 383—86. Okt. 1960. Budapest, Szervesvegyipari és Müanyagipari Kutató Intézet.) (Ung.)

Unters. der Herst. von Vinylacetat (I) aus Gasgemischen geringen Acetylengehalts. Die Anwendung von TiO_2 als Katalysatorzusatz erhöht die auf I berechnete Konversion bei gleichen Raum-Geschw. wesentlich. G. Halmi. H 810

Beiträge zur kontakt-katalytischen Hydrierung von Nitrobenzol. Miklós Bakos, Imre Pászthory und Károly Schügerl. (Magyar Kémiai Folyóirat [Ung. Z. Chem.] **66.** 375—77. Okt. 1960. Budapest, Szerves Vegyipari ès Müanyagipari Kutato Intézet.) (Ung.)

Vff. stellten den Einfl. der Katalysatorenträger auf die Aktivität der Katalysatoren fest u. fanden, daß Silicagel u. akt. Kohle sich weniger für Cu-Katalysatoren eignen als Schamotte u. Bimsstein. Die Träger beeinflussen auch die Lebensdauer der Katalysatoren, wobei diese durch Zn- bzw. Cr-Zusatz verlängert werden kann. Die Zusätze verbessern auch die Regenerierungsverhältnisse. G. Halmi. H 1010

Synthese von Dialkylbenzolen in einer Katalysatorwirbelschicht. Ss. A. Ssultanow und M. A. Mardanow. (Азербайджанское Нефтяное Хозяйство [Erdöl-Wirtsch. Aserbaidshan] **39.** Nr. 5. 33—34. Mai 1960.) (Aserbaidshan.; Auszug: Russ.)

Bzl. wird mit der 2,6fachen mol. Menge Äthan–Äthylen- oder Propan–Propylen-Fraktion bei 350 bzw. 300° u. 10 at durch eine Wirbelschicht von Al-Silicatkatalysator geleitet. Die erhaltenen Dialkylbenzole werden nach der Meth. der Raman-Spektroskopie analysiert. Die Zus. des Diäthylbenzols (Ausbeute 14—17%) wird auf diese Weise zu 22 (%) o-, 65,8 m- u. 12,2 p-Deriv. ermittelt. Die Fraktion des Diisopropylbenzols (5 o-, 64,4 m-, 30,6 p-Deriv.) kann auf oberflächenakt. Stoffe vom Typ des Na-Dialkylarylsulfonats verarbeitet werden. R. K. Müller. H 1010□

Claude Hennart und Eugène Merlin, Frankreich, **Gewinnung von Phenolestern.** Die Phenole werden mit entspr. Carbonsäuren in Ggw. von $POCl_3$ umgesetzt. — *Essigsäure-p-kresylester*, aus p-Kresol u. Essigsäure durch Mischen mit $POCl_3$ bei 80° u. 1 std. Erhitzen im verschlossenen Rohr auf 130°; 95,3% (Ausbeute). — Analog: *Propionsäurephenylester*, aus Phenol u. Propionsäure; 96%. (**F. P. 1 183 337** vom 25/9. 1957, ausg. 6/7. 1959.) Eberhard Riedel. 9573

„Shell" Research Ltd., London, England (Erfinder: William Alexander Mundag und Aubrey Eaves), **Abtrennung nichtkohlenwasserstoffartiger organischer Stoffe von flüssigen Kohlenwasserstoffen.** Die Nicht-KW-Stoffe (I) bestehen aus heterocycl. >NH-Verbb., Ketonen, Chinonen, Sulfoxyden, Sulfonen oder Mercaptanen. Man trennt sie von fl. KW-Stoffen ab, indem man die Lsg. mit einem Anionenaustauschharz in innige Berührung bringt, das mit einer organ. Hilfs-Fl. (z. B. Alkohol mit <5 C-Atomen, Nitromethan, Monoäthyläther von Diäthylenglykolmononitrat oder Aminoalkohol) getränkt ist, u. trennt die fl. KW-Stoffe von dem imprägnierten Harz. — Anionenaustauschharz: Aminiertes Mischpolymer einer aromat. Monovinyl- oder Divinylverbindung. (**E. P. 820 271** vom 21/2. 1958, ausg. 16/9. 1959.) P. Unger. H 500

Atlantic Refining Co., Philadelphia, Pa., V.St.A., **Isomerisieren von gesättigten Kohlenwasserstoffen,** wie Butan, Pentan, Hexan, Heptan, Octan, Cycloparaffin. Man bringt diese bei 260—454° u. 3,5—70 kg/cm² in Kontakt mit einem Isomerisierungskatalysator, der aus einem synthet. Träger aus 95—40 (%) SiO_2 u. 5—60 Al_2O_3 u. 0,2—20 des Trägergewichts Ni, Co oder Mo besteht. (**It. P. 513 498** vom 25/2. 1954.) K. Koebke. H 510

Dominion Tar & Chemical Co. Ltd. (Erfinder: David Cyril George Gattiker, Shou Chu Liang und Johann Gustav David Schulz), Montreal, Canada, **Herstellung von Vinylchlorid aus Äthylendichlorid.** Man bringt Äthylendichlorid zweckmäßig im stöchiometr. Verhältnis mit einem Erdalkalihydroxyd, bes. $Ca(OH)_2$, das in W. im Verhältnis W.: Hydroxyd = 2:1 bis 10:1 aufgeschlämmt ist, unter Druck bei >100° (194—200° bei 200—215 lbs./sq.in. oder 130—140° bei 100 bis 120 lbs./sq.in.) zur Reaktion. Ausbeuten bis zu 90% des Ausgangsmaterials. (**E. P. 766 601** vom 29/9. 1954, ausg. 23/1. 1957.) W. GRÄGER. H 520

Canadian Industries Ltd., Montreal (Erfinder: George Whitlock Graham, Beloeil Station, Quebec), Canada, **Stabilisierung von Trichloräthylen.** Es werden zur Stabilisierung von zum Entfetten von Metallen verwendetem Trichloräthylen ca. 0,001—0,2 Gew.-% eines Amins, bes. des Triäthylamins, ggf. in Verb. mit anderen bekannten Stabilisierungsmitteln, wie N-Methylpyrrol oder Diisobutylen, verwendet, dem wenigstens ein Epoxyd aus der Reihe: Propylenoxyd, Butylenoxyd, 2-Methylbuten-1-(oder -2-)oxyd, Butadiendioxyd, Epichlorhydrin, Hexylenoxyd, Heptylenoxyd u. Octylenoxyd, u. wenigstens ein anderes Epoxyd aus der Reihe: Styroloxyd, α-Methylstyroloxyd, α-Pinenoxyd, Limonenmonooxyd u. -dioxyd zugesetzt ist, wobei die Menge der Epoxyde zweckmäßig 0,01—0,1 Gew.-% des Trichloräthylens beträgt. Bes. geeignet ist ein Zusatz von Triäthylamin u. den Epoxyden Butylen- u. Styroloxyd. (**D. A. S. 1 098 506** Kl. 12o vom 6/8. 1959, ausg. 2/2. 1961. E. Prior. 15/8. 1958.) W. GRÄGER. H 520

Phillips Petroleum Co., V.St.A. (Erfinder: Emery William Pitzer), **Herstellung von 1-Olefinen,** z. B. *Buten-(1)*, dad. gek., daß man 2-Olefine, wie Buten-(2) in Ggw. von Wasserdampf im Mol-Verhältnis 1 : 4—15 bei 510—704°, bes. 552—677°, an einem Katalysator isomerisiert, der durch Calcinieren von mit wss. Chromsäure-Lsg. imprägniertem α-Al_2O_3 hergestellt ist. (**F. P. 1 183 946** vom 4/10. 1957, ausg. 15/7. 1959. A. Prior. 8/10. 1956.) S. BÖTTCHER. H 520

Comp. Française de Raffinage, Frankreich, **Gewinnung von reinem Isobutylen** (I) aus KW-Stoff-Gemischen durch selektive Extraktion mit H_2SO_4 von mittlerer Konz. u. Dest. der Extrakte. Durch Kondens. wird I von tert.-Butanol (II) u. Diisobutylen getrennt, diese nochmals mit H_2SO_4 behandelt u. die schwefelsaure Lsg. von II nochmals destilliert. — 2 Schemata der Anlage. (**F. P. 1 193 880** vom 27/3. 1958, ausg. 5/11. 1959.) S. BÖTTCHER. H 520

Phillips Petroleum Co. (Erfinder: Sid. Conrad Fauske), V.St.A., **Reinigen von leicht verdampfbaren Kohlenwasserstoffen,** welche gasförmige Verunreinigungen, wie O_2 oder N_2, enthalten. Der KW-Stoff, z. B. *Butadien*, wird mit einer Absorptions-Fl., z. B. einem Mineralöl, ausgeschüttelt, wobei der KW-Stoff absorbiert wird u. die Verunreinigungen nicht absorbiert werden; Arbeits-Temp. 10—38°. — Bei der Reinigung von Butadien, welches 1,5 Gew.-% Styrol enthält, wird z. B. Furfurol als Absorptions-Fl. verwendet. — Schema der Anlage. (**F. P. 1 148 716** vom 3/4. 1956, ausg. 13/12. 1957. A. Prior. 4/4. 1955.) M. F. MÜLLER. H 520

Usines de Melle Soc. An., St. Léger-les-Melle, Frankreich, **Herstellung von reinem absolutem Alkohol** durch Dest. von rohem A., Rektifizieren der A.-Dämpfe u. Entfernen des W. durch azeotrop. Dest., dad. gek., daß ein Teil der Dämpfe aus der Dest.-Kolonne auf dem Wege zur Rektifizierkolonne mit dem Boden-Prod. von der azeotrop. Dest. in indirektem Wärmeaustausch gebracht wird. — Schema der Anlage. — Vgl. F. P. 1 157 912; C. **1959.** 11094. (**Ind. P. 56 595** vom 21/2. 1956, ausg. 26/8. 1957.) C. LÜTTGEN. H 560

E. I. du Pont de Nemours & Co., übert. von: Carleton T. Handy und Henry S. Rothrock, Wilmington, Del., V.St.A., **Hitzebeständiges und schlagfestes, polymeres Butadienperoxyd** der allg. Formel $(C_4H_6O_2)_x$ (x = 4—10) mit den wiederkehrenden Einheiten $-C_4H_6-O-O-C_4H_6-O-O-$ erhält man durch Oxydation von Butadien (I) mit O_2 bei 60—110°, bes. 85—90°, u. bes. 40—500 lbs./sq.in. in Ggw. eines Lsgm. (Bzl., Dimethyloxalat, Cyclohexanon, Methylchloroform) in An- oder Abwesenheit eines Beschleunigers (organ. Peroxyde, Azonitrile, bes. nach A. P. 2 741 951). Durch Red. entstehen *Butendiole*. — Aus 0,3 Mol I in 100 cm^3 Bzl. u. 120 lbs./sq.in. O_2 → I-Peroxyd, Umwandlungsgrad 43%; schwachgelbe Fl.; lösl. in Essigsäure, den vorst. genannten Lsgm., Aceton, Dioxan; begrenzt lösl. in Methanol u. tert.-Butanol; beständig bis ca. 150°; daraus mit $LiAlH_4$ in abs. Ae., dann Zusatz von Essigsäureanhydrid u. Pyridin → Mischung aus *3-Buten-1.2-* u. *2-Buten-1.4-dioldiacetat* im Verhältnis 1 : 2; Ausbeute 52%. Die Red. kann auch mit Zn oder Fe u. HCl oder elektrolyt. erfolgen. — *Zwischenprodd.*, bes. zur Herst. von *Buten-* u. *Butandiolen*. (**A. P. 2 898 377** vom 27/2. 1953, ausg. 4/8. 1959.) G. KRAUSS. H 570

Szerves Vegyipari és Müanyagipari Kutató Intézet (Erfinder: Gábor Bozoki, Károly Losonczy, Béla Nemes und Sándor Vurih), Budapest, Ungarn, **Herstellung von Thioglycerin** durch Rk. von Glycerinmonochlorhydrin (I) mit Alkalihydrosulfid. In Alkalialkoholat wird trockner H_2S eingeleitet, das entstehende Alkalihydrosulfid wird in wasserfreiem Medium mit I zusammengebracht, wobei in Ggw. eines Red.-Mittels, gearbeitet wird. (**Ung. P. 148 927** vom 18/11. 1959, ausg. 20/5. 1961.) F. LANDSBERGER. H 600

Ruhrchemie Akt.-Ges., Oberhausen-Holten, **Herstellung von aliphatischen Aminosulfonsäuren**, dad. gek., daß man Salze der Sulfochloride von Alkanaminen der Formel $HX \cdot R_1R_2N \cdot C_nH_{2n} \cdot SO_2Cl$, wobei R_1 u. R_2 H oder aliphat. Reste mit 1 bis 3 C-Atomen u. HX eine Mineralsäure bedeuten. bei 20—250° mit W. oder einem Alkohol umsetzt. (**It. P. 513 415** vom 29/1. 1954. D. Prior. 14/2. 1953.) K. KOEBKE. H 600

Horst Walter, Deutschland, **Abtrennung gelöster Co-Verbindungen aus Produkten der Oxosynthese** zur Rückgewinnung von reinem Co, wobei eine Verstopfung des Katalysatorträgers vermieden wird. Man leitet die Prodd. durch ein von einem zum anderen Ende ansteigend erhitztes Rohr, worin die Zers. der Co-Verbb. gerade erfolgt, aber nicht beschleunigt wird. — In einem 8 m langen Rohr befinden sich 50 Liter auf 6 mm gekörnter Katalysator (30% Co auf Bimsstein). Man erwärmt das Rohr auf 105—180° ansteigend bei 200 at u. läßt 25 Liter/Std. Prodd. (mit 0,14 g/Liter Co) gleichzeitig mit 6 m³/Std. H_2 (mit wenig CO) durchströmen unter Co-Abscheidung auf Wandung u. Träger. Nach 3 Tagen Betriebsdauer wird zur Reinigung unterbrochen, das restlos abgeschiedene Co fällt hauptsächlich im ersten Drittel des Rohres an. (**UdSSR. P. 116 689** vom 30/12. 1957.) B. PANKOW. H 660

Esso Research and Engineering Co., Elizabeth, N. J., V.St.A., **Aliphatische Ketone** erhält man durch Isomerisieren von Epoxyden mit 5—10 C-Atomen der allg. Formel I (R u. R_1 = Alkyl mit 1—4 C-Atomen; R_1 = auch H; R_2 u. R_3 = H oder Alkyl mit 1—4 C-Atomen; n = ganze Zahl von 0—3) bei 200 bis 500, bes. 300—430°, in Ggw. von Metallen der 1. u. 8. Gruppe des Period. Syst., wie Cu, Ag, Au, Fe, Co, Ni, Pd u. Pt, auf Aktivkohle, bes. mit einer Oberfläche von 100—1500 m² je g, Tonerde oder Kieselerde. Der Metall-Geh. auf dem Träger beträgt 0,01—20, bes. 1—10%. — Aus 2.5-Dimethyltetrahydrofuran, Kp. 91,6°, in Ggw. von 1% Pt auf Aktivkohle bei 300° → *Hexan-2-on* (= Methyl-n-butylketon), 2.5-Dimethylfuran u. höher sd. Produkte. — 2-Methyltetrahydrofuran → *Pentan-2-on*. — 2-Methyl-5-äthyltetrahydrofuran → *Heptan-2-on*. Ferner können isomerisiert werden: 2-Propyl-, 2.3.4.5-Tetramethyltetrahydrofuran, 2-Methyl-, 2.6-Diäthyltetrahydropyran, 1.3- u. 1.2-Epoxypentan u. 2.3-Epoxyhexan. Epoxyde mit <5 C-Atomen bilden keine Ketone. — Vgl. F. P. 1 141 409; C. **1959.** 2964. (**D. A. S. 1 080 995** Kl. 12o vom 8/6. 1955, ausg. 5/5. 1960. A. Prior. 10/6. 1954.) G. KRAUSS. H 710

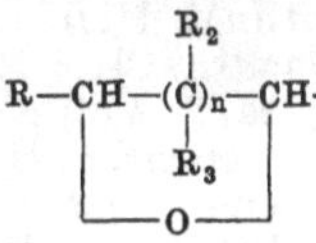

I

Rohm & Haas Co., Philadelphia (Erfinder: Andrew Neumann, North Hills, Harry Trainor Neher, Bristol, und Edward Henry Specht, Philadelphia, Pa.), V.St.A., **Herstellung von Acrylsäureestern** erfolgt durch Rk. von Acetylen mit Ni-Carbonyl, einem Alkohol u. einer Säure (niedermol. aliphat. Monocarbonsäuren, bes. Acrylsäure) u. anschließendes Einleiten von weiterem Acetylen, CO, Ni-Carbonyl u. einer Säure, die aus dem Ni-Carbonyl während der Rk. CO u. ein Ni(II)-Salz bildet, bei 30—90, bes. 50—70°. Während der 2. Stufe wird ein einwertiger Alkohol mit 3 bis 12 C-Atomen (Allyl-, Methallylalkohole, tert.-Alkanole, Terpineole) u. an Stelle von Säure W. eingeleitet u. das Verhältnis des zugeführten CO zu dem aus dem Ni-Carbonyl gebildeten CO auf nicht mehr als 70: 30 eingestellt. — tert.-Butanol → *Acrylsäure-tert.-butylester*, $Kp._{60}$ 54—55°; n_D^{20} 1,4100; VZ. 439. — *Acrylsäureallylester*, $Kp._{60}$ 55,5 bis 57°; n_D^{20} 1,4311. *n-Octylester*, $Kp._{2,5}$ 77—77,5°. *2-Äthoxyäthylester*, $Kp._{10}$ 63—63,5°. *Caprylester*. *Cyclohexylester*, $Kp._{4,5}$ 62—63°. α-Terpineol → *α-Terpinylester*, $Kp._{0,15}$ 71 bis 73°. Ausbeuteangaben zwischen 43,5 u. 75%. Als Alkohole sind noch geeignet: 2-Methallyl-, 2-Äthallyl-, 2-Butallyl-, 2-Phenylallyl-, 2-Chlorallyl-, Neopentylallyl-, Crotyl-, 3-Äthallyl-, 3-Butallyl-, Zimt-, Amyl-, Isopropyl-, n-Butyl-, Hexyl-, Isononyl-, Dodecylalkohol, Cyanalkanole, Chloralkylalkanole, Ätheralkohole, Glykole u. Alkohole, die außer der OH-Gruppe eine funktionelle Gruppe besitzen. — Vgl. A. P. 2 778 848; C. **1960.** 6661. (**D. A. S. 1 077 210** Kl. 12o vom 20/1. 1954, ausg. 10/3. 1960. A. Prior. 21/1. 1953.) G. KRAUSS. H 810

Council of Scientific & Industrial Research, Neu Delhi, Indien, **Herstellung von Pentadecan-1.15-dicarbonsäure** oder deren Estern. Man kondensiert einen Ester der ω-Hydroxystearinsäure oder Acetoxystearinsäure mit einem GRIGNARD-Reagens, z. B. C_6H_5MgBr, zu einem ungesätt. Alkohol u. oxydiert diesen. — Man fügt z. B. eine äther. Lsg. des Methylesters der ω-Acetoxystearinsäure (115 g in 2 Liter Ae.) zu einem GRIGNARD-Reagens u. läßt 4 Std. am Rückfluß sieden. Nach dem Abkühlen zersetzt man mit verd. H_2SO_4 u. extrahiert mit Äther. Den Ae. treibt man ab u. erhitzt unter Zusatz einer geringen Menge J_2 auf 220—250°, dest. das Nebenprod. ab u. erhält einen Rückstand, der nach dem Umkristallisieren *Pentadecan-1.15-dicarbonsäure*, F. 56°, ergibt. (**Ind. P. 59 927** vom 19/3. 1957, ausg. 18/2. 1960.) H. NEBELSIEK. H 820

Knapsack-Griesheim Akt.-Ges. (Erfinder: Kurt Senewald, Armin Götz, Knapsack, und Gottfried Kallrath, Kerpen), **Herstellung von Adipinsäuredinitril**, dad. gek., daß man, bes. durch Dimerisierung von Acrylnitril hergestelltes, 1.2-Dicyancyclobutan in einem polaren organ. Lsgm., bes. in Dioxan, gelöst, mit H_2 oder einem H_2–Inertgas-Gemisch in fl. Phase bei einem Druck > ca. 100, bes. > 150 at, u. bei 250—400°, bes. 250—300°, sowie in Ggw. eines mit einem Alkalioxyd aktivierten Red.-Katalysators, bes. einem auf Kieselgur aufgebrachten, aus Ni, Na_2O u. geringen Mengen Fe- u. Al-Oxyd bestehenden Katalysator, behandelt u. das Dinitril nach dem Entspannen aus dem Rk.-Gemisch abdestilliert. (**D.A.S. 1 104 936** Kl. 12o vom 11/7. 1959, ausg. 20/4. 1961.) O. MÜLLER-MEININGEN. H 820

E. I. du Pont de Nemours & Co., Wilmington, Del. (Erfinder: William Riley Jenks, Memphis, Tenn., und John Scott Linder, Baton Rouge, La.), V.St.A., **Herstellung von Alkalicyaniden** durch kontinuierliches Einleiten von HCN-Dampf u. wss. Alkalihydroxyd-Lsg. in eine wss. Alkalicyanid-Lsg., Neutralisieren der Lsg. auf einen Alkalihydroxyd-Geh. von ca. 0,2—3%, Abdampfen des W. bei Unterdruck, kontinuierliches Abziehen eines Teilstroms, Abtrennen der Alkalicyanidkristalle u. Rückführen der Mutterlauge. Dabei führt man Rk. u. Kristallisation in einer Zone durch. — Vorr., Zeichnung. (**D. A. S. 1 103 905** Kl. 12k vom 2/1. 1959, ausg. 6/4. 1961. A. Prior. 2/1. 1958.) H. NEBELSIEK. H 890

Dow Chemical Co. (Erfinder: Arthur Ross Sexton und Edgar Clay Britton), Midland, Mich., V.St.A., **N-Methyleniminoacetonitril** (= N-Methylenglycinnitril, $CH_2{=}N{-}CH_2{-}CN$), F. 128—129°, erhält man dadurch, daß man gleichzeitig ca. 2 (Mol) HCHO u. ca. 1 eines Alkalicyanids (NaCN) zu einer überschüssigen Menge von mehr als 1 bis zu ca. 2, bes. 1,4, eines Ammoniumhalogenids (NH_4Cl) in wss. Lsg. bei —20 bis +10, bes. 0—10°, u. pH < ca. 6 gibt, vor der Beendigung der Rk. u. der HCHO- u. Alkalicyanidzugabe zur Rk.-Mischung mindestens ca. 0,05 einer aliphat., niedermol. Carbonsäure, bezogen auf Alkalicyanid, zusetzt u. das krist. Nitril in üblicher Weise abtrennt; Ausbeute 80—84,5%. — Zwischenprod. zur Herst. von Chelate bildender Iminodiessigsäure. (**D. A. S. 1 097 433** Kl. 12o vom 7/1. 1958, ausg. 19/1. 1961.) G. KRAUSS. H 950

Chas. Pfizer & Co., Inc., New York, N.Y., V.St.A., **Gewinnung von Glutaminsäure** durch Züchten von Aspergillus terreus in einem Nährsubstrat mit einem pH-Wert von 5,5—8, das $(NH_4)_2SO_4$, NH_4NO_3 oder Harnstoff u. Kohlehydrate enthält, unter Belüften. (**Ind. P. 55 738** vom 2/11. 1955, ausg. 28/4. 1959.) C. LÜTTGEN. H 950

Olin Mathieson Chemical Corp., V.St.A. (Erfinder: Clinton W. Mac Mullen), **Herstellung von Pb-Salzen substituierter Stearinsäuren** der allg. Formel $[CH_3{-}(CH_2)_7{-}CH(NH{\cdot}CO{\cdot}R){-}(CH_2)_8{-}COO]_2Pb$ bzw. $[CH_3{-}(CH_2)_8CH(NH{\cdot}CO{\cdot}R)(CH_2)_7COO]_2Pb$, worin R = Methyl-, Äthyl-, Propyl-, Isopropyl-, Butyl-, Isobutyl-, Amyl-, Isoamyl- u. höhere Reste, z. B. der *9(10)-Acetamidostearinsäure*, dad. gek., daß man diese (aus Ölsäure u. Acetonitril) in Methanol mit wss. NaOH versetzt, $Pb(NO_3)_2$ zusetzt, dekantiert, mehrfach mit W. wäscht u. aus Methyläthylketon isoliert. — *Bleichmittel, Sikkative, Antiklopfmittel.* (**F. P. 1 184 130** vom 9/10. 1957, ausg. 17/7. 1959. A. Prior. 12/10. 1956.) S. BÖTTCHER. H 950

United States of America, Secretary of Army, übert. von: Thomas P. Dawson, Bel Air, und Jacob Chernack, Edgewood, Md., V.St.A., **Methyldichlorphosphinoxyd** erhält man durch Rk. der Pyrolyseprodd. von Dimethylphosphit, die ein Gemisch von Methylphosphonsäuremethylester u. Pyromethylphosphonsäure darstellen, mit $SOCl_2$ bei ca. 70—75°. (**A. P. 2 929 843** vom 20/9. 1949, ausg. 22/3. 1960.) J. MÜHLEISEN. H 980

Phillips Petroleum Co., übert. von: James N. Short, Borger, Tex., V.St.A., **β-Halogenalkanphosponate** der allg. Formel $X{-}C(R'')_2{-}CH_2{-}P({:}O)([OCR_2{-}CR_2]_nOR')_2$, worin n 1—6 ist, X Cl, Br oder J bedeutet, R H oder CH_3, R′ ein Alkyl-, Aralkyl-, Alkaryl- oder Cycloalkylrest ist, R″ H oder einen Alkylrest mit 1 bis 10 C-Atomen bedeutet, erhält man durch Rk. von Alkyldihalogeniden der allg. Formel $X{-}C(R'')_2{-}CH_2{-}X$ mit Phosphiten der allg. Formel $P([O{-}CR_2{-}CR_2]_n{-}O{-}R')_3$, wobei R, R′, R″ u. n die obige Bedeutung haben. Geeignete Verbb. sind z. B. Äthylenbromid (I), 1.2 Dijodpropan, Äthylenchlorid, 1.2-Dibrom-2.3-dimethylbutan sowie Tris-[3-butoxybutyl-(2)]-, Tris-[1-phenoxypropyl-(2)]- u. bes. Tris-(2-methoxyäthyl)-phosphit (**II**). — Eine Lsg. von 160 g (0,6 Mol) **II** in 558 g (3,0 Mol) **I** wird unter Rückfluß erhitzt, wobei β-Bromäthylmethyläther laufend durch Abdest. entfernt wird. Nach Entfernen von überschüssigem **I** durch Fraktionierung bei Unterdruck erhält man durch Dest. des Rückstandes 65 g *Bis-(2-methoxyäthyl)-2-bromäthanphosphonat*, $Kp._{0,1}$ 116 bis 126°, n_D^{25} 1,4600, $D.^{25}$ 1,324, Mol.-Refr. 61,1. Die Prodd. können mit Mischpolymeren aus konjugierten Dienen, wie Butadien, u. heterocycl. Basen, wie Vinylpyridine, umgesetzt werden, wobei Kunststoffe mit verringerter Quellung in KW-Stoffen erhalten werden. Außerdem dienen die Verbb. als *Schmiermittelzusätze, Flammschutzmittel* für *Textilien* u. als *Zusätze* zu *Elastomeren*. (**A. P. 2 928 861** vom 22/4. 1954, ausg. 15/3. 1960.) J. Mühleisen. H 980

Sun Oil Co., Philadelphia, übert. von: Jack A. Guthrie, Media, Pa., V.St.A., **Herstellung von Benzol** durch Isomerisieren u. Dehydrieren von Methylcyclopentan. Die KW-Stofffraktion, welche Methylcyclopentan enthält, wird in Ggw. von zugesetztem H_2 u. unter Zusatz von NH_3 oder Aminen in einer Menge von 3—8,5 Teilen pro Million (ppm) mit einem Pt-Tonerde–Halogen-Katalysator unter Reformierungsbedingungen in Berührung gebracht. — Zeichnungen. (**A. P. 2 944 090** vom 23/1. 1959, ausg. 5/7. 1960.) E. Kahles. H 1010

Ashland Oil & Refining Co., übert. von: Thorwell H. Paulsen, Ashland, Ky., V.St.A., **Reinigen von Benzol.** Aus einem Gemisch von Bzl. u. Alkylbenzolen wird das Bzl. erhalten, indem das KW-Stoffgemisch in Ggw. von H_2 u. einem Katalysator aus 10—15 Gew.-% Cr-Oxyd auf einem Al_2O_3-Träger mit geringem Na-Geh. bei 1200° F gecrackt wird. — Zeichnung. (**A. P. 2 951 886** vom 15/4. 1958, ausg. 6/9. 1960.) E. Kahles. H 1010

C. H. Boehringer Sohn (Erfinder: Bruno Walach, Ingelheim/Rh., August Kottler und Heinz Scheffler, Biberach/Riss), **Herstellung von chlorierten Benzolen** gemäß D. A. S. 1 057 080, dad. gek., daß die Rk. unter einem Überdruck von HCl-Gas erfolgt. — Ein Gemisch von 291 g α-, γ- oder δ-Hexachlorcyclohexan- u. 600 g Benzoldämpfen wird in einer Menge von 1—1,4 kg Gemisch pro Std. über einen gekörnten mit $CuSO_4$ aktivierten u. bei 700° getemperten Bimssteinkontakt, der auf 350—500° erhitzt ist, unter HCl-Überdruck von 2 atü geleitet. Man erhält 123 g Gemisch, das zu 63% aus Mono-, zu 25% aus Di- u. zu 12% aus Trichlorbenzol besteht. (**D. A. S. 1 102 123** Kl. 12o vom 26/4. 1955, ausg. 16/3. 1961. **Zusatz zu D. A. S. 1 057 080; C. 1960. 993.**) J. Mühleisen. H 1010

Esso Research and Engineering Co., übert. von: Robert P. Cahn, Elizabeth, und John M. Naugle, Livingston, N.J., V.St.A., **Alkylieren von Aromaten mit C_6–C_{24}-Olefinen.** Das Olefin wird durch eine Reaktionszone, die $AlCl_3$ enthält, unter Bldg. eines Schlamms eingeführt. In den unteren Teil der Rk.-Zone wird ein leichter, normalerweise gasförmiger, gesätt. KW-Stoff in fl. Zustand eingeführt, der sofort verdampft u. das Ganze in Bewegung hält, wobei 32—60° F eingehalten werden. Vom oberen Teil der Rk.-Zone werden der leichte gasförmige KW-Stoff sowie das alkylierte Bzl. abgezogen. — Zeichnung. (**A. P. 2 943 118** vom 14/5. 1957, ausg. 28/6. 1960.) E. Kahles. H 1010

Esso Research and Engineering Co., Elizabeth, N.J., übert. von: Albert J. Shmidl, Crosby, Tex., V.St.A., **Herstellung von Polyalkylbenzolen.** Ein Gemisch aus Bzl. u. Propylen wird im Verhältnis von 2—4 Vol. Propylen je Vol. Bzl. in Ggw. eines Kieselsäure–Tonerde-Katalysators bei 300—450° F zur Rk. gebracht, wobei hauptsächlich 1.3.5-Triisopropylbenzol entsteht. Das Rk.-Prod. wird dest. u. das 1.3.5-Triisopropylbenzol isoliert. Dieses wird in einem gesätt. aliphat. KW-Stoff mit einem vom Triisopropylbenzol verschiedenen Kp. gelöst u. 1 Mol Propylen je Mol Triisopropylenbenzol zugefügt. Diese Lsg. wird bei 60—80° F in Ggw. von 85—92%ig. H_2SO_4 umgesetzt u. 1.2.4.5-Tetraisopropylbenzol erhalten. — Zeichnung. (**A. P. 2 945 901** vom 6/6. 1958, ausg. 19/7. 1960.) E. Kahles. H 1010

Farbwerke Hoechst Akt.-Ges., vormals Meister Lucius & Brüning, Frankfurt/M. (Erfinder: Reinhard Mohr, Offenbach/M.), **Äther des 1.4-Di-(2'.4'-dihydroxybenzoyl)-benzols,** die als Zwischenprodd. zur Herst. von Arzneimitteln oder Farbstoffen, als Oxydationschutzmittel für Fette, Öle oder Paraffinwachse oder als Mittel zur Verbesserung der Lichtechtheit von Farbstoffen angewendet werden sollen u. der allg. Formel I entsprechen (R = Alkyl oder Aralkyl), erhält man durch Rk. von 1 (Mol) 1.4-Di-(2'.4'-dihydroxybenzoyl)-benzol (II) mit 2 eines Dialkylsulfats oder Alkyl- oder Aralkylhalogenids in einer

I

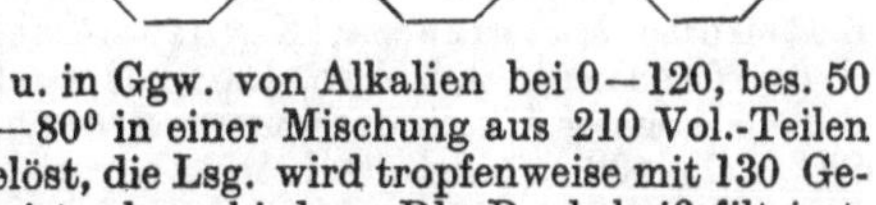

wss. alkal. Lsg. oder in einem organ. Lsgm. u. in Ggw. von Alkalien bei 0—120, bes. 50 bis 90°. 175 Gewichtsteile II werden bei 60—80° in einer Mischung aus 210 Vol.-Teilen 5n NaOH, 250 2n Na_2CO_3-Lsg. u. 300 W. gelöst, die Lsg. wird tropfenweise mit 130 Gewichtsteilen Dimethylsulfat versetzt, das krist. abgeschiedene Rk.-Prod. heiß filtriert, mit W. gewaschen, nochmals mit 200 2n Soda-Lsg. u. 510 W. gekocht, gewaschen u. getrocknet. Man erhält 162 Gewichtsteile rohes *1.4-Di-(2'-hydroxy-4'-methoxybenzoyl)-benzol,*

F. (nach Umkristallisation aus Chlorbenzol) 252—257°. Analog erhält man folgenden Äther der Formel **I**: gelblichweißes **III** ($R = C_2H_5$), F. 210—212°; gelblichweißes krist. **IV** ($R = n\text{-}C_3H_7$), F. 192—195°; gelblichweißes **V** [$R = (CH_3)_2CH \cdot CH_2$], F. 205—207°; gelbliches **VI** (R = Isopentyl), F. 168—172°; gelblich weißes **VII** ($R = C_6H_5 \cdot CH_2$), F. 235 bis 237°. (**D. A. S. 1 089 391** Kl. 12q vom 9/8. 1958, ausg. 22/9. 1960.) A. MOHR. H 1060

Continental Oil Co. (Erfinder: George Christy Feighner), Ponca City, Okla., V.St.A., **Farbfreie Alkylarylsulfonate** erhält man dadurch, daß man die durch Sulfonieren von Alkylaryl-KW-Stoffen mit H_2SO_4, Oleum, $ClSO_3H$ oder SO_3 in üblicher Weise entstandenen Alkylarylsulfonsäuren nach dem Abtrennen des verbrauchten Sulfonierungsmittels mit 0,3—3% (bezogen auf Sulfonsäure) 0,3—100%ig., bes. 30%ig., H_2O_2 bei 20—75, bes. 20—25°, behandelt u. dann die Sulfonsäuren neutralisiert. — Gebleicht wird *Dodecylbenzolsulfonsäure* mit 30%ig. H_2O_2 bei 25—27°, die dann mit 20%ig. NaOH neutralisiert wird. (**D. A. S. 1 081 007** Kl. 12o vom 28/5. 1957, ausg. 5/5. 1960.) G. KRAUSS. H 1090

Alfred Rieche, Ernst Schmitz und Elfriede Beyer, Berlin, **Herstellung von Peroxyorthocarbonsäureestern** durch Umsetzung von Orthocarbonsäureestern mit Hydroperoxyden, ggf. unter Anwendung saurer Katalysatoren. Geeignet sind Orthoester von aliphat., cycloaliphat., hydroaromat. u. aromat. Mono- u. Dicarbonsäuren, sowie alle organ. Peroxyde, auch solche mit zwei —OOH-Gruppen. — 14,8 (Teile) Orthoameisensäuretriäthylester u. 9,7 93%ig. tert.-Butylhydroperoxyd werden 2 Std. auf 70° erhitzt: 10,7 *Perorthoameisensäure-O-O-[tert.-butyl]-O.O-diäthylester*, $Kp._3$ 54°, $n_D^{19,5}$ 1,4080, die mit kurzer Kolonne abdest. werden. — *Perorthoessigsäure-O-O-[tert.-butyl]-O.O-diäthylester*, $Kp._{2,5}$ 42°; $n_D^{19,5}$ 1,4073. — *Perorthobenzoesäure* (**I**)-*O-O-[tert.-butyl]-O.O-äthylenester*, $Kp._{0,01}$ 66°. — **I**-*O-O-Cumyl-O.O-äthylenester*, F. 76° (Methanol). — **I**-*Äthylenester*, F. 39°. (**D. P. [DDR] 18 047** Kl. 12o vom 2/8. 1957, ausg. 28/12. 1959 [Wirtschaftspatent].) L. GROSSNER. H 1210

Imperial Chemical Industries Ltd., London, England (Erfinder: Albyn William Norman Brown, Colin Bertie Cotterill, Fred Dean und Gordon Howard Whitfield), **Oxydation organischer Verbindungen** in fl. Phase mit O_2 oder O_3, bes. in Ggw. von Metallkatalysatoren u. Brom oder Brom-Verbb., wobei man die übergehenden Dämpfe kondensiert u. das vom W. abgetrennte Kondensat in die Oxydationszone zurückführt, dad. gek., daß man in die Oxydationszone kontinuierlich ein unbrennbares inertes Gas in solcher Menge einführt, daß die Zus. des Gas–Dampf-Gemisches über der Rk.-Mischung unter der unteren Explosionsgrenze bleibt, oder daß man eine flüchtige organ. Verb., die unter Rk.-Bedingungen schwer oxydierbar ist, z. B. Bzl., Essig-, Propionsäure, Halogenbenzol oder perhalogenierte aliphat. KW-Stoffe als Dampf oder als Fl. einführt, so daß die Zus. der entstehenden Gas–Dampf-Mischung über der oberen Explosionsgrenze liegt. — Beispiele: Oxydation von o- u. p-Xylol. (**E. P. 825 429** vom 21/11. 1956, ausg. 16/12. 1959. **Belg. P. 562 538** vom 20/11. 1957, ausg. 3/6. 1960. **F. P. 1 196 029** vom 21/11. 1957, ausg. 20/11. 1959. Beide E. Prior. 21/11. 1956, 12/4. u. 11/10. 1957.) L. STADELMANN. H 1220

Badische Anilin- & Soda-Fabrik Akt.-Ges. (Erfinder: Hubert Suter und Günter Pöhler), Ludwigshafen/Rh., **Reines Phthalsäureanhydrid** erhält man aus dem bei der Oxydation von Naphthalin erhaltenen Roh-Prod. durch stufenweise Dest. unter verschiedenen Drucken, wobei man in der ersten Stufe bei 20—200 Torr u. einer 225° nicht überschreitenden Blasen-Temp. nicht mehr als 25 Gew.-%, bes. 5—20 Gew.-%, Phthalsäureanhydrid als Vorfraktion u. dann bei einem solchen Druck, daß die Blasen-Temp. 200° nicht übersteigt, bes. bei 165—195°, die Hauptfraktion überdestilliert. Die Destillate sind weder durch S-haltige Verbb., noch durch Naphthochinon verunreinigt. (**D. A. S. 1 097 427** Kl. 12o vom 14/8. 1956, ausg. 19/1. 1961.) L. STADELMANN. H 1220

Henkel & Cie. G. m. b. H., Düsseldorf, übert. von: Walter Schenk, Heidelberg, **Terephthalsäure** erhält man durch therm. Umlagerung der Alkalisalze von Phthalsäuren u. Benzoesäure bei 400—440° in inerter Atmosphäre in Ggw. eines Cd-Katalysators u. Umsetzen des entstandenen Dialkaliterephthalats mit Säure. — Apparative Einzelheiten, Zeichnung. (**A. P. 2 931 829** vom 15/1. 1957, ausg. 5/4. 1960. D. Prior. 17/1. 1956.) L. STADELMANN. H 1220

Mitsubishi Kasei Kogyo Kabushiki Kaisha (Erfinder: Eiichi Takagi, Katsundo Matsuzawa, Kiyoshi Yoshida, Ryohei Shimomura und Genjiron Hashizume), Tokyo, Japan, **Herstellen von Alkaliterephthalaten** durch therm. Umlagerung der Alkalisalze anderer Benzolcarbonsäuren als Terephthalsäure bei 300 bis 500° u. 1—500 atü in Ggw. hierfür bekannter Katalysatoren, dad. gek., daß man das umzulagernde Ausgangsgemisch als Formkörper einsetzt, welche eine kleinste Dimension von 1—30 mm oder die Form von Kugeln, Tabletten, Cylindern, Quadern, Stangen, Ringen, Röhren, Splittern oder Granulaten haben können. Bei kontinuierlichem Verf.

wird das CO_2, welches ggf. auf 300—500° vorerhitzt wurde, im Gegenstrom geführt. (**D. A. S. 1 102 134** Kl. 12o vom 16/5. 1959, ausg. 16/3. 1961.) L. STADELMANN. H 1220

Badische Anilin- & Soda-Fabrik Akt.-Ges. (Erfinder: Karl Merkel und Robert Schweizer), Ludwigshafen/Rh., **Reinigung kristalliner aromatischer Amine und Aminophenole.** Man bringt unmittelbar nach der Dest. des techn. Roh-Prod. das dampfförmige Destillat mit einer indifferenten Fl. in Berührung. — Rohes *m-Aminophenol* läßt sich z. B. dadurch reinigen, daß man das Destillat dampfförmig in W. leitet. Sonst werden als indifferente Fl. aliphat., cycloaliphat., aromat. KW-Stoffe, chlorierte aromat. u. kernchlorierte alkylaromat. KW-Stoffe, sowie Ester, Ketone u. Äther verwendet. (**D. A. S. 1 104 970** Kl. 12q vom 7/8. 1957, ausg. 20/4. 1961.) E. FUCHS. H 1320

Soc. de Recherches Biologiques, Frankreich, **Herstellung von Aryloxyaminoalkoholen und ihren Derivaten,** dad. gek., daß man ein Phenol mit einem Aminoepoxyd oder -chlorhydrin oder mit einem Amin unter Zusatz von Epichlorhydrin umsetzt, die Alkohole dest. u. mit Säuren oder Alkylhalogeniden weiter umsetzt. — *1-N.N-Diäthylamino-3-[p-methylphenoxy]-*, $Kp._{0,05}$ 122—124°, *-[p-nitrophenoxy]-*, $Kp._{0,05}$ 186—187°, *-[m-nitrophenoxy]-*, $Kp._{0,05}$ 182—184°, *-[o-carbomethoxyphenoxy]-*, $Kp._{0,2}$ 176°, *-[2'-isopropyl-5'-methylphenoxy]-* (I), $Kp._{0,05}$ 143—146°, *-[chinolyl-(8')-oxy]-*, $Kp._{0,05}$ 192—193° u. *-[p-aminophenoxy]-isopropanol* (II) aus N-[2.3-Epoxypropyl]-diäthylamin u. p-Kresol, p-Nitrophenol, m-Nitrophenol, Methylsalicylat, Thymol bzw. 8-Hydroxychinolin. I wird in das *Äthobromid*, F. 180°, übergeführt, II in das *Dihydrochlorid*, 1-N.N-Diäthylamino-3-phenoxyisopropanol mit Phenylacetylchlorid verestert. (**F. P. 1 198 123** vom 2/6. 1958, ausg. 4/12. 1959.) S. BÖTTCHER. H 1320

Koppers Co., Inc., übert. von: Arnold E. Jeltsch, Pittsburgh, Pa., V.St.A., **Herstellung von Tris-(Pentachlorphenyl)-phosphat.** Man bringt bei 220—250° 3 Mol Pentachlorphenol u. 1 Mol Phosphoroxychlorid zur Rk. in Abwesenheit von Katalysatoren u. in Ggw. eines gegen die Rk.-Komponenten inerten Lsgm., das aus einer eutekt. Mischung von einem Phenyläther u. Diphenyl besteht. Die Mischung wird so lange bei 250° gekocht, bis die HCl-Entw. aufhört. Dann wird das Rk.-Prod. isoliert, das einen F. von 225—230° zeigt. (**A. P. 2 931 823** vom 23/6. 1954, ausg. 5/4. 1960.) E. FUCHS. H 1380

Kanto Denka Kogyo Kabushiki Kaisha, Tokyo, Japan (Erfinder: Masahide Furukawa), **Kontinuierliche Oxydation von Cyclohexan,** das man von oben in einen Oxydationsturm kontinuierlich hineindrückt u. am Boden des Turmes kontinuierlich abläßt, während man durch mindestens 2 längs des Turmes angebrachte Öffnungen O_2 oder O_2 enthaltende Gase einbläst. — Man drückt Cyclohexan, das 0,03% Co-Naphthenat gelöst enthält, oben in ein Rohr von 5 m Länge u. 20 cm Durchmesser, das 3 seitliche Einlässe für O_2 enthält, mit 9,5 Liter/Min. bei 7,8—8 kg/cm² u. 140—150° u. führt unten in ein weiteres gleiches Rohr ab u. erhält *Cyclohexanol.* — Zeichnung. (**Jap. A. S. 5669/1959** vom 21/9. 1956, ausg. 30/6. 1959.) M. PANKOW. H 1870

Badische Anilin- & Soda-Fabrik Akt.-Ges. (Erfinder: Otto von Schickh und Horst Metzger), Ludwigshafen/Rh., **Herstellung von Cycloalkanonen,** dad. gek., daß man auf Cycloalkanonoxime oder deren Hydrohalogenide in saurem wss. Medium, wie 20—50%ig. H_2SO_4 oder 10%ig. HCl, evtl. bei erhöhter Temp. u. evtl. in Ggw. inerter mit W. nicht mischbarer Lsgm. (Bzl., Toluol, Xylol), Oxydationsmittel einwirken läßt. — Zum Beispiel verwendet man H_2O_2, $KMnO_4$, $K_2Cr_2O_7$, CrO_3, MnO_2, $FeCl_3$ oder PbO_2 in berechneter Menge oder in geringem Überschuß u. arbeitet bei 10—40° oder oxydiert mit Luft bei z. B. 50—150° in Ggw. von 0,5—10% eines Oxydationskatalysators, wie V_2O_5 oder $(NH_4)_3VO_4$. — Zum Beispiel erhält man Cyclohexanon, $Kp._{760}$ 153—155°, in 77%ig., Cycloheptanon, $Kp._{19}$ 73—75°, in 78%ig., Cyclooctanon, $Kp._{21}$ 92—94°, in 61-, 50- bzw. 91%ig. u. Cyclododecanon, $Kp._1$ 102—104°, F. 61°, in 78 bzw. 89%ig. Ausbeute aus den entsprechenden Oximen. — Zwischen-Prodd. zur Herst. von Polyamiden, Pflanzenschutzmitteln, Pharmazeutica. (**D. A. S. 1 078 570** Kl. 12o vom 9/1. 1959, ausg. 31/3. 1960.) R. LINK. H 1960

Inventa Akt.-Ges. für Forschung und Patentverwertung, Luzern, (Erfinder: Alfred Buck, Chur), Schweiz, **Herstellung von Cyclohexanol und Cyclohexanon** durch Oxydation von Cyclohexan mit einem O_2-haltigen Gas, wie einem N_2–O_2-Gemisch, bei erhöhter Temp., z. B. 158°, u. evtl. erhöhtem Druck, z. B. 10 atü, in Ggw. eines Schwermetallkatalysators, wie Co-Naphthenat, dad. gek., daß man das O_2-haltige Gas in Form von Blasen eines Durchmessers von ca. 6 mm oder mehr durch die Fl. leitet. Man erhält bei einem Blasendurchmesser von 4 mm eine Gesamtausbeute an Cyclohexanol u. Cyclohexanon von 69,8, bei 15 mm von 72,8 u. 20 mm von 75,2%. (**D. A. S. 1 090 659** Kl. 12o vom 27/8. 1959, ausg. 13/10. 1960. Schwz. Prior. 3/10. 1958.) R. LINK. H 1960

Badische Anilin- & Soda-Fabrik Akt.-Ges., Ludwigshafen/Rh. (Erfinder: Siegfried Hünig, Marburg/Lahn), **Alicyclische 1.3-Diketoverbindungen** erhält man durch Rk. von Carbonsäurehalogeniden oder Dicarbonsäureesterhalogeniden mit aus bes. cycl. sek. Aminen u. alicycl. Ketonen erhältlichen Enaminen in Ggw. von inerten Lsgm. (Chlf., CH_2Cl_2) in homogener Phase, bes. in Ggw. von Protonenacceptoren, wie tert. Aminen, z. B. $N(C_2H_5)_3$, bei 0—40 °u. anschließende saure Hydrolyse. — Zum Beispiel erhält man aus 1-Morpholinocyclohexen-(1) u. Propionsäurechlorid in wasserfreiem Chlf. in Ggw. von wasserfreiem $N(C_2H_5)_3$ u. Hydrolyse mit 20%ig. HCl durch Erhitzen unter Rückfluß *2-Propionylcyclohexanon*, $Kp._{12}$ 110—116°; $n_D^{19,5}$ 1,5025, in 85%ig. Ausbeute. — Analog erhält man: *2-Lauroylcyclohexanon*, $Kp._{0,1}$ 153—156°; F. 17—19°; 77%. — *2-Propionylcyclododecanon*, $Kp._{0,3}$ 135—142°; 65%. — *2-Stearylcyclohexanon*, $Kp._{0,05}$ 191—198°; wachsartige Kristalle; 62%. — *2-Propionylcyclopentanon*, $Kp._{17}$ 96—99°; 68%. — *2-Lauroylcyclopentanon*, $Kp._{0,05}$ 149—152°; 56%. — *2-Propionylcycloheptanon*, $Kp._{12}$ 119—124°; 69%. — *2-Propionylcyclooctanon*, $Kp._{12}$ 128—132°; 38%. — *2-[Undecen-(10)-oyl]-cyclohexanon*, gelbliches Öl, $Kp._{0,003}$ 132—136°; 70%. — *2-[Heptadecen-(10)-oyl]-cyclopentanon*. — *6-Propionyl-2-methylcyclohexanon*, $Kp._{11}$ 113—121°; 60%. — Die Verbb. besitzen eine sehr intensive Absorptionsbande mit Maximum bei 285 mμ, sind wirksame Lichtschutzmittel u. Zwischen-Prodd. zur Herst. von Ketocarbonsäuren bzw. Carbonsäuren. (**D. A. S. 1 072 240** Kl. 12o vom 18/9. 1957, ausg. 31/12. 1959.)
R. LINK. H 1970

J. R. Geigy Akt.-Ges., Basel, Schweiz, **Herstellung von Estern und Amiden von 1-Arylcycloalkyl-1-carbonsäuren.** 20,8 (Teile) 1-Phenylcyclopentyl-1-carbonsäure in 250 Ae. werden tropfenweise bei 0° mit 12 Diäthylaminoäthanol in 50 Ae. versetzt u. 2 Std. bei normaler Temp. gerührt → *Diäthylaminoäthanolester* der *1-Phenylcyclopentyl-1-carbonsäure*, $Kp._{0,07}$ 112—115°. Analog: *Diäthylaminoäthanolester* der *1-(2'-Methylphenyl)-cyclopentyl-1-carbonsäure*, $Kp._{0,05}$ 119—120°, *Hydrochlorid*, F. 173—174°. (**It. P. 513 508** vom 22/5. 1946.)
K. KOEBKE. H 2010

Chemische Werke Hüls Akt.-Ges. (Erfinder: Werner Kirchhof und Walter Stumpf), Marl, Kr. Recklinghausen, **Herstellung überwiegend primärer β-Hydroxyamine durch Hydrierung entsprechender α-Hydroxynitrile.** Man verwendet Hydrierungskatalysatoren, die auf einem sauren Träger niedergeschlagen sind, wie Kieselgel, saure Phosphate, mit H_3PO_4 oder HF sauer gestellte Erden. Als Katalysatoren dienen Metalle, wie Co, Ni, Pt, Pd, Cu oder Salze dieser Metalle. — 200 g Cyclohexanoncyanhydrin werden in einem Gemisch aus 180 g Eisessig u. 600 g Methanol gelöst u. das Gemisch in einem Rieselofen mit einem Kontakt aus Co auf Kieselgel mit H_2 unter Druck bei 50—60° hydriert. Nach Filtration u. Abdest. des Lsgm. wird der Rückstand mit NaOH alkal. gestellt u. ausgeäthert. Nach Trocknen u. Abdest. des Äthers erhält man durch fraktionierte Dest. reines *1-Aminomethylcyclohexanol-(1)*, $Kp._2$ 71—75°, F. 28°; Ausbeute: 60%. — Die Mischung aus 400 g Suberoncyanhydrin, 360 g Eisessig u. 950 g Methanol wird (wie oben angegeben) hydriert u. aufgearbeitet. Bei der fraktionierten Dest. des Amingemisches erhält man *Aminomethylcycloheptanol*, $Kp._2$ 80—84°; u. *Di-(1-oxocycloheptylmethyl)-amin* im Verhältnis 3:1. (**D. A. S. 1 096 917** Kl. 12q vom 1/6. 1955, ausg. 12/1. 1961.)
E. FUCHS. H 2120

Rütgerswerke Akt.-Ges., Frankfurt/M., **Diphensäure** erhält man durch Oxydation von Phenanthren mit Peressigsäure, wobei man eine wss. 35%ig. Lsg. von H_2O_2 allmählich zu einer sd. Lsg. von Phenanthren u. Essigsäure in einem inerten, flüchtigen, aromat. Lsgm., das mit W. ein azeotropes Gemisch bildet (bes. Bzl., Alkylbenzol oder Nitrobenzol), gibt u. gleichzeitig W. aus der Rk.-Mischung durch Dest. kontinuierlich entfernt. Die Diphensäure wird aus der neutralisierten u. filtrierten Lsg. mit Säure gefällt oder aus der Rk.-Lsg. durch Kristallisieren bei Raumtemp. gewonnen. (**E. P. 853 369** vom 30/6. 1959, ausg. 2/11. 1960. D. Prior. 29/7. 1958 u. 9/5. 1959.)
L. STADELMANN. H 2420

American Cyanamid Co., New York, N.Y., V.St.A., **Diphenylamin** (**I**). Das bekannte Verf. zur Herst. von **I** durch Überleiten von Anilin (**II**)-Dämpfen bei erhöhten Temp. u. Drucken in einer Rk.-Kammer über einen Al_2O_3- oder TiO_2-Katalysator, Herunterkühlen der Rk.-Dämpfe auf eine Temp., bei der **I** als Fl. kondensiert, Abtrennen von **I** u. Weiterkühlen des Restgases zwecks Kondens. von **II** wird dadurch verbessert, daß man die Kondens. des **II** bei einer Temp. durchführt, die so hoch ist, daß die Hauptmenge des in den strömenden Rk.-Gasen enthaltenen W. zusammen mit einer geringen Menge **II** kondensiert, daß man das dehydratisierte fl. **I** aus dieser Kondens.-Stufe abzieht u. aus den Dämpfen das Gemisch aus **II** u. W. entfernt. Hierbei wird der Katalysator zweckmäßig durch Ausbrennen von verbrennbaren Verunreinigungen

mittels Luft period. regeneriert, wobei die Luft wenigstens so weit entwässert wird, daß bei Wiederverw. des regenerierten Katalysators keine wesentlichen Wassermengen in die strömenden Rk.-Gase gelangen. — Eine geeignete App. zur Durchführung des Verf. ist beschrieben. (**E. P. 838 989** vom 17/9. 1957, ausg. 22/6. 1960. A. Prior. 18/9. 1956.)
A. MOHR. H 2510

Comp. Française des Matières Colorantes, Frankreich (Erfinder: Henri Delarue), **Herstellung von Tetrachlornaphthalincarbonsäure** oder deren *Anhydrid* (F. 235°) aus Naphthalincarbonsäureanhydrid durch Erhitzen mit Cl_2 in Ggw. von konz. H_2SO_4 auf 110—190° unter Zusatz von bei dieser Temp. nicht sublimierenden Halogenierungskatalysatoren, wie $Fe_2(SO_4)_3$ oder Vanadinsäure. (**F. P. 1 184 811** vom 16/10. 1957, ausg. 27/7. 1959.) EBERHARD RIEDEL. H 2700

Badische Anilin- & Soda-Fabrik Akt.-Ges., Deutschland, **Herstellung von Hydrazonen heterocyclischer Ketone,** dad. gek., daß man quatern. Cycloammoniumsalze der allg. Formel **I**, worin R u. R_1 = Alkyl-, Carboxyalkyl-, Cycloalkyl-

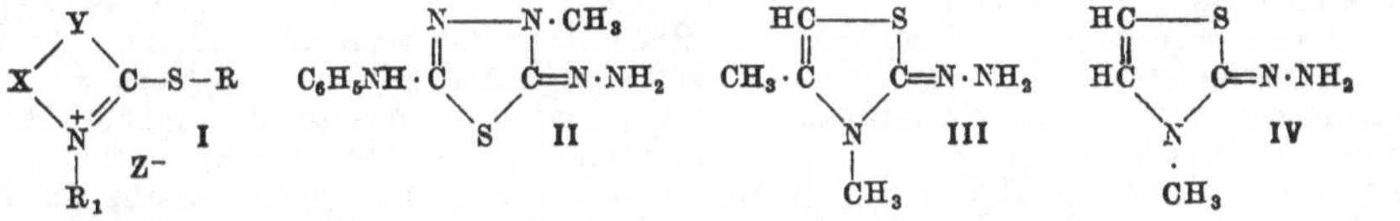

Aralkyl- oder Arylrest, X = Alken-, o-Arylen- oder Azomethinrest, Y = O, S, Se, NH oder NR u. Z = Anion, mit wss. Hydrazin-Lsgg. umsetzt. — *N-Methylbenzthiazolon-(2)-hydrazon*, F. 145—146°, aus N-Methyl-2-methylmercaptobenzthiazoliummethosulfat. — *2-Methylmercapto-4-methylthiadiazolon-(5)-hydrazon*, F. 165—166°, aus 2.5-Bis-[methylmercapto]-N-methylthiadiazoliummethosulfat. — Weitere Hydrazone der allg. Formel **V**, worin R, X u. Y (in dieser Reihenfolge) folgende Bedeutung haben: *CH_3, 6-Methoxybenzo-, S*, F. 161°. — *CH_3, 6-Nitrobenzo-, S*, F. 232°. — *CH_3*, C_6H_4, *O*, F. 222°. — *CH_3, 6-Anilinobenzo-, S*, F. 132—136°. — *CH_3, 6-Acetamidobenzo-, S*, F. 174—176°. — *CH_3, 6-Äthoxybenzo-, S*, F. 133°. — *C_2H_5, C_6H_4, S*, F. 173°. — *CH_3, 6-Chlorbenzo-, S*, F. 118°. — *p-$CH_3 \cdot C_6H_4 \cdot CH_2$, C_6H_4, S*. — *CH_3, $C_6H_5C{=}N$—, N—NH_2*, F. 133—140°. — *CH_3, $C_6H_5C{=}N$—, NC_4H_9*. — *CH_3, $C_6H_5C{=}CH$—, S*, F. 83°. — **II**, F. 134°. — Ferner **III** u. **IV**. (**F. P. 1 187 507** vom 5/12. 1957, ausg. 11/9. 1959. **E. P. 857 198** vom 22/11. 1957, ausg. 29/12. 1960. Beide D. Prior. 5/12. 1956.)

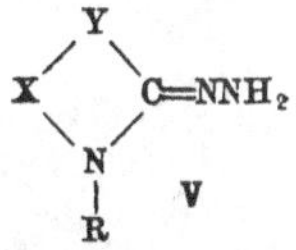

S. BÖTTCHER. H 3000

Rohm & Haas Co., V.St.A. (Erfinder: Charles Karlan McKeever), **Herstellung von Pyrrolidinon,** Kp.$_{10}$ 122°, n_D^{25} 1,4860, dad. gek., daß man β-Cyanpropionsäuremethyl- oder -äthylester in Ggw. eines Ni-Katalysators in Methanol unter Rühren bei 150—300° unter Druck hydriert. (**F. P. 1 178 060** vom 29/6. 1957, ausg. 4/5. 1959. A. Prior. 29/6. 1956.) S. BÖTTCHER. H 3081

Laboratoires Français de Chimiothérapie, Frankreich (Erfinder: André Allais und Pierre Girault), **Herstellung von 2-[6′-Methoxyindolyl-(3′)]-butylamin (I).** 2-[6′-Methoxyindolyl-(3′)]-1-nitroäthen wird in Tetrahydrofuran mit Äthyl-Mg-Jodid zu *2-[6′-Methoxyindolyl-(3′)]-1-nitrobutan* umgesetzt, das man mit $LiAlH_4$ zu I red., welches über das *Pikrat*, F. 223°, oder das *Acetat*, F. 160—165°, rein erhalten wird. (**F. P. 1 199 603** vom 12/3. 1958, ausg. 15/12. 1959.) S. BÖTTCHER. H 3081

Laboratoires Français de Chimiothérapie, Frankreich (Erfinder: Gérard Nomine und Lucien Penasse), **4-Chlor-7-methoxytryptamin,** $C_{11}H_{13}ClN_2O$, prismat. Kristalle, lösl. in A., Toluol/Cyclohexan, Ae., aus 4-Chlor-o-anisidin durch Diazotierung u. 6std. Umsetzung mit wss. Piperidon-(2)-carbonsäure-(3)-K-Salz-Lsg. bei pH 3,5—4 unter Rühren bei 0—5° zu *Piperidindion-(2.3)-[2-methoxy-5-chlorphenylhydrazon-(3)]*, $C_{12}H_{14}ClN_3O_2$, F. 171—172° (A.), prismat. Kristalle, 86% (Ausbeute), unlösl. in W., lösl. in A., ½std. Behandlung in CH_3OH mit HCl-Gas unter Bldg. von *5-Chlor-8-methoxy-1.2.3.4-tetrahydro-β-carbolinon-(1)*, $C_{12}H_{11}ClN_2O_2$, F. 210—211° (CH_3OH), Nadeln, 67%, unlösl. in W., lösl. in A., 5std. Kochen in alkohol. KOH, wobei *4-Chlor-7-methoxytryptamincarbonsäure-(2)*, F. ≈200° (Zers.), 100%, entsteht, 4std. Kochen in Essigsäure mit HCl, Neutralisieren mit Soda u. Ae.-Extraktion; nach Reinigung 27%. (**F. P. 1 181 214** vom 14/8. 1957, ausg. 12/6. 1959.)
EBERHARD RIEDEL. H 3081

Laboratoires Français de Chimiothérapie, Frankreich (Erfinder: Gérard Nomine und Lucien Penasse), **4.5-Benzotryptamin,** $C_{14}H_{14}N_2$, F. 196°, Nadeln, lösl. in A., Chlf., wenig lösl. in Ae., aus β-Naphthylamin durch Diazotierung u. 5std. Umsetzung mit Piperidon-(2)-carbonsäure-(3) unter Rühren bei 0° zu *Piperidin-*

dion-(2.3)-[β-naphthylhydrazon-(3)], $C_{15}H_{15}N_3O$, F. 275°, hexagonale Tafeln; 38% (Ausbeute), Kochen in HCl/CH_3OH unter Bldg. von *5.6-Benzo-1.2.3.4-tetrahydro-β-carbolinon-(1)*, $C_{15}H_{12}N_2O$, F. 207° (A.), 82%, 3std. Kochen mit wss. KOH in Propylenglykol, wobei *4.5-Benzotryptamincarbonsäure-(2)*, F. 330° (Zers.), 92%, erhalten wird, u. 3std. Kochen in verd. HCl; 85%. (**F. P. 1 184 706** vom 18/9. 1957, ausg. 24/7. 1959.) Eberhard Riedel. H 3081

Argus Chemical Corp., Brooklyn, N.J., übert. von: Domenick D. Gagliardi, East Greenwich, und William J. Jutras jun., Peace Dale, R.I., V.St.A., **Methylolverbindungen** eines sich von Lävulinsäure ableitenden Hydantoins der Formel I erhält man durch Rk. von I mit 1 – 3 Mol CH_2O bei pH 7–10 u. 25–100°. Man kann die so erhältliche *Mono-* bzw. *Dimethylol*-Verb. in üblicher Weise *veräthern*, z. B. mit Methanol, oder aus ihr *Mischpolymerisate* mit *Harnstoff* u. *Melamin* herstellen, die antistat. Effekte auf Textilien erzielen. (**A. P. 2 955 057** vom 27/5. 1957, ausg. 4/10. 1960.) A. Brösamle. H 3122

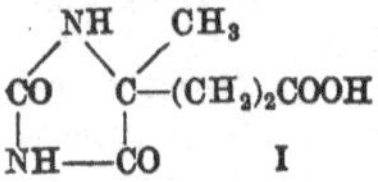

I

Sandoz Akt.-Ges., Basel, Schweiz, **Herstellung von ω-[1-Alkylpiperidyl-(4)]-ω-acylhydrazinen** u. deren *Salzen*, dad. gek., daß man [1-Alkylpiperidyl-(4)]-hydrazine in Hydrazone überführt, diese mit reaktionsfähigen Derivv. entsprechender organ. Carbonsäuren acyliert u. aus dem acylierten Hydrazon die Alkylidengruppe abspaltet. — ω-[1-Methylpiperidyl-(4)]-hydrazine: *ω-Acetyl-ω'-isopropyliden-*, $Kp._{04}$ 115 bis 117°, aus [1-Methylpiperidyl-(4)]-hydrazin durch ½std. Kochen in Aceton u. Acetylierung des Prod. durch 4std. Rühren mit CH_3COCl in Chlf.; *Dihydrochlorid*, F. > 160° (Aceton/Ae.). — *ω-Acetyl-*, F. 74–76°, aus vorst. Prod. durch Behandlung in 90%ig. A. mit HCl-Gas unter Eiskühlung u. 1std. Stehen bei normaler Temperatur. — Ähnlich: *ω-Diäthylacetyl-ω'-isopropyliden-*, $Kp._{0,4}$ 130–132°, u. *ω-Diäthylacetyl-*, F. 121–124° (Ae./PAe.). — *ω'-Isopropyliden-*, $Kp._{0,3}$ 68–70°, Nadeln, *ω-Pivaloyl-ω'-isopropyliden-* $Kp._{0,4}$ 139–142°, u. *ω-Pivaloyl-*, F. 120–122° (Ae.), glänzende Blättchen. — *ω-[n-Propionyl]-ω'-isopropyliden-*, $Kp._{0,3}$ 125–128°, u. *ω-[n-Propionyl]-*, F. 94–96° (Ae./CH_2Cl_2/PAe.). — *ω-[n-Butyryl]-ω'-isopropyliden-*, $Kp._{0,35}$ 132–133°, u. *ω-[n-Butyryl]-*, F. 66° (Ae./PAe.). — *ω-[n-Caproyl]-ω'-isopropyliden-*, $Kp._{0,03}$ 128–133°, u. *ω-[n-Caproyl]*, F. 84–85° (Ae./PAe.), Nadeln. — ω-[1-Isopropylpiperidyl-(4)]-hydrazine: *ω'-Isopropyliden-*, $Kp._{0,8}$ 70–105°, *ω-Acetyl-ω'-isopropyliden-*, $Kp._{0,4}$ 133–135°, u, *ω-Acetyl-*, F. 86–87° (Ae./PAe.), Nadeln. — ω-[1-Äthylpiperidyl-(4)]-hydrazine: *ω-Acetyl-ω'-isopropyliden-*, $Kp._{0,09}$ 106–113°, u. *ω-Acetyl-*, F. 113–114° (Ae./PAe.), Nadeln. (**Oe. P. 204 555** vom 4/6. 1958, ausg. 25/7. 1959. Schwz. Prior. 12/6. 1957 u. 31/3. 1958.) Eberhard Riedel. H 3231

Gesellschaft für Teerverwertung m. b. H. (Erfinder: Hans Wille und Rudolf Oberkobusch), Duisburg, **Chinolin, Chinaldin, Isochinolin,** in techn. reiner Form werden gewonnen, indem man dem Ausgangsgemisch so viel W. zusetzt, daß 1 Mol W. auf 1 Chinolin bzw. Chinaldin trifft, dann das Gemisch auf oberhalb der eutekt. Temp. abkühlt u. aus dem abgetrennten Hydrat die freie Base isoliert. (**D. A. S. 1 067 817** Kl. 12p vom 11/10. 1955, ausg. 29/10. 1959.) A. Dandl. H 3231

Farbenfabriken Bayer Akt.-Ges., Leverkusen (Erfinder: Wilhelm Mengel und Hans-Albert Offe, Wuppertal), **Herstellung von substituierten Aminochinonen,** dad. gek., daß man ein p-Chinon, das an den aromat., die Chinongruppierung aufweisenden Kern einen heterocycl. Kern ankondensiert enthält, mit einem Amin umsetzt. — 7,95 g Chinolin-5.8-chinon werden in 240 cm^3 A. gelöst u. bei Raum-Temp. mit einer Lsg. von 4 g Glycylglycinester in A. versetzt. Man läßt über Nacht stehen u. anschließend noch 6 Std. im Eisschrank. Der Nd., *Glycylglycinochinolin-5.8-chinonäthylester*, wird aus A. umkrist., F. 158–159°; analog der *Äthylester* von *Carboxymethylaminocarbonylphenylaminochinolin-5.8-chinon*, F. 250°. — *Zwischenprodukte.* — Vgl. E. P. 784 181; C. **1960.** 4675. (**Schwz. P. 336 390** vom 11/8. 1955, ausg. 15/4. 1959. D. Prior. 10/9. 1954.) W. Heyer. H 3231

A/B Chematur, Stockholm, Schweden, und **Norsk Spraengstofindustri A/S**, Oslo, Norwegen, *Nitrierung von Toluol und Nitrotoluol.* (**Holl. P. 95 140** vom 2/3. 1956, ausg. 15/8. 1960. Schwed. Prior. 23/3. 1955. — C. **1959.** 289 [F. P. 1 147 136].)

Farbenfabriken Bayer Akt.-Ges., Deutschland, *Kernalkylierung hydroxylgruppenhaltiger aromatischer Verbindungen.* (**F. P. 1 179 926** vom 23/2. 1955, ausg. 29/5. 1959. D. Prior. 24/2. 1954. — C. **1957.** 1799 [D. B. P. 944 014].)

Farbwerke Hoechst Akt.-Ges., vormals Meister Lucius & Brüning, Frankfurt/M., *Herstellung von Tetrachlorkohlenstoff.* (**Belg. P. 560 440** vom 30/8. 1957, ausg. 22/4. 1960. D. Prior. 30/8. 1956. — C. **1959.** 3293 [D. A. S. 1 038 021].)

Robert Neville Haszeldine, Cambridge, England, und **Hyman Iserson,** Philadelphia, Pa., V.St.A., *Herstellung von Tetrahalogenmethanen.* (**E. P. 846 869** vom 12/10. 1955, ausg. 31/8. 1960. — C. **1959.** 16785 [F. P. 1 161 191].)

Sicedison S. p. A., Italien, *Stabilisierung von Trichloräthylen.* (**F. P. 1 186 796** vom 28/11. 1957, ausg. 1/9. 1959. It. Prior. 12/1. 1957. — C. **1960.** 15218 [A. P. 2 910 512].)

Knapsack-Griesheim Akt.-Ges., Knapsack, übert. von: **Kurt Sennewald, Franz Pohl, Wilhelm Vogt, Hermann Glaser**, Knapsack, und **Lothar Strie**, Effern bei Köln, *Herstellung von reinem Chloropren.* (**A. P. 2 938 060** vom 19/2. 1957, ausg. 24/5. 1960. D. Prior. 25/2. 1956. — C. **1960.** 4021 [F. P. 1 167 178].)

Callery Chemical Co., Pittsburgh, Pa., übert. von: **Richard A. Carpenter**, Prairie Village, Kans., V.St.A., *Trialkoxyborhydride.* (**A. P. 2 895 985** vom 2/7. 1954, ausg. 21/7. 1959. — C. **1959.** 2613 [F. P. 1 139 473].)

General Aniline & Film Corp., New York, N.Y., V.St.A., *Herstellung von N-Acyltaurinen.* (**Holl. P. 95 122** vom 14/11. 1955, ausg. 15/8. 1960. A. Prior. 22/11. 1954. — C. **1958.** 1698 [D. A. S. 1 010 970].)

Union Rheinische Braunkohlen Kraftstoff Akt.-Ges., Wesseling/Köln, *Dialkylsulfoxyde.* (**Belg. P. 555 031** vom 15/2. 1957, ausg. 12/2. 1960. D. Prior. 17/2. 1956. — C. **1959.** 11067 [D. A. S. 1 016 261].)

Wacker-Chemie G. m. b. H., München (Erfinder: **Franz Büttner** und **Eduard Enk**, Burghausen/Obb.), *Herstellung von Isopropenylacetat.* (**Schwz. P. 348 155** vom 31/10. 1956, ausg. 30/9. 1960. D. Prior. 13/4. 1956. — C. **1958.** 6673 [D. A. S. 1 014 104].)

Farbwerke Hoechst Akt.-Ges., vormals Meister Lucius & Brüning, Deutschland, *Polyhalogencarbonsäuren.* (**F. P. 1 184 490** vom 17/10. 1957, ausg. 22/7. 1959. D. Prior. 17/10. 1956. — C. **1959.** 291 [D. A. S. 1 026 298].)

Union Carbide Corp., New York, N.Y., V.St.A., *Herstellung aliphatischer Permonocarbonsäuren.* (**Oe. P. 204 539** vom 24/11. 1954, ausg. 25/7. 1959. A. Prior. 25/11. 1953. — C. **1958.** 9613 [F. P. 1 116 816].)

Soc. d'Électro-Chimie, d'Électro-Métallurgie et des Aciéries Électriques d'Ugine, Paris, Frankreich, *Herstellung von Methylacrylat und Methylmethacrylat.* (**Holl. P. 95 164** vom 12/6. 1956, ausg. 15/8. 1960. F. Prior. 13/6. 1955. — C. **1959.** 2284 [F. P. 1 129 080].)

Rohm & Haas Co., Philadelphia, Pa. (Erfinder: **Harold Frederick Wilson**, Moorestown, N.J.), V.St.A., *Alkalisalze der α.β-Dichlorisobuttersäure.* (**D. A. S. 1 094 727** Kl. 12o vom 23/12. 1957, ausg. 15/12. 1960. A. Prior. 25/1. 1957. — C. **1959.** 9732 [A. P. 2 823 232].)

Usines de Melle, Saint-Leger-les-Melle, Frankreich, *Aliphatische Ester.* (**Dän. P. 84 103** vom 26/11. 1953, ausg. 16/12. 1957. F. Prior. 5/12. 1952. — C. **1956.** 3703 [F. P. 1 068 204].)

National Distillers Products Corp., New York, N.Y., V.St.A., *Dimerisieren von Olefinen.* (**It. P. 512 875** vom 25/1. 1954. A. Prior. 26/1. u. 25/9. 1953. — C. **1957.** 8068 [E. P. 756 385].)

Soc. des Produits Chimiques de Bezons, Bezons, übert. von: **Yves Bourgeois**, Paris, Frankreich, *Sebacinsäure und Octanol-(2).* (**A. P. 2 935 530** vom 15/10. 1957, ausg. 3/5. 1960. F. Prior. 7/11. 1956. — C. **1960.** 13195 [D. A. S. 1 079 026].)

Stamicarbon N. V., Heerlen, Holland, *Grobkörniger Harnstoff.* (**Ind. P. 56 199** vom 2/1. 1956, ausg. 3/7. 1958. — C. **1957.** 13812 [D. A. S. 1 013 644].)

American Cyanamid Co., New York, N.Y., V.St.A., *Herstellung von Dicyan.* (**E. P. 845 471** vom 11/3. 1958, ausg. 24/8. 1960. A. Prior. 18/3. 1957. — C. **1960.** 7683 [D. A. S. 1 069 595].)

N. V. Centrale Suiker Mij., Amsterdam (Erfinder: **Jacob van Julsingha** und **Johan Joseph Breen**, Gorinchem), Holland, *Abscheidung von l-Glutaminsäure aus ihren Lösungen.* (**Holl. P. 95 099** vom 20/8. 1955, ausg. 15/8. 1960. — C. **1959.** 295 [D. A. S. 1 032 744].)

UCLAF, Paris, übert. von: **Gaston Amiard**, Noisy-le-Sec, **René Heymes**, Romainville, und **Leon Velluz**, Paris, Frankreich, *Herstellung von L-Glutamylpeptiden.* (**A. P. 2 933 487** vom 6/7. 1956, ausg. 19/4. 1960. F. Prior. 29/7. 1955. — C. **1959.** 625 [F. P. 1 129 627].)

Claude Dufour, Neuilly-sur-Seine, und **André Buzas**, Vincennes, Seine, Frankreich, *Herstellung von Betainsalzen.* (**D. A. S. 1 092 926** Kl. 12q vom 25/10. 1956, ausg. 17/11. 1960. F. Prior. 27/10. 1955. — C. **1959.** 12696 [F. P. 1 162 133].)

Inventa Akt.-Ges. für Forschung und Patentverwertung (Erfinder: **Claus Berther, Gisela Buck-Hansen** und **Johann Giesen**), *Herstellung von Caprolactam.* (**Aust. P. 218 452** vom 10/5. 1957, ausg. 4/12. 1958. Schwz. Prior. 28/5. 1956. — C. **1959.** 12696 [Holl. P. 89 809].)

Farbwerke Hoechst Akt.-Ges., vormals Meister Lucius & Brüning (Erfinder: **Otto Scherer, Friedhelm Kluge** und **Georg Schaeffer**), Frankfurt/M., *Herstellung von metallorganischen Verbindungen.* (**Schwz. P. 349 260** vom 19/5. 1956, ausg. 30/11. 1960. D. Prior. 20/5. 1955. — C. **1959.** 14255 [F. P. 1 155 482].)

Titan Co. A/S, Fredrikstad, Norwegen, *Titan- und Zirkonsäureester.* (**Norw. P. 90 141** vom 3/11. 1955, ausg. 14/10. 1957. A. Prior. 9/11. 1954. — C. **1958.** 13904 [D. A. S. 1 027 682].)

Imperial Chemical Industries Ltd., London, England, *Herstellung von p-Xylol.* (**It. P. 509 445** vom 6/7. 1953. E. Prior. 11/7. 1952. — C. **1950/54.** 2125 S [F. P. 1 079 676].)

Montecatini Soc. Gen. per l'Industria Mineraria e Chimica, Mailand, Italien, *Cumolhydroperoxyd.* (**Dän. P. 84 145** vom 13/1. 1954, ausg. 30/12. 1957. It. Prior. 16/1. 1953. — C. **1958.** 264 [Belg. P. 525 701.)

Distillers Co. Ltd., Edinburgh, England, *Herstellung von Hydroxyhydroperoxyden.* (**It. P. 510 937** vom 24/3. 1954. E. Prior. 28/3. 1953. — C. **1957.** 12306 [D. B. P. 962 527].)

Standard Oil Co., Chicago, Ill., V.St.A., *Veresterung von aromatischen Carbonsäuren.* (**Belg. P. 567 783** vom 17/5. 1958, ausg. 12/8. 1960. A. Prior. 31/5. 1957. — C. **1960.** 11471 [A. P. 2 873 292].)

Henkel & Cie. G. m. b. H., Deutschland, *Aromatische Polycarbonsäuren.* (**F. P. 1 184 005** vom 7/10. 1957, ausg. 16/7. 1959. D. Prior. 15/10. 1956. — C. **1959.** 5631 [D. A. S. 1 026 300].)

Imperial Chemical Industries Ltd., London, England, *Herstellung aromatischer Dicarbonsäurenitrile.* (**It. P. 510 760** vom 15/12. 1953. E. Prior. 19/12. 1952. — C. **1956.** 14186 [E. P. 737 409].)

Vereinigte Glanzstoff-Fabriken Akt.-Ges., Wuppertal (Erfinder: **Erhard Siggel**, Laudenbach/M.), *Reinigen von Dimethylterephthalat.* (**Schwz. P. 348 153** vom 28/9. 1956, ausg. 30/9. 1960. D. Prior. 12/12. 1955. — C. **1960.** 13196 [A. P. 2 894 021].)

J. R. Geigy Soc. An., Schweiz, *1.2-Alkylendiamino-N.N'-diessigsäuren.* (**F. P. 1 180 609** vom 17/1. 1955, ausg. 8/6. 1959. — C. **1959.** 5299 [D. A. S. 1 032 748].)

Dow Chemical Co., V.St.A. (Erfinder: **Frank Milton Brower**), *Destillation von Vinyltoluol.* (**F. P. 1 180 637** vom 1/2. 1957, ausg. 8/6. 1959. A. Prior. 2/2. 1956. — C. **1959.** 13638 [D. A. S. 1 040 020].)

Hercules Powder Co., Wilmington, Del., V.St.A., übert. von: **Josef Heinrich Fritz Pieper** und **Johanna Elisabeth Viktoria Natalie Stauch**, Berlin, *Herstellung von Bis-(nitrosocyclohexan).* (**A. P. 2 949 490** vom 18/3. 1958, ausg. 16/8. 1960. D. Prior. 13/5. 1954. — C. **1960.** 5319 [E. P. 789 303].)

Montecatini Soc. Gen. per l'Industria Mineraria e Chimica, Mailand, Italien, *Herstellung von Estern.* (It. P. 512 307 vom 8/8. 1953. — C. 1958. 8475 [F. P. 1 114 332].)

Ruhrchemie Akt.-Ges., Deutschland (Erfinder: **Hans Feichtinger** und **Hans-Werner Linden**), *4.5.6.7.10.10-Hexachlor-4.7-endomethylen-4.7.8.9-tetrahydrophthalan.* (F. P. 1 188 815 vom 19/12. 1957, ausg. 25/9. 1959. D. Prior. 3/1. 1957. — C. 1958. 13637 [D A. S. 1 026 325].)

Hercules Powder Co., Wilmington, Del., V.St.A., *Herstellung von 3.3-Bis-(chlormethyl)-oxetan.* (Holl. P. 95 383 vom 27/1. 1955, ausg. 15/9. 1960. A. Prior. 1/6. 1954. — C. 1958. 1985 [E. P. 764 053].)

X. Färberei. Organische Farbstoffe

Abhängigkeiten zwischen der Struktur der Synthesefasern und ihren färbetechnischen Eigenschaften. M. Okoniewski. (Przegląd włókienniczy **14.** 74—77. Febr. 1960.) (Pol.)

Übersicht.

F. URBAN. 7002□

Die Beziehung des scheinbaren Diffusionskoeffizienten zur Halbfärbezeit. W. F. Kilby. (J. Soc. Dyers Colourists **76.** 479—84. Aug. 1960. Braintree, Essex, Text. Res. Labor. Courtaulds Ltd.) (Engl.)

Faßt man die Farbstoffaufnahme als einfachen Diffusionsvorgang auf, dann kann der Färbevorgang durch die *Halbfärbezeit* u. die Baderschöpfung im Gleichgewicht charakterisiert werden. Die Geschw.-Konst. k soll durch den scheinbaren Diffusions-Koeff. u. eine tabellar. wiedergegebene Funktion der Baderschöpfung im Gleichgewicht ausgedrückt werden. Die bei Anwendung kurzer Flotten sehr viel rascher eintretende Fixierung wird an Hand der Ergebnisse dieser Theorie diskutiert.

GOTTFRIED LANGE. 7002□

Neue Farbstoffe und Hilfsmittel. Anonym. (Textil-Rdsch. [St. Gallen] **16.** 33—34. Jan. 1961.) (Dt.)

SANDOZ AG., Basel: „*Halbtonreserven unter Drimaren-Z-Farbstoffen*", dieser Nachtrag zur Musterkarte Nr. 1426 bespricht die Möglichkeiten beim Druck mit Drimaren-Z-Farbstoffen analog dem Küpendruck mit zurückhaltenden Mitteln (Glucose oder Lyogen DK) stark kontrastierende Halbtöne zu erzeugen. — *Lanasyncarbon BL* färbt u. druckt Wolle, synthet. Polyamidfasern u. Seide in blumigen Schwarznuancen. Hohe Echtheitseigenschaften. — J. R. GEIGY AG., Basel: *Tinondunkelblau BOA-F f.P.f.F.* erscheint nun auch in der „Fein-Pulver-für-Färberei"-Form. Das Prod. eignet sich für die Herst. licht- u. buntbleichechter Dunkelblaunuancen in der Garnfärberei. In tiefen Tönen sind die Färbungen allwetterfest. — MEYPRO AG., Kreuzlingen: *Meypro-Gum AC* ist ein neues Verdickungsmittel für den Druck auf Seide, Wolle, Acetat, Triacetat, Polyamid-, Polyester- u. Polyacrylnitrilfasern, allein u. in Mischgeweben. Das Prod. wird am besten kurz aufgekocht oder wenigstens in heißem W. von 70—90° aufgelöst. Es werden dadurch größere Homogenität, höhere Zügigkeit, schärfer stehende Drucke, rascheres Eindringen, größere Farbausbeute u. bessere Auswaschbarkeit erzielt. Das Prod. kann allein oder in Mischung mit anderen Verdickungen eingesetzt werden. Bes. empfehlenswert ist der Einsatz bei dichtgeschlagenen Geweben (Popeline, Rips). — IMPERIAL CHEMICAL INDUSTRIES LTD., Manchester: *T.I. Dyehouse Nr. 560. Schwarzfärbungen auf synthet. Fasern u. Mischungen mit synthet. Fasern.* Tabellar. Übersicht der zur Anwendung gelangten Rezepturen u. Verff. u. detaillierte Färbeverff. über „Schwarzfärbungen auf synthet. Fasern u. Mischungen mit synthet. Fasern." — *T.I. Dyehouse Nr. 573 Wollfarbstoffe: Einfl. des Stevenson Dylan-X-Schrumpffreiverf. auf den Farbton und die Waschechtheit. — T.I. Dyehouse Nr. 575 Wollfarbstoffe: Beständigkeit gegen die „Sironized"-Ausrüstung für „Easy-care"-Wollgewebe.*

P. ECKERT. 7018□

Grundlegende Untersuchungen über das Färben mit Dispersionsfarbstoffen. 2. Mitt. Über die Wechselwirkung zwischen 1,4-Diaminoanthrachinon und organischen Lösungsmitteln. Yoshio Suda. (J. Soc. Textile Cellulose Ind., Japan [Sen-i Gakkaishi] **16.** 962—67. Nov. 1960. Yokohama, Japan, Text. Res. Inst., Japanese Governm.) (Jap.; Auszug: Engl.) — 1. vgl. C. **1961.** 3488.

Es wird die Wechselwrkg. zwischen 1.4-Diaminoanthrachinon (I) u. verschiedenen Lsgm. (CCl_4, Mischungen aus CCl_4 mit A., CH_3OH, A., C_3H_7OH, C_4H_9OH) bei 20, 30, 40, 50 u. 60° untersucht. Hierbei wurde gefunden, daß Zusätze von 5—40% A. zu CCl_4 die Löslichkeit von I erhöhen. Dieser Befund erklärt sich aus der um 2,3 kcal/Mol höheren Affinität von A. gegenüber I, verglichen mit der von CCl_4. Mit steigender Temp. (20—60°) nimmt die Löslichkeit von I in dem Gemisch aus CCl_4 + A. ebenfalls zu. Ähnliche Ergebnisse werden auch bei den Lsg.-Verss. von I in den normalen aliphat. Alkoholen erhalten. Die Auswertung der zuletztgenannten Unterss. (ΔH_0 gegen ΔS_0) zeigt, daß

die Wechselwrkg., d. h. das Verhältnis von polaren u. nichtpolaren Kräften zwischen I u. den geprüften organ. Lsgm. verschieden ist. — 5 Figuren, 3 Tabellen.
H. G. FRÖHLICH. 7020□

Das kontinuierliche Färben der Wolle vermittels eines wäßrigen Zweiphasensystems. Das Koazervations-Phänomen als eine neue Konzeption für textile Applikationsverfahren. R. Casty. (Tinctoria [Milano] **57.** 443—53. Nov. 1960.) (Ital.) — Vgl. C. **1961.** 8839.
P. ECKERT. 7020□

Das Durchdringen von Ultraviolettstrahlen durch gefärbte Gewebe. W. P. Cwielodub. (Przegląd włókienniczy **14.** 133—34. März 1960. Nowosybirsk). (Pol.)
Die UV-Durchlässigkeit von mit direktziehenden Farbstoffen gefärbten Geweben wurde spektrophotometr. untersucht: Zwischen der Farbe u. der UV-Durchlässigkeit besteht kein Zusammenhang.
F. URBAN. 7028□

Papierchromatographie der im Wasser unlöslichen Farbstoffe. Jiří Šrámek. (Textil [Praha] **15.** 69—72. Febr. **15.** 104—07. März 1960. Dvur Králové Výzk. úst. zušlechtovací.) (Tschech.)
Chromatographie der Küpenfarbstoffe in red. Form wurde mit $Na_2S_2O_4$, NaOH u. Pyridin enthaltenden Elutions-Lsgg. in inerter Atmosphäre bei 80° durchgeführt. Die untersuchten Küpenfarbstoffe werden nach ihrer Löslichkeit in 5 Gruppen eingeteilt; die Substantivität wird an Hand der Chromatogramme u. Farbstoff-Konstit. besprochen. Schwefelfarbstoffe wurden in red. Form mit Na_2S, NaOH, NaCl u. Pyridin enthaltenden Lsgg. eluiert, wobei die Farbstoffe der Thiazolgruppe am Start stärker fixiert u. schwieriger eluiert wurden als die der Thiazingruppe. Die chromatograph. Trennung der Dispersionsfarbstoffe wurde nicht wie üblich auf acetyliertem, sondern auf normalem Papier mit einer Pyridin-W.-Lsg. durchgeführt, u. es wurde gefunden, daß Diazo- u. Methinfarbstoffe am schwersten, Monoazo- u. Nitrofarbstoffe mittel u. Anthrachinon-Derivv. am leichtesten eluiert werden.
N. MEDIC. 7086□

Chemische Fabrik Grünau Akt.-Ges., Frankfurt/M. (Erfinder: Johann Keller, Vöhringen/Württ.), **Herstellung eines Egalisierungsmittels für die Färberei** durch Rk. von OH-Gruppen aufweisenden Verbb. mit Alkylenoxyden u. anschließender Sulfonierung, dad. gek., daß man eine phenol. Verb. der allg. Formel $(A_1)(A_2)(B_1)(B_2)C$, wobei A_1 u. A_2 gleiche oder verschiedene niedere aliphat. Gruppen, B_1 u. B_2 gleiche oder verschiedene aromat. Gruppen mit mindestens einer OH-Gruppe in p-Stellung zum zentralen C-Atom bedeuten, nacheinander oder gleichzeitig mit Äthylenoxyd (**I**) u. Propylenoxyd (**II**) umsetzt u. die erhaltene Verb. in an sich bekannter Weise sulfoniert. — Diphenylolpropan wird in einem Autoklaven bei erhöhter Temp. mit 20 (Mol) **I** u. dann mit 10 **II** in Ggw. eines Katalysators behandelt u. das Prod. mit 2 H_2SO_4 in Ggw. von Alkalien umgesetzt, wobei man das Salz der Sulfoverb. erhält. Dieses kann z. B. einer Flotte von Indanthrenblau RS zugesetzt werden. (**D. A. S. 1 100 966** Kl. 39c vom 24/12. 1958, ausg. 2/3. 1961.)
J. MÜHLEISEN. 7007

Ciba Akt.-Ges., Basel, Schweiz, **Färben von polyhydroxylierten Materialien** nach dem Druck- oder Foulardier-Verf. unter Verw. von organ. Farbstoffen, die neben mindestens einer sauren, wasserlöslichmachenden Gruppe mindestens einen leicht ab-

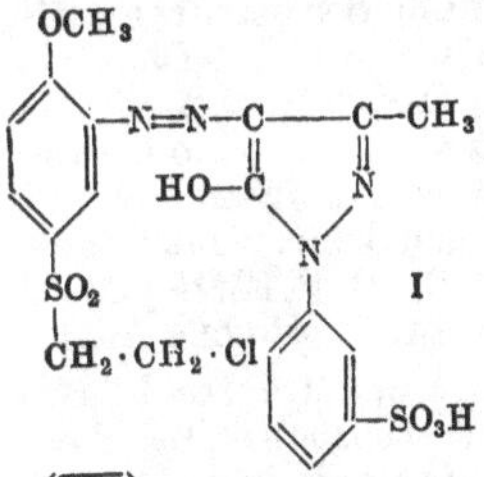
I

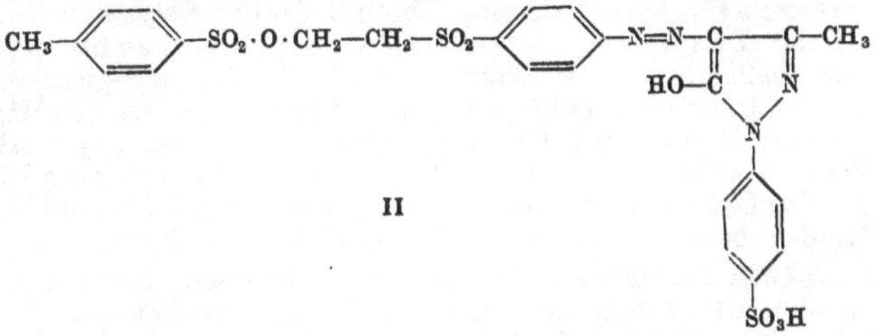
II

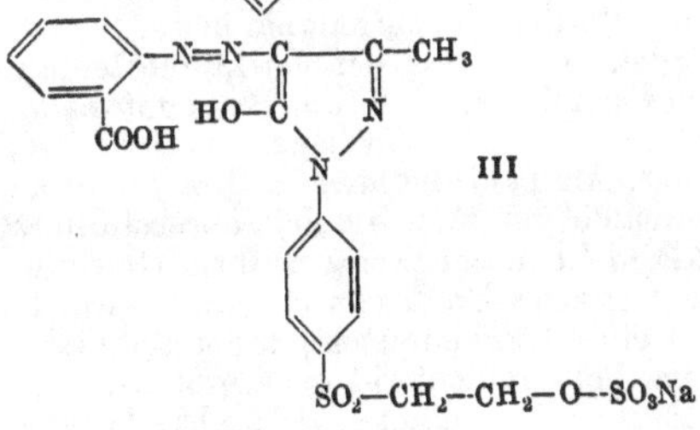
III

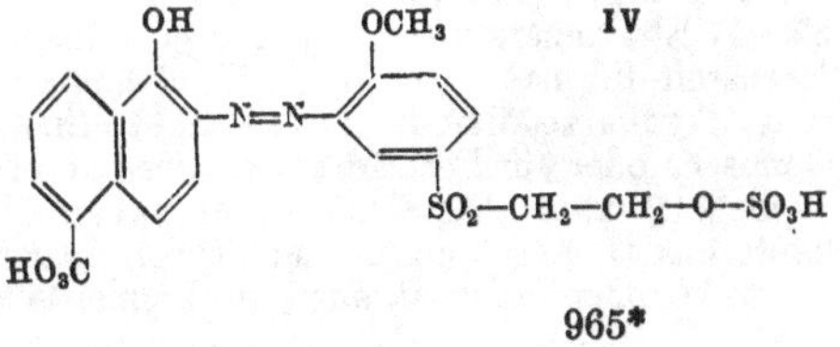
IV

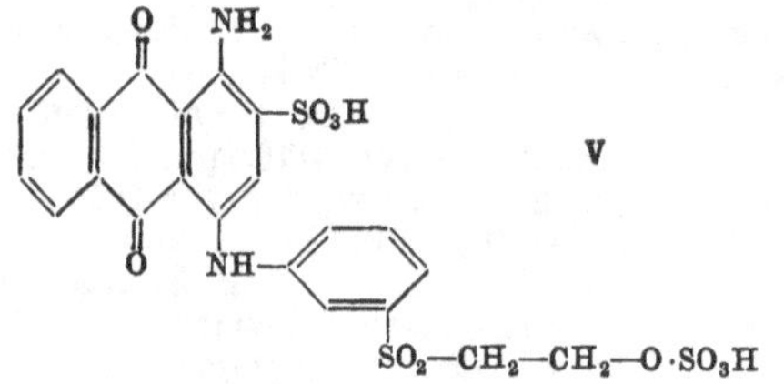

V

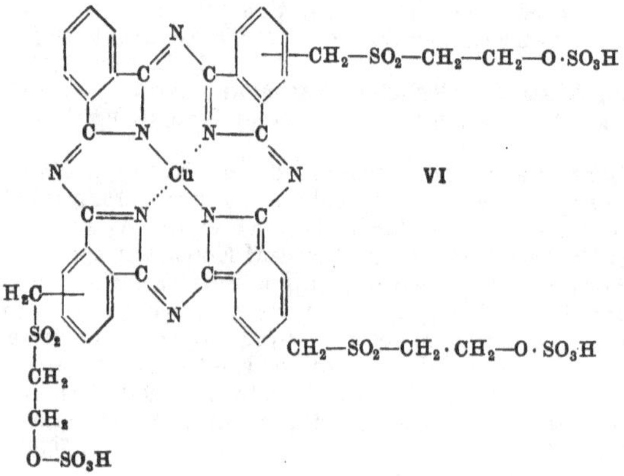

VI

zuspaltenden Substituenten enthalten, der an ein C-Atom der aliphat. Kette eines im Farbstoff-Mol. vorhandenen Alkylsulfonrestes gebunden ist. Die Farbstoffe werden durch Hitze-Einw. in Ggw. anorgan. säurebindender Mittel auf der zu färbenden Ware fixiert. Hierfür sind z. B. geeignet KCN, Na_2CO_3, $NaHCO_3$, K_2CO_3, Na_3PO_4, NaOH, KOH. Als lösl. organ. Farbstoffe kommen in Betracht: Stilbenfarbstoffe, Azin-, Dioxazin-, Anthrachinon-, saure Phthalocyanin- u. saure Azofarbstoffe. — 1 Teil des Farbstoffs **I** wird in 100 Teilen W. gelöst, u. mit dieser Lsg. wird ein Baumwollgewebe am Foulard bei 80° imprägniert u. nach dem Abquetschen getrocknet. Nach Behandlung mit einer NaOH-haltigen NaCl-Lsg., Dämpfen u. Spülen erhält man ein Trockenprod., das rotstichiggelb waschecht gefärbt ist. — In gleicher Weise mit einem Farbstoff **II** behandelt, erhält man gelbe Färbungen von guter Naßechtheit. — Ersetzt man den vorgenannten Farbstoff durch den Farbstoff **III**, so wird eine kochechte, kräftige, gelbe Färbung erzielt. — **IV** ergibt eine rote Färbung, **V** eine blaue u. **VI** eine türkisblaue Färbung. (**Oe. P. 199 604** vom 13/8. 1957, ausg. 25/9. 1958. Schwz. Prior. 14/8. 1956.) M. F. MÜLLER. 7021

Henri Varale nnd Hélène Varale, Frankreich, **Herstellung von fluorescierenden oder phosphorescierenden Textilgeweben,** bes. zum Beziehen von Tennisbällen für die Verw. im UV-Licht beim Hallentennis u. bei schwachem Licht. Die Gewebefäden werden mit einer im UV-Licht leuchtenden Farbe imprägniert, oder die Gewebe werden mit einem solche Farbe enthaltenden Kunstharzlack überzogen. Als Farben sind z. B. genannt: Rhodamin- oder Flavinfarbstoffe oder phosphorescierende u. fluorescierende Pigmente. Der Kunstharzlack wird z. B. hergestellt unter Verw. von Harnstoff–Formaldehyd-, Polyvinylacetat- oder Acrylharzen, sowie von Kautschuklösungen. (**F. P. 1 154 784** vom 13/7. 1956, ausg. 16/4. 1958.) M. F. MÜLLER. 7021

Karl Queck, Rotschau bei Reichenbach, **Einbadiges tongleiches Färben von Mischungen aus Cellulose- und Polyamidfasern.** Man verwendet normale Schwefelfarbstoffe für den Celluloseanteil u. für den Polyamidfaseranteil Schwefelfarbstoffe, welche Derivv. des 4-Amino-4'-hydroxydiphenylamins u./oder des 1.4-Dianilinonaphthalins sind oder Leukoindophenol-Verbb., hergestellt aus Carbazol u. p-Nitrosophenol. Das einbadige Färben erfolgt ohne bes. Zusätze von Hilfsmitteln u. ohne Korrektur des pH-Werts bei Kochtemperatur. — Bei einer Jiggerfärbung mit Schwefeldirektblau B hochkonz., mit Schwefelblau FR u. mit Schwefelgrün BB hochkonz. zieht ersteres auf den Celluloseanteil, die anderen ziehen auf den Polyamidanteil. (**D. P. [DDR] 20 099** Kl. 8m vom 7/7. 1956, ausg. 20/10. 1960 [Wirtschaftspatent].) M. F. MÜLLER. 7021

Aula Chemicals, Inc., V.St.A. (Erfinder: Laszlo Auer und Leslie L. Balassa), **Druckpaste zum Bedrucken von Textilien** mit Pigmentfarben. Die Paste stellt eine pigmenthaltige Emulsion vom Typ Öl-in-W. dar. Sie enthält ein in der Wärme härtbares Aminaldehydharz als harzartiges Bindemittel, ferner ein Fettsäureesterharz u. ein elastomeres Prod. in einem organ. Lösungsmittel. Der Geh. des Bindemittels an nichtflüchtigen Prodd. setzt sich zusammen aus 17—37 (Gewichts-%) Harzester, 37—57 Elastomere u. 20—31 in organ. Lsgm. lösl. Aminaldehydharz, z. B. alkyliertem Harnstoff–Formaldehyd-Harz oder Melamin–Formaldehyd-Harz. Als Fettsäureesterharz sind Alkydharze, ölmodifizierte Pentaerythrit–Alkyd-Gemische, Pentaerythrit–Glycerin-Gemische oder ein Fettsäureester eines alkohol. Kondens.-Prod. von Epichlorhydrin u. Biphenol genannt. Die Elastomeren sind ein Latex eines Mischpolymerisats aus Butadienkautschuk u. Acrylonitril oder Styrol, ferner aus Polyvinylchlorid u. -acetat. Als Pigmente kommen organ. u. anorgan. Pigmente in Betracht. Genannt sind: Phthalocyanin-

pigmente, unlösl. Azopigmente, Küpenpigmente, Ruß, TiO_2, CdS. Zur Herst. der Pigmentdispersionen werden als Dispergiermittel z. B. Fettalkoholsulfonate in Form ihrer Na- u. NH_4-Salze sowie die Morpholin- u. Triäthanolaminsalze der Sulfate des Laurin-Cetyl-, Olein- u. Hydroabietinalkohols verwendet. — Vgl. A. P. 2 900 354; C. **1960.** 13201. (**F. P. 1 151 489** vom 2/2. 1956, ausg. 30/1. 1958. A. Prior. 3/2. 1955.)
M. F. Müller. 7023

American Cyanamid Co., New York, N.Y., übert. von: Dale R. Eberhart, Middlesex, und Neil M. Mackenzie, Bound Brook, N.J., V.St.A., **Diazotierung von 1-Amino-2-naphthol-4-sulfonsäure und Kupplung.** Man diazotiert mit HNO_2 in Ggw. eines Schwermetallsalzes u. von mindestens 1% (10—20%) eines nichtionisierenden oberflächenakt. Polyoxyäthylenfettsäureesters, z. B. dem Tallölester eines Polyoxyäthylens mit im Durchschnitt 15 Oxyäthyleneinheiten, u. kuppelt dann direkt mit β-Naphthol, 1-Naphthol-8-sulfonsäure, 1-Phenyl-3-methyl-5-pyrazolen, α-Naphthol oder 2-Äthoxybenzoylacetonitril. — Man neutralisiert 1-Amino-2-naphthol-4-sulfonsäure in W. mit NaOH, gibt Polyoxyäthylentallölester (mit 16 Oxyäthyleneinheiten) zu u. eine 50%ig. $ZnCl_2$-Lsg., kühlt auf 13°, gibt eine 40%ig. $NaNO_2$-Lsg. zu. Die Temp. wird unter Rühren auf 30° gehalten, bis die Diazotierung beendet ist. Dann gibt man eine konz. NH_3-Lsg. in W. zu u. anschließend eine 50° warme Lsg. von β-Naphthol in 20%ig. NaOH sowie bei 36° Soda. Man rührt bei 50° bis zum Ende der Kupplung, verd., fügt NaCl zu sowie HCl bis zur leichtalkal. Rk. des Rk.-Gemisches. (**A. P. 2 812 321** vom 15/11. 1955, ausg. 5/11. 1957.)
A. Dandl. 7053

Ciba Akt.-Ges., Basel, Schweiz, **Herstellung metall-, besonders Cu- oder Ni-haltiger Disazofarbstoffe.** Bis-[o-hydroxy-o'-alkoxyazo]-farbstoffe, gewonnen z. B. durch Tetrazotierung von 3.3'-Dimethoxy-4.4'-diaminodiphenyl u. Kupplung einerseits in sodaalkal. Medium mit 1-Hydroxynaphthalindisulfonsäure-(3.8) u. anschließend andererseits in Ggw. von Pyridin mit 2.8-Dihydroxynaphthalinsulfonsäure-(6), werden mit Cu oder Ni abgebenden Mitteln unter Zusatz eines Hydroxyäthylamins behandelt, z. B. in ammoniakal. $CuSO_4$-Lsg. in Ggw. von Monoäthanolamin 20 Std. auf 90—95° erwärmt. Die unter Aufspaltung der Alkoxygruppen gebildeten Metall-Verbb. besitzen hohe Lichtechtheit. (**Oe. P. 198 396** vom 22/12. 1956, ausg. 25/6. 1958.)
Eberhard Riedel. 7055

Farbwerke Hoechst Akt.-Ges., vormals Meister Lucius & Brüning (Erfinder: Gustav Schäfer und Ferdinand Quint), Frankfurt/M., **Farbstoffe der Rosanilinreihe** erhält man in großer Reinheit u. in nahezu quantitativen Ausbeuten, wenn man Triphenylcarbinole oder deren Salze, die in p-Stellung zum zentralen C-Atom austauschfähige Substituenten enthalten, von denen mindestens einer ein Halogenatom ist, mit aromat. Aminen, die in m- oder p-Stellung zur Aminogruppe einen Substituenten tragen, bei höheren Temp., z. B. 120—200°, umsetzt. Die Substituenten in m- oder p-Stellung können Halogenatome, Alkyl-, Aryl-, Hydroxy-, Alkoxy-, Cyan-, Sulfonsäureamid-, Sulfonsäure-, Sulfonsäureester-, Carbonsäure oder Carbonsäureestergruppen sein. Sulfon- u. Carbonsäuren der aromat. Amine können in Form ihrer Salze in Ggw. mehrwertiger Alkohole umgesetzt werden. Ein Metallkomplexsalz des Triphenylchlormethans kann ohne Isolierung u. Trocknung mit dem aromat. Amin zur Rk. gebracht werden. — 25 (Gewichtsteile) des Chlorzinkdoppelsalzes des 4.4'-Dimethoxy-4''-chlortriphenylchlormethans trägt man in 100 1-Amino-4-äthoxybenzol ein, erhitzt das Gemisch 5 Std. auf 140—145°, rührt nach dem Abkühlen auf 100° 2mal mit verd. HCl kochend aus u. trocknet. Das *salzsaure Salz* des *Triäthoxytriphenyl-p-rosanilins*, dunkelblaues, bronzierendes Pulver, wird in 96%ig. Ausbeute erhalten. — Weitere Beispiele. (**D. A. S. 1 098 652** Kl. 22b vom 13/10. 1956, ausg. 2/2. 1961. **F. P. 1 196 870** vom 14/10. 1957, ausg. 26/11. 1959. **Belg. P. 561 613** vom 14/10. 1957, ausg. 20/5. 1960. Beide D. Prior. 13/10. 1956.)
O. Roick. 7057

Badische Anilin- & Soda-Fabrik Akt.-Ges. (Erfinder: Hermann Geeren, Ludwigshafen/Rh., Friedrich Ebel, Mannheim, und Willy Braun, Heidelberg), **Imidazolfarbstoffe der Anthrachinonreihe,** Küpenfarbstoffe, die Baumwolle (**A**) sehr farbstark in gut naß- u. lichtechten gelben Tönen färben, erhält man durch Rk. von in den NH_2-Gruppen unsubstituiertem 1.2-Diaminoanthrachinon, das in der 3- oder 4-Stellung Halogenatome oder Alkoxygruppen tragen kann, mit Verbb. der allg. Zus. $X_1—A—X_2$, worin A einen Phenylenrest u. X_1 u. X_2 in m- oder p-Stellung eine COOH-, COOR-, COY-, CHO-, CHY_2- oder CY_3-Gruppe, Y ein Halogenatom, R einen einfachen Alkyl-, Aralkyl- oder Arylrest bedeuten u. der Phenylenrest A seinerseits Halogenatome tragen kann. — Ein Gemisch von 10 (Gewichtsteilen) 1.2-Diaminoanthrachinon (**I**) in 100 konz. H_2SO_4 u. 3,5 Terephthalsäure (**II**) erhitzt man 5—8 Std. auf 150—160°, gießt das Rk.-Gemisch nach dem Abkühlen in Eiswasser, saugt ab, wäscht säurefrei u. trocknet, oder stellt die schwefelsaure Lsg. des Farbstoffs durch Zugabe von W. auf die Säure-Konz. ein, bei der sich der Farbstoff als Sulfat abscheidet, u. gewinnt den Farbstoff durch Zerlegen des Sulfats mit W. in reiner Form. Der erhaltene gelbe Farbstoff (**IIa**) ist in konz. H_2SO_4 gut u. in organ. Lsgm. mit gelber Farbe wenig lösl. oder unlöslich. **A** wird aus violettroter Küpe (**III**) gelb gefärbt. An Stelle von **II** kann auch der Dimethylester von **II** verwendet werden. In ähnlicher Weise erhält man weitere Farbstoffe aus: **I** u. 2.5-Dichlor-**II**, **III** blauviolett; **I** u. Isophthalsäure (**IV**), **III** orangerot; **I** u. 2.5-Dibrom-**II**, **III** violett; **I** u. 4.6-Dichlor-**IV**, **III** rot. — Eine Lsg. von 10 **I** in 100 Nitrobenzol (**V**) versetzt man bei ca. 100° mit 2,9 Terephthalaldehyd, erhitzt die Lsg. in 1—2 Std. auf 180°, hält die Temp. 1 Std. bei 180°, saugt bei 120° ab, wäscht mit 120° heißem **V**, wäscht mit Methanol **V**-frei u. trocknet. Der Farbstoff ist mit **IIa** identisch. In ähnlicher Weise erhält man weitere Farbstoffe aus: **I** u. 2.5.ω.ω.ω'.ω'-Hexachlor-p-xylol (**VI**), ist mit dem Farbstoff aus **I** u. 2.5-Dichlor-**II** ident.; **I** u. ω.ω.ω'.ω'-Tetrabrom-m-xylol, ident. mit dem Farbstoff aus **I** u. **IV**. — Ähnlich wie **IIa** erhält man Farbstoffe aus: 1.2-Diamino-3-methoxyanthrachinon oder 1.2-Diamino-4-chloranthrachinon u. **VI**, **III** blauviolett; 1.2-Diamino-3-bromanthrachinon u. **VI**, **III** violett. (**D. A. S. 1 100 209** Kl. 22b vom 8/8. 1958, ausg. 23/2. 1961. **F. P. 1232713** vom 7/8. 1959, ausg. 11/10. 1960. D. Prior. 8/8. 1958.) O. ROICK. 7059

Badische Anilin- & Soda-Fabrik Akt.-Ges., Ludwigshafen/Rh. (Erfinder: Willy Braun nnd Ernst Hartwig, Heidelberg), **Farbstoffe der Anthrachinonreihe,** die mindestens eine Carbonsäureamidoxim- bzw. -imidoximgruppe aufweisen, Dispersionsfarbstoffe für Textilgut aus Celluloseacetat (**E**) u. aus vollsynthet. Fasern von hervorragendem Ziehvermögen, deren Färbungen gut abgas-, sublimier- u. bügelecht sind, erhält man durch Rk. von mindestens eine Cyangruppe aufweisenden Amino- u./oder Hydroxylgruppen tragenden, ggf. weitere Substituenten enthaltenden Anthrachinonen oder deren Leukoverbb. mit Hydroxylaminen oder deren Salzen in Ggw. säurebindender Mittel. — In eine Aufschlämmung von 10 (Gewichtsteilen) (anthrachinon = **I**) 1-Amino-2-cyan-**I** in 60 N-Methylpyrrolidon (**Ia**) trägt man 12 feingepulvertes Hydroxylaminhydrochlorid (**II**) ein, erwärmt auf 45°, läßt bei Temp. nicht über 50° in ca. 4 Std. 19 Triäthylamin zulaufen, rührt noch 2 Std. bei 50°, 6 Std. bei 70—75° u. weitere 6 Std. bei 90—95°, kühlt auf 25—30°, saugt ab, wäscht mit **Ia**, rührt das Filtrat in 400 W., rührt ½ Std. nach, saugt ab, wäscht mit W. u. trocknet. Man erhält einen Farbstoff, rotes Kristallpulver aus Amylalkohol (**III**), F. 234—235°, färbt **E** leuchtendorangerot. In ähnlicher Weise erhält man weitere Farbstoffe aus: 1-Amino-2-cyan-4-methylamino-**I** u. **II**, tiefblaues Kristallpulver aus **III** oder Nitrobenzol, F. 228—229°, färbt **E** u. lin. Polyester (**IV**) aus Terephthalsäure u. Äthylenglykol tiefblau; 1-Cyan-2-amino-**I** u. **II**, gelbes Kristallpulver, färbt **E** sattgelb; 1.4-Bis-(β-cyanäthylamino)-**I** u. **II**, dunkelblaues Pulver, färbt **E** klartiefblau; 1.4-Diamino-2.3-dicyan-**I** u. **II**, schwarzblaues Pulver, färbt **E** u. **IV** tiefblau; 1-β-Cyanäthylamino-**I** u. **II**, rotes Pulver, färbt **E** scharlachrot; 1.4-Diamino-**I**-2.3-dicarbonsäure-N-(β-cyanäthyl)-imid u. **II**, dunkelblaues Pulver, färbt **E** u. **IV** blau; 1-β-Cyanäthylamino-4-hydroxy-**I** u. **II**, dunkelviolettes Pulver, färbt **E** violett; 1-Amino-**I**-2-carbonsäure-N-β-cyanäthylamid u. **II**, färbt **E** orangerot; 1.4-Bis-(N-β-cyanäthylamino)-5.8-dihydroxy-**I**, färbt **E** blau. (**D. A. S. 1 102 320** Kl. 22b vom 27/2. 1959, ausg. 16/3. 1961.) O. ROICK. 7059

XIa. Farben. Anstriche. Lacke. Naturharze

Chemie und industrielle Nutzung von Tallölprodukten. S. T. Bauer. (Amer. Paint J. **44.** Nr. 5. 26. 28. 30—31. 34. 12/10. 1959. De Ridder, La., Crosby Chem., Inc.) (Engl.)

Überblick über die Herst. von Tallöl u. Tallölalkyden, deren chem. u. physikal. Eigg. u. über techn. Anwendung der Tallöl-Prodd. auf dem Anstrichgebiet, zur Herst. von Seifen u. anderem. L. KEMPF. 7096

Synthetische Harze, das Rückgrat moderner Lacke. Überblick über die letzten Entwicklungen in Lackkunstharzen. 1. Mitt. **Allgemeine Einführung.** Harold P. Preuss. (Metal Finishing **58.** Nr. 6. 46—49. Juni 1960.) (Engl.)

Definition, Klassifizierung, Nachw., Herst. der Lackkunstharze.

B. SCHEIFELE. 7096□

Synthetische Harze, das Rückgrat moderner Lacke. Überblick über die letzten Entwicklungen in Lackkunstharzen. 2. Mitt. **Silicone.** Harold P. Preuss. (Metal Finishing **58.** Nr. 7. 94—99. Juli 1960.) (Engl.) — 1. vgl. vorst. Referat.

Typen u. Anwendungsarten von Siliconlackharzen. Siliconharze der DOW CORNING, GENERAL ELECTRIC, UNION CARBIDE. Herst. von Copolymeren, Schutzüberzüge mit Siliconen u. physiolog. Eigenschaften. B. SCHEIFELE. 7096□

Synthetische Harze, das Rückgrat moderner Lacke. Überblick über die letzten Entwicklungen in Lackkunstharzen. 3. Mitt. **Melamine.** Harold P. Preuss. (Metal Finishing **58.** Nr. 8. 44—48. 63. Aug. 1960.) (Engl.) — 2. vgl. vorst. Referat.

Herst. von Melamin u. Melamin-Formaldehyd-Harzen, Eigg., tabellar. Aufstellung der Kennwerte amerikan. Melaminharze verschiedener Firmen. B. SCHEIFELE. 7096□

Synthetische Harze, das Rückgrat moderner Lacke. Überblick über die letzten Entwicklungen in Lackkunstharzen. 4. Mitt. **Harnstoffharze.** Harold P. Preuss. (Metal Finishing **58.** Nr. 9. 60—70. 72. Sept. 1960.) (Engl.) — 3. vgl. vorst. Referat.

Behandelt werden Herst. u. Eigg. der Harnstoff-Formaldehyd-Harze sowie die entsprechenden Fabrikationstypen verschiedener amerikan. Firmen, z. B. *Resimene, Beetle, Uformite, Plaskon, Bechamine.* B. SCHEIFELE.7096□

Synthetische Harze, das Rückgrat moderner Lacke. Überblick über die letzten Entwicklungen in Lackkunstharzen. 5. Mitt. **Fluorcarbonharze.** Harold P. Preuss. (Metal Finishing **58.** Nr. 10. 62—65. 70. Okt. 1960.) (Engl.) — 4. vgl. vorst. Referat.

Darst.-Weise, Eigg. u. Anwendungsarten von Polytetrafluoräthylen (*Teflon* DU PONT) sowie von Chlortrifluoräthylen (*Kel-F- Resin 800,* MINNESOTA MINING MFG. Co.; *Exon 461,* FIRESTONE PLASTICS Co.). B. SCHEIFELE. 7096□

Quellbarkeit von Anstrichen. K. A. van Oeteren-Panhäuser. (Dtsch. Farben-Z. **12.** 63—64. Febr. 1958. Duisburg.) (Dt.)

In der Quellbarkeit von Filmen zeichnen sich 2 grundsätzliche Erscheinungen aus, die sich aus der jeweiligen Lage der krit. Pigment-Vol.-Konz. (PVK) ergeben: 1. Auf der Oberfläche des Anstriches bilden sich Blasen, die nach kurzer oder längerer Zeit infolge des osmot. Drucks aufplatzen, den Untergrund freilegen u. Voraussetzungen zur Zerstörung u. Rost-Bldg. schaffen. Dieser Fall tritt bei niedrigen Werten der krit. PVK auf, wenn die wirkliche PVK links des krit. Punkts liegt, d. h. wenn ein großer Überschuß an freiem Öl vorliegt. 2. Es bilden sich keine Blasen, aber schon nach kurzer Zeit treten zahlreiche Rostpunkte auf, die sich schnell zu Flächenrost vereinigen. Hier liegt die PVK rechts des krit. Punkts, d. h. es ist kein freies Öl vorhanden. Alle anderen Erscheinungen können zwischen diesen beiden Extremen eingeordnet werden; es ergibt sich in jedem Falle bei Anwendung der gleichen Ausgangsstoffe ein besseres Verh. in Quellversuchen. Man darf die Menge des von einem Anstrich aufgenommenen W. mit der Wasserfestigkeit nicht identifizieren; Quellbarkeit u. Wasserfestigkeit sind verschiedene Phänomene. K. WEKUA. 7106□

Einige Beobachtungen über Flotation und Fließvermögen von Anstrichen. A. B. Lock. (J. Oil Colour Chemists' Assoc. **43.** 859—70. Dez. 1960. Bristol, John Hall & Sons Ltd.) (Engl.)

Einige Theorien über Flotation u. Fließvermögen von Anstrichen werden diskutiert, miteinander verglichen u. die wichtige Rolle der Bindemittel dabei betont. Das Verh. des Flotations- u. Fließvermögens von TiO_2 mit synthet. gelben Oxyden, Lampenruß, Phthalocyaninblau u. Preußischblau wurde in 5 Alkyden von verschiedener Acidität u. Hydroxylzahl studiert. Es wurden verschiedene Test-Meth. angewandt u. erklärt u. ihre Beziehungen zu prakt. Anwendungstests gezeigt. Die Schwierigkeit der Schätzung der Flotation u. des Fließvermögens wie auch die Unterscheidung zwischen beiden Phänomenen wurde diskutiert. Es wurde bewiesen, daß Schwankungen der Säure- u. Hydroxylzahl nicht alle untersuchten Pigmentierungen in der gleichen Weise beeinflussen. K. WEKUA. 7106□

Hermann Wülfing Wings Lackfabrik, Deutschland, **Verhinderung der Bildung von Rost durch wässerige Anstriche und Schichtbildner auf Eisen und seinen Legierungen.** Vor u./oder während des Auftragens dieser Schichtbildner werden auf die zu schützenden Oberflächen *Aminoalkohole* aufgebracht, denen $ZnCrO_4$ zugesetzt werden kann. Versuchweise werden die Metalloberflächen zunächst gereinigt bzw. entfettet. Beispiel eines Schichtbildners mit Rostverhinderer: 19,7 (Teile) einer Dispersion von *Polyvinylacetat,* 11,8 $ZnCrO_4$, 11,8 *Chromphosphat,* 10,9 TiO_2, 4,9 *Talg,* 0,2 *Netzmittel,* 1,2 *Monoäthanolamnin,* 39,5 Wasser. (**F. P. 1 217 297** vom 15/12. 1958, ausg. 3/5. 1960. D. Prior. 19/12. 1957.) H. BAUR. 7091

Commonwealth Engineering Co. of Ohio (Erfinder: Georg Lowell Deniston), Dayton, Ohio, V.St.A., **Färben von Dextran(I).** Feinverteilte Pigmente (Eisenoxyd, TiO_2, Chromgelb, Ruß) werden in das in W. angeteigte **I** eingearbeitet u. mit 2 Mischwalzen, die eine Temp. von 100 bzw. 50—80° haben, bearbeitet. Zwischen beiden Walzen bildet sich aus der Masse Wasserdampf oder aus ggf. zugefügtem Wasser. Nach dem Trocknen u. Pulverisieren ergibt sich ein Prod., das als *Füllmaterial* oder als *Pigment für Anstrichmittel* geeignet ist. — 2 Abbildungen. (**D. A. S. 1 102 383** Kl. 39b vom 12/11. 1955, ausg. 16/3. 1961.) F. KOCH. 7093

Lajos Csonka, Ferenc Szántó, János Szerec, Jenő Gönczy, Budapest, Ungarn, **Herstellung organophiler Pigmente aus Berliner Blau.** In organ. Lsgm. gut dispergierbares *organophiles Berlinerblau* wird hergestellt, indem man auf die Oberfläche des Pigments eine organophile Substanz bringt. Man unterwirft die wss. Suspension des Berlinerblaus der Einw. einer anionakt. Substanz mit einer apolaren Gruppe; dann wird ein Salz hinzugefügt, das mit dem Ferrocyanidion einen Nd. bildet, der von der Fl. getrennt, ggf. gewaschen u. getrocknet wird. Zur Bldg. des Nd. kann zweckmäßig $FeCl_3$ verwendet werden, während sich als Salz $ZnSO_4$ eignet. Alkali- oder bes. Ammoniumsalze der 16—18 C-Atome enthaltenden Fettsäuren, bes. Salze der Stearin-, Palmitin- oder Ölsäure oder OH-Gruppen enthaltende Ricinolsäure, auch polymerisierte, teilweise ungesätt. Fettsäuresalze mit apolarer Gruppe liefern die anionakt. Substanzen. — 1000 g 5 % ig., ionenfreigewaschene Berliner-Blau-Suspension werden mit 100 g 4 % ig. Ammoniumstearat-Lsg. bei 65—70° vermischt. Zur Suspension wird 10 % ig. $FeCl_3$-Lsg. bis zur völlig klaren Filtrierbarkeit zugefügt. Man filtriert u. trocknet bei 60—100°. Das erhaltene organophile Berlinerblau läßt sich leicht mahlen, mit aromat. oder aliphat. KW-Stoffen gut benetzen u. kann mit Alkyd-Lsgg., Epoxyestern, Öllacken vorzüglich verrieben werden. Es gibt eine stabile Suspension. (**Ung. P. 148 369** vom 15/1. 1959, ausg. 20/2. 1961.) F. LANDSBERGER. 7093

Albert Sander, Hamburg, **Lösungsmittelbeständige Metallphthalocyaninpigmente mit verbesserter Kristallisationsbeständigkeit** von großer Farbstärke u. Klarheit des Farbtons mit guten lacktechn. Eigg. erhält man dadurch, daß man nach dem bekannten Phthalsäureanhydrid–Harnstoff-Verf., jedoch unter teilweisem Ersatz der üblichen kupferabgebenden Verbb. durch Tonerdehydrat, ein Gemisch aus Cu- u. Al-Phthalocyaninpigmenten herstellt, dieses dann bei normaler Temp. in 75—80 % ig. H_2SO_4 verrührt u. anschließend die H_2SO_4 in an sich bekannter Weise abtrennt. — 150 (Gewichtsteile) Phthalsäureanhydrid, 220 Harnstoff, 27 Cu-Oxychlorid (mit ca. 50 % Cu-Geh.), 6 getrocknetes Tonerdehydrat (mit ca. 35 % Al-Geh.) u. 1,4 NH_4-Molybdat erhitzt man 3 Std. in 580 Trichlorbenzol (I) auf 200°, verd. mit 250 kaltem I, filtriert heiß u. wäscht mit wenig 100—120° heißem I nach. Man erhält in 90—95 % ig. Ausbeute ein Mischpigment aus Cu- u. wenig Al-Phthalocyanin. 45 dieses Rohpigments verrührt man gründlich in 500 H_2SO_4 von 60° Bé so lange, bis eine Probe nach dem Ausfällen in W. bei längerem Erwärmen in Xylol keine Veränderung des Pigmentkorns mehr zeigt. — Zur Herst. eines für lagerbeständige Nitro- u. andere Lackzubereitungen bes. geeigneten Pigments läßt man die durch Ausfällen mit W. erhaltene ca. 10 % H_2SO_4 enthaltende Pigmentsuspension absitzen, zieht den größten Teil der Säure ab, füllt mit W. auf eine ca. 5 % ig. Säure-Konz. auf, erhitzt nach Zugabe von 10—15 HNO_3 von 40° Bé zum Sieden, filtriert heiß, wäscht mit W. säurefrei, wäscht mit 1—2 % ig. 80—90° heißer Natronlauge, Soda- oder NH_4OH-Lsg. bis zum farblosen Auslauf u. dann mit W. alkalifrei. Der ggf. mit 2—5 % eines Dispergier- oder Schutzmittels verknetete Rückstand wird bei 60° getrocknet u. gibt ein farbstarkes, klares, schwach grünstichigblaues Pigment, das sich gut für Tauch-, Spritz- u. ähnliche Lacke eignet. (**D. A. S. 1 095 430** Kl. 22e vom 25/5. 1954, ausg. 22/12. 1960.) O. ROICK. 7097

Ethicon, Inc., übert. von: Joseph Nichols, Princeton, N. J., V.St.A., **Styrolisieren von ketonisiertem Ricinusöl (I)** (Glyceride von 12-Keto-10-octodecen- u. 12-Ketoölsäure), das durch Oxydation der OH-Gruppe des I mit einem Al-sek.- oder tert.-Alkoholat in Ggw. eines niedermol. Ketons u. eines Lsgm. (Toluol) erhalten wurde, erfolgt dadurch, daß man das ketonisierte I mit Styrol in einem Lsgm., bes. in Ggw. eines Katalysators (Benzoylperoxyd, tert.-Butyl-, Cumolhydroperoxyd) unter Rückfluß erhitzt. — Verw. als *trocknende Öle*, bes. in Ggw. von Pb- oder Co-Naphthenat. (**A. P. 2 837 546** vom 25/10. 1954, ausg. 3/6. 1958.) G. KRAUSS. 7097

Commonwealth of Australia (Erfinder: Kenneth Archibald Metcalfe und Robert John Wright), **Aufbringen von Überzügen, bes. Lacken, auf Gegenständen.** Man taucht das Gut in eine elektr. inerte Fl., die Lackanteile enthält, ein u. legt ein elektrostat. Feld an. — Geeignet ist z. B. ein Ansatz aus 67 (Teilen) Toluidin-Rot, 134 Epoxyesterharz, 101 Xylol u. Co-Naphthenat. — Anwendung des Verf. auch zur Herst. von elektrophotograph. Papier, Kohlepapier, Lackleder oder überzogenen Filmen. (**Aust. P. 221 527** vom 14/6. 1956, ausg. 11/6. 1959.) H. MÖLLERING. 7107

Esso Research and Engineering Co., V.St.A. (Erfinder: Clyde Lee Aldridge und Elphege Maxime Charlet), **Herstellung von Emulgierungsmitteln.** Man läßt ein KW-Stoffpolymeres mit einer geringen Menge ungesätt. Gruppen mit 0,01 bis 5 % Malein-, Chlormalein- oder Citraconsäureanhydrid reagieren u. neutralisiert das Produkt. Das Rk.-Prod. ist ein oberflächenakt. Stoff, der sich als *Emulgiermittel für Polymere* eignet. Daraus hergestellter Latex kann dann zum *Überziehen von Holz, Papier,*

Leder, Reifengewebe, zur Herst. von *Anstrichen* u. *Klebemitteln* u. als *Bindemittel für Kork* u. *Fasern* dienen. — 100 g eines Erdölharzes werden mit 5 g Maleinsäureanhydrid 3 Std. bei 200° gehalten. Man löst das Rk.-Prod. in einem KW-Stoff-Lsgm. zu einer 10%ig. Lsg., gibt 10 cm^3 davon in 200 cm^3 einer 50%ig. Lsg. des Ausgangsharzes, gießt langsam in 215 cm^3 0,35%ig. NaOH, rührt 3 Min. u. erhält einen Latex. (**F. P. 1 153 744** vom 5/6. 1956, ausg. 20/3. 1958. A. Prior. 13/6. 1955.) M. PANKOW. 7107

American Cyanamid Co., V.St.A. (Erfinder: George Lewis Royer, Chester Albert Amick und Pauline Newman), **Nicht fluorescierende Anstriche** aus einem organ. Farbstoff u. einem thermoplast. polymeren Acrylnitril (I) oder I-Vinylpyridin- oder I-Diäthylaminoäthylacrylatcopolymeren aus sphär. Teilchen gleicher Größe, Ø 0,05—0,2 μ. Die spezif. Oberfläche des mindestens aus 5% Farbstoff bestehenden Pigments soll $\geqq$20 m^2/g betragen. — In 1000 (Teile) dest. W. werden unter N_2 55,7 I gegeben u. unter kräftigem Rühren bei 26° 2 $K_2S_2O_8$ u. 0,77 $NaHSO_3$ in 9 W. zugesetzt. Nach $^3/_4$ Std. bei 32° u. 4 Std. bei 34° wird filtriert, 2 Tage an der Luft, dann im Ofen bis zum konst. Gewicht getrocknet, wonach die gewünschten Polymeraggregate erhalten werden. 15 davon werden mit 40 einer Dispersion aus 3 p-Nitro-p'-[β-hydroxyäthylamino]-azobenzol, ½ Dodecylsulfat, $^1/_4$ Na-Pyrophosphat, ½ W., auf 100 mit W. aufgefüllt, versetzt; bei 135° Orangefärbung. — 23 weitere Beispiele. (**F. P. 1 113 875** vom 23/10. 1954, ausg. 5/4. 1956. A. Prior. 2/11. 1953.) H.-J. NITZSCHKE. 7107

Mishio Sudo, Tokyo, Japan, **Herstellung von Polyäthylenfilmen** großer Festigkeit u. Chemikalienbeständigkeit. Man spritzt eine Mischung aus Polyäthylenkörnern (8 kg), die geringe Mengen Polystyrol (2 kg) enthalten, bei 220° in Bandform, zerkleinert, gibt noch so viel körniges Polyäthylen zu, daß die Mischung 5—12% Polystyrol pro Polyäthylen enthält u. spritzt die Mischung zu *Filmen*. (**Jap. A. S. 5995/1959** vom 19/12. 1956, ausg. 7/7. 1959.) M. PANKOW. 7107

Kureha Kasei Kabushiki Kaisha, Tokyo (Erfinder: Hiromichi Watanabe, Tetsuya Horita und Yasuo Amagi, Nakoso), Japan, **Herstellung von Polyvinylalkohol von hohem Kristallisationsgrad** durch Bestrahlen von Vinylacetat bei Temp. bis 30° mit Übergangsmetall-Verbb. als Sensibilisatoren untes Zusatz von O strukturell gebunden enthaltenden Lsgm. mit sichtbarem oder UV-Licht u. Verseifen des erhaltenen hochkrist. Polyvinylacetats. — Verw. zur Herst. von *Filmen* u. *Fäden*. — Man bestrahlt 55,5 g Vinylacetat, 70 cm^3 CH_3OH u. 3 g $UO_2(NO_3)_2 \cdot 6\,H_2O$ im Glasgefäß unter N_2 bei $-30°$ mit 400 Watt Hochdruck-Hg-Licht 3 Tage, löst das Polymere in Toluol u. tropft unter Rühren in n-Hexan. Das Polyvinylacetat löst man in CH_3OH, behandelt mit überschüssigem Na-Alkoholat 1 Std. u. wäscht mit CH_3OH. (**Jap. A. S. 5688/1959** vom 25/5. 1957, ausg. 30/6. 1959.) M. PANKOW. 7107

Mitsubishi Kasei Kogyo Kabushiki Kaisha, Tokyo (Erfinder: Senji Nakano und Koichiro Iwasaki, Tokyo, und Ikuo Sukegawa, Kawasaki), Japan, **Herstellung von Styrolharzemulsionen** oder solchen von Mischpolymerisaten aus Styrol u. Acrylnitril oder Butadien. Der Emulsion setzt man Polyvinyläther zu. — 100 (Teile) Styrol, 200 1%ig. wss. Lsg. des Na-Salzes eines höheren Alkoholschwefelsäureesters u. 0,3 $K_2S_2O_8$ werden im N_2-Strom 7 Std. bei 85° gerührt: 30%ig. Styrolharzemulsion, zu der man 10% (des Harzes) Polyvinyläthyläther (K-Wert 50) gibt: Bei Raumtemp. längere Zeit stabile Emulsion, die einen weichen transparenten *Film* liefert. Die Emulsion kann mit Ti-Weiß, Lithopone, Ton, Na-Phosphat- u. -Carbonat-Lsg. gemischt u. für *Anstriche* verwendet werden. (**Jap. A. S. 6132/1959** vom 31/8. 1956, ausg. 14/7. 1959.) M. PANKOW. 7107

G. A. Werling, Göteborg, Schweden, **Selbsthärtender Kunstharzlack** vom *Harnstoff-Formaldehyd-Typ*. Als Härtungsmittel wird *Benzaldehyd* zugesetzt, der sich erst bei Berührung mit Luft in Benzoesäure umwandelt. (**Schwed. P. 156 455** vom 4/3. 1953, ausg. 9/10. 1956.) K. H. KÄHLER. 7107

Siemens & Halske Akt.-Ges., Berlin und München (Erfinder: Gerhard Schnapperelle und Siegfried Voigt, Karlsruhe), **Steigerung der Farbkraft von auf dunklem Untergrund gedruckten hellen Zeichen**, wobei auf ein vorgedrucktes Zeichen ein hellfarbiges Pulver aufgestreut u. verfestigt wird, dad. gek., daß 1. das Pulver schmelzbar ist u. nach Entfernen des Überschusses durch Wärmezufuhr aufgeschmolzen wird; 2. der dunkle Untergrund mit einem farblosen Lack überzogen wird u. eine gewisse Rauhigkeit aufweist; 3. das Pulver aus Kunst- oder Naturharz mit einem F. unterhalb des Erweichungspunktes des Untergrundes besteht. 4. das darin enthaltene Pigment ein geringeres spezif. Gew. als die Harzsubstanz hat; 5. die Korngröße des Pulvers etwa zwischen 20 u. 200 μ liegt. (**D. A. S. 1 100 654** Kl. 15k vom 24/6. 1959, ausg. 2/3. 1961.) K. KITTLER. 7107

City of Bradford, England, **Pigmentfarbe,** bes. zum *Kenntlichmachen von Vieh,* aus einer W.-in-Öl-Emulsion, bestehend aus W., Lanolin bzw. Wollfett im Verhältnis 1:1 bis 3:1, Lsgm. (Alkohole, KW-Stoffe) u. Pigment, die bei 10—50° gemischt werden. — 50 (kg) Wollfett werden mit 5 Mineralöl-KW-Stoffen u. 5 „Irgalit"-Blau vermischt u. 75 W. unter Rühren zugesetzt. — 5 weitere Beispiele. (**F. P. 1 117 666** vom 12/1. 1955, ausg. 25/5. 1956. E. Prior. 23/4. 1954.) H.-J. NITZSCHKE. 7107

Glidden Co., übert. von: Myron W. Kiebler jun., Cleveland, Richard Baukema, Lakewood, Ohio, und Albert Zier, Chicago, Ill., V.St.A., **Kondensationsprodukte aus Leinöl und α.β-ungesättigten Dicarbonsäuren.** 6—9 Teile Maleinsäure, deren Anhydrid, Fumarsäure oder deren Mischungen werden mit 94—91 Teilen rohem oder mit Alkali gereinigtem Leinöl nach A. PP. 2 188 882; C. **1940.** II. 1081, 2 188 893 u. 2 275 843 erhitzt, dann wird die Mischung auf 110° F abgekühlt, mit wss. NH_3 werden 40—70% des Säure-Geh. neutralisiert u. schließlich wird mit wss. 2-Amino-2-methyl-1.3-propandiol verdünnt. Die Mischung gibt mit einer geringen Menge W. eine klare Lsg. u. ist in großen Mengen W. dispergierbar; durch Zusatz von Äthylenglykolmonoalkyläther entsteht eine klare wss. Lösung. — *Beizmittel* u. *Filmbildner,* bes. für *Holz* u. bes. nach Zusatz von Füllstoffen, wie Gips, SiO_2, Asbest, Ca-Silicat, $CaCO_3$, oder Farbpigmenten u. den üblichen Trockenstoffen. (**A. P. 2 820 711** vom 22/6. 1953, ausg. 21/1. 1958.) G. KRAUSS. 7119

British Titan Products Co. Ltd., Billingham, England (Erfinder: **William Hughes** und **Bernard Harris**), *Herstellung von Titandioxyd.* (**E. P. 791 657** vom 22/4. 1955, ausg. 5/3. 1958. — C. **1959.** 15512 [Aust. P. 206 462].)

Columbia-Southern Chemical Corp., Pittsburgh, Pa. (Erfinder: **Edward Merle Allen,** Doylestown, Ohio), V.St.A., *Kieselsäurepigmente.* (**Schwz. P. 332 800** vom 17/9. 1955, ausg. 15/11. 1958. A. Prior. 5/11. 1954. — C. **1959.** 14888 [F. P. 1 134 178].)

Union Carbide Corp., New York, N.Y. (Erfinder: **Subbaraju Venkataramaraj Urs,** Chicago, Ill.), V.St.A., *Herstellung von Thermoplasten für Folien.* (**Jap. A. S. 2197/1959** vom 28/11. 1956, ausg. 9/4. 1959. A. Prior. 27/12. 1955. — C. **1960.** 1348 [D. A. S. 1 040 784].)

Ciba Ltd., Basel, Schweiz, *Herstellung neuer Polymerer.* (**E. P. 835 579** vom 24/12. 1956, ausg. 25/5. 1960. Schwz. Prior. 23/12. 1955. — C. **1960.** 4037 [Oe. P. 203 718].)

Farbenfabriken Bayer Akt.-Ges., Leverkusen (Erfinder: **Heinz Ehring** und **Karl Raichle,** Krefeld), *Herstellung von Polymerisationsprodukten.* (**D. B. P. 974 381** Kl. 39c vom 17/2. 1950, ausg. 22/12. 1960. Anmeldung bekanntgemacht 7/6. 1951. — C. **1954.** 10109 [E. P. 690 352].)

Farbenfabriken Bayer Akt.-Ges., Krefeld, *Aluminium-Bronze-Lack.* (**Norw. P. 90 117** vom 13/12. 1955, ausg. 7/10. 1957. D. Prior. 31/12. 1954. — C. **1957.** 13819 [D. A. S. 1 008 843].)

XIb. Plaste (Kunstharze. Plastische Massen)

Das Schweißen thermoplastischer Kunststoffe — Entwicklung und Forschung. A. H. Henning. (Schweissen u. Schneiden **13.** 2—3. Jan. 1961. Aachen.) (Dt.)

Die Ähnlichkeit zwischen dem Schweißen von Kunststoffen u. von Metallen wird aufgezeigt. Ausführung, Kennzeichen u. Anwendungen der Schweiß-Verff. für Kunststoffe werden beschrieben. W. WESLY. 7170□

Die Abhängigkeit der Qualität der Erzeugnisse aus Fluoroplast-4 von den Verarbeitungsbedingungen. I. Sch. Pik (unter Mitarbeit von F. I. Skundina und R. I. Lyssenkowa). (Пластические Массы [Plast. Massen] **1960.** Nr. 6. 30—32.) (Russ.)

Sprünge an dicken Fluoroplastplatten lassen sich durch spezif. Drucke von 225 bis 250 kg/cm² u. langsame Abkühlung im Laufe von 4½ Std. vermeiden, Sprünge an Stempeln durch genaue Dosierung (850 g). Bei einem Druck unter 110 kg/cm² kleben die Teile an der Preßform an u. zerbrechen. Die Schrumpfung ist am geringsten bei Drücken von 250 kg/cm². J. v. SCHROEDER. 7172□

Thermischer Abbau des Polyvinylchlorids in Gegenwart von Katalysatoren. Zoltán Wolkóber. (Magyar Kémikusok Lapja [Z. Ver. ung. Chemiker] **16.** 79—83. Febr. 1961. Budapest, Forsch. Inst. Organ.- u. Kunststoffind.) (Ung.)

Beim therm. Abbau von Polyvinylchlorid werden in Ggw. von Cl_2 (in N_2 bzw. Luft) aus *Buna K* bei 180—200° verschiedene Mengen HCl abgespalten. Gleichzeitig erfolgt Chloraddition, Chlorsubstitution u. HCl-Abspaltung. Beim therm. Abbau von *Buna F* in Ggw. von 0,001—0,5% $FeCl_3$ wird zwischen 190 u. 230° HCl abgespalten. Die Geschw. dieses Abbaus nimmt mit des $FeCl_3$-Konz. bis 0,1% ab, dann wieder zu. Die Hemmwrkg. des $FeCl_3$ auf die HCl-Abspaltung ist seiner cyclisierenden bzw. vernetzenden Wrkg. zuzuschreiben. P. TOLNAY. 7172

Gewinnung von Harzen des Typs Inden-Cumaron aus Leichtölfraktionen der Erdölpyrolyse. L. A. Guchman und P. D. Schichalisade. (Известия Высших Учебных Заведений, Нефть и Газ [Hochschulnachr., Erdöl Gas] **3.** Nr. 11. 75—78. 1960. Aserbaidshan. Asisbekow-Inst. für Erdöl u. Chemie.) (Russ.) — C. **1959.** 3659.

Untersucht wurde die Leichtölfraktion 160—200° aus der Pyrolyse von Erdöl. Bei der Polymerisation in Ggw. von H_2SO_4 ist der Rückstand nach der Dest. ein dunkler, stark viscöser oder harter Stoff. Durch Temp.-Steigerung bei der Dest. von 100 auf 180° vermindert sich allmählich die Ausbeute an Harz. Das bei 180° gewonnene Harz erhärtet schon bei 55°. Zur Erreichung eines Erweichungspunktes von 60° (GOST-Vorschrift) bedarf es augenscheinlich noch einer tiefergreifenden Destillation. Bei der Polymerisation in Ggw. von $AlCl_3$ liefert die Dest. des Polymerisats bis zu 180° ein Harz, das der Vorschrift von GOST 9263—59 entspricht. Die Harzausbeute ist bei der Polymerisation mit $AlCl_3$ höher als bei der Polymerisation mit H_2SO_4. Waschen des Harzes mit PAe. lieferte ein Harz mit einer Erweichungs-Temp. von 63° u. heller Bernsteinfarbe bei einer Ausbeute von 34,5% vom dunklen Produkt. Mit A.–Bzl. erhält man ein dunkleres Harz mit einer Erweichungs-Temp. von 119°. W. HANTZSCH. 7172□

Das Verarbeiten von Acetalharzen. P. N. Richardson. (SPE Journal **16.** 1324 bis 1328. Dez. 1960. E. I. du Pont de Nemours & Co.) (Engl.)

Für das Acetalharz „*Delrin*" wird aus der graph. Darst. der Temp.-Abhängigkeit der spezif. Wärme c_p die für den Schmelzprozeß erforderliche Wärmemenge berechnet. Zur Berechnung der Zeit, die zum Erwärmen auf eine bestimmte Temp. unterhalb des Schmelzbereichs erforderlich ist, wird nach dem Verf. von GURNEY u. LURIE [1923] ein Beispiel gegeben. Die für vollständiges Schmelzen bzw. Erstarren von Rundstäben (Radius R inches) oder Platten (halbe Dicke a inches) aus Delrin erforderliche Zeit M läßt sich mit Hilfe folgender empir., als Annäherung an exakte Berechnungen gewonnene Gleichungen ausdrücken: Schmelzen, Rundstäbe: $M = 15{,}0\ R^2(336-0{,}5\ T_0)/(T_S-352)$, Platten $30{,}3\ a^2$ statt $15{,}0\ R^2$; Erstarren, Rundstäbe: $7{,}7\ R^2\cdot(T_0 + 252)/316-T_S)$, Platten: $15{,}6\ a^2$ statt $7{,}7\ R^2$, wobei stets $T_0 < 257°$ F u. $T_S > 374°$ F. Die Gleichungen werden auf das Pressen von Rundmaterial u. auf Spritzguß angewandt. R. JUNGE. 7176□

Leichtbausteine mit Zusätzen von Kunststoff-Dispersionen und vorexpandierten Partikeln aus Styropor. Klaus Köhling und Rolf Petri. (Kunststoffe **50.** 648—51. Nov. 1960. Ludwigshafen/Rh., BASF, Kunststoff-Rohstoff-Labor.) (Dt.)

Festigkeit u. therm. Isolierwrkg. von mit Styropor P-Partikeln hergestelltem Leichtbeton werden durch Zusatz von Kunststoffdispersionen zum Zementmörtel erhöht. Es werden verwendet Dispersionen von Polymerisaten u. Copolymerisaten des Vinylpropionats, die Erhöhung der Druck- u. Biegezugfestigkeit bewirken, oder wss. Dispersionen von Poly-Epoxy-Verbb. mit bes. erhöhter Steigerung der Festigkeit. Die gleiche Wrkg. tritt auch bei Verw. von Kalk oder Gips als Bindemittel ein. G. FRIKELL. 7204□

Schichtstoffe auf Glasfasergrundlage. 10. Mitt. Die technologischen Eigenschaften der alkoholischen Lösung von bei der Herstellung von Glasfaser- und anderen Schichtkörpern verwendbaren Phenol-Resolharzen. P. S. Li, T. M. Kaschirskaja und T. M. Lukowenko. (Пластические Массы [Plast. Massen] **1960.** Nr. 6. 23—25.) (Russ.) — 9. vgl. Пластические Массы [Plast. Massen] **1960.** Nr. 5. 12.

Vff. haben festgestellt, daß die Viscosität der alkohol. Lsgg. des für Glasfasern geeigneten Bindemittels vom Typ Resolharz bei 70° ziemlich abhängig von der Konz. des A. ist, wodurch durch Anwendung hochprozentiger A.-Lsgg. bei 70° eine Ersparnis an A. möglich ist. Die Erwärmung der Lsgg. des Harzes während 3—5 Std. beeinflußt die Struktur desselben nur wenig. J. v. SCHROEDER. 7204□

Die Bestimmung von Elektrolytspuren in siliciumorganischen Flüssigkeiten. L. M. Schtifman, Ss. L. Leltschuk und W. A. Sarinski. (Пластические Массы [Plast. Massen] **1960.** Nr. 2. 26—28.) (Russ.)

Als schnelle u. genaue Meth. wurde die Titration mit hochfrequentem Wechselstrom angewandt. Grundlage der Best. ist die Veränderung der DK u. elektr. Leitfähigkeit der Lsg. mit ihrer Zus. u. Konzentration. An Hand von Eichkurven wurde der Säure-Geh. techn. siliciumorgan. Fll. bestimmt. Die Ergebnisse liegen höher als bei der volumetr. Titration gegen Phenolphthalein, dadurch bedingt, daß die Stromstärke nicht nur durch die H^+-Konz., sondern auch durch andere Ionen in der Lsg. bestimmt wird. Die Meth. kann zur Best. der Korrosionsaktivität siliciumorgan. Prodd. dienen.

D. WOLTER. 7210□

Bestimmung der Salzsäurebeimengung in siliciumorganischen Flüssigkeiten und Lacken. L. M. Schtifman und Ss. W. Ssjawzillo. (Пластические Массы [Plast. Massen] **1960.** Nr. 6. 71—72.) (Russ.)

Die früher von SCHTIFMAN, LELTSCHUK u. SARINSKI angegebene Meth. (vgl. vorst. Ref.) wurde durch Einführung einer kalibrierten Kurve verbessert. Die erhaltenen Zahlen für HCl stimmen gut mit den berechneten überein. J. v. SCHROEDER. 7210□

Olin Mathieson Chemical Corp., Va., übert. von: Hansjuergen A. Schroeder, Columbus, Ohio, V.St.A., **Polyfluoralkylborate (I)** der allg. Formel $B(OR)_3$ erhält man bei der Rk. von BCl_3 mit fluorierten aliphat. Alkoholen (II) der Formel $CF_3(CF_2)_nCH_2OH$ in Ggw. inerter Lsgm., wie PAe., Bzl., Toluol, Xylol, bei −15 bis +50°. In I bedeutet R den Rest $CF_3(CF_2)_n \cdot CH_2$-, n in I u. II = 0—5. — BCl_3 in PAe. wird tropfenweise mittels Eiswasser gekühltem 1.1-H.H-Heptafluorbutanol in PAe. zugesetzt. Man erhitzt anschließend 20 Min. auf 20°, filtriert u. dest. den PAe. ab. Man erhält *Tri-1.1-H.H-heptafluorbutylborat*, $C_{12}H_6BF_{21}O_3$, Kp.$_{200}$ 137°, n_D^{23} 1,2965. Es werden ferner hergestellt: *Tri-1.1-H.H-pentafluorpropylborat*, $C_9H_6BF_{15}O_3$, Kp.$_{200}$ 110°, n_D^{20} 1,2940. *Tri-1.1-trifluoräthylborat*, Kp.$_{200}$ 77°, n_D^{23} 1,2975. — Trocknungsmittel für Lsgm., Plastifikatoren für natürliche oder synthet. Harze bei gleichzeitiger Erhöhung der Flammsicherheit der Stoffe; Zwischenprodukte. (**A. P. 2 951 871** vom 21/7. 1959, ausg. 6/9. 1960.) G. KÖNIG. 7171

N. V. de Bataafsche Petroleum Mij., Den Haag, Holland (Erfinder: Franciscus Johannes Fredericus van der Plas und Adrianus de Keizer), **Olefinpolymerisation** nach dem ZIEGLER-Verf. erfolgt bei >60°, bes. 80—130°, unter kontinuierlicher oder absatzweiser Zugabe des Katalysators, der aus dem in Lsg. gehaltenen Polymerisat heiß abfiltriert wird. Beispiele mit Äthylen, das 0,0001—0,01 Gew.-% Acetylen als Verunreinigung enthalten kann. (**E. P. 832 204** vom 18/4. 1956, ausg. 6/4. 1960.) H. SCHINDLER. 7173

Dow Chemical Co., Midland, Mich., V.St.A., **Stabilisierung von Polyolefinen** gegen Wärme u. Licht, bes. UV-Licht. Die Wrkg. bekannter Antioxydantien (I) wird durch Polybenzoylresorcine (II) verbessert. Man setzt der Masse daher 0,01—2 (%) I, z. B. „Flectol H" oder 4-Methyl-2.6-di-tert.-butylphenol, u. 0,1—2 II, z. B. Tri- oder Dibenzoylresorcin, zu. (**Holl. P. 95 971** vom 10/8. 1956, ausg. 15/11. 1960.) F. BÖHM. 7173

E. I. du Pont de Nemours & Co., übert. von: Robert J. Christl und Milton J. Roedel, Wilmington, Del., V.St.A., **Polymerisation von Äthylen.** Man arbeitet bei 40—350° u. 50—3000 at in Lsgm. unter Rühren u. verwendet radikalliefernde Katalysatoren, wie organ. Peroxyde oder o.o'-Azodiisobutyronitril. (**A. P. 2 897 183** vom 13/1. 1954, ausg. 28/7. 1959.) A. DANDL. 7173

Chemische Werke Hüls Akt.-Ges., übert. von: Heinrich Weber, Hans Strache, Franz Broich, Walter Franke und Klaus Kiepert, Marl, **Niederdruckpolyäthylen** mit Molgew. von 500 000—1 500 000 erhält man in Ggw. einer Katalysatorkombination aus 1 (Mol) $TiCl_4$ u. 2—25 eines Al-Triaralkyls der Formel Al·$(CH_2CHR_1R_2)_3$, worin R_1 = (methyliertes oder äthyliertes) Phenyl u. R_2 = H, Methyl, Phenyl, methyliertes oder äthyliertes Phenyl ist. Nach den Mengenbeispielen werden Al-Tri-(2-phenylpropyl), Al-Tri-(2-phenyläthyl) verwendet. Gearbeitet wird bei 20 bis 70° u. 0,2—50 atü in üblichen Verdünnungsmitteln. — Tabellen, Kurven. (**A. P. 2935501** vom 26/2. 1957, ausg. 3/5. 1960. D. Prior. 28/2. 1956.) H. SCHINDLER. 7173

Ruhrchemie Akt.-Ges., Oberhausen, **Reinigung von Äthylenpolymeren,** die mit Hilfe einer Al–Alkyl-Verb. mit $TiCl_4$ in gesätt. KW-Stoffen hergestellt wurden. Nach mechan. Abtrennung des größten Teiles des noch anhaftenden Lsgm. schlämmt man die Masse mit W. auf, das alkal. Mittel, bes. <5 Gew.-% NaOH, u. zweckmäßig noch ein Netzmittel enthält, u. unterwirft die Aufschlämmung einer Wasserdampfdestillation. Eine Säurebehandlung findet nicht statt. (**Holl. P. 95 589** vom 10/9. 1954, ausg. 15/10. 1960.) F. BÖHM. 7173

Goodyear Tire & Rubber Co., Akron, Ohio, V.St.A., **Herstellung eines Polymerisats** aus einem polymerisierbaren, nur eine CH_2=CH<-Gruppe enthaltenden Monomeren in Ggw. eines organ. Peroxydicarbonats (I), dad. gek., daß man die Polymerisation in Ggw. eines in der Rk.-Mischung gebildeten I in einem eine wss. u. eine ölige Phase enthaltenden Polymerisations-Syst. durchführt. Die reaktionsfähigen Verbb. sind ein Peroxyd u. ein Alkylhalogenformiat. In der wss. Phase ist z. B. H_2O_2 u. in der Monomerenphase Äthylchlorformiat zugegen. Als Ausgangsstoff ist im Beispiel *Vinylchlorid* genannt, das bei 50° ein verhältnismäßig nur gering gefärbtes Polymerisat ergibt. Zuvor hergestelltes I führt zu explosionsartigen Rkk. u. verfärbt das Polymerisat. (**D. A. S. 1 099 738** Kl. 39c vom 22/8. 1959, ausg. 16/2. 1961. **E. P. 851 964** vom 1/6. 1959, ausg. 19/10. 1960. Beide A. Prior. 24/11. 1958.) H. SCHINDLER. 7173

Kureha Kasei Kabushiki Kaisha (Erfinder: Keiichi Nambe), Tokyo, Japan, **Polymerisieren von Vinylchlorid,** allein oder mit anderen polymerisierbaren Monomeren, in wss. Emulsion mit Emulgatoren, wie Traganthgummi, Gelatine, Methylcellulose, Polyvinylalkohol, u. in Ggw. von Maleinsäure oder maleinsauren Metallsalzen, wie Ca-, Sr-, Ba- oder Cd-Salzen. — Man mischt 0,05 (Gewichtsteile) Polyvinylalkohol,

0,1 Ca-Maleinat u. 200 W., gibt unter N_2 oder Vinylchloridgas 0,2 Lauroylperoxyd zu, drückt 100 Vinylchlorid zu, rührt mit 300 U/Min. bei 50° 24 Std. u. erhält ein feines Polymerisatpulver. (**Jap. A. S. 5444/1959** vom 30/11. 1956, ausg. 26/6. 1959.) M. PANKOW. 7173

Shinagawa Kako Kabushiki Kaisha (Erfinder: Tetsuya Sato und Keiichi Hara), Tokyo, Japan, **Oberflächenbehandlung schwer löslicher Bleisalze.** Man gibt in fl. Suspensionen schwer lösl. Pb-Salze, die organ. Amine gelöst enthalten, wss. Lsgg. von Salzen von Aminen mit aliphat. Säuren, die man aus höheren Fettsäuren u. organ. Aminen erhält, u. erzeugt so auf der Pb-Salz-Oberfläche stabile, wasserabweisende u. lipophile Filme. — 100 (g) 3bas. Pb-Sulfat werden in 2000 W. suspendiert, 2 CH_3NH_2 zugesetzt; hierzu wird eine wss. Lsg. gegeben, die man durch Rk. von 1 Laurinsäure u. 0,15 CH_3NH_2 in 50 W. bei 60° erhält. Man filtriert, wäscht u. erhält ein Pulver, das sich als *Zusatz zu Vinylchloridharzen* eignet. (**Jap. A. S. 5687/1959** vom 8/10. 1956, ausg. 30/6. 1959.) M. PANKOW. 7173

Elastomer Chemical Corp., V.St.A. (Erfinder: William Johnston Smythe, Egon Michael Muller und Robert Washburn Weeden), **Härten von Vinylharzschaum.** Der nicht gelierte Schaum, z. B. aus Dioctylphthalat u. -adipat enthaltendem Polyvinylchlorid, wird in ein Hochfrequenzfeld gebracht u. die Form, in der sich die Masse befindet, von außen in dem Maße erwärmt, wie die Temp. in der Form durch die Einw. des elektr. Feldes steigt. Nach der Gelierung wird die Zufuhr elektr. Energie durch Red. der Frequenz oder der effektiven Spannung gedrosselt, so daß die Temp. gehalten oder nur noch langsam gesteigert wird. Als Material für die Form hat sich faserverstärktes Alkydharz bewährt. (**F. P. 1 151 522** vom 11/4. 1956, ausg. 31/1. 1958. A. Prior. 12/4. 1955.) M. PANKOW. 7173

Standard Oil Co., Chicago, Ill., V.St.A., **Herstellung von Polypropylen** nach E. P. 734 501 aus Propylen in Ggw. von teilreduzierten Mo- oder Zr-Oxyden mit Al_2O_3 als Träger. Die Reinigung erfolgt durch Lsg. in Xylol bei 135° u. Abscheidung durch Abkühlen auf 25°. Tabellen über Verf.-Bedingungen u. Eigg. der End-Prodd., die zu *Filmen, Fasern, Folien* verarbeitet u. Schmierölen oder Schmierfetten zugesetzt werden können. — Kurven der IR-Spektren. (**E. P. 820 727** vom 31/8. 1955, ausg. 23/9. 1959. A. Prior. 15/10. 1954. **Zusatz zu E. P. 734 501; C. 1956. 7410.**) H. SCHINDLER. 7173

N. V. de Bataafsche Petroleum Mij., Den Haag, Holland, **Katalysatorsysteme zur Herstellung stereospezifischer Polymerisate,** bes. Polypropylene, erhält man durch Mischen von Al-Trialkylen, bes. $Al(C_2H_5)_3$, mit einem zuvor auf 200—475° bei $<$10 mm Hg erhitzten Halogenid eines Übergangsmetalls, bes. $TiCl_3$ oder $TiBr_3$. Die Polymerisation erfolgt bei 30—100° u. 0,7—35 at Druck. Hoher Geh. an isotakt. hochmol. Produkten. (**E. P. 826 908** vom 15/10. 1958, ausg. 27/1. 1960. A. Prior. 17/10. 1957.) H. SCHINDLER. 7173

N. V. de Bataafsche Petroleum Mij., Den Haag, Holland, **Polymere konjugierter Diene mit vorwiegender Transkonfiguration** erhält man durch Polymerisation bei 20—80° in Ggw. eines aus Li-Alkyl u. Co- oder Ni-Halogenid oder -Nitrat hergestellten Katalysators u. in Ggw. eines Äthers. Verhältnis Metallsalz: Li-Alkyl = 1:1 bis 10:1. — Man erhält z. B. ein *Butadienpolymerisat* mit 68% Trans-1.4-, 4% Cis-1.4- u. 28% 1.2-Konfiguration. (**E. P. 838 368** vom 26/1. 1959, ausg. 22/6. 1960. A. Prior. 27/1. 1958.) L. STADELMANN. 7173

Imperial Chemical Industries Ltd. (Erfinder: John William Croom Crawford und Mervyn Frederick Vincent), **Polymerisieren von Verbindungen mit einer konjugierten Doppelbindung,** bes. Butadien (I) u. Isopren, dad. gek., daß diese in Ggw. eines Rk.-Prod. erfolgt, das aus einem Alkyl-, Aryl-, Alkenyl-, Alkinyl- oder Aralkylmetall der 1., 2. oder 3. Gruppe, wobei das Metall kein Übergangselement sein soll u. eine oder mehrere, aber nicht alle organ. Gruppen durch H ersetzt sein können, u. mindestens einem höheren Halogenid von Mo, Wo oder einem Metall der Untergruppen 4 u. 5 des Period. Syst., bes. $TiCl_4$ u. VCl_4, erhalten wird. — 3,4 g VCl_4, gelöst in 220 ml PAe., werden in mit trockenem N_2 durchspülte Flasche gefüllt u. 3,42 g $AlH(C_2H_5)_2$, gelöst in 22,5 g Methylcyclohexan, tropfenweise zugegeben, worauf man 1,075 Kubikfuß I im Verlauf von $2^1/_2$ Std. durch die Mischung bläst. Durch Zugabe von 200 ml CH_3OH wird die Rk. unterbrochen u. ca. 23 g eines weißen klebrigen Polymerisats abgetrennt, das, mit IR-Strahlen untersucht, aus 40 (%) 1:2-Polymeren, 56 1:4-Transpolymeren u. 4 1:4-Cispolymeren besteht. Durch Variieren des Mol-Verhältnisses von VCl_4 : $AlH(C_2H_5)_2$ ändern sich die Eigg. der entstehenden Polymerisate. — Weitere 47 Beispiele. — Vgl. E. P. 796 134; C. **1960.** 5020. (**Aust. P. 215 043** vom 27/4. 1956, ausg. 12/6. 1958. E. Prior. 10/5., 9/12. 1955 u. 8/2. 1956. **Ind. P. 60220** vom 24/4. 1956, ausg. 19/8. 1958. E, Prior. 8/2. 1956.) C. LÜTTGEN. 7173

Esso Research and Engineering Co., V.St.A. (Erfinder: Roland Timothy Kelley, Augustus Bailey Small und James Benjamin Mc Kemie), **Isobutylen-Styrol-Mischpolymerisatgewinnung.** Die mit FRIEDEL-CRAFTS-Katalysator bei tiefen Temp. erhaltene Mischpolymerisat-Lsg. wird in konvergierenden Wasserdampf gespritzt u. gleichzeitig durch Zuführung von kaltem Lsgm. die Temp. <38—60° gehalten, die Dispersion mit warmem W. in Berührung gebracht u. das Lsgm. verdampft. Man kann so die Teilchengröße des abgeschiedenen Mischpolymeren regeln. — Vorrichtung. (**F. P. 1 151 999** vom 29/6. 1956, ausg. 7/2. 1958. A. Prior. 8/7. 1955.)
M. PANKOW. 7173

American Cyanamid Co., New York, N.Y., übert. von: John A. Price, Stamford, und John J. Padbury, Springdale, Conn., V.St.A., **Ternäre Mischpolymerisate** aus 2—15% Methylacrylat, 1,5—15 eines Vinylpyridins u. dem Rest zu 100 Acrylnitril, werden durch Suspensions-, Emulsions- oder Blockpolymerisation mit Hilfe von Licht oder Wärme oder beider oder auch durch Verw. von Katalysatoren (**I**) u. Aktivatoren (**II**) hergestellt. Als **I** dienen organ. Peroxyde, radikalliefernde Verb. wie α.α-Azodiisobutyronitril oder Redox-Syst., als **II** dienen sauerstoffhaltige Schwefel-Verb., als Lsgm. werden W., Bzl., Toluol oder Xylol verwendet. (**A. P. 2 891 035** vom 3/7. 1953, ausg. 16/6. 1959.)
A. DANDL. 7173

White Laboratories, Inc., Kenilworth, N.J., V.St.A. (Erfinder: R. L. Markus), **Verschäumbare Polymere mit geringer Vernetzung** werden erhalten durch Polymerisation von Monomeren (**I**) in Ggw. von 0,01—0,2% 2 ungesätt. Bindungen aufweisenden Monomeren (**II**), welche als Vernetzungsmittel dienen, in Ggw. von Katalysatoren (**III**) u. inerten Lsgm. (**IV**) in inerter Gasatmosphäre u. wss. Lsgg. 2 wertiger Metalle (**V**), welche kein Redox-Syst. darstellen, bei Rückflußtemperatur. Als **I** dienen Acrolein, Allylidendiacetat, Acrylnitril, Acrylsäure u. deren Salze u. Ester, Methacrylsäure u. deren Salze u. Ester, Ester u. Monoester der Fumarsäure, Maleinsäureanhydrid, Maleinsäure u. deren Ester u. Monoester, Ester u. Halbester der Itacon-, Atropa-, Chloracryl-, Bromacryl-, Jodacrylsäure sowie die freien Säuren, o, m, p-Methyl-, -Fluor- u. -Chlorstyrol, Ester u. Salze der α-Sulfo-, -Aminoacrylsäure, Acrylamid, N-Monomethyl- u. N.N-Dimethylacrylamid, Acrylsäure- u. Methacrylsäureanhydrid, Methylvinyl- u. Hydroxymethylvinylketon, o, p-Methoxystyrol, Äthylenglykolmonomaleat oder -fumarat, N-Vinylmethylacetamid, Vinylacetat, -butyrat, -benzoat, Vinylchinolin u. -pyridine, N-Vinylpyrrolidon, Cyclopentadien, N-Vinylphthalamid, -succinimid, -acetamid, -diacetimid. Als **II** dienen Butadien, N.N-Diallylacrylamid, Diallylamin, Diallylmethacrylamid, 2.5-Dimethyl-3.4-dihydroxy-1.5-hexadien, 2.5-Dimethyl-2.4-hexadien, Divinylbenzol, Diäthylenglykoldivinyläther, Isopren, Trivinylbenzol, 2.7-Dimethyl-1.7-octadien, 1.7-Octadien, Diisopropenylbenzol, Triisopropenylbenzol, Diisopropenyldiphenyl, 1.1.3.5-Tetraallyl-1.3-propandiol, 1.1.3.3-Tetramethyl-1.3-propandiol, 4.6-Dimethyl-4.6-dihydroxy-1.8-nonadien, 2.4.6.8-Tetramethyl-4.6-dihydroxy-1.8-nonadien, Nonadien-(1.8) u. 2.8-Dimethylnonadien-(1.8) Als **III** dienen z. B. Benzoylperoxyd, 2.2'-Azo-bis-isobutyronitril, $K_2S_2O_8$, Acetylperoxyd, Di-tert.-butylperoxyd, Tetraphenylbernsteinsäuredinitril, als **IV** dienen Aceton, Essigsäure, PAe., Bzl., Toluol, Xylol, aliphat. aromat. u. alicycl. KW-Stoffe. Als **V** dienen Salze des Ba, Be, Cd, Ca, Cr, Co, Pb, Mg, Mn, Mo, Ni, Sr, Sn, W, Zn. — Zu einem Gemisch von 100 g Acrylsäure, 1.2-Divinylbenzol, 1 Benzoylperoxyd wird eine gesätt. wss. Lsg. von $MgSO_4$ gegeben u. auf 95° erwärmt. Nach 5 Min. erhält man ein leicht verschäumbares Harz (6105 g). (**Belg. P. 559 288** vom 16/7. 1957, ausg. 8/4. 1960.)
A. DANDL. 7173

United States Rubber Co., New York, N.Y. (Erfinder: Pliny Otto Tawney, Passaic, N.J.), V.St.A., **Herstellung von Mischpolymerisaten für Formkörper und Schutzüberzüge,** dad. gek., daß ein Imid der Formel **I**, in der A=H oder ein KW-Stoffrest ist, mit einer mischpolymerisierbaren Verb., die eine (reaktionsfähige, endständige) Äthylenbindung bzw. -gruppe enthält, in Ggw. eines freie Radikale bildenden Katalysators mischpolymerisiert wird. Hierbei ist das Verhältnis der Äthylen-Verb. zum Imid ca. 0,25 : 1 bis 10 : 1. Erstere hat bes. die allg. Formel $CH_2{=}C(X)Y$, in der X = H oder Methyl u. Y = Nitril- oder Amidgruppe der Formel —CO—N(R)R' oder eine Säure- oder Estergruppe —COOR, worin R u. R' = H, Alkyl- oder Aralkylgruppen bedeuten. Nach den Beispielen wird Carbaminylmaleinimid mit Maleinsäureanhydrid, Styrol, Vinylacetat, Methylacrylat oder Acrylnitril in Ggw. von Benzoylperoxyd oder N.N'-Azo-bis-(α-isobuttersäurenitril) bei ca. 65—80° mischpolymerisiert. Die Eigg. der Endprodd. werden durch die Monomerenmengen beeinflußt. So neigt z. B. das Endprod., bei dem die Menge des Imids die des Styrols überwiegt, zu verbesserter Schlagfestigkeit. (**D. A. S.**

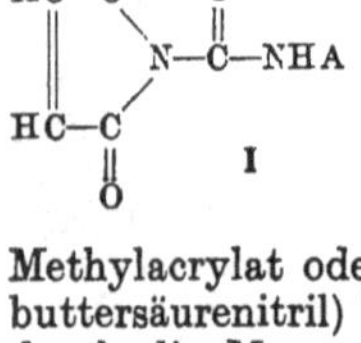

I

1 100 288 Kl. 39c vom 29/6. 1959, ausg. 23/2. 1961. **E. P. 851 440** vom 22/5. 1959, ausg. 19/10. 1960. Beide A. Prior. 8/7. 1958.) H. SCHINDLER. 7173

Badische Anilin- & Soda-Fabrik Akt.-Ges., Ludwigshafen/Rh. (Erfinder: Erich Kühn, Ziegelhausen, Gerd Louis, Ernst Penning, Rudolf Senninger und Hans Wilhelm, Ludwigshafen/Rh.), **Modifizieren der Endgruppen hochpolymerer Formaldehyde,** dad. gek., daß man diese Hochpolymeren mit α-Chloralkyläthern von aliphat., cycloaliphat., heterocycl. oder aromat. Hydroxyl-Verbb. ggf. in Ggw. von bas. Verbb., zur Rk. bringt. In gleicher Weise kann man auch Polyformaldehyd mit quatern. Salzen von α-Chloralkyläthern mit Aminen zur Rk. bringen. Zum Beispiel wird Dimethylcyclohexylamin mit Chlormethylmethyläther, 1.4-Bis-(chlormethoxy)-butan, α-Chloräthylbenzyläther oder 2.3-Dichlordioxan unter Kühlung zu den entsprechenden Salzen ohne Isolierung umgesetzt u. in die entstandene Suspension Polyformaldehyd eingeführt. Nach Erhitzen auf ca. 130—140° werden Endprodd. mit guter therm. Stabilität für Fasern, Folien, Formstücke erhalten. (**D. A. S. 1 091 750** Kl. 39c vom 14/6. 1958, ausg. 27/10. 1960. **E. P. 848 660** vom 9/6. 1959, ausg. 21/9. 1960. D. Prior. 14/6. 1958.) H. SCHINDLER. 7177

Siemens-Schuckertwerke Akt.-Ges., Berlin und Erlangen (Erfinder: Gerlinde Bürklin, Erlangen, und Rudolf Schmidt, Redwitz), **Elastische Phenolharzformkörper** entstehen, wenn bei Einsetzen der Unlöslichkeit in der wss. Rk.-Phase 5—30% Acrylnitril oder Vinylidencyanid, ggf. zusammen mit einem Alken oder Alkin, zugesetzt wird. (**D. A. S. 1 103 016** Kl. 39b vom 22/8. 1957, ausg. 23/3. 1961.) F. KOCH. 7177

Siemens & Halske Akt.-Ges., Berlin und München (Erfinder: Hermann Ziener, Stuttgart), **Verkleben von Polyterephthalatfolien.** Man verwendet hierfür ein Gemisch aus Benzylalkohol (I) u. Phenol (II) als Klebmittel, wobei die Verklebung bei einer Temp. von 180—200° vorgenommen wird. Zweckmäßig ist ein Gemisch aus 5 Teilen II u. 1 Teil I. (**D. A. S. 1 102 941** Kl. 22i vom 25/2. 1960, ausg. 23/3. 1961.) E. FUCHS. 7177

E. I. du Pont de Nemours & Co., Wilmington, Del. (Erfinder: Thomas Joseph Hyde, Woodbury, N.J.), V.St.A., **Form- und Klebmassen auf Grundlage von Monoepoxyverbindungen.** Der D.A.S. 1 091 747; C. **1961.** 8497 ist nachzutragen, daß die Glycidylester einer α.β-ungesätt. Monocarbonsäure, wie Glycidylmethacrylat, ein Säureanhydrid u. ein 1wertiger Alkohol mit wenigstens 3 C-Atomen oder ein mehrwertiger Alkohol oder ein Polyglykol in einem Mengenverhältnis vorliegen, daß 0,55 bis 1,0 Anhydridgruppen auf jede Epoxydgruppe bzw. 0,01—0,9 alkohol. OH-Gruppen auf jede Anhydridgruppe treffen. (**D. A. S. 1 099 164** Kl. 39b vom 30/12. 1958, ausg. 9/2. 1961. A. Prior. 31/12. 1957.) G. TEWES. 7177

Imperial Chemical Industries Ltd., London, England (Erfinder: John Richard Lewis), **Herstellung von Fettsäureestern von Epoxydharzen** durch Rk. von 1 (Mol) eines 2wertigen Phenols mit 1—2 eines Halogenhydrins in Ggw. einer höheren Fettsäure (I) u. zur Bindung des Halogens ausreichender Menge Alkali. Nach dem Neutralisieren u. Auswaschen des Rk.-Prod. wird in der Wärme mit Alkoholen u./oder Carbonsäuren verestert. Nach einem Beispiel werden Bis-(4-hydroxyphenyl)-2.2-propan mit Epichlorhydrin u. dehydrierten Erdnußfettsäuren in NaOH-Lsg. bis auf 90° erhitzt. Die Weiterbehandlung kann z. B. mit einem Gemisch aus Leinöl, Leinölfettsäuren, Phthalsäureanhydrid u. Glycerin bei Temp. bis zu 240° erfolgen. Man erhält ölmodifizierte Alkydharze für Form-Prodd., Kleb- u. Überzugsmittel. (**E. P. 835 574** vom 14/12. 1956, ausg. 25/5. 1960.) H. SCHINDLER. 7177

Farbenfabriken Bayer Akt.-Ges., übert. von: Karlheinz Andres, Richard Wegler und Gunter Frank, Leverkusen, **Polyepoxyd-Amin-Kunststoffe.** Es wurde gefunden, daß man bei gewöhnlicher Temp. schnell härtende Kunststoffe erhält, die zur Herst. von Formkörpern geeignet sind, wenn man Gemische von 1. tert. aromat. Aminen mit mehr als einer Epoxygruppe, z. B. 20—80 Gewichtsteile, u. 2. Polyglycidyläthern von gesätt. aliphat. Alkoholen mit mindestens 3-Hydroxylgruppen, z. B. 80—20, mit 3. aliphat. Polyaminen, z. B. 5 bis 30 Gew.-%, bezogen auf die Summe von 1. u. 2., reagieren läßt. Als 1. kann man Verbb. der Formel **A**, der Formel **B** u. der Formel **C** verwenden. In diesen Formeln bedeuten R eine ggf. sub-

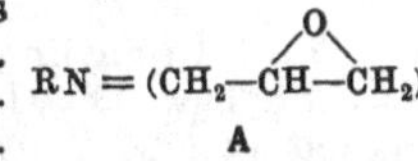

A

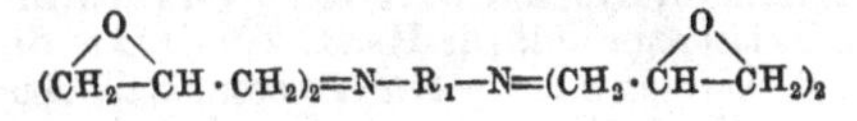

B

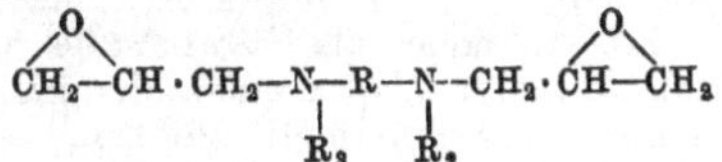

C

stituierte Phenylgruppe, R_1 einen 2wertigen aromat. Rest, wie Phenylen, Diphenylen, -alkan, -sulfon, -äther oder -sulfid, u. R_2 u. R_3 aliphat. oder cycloaliphat. 1wertige Reste mit 1—8 C-Atomen. Als Beispiel für 1. sei Bis-(monomethylamino-2.3-epoxypropyl-aminophenyl)-methan genannt, für 2. die Polyglycidyläther von Trimethylolpropan oder Hexantriol u. für 3. ein Polyalkylenpolyamin, wie Triäthylentetramin. (**A. P. 2 921 037** vom 12/6. 1958, ausg. 12/1. 1960. D. Prior. 19/6. 1957.) K. SARRE. 7181

Jaques Wolf & Co., Passaic (Erfinder: Lucient Sellet, Saddle River, N. J., V.St.A., und William Orville Dawson, Exeter, New Hampshire, England), **Herstellung in Wasser löslicher, in wässeriger Lösung stabiler Dicyandiamid-Formaldehyd-Harze,** dad. gek., daß Dicyandiamid (I) mit > 3,6 Mol CH_2O pro Mol **I** erhitzt wird, bis das entstandene Kondens.-Prod. (II) bei extremer Verdünnung in W. lösl. u. aus der Lsg. durch Zugabe von z. B. 1 Teil dinaphthylmethandisulfonsaurem Na zu 100 der Rk.-Mischung mit $Al_2(SO_4)_3$, in einer Menge zugegeben, daß der pH-Wert unter 7 liegt, fällbar ist u. daß vor, während oder nach der Kondens. H_3BO_3, z. B. 62 g auf 1 Mol **I**, zugegeben wird. Die so gebildeten **II** sind recht beständig u. lassen sich zum Imprägnieren von Gewebe, Leder, Holz, Kork, Papier usw., zur Fixierung von bes. Gerb- u. Farbstoffen, zum Gerben von Leder u. Häuten, für Firnisse u. Lacke u. für den Textildruck verwenden. — Vgl. E. P. 736 197; C. **1956.** 9586. (**D. A. S. 1 098 200** Kl. 39c vom 18/3. 1953, ausg. 26/1. 1961. A. Prior. 18/3. u. 19/8. 1952.) K. SARRE. 7181

United States Rubber Co., New York, N. Y. (Erfinder: John Caleb Bill und Stanley Charles Einhorn, New Haven, Conn., V.St.A., **Wasserfester Polyurethanschaum.** Man mischt einen Polyester aus einem Glykol u. einer aliphat. Dicarbonsäure mit 36 C-Atomen u. SZ. <5 mit einem Amin (Äthanolamin, Tripropanolamin, Diäthanolamin, Dipropanolamin), einem tert. aliphat. Amin, einem Polysilicon (Polydimethylsiloxan) u. einer wss. Alkalicarbonat-Lsg., verschäumt die Mischung u. härtet den Schaum. — Man mischt 100 Polyester (z. B. aus Äthylenglykol u. Dilinoleinsäure) 0,25 Polydimethylsiloxan, 2 n-Methylmorpholin, 1,5 Triäthanolamin u. gibt hierzu 30 Toluoldiisocyanat, mischt noch 3 Min., läßt 15 Min. ruhen, mischt 2 4%ig. K_2CO_3-Lsg. unter stark scheerender Behandlung in 30 Sek. ein u. gießt in die Form, aus der man nach $^1/_2$—1 Std. den Schaum nimmt u. ihn 7 Tage altern läßt. (**F. P. 1 157 927** vom 7/9. 1956, ausg. 5/6. 1958. **D. A. S. 1 040 780** Kl. 39b vom 10/10. 1956, ausg. 9/10. 1958. **E. P. 809 697** vom 27/7. 1956, ausg. 4/3. 1959. Alle A. Prior. 12/10. 1955.) M. PANKOW. 7181

Agricola Reg. Trust (Erfinder: Karl Hermann Hacklander), Vaduz, Liechtenstein, **Nachbehandlung flexibler Polyurethanschaumstoffe (I).** Die **I** werden auf solche Temp. erhitzt, daß die Oberfläche weich wird u. die Poren an der Oberfläche durch Wischen u. Andrücken einer flachen oder zylindr., ggf. ziselierten Metallform (Walze) verschlossen werden können. Die **I** können auch Schaumstoffüberzüge aus anderen hitzehärtbaren oder thermoplast. Kunstharzen aufweisen. (**E. P. 841 318** vom 13/10. 1955, ausg. 13/7. 1960.) G. TEWES. 7181

Imperial Chemical Industries Ltd., London, England (Erfinder: John Francis Wood), **Porenregulierende Mittel bei der Herstellung von Polyurethanschaumstoffen** auf der Grundlage von Polyestern (I) u. Polyisocyanaten sind bes. in W. lösl. Fe-Salze ($FeSO_4$, Fe-Halogenide, -Nitrat, -Acetat, -Ammoniumsulfat, -Chlorid u. FeMg-Chlorid), bes. in einer Menge von 25—1000 ppm, bezogen auf **I.** (**E. P. 841 863** vom 6/5. 1955, ausg. 20/7. 1960.) G. TEWES. 7181

Midland Silicones Ltd., London, England, **Kondensation von Organosiliciumverbindungen,** die mindestens 1 SiOH-Gruppe im Mol. enthalten, wie von Silanolen, Siloxanen u. Polysilanen, erfolgt durch Rk. mit organ. Isocyanaten, entsprechend den Gleichungen: $2 \equiv SiOH + RNCO \rightarrow \equiv SiOSi\equiv + H_2O$;- $H_2O + 2 RNCO \rightarrow CO_2 + (RNH)_2CO$. — 514,6 g fl. Dimethylpolysiloxan mit OH-Endgruppen u. einer Viscosität von 5075 cSt bei 25° werden mit 2,82 g Phenylisocyanat auf 150° erhitzt. Nach 8 Std. beträgt die Viscosität 40000 cSt u. nach 16 Std. 153000 cSt bei 25°. (**E. P. 836 954** vom 11/2. 1958, ausg. 9/6. 1960. A. Prior. 29/4. 1957.) J. MÜHLEISEN. 7189

Dow Corning Corp. (Erfinder: George W. Holbrook, Midland, Mich., V.St.A., bzw. Midland Silicones Ltd., London, England, **Herstellung von Organosiliciumsulfonen** durch Rk. von SO_2 mit Organo-Si-Verbb. mit wenigstens 1 Alkenylgruppe im Mol. in Ggw. eines Oxydationskatalysators oder von UV-Licht. Die Rk.-Prodd. können als *Schmiermittel* oder als Zwischenprodd. zur Herst. von *Organo-Si-Kautschuk* oder *-Harz* dienen. Man kann sie mit Olefinen mischpolymerisieren, z. B. eine Mischung aus Vinylmethylsiloxan, n-Buten u. SO_2 in Ggw. von $AgNO_3$ (I), oder sie organ. Sulfonharzen zur Verbesserung ihrer Wärmebeständigkeit zusetzen. — Man läßt

50 (g) eines Dimethylsiloxan–Methylvinylsiloxan (96 : 4)-Mischpolymeren, 100 SO_2 u. 5 Tropfen einer 1 % ig. Lsg. von I in abs. A. 2 Wochen stehen u. wäscht das Prod. SO_2-frei: kautschukartige Masse, die mit Benzoylperoxyd zu *elektr. Isoliermaterial* vulkanisiert werden kann. — 10 cm^3 SO_2, 5 cm^3 Divinyltetramethyldisiloxan u. 4 Tropfen der genannten I-Lsg. geben nach 1 Std. ein krist. Prod. vom F. 170°. (**F. P. 1 154 332** vom 29/6. 1956, ausg. 4/4. 1958. **E. P. 800 754** vom 1/6. 1956, ausg. 3/9. 1958. Beide A. Prior. 3/8. 1955. **A. P. 2 833 801** vom 3/8. 1955, ausg. 6/5. 1958.) M. PANKOW. 7189

American Cyanamid Co., New York, N.Y., übert. von: Arthur K. Hoffmann, Stamford, und Walter M. Thomas, Noroton Heights, Conn., V.St.A., **(Misch-)Polymere von Vinylphenylboronsäureestern.** Die Herst. der Ausgangsstoffe erfolgt durch Rk. einer Vinylphenylboronsäure oder deren Anhydrid mit einem beliebigen ein- oder mehrwertigen Alkohol oder deren Derivaten. — Zum Beispiel wird p-Vinylphenylboronsäure mit Diäthanolamin in Toluol azeotrop dest., wobei *Iminodiäthyl-(p-vinylphenyl)-boronat*, F. 236—237°, entsteht. Entsprechend: *Diallyl-(p-vinylphenyl)-boronat*, $Kp._1$ 100°; *Di-n-butyl-(p-vinylphenyl)-boronat*, $Kp._1$ 130°; *Dibenzyl-(p-vinylphenyl)-boronat*, viscose Fl. nach Dest. bei 1 mm Hg; *Di-(3-chlorpropyl)-(p-vinylphenyl)-boronat*, $Kp._1$ 138°; *Diphenyl-(p-vinylphenyl)-boronat.* In den Mengenbeispielen wird ferner die Homopolymerisation dieser Verbb. in Ggw. von BF_3, Diazodiisobutyronitril oder Di-tert.-butylperoxyd sowie deren Mischpolymerisation mit p-Cyanostyrol, Methylmethacrylat, Vinylacetat, Acrylnitril, Styrol, Äthylen- oder Diäthylenglykolfumaratsebacat u. letzteres zusammen mit Diallylphthalat beschrieben. Die Endprodd. eignen sich mit oder ohne Füllstoffe als *Textilhilfsmittel, Klebstoffe, Bindemittel* (für Laminate) u. als *Preßmassen.* (**A. P. 2 931 788** vom 6/9. 1957, ausg. 5/4. 1960.)
H. SCHINDLER. 7205

United Aircraft Corp., übert. von: John K. Atticks, East Hartford, Conn., V.St.A., **Poröses Material,** aus 5—25 [Gew.%] eines Kunstharzes (Schnitzel), einer bei höherer Temp. N-entwickelnden Verb. (**I**), 20—95% kurzen Fasern eines gehärteten Kunstharzes, sowie 80—5% eines Epoxyharzes als Bindemittel (**II**). Dieses **II** muß einen tieferen F. haben als die Kunststoffasern, aber einen so hohen, daß sich N aus **I** entwickeln kann. Mit diesem Material, das von —65 bis 300° F beständig ist, werden die Hohlräume vorgeformter Körper, z. B. *Flugzeugpropeller*, ausgefüllt.(**A. P. 2 895 173** vom 7/7. 1955, ausg. 21/7. 1959.) F. KOCH. 7205

Rohm & Haas Co., übert. von: **Edward F. Riener**, Philadelphia, Pa., V.St.A., *Acyloxyhalogenfettsäuren und ihre Ester.* (**A. P. 2 947 766** vom 16/4. 1954, ausg. 2/8. 1960. — **C. 1958.** 11087 [E. P. 770 585].)

UCLAF, Paris, Frankreich, *Thioglykolsäurederivate.* (**Belg. P. 562 727** vom 27/11. 1957, ausg. 3/6. 1960. F. Prior. 28/11. 1956. — **C. 1960.** 6673 [F. P. 1 161 857].)

Farbwerke Hoechst Akt.-Ges., vormals Meister Lucius & Brüning, Deutschland, *Nachbehandlung der Mischpolymerisate aus Acrylonitril und Estern der Vinylphosphonsäure.* (**F. P. 1 154 453** vom 11/5. 1956, ausg. 10/4. 1958. D. Prior. 11/5. 1955. — **C. 1960.** 15237 [D. A. S. 1 052 118].)

Imperial Chemical Industries Ltd., London (Erfinder: **Leslie Seed**, Northwich), England, *Herstellung von festem Polyäthylen.* (**Jap. A. S. 2247/1959** vom 29/11. 1956, ausg. 9/4. 1959. E. Prior. 30/11. 1955 u. 9/11. 1956. — **C. 1960.** 7356 [A. P. 2 839 519].)

Montecatini Soc. Gen. per l'Industria Mineraria e Chimica, Mailand, Italien, und **Karl Ziegler**, Mülheim-Ruhr (Erfinder: **Giuseppe Guzzette** und **Ezio Ercoli**), *Thermoplastisches Material.* (**Jap. A. S. 2245/1959** vom 4/9. 1957, ausg. 9/4. 1959. It. Prior. 5/9. 1956. — **C. 1960.** 6338 [F. P. 1 181 782].)

Imperial Chemical Industries Ltd., London (Erfinder: **Leslie Seed**, Northwich), England, *Herstellung von festem Polyäthylen.* (**Jap. A. S. 2143/1959** vom 14/1. 1957, ausg. 9/4. 1959. E. Prior. 16/1. 1956. — **C. 1960.** 12176 [F. P. 1 169 647].)

Consortium für Elektrochemische Industrie G. m. b. H., München (Erfinder: **Hans Anselm, Jürgen Smidt** und **Heinz Winkler**), *Herstellung von reinem Polyvinylalkohol.* (**Jap. A. S. 2195/1959** vom 22/10. 1955, ausg. 9/4. 1959. D. Prior. 22/10. 1954 u. 10/9. 1955. — **C. 1957.** 10631 [D. B. P. 964 443] u. **C. 1958.** 9359 [D. A. S. 1 001 821].)

E. I. du Pont de Nemours & Co., Wilmington, Del., übert. von: **Laura K. Case**, Lafayette, Ind., V.St.A., *Komplexverbindungen aus Vanadintrihalogenid und Äthylenverbindungen.* (**A. P. 2 930 807** vom 29/5. 1957, ausg. 29/3. 1960. — **C. 1960.** 14199 [D. A. S. 1 075 115].)

Phillips Petroleum Co., Bartlesville (Erfinder: **John Paul Hogan**, Bartlesville, Okla., und **Edward Rolland Francis**, Denver, Colo.), V.St.A., *Olefinpolymerisation.* (**Schwz. P. 348 553** vom 21/7. 1955, ausg. 14/10. 1960. A. Prior. 22/7. 1954. — **C. 1960.** 12855 [E. P. 804 175].)

Wacker-Chemie G. m. b. H., München, *Herstellung löslicher Polymerer von Vinyl- und Acrylverbindungen.* (**E. P. 836 999** vom 28/6. 1956, ausg. 9/6. 1960. D. Prior. 28/6. 1955. — **C. 1957.** 8369 [D. B. P. 957 787].)

Dow Chemical Co., Midland, Mich., V.St.A., *Zellkörper und ihre Herstellung.* (**Belg. P. 533 301** vom 13/11. 1954, ausg. 11/4. 1958. A. Prior. 1/6. 1953. — **C. 1957.** 10630 [E. P. 754 521].)

E. I. du Pont de Nemours & Co., Wilmington, Del., V.St.A., *Polymerisate oder Mischpolymerisate von Äthylen.* (**Belg. P. 554 475** vom 24/1. 1957, ausg. 29/1. 1960. — **C. 1959.** 3661 [E. P. 778 639].)

O. W. Burke jun., Grosse Pointe Park, Mich., V.St.A. (Erfinder: **O. W. Burke jun., A. J. Kitzer** und **O. E. H. Klopfer**), *Verfahren und Vorrichtung zur kontinuierlichen Polymerisation von Vinylkohlenwasserstoffen.* (**Belg. P. 556 977** vom 25/4. 1957, ausg. 26/2. 1960. A. Prior. 25/4. 1956. — **C. 1960.** 2360 [D. A. S. 1 062 010].)

Phillips Petroleum Co., Bartlesville, Okla., V.St.A., *Gewinnung und Reinigung von Polymeren.* (**E. P. 826 416** vom 2/1. 1957, ausg. 6/1. 1960. A. Prior. 5/1. u. 6/1. 1956. — **C. 1960.** 8698 [F. P. 1 168 368].)

Phillips Petroleum Co., Bartlesville, Okla., V.St.A., *Polymerisation von polymerisierbaren Kohlenwasserstoffen.* (**E. P. 832 083** vom 28/12. 1956, ausg. 6/4. 1960. A. Prior. 30/12. 1955. — C. **1959.** 5967 [A. P. 2 827 447].)

Sandoz Akt.-Ges., Schweiz (Erfinder: **Kurt Hofer**), *Herstellung von Emulsionspolymerisaten.* (**Jap. A. S. 2142/1959** vom 22/5. 1957, ausg. 9/4. 1959. **F. P. 1 178 746** vom 11/7. 1957, ausg. 14/5. 1959. Beide Schwz. Prior. 13/7. 1956. — C. **1960.** 3394 [D. A. S. 1 057 785].)

Badische Anilin- & Soda-Fabrik Akt.-Ges., Ludwigshafen/Rh., *Herstellung von Polymerisaten.* (**F. P. 1 173 502** vom 5/4. 1957, ausg. 26/2. 1959. **Oe. P. 210 623** vom 28/3. 1957, ausg. 10/8. 1960. Beide D. Prior. 6/4. 1956. — C. **1961.** 1387 [D. A. S. 1 072 389].)

Montecatini Soc. Gen. per l'Industria Mineraria e Chimica, Mailand, Italien, und **Karl Ziegler**, Mülheim/Ruhr (Erfinder: **Franco Ranalli**, Mailand, Italien), *Herstellung von thermoplastischem Material.* (**D. P. [DDR] 19 858** Kl. 39b vom 7/7. 1958, ausg. 19/9. 1960. It. Prior. 16/7. 1957 [Ausschließungspatent]. — C. **1961.** 675 [Oe. P. 206 179].)

Phillips Petroleum Co., Bartlesville, Okla., V.St.A. (Erfinder: **M. R. Cines, R. W. Blue** und **G. E. Hanson**), *Gewinnung und Reinigung von Polymerisaten.* (**Belg. P. 553 949** vom 5/1. 1957, ausg. 29/1. 1960. A. Prior. 5/1. u. 6/1. 1956. — C. **1960.** 8698 [F. P. 1 168 368 u. Oe. P. 204 261].)

Phillips Petroleum Co. (Erfinder: **Robert Louis Banks**), Bartlesville, Okla., V.St.A., *Polymerisation von Äthylen.* (**F. P. 1 173 074** vom 19/3. 1957, ausg. 19/2. 1959. **Jap. A. S. 2144/1959** vom 26/3. 1957, ausg. 9/4. 1959. Beide A. Prior. 29/3. 1956. — C. **1960.** 17630 [Aust. P. 215 694].)

Imperial Chemical Industries Ltd., London (Erfinder: **William Robert Burton** und **Norman Standring**, Manchester), England, *Herstellung von Polyestern.* (**Jap. A. S. 2492/1959** vom 23/2. 1956, ausg. 15/4. 1959. E. Prior. 23/2. 1955 u. 25/1. 1956. — C. **1959.** 7647 [F. P. 1 148 553].)

Farbwerke Hoechst Akt.-Ges., vormals Meister Lucius & Brüning, Frankfurt/M., *Herstellung von Phenol-Aldehyd- und Furfurylalkoholharzen.* (**E.P. 835 548** vom 2/3. 1956, ausg. 25/5. 1960. D. Prior. 3/3. 1955. — C. **1958.** 9359 [F. P. 1 142 264].)

N. V. de Bataafsche Petroleum Mij., Den Haag (Erfinder: **Pieter Bruin** und **Hendricus Anthonius Oosterhof**, Amsterdam), Holland, *Härten von Epoxydharzen.* (**Jap. A. S. 2486/1959** vom 15/5. 1957, ausg. 15/4. 1959. **F. P. 1 175 197** vom 15/5. 1957, ausg. 20/3. 1959. Beide Holl. Prior. 17/5. 1956. — C. **1960.** 15921 [Holl. P. 92 154].)

Henkel & Cie. G. m. b. H., Düsseldorf, *Herstellung von Pyrrol-α.α'-dicarbonsäuren.* (**Holl. P. 95 208** vom 2/2. 1957, ausg. 15/8. 1960. D. Prior. 7/2. 1956. — C. **1960.** 5017 [D. A. S. 1 058 996].)

Ciba Ltd. (Erfinder: **Heinz Zumstein**), Basel, Schweiz, *Schnell härtende Epoxyharz-Polyamidharzmischung.* (**Jap. A. S. 1198/1959** vom 2/10. 1957, ausg. 6/3. 1959. Schwz. Prior. 2/10. 1956 u. 4/9. 1957. **F. P. 1 183 577** vom 30/9. 1957, ausg. 9/7. 1959. Schwz. Prior. 2/10. 1956. — C. **1959.** 12395 [D. A. S. 1 043 629].)

Ciba Soc. An., Basel, Schweiz, *Härtungsmittel für Epoxyharze.* (**Belg. P. 567 733** vom 16/5. 1958, ausg. 12/8. 1960. Schwz. Prior. 16/5. 1957 u. 14/4. 1958. — C. **1960.** 8701 [D. A. S. 1 069 870].)

Rohm & Haas Co., Philadelphia, Pa., V.St.A., *Polymere mit quaternären Ammoniumverbindungen.* (**Schwed. P. 156 105** vom 14/2. 1955, ausg. 18/9. 1956. A. Prior. 15/2. 1954. — C. **1961.** 1391 [F. P. 1 119 878].)

Inventa Akt.-Ges. für Forschung und Patentverwertung, Luzern, Schweiz, *Verbesserung der Farbbeständigkeit von Polyamidformkörpern.* (**Oe. P. 197 775** vom 26/9. 1956, ausg. 27/5. 1958. Schwz. Prior. 24/10. 1955. — C. **1960.** 12519 [F. P. 1 158 446].)

Goodyear Tire & Rubber Co., Akron, Ohio, V.St.A., *Herstellung biegsamer Stoffe aus flüssigen Polymerisationsgemischen.* (**Ind. P. 56 060** vom 14/12. 1955, ausg. 2/9. 1958. — C. **1959.** 11746 [Aust. P. 205 396].)

Farbenfabriken Bayer Akt.-Ges., Leverkusen (Erfinder: **Peter Hoppe**, Troisdorf, **Erwin Weinbrenner, Cornelius Mühlhausen**, Leverkusen, und **Karl Breer**, Köln), *Kontinuierliche Herstellung von elastomeren, gegebenenfalls verschäumten Polyurethanen.* (**Schwz P. 349 076** vom 24/11. 1952, ausg. 15/11. 1960. D. Prior. 24/12. 1951 u. 29/10. 1952. — C. **1956.** 14511 [Belg. P. 516 512].)

General Electric Co., Schenectady, N.Y., V.St.A., bzw. **Comp. Française Thomson-Houston**, Seine, Frankreich (Erfinder: **Edith Maude Boldebuck**, Schenectady, N.Y., V.St.A.), *Hydrolyse von Halogensilanen.* (**Jap. A. S. 2345/1959** vom 6/2. 1957, ausg. 11/4. 1959. A. Prior. 7/2. 1956. — C. **1959.** 9068 [D. A. S. 1 047 441].)

Dow Corning Corp., Midland, Mich., V.St.A., *Herstellung von emulgierbaren, Polyorganosiloxan enthaltenden Mischungen.* (**Holl. P. 95 154** vom 11/4. 1956, ausg. 15/8. 1960. A. Prior. 26/5. 1955. — C. **1959.** 6651 [E. P. 789 112].)

Dow Corning Corp. (Erfinder: **Harold A. Clark**), Midland, Mich., V.St.A., *Form- und Imprägnierharz.* (**Jap. A. S. 1288/1959** vom 19/2. 1957, ausg. 11/3. 1959. **F. P. 1 186 202** vom 21/3. 1957, ausg. 18/8. 1959. Beide A. Prior. 12/4. u. 17/7. 1956. — C. **1959.** 10078 [E. P. 797 979].)

E. I. du Pont de Nemours & Co., V.St.A., *Herstellung polymerer Phosphate.* (**F. P. 1 137 864** vom 29/10. 1955, ausg. 5/6. 1957. — C. **1957.** 1306 [A. P. 2 723 971].)

Farbenfabriken Bayer Akt.-Ges., Leverkusen, und **Carl Freudenberg K. G. auf Akt.**, Weinheim/Bergstraße, *Imprägnierverfahren.* (**E. P. 830 088** vom 3/10. 1956, ausg. 9/3. 1960. D. Prior. 4/10. 1955. — C. **1960.** 319 [D. A. S. 1 054 958].)

XII. Kautschuk

Dynamische elastische Kenneigenschaften für schwingungsabsorbierenden Gummi im Bereich niedriger Frequenzen. Hidetarō Nakayama und Ryohei Miki. (Chem. High Polymers [Tokyo] **13.** 202—10. 1956. Tokyo, Univ.) (Jap.; Auszug: Engl.)

Zur Best. der komplexen dynam. Federungs-Konst. für *Gummi*, $K^* = K + iK'$, aus denen sich YOUNG-Modul (YM), Scherungsmodul (SM) u. elast. Verlust berechnet, wird eine Vorr. (Skizze) gebaut, in der die Gummiproben zu cycl. Scherungsdeformationen oder Druckdeformationen im Bereich von $10^{-2} \sim 10^{1}$ c/s gezwungen werden, u. zwar in einen Zustand stat. Druckbelastung von −0,05 bis +0,2 (mit Belastungsanzeigern gemessen). Aus den Best. ergibt sich, daß bei *Naturgummi*, *Butylgummi*, *Neoprene* u. *Hycar* für YM u. SM gilt: $E^{-1} = (A_E - \ln\omega)/B_E$ u. $G^{-1} = (A_G - \ln\omega)/B_G$, wobei A- u. B-Konst. sind u. A_E unabhängig ist vom stat. Zug δ_t, A_G mit zunehmender stat. Druckbelastung abnimmt u. bei $\delta_t = 0$, A_E sich mit A_G deckt. — 2 Fotos u. 19 Diagramme. L. SCHULER. 7220

Komplexe Teilchen in Hevea-Latex. W. A. Southorn. (Nature [London] **188.** 165—66. 8/10. 1960. Kuala Lumpur, Rubber Res. Inst. of Malaya.) (Engl.)

Bei der mkr. Unters. von Fraktionen, die durch Zentrifugieren von frisch gezapftem Latex aus *Hevea brasiliensis* bei hoher Umdrehungszahl erhalten wurden, wurde ein neuer Typ von Teilchen festgestellt. Diese kugelförmigen Teilchen mit einem ∅ von 2—10 μ besitzen eine Außenmembran, die in einem Medium mit geeignetem Brechungsindex transparent erscheint. Das Innere der Teilchen ist fl. u. enthält eine große Anzahl kleinerer Teilchen bis zu 1 μ ∅, die in ständiger Bewegung sind u. beim Stoß an die Außenmembran von dieser ins Innere zurückgeworfen werden. Nach einiger Zeit kann an der Teilchenmembran der Beginn einer Auflösung beobachtet werden. Die unabhängige Bewegung der eingeschlossenen Teilchen hört auf; sie wandern zur Membran u. setzen sich dort fest. Die Membranen mehrerer Teilchen verkleben, wodurch Agglomerate entstehen, die später ihre innere Struktur verlieren u. nur noch als unregelmäßig geformte Massen zu erkennen sind. Die noch völlig unbekannte Natur u. Funktion dieser komplexen Teilchen wird weiter untersucht. — 2 Mikrophotographien. E. KUNTZ. 7222□

Von Kautschuk-Harz-Polymerisationsgemischen zu Kautschuk-Harz-Pfropfpolymerisaten. Hildegard Dalesch-Paetsch. (Kautschuk u. Gummi **9.** Nr. 12. WT 312—WT 314. WT 316. WT 318. WT 320. Dez. 1956.) (Dt.)

Vf. zeigt einige Wege auf, die eingeschlagen wurden, um synthet. Harze mit Naturkautschuk u. Synthesekautschuk zu kombinieren. — 53 Literaturangaben. M. WINIKER. 7224□

Butylkautschuk-Mischungen für Isolierungen. Emil W. Schwartz. (Wire and Wire Products **30.** 1013—15. 1051—52. Sept. 1955.) (Engl.) — C. **1958.** 10174. M. WINIKER. 7224□

Untersuchung der Kautschukvulkanisation nach der Methode der paramagnetischen Elektronenresonanz (Radiospektroskopie). G. A. Bloch. (Доклады Академии Наук СССР [Ber. Akad. Wiss. UdSSR] **129.** 361—64. 11/11. 1959. Rubber Chem. Technol. **33.** 1005—09. Nov. 1960. Dnepropetrowsk, Chem.-Technol. Inst.) (Russ.)

Verläuft ein Vulkanisationsprozeß über Radikale, so muß sich das durch Ermittlung des paramagnet. Resonanzspektrums feststellen lassen. Zu diesem Zweck werden Mischungen von *Naturkautschuk* (I) u. *Polyisobutylen* (II) mit Tetramethylthiuramdisulfid, ZnO, Stearinsäure u. S auf ihr Spektrum beim Erwärmen bis 220° untersucht. Nach diesen Verss. sind nur Polymerradikale langlebig genug, um ein feststellbares Spektrum zu bilden. Das ist bei der Thiuramvulkanisation der Fall. Nicht über Radikale verläuft die Vulkanisation von I mit S; auch beim Erwärmen von II werden keine Spektrallinien beobachtet: es tritt keine Vulkanisation ein. Auf Grund dieser Ergebnisse werden bekannte Rk.-Abläufe der Thiuramvulkanisation diskutiert. O. KRAMM. 7228□

Zur Frage der Elektroosmose bei gummiisolierten Schiffsleitungen. W. Krebs. (Plaste u. Kautschuk **1958.** 72—73. Febr. Rostock, Univ., Schiffbautechn. Fak., Inst. für elektr. Anlagen auf Schiffen.) (Dt.)

Literaturübersicht. K. WEKUA. 7230□

Beobachtungen über die Beziehung zwischen Messungen im Laboratorium und auf dem Prüfstand an Reifen und ihrem Verhalten auf der Straße. W. Kern. (Rubber Chem. Technol. **29.** 806—28. Juli/Sept. 1956.) (Engl.) — Vgl. C. **1958.** 1158.

Vf. diskutiert an Hand von Beispielen die Leistungsfähigkeit von Labor- u. Prüfstand-Meth. hinsichtlich der Voraussage der Bewährung von Autoreifen im Verkehr. — 51 Literaturangaben. M. WINIKER. 7248□

B. A. Dogadkin und B. A. Resnik, **Zusatzstoffe für synthetischen Kautschuk.** Statt der im Hauptpatent verwendeten organ. Polychlor-Verbb. (Hexachlor-, Tetrachloräthan, Tetrachlorpentan, Trichloressigsäure u. ihre Salze), die die Klebrigkeit der Mischungen, z. B. für Reifen, erhöhen sollen, verwendet man *Dinitrochlorbenzol*, das außerdem die Haltbarkeit erhöht. Anwendungsmengen ca. 2%. (**UdSSR. P. 110 983** vom 29/7. 1955. **Zusatz zu UdSSR. P. 105 344.**) B. PANKOW. 7227□

Farbenfabriken Bayer Akt.-Ges., Leverkusen (Erfinder: Georg Matthaeus, Köln-Flittard, Mathieu Quaedvlieg, Leverkusen, Werner Theurer,

Leverkusen, und Gustav Sinn, Bergisch-Neukirchen), **Stabilisieren von Kautschukmilchschaum** mittels Fettsäureestern von Di- u. Oligosacchariden, z. B. Saccharoselaurat, -monopalmitat oder -monomyristat u. Raffinosemonolaurat oder -myristat. (**D. A. S. 1 103 573** Kl. 39b vom 5/1. 1959, ausg. 30/3. 1961.) W. OVERBECK. 7227

National Research Development Corp., London, England (Erfinder: Robert Neville Haszeldine und Christopher John Willis), **Elastomere fluorhaltige Polymere** der allg. Formel $-N(CF_2Z)-O-C_2HF_3-$ werden durch Rk. von äquimol. Mengen Trifluoräthylen mit einem fluorierten Nitrosoalkan der Formel $Z-CF_2-NO$ (Z = F, Cl, Perfluoralkyl, Fluoralkyl, Fluorchloralkyl) bei −40 bis +150° u. 0,1—200 at gewonnen. *Zusatz zu natürlichem u. synthet. Kautschuk.* (**E. P. 843795** vom 23/10. 1957, ausg. 10/8. 1960.) A. DANDL. 7227

Metallgesellschaft Akt.-Ges. (Erfinder: Eduard Papst), Frankfurt/M., **Verbesserung der Öl- und Lösungsmittelbeständigkeit von natürlichem oder synthetischem Kautschuk,** dad. gek., daß man unter Anwendung der Block- bzw. Pfropfpolymerisation Polymerisatketten, die tern. N-Atome enthalten, in die Hauptketten der Kautschuk-Moll. einführt u./oder auf diese aufpfropft u. die erhaltenen Polymerisate mit Alkylhalogeniden u./oder Dialkylsulfaten u./oder Alkylarylsulfonaten ggf. bei höherer Temp. u./oder Druck behandelt u./oder ggf. vulkanisiert. — 1 Diagramm. (**D. A. S. 1 103 568** Kl. 39b vom 7/3. 1957, ausg. 30/3. 1961.) W. OVERBECK. 7227

Esso Research and Engineering Co., V.St.A. (Erfinder: Samuel B. Robison, Roger S. Hawley und Francis P. Ford), **Butylkautschukmischung,** bes. zur Herst. von *Reifen* oder *Reifenteilen,* z. B. dem luftundurchlässigen Innenteil von *schlauchlosen Reifen.* Man mischt Butylkautschuk mit öligen Polymeren von Mehrfacholefinen (oder öligen Mischpolymeren solcher C_4–C_{14}-Mehrfacholefine mit aromat. Vinylverbb.), Metalloxyden, S u. organ. N-haltigen Beschleunigern, wie Aminen, Amiden, Guanidinen, Thioharnstoff, Sulfenamiden, jedoch nicht mit Ultrabeschleunigern, wie Thiuramen. — Man vulkanisiert z. B. eine Mischung aus 75 (Teilen) Butylkautschuk, 50 halbverstärkendem Ruß, 5 ZnO, 3 S, 1,5 Butyraldehyd–Anilin-Rk.-Prod. u. 25 öligen Butadien–Styrol–Na-Mischpolymeren 40 Min. bei 152°. (**F. P. 1 165 130** vom 22/11. 1956, ausg. 20/10. 1958. A. Prior. 9/12. 1955.) M. PANKOW. 7231

Esso Research and Engineering Co., V.St.A. (Erfinder: Francis P. Baldwin und Samuel B. Robison), **Herstellung von Kautschukbindemittel.** Zur Verbesserung der Haftung von Cord (z. B. Fäden aus Regeneratcellulose oder Nylon) an Kautschuk überzieht man es durch Tauchen in eine wss. Lsg. eines Resorcin–CH_2O-Bades, Trocknen u. Tauchen in eine Lsg. von bromiertem Butylkautschuk mit einer Bindeschicht, worauf man in die Reifenmischung einbettet. (**F. P. 1 166 522** vom 14/12. 1956, ausg. 12/11. 1958. A. Prior. 19/12. 1955.) M. PANKOW. 7231

Esso Research and Engineering Co.,V.St.A. (Erfinder: Raymond G. Newberg und David W. Young), **Kautschukartige Mischung** aus 5—25 Gew.-Teilen eines harzartigen Mischpolymeren aus 45—65% Styrol oder substituiertem Styrol u. einem Olefin mit 3—5 C-Atomen vom Molgew. 5000—20000 u. einer Intrinsic-Viscosität $<0,5$ u. 95—75 Gewichtsteilen eines Polymeren eines Isoolefins mit <8 C-Atomen im Mol. u. einem Molgew. >100000. — Man mischt 100 (Teile) Polyisobutylen, 0,25 2.6-Di-[tert.-butyl]-p-kresol, 1 Stearinsäure, 2 mikrokristallines Paraffin (F. 170°) u. 15 eines mit $AlCl_3$ hergestellten Mischpolymerisats aus Isobutylen u. 50% Styrol. Die Mischung ist leicht spritzbar. (**F. P. 1 159 800** vom 12/9. 1956, ausg. 2/7. 1958. **E. P. 796 842** vom 21/8. 1956, ausg. 18/6. 1958. Beide A. Prior. 5/10. 1955.) M. PANKOW. 7231

Dow Corning Corp., V.St.A. (Erfinder: Delmar C. Youngs), **Siloxankautschukreifen mit Glasfaserkord.** Zur Verstärkung des Siliconkautschuks verwendet man Cordfäden, die mit einem vulkanisierten Organosiloxan mit 1,9—2 einwertigen KW-Stoffresten pro Si-Atom überzogen sind. — Man versprüht auf Glasfäden (0,005 mm Stärke) eine Dispersion mit 15 Gew.-% einer Mischung aus 100 (Gewichtsteilen) Dimethylpolysiloxangummi, 35 SiO_2, 7,5 Benzoylperoxyd in 85 Gew.-% Xylol, macht daraus Garne, die bei 300—400° 10 Min. lang zur Vulkanisation des Polysiloxans gehalten werden, worauf man aus den Garnen Cord herstellt, der in Siliconkautschukplatten eingelagert wird. Als Siliconkautschuk nimmt man eine Mischung aus 100 Mischpolymeren aus 92,4 Mol.-% Dimethylsiloxan, 7,5 Mol.-% Phenylmethylsiloxan u. 0,1 Mol.-% Vinylmethylsiloxan, 50 SiO_2, 4 Fe-Oxyd u. 1 Benzoylperoxyd. Vulkanisation des fertigen Reifens in 25 Min. bei 135—185°. Der Reifen eignet sich zur Verw. bei höheren Temp. u. bei −75°. (**F. P. 1 154 329** vom 29/6. 1956, ausg. 4/4. 1958. A. Prior. 8/7. 1955.) M. PANKOW. 7231

Visgomma S. p. a., Fino Mornasco, Como, Italien, **Herstellung von Schaumkautschuk** aus natürlichem oder synthet. Kautschuk. Nach It. P. 510 523 verwendet man als Peptisiermittel u. Weichmacher Sulfonate höherer Fettsäuren oder von Phthalsäuren u. gibt sie gleichzeitig mit den üblichen Ingredienzien zu. — Nach It. P. 510 524 wird mit mechan. oder chem. Mitteln ein Rohschaum erzeugt u. dessen Alveolen mit lösl. Stärke oder Oxy- oder Carboxycellulose verstärkt. Als Geliermittel verwendet man dabei Mg- oder NH_4-Salze oder Mercaptoimidazol. (**It. PP. 510 523** u. **510 524** vom 19/10. 1953.) K. KOEBKE. 7231

Esso Research and Engineering Co., V.St.A. (Erfinder: **Francis P. Baldwin** und **Robert M. Thomas**), *Chlorierter Butylkautschuk.* (**F. P. 1 154 488** vom 26/5. 1956, ausg. 10/4. 1958. A. Prior. 31/5. 1955 u. 10/1. 1956. — C. **1960.** 11842 [Belg. P. 548 072].)

E. I. du Pont de Nemours & Co., V.St.A. (Erfinder: **Arthur William Anderson, John McMillan Bruce jun., Nicholas George Merckling, William Lawrence Truett, Warren Nesmith Baxter, Ivan Maxwell Robinson, Gelu Stoeff Stamatoff, William Franklin Gresham, Ralph Courtenay Schreyer, James Donald Bruton** und **James Louis McPherson**), *Polymerisation von Dienen.* (**F. P. 1 197 613** vom 8/8. 1955, ausg. 2/12. 1959. A. Prior. 16/8., 19/8. u. 22/11. 1954. — C. **1958.** 13115 [E. P. 776 326].)

Montecatini Soc. Gen. per l'Industria Mineraria e Chimica (Erfinder: **Giulio Natta, Mario Bruzzone** und **Giancarlo Borsini**), Mailand, Italien, *Herstellung von Elastomeren.* (**Jap. A. S. 2243/1959** vom 18/4. 1957, ausg. 9/4. 1959. It. Prior. 20/4. 1956. — C. **1960.** 3717 [D. P. [DDR] 16 730].)

E. I. du Pont de Nemours & Co., Wilmington, Del., V.St.A., *Wärmebeständige 2.3-Dichlor-1.3-butadienkautschuk-Mischung.* (**E. P. 805 519** vom 17/4. 1957, ausg. 10/12. 1958. A. Prior. 23/4. 1956. — C. **1960.** 4047 [D. A. S. 1 065 604].)

Esso Research and Engineering Co., V.St.A., *Herstellung von Phenol-Aldehydharzen.* (**F. P. 1 158 770** vom 17/7. 1956, ausg. 19/6. 1958. — C. **1959.** 7313 [E. P. 790 644].)

Godfrey L. Cabot, Inc., Boston, Mass., V.St.A., *Nichtstäubender Ruß.* (**Ind. P. 58 313** vom 3/9. 1956, ausg. 18/7. 1957. — C. **1958.** 4641 [F. P. 1 125 526].)

R. T. Vanderbilt Co., Inc., New York, N.Y., übert. von: **Irving Gibbs**, Stamford, Conn., V.St.A., *Beschleunigerzubereitung.* (**A. P. 2 938 464** vom 23/11. 1954, ausg. 19/4. 1960. — C. **1960.** 3399 [F. P. 1 136 571].)

United States Rubber Co., New York, N.Y., V.St.A., *Vulkanisieren von Butylkautschuk.* (**It. P. 511 907** vom 29/12. 1953. A. Prior. 2/1. 1953. — C. **1956.** 13567 [E. P. 733 138].)

United States Rubber Co., New York, N.Y., V.St.A., *Vulkanisieren von Butylkautschuk.* (**It. P. 512 329** vom 30/12. 1953. A. Prior. 31/12. 1952. — C. **1957.** 811 [E. P. 733 134].)

Goodyear Tire & Rubber Co., Akron, Ohio, V.St.A., *Cordverstärkte Kautschukwaren.* (**E. P. 801 300** vom 28/12. 1955, ausg. 10/9. 1958. A. Prior. 23/5. 1955. — C. **1960.** 5022 [F. P. 1 140 485].)

XIII. Ätherische Öle. Parfümerie. Kosmetik

Terpenfreie ätherische Öle durch Chromatographie. W. Schweisheimer. (Seifen-Öle-Fette-Wachse **86.** 717—18. 26/10. 1960. New York, N.Y.) (Dt.)

Beschreibung der Entfernung von Terpenen aus äther. Ölen mit Hilfe der von KIRCHNER u. MILLER entwickelten Chromatostrip-Meth., bei der die zu untersuchende Probe auf den unteren Teil eines mit einem adsorbierenden Stoff bestrichenen Glasstreifen aufgebracht, dieser in ein Lsgm. getaucht u. mit Hilfe der Capillarattraktion entwickelt wird. Nach dieser Meth. wurden aus 8 äther. Ölen die Terpene entfernt u. Grapefruitsaft analysiert, in dem 10 flüchtige, wasserlösl. Verbb. u. 24 Ölkomponenten (21 Verbb., 3 Fraktionen) identifiziert werden konnten. H. SONTAG. 7262 □

Wohlriechende Stoffe aus Brenzcatechin-Heliotropin und Benzodioxan-Derivate. Z. Bidlo und F. Vonášek. (Průmysl Potravin **9.** 589—92. Nov. 1958. Praha, Aroma n. p.) (Tschech.)

Es wird eine einfache Synth. von *Benzodioxan-(1.4)* (**III**) aus Brenzcatechin (**II**) u. Dichloräthan (**IIa**) beschrieben, die zu hohen Ausbeuten führt, ferner die Herst. einiger für die Riechstoffindustrie geeigneter Derivv., von welchen *Äthyl-* u. *Butylenbenzodioxan, Heliotropal* (**VI**) u. *Heliotropylacetat* (**IX**) die wertvollsten sind. Vereinfachung der *Piperonal-* (**VII**; *Heliotropin*)-Herstellung.

Versuche: *Methylendioxybenzol* (**I**), $Kp._7$ 57°, durch 18std. Erhitzen von **II**, Methylenchlorid, Bronzefeilspänen, Methanol, KOH u. W. im Einschmelzrohr auf 110°, darauf folgende Wasserdampf-Dest. u. Ausäthern; 38% (Ausbeute). — *Benzodioxan-(1.4)* (**III**), $Kp._{15}$ 98°, n_D^{20} 1,5492, $D._{20}^{20}$ 1,1707, durch 20std. Kochen von **II**, **IIa**, Na_2CO_3 u. Äthylenglykol unter Rückfluß; 85%. — *Chlormethylmethylendioxybenzol* (**IV**), durch 3½std. Chlormethylierung von **I** mit konz. HCl u. Paraformaldehyd bei 15°; 70%. *Additions-Verb.* (**IVa**), durch 3std. Kochen von **IV** u. Urotropin in Chlf. unter Rückfluß; daneben etwas **I**. — *Chlormethylbenzodioxan* (**V**), durch 3½std. Rühren einer Mischung von 380 g **III** mit 1,1 Liter konz. HCl u. 90 g Paraformaldehyd bei normaler Temp. u. Ausschütteln mit **IIa**. — *Heliotropal* (**VI**), F. 52° (80%ig. A.), durch langsames Zumischen einer Urotropin-Lsg. in **IIa** zu obiger **V**-Lsg. bei 60°, wobei sich ein gelber krist. Nd. ausscheidet, der in W. gelöst wird. Aus der **IIa**-Schicht werden 160 g **III** zurückgewonnen, aus der wss. Schicht durch 2½std. Kochen unter Rückfluß 128 g **VI**. — *Heliotropin* (**VII**), F. 36° (80%ig. A.), durch 2½std. Kochen der ungereinigten **IVa** mit Urotropin in W. unter

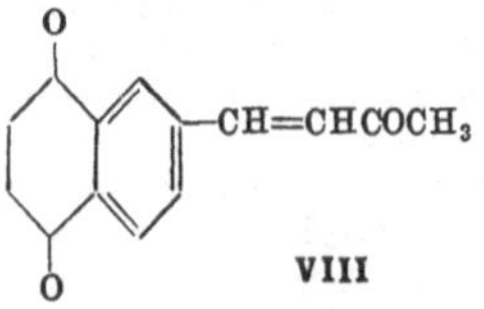

VIII

Rückfluß; 48%. — Keton **VIII**, F. 90° (Aceton), durch 3std. Rühren einer Mischung von **VI**, Aceton u. W. mit 10%ig. NaOH bei 10—15°; 95%. — *Heliotropylacetat* (**IX**), Kp.$_1$ 129—133°, durch Stehenlassen scheidet sich eine krist. Modifikation, F. 33°, ab. Durch Herst. von **V** aus 112 g **III** wie beschrieben u. 4½std. Kochen der Rk.-Mischung ohne **V**-Abtrennung mit 46 g CH_3COONa in Toluol, 1 g Pyridin u. 0,5 g KJ; 63 g. — *Acetobenzodioxan* (**X**), F. 83,5° (70%ig. Methanol), durch 14std. Kochen von 272 g **III**, 4 g J_2 u. 150 g Essigsäureanhydrid unter Rückfluß; 110 g, daneben 50 g **III**. — *Äthylbenzodioxan*, Kp.$_{13}$ 120—125°, durch 4std. Kochen von 40 g **X**, 30 ml Hydrazinhydrat, 42 g KOH in 230 ml Diäthylenglykol, Ansäuern u. Extraktion mit **IIa**; 15 g. — *Butyl-* u. *Butenylbenzodioxan-Gemisch*, Kp.$_{13}$ 140—160°, durch 4tägiges Stehen, dann 10std. Kochen unter Rückfluß von 13,5 g **VIII**, 280 ml HCl-Lsg. 1:1 u. Zn-Amalgam (aus 70 g Zn-Staub u. 5%ig. $HgCl_2$-Lsg.); 5 g. — *4-Hydroxymethylbenzodioxan*, Kp.$_2$ 137—142°, durch 5std. Kochen von 50 g **VI**, 70 g NaOH u. 70 ml W. auf dem Wasserbad; 17 g. — *4-Carboxybenzodioxan*, F. 137°, aus W. u. Bzl., durch Ansäuern des wss. Anteils der vorst. Rk. u. Extraktion mit Ae.; 24 g. Diese Verb. ist ident. mit jener, die durch Oxydation von **VI** mit $KMnO_4$ in alkal. Medium erhalten wird.

E. ROTTER. 7276□

Tonica in kosmetischen Erzeugnissen. Ein Überblick über Pflanzen, die in Europa kosmetisch genutzt werden. Dazu gehören: Ginseng, Johanniskraut, Brennessel und Löwenzahn. Hans Schwarz. (Amer. Perfumer **75**. Nr. 8. 39—41. Aug. 1960.) (Engl.)

Inhaltlich ident. mit der C. **1960**. 15600 referierten Arbeit. G. LOSSNER. 7284□

Tocopherole in der Kosmetik. Th. Kunzmann. (Seifen-Öle-Fette-Wachse **87**. 83—86. 15/2. 1961.) (Dt.)

Nach Aufzählung der verschiedenen Tocopherole (**I**) u. deren Wrkg. werden sie auf Grund ihres Red.-Vermögens als Antioxydantien für Riechstoffe u. Kosmetika empfohlen. Die Verw. von **I** u. deren Ester mit Vitamin A zusammen erscheint dermatolog. günstig. — 28 Literaturangaben. B. T. LASSER. 7284□

Glycerinmonostearat. 1. Mitt. **Zusammensetzung, Eigenschaften und Verwendung des technisch reinen Produktes.** E. S. Lower. (Soap, Perfum. Cosmet. **33**. 1201—05. Nov. 1960. Croda Ltd., C. M. Keyworth & Co. Ltd.) (Engl.)

Chem. Zus., chem. u. physikal. Kennzahlen u. Eigg. verschiedener, unter der Bezeichnung *Glycerinmonostearat* auf dem Markt befindlicher techn. Prodd. unter bes. Berücksichtigung ihres Einsatzes als nichtionogene, oberflächenakt. Stoffe bei der Herst. kosmet. Emulsionen werden besprochen. H. SONTAG. 7284□

Traganth — seine Eigenschaften und seine Verwendung. Gavern T. Walker. (Seifen-Öle-Fette-Wachse **86**. 711—12. 26/10. 1960.) (Dt.)

Gewinnung u. chem. Eigg. von Traganth, dessen Einsatzmöglichkeiten in der Kosmetik (bes. seine Verw. in Haarfixativen) besprochen werden. — Angabe von Rezepten.

H. SONTAG. 7284□

Gaschromatographie von Gemischen aus Linalol und Citronellol. Rosanna Pilleri. (Rassegna Chim. **12**. Nr. 4. 38—39. Juli/Aug. 1960. Torino, Univ., Ist. di Merceologia.) (Ital.)

Mittels Gas–Fl.-Verteilungschromatographie kann ein Gemisch aus *Linalol* (**I**) u. *Citronellol* in einer mit Apiezon L imprägnierten Celitekolonne, C-22, bei 160° u. bei einer Durchfluß-Geschw. von 2,5 Liter/Std. gut quant. getrennt werden; bei einer Geschw. von 0,75 Liter/Std. spaltet die **I**-Kurve entsprechend den beiden Isomeren in 2 Spitzen auf. G. PIEKARSKI. 7286□

F. Hoffmann-La Roche & Cie. Soc. An., Schweiz (Erfinder: James A. Birbiglia, George Oswald Chase und Julius Galender), **Herstellung von Estern tertiärer Alkohole,** dad. gek., daß man Alkohole der allg. Formel R = CH—CH_2—CH_2—$C(CH_3)(OH)$—C≡CH (R = 1.3-Dimethylbutyliden- oder Cyclohexylidenrest) verestert u. ggf. die Dreifachbindung hydriert. — Aus 6.8-Dimethylnonen-(5)-on-(2) u. C_2H_2 in fl. NH_3 in Ggw. von Na stellt man *3.7.9-Trimethyldecen-(6)-in-(1)-ol-(3)* her, Kp.$_{35}$ 72°, n_D^{25} 1,4598, verestert mit 98—99%ig. HCOOH in Essigsäureanhydrid in Ggw. von H_3PO_4 zu *3.7.9-Trimethyldecen-(6)-in-(1)-yl-(3)-formiat*, Kp.$_{0,2}$ 64—69°, n_D^{25} 1,4543 bis 1,4552, u. hydriert dieses an Pd-Katalysatoren zu *3.7.9-Trimethyldecadien-(1.6)-yl-(3)-formiat*, Kp.$_{0,4}$ 109—112°, n_D^{25} 1,4525—1,4535. — *3.7.9-Trimethyldecen-(6)-in-(1)-yl-(3)-acetat*, Kp.$_{0,1}$ 84—87°, n_D^{25} 1,4525—1,4535, *-propionat*, Kp.$_{0,2}$ 82—83°, n_D^{25} 1,4525 bis 1,4535, *-isobutyrat*, Kp.$_{0,2}$ 83—86°, n_D^{25} 1,4494—1,4505, *-butyrat*, Kp.$_{0,15}$ 85—88°, n_D^{25} 1,4524—1,4534. — *3.7.9-Trimethyldecadien-(1.6)-yl-(3)-acetat*, Kp.$_{0,6}$ 123—124°, n_D^{25}

1,4505—1,4515, *-propionat*, $Kp._{0,2}$ 72—75°, n_D^{25} 1,4505—1,4515, *-isobutyrat*, $Kp._{0,1}$ 113 bis 115°, *-butyrat*, $Kp._{0,2}$ 97—98°, n_D^{25} 1,4505—1,4515. — *3-Methyl-6-cyclohexyliden-hexin-(1)-yl-(3)-acetat*, $Kp._{0,1}$ 108—111°, n_D^{25} 1,4784—1,4794, *-formiat*, $Kp._{0,2}$ 89—92°, n_D^{25} 1,4819—1,4829, *-propionat*, $Kp._{0,1}$ 90—92°, n_D^{25} 1,4770—1,4780, *-isobutyrat*, $Kp._{0,5}$ 105—107°, n_D^{25} 1,4745—1,4750, *3-Methyl-6-cyclohexylidenhexen-(1)-yl-(3)-acetat*, $Kp._{0,3}$ 139—142°, n_D^{25} 1,4762—1,4772, *-formiat*, $Kp._{0,1}$ 103—105°, n_D^{25} 1,4795—1,4805, *-propionat*, $Kp._{0,1}$ 105—109°, n_D^{25} 1,4745—1,4755, *-isobutyrat*, $Kp._{0,1}$ 117—120°, n_D^{25} 1,4720 bis 1,4730, aus 3-Methyl-6-cyclohexylidenhexin-(1)-ol-(3). — *Riechstoffe*. (**F. P. 1 186 553** vom 19/11. 1957, ausg. 27/8. 1959. A. Prior. 30/11. u. 31/12. 1956.) S. BÖTTCHER. 7277

Fa. OREC (Erfinder: Robert Brun), Genf, Schweiz, **Herstellung eines basischen Aluminiumchlorids**, das bes. *zur Schweißverhinderung* dient, durch Erhitzen von $AlCl_3 \cdot 6\,H_2O$ auf 150—170°, bis der Gewichtsverlust ca. 60% beträgt. Auf gleiche Weise kann aus krist. $Al(NO_3)_3$ ein bas. Aluminiumnitrat erhalten werden. (**D. A. S. 1 102 713** Kl. 12m vom 2/6. 1959, ausg. 23/3. 1961. Schwz. Prior. 3/6. 1958.)
H. NEBELSIEK. 7285

Marbert Pharm. und kosm. Spezial-Präparate Roeber & Sendler, Düsseldorf (Erfinder: Hans Alfred Nieper, Frankfurt/M., und Georg Escherich, Melsungen), **Mittel zur Pflege und zur Förderung des Wachstums der Haut, der Haare und der Nägel**, gek. durch den Geh. an Verbb. des Mg mit einer Aminosäure, der Linolen-, Nicotin- u./oder Pantothensäure. — Beispiel: 0,3 (%) Mg-Asparaginat; 0,1 Mg-p-Aminobenzoesäure; Salbengrundlage, z. B. aus 75 „Imhausen Smod" u. 25 „Cetiol" ad 100. — *Hautsalbe*. (**D. A. S. 1 099 128** Kl. 30h vom 24/7. 1958, ausg. 9/2. 1961.)
E. PETERSEN. 7285

Hans Schwarzkopf, Hamburg (Erfinder: G. Kuhla), **Dauerwellenmittel**, bestehend aus einer wss. Lsg. von 8—20% Kaliummetabisulfat u. 0,5 H_3BO_3, eingestellt auf pH 5—8. (**Schwed. P. 155 033** vom 15/10. 1952, ausg. 26/6. 1956. Oe. Prior. 17/10. 1951.) K. H. KÄHLER. 7285

Bianca De Paolis, Rom, Italien, **Herstellung eines Enthaarungsmittels.** Man mischt 50 (g) Glycerin, 70 TiO_2, 100 Zucker u. 100 W., erwärmt auf 60°, gibt 500 Glucose (**I**) zu, filtriert durch ein Tuch, läßt abkühlen u. mischt in 9 180 geschmolzene **I** ein. (**It. P. 513 277** vom 8/4. 1952.) K. KOEBKE. 7285

F. Hoffmann-La Roche & Co. Akt.-Ges., Basel, Schweiz, *Herstellung von 3-Methyl-4-[2'.6'.6'-trimethylcyclohexenyl]-buten-(3)-on-(2) und 3-Methyl-4-[2'.5'.6'.6'-tetramethylcyclohexenyl]-buten-(3)-on-(2).* (**Holl. P. 94 954** vom 30/9. 1955, ausg. 15/7. 1960. Schwz. Prior. 5/10. 1954. — C. **1959.** 12401 [E. P. 788 680].)

Rohm & Haas Co., V.St.A. (Erfinder: **Edward Francis Riener**), *Hydroxylierung von Säuren, Estern und Nitrilen.* (**F. P. 1 184 093** vom 8/10. 1957, ausg. 16/7. 1959. A. Prior. 8/10. 1956. — C. **1960.** 8369 [D. A. S. 1 071 072].)

Dr. Karl Thomae G. m. b. H., Biberach/Riss, *Lichtschutzmittel.* (**E. P. 835 749** vom 4/7. 1956, ausg. 25/5. 1960. D. Prior. 8/6. 1956. — C. **1958.** 4948 [D. A. S. 1 015 986].)

Paul De Gorter und **Antoine Daik**, Brüssel, Belgien, *Verfahren und Vorrichtung zum oxydativen Färben und Bleichen von Haaren.* (**Schwz. P. 349 373** vom 14/2. 1957, ausg. 30/11. 1960. Belg. Prior. 21/2. 1956. — C. **1961.** 1397 [E. P. 820 463].)

XIV. Zucker. Kohlenhydrate. Stärke

Das internationale Einheitensystem und seine Eignung für die Zuckertechnologie. H. Haucke. (Z. Zuckerind. **10 (85).** 642—46. 20/12. 1960. Jülich.) (Dt.)
Da wichtige u. häufig wiederkehrende Meßwerte sich oft nur durch inkohärente Zwischenrechnungen in Einheiten des internationalen Syst. umwandeln lassen, verlieren bei Einführung des MKSA-Syst. verschiedene bisher von Anfang bis Ende kohärente Rechnungen ihre Kohärenz. Vf. sagt daher voraus, daß die Mehrzahl der Zuckertechniker auch weiterhin bei dem techn. Einheiten-Syst. bleiben wird. — 18 Literaturangaben. M. REIHER. 7400□

Der Weg zu natürlichem Monogerm-Saatgut. L. A. Schlösser. (Zucker **13.** 562—64. 15/11. 1960. Einbeck.) (Dt.)
Es wird auf die Notwendigkeit hingewiesen, auch in Europa natürlich monogermes Zuckerrübensaatgut zu verwenden. Das Saatgut muß von mittlerer Knäuelgröße sein, um ein genügend großes wasserspeicherndes Pericarp auch für die Trockenheit aufweisen zu können, u. Wert-Eigg., wie Ertrag, Polarisationshöhe, Zuckerausbeute, Schoßfestigkeit u. Verarbeitungsqualität besitzen. W. WILLENBERG. 7406□

„Oksyhum" — Torf-Mikrodünger. Marian Niklewski. (Gaz. Cukrownicza **62.** 379—84. Dez. 1960.) (Pol.)

„Oksyhum" (I) ist ein mit H_3PO_4 aufgeschlossener u. mit $NaHCO_3$ oder Na_2CO_3 neutralisierter Hochtorf. Er enthält 25% wasserlösl. Humusstoffe. I erleichtert die Verwertung von P-Düngemitteln durch die Pflanzen, da es Fe- u. Al-Salze bindet. Außerdem begünstigt I die Aufnahme von NH_3-Stickstoff. Die Wrkg. von I ist von den klimat. Bedingungen abhängig. Am günstigsten ist seine Wrkg. bei Pflanzen, die ihren Vorratsstoff in Form von Zucker ansammeln, am wenigsten wirksam ist I bei Leguminosen.

F. URBAN. 7406□

Zusammensetzung der Rüben und Säfte aus der Kampagne 1959/60. Peter Pavlas und Mary Schusterova. (Listy Cukrovarnické **76.** 224—34. 15/10. 1960.) (Tschech.)

Die Trockenheit im letzten Drittel der Wachstumsperiode führte in Böhmen u. Mähren zu ungewöhnlich niedrigen Reinheitsquotienten der Säfte [Dicksäfte (I) 91,66; Diffusionssäfte (II) 88,75] u. durch hohen Geh. an stickstoffhaltigen Nichtzuckerstoffen (Gesamtstickstoff bei I 0,543 g/100 g Zucker u. bei II 0,827 g/100 g Zucker gegenüber dem 40jährigen Durchschnitt von 0,367 g bei I u. 0,544 g bei II) u. an Alkalien (1,214 g K_2O, 0,267 g Na_2O/100 g Zucker gegenüber dem Durchschnitt von 0,865 u. 0,104) zu einem erhöhten Melasseanfall. Eine Übersicht bringt eine Gegenüberstellung zwischen Regen-Ndd. u. dem Geh. an Nichtzuckerstoffen in II für die letzten 40 Jahre.

H. HERPER. 7412□

Erfahrungen bei der Anwendung von Natriumphosphat für die Verbesserung der Kochung und Zentrifugierung der Füllmasse in der 2. Petrowsker Fabrik. W. M. Perzel, I. A. Rostripenko und A. D. Golubewa. (Сахарная Промышленность [Zucker-Ind.] **34.** Nr. 3. 10—12. März 1960. Zentralinst. der Zuckerind., Petrowski, Zuckerfabrik.) (Russ.)

Vff. befürworten auf Grund von Betriebs-Verss. die Zugabe von Na_3PO_4 zum Saft der 2. Saturation u. die Sulfitierung des Dünnsaftes vor dem Eindampfen, bes. bei der Verarbeitung abgelagerter Rüben, bei der es infolge größeren Geh. an lösl. Kalksalzen in Saft u. Sirup oft zu Schwierigkeiten kommt. Die alleinige Sulfitierung des Dicksaftes wird infolge Krusten-Bldg. auf der Heizfläche der Vakuumverdampfer u. Verlängerung der Kochungszeit von 5 auf 10 Std. abgelehnt. In der Kampagne werden 3—5 kg Na_3PO_4, bei der Verarbeitung abgelagerter Rüben maximal 20 kg Na_3PO_4 auf 1000 dz Rüben zugegeben. GOTTFRIED SCHREIBER. 7414□

Theorie und Praxis der Affination des Rohzuckers. E. Schulze. (Zuckererzeugung **4.** Nr. 12. Beil. Nr. 2. 1—7. Dez. 1960. Halle.) (Dt.)

Im Gegensatz zu den harmlosen Karamelfarbstoffen u. Melanoidinen sind Polyphenol–Fe-Komplex-Verbb., die von den Zuckerkristallen adsorbiert werden, bes. schädlich für die Qualität von Weißzucker. Für die Raffination des Rohzuckers ist vor allem die Farbe seiner abgedeckten Kristalle von Bedeutung. Es besteht ein enger Zusammenhang zwischen dem prozentualen Anteil an Deckwasser u. der Farbtypendifferenz von Einwurf u. erzeugtem Kristallzucker. Weiter wurden die Ausbeuten an Weißzucker u. der Einfl. der Korngröße u. der Kristallformen auf die Affination besprochen. W. WILLENBERG. 7416□

Über die Ansammlung von Raffinose im Raffinadesirup. L. A. Wodolasskaja und M. T. Moltschadski. (Сахарная Промышленность [Zucker-Ind.] **34.** Nr. 1. 19—21. Jan. 1960. Odessa, Raffinadefabrik.) (Russ.)

Frische Rüben enthalten ca. 0,01—0,03% *Raffinose* (I). Die Werte sind abhängig von Entw.-Stadium u. Sorte der Rübe, Klima, Züchtungsbedingungen u. Länge der Aufbewahrung. I sammelt sich in den Endprodd. der Zuckerrübenverarbeitung an. Im Raffinadensirup ist mehr I (2,5—4,9%) vorhanden als in der Melasse (0,03—0,16% vom Rübengewicht). Bes. viel I enthält Streuzucker, wenn bestimmte Melasseentzuckerungs-Meth. vorhergingen. GOTTFRIED SCHREIBER. 7416□

Die Kartoffelstärkegewinnung und ihre Probleme. M. Ulmann. (Nahrung **3.** 889—908. 1959. Potsdam-Rehbrücke, Inst. für Ernährung.) (Dt.)

Übersicht unter Hinweis auf neuzeitliche Entw.-Tendenzen. — 30 Literaturangaben.

M. ULMANN. 7448□

Vergleichende Betrachtungen der europäischen und der amerikanischen Stärkeforschung und Stärkeindustrie. W. Kempf. (Stärke **12.** 296—99. Okt. 1960. Detmold Bundesforschungsanst. für Getreideverarbeitung.) (Dt.)

Infolge der großen Überschüsse an Mais u. Weizen in den USA haben alle Arbeiten mit *Stärke* (I) das Ziel, ihren Absatz zu steigern, was durch Entw. neuer Umsetzungen der I u. Gewinnung von neuen Derivv. erreicht werden soll. In Deutschland liegt infolge anderer Gegebenheiten das Hauptinteresse auf maschinentechn. Gebiet zwecks Qualitätsverbesserung u. Ausbeuteerhöhung der I. M. ULMANN. 7448□

Ein Überblick über die Zusammensetzung handelsüblicher Weizenmehle und Weizensüßkleber. W. Kempf. (Stärke **12.** 299—300. Okt. 1960. Detmold, Bundesforschungsanst. für Getreideverarbeitung.) (Dt.)

In den Jahren 1958/59 u. 1959/60 lag die Ausbeute an Gesamtstärke aus Weizenmehlen mit 78,4% um 0,9% höher als in den beiden vorherigen Jahren. Der Eiweiß-Geh. der Weizensüßkleber betrug 85,2% u. 83,7%, was einer Erhöhung gegenüber 1957/58 (82,6%) entspricht. M. Ulmann. 7448□

XV. Gärungsindustrie

Herstellung von Malzmilch auf verzuckerter Masse. N. Ss. Kitajew. (Спиртовая Промышленность [Spiritus-Ind.] **26.** Nr. 7. 39—40. 1960.) (Russ.)

Beschreibung des technolog. Prozesses unter Verw. von Süßwürze, wodurch der Formalin-Geh. der Malzmilch nur um 10—11% erhöht wird. S. Baryschnikow. 7536□

Die Vergärung von Rohrzuckermelasse in Brasilien. Wilhelm Drews. (Branntweinwirtschaft **100.** 384—95. 25/8. 1960. Piracicaba, Estado Sao Paulo, Brasilien.) (Dt.)

Die Zus. u. bes. Merkmale der in Brasilien hergestellten Rohrzuckermelassen, die Betriebseinrichtung der Brennereien, die Wasserverhältnisse, die Heferasse u. Hefeführung, die Verw. verschiedener Antiseptica u. der Einsatz verschiedener Nährstoffe, die Gärführung u. Gär-Verff. (klass. Verf., Melle-Boinot-Verf.) sowie die Melassevergärung unter Verw. von Pentachlorphenol (Emulsan AL) werden beschrieben. W. Kreipe. 7536□

Das Mäuseln des Weines. Baum. (Dtsch. Weinbau **15.** 549. 1. Aug.-H. 1960. Bad Kreuznach.) (Dt.)

Das Mäuseln ist eine Krankheit säurearmer Weine, die sich durch einen unangenehmen Geschmack bemerkbar macht. Zur Abhilfe oder Verhütung wird genügender SO_2-Zusatz u. evtl. Schönung mit Hefe empfohlen. F. Radler. 7554□

Die Eiweißstabilisierung der Weine durch Anwendung von Wärme. Adolf Müller. (Dtsch. Wein-Ztg. **96.** 611—12. 1/10. 1960. Bad Kreuznach, Landes-Lehr- u. Versuchsanst.) (Dt.)

Das Verf. zur Eiweißstabilisierung von Weißweinen durch Erwärmung mittels Plattenerhitzer auf 40—45° ohne anschließende Rückkühlung hat sich in prakt. Verss. bewährt. Die behandelten Weine waren eiweißstabil u. wurden organolept. günstig beurteilt. F. Radler. 7554□

Einfluß von SO_2, Temperatur, Lagerzeit und Verschlußart auf die Qualität abgefüllter trockener Tischweißweine. C. S. Ough, E. B. Roessler und M. A. Amerine (Food Technol. **14.** 352—56. Juli 1960. Davis, Calif., Univ. of California.) (Engl.)

Niedere Lager-Temp. (bes. 0°) erbringt Weine höherer Qualität. Die Lagerzeit soll 9 Monate, teils noch weniger, nicht überschreiten. Der SO_2-Geh. soll so niedrig wie prakt. möglich gehalten werden (ca. 100 mg/Liter). Je höher SO_2-Geh. u. Lager-Temp., desto stärker werden Metallverschlüsse angegriffen u. die Weinqualität gemindert. Korkverschlüsse werden empfohlen. — 13 Literaturangaben. H.-U. Stein. 7554□

Der Einfluß niedriger Temperaturen auf den Gärverlauf in Traubenmost und seine Auswirkung auf Zusammensetzung und Qualität des Weines. Alfred Stührk. (Qualitas Plantarum Mater. vegetabiles [Den Haag] **7.** 147—58. 10/6. 1960. Bad Kreuznach, Landes-Lehr- u. Versuchsanst. für Weinbau, Gartenbau u. Landwirtschaft.) (Dt.)

Es wurde nachgewiesen, daß in frisch gekelterten Traubenmosten Hefen vorkommen, die bei 5—10° gären können. Die „gekühlte Gärung“ kann daher auch ohne Kaltgärhefen durchgeführt werden. Durch die Kühlung werden die Weine in ihrer Zus. kaum verändert. Verlust an A. u. Aromastoffen ist geringer als bei der normalen Gärung. F. Radler. 7554□

Rückgewinnung der Hefen bei der Weinbereitung. M. Flanzy und P. André. (Chim. et Ind. **81.** 902—04. Juni 1959. Paris, Inst. national de la Rech. agronom.) (Franz.)

Bei der Herst. von 1 Liter Wein entsteht 1 g Hefe. Beim ersten Abstich kann die sich absetzende Hefe gewonnen werden, die jedoch von A., Weinstein u. organ. Resten getrennt werden muß, was durch fraktionierte Trockenschleuderung möglich ist. F. Radler. 7554□

Über die Autolyse der Zellen von Clostridium acetobutylicum bei der Fermentation von Maismost. F. T. Pomar und E. Emiliani. (Rev. Fac. Ing. Quím. **27.** 113—27. 1958. Inst. de Investigac., Dep. de Microbiol.) (Span.)

Bei der Fermentation von Maismehl (8% in W.) vermehrt sich Clostridium acetobutylicum in den ersten 16—24 Std. unter Zunahme der Acidität u. Bldg. kleiner Mengen von Lsgm., diese nehmen dann rasch zu, wobei die Acidität abnimmt u. bis ca. 80% der gebildeten Zellen durch Autolyse infolge Speicherung von Stoffwechsel-Prodd. verschwinden. Von den bei Beginn der Autolyse vorhandenen Stoffen sind Aceton (0,11%) u. A. (0,04) ohne Einfl.; Essigsäure (0,15), Butanol (0,27) u. bes. Buttersäure (0,22) wirken, wie Verss. mit Zusatz dieser Stoffe zeigen, hemmend, bei gleichzeitiger Ggw. völlig hindernd auf die Vermehrung der Zellen u. bewirken rasche Autolyse. Ebenso wirkt Zunahme an Butanol u. Abnahme an Säure, wie sie in der zweiten Phase der Fermentation eintritt. R. K. MÜLLER. 7578□

Eine einfache Zuckerbestimmung für die Praxis. H. Tanner. (Fruchtsaft-Ind. **5.** 13—23. Jan. 1960; Schweiz. Z. Obst- u. Weinbau **68.** 533—35. 14/11. 552—54. 28/11. 1959. Wädenswil, Eidg. Versuchsanst.) (Dt.)

Die Best. von Restzucker in Wein erfolgt nach CARREZ-Klärung durch Zusatz alkal. Cu-Lsg. nach LUFF, 10 Min. langem Erhitzen zum Sieden, Abkühlen, Ansäuern mit H_2SO_4 nach KJ-Zusatz u. Titration des ausgeschiedenen J_2 mit 0,05n $Na_2S_2O_3$. Die entsprechenden Invertzucker-Geh. werden einer Tabelle entnommen. Die Rk.-Geschw. von Fructose u. Glucose bei der Red. zeigten keine Unterschiede. Zur Inversion von enthaltenem Rohrzucker wird eine neue Vorschrift empfohlen. 10 ml des Getränks mit maximal 25 g Zucker/Liter werden mit 10 ml W. u. 1 ml 30%ig. HCl versetzt, zum Sieden erhitzt u. 5 Min. auf eine Holzunterlage gestellt. Dann wird auf 20° gekühlt, auf ca. 50 ml mit dest. W. aufgefüllt, mit 15%ig. NaOH gegen Phenolphthalein alkalisiert u. nach CARREZ-Klärung wie üblich weiterbehandelt. PH. FRESENIUS. 7590□

Die Bestimmung des Alkoholgehalts in der Schlempe und im Lutterwasser. E. Malenke. (Branntweinwirtschaft **100.** 444—45. 26/9. 1960.) (Dt.)

Um zu ermitteln, ob die nach der Dest. der Brennereimaischen abfließende Schlempe u. das Lutterwasser vollkommen alkoholfrei sind, werden 300 cm³ Schlempefiltrat oder Lutterwasser in einem Destillier-App. in bekannter Weise entgeistet. In 100 cm³ Destillat wird durch Spindeln der Alkohol-Geh. festgestellt, wobei zu beachten ist, daß die Lutterprober in den Brennereien meist unterschiedlich u. falsch anzeigen u. darum eine entsprechende Korrektur unbedingt erforderlich ist. Zur Vermeidung von Alkoholverlusten müssen Schlempe u. Lutterwasser grundsätzlich alkoholfrei sein, was bei richtiger Konstruktion u. Bedienung der Dest.-Anlage im Brennereibetrieb immer möglich ist. W. KREIPE. 7596□

Ist die spektralphotometrische Analyse von Weinspriten zuverlässiger als eine organoleptische Beurteilung? R. Mecke, M. de Vries und R. Schindler. (Branntweinwirtschaft **100.** 479—90. 25/10. 1960. Freiburg/Br., Univ., Inst. für Physik. Chem.) (Dt.)

Es wird eine spektroskop. Meth. angegeben, die es erlaubt, in kurzer Zeit die Qualität von Weinspriten sicher zu beurteilen. Durch Messung der UV-Absorption bei 218 mμ nach Dest. wird die Konz. an *Aldehyden* u. leicht flüchtigen *Estern* bestimmt. Der *Fuselöl*-Geh. wird colorimetr. nach Rk. mit konz. H_2SO_4 u. p-Aminobenzaldehyd bestimmt. Ein einwandfreier Weinsprit soll $\leqq$1 mg Fuselöl je 100 ml enthalten u. bei 218 mμ eine Absorption von $\leqq$0,125 haben. 719 südafrikan. Weinsprite wurden untersucht u. organolept. beurteilt. Die organolept. Beurteilung ergibt nur relative Ergebnisse. Reine Weinsprite werden meist richtig beurteilt. Duftstoffe stören die Beurteilung, u. ebenso wird die Beurteilung durch die Qualität einer vorangegangenen Probe beeinflußt. — 30 Literaturangaben. F. RADLER. 7606□

Zur colorimetrischen Bestimmung des Eisens in Wein mit Sulfosalicylsäure. H. Konrad. (Nahrung **4.** 365—73. 1960. Berlin, Inst. für Lebensmittelchem. beim Magistrat.) (Dt.)

Zur Best. des Gesamt-*Fe* im Wein wird eine einfache u. mit einer Genauigkeit von $\pm$2% durchführbare Meth. vorgeschlagen. 10—25 ml Weiß-, Rot- oder Dessertwein werden verascht, der Rückstand in 3 ml konz. HCl gelöst, mit W. verd. u. der Fe-Geh. colorimetr. bestimmt, nach Zusatz von 5 ml 20%ig. Sulfosalicylsäure-Lsg., 0,1 g Hydroxylaminhydrochlorid u. NH_3 im Überschuß. Cu-Ionen stören, können jedoch leicht durch Zusatz von Alkalicyanid ausgeschaltet werden. Die Meth. soll bes. für Serien-Unterss. geeignet sein. F. RADLER. 7606□

Gaschromatographische Untersuchungen an Weinen. R. Mecke, R. Schindler und M. de Vries. (Wein-Wiss. **15.** 183—91. Okt. 1960, Beilage zu: Dtsch. Weinbau. Freiburg/Br., Univ., Inst. für physikal. Chem.) (Dt.) — Vgl. C. **1960.** 15603.

Es wird über die Anwendungsmöglichkeit der gaschromatograph. Meth. zur Analyse der Duftstoffe von Weinen berichtet. Es werden die Chromatogramme von Extrakten von 5 Weinen u. einem Cognac-Extrakt angegeben. Folgende Verbb. wurden nach den Retentionszeiten oder durch Differenzchromatogramme nachgewiesen: *Aceton, Äthylacetat, A., Isopropyl-, Isobutyl-, Isoamylalkohol, Propion-, Capron-, Önanth-, Capryl-, Caprin-, Pelargon-, Laurin-, Zimt-, Salicyl-, Myristin-, Valeriansäureäthylester, Essig-,*

Capryl-, Caprinsäuremethylester, Isobutyr- Isovaler- u. *Zimtaldehyd.* Die vorliegenden Daten reichen noch nicht aus, um Aussagen über Zusammenhang zwischen Qualität u. Zus. des Buketts von Weinen zu machen.

Versuche: 500 ml Wein werden 3mal mit 200 ml A.-Pentan (2:1) ausgeschüttelt; der Extrakt wird 6mal mit 50 ml W. gewaschen, über $CaCl_2$ getrocknet u. bei 33° auf 0,5 ml eingeengt. Gaschromatograph. Trennung mit 2 m-Trennsäulen, Trägermaterial Chromosorb, stationäre Phase (20%) bei 75° Polyäthylenglykol 1500 (Carbowax), bei 184° Polyäthylenglykolsuccinat; Trägergas: He. F. RADLER. 7606☐

XVI. Nahrungs-, Genuß- und Futtermittel

Nisin in der Lebensmitteltechnologie. H. B. Hawley. (Food Manufact. 32. 370—76. 1/8. 430—34. 1/9. 1957.) (Engl.)

Zusammenfassender Überblick über die Möglichkeiten eines Einsatzes von *Nisin* als Konservierungsmittel für Lebensmittel. — 106 Literaturangaben.

J. MILLER. 7634☐

Die mit der Hemmung mikrobiellen Verderbs zusammenhängenden Faktoren. 1. Mitt. Schwankungen in der Empfindlichkeit verschiedener Stämme der gleichen Spezies. E. O. Bennett, C. L. Adamson und V. E. Feisal. (Appl. Microbiol. 7. 368—72. Nov. 1959. Houston, Texas, Univ. of Houston, Dep. of Biol.) (Engl.)

Verschiedene Stämme der gleichen Species Pseudomonas aeruginosa zeigen gegenüber chem. Konservierungsmitteln je nach Umweltbedingungen verschiedene Empfindlichkeit u. Schwankungen der Hemmwerte von z. T. 100%. E. LÜCK. 7634☐

Untersuchungen zur nicht enzymatischen Bräunung von Lebensmitteln — Modellsysteme aus organischer Säure und Aminosäure. B. S. Bhatia, N. S. Kapur, D. D. Bhatia und Girdhari Lal. (Food Res. 22. 266—72. Mai/Juni 1957. Mysore, Central Food Techn. Res. Inst.) (Engl.)

Im Hinblick auf die Vorgänge bei der nichtenzymat. Bräunung von Lebensmitteln wurden Modell-Syst. aus 0,1m Lsgg. von *Aminosäuren* [**I**, *DL-Glycin, L-Cystein* (**II**), *L-Lysin* (0,01m), *L-Arginin, DL-Tryptophan* (**III**), *DL-Histidin, L-Leucin, DL-Alanin, DL-Phenylalanin* (**IV**), *DL-Glutaminsäure, DL-Asparaginsäure, DL-Valin, DL-Serin, DL-Methionin, L-Thyrosin* (**V**), *L-Prolin, L-Asparagin, L-Cystin* (**VI**), *DL-Isoleucin, DL-Threonin*] u. *organ. Säuren* [**VII**, *Essigsäure, Propionsäure, Oxalsäure, Malonsäure, Bernsteinsäure, Apfelsäure, Maleinsäure* (**VIII**), *Citronensäure, Weinsäure, Milchsäure, Brenztraubensäure* (**IX**)] untersucht. **I** mit S–S- oder S–H-Bindungen (**VI** bzw. **II**) lieferten während 10monatiger Lagerung bei 55° keine braunen Vorläufer der **I**–**II**-Komplexe. **I** mit einem Indolring oder einer Phenolgruppe (**III** bzw. **V**) bewirkten die Bräunung rascher als die anderen **I**. Bei nahezu allen untersuchten Syst. wies das UV-Spektrum der braunen Vorläufer der **I**–**II**-Komplexe bei 275 mμ eine Spitze auf. Ausnahmen bildeten die Syst. mit **II** u. **VI** bzw. **VIII** u. **IX**, bei denen das UV-Spektrum keine Spitze aufwies, u. das Syst. mit **IV**, bei denen die Spitze bei 260 mμ lag.

I. KEINERT. 7642

Zur Frage der Bräunungsreaktion in Lebensmitteln. K. Heintze. (Dtsch. Lebensmittel-Rdsch. 51. 69—75. März 1955. Karlsruhe, Bundesforschungsanstalt für Lebensmittelfrischhaltung.) (Dt.)

Zusammenfassung der in letzter Zeit veröffentlichten Arbeiten über das Problem der Bräunung von Lebensmitteln. — 47 Literaturangaben. E. WIEHR. 7642

Der Gehalt von Zellstoffablaugenhefe an den Vitaminen des B-Komplexes. G. Butschek. (Dtsch. Lebensmittel-Rdsch. 51. 100—01. April 1955. Mannheim.) (Dt.)

Vf. untersuchte den Geh. von Zellstoffablaugenhefe an den Vitaminen des B-Komplexes u. vergleicht den Geh. an Vitamin B_1, B_2, Nicotinsäure u. Pantothensäure mit den Werten anderer Autoren. E. WIEHR. 7646☐

Die Beziehung der Teilchengröße zu gewissen Mehleigenschaften. Betty Sullivan, W. E. Engebretson und Merlin L. Anderson. (Cereal Chem. 37. 436—55. Juli 1960. Minneapolis, Minn., Russel Miller Milling Co., Res. Labor.) (Engl.)

Ein Hartweizenmehl 90%ig. Ausmahlung wurde durch Windsichtung in 6 Anteile geteilt. Bei sehr niedrigen Teilchengrößen waren Asche- u. Protein-Geh. doppelt so hoch wie im ursprünglichen Mehl. Maltosewert u. Gas-Bldg.-Vermögen nahmen mit steigender Teilchengröße entsprechend der geringeren spezif. Oberfläche ab. Die im Amylographen gemessene Viscosität wies gewisse Beziehungen zur Teilchengröße auf.

H. HAEVECKER. 7670☐

Die Zerstörung von Vitamin E in Mehl durch Chlordioxyd. T. Moore, I. M. Sharman und R. J. Ward. (J. Sci. Food Agric. 8. 97—104. Febr. 1957. Univ. of Cambridge and Med. Res. Council, Dunn Nutritional Labor.) (Engl.)

Bericht über Verss., aus deren Ergebnissen hervorgeht, daß bei der Behandlung von Mehl mit ClO_2 eine nahezu vollständige Zerstörung von *Vitamin E* stattfindet. J. Miller. 7670 □

Wirkungen von Natriummetabisulfit und γ-Bestrahlung auf die Haltbarkeit vorgeschälter Kartoffeln bei Zimmertemperatur. E. A. M. Asselbergs, W. E. Ferguson W. P. Mohr und K. F. Mac Queen. (Appl. Microbiol. **8.** 311—14. Sept. 1960. Ottawa, Canada Dep. of Agric. Plant Res. Inst.) (Engl.)

Kombination von γ-Strahlen mit Oxytetracyclin verhütete den bakteriellen Befall von vorgeschälten, verpackten Kartoffeln, die bei Zimmer-Temp. gelagert wurden, über einen Zeitraum von 6 Tagen. Eine prakt. Anwendung dieser Meth. ist wegen Verfärbung u. Geschmacksveränderung nicht gegeben. U. Behrens. 7678 □

Nährwert von zentralamerikanischem Mais. 5. Mitt. **Carotingehalt und Vitamin A-Aktivität von drei Gelbmaissorten aus Guatemala.** Robert L. Squibb, Ricardo Bressani und Nevin S. Scrimshaw. (Food Res. **22.** 303—07. Mai/Juni 1957.) (Engl.) — 4. vgl. Bressani u. Mitarbeiter, C. **1955.** 8281.

Bei den 3 Gelbmaissorten Tiquisate Golden Yellow, 142—48 u. Santa Maria Cauqué wurde durch chem. Analyse die *Vitamin A*-Aktivität bestimmt. Sie betrug jeweils 2,58, 2,24 u. 1,52 mcg/g. Von diesen Aktivitäten waren jeweils 38,3, 56,8 u. 57,3% auf *Kryptoxanthin*, der Rest auf *β-Carotin* zurückzuführen. I. Keinert. 7686

Inhibierung von Polygalakturonase in eingemachten Kirschen. H. Y. Yang, Wilbert F. Steele und Donald J. Graham. (Food Technol. **14.** 644—47. Dez. 1960. Corvallis, Oreg., Oregon State Coll., Dep. of Food and Dairy Techn.) (Engl.)

Polygalakturonase erweicht die Kirschen infolge des von ihr verursachten Pektinabbaus. Sie kann inhibiert werden durch eine Lsg. folgender Zus.: 1,25 (%) SO_2, 0,7 $Ca(OH)_2$, 0,02 eines handelsüblichen Alkylarylsulfonat-Präp. mit 40% Wirkstoff. M. Ringpfeil. 7688 □

Die Wirkung von Boraten und anderen Inhibitoren auf das enzymatische Braunwerden von Apfelgewebe. 2. Mitt. **Mechanismus.** Karakian Bedrosian, M. P. Steinberg und A. I. Nelson. (Food Technol. **14.** 480—83. Okt. 1960.) (Engl.) — 1. vgl. C. **1960.** 14548.

Die Hemmung der enzymat. Polyphenoloxydation im Apfelgewebe durch *Borat* (**I**) wächst mit steigendem pH u. steigender **I**-Konzentration. Die nichtenzymat. Polyphenoloxydation wird ebenfalls durch **I** gehemmt. Vff. erklären hieraus die **I**-Hemmung als eine Komplex-Bldg. zwischen Polyphenol u. **I**. U. Behrens. 7688 □

Niedertemperatur-Behandlung von sterilisierten Nahrungsmitteln. 5. Mitt. **Biochemische Veränderungen während der Lagerung.** Aaron L. Brody, Karakian Bedrosian und C. Olin Ball. (Food Technol. **14.** 552—56. Nov. 1960. St. Joseph, Mich., Whirlpool Corp. Res. Labor.) (Engl.)

Verschiedene Nahrungsmittel (vorwiegend Gemüse), die kurzfristig hoher Temp. (2 Min., 149°) ausgesetzt u. dann in üblicher Weise eingedost worden waren, wurden 12 Monate bei 1,67, 10,0 u. 26,7° gelagert. Die Veränderung des Vitamin-Geh. (β-Carotin, Thiamin, Riboflavin, Ascorbinsäure), der Farbe u. a. wurde bestimmt. Die hierbei erzielten Ergebnisse sprechen für die Lagerung bei niedriger Temperatur. U. Behrens. 7690 □

Das Weichwerden von (Salz)-Gurken während der Gärung. Arnold L. Demain und Herman J. Phaff. (J. agric. Food Chem. **5.** 60—64. Jan. 1957. Davis, Calif., Univ. of California, Dep. of Food Technol.) (Engl.)

Das Weichwerden von Salzgurken während der üblichen Milchsäuregärung wird im wesentlichen durch pektolyt. Enzyme verursacht, die eine Auflösung der Mittellamellen der Zellen hervorrufen. Aerobe Bacillen spielen eine wesentlich geringfügigere Rolle als früher angenommen worden ist. Wahrscheinlich sind die Hauptverderbserreger Pilze, die über die Stielansatzstellen in die Gurken eindringen. E. Lück. 7690 □

Zeit-Temperatur Toleranz gefrorener Lebensmittel. 23. Mitt. **Qualitätsveränderungen in gefrorenem Spinat.** W. C. Dietrich, Mildred M. Boggs, Marvel-Dare Nutting und N. E. Weinstein. (Food Technol. **14.** 522—27. Okt. 1960. Albany, Calif., Western Regional Res. Labor.) (Engl.) — 22. vgl. Michener u. Mitarbeiter, C. **1961.** 10782.

Über einen Zeitraum von einem Tag bis 2 Jahre u. bei Temp. zwischen +4,5° u. —29° wurde an Spinat die Veränderung des Geh. von Chlorophyll, Ascorbinsäure, Carotin, der Farbe u. des Geschmackes untersucht. U. Behrens. 7690 □

Erstarrungszeit und -temperatur von Pektin-Gelen. J. J. Doesburg und G. Grevers. (Food Res. **25.** 634—45. Sept./Okt. 1960. Wageningen, Inst. for Res. on Storage and Process of Horticult. Prod.) (Engl.)

Der Einfl. von Gelierungsgrad, Veresterungsgrad u. Konz. des Pektins u. des Asche-Geh. auf die Erstarrungszeit u. -Temp. von Pektingelen wurde untersucht. Partielle Depolymerisation durch therm. oder chem. Meth. u. Verseifung bis zur Hälfte des ursprünglichen Ester-Geh. führten zur Erhöhung der Erstarrungszeit. Weitere Verseifung bewirkte eine Erniedrigung der Erstarrungszeit. Ca^{2+}-Ionen verursachen in jedem Falle eine Erhöhung der Erstarrungstemperatur. Bei niedrigem Veresterungsgrad ist dieser Effekt stärker. M. RINGPFEIL. 7702□

Die Wirkung der Citronensäurekonzentration auf die Diacetyl-Bildung durch bestimmte Milchsäure-Bakterien. N. B. Rushing und Vincent J. Senn. (Appl. Microbiol. **8.** 286—90. Sept. 1960. Winter Haven, Fla., U. S. Fruit and Vegetable Products Labor.) (Engl.)

Vff. untersuchen die unerwünschte Geschmacksveränderung von Orangensaft durch Bakterien. Bei konst. Zus. des Mediums ist bei *Lactobacillus brevis* Wachstum u. Milchsäure-Bldg. proportional der *Citronensäure* (I)-Konzentration. *Diacetyl* (II) wird nur in Anwesenheit von I gebildet (adaptives Enzym-Syst.). *Lactobacillus plantarum var. mobilis* bildet in jeder Nähr-Lsg. II. *Leuconostoc mesenteroides* u. *L. dextranicum* bilden II in Orangensaft. U. BEHRENS. 7706□

Zusammensetzung handelsüblicher, handgepreßter und schalenhaltiger Säfte aus Florida-Orangen. Lyle James Swift und M. K. Veldhuis (J. agric. Food Chem. **5.** 49—52. Jan. 1957. Winter Haven, Fla., U. S. Citrus Products Stat.) (Engl.)

Schalenhaltige Säfte lagen in ihrem Geh. an lösl. Pektinsubstanzen, Ascorbinsäure, Flavonoiden u. Diacetyl, in ihrem pH-Wert u. in ihrer Farbintensität höher als haushaltsüblich ausgepreßte Säfte, in ihrem Geh. an Säure u. fluorescierenden Stoffen jedoch niedriger. Der Zusatz von schalenhaltigen Säften zu anderen konnte schon in Mengen von 3% von geübten Testern geschmacklich festgestellt werden. E. LÜCK. 7706□

Sinnesphysiologische Untersuchung von Obstpreßsäften. Emil von Skramlik. (Dtsch. Lebensmittel-Rdsch. **51.** 75—80. März 1955. Berlin.) (Dt.)

Vf. berichtet über umfangreiche Unterss. des Geruches u. Geschmackes von Obst- u. Gemüsepreßsäften. Geruchs- u. Geschmacksschwellen sowie Mischungsgleichungen werden angegeben. E. WIEHR. 7706□

Die papierchromatographische Untersuchung von Gelatine mit Säurezusätzen. Kurt Heyns und Wolfgang Walter. (Dtsch. Lebensmittel-Rdsch. **51.** 65—67. März 1955. Hamburg, Univ., Chem. Inst.) (Dt.)

Gelatineproben wurden mit Zusatz von Wein- oder Citronensäure gelagert u. der Abbau der *Gelatine* (I) während der Lagerungszeit papierchromatograph. geprüft. Hierbei zeigte sich, daß gesäuert gelagerte I einer I gleichwertig ist, die erst unmittelbar vor der Verw. angesäuert wird. E. WIEHR. 7708□

Einfluß der Kakaobutterersatzstoffe auf die Konsistenz der Schokoladengußmasse. Jan Pokorný, Gustav Janíček und Jana Kubátová. (Listy Cukrovarnické **76.** 249—51. 15/11. 1960.) (Tschech.)

Die Ersatzstoffe, die Fettsäuren mit 12—14 C-Atomen u. in kleinerer Menge auch solche mit 16—18 C-Atomen enthalten, bilden mit Kakaobutter eutekt. Gemische. Bereits geringe Gaben (2—17% in der gesamten Masse) entwerten daher die Konsistenz der Gußmasse wesentlich. H. HERPER. 7726□

Papierchromatographische analytische Untersuchungen über Nicotiana tabacum. 2. Mitt. **Die Oligosaccharide dreier subtropischer Tabaksorten während der Trocknung und Fermentierung.** 3. Mitt. **Die nichtflüchtigen organischen Säuren dreier subtropischer Tabaksorten während der Trocknung und Fermentierung.** 4. Mitt. **Die Aminosäuren dreier subtropischer Tabaksorten während der Trocknung und Fermentierung.** G. Giovannozzi-Sermanni. (Tabacco **59.** 327—43. Okt. 1955.) (Ital.) — 1. vgl. SCARASCIA-VENEZIAN u. GIOVANNOZZI-SERMANNI, C. **1950/54.** 5457 S.

Papierchromatograph. ließen sich in 3 subtrop. Tabaken (Round Tip, Sumatra u. Scafati 7) *Glucose* (I), *Saccharose* (II) u. *Fructose* (III) nachweisen. Durch Lufttrocknung verschwindet II, u. von I u. III verbleiben nur geringe Mengen. Nach der Fermentierung ist nur noch I in Spuren nachweisbar. — Von *nichtflüchtigen organ. Säuren* konnten *Oxalsäure, Citronensäure, Äpfelsäure, Maleinsäure, Fumarsäure* sowie 2 nichtidentifizierte Säuren nachgewiesen werden. Außerdem konnte das Vorliegen von *Brenztraubensäure* wahrscheinlich gemacht werden. Während des Trocknens u. der Fermentierung finden nur geringe Veränderungen des Säure-Geh. statt. — Bzgl. der Veränderungen, welche die *Aminosäuren* der 3 Tabake während der Lufttrocknung erleiden, wurden im wesentlichen folgende Beobachtungen gemacht: *Citrullin* verschwindet während der Lufttrocknung, während *Arginin* gebildet wird. Wahrscheinlich besteht eine Wechselwrkg. zwischen diesen beiden Aminosäuren. Ebenso scheint eine Wechselwrkg. zwischen *Methionin* u. *Cystein* zu bestehen. C. GRIMME. 7734

Papierchromatographische analytische Untersuchungen über Nicotiana tabacum. 5. Mitt. Veränderungen einiger chemischer Inhaltsstoffe bei Maryland-Tabak, die durch das Köpfen und die Art der Trocknung bewirkt werden. Giovanni Giovannozzi-Sermanni. (Tabacco **60.** 400—12. Okt./Dez. 1956.) (Ital.) — 2.—4. vgl. vorst. Referat.

Papierchromatograph. Unterss. an den Maryland-Tabaken M. Benincasa (**a**) u. M. Catterton (**b**) ergaben: Bei beiden werden durch Köpfen der Geh. an *Glucose* (**I**) u. die Anzahl *freier Aminosäuren* vermindert. *Hydroxyprolin* verschwindet u. *Methioninsulfon* tritt auf. Der Geh. an *Methionin* (**II**) verdoppelt sich. Hingegen wirkt sich das Köpfen auf die Geh. an *Äpfelsäure* (**III**) u. *Citronensäure* (**IV**) unterschiedlich aus. Bei **a** nimmt der Geh. an beiden Säuren ab, bei **b** hingegen zu. Durch Lufttrocknung der Blätter werden bei **a** u. **b** die *Zucker* bis auf Spuren zum Verschwinden gebracht. (Die Spuren **I** sind bei **a** noch geringer als bei **b**.) Durch Proteinhydrolyse werden *Citrullin, Cystein* u. *Asparagin* gebildet. *Asparaginsäure* verschwindet. Der Geh. an **II** u. **IV** nimmt zu, während der an **III** abnimmt. Die bei der Lufttrocknung der ganzen Pflanzen erhobenen Befunde unterscheiden sich von den bei der Lufttrocknung der Blätter getroffenen Feststellungen lediglich darin, daß der Geh. von **III** bei **a** zunimmt. C. GRIMME. 7734

Mittels der Papierchromatographie untersuchte Veränderungen einiger chemischer Inhaltsstoffe bei Maryland-Tabak, die durch das Köpfen und die Art der Trocknung bewirkt werden. Giovanni Giovannozzi-Sermanni. (Ricerca sci. **27.** 3357—60. Nov. 1957.) (Ital.)

Inhaltlich ident. mit vorst. Referat. R. K. MÜLLER. 7734

Veränderungen in der Zusammensetzung der Blätter von Maryland-Tabak in Abhängigkeit von der Düngung und den Trocknungsmethoden. Giovanni Giovannozzi-Sermanni. (Tabacco **60.** 386—99. Okt./Dez. 1956. Rom, Labor. di Biochim. dell'Ist. Scient. Sperim. per i Tabacchi.) (Ital.)

Zur Unters. über den Einfl., den die Düngung u. die verschiedenen Trocknungs-Meth. auf Blätter u. Pflanzen ausüben, wurden wachsende Pflanzen von 2 Tabakarten, Maryland Benincasa T. 365 (**a**) u. M. Catterton (**b**), unter denselben Bedingungen behandelt u. die Ergebnisse verglichen. **b** ist für die laufende industrielle Verwertung infolge des geringeren Geh. an Gesamt- u. Eiweiß-N u. der größeren K-Menge wertvoller als **a** (Tabellen). — 8 Literaturhinweise. G. PLATZER. 7734□

Über die Wirkung von Phosphaten auf die Wasserbindung des Fleisches. Reiner Hamm und Reinhold Grau. (Dtsch. Lebensmittel-Rdsch. **51.** 106—11. April 1955. Kulmbach, Bundesforschungsanst. für Fleischwirtschaft, Chem.-physikal. Inst.) (Dt.)

Eingehende Unterss. des Einfl. von Phosphaten, Kochsalz u. pH auf die Wasserbindung des Fleisches zeigten, daß der Phosphat-Geh. ($Na_5P_3O_{10}$) von $< 1\%$ nur in Ggw. von Kochsalz die Wasserbindung des Fleisches wesentlich erhöht.
E. WIEHR. 7750□

Über die handelsübliche Beschaffenheit von Corned beef. E. Benk. (Dtsch. Lebensmittel-Rdsch. **51.** 80—82. März 1955. Reutlingen, Chem. Landesuntersuchungsamt.) (Dt.)

Vf. berichtet die Beschaffenheit zahlreicher Proben von handelsüblichem Corned beef. E. WIEHR. 7750□

Panhas, eine Fleischware des Bergischen Landes. Hans Huber. (Dtsch. Lebensmittel-Rdsch. **51.** 111—12. April 1955. Remscheidt, Städt. Chem. Untersuchungsamt.) (Dt.)

Die Unters. von 15 Proben Panhas zeigte folgende Durchschnitts-Geh.: 62,4 (%) W., 1,99 Asche, 11 Buchweizenmehl, zwischen 10 u. 20 Fett sowie zwischen 6 u. 10 Eiweiß.
E. WIEHR. 7750□

Ein rationelles Verfahren zur Heißräucherung von Fisch. Damazy Jerzy Tilgner. (Food Manufact. **32.** 365—68. 1/8. 1957. Politechn. Gdanska.) (Engl.)

Beschreibung des Verf. u. Diskussion seiner Vorteile im Vgl. zu bisherigen Arbeitsweisen. — 18 Literaturangaben. J. MILLER. 7752□

Der Einfluß von Mastitis auf die Empfindlichkeit der Milch gegen Lipolyse. N. P. Tasassuk, M. Yaguchi und D. Noorlander. (Proc. annu. Meeting, Western Divis., Amer. Dairy Sci. Assoc. **1958.** 193—98. 13/16. Juli. Davis, Calif., Univ. of California, School of Veterinary Med. u. Dep. of Dairy Ind.) (Engl.)

Milch von mastitiskranken Kühen ist wesentlich empfindlicher gegen Lipolyse als gesunde Milch. E. LÜCK. 7756□

Der Einfluß des Farm-Großmilchkühler-Typs (Eisbank oder direkte Expansion) auf die bakteriologische Qualität von Rohmilch. A. G. Leggatt und B. O. Gregersen. (J. Milk Food Technol. **23.** 135—37. Mai 1960. Guelph, Ontario, Ontario Agric. Coll., Dep. of Dairy Sci.) (Engl.)

Vff. untersuchten an 9 verschiedenen Farmmilchkühlerfabrikaten sowie 24 Transportwagen, ob etwaige Unterschiede in der bakteriolog. Qualität der gekühlten Milch durch Typenunterschiede bedingt sind, stellten jedoch fest, daß sich hinsichtlich der Keimzahl (Gesamt-, Coli- u. Psychrophilenzahl) sowie der Resazurin-Red.-Zeiten keine signifikanten Abhängigkeiten ergaben. Hans Thiele. 7756□

Einige Beobachtungen über die Ultraviolett-Bestrahlung von Milch (Centrifilmer-Prozeß) unter besonderer Berücksichtigung organoleptischer Effekte und der sporiciden Wirkung. H. R. Curran und A. Tamsma. (J. Dairy Sci. **43.** 410—12. März 1960. Washington, D.C., U.S.D.A., Eastern Utilization Res. and Developm. Div.) (Engl.)

Hohe, jedoch unterhalb sterilisierender Wirksamkeit liegende UV-Dosen ($7{,}22 \cdot 10^4$ bis $10{,}83 \cdot 10^4$ erg/cm^2/s^{-1}) bedingten einen unangenehmen durch Licht aktivierbaren Fehlgeschmack bzw. -geruch, wenn Milch in einer Schichtdicke von ca. 15 μ nach dem „Centrifilmer"-Verf. (leicht kon. mit 1700 U/min rotierender Zylinder mit zentralen UV-Quellen, Film-Bldg. infolge Zentrifugal-Wrkg.) bestrahlt wird. Die Verhinderung der Geschmacksbeeinträchtigung bzw. die nachträgliche Geschmacksbeseitigung stellen ein schwieriges Problem dar. Die normalerweise in Milch vorhandenen Bacillensporen werden bei Bestrahlung nach diesem Verf. nicht abgetötet. Hitzebehandlung, die Inaktivierung der Lipase gewährleistet, verstärkt die Geschmacksabweichung bei der nachfolgenden Bestrahlung. Die bisherigen Ergebnisse rechtfertigen die Fortsetzung der Verss. zur Herst. annehmbarer, durch UV-Bestrahlung sterilisierter Milch nicht.
Hans Thiele. 7756□

Gegenwärtige Probleme der Hochtemperatur-Pasteurisierungsverfahren. Harold B. Robinson. (J. Milk Food Technol. **23.** 49—53. Febr. 1960. Washington, D.C., U.S. Dep. of Health, Educ. and Welfare, Publ. Health Serv., Milk and Food Program.) (Engl.)

Bei der Pasteurisierung von Milch u. Milch-Prodd. bei Temp. über 190° F u. Heißhaltezeiten von ca. 1 Sek. sind folgende Probleme noch zu klären: 1. Die Abtötung der wesentlichen Mikroorganismen in diesem Temp.-Bereich zur Festlegung der Sicherheitsgrenzen des Verfahrens. 2. Allg. gültige Best. über Einrichtungen u. zweckentsprechende Kontrollen zur Sicherstellung eines ausreichenden Effektes unter allen Bedingungen einschließlich eines plötzlichen Stromausfalls. 3. Lösung ähnlicher Probleme etwa bei der Erhitzung mittels direkter Dampfeinleitung. Die Notwendigkeit der Aufstellung von Standard-Best. über Entwurf, Konstruktion u. Betrieb der Erhitzer sowie über die Verfahrensweisen im Hinblick auf die hygien. Überwachung durch offizielle Stellen wird diskutiert. Hans Thiele. 7756□

Untersuchungen über psychrophile Bakterien. 1. Mitt. **Verteilung in gelagerten Milchprodukten des Handels.** W. D. Schultze und J. C. Olson jun. (J. Dairy Sci. **43.** 346—50. März 1960. St. Paul, Minn., Univ. of Minnesota, Dep. of Dairy Ind.) (Engl.)

Vff. isolierten die psychrophilen Mikroorganismen, die bei Lagerung pasteurisierter Prodd., wie Milch, Sahne, Schokoladengetränk u. Quark im Kühlhaus (4°) den überwiegenden Anteil der Flora ausmachten. Von 586 gewonnenen Kulturen wurden 70,6% als Pseudomonas-, 9,2% als Achromobacter-, 7,9% als Alcaligenes-, 0,7% als Flavobacteriumarten, 10,8% als Coliforme u. 0,8% als Hefen identifiziert. Die Verteilung innerhalb der Prodd. war im Sommer u. Winter relativ gleichmäßig. Einige Diskrepanzen in der Literatur bzgl. der Natur u. Verteilung psychrophiler Organismen in Milch-Prodd. werden diskutiert. Hans Thiele. 7756□

Untersuchungen über psychrophile Bakterien. 2. Mitt. **Psychrophile coliforme Bakterien in gelagerten Milchprodukten des Handels.** W. D. Schultze und J. C. Olson jun. (J. Dairy Sci. **43.** 351—57. März 1960.) (Engl.) — 1. vgl. vorst. Referat.

Aus zahlreichen Proben 1 Woche bei 4° gelagerter Milch-Prodd. waren als dominierende psychrophile Organismen Coliforme isoliert worden. 61 Stämme wurden nach ihren biochem. Eigg. charakterisiert. Allg. zeigte diese Gruppe (Vgl. mit normalen Coliformen) die Tendenz zu verstärkter Proteolyse u. verminderter Gas-Bldg. aus Lactose. Die meisten Stämme zeigten Ähnlichkeiten mit *Aerobacter aerogenes*, ohne jedoch völlig mit diesem Keim übereinzustimmen. Sie unterschieden sich von diesem hauptsächlich durch eine leichte, verzögerte, anaerobe Vergärung von Lactose, Proteolyse unter Blaufärbung von Lackmusmilch, schnelle Gelatinespaltung, Unfähigkeit zur Verwertung von D-Tartrat u. das Fehlen von Arginindecarboxylase. Hans Thiele. 7756□

Fischgeschmack von Milcherzeugnissen. 3. Mitt. **Die flüchtigen Verbindungen, die mit dem Fischgeschmack einhergehen.** D. A. Forss, E. A. Dunstone und W. Stark. (J. Dairy Res. **27.** 373—80. Okt. 1960.) (Engl.) — 2. vgl. C. **1961.** 8513.

Durch gaschromatograph. Unters. von Rahm, bei dem durch Zugabe von Cu^{2+} u. Ascorbinsäure das Auftreten von fischartigem Geschmack hervorgerufen worden war, wurden die flüchtigen Bestandteile analysiert. Es wurden 6 wesentliche Aromafraktionen aufgefunden, die alle hauptsächlich Carbonyl-Verbb. enthielten. Folgende Verbb. wurden charakterisiert: *n-Pentanal, Penten-(2)-al, n-Hexanal, n-Heptanal, Hexen-(2)-al, Hepten-(2)-al, n-Octanal, n-Nonanal, Octen-(2)-al, Heptadien-(2.4)-al* u. *Nonen-(2)-al.* E. LÜCK. 7756□

Physikalisch-chemische Zusammensetzung des Milchfettes des einhöckerigen Kamels. K. A. Kulijew. (Известия Академии Наук Туркменской ССР [Nachr. Akad. Wiss. TurkmenSSR] **1959.** Nr. **4.** 55—58. Turkmen. Med. Inst.) (Russ.)

Die aus Milch des einhöckerigen Kamels geschlagene Butter weicht in den Kennzahlen beträchtlich von der Zus. der Kuhbutter ab u. steht in ihrer Zus. u. Konsistenz tier. Körperfett nahe. G. HEDER. 7758□

Der Einfluß des Gehaltes an Trockensubstanz auf die Festigkeit von (Quark)-Käsebruch. U. S. Ashworth und J. L. Nebe. (Proc. annu. Meeting, Western Divis., Amer. Dairy Sci. Assoc. **1958.** 183—88. 13/16. Juli. Pullman, State Coll. of Washington.) (Engl.)

Die Festigkeit von Quark–Käsebruch steigt für jedes zusätzliche % Trockensubstanz um 20—25 g bzw. für jeweils 0,4% zusätzliches Protein um 20—24 g. Bei anderen Kennzahlen des Quarks (Asche-, Ca-Geh., Acidität) wurde keine so deutliche Beziehung zur Festigkeit des Käsebruches beobachtet. Es wird eine Standardisierung der Käsereimilch vorgeschlagen, die zu Quark-Herst. vorgesehen ist. E. LÜCK. 7760□

Die Änderung des Nährwertes und der Ertragsmenge von Silomais im Verlauf seiner Entwicklung. János Walger und Attiláné Thuránszky. (Agrokémia és Talajtan **9.** 331—44. Sept. 1960. Budapest, Orsz. Mezögazd. Minöségvizsgálo Int.) (Ung.)

Durch Analysen von Silomais im Verlauf seiner Reifung konnten Vff. zeigen, daß im Gegensatz zu weitverbreiteter Ansicht sowohl der Ertrag als auch der Nährstoff-Geh. bis zur üblichen Ernte hin ansteigt. N. SEILER. 7782□

Chemie und Mikrobiologie der Körnerfutter-Silage. A. G. Kempton und C. L. San Clemente. (Appl. Microbiol. **7.** 362—67. Nov. 1959. East Lansing, Mich., Michigan State Univ., Dep. of Microbiol. and Publ. Health.) (Engl.)

Gut geführte Silagen sind durch hohen Geh. an Milchsäure, Anwesenheit geringer Mengen flüchtiger Stoffe u. niedrigen pH-Wert charakterisiert. Bei höheren pH-Werten bilden sich Butter- u. Propionsäure. Der Geh. an flüchtigen Verbb. wird stark erhöht. Verderbende Silagen enthalten die gleiche Anzahl von Milchsäurebakterien wie normale. Bei Buttersäure-Bldg. wird die Milchsäuregärung vom Wachstum von Chlostridien begleitet. E. LÜCK. 7782□

Zusammensetzung und Aminosäure-Gehalt von hochwertigem Walfleischmehl. H. Pritchard und Patricia A. Smith. (J. Sci. Food Agric. **11.** 249—52. Mai 1960. Birkenhead, Cheshire.) (Engl.)

Das an Land hergestellte Walfleischmehl (**a**) enthält mehr Vitamin B_{12} als das auf See hergestellte **a**, letzteres ist jedoch reicher an Pantothensäure. Die Zeitdauer zwischen Tod der Tiere u. **a**-Herst. ist ohne Einfl. auf den Nährwert des **a**. Die Zus. von **a** ist durchschnittlich: W. 7,45 (%), Öl 5,16, freie Fettsäuren, berechnet als Ölsäure 22,82, Asche 4,15, Rohprotein 86,01, flüchtige N-Substanzen 0,08, P_2O_5 1,41, NaCl 0,14, Ca 1,44, Vitamin B_{12} 0,035 ppm, Nicotinsäure 83,98 ppm, Riboflavin 3,79 ppm, Ca-d-Pantothenat 4,96 ppm, Pyridoxin 2,35 ppm, Cholin 3,806 ppm, Arginin 4,26 (%), Histidin 1,95, Lysin 6,27, Tyrosin 1,97, Tryptophan 0,88, Phenylalanin 3,8, Cystin 0,73, Methionin 1,42, Threonin 5,57, Leucin 6,52, Isoleucin 4,28 u. Valin 2,39. E. LÜCK. 7786□

Eine Methode zur Bestimmung der Bedeutung von flüchtigen Geschmackskomponenten in Nahrungsmitteln. Stuart Patton und Donald V. Josephson. (Food Res. **22.** 316—18. Mai/Juni 1957. University Park, Pennsylvania Agric. Exp. Stat., Dep. of Dairy Sci.) (Engl.)

Die beschriebene Meth. basiert auf der Best. der Konz. der Nahrungsmittelkomponenten u. der psychrometr. Ermittlung ihrer Geschmacksschwellwerte. Es wird angenommen, daß Komponenten, die in Mengen oberhalb ihrer Schwellwerte vorliegen, einen direkten Beitrag zum Geschmack liefern. Schwellwertdaten für eine Anzahl red. S enthaltende Komponenten werden mitgeteilt. I. KEINERT. 7788

Probleme der Extrahierbarkeit von Stoffen aus Materialien für Lebensmittelbehälter. L. E. Schniepp, H. O. Etian und J. M. Jackson. (Food Technol. **14.** 496—98. Okt. 1960. Barrington, Ill., American Can Comp.) (Engl.)

Die heute bei der Lebensmittelverpackung angewendeten Kunststoffe lassen sich in drei Gruppen einteilen, *Duroplaste, Thermoplaste* (**I**) u. *Elastomere* (**II**). Während die hochmol. Komponenten kaum Interesse besitzen, sind die niedermol. Bestandteile, wie

Weichmacher, Stabilisatoren, Füllstoffe u. Farben, hauptsächlich in **I** u. **II** sorgfältig zu prüfen. Die beste Meth. dabei scheint ein Geschmackstest der in entsprechenden Materialien aufbewahrten Lebensmittel durch erfahrene Prüfer mit statist. Auswertung zu sein. Es werden aber auch chem. Meth. in Betracht gezogen. Bes. Bedeutung besitzt die Prüfung solcher Verpackungsmaterialien bei Fetten u. fetthaltigen Nahrungsmitteln. M. RINGPFEIL. 7788□

Der Vitamin C-Gehalt von schwarzem Johannisbeersüßmost. G. Schwarz und L. Malsch. (Dtsch. Lebensmittel-Rdsch. **51.** 102—04. April 1955. Hohenheim, Landwirtschaftl. Hochschule, Inst. für landwirtschaftl. Technol.) (Dt.)

Vergleichende Best. des *Vitamin C*-Geh. von schwarzen Johannisbeermosten des Handels nach SABALITSCHKA, nach FUJITA u. EBIHARA sowie nach ZELLER ergaben, daß die Meth. der letztgenannten Autoren weitgehend übereinstimmende Werte liefern, während die Best. nach SABALITSCHKA höhere Ergebnisse zeitigt. E. WIEHR. 7818□

Erfahrungen mit den Methoden zur Bestimmung des Alters von Eiern. B. Rößler. (Dtsch. Lebensmittel-Rdsch. **51.** 96—98. April 1955. Krefeld, Chem. Untersuchungsamt.) (Dt.)

Vortrag. E. WIEHR. 7854□

Das Problem der Milchwässerung und ihr Nachweis. David Levowitz. (J. Milk Food Technol. **23.** 40—42. Febr. 1960. New Brunswick, N.J., New Jersey Dairy Labor.) (Engl.)

Vf. diskutiert die Möglichkeiten der unabsichtlichen u. absichtlichen Milchverfälschung durch Wasser. Der Nachw. mit Hilfe des Lactometers ist nicht genügend empfindlich. Die refraktometr. Unters. des Kupferserums oder sauren Serums ist unsicher. Dagegen bietet die kryoskop. Meth. ausreichende Genauigkeit. Die Nachteile der Gefrierpunkts-Best. nach HORTVET werden diskutiert. Allg. wird die Anwendung des empfindlicheren u. genaueren Thermister-Kryoskops (Ablesung auf 0,001° genau bei Galvanometeranzeige) empfohlen. HANS THIELE. 7856□

Schnellmethode zur Bestimmung der Serum-Proteine der Milch. Rupert Seals und U. S. Ashworth. (Proc. annu. Meeting, Western Divis., Amer. Dairy Sci. Assoc. **1958.** 189—91. 13/16. Juli. Pullman, State Coll. of Washington, Dep. of Dairy Sci.) (Engl.)

Es wird eine Schnell-Meth. zur Best. der Serumproteine der Milch beschrieben, die mit einem mittleren Fehler von 0,01% arbeitet. Die vom Casein befreite Milch wird mit Orange G-Lsg. versetzt, zentrifugiert u. die Lichtdurchlässigkeit der überstehenden Lsg. bei 420 mμ gemessen. E. LÜCK. 7856□

Bericht über Fett in Milch nach der „Detergent"-Methode. Vergleich der „Detergent"-Methode für Milch und Eiscreme mit den Verfahren nach Babcock und Mojonnier. Ernest O. Herreid. (J. Assoc. off. agric. Chemists **40.** 499—508. 15/5. 1957. Urbana, Ill., Illinois Agric. Exp. Stat.) (Engl.)

Die Detergent-Meth. (**a**) zur Fett-Best. in Milch u. Eiscreme, eine Modifikation der Meth. nach SAGER u. SANDERS, wird mit den Verff. nach BABCOCK u. nach MOJONNIER verglichen u. zu weiterer Überprüfung empfohlen. Wenn klare Fettsäulen erhalten werden, wird von **a** die gleiche Genauigkeit wie von der BABCOCK-Meth. erwartet. Eine Schwierigkeit liegt in dem unbestimmten Meniskus der Fettsäule. PH. FRESENIUS. 7856

Die Gaschromatographie als eine Methode zur Ermittlung von (Fremd)gerüchen bei Milch. J. D. Wynn, J. R. Brunner und G. M. Trout. (Food Technol. **14.** 248—50. Mai 1960. East Lansing, Mich., Michigan Agric. Exp. Stat., Dep. of Dairy.) (Engl.)

Vff. demonstrieren an einigen Beispielen die Leistungsfähigkeit der Gaschromatographie als Meth. zum Nachw. von Fremdgerüchen bei *Milch.* H. THIELEMANN. 7856□

Elektronisches „Schnüffeln", eine neue Methode der Qualitätskontrolle. Don Merlin. (Milk Products J. **51.** Nr. 2. 8—9. Febr. 1960.) (Engl.)

Die Gaschromatographie bietet ausgezeichnete Möglichkeiten einer genauen qual. u. quant. Analyse der Geschmackskomponenten von Milch u. Milchprodukten. Vf. berichtet über ein Verf., das bei verbesserter Empfindlichkeit auch die Unters. wss. Lsgg. sowie die nachfolgende IR-spektrophotometr. Analyse der einzelnen Komponenten nach Kondens. durch Tiefkühlung gestattet. Dem Verf. kommt bes. Bedeutung bei der Auswahl der Säuerungskulturen, die bisher vornehmlich nach dem Säure-Bldg.-Vermögen erfolgte, sowie bei der Qualitätskontrolle bes. von Käse zu. Keine method. Einzelheiten. HANS THIELE. 7856□

Die Chinhydronelektrode für pH-Bestimmungen in Milch und Milchprodukten. K. Steinsholt und H. E. Calbert. (J. Dairy Sci. **43.** 329—45. März 1960. Madison, Wis., Univ. of Wisconsin, Dep. of Dairy and Food Ind.) (Engl.)

Orientierende Unterss. zeigten, daß die Zeit zwischen *Chinhydron* (**I**)-Zugabe u. Ablesung des Potentials das gemessene Potential signifikant beeinflußt. Trotz Einhaltung einer konst. Zeit wurden aber Unterschiede im Potential bei Messung mit der I-Elektrode u. der Glaselektrode gefunden [pH Glaselektrode — pH I-Elektrode im Mittel 0,08 (60 Proben) bei einer Standardabweichung von 0,05]. Temp.-Erhöhung u. zunehmender Geh. an Serumfeststoffen hatten größere Differenzen zur Folge, dagegen bedingten steigender Fett-Geh. u. zunehmender pH verminderte Unterschiede. Erhöhte Temp. sowie steigender Geh. an Serumfeststoffen u. zunehmender pH der Milchproben bewirkten verstärkte Rosafärbung, während Zugabe von Formaldehyd die Färbung verhinderte. Beste Übereinstimmung zwischen den mit beiden Elektroden gemessenen Werten wurde erzielt, wenn die Temp. sowohl in der Kalomelzelle als auch in der Milchprobe 19° betrug. Die Unterschiede dürften durch Rk. des I mit den Proteinen zu erklären sein.

HANS THIELE. 7856□

Eine einfache und schnelle Resazurin-Reduktion-Methode mit Streptococcus thermophilus zum Nachweis hemmender Substanzen in Milch. C. C. Prouty. (J. Milk Food Technol. **23.** 244—45. Aug. 1960. Pullman, Wash., Washington State Univ., Dep. of Dairy Sci.) (Engl.)

Vf. beschreibt eine zum Nachw. hemmender Substanzen, bes. *Penicillin* (**I**), in Konzz. von 0,01 Einheiten/ml an geeignete Methode. Kleine, ca. 15 ml fassende, mit Schraubverschluß versehene, 0,05 mg *Resazurin* (**II**) enthaltende Fläschchen werden mit ca. 10 ml der Probe beschickt u. 5—10 Min. in strömendem Dampf erhitzt (Inaktivierung nativer Keime u. Leukocyten ohne Schädigung des I). Nach Abkühlen auf ca. 100° F wird mit jeweils 1 ml eines 60:40-Gemisches aus bei 37—38° über Nacht bebrüteter Magermilchkultur von *S. thermophilus* u. sterilem W. beimpft. Sodann wird 2 Std. bei 102—104° F im Wasserbad inkubiert. Als Kontrollen dienen Proben von I-freier sowie 0,01—0,03 Einheiten I/ml enthaltender Milch. 0,01 Einheiten bedingen gewöhnlich deutliche Verzögerung der II-Reduktion. Sicherer Nachw. von I ist durch nochmalige Ausführung des Tests nach Behandlung der Milch mit Penicillinase möglich.

HANS THIELE. 7856□

Variable Faktoren bei der Ausführung des neuen Penicillinnachweises in Milch. Lloyd D. Witter und Stewart L. Tuckey. (J. Milk Food Technol. **23.** 230—33. Aug. 1960. Urbana, Ill., Univ. of Illinois, Dep. of Food Technol.) (Engl.)

Vff. variierten verschiedene Faktoren der Meth. zum Nachw. von *Penicillin* (**I**) in Milch (Filterscheiben-Meth.) nach ARRET u. KIRSCHBAUM (C. **1960.** 11505) zwecks Ermittlung der ohne Gefährdung der Ergebnisse möglichen Abweichungen. Es wurde festgestellt, daß die Kühl-Temp. bei der Plattenaufbewahrung ohne nennenswerten Einfl. ist. Die Platten können sofort nach der Hitzeschockbehandlung, aber auch nach 2monatiger Aufbewahrung benutzt werden, sofern Austrocknung vermieden wird. Es kann bei 35—37° bebrütet werden, u. zwar mindestens 4—6 Stunden. Pro Platte sind 6—10 ml Agar zu verwenden. Die Nachw.-Grenze mit Filterscheiben von 0,5 in. ∅ liegt zwischen 0,01 u. 0,03, die der kleineren Scheiben (0,25 in. ∅) zwischen 0,03 u. 0,05 Einheiten I/ml. Bei Einhaltung dieser Vorschriften gewährleistet die Meth. den sicheren I-Nachw. u. ist der modifizierten Difco-Meth. gleichwertig.

HANS THIELE. 7856□

Vorbereitung bei der Untersuchung von Rohmilchproben. C. K. Johns. (J. Milk Food Technol. **23.** 137—41. Mai 1960. Ottawa, Canada, Dep. of Agric.) (Engl.) — Vgl. C. **1960.** 11854.

Vorbebrütung von Rohmilchproben ermöglicht infolge Stimulierung des Bakterienwachstums den Nachw. unhygien. Milchbehandlung, die durch gutes Kühlen überdeckt ist. Vf. stellte fest, daß 18 Std. lange Bebrütung bei 55° F beste Ergebnisse liefert. Gut gekühlte u. hygien. einwandfrei behandelte Milch sollte nach dieser Zeit nicht mehr als 200000 Keime/ml (Best. nach Standard-Platten-Verf.) enthalten.

HANS THIELE. 7856□

Beobachtungen über eine nur einmaliges Eintauchen erfordernde Färbemethode für die direkte mikroskopische Untersuchung von Milch, Milchprodukten und anderen Nahrungsmitteln. Chester W. Anderson. (J. Milk Food Technol. **23.** 37—39. Febr. 1960. Rockfort, Ill., Rockfort Health Dep.) (Engl.)

Vf. beschreibt eine neue Färbe-Meth., die zur direkten Keimzählung in *Milch* bes. geeignet ist. An Stelle von *Methylenblau* [*Tetramethylthionin* (**I**)] wird *A zur A* [*Dimethylthionin* (**II**)] verwandt, das in I ohnehin enthalten ist. Die Gelatine der Entfettungs- u. Fixier-Lsg. wird durch *Triäthanolamin* (**III**) ersetzt. Lsg.: 650 ml Chlf. u. 320 ml Methanol werden mit 30 ml 10%ig. III versetzt u. gut durchmischt. In 100 ml dieser Lsg. werden 0,1 g II gelöst. Hierin können die getrockneten Milchausstriche durch ein- oder zweimaliges

Eintauchen (je 1 Min. zwischendurch Trocknen) gefärbt werden. Es ergeben sich bessere Kontraste als bei Färbung nach dem Chlf.-Äthanol-I-Verf.; bes. bei Verw. eines Gelbfilters. Konzentriertere Prodd., wie Eiscreme, Quark usw., werden mit sterilem dest. W. 1:1 verdünnt. HANS THIELE. 7856□

Einige Anwendungen der Rollröhrchenkulturmethode zur Keimzählung. R. F. Holland. (Amer. Milk Rev. **22.** Nr. 12. 25—26. Dez. 1960.) (Engl.)

Das ASTELL-Rollröhrchenkultur-Verf. zur Best. der Keimzahl in Milch mit relativ geringem Keim-Geh. (bis 50000/ml) bietet gegenüber dem Standardplatten-Verf. Ersparnisse an Zeit, Raum u. Material. Bes. geeignet erscheint es zur Best. des Geh. an thermoresistenten Bakterien, da hierbei die Rohmilch in den Magermilchagar gegeben wird u. im Rollröhrchen pasteurisiert wird. Hierzu werden die mit 0,01 ml Milch beimpften Röhrchen (kalibrierte Platinöse) genau 30 Min. im Wasserbad auf 145° F gehalten, danach in einem mechan. Rollgerät unter Wasserkühlung bis zum Erstarren des Agars gerollt u. 2 Tage bei 32° bebrütet. Das Verf. liefert mit den Ergebnissen des Standardplatten-Verf. gut übereinstimmende Werte. Die Röhrchen werden mit seitlich gerippten u. mit einem übergreifenden Deckel versehenen Gummistopfen verschlossen, der beim Erhitzen Luftaustritt gestattet u. hernach hermet. Abschluß gewährleistet. Diese Stopfen werden für den allg. Gebrauch im bakteriolog. Labor. empfohlen. HANS THIELE. 7856□

Die die direkte mikroskopische Auszählung von Keimanhäufungen in fettfreier Trockenmilch beeinträchtigenden Faktoren. Burdet Heinemann. (J. Dairy Sci. **43.** 317—28. März 1960. Springfield, Missouri; Producers Creamery Co.) (Engl.)

Die Beziehung zwischen der direkten mkr. ermittelten Zahl von Keimanhäufungen (**a**) in Rohmagermilch u. dem Wert für die daraus hergestellte fettfreie Trockenmilch ist erheblichen Schwankungen innerhalb des Tages u. der Jahreszeit unterworfen. Die **a** der Trockenmilch (pro g) betrug das 1,9 bis 1,0fache der **a** (pro ml) der Magermilch (44 Verss., Mittel 9,1). Der **a**-Wert wird offensichtlich durch folgende Faktoren beeinflußt. Rühren (Aufbrechen der Anhäufungen); Zentrifugieren der Vollmilch u. Klären der Magermilch; Hitzebehandlung; Dauer des Kühlens vor dem Trocknen u. Trocknungsprozeß. HANS THIELE. 7856□

Auflösbarkeit von Vollmilchpulver. 1. Mitt. **Einfluß der Behandlung der frisch getrockneten Milch auf die Sinkfähigkeit.** D. H. Bullock und W. C. Winder. (J. Dairy Sci. **43.** 301—16. März 1960. Madison, Wisc.; Univ. of Wisc., Dep. of Dairy and Food Industries.) (Engl.)

Es wurde ein Test entwickelt, der die zuverlässige Messung der Sinkfähigkeit gestattet, die zu der Auflösbarkeit in Beziehung steht. 500 mg des Milchpulvers werden auf die Wasseroberfläche in einem zylindr. Gefäß (5·9 cm) gestreut, das unten ausgezogen ist u. mit einem mittels Quetschhahn verschlossenen kurzen Gummischlauch versehen ist. Nach einer vorbestimmten Zeit wird das zu Boden gesunkene Pulver mit W. in einem ERLENMEYER-Kolben abgelassen u. das Gew. des Pulvers bestimmt. Die Ergebnisse werden in % Sinkfähigkeit angegeben. Die Behandlung der frisch getrockneten Milch ist nach umfangreichen Verss. von großem Einfl. auf die Sinkfähigkeit. Gutes Kühlen vor jeglicher Möglichkeit der Reibung der Einzelpartikel aneinander hatte maximale Sinkfähigkeit zur Folge. Es wird ein Verf. beschrieben, das erlaubt, durch bestimmte Temp.-Behandlung die ursprüngliche Sinkfähigkeit wiederherzustellen. Hierzu muß über den F. des Butterfettes hinaus für 2 Std. etwa auf 50° erhitzt u. dann sofort 20 Std. gekühlt werden. Trägt man auf der Abszisse eines Koordinaten-Syst. die Temp., auf der Ordinate die zur Erreichung einer bestimmten Sinkfähigkeit bei dieser Temp. benötigte Erhitzungszeit ab, so ergibt sich eine Gerade. Vermutlich ist dieses Phänomen einer Um- bzw. Neuordnung der Glyceride auf der Oberfläche der Trockenmilchpartikel zuzuschreiben. HANS THIELE. 7856□

Über die Notwendigkeit des Verseifens bei der Bestimmung von ß-Carotin in Futtermitteln pflanzlicher Herkunft. Mikuláš Gazo und Vladimír Springer. (Pol'nohospodárstvo **7.** 807—10. 1960. Ivanka pri Dunaji, ČSSR, Čsl. akad. podohospod. vied, Výzk. úst. pre chov. hydiny.) (Slowak.)

Die Best. von *β-Carotin* (I) in pflanzlichen Futtermitteln (Grünfutter, Luzerne, Futterkohl) ergab bei der Anwendung der aceton. Extraktion unter Zusatz von Seesand richtige Werte. In Rüben oder Heu verbleibt noch ca. 1% I. Verseift man aber zuvor in der Wärme, so erhält man um 10% niedrigere Werte. GOTTFRIED LANGE. 7866□

Swift & Co., übert. von: Richard A. Greenberg, Chicago, Ill., V.St.A., **Konservierung und Behandlung eines Lebensmittelproduktes.** Man fügt diesem eine kleine Menge eines rac. Alanins zu, bringt das Prod. in einen Behälter, verschließt hermet. u. erhitzt auf eine Temp., die zur Zerstörung der in dem Prod. vorhandenen, Verderbnis hervorrufenden Mikroorganismen erforderlich ist. (**A. P. 2 912 337** vom 14/2. 1957, ausg. 10/11. 1959.) H. MAASS. 7635

Monsanto Chemical Co., St. Louis, Mo., übert. von: Milton Kosmin und Joseph F. Fields, Dayton, Ohio, V.St.A., **Schutz von Früchten und Gemüse gegen den Angriff von Schimmel und Pilzen.** Man bringt die Früchte oder das Gemüse in Berührung mit einem Schutz-Präp., dessen wesentlicher akt. Bestandteil ein in W. lösl. Copolymeres der nebenst. Formel ist, worin Z eine Alkylengruppe von 2—4 C-Atomen ist, X u. Y Reste wie -OH, $-ONH_4$, $-ONRH_3$, $-ONR_2H$, $-ONR_3H$, $-ONR_4$, $-NH_2$, -NHR u. $-NR_2$, R ein Alkyl von 1—3 C-Atomen sind, nur einer der X- u. Y-Reste -OH ist u. worin X u. Y zusammen aus > NH u. > NR bestehen können. n ist eine ganze Zahl, die den Polymerisationsgrad angibt. (**A. P. 2 883 287** vom 28/1. 1957, ausg. 21/4. 1959.) H. MAASS. 7689

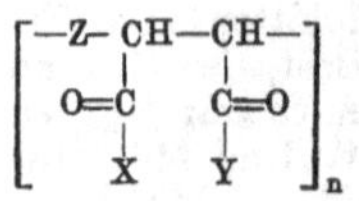

Alginate Industries Ltd., London, England (Erfinder: Richard Henry Mc Dowell), **Herstellung von Alginat-Gelees.** Eine heiße wss. Lsg. wird aus einem Alkalimetallalginat, z. B. Na-Alginat, Citronen-, Wein- oder Milchsäure, einem Alkalisalz einer dieser Säuren in einer solchen Menge, daß das Gelieren der Lsg. in noch heißem Zustand verhindert, sowie aus einem Ca-Salz einer dieser Säuren hergestellt u. zum Gelieren abgekühlt. Beträgt z. B. der Geh. der Lsg. an Na-Alginat 0,4—2,0 g/100 ml, so ist der Geh. des Ca-Salzes das 0,2—1,5fache der chem. Äquivalenz des Alginats-, der Geh. an Alkalimetallsalz der Citronensäure das 1—10fache des chem. Äquivalents des Ca-Salzes u. der Geh. an freier Citronensäure das 0,5—2fache des chem. Äquivalents des Alkalimetallcitrates. (**E. P. 845 024** vom 10/4. 1957, ausg. 17/8. 1960.) W. KRANZ. 7709

Daniel Tyrer, Devon, England, und Denis D. Tyrer, College Park, Md., V.St.A., **Verbessern von Tabak,** dad., daß man ca. 2 (%) eines Salzes von Co, Mn, Ni, Cu, Cr, Ag u. 2 Essigsäure, Phosphorsäure, Weinsäure, Glykolsäure, Milchsäure u. ggf. ca. 10 Invertzucker (Sirup, Melasse, Honig) zugibt. Auch Salze von K, Mg, Ba, Na können zugegeben werden. Man sprüht z. B. die wss. Lsgg. der Stoffe auf den Tabak. Es ergibt sich eine verbesserte Verbrennung der N-Basen. (**A.P. 2 914 072** vom 31/1. 1955, ausg. 24/11. 1959.) K. KOEBKE. 7735

Chas. Pfizer & Co., Inc., New York, N.Y., übert. von: Beverly E. Williams, Hillsborough, Calif., V.St.A., **Behandlung von frischem Fleisch.** Man injiziert einem lebenden Tier ein Antibioticum, wie Tetracyclin, schlachtet danach innerhalb von 1—4 Std. das Tier, altert die Körperhälften bei erhöhter Temp. (70—118° F) 1—4 Tage lang, kühlt sie (34—50° F) u. schneidet sie in einzelne Teile u. verpackt diese luftdicht. (**A. P. 2 942 986** vom 4/10. 1956, ausg. 28/6. 1960.) K. MAASS. 7751

Hygrade Food Products Corp., Detroit, Mich., übert. von: Virgil R. Rupp, Maxwell C. Brockmann und Lloyd W. Nicholson, Indianapolis, Ind., V.St.A., **Pökeln von Fleisch.** Man bringt das Fleisch bei 36—130° F in eine Lake, die 0,05 bis 2% Nitrit, wie $NaNO_2$ oder KNO_2, 1—5 Gew.-% einer Mischung von Pyrophosphat u. einem Orthophosphat mit einem Verhältnis $R_2O : P_2O_5$ von 2,45—2,60 : 1 enthält u. worin R = Na, K u. H ist. Die Lake enthält außerdem 3—5 Gew.-% Zucker u. 10 bis 18 Gew.-% NaCl. Der pH der Lake ist 6,0—7,5. (**A. P. 2 937 094** vom 23/1. 1957, ausg. 17/5. 1960.) H. MAASS. 7751

Borden Co., übert. von: Richard J. Block, Scarsdale, N.Y., und Gunter Zweig, Yellow Springs, Ohio, V.St.A., **Herstellung einer lactalbumin- und β-lactoglobulinarmen und kochgeschmackfreien Milch.** Man trennt aus Magermilch das Casein ab, fällt das Lactalbumin der verbliebenen Molke mit einem nicht tox. lösl. Eisen(III)-salz aus, filtriert das Lactalbumin ab u. vermischt die lactalbuminfreie Molke mit dem abgetrennten Casein. Das vereinigte Prod. hat dann nach Homogenisierung u. Pasteurisierung denselben Geschmack, wie vor der Pasteurisierung. (**A. P. 2 903 358** vom 15/11. 1956, ausg. 8/9. 1959.) H. MAASS. 7757

Commercial Solvents Corp., Terre Haute, übert. von: Francis W. Chornock, Farmersburg, und Joseph M. Pensack, Terre Haute, Ind., V.St.A., **Beifuttermittel.** Den normalen Futtermitteln für Küken, Puten, Rindvieh, Schafe, Schweine oder Kaninchen werden ca. 0,25—2,0% des *Gibberella fujikuroi*-Mycel-Gärungsrückstandskuchens beigemischt. Das Wachstum der gefütterten Tiere wird erheblich beschleunigt. (**A. P. 2 913 340** vom 22/1. 1958, ausg. 17/11. 1959.) H. KARST. 7787

Zwanenberg's Fabrieken N. V., Oss, Holland, *Konservierung von nicht homogenem Fleisch.* (**E. P. 835 984** vom 5/9. 1958, ausg. 1/6. 1960. Holl. Prior. 27/9. 1957. — C. **1960**. 17650 [F. P. 1 210 357].)

Merck & Co., Inc., Rahway, N.J., V.St.A., *Fermentieren von Fleischerzeugnissen.* (**E. P. 849 948** vom 10/4. 1958, ausg. 28/9. 1960. A. Prior. 29/4. 1957. — C. **1960**. 14902 [F. P. 1 204 570].)

Henkel & Cie. G. m. b. H., Düsseldorf, *Herstellung von Speiseeis.* (**Holl. P. 95 417** vom 2/12. 1955, ausg. 15/9. 1960. D. Prior. 15/12. 1954. — C. **1958**. 1727 [F. P. 1 137 207].)

American Home Products Corp., New York, N.Y., V.St.A., *Nahrungsmittel für Kleinstkinder.* (**Ind. P. 49 225** vom 20/3. 1953, ausg. 30/8. 1954. Can. Prior. 30/7. 1952. — C. **1955**. 9468 [A. P. 2 697 663].)

Anna Viti Arduini, Bromatologia e biochimica degli alimenti. 3a. ediz. I. Bromatologia. Pisa: Galileo. 1960. (318 S. m. Abb.) L. 1900.

L. Beliczay, Industrielle Verarbeitung des Honigs. Budapest: Techn. Verl. 1960. (302 S.) Ft. 20.—.

C. O. Chichester, E. M. Mrak and **G. F. Stewart**, eds., Advances in food research. New York, London: Academic P. 1960. (XIII + 488 S. m. Abb., Tab. u. Diagr.) 93 s.

—, Manuale Lactis. Folge II. Handbuch der milchwirtschaftlichen Weltliteratur. Klasse 8: Molkerei-Hilfsstoffe. Nürnberg: Verl. Hans Carl. 1961. (596 S.) DM 62,—.

XVII. Fette. Seifen. Wasch- und Reinigungsmittel. Wachse. Bohnermassen usw.

Fettproduktion durch Polyporus regulosus. Jack Adler. (J. South African chem. Inst. **13**. 70—71. April 1960. Johannesburg, Transvaal and Orange. Free State Chamber of Mines, Biochem. Res. Lab.) (Engl.)

In den Stoffwechsel-Prodd. des in Südafrika vorkommenden holzzerstörenden Pilzes *Polyporus regulosus* finden sich bis zu 8% Fette. Nach 24 bis 100 Tagen Wachstum auf Nährböden mit 2% Malz u. 5% Glucose bei 27,2° u. 75% relativer Feuchtigkeit wurde aus den gewaschenen u. getrockneten Mycelien mit Ae. das Fett extrahiert. Das Fett enthält ca. 8% Unverseifbares u. kein Ergosterin. Das Molgew. der Fettsäuren schwankt stark. B. T. LASSER. 7872 □

Farbstoffe des Baumwollsamenöls: Fraktionierung mittels Molekularsieben, Gegenstromverteilung und Tieftemperaturkristallisation. Gerald Verberg, Elizabeth R. McCall, Robert T. O. Connor und F. G. Dollear. (J. Amer. Oil Chemists' Soc. **38**. 33—39. Jan. 1961. New Orleans, La., Southern. Reg. Res. Labor.) (Engl.)

Durch die Fraktionierung des rohen Baumwollsamenöls können die die Raffination behindernden Farbstoffe in 2 Fraktionen erfaßt werden, u. der Vgl. spektroskop. Eigg. dieser Fraktionen (320—700 mμ) mit denen des raffinierten Öls zeigt, daß durch Fraktionierung des röhen Öls die Wirksamkeit der Raffination vorausgesagt werden kann. Vff. wenden 3 gleichwertige Fraktionierungs-Meth. an: 1. Trennung der Öl/Hexan-Lsg. durch Molekularsiebe (Durchmesser des Adsorptionshohlraumes 7,41—7,52 Å); Fraktion A: adsorbierte Farbstoffe; Fraktion B: nichtadsorbierte Farbstoffe. 2. Gegenstromverteilung zwischen A. (A: hydrophile Phase) u. Isooctan (2.2.4-Trimethylpentan) (B: hydrophobe Phase). 3. Tief-Temp.-Kristallisation der Öl/Aceton-Lsg. bei $-63^0 \pm 2^0$ (A: flüssig; B: fest). Vgl. der UV-Banden zeigen, daß A gossypolähnliche u. B carotinoide Farbstoffe enthält, die bei kürzeren (A) oder längeren (B) Wellenlängen absorbieren. N. TRZEBOWSKI. 7894 □

Chromatographische Isolierung von Sitosterin aus Baumwollsaatöl. A. L. Markman und A. U. Umarow. (Узбекский Химический Журнал [Usbek. chem. J.] **1959**. Nr. 1. 63—65. Inst. für Chemie der Pflanzenstoffe der Akad. der Wiss. der Usbek. SSR.) (Russ.)

Durch Chromatographie von *Baumwollsaatöl* (**I**) an Al_2O_3 wird in einer Ausbeute von 0,47% *Sitosterin* erhalten.

Versuche: 2 kg **I** werden mit Ae. auf 20 Liter verd. u. durch eine Al_2O_3-Kolonne (650 bis 750 mm hoch) geschickt. Es werden 2 Zonen erhalten, eine obere bräunliche u. eine untere zitronengelbe (**A**). **A** wird mit Ae. ausgewaschen; nach Verdampfen des Ae. wird ein orangefarbener Stoff erhalten, der mit Methanol behandelt wird. Man erhält eine in Methanol lösl. (**B**) u. unlösl. Fraktion (**C**). **B** wird 18 mal aus Methanol umkristallisiert, 9,3 g *Sitosterin*, $C_{29}H_{50}O$, F. 136—137°, $[\alpha]_D$-30,22°; *Acetyl-Verb.*, F. 124—126°, $[\alpha]_D$-34,71° ($CHCl_3$); *Benzoyl-Verb.* F. 146°, $[\alpha]_D$-9,22°. Fraktion **C** wird bei 0,2 mm in folgende Fraktionen aufgeteilt: $Kp._{0,2}$ 140°, $Kp._{0,2}$ 152—172°, u. $Kp._{0,2}$ 225—242°, die nicht näher untersucht werden. P. NEULAND. 7894 □

Über den Schmelzpunkt des Sterinacetats. M. Vitagliano. (Olearia [Roma] **15**. 5—9. Jan./Febr. 1961. Sassari, Ist. di Ind. Agrar. dell'Univ.) (Ital.)

Bei der Überprüfung des F. des aus 79 verschiedenen Olivenölen isolierten *Sterinacetats* (**I**) werden Werte von 117,6—119,7° ermittelt. Gelegentlich werden jedoch FF. von 123° angegeben. Vf. untersuchte nun verschiedene Ölmuster u. stellte fest, daß die verschiedenen Raffinations-Meth. keinen Einfl. auf den F. des I nehmen, daß aber andererseits der Peroxyd-Geh. den F. beeinflußt. Sobald die Peroxydzahl > 40‰ ist, steigt der F. an. Da die aus anderen Fetten (Erdnuß-, Sonnenblumen-, Lein-, Sesam- oder Sojaöl bzw. Butterfett) isolierten I trotz ggf. höherem Peroxyd-Geh. keine von der Kontrolle abweichende FF. zeigen, ist anzunehmen, daß die in Olivenölen enthaltenen Sterine bes. oxydationsempfindlich sind. H. P. FIEDLER. 7894□

Die Gewinnung von „synthetischem Lederfett" unter Verwendung von Schwefelsäure. T. I. Koftun und D. A. Strom. (Химия и Технология Топлив и Масел [Chem. Technol. Brennstoffe Öle] **4.** Nr. 12. 19—22. Dez. 1959. Berdjansk, Mineralölfabrik.) (Russ.)

Vff. verwenden zur Gewinnung von synthet. Lederfetten, die Ester der synthet. Fettsäuren (I) sind, an Stelle von langsam wirkendem ZnO (II) 90%ig. H_2SO_4 (III) als Katalysator. Das Rk.-Gemisch besteht aus 93,3% I u. 6,5% Äthylenglykol (IV); 1 Mol IV auf 2 Mol I in Ggw. von 0,2—0,25% IV. Die I werden erst bei 130—135° unter Rühren entwässert. Darauf werden $^2/_3$ der berechneten III-Menge u. ein Teil IV zugegeben. Bei starker Schaum-Bldg. wird der Rührer abgestellt. Wenn die Schaum-Bldg. nachgelassen hat, gibt man den Rest von IV zu u. rührt weiter. Jetzt fügt man den Rest von III zu u. steigert die Temp. bis auf 150—160°. Bei der SZ. 27 wird die Temp. wieder erniedrigt; wenn die SZ. 25 erreicht ist, hört man mit der Veresterung auf. Die Verss. haben gezeigt, daß die Veresterungszeit mit III gegenüber II erheblich verkürzt wird. Das erhaltene Prod. ist nach der SZ. u. der Stabilität besser. Darüber hinaus ist der Katalysator III (beim Verbrauch von nur 0,2%) 10mal billiger als II. K. WEKUA. 7902□

Kontinuierliche Veresterung synthetischer Fettsäuren mit Äthylenglykol bei Gegenwart von Schwefelsäure als Katalysator. Ju. L. Ischtschuk und L. D. Strom. (Химия и Технология Топлив и Масел [Chem. Technol. Brennstoffe Öle] **4.** Nr. 12. 22—24. Dez. 1959. Bedrjansk, Erdöl-Werk.) (Russ.) — Vgl. vorst. Referat.

Vff. haben zur Gewinnung synthet. Lederfette ein Verf. entwickelt, das eine kontinuierliche Veresterung von synthet. Fettsäuren mit Äthylenglykol u. H_2SO_4 als Katalysator ermöglicht. Sie beschreiben eine Anlage für den kontinuierlichen Prozeß.
K. WEKUA. 7902□

Das Ausblühen faserförmiger Kristallite aus Kernseife. K. von Stoesser. (Fette, Seifen, Anstrichmittel **62.** 826—32. 1960. Dalli-Werke, Stolberg.) (Dt.) Parfumerie, Cosmét., Savons **4.** 29—35. Jan. 1961.) (Franz.)

Die aus ungefüllten u. mit Wasserglas gefüllten Kernseifen ausblühenden Kristallite werden beschrieben. Der Mechanismus ihrer Entstehung sowie die Mittel zu ihrer künstlichen Hervorbringung bzw. Unterdrückung werden untersucht. B. T. LASSER. 7910□

Die Synthese von oberflächenaktiven Stoffen und Waschmitteln auf Grundlage aromatischer Kohlenwasserstoffe des Aserbaidshaner Erdöls mit dem Ziel, die Rohstoffquellen für Asolat B zu verbreitern. M. A. Aschimow, M. M. Rafijew, F. M. Ragimow und Ss. Je. Kansaweli. (Азербайджанское Нефтяное Хозяйство [Erdöl Wirtsch. Aserbaidshan] **39.** Nr. 11. 38—40. Nov. 1960.) (Russ.)

Aus Erdöl oder Erdölfraktionen mit 30—40% Aromaten werden die Naphthensäuren mit NaOH, die Harze mit H_2SO_4 entfernt, u. danach wird sulfuriert. Aus dem Prod. werden die Sulfonsäuren mit heißem W. ausgezogen, mit 8—10% NaOH neutralisiert u. zur Paste eingedampft. Die so erzeugten Waschmittel (Asolat B) besitzen eine Oberflächenspannung von 31—36 erg/cm² u. sind auch nach den anderen Eigg. gängigen Waschmitteln vergleichbar. W. PÖTSCH. 7912□

Die Synthese von Waschmitteln aus den Kohlenwasserstoffen des Synthins. K. W. Pusitzki, A. Ju. Rabinowitsch und Ja. T. Eiduss. (Журнал Прикладной Химии [J. angew. Chem.] **32.** 404—08. Febr. 1959.) Moskau, Zelinsky-Inst. für organ. Chem. der Akad. der Wiss. der UdSSR, Zweigstelle des Allunions-Forschungs-Inst. (Russ.)

Aus Synthin, einem synthet. fl. Brennstoff, erhält man nach Hydrierung bei Zimmer-Temp., Chlorierung in Ggw. von J_2 bei 66—70° bis zum Monochlorid, Alkylierung in Bzl. u. $AlCl_3$, Entfernung des Peches, Waschen mit W. u. NaOH (10%ig.) u. Entfernung des Bzl. 3 Fraktionen, von denen die zweite dem Monoalkylbenzol entspricht. Nach deren Sulfurierung mit 5% H_2SO_4 u. weiterem Zusatz von 11% H_2SO_4 u. im Laufe 1 Std. von 7,5% Oleum bei 30—40° werden 100% W. von 60—70° zugegeben, die Säuren abgelassen u. mit 10%ig. NaOH neutralisiert. Durch Zugabe von 170% Na_2SO_4 wird das Waschmittel erhalten. Die wss. Lsgg. (0,125—0,5%) der Fraktionen mit C_{10}–C_{15}, C_{13}–C_{15}, u. C_{10}–C_{17} haben beim pH 2,5—9,0 gute emulgierende Eigg. u. ein starkes Schaumbildungsvermögen, wobei die Fraktion C_{10}–C_{17} die besten Eigg. in bezug auf Schaum-Bldg., Beständigkeit gegen Wasserhärte u. Emulgierung hat. Die stärkste Wasch-Wrgk. tritt in alkal. Lsg. ein. J. v. SCHROEDER. 7912□

Verwendung von Ruhrwachsen bei der Kerzenherstellung. G. Benthin. (Seifen-Öle-Fette-Wachse **87.** 15—19. 4/1. 1961. Wanne-Eickel, Krupp Kohlechemie GmbH, Anwendungstechn. Lab.) (Dt.)

Vf. bespricht Verbesserungen der Kerzenqualität (Griffigkeit, Wärmestabilität, Farbe) durch Zusätze bestimmmter Hartparaffintypen zum Kerzengrundparaffin. — 15 Literaturangaben. M. Lossner. 7920 □

Neo Cryl A 234 U — eine copolymere Acryl-Dispersion mit Sondereinstellung für ionogene Selbstglanzwachs-Polituren. Georg Kselik. (Seifen-Öle-Fette-Wachse **85.** 837—40. 23/12. 1959. **86.** 19—20. 7/1. 1960.) (Dt.)

Die Eigg., die Verträglichkeit der Polycryldispersion *NeoCryl A 234 U* (**I**) mit anderen Rohstoffen u. der Gebrauchswert der **I** enthaltenden Selbstglanzwachs-Polituren werden besprochen. M. Lossner. 7926 □

Cavitator Nederland N. V., übert. von: Van der Woude & Fabisch N. V., Holland, **Gewinnung von tierischen und pflanzlichen Ölen und Fetten** aus weitgehend zermahlenem tier. u. pflanzlichen Gut durch Ausziehen mit W., wobei eine Emulsion entsteht. Ggf. wird ein Emulgierungsmittel (Polyoxyäthylensorbitanmonolaurat u. -monostearat) zugesetzt, um die Emulsions-Bldg. zu erleichtern. Nach dem Abtrennen der festen Begleitstoffe wird die Emulsion zentrifugiert, um die Fett- u. Ölstoffe abzutrennen. — 5 Abbildungen. (**F. P. 1 126 316** vom 21/6. 1955, ausg. 20/11. 1956. Holl. Prior. 21/6. 1954.) M. F. Müller. 7873

Henkel & Cie. G. m. b. H. (Erfinder: Hans Waldmann und Werner Stein), Düsseldorf, **Trennen von Fettstoffgemischen in Bestandteile verschiedener Schmelzpunkte** durch Überführen des bei einer höheren als der Trenntemp. vorliegenden Ausgangsgemisches in eine Dispersion von tieferer Temp., in welcher voneinander getrennte Teilchen fester u. fl. Fettstoffe in einer wss. Lsg. dispergiert vorhanden sind, wobei man den zum Abkühlen des Ausgangsgemisches erforderlichen Wärmeentzug wenigstens 1 mal durch eine Zwischenstufe unterbricht, u. Trennen dieser Dispersion in üblicher Weise erfolgt dadurch, daß man die Verweilzeit des Fettstoffgemisches in der Kühlstufe größer einstellt als in der Zwischenstufe, z.B. 4—200 mal, bes. 10—50 mal so groß wie in der Zwischenstufe. — Getrennt wird ein teilweise gehärtetes *Olivenöl*, SZ 0,9; JZ. 70,8; Geh. an trans-Fettsäuren 65%, in Ggw. eines wss. Na-Alkylbenzolsulfonats (Alkyl-Tetrapropylen) als Netzmittel in eine *fl. Glyceridschicht*, JZ. 83,4, u. in eine wss. Dispersion *fester Glyceridteilchen*, JZ. 69,5; Trüb-F. 35,8°; Klar-F. 36,8°; die festen Anteile dienen als *Kakaobutterersatz*. — Schem. Vorrichtung. (**D. A. S. 1 102 739** Kl. 12o vom 4/12. 1958, ausg. 23/3. 1961. **Zusatz zu D. A. S. 1088490; C. 1961. 3186.**) G. Krauss. 7888

José César de Vasconcelos, Lourenco Marques, Mocambique, **Gewinnung von Öl aus Mandeln, Nierenbaumnüssen** u. ähnlichen Früchten, dad. gek., daß man sie kurze Zeit, z. B. 5—15 Min., mittels hochfrequenter Mikrozellen erhitzt, das ausgeschwitzte Öl abspült u. die bestrahlten Früchte in üblicher Weise weiterbehandelt. — Zeichnung. (**Ind. P. 57 056** vom 13/6. 1956, ausg. 6/8. 1958.) C. Lüttgen. 7895

Colgate-Palmolive Co., Jersey City (Erfinder: Bernard Richard Schaafsma, Midland Park, N. J., und Olev Ratsep, New York, N.Y.), V.St.A., **Herstellung von Reinigungsmitteln in freifließender Form** aus trocken aussehenden, sphär. Körnern. Man geht von einer fließbaren Paste (**I**) aus, die anorgan., hydratisierbare Alkalisalze in einer Menge, die genügt, um alles zugesetzte W. zu binden, W. u. eine polare organ. Verb., die nur alkohol. OH-Gruppen als polare Gruppen aufweist u. ein Molgewicht von $\geqq$ 150 besitzt, als Granuliermittel enthält, mischt u. belüftet die **I**, bis sich in der **I** halbfeste Klümpchen bilden, läßt die **I** altern, bis sich ein festes, leicht zerkleinerbares Prod. aus zusammenhängenden, trocken aussehenden sphär. Körnern gebildet hat u. zerkleinert die Masse. — Beispiel für **I**: 10 (%) Na_2CO_3, 20,6 Na_2SO_4, 13,6 anion. Waschrohstoff, 0,82 Carboxymethylcellulose, 0,06 opt. Aufheller, 10 Isooctylphenolpolyglykoläther mit ca. 8,5 Äthylenoxydgruppen im Mol., 1,5 Cetylalkohol, 13,81 Wasserglas, als Feststoff gerechnet ($Na_2O : SiO_2 = 1 : 2{,}35$), 4,61 W. u. 25 Pentanatriumtripolyphosphat Typ II. — Vgl. Aust. P. 208545; C. **1960.** 12203. (**Schwz. P. 345 963** vom 28/6. 1955, ausg. 15/6. 1960.) C. Lüttgen. 7913

Monsanto Chemical Co., St. Louis, Mo., übert. von: Lloyd E. Weeks, Union, Ohio, V.St.A., **Reinigungsmittel,** bestehend aus einem Gemisch von 20—80% Tallölfettsäurealkanolamid mit weniger als 4 C-Atomen in jedem Alkanolrest u. 80—20% eines Kondens.-Prod. von 1—20 (Mol) Äthylenoxyd mit 1 eines zwischen 226 u. 264° sd. Gemisches aus stark verzweigten einwertigen prim. Alkoholen, die aus Polybutylenen u. -propylenen durch Oxosynth. hergestellt wurden. — Diagramm. — Vgl. Aust. P. 205 480; C. **1959.** 16819. (**A. P. 2 913 417** vom 27/11. 1953, ausg. 17/11. 1959.) C. Lüttgen. 7913

California Research Corp., V.St.A., **Wasserlösliche, schäumende, anionenaktive Sulfonsäuren oder H_2SO_4-Ester** von Verbb. mit einem geradkettigen höhermol. aliphat. Rest, z. B. Monoalkylbenzolsulfonsäuren mit C_9—C_{18}-Alkylrest oder Monoalkylsulfate mit 14—18 C-Atome, sulfonierte N-Acylaminoalkane oder sulfatierte Alkylolamide von höheren Fettsäuren. Genannt sind z. B. N-Acyltaurate der allg. Formel $R \cdot CO \cdot N(R') \cdot (CH_2)_x \cdot SO_3M$, worin R = geradkettiger Alkylrest mit 9—17 C-Atomen, R' = H oder CH_3, x = 2, 3 oder 4, M = Alkalimetall. — Vers.-Tabellen. (**F. P. 1 134 045** vom 5/7. 1955, ausg. 4/4. 1957.) M. F. MÜLLER. 7913

Theobald Industries, Harrison, N. J., V.St.A., **Perborathaltige Bleichmittel.** Man versprüht einen wasserhaltigen Ansatz aus 50 (Teilen) Na-Tripolyphosphat u. 100 Na-Perborat in 100—315° heiße Luft, so daß das End-Prod. ca. 2,5—4 Mol W. pro 1 Atom O_2 aufweist. Das Pulver ist lagerbeständig u. backt nicht zusammen. Bes. vorteilhaft ist das Versprühen eines Ansatzes, der noch 10—40 *waschakt. Stoffe* enthält. (**E. P. 818 374** vom 21/7. 1955, ausg. 19/8. 1959. A. Prior. 26/7. 1954.) C. LÜTTGEN. 7913

Chimiotechnic (Union Chimique du Nord & du Rhône), Frankreich, **Herstellung eines haltbaren Gemisches von NaOH und Na-Perborat.** Zur Vermeidung der Zers. des Na-Perborats in Ggw. von NaOH beim Erwärmen wird das NaOH in Form von Kügelchen oder Blättchen mit pulverförmigem Na-Perborat unter Verw. eines Klebmittels (I) u. von zerstäubtem W. überzogen. Als I dient z. B. Carboxymethylcellulose, Stärke, Hefe oder Leim. — 2 schemat. Zeichnungen. (**F. P. 1 143 820** vom 24/2. 1956, ausg. 4/10. 1957.) M. F. MÜLLER. 7913

Odette Bouquet und Marguerite Perdraut, Frankreich, **Haushaltsreinigungsmittel** mit fettentfernenden Eigg. für Glas, Porzellan, Email, Kochgeschirr u. Metallherde, bestehend aus 10%ig. NaOH mit Zusätzen von Verdickungsmitteln (I), eines Desinfektions- u. Netzmittels. — I sind z. B. Carboxymethylcellulose, Traganth, Agar-Agar, Casein, Gelatine, Pektin, Stärke oder Alginate. (**F. P. 1 142 475** vom 17/1. 1956, ausg. 18/9. 1957.) M. F. MÜLLER. 7917

Dépôts L. I. L. S. à r. l., Frankreich, **Reinigungs- und Entfleckungsmittel,** enthaltend ein Mineralsalz (I), ein Weichmachungsmittel (II), eine Seife u. ein Feuchtigkeitsfixierungsmittel (III). — Zu I sind genannt: Polyphosphate, Na_3PO_4, Na_2CO_3, Na-Metasilicat; zu II: Vaseline u. Perubalsam; zu III: Äthanolamine u. Glycerin. Als Seifen kommen bes. fettsaure Seifen auf Basis von Talg oder Ölsäure in Betracht, sowie Prodd. mit Seifenwirkung. — Beispiele: 50 (g) Na_3PO_4, 6 Vaseline, 10 Fettsäureamid u. 40 Triäthanolamin werden in 894 W. gelöst. — 80 (g) Na-Metasilicat, 10 Laurinalkohol, 6 Vaseline u. 30 Glycerin werden mit 874 W. verrührt. (**F. P. 1 145 779** vom 14/2. 1956, ausg. 29/10. 1957.) M. F. MÜLLER. 7917

Farbenfabriken Bayer Akt.-Ges., Leverkusen, *Herstellung von Azomethinen.* (**It. P. 512 608** vom 7/1. 1953. D. Prior. 8/1. 1952. — C. **1955.** 6421 [D. B. P. 917 425].)

Imperial Chemical Industries Ltd., London, England, *Verarbeiten von Unterlauge oder Gärungsglycerin.* (**Ind. P. 49 610** vom 23/5. 1953, ausg. 27/12. 1954. E. Prior. 23/6. 1952. — C. **1956.** 6269 [E. P. 737 570].)

A. Kraus und H. Kraus, Twickenham, England, *Verfestigen von Reinigungsmitteln.* (**Schwed. P. 156 008** vom 2/4. 1955, ausg. 11/9. 1956. — C. **1956.** 7384 [E. P. 727 645].)

Liljeholmens Stearinfabriks A/B, Stockholm, Schweden, *Haar- und Handwaschmittel.* (**Schwed. P. 156 007** vom 2/4. 1953, ausg. 11/9. 1956. — C. **1958.** 2596 [E. P. 758 215].)

United States Borax & Chemical Corp., Los Angeles, Calif., V.St.A., *Körniges Waschmittel.* (**D. A. S. 1 095 976** Kl. 23e vom 16/5. 1958, ausg. 29/12. 1960. **Belg. P. 567 755** vom 16/5. 1958, ausg. 12/8. 1960. Beide A. Prior. 16/5. 1957. — C. **1960.** 13560 [Oe. P. 206 088].)

Josef Ellendorf & Co., Chemisch-Pharmazeutisches Laboratorium, Wuppertal-Barmen, *Desinfizierende Waschpulver.* (**It. P. 512 918** vom 30/1. 1954. — C. **1957.** 4849 [E. P. 744 433].)

J. R. Geigy Soc. An., Basel, Schweiz, *Stabilisieren von Perverbindungen.* (**Belg. P. 567 330** vom 2/5. 1958, ausg. 12/8. 1960. E. Prior. 3/5. 1957. — C. **1959.** 16191 [D. A. S. 1 060 849].)

Thomas Hedley & Co. Ltd., Newcastle upon Tyne, England (Erfinder: **Peter John Pengilly**), *Fast salzfreie Alkylarylsulfonate.* (**E. P. 820 340** vom 6/2. 1957, ausg. 16/9. 1959. — C. **1960.** 11151 [F. P. 1 191 185].)

XVIIIa. Holz. Cellulose. Zellstoff. Papier. Papierdruck. Celluloid. Linoleum

Der chemische Aufbau des Holzes im Hinblick auf die Ernährung der holzzerstörenden Insekten. Gyula Bálint. (Faipar [Holzind.] **10.** 15—23. Jan. 1960. Faipari Kut. Int.) (Ung.)
Übersicht. N. SEILER. 7952□

Metallorganische Komplexe, die während der Behandlung von Holz mit Metallsalzen entstehen. C. H. Bayley und Grace R. E. Rose. (Nature [London] **185.** 313—14. 30/1. 1960. Ottawa, Ontario, Canada, Nat. Res. Council of Canada, Div. of Appl. Chem., Textile Res. Sect.)

Vff. nehmen an, daß die durch Einw. von Metallsalzen (z. B. Cupriformiat) auf Holz entstehenden metallorgan. Komplex-Verbb. vorwiegend Rk.-Prodd. der Kationen mit den nichtsauren Gruppen der Nichtcellulosebestandteile des Holzes sind. Diese Annahme steht im Widerspruch zu der Ansicht anderer Autoren, die einen reinen Metall–Cellulose-Komplex vermuten. H. Kockert. 7952□

Die Verwendung von Chlordioxyd bei der Bleiche. N.-E. Virkola. (Paperi ja Puu **41.** 526—34. 19/11. 1959. Helsinki, Oy Keskuslaboratorio-Centrallaboratorium AB.) (Dt.)

Vf. fand, ähnlich wie Rapson, daß die Bleiche von Zellstoff mit Chlordioxyd am besten bei pH 6,5 beginnen u. bei pH 4 enden soll im Temp.-Gebiet von 70—75°. Vf. berichtet über Labor.-Verss. zur Endbleiche von Kiefernsulfatzellstoff der Roe-Zahl 5,2 nach der Hypochloritvorbleiche. Beim Ersatz einer Hypochloritstufe durch ClO_2 mit 1,1% ClO_2, berechnet als akt. Cl, stieg der Weißgrad von 82 auf 86 GE, die Viscosität um 7 Einheiten. Bei Fichtensulfitzellstoff (I) mit Roe-Zahl 4,5, ungebleicht gab der Ersatz der letzten Hypochloritstufe durch ClO_2 keine wesentliche Weißgradzunahme; günstiger war bei I der Ersatz der ersten Hypostufe durch ClO_2 mit nachfolgender Alkalistufe u. SO_2-Absäuerung. Weiter ermittelte Vf. den Einfl. des oxydativen Abbaus auf nicht oxydierte Cellulose im Vgl. zu einer vorher mit ClO_2 behandelten Cellulose. Während hierbei bei reiner Baumwollcellulose der Geh. an COOH- u. CO-Gruppen steigt, ist dies bei techn. Zellstoffen nicht der Fall, da deren Geh. an Lignin u. Hemicellulose den Abbau des Celluloseanteils hemmt. — 4 Diagramme, 25 Literaturhinweise. E. Borchers. 7956□

Die chemische und thermische Wiederausnützung der Restlaugen der Zellstoffherstellung nach dem Alkaliaufschlußverfahren. Antonio Xuclá Bas. (Afinidad **17** (37). 296—304. Nov./Dez. 1960.) (Span.)

Beschreibung einer auf Zellstoffabriken mit unter 100 t Tagesleistung zugeschnittenen Alkaliwiedergewinnungs- u. Lignin (I)-Verbrennungsanlage. Aus den auf 45% Festgeh. eingedampften Ablaugen wird I durch CO_2 ausgefällt u. abfiltriert. Die Eigg. dieses festen I werden beschrieben. I wird als fester Brennstoff bei mäßiger Temp. in den Sodaöfen verbrannt, an welche sich ein mit den Verbrennungsgasen von I beheizter u. speziell hierfür konstruierter Dampfentwickler anschließt. Das Verf. schont die Auskleidung der Öfen u. ermöglicht eine gute Red. von Na_2SO_4. M. Hagedorn. 7960□

Über die Sulfitkochung von Viscosezellstoff. 10. Mitt. **Über die Einwirkung von Furfurol auf die Zersetzung der Kochsäure bei der Sulfitkochung.** Ivan Slávik. (Chem. Zvesti **13.** 621—27. Okt. 1959. Bratislava, Slovenská akadémia vied, Chemický ústav, oddelenie dreva, celulózy a umelých vlákien). (Slowak.) — C. **1960.** 14555.

Untersucht wurde die Zers. gepufferter u. ungepufferter SO_2-Lsgg. beim Erhitzen mit Furfurol (I) während 3½ Std. auf 150°. In gepufferten Lsgg. ist der Einfl. des I nur gering, in ungepufferten Lsgg. macht sich der Einfl. des I deutlich bemerkbar. Dabei zersetzt sich das I unter Bldg. dunkler Kondens.-Produkte. Vf. nimmt an, daß I in ungepufferten Lsgg. eine oxydierende Wrkg. ausübt. Dunkle Verfärbungen der Sulfitlauge können teilweise aus den Kondens.-Prodd. des I entstehen. V. Fic. 7962□

Über die Sulfitkochung von Viscosezellstoff. 11. Mitt. **Zeitverlauf der Zersetzung der Kochsäure mit einem Zusatz von Glucose.** Ivan Slávik. (Chem. Zvesti **14.** 129 bis 135. Febr. 1960.) (Slowak.) — 10. vgl. vorst. Ref.

Unterss. des Zeitverlaufs der Zers. von ungepufferten u. mit NaOH gepufferten SO_2-Lsgg. beim Erhitzen mit Glucose während 4 u. 5½ Std. auf 150°. In ungepufferten 2,4%ig. u. 3,04%ig. SO_2-Lsgg. tritt autokatalyt. Beschleunigung der Zers. ein, in gepufferten 1,8%ig. SO_2-Lsgg. dagegen nicht. Die in der Praxis üblichen Zeiten für die Fertigkochung des Viscosezellstoffs sind zur autokatalyt. Zers. der Kochsäure ausreichend. V. Fic. 7962□

Über die Sulfitkochung von Viscosezellstoff. 12. Mitt. **Abhängigkeit des Verlaufs der Zersetzung der Kochsäure von der Temperatur.** Ivan Slávik. (Chem. Zvesti **14.** 215—23. März 1960.) (Slowak.) — 11. vgl. vorst. Referat.

Unterss. der Zers. von gepufferten u. ungepufferten SO_2-Lsgg. beim Erhitzen mit Glucose, Furfurol, elementarem S u. Thiosulfat während 2 Std. auf 110, 125, 140 u. 150° in zugeschmolzenen Glasrohren haben ergeben, daß Ameisensäure u. Thiosulfat die Zers. in gepufferten Lsgg. schon bei Temp. von 110° beschleunigen. Glucose in gepufferten Lsgg. wirkt von 140° an merklich beschleunigend. Furfurol wirkt nur in ungepufferten Lsgg. von 140° an. S wirkt ähnlich, aber wegen seiner geringen Löslichkeit u. verhältnismäßig kleinen Oberfläche viel schwächer als Thiosulfate. V. Fic. 7962□

Die Zellstoffherstellung nach dem Neutralsulfit- oder halbchem. Verfahren. E. J. Cole. (Papeterie **78.** 825—35. Dez. 1956; **79.** 11—15. Jan. 1957.) (Franz.)

Beschreibung des Neutralsulfit (I)-Aufschlusses von Laubhölzern durch Erwärmen der Holzschnitzel mit Na_2SO_3/Na_2CO_3 im Verhältnis 4,5 : 1 im kontinuierlichen u. diskontinuierlichen Verf. sowie der üblichen Bleichverfahren. Es werden besprochen: Ausbeuten in Abhängigkeit vom Sulfitverbrauch u. vom Bleichungsgrad; die Ablaugeverwertung; die aus dem hohen Hemicellulose-Geh. sich herleitenden Eigg. der I-Zellstoffe u. die Verw. der I-Zellstoffe je nach ihrem Bleichgrad, am besten ungebleicht, für Packpapier, Kartons u. Wellpappe. E. HAGEDORN. 7962□

Aus Untersuchungen über Farblacke für beschichtete Papiere. Stanisław Bartkowicz. (Przegląd Papierniczy **16.** 165—67. Juni 1960. Inst. Celulozowo-papiern.) (Pol.)

Farblacke auf der Basis $BaSO_4$, Al_2O_3 u. Kaolin lassen sich auch ohne Zusatz von Tannin herstellen, wenn Harzseifen, Nekalin S u. Rotanin W als Fällungsmittel für bas. Farbstoffe verwendet werden. Der Fällungsgrad, also die Ausnutzung des Farbstoffs, ist von der Art u. der Menge des Fällungsmittels abhängig. Die Teilchengrößenverteilung der so erhaltenen Farblacke wurde nach ANDREASEN bestimmt. Danach haben getrocknete Lacke mehr größere Teilchen u. damit eine ungünstigere Verteilung als feuchte. Es ist somit unzweckmäßig, die Lacke in Pulverform zu liefern.
F. URBAN. 7980□

Versuche zur quantitativen Bestimmung von Methylmercaptan bzw. von Methylalkohol neben Methylmercaptan in sehr verdünnten wässerigen Lösungen. (Bestimmung des Methanolgehalts von Schwarzlaugen.) A. Wacek und J. Smitt-Amundsen. (Mh. Chem. **89.** 110—15. 21/3. 1958. Graz, TH, Inst. für organ. Chem. u. organ.-chem. Technol. u. Inst. für Holzchem.) (Dt.)

Als Testsubstanz für die Best. von Methylmercaptan (M) diente p-Nitrobenzolthiocarbonsäuremethylester (I), den man durch umsetzung von p-Nitrobenzoylchlorid mit aus S-Methylisothioharnstoffsulfat gewonnenem Bleimercaptid in Chlf. herstellte. I wurde mit 25%ig. NaOH verseift u. mit 5%ig. H_2SO_4 neutralisiert. In dieser Lsg. bestimmte man den Geh. an CH_3OH durch Überführung in Methylnitrit u. Einleiten in angesäuerte KJ-Lsg., wobei Verseifung eintritt u. die äquivalente Menge Jod freigesetzt wird. Dieses Verf. eignet sich auch zur CH_3OH-Best. in Schwarzlaugen (Ablaugen des alkal. Holzaufschlusses). R. STRUFE. 8006

Eintauchen phenolharzgetränkter Papiere in Wasser als Prüfmethode. Fritz Rosenthal. (Tappi **43.** 382—84. April 1960. Watertown, N.Y., Knolwton Bros., Inc.) (Engl.)

Verschiedene Qualitätsprobleme phenolharzgetränkter Papiere führten zur Entw. einer Unters.-Meth. zur Best. der Wirksamkeit, der Gleichförmigkeit u. des Aushärtungsgrads. Probestreifen werden vor, während u. nach der Aushärtung kurz in W. getaucht u. die Gewichtsveränderungen verfolgt, aus deren Größe auf die Güte der Harze geschlossen werden kann. Die Vers.-Ergebnisse sind in Form von Kurven angegeben.
H. MEYER. 8016□

Monsanto Chemical Co., St. Louis, übert. von: Songe S. Sakornbut, Kirkwood, Mo., V.St.A., **Imprägniermittel für Holz, Papier oder anderes cellulosehaltiges Material** gegenüber Schädlingen u. Feuer. Es besteht aus 20—65 (Teilen) chlorierten Phenolen, bes. Pentachlorphenol, u. 35—80 eines Phosphorsäureesters der allg. Formel (RO)(R'O)(R''O)P:O (R, R' u. R'' = Alkyl-, Aryl- oder Alkylarylgruppe mit wenigstens 4 C-Atomen; Gesamtsumme der C-Atome = 12—25), gelöst in fl. KW-Stoffen. (**A. P. 2 926 096** vom 27/4. 1955, ausg. 23/2. 1960.) K. WOLK. 7953

Malise Graham Mackeurtan, Natal, Südafrikanische Union, **Herstellung von Papierstoff** aus Herbaceen, bes. Zuckerrohrbagasse, durch Tränken mit verd. NaOH u. anschließendes Kochen bei ca. 80°. Die von dem Stoff getrennte Schwarzlauge wird regeneriert, indem sie filtriert, mit $BaCl_2$ von den färbenden Verunreinigungen befreit u. mit Ätzkalk wieder alkalisiert wird. Das Verf. arbeitet kontinuierlich, wobei während des Kochens ein Teil der Schwarzlauge abgetrennt, regeneriert u. in das Tränkgefäß zurückgeleitet wird. — 2 Abbildungen. (**F. P. 1 191 339** vom 17/12. 1957, ausg. 19/10. 1959. **Belg. P. 559 894** vom 7/8. 1957, ausg. 22/4. 1960. Südafrikan. Prior. 24/2., 7/8. u. 11/4. 1956.) M. F. MÜLLER. 7979

E. I. du Pont de Nemours & Co. (Erfinder: William Russell Saner), V.St.A., **Photopolymerisierbare Produkte zur Herstellung von Druckklischees,** welche 75—40% eines festen u. in W. lösl. linearen synthet. Polyamids, 25—60% eines monomeren polymerisierbaren Stoffs, welcher wenigstens 2 Äthylendoppelbindungen enthält, u. einen Polymerisationserreger (0,001—5%), welcher durch aktin. Licht aktiviert wird, enthalten. — Das Polyamid enthält im Mol. die Gruppierung $-CO \cdot N(CH_2OR)_2$, worin R ein OH-Gruppen-freier Alkylrest ist. Genannt ist z. B. das N-Methoxymethylpolyhexamethylenadipamid. Die monomeren Verbb. sind z.B. Mg-Diacrylat, Glycerindimethacrylat, Triäthylenglykoldimethacrylat oder Bis-[2-methacrylamidoäthyl]-amin. Als Polymerisationsinitiator dient z. B. Benzoinmethyläther u. Hydrochinon in Äthanol. — Das photopolymerisierbare Gemisch wird z. B. auf ein Al-Blatt gepinselt u. durch Belichten mit UV-Licht, z. B. 30 Min. bei 65°, gehärtet. (**F. P. 1 177 742** vom 11/4. 1957, ausg. 29/4. 1959. A. Prior. 12/4. 1956.) M. F. MÜLLER. 7989

Georges Kanitz, Paris, Frankreich, **Aufbringen von von Montagen kopierten Pigmentpapieren auf Druckzylinder für den Mehrfarbendruck.** Hierbei werden in an sich bekannter Weise einzelne Pigmentpapiere mit Hilfe von Bezugslöchern auf einer gemeinsamen, mit entsprechenden Bezugslöchern versehenen Trägerplatte eingerichtet, danach auf dieser Trägerplatte befestigt u. anschließend mit Hilfe dieser Trägerplatte auf den Druckzylinder übertragen. Man stanzt die Bezugslöcher in die Pigmentpapiere vor dem Kopieren in für die jeweiligen Montagen gleich eingestellter Anordnung ein. Diese Anordnung stimmt mit der auf der Trägerplatte eingestanzten Lochanordnung überein u. bestimmt beim Kopieren die Lage der Pigmentpapiere relativ zur Montage. (**D. A. S. 1 097 274** Kl. 57d vom 13/4. 1956, ausg. 12/1. 1961. F. Prior. 14/4. 1955.) E. FUCHS. 7989

Adolf Rose und Gerhard Dingethal, Leipzig, **Herstellung einer Oberflächenschicht für Plastmatern** für die Druckplattenfabrikation (Plastenklischees) aus einer Mischung von Phenolharzen, bes. aus Gemischen von Novolacken mit Hexamethylentetraminzusatz u. Melaminharzen, wie Melamin-Formaldehyd-Harzen, mit Zellstoff als Füllstoff. Das Material ist fl. oder pastenartig. Die Mater wird damit bei 120° u. 40 at fest zu einem Körper verschmolzen. (**D. P. [DDR] 19 227** Kl. 15b vom 2/3. 1958, ausg. 15/7. 1960 [Wirtschaftspatent].) M. F. MÜLLER. 7989

XVIIIb. Textilfasern

Die saure Peroxydbleiche von Baumwollgeweben durch Bildung von Monoperessigsäure im Bleichbad. Ingeborg Roesner. (Przegląd włókienniczy **14.** 266—70. Mai 1960.) (Pol.)

Die Bleichlauge wird kurz vor Gebrauch durch Vermischen von H_2O_2, W., Essigsäureanhydrid u. NaOH (zur Einstellung von pH 6) hergestellt. Die Peressigsäure-Konz. der Lauge soll 5 g/Liter nicht übersteigen, da konzentriertere Lsgg. keinen besseren Effekt geben. Zusatz von Stabilisatoren u. Waschmitteln verbessert die Bleichwrkg. der Lauge. Beim Bleichen von geschlichtetem Baumwollgewebe tritt zum überwiegenden Teil Entschlichtung ein. F. URBAN. 8032□

Das mechanische Verhalten gestreckter Garne. Kentaro Kawasaki und Suzuko Murata. (J. Soc. Textile Cellulose Ind., Japan [Sen-i Gakkaishi] **15.** 814—23. Okt. 1959. Osaka, Japan, Chori Co. Ltd.) (Jap.; Auszug: Engl.)

An Hand von Zug-Dehnungs-Diagrammen, die mittels einer auf einem Helix-Modell basierenden Gleichung ausgewertet werden, wird das mechan. Verh. gestreckter Garne studiert. Die hierbei erhaltenen Ergebnisse geben wichtige Hinweise über Zusammenhänge zwischen der Struktur u. den mechan. Eigg. der gestreckten Garne. — 16 Figuren, 12 Photos, 2 Tabellen. H. G. FRÖHLICH. 8040□

Spannungsänderungen bei konstanter Belastung und die Wasserstoffbindung in Keratinfasern. A. R. Haly und M. Feughelman. (J. Textile Inst., Trans. **51.** T573—T588. Dez. 1960. Ryde, N.S.W., Australien, Wool Res. Labor., C.S.I.R.O.) (Engl.)

Im Zusammenhang mit der Fixierbarkeit von Wolle untersuchen Vff. die Spannungsänderungen von Wolle bei konst. Belastung. Die hierbei erhaltenen Ergebnisse werden im Gegensatz zur SPEAKMAN-Schule mit entsprechender Rk. u. Umgruppierungen der Wasserstoffbindungen im Gefüge der Wolle erklärt. Die Vers.-Ausführung ist beschrieben u. die im einzelnen erhaltenen Ergebnisse werden ausführlich diskutiert. — 12 Literaturzitate, 12 Figuren, 3 Mikrophotos. H. G. FRÖHLICH. 8060□

Die mechanischen Eigenschaften fixierter Wollfasern und die Struktur des Keratins. M. Feughelman. (J. Textile Inst., Trans. **51.** T589—T602. Dez. 1960. Ryde, N.S.W., Australien, Wool Res. Labor., C.S.I.R.O.) (Engl.)

Unterss. an fixierten Wollfasern im Vgl. zu unbehandelten Fasern durch Best. der Zug-Dehnungs-Kurven bei 20° in dest. W. ergaben in Abhängigkeit der Fixierungsart (Zeit, Spannung, Temp.) beträchtliche Unterschiede. Diese Unterschiede in den mechan. Eigg., als Folge der Art der Fixierung, erklärt Vf. an Hand eines Fasermodells, indem er annimmt, daß die in die Matrix eingelagerten Mikrofibrillen Zonen verschiedener

Dehnungs-Eigg. aufweisen. Die erhaltenen Ergebnisse sowie das Fasermodell werden ausführlich beschrieben u. diskutiert (mit Diskussion). — 17 Literaturzitate, 9 Figuren.
H. G. FRÖHLICH. 8060□

Neue Reaktionen mit reduzierter Wolle. A. Schöberl. (J. Textile Inst., Trans. **51.** T613—T627. Dez. 1960. Hannover, Chem. Inst. der Tierärztl. Hochsch.) (Engl.)

Ausführliche Darst. über die Alkylierung von HS-Wolle, hergestellt durch Red. mit 2-Mercaptoäthanol oder Thioglykolsäure, mit mono- u. bifunktionellen Verbb., wie Vinyl- u. Divinylsulfone, Thio- u. Polymethylendithiosulfate [$NaO_3SS-(CH_2)-SSO_3Na$] u. a. mehr, in schwach alkal. Medium (pH ca. 8—9). Die mit den bifunktionellen Vinylsulfonen u. Polymethylendithiosulfaten ausgeführten Rkk. sind geeignet, die Quervernetzungs-Rkk. einschließlich der Beständigkeit der eingeführten Quervernetzungen bei red. Wolle zu studieren. Die Vers.-Ergebnisse sowie die Ausführung der Verss. sind ausführlich beschrieben. — 18 Literaturzitate, 5 Tabellen. H. G. FRÖHLICH. 8060□

Mit Acrylnitril stabilisierte Keratinderivate. 2. Mitt. Entwicklung einer reproduzierbaren Präparation von Kortexzellen. J. J. Bartulovich, Y. Tomimatsu und W. H. Ward. (J. Textile Inst., Trans. **51.** T628—T636. Dez. 1960. Albany, Calif., U. S. Dep. of Agric., Western Utilizat. Res. and Dev. Div.) (Engl.) — 1. vgl. C. **1960.** 6015.

Wolle wird während 2 Tagen bei 30° mit 6n HCl behandelt u. die erhaltene Kortexzellenaufschwämmung zunächst mit Mercaptoäthanol red. u. dann mit Acrylnitril in einer N_2-Atmosphäre alkyliert. Das Alkylierungs-Prod. wird dialysiert u. der Rückstand untersucht. Es handelt sich um ein Prod. mit einem Molgew. von 30000 u. einem geringeren Geh. an S u. N, als die Ausgangswolle bzw. die Kortexzellenaufschwämmung aufweist. Bei dem Alkylierungs-Prod. dürfte es sich um eine α-Keratose handeln, bei welcher nicht mehr als 2 Peptidbindungen/Peptidkette hydrolyt. gespalten sind. In der Dialysier-Fl. wurde ein S-reiches, niedermol. Prod. ausgefällt, das einer γ-Keratose entsprechen dürfte. H. G. FRÖHLICH. 8060□

Chemische Modifikation von Wolle. 1. Mitt. Cyanäthylierung. 2. Mitt. Benzylierung. 3. Mitt. Formalisierung von Wolle in gestrecktem Zustand. M. Oku et al. (J. Textile Inst., Trans. **51.** T637—T650. Dez. 1960. Japan, Kobe Univ.) (Engl.)

Es wird die Cyanäthylierung, die Benzylierung u. die Formalisierung von Wolle beschrieben u. die opimalen Arbeitsbedingungen einschließlich der Eigg. der modifizierten Wolle aufgezeigt. Während die Einlagerung von Polymeren zur Herst. leicht zu pflegender Wolltextilien Verw. findet, hat die Quervernetzung red. u. nichtred. Wolle bisher noch keine Bedeutung erlangt. Die Ergebnisse sind in 13 Tabellen u. 3 Figuren zusammengestellt. — 20 Literaturzitate. H. G. FRÖHLICH. 8060□

Untersuchungen über die Schwefelverbindungen in sauren Wollhydrolysaten. Barbara Lewis, A. Robson und Eva M. Tiler. (J. Textile Inst., Trans. **51.** T653 bis T664. Dez. 1960. Leeds, England, Wool Ind. Res. Assoc.) (Engl.)

Die Unterss. zeigen, daß Aminosäureanalysen von Wollhydrolysaten keine Absolutwerte geben, u. vor allem die S-Bilanz, auch von chem. vorbehandelten Wollen, noch nicht restlos geklärt ist. So lassen sich im Säurehydrolysat radioakt. markierter Wollen (^{35}S) mit Sicherheit nur Cystin u. Methionin bestimmen, während über den Lanthionin-Geh. nativer Wollen immer noch Unklarheit besteht. Der Geh. der Hydrolysate an SH-Gruppen wird auf Sekundär-Rkk. zwischen Cystin u. Tryptophan zurückgeführt. — 26 Literaturzitate, 3 Tabellen, 2 Figuren. H. G. FRÖHLICH. 8060□

Die Fixierungseigenschaften von Keratinfasern in Beziehung zur Struktur. J. L. Stoves. (J. Textile Inst., Trans. **51.** T603—T612. Dez. 1960. London, C. W. Martin & Sons Ltd.) (Engl.)

Es werden Unterss. über die Fixierungs-Eigg. einer Anzahl von Tierhaaren mitgeteilt. Hierbei wurde gefunden, daß beim Kochen der in Borax fixierten Leithaare in 5%ig. Metabisulfit-Lsg. (ohne Spannung) Skunk, Nerz, Hase u. Kolinski im Gegensatz zu Rentier, Schwein u. Whitecoat nicht kontrahieren. Behandelt man die Leithaare der soeben genannten Tiere bei 100° in 100%ig. LiBr-Lsg. u. wertet die Ergebnisse aus, so deuten dieselben darauf hin, daß die Bldg. von H-Bindungen für das Fixieren von Skunk, Nerz u. Whitecoat nur von geringer Bedeutung ist, während für Nerz u. Skunk noch andere Bindungen die Beständigkeit in Metabisulfit beim Kochen bewirken. Hase, Kolinski, Rentier u. Schweineborsten besitzen dagegen eine größere Anzahl von H-Bindungen als die normalen Fasern. Irgendwelche Zusammenhänge zwischen dem Faseraufbau, bestimmt als Verhältnis von Cuticula : Cortex : Markschicht, u. den chem.-physikal. Eigg. der untersuchten Tierhaare konnten nicht gefunden werden. — 14 Literaturzitate, 8 Mikrophotos, 4 Figuren, 4 Tabellen. H. G. FRÖHLICH. 8066□

Das Filtrationsgesetz von Hermans und Bredée, eine theoretische Nachuntersuchung über den Einfluß der Porengrößenverteilung. Ø. Ellefsen und S. Kolboe. (Norsk Skogind. **13.** 199—210. Juni 1959. Oslo, Pulp and Paper Res. Inst.) (Engl.)

Vff. ergänzen an Hand mathemat. Berechnungen das Filtrationsgesetz von HERMANS u. BREDÉE, angewandt auf die Best. des Filterwerts von Viscosexanthogenat bzgl. verschiedener Filterflächenporengrößen. Die Nachprüfung an 4 Viscosemustern mit den K_w-Werten 10, 20, 40 u. 50 bestätigte bei Verw. einer Doppellage von Baumwolletischtuchgewebe als Filter von 1 cm^2 Fläche die theoret. Berechnung, auch bei einer bis 30 Std. ausgedehnten Filterzeit. — 11 Tabellen, 3 Diagramme. E. BORCHERS. 8074□

Neue Richtungen auf dem Gebiet der Polyacrylnitrilfasern. Jerzy Cypryk. (Chemik **13.** 391—94. Okt. 1960.) (Pol.)

Übersicht über Fortschritte in der Herst.-Technologie u. der Färbung der Faser, bes. aus Copolymeren von Acrylnitril u. 2-Vinylpyridin oder Acrylamid.

F. URBAN. 8080□

Elektronenmikroskopische Prüfungen der Fasern. S. G. Zyrin. (Przegląd włókienniczy **14.** 12—16. Jan. 1960.) (Pol.)

Übersicht. F. URBAN. 8096□

Methode der Messung von elektrischen Aufladungen auf der Faser. Bożena Kubiak. (Prace Inst. Włókiennictwa **10.** Nr. 2. 22—33. 1960.) (Pol.)

Es wird eine App. zur Messung der elektr. Leitfähigkeit von Fasern nach dem Prinzip der WHEATSTONEschen Brücke u. eine App. zur Messung der Aufladung der Faser, wie sie bei technolog. Prozessen auftreten kann, beschrieben. Die App. ist zur Testung von antistat. Ausrüstung der Faser geeignet. F. URBAN. 8096□

Methode der quantitativen Bestimmung der Baumwoll-Zellwoll-Mischungen. Mirosław Graliński. (Prace Inst. Włókiennictwa **10.** Nr. 2. 1—21. 1960.) (Pol.)

Es wurden 3 Meth. zur Best. des Anteils an Regeneratcellulose in Baumwolle-Zellwolle-Gemischen überprüft. Die Meth. von MARSCHALL u. SCHLÜTER [1940] u. die Modifizierung dieser Meth. nach FRIESER sind der Meth. von DRUCE überlegen, da sie die Faser quant. lösen. Die Ergebnisse sind bei Gespinsten mit wenigen % Baumwolle auf 1%, bei höheren Geh. auf 5% u. ab 90% wieder auf 1% aufzurunden.

F. URBAN. 8100□

Ein Schema zur Identifizierung von Fasern unter besonderer Berücksichtigung der neuen Polyacryl-, Polyamid-, Polyester- und Cellulose-Fasern. Robert S. Merkel. (Amer. Dyestuff Reporter **49.** Nr. 18. 13—25. 5/9. 1960. Charlottesville, Va., Inst. of Textile Technol.) (Engl.)

Die qual. Faseranalyse beruht hauptsächlich auf Löslichkeit u. Farb-Rkk., z. T. auch auf therm. u. mkr. Untersuchungen. Sie ist auf Grund vergleichender Tabellen zur Identifizierung der neueren Nylon- (420, 501, Rilsan), Acryl- (Acrilan 16, Creslan, Darvan, Darvan X-7, Dynel 97, Orlon Cantrece, Orlon 39, Orlon 25, Verel, Zefran), Polyester (Dacron 64, Kodel, Vycron), Cellulosetriacetat- (Arnel) u. Cellulosefasern (Corval, Fiber 40, Fiber 500, SM-27, Topel, Zantrel) geeignet. — 12 Literaturhinweise über Faseranalyse. R. JUNGE. 8100□

Untersuchungen über Probleme der Proteinchemie. Neue nichthydrolytische Methoden zur Bestimmung von Thiol- und Disulfidgruppen. J. A. Maclaren, S. J. Leach und J. M. Swan. (J. Textile Inst., Trans. **51.** T 665—T 677. Dez. 1960. Parkville, Australien, Wool Res. Labor., C.S.I.R.O.) (Engl.)

Ausführliche Beschreibung einer direkten polarograph. Meth. zur Best. von SH- u. SS-Gruppen in Wolle mit organ. Hg-Verbindungen. Danach eignet sich zur Best. von SH-Gruppen vor allem Methylquecksilberjodid (CH_3HgJ), während für Cystin neben CH_3HgJ auch $HgCl_2$ geeignet ist. Inwieweit die polarograph. Meth. der üblichen colorimetr. Meth. überlegen ist, läßt sich im Augenblick noch nicht entscheiden. — 56 Literaturzitate, 5 Tabellen (mit Diskussion). H. G. FRÖHLICH. 8108□

Die kernmagnetische Resonanz des durch Faserproteine gebundenen Wassers. T. M. Shaw, R. H. Elsken und R. E. Lundin. (J. Textile Inst., Trans. **51.** T 562 bis T 572. Dez. 1960. Albany, Calif., U. S. Dep. of Agric.; Western Reg. Res. Labor.) (Engl.)

Das von Faserproteinen, wie Wolle oder Seide, mol. gebundene W. kann durch die Best. der kernmagnet. Resonanz bis zu Mengen von 1% W. genau bestimmt werden. Die Auswertung der gefundenen Ergebnisse zeigt, daß das mol. aufgenommene W. bevorzugt in Aggregaten an die Faser gebunden wird. Die Best. der kernmagnet. Resonanz wird beschrieben u. die Ergebnisse werden ausführlich diskutiert. — 5 Figuren, 2 Tabellen, 23 Literaturzitate. H. G. FRÖHLICH. 8108□

Die Klassifikation von Chemiefasern auf Grund der Reibungskräfte zwischen Bündeln von Fasern. Walter Sbrolli und Eugenio Rottenbacher. (Ann. Chimica

49. 1155—66. Juli/Aug. 1959. Colleferro, Roma, Centro Studi Chim. della Società Bombrini Parodi-Delfino.)

Vff. beschreiben zunächst einen App., der im Prinzip dem von LORD (vgl. J. Textile Inst. **46.** [1955.] 41) beschriebenen App. ähnlich ist, mit dem man die Reibung der Kunstfasern messen kann. Mit dem App. wurde eine größere Anzahl von handelsüblichen Kunstfasern untersucht. Aus den Vers.-Ergebnissen wurde geschlossen, daß man diese Fasern auf Grund ihres Verh. klassifizieren kann. C. GOTTFRIED. 8112

Dexter Chemical Corp., New York, N.Y., V.St.A. (Erfinder: Ernest I. Welles und Sidney M. Edelstein), **Antistatische Ausrüstung von Textilien,** bes. aus *Nylon, Polyester, Polyacrylnitril* u. *Celluloseacetat.* Das Behandlungsmittel besteht aus 5—50 (Teilen) eines mehrbas. Alkohols, bes. *Polyäthylenglykol* (Molgew. 200—600) u. 95—50 in W. dispergierbarem *Hydroxyamin* mit einem C_8—C_{24}-KW-Stoffrest (R), wie z. B. $R \cdot N(C_2H_4OH)(CH_2)_3N(C_2H_4OH)_2$ oder $H(OC_2H_4)_x$—N(R)—$(C_2H_4O)_yR'$, wobei R' = H oder ein C_1—C_7-Alkylrest, x = 1—60 u. y = 0—60 ist. — In 4 Beispielen werden *Ethomeen S/12, -C/25, -T/12* u. *-T/60*" verwendet. (**E. P. 828 012** vom 29/4. 1957, ausg. 10/2. 1960.) H. MÖLLERING. 8033

VEB Farbenfabrik Wolfen, Wolfen, Kr. Bitterfeld (Erfinder: Albert Schwalenberg, Halle, und Horst Laqua, Delitzsch), **Herstellung von optischen Aufhellungsmitteln** auf Basis von 4.4'-Diaminostilben-2.2'-disulfonsäurederivv. durch Rk. des Di-Na-Salzes der 4.4'-Bis-[2.4-dichlor-1.3.5-triazinyl-(6)-amino]-stilben-2.2'-disulfonsäure mit 2 Mol einer aliphat. Aminocarbonsäure oder Aminoäthansulfonsäure u. mit 2 Mol eines prim. oder sek. aliphat. oder aromat. Amins bzw. 1 Mol des Di-Na-Salzes der 4.4'-Bis-[2-methoxy-4-chlor-1.3.5-triazinyl-(6)-amino]-stilben-2.2'-disulfonsäure mit 2 Mol einer aliphat. Aminocarbonsäure oder Aminoäthansulfonsäure. Als Aminosäuren kommen Glycin u. Methyltaurin, als Amine Anilin u. Diäthanolamin in Frage. Die Umsetzungs-Prodd. haben die allg. Formel **I**

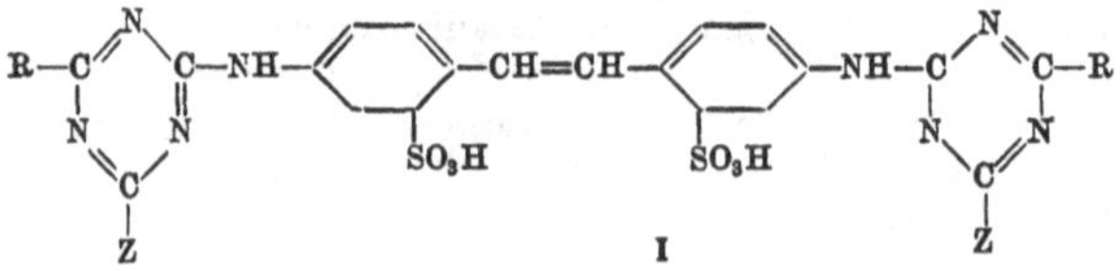

I

[R = —HN—$CH_2 \cdot$COOH oder —N·(CH_3)—$CH_2 \cdot CH_2 \cdot SO_3H$, Z = —HN·$\cdot C_6H_5$, —$N(CH_2CH_2OH)_2$, —O·$CH_3$, —O·$C_2H_5$ oder —O·C_3H_7 (iso)]. — Stilben-2.2'-disulfonsäuren: *4.4'-Bis-[2-phenylamino-4-carboxymethylamino-1.3.5-triazinyl-(6)-amino]-; 4.4'-Bis-[2-diäthanolamino-4-carboxymethylamino-1.3.5-triazinyl-(6)-amino]-; 4.4'-Bis-[2-methoxy-4-carboxymethylamino-1.3.5-triazinyl-(6)-amino]-; 4.4'-Bis-[2-phenylamino-4-(N-methyltaurino)-1.3.5-triazinyl-(6)-amino]-; 4.4'-Bis-[2-diäthanolamino-4-(N-methyltaurino)-1.3.5-triazinyl-(6)-amino]-; 4.4'-Bis-[2-methoxy-4-(N-methyltaurino)-1.3.5-triazinyl-(6)-amino]-.* (**D. P. [DDR] 20 794** Kl. 8i vom 18/8. 1957, ausg. 7/2. 1961 [Wirtschaftspatent].) M. F. MÜLLER. 8033

E. I. du Pont de Nemours & Co., Wilmington, Del., V.St.A., **Herstellung von stabilisierten, nicht koagulierenden, wässerigen Zwischenpolymerisaten,** dad. gek., daß man 30—80 (Gew.-%) Acrylnitril, 1,5—15 einer α-olefin. Monocarbonsäure, z. B. *Acryl-, Methacryl-, Äthacryl-, Phenylacryl- oder Crotonsäure,* u. 15—65 eines Esters derselben mit einem gesätt. aliphat. einwertigen Alkohol mit 1—12 C-Atomen in wss. Emulsion polymerisiert, dann das NH_4-Salz des Zwischenpolymerisats bildet, die wss. Dispersion neutralisiert u. den pH-Wert auf 5,5—8 einstellt, bei 45—95° während 5 Min. bis 4 Std. erwärmt u. auf 30° abkühlt. — 22,0 (Gewichtsteile) monomeres Acrylnitril, 1,8 monomere Methacrylsäure, 11,2 monomeres Butylacrylat, 0,19 Na-Laurylsulfat, 0,35 Na-Bisulfit, 2,08 K-Persulfat u. 62,695 W. werden in einen Behälter mit Rührwerk eingetragen u. binnen 6 Min. zu einer Mischung vereinigt. Die emulgierte Charge wird unter Rühren auf 60° erwärmt. Sobald diese Temp. erreicht ist, wird die K-Persulfat-Lsg. zugesetzt. Die einsetzende Polymerisation wirkt exotherm., wird auf 60° gedrosselt u. ist 143 Min. nach Zugabe des Katalysators beendet. Das Rk.-Prod. wird noch 90 Min. bei 60° gehalten u. dann auf normale Temp. abgekühlt. Ca. 98,5% der monomeren Anteile sind umgewandelt. Die wss. Dispersion des säurehaltigen Polymerisats hat einen pH-Wert von 3,8. Das von der wss. Dispersion abgetrennte Zwischenpolymerisat (**I**) hat eine relative Viscosität nach ASTM von 6,6. Die wss. Dispersion des **I** wird filtriert u. mit W. auf einen nichtflüchtigen Geh. von 30 Gewichts-% eingestellt. — Ein Teil des **I** wird durch NH_4OH neutralisiert, auf einen pH-Wert von 9,0 eingestellt u. 5 Min. auf 75° erhitzt, bei dieser Temp. nochmals 15 Min. belassen u. dann auf Raum-Temp. abgekühlt. — *Imprägnierungsmittel.* (**E. P. 826 455** vom 21/3. 1957, ausg. 6/1. 1960. A. Prior. 16/4. 1956.) W. SCHLITT. 8037

United States of Amerika, Secretary of War, übert. von: Talbot J. Albert, Baltimore, Md., und Robert Pfanstiel, Calumet City, Ill., V.St.A., **Gegen Senfgas undurchlässige Kleidung** ist imprägniert mit einer Lsg. von N.N'-*Dichlor-N.N'-bis-(2.4.6-trichlorphenyl)-harnstoff.* Geeignet als Lsgm. ist Benzin. Ggf. kann Chlorparaffin mitverwendet werden. (**A. P. 2 927 037** vom 5/11. 1931, ausg. 1/3. 1960.) H. MÖLLERING. 8037

Koninklijke Industrieele Mij. voorheen Noury & van der Lande N. V., Deventer, Holland, **Mottenschutzmittel** enthält das für diesen Zweck bekannte 1.2.3.4.10.10-Hexachlor-6.7-epoxy-1.4.4a.5.6.7.8.8a-oktahydro-1.4.5.8-dimethanonaphthalin, gelöst in einem mit W. nichtmischbaren Lsgm., das mit Hilfe eines nichtionogenen Emulgators im W. emulgiert ist. (**Holl. P. 95 410** vom 28/9. 1955, ausg. 15/9. 1960.) F. BÖHM. 8063

General Mills, Inc., Minneapolis, Minn., übert. von: Chen Ming Chih, Snyder, N.Y., V.St.A., Ein **Celluloseschaumstoff** entsteht aus einer „regenerierten" Cellulose (gelöst in ammoniakal. Cu-Lsg. oder Viscose, gelöst in NaOH-Lsg.), die mit einem alkalibeständigen Schaummittel (Alkyl-, Arylsulfonat) verschäumt u. gleichzeitig mit einer Verb., die mindestens ein Halogenatom, sowie mindestens eine OH-Gruppe als akt. Gruppen enthält (Äthylenchlorhydrin, Epichlorhydrin), bei ca. 100° ausgehärtet wird. (**A. P. 2 927 034** vom 25/10. 1956, ausg. 1/3. 1960.) F. KOCH. 8075

A. Ballarini & Co., Turin, Italien, **Verbessern von Superpolyamidgeweben.** Zwei Gewebeschichten werden auf den einander zugekehrten Seiten mit Polyvinyl- oder Acrylharzen bestrichen u. durch Kalandern in der Wärme zusammengepreßt. (**It. P. 510 558** vom 3/12. 1953.) K. KOEBKE. 8081

VEB Filmfabrik Agfa Wolfen, Wolfen (Erfinder: Max Duch, Bitterfeld, und Helmut Lehnert, Wolfen), **Stabilisierung von Polyacrylnitril-Lösungen (I).** Durch O_2-Einw. findet eine um so stärkere Nachdunkelung von I statt, je höhere Temp. für den Lösungsvorgang gewählt werden. Auch in N_2-Atmosphäre ergaben sich keine günstigeren Verhältnisse. Gute Stabilisierung konnte dagegen durch H_3PO_4, CH_3COOH, organ. Sulfosäuren, Red.-Mittel (Phosphite, Oxalsäure) erzielt werden, wenn auch diese auf die Gefäßwandung korrosiv einwirkten. Als Red.-Mittel bewährt sich erfindungsgemäß am besten Paraformaldehyd, von dem Mengen von 0,2—2,0% ausreichen, u. der sich bei der Weiterverarbeitung bei höheren Temp. verflüchtigt. — Beispiel: 10 (g) in Äthylenchlorid gelöster 40%ig. Paraformaldehyd versetzt man mit 800 Dimethylformamid u. vermischt es unter Erwärmen auf 90° mit 200 I vom Molgew. 90000, bis Lsg. erfolgt. Das so gewonnene I bleibt bei Temp. bis 100° mehrere Tage hell gefärbt. (**Ung. P. 143 313** vom 4/10. 1955, ausg. 1/10. 1956.) L. MACHER. 8081

VEB Filmfabrik Agfa Wolfen, Wolfen (Erfinder: Max Duch, Bitterfeld, und Helmut Lehnert, Wolfen), **Herstellung von Fäden aus hochviscosen Flüssigkeiten,** bes. aus 15—16%ig. Lsgg. pulverförmigen Polyacrylnitrils in Dimethylformamid, wobei die bei Raum-Temp. behandelten Lsgg. kurz u. intensiv auf 100—200° erwärmt werden u. wobei Nachfärbungen nicht auftreten. Das erfindungsgemäße Verf. eignet sich nicht nur zum Verarbeiten von Polyacrylnitril-Lsgg., sondern kann auch für Acetylcellulose, Polyvinylchlorid, Mischpolymerisate asymm. Dichloräthylens u. kann überhaupt für solche Stoffe angewendet werden, deren Lsgg. hochviscos sind u. im kalten Zustand zu Gel-Bldg. neigen. (**Ung. P. 143 314** vom 4/10. 1955, ausg. 15/11. 1959.) L. MACHER. 8081

VEB Filmfabrik Agfa Wolfen, Wolfen (Erfinder: Anton Doss, Dessau, und Helmut Lehnert, Wolfen), **Verfahren zum Kräuseln von Polyacrylnitril-Fasern,** die man bei gleichzeitiger Wärme-Einw., bes. durch Wasserdampf, zweckmäßig bei 80° einem quellenden Kräuseln unterwirft, wobei die Kalander geheizt werden u. eine Präparier-Fl. zufließt, die in Form von Öl- oder Seifenemulsion eine Schmier-Wrkg. ausübt. (**Ung. P. 143 315** vom 4/10. 1955, ausg. 15/11. 1959.) L. MACHER. 8081

Ryoichi Sakurai, Kyoto, Takashi Tanabe und Hideo Nagao, Iwakunishi, Japan, **Herstellung von Fäden aus Acrylnitrilpolymeren** durch Verspinnen einer Lsg. in Dimethylformamid, Dimethylsulfoxyd oder Äthylencarbonat (I) in ein aus wss. Salz-Lsg. bestehendes Fällbad. Um das in das Bad eingeschleppte Lsgm. durch Kühlung auf —5 bis +40° wieder abscheiden zu können, verwendet man eine 20—55%ig. K_2CO_3-Lsg. als Fäll-Fl., oder, wenn das Lsgm. I ist, auch eine 10—45%ig. $(NH_4)_2SO_4$-Lösung. (**A. P. 2 902 335** vom 16/8. 1955, ausg. 1/9. 1959.) F. BÖHM. 8081

Farbwerke Hoechst Akt.-Ges., vormals Meister Lucius & Brüning, Frankfurt/M., **Herstellung von gefärbten Gebilden aus Polyestern,** bes. Polyäthylenglykolterephthalat. Dem zu verformenden Polyester arbeitet man ein Pigment-Präp. ein, das als Verteilungsmittel für das Pigment einen in niedrig sd. Lsgm. lösl. Polyester mit F. > 150° enthält, der sich bei der Verformungs-Temp. nicht zersetzt. — Zur Herst. des Pigment-Präp. löst man z. B. einen Mischpolyester, erhalten aus 70 (Teilen) Terephthalsäuredimethylester, 30 Isophthalsäuredimethylester u. Äthylenglykol in CH_2Cl_2, dispergiert in dieser Lsg. den aus 1 (Mol) Chloranil u. 2 3-Amino-N-äthylcarbazol erhaltenen Dioxazinfarbstoff u. verflüchtigt das Lösungsmittel. (**Belg. P. 568 135** vom 29/5. 1958, ausg. 12/8. 1960. D. Prior. 29/5. 1957.) F. BÖHM. 8081

E. I. du Pont de Nemours & Co., V.St.A. (Erfinder: John Malcolm Griffing und William Roscoe Remington), **Film- und faserbildende Polyester.** Bei der Herst. der Polyester verwendet man eine Metallsulfonat enthaltende Verb., so daß der Polyester 2—5 Mol-% an Sulfonatgruppen enthält; er zeigt größere Affinität zu bas. Farbstoffen. — 1,6 (Teile) K-2.5-Di-[carbomethoxy]-benzolsulfonat, 49 Dimethylterephthalat, 34,5 Äthylenglykol, 0,022 Mn-Acetat u. 0,015 Sb_2O_3 werden 3 Std. von 155—220° u. bei 1 mm bis 275° erhitzt. Nach 5 Std. ist ein *verspinnbares Polymeres* entstanden. (**F. P. 1 154 336** vom 29/6. 1956, ausg. 4/4. 1958. A. Prior. 30/6. 1955.) M. PANKOW. 8081

Vereinigte Glanzstoff-Fabriken Akt.-Ges., Wuppertal (Erfinder: Wolfgang Jurgeleit, Davenport, Iowa, V.St.A.), **Herstellung von Fäden aus hochmolekularen Polyolefinen.** Die in beliebiger Weise gesponnenen Fäden werden, ggf. nach einer Vorverstreckung, bei einer Temp. zwischen 4° unterhalb des Erweichungspunktes u. dem Erweichungspunkt, z. B. in einem Glycerinbad von 124°, verstreckt. Man kann so bis zu einem Gesamtverstreckungsverhältnis von 1 : 12 gelangen. Die erhaltenen Fäden besitzen hohen Glanz u. eine Festigkeit von z. B. 10 g/den. (**Schwz. P. 346 970** vom 12/8. 1958, ausg. 30/7. 1960. D. Prior. 24/9. 1957.) F. BÖHM. 8081

E. I. du Pont de Nemours & Co., V.St.A. (Erfinder: Edward T. Cline und David Tanner), **Nachbehandlung von geformten Polymeren** (synthet. Kondens.- oder Polymerisations-Prodd., Cellulose, Proteine, Polyisopren). Man bestrahlt sie mit Strahlen großer Energie, zweckmäßig in Abwesenheit von O_2 u. < 0°, lagert sie bei tiefen Temp. u. bringt sie mit polymerisierbaren Stoffen (Vinyl-, Acryl-Verbb., Butadien) in Berührung, wobei Pfropfpolymerisation erfolgt. — Stoffe aus Polyhexamethylenadipamid, Seide u. Wolle werden mit Trockeneis gekühlt, mittels eines VAN-DE-GRAAF-Elektronenbeschleunigers mit ca. 2 Millionen Röntgen/Std. bestrahlt, noch 60 Std. bei Trockeneis-Temp. gehalten, 48 Std. in eine Lsg. von 20 Teilen Na-Styrolsulfonat in 80 W. bei Raum-Temp. gehalten u. gewaschen. Die antistat. Eigg. der Stoffe sind stark verbessert. (**F. P. 1 169 204** vom 8/3. 1957, ausg. 24/12. 1958. **Belg. P. 555 531** vom 5/3. 1957, ausg. 12/2. 1960. Beide A. Prior. 8/3. 1956.) M. PANKOW. 8081

Siegfried Stockburger. Chemiefaserkunde — Ein Handbuch von Glanzstoff. Düsseldorf: Econ-Verlag. 1961. (264 S. m. zahlr. farbigen Abb. u. Zeichnungen) Leinen DM 18,—.
Das Buch behandelt in anschaulicher, allg. verständlicher u. trotzdem wissenschaftlicher Weise die Entw. u. Herst.-Bedingungen der Fasern auf Cellulose- u. Synthesebasis. Ein zahlreiches Bildmaterial unterstützt das Gesagte aufs beste. P. ECKERT

XIX. Brennstoffe. Erdöl. Mineralöle

Beziehung zwischen der Elementarzusammensetzung der Kohlen und der Zusammensetzung des bei der Bestimmung von flüchtigen Bestandteilen entstehenden Gases. Alicja Turowska. (Koks-Smoła-Gaz **5**. 151—56. Juli/Aug. 1960.) (Pol.)

33 Kohlesorten (1-g-Proben) mit einem C-Geh. von 86—72% (bezogen auf trockene u. aschefreie Substanz) wurden 8 Min. auf 850° erhitzt u. das entwickelte Gas chromatograph. analysiert. Mit steigendem Inkohlungsgrad steigt der Geh. an Äthan u. Äthylen im Gas sowie auch ihr abs. Volumen. Gleichzeitig geht die Bldg. von CO zurück. Die CO-Entw. nimmt mit steigendem Wasser-Geh. der Kohle zu. F. URBAN. 8126□

Chemisch-thermodynamische Gleichgewichte und freie Valenzindizierung in Anwendung auf ein Tieftemperaturpyrolysat bituminöser Kohle. Clarence Karr jun., (J. physic. Chem. **64**. 462—64. April 1960. Morgantown, W.Va., Bur. of Mines, Low Temp. Tar Labor., Branch of Bituminous Coal.) (Engl.)

Die Verteilung einer großen Anzahl von Isomeren in dem Tieftemp.-Pyrolysat bituminöser Kohle bzw. im Teer wurde mit der Verteilung nach dem chem. thermodynam. Gleichgewicht u. kinet. Gesichtspunkten, die durch die Indizierung der freien Valenzen bzw. aus den Werten, die für den angenommenen Mechanismus der freien Radikale bei der Isomerisation erhalten worden sind, verglichen. Es konnte gezeigt werden, daß die Isomeren-Zus. von Teer, welcher durch Pyrolyse bei 500° hergestellt wird, aus der Struktur der Kohle in Verbindung mit den Ergebnissen der thermodynam. u. kinet. Verteilungen bestimmt werden kann. K. OHLS. 8140□

Anthrazite und magere Kohlen für die Verkokung. W. L. Lewin. (Уголь Украины [Kohle d. Ukraine] **4.** Nr. 9. 20—22. Sept. 1960.) (Russ.)

Bei bestimmter Vorbereitung der Beschickung des Hochofens vor der Verkokung kann man einen Koks gewünschter Qualität erhalten, wobei Gaskohle bis zu 45% u. Anthrazite bis zu 15% der Beschickung ausmachen können. Dabei muß eine Selektivzerkleinerung der Kohlen vorgenommen werden, Inertteilchen ohne Sinter-Eigg. müssen einer stärkeren Zerkleinerung unterzogen werden als gut sinternde Bestandteile, da sie sonst beim Schmelzprozeß als Fremdkörper in Erscheinung treten. Übermäßiges Zerkleinern der backenden Komponenten wirkt sich ebenfalls negativ auf die Koksqualität aus. Labor.- u. techn. Unterss. mit 4 verschiedenen Chargen aus Gas- u. Magerkohle ergaben, daß bei selektiver Zerkleinerung, bei äußerst feiner Zerkleinerung u. sorgfältigem Durchmischen ohne Beigabe von Fettkohlen ein Koks befriedigender Qualität erhalten wird. W. HANTZSCH. 8142□

Beziehungen zwischen den Eigenschaften von Kohlen und denen der daraus hergestellten Kokse. N. C. Sinha, B. K. Sinha, A. K. Roy Chowdhury, J. N. Sanyal, N. N. Das Gupta und A. Lahiri. (Coke and Gas **1960.** 382—88. Sept. Central Fuel Res. Inst. Bihar, Ind.) (Engl.)

Der sich aus der Elementar-Zus., dem Heizwert u. dem Ballastanteil von Kohlen ergebende Verkokungsindex zeigt deutliche Beziehungen zur Benetzungswärme u. dem Geh. an flüchtigen Bestandteilen der Kohlen. Da zwischen der Benetzungswärme u. dem Geh. an flüchtigen Bestandteilen von Kohlen u. den wichtigen Festigkeits-Eigg. der Kokse ebenfalls enge Zusammenhänge bestehen, konnten solche auch zwischen dem Verkokungsindex der Kohlen u. den Festigkeits-Eigg. der Kokse erwartet werden. Im Gegensatz zu Unters.-Ergebnissen an schott. Kohlen konnten mit ind. Kohlen nur die erwarteten Beziehungen bestätigt werden, jedoch keine zwischen den plast. u. Bläh-Eigg. der Kohlen u. den Kokseigenschaften. Dies dürfte an dem höheren Geh. der ind. Kohlen an mineral. Bestandteilen liegen u. an der abweichenden petrograph. Zus. dieser Kohlen. F. SCHUSTER. 8144□

Untersuchung der Adsorptionsfähigkeit verschiedener Kokssorten unter Verwendung radioaktiver Indicatoren. N. P. Melnikowa, P. G. Igonin und I. A. Schachsadowa. (Химия и Технология Топлив и Масел [Chem. Technol. Brennstoffe Öle] **4.** Nr. 1. 28—31. Jan. 1959. Grosny, Erdöl-Forschungsinst.) (Russ.)

Die Adsorptionsfähigkeit wurde mit Hilfe einer ^{60}Co in Konzz. von 0,001—0,010 g/ml enthaltenden Lsg. untersucht. Es zeigte sich, daß nichtbehandelter oder bis auf 1300° geglühter Koks dem bei 2200° graphitisierten erheblich nachsteht. Verss., in welchen der Koks einem hohen Hg-Druck ausgesetzt wurde, bestätigten obige Ergebnisse. Vff. betrachten als Grund dieser Erscheinung eine Veränderung der porösen Koksstruktur (Bldg. kleiner Poren) sowie den Übergang des C vom amorphen in den krist. Zustand. GERHARD SCHREIBER. 8144

Untersuchung des Crackens von Kohlenwasserstoffen, die in den Gewölberaum der Kokskammer eingespritzt werden. Julian Nadziakiewicz, Halina Gwiner, Janusz Bereś und Lech Nowakowski. (Przemysł chem. **39.** 105—10. Febr. 1960. Blachownia, Inst. Ciężkiej Synt. Organ.; Zabrze, Inst. Chem. Przeróbki Węgla.) (Pol.)

Beim Einspritzen von Leichtnaphtha, Bunkeröl oder Steinkohlenteeröl in den Gewölberaum von Kokskammern wird der Äthylen-Geh. des Kokereigases von 3 auf 6—7% erhöht. Leichtnaphtha ist zur Anreicherung des Gases mit C_2H_4 am besten geeignet, da es aus 100 kg 22,5 kg C_2H_4 liefert. Die optimale Temp. in der Kammer ist für Leichtnaphtha 800, für Bunkeröl 750 u. für Teeröl 725°. Die C_2H_4-Bldg. geht mit der Temp. u. mit der Menge des eingespritzten KW-Stoffs zurück. Von Nachteil für das Verf. ist die starke Ruß-Bldg. in der Kammer. F. URBAN. 8156□

Die derivatographische Untersuchung von Gasreinigungsmassen. M. Weltner. (Gas J. **302 (112).** 273—76. 9/11. 317—25. 16/11. 1960. Veszprém, Ungarn.) (Engl.)

Es ist bekannt, daß für die Absorptions-Wrkg. von Gasreinigungsmassen nicht allein der Eisenhydroxyd-Geh., sondern auch die Struktur der Massen maßgebend ist. Zur Erfassung des Gesamt-Verh. hat man in Ungarn die sogenannte *derivatograph. Meth.* entwickelt, bei der der Gewichtsverlust der Massen bei der Erhitzung automat. aufgenommen wird. Außerdem werden mit Hilfe einer Thermowaage die differentialen Rk.-Wärmen bei den verschiedenen Erhitzungs-Temp. erfaßt. Aus beiden Kurven läßt sich ein Kombinationsverlauf berechnen, der für das Absorptions-Verh. der verschiedenen Massen kennzeichnend ist. Die Meth. wurde auf 6 verschiedene Massen angewandt: Lux-Masse, Zeleznik-Raseneisenerz, künstlich hergestelltes Vers.-Material aus Rückständen der Al-Fabrikation nach BAYER, dän. Raseneisenerz, Reinigungsmassen aus der Kokerei von Pécs, synthet. Reinigungsmasse der Budapester Gaswerke. Der Kurvenverlauf läßt sich mit den chem. Veränderungen im Laufe der Erhitzung in Einklang bringen u. gibt eine gute Bewertungsmöglichkeit für die Brauchbarkeit u. H_2S-Aufnahmefähigkeit von Gasreinigungsmassen. F. SCHUSTER. 8164□

Gewinnung von Anthracen mit Hilfe selektiver Extraktion bei niedrigen Temperaturen. Józef Kula, Werner Kuszka und Henryk Śmigielski. (Koks-Smoła-Gaz **5.** 156—65. Juli/Aug. 1960.) (Pol.)

Rohanthracen wird durch Extraktion bei 40° mit einem Gemisch von Solventnaphtha u. hochsd. Pyridinbasen 1:1 auf einen Geh. von 80—85% gebracht. Die Menge des angewandten Lsgm. richtet sich nach der Zus., d. h. nach dem Geh. des Rohprod. an Carbazol u. Phenanthren. Solventnaphtha kann auch durch Bzl., Toluol, Xylol oder A. ersetzt werden, doch müssen mindestens 50% des Lsgm. Pyridinbasen sein. Die techn. Produktion nach der beschriebenen Meth. läuft mit einer Ausbeute von 92%.
F. URBAN. 8166□

Adsorption der Phenole von Ammoniakwässern mit Kohleschlämmen. J. Hřebačka. (Paliva **38.** 47—51. Febr. 1958. Ostrava-Kuncicky, ÚVVP.) (Tschech.)

Um aus NH_3-Wasser von Kokereien die Phenole zu entfernen, werden diese an Kohleschlamm gebunden, wobei sie an Stelle von Flotationsöl (I) verwendet werden u. eine Ersparnis an I ermöglichen. Der optimale pH-Bereich ist 7,5—8,5.
R. K. MÜLLER. 8174□

Der Schwefel im Teer. Bibliographische Untersuchung. José M.ª Gavilán Rodríguez. (Combustibles [Zaragoza] **18.** 205—21. Nov./Dez. 1958. Zaragoza, Inst. Nac. del Combustible.) (Span.)

Übersicht: Aus Teer isolierte S-Verbb.; Trennungs- u. Nachw.-Meth. u. ihre Anwendung auf Destillate u. Rohöle. — 30 Literaturhinweise. R. K. MÜLLER. 8176□

Über in Teeren vorkommende Verbindungen. Jan Jurkiewicz und Stefan Rosiński. (Koks-Smoła-Gaz **5.** 205—08. Nov./Dez. 1960.) (Pol.)

Allg. Übersicht über hydroaromat., gemischt hydroaromat.-aromat. u. rein aromat. Verbb. im Teer. Die Beziehung zwischen dem Aromatisierungsgrad des Kohlenteers u. dem Brechungsindex wird als Diagramm angegeben. F. URBAN. 8176□

Probleme der gefahrlosen Entbenzinisierung von mit Luft verunreinigtem Erdgas. Czesław Jaracz. (Wiadomości Naftowe **6.** 229—30. Okt. 1960.) (Pol.)

Erdgas älterer Erdöl-Vork. enthält meist größere Mengen Luft. Es werden Beispiele für die Berechnung der Explosionsgrenzen der CH_4-Luft-Gemische angegeben.
F. URBAN. 8186□

Über den Metallgehalt in Rohöldestillaten. Zygmunt Łahociński. (Wiadomości Naftowe **6.** 227—29. Okt. 1960.) (Pol.)

Unter den im Erdöl vorhandenen Metallen Ni, Cu, V u. Fe sind Ni u. Cu Katalysatorgifte bei Crackprozessen. Das Auftreten der Metall-Verbb. in den Fraktionen ist nicht durch ihre Flüchtigkeit bei der Best., sondern durch Mitreißen bedingt.
F. URBAN. 8192□

Katalytisches Reforming-Verfahren. József Károlyi und Richard Birthler. (Magyar Kémikusok Lapja [Z. Ver. ung. Chemiker] **16.** 12—16. Jan. 53—58. Febr. 1961. Budapest, Hochdruck Versuchsinst.; Böhlen, „Otto-Grotewohl"-Kombinat.) (Ung.)

Übersicht über die Verff. zur Herst. von Motortreibstoffen hoher Octanzahl bzw. aromat. KW-Stoffen. J. PLANK. 8200

Eine Vorrichtung für die kontinuierliche Bestimmung des Gehaltes an Salzen im entsalzten Erdöl. W. R. Anders, B. A. Nessterow, G. A. Pikelner, Je. M. Warfolomejewa und R. M. Karponossowa. (Химия и Технология Топлив и Масел [Chem. Technol. Brennstoffe Öle] **4.** Nr. 3. 21—22. März 1959.) (Russ.)

Zur Best. des Salz-Geh. wird eine Erdölprobe mit der 10fachen Menge W. bei 90—95° vermischt u. so von Salzen befreit. Nach Entmischung der Emulsion wird der wss. Auszug nach Entfernung der Beimengungen durch eine Leitfähigkeitszelle geleitet. Diese ist zur Temp.-Kompensation mit einem Thermistor ausgestattet. Aus der Leitfähigkeit, die über eine Brückenschaltung bestimmt wird, kann der Salz-Geh. bestimmt werden (bis zu 500 mg/Liter). Da die Genauigkeit der Meth. von der genauen Dosierung der Erdöl- u. Wassermengen abhängt, werden Dosierungspumpen angewandt.
H. VOGEL. 8252□

Gravimetrische Bestimmung von Celluloseacetat in Zweistofftreibmitteln. Aaron N. Fletcher, Raymond H. Pierson u. E. St. Clair Gantz. (Analytic. Chem. **31.** 1224—26. Juli 1959. China Lake, Calif., U.S. Ordn. Test. Stat., Gen. Res. Branch.) (Engl.)

Eine einfache gravimetr. Meth. zur Best. von Celluloseacetat (I) mit einem bekannten Acetylierungsgrad in *Zweistofftreibmitteln* basiert auf der alkal. Hydrolyse, wodurch I in Cellulose übergeführt wird u. Cellulosenitrat in lösl. Stoffe. Dies sind zwei genaue

Meth., um Verunreinigungen in Zweistofftreibmitteln zu bestimmen. Die Berechnung des 5%-Spiegels des I ergibt einen relativen Fehler von 1% bei den ersten u. anschließenden Bestimmungen. F. Rosendahl. 8254□

Über Messung der Haft- bzw. Zerreißfestigkeit dünner Ölfilme bei großer Abreißgeschwindigkeit. Heinz Hofmann. (Freiberger Forschungsh., Reihe A, Heft **164.** Symposium Schmierstoffe und Schmierung 16/19. Juni 1959. 51—56. Karl-Marx-Stadt, Hochschule für Maschinenbau.) (Dt.)

Mit einem Pendelschlagwerk (Vorlast 250 kp, Abreiß-Geschw. 10 m/s) wird die Zerreißfestigkeit von Filmen aus Mineralöl (92,3 cSt bei 50°), *Esteröl* (3,7 cSt bei 50°) u. Turbinenöl (30 cSt bei 50°) zwischen den Paarungen Stahl/Stahl u. Stahl/Guß untersucht. Die Abreißkraft ist um so größer, je geringer die Ölviscosität ist. Vgl. der Ergebnisse mit stick-slip-Versuchen. O. Henning. 8258□

Eichöle für Schmierstoffprüfmaschinen. Hugo Eckardt, Gerhard Keil und Heinrich Reith. (Freiberger Forschungsh., Reihe A, Heft **164.** Symposium Schmierstoffe und Schmierung 16.—19. Juni 1959. 114—19. Dresden, TH, Inst. für Brenn-, Kraft- u. Schmierstoffe.) (Dt.)

Als Eich-Fll. für Schmieröl-Prüfmaschinen (Federreibungswaage nach Tränkner) wurden Diisoamyladipat, Di-2-äthylhexylsebacat, Dimethylcyclohexyladipat (I) u. Di-n-octylphthalat, als Eichöle mit EP-Eigg. wurde I mit 0,1 u. 0,5% sublimiertem S im Vierkugel-App. untersucht. Eine Meth. zur Darst. der Eichöle wird beschrieben. Tabellen mit Stock- u. Flammpunkten.

Versuche: *Dimethylcyclohexyladipat,* aus Adipinsäure u. Methylcyclohexanol (Isomerengemisch, $D._4^{20}$ 0,9277, n_D^{20} 1,4626) in Bzl. bei 120° mit wenig p-Toluolsulfonsäure, $D._4^{20}$ 1,0057, n_D^{20} 1,4372, 3,7 cSt bei 50°. — *Dimethylcyclohexyladipat,* Darst. analog vorst. Verb., $D._4^{20}$ 1,0057, n_D^{20} 1,4690; mit 0,1% S: $D._4^{20}$ 1,0066, n_D^{20} 1,4693; mit 0,5% S: $D._4^{20}$ 1,0085, n_D^{20} 1,4700. O. Henning. 8258□

Untersuchungen über die Schaumneigung von Schmierölen. Gerhard Keil, Hugo Eckardt und Gottfried Willert. (Freiberger Forschungsh., Reihe A, Heft **164.** Symposium Schmierstoffe und Schmierung 16/19. Juni 1959. 120—36. Dresden, TH, Inst. für Brenn-, Kraft- u. Schmierstoffe.) (Dt.)

Beschreibung einer Schaummeß-App. zur Best. der stationären dynam. Schaumhöhe unter Verw. von N_2 als schaumerzeugendes Gas. Untersucht wurden Motorenöl ($D._4^{20}$ 0,8760, n_D^{20} 1,4913), Turbinenöl ($D._4^{20}$ 0,9056, n_D^{20} 1,4990), Maschinenöldestillat ($D._4^{20}$ 0,9172, n_D^{20} 1,5086) u. Maschinenölraffinat ($D._4^{20}$ 0,8894, n_D^{20} 1,4889) ohne u. mit Zusatz von 0,1—1,3% Ölsäure bzw. $2,5 \cdot 10^{-6}$ bis $1 \cdot 10^{-1}$% Siliconöl „Antaphon“. Bei 10^{-4}% Siliconölzusatz wird jegliches Schäumen unterbunden. Die Schaumneigung ist der Oberflächenspannung umgekehrt, der Viscosität direkt proportional.
O. Henning. 8258□

Chromatographische Schnellanalyse von Schmierölen. Hugo Eckardt und Egon Rehbein. (Freiberger Forschungsh., Reihe A, Heft **164.** Symposium Schmierstoffe und Schmierung 16.—19. Juni 1959. 138—45. Dresden, TH, Inst. für Brenn-, Kraft- u. Schmierstoffe.) (Dt.)

Zur Aufklärung der stoffgruppenmäßigen Zus. wurden Spindelöle, Maschinenöldestillate u. -raffinate, Motorenöle auf Mineralölbasis u. Äthylenbasis sowie legierte Motorenöle an Silicagel (Supergel der Farbenfabrik Wolfen) adsorbiert u. nacheinander mit n-Heptan, CCl_4, Bzl. u. Aceton eluiert. Die Ergebnisse werden in Form von Austrittsdiagrammen wiedergegeben. O. Henning. 8258□

Die motorische Prüfung von Schmierölen. Horst Saxe, Hugo Eckardt und Theodor Leers. (Freiberger Forschungsh., Reihe A, Heft **164.** Symposium Schmierstoffe und Schmierung 16/19. Juni 1959. 180—91. Dresden, TH, Inst. für Brenn-, Kraft- u. Schmierstoffe.) (Dt.)

Überblick über ausländ. Prüfmethoden. Entw. eines neuen Verf. (Einzylinder-Dieselmotor) zur Vorprüfung von HD-Ölen u. Prüfergebnisse von 5 Handelsölen.
O. Henning. 8358□

Über legierte Syntheseöle. Rolf Rey. (Freiberger Forschungsh., Reihe A, Heft **164.** Symposium Schmierstoffe und Schmierung 16/19. Juni 1959. 226—37. Weißenfels.) (Dt.)

Entw. von Hochdruckzusätzen aus Xanthogenaten u. chlorierten KW-Stoffen u. von Motorölen auf Polyäthylenbasis für schwere Dieselmotoren. Vgl. folgender Prüf-Meth.: Vierkugel-App., Almen-Wieland-Maschine, Baader-Gerät u. Eisenstecken-Gerät. 5 Vers.-Öle werden in einem Vierzylinder-Dieselmotor, Type Granit 32, u. in einem EKM-Einzylinder-10 PS-Dieselmotor untersucht. O. Henning. 8258□

Die Abtrennung von Asphaltenen aus Erdölrückständen natürlicher und destruktiver Herkunft. M. Je. Lewinter und M. I. Medwedewa. (Известия Высших Учебных Заведений, Нефть и Газ [Hochschulnachr., Erdöl Gas] **3.** Nr. 11. 61–66. 1960. Ufimsker Erdöl-Inst.) (Russ.)

Die Koagulation der Asphaltene (I) wird begleitet von einem mechan. „Mitreißen" von Ölen u. Teeren. Dadurch ist der Ertrag an I im Falle ihrer Ausscheidung durch einmaliges Niederschlagen oder Extraktion doppelt so hoch. Die 4stufige Reinigung durch Koagulation u. Extraktion sichert das Ausbringen wirklich „reiner" I. Die Menge der durch einmalige Koagulation oder Extraktion erhaltenen I hängt ab von der Qualität u. dem Überschuß des selektiven Fällungs- oder Lösungsmittels, von der Natur u. der Konz. der I, der Zeitdauer, der Temp. u. der Meth. der Abtrennung. Die einmalige Koagulation der I durch techn. Isooctan sichert das Ausbringen von reineren I als die einmalige Extraktion. Die Konvergenz der Best. ist größer im Falle der Abtrennung der I durch einmalige Extraktion. Für Labor.-Kontrollen ist es zweckmäßiger, die Kurz-Meth. der I-Best. durch einmalige Extraktion anzuwenden. Hierzu werden 1,2 g Einwaage mit 40fachem Überschuß von Isooctan von 20° versetzt, nach 24 Std. auf ein gewogenes Filter gebracht u. bei 105° im Vakuum, danach an der Luft getrocknet.
W. HANTZSCH. 8262□

Über Aufgaben und Ausrüstung eines Feldlabors im bituminösen Straßenbau. Fritz Schulz. (Straßen- u. Tiefbau **1961.** 34–42. Jan.) (Dt.)

Aufgabe eines solchen Labor. ist es, in möglichst kurzer Zeit mit wenigen u. einfachen Unterss. festzustellen, ob die erforderlichen Material-Eigg. der Ausgangsstoffe u. der Fertig-Prodd. erfüllt werden. Die Unterss. sollen sich auf folgende Materialarten erstrecken: Bindemittel (Viscositäts-Best.); Minerale (Siebanalyse); bituminöses Mischgut vor dem Einbau (Best. des Geh. an Bindemittel); Proben aus der fertigen Decke (Probeentnahme von Bohrkernen u. Dichte-Bestimmungen). N. PETERS. 8266□

Texaco, Inc., übert. von: Alfred R. Vander Ploeg, Carroll L. Crawley und Wiley P. Ballard, Port Arthur, Tex., V.St.A., **Fließbettverkoken von Kohlenwasserstoffölen.** Bei 900–1000° F wird das Öl in das Koksbett eingeleitet, gleichzeitig wird noch Dampf eingeblasen. Der aus der Verkokungszone abgezogene Koks wird durch teilweises Abbrennen wiedererhitzt. Die erhitzten Koksteilchen werden wieder in die Verkokungszone eingeführt. Um die Klumpen-Bldg. in der Rk.-Zone zu vermeiden. wird die Temp. in der Zone an zwei verschiedenen Stellen gemessen. Diese soll um 10° F differieren u. 900–1000° F betragen. – Zeichnung. (**A. P. 2 920 032** vom 1/12. 1954, ausg. 5/1. 1960.) E. KAHLES. 8145

Power-Gas Corp. Ltd., Stockton-on-Tees, England (Erfinder: Edward Coates), **Herstellung von Brenngasen aus Kohlenwasserstoffölen.** Dampf wird durch eine Überhitzungszone geleitet u. dort überhitzt. Ein anderer Teil des Dampfes wird mit dem überhitzten Dampf in Wärmeaustausch gebracht u. hierauf zum Einsprühen des KW-Stofföls in die Verdampfungszone verwendet. – Vorr., Zeichnungen. (**E. P. 844 775** vom 18/4. 1957, ausg. 17/8. 1960.) E. KAHLES. 8163

Edward Bradford Moxted, Clifton, Bristol, England, **Katalysator** zur Entfernung organ. S-Verbb. aus Stadtgas oder anderen Brenngasen, bestehend aus einem Phosphorthiomolybdat oder -wolframat von Cu, Ni, Co, Fe, Zn, Pb oder Sn. (**E. P. 806 411** vom 7/11. 1955, ausg. 23/12. 1958.) A. HEINSEN. 8173

Gulf Oil Corp., Pittsburgh, Pa., übert. von: Julius C. Gebhart und Orlin J. Gibbs, Port Arthur, Tex., V.St.A., **Verhinderung der Emulsionsbildung durch Ansäuern des Waschwassers.** Man behandelt ein bei der Lagerung instabiles *Destillatheizöl* mit H_2SO_4 genügender Stärke u. in einer Menge, die ausreicht, um das Öl lagerfähig zu machen, trennt den Säureschlamm von dem behandelten Öl ab u. neutralisiert es mit überschüssigem, wss. Alkali. Man trennt die wss. Alkaliphase von dem neutralisierten Öl ab u. mischt letzteres innig mit Waschwasser, das mit einer starken Mineralsäure angesäuert ist, so daß sein Säureäquivalent 0,0075–0,075% H_2SO_4 entspricht. W.:Öl-Verhältnis während des Mischens ca. 0,25:1 bis 2:1. Man trennt ein Öl mit erhöhter Lagerstabilität vom Waschwasser ab. – Zeichnung. (**A. P. 2 940 925** vom 23/7. 1956, ausg. 14/6. 1960.) P. UNGER. 8191

Union Oil Co. of California, Los Angeles, übert. von: Raymond N. Fleck, Whittier, und Carlyle G. Wight, Fullerton, Calif., V.St.A., **Fraktionierung mit zeolithischen Molekülsieben.** Zur Behandlung zweier fl. KW-Stoffmischungen, deren jede geradkettige u. nichtgeradkettige Bestandteile enthält, u. zur Abtrennung der geradkettigen, leitet man (1) die erste der beiden Mischungen über ein festes körniges Adsorptionsmittel (I), bestehend aus einem teilweise dehydrierten zeolith. Metall–Al-

Silicat mit einheitlichen innerkristallinen Poren von 5 Å Durchmesser, auf dessen Oberfläche geradkettige Bestandteile der 2. Mischung adsorbiert sind, die dabei desorbiert werden, während die geradkettigen Bestandteile der 1. Mischung adsorbiert werden. Es bildet sich ein 1. Abfluß, bestehend aus den nichtgeradkettigen Bestandteilen der 1. Mischung u. den desorbierten geradkettigen Bestandteilen der 2. Mischung. Man trennt (2) den 1. Abfluß von dem Adsorbens. Dann leitet man (3) die 2. Mischung über das Adsorbens, wobei die adsorbierten geradkettigen Bestandteile der 1. Mischung desorbiert u. die geradkettigen Bestandteile der 2. Mischung adsorbiert werden. Man erhält einen 2. Abfluß, bestehend aus den nichtgeradkettigen Bestandteilen der 2. Mischung u. den desorbierten geradkettigen Bestandteilen der 1. Mischung. Man trennt (4) den 2. Abfluß von dem Adsorbens ab. Während der Verf.-Stufen 1 u. 3 kontrolliert man die relativen Durchflußmengen der 1. u. 2. Mischungen, so daß in jeder Stufe etwa gleiche Mengen geradkettiger Bestandteile adsorbiert werden. Schließlich behandelt man (5) den 1. u. 2. Abfluß getrennt, um daraus die geradkettigen Bestandteile abzuscheiden. — Zeichnung. (**A. P. 2 935 467** vom 27/7. 1956, ausg. 3/5. 1960.) P. UNGER. 8193

Esso Research and Engineering Co., übert. von: John W. Herrmann, Elizabeth, und Frank T. Barr, Summit, N.J., V.St.A., **Hydrieren von Rohöl.** Das Rohöl wird in zwei Stufen dest., wobei die Anteile bis zum Kp. 650° F bei normalem Druck u. die Anteile vom Kp. 650—1100° F im Vakuum dest. werden u. als Boden-Prod. ein Rückstand vom Kp. $>$1100° F zurückbleibt. Das schwere Boden-Prod. wird zusammen mit H_2-Gas, 750—3000 cu.ft. H_2 je barrel Boden-Prod., von unten in ein Hydrierkatalysatorbett aus Co-Molybdat bei 700—1000° F, 50—200 lbs./sq.in. eingeführt. Der verbrauchte Katalysator wird aus dem Wirbelbett abgezogen u. in der Regenerierzone durch Abbrennen der C-haltigen Verunreinigungen regeneriert u. zur Hydrierzone zurückgeleitet. — Zeichnung. (**A. P. 2 924 570** vom 20/7. 1956, ausg. 9/2. 1960.) E. KAHLE. 8193

Stanton D. Barclay, Newton, Mass., V.St.A., **Reinigen von Kohlenwasserstoffölen.** Das säure- u. aschehaltige Öl wird vom Schlamm befreit. Dann wird es mit 0,85 Vol.-% Monoisopropanolamin bei normalem Druck extrahiert. — Zeichnung. (**A. P. 2 951 031** vom 7/5. 1958, ausg. 30/8. 1960.) E. KAHLES. 8195

Texaco Development Corp., V.St.A., **Raffination von Kohlenwasserstoffölen** mit Furfurol (I) oder ähnlichen Lsgm. zwecks Abtrennung der aromat. KW-Stoffe durch Extraktion. Dabei werden 2 Schichten gebildet, die Lsgm.- u. die KW-Stoffschicht. Erstere enthält die aromat. KW-Stoffe, die durch Fraktionieren abgetrennt werden. Beim Fraktionieren geht zunächst ein azeotropes Gemisch von I, W. u. KW-Stoffen über, u. daneben gewinnt man ein I-freies Destillat. Das Gemisch wird in einer zweiten Fraktionierung wiederum getrennt in ein azeotropes Gemisch von I, W. u. KW-Stoffen u. daneben eine I-freie Fraktion. Aus den gesammelten Gemischen erhält man in einer Sedimentationszone 3 fl. Phasen: die obere ist reich an Öl, die mittlere reich an W. u. die untere wasserhaltiges I. Die Temp. der Sedimentierungsgemische beträgt 25—50°. Die I-reiche Phase wird in die 1. u. 2. Fraktionierzone zurückgeleitet, gleichzeitig mit dem W., welches für die azeotrope Dest. benötigt wird. — Anlageschemata. (**F. PP. 1 145 194** vom 15/11. 1955, ausg. 23/10. 1957 u. **1 149 190** vom 16/2. 1956, ausg. 20/12. 1957.) M. F. MÜLLER. 8195

N. V. de Bataafsche Petroleum Mij., Den Haag, Holland, **Entfernen von Mercaptanen aus zwischen 70 und 300° siedenden Erdölfraktionen (I)** durch Überführen in Disulfide mit Hilfe von wss. Alkalihydroxyd (II) bei 20—60° in Ggw. von O_2 oder O_2-haltigen Gasen, dad. gek., daß das Verf. ohne Zusatz von Oxydationskatalysatoren u. von Stoffen, die eine innige Berührung von I u. II bewirken, durchgeführt wird u. daß die innige Vermischung von I u. II durch einen Zentrifugalmischer herbeigeführt wird, der mit einer an der Peripherie gemessenen Geschw. von $\geqq$5 m/s rotiert. (**Aust. P. 161 551** vom 2/2. 1953, ausg. 17/3. 1955.) C. LÜTTGEN. 8195

Esso Research and Engineering Co., Del., übert. von: Herman Bieber, Linden, und Harry M. Hartzband, Westfield, N.J., V.St.A., **Entfernung von Porphyrinmetallverunreinigungen mittels Ozon aus einer Erdölfraktion (I)** (Kp. $>$ 950° F.) Man löst die I in einem Lsgm. (Hexan, Eisessig), so daß sich eine einzige fl. Phase bildet. Diese fl. Phase behandelt man mit ca. 0,1—1,5 Gew.-% Ozon, berechnet auf das Gewicht der I. Anschließend trennt man die I u. das Lsgm. u. wäscht die I mit Wasser. Man erhält so ein Öl mit vermindertem Geh. an metall. Verunreinigungen. — Zeichnung. (**A. P. 2 934 497** vom 2/12. 1957, ausg. 26/4. 1960.) P. UNGER. 8195

VEB Leuna-Werke „Walter Ulbricht" (Erfinder: Wilhelm Höfling und Alfred Linke), Leuna, Kr. Merseburg, **Vollständige Beseitigung der Fluorescenz von Mineralölen.** Die mit H_2SO_4 oder Oleum weitestgehend vorgereinigten Öle werden mit Luft oder einem inerten Gas ausgeblasen, die sich abscheidenden Verunreinigungen werden isoliert u. das so erhaltene Öl wird in an sich bekannter Weise, z. B mit Bleicherde, nachbehandelt. (**D. A. S. 1 086 376** Kl. 23b vom 17/2. 1959, ausg. 4/8. 1960.) P. UNGER. 8195

Gulf Oil Corp., Pittsburgh, übert. von: Harold Davis, Drexel Hill, Pa., V.St.A., **Entwässerung von Kohlenwasserstoffölen.** Man erhitzt den zu entwässernden KW-Stoff u. leitet die heiße Fl. mit großer Geschw. durch ein Gas von niedrigerer Temperatur. Dabei wird Gas von dem Fl.-Strom mitgerissen. Man läßt den Strom zur Ruhe kommen u. trennt das mitgerissene Gas von der Flüssigkeit. — Zeichnung. (**A. P. 2 930 749** vom 3/6. 1954, ausg. 29/3. 1960.) P. UNGER. 8195

British Petroleum Co. Ltd., England, **Trennung von Kohlenwasserstoffgemischen** in Kolonnen, bei denen Dampf u. Fl. sich im Gegenstrom in möglichst großer Oberfläche berühren. Die Temp. nimmt von oben nach unten zu. — Zeichnung. (**F. P. 1 193 021** vom 30/1. 1958, ausg. 29/10. 1959.) S. BÖTTCHER. 8195

Edeleanu G. m. b. H. (Erfinder: Hermann Franz und Max Kunert), Frankfurt/M., **Waschen von Addukten aus Harnstoff und geradkettigen Paraffinen bei der Entparaffinierung von Kohlenwasserstoffölen,** dad. gek., daß das Addukt zunächst mit dem Öllöser gewaschen u. danach der Öllöser aus dem Addukt mit Harnstoff-Lsg. verdrängt wird. (**D. A. S. 1 094 390** Kl. 23b vom 30/1. 1960, ausg. 8/12. 1960.) E. KAHLES. 8195

Phillips Petroleum Co., übert. von: Harold J. Hepp und Lewis E. Drehman, Bartlesville, Okla, V.St.A., **Katalytisches Cracken von Gasöl zur Herstellung von Leichtbenzin.** Das Gasöl wird im Gemisch mit HCl bei Cracktemp. über einen Crack-Katalysator aus Ton geleitet. — Zeichnung. (**A. P. 2 926 131** vom 16/1. 1956, ausg. 23/2. 1960.) E. KAHLES. 8201

California Research Corp., San Francisco, übert. von: John W. Scott jun., Berkeley, und Frank M. Hazard jun., Concord, Calif., V.St.A., **Herstellung von Leichtbenzin aus Rohöl,** welches S u. organ. Metallverbb. enthält. Das Rohöl wird in eine Gas-, Leichtbenzin-, leichte Gasöl- u. eine schwere Gasölfraktion, die weniger als 4 ppm Metallteile enthält, zerlegt. Es wird noch eine Rückstandsfraktion mit mehr als 5 ppm Metallteilen erhalten. Die schwere Gasölfraktion wird katalyt. gecrackt. Der Rückstand wird im Vakuum dest. u. eine schwere Bodenfraktion u. eine im Gasölbereich sd. Überkopffraktion erhalten. Diese Überkopffraktion wird in Ggw. eines S-beständigen Katalysators bei 800—900° F, 300—1500 lbs./sq.in., einer Raumströmungs-Geschw. von 0,8—5 Vol./Vol./Std. mit H_2 gecrackt. Die Hydrocrack-Prodd. werden durch Fraktionierung in Leichtbenzin u. eine höher sd. Fraktion zerlegt. Die letztere wird zu Leichtbenzin gecrackt. — Zeichnungen. (**A. P. 2 932 611** vom 8/6. 1954, ausg. 12/4. 1960.) E. KAHLES. 8201

Shell Development Co., New York, N.Y., übert. von: Russell N. Shiras, Oakland, Calif., V.St.A., **Herstellung von Aromaten aus Schwerbenzin.** Das Schwerbenzin wird in eine leichte, hauptsächlich leichte, gesätt. KW-Stoffe enthaltende Fraktion u. in eine schwere, hauptsächlich schwere gesätt. KW-Stoffe enthaltende Fraktion zerlegt. Die schwere Fraktion wird aromatisiert u. dann im Gegenstrom extrahiert. Die aromatenreiche Extraktphase u. die an gesätt. KW-Stoffen reiche Raffinatphase werden dabei gebildet. Am anderen Ende der Extraktionszone wird ein Gegenlsgm., welches leichtes Schwerbenzin aufweist, eingeführt. Die Extraktphase wird gekühlt u. zur Desorptionszone geleitet. Die Desorptionszone wird auch mit leichtem Schwerbenzin versetzt u. dabei ein von Aromaten freies Lsgm. erhalten, während daneben noch eine schwere Aromaten u. leichtes Schwerbenzin enthaltende Raffinatphase isoliert wird. Die leichte Schwerbenzinfraktion wird reformiert u. das Reformat extrahiert u. die Extraktphase fraktioniert. — Zeichnung. (**A. P. 2 921 015** vom 29/7. 1957, ausg. 12/1. 1960.) E. KAHLES. 8201

Standard Oil Co., Cleveland, übert. von: Harold A. Strecker und James L. Callahan, Bedford, Ohio, V.St.A., **Chromoxyd-Tonerde-Katalysator.** Man fällt ein Hydrogel bei pH 10 (z. B. aus Cr-Acetat u. Na-Aluminat-Lsg.), bildet daraus einen Filterkuchen mit 8—12% Feststoff-Geh., fügt 0,3—2% Eisessig zu u. erhält so einen pumpfähigen Schlamm mit 8—15% Feststoff-Geh., den man sprühtrocknet. Die sprühgetrockneten Teilchen haben einen Durchmesser von $\geqq 30\ \mu$. Ohne Verw. von Eisessig erzeugte Teilchen sind kleiner. — *Wirbelschichtkatalysator zum Reformieren.* (**A. P. 2 819 229** vom 23/12. 1953, ausg. 7/1. 1958.) H. KOBS. 8201

Phillips Petroleum Co., übert. von: Forrest E. Gilmore, Bartlesville, Okla., V.St.A., **Reformieren von Kohlenwasserstoffen.** Die Reformierung erfolgt in Ggw. von H_2 u. eines Reformierungskatalysators u. des Aktivators HCl, wobei die

KW-Stoffe N enthalten, welcher in NH_4Cl übergeht u. als solches aus den Rk.-Prodd. abgetrennt wird. — Zeichnung. (**A. P. 2 929 772** vom 15/10. 1957, ausg. 22/3. 1960.)
E. KAHLES. 8201

Esso Research and Engineering Co., Elizabeth, N.J. (Erfinder: Henry A. Holcomb und Robert M. Love, Baytown, Tex.), V.St.A., **Katalytisches Reformieren von Kohlenwasserstoffen,** bes. mit Pt-Katalysatoren, ohne Zufuhr von H_2 aus fremder Quelle. Dabei wird in 3 getrennten Rk.-Zonen gearbeitet. Der Ausgangs-KW-Stoff, Kp. 65—260°, wird unter Zuführung von H_2 u. eines heißen Gases, das bes. aus CH_4 besteht, bei ca. 495° in der ersten Rk.-Kammer mit dem Pt-Katalysator in Berührung gebracht. Die Reformierungs-Rk. verläuft endotherm unter einem Druck von durchschnittlich 14—28 at; Temp. am Ausgang der Rk.-Kammer 370—510°. Dabei werden pro m^3 Charge ca. 880 m^3 H_2 durchschnittlich verbraucht. Der hierbei gebrauchte Katalysator ist ein Pt-Katalysator auf Tonerde mit einem Geh. von 0,1—3 Gew.-% Pt. Bevorzugt ist eine γ-Tonerde, aus Böhmit gewonnen. An Stelle von Tonerde kann auch als Trägersubstanz ZrO_2, MgO oder ein Gemisch von MgO-Al_2O_3 verwendet werden. Das in der ersten Rk.-Kammer angesammelte Gasgemisch wird abgezogen, zum größten Teil wieder aufgeheizt u. in die Rk.-Zone zurückgeleitet, bis der H_2-Geh. unter 50% sinkt. Der nicht in die 1. Rk.-Kammer zurückgeführte Gasgemischanteil wird in eine 2. u. 3. Rk.-Kammer geleitet, wo das Gasgemisch einer Hydroformierung unterworfen wird. Das Erhitzen der 2. u. 3. Rk.-Kammer erfolgt mit dem heißen Abgasstrom der vorangegangenen Rk.-Kammer. — Schema der Anlage. (**F. P. 1 130 060** vom 4/5. 1955, ausg. 30/1. 1957. A. Prior. 12/5. 1954. **A. P. 2 898 291** vom 12/5. 1954, ausg. 4/8. 1959.)
M. F. MÜLLER. 8201

Standard Oil Development Co. bzw. Esso Research and Engineering Co., Elizabeth, N.J., V.St.A. (Erfinder: Isidor Kirshenbaum und John A. Hinlicky), **Tonerdekatalysatoren für die Umwandlung von Kohlenwasserstoffen,** hergestellt aus Al-Alkoholat durch Hydrolyse mit 1,8—3,4%ig. wss. NH_3-Lsg. u. ½—5 std. Stehenlassen. Das abgetrennte Al-Hydroxyd wird getrocknet u. auf 200—675° erhitzt. Der erhaltene Tonerdekatalysator wird mit 0,6 Gew.-% Pt imprägniert u. dient z. B. zum *Hydroformieren* von Kohlenwasserstoffen. Das Al-Alkoholat enthält im Alkoholrest mindestens 5 C-Atome; genannt ist z. B. Al-Amylat. — Diagramm. (**F. P. 1 118 473** vom 16/12. 1954, ausg. 6/6. 1956. **D. A. S. 1 042 801** Kl. 23b vom 4/1. 1955, ausg. 6/11. 1958. **E. P. 792 806** vom 22/11. 1954, ausg. 2/4. 1958. **Holl. P. 96 539** vom 28/12. 1954, ausg. 16/1. 1961. Alle A. Prior. 6/1. 1954.)
M. F. MÜLLER. 8201

Standard Oil Development Co., V.St.A. (Erfinder: Charles N. Kimberlin jun. und Elroy M. Gladrow), **Herstellung von Hydroformierungskatalysatoren.** Man hydrolysiert eine Al-Salzlsg. (Al-Chlorid, -Sulfat, -Nitrat) mit einer überschüssigen N-Base (z. B. Ammoniak) u. hält das gebildete Rk.-Prod. mehrere Std. $>$65,5°, danach trocknet u. glüht man. Das so gewonnene, sehr harte Al-Oxyd wird mit Pt bedeckt. — Vgl. E. P. 768 579; C. **1958. 3422.** (**F. P. 1 113 964** vom 5/11. 1954, ausg. 6/4. 1956. A. Prior. 9/12. 1953.)
T. OPPERMANN. 8201

Robert S. Aries, New York, N.Y., V.St.A., **Herstellung von Borsäure-Isocyanatreaktionsprodukten.** Die neuen Verbb. der Formel RHN—$B(NHR)_2$, worin R ein organ. Rest wie Aryl, Cycloalkyl oder Alkyl ist, werden durch Erhitzen von 1 Mol Borsäure mit 3 Mol eines organ. Monoisocyanats der Formel RCNO, worin R = Aryl, Cycloalkyl, Butyl u. Amyl ist, bei 90—120° in Anwesenheit eines tert. Amines, wie bes. Triäthylamin, als Katalysator hergestellt. Das Borsäuretrianilid aus 0,2 (Mol) Borsäureanhydrid u. 0,6 Phenylmonoisocyanat bei Anwesenheit von Triäthylamin als Katalysator, der unter trockenem N_2 zugegeben werden soll, ist ein weißes Pulver, das in organ. Lsgm. lösl. ist. Die Verbb. dienen als Zusätze bei Motorenbrennstoffen u. Schmiermitteln zur Verhinderung der Oxydation. (**A. P. 2 931 831** vom 31/7. 1957, ausg. 5/4. 1960.)
E. FUCHS. 8205

National Aluminate Corp., Chicago, übert. von: Donald R. Anderson, Downers Grove, und William R. Watson, Chicago, Ill., V.St.A., **Heizölzusatz.** Zur Verringerung der Ruß-Bldg. setzt man ein Konzentrat eines öllösl. Cu-Salzes (I), eines Halogenphenols (II) u. eines Polyoläthers (III), der öl- u. wasserlösl. ist u. in welchem keine Äthergruppe über 6 C-Atome enthält, in einem Destillatöl (IV) zu. Die Menge **IV** im Konzentrat beträgt ab 30 (Gew.-%) die Menge **I**, berechnet als Cu, 0,4 bis 1,5, an **II** 2—15, an **III** 3—15 u. das Gewichtsverhältnis **III**: **II** 5:1 bis 1:5. Zusatz des Konzentrates zum Heizöl in solchen Mengen, daß dessen Cu-Geh. 1 beträgt. — Beispiel: Konzentrat aus 15 Cu-Octoat, 10 Pentachlorphenol, 5 Butylcarbitol, 70 Dieselöl. (**A. P. 2 890 946** vom 14/2. 1955, ausg. 16/6. 1959.)
E. DREWS. 8217

Standard Oil Co., Chicago, Ill., übert. von: Eugene E. Richardson, Hammond, Ind., V.St.A., **Schmieröl.** Dasselbe enthält zur Verringerung seiner

Abnutzung a) 0,002—10 (%) eines mit einer bas. Metall-Verb. neutralisierten P-Sulfid-Polyolefin-Rk.-Prod., b) 0,001—5 Polymerisations-Prodd. vom Mol.-Gew. 400—2000 ungesätt. C_{16-26}-Fettsäuren, z. B. Linolsäure, c) alkylierte ein- oder zweiwertige Phenole (Nonyl-, 2.6-Di-tert.-butylphenol, tert.-Butylresorcin), oder aliphat. C_{8-16}-Mercaptane oder aliphat. C_{15-30}-Disulfide (Dodecylmercaptan, -disulfid). (**A. PP. 2 883 339** vom 18/10. 1955, ausg. 21/4. 1959 u. **2 882 229** vom 31/8. 1955, ausg. 14/4. 1959.)
E. DREWS. 8221

Standard Oil Co., Cleveland (Erfinder: Everett C. Hughes, Shaker Heights, Harrison M. Stine, Cleveland, Samuel M. Darling, Lyndhurst, und Chien-Wei Liao, Cleveland), Ohio, V.St.A., **Schneidöl**, bestehend aus organ. Dipolysulfiden der allg. Formel $R-S_x-R'-S_x-R$, worin R ein alkylsubstituierter Benzylrest ist, der bis zu 10 C-Atome enthält, u. R' ein alkylsubstituierter Xylylenrest, der bis zu 11 C-Atome enthält; $x \geqq 3$. — R = z. B. ein Trimethylbenzyl- u. Methyläthylbenzylrest; R' = Trimethylxylylen- u. Methyläthylxylylenrest; x = 4 oder 5. (**F. P. 1 135 980** vom 7/9. 1955, ausg. 7/5. 1957. **E. P. 790 568** vom 12/9. 1955, ausg. 12/2. 1958. **Belg. P. 541 222** vom 12/9. 1955, ausg. 14/8. 1959. **Schwz. P. 338 541** vom 12/9. 1955, ausg. 15/7. 1959. Alle A. Prior. 13/9. 1954. **A. P. 2 790 774** vom 13/9. 1954, ausg. 30/4. 1957.)
M. F. MÜLLER. 8221

Standard Oil Co., Chicago, übert. von: Thomas H. Cafcas, Chicago, Ill., und John J. Plemich, Whiting, Ind., V.St.A., **Emulgierbares Öl zur Metallbearbeitung von Kupfer und Nichteisenmetallen** auf KW-Stofffölbasis mit Zusätzen von 0,1—10 (Gew.-%) Alkylarylpolyätheralkoholen (C_{8-16}-Alkyl, C_{8-40} in der Polyäthergruppe); 0,1—15 Polyoxyäthylester von C_{16-24}-ungesätt. Fettsäuren (C_{8-24} in der Polyoxyäthylgruppe); 0,1—10 Ölsäure. (**A. P. 2 914 477** vom 29/8. 1955, ausg. 24/11. 1959.)
E. DREWS. 8221

Robert Neville Haszeldine, Cambridge, England, **Addukte oder Polymere fluorierter Verbindungen** der allg. Formel $X(CF_2CClY)_mR_nZ$ erhält man durch Rk. von Fluorchloralkanen oder -polyenen mit Perhalogenäthanen der allg. Formel $CF_2XC\cdot ClYZ$ als Kettenübertragungsmittel u. unter Bedingungen, die die Bldg. freier Radikale begünstigen, wie z. B. mit organ. Peroxyden, Azo-Verbb. oder durch Erhitzen oder Bestrahlen. In den Formeln bedeuten X Cl oder Br, Y Cl oder F, Z Br oder J; R ist ein zweiwertiger Rest eines F- bzw. F–Cl-Alkens oder -Polyens, wobei im ersten Fall n u. m eine ganze Zahl von 1—40 u. im zweiten Fall n u. m eine ganze Zahl bis 20 oder 30 darstellt. — Durch 5tägige Bestrahlung von 420 (Teilen) $CF_2ClCF\cdot ClJ$ u. 11,7 $CF_2 = CFCl$ in einem zugeschmolzenen Quarzrohr mit UV-Licht erhält man bei der Dest. des Prod. $CF_2ClCFClCF_2CFClJ$, $Kp._{25}$ 80°, in 75%ig. Ausbeute, bezogen auf $CF_2 = CFCl$, neben 20% eines Rückstandes, der ein längerkettiges Polymer darstellt. Erfolgt die Rk. unter Einsatz äquimol. Mengen der Ausgangsstoffe, so erhält man $Cl(CF_2CFCl)_2J$, $Kp._{20}$ 78 bis 80°, $Cl(CF_2CFCl)_3J$, $Kp._{30}$ 140—142°, $Cl(CF_2CFCl)_4J$, $Kp._{ca. 10^{-1}}$ 135—140°, neben einem Rückstand, der die pentamere u. hexamere Verb. enthält, aus dem durch Dest. $Cl(CF_2CFCl)_5J$, $Kp._{ca. 10^{-1}}$ 185—190°, u. $Cl(CF_2CFCl)_6J$, $Kp._{ca. 10^{-1}}$ 200—208°, gewonnen wird. Die Prodd. können mit Cl_2 unter Bestrahlung mit UV-Licht oder durch Erhitzen in Verbb. übergeführt werden, in denen Z = Cl ist, aus denen durch Dechlorierung ungesätt. Verbb. (I) erhalten werden, aus denen dann durch Oxydation mit alkal. $KMnO_4$ bzw. mit O_2 unter Bestrahlung mit UV-Licht Monocarbonsäuren erhalten werden. Aus den I werden mit alkal. Bisulfit u. Benzoylperoxyd sulfonsaure Salze gewonnen. — $CF_2ClCFClCF_2CFClJ$ (**II**) + Cl_2 + UV-Licht → $CF_2ClCFClCF_2CFCl_2$, Kp. 133—134°; $Cl(CF_2CFCl)_nJ$ (n = 1—20) + Cl_2 + UV-Licht → $Cl(CF_2CFCl)_nCl$, n = 2, $Kp._{100}$ 78°, n = 3, $Kp._{20}$ 96—98°, n = 4, $Kp._{20}$ 145—147°, n = 5, $Kp._{ca. 10^{-1}}$ 135—139°, n = 6, $Kp._{ca. 10^{-1}}$ 190—195°, n = 7, $Kp._{10^{-1}}$ 235—240°; Dechlorierung von $CF_2ClCFClCF_2CFCl_2$ mit Zn-Staub in A. → $CF_2 = CFCF_2CFCl_2$, Kp. 70—71°, das mit Br die Verb. $CF_2Br\cdot CFBrCF_2CFCl_2$, $Kp._5$ 65°, bildet; analog erfolgt die Dechlorierung von $CF_2ClCFClCF_2\cdot CFClCF_2CFCl_2$ zu $CF_2 = CFCF_2CFClCF_2CFCl_2$ (**III**), $Kp._{105}$ 80—82°; $CF_2 = CFCF_2CF\cdot Cl_2$ (**IV**) + $KMnO_4$ + $NaHCO_3$ → $CFCl_2CF_2COOH$, $Kp._{20}$ 83—85°; analog erhält man aus **III** → $CFCl_2CF_2CFClCF_2\cdot COOH$, $Kp._{18}$ 135°; **II** + O + NaOH → $CF_2ClCFClCF_2COOH$, $Kp._{25}$ 105—107°; **IV** + $NaHSO_3$ + Borax + Benzoylperoxyd → $CFCl_2CF_2CHFCF_2SO_3H$, $Kp._{3,5}$ 118—120°, u. analog aus **III** $CFCl_2CF_2CFClCF_2CHFCF_2SO_3H$, $Kp._{ca. 10^{-1}}$ 130—133°. — *Schmiermittel, Emulgatoren* u. *Zusätze* zu *Brennstoffen*. (**E. P. 824 229** vom 9/8. 1954, ausg. 25/11. 1959.)
J. MÜHLEISEN. 8223

XX. Schieß- und Sprengstoffe. Zündmittel

Albert Augustin Alexandre Darche, Seine, Frankreich, **Herstellung von progressiv abbrennenden Ladungen aus kolloidalem Pulver.** Man unterwirft die koll.

Pulverteilchen einer Behandlung, welche die Verbrennungs-Geschw. dieser Teilchen herabsetzt. — Zum Beispiel läßt man in das Pulver Centralit oder Dibutylphthalat eindringen, oder man verringert bis zu einer gewissen Tiefe den N_2-Geh. der Pulverteilchen. — Vgl. D. A. S. 1 026 675; C. **1958.** 13144. (**F. P. 1 129 311** vom 9/8. 1955, ausg. 18/1. 1957. Belg. Prior. 12/7. 1955.) T. OPPERMANN. 8301

United States of America, Secretary of Army, übert. von: Alpheus M. Ball, Wilmington, Del., V.St.A., **Herstellung von Blattpulver** hoher Festigkeit, dad. gek., daß aus viel Nitrocellulose u. Nitroglycerin u. wenig Di- oder Trinitrotoluol u. 20 Teilen Aceton oder Aceton–Alkohol-Gemischen eine Treibstoffgelatine gebildet wird, die bei 60—120° F in einer Walzenmühle gewalzt wird u. anschließend auf unter 0,5% flüchtige Substanzen getrocknet wird. (**A. P. 2 907 073** vom 10/11. 1950, ausg. 6/10. 1959.) A. GRADL. 8301

Fritz Frutiger, Merligen, Schweiz, **Sprengstoff,** bestehend aus Hydrazinium-, Monomethyl- oder Monoäthylhydraziniummonoperchlorat oder -mononitrat, dem 1 bis 2,5 (%) Graphit, Stärke, Holzmehl oder Mineralöl u. evtl. 25 NH_4NO_3 oder 10 Al-Pulver zugemischt sind. (**Ind. P. 49 071** vom 27/2. 1953, ausg. 22/7. 1957.) C. LÜTTGEN. 8305

Ministry of Supply, London, England (Erfinder: George William Charles Taylor und Stanley Edward Napier), **Herstellung von Explosivstoffen** mit variablen Eigg., dad. gek., daß man die Stoffe aus ihren Lsgg. durch Kristallisieren oder Ausfällen in Ggw. von einem oder mehreren Celluloseäthern gewinnt. (**E. P. 849 101** vom 21/1. 1946, ausg. 21/9. 1960.) A. GRADL. 8305

Minister of Aviation, London, England (Erfinder: George William Charles Taylor), **Herstellung von Zünd- oder Verzögerungssätzen,** dad. gek., daß die Explosivstoffe aus Lsgg. oder Suspensionen in Ggw. eines oder mehrerer Alkalistärkeglykolaten ausgefällt werden. (**E. P. 836 410** vom 17/7. 1948, ausg. 1/6. 1960.) A. GRADL. 8309

Matchall Co. Aktiebolaget, Falkenberg, Schweden, **Wiederholt brauchbares Zündholz** mit einer Zündmasse aus einem polymeren Aldehyd, einer festen organ. Säure u. Toluidin. — Beispiel: 60 (%) $KClO_3$, 20 Celluloseacetat, 16 Metaldehyd, 2,8 Phthalsäure, 1.2-p-Toluidin (Kernmasse); oder: 25 Cellulosenitrat, 65 Metaldehyd, 7 Phthalsäure, 3 p-Toluidin (Überzugsmasse). (**E. P. 807 078** vom 30/1. 1957, ausg. 7/1. 1959. Schwed. Prior. 30/1. 1956.) A. GRADL. 8315

XXII. Leim. Klebstoffe usw.

Die Klebebänder, J. Dubuit, (Adhäsion **3.** 6—13. Jan. 1959. Labor. de Rech. et de Contrôle du Caoutchouc.) (Dt.)

Beschreibung der Klebstoffträger, der Bestandteile der Klebstoffmassen, der Fabrikation von Klebebändern u. ihrer Gebrauchswertprüfung. D. WESSER. 8388□

Herstellung flüssiger Harnstoffharzleime. A. Thiehl. (Adhäsion **4.** 514—17. Okt. 1960. Weißkirchen/Taunus.) (Dt.)

Beschreibung zweier Verff. zur Herst. fl. Harnstoffharzleime aus Harnstoff u. Formaldehyd-Lsg. bzw. festem Paraformaldehyd unter Zusatz von Weichmachern (Polystyrol, Wachsemulsionen, Fettseifen.) D. WESSER. 8388□

B. B. Chemical Co., Boston (Erfinder: Stephen Eugene Urban, Melrose, Thomas Clifton Morris, Lexington, und Eric Clifford Johnson, Sommerville), Mass., V.St.A., **Aufkleben von Platten oder Bahnen aus Vinylpolymeren oder -mischpolymeren oder Cellulosederivaten auf feste Unterlagen,** wobei die Platten vor Auftrag des Klebmittels mit der Lsg. oder wss. Dispersion eines Gemisches von Butadien–Acrylnitril-Mischpolymerisat u. einem freie HO- oder COOH-Gruppen enthaltenden Kunstharz, Naturharz oder dessen Teilester überzogen u. getrocknet werden, dad. gek., daß diese so erhaltene Grundierschicht an Stelle von in organ. Lsgm. gelösten Klebstoffen mit einem klebenden hydrophilen Sol auf Wassergrundlage, z. B. Caseinleim, überzogen wird. — Vgl. Aust. P. 159 564; C. **1950/54.** 6576 S. (**D. A. S. 1 026 023** Kl. 22i vom 26/3. 1952, ausg. 13/3. 1958. A. Prior. 29/3. 1951.) C. LÜTTGEN. 8383

Herbert Flemming, Dresden, **Leimen mit pulverförmigen Härtern.** Der Leimsubstanz, z. B. aus Kunstharz, werden zur Beschleunigung der Aushärtung, bes. bei niedriger Temp., feinpulverige Substanzen, z. B. NH_4Cl, als Härtemittel zugesetzt, deren Teilchen zuvor mit einer Hülle überzogen worden sind, die im Laufe des Prozesses durch Wärme verflüssigt oder gelöst wird. Das Härtepulver wird z. B. in eine Lsg. von Paraffin in Bzn. eingetaucht, u. nach dem Trocknen bleibt auf den Teilchen eine dünne

Paraffinhaut zurück, die beim Lagern erhalten bleibt. Sobald der Leim erwärmt wird, wird die Haut zerstört, u. es tritt die Härte-Rk. zwischen Leim u. Härtersubstanz ein. (**D. P. [DDR] 20 511** Kl. 22i vom 25/6. 1958, ausg. 27/12. 1960 [Wirtschaftspatent].)
M. F. MÜLLER. 8383

Sprague Electric Co., North Adams, übert. von: Paul H. Netherwood, Williamstown, Mass., V.St.A., **Haftfähigmachen von Polytetrafluoräthylenmaterialien.** Die Oberfläche eines Polytetrafluoräthylenmaterials, das keine Füllstoffe enthält u. ein Molgew. von mehr als 10000 besitzt, wird mit fl. n-Vinylcarbazol solange behandelt, bis es in die Oberfläche eingedrungen ist. Dies geschieht dadurch, daß das n-Vinylcarbazol Druck (2 kg/cm²) u. Wärme (20—120°) mehrere Std. (ca. 72) ausgesetzt wird. Dann erfolgt eine Polymerisation des n-Vinylcarbazols durch Erhitzen auf 150°. Die auf diese Weise behandelten Materialien sind gegenüber aufzubringenden Metallschichten oder Klebstoffen haftfähig. (**A. P. 2 930 714** vom 5/3. 1959, ausg. 29/3. 1960.)
E. FUCHS. 8389

General Mills, Inc., Del., übert. von: Don E. Floyd, Robbinsdale, und William J. Ward, Minneapolis, Minn., V.St.A., **Metallklebstoff.** Zum Verkleben von Metallen, wie auch von anderen Stoffen dient ein thixotropes Gemisch aus folgenden Bestandteilen: a) Ein Aminopolyamid aus polymeren Fettsäuren, wie polymerisierten trocknenden oder halbtrocknenden Ölen, z. B. Leinöl, u. Polyaminen der Formel $H_2NR \cdot (NHR)_pNH_2$, worin R Alkylen u. p die Zahl 1—6 bedeutet. Dieses Polyamid soll eine Aminzahl zwischen 150 u. 400 besitzen. b) Ein Glycidylpolyäther eines mehrwertigen Phenols mit einem Epoxyäquivalentgewicht von 100—300. c) Eine kationenakt. Verb. der Formel $(T)_2(T_1)_2N^+$-Bentonit —, worin T ein aliphat. KW-Stoffrest mit 8—22 C-Atomen u. T_1 ein Alkylrest mit 1—5 C-Atomen ist. d) Eine nichtflüchtige polare organ. Hydroxyl-Verb., wie Alkohole oder Glykole, Fettsäuremonoester, Sorbitan, Polyoxyalkylene. e) Ein indifferenter Füller, wie Al, Fe, deren Oxyde oder Kaolin. Die Verbb. unter c) sind in A. P. 2 531 427; C. **1951.** II. 2238 beschrieben. Die Komponenten a—e werden in folgenden Verhältnissen gemischt: a u. b 30—70 (Teile), c) 10—40, d) 1—10 u. e) 15—60. (**A. P. 2 944 036** vom 3/5. 1957, ausg. 5/7. 1960. **E. PP. 850 215** u. **850 216** vom 2/5. 1958, ausg. 5/10. 1960. Beide A. Prior. 3/5. 1957.) E. FUCHS. 8389

Guy Joseph Crocker, New Brunswick, N.J., V.St.A., **Haftkleber auf Basis einer Mischung eines Polymeren mit einem klebrigmachenden Harz.** Neben dem elastomeren Polymeren, bes. aus Kautschuk oder Polydienen, wie Styrol–Butadien-Mischpolymerisaten u. neben klebrigmachendem Harz, wie ggf. hydriertem oder dehydriertem Kolophonium, Polyterpenen, Cumaron-Indenharzen, Polyalkylstyrolen u. in Öl lösl. Phenolaldehydharzen, enthält der Klebstoff eine geringe Menge eines Titansäureesters der Formel $Ti(OR)_4$, worin R Alkyl ist mit 1—18 C-Atomen, bes. Tetraisopropyltitanat. Auf 100 Teile des Elastomeren kommen zweckmäßig 1—10 Teile Titansäureester: 100 Teile „Pale Crepe"-Kautschuk, 47,5 Teile $Al(OH)_3$, 71,7 Teile Terpenkohlenwasserstoffharz, F. 15°, 11,7 Teile nicht wärmehärtendes, in Öl lösl. Phenolharz („Amberol St 137"), 2,5 Teile alkyliertes Polyhydroxyphenol „Santovar A", 5 Teile Triphenylphosphat u. 5 Teile Tetraisopropyltitanat. Die Klebstoffe zeigen ein verbessertes Haftvermögen u. größere Beständigkeit gegen Verziehen. (**D. A. S. 1 099 675** Kl. 22i vom 9/4. 1959, ausg. 16/2. 1961.) E. FUCHS. 8389

General Mills, Inc. (Erfinder: David Aelony), Minneapolis, Minn., V.St.A., **Herstellung einer thermoplastischen Klebmasse.** Thermoplast. Polyamide aus polymeren Fettsäuren u. mehrwertigen Aminen werden je Äquivalent freier Aminogruppen mit $^2/_3$—$1^1/_3$ Mol mehrbasige Säuren mit einem Säureäquivalentgewicht von 25—100 umgesetzt. Die Aminzahl des verwendeten Polyamids soll zwischen 40 u. 200, bes. zwischen 60 u. 150, liegen. Als mehrbasige Säuren können Oxal-, Citronen- oder Borsäure verwendet werden. Die Umsetzung von Polyamid u. Säure kann durch Erhitzen der Rk.-Teilnehmer oder durch Vermischen der Säure mit einer wss. Suspension erfolgen, die 30—60% Polyamid enthält. — 200 g eines Polyamids, das die Aminzahl 90 hat u. durch Rk. einer polymeren Fettsäure mit Diäthylamin hergestellt ist, 198 ml W. u. 1,0 ml Eisessig werden in einem korrosionsbeständigen Stahlautoklaven von 1 Liter Inhalt auf 130° erhitzt. Es entsteht ein beständiges Suspensoid, wenn dieses Gemisch 30 Min. lang mit Scherrührwerk bei 1000 U/min umgerührt wird. 20 g dieses Polyamidsuspensoids werden mit einer Lsg. aus 2 g Oxalsäuredihydrat in 26 ml W. vermischt. Das dabei entstehende Prod. ist eine dünne Suspension, die schnell trocknet, wenn sie auf Papier aufgetragen wird. Das auf diese Weise überzogene Papier zeigt bei der Prüfung, daß bis zu 50° kein Kleben auftritt. Oberhalb 50° beginnt die Klebfähigkeit, die zwischen 80 u. 120° ihr Optimum erreicht. (**D. A. S. 1 102 322** Kl. 22i vom 25/9. 1959, ausg. 16/3. 1961.)
E. FUCHS. 8389

General Aniline & Film Corp., New York, N.Y., V.St.A., **Mischpolymerisate aus N-Vinylpyrrolidonen und Dialkylmaleat oder -fumarat.** Als Komponenten sind in den Beispielen N-Vinyl-2-pyrrolidon u. N-Vinyl-3-äthyl-2-pyrrolidon einerseits u. Di-2-äthylhexylmaleat u. -fumarat, Dibutylmaleat u. -fumarat, Dioctyl-, Didodecyl- u. α-Äthyldioctylmaleat andererseits genannt. Als Katalysator dient Azoisobutyronitril. Arbeits-Temp. 60—100°. Wasserunlösl. Prodd. mit hoher Klebkraft, bes. für *druckempfindliche Klebestreifen.* — Tabellen. (**E. P. 837 719** vom 14/5. 1958, ausg. 15/6. 1960. A. Prior. 23/8. 1957.) H. SCHINDLER. 8389

E. I. du Pont de Nemours & Co., Wilmington, Del. (Erfinder: John Irwin Dye, Cornwall-on-Hudson, N.Y.), V.St.A., **Klebemasse auf Basis von Polyestern.** Der als klebende Substanz wirksame Polyester wird dadurch hergestellt, daß zunächst niedere Alkylester der Terephthal- oder Isophthalsäure u. mindestens zweier acycl. Dicarbonsäuren der Formel $HOOC-CH_2-X-CH_2-COOH$, worin X eine gerade Kette mit 2—8 C-Atomen ist, umgeestert werden mit einem mol. Überschuß eines Polymethylenglykols der Formel $HO(CH_2)_nOH$, worin n eine Zahl von 2—6 bedeutet. Die hierbei gebildeten Bis-[hydroxyalkyl]-ester dieser Säuren werden vermischt u. anschließend der Schmelzpolymerisation unterworfen. In der acycl. Dicarbonsäure soll X höchstens 2 O-Atome besitzen, falls O enthalten ist. Die übrigen Kettenatome sind C-Atome von KW-Stoffresten. Geeignet sind bes. Adipin- u. Sebacinsäure. Es werden 20—60 (Mol.-%) Terephthalsäure, 15—50 Isophthalsäure u. 10—50 Dicarbonsäuregemisch (s. o.) verwendet. Als Klebstoff wird eine Lsg. dieses Mischpolyesters in organ. Lsgm., wie Butyrolacton, Benzylalkohol, Dimethylsulfoxyd, Dioxan, Dimethylformamid, Diacetonalkohol, Chlf., Cyclohexanon, Methyläthylketon, Methylenchlorid, Nitromethan, Tetrahydrofuran, Toluol u. Diäthylenglykolmonoäthylätheracetat oder von deren Gemischen verwendet. — Die Verklebungen sind relativ hitzebeständig. (**D. A. S. 1 099 111** Kl. 22i vom 13/12. 1956, ausg. 9/2. 1961. A. Prior. 15/12. 1955.) E. FUCHS. 8389

Agfa Akt.-Ges., Leverkusen (Erfinder: Helfried Klockgether, Eugen Bock, Leverkusen, und Walter Cohnen, Köln-Mülheim), **Verkleben von Folien aus hochmolekularen linearen Polycarbonaten mit Folien aus anorganischen oder organischen Celluloseestern.** Als Klebmittel dienen hochmol. isocyanatmodifizierte lineare oder verzweigte, in organ. Lsgm. lösl. Polyhydroxy-Verbb., ggf. in Mischung mit Celluloseestern, wie Celluloseacetobutyrat, oder Polyisocyanaten. Die Polyhydroxy-Verbb. werden in Lsg. in einem organ. Lsgm. oder als Folie verwendet. Geeignet ist z. B. ein Klebstoff aus einer 2%ig. Lsg. einer filmbildenden, isocyanatmodifizierten Polyhydroxy-Verb., die aus Adipinsäure, Äthylenglykol, Diäthylenglykol, Trimethylolpropan u. Hexamethylendiisocyanat gemäß D. A. S. 1 012 456; C. **1958.** 7270 hergestellt wird. Die Verklebung erfolgt innerhalb 1 Std. bei Zimmertemperatur. (**D. A. S. 1 098 656** Kl. 22i vom 30/9. 1959, ausg. 2/2. 1961.) E. FUCHS. 8389

B. B. Chemical Co., Boston, Mass., V.St.A. (Erfinder: Austin Thomas Carpenter, Leicester, England), **Abdichtungsmittel auf Basis von Polysulfidpolymerisaten.** Das Mittel besteht aus einer Mischung eines fl. Polysulfidpolymerisates mit umsetzungsfähigen Mercaptanendgruppen u. weiterpolymerisierbaren u. vernetzbaren Seitengruppen u. aus einer geringen Menge (ca. 0,05—1,0% des Polysulfidanteils) von alkylsubstituierten Phenoldialkoholen u. deren Alkalisalzen sowie dem Zusatz von PbO_2. Es können außerdem noch Mineralfüllstoffe, wie TiO_2 oder Lampenruß anwesend sein. Als Phenoldialkohol können Dimethylol-o- u. -p-kresol bzw. deren Salze, wie Na-Salze, verwendet werden. Das Polysulfidpolymerisat (Molgew. 4000) wird durch Kondens. eines Alkalipolysulfids, dem ein Gemisch aus 98,0% (2-Chloräthyl)-formal zugesetzt wird u. 2,0 Mol.-% Trichlorpropan enthält, hergestellt. — Der Kitt wird zweckmäßig in 2 Teilen hergestellt, die kurz vor dem Gebrauch gemischt werden: Teil A: fl. Polysulfidpolymerisat 1000 (Teile), Füllstoff ($CaCO_3$) 450, TiO_2 75 u. Dimethylol-p-kresol (krist.) 0,5. Teil B: PbO_2 100, Dibutylphthalat 90 u. Stearinsäure (Verzögerungsmittel) 10. (**D. A. S. 1 098 655** Kl. 22i vom 25/1. 1960, ausg. 2/2. 1961. E. Prior. 27/1. 1959.) E. FUCHS. 8389

I. P. Bemberg Akt.-Ges., Wuppertal, **Klebband für Verpackungszwecke.** Um ein genaues Aufbringen der Bänder zu erzielen, wird dem Trägermaterial oder der Klebmasse feinverteiltes Fe einverleibt, so daß das Band magnet. gesteuert werden kann. (**Belg. P. 561 966** vom 28/10. 1957, ausg. 20/5. 1960. D. Prior. 15/11. 1956.) C. LÜTTGEN. 8389

Vorwerk & Sohn (Erfinder: Wilhelm Kunst und Wilhelm Wulf), Wuppertal, **Heißsiegelfähiges Klebeband oder -blatt aus Fasermaterial.** Die heißklebende, auf einem Gewebe oder Gewirk aus Cellulose oder Kunststoffen aufgebrachte Siegelschicht besteht aus einem Gemisch von Polyvinylchlorid, Polyvinylacetal oder Mischpolymerisaten, davon zusammen mit einem Phthalsäureester, wie Dioctylphthalat. Zwischen dem Träger u. der Siegelschicht kann eine isolierende Sperrschicht aus einem Celluloseester angebracht sein. (**D. A. S. 1 096 525** Kl. 22i vom 10/12. 1957, ausg. 5/1. 1961.)

E. FUCHS. 8389

Badische Anilin- & Soda-Fabrik Akt.-Ges., Ludwigshafen/Rh., *Verklebung von Polyamiden mit Kautschuk.* (**E. P. 843 377** vom 4/6. 1958, ausg. 4/8. 1960. D. Prior. 8/6. u. 11/7. 1957. — C. **1959.** 15555 [Oe. P. 201 557].)

E. I. du Pont de Nemours & Co., Wilmington, Del., V.St.A., *Klebstoff für Buchbinderei.* (**Schwed. P. 155 545** vom 5/12. 1950, ausg. 7/8. 1956. A. Prior. 8/12. 1949. — C. **1954.** 8728 [A. P. 2 657 187].)

National Cash Register Co., übert. von: **Herman J. Eichel**, Dayton, Ohio, V.St.A., *Klebband.* (**A. P. 2 907 682** vom 28/5. 1958, ausg. 6/10. 1959. — C. **1960.** 7399 [D. A. S. 1 066 687].)

National Cash Register Co., Dayton, Ohio, V.St.A., *Klebstreifen.* (**E. P. 844 680** vom 16/4. 1959, ausg. 17/8. 1960. A. Prior. 28/5. 1958. — C. **1960.** 7398 [D. A. S. 1 066 687].)

Minnesota Mining & Mfg. Co., übert. von: **Armin H. Steinhauser** und **Harold J. Revoir**, St. Paul, Minn., V.St.A., *Druckempfindlicher Klebstreifen.* (**A. P. 2 926 105** vom 2/7. 1956, ausg. 23/2. 1960. — C. **1960.** 6717 [D. A. S. 1 046 288].)

XXIV. Photographie

Die photochemische Reduktion des Thionins durch V^{3+}-Ionen. R. Havemann, H. Pietsch und E. Sachse. (Z. wiss. Photogr., Photophysik Photochem. **54.** 185—97. Jan. 1961. Berlin, Humboldt-Univ., Physikal.-chem. Inst.) (Dt.)

Vff. untersuchten die photochem. Red. des *Thionins* durch dreiwertige *Vanadium*-Ionen. Die Herst. der V^{3+}-Ionen erfolgte auf elektrochem. Weg durch Red. einer schwefelsauren V^{5+}-Salz-Lsg. nach einem Diaphragmaverfahren. Die Photo-Red. des Thionins durch V^{3+}-Ionen verläuft anders als die mit Fe^{2+}-Ionen. Das Thionin-V^{3+}-Syst. liegt im Dunkeln außerhalb des Gleichgewichtes. Die Gleichgewichtseinstellung erfolgt aber sehr langsam, da die Aktivierungsenergie verhältnismäßig groß ist. Durch Lichtabsorption wird Aktivierungsenergie zugeführt, so daß die Red. beschleunigt wird. Die kinet. Messungen wurden bei verschiedenen V^{3+}-Ionen-Konzz. durchgeführt. Um den Einfl. der V^{4+}-Ionen auf die Red.-Geschw. zu untersuchen, wurden steigende Mengen an V^{4+}-Ionen zugegeben, wobei die Gesamtvanadin-Konz. konst. blieb. Durch den Konz.-Zuwachs an V^{4+}-Ionen als oxydierte Form des Red.-Mittels wird das Redoxpotential des V^{4+}/V^{3+}-Syst. angehoben. Es sollte untersucht werden, ob auf diesem Wege eine Rück-Rk. wie beim Thionin-Fe^{2+}-Syst. beobachtet werden kann. Weiterhin wurde der Einfl. des pH-Wertes u. der Zusatz von Aceton auf die Bleich-Geschw. untersucht. — Die Ausbleich-Geschw. nimmt mit steigender Aceton-Konz. zu. Die Photo-Red. erfolgt nur dann, wenn auch gleichzeitig eine langsame Red. im Dunkeln abläuft. — Literaturhinweise.

W. GÜNTHER. 8604□

Bestimmung von Protonengleichgewichten für die Phenazinfarbstoffe Neutralrot, Phenosafranin und Safranin T. R. Havemann, H. Pietsch und D. Ollmann. (Z. wiss. Photogr. Photophysik Photochem. **54.** 198—207. Jan. 1961. Berlin, Humboldt-Univ., Physikal.-chem. Inst.) (Dt.)

Vff. stellten spektralphotometr. Unterss. an den folgenden Phenazinfarbstoffen an: *Neutralrot, Phenosafranin* u. *Safranin T.* Für die Messungen wurde ein Doppelmonochromator nach HAVEMANN mit additiver Prismenführung in Verbindung mit einem Sekundärelektronenvervielfacher als Empfänger verwendet. Es wurden die Protonengleichgewichte für die Anlagerung eines Protons beim Phenosafranin u. Safranin T u. des ersten u. zweiten Protons beim Neutralrot aus der Abhängigkeit der Extinktion vom pH-Wert der Lsg. ermittelt. — Für die p_K-Werte u. für die Dissoziations-Konst. wurden folgende Größen gefunden: Neutralrot $+ H^+ \rightleftharpoons$ [Neutralrot·H]$^+$: $p_K = 6{,}8$, $K = 1{,}6 \cdot 10^{-7}$ [Mol/Liter]. [Neutralrot·H]$^+ + H^+ \rightleftharpoons$ [Neutralrot·H_2]$^{2+}$: $p_K \sim 0{,}1$, $K \sim 0{,}8$ [Mol/Liter]. Phenosafranin $+ H^+ \rightleftharpoons$ [Phenosafranin·H]$^+$: p_K 0, $K \sim 1$ [Mol/Liter]. Safranin T $+ H^+ \rightleftharpoons$ [Safranin T·H]$^+$: $p_K \sim 0{,}1$, $K \sim 0{,}8$ [Mol/Liter].

W. GÜNTHER. 8604□

Photochemische Reaktionen in Lösungen. Robert Havemann. (Z. wiss. Photogr. Photophysik Photochemie **54.** 220—32. Jan. 1961. Berlin, Forschungsgemeinschaft der Dtsch. Akad. der Wiss., Arbeitsstelle für Photochemie; Humboldt-Univ., Physikal.-chem. Inst.) (Dt.)

Vf. gibt eine Zusammenfassung seiner Arbeiten über die Photo-Red. gewisser organ. Farbstoffe, wie *Thionin, Janusgrün B, Phenosafranin* u. anderen. Man kann zwei Typen photochem. Rkk. unterscheiden: „reversible" Photo-Red., bzw. Photooxydationen, u. „irreversible". Die irreversiblen Rkk. sollten zutreffender als „lichtaktivierte" bezeichnet werden, die reversiblen als „photosynthet." Reaktionen. Es wird ein allg. Schema für die untersuchten photochem. Redd. aufgestellt: $A_{ox} + B_{red} \rightarrow A_{ox}B_{red}$, $A_{ox}B_{red} + h\nu \rightarrow$

$A_{ox}B_{red}^*$, $A_{ox}B_{red}^* \rightarrow A_{ox}B_{red}$, $A_{ox}B_{red} \rightarrow A_{ox} + B_{red}$. Nach diesem Schema werden für die photochem. Red. des Farbstoffes Thionin durch Fe^{2+}-Ionen die einzelnen Stufen für die Licht-Rk. u. für die Dunkel-Rk. aufgestellt (Formeln vgl. Orig.). In gleicher Weise wie Thionin reagieren die verwandten Farbstoffe *Methylenblau*, *Selenin* u. *Oxonin* (2.7-Dimethylaminophenoxazin) mit Fe^{2+} unter Bldg. lichtempfindlicher Fe^{2+}-Komplexe. Die „reversible" Photo-Red. der Safraninfarbstoffe durch Sn^{2+}-Ionen verläuft über einen Farbstoff–Sn^{2+}-Komplex. Auch die Photo-Red. des Triphenylmethanfarbstoffes *Lichtgrün* durch Sn^{2+}-Ionen nimmt einen analogen Verlauf. Alle diese Rkk. sind als „photosynthet." Redd. zu bezeichnen. Dagegen sind folgende Rkk. als„ photoaktivierte" („irreversible") Photo-Redd. anzusehen, weil das Licht das Syst. nicht aus dem Gleichgewicht heraushebt, sondern nur die erforderliche Aktivierungsenergie für die Bewegung des Syst. zum Gleichgewicht hin liefert: Photo-Red. von *Thionin* durch Allylthioharnstoff, Zimtsäure, Sulfit u. Hydrosulfit u. durch dreiwertige Vanadiumionen V^{3+}, Photo-Red. von *Janusgrün* durch Sn^{2+} u. Photo-Red. von *Viktoriablau* durch Sn^{2+}. Die Unterss. ergaben, daß auch diese Rkk. über einen lichtempfindlichen Komplex verlaufen. Die Feststellung des Vf., daß photochem. Rkk. in Lsgg. mit hoher Quantenausbeute über einen vorgebildeten Komplex zwischen den Rk.-Partnern verlaufen, befindet sich in guter Übereinstimmung mit den Unterss. von WARBURG über den Rk.-Mechanismus der Photo-Synth. in Pflanzen, bei dem die Existenz eines Chlorophyllkomplexes angenommen wird. — 31 Literaturhinweise. W. GÜNTHER. 8604□

Kodak-Pathé, Frankreich, bzw. Eastman Kodak Co., übert. von: Rudolph E. Damschroder und Herbert B. Crowden, Rochester, N.Y., V.St.A., **Stabilisierung von ungehärteten entwicklerhaltigen Halogensilberschichten.** Zur Verhinderung der Härtung, die beim Lagern des Materials durch Einw. der Härtemittel der Papierbarytage, der Entwicklersubstanzen oder anderer, noch unbekannter Faktoren eintreten, werden der Schicht cycl. Ketone (I) mit reaktionsfähigen CH_2-Gruppen in Mengen von 1—20 g auf 1 g Atom-Ag zugesetzt. Bes. geeignet sind folgende **I**: 5.5-Dimethylcyclohexandion-1.3 (**II**), C-Cyanmethylen-**II**, Oxalyldihydrazon von Cyclohexanon, 4-Cyan-5-Phenylcyclohexandion-1.3, 3-Dicyanmethylen-1-methyl-1-cyclohexan, Dicyanmethylencyclohexanon, 1-Dicyanmethylen-1.2.3.4-tetrahydronaphthalin, 2-Methyl-1-phenyl-4.6-(1H.5H)-pyrimidindion, Dicyanmethylenindan, (1-Cyan-1-äthoxycarbonylmethylen)-cyclopentan, Cyclohexanonoxim, 2.4-Pentandion- u. 2.5-Hexandiondioxim. Einige dieser **I** verhindern auch die bei der Lagerung oft auftretende Blaufärbung der Schichten, die durch Selbstkupplungs-Prodd. der Entwickler hervorgerufen wird. (**F. P. 1 183 647** vom 1/10. 1957, ausg. 9/7. 1959. A. Prior. 4/10. 1956. **A. P. 2 944 899** vom 4/10. 1956, ausg. 12/7. 1960.) A. KALIX. 8603

Otto Neunhoeffer, Berlin-Niederschönhausen, **Herstellung von Trimethincyaninen** der allg. Formel I aus Quartärsalzen der allg. Formel **II** durch Behandlung mit bas. Mitteln (R = Alkyl-, Cycloalkyl- oder Arylreste; R_1 = H, ein Alkyl-, Cyclo-

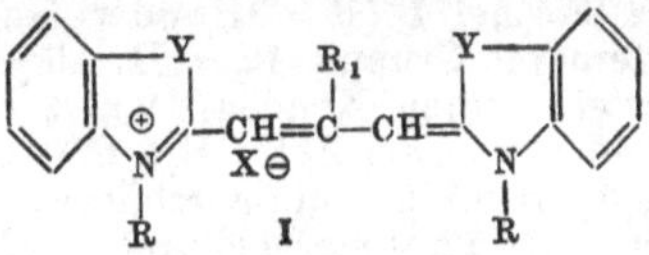

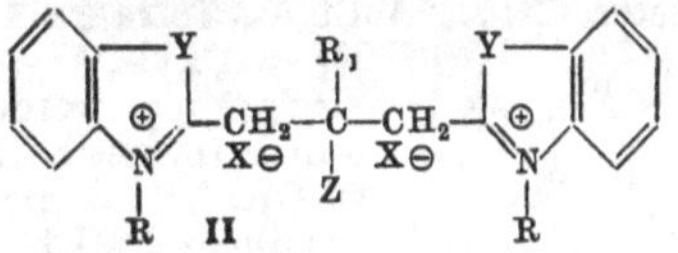

alkyl- oder Arylrest; Y = O, S, Se oder NR_2; R_2 = Alkyl-, Cycloalkyl- oder Arylrest; X = Säurerest; Z = Halogen; die Benzolringe können beliebig substituiert sein). Zur Darst.

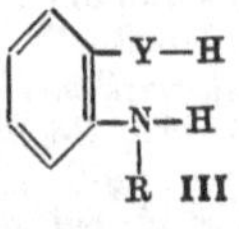

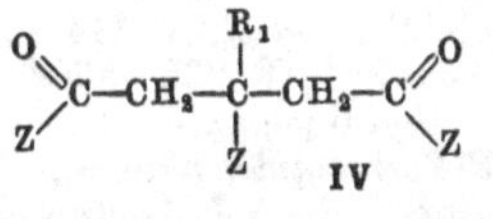

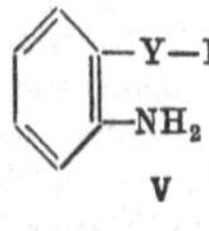

von **II** wird eine Verb. der allg. Formel **III** mit einer Verb. der allg. Formel **IV** umgesetzt. Zur Herst. von Trimethincyaninen I mit R = Alkyl können Verbb. der allg. Formel **V** mit Verbb. **IV** umgesetzt werden; danach wird mit einem Quarternärisierungsmittel RX zur Rk. gebracht u. danach mit bas. Mitteln behandelt. — Zu 2 Mol N.N'-Dimethyl-o-phenylendiamin in Bzl. läßt man eine benzol. Lsg. von 1 Mol β-Chlorglutarsäuredichlorid (**VI**) zutropfen u. erwärmt ½ Std. lang. Das ausgeschiedene Harz wird in A. gelöst u. durch Zusatz von wss. $NaHCO_3$-Lsg. wird der gebildete Farbstoff als saures Carbonat (I; $Y = NCH_3$, $R = CH_3$, $R_1 = H$, $X = HCO_3$) in orangeroten Flocken ausgeschieden. — 2 Mol o-Aminodiphenylamin u. 1 Mol **VI** werden in Toluol 1 Std. lang erhitzt, worauf 2 Mol p-Toluolsulfonsäureäthylester zugegeben werden. Danach wird 2 Std. mit Pyridin erhitzt. Das ausgeschiedene Rk.-Prod. wird in A. gelöst, mit $NaHCO_3$ versetzt u. eine alkohol. Lsg. von NaJ zugegeben: *Farbstoff* I mit $Y = NC_6H_5$, $R = C_2H_5$, $R_1 = H$, $X = J$.

An Stelle von **VI** können auch β-Methyl-β-chlorglutarsäuredichlorid, β-Methyl-, β-Äthyl- oder β-Phenyl-β-chlorglutarsäuredichlorid eingesetzt werden. (**D. P. [DDR] 20 326** Kl. 22e vom 14/5. 1957, ausg. 22/11. 1960 [Wirtschaftspatent].)
M. F. MÜLLER. 8605

Eastman Kodak Co., übert. von: George W. Sawdey, Rochester, N.Y., V.St.A., **2-Imino-4-thiazolidone** der allg. Formel **I** (R=H, ggf. durch Hydroxy- oder Sulfhydrylgruppen substituierter Alkylrest, Cycloalkyl- oder ggf. durch Alkyl-, Alkoxy-, Hydroxyalkyl-, Carboxy- oder Sulfonsäuregruppen oder Chloratome substituierter Arylrest oder Aralkylrest; R_1 = Arylrest, wie vorst. substituiert; Q = Iminorest, z. B. Phenylimino- oder Benzyliminorest) u. deren Salze werden erhalten durch Kondens. von in 5-Stellung unsubstituierten 2-Imino-4-thiazolidonen mit Aldehyden der allg. Formel R_1-CHO (R_1 = wie vorst.), ggf. in Ggw. eines inerten Lsg.- u. eines Kondensationsmittels. — Ein Gemisch von 2,86 (g) 3-Phenyl-2-phenylimino-4-thiazolidon, 2,5 o-Sulfobenzaldehyd-Na u. 2 ml Pyridin in 50 ml abs. CH_3OH wird 2 Std. unter Rückfluß erhitzt u. das ausgefallene Rk.-Prod. abgetrennt: *3-Phenyl-2-phenylimino-5-(o-sulfobenzal)-4-thiazolidon-Na*, aus W. gelbe Blättchen vom F. $> 300^0$. — Analog werden folgende 4-Thiazolidone hergestellt: *3-Phenyl-2-phenylimino-5-(4'-methoxy-3'-sulfobenzal)-, Na-Salz.* — *3-Phenyl-2-phenylimino-5-[2'.4'-bis-(carbomethoxy)-benzal]-, Na-Salz.* — *3-Phenyl-2-phenylimino-5-[3'-(3''-sulfobenzamido)-benzal]-, Na-Salz.* — *3-n-Hexyl-2-phenylimino-5-(o-sulfobenzal)-, Na-Salz.* — *3-Benzyl-2-benzylimino-5-(o-sulfobenzal)-, Na-Salz.* — *3-(4'-tert.-Pentylphenyl)-2-(4''-tert.-pentylphenylimino)-5-(o-sulfobenzal)-, Na-Salz.* — *3-(p-Tolyl)-2-(p-tolylimino)-5-(o-sulfobenzal)-, Na-Salz.* — *3-(4'-Äthylphenyl)-2-(4''-äthylphenyl)-5-(o-sulfobenzal)-, Na-Salz.* — *3-(o-Tolyl)-2-(o-tolylimino)-5-(o-sulfobenzal)-, Na-Salz.* — *3-(4'-Äthylphenyl)-2-(4''-äthoxyphenylimino)-5-(4'''-methoxy-3-sulfobenzal)-, Na-Salz.* — *3-(4'-Hydroxyäthylphenyl)-2-(4''-hydroxyäthylphenylimino)-5-(4'-methoxy-3'''-sulfobenzal)-, Na-Salz.* — *3-Äthyl-2-äthylimino-5-(4'-methoxy-3'-sulfobenzal)-, Na-Salz.* — *3-Benzyl-2-benzylimino-5-(o-sulfobenzal)-, Na-Salz.* — *2-Phenylimino-5-(o-sulfobenzal)-, Na-Salz.* — *3-Äthyl-2-phenylimino-5-(o-sulfobenzal)-, Na-Salz.* — *3-Diäthoxyäthyl-2-phenylimino-5-(o-sulfobenzal)-, Na-Salz.* — *3-Benzyl-2-benzylimino-5-(4'-methoxy-3'-sulfobenzal)-, Na-Salz.* — *3-Benzyl-2-benzylimino-5-(m-sulfobenzal)-, Na-Salz.* — *3-n-Hexyl-2-hexylimino-5-(o-sulfobenzal)-, Na-Salz.* — *3-(α-Methylbenzyl)-2-(α-methylbenzylimino)-5-(o-sulfobenzal)-, Na-Salz.* — *3-(α-Methylbenzyl)-(2-α-methylbenzylimino)-5-(4'-methoxy-3'-sulfobenzal)-, Na-Salz.* — *3-Äthyl-2-äthylimino-5-(carboxybenzal)-.* — *3-n-Hexadecyl-2-phenylimino-5-benzal-.* — *3-n-Hexyl-2-phenylimino-5-benzal-.* — *3-Cyclohexyl-2-phenylimino-5-benzal-.* — *3-Butyl-2-phenylimino-5-benzal-.* — *Absorptionsmittel* für UV-Strahlung. — Vgl. E. P. 770 494; C. **1959.** 1004. (**A. P. 2 798 067** vom 29/3. 1954, ausg. 2/7. 1957.)
H. BRÄUCKER. 8611

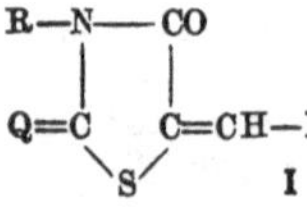

I

Eastman Kodak Co., übert. von: John F. Tinker und John Sagal jun., Rochester, N.Y., V.St.A., **Tetraazaindene** der Formel **I** (R=OH oder Halogen, R_1 = Alkyl-, Aryl- oder heterocycl. Gruppe; R_2 = H, Alkyl- oder Arylgruppe) werden hergestellt durch Kondens. von 3-Amino-5-hydroxymethyl-1.2.4-triazol mit einem Ester $R_1-CO-CHR_2\cdot COOR_3$ (R_3 = niedere Alkylgruppe) u. ggf. anschließende Behandlung des Rk.-Prod. mit einem Phosphorhalogenid. Außerdem werden nach üblichen Verff. andere Tetraazainden-Derivv. hergestellt. — *3-Amino-5-hydroxymethyl-1.2.4-triazol*, F. 114—115^0. 1.3.3a.7-Tetraazaindene: *8-Hydroxy-2-hydroxymethyl-6-methyl-*, F. 268—270^0; *2-Chlormethyl-4-hydroxy-6-methyl-*, F. 260—263^0; *4-Chlor-2-chlormethyl-6-methyl-*, F. ca. 181^0; *2-Chlormethyl-6-methyl-4-morpholino-*, F. 204—205^0; *2-Formamidinothiomethyl-4-hydroxy-6-methyl-*, F. 262—264^0. *Bis-(2-formamidinomethyl-6-methyl-1.3.3a.7-tetrazainden-4-yl)-sulfid*, F. 144—145^0. — *Stabilisatoren* für *photograph. Emulsionen*. — Vgl. F. P. 1 158 160; C. **1960.** 6027. (**A. P. 2 835 581** vom 15/6. 1955, ausg. 20/5. 1958.)
I. LERCH. 8611

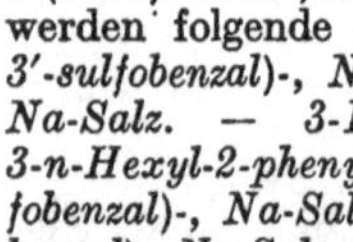

I

Siemag, Feinmechanische Werke G. m. b. H., Eiserfeld/Sieg (Erfinder: Ullrich Schmiedel, Hamburg), **Entwicklung von latenten xerographischen Bildern.** Das Entwicklerpigment **I** wird in fein verteilter Form in großer Menge in eine Mulde gebracht, die durch Einw. eines Vibrators mit Ultraschallfrequenz so bewegt wird, daß **I** darin zu einem Wall aufgeworfen wird. Das zu entwickelnde Material wird so darüber hinweggeführt, daß es nur den Grat dieses Walles leicht berührt. (**Oe. P. 208 223** vom 27/5. 1958, ausg. 25/3. 1960. D. Prior. 31/5. 1957.)
A. KALIX. 8625

Haloid Xerox, Inc., New York, N.Y., übert. von: Michael A. Insalco, Rochester, N.Y., V.St.A., **Entwickler für latente elektrostatische Bilder.** Der Entwickler enthält 2—20 (%) Zn-Salz von 8-Oxychinolin zur Regelung seiner triboelektr. Eigg. u. 2—10% Malachitgrün oder „Preußischblau". Die Harzkomponente besteht aus einem Gemisch, das als ersten Bestandteil ein harzmodifiziertes Phenolformaldehyd-Kondens.-Prod. enthält, das zu 5—45% aus Polyvinylbutyral besteht, u. einen F. von 140—180° besitzt. Weiterhin enthält das Gemisch bis zu 25% polymerisiertes Butylmethacrylat, das Polystyrol oder Homologe (I) davon mit der allg. Formel $R—C_6H_4—C(R)=CRH$ enthält, wobei R ein H-Atom oder eine niedrigmol. Alkylgruppe ist, das Gemisch soll einen F. um 125° besitzen. Der dritte Harzanteil besteht aus einem Mischpolymerisat von 5—50% Äthyl- oder Propylmethacrylat mit Polystyrol oder **I.** (**A. P. 2 891 011** vom 26/12. 1956, ausg. 16/6. 1959.) A. KALIX. 8629

General Aniline & Film Corp., New York, übert. von: Karl H. Schadlich, Binghamton, N. Y., V.St.A., **Photographisches Maskenverfahren unter Benutzung des Callier-Effektes.** Von einem subtraktiven Mehrschichten-Farbnegativ, das ein Purpurbild enthält mit störender unerwünschter Blau- u. Rotabsorption, wobei diese Blauabsorption größer ist als diese Rotabsorption, wird ein farbkorr. Teilpositiv auf folgende Weise hergestellt: Man fertigt ein positives Maskensilberbild vom Purpurbild an, bringt diese Maske in Register mit dem Mehrfarbennegativ u. kopiert dieses maskierte Negativ auf einen Schwarz-Weiß-Film, u. zwar den Blauauszug mit kollimatisiertem Blaulicht, u. den Rotauszug mit zerstreutem Rotkopierlicht. Infolge des CALLIER-Effekts werden mit beiden Lichtsorten verschiedene γ-Werte erhalten. Man stellt nun die Stärke der Lichtstreuung u. damit die Größe der γ-Änderung so ein, daß das γ der entstandenen Korrekturmaske gerade das γ des Nebenbildes der unerwünschten Rotabsorption kompensiert. Entsprechend wird mit zerstreutem Grünlicht der Grünauszug hergestellt, wenn eine unerwünschte Absorption im Grün beim Blaubild vorliegt. (**A. P. 2 925 338** vom 29/12. 1955, ausg. 16/2. 1960.) E. FUCHS. 8631

Eastman Kodak Co. (Erfinder: Keith Elden Withmore und Paul Miller Mader), Rochester, N.Y., V.St.A., **Farbphotographisches Diffusionsübertragungsverfahren.** Es handelt sich um das an sich bekannte farbphotograph. Übertragungs-Verf., bei dem zur Herst. eines Farbbildes mindestens eine Schicht eines lichtempfindlichen Materials belichtet u. entwickelt wird u. bei dem hierauf mindestens ein Teil des durch das Entwickeln gebildeten diffundierbaren Farbstoffes bildgerecht auf eine Empfangsschicht übertragen wird. Hierbei wird nun ein diffusionsfester Kuppler jeweils in Verbindung mit einer ggf. lösl.-machenden Gruppen enthaltenden Farbentwicklersubstanz verwendet, der entweder in kuppelnder Stellung durch einen vorgebildeten Farbstoff- oder einen Kupplerteil u. in mindestens einer nichtkuppelnden Stellung durch eine diffusionsfestmachende Gruppe substituiert ist oder in kuppelnder Stellung durch eine diffusionsfestmachende Gruppe u. in mindestens einer nichtkuppelnden Stellung durch eine lösl.-machende Gruppe substituiert ist; oder man verwendet einen beliebig substituierten diffusionsfesten Kuppler in Verbindung mit einer wenigstens eine lösl.-machende Gruppe enthaltenden Farbentwicklersubstanz. Es werden Kuppler der allg. Formel $Fb—Y—C_p—D—R$ verwendet, worin R eine durch eine stabile Bindung D an eine nichtkuppelnde Stellung des Kupplerteils C_p gebundene diffusionsfestmachende, bes. eine aromat. Gruppe, u. Fb einen bes. durch einen Geh. an mindestens einer lösl.-machenden Gruppe diffundierbaren Farbstoffteil bedeutet, der an den Kupplerteil C_p durch eine spaltbare Bindung Y, z. B. —Hg-, —N=N-, —O-. =CH- oder >CH-, —S-, —S—S-, oder **A** gebunden ist, wobei Z die zur Vervollständigung eines Ringes erforderlichen Atome darstellt. Geeignet sind z. B. 1-Hydroxy-N-(β-sulfoäthyl)-4-(4-n-octadecyloxyphenylazo)-2-naphthamid-K-Salz u. 1-Hydroxy-4-{4-{3-methyl-3-[2.7-disulfonnaphthyl-(3)-azo]-pyrazolyl-(1)}-phenylazo}-N-[δ-(3-pentadecylphenoxy)-butyl]-2-naphthamid-Di-K-Salz. (**D. A. S. 1 095 115** Kl. 57b vom 8/8. 1958, ausg. 15/12. 1960. A. Prior. 9/5. 1958.) E. FUCHS. 8631

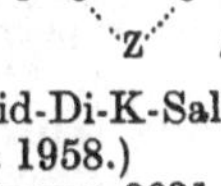

A

Ditto, Inc., Chicago, Ill., V.St.A., **Vervielfältigungsverfahren.** Das (Schrift-) Bild auf der Matrize besteht aus einem Ni-, Co- oder Cu-Salz einer organ. Sulfonsäure. Es wird durch Hand- oder Maschinenschrift mittels einer Folie hergestellt, die auf der einen Seite eine Schicht besitzt, die 10—80% des betreffendes Salzes u. 90—20% Wachs enthält. Die Matrize wird dann gegen ein Papier gepreßt, das auf der Oberfläche eine Schicht aus Thiooxalsäurediamid (**I**; Rubeansäure) enthält, vorzugsweise unter leichter Anfeuchtung einer der Oberflächen mit einem Alkanolamin. Auf dem Papier entsteht dann ein dunkler, fast schwarzer Nd. in Form des Schriftbildes auf der Matrize. Bes. geeignet sind die Ni-Salze von Benzolmono-, -di- u. -trisulfonsäure. An Stelle von **I** können auch das Dimethyl-, Diäthyl-, Dibenzyl-, Dioxyäthyl-Deriv. u. andere Derivv.

davon verwendet werden. (**E. P. 802 170** vom 27/10. 1955, ausg. 1/10. 1958. A. Prior. 29/10. 1954.) A. KALIX. 8647

Ozalid Co. Ltd. (Erfinder: Humphrey Desmond Murray, Arnold Tanenbaum und Richard Penn Royer), London, England, **Diazotypiematerial.** Die in der lichtempfindlichen Schicht enthaltene Diazonium-Verb. (I) ist an einen wasserunlösl., zum Kationenaustausch fähigen Stoff (II) so gebunden, daß sie mit W. nicht mehr auswaschbar ist. Dadurch kann die Acidität einer Zweikomponentenschicht erheblich herabgesetzt werden, ohne daß diese an Stabilität gegen Vorkupplung verliert. Beispiele für II: natürliche u. ausgefällte Al-Silicate, wie Bentonit u. „Decalso F", kernsulfonierte Phenolharze, unifunktionelle u. vernetzte Polystyrol- u. Polymethacrylharze, die noch freie COOH-Gruppen enthalten, u. sonstige COOH-haltige Polymerisate, z. B. „Zeocarb 215" u. „Amberlit XE 97". Die Kombination von I mit II bildet sich ohne bes. Hilfsmaßnahmen spontan beim Mischen der Komponenten in wss. Lösung. (**D. A. S. 1 083 650** Kl. 57b vom 12/1. 1956, ausg. 15/6. 1960. E. Prior. 15/12. 1955.) A. KALIX. 8647

Kalle Akt.-Ges. (Erfinder: Oskar Süs und Heinz Schlesinger), Wiesbaden, **Diazotypieschichten zur Herstellung von Zwischenkopien.** Als Azokomponenten enthalten die Schichten Oxydialkylbenzole der allg. Formel A, in der Alk eine Alkylgruppe mit höchstens 5 C-Atomen bedeutet. Sie werden mit Diazo-Verbb. kombiniert, mit denen sie zu gelben bis gelbgrünen Farbstoffen kuppeln. Herst. durch Rk. von 2.5-Dialkylphenolen mit äquimol. Mengen von CH_2O u. Morpholin. — Beispiele: 2.5-Dimethyl-4-morpholinomethylphenol, F. 146—147; 2-Methyl-5-isopropyl-4-morpholinomethylphenol, F. 168—170°; 3-Methyl-6-isopropyl-4-morpholinomethylphenol, F. 152—153°; 3-Methyl-6-äthyl-4-morpholinomethylphenol · HCl, F. 167—168°. (**D. A. S. 1 086 124** Kl. 57b vom 14/6. 1958, ausg. 28/7. 1960. **Oe. P. 213 235** vom 5/6. 1959, ausg. 25/1. 1961. D. Prior. 14/6. 1958.) A. KALIX. 8647

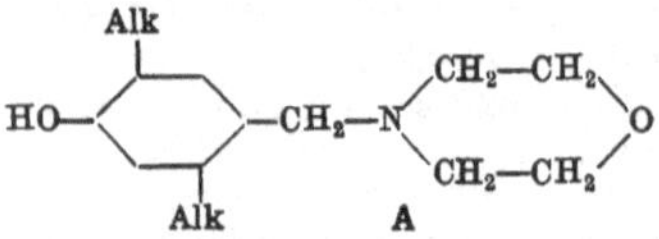

A

Haloid Co., übert. von: Carl B. Kaiser, Rochester, N.Y., V.St.A., **Entwicklung von latenten xerographischen Bildern.** Vom Entwicklerpigment (I), bes. feinstkörniger Ruß, wird zunächst eine Suspension in einem leichtflüchtigen organ. Medium (II) hergestellt, z. B. in Dioxan, Di- u. Trichloräthylen, Di- u. Trichloräthan, in gleichzeitig chlorierten u. fluorierten KW-Stoffen usw. Damit wird eine Bahn aus hochporösem Textilmaterial imprägniert u. II verdunstet. Das imprägnierte Band wird durch die Entw.-Kammer (III) geführt u. an der Unterseite einem starken, nach oben gerichteten Luftstrom ausgesetzt, wodurch sich auf der Oberfläche ein sehr gleichmäßiges Aerosol von I bildet, das sich auf den unbelichteten Stellen des gleichzeitig durch III geleiteten, belichteten Materials niederschlägt. (**A. P. 2 837 441** vom 1/2. 1955, ausg. 3/6. 1958.) A. KALIX. 8647

REDAKTIONSSCHLUSS: 4. August 1961.

Herausgeber: Prof. Dr. Heinrich Bertsch, Berlin, u. Prof. Dr. Dr. h. c. Wilhelm Klemm, Münster. Chefredakteure und verantwortlich für den Inhalt: Dr. Willi Barz (komm.), Berlin N 4, Schiffbauerdamm 19, Fernsprecher: 425571, u. Dr. Eugen Klever, Berlin W 30, Geisbergstraße 39, Fernsprecher: 24 95 41.

Verlag: Akademie-Verlag GmbH, Berlin W 8, Leipziger Str. 3—4 (Fernsprecher: 220441, Telex-Nr. 011 773, Postscheckkonto Berlin 35021), und Verlag Chemie, GmbH, Weinheim/Bergstr. (Fernsprecher: Weinheim 3635 [Sammelnummer]; Fernschreiber: 0465516 chemieverl wnh; Postscheckkonten: Frankfurt/M. 145314 u. Berlin [West] 7430). Bestellnummer: 1007/132. Das Chemische Zentralblatt erscheint wöchentlich. Preis des Jahrganges einschl. Autoren-, Patent-, Sach- u. Formelregister: DM 960,—; einseitig bedruckte Ausgabe: DM 1050,—. Abgabe der Zeitschrift nur mit sämtlichen Registern. Abbestellungen nur bis spätestens 6 Wochen vor Ablauf des Kalenderjahres.

Satz u. Druck: VEB Leipziger Druckhaus, Leipzig, III/18/203. X. 61.
Veröffentlicht unter der Lizenznummer ZLN 5002 des Ministeriums für Kultur, Hauptverwaltung Verlagswesen.
Printed in Germany.

Kolibri 360 GmbH
Ferdinand-Jühlke-Straße 7
99095 Erfurt, Deutschland
produktsicherheit@kolibri360.de